PATROLOG

I0046074

CURSUS COMPLETUS

SIVE

BIBLIOTHECA UNIVERSALIS, INTEGRA, UNIFORMIS, COMMODA, OECONOMICA,

OMNIUM SS. PATRUM, DOCTORUM SCRIPTORUMQUE ECCLESIASTICORUM

QUI

AB ÆVO APOSTOLICO AD INNOCENTII III TEMPORA

FLORUERUNT;

RECUSIO CHRONOLOGICA

OMNIUM QUÆ EXSTITERE MONUMENTORUM CATHOLICÆ TRADITIONIS PER DUODECIM PRIORA
ECCLESIÆ SÆCULA,

JUXTA EDITIONES ACCURATISSIMAS, INTER SE CUIQUE NONNULLIS CODICIBUS MANUSCRIPTIS COLLATAS,
PERQUAM DILIGENTER CASTIGATA;

DISSERTATIONIBUS, COMMENTARIIS LECTIONIBUSQUE VARIANTIBUS CONTINENTER ILLUSTRATA;

OMNIBUS OPERIBUS POST AMPLISSIMAS EDITIONES QUÆ TRIBUS NOVISSIMIS SÆCULIS DEBENTUR ABSOLUTAS
DETECTIS, AUCTA;

INDICIBUS PARTICULARIBUS ANALYTICIS, SINGULOS SIVE TOMOS, SIVE AUCTORES ALICUJUS MOMENTI
SUBSEQUENTIBUS, DONATA;

CAPITULIS INTRA IPSUM TEXTUM RITE DISPOSITIS, NECNON ET TITULIS SINGULARUM PAGINARUM MARGINEM SUPERIOREM
DISTINGUENTIBUS SUBJECTAMQUE MATERIAM SIGNIFICANTIBUS, ADORNATA;

OPERIBUS CUM DUBIIS TUM APOCRYPHIS, ALIQUA VERO AUCTORITATE IN ORDINE AD TRADITIONEM
ECCLESIASTICAM POLLENTIBUS, AMPLIFICATA;

DUOBUS INDICIBUS GENERALIBUS LOCUPLETATA : ALTERO SCILICET RERUM, QUO CONSULTO, QUIDQUID
UNUSQUISQUE PATRUM IN QUODLIBET THEMA SCRIPSERIT UNO INTUITU CONSPICIATUR; ALTERO
SCRIPTURÆ SACRÆ, EX QUO LECTORI COMPERIRE SIT OBVIUM QUINAM PATRES
ET IN QUIBUS OPERUM SUORUM LOCIS SINGULOS SINGULORUM LIBRORUM
SCRIPTURÆ TEXTUS COMMENTATI SINT.

EDITIO ACCURATISSIMA, CÆTERISQUE OMNIBUS FACILE ANTEPONENDA, SI PERPENDANTUR : CHARACTERUM NITIDITAS,
CHARTÆ QUALITAS, INTEGRITAS TEXTUS, PERFECTIO CORRECTIONIS, OPERUM RECUSORUM TUM VARIETAS
TUM NUMERUS, FORMA VOLUMINUM PERQUAM COMMODA SIBIQUE IN TOTO OPERIS DECURSU CONSTANTER
SIMILIS, PRETII EXIGUITAS, PRÆSERTIMQUE ISTA COLLECTIO, UNA, METHODICA ET CHRONOLOGICA,
SEXCENTORUM FRAGMENTORUM OPUSCULORUMQUE HACTENUS HIC ILLIC SPARSORUM,
PRIMUM AUTEM IN NOSTRA BIBLIOTHECA, EX OPERIBUS AD OMNES ÆTATES,
LOCOS, LINGUAS FORMASQUE PERTINENTIBUS, COADUNATORUM.

SERIES SECUNDA,

IN QUA PRODEUNT PATRES, DOCTORES SCRIPTORESQUE ECCLESIÆ LATINÆ
A GREGORIO MAGNO AD INNOCENTIUM III.

ACCURANTE J.-P. MIGNE,

BIBLIOTHECÆ CLERI UNIVERSÆ,

SIVE

CURSUUM COMPLETORUM IN SINGULOS SCIENTIÆ ECCLESIASTICÆ RAMOS EDITORE.

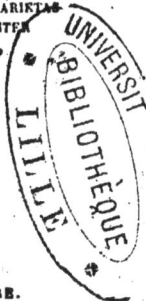

PATROLOGIA BINA EDITIONE TYPIS MANDATA EST, ALIA NEMPE LATINA, ALIA GRÆCO-LATINA. — VENEUNT
MILLE ET TRECENTIS FRANCIS SEXAGINTA ET DUCENTA VOLUMINA EDITIONIS LATINÆ; OCTINGENTIS
ET MILLE TRECENTA GRÆCO-LATINÆ. — MERE LATINA UNIVERSOS AUCTORES TUM OCCIDENTALES,
TUM ORIENTALES EQUIDEM AMPLECTITUR; HI AUTEM, IN EA, SOLA VERSIONE LATINA DONANTUR.

PATROLOGIÆ TOMUS CCIX.

S. MARTINUS LEGIONENSIS. S. WILHELMUS ABBAS S. THOM. DE PARACL. WILHELMUS DE
CAMPANIA REM., JOANNES DE BELMEIS LUGDUN., ARCHIEPISCOPI. BALDUINUS CP. IMP.
HUGO V ABBAS CLUNIAC. ELIAS DE COXIDA ABBAS DUN. THOMAS DE RADOLIO. GUALTERUS
DE CASTELLIONE.

EXCUDEBATUR ET VENIT APUD J.-P. MIGNE EDITOREM,
IN VIA DICTA *D'AMBOISE*, PROPE PORTAM LUTETIÆ PARISIORUM VULGO *D'ENFER* NOMINATAM,
SEU PETIT-MONTROUGE.

1855

SÆCULUM XIII.

SANCTORUM

MARTINI LEGIONENSIS,

WILHELMI

ABBATIS SANCTI THOMÆ DE PARACLITO

OPERA OMNIA

ACCEDUNT

WILHELMI DE CAMPANIA REMENSIS, JOANNIS DE BELMEIS LUGDUNENSIS,
ARCHIEPISCOPORUM; BALDUINI CP. IMPERATORIS, HUGONIS V ABBATIS CLU-
NIACENSIS, ELIÆ DE COXIDA ABBATIS DUNENSIS, THOMÆ DE RADOLIO,
GUALTERI DE CASTELLIONE,

OPUSCULA, SERMONES, EPISTOLÆ.

ACCURANTE J.-P. MIGNE,

BIBLIOTHECÆ CLERI UNIVERSÆ

SIVE

CURSUUM COMPLETORUM IN SINGULOS SCIENTIÆ ECCLESIASTICÆ RAMOS EDITORE.

S. MARTINI TOMUS II, CÆTERORUM TOMUS UNICUS.

VENIT 6 FRANCIS GALLICIS.

EXCUDEBATUR ET VENIT APUD J.-P. MIGNE EDITOREM
IN VIA DICTA *D'AMBOISE* PROPE PORTAM LUTETIÆ PARISIORUM VULGO *D'ENFER* NOMINATAM
SEU PETIT-MONTROUGE.

1855.

ELENCHUS

AUCTORUM ET OPERUM QUI IN HOC TOMO CCIX CONTINENTUR

Ex Typis L. Migne, au Petit-Montrouge.

OPERUM S. MARTINI LEGIONENSIS

CONTINUATIO

SERMONES DE SANCTIS

SERMO PRIMUS.

IN TRANSITU SANCTI ISIDORI.

Isidorus vir egregius, natione Carthaginensis, a patre Severiano genitus, Hispalensis Ecclesiæ episcopus, Leandriepiscopi exstitit germanus atque successor sanctissimus. (1) Vir iste beatissimus a pueritia studiis litterarum traditus Latinis, Græcis et Hebraicis litteris instructus, omni locutionis genere formatus, suavis eloquio, ingenio præstantissimus, vita quoque atque doctrina fuit clarissimus. Sic namque de virtute in virtutem proficiens refulsit doctor eximius, ita ut secundum qualitatem sermonis omnibus videlicet Latinis, Græcis et Hebræis, sapientibus ac minus intelligentibus in eruditione existeret aptus, atque incomparabili eloquentia strenuus. Tantæ sapientiæ et doctrinæ atque sanctitatis fuit vir gloriosissimus, ut recte de eo dicatur : *Ecce sacerdos magnus qui in diebus suis placuit Deo et inventus est justus* (*Eccli.* XLIV, et L).

(2) Sacerdos nomen habet compositum ex Græco et Latino : et dicitur sacerdos quasi *sacrum dans*. Sicut rex vocatus est a regendo, ita sacerdos vocatur a sanctificando et a sacrum dando. Ex causis quippe duabus quisque efficitur sacerdos magnus : prima videlicet ut bene vivat, secunda ut bene doceat. Quamvis bene vivat doctor ecclesiasticus; tamen, si bene non docet, non est magnus, et quamvis bene doceat, tamen si bene non vivit, magnus omnino non erit. (3) Necessaria est igitur doctrina cum bona vita : nam doctrina sine bona vita doctorem arrogantem reddit, et rursus vita sine doctrina doctorem inutilem facit. Unde Dominus in Evangelio dicit : *Qui solverit unum de mandatis istis minimis et docuerit sic homines, minimus vocabitur in regno cœlorum ; qui autem fecerit et docuerit, magnus vocabitur in regno cœlorum* (*Matth.* V). In hoc loco regnum cœlorum congregatio est electorum. Sæpe Scriptura Eccle-

siam fidelium regnum cœlorum vocat, quia pro eo quod ad cœlestia anhelat, jam in ea Dominus quasi in cœlo regnat. Qui ergo solverit unum de mandatis Domini nostri Jesu Christi, id est qui illud opere non impleverit, *et docuerit sic homines* ut illud impleant, *minimus vocabitur in regno cœlorum*, scilicet in congregatione fidelium. Ac si aperte diceret : Qui mandata mea implere neglexerit, et homines ut impleant illa docuerit, *minimus vocabitur*, scilicet in sancta Ecclesia imperfectus erit. De hoc etiam Dominus alibi dicit : *Dicunt et non faciunt* (*Matth.* XXIII). Sequitur : *Qui autem fecerit*, id est qui opere impleverit mandata mea, *et docuerit homines*, ut impleant illa, *magnus erit*, scilicet idoneus in sancta Ecclesia. Operibus ergo confirmanda est sacerdotis prædicatio, ita ut quod docet verbo, instruat exemplo.

Bene etiam illud convenit ad confirmandum hoc testimonium quod legitur in Canticis canticorum : *En lectulum Salomonis sexaginta fortes ambiunt ex fortissimis Israel, omnes tenentes gladios, et ad bella doctissimi ; uniuscujusque ensis super femur suum, propter timores nocturnos* (*Cant.* III). (4) Salomon quippe *pacificus* interpretatur. Quis ergo per Salomonem nisi Christus intelligitur, de quo scriptum est : *Ipse est pax nostra qui fecit utraque unum* (*Eph.* II). Lectulus Salomonis scilicet Christi sancta Ecclesia est, quia dum a mundanis sollicitudinibus recedit, dum cor ab omni terrena contagione per pœnitentiam mundare non desinit, dumque toto mentis desiderio ad cœlestem patriam tendit, quasi lectulum facit in quo Christus delectabiliter requiescit. Unde ipse amicabiliter suis discipulis dicit : *Ecce ego vobiscum sum omnibus diebus usque ad consummationem sæculi* (*Matth.* XXVIII). Et iterum per prophetam dicit : *Inambulabo et ero in illis, et ipsi erunt mihi populus, et*

(1) Sic ms. Tolet. ab Henschenio editum, num. 5 et 42.
(2) Isid. lib. VII *Etym*. cap. 12.

(3) Id. lib. III *Sent.* c. 36.
(4) Gregor. in hunc loc.

1

ego ero illis Deus (Lev. xxvi). Sexaginta fortes qui A lectulum Salomonis ambiunt, prælatos Ecclesiæ ostendunt qui eam verbis atque exemplis muniunt, et ab ea hostes visibiles et invisibiles tam orationibus quam prædicationibus repellunt : *Omnes,* inquit, *tenentes gladios et ad bella doctissimi* existunt. Quid per gladium, nisi verbum Dei figuratur, et quid per manus, quibus gladios tenent, nisi operatio designatur ? Quia videlicet dum verbum Dei opere complent quod corde sciunt, magis ac magis semper docti inimicos Ecclesiæ sapientia et fortitudine vincunt. Ad bella spiritalia doctissimi sunt, quia prius in se, deinde in sibi subjectis vitia resecare sciunt. Ad bella doctissimi existunt, quia Dei præcepta, quæ verbo prædicant, opere perficiunt. Sunt ad bella prudentes atque B doctissimi, quia gladio discretionis in se et in aliis subjectis sibi superflua resecant, ac delectabilia hujus mundi. De quibus bene subditur : *Uniuscujusque ensis super femur suum propter timores nocturnos.* Quid per ensem nisi rigorem conversationis, et quid per femur nisi carnis appetitum accipimus ? Prælati ergo Ecclesiæ qui jam ad virtutum perfectionem pervenerunt, semper ensem super femur suum ferunt, quia rigore conversationis appetitum carnis assidue frangunt, ne hostis quem in nocte hujus mundi pertimescunt, repente veniens, eos debiles ac dissolutos in Dei opere inveniat, et per voluptatis mollitiem et carnis delectationem facilius se sibique subjectos decipiat, C atque ad graviora peccata perducat.

Ille ergo in regno cœlorum, hoc est in Ecclesia vocatur magnus qui ea quæ prædicat verbis, bonis implet operibus. Dicatur ergo de beato Isidoro : *Ecce sacerdos magnus qui in diebus suis placuit Deo et inventus est justus.* Revera magnus, quia opera Dei quæ verbis prædicavit, factis implevit (5). Recte utique dicitur sacerdos magnus quem Deus suscitavit Hispaniæ novissimis temporibus post tot defectus, credo ad restaurandam antiquorum sapientiam virorum quæ præ nimia antiquitate pene jam defecerat in humanis mentibus; ne diutius ignorantia ac rusticitate veterasceret populus Christianus. Sic namque plenus charitate et sapientia non abscondit in terra talenta sibi credita, sed in D commune omnibus divisit illa, atque ut bonus negotiator Domino reportavit duplicata (*Matth.* xxv), dum multorum mentes prædicando sollicitavit ad cœlestia desideranda (6). Sicut enim Gregorius doctor Petri apostoli successor exstitit, ita beatus Isidorus Jacobo apostolo successit, quia semen æternæ vitæ quod beatissimus Jacobus seminavit, hic doctor egregius verbo prædicationis quasi unus

ex quatuor paradisi fluminibus sufficienter irrigavit, atque universam Hispaniam tam exemplo boni operis quam fama sanctitatis velut splendidissima lampada illuminavit (7).

Ezechiel propheta, in visione quatuor animalium, sic ait inter cætera : *Et similitudo,* inquit, *animalium et aspectus eorum quasi carbonum ignis ardentium, et quasi aspectus lampadarum (Ezech.* i). Per quatuor hæc animalia multitudo sanctorum est figurata; aspectus vero eorum carbonibus ignis atque ardentibus comparatur lampadibus, quia quisquis sanctis viris conjungitur, ex eorum imitatione atque doctrina in amore Creatoris accenditur (8). Sed tamen hoc inter carbones et lampades distat, quod carbones quidem ardent, sed ab eo loco tenebras non expellunt in quo jacent. Lampades autem, quia magno flammarum lumine resplendent, diffusas in circuitu tenebras illuminant. Ex qua re notandum est, quia sunt plerique sanctorum ita simplices et occulti, atque in minoribus locis sub magno silentio absconditi, ut vita eorum vix ab aliis poscit agnosci. Quid itaque sunt isti nisi carbones, qui etsi per fervorem spiritus ardorem habent, tamen exempli famam non habent, nec in alienis cordibus tenebras peccatorum illuminant, quia vitam suam aliis omnino celant? Sibimetipsis quidem accensi sunt, sed aliis exemplo luminis non sunt. Isti quamvis ardeant igne divinæ charitatis, tamen alios non accendunt fama sanctitatis nec verbo prædicationis. Lampades vero longius lucent, et cum in alio loco sint, in alio resplendent, quia quicunque exemplo boni operis et verbo prædicationis refulget, ejus opinio longe lateque ut lampas lucet. Cum autem proximi bona ejus audiunt, per hæc ad amorem cœlestium bonorum consurgunt. In eo autem quod se per bona opera exhibent, quasi ex lampadis lumine resplendent. Cum ergo sancti viri quosdam juxta se positos quasi tangendo, ad amorem patriæ cœlestis accendunt, carbones sunt ; quando vero quibusdam longe positis lucent, ne in peccatis suis tenebras corruant, eorum itineri lampades fiunt. Jure ergo lampades appellantur qui et exempla virtutum præstant, et lumen boni operis per vitam et verbum aliis demonstrant. Revera ut lampades resplendent, qui et per amorem Creatoris et per flammam bonæ prædicationis de cordibus peccatorum tenebras repellunt erroris. Qui igitur in occulto bene vivit, sed aliis non proficit carbo est, qui vero imitatione sanctitatis in Ecclesia positus, lumen ex se rectitudinis multis præbet, lampas est, quia et sibi ardet et aliis lucet.

Recte ergo hic beatissimus vir lucenti lampadi

(5) Ms. Toletan. apud Henschen c. 2, num. 45, circa medium.

(6) Ibid. n. 44, circa finem.

(7) Edit. ibid. *splendidissimus solis radius.* Lampada pro lampades a Pollione usurpari ait Dufresne, ex mss. codicibus observavit Salmasius... et apud Plautum : *Tene hanc lampadam.* Sermo

56, in *Append.* Fulgentii hanc vocem usurpat : *O bona lampada,* inquit auctor, *non quæ diligit sæculum, sed quæ diligit cœlum,* et infra : *Sunt multi qui diem vocant lampadam.*

(8) Ex Gregor. lib. i *Hom. in Ezech.,* hom. 5, n. 6.

comparatur, quia et præsentes et absentes tam verbo prædicationis quam fama sanctitatis illuminabat, eosque ad amorem cœlestis patriæ accendebat. Congrue siquidem lucernæ ardenti comparatur, quia et in amore Dei et proximi ardebat, et de aliorum cordibus tenebras peccatorum effugabat. Quicunque ad eum accedebant, suæ assiduitate visionis et usu locutionis, atque exemplo boni operis lumen veritatis accipiebant, et in desiderio æternæ lucis inardescebant.

(9) Hic enim vir beatissimus inter cætera sanctitatis opera quæ in Christi Ecclesia sapienter egit, malignam Acephalitarum hæresim confudit atque destruxit qui in Christo duas substantias negantes, unam in ejus persona naturam prædicabant, dum illum non verum Deum ac Dei Filium, sed tantummodo purum hominem fuisse asserebant. Gregorio namque præfatæ hæresis antistite superato, et sanctarum testimoniis Scripturarum auctoritate convicto docuit duas in Christo fuisse naturas, divinam scilicet et humanam. Divinam, qua Deo Patri semper est coæternus et coæqualis; humanam, qua pro nostra salute temporaliter fieri dignatus est Filius hominis, id est Virginis.

Et quid de illius sanctitate atque sapientia dicam? Nimirum humana lingua ad plenum narrare non sufficit quanta bona Deus per eum Ecclesiæ suæ contulit, quamque utilis ignoranti populo ac senescenti mundo fuerit, dum in Chronica sua ætates sæculi et temporum series aperuit. *Chronica* Græce, Latine *series* temporum appellatur. *Chronos* enim Græce, *tempus* interpretatur Latine. Temporum igitur series et sæculi ætates nescienti populo aperuit, sacrorum jura ostendit, sacerdotibus ecclesiastica officia et gradus cunctorum ordinum exposuit, regibus et principibus leges instituit, judicibus avaritiam interdixit, civibus et cunctis domesticis fidei populis disciplinam Christianæ re-

(9) Ms. Tolet. n. 43, apud Henschen.
(10) Ibid., n. 44.
(11) Si nomen regis Suintillæ manu infida et recentiori (et abs dubio post scriptum Salmanticense exemplar quod habet *Suintilla*) nostro ms. non fuerit appositum, recte coaptabantur tempus regis et annus obitus Isidor. 622, seu æra 660. Sed quoniam ms. Toletanum enim habeat errorem in assignanda æra et postea sub rege Cintilla seu Cintillano dicat obiisse Isidorum, non ambigimus nostrum ms. eodem errore laborasse quem sanare voluit corrector. Hallucinatum dicimus auctorem seu exscriptorem codicis Toletani, cum asseruerit annum mortis S. Isidori esse sexcentesimum vicesi-

ligionis insinuavit; ad ultimum vero sedium, regionum, locorum, omnium divinarum humanarumque rerum nomina, genera, officia, causas, et quæque obscura atque ab humanis mentibus fere jam remota, scribendo patefecit (10). Floruit sapientia et sanctitate temporibus Mauritii et Phocæ imperatorum, sub Recaredo rege Gothorum. Fuit enim in eleemosynis largus, hospitalitate præcipuus, corde severus, in sententia verax, in judicio justus, in prædicatione assiduus, in exhortatione lætus, in lucrandis Deo animabus studiosus, in expositione Scripturarum cautus, in consilio providus, in habitu humilis, in mensa sobrius, in oratione devotus, honestate præclarus, omni bonitate conspicuus. Præterea Pater exstitit clericorum, consolator mœrentium, tutamen pupillorum ac viduarum, levamen oppressorum, defensor civium, persecutor hæreticorum, malleus superborum. Et quid amplius dicam? Speculum omnium bonorum factus est mundo, et ideo, ut credimus, jam sine fine regnat cum Christo. Obiit tempore Heraclii imperatoris, et Suintillæ (11) Hispaniæ regis, illius videlicet Heraclii qui crucem Dominicam quam impius rex Cosroe asportaverat, loco suo Hierosolymis restituit atque exaltavit. Dormivit autem beatus Isidorus cum patribus suis æra 655. Sana doctrina sanoque consilio præstantior cunctis, et copiosus operibus charitatis, sepultusque est in senectute bona. Interea, fratres charissimi, dignum est ut hunc sanctissimum confessorem attentius exoremus, quatenus pro nobis miseris peccatoribus, qui adhuc in periculis animarum nostrarum constituti sumus, apud Deum intercessor existat assiduus, ut ejus sacratissimis meritis et precibus post hanc vitam ad societatem electorum Dei pervenire possimus. Ipso præstante qui in Trinitate perfecta vivit et regnat Deus per omnia sæcula sæculorum. Amen.

mum secundum; jam enim omnes consensere n̄ sexcentesimo trigesimo sexto, nixi auctoritate redempti clerici sive archidiaconi ejusdem S. præsulis, S. Braulionis et S. Ildephonsi. Sed non mirum præfatum auctorem seu exscriptorem in illum errorem lapsum; nam ita misere cæcutivit hac in re, ut primum dicat defunctum Isidorum temporibus Cintillani, postea eum floruisse usque ad Sisenandum, et statim illum obiisse temporibus Suintillani æra 660, novem videlicet annis antequam Sisenandus regnare inciperet, et quatuordecim antequam Cintillanus; quod miramur haud Henschenium adnotasse.

SERMO SECUNDUS.

DE SANCTO JOANNE BAPTISTA.

Isaias propheta vir nobilis et plenus Dei gratia, cujus tanta fuit sanctitatis et vitæ excellentia, ut unam tantum cilicinam indueretur tunicam, qua etiam postmodum abjecta pro peccato populi sacco operiretur membra (*Isai* xxi); qui etiam apertius quam cæteri Christi et Ecclesiæ prædicando sacramenta, potius evangelista dicendus est quam propheta, in lectione hodierna Spiritu sancti inflammatus igne, ait inter cætera : « *Dominus ab utero vocavit me, de ventre matris meæ recordatus est nominis mei* (*Isai.* xlix), et reliqua. Licet, fratres charissimi, hæc verba Isaiæ prophetæ specialiter ad solum Christum pertineant, tamen quia Christus caput est Ecclesiæ, et Ecclesia, id est omnes fideles Christi corpus sunt, ista quæ de capite, id est de Christo, dicta sunt, etiam membris non incongrue, imo apte convenire possunt. Igitur ea quæ proposuimus repetamus : *Dominus ab utero vocavit me, de ventre matris meæ recordatus est nominis mei.* Hoc de Christo dictum fuisse manifestum est quando Gabriel archangelus de partu virginali dixit Joseph : *Et vocabis nomen ejus Jesum, ipse enim salvum faciet populum suum a peccatis eorum* (*Matth.* i). Hoc etiam beato Joanni quasi uni ex membris Christi electo satis convenire prædocet Elisabeth sancta, quæ intra uteri sui claustra eumdem filium suum in adventu Salvatoris exsultasse testatur, loquens ad beatissimam Mariam : *Ecce ut facta est vox salutationis tuæ in auribus meis, exsultavit in gaudio infans in utero meo* (*Luc.* i). Hoc etiam præostendit idem archangelus Gabriel, qui cum antequam nasceretur, nomen ejus et vitam prænuntiaret, de magnitudine virtutis ejus addidit dicens : *Et Spiritu sancto replebitur adhuc ex utero matris suæ.* « Vere hic omnium exstitit parvulorum beatissimus qui intra materna adhuc viscera inclusus, Salvatorem mundi adesse, etsi necdum lingua poterat, Spiritu sancto repletus, prophetico gaudio demonstrabat (12). » Etiam et illud bene Joanni convenit, quod Jeremias vaticinando ait : *Priusquam te formarem in utero novi te, et antequam exires de ventre sanctificavi te, et prophetam in gentibus dedi te* (*Jer.* i).

Sequitur : *Et posuit os meum quasi gladium acutum* (*Isai.* xlix). Os Dei Patris proprie et principaliter Christus est per quem Deus Pater huic mundo manifestatus est. Unde idem Dominus noster Jesus Christus in Evangelio Deo Patri loquitur dicens : *Manifestavi nomen tuum hominibus, quos dedisti mihi* (*Joan.* xvii). Os et Christi Joannes exstitit, qui Christum terris prænuntiavit. Os etiam Christi sancti apostoli fuerunt, qui Christum gentibus prædicaverunt : *Et posuit os meum quasi gladium acutum.* Gladius acutus Christus est, quia *spiritu oris sui interficiet impium* (*Isai.* xi). De hoc gladio dicitur in Evangelio : *Non veni pacem mittere, sed gladium* (*Matth.* x). Ac si diceret : Veni malos a bonis segregare, et filios a parentibus separare. *Veni*, inquit, *separare hominem a patre suo, et filiam a matre sua, et nurum a socru sua* et, odio mei nominis erunt, *inimici hominis domestici ejus* (ibid.). Quid tamen sit iste gladius, evidenter exponit Apostolus : *Gladium*, inquit, *Spiritus accipite, quod est verbum Dei* (*Eph.* vi). Gladius

A Spiritus sancti, id est quem dat Spiritus sanctus. Est enim verbum Dei bis gladius acutus, docens de temporalibus et de æternis : illis consolationem in veteri testamento tribuens, istis perfectionem in novo promittens, et in hoc mundo quæcunque percutit, dividens. De hoc etiam gladio Joannes in Apocalypsi scripsit dicens : *De ore Filii hominis,* id est Christi, *gladius ex utraque parte acutus exibat* (*Apoc.* i), videlicet de ore prædicantium, quia sancti doctores os Christi sunt, sicut Joannes, sicut apostoli, et sicut cæteri prædicatores. Ab eis ergo secreta Christi aperientibus gladius ex utraque parte exibat acutus, id est sermo divinus ; quia sicut gladius separat animam a corpore, ita sermo divinus separat hominem a mundano et carnali amore. De ore Christi gladius bis acutus exibat, scindens corporalia et spiritualia vitia, vel secundum novum et vetus testamentum, vel secundum litteram et spiritum, vel secundum divinitatem et humanitatem. Aliter : Gladius ex utraque parte acutus tam prædicantis quam audientis vitia resecans, de quo gladio legitur in Psalmo : *Accingere gladio tuo super femur tuum, potentissime* (*Psal.* xliv); congrue prædicator ecclesiasticus super femur gladio jubetur esse accinctus, ut in aliis vitia resecaturus, prius in seipso studeat refrenare fornicationis motus. Quicunque ergo in aliis vitia cupit emendare, prius in se debet superflua resecare, sicut Paulum apostolum legimus dixisse : *Castigo corpus meum et in servitutem redigo; ne forte cum aliis prædicaverim, ipse reprobus efficiar* (I *Cor.* ix). Unde Dominus dicit in Evangelio : *Hypocrita, ejice primum trabem de oculo tuo, et tunc perspicies, ut educas festucam de oculo fratris tui* (*Matth.* vii). Unde etiam Paulus apostolus ait : *Qui alium doces, te ipsum non doces : qui prædicas non furandum, furaris : qui dicis non mœchandum, mœcharis* (*Rom.* ii). Et Dominus in Psalmo : *Tu qui odisti disciplinam, et projecisti sermones meos retrorsum : quare enarras justitias meas, et assumis testamentum meum per os tuum?* (*Psal.* xlix.)

Heu mihi misero qui ab oculis meis trabes gravissimas non ejicio, et in oculis fratrum meorum festucas parvas considero! Me ipsum a peccatis gravissimis non emendo, et fratres meos de levissimis culpis reprehendo. Tamen vos moneo, fratres dilectissimi, ut propter iniquitates et infinitas negligentias meas non vos pigeat audire verba Spiritus sancti, quia Dominus prædicatoribus dicit : *Non vos estis qui loquimini, sed spiritus Patris vestri loquitur in vobis* (*Matth.* x). Nolite ergo verba Dei quæ a me audistis despicere, sed ea quantocius bonis implere operibus festinate. Ad ea ergo quæ proposuimus, redeamus.

Idcirco beatus Joannes ut seipsum præberet formam doctrinæ ecclesiasticis prædicatoribus, prius studuit implere bonis operibus ea quæ postmodum

---

(12) Quæ ansulis includimus, verba sunt S. Maximi, homil. 4, in die nativitatis Joannis.

erat aliis prædicaturus, ne de aliqua culpa reprehenderetur ab auditoribus. Inde est etiam quod carnem suam cum vitiis et concupiscentiis crucifigebat, deserta loca inhabitabat, sacerdotum delicias contemnebat, corpus suum asperrimis indumentis domabat, zona mortificationis lumbos præcingebat, nec vinum nec siceram, nec omne quod inebriare potest bibebat, modico et tenui contentus cibo; divitias hujus mundi perfecte despiciebat. Sic prius semetipsum castigans rigore virtutis, ut increpaturus mala perfidæ gentis nullam haberet reprehensionem in vestibus vel in epulis; unde recte posset reprehendi ab aliis. Deinde securus ac Dei gratia roboratus increpat populum de suis pravis actibus. *Genimina*, inquit, *viperarum, quis ostendit vobis fugere a ventura ira? Facite fructus dignos pœnitentiæ.* Quare? *Quia jam securis ad radices arboris posita est. Omnis arbor quæ non facit fructum bonum excidetur, et in ignem mittetur* (*Matth.* III). Ille dignos pœnitentiæ fructus facit qui quanto gravius delinquit, tanto laboriosius in acquirendo fructum bonorum operum desudare pœnitendo non desistit. Tanto enim quisque majora debet lucra bonorum operum quærere per pœnitentiam, quanto majora sibimetipsi intulit damna per culpam.

Iterum subjungit dicens : *In umbra manus suæ protexit me* (*Isai.* XLIX). In umbra manus Dei Christus specialiter protectus exstitit, quia vilitas carnis divinitatis potentia tecta fuit, sicut angelus ad gloriosissimam Virginem nuntiando ait : *Spiritus sanctus superveniet in te, et virtus Altissimi obumbrabit tibi* (*Luc.* I). Hæc divinitatis potentia ita beatissimam Virginem contra vitiorum æstus obumbravit, et interius exteriusque virtutibus roboravit, atque in tantum in exterioribus eam actibus debilitavit, ut nunquam eam nec in cogitatione, nec in locutione, nec in actione peccare permiserit. Unde beatus Augustinus dicit : « Cum de peccatoribus aliqua disputo, hanc solam beatissimam Virginem, et eum qui ex ea natus est, sine peccato esse affirmo (15). » Bene etiam beatus Joannes Baptista protectus fuisse non dubitatur gratia virtutis Dei, quia nec in prosperis nec in adversis poterat vinci, tanquam ejusdem gratiæ clypeo munitus inexpugnabili. Non eum prospera elevabant, nec adversa frangebant, testimonio Veritatis approbante, quæ eum laudando asserebat, arundinem vento agitatam non esse (*Matth.* XI). Unde idem Joannes non immerito *Dei gratia* interpretatur.

Sequitur : *Posuit me sicut sagittam electam* (*Isa.* XL). In hoc autem quod sagittam electam dicit, Deum plurimas habere sagittas ostendit. Sed tamen de multis sagittis Christus specialiter una sagitta ejecta est; sicut de plurimis filiis singularis et unigenitus filius est. Hac sagitta in Canticis canticorum sponsa vulneratam se commemorat, dicens : *Vulnerata charitate ego sum* (*Cant.* II). Cæteræ

vero sagittæ Domini prophetæ et apostoli sunt, qui per totum mundum discurrunt, de quibus in Psalmo canitur : *Sagittæ tuæ acutæ, populi sub te cadent in corda inimicorum regis* (*Psal.* XLIV). Et iterum : *Sagittæ potentis acutæ cum carbonibus desolatoriis* (*Psal.* CXIX). Idem sagittæ significant in sacris Scripturis quod et gladius ; nam sagittæ dicuntur prædicationes sive Dei sermones. Sed in hoc sagitta et gladius distare videntur, quia gladius prope ferit, sagittæ vero longius emittuntur. Sic ergo incomprehensibilis Dei potentia demonstratur, quam nullus potest vitare, sive positus sit longe, sive prope. Istæ sagittæ sunt acutæ quia penetrant usque ad divisionem corporis et animæ. Unde dicit Apostolus : *Vivus est sermo Dei et efficax et penetrabilior omni gladio ancipiti : et pertingens usque ad divisionem animæ ac spiritus, compagum quoque et medullarum, discretor cogitationum et intentionum cordis* (*Hebr.* IV). Vere sermo Dei efficax est et vivus, id est Dei Filius quem mortuum esse putat infidelis populus, omnia facit quæcunque minatur ; et est penetrabilior omni gladio ancipiti, quia non membra tantum penetrans sicut materialis gladius, sed etiam propriæ virtutis ictu pertingens usque ad divisionem animæ ac spiritus. Sæpe in divinis Scripturis anima ponitur pro vita, unde est illud : *Qui amat animam suam, perdet eam* (*Joan.* XII). Ac si diceret : Qui amat præsentem vitam, perdet æternam. Ideoque in hoc loco per animam vitia carnalia accipiuntur, quæ actu corporis sunt, ut est luxuria, furtum, rapina, et cætera quæ ad actus corporis referuntur. Per spiritum vero spiritualia intelliguntur vitia, scilicet superbia, cupiditas, invidia et cætera quæ ad mentem pertinent. Est igitur sermo ille pertingens usque ad divisionem compagum et medullarum. Ac si diceret : Est discretor cogitationum et intentionum cordis. Per compages enim cogitationes accipimus quæ sibi invicem compaginantur. Per medullas vero secretissimas et magis intimas intentiones cordis intelligimus. Has ergo a se invicem divinus sermo dividit, cum qualis sit cogitatio et qualis intentio discernit. Sæpe namque bona sunt quæ cogitantur, sed mala intentione. Sæpe vero aut bonum aut malum cogitamus, sed in his sermo divinus non errat ut bonum pro malo, aut malum pro bono accipiat. Est ergo divinus sermo discretor cogitationum et intentionum quia subtilitate cognoscit quid quisque agat et quo animo agat. Unde Psalmista ait : *Scrutans corda et renes Deus* (*Psal.* VII). In corde sunt cogitationes et in renibus delectationes. Deus igitur scrutatur corda quia scit ea quæ unusquisque cogitat : scrutatur etiam renes, quia cognoscit in quo quisque maxime delectatur, sive in castitate, sive in luxuria. Non immerito etiam et Joannes sagitta electa est, quia non solum cum cæteris sanctis ante mundi constitutionem per Christum electus est, sed etiam ad

(15) *De natura et gratia*, contra Pelagianum, 42.

ipsum conceptum ab angelo est prænuntiatus, et in utero matris a Christo salutatus et sanctificatus atque electus non dubitatur. (Adeo enim, sicut beatus Maximus asserit, in eo specialis electio præfulsit, ut ante mereretur annuntiare Dominum, quam nascendi haberet initium, vel loquendi acciperet officium (14).

De hoc etiam beatissimo viro Dominus dicit in Evangelio : *Erat lucerna ardens et lucens* (Joan. v); ardens videlicet amore, lucens sermone. Plenus dilectione Dei et proximi ardebat, plenus Spiritu sancto sermone prædicationis lucebat. Per dilectionem Dei ardebat cœlestia desiderando, per dilectionem proximi lucebat bona prædicando. Per charitatem Dei terrena despiciendo ad cœlestia anhelabat, per charitatem proximi verbo exhortationis mentes hominum illuminabat. Per charitatem Dei in hoc mundo corpus proprium mortificabat ; per charitatem proximi mala increpando, adventum Filii Dei annuntiando, corda hominum ad cœlos erigebat. Tamen, fratres charissimi, Joannes Baptista non ostendebat splendorem suarum virtutum in domo parentum, sed foris in conspectu populorum; nec lucebat in domo sed in publico. Comparemus ergo eum, si placet, lapidi Chalcedonio. Lapis Chalcedonius in numero duodecim pretiosorum lapidum quibus Jerusalem cœlestis civitas Regis magni fundatur atque ornatur, ponitur tertius (Apoc. xxi). Hic lapis, ut fertur, non lucet in domo, sed sub dio, hoc est sub áere, id est sub claritate diei foris in aperto. Dicitur enim splendorem emittere quasi pallentis atque ardentis lucernæ. In hoc igitur quod non lucet in domo significat eos qui sua bona opera faciunt in occulto, sicut ait Dominus in Evangelio : *Nesciat sinistra tua quid faciat dextera tua* (Matth. vi). In eo autem quod hic lapis Chalcedonius non lucet in domo sed foris in aperto, significat illos qui aliqua inevitabili cogente necessitate ad publicum exeunt, et ibi volendo nolendo

(14) Hom. 1, in die Nativit. Joan.

A quasi coacti proximis suis bona sua opera ostendunt. Unde scriptum est : *Luceat lux vestra coram hominibus, ut videant opera vestra bona et glorificent Patrem vestrum qui in cœlis est* (Matth. v). De quorum numero iste vir beatissimus exstitit, quia quandiu in domo parentum suorum habitavit, bona opera sua metu elationis occultavit. Postquam autem ad prædicandum foras exivit, omnem provinciam, imo omnem Ecclesiam illuminavit et viam Domino præparavit, atque hominum mentes de terris ad cœlos sublevavit.

Fratres charissimi, dum beati Joannis Baptistæ virtutes ad memoriam reducimus, necesse est, ut nosmetipsos interius exteriusque consideremus, et ut peccata nostra quotidianis lacrymis lavemus. Ideo ante oculos nostros proposuit Deus sanctorum Patrum exempla, ut nos sequendo eorum vestigia, Spiritus sancti adjuti gratia, possimus promereri æterna gaudia. Nulla igitur jam ignorantia nos a peccato excusat, quia et lex Dei aures nostras quotidie pulsat, et sanctorum Patrum exemplum indesinenter nos ad bene operandum invitat. Jam ergo « vox turturis audita est in terra nostra (Cant. ii), » id est vox apostolorum et sanctorum Patrum prædicantium, hosque ad bene vivendum verbis atque exemplis admonentium. Igitur, fratres dilectissimi, orandus est Deus, ut virtutes quas suis sanctis præparavit ad coronam, nobis sint ad profectum et non ad prænam. Proficient autem ad profectum nostrum, si tot et tanta imitari voluerimus exempla virtutum. Oportet ergo nos, charissimi, cum omni devotione Deum exorare ut per intercessionem beati Joannis Baptistæ ipse nos faciat seipsum timere et diligere, atque in omnibus sua præcepta custodire, et post obitum nostrum ad cœleste regnum pervenire, qui in Trinitate perfecta vivit et regnat Deus per omnia sæcula sæculorum. Amen.

SERMO TERTIUS.

IN ASSUMPTIONE SANCTÆ MARIÆ.

Maria Virgo assumpta est ad æthereum thalamum, in quo Rex regum stellato sedet solio. Maria est illuminatrix dicta pro eo quod æternæ lucis est porta, per quam sedentibus in tenebris et umbra mortis lux est exorta. Illa enim genuit æterni Patris Filium, qui *illuminat omnem hominem venientem in hunc mundum* (Joan. i). Maria etiam *stella maris* interpretatur, quia per eam hoc mare magnum et spatiosum, id est præsens sæculum illuminatur, et in eo navigantibus nobis ab ea portus æternæ

quietis ostenditur. Ipsa enim quasi stella clarissima humanum genus illuminavit, eique inter tenebras ac procellas hujus fluctivagi maris viam rectam monstravit per quam ad littus perpetuæ stabilitatis pervenire potuit. Maria etiam Syra lingua nuncupatur *Domina*. Et satis pulchre dicitur domina, quia per Dominum quem genuit, domina est in cœlo et in terra. Congrue in cœlo et in terra dicitur domina quia omnia Christo famulantia cum omni devotione ac reverentia sunt illi subjecta. Revera domina et in cœlo et in terra, quia ab initio figuris et ænigmatibus est præsignata a patriarchis et prophetis, revelante Spiritu sancto, prænuntiata. Ab ipsa etiam nativitate a sanctis angelis est custodita et comitata ac venerabiliter salutata. Præterea a Deo Patre gloriosissime est veluti sponsa obumbrata ac donis cœlestibus ditata, et a Spiritu sancto illuminata ac repleta, atque a Jesu Christo Filio ejus integritate perpetuæ virginitatis dicata et consecrata, ab evangelistis vero ostensa atque monstrata. Joannes etiam evangelista cui eam Christus de cruce commisit (*Joan.* xix), illam usque ad finem vitæ custodivit, eique in necessitatibus fideliter ac devote ministravit, atque eam ut credimus post dormitionem in mausoleo quod est in vallis Josaphat medio composuit ac decenter collocavit.

Mausolea sunt sepulcra seu monumenta regum, dicta a Mausoleo rege Ægyptiorum (15). Post mortem vero hujus Mausolei regis uxor ejus regina super corpus ejus construxit sepulcrum nimiæ magnitudinis et miræ pulchritudinis, in tantum ut omnia pretiosa monumenta regum atque principum in partibus Orientis mausolea nuncupentur ex nomine Mausolei regis. Impletum ergo videmus quod hinc sacratissimæ Virgini Mariæ Gabriel prædixit archangelus : *Ave*, inquit, *Maria, gratia plena, Dominus tecum (Luc.* i). Vere in Maria gratia erat plena, cui tam devote, sicut jam supra diximus, cœlestia ministrabant ac terrestria. Vero in Maria gratia plena fuit, per quam æterni Patris Filium generare potuit, et universam pravitatem hæreticorum, magorum, atque philosophorum interemit. Talibus ergo decebat hanc augustissimam Virginem oppignorari, id est ditari muneribus, ut esset gratia plena et ut reverenter ei obsequia exhiberentur angelica, quæ dedit cœlis gloriam, terris Deum, pacem refudit, fidem gentibus, finem vitiis, vitæ ordinem, moribus disciplinam. Cœlis gloriam dedit quando angelus Christum pastoribus nuntiavit et statim angelicus chorus in excelsis Deo gloriam cecinit, atque in terra pacem hominibus bonæ voluntatis redditam esse nuntiavit (*ibid.*); Deum terris dedit, quia nobis genuit Filium Dei omnipotentis, qui nos suo pretioso sanguine de manu inimici redemit, atque a periculo æternæ damnationis liberavit ; pacem refudit quia homines Deo reconciliavit, et angelos ad pacem hominum revocavit; dedit fidem gentibus, quia homines qui ignorando verum Deum longo tempore servierant idolis, per ejus partum conversi sunt ad fidem et cognitionem sui Creatoris; dedit etiam finem vitiis, quia per baptismum et mysterium sacratissimi corporis Christi fideles populi absolvuntur a vinculis tam originalis quam actualis peccati, ita duntaxat ut deinceps abrenuntient operibus diaboli, et ut fideliter colla subjiciant suavi jugo servitutis Christi ; vitæ ordinem dedit, quia Christus Ecclesiam suam ordinavit atque præpositos instituit, et minoribus majoribus obedire præcepit. Unde Paulus apostolus dicit : *Quæcunque ordinata sunt, a Deo ordinata sunt*, et : *Qui resistit potestati, Dei ordinationi resistit (Rom.* xiii). Moribus disciplinam dedit, quia Christus qui ex ea natus est, peccantibus pœnitentiam imposuit; ut, qui post baptismum sese peccatis et vitiis subdidit et vestem innocentiæ inquinavit, rursum per puras orationes et lacrimas atque jejunia et per cætera bona opera suorum veniam peccatorum consequi possit. Unde ipse Dominus per prophetam dicit : *Nolo mortem peccatoris, sed ut magis convertatur et vivat (Ezech.* xviii). Vere in hac nobilissima Virgine fuit gratia plena, per quam tanta et innumerabilia bona accepit sancta Ecclesia. Quibus igitur eam laudibus digne possumus honorare per quam æternæ salutis pignus meruimus accipere ? Aut quas ei gratias referre valebimus per cujus partum cœlestis regni aditum invenire potuimus? Aut quid nos in ejus tentamus dicere laudibus quæ divinis est et angelicis laudata et glorificata præconiis excellentius? Nimirum humanus sermo laudes explicare non valet verbis hujus sacratissimæ atque gloriosissimæ Virginis, maxime cum nec vita concordet, nec facundia suppeditet, nec scientia abundet. Procul dubio pavet cœlum, stupet terra, ignorat ratio, mens non capit humana, quin etiam miratur omnis creatura quod ei per Gabrielem archangelum annuntiatur et quod in ea per Christum adimpletur.

Unde in Canticis canticorum Spiritus sanctus ex persona supernorum civium in ejus ascensione admirans ait : *Quæ est ista quæ ascendit per desertum sicut virgula fumi ex aromatibus myrrhæ, et thuris?* (*Cant.* iii.) Ascendebat ergo per desertum hujus mundi quasi virgula fumi, quia nimirum gracilis erat et delicata, atque extenuata cœlestibus disciplinis, scilicet abstinentia, jejuniis, vigiliis atque orationibus; quia ejus conversatio jam non erat in terris sed in cœlis ; Spiritus sanctus admirasse dicitur, dum hæc beatissima Virgo super choros angelorum exaltatur; desertum dicitur derelictum. Recte ergo per desertum ascendebat, quia jam præsentem mundum tota mente deserebat, et ad cœlestem patriam cum omni devotione anhelabat, terrena contemnebat, omne desiderium suum in cœlum erigebat, et quia in infimis nihil quod ei dulce esset conspiciebat, totum cor ad superna amanda convertebat, censum mundi cum omni cupiditate noxia despiciebat, atque ad invisibilia tendebat. Sic nimirum per desertum ascendebat, quia tota intentione mundum deserebat. Bene ergo sicut virgula fumi dicitur ascendisse, quia odorem bonæ famæ, et exemplum perfectionis reliquit sanctæ Ecclesiæ. Omnes enim quoscunque poterat, ad suum exemplum vivere cogebat, et ut terrena despicerent, et

---

(15) Ex B. Isidor, lib. xv *Etym.*, c. 11.

cœlestia diligerent, admonebat. Suadebat præcipue virginibus integritatem mentis et corporis conservare, ac mortalis naturæ lenocinia vitare, et Christum cum accensis bonorum operum lampadibus usque in diem mortis suæ fideliter exspectare. In tantum igitur suavissimus odor perfectæ conversationis manabat ex ea, ut innumerabilis utriusque sexus multitudo ejus sequeretur vestigia, et nuptiarum copulatione postposita, ac propagatione filiorum despecta, Jesu Christo cœlesti sponso ejus sacratissimis admonitionibus fieret devota.

Sequitur : *Sicut virgula fumi*, inquit, *ex aromatibus myrrhæ*, *et thuris* (*Cant.* iii). Et notandum quia fumus iste ex aromatibus myrrhæ et thuris dicitur esse. Myrrha quippe corpora mortuorum condiuntur, ne putrescant, thura vero in thuribulo accenduntur ut odorem emittant. Hæc igitur gloriosissima Virgo, dum carnem suam a putredine vitiorum mortificabat, dum omnes mundi voluptates per continentiam abnegabat, morituro corpori quasi myrrham adhibebat, et ut post mortem ab æterna corruptione sanum permaneret, summopere satagebat. Dum vero a cordis cubiculo omnes superfluas cogitationes abjiciebat, quasi thuribulum coram Deo faciebat, in quo dum per dilectionem Dei et proximi virtutes congregabat, quasi carbones ignis in thuribulo coaptabat, in quo semetipsam igne charitatis in conspectu Dei incendebat. Dumque ferventes et mundas orationes ad Deum emittebat, quasi fumum aromatum ex thuribulo educebat, quo suave coram Deo redolebat, et proximos quosque ad amorem Dei per bona exempla excitare non cessabat.

Rursus de ea in eisdem Canticis Spiritus sanctus admirans ait : *Quæ est ista, quæ ascendit quasi aurora consurgens, pulchra ut luna, electa ut sol, terribilis ut castrorum acies ordinata?* (*Cant.* vi.) Mirabantur sanctorum animæ præ gaudio, quænam esset quæ etiam angelorum dignitatem vinceret. *Quæ est ista*, inquit, *quæ ascendit, quasi aurora consurgens;* quia videlicet Virgo semper Maria, relictis tenebris corruptionis, in suo ascensu rutilabat novitate incorruptionis ac perpetuæ immortalitatis. *Pulchra ut luna*, imo pulchrior quam luna; quia luna aliquando crescit, aliquando vero decrescit. Hæc autem sine defectu corruptionis tenebras sanctæ Ecclesiæ illuminat, et in ea æternæ beatitudinis claritas perseverat. Bene etiam ut sol dicitur electa, quia ipse eam elegit sol justitiæ, ut nasceretur ex ea. Unde dicit David propheta : *In sole posuit tabernaculum suum* (*Psal.* xviii). In sole, hoc est in hac beatissima Virgine aptavit thalamum suum. Terribilis esse perhibetur ut castrorum acies ordinata, quia in ascensione sua ex omni parte angelicis choris erat circumdata, et electorum spirituibus hinc inde comitata. Credimus hodierna die omnem cœlorum militiam cum agminibus angelorum festive obviam huic beatissimæ Genitrici Dei Mariæ advenisse, atque eam immenso lumine circumfulsisse, et usque ad thronum sibi ante mundi constitutionem a Deo prædestinatum cum laudibus et canticis spiritualibus perduxisse. Nulli ergo dubium sit, tunc in assumptione tam præclaræ Virginis omnem cœlestem Jerusalem ineffabili lætitia exsultasse, atque inæstimabili charitate jucundatam esse, ac de societate illius cum omni gratulatione jubilasse. Etiam quantum datur intelligi, ipsemet Jesus Christus ei gratulabundus ac festivus occurrit, eamque secum in paterna gloria collocavit.

Interea, fratres charissimi, dignum est, in quantum divina largiente gratia possumus, ut nosmetipsos bonis coaptemus moribus; et ut penetralia cordium nostrorum a peccatis et vitiis emundemus, quatenus Deum in hac solemnitate semper Virginis Mariæ decenter laudare possimus; quia iter nostræ salutis in Dei consistit laudibus. Unde in Psalmis dicit sermo divinus : *Sacrificium laudis honorificabit me* (*Psal.* xlix). Videlicet sacrificium contriti cordis et casti corporis; sacrificium mundæ mentis ac puræ laudis honorificat Deum. *Et illic iter, quo ostendam illi Salutare Dei* (*ibid.*). Per istud iter non ambulatur pedibus, sed bonis moribus; istud iter non perficitur gressibus corporis, sed operibus bonis; istud iter sic perficitur, ut corpus exerceatur in sanctis actionibus, et ut mens sit devota in Dei laudibus. Gloriosum iter, quod perducit laudantem ad cœli terræque Creatorem. Gloriosa semita, quæ perducit hominem ad æterna gaudia. Sed tamen, dilectissimi, iter istud nullatenus possumus invenire, nisi Deus illud nobis dignatus fuerit ostendere. Oportet igitur nos cum omni instantia Deum exorare, ut iter suæ laudis nobis dignetur demonstrare, per quod ad ipsum poscimus pervenire. Sed quia meritis indigni sumus impetrandi quod possimus, hujus gloriosissimæ Reginæ cœlorum ac terræ auxilium flagitemus, ut illius sacratissimis adjuti precibus per iter laudum ad cœleste regnum mereamur pertingere, ipsumque de quo loquimur, Salutare Dei in gloria Patris regnantem, videre; ipso præstante, qui cum eodem Patre, et Spiritu sancto in Trinitate perfecta vivit, et regnat Deus per infinita sæculorum sæcula. Amen.

domina et in cœlo et in terra, quia ab initio figu-A
ris et ænigmatibus est præsignata a patriarchis et
prophetis, revelante Spiritu sancto, prænuntiata. Ab
ipsa etiam nativitate a sanctis angelis est custodita
et comitata ac venerabiliter salutata. Præterea
a Deo Patre gloriosissime est veluti sponsa obumbrata ac donis cœlestibus ditata, et a Spiritu
sancto illuminata ac repleta, atque a Jesu Christo
Filio ejus integritate perpetuæ virginitatis dicata et
consecrata, ab evangelistis vero ostensa atque
monstrata. Joannes etiam evangelista cui eam
Christus de cruce commisit (Joan. xix), illam usque
ad finem vitæ custodivit, eique in necessitatibus
fideliter ac devote ministravit, atque eam ut credimus post dormitionem in mausoleo quod est in vallis Josaphat medio composuit ac decenter collo-B
cavit.

Mausolea sunt sepulcra seu monumenta regum,
dicta a Mausoleo rege Ægyptiorum (15). Post mortem vero hujus Mausolei regis uxor ejus regina
super corpus ejus construxit sepulcrum nimiæ magnitudinis et miræ pulchritudinis, in tantum ut
omnia pretiosa monumenta regum atque principum in partibus Orientis mausolea nuncupentur ex
nomine Mausolei regis. Impletum ergo videmus
quod hinc sacratissimæ Virgini Mariæ Gabriel prædixit archangelus : Ave, inquit, Maria, gratia plena, Dominus tecum (Luc. i). Vere in Maria gratia
erat plena, cui tam devote, sicut jam supra diximus, cœlestia ministrabant ac terrestria. Vero in C
Maria gratia plena fuit, per quam æterni Patris Filium generare potuit, et universam pravitatem hæreticorum, magorum, atque philosophorum interemit. Talibus ergo decebat hanc augustissimam Virginem oppignorari, id est ditari muneribus, ut
esset gratia plena et ut reverenter ei obsequia exhiberentur angelica, quæ dedit cœlis gloriam, terris Deum, pacem refudit, fidem gentibus, finem
vitiis, vitæ ordinem, moribus disciplinam. Cœlis
gloriam dedit quando angelus Christum pastoribus
nuntiavit et statim angelicus chorus in excelsis
Deo gloriam cecinit, atque in terra pacem hominibus bonæ voluntatis redditam esse nuntiavit (ibid.);
Deum terris dedit, quia nobis genuit Filium Dei
omnipotentis, qui nos suo pretioso sanguine de manu inimici redemit, atque a periculo æternæ damnationis liberavit ; pacem refudit quia homines
Deo reconciliavit, et angelos ad pacem hominum
revocavit; dedit fidem gentibus, quia homines qui
ignorando verum Deum longo tempore servierant
idolis, per ejus partum conversi sunt ad fidem et
cognitionem sui Creatoris; dedit etiam finem vitiis,
quia per baptismum et mysterium sacratissimi corporis Christi fideles populi absolvuntur a vinculis
tam originalis quam actualis peccati, ita duntaxat
ut deinceps abrenuntient operibus diaboli, et ut
fideliter colla subjiciant suavi jugo servitutis Chri-

sti ; vitæ ordinem dedit, quia Christus Ecclesiam
suam ordinavit atque præpositos instituit, et minoribus majoribus obedire præcepit. Unde Paulus
apostolus dicit : Quæcunque ordinata sunt, a Deo
ordinata sunt, et : Qui resistit potestati, Dei ordinationi resistit (Rom. xiii). Moribus disciplinam dedit,
quia Christus qui ex ea natus est, peccantibus pœnitentiam imposuit; ut, qui post baptismum sese peccatis et vitiis subdidit et vestem innocentiæ inquinavit, rursum per puras orationes et lacrimas atque jejunia et per cætera bona opera suorum veniam
peccatorum consequi possit. Unde ipse Dominus
per prophetam dicit : Nolo mortem peccatoris, sed
ut magis convertatur et vivat (Ezech. xviii). Vere
in hac nobilissima Virgine fuit gratia plena,
per quam tanta et innumerabilia bona accepit
sancta Ecclesia. Quibus igitur eam laudibus digne
possumus honorare per quam æternæ salutis
pignus meruimus accipere? Aut quas ei gratias
referre valebimus per cujus partum cœlestis regni
aditum invenire potuimus? Aut quid nos in ejus
tentamus dicere laudibus quæ divinis est et angelicis laudata et glorificata præconiis excellentius?
Nimirum sermo humanus laudes explicare non valet verbis hujus sacratissimæ atque gloriosissimæ
Virginis, maxime cum nec vita concordet, nec facundia suppeditet, nec scientia abundet. Procul
dubio pavet cœlum, stupet terra, ignorat ratio,
mens non capit humana, quin etiam miratur omnis creatura quod ei per Gabrielem archangelum
annuntiatur et quod in ea per Christum adimpletur.

Unde in Canticis canticorum Spiritus sanctus ex
persona supernorum civium in ejus ascensione admirans ait : Quæ est ista quæ ascendit per desertum
sicut virgula fumi ex aromatibus myrrhæ, et thuris?
(Cant. iii.) Ascendebat ergo per desertum hujus
mundi quasi virgula fumi, quia nimirum gracilis
erat et delicata, atque extenuata cœlestibus disciplinis, scilicet abstinentia, jejuniis, vigiliis atque
orationibus; quia ejus conversatio jam non erat in
terris sed in cœlis ; Spiritus sanctus admirasse dicitur, dum hæc beatissima Virgo super choros angelorum exaltatur; desertum dicitur derelictum.
Recte ergo per desertum ascendebat, quia jam præsentem mundum tota mente deserebat, et ad cœlestem patriam cum omni devotione anhelabat, terrena contemnebat, omne desiderium suum in cœlum
erigebat, et quia in infimis nihil quod ei dulce esset
conspiciebat, totum cor ad superna amanda convertebat, censum mundi cum omni cupiditate noxia
despiciebat, atque ad invisibilia tendebat. Sic nimirum per desertum ascendebat, quia tota intentione mundum deserebat. Bene ergo sicut virgula
fumi dicitur ascendisse, quia odorem bonæ famæ,
et exemplum perfectionis reliquit sanctæ Ecclesiæ.
Omnes enim quoscunque poterat, ad suum exemplum vivere cogebat, et ut terrena despicerent, et

(15) Ex B. Isidor, lib. xv Etym., c. 11.

cœlestia diligerent, admonebat. Suadebat præcipue virginibus integritatem mentis et corporis conservare, ac mortalis naturæ lenocinia vitare, et Christum cum accensis bonorum operum lampadibus usque in diem mortis suæ fideliter exspectare. In tantum igitur suavissimus odor perfectæ conversationis manabat ex ea, ut innumerabilis utriusque sexus multitudo ejus sequeretur vestigia, et nuptiarum copulatione postposita, ac propagatione filiorum despecta, Jesu Christo cœlesti sponso ejus sacratissimis admonitionibus fieret devota.

Sequitur : *Sicut virgula fumi*, inquit, *ex aromatibus myrrhæ*, *et thuris* (*Cant.* III). Et notandum quia fumus iste ex aromatibus myrrhæ et thuris dicitur esse. Myrrha quippe corpora mortuorum condiuntur, ne putrescant, thura vero in thuribulo accenduntur ut odorem emittant. Hæc igitur gloriosissima Virgo, dum carnem suam a putredine vitiorum mortificabat, dum omnes mundi voluptates per continentiam abnegabat, morituro corpori quasi myrrham adhibebat, et ut post mortem ab æterna corruptione sanum permaneret, summopere satagebat. Dum vero a cordis cubiculo omnes superfluas cogitationes abjiciebat, quasi thuribulum coram Deo faciebat, in quo dum per dilectionem Dei et proximi virtutes congregabat, quasi carbones ignis in thuribulo coaptabat, in quo semetipsam igne charitatis in conspectu Dei incendebat. Dumque ferventes et mundas orationes ad Deum emittebat, quasi fumum aromatum ex thuribulo educebat, quo suave coram Deo redolebat, et proximos quosque ad amorem Dei per bona exempla excitare non cessabat.

Rursus de ea in eisdem Canticis Spiritus sanctus admirans ait : *Quæ est ista, quæ ascendit quasi aurora consurgens, pulchra ut luna, electa ut sol, terribilis ut castrorum acies ordinata?* (*Cant.* VI.) Mirabantur sanctorum animæ præ gaudio, quænam esset quæ etiam angelorum dignitatem vinceret. *Quæ est ista*, inquit, *quæ ascendit, quasi aurora consurgens;* quia videlicet Virgo semper Maria, relictis tenebris corruptionis, in suo ascensu rutilabat novitate incorruptionis ac perpetuæ immortalitatis. *Pulchra ut luna*, imo pulchrior quam luna; quia luna aliquando crescit, aliquando vero decrescit. Hæc autem sine defectu corruptionis tenebras sanctæ Ecclesiæ illuminat, et in ea æternæ beatitudinis claritas perseverat. Bene etiam ut sol dicitur electa, quia ipse eam elegit sol justitiæ, ut nasceretur ex ea. Unde dicit David propheta : *In sole posuit tabernaculum suum* (*Psal.* XVIII). In sole, hoc est in hac beatissima Virgine aptavit thalamum

suum. Terribilis esse perhibetur ut castrorum acies ordinata, quia in ascensione sua ex omni parte angelicis choris erat circumdata, et electorum spirituibus hinc inde comitata. Credimus hodierna die omnem cœlorum militiam cum agminibus angelorum festive obviam huic beatissimæ Genitrici Dei Mariæ advenisse, atque eam immenso lumine circumfulsisse, et usque ad thronum sibi ante mundi constitutionem a Deo prædestinatum cum laudibus et canticis spiritualibus perduxisse. Nulli ergo dubium sit, tunc in assumptione tam præclaræ Virginis omnem cœlestem Jerusalem ineffabili lætitia exsultasse, atque inæstimabili charitate jucundatam esse, ac de societate illius cum omni gratulatione jubilasse. Etiam quantum datur intelligi, ipsemet Jesus Christus ei gratulabundus ac festivus occurrit, eamque secum in paterna gloria collocavit.

Interea, fratres charissimi, dignum est, in quantum divina largiente gratia possumus, ut nosmetipsos bonis coaptemus moribus; et ut penetralia cordium nostrorum a peccatis et vitiis emundemus, quatenus Deum in hac solemnitate semper Virginis Mariæ decenter laudare possimus; quia iter nostræ salutis in Dei consistit laudibus. Unde in Psalmis dicit sermo divinus : *Sacrificium laudis honorificabit me* (*Psal.* XLIX). Videlicet sacrificium contriti cordis et casti corporis ; sacrificium mundæ mentis ac puræ laudis honorificat Deum. *Et illic iter, quo ostendam illi Salutare Dei* (*ibid.*). Per istud iter non ambulatur pedibus, sed bonis moribus ; istud iter non perficitur gressibus corporis, sed operibus bonis ; istud iter sic perficitur, ut corpus exerceatur in sanctis actionibus, et ut mens sit devota in Dei laudibus. Gloriosum iter, quod perducit laudantem ad cœli terræque Creatorem. Gloriosa semita, quæ perducit hominem ad æterna gaudia. Sed tamen, dilectissimi, iter istud nullatenus possumus invenire, nisi Deus illud nobis dignatus fuerit ostendere. Oportet igitur nos cum omni instantia Deum exorare, ut iter suæ laudis nobis dignetur demonstrare, per quod ad ipsum poscimus pervenire. Sed quia meritis indigni sumus impetrandi quod possimus, hujus gloriosissimæ Reginæ cœlorum ac terræ auxilium flagitemus, ut illius sacratissimis adjuti precibus per iter laudum ad cœleste regnum mereamur pertingere, ipsumque de quo loquimur, Salutare Dei in gloria Patris regnantem, videre; ipso præstante, qui cum eodem Patre, et Spiritu sancto in Trinitate perfecta vivit, et regnat Deus per infinita sæculorum sæcula. Amen.

SERMO QUARTUS.

II IN NATIVITATE SANCTÆ MARIÆ.

Catalogi mansiones filiorum Israel, quæ a prima usque ad ultimam numerantur, simul quadraginta duæ sunt. Per has mansiones festinavit Hebræus de terra Ægypti exire, et ad terram promissionis pervenire. Per has etiam figuraliter Christianus debet currere, qui de Ægypto, hoc est de præsenti sæculo, cupit exire, et ad terram promissionis, id est ad cœlestem patriam pervenire. Nec mirum videatur, si sub illo numeri sacramento perveniamus ad regna cœlorum, sub quo etiam numero Dominus et Salvator noster typice ab Abraham patriarcha pervenit ad Mariam Virginem, quasi ad Jordanem, quæ pleno gurgite fluens, Spiritus sancti gratia redundavit. Has utique mansiones Matthæus evangelista figuraliter in Evangelio suo demonstrat, cum enumerando a patriarcha Abraham usque ad Christum, quadraginta duas generationes fuisse, narrat (*Matth.* 1).

Per has ergo quadraginta duas generationes ab Abraham quasi per tot mansiones recta linea per David descendens Christus ad Mariam venit, cum pro nostra redemptione in ea incarnari voluit. Regali ergo ex progenie Maria exorta refulget, cujus precibus nos adjuvari mente et spiritu devotissime credimus. Ideo semper Virgo Maria ex regali progenie scribitur, quia de stirpe regis David orta fuisse perbibetur. Ex regali prosapia descendit, quia veram de stirpe David originem duxit. Per humanam naturam ex regali progenie exstitit, sed per gratiam Deus eam sibi in filiam adoptavit. Secundum carnem de semine regio fuit nata, sed per adoptionem Dei altissimi est filia. Ex se ipsa Christum Deum et hominem genuit; sed tamen Christus eam creavit. Est igitur mater, et filia; mater, quia verum Deum et verum hominem genuit; filia, quia illam Deus, ut ex ea nasceretur, creavit.

Nobilis est ex progenie terreni parentis, sed longe est nobilior per gratiam Dei omnipotentis. Quasi filia regis David gloriosa est effecta, sed multo est gloriosior, quia a Deo est electa. Nobilis est parentibus, sed tamen nobilior est moribus; nobilis est genere, sed nobilior sanctitate. Quare? Quia ab infantia, divina præveniente gratia, cœpit despicere terrena, et amare cœlestia. Ab exordio nativitatis suæ dono illuminata supernæ gratiæ, studuit visibilia contemnere et invisibilia quærere. Deum cum dilectione timebat, eumque cum timore diligebat; os suum a superfluo sermone restringebat, delicias ciborum respuebat, visus hominum fugiebat, seipsam in vultu et habitu magis Deo quam hominibus placere optabat. Præterea iram et odium veluti quamdam mortiferam pestem vitabat; lenocinia cum omnibus hujus mundi blandimentis fugiebat. Fidem rectam custodiebat, nulla insipiens doctrina eam decipiebat, nulla religio perversa corrumpebat, nulla pravitas a statu rectitudinis avertebat, nulla iniquitas a Dei dilectione separabat. Ab omnibus quæ lex vetat sese abstinebat; omnia quæ Scriptura prohibet summopere cavebat. Quotidie orationi insistebat, diebus ac noctibus suppliciter Deum exorabat, nocturnis vigiliis in Dei laudibus permanebat. In humilitate fundata erat, minimam se judicabat, ancillam Dei se esse dicebat, atque ut digna in conspectu Dei existeret, vigilanti cura elaborabat. Ostendebat in suo gressu simplicitatem, in motu puritatem, in gestu gravitatem, in incessu honestatem.

Sed quis poterit sufficienter aut digne perfectionem sanctitatis ejus referre? Omnis illius vita virtutibus exstitit plena; a peccatis vero et vitiis munda. Spiritus sanctus eam illuminavit, et virtutibus corroboravit, ab ubertate domus Dei inebriavit, atque ab omni carnali delectatione purgavit, ut Deum super omnia diligeret, eique cum omni devotione adhæreret; ita ut, desiderio superni amoris accensa, vix eam aliquis in bonis operibus imitari posset. In tantum in omni gente Judæorum virtutibus excrevit, seque ipsam eis bonorum operum exemplum præbuit, ut recte de ea dici possit: Sicut spina generat rosam, ita Judæa genuit Mariam. Congrue Judæa comparatur spinis, quia semper Deum exacerbavit in operibus suis. Bene Scriptura Judaicam gentem spinis comparavit, quia quasi infligendo vulnera cruenta exstitit, dum prophetarum et proximorum sanguinem crudeliter effudit. Unde ei Dominus in Evangelio dicit: *Jerusalem, Jerusalem, quæ occidis prophetas, et lapidas eos qui ad te missi sunt* (*Matth.* XXIII). De qua etiam Elias querimoniam faciens, dicebat Deo: *Domine, altaria tua suffoderunt, prophetas tuos occiderunt, et relictus sum ego solus, et quærunt animam meam ut auferant eam* (*III Reg.* XIX). Hoc etiam significavit, quod Dominus in rubo Moysi in flamma apparuit. Erat flamma in rubo, id est in spinis, et non cremabatur rubus (*Exod.* III). Rubus significat spinas peccatorum Judæorum, flamma vero significat legem divinorum præceptorum; et sicut flamma rubum non comburebat, ita lex peccata Judæorum omnino non consumebat.

Congrue igitur semper Virgo Maria quasi rosa de spinis dicitur fuisse orta; quia quamvis originem duxerit de stirpe Judaica, tamen dum per Dei gratiam a peccatis et vitiis stetit aliena ; dum utrique sexui, videlicet viris et feminis, perfectæ conversationis præbuit exempla, velut rosa decorat spineta, sic illa decoravit Judæam, imo etiam universam Ecclesiam. Dum vero seipsam per dilectionem Dei et proximi in omni mansuetudine et patientia conservabat, dum innocentiam et puritatem verbo et opere custodiebat, dum cuncta quæ in terris sunt, pro nihilo ducebat; quasi rosa flagrans suis proximis suaviter redolebat; dum eis bonæ famæ odorem præstabat. Unde bene illi convenit quod Spiritus sanctus in Canticis canticorum dicit : *Sicut lilium inter spinas, sic amica mea inter filias (Cant.* II), Per filias in sacro eloquio negligentes quique, et in Dei dilectione tepidi nominantur; quia dum effeminatos mores nutriunt, dignitate virili amissa, quales interius habentur, exterius feminino nomine nuncupantur. Et quia Christum solummodo verbis confitentur, operibus vero nihil aliud, nisi mundanas sollicitudines sectantur; recte non filii, sed filiæ nominantur.

Digne igitur sicut lilium inter spinas, sic beatissima Virgo Maria inter filias esse perhibetur; quia quamvis de radice humanæ fragilitatis processerit, quamvis de stirpe mortalitatis prodierit, quamvis de natura vitiata exierit; tamen dum fœditatem humanæ vitæ despiciendo, ad cœlestem se erexit pulchritudinem; dum nigredinem Judaicæ conversationis vilipendendo, corde et corpore munditiæ candorem conservavit; dum superbiæ montem deserendo, seipsam in convalle humilitatis plantavit: quasi lilium odore bonæ opinionis proximos suos, imo omnes fideles, refecit. Recte ergo in dignitate lilii computatur, quia ab infantia candorem virginitatis amavit, et mentis munditiam custodivit, per quam omnipotenti Deo præ cunctis virginibus placere meruit, sicut Scriptura dicit : *Elegit eam Deus, et præelegit eam (Psal.* CXXXI). Elegit eam videlicet præ aliis virginibus; et præelegit eam super omnes virgines, privilegio scilicet majoris dignitatis, ac singularis dilectionis: quia nec ei prima similis aliqua visa est, nec sequens erit, quæ ei assimilari possit, de qua etiam beatus Hieronymus dicit : « Invenitur prima inter primas summi Regis cohortes. » Prima dicitur inter omnes virgines summi Regis cohortes, non solum tempore, verum etiam dignitate et sanctitate. In summi regis curia invenitur prima, quia super omnes virgines, imo etiam super omnes mulieres est benedicta. Revera super omnes mulieres est benedicta, quia inter omnes feminas gloriosissimum Deo virginitatis munus obtulit prima. In summi Regis curia prima dicitur inveniri, quia in terris angelicam vitam studuit imitari.

Unde Propheta ait : *Adducentur regi virgines post eam: proximæ ejus afferentur tibi (Psal.* XLI). Cæteræ virgines adducentur regi Domino, non in pri-

mo, sed in secundo loco,   nulla æquabitur ei sive in sanctitate, sive in [   ]o. Deo dicatæ virgines, adducentur cœlorum regi, non pariter sed post eam; quia nulla ei, quamvis sit sancta, quamvis sit digna, poterit in præmio parificari. Cæteræ Deo consecratæ virgines illius sequaces possunt esse, non comites; quia hæc nobilissima Virgo domina est inter ancillas, regina inter sorores, magistra inter virgines. Sine dubio sanctarum virginum est magistra, quia eis bene vivendi præbuit exempla. Est etiam mater earum; quia eas genuit exemplo sanctarum virtutum. Unde Scriptura loquitur : *Unusquisque ejus filius dicitur, cujus doctrinam sequitur.* Certe non solum virginum, sed etiam omnium sanctarum feminarum mater est et magistra, quia super omnes mulieres a Deo est electa atque benedicta. Cui Spiritus sanctus in Canticis canticorum dicit in magna gloria : *Tota pulchra es amica mea, et macula non est in te (Cant.* IV). Sed cum scriptum sit : *Nemo est sine peccato : nec etiam infans, cujus vita est unius diei, super terram (Job* XIV); quid est quod hæc sanctissima Virgo tota pulchra esse dicitur, in qua macula non habetur ? Alibi quippe legitur : *Stellæ non sunt mundæ in conspectu Dei (Job* XXV). Et alibi : *In multis offendimus omnes (Jac.* III). Et Joannes apostolus ait : *Si dixerimus quia non peccavimus, mentimur, et non facimus veritatem (I Joan.* I).

Sed tamen beatissima Virgo Maria, sicut a Spiritu sancto tota pulchra et sine macula dicitur, ita et a sanctis Patribus prædicatur, quod de nullo alio sanctorum creditur. Decenter igitur eam sine macula Spiritus sanctus prædicit, quia illam præveniens a peccato prorsus purgavit, et fomite peccati liberavit, atque ab omni illicita cogitatione penitus mundavit; in tantum, ut ei postmodum peccandi occasio nullatenus exstiterit. Unde beatus Augustinus dicit (16) : « Excepta et sacratissima Virgine, si omnes sancti et sanctæ in unum congregarentur, et quæreretur ab eis, an peccatum haberent; quid responderent, nisi quod Joannes ait? *Si dixerimus quia peccatum non habemus, nosmetipsos seducimus, et veritas in nobis non est.* » Hæc autem Virgo gloriosissima singulari gratia Spiritus sancti est præventa atque repleta, ut ipsum haberet sui ventris fructum, quem ab initio omnis creatura habuit Dominum. Recte ergo dicitur et absque ulla dubitatione, tota pulchra, et sine macula fuisse, in sinum cujus Verbum Patris, per quod facta sunt omnia, dignatum est descendere, ibique pro totius mundi salute humanitatem nostram sibi misericorditer conjungere. Nihilominus tota pulchra et sine macula fuit, in cujus utero Dei Filius nostra carne se induit, in qua pro nostra redemptione passus est, sicut voluit, et cum qua hostem antiquum potenter debellavit, atque infernum, quamvis illuc in sola anima descenderit, spoliavit, ejusque spolia post

(16) *De natura et gratia,* contr. Pelag., n. 42.

resurrectionem suam quadragesimo die ad cœlos sublevavit, eamque, ut credimus, in æterna beatitudine collocavit. Sine dubio tota pulchra et sine macula fuit, quæ et genitricis dignitatem obtinuit, et virginalem pudicitiam non amisit. Virgo peperit, quia virgo concepit. Beata illa fecunditas, quæ pariendo mundum illuminavit, cœlos hæreditavit, damna angelorum et hominum reparavit, et tamen velamina virginitatis non perdidit. Felix venter ille, qui sine humano semine gignere novit, et corruptionem ignoravit. Felix certe est, et omni laude dignissima hæc semper Virgo, quæ cœlestem panem, id est Christum protulit sæculo, de quo sancti angeli reficiuntur in cœlo. Ex se ipsa protulit mundo panem vivum, de quo reficiuntur animæ fidelium ; et tamen non perdidit virginitatis sigillum.

Unde dicitur in eisdem Canticis : *Hortus conclusus, fons signatus. Emissiones tuæ paradisus* (*Cant.* IV). Omnino est hortus deliciarum, in quo plantata sunt omnia genera florum, et odoramenta sanctarum virtutum : sic perfecte conclusus, ut nullatenus possit violari, neque ullis cogitationibus sive insidiarum fraudibus valeat corrumpi. Recte hortus conclusus dicitur, quia dum per bona exempla multos populos gignit, quasi hortus germinans pulchros flores emittit. Fons etiam signatus sigillo totius Trinitatis existit, ex quo fons vitæ procedit, qui et angelos in cœlo ex se ipso pascit, et fideles, ne laxentur in via hujus sæculi, reficit. De quo fonte ipse Dominus in Evangelio dicit : *Qui biberit ex aqua quam ego dabo ei, non sitiet in æternum* (*Joan.* IV). Etiam illius uteri emissio, scilicet Christus, omnium supernorum civium est paradisus. *Paradisus Græce*; Latine *hortus* dicitur. *Eden* Hebraice, Latine interpretantur *deliciæ;* quæ simul juncta faciunt hortum deliciarum. Congrue in hoc loco horto comparatur Jesus Christus, quia quamvis in divinitate sua cum Patre et Spiritu sancto sit incircumscriptus, tamen ita est circumscriptus, ut nunquam pervenire possit ad eum hypocrita, hæreticus, Judæus, sive paganus. Recte dicitur hortus deliciarum, quia in eo sunt omnes deliciæ atque divitiæ supernorum civium. Satis pulchre dicitur paradisus, quia ipse est refectio et suavitas ad se currentibus, atque omnibus in cœlo manentibus. Ideo hortus dicitur deliciarum, quia ipse cibus est et jucunditas omnium cœlestium ordinum beatorum spirituum, et animarum omnium sanctorum.

Igitur, fratres dilectissimi, si ad has delicias, de quibus loquimur, scilicet ad Christum, cupimus pervenire, necesse est ut illi cum omni devotione studeamus servire, eique in omni nostra conversatione placere, illique tota mente adhærere, ut recte cum Propheta possimus dicere : *Mihi autem adhærere Deo bonum est : ponere in Domino Deo spem meam* (*Psal.* LXXII). Ac si diceret : Mihi videtur delectabile et utile esse, mundum contemnere, Deoque adhærere, atque in eo spem meam ponere, magis quam in temporalibus bonis quæ sub omni velocitate constant, ad nihilum devenire. Dignum est ergo, ut ei adhæreamus castis moribus, eumque sequamur sanctis actionibus, mundatis prius pectoribus ab immundis et nefandis, vanis ac noxiis cogitationibus, quia nemo poterit eum digne contemplari, nec perfecte sequi sine istis virtutibus. In sua namque essentia sanctissimus est atque subtilissimus, nec poterit eum cernere immundus oculus. Ad ipsum ergo mundo corde et pura mente accedamus, illum præ omnibus et super omnia diligentes, eum in omnibus et per omnia amantes, ipsique cum omni instantia servientes, qui et se ipsum nobis alimentum præstat, ne deficiamus in hujus mundi via, et præmium servat, de quo gaudeamus in cœlesti patria. Sed quia innumeris exigentibus culpis, indigni sumus cœlestibus donis, auxilium imploremus beatissimæ Mariæ semper virginis, quatenus ejus sacratissimis precibus et meritis mundati ab omnibus peccatis et vitiis, mereamur esse participes æternarum deliciarum, et pervenire ad gaudia æternæ beatitudinis, ibique videre eumdem Jesum Christum Filium ejus regnantem in dextera Dei Patris : ipso præstante, qui cum eodem Patre et Spiritu sancto in Trinitate perfecta vivit et regnat Deus, per omnia sæcula sæculorum. Amen.

SERMO QUINTUS.

DE SANCTA CRUCE.

Ideo, fratres charissimi, Dominus noster Jesus Christus de cœlis pro nostra salute ad nos dignatus est descendere, ut iterum nos de terris ad cœlum reduceret post se. Hac de causa pro nostra reparatione usque ad mortem voluit humiliari, et crucis despectionem pati, ut nos liberaret de potestate inimici, et per se ipsum qui est via, veritas, et vita, perduceret ad æternam beatitudinem, id est ad visionem Patris sui. Audiamus igitur ab eo, qualiter post eum debemus ire, et ad ipsum pertingere, ut ubi est ipse, et nos per ipsum possimus esse. Ait enim : *Qui vult post me venire, abneget semetipsum, et tollat crucem suam, et sequatur me* (*Matth.* XVI). Prius ergo semetipsum debet abnegare, qui post Christum vult currere.

Sed quid est semetipsum abnegare? Propriis vide-

licet moribus renuntiare. Ut qui superbus erat, et
mala proximis suis inferebat, conversus ad Dominum, non solum amicis, verum etiam inimicis pro
viribus bona faciat. Ille vero qui antea iracundus
erat, se ipsum in omnibus mansuetum ac benignum
exhibeat, ita ut omnes æquanimiter et patienter ferat. Is autem qui prius erat luxuriosus, mente et
corpore student esse castus; ut non solum tactu
non polluatur corpus, sed etiam nec immunda cogitatione animus. Qui avaritiæ deditus erat, aliena
non concupiscat, pro amore Christi propria indigentibus tribuat, paupertatem diligat, divitias contem-
nat. Qui hujusmodi propriis voluntatibus renuntiat,
procul dubio semetipsum abnegat : sed tamen ad
perfectum non sufficit, nisi accepta cruce post Christum pergat.

Sed quid est crucem ferre? semetipsum videlicet
mortificare. Crucem ferre, et non mori, simulatio
est hypocritarum; crucem autem ferre, et mori,
studium est Dei servorum. Quicunque ergo ad servitutem Dei accedit, si nondum a peccatis et vitiis
moritur, crucem videtur ferre, sed tamen Christum
non sequitur. Ille ergo veraciter crucem portat, et
Christum sequitur, qui sæculo renuntians, a peccatis et vitiis recedit, et in Dei servitio sese fortiter
stringit, propriæ voluntati in omnibus contradicit,
atque humiliter seipsum imperio magistri, id est
abbatis, subjicit. Iste cum Apostolo recte dicere
poterit : *Mihi autem absit gloriari, nisi in cruce
Domini nostri Jesu Christi, per quem mihi mundus
crucifixus est, et ego mundo!* (Gal. vi.) Illi sine dubio
est mundus crucifixus qui mundum despicit cum
suis oblectationibus. Et econverso : ille est crucifixus mundo, quem causa amoris Christi mundus
odio habet. Contingit aliquando ut homo mundum
non teneat mente, sed tamen mundus eum cum suis
occupationibus adstringit, et mortuus est homo mundo, et mundus quasi vivus eum conspicit, dum alio
intentum in suis actibus rapere contendit. Sed Paulus mundum non cupit, nec mundus eum; ut in
duobus mortuis neuter neutrum videt. Ac si diceret : Nec ego mundi aliquid cupio, nec ipse suum
aliquid in me cognoscit. Crucem ergo, sicut jam
supradictum est, ferre, semetipsum est mortificare,
visibilia contemnere, invisibilia amare, jugum disciplinæ Christi suave, et onus mandatorum ejus leve
cum omni devotione portare.

Gloriemur ergo et nos, dilectissimi, in vivifica
cruce Domini nostri Jesu Christi, quæ digna fuit
portare pretium hujus mundi, per cujus mysterium
diabolus est victus, et mundus redemptus. Summopere nobis est gloriandum in ea, quia ejus beneficia non sunt recentia nec noviter inventa, sed ab
antiquo figuris et ænigmatibus præostensa ac monstrata. Ista dulces figuraliter aquas fecit, quando
Dominus in quinta mansione filiorum Israel, scilicet Mara, Moysi lignum ostendit, quod Moyses pro-

tinus in amarissimas aquas mittens, statim eas in
dulcedinem divina virtute convertit (Exod. xv) (17).
Intelligitur amaras aquas habere figuram legis et
litteræ occidentis, quibus si mittatur confessio crucis, et jungatur sacramentum Dominicæ passionis,
tunc efficiuntur aquæ miræ suavitatis, et amaritudo
litteræ vertitur in dulcedinem intelligentiæ spiritualis. Unde scriptum est : *Constituit Dominus populo
legem et judicia, et tentavit eum* (Exod. xxi). Alio
quoque sensu, quod aquæ miræ amaritudinis, ligno
in se suscepto, dulces sunt, indicium erat, amaritudinem gentium per lignum crucis quandoque esse
convertendam in dulcedinis usum. Sciendum autem
juxta superiorem sensum, quod primo ductus est
Israel ad aquas salsas atque amaras, et ligno mon-
strato a Domino, dulcius effectus : postea venit ad
fontes. Primo enim populus ducitur ad litteram legis, in qua donec permanet, ab amaritudine non
potest recedere, nec Evangelii dulcedinem gustare.
Cum vero per lignum vitæ dulcis effecta fuerit, et
intelligi lex spiritualiter cœperit, tunc de veteri testamento venitur ad novum, et venitur ad duodecim
apostolos, quos fontes Scriptura memorat, ex quibus fidelis plebs dulcissimam sufficienter aquam,
scilicet spiritualem doctrinam haurit. Ibi et arbores
requiruntur septuaginta palmarum, quia non soli
duodecim apostoli fidem Christi prædicaverunt, sed
et alii septuaginta missi ad prædicandum verbum
Dei feruntur, per quos palmas victoriæ Christi
mundus agnosceret. Siquidem et isti duodecim fontes septuaginta palmarum arbores irrigantes, apostolicam gratiam præfigurabant, decuplato rigante,
ut per septiformem Spiritum demum legis Decalogus
impletur.

Per hujus etiam sanctæ crucis mysterium typice
destruuntur dogmata philosophorum. Nam quod
olim Ægyptus diversis plagis corporaliter affligitur,
hoc in nobis modo spiritualiter agitur. Ægyptus
quippe forma est sæculi, in qua aquæ vertuntur in
sanguinem imperio Domini. Aquæ Ægyptiæ erra-
tica et lubrica philosophorum dogmata intelliguntur, quæ merito in sanguinem vertuntur, quia in
rerum causis carnaliter sentire probantur. Sed ubi
crux Christi huic mundo lumen veritatis ostendit,
hujusmodi eum correctionibus arguit, ut ex pœnarum qualitate propria agnoscat quæ prave egit.

Per hanc etiam crucem, jubente Domino, silex
aquas jecit Moysi officio (18). In tricesima tertia
mansione, scilicet Cades, Moyses offendit Dominum
propter aquas contradictionis, et prohibetur transire Jordanem et intrare terram promissionis. Per-
turbatus enim populi murmure dubitanter petram
percussit, quasi illud Deus facere non posset, ut
aqua de petra proflueret (Num. xx). Sed quid hic
fides Moysi insinuat dubia, quæ aquam titubaverit
ejiciendam de petra? In hoc procul dubio prophetiam intelligimus de Christo. Dum enim Moyses in

---

(17) Isid., *Quæst. in. Exod.*, c. 21.

(18) Isid., *Quæst. in Numer.*, c. 33.

Scripturis sanctis aliam atque aliam pro efficientiis causarum personam gerat, nunc tamen populi Judæorum sub lege positi personam significabat, eumque in prophetica pronuntiatione figurabat. Nam sicut Moyses virga, per quam lignum sanctæ crucis figuratur, petram percutiens de Dei virtute dubitavit; ita ille populus, qui sub lege per Moysem data tenebatur, Christum ligno affigens, eum Dei virtutem esse non credidit. Sed sicut percussa petra manavit aquam sitientibus. Sic plaga Dominicæ passionis effecta est vita credentibus (19). Eadem autem petra quæ aquam evomuit, Christi figuram habuit, quo aperto cuncta profluxerunt, ad quem, ut emanaret credentibus gratiam, velut virga lignum crucis accessit. Percussa enim petra, fons manavit; percussus in cruce Christus sitientibus atque credentibus lavacri gratiam et donum sancti Spiritus effudit. Petra ista figuram Christi habuisse probat Apostolus, cum dicit: *Bibebant autem de spirituali, consequente eos petra : petra autem erat Christus (I Cor. x).* Quod autem sitiens populus aquam, murmuravit adversus Moysen, et propterea jubet Deus ut ostendat ei petram ex qua bibat; quid hoc significat nisi (20) quia lex Moysi adversus eum murmurat, quæ secundum litteram mortificat? Ostendit ergo ei petram Moyses, quæ est Christus; adduxit eum ad ipsum, ut inde bibat et sitim suam reficiat (21). Hanc igitur carnalem de Christi divinitate desperationem Deus jubet mori in ipsius Christi altitudine, cum mortem carnis Moysi in montem imperat fieri. Sicut enim petra Christum significat, ita et mons Christum indicat. Petra est humilis fortitudo, mons eminens altitudo. Itaque ut ipse Dominus ait: *Non potest civitas abscondi supra montem posita (Matth. v)*; se scilicet montem, fideles autem suos in sui nominis gloria fundatos, asserens civitatem. Prudentia enim vivit carnis, cum tanquam petra percussa Christi humilitas in cruce contemnitur ab incredulis. Christus namque crucifixus, Judæis siquidem est scandalum, gentibus vero stultitia (I Cor. 1). Prudentia iterum carnis moritur, cum tanquam montis eminentia Christus excelsus agnoscitur Ipsis enim vocatis Judæis, et gentilibus Christus Dei sapientia est, et Dei virtus.

Duo etiam ligna quæ vidua Sareptana colligebat (III Reg. xvii), hanc adorandam colligebat crucem Christi significabam, quæ non ex uno construitur ligno, sed ex duobus constat. Ex ligni nomine et lignorum numero signum crucis exprimitur. Claudebatur cœlum quando fames erat, quia nulla erat cognoscendæ Divinitatis ubertas; sed temporibus his, quibus fames omne genus urgebat humanum, ad viduam destinatus Elias est (22). Videte, fratres,

quemadmodum propria singulis gratia servetur. Angelus ad Virginem (*Luc.* 1), propheta ad viduam mittitur. Multæ viduæ erant, sed una omnibus antefertur. (23) Hæc vidua non tantum abstinentia corporis definitur, sed virtute signatur (24). Magni meriti hæc sancta vidua fuit, quia quamvis fames esset maxima in omni terra, illius tamen cura Deo non defuit, dum prophetam ad alendam eam misit. Sanctam quippe Ecclesiam significat hæc vidua, quæ morte viri sui, scilicet Christi, non viduata. Non ergo otiose hæc vidua inter multas viduas præfertur, sed rationabiliter cunctis præponitur. Quæ enim talis vidua, vel ubi invenitur, ad quam tantus propheta, qui ad cœlum raptus est, dirigitur? Eo præsertim tempore, quando clausum est cœlum annis tribus, et mensibus sex. Qui sunt isti tres anni, nisi forte illi quibus Dominus in terram venit, et fructum invenire non potuit? Unde scriptum est: *Ecce tres anni sunt, ex quo venio quærens fructum in ficulnea hac, et non invenio (Luc. xiii).* (25) (De hac muliere novimus dixisse Salomonem: *Mulierem fortem quis inveniet? Procul et de ultimis finibus pretium ejus (Prov. xxxi).* Pretium sanctæ Ecclesiæ et præmium Christus est, qui de ultimis finibus, id est de cœlis, ad eam venit, eamque pretio proprii sanguinis sui mercatus est.) Hæc est profecto illa vidua, de qua dictum est: *Lætare sterilis quæ non paris : erumpe et clama quæ non parturis : quoniam multi filii desertæ, magis quam ejus quæ habet virum (Isa. liv).* Bene etiam illi per prophetam dicitur: *Ignominiæ et viduitatis tuæ non eris memor; quia ego Dominus salvam te facio (ibid.).* Hæc est igitur illa vidua, propter quam cum siccitas esset in terris cœlestis verbi prophetæ sunt destinati. Unde nec nobis videtur illius persona esse mediocris, qui aridam terram rigavit rore verbi cœlestis. Clausum quoque cœlum non humana potestate reseravit, sed divina. Quis enim potest aperire cœlum, nisi Christus, cui quotidie cives Ecclesiæ cumulo congregantur de peccatoribus? Nec enim humanæ virtutis est dicere: *Hydria farinæ non deficiet nec lecythus, id est vas, olei minuetur usque in diem, quo daturus est Dominus pluviam super terram (III Reg. xvii).* Quid est autem, usque diem, quo daturus est Dominus pluviam super terram, nisi usque in diem, quo descendet Dei Filius sicut pluvia in vellus? (*Psal.* lxxi.)

In Scripturis quippe sub figuris ista latent; sed jam virtutes et beneficia crucis patent. Quæ beneficia? Reges videlicet in Christum credunt, et hanc sanctissimam crucem, depositis coronis ac flexis genibus adorant, qui prius odio nominis ejusdem Domini nostri Jesu Christi gravissima Christianis

(19) Hæc ex eod. Isid., *Quæst. in Exod.* c. 24,

(20) Locus depravatus sic restituendus ex edit.: « nisi quia si quis est qui legens Moysen murmurat adversus eum, et duplicet ei lex quæ secundum litteram est scripta; ostendit et Moyses petram, qui est Christus et adducit eum ad ipsam ut inde bibat et reficiat sitim suam. »

(21) Rursus ex *Quæst. in Num.* ubi supra.
(22) Ex B. Ambros. *De vid.*, c. 4, n. 5.
(23) Hæc ex c. 2, num. 7.
(24) Jam ex cap. 3, num. 14.
(25) Quæ parenthesi includimus non sunt Ambrosii.

tormenta irrogabant. Per virtutem ejusdem sanctæ A
crucis fortis armatus ille ac superbus, qui in pace
atrium suum custodire, et vasa possidere videbatur
(*Luc.* xi). juste et rationabiliter vincitur ; vasa ejus,
scilicet corda fidelium in quibus habitabat, diri-
piuntur ; arma in quibus confidebat, superbia videlicet et dolus, franguntur ; humanum genus Deo
reconciliatur, templa idolorum destruuntur, sancta
Ecclesia roboratur, Christiani in fide solidantur ;
pagani, eo quod idola adoraverint, confunduntur,
Judæi scandalizantur, portæ inferi destruuntur, captivi qui diu illic detinebantur, ad perpetuæ lucis
et pacis requiem transferuntur, janua paradisi aperitur, damna cœlestium ordinum reparantur, dæmonia reprimuntur, hostes superantur ; et, ut breviter dicam, sine illa nullum sacramentum perficitur in sancta Ecclesia.

Illius enim signo sacrosanctum corpus Christi
consecratur, Ecclesia Deo dedicatur, sacerdotes et
cuncti gradus Ecclesiæ ordinantur, infantes baptizantur, pueri et adolescentes ab episcopis sacro
chrismate in fide confirmantur, cibi fidelium san-
ctificantur, omnes Christiani populi benedicuntur,
frontes utriusque sexus et ætatis muniuntur. Unde
est illud : Nulla salus est in domo, nisi crucem
munit homo super liminaria. Revera nulla salus est
in domo, id est in corpore, quod est habitatio animæ, nisi sanctæ crucis signaculum portaverit in
fronte. Per virtutem quoque illius ægri sanantur,
mortui resuscitantur, cæci illuminantur, leprosi
mundantur, paralytici curantur, dæmones ab obsessis corporibus eliminantur, feræ in mansuetudinem
convertuntur, serpentes fugantur, ignis exstinguitur ; ad ultimum vero prosperitas tribuitur, et omnis
adversitas repellitur.

Gratias igitur, dilectisimi, agamus omnipotenti
Deo, qui per passionem et crucem Jesu Christi
Filii sui tanta et tam innumerabilia bona præstitit
universo mundo. Multa bona abstulit nobis superbus Adam per lignum prævaricationis, sed multo
majora dedit nobis humilis Christus per lignum
sanctæ crucis. Tanta enim fuit humilitas in Christo
Dei et Virginis Filio, quæ omnibus suis ad salutem
sufficere posset : sicut in primo homine tanta fuit
superbia, quæ sibi et suis posteris noceret. Non est
autem inventus inter homines aliquis, qui hoc posset implere, ut homines videlicet suis meritis Deo
possent reconciliari, nisi leo de tribu Juda, qui
aperuit librum, et solvit signacula ejus, implendo
in se omnem justitiam (*Apoc.* v), id est consumma-
tissimam atque perfectissimam humilitatem, qua
major esse non potest. Nam alii homines debitores,
id est culpabiles erant, et vix unicuique sua virtus
vel humilitas sufficiebat. Nullus ergo eorum hostiam poterat offerre sufficientem nostræ reconcilia-
tioni. Sed Christus Deus et homo sufficiens et perfecta fuit hostia, qui multo amplius est humiliatus,
amaritudinem mortis gustando, quam ille Adam
superbivit per ligni vetiti esum, noxia delectatione

perfruendo. Magna ergo in morte Unigeniti præ-
stita sunt nobis, scilicet ut redire nobis in patriam
liceat, sicut olim in morte summi pontificis his qui
ad civitatem refugii confugerant, secure ad propria
remeare licebat (*Num.* xxxv).

Sed inter hæc mirandum est, fratres charissimi,
cur Dei Filius qui nunquam peccavit, et ab ore
cujus mendacium non processit, tam pie tamque
misericorditer pro nobis peccatoribus crucem a-
scendere, et in ea mori voluerit ? Nunquid nostris
exigentibus meritis ad nos venire, et de manu hostis antiqui nos dignatus est redimere, ut perveniendi ad cœlum rectum iter ostenderet ? Nunquid
aliqua bona præcesserant opera, pro quibus mere-
remur accipere tanta et tam incomparabilia dona,
ut Dei videlicet Filius in cruce portaret peccata
nostra ? Non illum procul dubio ad nos de sinu Patris fecit descendere nostra sanctitas, sed illius
summa et incomparabilis pietas. Quod ad nos Deus
Pater eumdem unigenitum sibique coæternum Filium suum misit ; quod nos de potestate inimici redemit ; quod charitatem suam cordibus nostris infudit ; quod nobis agnitionem sui tribuit ; quod introitum regni cœlestis aperuit ; quod ad contemplandam sui faciem non intromittit, non nostris
meritis, sed ejus largissima bonitas fuit. Sicut nostra providentia non sumus in hoc sæculo nati, ita
nec nostro arbitrio de manu inimici redempti, nec
nostro consilio spiritualiter regenerati. Ab ipso enim
ex nihilo sumus creati, et ut ei serviamus spiritaliter instructi, et ut cœlum ascendere possimus,
misericorditer adjuti. Ab ipso etiam accepimus, ut
ab exsilio ad patriam, ab infimis ad superiora, a
miseria ad felicitatem, de tenebris ad lucem, de
tribulatione ad paradisum valeamus ascendere.

Hoc idem Sponsus, scilicet Dominus noster Jesus
Christus, asserit, cum figuraliter sponsæ, id est
sanctæ Ecclesiæ, dicit : *Sub arbore malo suscitavi
te* (*Cant.* viii). Quid per arborem mali, nisi sancta
crux designatur, quæ malum illud sustinuit, de quo
eadem sponsa in superioribus dicit : *Sicut malus
inter ligna silvarum, sic dilectus meus inter filios ?*
(*Cant.* ii.) Procul dubio sponsam suam Christus sub
arbore malo suscitavit ; quia in cruce positus,
subditam sibi Ecclesiam ad vitam vocavit, et ad
bene operandum sollicitavit, ut a somno mortis
surgeret, et cum illo se crucifigens ad novam resurrectionem properaret. Unde et Apostolus cuilibet in anima mortuo dicit : *Surge qui dormis, et
exsurge a mortuis, et illuminabit tibi Christus* (*Ephes.*
v), id est lucebit tibi. Quas ergo, fratres charissimi, grates omnipotenti Deo valebimus referre,
qui nobis peccatoribus nihil boni merentibus tanta
dona dignatus est tribuere ? Quo honore, vel quibus
eumdem Regem omnium sæculorum laudibus digne
honorare possumus, sine quo non solum nihil boni
agere, sed nec etiam cogitare, valemus ? Qualiter
illum digne humana fragilitas glorificare poterit,
cui non suffecit quod nobis temporalia bona tribuit,

sed etiam, quod est felicius, humanitatem nostram ad cœlestia regna vocavit? Quas ergo ei gratias referre dignas poterimus, nisi ut semper memores simus præceptorum ejus, et pro amore illius, sicut ille pro nobis passus est, libenter adversa patiamur? Crucem ergo vestram, dilectissimi, sine fraude suscipite, carnem vestram cum vitiis et concupiscentiis crucifigite, prospera hujus mundi abjicite, adversa æquanimiter tolerate, divinis officiis libenti animo insistite, injurias a proximis illa-

tas pro nihilo ducite, in damno temporalium rerum Deo gratias agite, temporalia respuite, æterna concupiscite, Christum sequimini non simulate, sed in veritate; ut carne mortui, in spiritu possitis vivere, et per eumdem pastorem omnium fidelium Jesum Christum ad cœlestem patriam pervenire; qui cum Patre et Spiritu sancto in Trinitate perfecta vivit et regnat Deus per omnia sæcula sæculorum. Amen.

SERMO SEXTUS.

IN FESTO SANCTI (26) MICHAELIS ARCHANGELI.

Moneo vos, fratres charissimi, ut sollicite audire dignemini ea quæ beatus Joannes apostolus et evangelista ad eruditionem vestram, imo totius Ecclesiæ, loquitur in Apocalypsi: *Factum est*, inquit, *prælium in cœlo: Michael videlicet et angeli ejus præliabantur cum dracone, et draco pugnabat, et angeli ejus: et non valuerunt, neque locus eorum inventus est amplius in cœlo* (Apoc. xii). (27) Ecclesia Græcum vocabulum est, quod in Latinum vertitur *convocatio*, propter quod omnes ad se vocet ad serviendum Deo. Ideo etiam sancta Ecclesia dicitur catholica, quod universaliter per omnem sit mundum diffusa. Non enim sicut conventicula hæreticorum in aliquibus regionum partibus regionum partibus coarctatur, sed per totum terrarum orbem dilatata diffunditur; quod etiam Apostolus congratulando Romanis testatur: *Gratias*, inquit, *ago Deo meo pro omnibus vobis, quia fides vestra annuntiatur in universo mundo* (Rom. i). Sæpe Scriptura sanctam Ecclesiam cœlum nominat, quia pro eo quod ad cœlestia suspirat, jam Dominus in ea quasi in cœlo regnat. Unde est illud: *Vidi ostium apertum in cœlo* (Apoc. v). Ostium apertum Christum dicit in Ecclesia natum, et passum. Sic enim de seipso ait: *Ego sum ostium* (Joan. x). Simili modo et in hoc loco cœlum Ecclesiam vocat, in qua prælium factum narrat.

Factum est, inquit, *prælium in cœlo*, id est in Ecclesia, in qua supradictus draco cum sanctis Dei pugnat, dum eos per multas adversitates tentat. Michaelem Christum dicit, et angelos ejus sanctos homines vocat, cum quibus in cœlo, hoc est in Ecclesia, contra antiquum draconem sine intermissione pugnat (28). *Angeli* Græce vocantur, Hebraice dicuntur *Malaoth*, Latine vero *nuntii* interpretantur, ab eo quod Domini voluntatem populis nuntiant. Græca lingua archangeli inter-

pretantur *summi nuntii*. Qui enim parva vel minima annuntiant, angeli, qui vero summa, nuncupantur archangeli. Archangeli dicti, eo quod primatum teneant inter angelos. *Archos* enim Græce, *princeps* interpretatur Latine. Congrue siquidem in hoc loco nomine Michaelis Christus intelligitur, qui vere est Princeps militiæ angelorum, cui etiam *omne genu flectitur cœlestium, terrestrium, et infernorum* (Philipp. ii). Sic namque de illius principatu propheta ait: *Factus est principatus super humerum ejus: et vocabitur nomen ejus admirabilis, Deus fortis, Pater futuri sæculi, Princeps pacis* (Isai. ix). Procul dubio Dominus noster Jesus Christus est princeps pacis, qui in sanguine suo humanum genus Deo reconciliavit, et veram pacem inter angelos et homines reformavit, sicut in ejus nativitate angelorum chorus cecinit: *Gloria in excelsis Deo, et in terra pax hominibus bonæ voluntatis* (Luc. ii).

Etiam Jesus Christus Princeps regum dicitur, sicut de illo Joannes in initio libri Apocalypsis septem Ecclesiis, id est omni Ecclesiæ, testatur: *Gratia*, inquit, *vobis, et pax ab eo, qui est, et qui erat, et qui venturus est: et a septem spiritibus, qui in conspectu throni ejus sunt: et a Jesu Christo, qui est testis fidelis, primogenitus mortuorum, et Princeps regum terræ* (Apoc. i). Cur autem Ecclesia cum una sit, a Joanne septem scribuntur, nisi ut una catholica septiformi plena spiritu designetur? Unde etiam de Christo novimus dixisse Salomonem: *Sapientia ædificavit sibi domum: excidit columnas septem* (Prov. ix). Quas tamen septem unam esse non ambigitur, sicut Apostolus testatur: *Ecclesia Dei vivi quæ est columna veritatis* (I Tim. iii). Nec etiam tibi, quicunque es, grave videatur, si Christus ex opere angelus vocatur, cum et apud prophetam magni consilii Angelus dicatur (Isai. ix). Quamvis quippe ipse sit Deus, et Dominus angelo-

---

(26) Quæ in Apocalypsi de prælio Michaelis cum dracone dicuntur, omnia auctor noster ad pugnam Christi et SS. ejus in Ecclesia mystice accommodat: at mirum non sit, si nihil hic de vero Michaele in-

venias

(27) Isid., lib., viii *Etym*. c. ..

(28) Ex eod., Isid. lib. vii *Etym*., cap. 5.

rum, tamen quia voluntatem Patris ac suæ annuntiavit fidelibus populis, angelus vocatur in divinis Scripturis. Unde ipse ait in Evangelio : *Pater, notum feci nomen tuum hominibus* (*Joan.* xvii). Iterum ex persona illius Psalmista Deo Patri loquitur, dicens : *Annuntiavi justitiam tuam* (*Psal.* xxxix), id est fidem justificantem, quia *justus ex fide vivit* (*Habac.* ii) : *In Ecclesia,* inquit, *magna,* id est non solum in Judæa, sed in omnium gentium Ecclesia (29). Michael interpretatur, *quis ut Deus,* subaudis, in virtutibus. Cum enim aliquid miræ virtutis fit in hoc mundo, hic archangelus mittitur a Deo. Ex ipso namque opere est nomen ejus, quia nemo habet facere quod facere potest Deus. Recte igitur in hoc loco nomine Michaelis intelligitur Christus, quia veraciter præest omnibus angelicis spiritibus, atque omnibus cœli sublimitatibus, et in terra est magni consilii Angelus, per quem Deus Pater redemit humanum genus. Nec aliquis in cœlo habet angelos, nisi Dei Filius; quia quamvis archangeli angelis præsunt, iste tamen præest omnibus secundum quod a Deo Patre subjecta sunt omnia sub pedibus ejus. Cumque in ipsis officiis angelorum superiores potestates inferioribus præsunt, non tamen hoc a semetipsis habent, sed ut præsint, ab isto acceperunt.

Dicatur ergo : *Factum est prælium in cœlo,* id est in Ecclesia. *Michael, et angeli ejus,* Christus scilicet et sancti ejus, *pugnabant cum dracone,* hoc est cum diabolo (30). Diabolus Hebraice, *deorsum fluens* interpretatur Latine : quia in cœli culmine quietus stare contempsit, sed superbiæ pressus pondere deorsum cecidit. Græce vero diabolus *criminator* vocatur : quod vel crimina in quibus ipse homines allicit, Deo referat, vel quia electorum innocentiam criminibus falsis accusat. Unde dicitur : *Projectus est accusator fratrum nostrorum, qui accusabat illos in conspectu Dei nostri die ac nocte* (*Apoc.* xii). De hac pugna multo antea in Psalmo Propheta gratulabundus dicebat Christo : *Super aspidem,* inquit, *et basiliscum ambulabis; et conculcabis leonem et draconem* (*Psal.* xc). Aspidem dixit mortem, basiliscum peccatum, leonem diabolum, et draconem infernum. Congrue siquidem ista nomina diabolo sunt aptata, quæ tamen omnia sub pedibus Domini nostri Jesu Christi in ejus glorioso adventu fuerunt prostrata. Super quippe aspidem ambulavit, quia resurgens a mortuis mortem destruxit; super basiliscum ambulavit, quia nullum omnino peccatum fecit; Leonem conculcavit, quia diabolum qui habebat mortis imperium, vicit, et captivum flammis tradidit, ac vinculis inferni religavit. Unde ipse in Evangelio dixit : *Nunc princeps hujus mundi ejicietur foras* (*Joan.* xii), id est ab Ecclesia expelletur. Ipse leo ferocissimus quasi principatum in hoc mundo obtinebat, dum omnes, videlicet bo-

nos et malos, justos et peccatores per tyrannidem secum ad perditionem trahebat. Draconem, id est infernum, conculcavit, quando in cruce positus Deo Patri animam suam commendans in ea ad infernum descendit, portas ejus confregit, et suos qui apud eum captivi tenebantur, potenter ac misericorditer abstraxit (*Luc.* xxiii). (31) Ille enim totius malignitatis actor diabolus, quamvis ordinem nostræ liberationis nescierit, scivit tamen, quod pro salvatione hominum Christus advenit; sed, quia sua idem nos morte redimeret, ignoravit, unde et eum occidit. Nam si ille per mortem Christum redimere humanum genus scisset, non utique eum peremisset. Quod noverit diabolus pro salute humani generis Christum venisse, Evangelii testimonio docetur, quem ut vidit cognoscendo pertimuit, dicens : *Quid nobis et tibi, Fili Dei? venisti ante tempus perdere nos* (*Marc.* i). Ante adventum Christi quasi fortis armatus atrium suum in pace custodiebat et possidebat diabolus; sed veniens vera fortitudo, scilicet Dei Filius, illum expugnavit; arma in quibus confidebat, fregit, spolia quæ injuste retinebat, distribuit, secumque ad cœlos reportavit. Quibus armis illum expugnavit Dei Filius? humilitate videlicet, et prudentia.

Audite, rogo, fratres, congruentem similitudinem, qua Dei et Virginis Filius humani generis prostravit hostem. Quamdam esse avem in regione orientis asseritur, quæ grandi et præduro armatoque rostro contra draconem, quem audacibus lacessit sibilis, pugnaturam, cœnum de industria expetit, ex cujus volutabro tetro habitu infecta sordescit, et diversorum gemmas colorum, quibus eam pulchrius atque indulgentius natura depinxit, luto operit. Quare? Ut humili videlicet despecta vestitu, et hostem novitate deterreat; et quasi vilitatis suæ securitate decipiat. Præterea caudam velut scutum ante faciem suam quadam arte bellatoris opponit, audaci impetu in caput adversarii furentis assurgit, atque improviso oris sui telo stupentis bestiæ cerebrum fodit, et sic miræ calliditatis ingenio immanem prosternit inimicum. Ita Dominus ac Redemptor noster contra spiritum serpentis antiqui humani generis supplantatorem in forma hominis pugnaturus, ad militiam salutis publice humana infirmitate se præcinxit, a luto nostræ carnis involvit, ut impium deceptorem pia fraude deciperet; et postremis priora celavit; id est humanitate divinitatem abscondit, aut velut caudam humanitatis ante faciem divinitatis objecit, et tanquam rostro fortissimo venenatam veteris homicidæ malitiam in verbo sui oris exstinxit. Unde et Apostolus dicit : *Verbo oris sui interficiet impium* (*II Thes.* ii). Notandum tamen quia contra hunc draconem non pugnavit solus Dei et Virginis Filius, sed cum angelis suis, id est cum sanctis suis.

(29) Isid., *ubi sup.*
(30) Ex cod. Isid., lib. xviii *Etymol.,* cap. 11.

(31) Isid. lib. i *Sent.,* cap. 14.

Factum est, inquit evangelista, *prælium in cœlo*, hoc est in Ecclesia, *Michael et angeli ejus*, id est Christus et sancti ejus *præliabantur cum dracone*. Christus ergo pugnavit et sancti ejus, et quotidie pugnat contra antiquum hostem, qui accusabat humanum genus. Ad hoc sine dubio prælium discipulos suos sollicitabat, cum in Evangelio dicebat : *Cum audieritis prœlia et seditiones, nolite terreri* (*Luc.* xxi); *tradent enim in conciliis, et in synagogis suis flagellabunt vos* (*Matth.* x). Et alibi : *Si me,* inquit, *persecuti sunt, et vos persequentur* (*Joan.* xv). Iterum eos consolans, dicit : *Capillus de capite vestro non peribit* (*Luc.* xxi). Ad hoc prælium princeps apostolorum Petrus hortabatur discipulos, dicens : *Christus passus est pro nobis, vobis relinquens exemplum, ut sequamini vestigia ejus* (I *Petr.* ii). Et iterum : *Christo igitur passo, et vos eadem cogitatione armamini* (I *Petr.* iv). Paulus etiam fortissimus Christi miles ad hanc pugnam provocabat fideles, cum ad Ephesios loquebatur, dicens : *Induite vos armaturam Dei ut possitis stare adversus insidias diaboli, quoniam non est nobis colluctatio adversus carnem et sanguinem; sed adversus principes et potestates, et adversus mundi rectores tenebrarum harum, contra spiritualia nequitiæ, in cœlestibus* (*Ephes.* vi). Et post pauca : *State succincti lumbos vestros in castitate, et induti loricam justitiæ, et calceati pedes in præparatione evangelii pacis : in omnibus sumentes scutum fidei, in quo possitis omnia tela nequissimi ignea exstinguere : et galeam salutis assumite, et gladium spiritus, quod est verbum Dei* (ibid.). Ad hanc ergo pugnam cum Michaele, id est cum Christo, cui nullus est similis in virtutibus, angeli, id est omnes sancti, conveniunt, et cum dracone in cœlo, id est in Ecclesia, bellum committunt. Sed quis est iste draco malignus, contra quem cum angelis suis in cœlo, hoc est in Ecclesia pugnat Christus ?

Iste est humani generis inimicus, qui causa invidiæ hominem a paradisi deliciis expulit, et secum miserabiliter ad perditionem traxit. Et quia gloriosus princeps esse despexit in palatio, fecit illum Deus laboriosum fabrum in hoc mundo ; ut coactus totis viribus serviat, qui vacare Deo prius feliciter nolebat, de quo Scriptura loquitur Deo : *Faciam eum tibi servum sempiternum* (*Job* xl). Quamvis diabolus in cœlo subjectus Deo esse noluit, tamen inde projectus etiam nolens illius dispositioni servit (32). Ideo diabolus in sacris eloquiis Beemoth, id est *animal* dicitur, quia de cœlis lapsus ad terras cecidit. Ideo Leviathan, id est *serpens de aquis* vocatur, quia in hujus sæculi mare volubili astutia versatur. Avis vero propterea nominatur, quia per superbiam ad alta sustollitur. In hoc enim diabolus divinæ dispensationi servit, quia ejus nequitia utilitati sanctorum proficit. Sic omnia in cœlo et in terra divinæ potentiæ subjecta sunt, ut etiam illi nescientes consilium ejus perficiant, qui voluntati illius contraire volunt. Plenus ergo invidia et fallacia diabolus in hoc mundo quasi faber nigerrimus nesciens sanctorum servit utilitatibus, dum eos per multas tribulationes purgat a peccatorum sordibus, ut digni habeantur cœlorum sedibus. Hujus quippe fabri caminus sunt afflictio et tribulatio, folles tentationes et suggestiones, mallei tortores, forcipes persecutores, limæ vel serræ linguæ maledicentium et detrahentium. Tali camino et his instrumentis purgat ipse malignus hostis aurea vasa cœlestis regis, id est electos, in quibus renovat imaginem Creatoris. Reprobos autem qui faciunt contra Deum, ipse tortor ut hostis punit apud infernum.

Sequitur : *Et draco*, inquit, *pugnabat, et angeli ejus* (33). Absit enim ut credamus diabolum cum angelis suis ausum esse pugnare in cœlo, qui in terris ut unum hominem scilicet Job læderet, postulavit a Domino. Non est credendum, quod ipse draco malignus auderet committere bellum contra Dei Verbum creatorem omnium, vel contra agmina sanctorum angelorum, qui sine licentia ingredi non præsumpsit in gregem porcorum (*Matt.* viii). Quomodo enim posset pugnare in cœlo, qui statim ut creatus fuit, contra Deum in superbiam erupit, et mox cecidit ? Nam juxta veritatis vocem ab initio mendax fuit, et in veritate non stetit (*Joan.* viii), quia statim ut factus est, cecidit (34). Fuit quidem in veritate conditus, sed non stando, confestim a veritate est lapsus. Unde ait in Evangelio Dominus : *Videbam Satan sicut fulgur de cœlo cadentem* (*Luc.* x). Primatum habuisse inter angelos diabolum ex qua fiducia cecidit, ita ut amplius reparari non possit. Cujus excellentiam prælationis propheta bis annuntiat verbis : *Cedri non fuerunt altiores illo in paradiso Dei, abietes non adæquaverunt summitati : omne lignum paradisi non est assimilatum ei; quoniam speciosiorem fecit illum Deus* (*Ezech.* xxxi). Cedros et abietes cœlestium ordinum intellige potestates, ad cujus comparationem videbantur esse inferiores. De ipso namque scriptum est : *Ipse est principium viarum Dei* (*Job* xl). Unde et ad comparationem angelorum archangelus appellatus est. Prius enim creatus exstitit ordinis prælatione, non temporis quantitate. Hic ergo draco malignus, non in cœlo pugnat cum Deo et angelis ejus, sed in Ecclesia cum Dei Verbo carne induto, et sanctis illius.

Sed quid dicit Scriptura ? *Et draco*, inquit, *pugnabat, et angeli ejus ; et non valuerunt, neque locus eorum inventus est amplius in cœlo.* In cœlo, videlicet in omnibus sanctis, dixit, qui credentes Christum, diabolum semel expulsum non recipiunt, sed toto a se repellunt animo : *Expulsus est, itaque de cœlo, id est ab Ecclesia, draco malignus,*

---

(32) Isid., lib. iii *Sent.*, cap. 5.
(33) S. Beatus in hunc locum.
(34) Isid. lib. i *Sent.*, cap. 10.

anguis antiquus, qui dicitur diabolus et Satanas A
seducens orbem ; expulsus est in terram, et angeli
ejus cum eo projecti sunt (35). Anguis vocabulum
omnium serpentium genus est, quod plicari et torqueri potest. Et inde dicitur anguis, quod sit an-
gulosus, et nunquam rectus. Recte ergo antiquus
hostis anguis vocatur, quia in hoc sæculo tortuosa
ac volubili astutia versatur. De quo dicitur : O tor-
tuose serpens, qui mille per mæandros fraudesque
flexuosas agitas quieta corda (36). Satanas in Latinum, sonat *adversarius* sive *transgressor*. Ipse est
enim adversarius, qui est veritatis inimicus ; et
semper nititur contraire sanctorum virtutibus. Ipse
transgressor est, qui prævaricator effectus in veritate non stetit, qua est conditus. Dæmones a
Græcis dictos aiunt quasi demna, id est *peritos* ac B
rerum scios. Præsciunt enim futura multa, unde et
solent aliqua dare responsa. Inest illis cognitio rerum plusquam infirmitati humanæ, partim subti-
lioris [*supp.* sensus] acumine, partim experientia
longissimæ vitæ, partim per Dei jussum angelica
revelatione. Hi corporum aeriorum natura vigent.
Ante transgressionem quidem cœlestia corpora
gerebant, lapsi vero in variam qualitatem conversi
sunt ; nec aeris illius pluriora [*f.* puriora] spatia,
sed juxta caliginosa tenere permissi sunt, qui eis
quasi carcer est usque ad tempus judicii, in quo
condemnandi sunt.

Iste draco malignus qui expulsus est, omnium
malorum est princeps, et angeli ejus homines sunt C
mali et spiritus immundi, qui de cœlo, id est ab
Ecclesia, cum eo sunt expulsi. Omnes enim qui ei
consentiunt in malo, foris ab Ecclesia repulsi
sunt cum suo principe, divina eos justitia atque
potentia compellente. Per cœlum sanctos homines,
per terram vero intelligimus peccatores. Unde est
illud : *In principio fecit Deus cœlum et terram*
(*Gen.* 1). Cœlum spiritales homines, qui cœlestia
meditantur ; terra carnales significat, qui terrenum
hominem, id est terrena vitia, necdum deposuerunt. Sic etiam ait Dominus diabolo : *Terram man-
ducabis* (*Gen.* iii), id est, ad te pertinebunt quos
terrena cupiditate supplantabis. Iterum peccatori
homini dixit : *Terra es, et in terram ibis* (*ibid.*). Ab
ipsis ergo justis cœlestia desiderantibus excludun-
tur, et in terram sub pedibus sanctorum concul-
candi projiciuntur. Unde Dominus discipulis suis
loquitur : *Ecce dedi vobis potestatem calcandi super
serpentes, et scorpiones terræ, et super omnem virtutem Satanæ* (*Luc.* x). Non quod sancti malos
homines vel dæmones pedibus conculcent, cum
malum pro malo reddere non debeant ; sed cum
iniqui terrena desiderant, sancti ad cœlestia anhelant, et nihil terrenum desiderant, tribulationem

et paupertatem æquanimiter tolerant, super ipsos
non corpore sed quasi mente ambulant.

Iterum subjungit, dicens : *Nunc facta est salus,
et virtus, et regnum Dei nostri, et potestas Christi
ejus* (*Apoc.* xii). (37) Vox magna in cœlo victoria
est Christi, et salus quam dedit Ecclesiæ suæ, cum
apparuit in carne. Omnia regna mundi serviunt ei,
id est sancti, quos ipse redemit proprio sanguine de
manu inimici. Vere facta est salus et virtus, quia
Dei Filius expulit hostem antiquum ab Ecclesia,
scilicet de sanctorum cordibus. Modo facta est salus, et virtus, et regnum Dei nostri ; quia mundus
qui prius per idolorum culturam subditus erat
diabolo, modo per fidem Christi est subditus Deo :
Quia projectus est, inquit, *accusator fratrum nostrorum, qui accusabat illos ante conspectum Dei nostri
die ac nocte et ipsi vicerunt eum in sanguine Agni,
et propter verbum testimonii sui* [*Suppl.* et] ex eod.
*Beato, non dilexerunt animas suas usque ad mor-
tem* (*ibid.*) Vox ista non est angelorum, ut quidam
putant ; quia si de superiori cœlo esset, nequaquam
accusator fratrum nostrorum, sed accusator noster
diceret. Quod si justos in terra positos angeli appellant fratres suos, non erat gaudendum diabolum
missum in terra esse, et homines in terra habitare.
Si ita est intelligendum, gaudium erat habitare
in terra hominibus cum dæmonibus. Sed ut supra (38) diximus, vocem credimus esse apostolorum, cum cognoverunt diabolum teneri ligatum, et
Dei Filium regnare in sanctis suis incarnatum,
cum dicerent : *Modo facta est salus, et virtus,* et
cætera, quæ nunc videntur esse in Ecclesia. Scriptura enim sacra sæpe diem pro prosperis, noctem
vero pro adversis ponere consuevit. In die ergo et
nocte accusare non cessat, quia modo nos prosperis, modo in adversis tentat, et de erratibus accusat. In die accusat, cum in prosperis nos cogitatu,
aut verbo, sive facto peccasse insinuat ; in nocte
accusat, cum in adversis nos non habere patientiam demonstrat.

Dignum est ergo, dilectissimi, ut omnipotenti
Deo Patri actiones referamus gratiarum, qui per
Michaelem summum archangelum, cui nullus est
similis in virtutibus, id est dilectissimum Filium
suum, expulit de cœlo, scilicet ab Ecclesia, draconem malignum accusatorem fratrum nostrorum.
State igitur, dilectissimi, fortes in bello spirituali,
et pugnate cum antiquo serpente ; ut post victoriam pervenire possitis ad delicias paradisi, quibus
vos privavit et parentes vestros invidia ejusdem
hostis antiqui. Viriliter agite, et contra malignum
atque invisibilem hostem arma spiritalia accipite.
Militantes terreno imperatori omnibus jussis ejus
obedire decertant ; quanto magis mil. taturi imperatori cœlesti studere debent, ut cœlestia præcepta

---

(35) Isid. lib. xii *Etym.*, cap. 11.
(36) Ex eod. Isid. lib. viii *Etymol.*, cap. 4.
(37) S. Beatus in hunc locum.
(38) Bene hoc Beatus asseruit, veluti qui supra

dixerit, vocem hanc auditam discipulorum Christi
esse ; verum Martinus apud quem antea nulla mentio est apostolorum, nimis oscitanter hæc transtulit.

perficiant ? (39) Milites terreni quocunque loco mittuntur, parati ac prompti sunt, neque se uxorum aut filiorum gratia excusare poterunt : multo magis milites Christi sine impedimento hujus sæculi eidem imperatori suo Domino Jesu Christo debent obedire, et contra aereas potestates pro amore illius spiritualibus armis pugnare. Milites sæculi contra hostem visibilem pergunt ad bellum; vos autem imperatoris vestri Jesu Christi docti exemplo, sine intermissione pugnate contra diabolum totius malitiæ magistrum. Milites terreni cum inimicis suis pugnare decertant armis utentes ferreis; vobis autem non est colluctatio adversus carnem et sanguinem, sed adversus principes et rectores tenebrarum harum, adversus spiritalia nequitiæ in cœlestibus cum armis spiritualibus (*Ephes* vi). Milites sæculares galeas in capitibus ferreas gestant in prælio; sed contra malignum draconem galea vestra Christus est et defensio. Illi ne vulnerentur ab inimicis, loricis ferreis sunt vestiti; sed vos pro lorica Christi charitatem estis induti. Milites mortalis imperatoris contra inimicos suos lanceas non cessant emittere et sagittas; vos autem æterni Imperatoris milites contra inimicum invisibilem orationes mittite puras. Illi donec pugnam perficiant, arma non projiciunt a semetipsis, ne vulnerentur ab adversariis; vos nunquam debetis sine armis esse, quia vester hostis callidior est illorum hoste. Terreni milites ad tempus contra hostes dimicant; vestri autem hostes, quandiu vivitis in corpore, vobiscum pugnare non cessant. Illorum arma laboriosa sunt ad portandum et gravia; vestra quippe levia sunt ac suavia. Illi pro terreno labore terrenum accipiunt donativum; sed vos pro spirituali cœleste accipietis præmium.

Ne timeatis ergo, dilectissimi, cum dracone committere bellum, quoniam Dominus Jesus Christus veniet vobis in auxilium. (40) In oculis carnalium hominum diabolus terribilis est; in oculis vero spiritualium terror ejus vilis est. Ab incredulis ut leo timetur; a fortibus in fide ut vermis contemnitur et conculcatur, atque ad momentum ostensus repellitur. Secundum quod ait Dominus : *Non fugavit eum vir sagittarius* (*Job* xli); sed tamen fugabitur a viris religiosis contra eum puras orationes mittentibus. *In stipulam versi sunt ei lapides fundæ* (*ibid.*); sed timebit servos Dei fortes in fide. Ipse malignus hostis *reputat ut paleas ferrum, et ut lignum putridum æs* (*ibid.*); formidabit autem viros in lege Domini studiosos, et in sancta conversatione humiles. *Æstimabit malleum ut stipulam, et deridebit vibrantem hastam* (*ibid.*); pavebit tamen fideles, Dei et proximi custodientes charitatem perfectam. Charitas ergo Dei et proximi maneat in vobis, et contra malignum draconem frequenter mittite sagittas orationis. Dilectio Dei et proximi semper sit in corde, et ad expugnandum inimicum jugis oratio non deficiat de ore. Ignis charitatis in pectore non exstinguatur, et jacula precum contra invisibilem hostem sine intermissione jaciantur. Oratio frequens diaboli tela exsuperat. Immundus spiritus precum expellit frequentia. (41) Hæc est prima virtus adversus dæmonum incursus. Dæmonia oratione vincuntur. Deum ergo, dilectissimi, super omnia diligite, eumque sine intermissione invocate, ut virtutem præliandi contra versutias draconis dignetur vobis concedere; quatenus ipsius adjuti gratia, illuc possitis ascendere unde idem malignus hostis noscitur corruisse; ipso præstante, qui per eumdem dilectissimum Filium suum ab Ecclesia sua illum dignatus est projicere. Amen.

(39) Ex lib. *De salutarib. docum.*, cap. 20.
(40) Isid., lib. iii *Sent.*, cap. 5.

(41) Isid., lib. ii *Synonym.*, de Oratione.

SERMO SEPTIMUS.

IN FESTIVITATE OMNIUM SANCTORUM.

Joannes apostolus et evangelista, Zebedæi filius, a Domino electus, atque inter cæteros magis dilectus, quem Christus nubere volentem a carnalibus removit amplexibus : qui et in cœna divina dispensatione recubuit super Magistri pectus; quique de ipso Dominici pectoris fonte inebriatus, verbi Dei sanctam Ecclesiam irrigavit quasi unus ex paradisi fluminibus. Postea vero divina præventus gratia, in spiritu cœlum ascendit die Dominico, ibique angelo sibi ostendente vidit divina mysteria (*Apoc.* i), ex quibus ad nostram eruditionem ait inter cætera :

Ecce ego Joannes vidi alterum angelum ascendentem ab ortu solis, habentem signum Dei vivi (*Apoc.* vii). Alterum angelum ab ortu solis ascendentem et signum Dei vivi habentem, Ecclesiam dicit, quæ a passione Christi, qui est verus Sol justitiæ, consurgit; quia de ejus latere in cruce pendentis exordium sumpsit, atque totius Trinitatis in baptismo signum reverenter suscepit. Græce angelus, Latine dicitur *nuntius*. Recte ergo angelus dicitur sancta Ecclesia, quia cunctis populis annuntiat Dei præcepta. Aliquando promittit paradisi gaudia, aliquando minatur inferni supplicia. Istos admonet,

ut bona appetant : illis suadet, ut mala caveant. A
Hortatur istos, ut in bono permaneant : prædicat
illis, ut celeriter a malo recedant. Dicatur ergo :
*Ecce ego Joannes vidi alterum angelum ascendentem
ab ortu solis, habentem signum Dei vivi :* scilicet
sanctam Ecclesiam signum Dei vivi habentem in
fronte sua. *Et clamavit voce magna quatuor angelis,
quibus datum est nocere terræ et mari, dicens : Nolite nocere terræ et mari, neque arboribus, quoadusque signemus servos Dei nostri in frontibus eorum*
(ibid.). Per hos quatuor angelos diabolum intelligimus, qui in quatuor mundi partibus habitat in
malis hominibus, in quibus tamen a passione Christi usque ad Antichristum est religatus, et sub
pedibus Ecclesiæ substratus, ne quantum desiderat, tantum noceat humano generi. Sic enim in B
Evangelio legimus : *Dominus dedit suis discipulis
potestatem super omnia dæmonia, et ut languores
curarent* (Luc. ix). Et iterum : *Quis intrabit in
domum fortis, et vasa ejus diripiet, nisi prius alli-
gaverit fortem ?* (Matth. xii). Ligatus est igitur in
suo corpore diabolus, hoc est in malis hominibus,
ne seducat nationes credentium in quatuor mundi
partibus, scilicet sanctam Ecclesiam quæ est Christi corpus.

Hunc ergo increpat angelus, id est Ecclesia sub
persona quatuor angelorum, ne terræ et mari noceat, hoc est congregationi fidelium, donec signen-
tur electi, qui prædestinati sunt ad regnum cœlorum. ipsi enim datum est, scilicet diabolo, nocere C
terræ et mari, videlicet potestas tentandi Ecclesiam
Dei ; sed tamen bonos tentat ad probationem, malos vero ad damnationem. Tentatio diaboli bonis
proficit ad augmentum remunerationis : malis vero
fit ad cumulum damnationis. Non amplius tentat
electos diabolus, quam ei Deus permittit, quia
quamvis per malam voluntatem semper eis tentationes inferre cupiat : tamen si a Deo potestatem
non accipit, nullatenus adipisci potest quod appetit.
Unde et voluntas ejus cum sit injusta, tamen, Deo
permittente, potestas illius est justa. Nunquam virtus electorum Dei tentationes dæmonum sustinere
potuisset, si Deus malitiam eorum pio moderamine
non refrenaret. Unde et nunc dicitur : *Nolite nocere terræ, et mari, neque arboribus.* Ac si diceret : D
Nolite nocere terræ, id est terrenis actibus deditis,
vel Judæis jam vomere legis excultis : *et mari,* gentilibus scilicet amaricatis, ac diversis vitiis fluentibus. In hac enim Ecclesia præsenti boni et mali simul sunt permisti. Dicatur ergo : Nolite nocere
Ecclesiæ Dei super id quod vobis est concessum, nec
ante tempus a Deo constitutum, ut et justi justifi-
centur adhuc, et qui in sordibus sunt sordidentur
adhuc (Apoc. xxii) : quousque Christus ad judicium
veniat in quo judicio vestra nequitia durius condemnetur, et sanctorum patientia gloriosius coro-
netur.

(42) Ex S. Beato, pag. 550.

Sequitur : *Et audivi numerum signatorum, centum quadraginta quatuor millia signati, ex omni tribu
filiorum Israel* (Apoc. vii). Centum quadraginta
quatuor millia omnis quippe est Ecclesia ad imaginem et similitudinem sui Creatoris signata. Unde in
persona ejusdem Ecclesiæ canit Propheta : *Signatum est super nos lumen vultus tui, Domine* (Psal.
iv). (42) Omnino hæc est omnis Ecclesia, quæ in
tot numero membrorum creditur esse fundata per
Christum, qui est firmissima petra. Nam sanctorum
numerus innumerabilis esse perhibetur, sicut in
Psalmo legitur : *Mihi autem nimis honorificati sunt
amici tui, Deus : nimis confortatus est principatus eorum. Dinumerabo eos, et super arenam multiplicabuntur* (Psal. cxxxviii). Omnium sanctorum numerus nobis est incognitus, quia super arenam dicitur
multiplicatus : sed tamen omnipotenti Deo integre
est cognitus, ad cujus imaginem et similitudinem
legitur præsignatus. Omnis procul dubio fidelis
anima, si sui Creatoris sequitur vestigia, ejusque
cum omni devotione servat præcepta, signum Dei
vivi portat in fronte sua. Quamvis quisque in nomine Domini sit baptizatus, et sacro chrismate unctus : tamen si amplius exercetur in malis operibus quam in sanctis actionibus, in numero signatorum non est computatus. Quicunque igitur signum
Dei vivi in fronte sua habere desiderat, fidem Dei
quam in baptismo accepit in bonis operibus ostendat.

Iterum subjungit, dicens : *Post hæc vidi turbam
magnam, quam dinumerare nemo poterat ex omnibus
gentibus, et tribubus, et populis, et linguis : stantes
ante thronum* (Apoc. vii). Non dixit, post hæc vidi
alium populum, aut aliam turbam : sed vidi populum, id est eumdem quem viderat in mysterio cen-
tum-quadraginta quatuor millia, hunc vidit modo
innumerabilem : et quem vidit ex omni tribu filiorum Israel, ipse est turba magna ex omni tribu, et
populo, et gente, et lingua. Dominus manifestat in
Evangelio, totam Ecclesiam sive ex Judæis, sive
ex gentibus esse duodecim tribus Israel. *Vos, inquit, qui secuti estis me, sedebitis super duodecim
sedes, judicantes duodecim tribus Israel* (Matth. xix) ;
cum sancti apostoli omnem Ecclesiam judicaturi
sint, quæ non est ex sola circumcisione, sed ex
omni tribu, et gente. Isti centum quadraginta quatuor millia non sunt infantes quos Herodes occidit,
ut quidam putant ; quia illi fuerunt de tribu Juda
fere duo millia, et pauci de tribu Benjamin ; is i
autem ex omni tribu, et gente, et lingua.

Hæc est igitur universa Ecclesia, quæ fundata est
supra firmam petram, hoc est in Christo in novem
gradibus constituta. Primo gradu passione Domini
fundatur Ecclesia, ejusque exemplo paupertatis et
charitatis specialiter est instructa. Lavacro etiam
salutari renascitur, et doctrina humilitatis perficitur. Postremo crucis tropæo munitur, ejusque pretioso sanguine captiva redimitur.

Secundo gradu duodecim apostolorum numero tanquam duodecim portæ, vel certe tanquam duodecim horæ diei claritatis refulserunt lumine in toto mundo per unius magistri exemplum : et tam opere facientes, quam sermone docentes, copiosum atque immensum credentium multiplicaverunt numerum : et sic in agone patientiæ et charitatis atque humilitatis, exemplo Salvatoris triumphantes, cœleste penetraverunt regnum.

Tertio gradu innumera martyrum agmina sanctorum apostolorum sunt secuti vestigia, accipientes sanctæ fidei arma, induti justitiæ loricam, despexerunt mundanæ cupiditatis delectamenta, respuentes omnia quæ videntur , sicut stercora pro Christi nomine (*Philip.* III), ne servirent idolis ad mortem, tradiderunt corpora sua. Et ipsi coronati felici martyrio cum apostolis deputati sunt in regno.

Quarto gradu sequitur pia atque fidelissima beatorum certamina confessorum, qui inter sævam rabiem paganorum sua idola defendentium confitentes Dominum et Salvatorem omnium, non parum et ipsi Domino acquisierunt populum per bonæ conversationis exemplum. Contumelias vero sibi illatas pro amore Christi æquanimiter tolerabant , et per charitatem pro inimicis suis Deum exorabant.

Quinto gradu occurrit dignitas pontificum, cæterique ordines catholicorum sacerdotum vicem suscipientes sanctorum apostolorum pro regimine Ecclesiarum, atque regeneratione credentium per lavacrum utriusque sexus fidelium populorum.

Sexto gradu succedit sacratissima religio cœnobitarum, monachorumque, ac virginum, qui a sæculi segregati tumultu ad sanctum omnipotentis Dei congregati sunt servitium. Ibidem itaque permanentes religiosissime in summa abstinentia, et bonæ conversationis vita usque in finem perseverantes, digna posteris reliquerunt exempla.

Septimo gradu sequitur conversatio sanctorum Patrum anachoretarum, id est eremitarum, a publica conversatione recedentium, arduas eremi solitudines penetrantes, divino fruentes alloquio , finierunt vitam suam, cupientes dissolvi, et esse cum Christo (*Philip.* I).

Octavo gradu succedit ordo pœnitentium, et gravia crimina deflentium, qui nec ultra peccare contendunt, et præterita plangere non desistunt. Et quantum fuit illis in peccando perversæ mentis intentio, tantum perseverat in eis humilitatis et charitatis usque in finem plena devotio.

Nonus hic novissime gradus superioribus comparat primæ ætatis infantiam parvulorum, qui antequam noxium incurrant peccati reatum, præsentis vitæ finiunt cursum. De quibus Dominus dicit in Evangelio : *Sinite parvulos venire ad me; talium est enim regnum cœlorum* (*Matth.* XIX). Per hos novem

gradus sanctarum institutionum conscendens a passione Christi catholica, id est universalis de toto mundo collecta Ecclesia, penetravit et quotidie penetrat cœlorum regna, et regnat cum capite suo Jesu Christo in sæcula.

Sequitur : *Amicti*, inquit, *stolis albis, et palmæ in manibus eorum* (*Apoc.* VII). In stola alba vita signatur immaculata. Quod autem ait, *et palmæ in manibus eorum*, nec immerito ; (45) quia palmæ comparatur vita justorum. Palma inferius tactu est aspera, et quasi siccis corticibus obvoluta ; superius vero et visu et fructu est pulchra. Inferius corticum suorum involutionibus angustatur ; sed superius amplitudine pulchræ viriditatis expanditur. Sic profecto est electorum vita, inferius despecta, superius pulchra; in terra vilis, in cœlo pretiosa. Vita justorum in terra, hoc est in hac vita, quasi multis corticibus involvitur, dum innumeris tribulationibus afflicta angustatur. In illa vero summa æternitate quasi pulchræ viriditatis foliis ampliatur, dum æternæ beatitudinis præmium a Deo consequitur. Sed tamen in hoc distat palma cæteris arborum generibus, quia cæteræ arbores juxta terram in suo robore grossiores existunt, sursum vero circa ramos angustiores fiunt : et quanto amplius crescendo sublimiores efficiuntur, tanto magis in altum sublimiores redduntur. Palma vero circa terram stricta est et angusta, sursum quippe est ampla ; et quæ tenuis et delicata ab imis incipit, crescendo amplior ad summa conscendit. Alia itaque arbusta, quibus, nisi terrenis hominibus ac terrena lucra desiderantibus, inveniuntur esse similia? Quia sine dubio omnes hujus sæculi amatores in terrenis actibus sunt fortes, in cœlestibus autem sunt debiles. Pro temporali quippe gloria usque ad mortem desudare appetunt, et pro vita perpetua laborare contemnunt. Amatores hujus temporalis vitæ pro terrenis lucris sæpe injurias tolerant, et pro cœlesti mercede parvissimi verbi ferre contumelias recusant. Terreno judicio tota die infatigabiliter insistunt, in oratione autem coram Deo in unius horæ spatio lassantur.

At contra vita justorum palmæ comparatur, quia in terra angustatur, et in cœlo ampliatur. In terrenis studiis sunt debiles, et in cœlestibus fortes. Sæpe conversatio electorum plus proficit finiendo, quam proponit inchoando ; et si metuens aliquando prima inchoat, ferventius ultima consumit ; quia videlicet semper inchoare se existimat, et ideo infatigabilis in bono opere perseverat. Hanc scilicet justorum perseverantiam propheta intuens, dicebat : *Qui confidunt in Domino, mutabunt fortitudinem, et assument pennas ut aquilæ, current, et non laborabunt ; ambulabunt, et non deficient* (*Isai.* XL).

Vos igitur, fratres charissimi, si ad æternæ remunerationis præmia cupitis pervenire, vita vestra assimiletur palmæ. Si veraciter ad æternam deside-

(45) Ex Beato, pag. 551.

ratis pertingere beatitudinem, vestra conversatio palmæ habeat similitudinem. Vita vestra in imis sit angusta, in summis autem sit ampla; vestra conversatio stricta fiat in imo, lata vero in summo. Arcta quippe est via, quæ ducit ad vitam ; ampla, quæ ducit ad mortem (Matth. vii). Per amplam viam impii descendunt in infernum, sed per strictam justi ascendunt in cœlum. Per latam quidem semitam amatores mundi pergunt ad interitum, per angustum vero iter amici Dei perveniunt ad regnum. Manus igitur vestræ, dilectissimi, sint ad bonum opus promptæ, et ad malum catenis dilectionis Dei et proximi sint aggravatæ. Pedes vestri velociter currant ad servitium omnipotentis Dei, et ad discurrendum per plateas civitatis (Cant. iii) compede religionis sint obstricti. Oculos corporis reprimite, ne vanitatem videant hujus mundi; oculos vero mentis aperite, ut Deum in spiritu possitis contemplari. Aures vestræ devote ad audiendum verbum Dei aperiantur, et ne per eas intret venenum mortiferum, verba scilicet adulantium sive detrahentium, spinis timoris Dei sepiantur. Ori vestro, secundum Psalmistam, custodia imponatur (Psal. cxl),

ne ab eo murmur, vel detractio, aut convitium egrediatur. Lingua uniuscujusque vestrum in Dei laudibus laxetur, et ne in contumeliam alicujus prorumpat, tempore congruo silentii vinculo religetur. Mentem vestram cum omni studio custodite, eamque per veram confessionem a peccatis et vitiis emundate, quia ibi consistit origo bonæ cogitationis aut malæ. Cor vestrum in meditationibus Scripturarum aperiatur Christo; noxia autem et vana respuendo claudatur diabolo. Ventri etiam mensura imponatur, ne multitudine ciborum supra modum distendatur, sed ut cum sobrietate mediocriter reficiatur. Hujusmodi, fratres et domini mei, ad instar palmæ vitam vestram in terrenis actibus coarctate, ei in spiritalibus studiis amplificate, si in die judicii cum omnibus sanctis laborum vestrorum palmas cupitis accipere. Maculas etiam vitæ vestræ quotidianis lacrymis abluite, ut post obitum vestrum ad cœleste regnum possitis pervenire, et Regem sanctorum in decore suo regnantem videre, ipso præstante, qui in Trinitate perfecta vivit, et regnat Deus per sæcula sæculorum. Amen.

SERMO OCTAVUS.

IN TRANSLATIONE SANCTI ISIDORI (44).

Non timebit domui suæ a frigoribus nivis ; omnes enim domestici ejus vestiti sunt duplicibus (Prov. xxxi). Anno ab Incarnatione Domini fere millesimo centesimo quadragesimo septimo nuntius summi Regis, videlicet angelus quem mittit Dominus in circuitu timentium eum (Psal. xxxiii), unus ex eis qui *semper vident faciem Patris qui in cœlis est* (Matth. xviii), felici rumore nuntiavit in curia summi Imperatoris qui imperat ventis et mari (Matth. viii), parari, vel potius reparari domum beati Isidori Hispalensis quondam metropolitani episcopi intra muros urbis Legionensis religiosorum clericorum ordini inhabitationi. Quo rumore suscepto, venerabilis Pater Augustinus catholicæ Ecclesiæ doctor egregius, gratulabundus et exsultans, dominum Isidorum inter confessores præcipuum nescio quid secum meditantem, intuens, sic eum alloquitur : Quid est, reverende frater, quod tecum volvis ? Nunquid aliquid de Scripturis exponendis meditaris ? Sed in hac patria spirituum, cœlum, id est Scriptura non extenditur sicut pellis (Psal. ciii), sed plicatur sicut liber (Isai. xxxiv); nec plebes doctrina indigere cognoscis, quia hic impletur illud quod scriptum est : *Non docebit vir proximum suum : omnes enim cognoscent me a minimo usque ad majorem* (Jer. xxxi).

Cum autem, ut videtur, de regimine et dispositione Ecclesiarum sollicitus sis, tamen de ea quæ te spiritualius (45) familiariusque contingit, decet ut solliciteris. Loquor autem de ea, quæ intra muros urbis Legionensis thesaurum corporis tui continens, religiosis clericis præparatur inhabitanda.

Ad hæc dominus Isidorus : Sollicitor, inquit, super his ; sed præcipue de indumentis Deo servientium in domo illa clericorum; nam victui ipsorum jam necessaria ex magna parte paravi, et reliqua sufficientius præparabo; sed terra illa non abundat vestibus. Volo autem eos habentes victum et vestitum iis contentos esse (I Tim. vi). Ad hæc Pater Augustinus : Et ego, inquit, providebo his filiis tuis indumenta. Legitur autem apud Salomonem de muliere quadam, quod *non timebit domui suæ a frigoribus nivis*, et cætera. De qua et ibidem subditur : *Operata est linum et lanam* (Prov. xxxi). Ad hunc ergo modum ego his filiis et domesticis tuis vestem duplicem ex lino lanaque contextam, superpelliceum scilicet et capam, in quorum altero munditiam, in altero volo humilitatem intelligi ; quod ex ipsarum quoque vestium colore et apparatu potest agnosci. Nam corporis munditia candorem habet, et nigredo vestis humilitatem repræsentat. Nosti etiam beatis-

(44) Quare hic et sequens Sermo in Translatione Isidori de qua nec verbum ullum exhibent, ab auctore prætitulentur, haud facile suspiceris. Totus

enim sese vertit in re omnino miranda, cujus fidem penes lectorem relinquimus.

(45) Forsitan specialius.

simam Virginem Matrem Domini utroque specialiter
fuisse vestitam. Unde et de ea scriptum est : *Gloria
Libani data est ei : decor Carmeli, et Saron (Isai.
xxxv).* Et ipsa de se ait : *Quia respexit Dominus
humilitatem ancillæ suæ (Luc. 1).* In apparatu quoque
harum vestium idem attenditur; nam vestis
linea multo labore et difficultate perficitur, non
usque adeo vestis lanea. Ad hunc modum munditia
corporis multo labore multoque conatu utiliter habetur
et custoditur, utpote cui resistit lex membrorum,
fomes, et languor naturæ, stimulus carnis
quem pati se etiam Apostolus confitetur (*II Cor.* xii),
prava et fluxa consuetudo, exterior alienæ cutis illecebrosa
tentatio, interior hostis incentiva suggestio.

De lino autem planum est, quia primum a terra
avellitur, deinde in fasciculos colligatur, in lacum
demittitur, ad solem exsiccatur, quisquiliis et stupa
emundatur, per colum in fila redigitur, in glomos
complicatur, in telam extenditur et contexitur, tandem
inciditur et insuitur, et sic superpelliceum aptatur.
Linum enim de terra oritur, per quod candens
decor munditiæ, et corpor.lis atque spiritalis
castitas designatur. Linum ergo primum a terra
avellitur, quia quicunque causa timoris et amoris
Dei munditiam castitatis habere desiderat, necesse
est ut primum terrenam ac sæcularem conversationem
deserat, seque ipsum societati religiosorum
virorum conjungat; congruum est etiam inde corporaliter
quisque recedere, ubi se meminit vitiis
deservisse. Plerumque enim dum mutatur locus,
mutatur etiam mentis affectus. Deinde linum in fasciculos
colligatur, quia oportet illum qui prius
carnaliter vivendo per illicitos actus defluebat, ut
vinculo divinæ charitatis obstrictus sese intra sui
cordis hospitium recolligat. Linum post hæc in lacum
dimittitur. Per lacum, quia semper est in imo,
compunctio cordis figuratur, quia sicut linum in
lacum mundatur et abluitur, ita peccator in lacrymis
compunctionis, quæ cum profundo gemitu pectoris
oriuntur, a peccatis et vitiis mundatur atque
abluitur. Deinde ad solem exsiccatur. Deus est verus
Sol justitiæ, a cujus calore nemo se potest abscondere,
scilicet ab ejus cognitione. Calore igitur
æterni Solis exsiccatur in homine illicitus humor
libidinis, quia illius succensus cognitione ac fervore
charitatis, statim recedit ab intentione pravi operis.
Mundatur etiam linum ab stupa et quisquiliis, quia
quilibet conversus, per pœnitentiam mundatur ab
illicitis et supervacuis actionibus. Linum item per
colum in fila redigitur. Colum gestatur in sinistra,
fusum vero in dextera : et sicut descendunt fila de
colo, sic omnes actus servi Dei de prælati sui pendent
arbitrio, ita ut nihil ei agere liceat sine illius
consilio. Deinde in glomos complicatur, quia sub
imperio sui præpositi restringitur. Post hæc in telam
extenditur et contexitur, dum jubente prælato,
foris et intus discurrendo, bona quæ potest, operatur.
Tela tandem inciditur et insuitur, dum servus

Dei perfecte mundum contemnit, visibilia despicit,
seque ipsum in contemplatione sui Creatoris introrsus
recolligit, quasi jam a tumultu præsentis sæculi
inciditur, et æternæ patriæ civibus mente et desiderio
insuitur, hoc est innectitur, ut dulcedinem
cœlestis regni, quam perfecte nondum potest, saltem
suspirando degustet, et sic superpelliceum totius
munditiæ et honestatis aptatur, quia jam societati
perfectorum idoneus efficitur.

Jam per Dei gratiam, fratres, superpelliceum
habetis; sed tamen ovina capa adhuc indigetis.
Lanea et nigra vestis humilitatem insinuat religiosæ
conversationis. Lana igitur primum tondetur, deinde
mundatur et abluitur, colo suspenditur, in fila redigitur,
texitur et insuitur, et sic capa perficitur.
In lana Dei dona ostenduntur, quæ nobis a Deo in
præsenti vita tribuuntur. Lana ergo tondetur, cum
propter Deum terrena substantia abjicitur. Lana
quasi mundatur et abluitur, cum largitione eleemosynarum
homo a peccatis mundatur. Unde illud :
Date eleemosynam, et ecce omnia munda sunt vobis
(*Luc.* xi). Colo lana suspenditur, dum summa vigilantia
attenditur, ne aliquid causa jactantiæ, vel
inanis gloriæ amore tribuatur. In fila redigitur,
cum discrete eleemosyna largitur. Lana contexitur,
quando operibus misericordiæ studiose insistitur.
Tela præciditur, cum jam voluntas habendi ab
animo perfecte excluditur. Tandem insuitur, cum
jam quilibet conversus de activa vita conscendens,
relictis omnibus, vitæ contemplativæ inseritur atque
conjungitur, et sic regularis capa perficitur,
dum sibi a Deo per bonam operationem indumentum
æternæ gloriæ promereatur.

Iterum beatissimus Augustinus sanctum alloquitur
Isidorum, dicens : Reverende frater, ecce
omnes domesticos tuos, sicut promisi, duplicibus
indumentis vestivi. Non ergo timeas ultra domui
tuæ a niveis frigoribus, dum omnes domestici tui
vestiti sunt duplicibus. Primum eis aptavi superpelliceum,
quo significatur munditia mentis et corporis;
deinde capam ovina lana contextam, in qua
ostenditur innocentia vitæ, et humilitas conversationis.
Tu igitur, venerande frater Isidore, eis
victualia sufficienter acquire, ut, dum vestibus
abundant, sine indigentia Deo possint servire. Tibi
etiam competit eos monere, dum es præsens spiritu
et corpore, ut regulam sibi a me institutam cum
omni devotione studeant implere. Prædica etiam
illis, ut studiose spiritalibus inhæreant officiis, ne,
quod absit, terrenis delectati bonis, omnino careant
æternis. Ad hæc noster patronus sanctus Isidorus :
O reverentissime Pater Augustine, sic te decet eos
hortari, bene vivere. Omnipotenti Deo referimus
actiones gratiarum, qui te constituit Doctorem sanctarum
Ecclesiarum.

Ecce, fratres charissimi, per Dei gratiam a beato
Augustino sufficienter estis instructi, et regularibus
vestimentis, videlicet superpelliceo et capa,
dupliciter induti. In superpelliceo, sicut jam supra-

dictum est, munditia mentis et corporis designatur. Cavete igitur, fratres, ne subter superpelliceum damnabilis lateat fornicatio. Mihi credite; superp'lliceo non induitur, quisquis fornicatione polluitur: Quid prodest foris ante oculos hominum superpelliceum ostendere aqua ablutum, et intus ante oculos Dei portare corpus fornicatione pollutum? Aut quid prodest foris in conspectu hominum demonstrare munditiam vestis, et occultare intrinsecus immunditiam fornicationis? Nihil celatur ante Deum : videt occulta qui fecit abscondita : *Omnia nuda et aperta sunt oculis ejus* (Hebr. iv). Vos igitur moneo, dilectissimi, ne velitis esse *sepulcra dealbata, quæ foris quidem apparent hominibus speciosa, intus autem plena sunt ossibus mortuorum, et vermibus, atque omni spurcitia* (Matth. xxiii).

Capa ex lana contexitur ovis, et ideo humilitatem significat religiosæ conversationis. Igitur, charissimi, solerter prævidete, ne lupus lateat sub ovina pelle. Unde Dominus in Evangelio : *Attendite a falsis prophetis, qui veniunt ad vos in vestimentis ovium, intrinsecus autem sunt lupi rapaces* (Matth. vii). Lupus latet sub pelle ovina, quando sub habitu regularis vitæ latet simulatio, discordia, atque invidia. Sub pelle etiam ovina lupus latet, cum quilibet simulator sub specie religionis proximis suis nocet. Lupus rapax est intrinsecus; qui exte-

rius innocentiam simulando, non cessat, detrahendo, murmurando, susurrando, comedere carnes proximorum suorum in occulto. Habitum ergo religionis, fratres, quem prætenditis specie, bonis operibus implete. Non quæratis aliud esse in occulto, et aliud in publico. Concordet animus interius cum religiosis vestibus. Concordet vita cum lingua. Sanctus est habitus, sanctus sit animus. Sancta sunt vestimenta, sancta sint opera vestra. Habentes igitur, dilectissimi, victum et vestitum, his contenti estote (*I Tim.* vi), et nullum apud vos retineatis proprium. Procul dubio ipse facit furtum, qui in commune habet omnia cum cæteris fratribus, et apud se aliquid habet absconditum. Omnia in commune cum cæteris fratribus possidere, et apud se aliud abscondere, quid est aliud nisi post mortem seipsum pœnis tradere? Qui in commune habet cum cæteris fratribus victum et vestitum, et aliud retinet absconditum, quid est aliud quam manifestum furtum? Ergo, fratres charissimi, divitias contemnite, paupertatem diligite, terrena despicite, cœlestia desiderate. Nihil superfluum quæratis, nihil apud vos retineatis, nihil abscondatis, si ad communem societatem electorum Dei pervenire desideratis ad quam vos perducere dignetur ille, qui in Trinitate perfecta vivit et regnat Deus per omnia sæcula sæculorum. Amen.

SERMO NONUS.

II IN TRANSLATIONE SANCTI ISIDORI.

Non timebit domui suæ a frigoribus nivis; omnes enim domestici ejus vestiti sunt duplicibus (Prov. xxxi). Nuntius summi Regis, videlicet angelus quem mittit Dominus in circuitu timentium eum (Psal. xxxiii), unus ex eis qui semper vident faciem Patris qui in cœlis est (Matth. xviii) felici rumore nuntiavit in curia summi Imperatoris qui imperat ventis et mari (Matth. viii), parari, vel potius reparari domum beati Isidori Hispalensis quondam metropolitani episcopi intra muros urbis Legionensis religiosorum clericorum ordini et inhabitationi. Quo rumore suscepto, venerabilis Pater Augustinus catholicæ Ecclesiæ Doctor egregius, gratulabundus et exsultans, dominum Isidorum Doctorem Hispaniarum, nescio quid secum meditantem intueis, sic eum alloquitur : Quid est, reverende frater, quod tecum volvis? Nunquid aliquid de Scripturis exponendis meditaris? Sed in hac patria spirituum, cœlum, id est Scriptura non extenditur sicut pellis (Psal. ciii), sed plicatur, id est involvitur sicut liber (Isai. xxxiv) : nec plebes doctrina indigere cognoscis, quia hic impletur illud quod scriptum est : *Non docebit vir proximum suum, omnes enim cognoscent me a minimo usque ad*

majorem (Jer. xxxi). Cum autem, ut videtur, de regimine et dispositione Ecclesiarum sollicitus sis, tamen de ea quæ te specialius familiariusque contingit, decet ut solliciteris. Loquor autem de ea, quæ intra muros urbis Legionensis thesaurum corporis tui continens, religiosis clericis præparatur inhabitanda.

Ad hæc dominus Isidorus, sollicitor, inquit, super his, sed præcipue de indumentis Deo servientium in domo illa clericorum; nam victui ipsorum jam necessaria ex magna parte paravi, et reliqua sufficientius præparabo; sed terra illa non abundat vestibus. Volo autem eos habentes victum et vestitum iis contentos esse (*I Tim.* vi). Ad hæc Pater Augustinus, et ego, inquit, providebo his filiis inis indumenta. Legitur autem apud Salomonem de muliere quadam, quod *non timebit domui suæ a frigoribus nivis*, et cætera. De qua et ibidem subditur : *Operata est linum, et lanam* (Prov. xxxi). Ad hunc ergo modum ego his filiis et domesticis tuis vestem duplicem ex lana linoque contextam, superpelliceum scilicet et capam, in quorum altero munditiam, in altero volo humilitatem intelligi; quod ex ipsarum quoque vestium colore et apraratu potest agnosci. Nam corporis munditia candorem habet, et nigredo vestis humilitatem repræsentat. Nosti etiam beatissimam Virginem Mairem Domini harum vestium specialiter fuisse vestitam. Unde et de ea scriptum est: *Gloria Libani data est ei, decor Carmeli, et Saron (Isai.* xxxv). Et ipsa de se ait: *Quia respexit Dominus humilitatem ancillæ suæ (Luc.* i). In apparatu quoque harum vestium idem attenditur : nam vestis linea multo labore et difficultate perficitur, non usque adeo vestis lanea. Ad hunc modum munditia corporis multo labore multoque conatu utiliter habetur et custoditur, utpote cui resistit lex membrorum, fomes et languor naturæ, stimulus carnis, quem pati se etiam Apostolus confitetur (*II Cor.* xii), prava et fluxa consuetudo, exterior alienæ cutis illecebrosa tentatio, interior hostis incentiva suggestio.

De lino autem planum est, quia primum a terra avellitur, deinde in fasciculos colligatur, in lacum dimittitur, ad solem exsiccatur, quisquiliis et stupa emundatur, per colum in fila redigitur, in glomos complicatur, in telam extenditur et contexitur, tandem inciditur et insuitur, et sic superpelliceum aptatur. Ad hunc modum multo labore sudatur, ut exeat ex carne rubigo ejus et tenax viscositas superetur, cujus aculeos expertus est homo post peccatum, ante motus aliorum peccatorum, cum cœperant rivi concupiscentiarum per membra sine lege diffundi, qui prius lege naturæ tenebantur cohibiti, ne inordinate erumperent. Unde erubuit nuditatem suam, et cucurrit ad umbram, ut obumbraret turpitudinem suam (*Gen.* iii). Vincendæ hujus bestiæ difficultatem notat Apostolus dicens: *Fugite fornicationem (I Cor.* vi): quæ est vectigal, scilicet naturæ, et vos ipsos acrius et vicinius insequentem. Nam omnis virtus hostis in lumbis ejus, et fortitudo illius in umbilico ventris ejus (*Job* xl). Ista est Dalila, quæ dormit in sinu nostro (*Judic.* xvi), a qua custodire claustra oris nostri præcipit propheta (*Mich.* vii), nam nulla pestis efficacior ad nocendum, quam familiaris inimicus. Augustinus: Ut ergo vestis nuptialis præparetur sponso, ut omni tempore candida sint vestimenta (*Eccle.* ix) horum filiorum tuorum, o frater Isidore, ne nudi ambulent; avellat primo linum a terra sordidæ voluptatis, et carnalis colluvionis abomination, in fasciculos colligare procuret regularis ordinis districtio, in lacum dimittat timor supplicii, ad solem exsiccet superni vapor desiderii, quisquiliis et stupa per contunsionem emundet carnis maceratio, per colum in fila redigat supernorum contemplatio, in glomos complicet frequens meditatio, in telam extendat certa futurorum exspectatio, contexat charitatis connexio, incidat regularis exercitatio, consuat perseverantiæ fortitudo. In primo horum displicet homo sibi, in secundo abnegat seipsum sibi, in tertio dimittit se infra se, in quarto suspendit se supra se, in quinto cohibet se intra se, in sexto excedit mente supra se, in septimo recolligitur ad se, in octavo confortatur de se, in nono

conjungitur et supra et circa se, in decimo roboratur, in ultimo perficitur et consummatur. Nam cum incipit homo cogitare intra se, quam brevis sit voluptas quæ famem sui patitur, et fastidio abjecta, cujus subinde operiat, aut reddeat, aut pœniteat. (Nam habet hoc voluptas omnis ; stimulis agit furentes, apumque par volantum, ubi grata mella fuderit, stimulum relinquit in conscientia.) Cum hæc, inquam, meditatur homo, factus animal pronum et deditum ventri et genitalibus, cui Deus

    Os sublime dedit cœlumque tueri
   Jussit, et erectos ad sidera tollere vultus;
          (Ovid. *Met.* l. i.)

exhorreat cœnum sordidæ voluptatis, et carnalis volutabrum colluvionis abominetur, et sic linum a terra avellitur. *Omne enim peccatum quodcunque fecerit homo, extra corpus est; qui autem fornicatur, in corpus suum peccat (I Cor.* vi). Hoc linum a terra avulserant quibus Apostolus dicebat : *Quem ergo fructum habuistis tunc, in quibus nunc erubescitis? (Rom.* vi.)

Consequenter cum disponit ascensiones in corde suo (*Psal.* lxxxiii), ut intret in potentias Domini (*Psal.* lxx), eligit magis abjectus esse in domo Dei, quam habitare in tabernaculis peccatorum (*Psal.* lxxxiii), et alligat se voto continentiæ et districtioni ordinis regularis. De hac colligatione planum est, quia sic colligatur et adstringitur, ut fiat fasciculus myrrhæ ; ut sit sicut Isaac colligatus ad aram, fasciculo lignorum superpositus (*Gen.* xxii). Nam os habet, et non loquetur; oculos habet, et non videbit (*Psal.* cxiii), et cætera, ut possit vere dicere: *Christo confixus sum cruci (Gal.* ii). Sed quia adhuc inter duas molas molitur, quas prohibet Moyses loco pignoris dari (*Deut.* xxiv); per inferiorem, quasi linum in lacum dimissum, præteritorum conscius, et futurorum pavidus, timet supplicia pro præteritis quæ commisit, et pro futuris quæ potest committere. *Beatus enim vir*, ait Salomon, *qui semper est pavidus* (*Prov.* xxviii). Et Psalmista : *Initium sapientiæ timor Domini* (*Psal.* cx). Nam timor supplicii janua est regni. Sed quoniam inter hæc supernorum desiderio ardet vir desideriorum, desiderio desiderans illud novum pascha manducare in regno Dei (*Luc.* xxii), et quasi holocaustum in ara altaris incenditur: omnis in eo carnalis humor quasi ad solem exsiccatur, ut quasi Deus in tympano collaudetur, et assum tantum igni quidquid est de agno Paschali comedatur (*Exod.* xii). Hoc igne ardebat Jeremias dicens : *Factus est quasi ignis exæstuans, claususque in ossibus meis (Jer.* xx). Et discipuli dicentes: *Nonne cor nostrum ardens erat in nobis? (Luc.* xxiv.) Et David : *Concaluit cor meum intra me (Psal.* xxxviii), etc.

Inter malleum quoque positus et incudem per carnis macerationem contunditur, sed non frangitur. Superfluis emundatur, necessariis non privatur, ut si hostem insequitur, civis non exstinguatur secundum illud Apostoli: *Curam carnis ne feceritis in desideriis* (*Rom.* xiii). Nam cum venter et genitalia, sicut loco, ita sibi conjuncta sint vitio, venterque mero exæstuans facile despumet in libidinem, nulla potest efficacior ad servandam corporis munditiam adhiberi medicina, quam parcimoniæ deservire; gulam cohibere, ventrem restringere, carnem macerare ne effluat et resolvatur in turpem libidinem; sicut Loth, quem Sodoma non vicit, vina vicerunt (*Gen.* ix). Unde ait propheta: *Peccatum Sodomæ fuit saturitas, et abundantia panis* (*Ezech.* xvi). Primus quoque parens per edulium ligni vetiti sua contra se arma movit, expertus est, et fecit sibi perizomata ad velandam turpitudinem, quam intellexit (*Gen.* iii). Princeps quoque cocorum muros Jerusalem destruxit (*Jer.* lii). Unde Apostolus: *Nolite inebriari vino, in quo est luxuria* (*Eph.* v). Et Salomon: *Luxuriosa res est vinum, et contumeliosa ebrietas* (*Prov.* xx): quæ etiam femora Noe denudavit, et filio ridenda monstravit (*Gen.* ix). Itaque vinum nec suo pepercit auctori. Hæc quilibet melius legit in libro experientiæ:

Vina parant animos, faciuntque caloribus aptos.

Supernorum contemplatio subtilissima fila producit, de quibus vestis philosophiæ secundum Boetium contexitur: ut quasi virgula fumi ex aromatibus raptus in tertium cœlum (*Cant.* iii), audiat verba quæ non licet homini loqui (*II Cor.* xii).

Quæ etiam complicat, et quasi in glomos recolligit frequens meditatio, sicut legitur de gloriosissima Virgine: *Maria autem conservabat omnia verba hæc, conferens in corde suo* (*Luc.* ii). Et Apostolus: *Hæc meditare* (*I Tim.* iv): ut vigilet ratio, ne dormitante ostiaria Isboseth percutiatur in inguine, et moriatur (*II Reg.* iv). Nam meditatio sermonum Domini intellectum dat parvulis (*Psal.* cxviii).

Mola vero superior, futurorum scilicet exspectatio, telam in altum suspendit, ut dicat: *Nostra conversatio in cœlis est: unde exspectamus Jesum Christum, qui reformabit corpus humilitatis nostræ, configuratum corpori claritatis suæ* (*Philipp.* iii).

Verum texturam vestis charitas orditur et perficit, ut sit vestis inconsutilis desuper contexta per totum, quæ non est scissa, sed sorte divinæ prædestinationis (*Joan.* xix) contingit his quos prædestinabit, et prælegit fieri conformes imaginis Filii sui (*Rom.* viii). Hæc est vestis nuptialis. Beatus, qui hanc servat, ne nudus ambulet (*Apoc.* xvi). De exercitatione regularis ordinis in lectione, oratione, et aliis quæ sunt ex parte Mariæ, quæ optima prædicatur; vel in instructione minorum, et operibus pietatis, in quibus turbatur Martha et sollicita est erga plurima (*Luc.* x); vos melius exercitati me magis potestis docere, quam ab indocto aliquid discere.

Hanc vestem polymitam necesse est ut consuat perseverantia, ut sit vestis talaris Joseph (*Gen.* xxxvii), ut et offeratur cauda hostiæ in sacrificio Domini, vel potius in holocausto (*Lev.* vii). *Qui enim perseveraverit usque in finem, hic salvus erit* (*Matth.* x). Hoc superpelliceo, hac veste candida filii tui

interius induantur: nam omnis gloria filiæ regis ab intus est (*Psal.* xliv), ut sint candidi Nazaræi ejus super nivem dealbati (*Thren.* iv). Ut autem perfecte vallentur a frigoribus nivis, et ut vestiti sint duplicibus, parabo etiam eis capam humilitatis.

Ut vero capa possit aptari, prius tondetur lana ab animali, deinde in fila redigitur, tela texitur, pannus coloratur, inciditur et consuitur. Detondet itaque lanam ad parandam humilitatis capam propriorum abrenuntiatio, in fila redigit regularis instructio, telam texit obedientiæ professio, pannum colorat propriæ infirmitatis consideratio, incidit mortis recordatio, consuit retributionis certitudo. Horum ergo primum expedit, secundum erudit, tertium constringit, quartum deponit, quintum concutit, sextum erigit. Sane cum opes iperi sane, id est superbiam gignere et nutrire consueverint, sicut apparet in angelo, et in homine primo, quorum prodiit iniquitas ex adipe (*Psal.* lxxii), sicut crassitudo terræ erupta est super terram (*Psal.* cxl).

Quasi tondetur lana ad humilitatis vestem texendam, cum renuntiat homo propriæ voluntati, propriæ possessioni, propriæ libertati, propriæ cogitationi, ut dicat patri et matri, non novi vos. Et sicut in tonsura animalis exoneratur animal, vermes moriuntur, lana decerpitur; ita in renuntiatione propriorum exoneratur candidus, ut possit per foramen acus transire (*Matth.* xix). Nam ipsa humana felicitas multis amaritudinibus respersa est, quæ acquiritur cum labore, habetur cum timore, amittitur cum dolore (*Matth.* xiii). Unde et spinis in Evangelio comparatur. Unde Apostolus: *Qui volunt divites fieri, inserunt se doloribus multis* (*I Tim.* vi). Vermes quoque sollicitudinis temporalis moriuntur, et pœnæ gehennalis. Nam ut ait Salomon: *Sicut vermis consumit ligna, sic tristitia mentem viri* (*Prov.* xxv). Et Isaias ad Nabuchodonosor: *Subter te sternetur tinea, et operimentum tuum erunt vermes* (*Isai.* xiv). Et iterum: *Vermis eorum non morietur, et ignis non exstinguetur* (*Isai.* lxvi).

In regulari instructione lana quasi in fila producitur ad parandam humilitatis capam in silentio, quod est cultus justitiæ secundum Isaiam (*Isai.* xxxii), in oratione, et lectione, et reliquis, quæ humilitatis signa sunt, sicut est tonsura, frequens capitis inclinatio, veniæ petitio, et alterutrum confessio, in communi usu omnium, in vilitate indumentorum, in austeritate ciborum. Hanc lanam in fila produci volebat Apostolus dicens: *Omnia in vobis honeste, et secundum ordinem fiant* (*I Cor.* xiv). Ad hæc etiam suppetunt infinita Patrum exempla tam in Veteri quam in Novo Testamento.

Telam autem humilitatis texit obedientiæ professio. Nam quid est quod tam sit effectivum et conservativum humilitatis, quam loco Dei imponere hominem super caput suum, et ita totum de arbitrio pendere alieno? Ut sine superioris nutu os habeat, et non loquatur: oculos habeat, et non videat : pedes habeat et non ambulet : manus habeat, et non eas extendat etiam ad suscipienda munera : et ideo victimis jure præponitur obedientia (*I Reg.* xv). In sacrificio quippe aliena caro, in obedientia propria mactatur : quandoque etiam usque ad sanguinis effusionem secundum illud : *Christus factus est pro nobis obediens Patri usque ad mortem* (*Philip.* ii). Et ex contrario quoque melius intelligitur quid de hujus laude sentiatur. Unius hominis inobedientia morti addicit posteros et proscripsit universos. Nam, ut ait Samuel : *Crimen ariolandi est nolle obedire, et scelus idololatriæ nolle acquiescere* (*I Reg.* xv). Sola ergo est quæ meritum fidei possidet, obedientia. Ad hanc hortatur Apostolus, dicens : *Obedite præpositis vestris* (*Hebr.* xiii).

Pannum colorat colore nigro propriæ infirmitatis consideratio. Si enim consideret homo quid fuit, quid est, quid erit ; recolligit quia vile sperma, vas stercorum, esca vermium : *Quid ergo superbit terra, et cinis?* (*Eccli.* x.) Quid tenditur pellis morticina ?

Unde superbit homo, cujus conceptio culpa,
Nasci pæna, dolor vita, necesse mori?

Cognosce te ipsum, cadaver putridum ; e cœlo descendet γνῶθι σεαυτόν, id est *cognosce te ipsum. In omnibus viis tuis recordare novissima tua, et in æternum non peccabis* (*Eccli.* vii.). Et hoc est quod pannum incidit ad cappam humilitatis consuendam.

Inciditur enim superbia, si consideratur conditio mortis, cunctis imposita secundum illud : *Pulvis es, et in pulverem reverteris* (*Gen.* iii) ; et damnationis comminatio reprobis infligenda, secundum illud : *Detracta est ad inferos superbia tua* (*Isa.* xiv). Et illud : *Sicut oves in inferno positi sunt* (*Psal.* xlviii), etc.

Sed hanc capam consuit retributionis certitudo. Si enim consideret homo quid sit ex se, quid ex dono Dei, vel qualis et quis futurus ex retributione Dei ; fiunt homini justitiæ suæ quasi pannus menstruatæ (*Isai.* lxiv). Et hoc est, quod animalia pennata deponunt alas suas, cum sit vox super firmamentum, quod imminet capiti eorum (*Ezech.* i). Hanc capam pastor Ecclesiæ nos admonet consuere dicens : *Humiliamini sub potenti manu Dei, ut vos exaltet in tempore visitationis* (*I Pet.* v). His

A ergo duplicibus vestimini, charissimi, ne timeatis domui vestræ a frigoribus nivis.

Hæc autem frigora nivis mortalia sunt peccata, et immissiones hostis antiqui, qui dicitur nix non incompetenter. Sicut enim nix de cœlo descendit, et illuc ultra non revertitur, ita et diabolus per superbiam de sublimibus corruens, non revertetur ultra ad manum de qua excussus est. Et sicut nix cum sit aqua, in aere violentia aquilonis induratur, ita diabolus secundum Job induratus est tanquam lapis (*Job* xli), qui et aquilo dicitur frigidus, scilicet et durus, nomine tantum dexter. Unde in Canticis : *Surge, aquilo, et veni, auster* (*Cant.* iv). Frigoribus hujus nivis refrigescit charitas multorum, ut ait Dominus (*Matth.* xxiv). Et Salomon : *Propter frigus piger noluit arare* (*Prov.* xx).

Ut ab his ergo domui vestræ ne timeatis, his duplicibus vestimini, charissimi, ut conteratis duo cornua illius cerastis antiquæ præ aliis eminentiora. De quo ait Job : *In secreto calami dormit in locis humentibus* (*Job* xl). Et iterum : *Huic montes herbas ferunt* (ibid.). Et : *Ipse est rex super omnes filios superbiæ* (*Job* xli). Ista regina, hoc delictum maximum, ista bestiola, quæ plures interfecit de exercitu Absalon, quam gladius David ; hæc vobis maxime est etiam in bonis quæ agitis formidanda et cavenda. Nam

inquinat egregios adjuncta superbia mores.

Quæ natione cœlestis, mentes sublimium inhabitat sub cinere latitans et cilicio, prima a Deo recedentibus, et ultima redeuntibus. Nam

Cum bene pugnaris, cum cuncta subacta putaris,
Quæ post infestat, vincenda superbia restat.

In curta manica quandoque et superbia longa. His ergo duplicibus vestimini, ut non diploide confusionis, sed stola geminæ glorificationis induamini, ambulantes cum Agno in albis (*Apoc.* iii), facti sicut angeli Dei, qui non nubent, neque nubentur (*Matth.* xxii), per humilitatem quam nunc servatis sessuri super sedes duodecim judicantes duodecim tribus Israel cum eo qui vivit, et regnat cum Deo Patre in unitate Spiritus sancti Deus per omnia sæcula sæculorum. Amen.

SERMONES DE DIVERSIS.

SERMO PRIMUS.

IN DEDICATIONE ECCLESIÆ.

Joannes apostolus et evangelista a Christo electus atque dilectus, in tanto dilectionis amore est prælatus, ut in cœna recumberet super pectus ejus D (*Joan.* xiii), ipsique soli cruci suæ adstanti Matrem propriam commendare est dignatus (*Joan.* xix). Provida siquidem dispensatione, ut ipsi ad custo-

diendam gloriosissimam Virginem tradidisset, quem
nubere volentem, ad amplexum virginitatis asciverat, et impollutum mente et corpore præelegerat.
Hic itaque cum propter verbum Dei et testimonium
Jesu Christi in Pathmos insula in exsilium mitteretur, illic ab eodem Apocalypsis præostensa describitur, in qua ad eruditionem nostram inter cætera,
sic loquitur : *Dixit mihi angelus : veni, ostendam
tibi sponsam Agni. Et sustulit me in spiritu in montem magnum et altum, et ostendit mihi civitatem sanctam Jerusalem novam descendentem de cœlo a Deo,
compositam sicut sponsam ornatam viro suo (Apoc.
xxi).* Montem magnum et altum Christum dicit, de
quo propheta ait : *In illa die erit mons domus Domini in vertice montium, et elevabitur super colles
(Isai. ii),* id est super prophetas et apostolos; quia
ipsi montes et colles dicuntur propter magnitudinem
virtutum et excellentiam meritorum. Quod autem,
in illa die, dicit, a passione Christi usque ad finem
mundi unum diem esse ostendit.

Sequitur : Jerusalem cœlestis multitudo sanctorum est, quæ cum Domino dicitur esse ventura,
sicut ait Zacharias propheta : *Ecce Dominus noster
veniet, et omnes sancti ejus cum eo (Zach. xiv).* Hi
præparantur a Deo habitatione munda, ut habitent
cum eo, *sicut sponsam ornatam viro suo.* Christus
est caput et vir totius Ecclesiæ. Unde Salomon ait,
cum de eadem Ecclesia sub persona fortis mulieris
loqueretur, dicens : *Nobilis in portis vir ejus,
quando sederit cum senatoribus terræ (Prov. xxxi).*
Vir sanctæ Ecclesiæ Christus est, qui cum senatoribus terræ, id est cum patriarchis, et prophetis,
atque apostolis ad judicandum vivos et mortuos in
die judicii sessurus est. Recte etiam dicitur nobilis,
quia inter omnes filios hominum nullus est ei similis. Omnis igitur Ecclesia, id est omnes sancti,
sanctitate et justitia Jesu Christo sponso suo conjungendi procedent ornati, et in æternum cum eo
mansuri. Congrue hæc civitas Jerusalem, id est
sancta Ecclesia, nova dicitur : quia per baptismi
sacramentum, in Christo qui est novus homo, de
die in diem renovatur. Hæc enim quotidie in pœnitentia descendit de cœlo, scilicet in humilitate Filium Dei imitando. Sic enim Filius Dei cum in forma
Dei esset, formam servi accipiens, de cœlo descendit, quia usque ad mortem se humiliavit (*Philipp.* ii). Descensio Filii Dei de cœlo, ejus est incarnatio. Hæc igitur Jerusalem civitas quotidie
imitando Deum, de cœlo descendit; quia Jesu Christi sponsi sui vestigia sequens, in humilitate sese
custodit. Miro modo sancta Ecclesia sive quælibet
sancta anima quanto amplius propter Deum per
humilitatem descendit, tanto magis per Dei gratiam ascendit. Unde Dominus in Evangelio dicit :
Qui se exaltat, humiliabitur : et qui se humiliat, exaltabitur (Matth. xxiii). Sic etiam ait eloquentissimus
noster Isidorus (46-47) : « Descende ut ascendas, hu-

miliare ut exalteris, ne exaltatus humilieris. » Unusquisque ergo tanto in oculis Dei erit pretiosior
et altior, quanto apud semetipsum pro amore Dei
fuerit despectior ac vilior. Quare ? Quia Deus humilia respicit, et alta a longe cognoscit (*Psal.* cxxxvii).
Unde alibi Scriptura dicit : *Deus humilibus dat gratiam, superbis autem resistit (Prov. iii).* Unde Dominus ad Saulem loquitur, dicens : *Nonne cum parvulus esses in oculis tuis, caput te constitui in tribus
Israel ? (I Reg. xv.)* Ac si diceret : Magnus mihi
fuisti, quando despectus eras tibi. Nunc autem quia
magnus es tibi, despectus es mihi.

Habebat, inquit, *hæc civitas portas duodecim, et
super portas duodecim angulos, et nomina superscripta duodecim tribuum Israel. Luminare ejus simile
lapidi pretiosissimo, simile crystallo.* Eidem vero
civitati propheta loquitur, dicens : *Non erit tibi sol
amplius ad lucendum per diem, nec splendor lunæ
illuminabit te; sed erit tibi Dominus in lucem sempiternam, et Deus tuus in gloria magna (Isai. lx).*
Sicut enim lapis crystallinus naturali claritate est
perlucidus, ita civitas illa describitur nullo siderum
fulgore illuminari, sed sola Dei luce illustrari. Habebat murum magnum et altum. Unde Zacharias
propheta ait : *Ego ero murus in circuitu ejus, dicit
Dominus (Zach. ii).* Dominus ergo totius majestatis
est lumen et custos illius gloriosissimæ civitatis.
Quod autem dicit, *habens portas duodecim ex singulis margaritis, et in portis angulos duodecim, et
nomina scripta, quæ sunt nomina duodecim tribuum
filiorum Israel.* Et in Evangelio legimus Dominum
de se dixisse : *Ego sum ostium. Per me si quis introierit, salvabitur (Joan. x).* Ergo Christus est
hujus civitatis janua. Duodecim vero portæ et duodecim tribus Israel duodecim apostoli sunt et duodecim prophetæ, qui universam significant Ecclesiam in duodenario numero constitutam. Et tamen
istæ duodecim portæ ad unam portam veniunt, quæ
est Christus. Portæ autem ex singulis margaritis
existunt, quia sancti apostoli, qui portæ Ecclesiæ
sunt, intrantibus lumen veritatis ostendunt. Quod
vero civitatem esse quadratam dicit (*Apoc.* xxi),
sanctorum adunatam turbam ostendit, in quibus
fides catholica nullo modo fluctuare potuit. Hæc civitas in quadro est posita, quia in ordine quatuor
evangelistarum super Dominicam incarnationem
sancta Ecclesia firmiter est ædificata, et in quatuor
mundi partibus constituta.

Iterum subjungit, dicens : *Et qui loquebatur mecum, habebat mensuram, scilicet arundinem auream.*
In arundine aurea fidem incarnationis Domini nostri Jesu Christi ostendit, qui carnem humanæ fragilitatis suscepit, in qua nobis exemplum perfectionis et viam nostræ salutis monstravit. Ipse solus
est, per quem fidei mensura unicuique distribuitur,
et sanctæ Trinitatis integritas cognoscitur. *Et mensus est civitatem stadiis duodecim.* Longitudo au-

---

(46-47) Lib. ii. *De synonim.*, de humilitate.

tem, et latitudo, et altitudo ejus æqualia sunt. Fides enim Christi, et integritas sanctæ Ecclesiæ per hæc duodecim stadia, id est per apostolorum doctrinam et prophetarum fidem agnoscuntur ; quia in eis nihil superfluum, nihil extrinsecus veniens, nihil minus habens invenitur. Etiam subditur : *Et erat structura muri ejus ex lapide jaspidis : ipsa vero civitas aurum mundum simile vitro puro*. In alio metallo quidquid interius continetur, absconditur; in vitro autem quilibet liquor qualis interius habetur, talis exterius demonstratur. Quid ergo aliud in auro vel vitro accipimus, nisi illam supernam patriam, illamque beatorum civium societatem, quorum corda sibi invicem et charitate fulgent, et puritate translucent? Ipsa quippe eorum claritas sibi vicissim in alternis cordibus patet, quia cum uniuscujusque vultus attenditur, simul et conscientia penetratur. Pretiosi lapides ex quibus civitas ædificatur, sanctos et fortes in persecutione viros ostendunt, qui nec tempestate persecutorum, nec impetu pluviæ, id est tribulationum, a statu veræ fidei dissolvi poterunt. Platea vero, quæ de auro purissimo esse dicitur, sanctorum corda ab omnibus peccatis munda insinuat, in quibus Dominus deambulat. Flumen autem vitæ, quod de throno Dei et Agni procedebat (*Apoc.* xxii), gratiam baptismi insinuat. Lignum vitæ ex utraque ripa, secundum carnem adventum Christi ostendit, quem venturum et passurum vetus lex prædixit, et Evangelium jam venisse manifestavit. Fructus vero duodecim per singulos menses, duodecim apostolorum multimodam gratiam ostendunt, quam ab uno crucis ligno suscipientes, populos fame consumptos verbi Dei pabulo reficiunt. *Et folia ligni in curationem gentium.* Folia ligni, quæ ad sanitatem gentium proficiunt, virtutes sanctæ crucis ostendunt. *Omnis languor non erit amplius, quia absterget Deus omnem lacrymam ab oculis eorum, thronus Dei et agni erat in ea* (ibid). Thronus Græce, sedes dicitur Latine. Sedes igitur Dei erat in civitate illa, id est in sancta Ecclesia, testante Psalmista : *Sedes tua Deus in sæculum sæculi* (*Psal.* xliv). *Et servi ejus servient ei, et videbunt faciem ejus* (*Apoc.* xxii).

Interea scire vos oportet, fratres charissimi, quia per tres portas ingrediuntur hanc nobilissimam civitatem omnes sancti. Tres solummodo portas habet sancta Ecclesia per quas cœlestem Jerusalem, quæ ut civitas ex lapidibus vivis ædificatur quotidie in suis membris, feliciter ingreditur. Prima videlicet ad orientem, secunda ad aquilonem, tertia vero ad meridiem. Porta quippe in oriente est fides, quia per ipsam lux vera nascitur in mente hominis. Porta in aquilone est spes, quia unusquisque in peccatis positus, si de misericordia Dei desperaverit, funditus perit. Unde necesse est, ut qui propter iniquitatem suam jam mortuus fuerat, per misericordiæ spem reviviscat. Profecto in meridie est porta charitatis, quia qui Deum perfecte diligit, ardet igne divini amoris. In meridiana etenim porta sol in altum erigitur, quia per charitatem lumen fidei in Dei et proximi dilectione sublevatur. Per has tres portas, scilicet fidei, spei, et charitatis, quisque fidelis in Dei et proximi amore solidatur, et in illa cœlesti Jerusalem de qua loquimur, cives constituitur.

Nunc ergo, fratres charissimi, per has tres portas intrare contendite, et ut in illa superna civitate cives esse mereamini, summopere elaborate. Quicumque vestrum post fidem et baptismi sacramentum non ceciderunt in profundum vitiorum, Deo gratias referant, et per orientalem portam ingrediantur regnum cœlorum. Illi vero, qui post inchoationem fidei caloris, et luminis, in peccatorum suorum frigore atque obscuritate lapsi sunt, per pœnitentiæ compunctionem veniam sibi a Deo acquirant, et ad gaudia æternæ retributionis per aquilonis portam perveniant. Hi autem, qui igne sancti Spiritus succensi, sanctis desideriis ac virtutibus fervent, et spiritali intellectu quotidie interni gaudii mysteria penetrant, et ut cœlestem Jerusalem per meridianam portam ingredi possint, studiose invigilant. Hæc igitur, fratres et domini mei, vobiscum agite. Hæc in mente sedula meditatione versate, et si vos in illa civitate delectat habitare, omnia quæ sub cœlo sunt, pro nihilo reputate, atque ad illam passibus bonorum operum quantocius properate. Non vos ad illam festinantes superfluitas verborum impediat, non dulcedo ciborum retrahat, non mollities vestimentorum retro abire faciat, non pulchritudo carnis detineat, non species humana reducat, non amor temporalium delectationum retardet, non cura parentum a recto itinere deviet. Ad illam ergo voto et desiderio tendite, ad illam medullis cordis indesinenter suspirate ob recordationem illius libenter lacrymas fundite, et ut aliquando ad illam possitis pertingere, votis omnibus Deum exorate. Jesus Christus Dei Filius, qui splendor Patris est et virtus, quique eamdem civitatem illuminat claritate sui vultus, faciat nos per seipsum ad illam pertingere cum sanctis omnibus, atque in ea æternaliter vivere in suis sacratissimis laudibus : qui cum eodem Patre, et Spiritu sancto vivit et regnat Deus per omnia sæcula sæculorum. Amen.

———

SERMO SECUNDUS.

IN DEDICATIONE ECCLESIÆ II.

—

Fratres charissimi, rogo ut sollicite audire dignetur charitas vestra, quæ ad eruditionem vestram, imo totius Ecclesiæ, loquitur venerabilis presbyter Beda. Ait enim (48) : « Domum [Domus] quam Salomon ædificavit, Ecclesiæ figura fuit, quæ a primo electo usque ad ultimum quotidie per gratiam regis pacifici, id est Christi, ædificatur, quæ partim peregrinatur ab illo in terris, partim post peregrinationem jam cum illo regnat in cœlis, ubi post ultimum judicium tota regnabit. Ad hanc sanctam Ecclesiam pertinent angeli, quorum nobis similitudo promittitur in futuro. Unde est illud : *Æquales erunt angelis, et sunt filii Dei : cum sint filii resurrectionis (Luc. xx).* Ad hanc pertinet Christus, sicut ipse ait : *Solvite templum hoc, et in tribus diebus excitabo illud. Hoc enim dicebat de templo corporis sui (Joan. ii).* De nobis autem dicit Apostolus : *Nescitis quia templum Dei estis? (I Cor. iii.)* etc. Si ergo ille templum secundum carnem factus est, per inhabitantem spiritum et nos efficimur, constat quia figura omnium nostrum et ipsius Domini, id est membrorum et capitis, templum illud fuit. Sed ipsius tanquam *lapidis angularis, electi, pretiosi, et in fundamento fundati (Isai. xxviii).* Nostri autem *tanquam lapidum vivorum superædificatorum super fundamentum apostolorum et prophetarum (I Petr. ii; Eph. ii, 20),* id est Christum. Quod melius, considerato ordine, ipsa templi ædificatio patebit, ut in quibusdam scilicet figura ad ipsum, in quibusdam ad omnes electos pertineat ; in quibusdam in cœlis angelorum felicitatem, in quibusdam collata hominibus auxilia, in quibusdam remunerata cum angelis hominum certamina demonstret.

Elegit ergo Salomon rex operarios de omni Israel (III Reg. v). Non frustra operarios de omni Israel elegit ; quia non de stirpe Aaron sacerdotis eligendi, sed de omni Ecclesia quærendi sunt, qui domum Dei exemplo verboque ædificent, et sine personæ acceptione sunt promovendi. Qui cum ad erudiendos infideles et in collegium Ecclesiæ vocandos ordinantur, quasi ad cædendas in Libano templi materias, id est cedros, viri strenui et electi mittuntur. *Et erat indictio triginta millia virorum, mittebatque eos in Libanum : decem millia virorum per singulos menses vicissim, ita ut duobus mensibus essent in domibus suis (ibid.).* Triginta millia cæsores eos significant, qui in fide sanctæ Trinitatis sunt perfecti, quod doctoribus maxime congruit. Sed quia triginta millia erant ordinata, ut dena per menses singulos operi instarent, magis denarii

numeri pandendum est sacramentum. Dena millia ad cædenda ligna de Israel in opus domus Domini mittuntur. Qui enim ad eruditionem insipientium ordinantur, decem præcepta legis per omnia servare, et auditoribus debent servanda monstrare, præmia quoque in cœlis futura, quæ per denarium figurantur, et ipsi spectare, et auditoribus speranda intimare. Terni autem menses quorum distantia singulis lignorum cæsoribus erat imposita, perfectionem trium virtutum evangelicarum denuntiant, scilicet eleemosynæ, orationis et jejunii. Per eleemosynam namque comprehenduntur omnia quæ ad dilectionem proximi explendam benevole in fratres comparamus. Per orationem, omnia quibus per internam compunctionem nostro Conditori conjungimur. Per jejunium, omnia quibus a contagione vitiorum et illecebris sæculi observamur, ut libera mente et casto corpore semper dilectioni Dei et proximi valeamus inhærere.

« Hiram vero rex Tyri, qui *excelse vivens* interpretatur, erat super hujuscemodi indictionem. Excelse vivens Christus est, qui operariis templi præponitur ut ordinet quibus mensibus singuli ad operandum exeant, quibus ad procurandam domum redeant ; cum prædicatorum mentes familiarius informat ut discernant quando ad conscientiam suam examinandam quasi propriam domum inspiciendam reverti, ut orationibus, et jejuniis et visitatore digna sit. Præpositi qui præerant operibus, tria millia trecenti fuerunt propter fidem sanctæ Trinitatis significandam, quam sancta Scriptura prædicat. Quod autem in Paralipomenon tria millia sexcenti scripti sunt, ad perfectionem eorum respicit (II Paral. ii). Senarius enim [suppl. numerus] in quo mundi completur ornatus, perfecta bonorum opera significat. Et quia sancta Scriptura cum fide veritatis opera justitiæ docet habenda, recte præpositi operum tria millia et sexcenti fuerunt. Præpositi autem sunt sacræ Scripturæ conditores, quorum magisterio erudimur inscios docere, contemptores corripere, et onera invicem nostra portare.

« Fuerunt itaque Salomoni septuaginta millia portantium onera, et octoginta millia latomorum in monte : absque præpositis, qui præerant singulis operibus, numero trium millium et trecentorum præcipientium populo, et his qui faciebant opus. Septuaginta ergo millia portantium onera, et octoginta millia latomorum cum præpositis suis non fuerunt Israelitæ, sed proselyti, id est advenæ qui morabantur inter eos. Proselyti vocabantur Græce, qui A ex aliis nationibus in consortium populi Dei accepta circumcisione transibant. Fuerunt ergo operarii domus Domini de Israel, et de proselytis, et de gentibus.

(49) Iterum Scriptura dicit : *Præcepit rex, ut tollerent lapides grandes, lapides pretiosos, quos dolaverunt cæmentarii Salomonis, et cæmentarii Hiram;* viros scilicet præcipuos actione et sanctitate, qui familiarius Christo adhærent; ut quo firmius in illo sperant, eo fortius aliorum vitam diligere, et fundamenti latitudinem portare sufficiant. Hi sunt prophetæ et apostoli, qui verbum et sacramenta veritatis visibiliter vel invisibiliter ab ipsa Dei sapientia perceperunt. Fundamentum templi, id est sanctæ Ecclesiæ, Christus est. Unde dicitur : *Fundamentum aliud nemo potest ponere, præter id quod positum est, quod est Christus Jesus (I Cor. III).* Qui recte fundamentum dicitur domus Dei, quia sicut Petrus ait : *Non est aliud sub cœlo datum nomen hominibus, in quo oporteat nos salvos fieri (Act. IV).* Unde est illud : *Superædificati super fundamentum apostolorum et prophetarum, ipso summo angulari lapide Christo Jesu (Ephes. II).* Ideo hos lapides, id est fideles populos, sancti dolaverunt, ut omnes videlicet noxium et inane relinquerent, et in conspectu Dei solam justitiæ regulam quasi stabilem quadraturæ formam ostenderent. Ad ædificium domus Domini primo ligna et lapides de monte cæduntur; quia eos quos in fide instruere quærimus, primo necesse est, ut abrenuntiare diabolo et prævaricationi in qua nati sunt, doceamus. Deinde quærendi sunt lapides pretiosi et grandes, et in fundamento apponendi; ut abdicata priorum conversatione, in omnibus vitam et mores eorum inspiciamus, et auditoribus imitandos proponamus, quos per virtutem humilitatis Domino specialiter adhærere novimus; et mentis stabilitate quadratos ad omnes tentationis incursus, immobiles durare conspicimus. Grandes et pretiosi fama et merito. *Biblii [f. Giblii] paraverunt ligna et lapides ad ædificandam domum.* Biblios [Giblos] civitas est Phœnicis et interpretatur diffiniens vel determinans. Qui enim corda hominum ad ædificium spirituale quod ex virtutibus animæ construitur, parant, sic D auditores suos fidem et opera justitiæ docere sufficiunt, si prius sacris paginis edocti, quæ fides sit tenenda, quo virtutum calle eundum, cum certa diffinitione veritatis didiscerint. Frustra sibi officium doctoris usurpat, qui discretionem fidei et bonorum operum ignorat. Nec sanctuarium Domino, sed ruinam sibi ædificat, qui docere præsumit, quod ipse non didicit.

Factum est autem quadringentesimo et octogesimo anno egressionis filiorum Israel de terra Ægy-

---

pti in mense Zio, id est Maio, *ipse est mensis secundus quarti anni regis Salomonis super Israel (III Reg. VI).* (50) Martius (51) enim in quo Pascha celebratur, primus est apud Hebræos in mensibus anni. Unde patet quia post Pascha cœpit ædificare domum Domini, et consecratus mystica solemnitate populus misit manus ad mysticum opus, permansit autem cultus et religio tabernaculi annos quadringentos octoginta, et sic templum ædificari cœpit; qua Scriptura Veteris Testamenti tanta perfectione redundat, ut qui eam bene intelligit, cuncta in se Novi Testamenti mysteria continet. Plures quoque Patres Veteris Testamenti tam perfecte vixerunt, ut apostolis et apostolicis viris in nullo putentur esse minores (52). Post fundamentum de talibus compositum ædificata est domus, præparatis lignis et lapidibus et ordine collatis, quæ de suo situ vel radice abstracta sunt; quia post prima fidei rudimenta (53), humilitatis addendus est in altum paries bonorum operum, et quasi superpositis sibi invicem ordinibus lapidum proficientium de virtute in virtutem.

(54) *Domus autem quam ædificavit rex Salomon, habebat sexaginta cubitos in longitudine, et viginti in latitudine, et triginta in altitudine. Et porticus erat ante templum viginti cubitorum longitudinis.* Longitudo domus longanimitatem Ecclesiæ significat, qua patienter adversa tolerat, donec ad cœlestem patriam perveniat. Hoc est sexaginta cubitorum, quia senarius numerus perfectionem bonorum operum indicat. Latitudo autem domus charitatem significat, quæ dilatato sinu mentis, amicos diligit in Deo, et inimicos propter Deum, donec ad pacem conversis vel funditus exstinctis, cum solis amicis gaudeat in Deo. Viginti cubitos habebat in altitudine, propter geminam charitatis distantiam, qua Deum diligimus et proximum. Habebat etiam triginta cubitos in latitudine, propter fidem Trinitatis, in cujus visione cuncta desideria spei nostræ suspenduntur. Singuli numeri per decem multiplicantur; quia per fidem et custodiam legis patientia salubriter exercetur, charitas salubriter ardescit, et spes sublimior ad æterna gaudia rapitur. Altitudo significat spem retributionis æternæ vel futuræ, pro qua prospera vel adversa contemnit donec videat beata Domini in terra viventium *(Psal. XXVI, 29).* Templum Ecclesiam significat; porticus vero quæ ante templum prior lumen accipiebat solis, illam Ecclesiæ partem quæ Domini incarnationem præcessit, in qua patriarchæ et prophetæ fuerunt, qui orientem justitiæ Solem primi susceperunt, et nascenti Domino in carne vivendo, prædicando, nascendo et moriendo testimonium præbuerunt. Antiqui justi in patientia et longanimitate exspectabant, quando incarnatus Dominus evangelii gratiam afferret, pro-

---

(49) Ex eod. Beda, cap. 4.
(0) Beda, cap. 5.
(51) Edit. *Aprilis.*
(52) Hæc ex cap. 4, circa fin.

(53) *Supp. ex edit.* post collata in nobis juxta exemplum sublimium virorum fundamenta humilitatis, addendus est, etc.
(54) Jam cap. 6.

missiones suas a longe aspicientes et salutantes
(*Heb.* xi). Æquabat ergo porticus longitudinem et
latitudinem templi ; quia per longanimitatem mentis desiderabant venire ad dilectionem Ecclesiæ,
quæ est in Christo Jesu.

Sed in quo loco *cæpit Salomon ædificare templum?*
In montem videlicet *Moria, qui demonstratus fuerat
David patri ejus in area Orna* [f. *Ornan*] *Jebusæi* (55).
Domus Domini in monte ædificatur, id est in Christo,
de quo dicitur : *Et erit in die illa præparatus mons
domus Domini in vertice* (*Isai.* ii), etc. Ipse quippe
est mons montium, qui de terra secundum carnem
ortus, omnium terrenorum potentiam et sanctitatem culmine dignitatis transcendit. Qui recte mons
Moria, id est *visionis*, dicitur; quia quos ad æternam claritatis visionem conservat, in hac vita laborantes videre et adjuvare dignatur. Area *Ecclesiam* significat. Unde est illud evangelicum : *Purgabit aream suam Dei Filius,* id est Ecclesiam suam:
*triticum congregabit in horreum suum, paleas autem
comburet igni* (*Matth.* iii). Ornam vero qui *illuminatus* dicitur, natione Jebusæus, gentiles significat il-
lustrandos a Domino, et in filios Ecclesiæ immu-
tandos. Unde est illud : *Fuistis aliquando tenebræ,
nunc autem lux in Domino* (*Ephes.* v). Jebus con-
culcata interpretatur; Jerusalem vero *visio pacis*
dicitur, in qua dum Ornam gentilis regnat, Jebus
dicitur; cum David in ea locum holocausti emit
(*I Paral.* xxi), et Salomon ædificat templum Domini, Jerusalem vocatur; quia gentilitas divini cultus
nescia conculcatur et illuditur a dæmonibus. Sed
cum eam gratia Salvatoris respicit, pacis in se locum et nomen invenit. Unde dicitur : *Beati pacifici,
quoniam filii Dei vocabuntur* (*Matth.* v).

(56) *Fecit* etiam *Salomon in templo fenestras obli-
quas.* Fenestræ obliquæ sunt, quibus pars exterior
angusta, et interior diffusa est. Dicuntur autem
fenestræ, eo quod lucem ferrentur. Lux enim
Græce ὅς dicitur; alii fenestram putant, eo quod
domui lucem ministret, compositum videlicet nomen ex Græco Latinoque sermone. In fenestris
ergo obliquis pars illa per quam lumen intrat, angusta est; sed pars interior quæ lumen suscipit,
lata; quia mentes contemplativæ quamvis tenui-
ter de vero lumine videant, in semetipsis tamen magna amplitudine dilatantur, quæ videlicet et ipsa
quæ conspiciunt, capere pauca vix possunt.

(57) Ostium templi Dominus est; quia nemo venit ad Patrem nisi per ipsum, sicut ipse ait (58) :
*Ego sum ostium. Per me si quis introierit, salvabi-
tur* (*Joan.* x), etc. Templum enim versum erat ad
orientem, et porticus habebat ostium ab oriente
contra ostium templi, ita ut sol æquinoctialis
oriens directis radiorum lineis per ostia tria, porti-

A cus scilicet, templi, et oraculi, arcam testamenti
perfunderet. In prima fronte porticus fuere primi
justi, Abel scilicet, Seth, Enoc, Noe, Abraham,
Isaac, et Jacob, et cæteri Patres veteris testamenti.
In intimo ejus penetrali et quasi prope murum
templi (59), præcursores Domini, Simeon videlicet,
Anna et cæteri, qui etsi nativitatem ejus videre
meruerunt, doctrinam tamen illius audire, et sacramenta percipere nequiverunt (60). Non habebat templum culmen in superioribus, sicut nec tabernaculum, sed erat æquale, quomodo in Palestina
et Ægypto domus fiunt. Tabulatum autem, quo
operta est domus significat eximios in resurrectione
viros, et singulari sanctitate ad virtutis apicem
pervenientes, quorum uni dicitur : *Inter natos mu-
B lierum non surrexit major Joanne* (*Matth.* xi), etc.
(61). Notandum quod triginta cubiti altitudinis, de
quibus supra legitur, usque ad medium cœnaculum
pertingebant, deinde triginta usque ad tertium ad-
debantur, quousque ad porticum, quæ erat circa
templum ab austro, aquilone, et occasu tectum per-
veniebant, secundum Josephum ; deinde usque ad
supremum templi tectum sexaginta cubiti numera-
bantur, et sic tota altitudo templi secundum Paralipomenon in centum viginti cubitos consummata
est. Quod autem omnis altitudo templi erat centum
viginti cubitorum, primitivam significat Ecclesiam,
quæ Spiritus sancti donum accepit in hoc numero
virorum (*Act.* i). Apte etiam in hoc tertio domus
C Domini cœnaculo consummatur, quia post præsentes fidelium labores, post acceptam in futuro requiem animarum plena totius Ecclesiæ felicitas in
resurrectione complebitur.

*Igitur ædificavit Salomon domum, et consummavit
eam: et ædificavit parietes domus intrinsecus tabulatis
cedrinis.* Parietes intrinsecus tabulatis cedrinis
operiuntur, cum corda fidelium amore virtutum
redundant (62). Sicut enim cedrus perfectos significat viros, ita locis opportunis celsitudinem virtutum, quibus ad eamdem pervenitur, perfectionem
insinuat. *A pavimento domus usque ad summitatem,
et usque ad laquearia, operuit lignis intrinsecus.* Teguntur omnia lignis a pavimento domus usque ad
D summitatem et usque ad laquearia, cum electi a
primis fidei rudimentis usque ad perfectionem bonæ
actionis, et usque ad perfectum patriæ cœlestis
ingressum insudant operibus bonis ; cum a primis
justis usque ad ultimos in consummatione sæculi,
omnes virtutibus student, quorum merito dicere
audeant : *Christi bonus odor sumus Deo* (*II Cor.* ii).
Et texit pavimentum domus tabulis abiegnis. Hoc in
Paralipomenon plenius scriptum est sic : *Stravit
pavimentum templi pretiosissimo marmore multo decore* (*II Paral.* iii). Unde patet, quod tabulas

---

(55) Rursum ex cap. 5.
(56) Hæc ex S. Isid. lib. xv *Etym.*, c. 7.
(57) Rursum ex Bed., cap. 5.
(58) *Supp. ex edit.* Hinc alibi dicit.
(59) *Edit.* parentes præcursoris Domini, Si-

meon, et Anna, etc.
(60) Jam ex cap. 9.
(61) Hæc ex cap. 8.
(62) Rursum ex cap. 9.

abiegnas quibus pavimentum texit, non in terra A posuit : sed primo illud marmore protexit, deinde tabulas superposuit, et tertium his duobus auro vestitum addidit. Æquitas pavimenti, sanctorum concordiam et humilitatem insinuat (63). Lapides parietis vel pavimenti, tabulæ et aurum, sanctorum vitam significant; sed lapides vivi sunt sancti, fortitudine fidei in unam eamdemque regulam glutinati; tabulæ cedrinæ vel abiegnæ, latitudine variarum virtutum secundum donationes Spiritus sancti una fide ad alterutrum connexi. Marmor candidum ex quo constructa est domus, electorum actionem mundam significat, et conscientiam ab omni nævo corruptionis castigatam. Unde est illud: *Mundemus nos ab omni inquinamento carnis et spiritus, perficientes sanctificationem in timore Dei* (*II Cor.* vii). Auri laminæ sunt supereminentem scientia charitatem habentes.

(64) *Ædificavitque viginti cubitorum ad posteriorem partem templi tabulata cedrina, a pavimento usque ad superiora : et fecit interiorem domum oraculi in Sanctum sanctorum.* Prior domus in quam semper introibant sacerdotes, sacrificiorum officia consummantes, præsens Ecclesia est, in qua quotidie piis insistentes operibus, Domino sacrificia laudis offerimus. Interior vero, quæ ad posteriorem templi partem facta est, vitam æternam in cœlis significat : interior quidem a conversatione nostri exsilii, quia in præsentia summi Regis perpetua beatorum solemnitas agitur. Unde dicitur : *Intra in gaudium Domini tui* (*Matth.* xxv). Sed tamen posterior est tempore, quia post sæculi labores. *Porro quadraginta cubitorum erat ipsum templum pro foribus oraculi. Et cedro omnis domus vestiebatur, habens tornaturas, et juncturas suas fabrefactas.* Hic numerus in significatione præsentis laboris ponitur, sicut quinquagenarius futuræ quietis et pacis. Decem enim sunt præcepta, quibus ad vitam pervenitur; denario significatur vita quam desideramus et pro qua laboramus. Quadratus vero, mundus in quo pro eadem acquirenda certamus, ut est illud : *De regionibus congregavit eos; a solis ortu, ab aquilone, et mari* (*Psal.* cvi). (65) Habet domus in tabulis cedrinis tornaturas suas et juncturas fabrefactas, cum electi ad invicem pulcherrima charitatis copula D nectuntur, ut cor unum habeant et animam unam. Tornaturæ enim quæ juncturis tabularum apponuntur, ut unum tabulatum fiat ex omnibus, officia sunt charitatis, quibus sancta fraternitas copulatur, et unam Christi domum toto orbe terrarum componitur. Oraculum ubi erat arca, habebat vicenos cubitos in longitudine et latitudine, et altitudine, id est per quadrum; quia in superna patria ubi Christum Regem vident oculi sanctorum, sola charitatis divinæ gratia refulget per omnia. Unde sequitur: *Et operuit illud atque vestivit auro purissimo;* quia

supernæ mœnia civitatis gratia charitatis implevit.

(66) Altare (67) etiam thymiamatis quod erat ante oraculum, de quo subditur : *Et totum altare oraculi texit auro.* Unde intelligitur, qui idem altare de lapide factum, cedro vestitum, deinde auro coopertum est. Paries cedrinus domus interioris januam habebat in superioribus per totum, quo fumus incensorum intraret; quia oculi Domini aperti sunt super domum ejus die ac nocte, et aures in oratione servorum suorum intentæ, et hæc per totam Ecclesiæ latitudinem diffusæ per orbem. Interior domus secreta cœli, arca fœderis Salvatorem significat, in quo fœdus pacis habemus apud Patrem, qui post resurrectionem ascendens in cœlum, carnem sumptam de Virgine in Patris dextera collocavit. Oraculum enim vocatur, cum divina hominibus vel angelica locutio cum secretorum revelatione conceditur. Unde bene oraculum in abditis, id est in interiore domo, factum est; quia in superna patria angelorum visio et allocutio et ipsa Dei præsentia revelabitur. Unde est illud : *Venit hora, cum jam non in proverbiis loquar vobis, sed palam de Patre annuntiabo vobis* (*Joan.* xvi). Et iterum : *Ego diligam eum, et manifestabo ei meipsum* (*Joan.* xiv). Domum quoque ante oraculum operuit auro purissimo; quia perfecti in hac vita necdum de Patre parabolam audire, idem (f. iidem), necdum palam queunt videre; sed idem et opus justitiæ, ne mortua aut otiosa videatur, divino ornant amore, per quam plenam Dei cognitionem mereantur. Clavi aurei quibus laminæ aureæ affigebantur, præcepta charitatis, et promissa æternæ claritatis sunt, quibus in exercitio virtutum, ne deficiamus, donante Christi gratia continemur. *Et totum altare oraculi texit auro.* Hoc altare perfectorum vitam significat, qui quasi in vicinia oraculi positi, desertis infimis delectationibus, ad solum regni ingressum curam intendunt. Unde in hoc altari non carnes victimarum, sed sola incendebant thymiamata; quia tales non adhuc peccata carnis, et illecebras cogitationum in se mactare opus habent, sed tantum orationum et desideriorum spiritualium odoramenta per ignem æterni amoris in conspectu Conditoris offerunt : *Domus autem cum ædificaretur, lapidibus dolatis atque perfectis ædificata est; et malleus, et securis, et omne ferramentum non sunt audita in domo, cum ædificaretur;* quia fideles qui ad ædificium cœleste pertinent, non audent litigare, murmurare, detrahere, nec in supervacuis rebus contendere, sed in omni pace et concordia vivere. In silentio proficit et ædificatur domus Dei, quia congregationi electorum, quæ æterni Regis est habitatio, ab omni convenit cessare tumultu sæculi.

Et fecit in oraculo duos cherubim de lignis ali-

---

(63) Hæc ex cap.
(64) Ex cap. 10. Beda *ubi sup.*
(65) Jam ex cap. 11.

(66) Ex cap. 12.
(67) Suppl. et corrige ex edit. : *Sed et altare vestivit cedro. Altare dicit thymiamatis*, etc.

rarum, decem cubitorum altitudinis (68). Cherubim angelicæ dignitatis vocabulum est : et singulariter cherub, pluraliter vero cherubim. Per cherubim ergo angelica ministeria quæ Conditori semper assistunt in cœlis, possunt intelligi. De lignis olivarum decem cubitorum altitudinis esse dicuntur ; quia angeli gratia spirituali uncti sunt, ne unquam arescant ab amore Dei, quos duce cœlestis sapientiæ mox ipse qui creavit, implevit. Possunt per duo cherubim duo testamenta figurari. Qui cherubim in oraculo sunt facti, quia in consilio divinæ provisionis nobis inaccessibili et incomprehensibili ante sæcula dispositum est, quando, et qualiter, quibusve auctoribus Scriptura conderetur. Duo facti sunt cherubim propter consortium charitatis significandum ; quia minus quam inter duos charitas constare non potest. Unde et discipuli ad prædicandum mittuntur bini (*Luc*. x). Alæ cum in sanctorum hominum mentibus fixæ ponuntur, virtutes eorum significant, quibus ad cœlestia volant et conversantur. Cum vero in significatione angelorum ponuntur, gratiam perpetuæ et indefectivæ felicitatis eorum, qui semper in cœlestibus in ministerio sui persistunt Conditoris. Vel quia levitate spiritualis naturæ sunt præditi, ut ubicunque voluerint, statim quasi volando perveniant. Quinque cubitorum ala cherub una, et quinque cubitorum ala cherub altera ; quia in omni labentium rerum varietate sancti homines sensus corporis in obsequium Conditoris extendunt, oculos habentes semper ad Dominum, audire et desiderare vocem laudis ejus, et enarrare universa mirabilia ejus. Decem cubitorum altitudinis sunt, qui (*V. quia*) denario æternæ vitæ fruuntur, habentes inviolatam Conditoris imaginem, servata sanctitate, justitia et veritate in qua conditi sunt. Denarius enim decem obolis constat, et continere in se nomen et regis imaginem solet. Unius operis et mensuræ sunt duo cherubim, quia nulla dissensio voluntatis in superna patria est, ubi una eademque præsentis Dei visione et gloria omnes illustrantur. Alæ igitur cherubim interiores super arcam se invicem contingebant ; quia pari de Domino attestatione consentiunt. Item alis exterioribus istæ unum parietem, illæ alterum contingebant ; quia Vetus Testamentum proprie antiquo Dei populo scriptum est, Novum nobis qui post incarnationem Domini ad fidem venimus. Et secundo parieti, id est septentrionali, comparantur, quibus post frigora et tenebras idololatriæ lucem veritatis cognoscere datum est. Extendunt alas ad invicem super arcam, cum ad laudem Creatoris referunt bonum quod acceperunt. Extendunt etiam ad utrumque parietem oraculi alas : quia lætantes in cœlesti patria justos utriusque plebis visione quoque suæ gloriæ ad laudem Creatoris excitant.

Nec solum de illorum quos secum habent intus, justorum felicitate lætantur ; sed etiam nostrum, qui foris adhuc positi de profundis ad Dominum clamamus, curam gerunt. Unde de eis in Paralipomenon scriptum est : *Ipsi stabant erectis pedibus, et facies eorum versæ erant ad exteriorem domum* (*II Paral.* iii); quia scilicet a via veritatis in qua mox conditi positi sunt, nunquam aberraverunt ; et nos ab hujus peregrinationis ærumna ereptos, ad suum desiderant pervenire consortium. Sic ergo pedibus stant erectis, sic alas auro tectas ad oraculi parietes extendunt, ut facies habeant versas ad domum exteriorem : quia angeli sic suam perpetuo innocentiam conservant, sic de sanctarum animarum beatitudine in cœlis exsultant ; ut eis etiam quos adhuc in terris peregrinari conspiciunt, opem ferre non desistant, donec ad cœlestem patriam eos perducant. Omnes enim sunt *administratorii spiritus, in ministerium missi propter eos, qui hæreditatem capiunt salutis* (*Hebr.* i).

Et omnes parietes templi per circuitum sculpsit variis cælaturis et torno (69). Sculpuntur parietes torno, cum prompto animo pollent fideles ad faciendum quæ Dominus præcipit, hoc per singula dicentes : *Benedicam Dominum in omni tempore ; semper laus ejus in ore meo* (*Psal.* xxxiii). Et iterum : *Paratum cor meum Deus*, etc. (*Psal.* lvi). Quia tornatura cæteris artibus velocitate præcellit, et ipsa sibi regulam, qua sine errore operetur, servat, bene per hanc pia sanctorum vita signatur, quæ parata est semper ad obsequium Domini, et hoc implere sine diverticulo errandi, longouso virtutum exercitata, didicit. Facit picturas varias quasi prominentes de pariete et egredientes, cum Deus multifarias virtutum operationes fidelibus tribuit, viscera scilicet misericordiæ, benignitatem, humilitatem, patientiam, modestiam, etc.; super omnia autem charitatem, quæ est vinculum perfectionis (*Col.* iii). Pavimenti æqualitas humilem concordiam fraternitatis significat, ubi cum sint Judæi et gentiles, barbari et Scythæ, liberi et servi, nobiles et ignobiles ; cuncti se in Christo esse fratres, et eumdem Patrem habere in cœlis gloriantur. Texit ergo Salomon pavimentum domus auro intrinsecus, quia Christus angelos et animas justorum in cœlis plenario dono perfectionis implevit, et peregrinantes in sæculo cives patriæ cœlestis signaculo dilectionis æternæ a mortalium vilitate secrevit.

Et in ingressu oraculi fecit duo ostiola de lignis olivarum, postesque angulorum quinque (70). Unus erat ingressus, sed duobus ostiis claudebatur, et eisdem reseratis aperiebatur, sicut et templum et porticus ante templum unum tantum habebant introitum, quia *unus Dominus, una fides, unum baptisma, unus Deus et Pater omnium* (*Ephes.* iv). Duo sunt ostiola, quia Deum et proximum diligunt an-

---

(68) Ex cap. 13.
(69) Ex cap. 14.

(70) Ex cap. 15.

geli et homines sancti; neque januam vitæ nisi per geminam dilectionem possunt intrare. Postes habent angulorum quinque, quia non solum animas electorum aula cœlestis recipit, sed et corporibus immortali gloria præditis in judicio fores aperit. Quinque enim sunt sensus corporis. Uterque ergo postis oraculi altus est quinque cubitorum, quia solis illis supernæ patriæ introitus panditur, qui omnibus cordis et corporis sensibus Domino serviunt. *Et sculpsit in ostiolis picturam cherubim, et palmarum species, et anaglyfa valde proeminentia, et texit ea auro, et operuit tam cherubim, quam palmas, et cætera auro. Anaglyfa* Græce, *cælaturæ* dicuntur Latine; quia virtutum operibus quæ per orbem Ecclesia in sanctis et perfectis viris exercet, illi præcipue quibus fidelium cura commissa et claves regni cœlorum sunt datæ, omni debent solertia insistere, ut quantum gradu præeminent cæteris, tantum præcellant merito bonæ actionis. Habent enim in se picturam cherubim sculptam, cum cœlestem in terris vitam pro posse suo mente et opere imitantur. Habent palmarum species, cum supernam retributionem fixa intentione meditantur. Palma enim victricis manus ornatus est. Habent anaglyfa valde proeminentia, cum certissima bonorum operum documenta, et quæ nemo sinistre interpretari valeat, ostendunt. *Fecitque in introitu templi quadrangulatos postes de lignis olivarum, et duo ostia de lignis abiegnis altrinsecus : et utrumque ostium duplex erat, et se invicem tenens aperiebatur.* Sicut ingressus oraculi quo ad arcam Domini cherubimque pervenitur, introitum cœli significat, quo ad visionem Dei supernorumque civium nos introduci desideramus ; ita introitus in templum primordia nostræ conversionis ad Deum insinuat, quando in præsentem Ecclesiam intramus. Isto ingressum nostrum ad fidem, ille designat ad speciem. Unde postes hujus introitus quadrangulati sunt propter quatuor Evangelii libros, quorum doctrina in fide veritatis erudimur. Aliter : Quadrangulatos esse referuntur propter quatuor scilicet principales virtutes, prudentiam, fortitudinem, justitiam, temperantiam, quarum fundamento firmissimo omnis bonorum actuum structura nititur. Prudentia enim est, qua discimus quid nos agere, qualiter vivere deceat. Fortitudo, per quam ea quæ agenda didicimus, implemus. Quas bene Propheta complectitur dicens : *Dominus illuminatio mea, et salus mea (Psal. XXVI).* Illuminatio scilicet, ut quæ agere debeamus, edoceat. Salus vero, ut hæc agenda confirmet. Temperantia est qua discernimus, ne plus aut minus justo prudentiæ vel fortitudini studeamus. Et quia quisquis prudentia, fortitudine, et temperantia utitur, vere est justus ; quarta post prudentiam et fortitudinem et temperantiam justitia sequitur. Introitus interioris domus duo habe-

bat ostia non duplicia sed simplicia; quia in æterna beatitudine non erit necessaria fides, nec spes, ubi quæ nunc credimus et speramus, manifeste videbimus.

His ostiolis velum additum est, sicut in Paralipomenon scriptum est : *Fecit,* inquit, *velum ex hyacintho, purpura, cocco, et bysso : et intexuit ei cherubim (II Par. III),* decoris scilicet gratia, ut inter parietes deauratos etiam olosericum fulgeret. Hujus ergo veli sedula apertio, id est intrantibus revelatio, significat apertionem legis et regni cœlestis, quæ nobis per incarnationem Christi donata est. Unde, baptizato Domino, cœli aperti sunt *(Matth. III),* ut ostenderet, quia per baptisma quod ipse nobis consecravit, januam cœli debemus ingredi. Et ipso moriente, idem *velum scissum est in medium a summo usque deorsum (Matth. XXVII);* ostendens quia figuræ legis jam finitæ erant, et veritas Evangelii arcanaque cœlestia, et ipse cœli ingressus non adhuc figuraliter significandus, sed statim omnibus aperiendus, qui ab initio mundi in fide veritatis de mundo transierunt. Unde idem velum sub quo in oraculum intrabatur, ex hyacintho, purpura, cocco, et bysso factum est, eique cherubim intexti. Hyacinthus enim qui cœli colorem imitatur, supernorum desideriis comparatur. Purpura vero quæ sanguine conchyliorum conficitur, et sanguineam præfert speciem, sacramentum Dominicæ passionis significat ; quam nos imitari, crucem nostram portando, debemus. In cocco rubei coloris virtus exprimitur Dei amoris. - Unde dicitur : *Nonne cor nostrum ardens erat in nobis (71)?* *(Luc. XXIV.)* Byssus, id est linum, qui de terra virens oritur, et longo artificum exercitio exuit virorem, et educitur in alborem, castigationem carnis significat. Unde Apostolus : *Mortificate membra vestra, quæ sunt super terram,* etc. *(72), fornicationem, immunditiam, libidinem,* etc. *(Coloss. III).* Iterum ad album nos vult perducere candorem, cum dicit : *Obsecro vos ut exhibeatis corpora vestra hostiam viventem, sanctam, Deo placentem,* etc. *(Rom. XII).* Intexuntur cherubim, et eisdem coloribus conficiuntur, cum in universis quæ pie agimus, a venenatis dæmonum telis per angelorum præsidia, Domino donante, protegimur.

Post hæc *ædificavit atrium interius tribus ordinibus lapidum politorum, et uno ordine lignorum cedri (73)* Ædificium ergo templi intra atrium sacerdotum perfectorum in Ecclesia vitam significat, qui excellentia virtutum Domino appropinquant, et aliis verbo et opere ducatum salutis ostendunt. Sacerdoti enim indicitur, quod sacrum minoribus ducatum præbeat ; quo nomine non solum altaris ministri, episcopi scilicet et presbyteri, sed et omnes censentur, qui altitudine doctrinæ et conversationis præeminent, qui nec sibi tantum, sed etiam plebi-

---

(71) Hic recte prosequuntur edit. : *dum loqueretur in via, et aperiret nobis Scripturas?* Verum noster ms. qui ita scribit post verbum nobis ; *de i, d, et*

cætera ; manifeste corruptus est.
(72) Superest hoc, etc.
(73) Ex c. 16. circa medium.

bus prosunt. Qui dum *corpora sua hostiam viventem*, A
sanctam, Deoque placentem (Rom. xii) exhibent ; sacerdotale ministerium spiritualiter exercent. Unde
toti Ecclesiæ loquitur Petrus : *Vos autem regale
sacerdotium, gens sancta, populus acquisitionis (I Petr. ii).* Tria legimus atria in circuitu templi fuisse.
Nam quando in Sancta sanctorum intrabat pontifex, in ipsum templum sacerdotes purificati stabant ; et non purificati, una cum Levitis et canto-
ribus, et cum viris Judæis orantes in intimum
atrium sub divo, id est in aperto sub aere, si serenum esset, stabant ; si vero tempestas, in porticus
proximas sese recipiebant. In exterius vero atrium
Judeæ mulieres purificatæ erant. In extremum vero
atrium gentiles erant, et Judæi qui nuper venerant ex gentibus usque ad sextum purificationis B
diem. De his atriis præcinens Psalmista dicebat :
*Ecce nunc benedicite Dominum, omnes servi Domini,
qui statis in domo Domini, in atriis domus Dei
nostri (Psal. cxxxiii).* In his atriis atque porticibus
Jeremias et alii prophetæ, in his Dominus et apo-
toli prædicabant, in harum aliqua Dominus sedebat
docens, quando tentantibus Phariseis oblata est illi
mulier adultera judicanda *(Joan. viii).* In his con-
sistebant vendentes oves, et boves, et columbas,
quos eliminavit de templo *(Joan. ii).* In his Petrus
et Joannes claudum invenientes sanaverunt *(Act. iii).*
In his orabat omnis multitudo populi, quando incensum ponenti Zachariæ angelus ad altare thymiamatis apparuit, eumque de præcursoris Domini
nativitate perdocuit *(Luc. i).* Accedebat vulgus usque ad atrium sacerdotum, et hostias usque ad januam deferebat susceptas a sacerdotibus, et in
altari oblatas oculis prosequebatur ; et ipsum
etiam templum cum aperiebatur, a longe inspicie-
bat, nec tamen etiam atrium sacerdotum intrare
poterat, sed de inferioribus ad Dominum clamabat;
quia nec carnalium in Ecclesia simplicitas a Domino despicitur, quando fideliter, quæ possunt,
vota pietatis offerunt. Inspiciunt enim in templum
a longe, cum vitam sublimium discere et admirari
gaudent; et quos virtutis imitatione sequi nequeunt,
piæ venerationis amplectuntur affectu. Unus ordo
lignorum cedri bona est operatio sine simulationis
corruptione exhibita, sine cujus adjectione fides,
spes, et charitas vera esse non potest. Ligna enim
cedri propter odoris gratiam et imputribilem naturæ potentiam, perseverantiam, et famam piæ actionis designant.

*Anno quarto regis Salomonis fundata est domus
Domini in mense Zio,* id est Maio; *et in anno undecimo ejusdem regis mense Bul,* id est October, *perfecta est domus in omni opere suo, et in omnibus
utensilibus suis.* (74) Quod autem in octavo anno et
octavo mense perfecta est domus in omni opere suo,
ad futurum sæculum diemque judicii pertinet, ut
quid ei amplius addatur, inveniri non possit. Tunc

enim Christus ostendet nobis Patrem, et sufficiet
nobis *(Joan. xiv).* Dies autem judicii octonario numero typice exprimitur, quia hoc sæculum quod
agitur septem diebus sequitur. Ædificavitque eam
annis septem, et octavo consummavit; quia Ecclesia toto hujus sæculi tempore, quod septem dierum
circuitu peragitur, ex electis construitur animabus,
et in fine sæculi suum incrementum ad perfectum
perducit. Vel ob significationem spiritualis gratiæ,
per quam Ecclesia solum ut sit Ecclesia percipit:
quia sine Spiritus sancti donis nemo fidelis effici,
vel fidem servare, vel merito fidei ad coronam justitiæ potest pervenire. Hiram artifex de Tyro, quem
assumpsit Salomon adjutorem operis sui, electos
de gentibus prædicatores significat. Mater ejus vidua præsentem Ecclesiam designat, pro qua Christus vir ejus morte gustata resurrexit, in cœlum
ascendens, peregrinantem reliquit in terris, cujus
filii sunt prædicatores et omnes fideles. Unde est
illud : *Pro patribus tuis nati sunt tibi filii,* etc.
(Psal. xliv).

*Et finxit duas columnas æreas, decem et octo cubi-
torum altitudinis columnam unam, et ejusdem altitudinis columnam alteram ; et linea duodecim cubitorum
ambiebat columnam utramque* (75). Ter enim seni
decem et octo faciunt ; sed tria ad fidem pertinent
propter Trinitatem, sex vero ad operationem, quia
sex diebus factus est mundus. Tria per sex multiplicantur, cum justus ex fide vivit *(Habac. ii),* et
cognitionem piæ fidei cumulat ex securitate bonæ
actionis. Linea duodecim cubitorum quæ utramque
ambiebat columnam, doctrina est apostolorum.
Norma igitur apostolicæ institutionis ambit columnam utramque, cum doctor Judæis vel gentibus
prædicare missus, ea tantum curat facere et docere, quæ per apostolos accepit et didicit ab Ecclesia. Nam qui aliter vivere vel prædicare voluerit,
et apostolica decreta spernere, non est columna in
templo Dei ; quia cum apostolica statuta sequi contemnit, vel exilitate inertiæ, vel grossitudine elationis, duodecim cubitorum lineæ non convenit.
Duo igitur columnæ apostolos et cunctos doctores
significant fortes fide et opere et erectos contemplatione. Duæ autem sunt, ut præputium et circumcisionem prædicando in Ecclesia introducant. Ostium
templi columnæ ab utroque latere positæ circum-
stant, cum ministri sermonis utrique populo introitum cœli ostendunt. Duo autem capitella capitibus
columnarum superposita duo sunt testamenta, quorum meditationi et observationi doctores et animo
subjiciuntur et corpore. Unde et utrumque capitel-
lum quinque cubitos altitudinis habet; quia quinque
libris Scriptura Mosaicæ legis comprehenditur.
Quinque etiam sæculi ætates tota Veteris Testamenti series complexa est. Novum vero Testamentum non alia prædicat, quam quæ Moyses prædi-
canda per hoc prædixerat, et prophetæ. Unde est

---

(74) Ex cap. 17.   (75) Ex cap. 18.

illud : *Si crederetis Moysi, crederetis forsitan et mihi* (*Joan.* v).

Et fec't species retis et catenarum sibi invicem miro opere contextarum (76). Species enim catenarum, et similitudo retis in capitellis varietas est spiritualium virtutum in sanctis. Unde est illud : *Astitit regina a dextris tuis*, etc. (*Psal.* XLIV), id est in vestitu fulgidæ dilectionis, circumdata varietate diversorum charismatum. Vel multiplex contextio catenarum et expansio retis multifarias doctorum personas insinuat, qui cum verbis prædicatorum fideliter obediendo adhærent, quasi columnarum capitibus superpositi, retis et catenulæ miraculum suæ connexionis cunctis præbent. Hæ enim catenæ miro sibi invicem sunt opere contextæ, quia mirabili gratia Spiritus sancti actum est, ut vita fidelium locis, temporibus, gradu, conditione, sexu, et ætate multum discreta, una fide et dilectione conjuncta. *Et septena versuum reticula in capitello uno erant, et septena in capitello altero.* Septenario numero spiritualis gratia signatur. Unde dicitur : *Septem spiritus Dei missi in omnem terram* (*Apoc.* v). Septena ergo versuum reticula erant in capitello utroque; quia Patres utriusque testamenti per gratiam unius Spiritus septiformis ut essent electi acceperunt : *Et perfecit columnas, et duos ordines per circuitum reticulorum singulorum, ut tegerent capitella, quæ erant super summitatem malogranatorum.* Facta sunt hæc reticula ut tegerent capitella, id est undique in gyrum circumdarent; quia omnis Scriptura sacra cum recte intelligitur, gratiam per omnia sonat charitatis et pacis. Capitella enim sunt divina Volumina. Retia vero, vincula mutuæ dilectionis. Et reticulis teguntur capitella, cum sacra eloquia dono charitatis undique probantur vestita. Nam et in eis quæ in Scripturis non intelligimus, charitas latet, et in eis quæ intelligimus, late patet : *Capitella autem, quæ erant super capita columnarum, quasi opere lilii fabricata erant in porticu cubitorum quatuor.* Per lilia, claritas supernæ patriæ et immortalitatis floribus redolens paradisi designatur amœnitas; per quatuor vero cubitos evangelicus sermo qui introitum æternæ beatitudinis promittit, et iter perveniendi ostendit. Cum ergo sancti doctores promissa nobis lumina regni cœlestis in quatuor Evangelii libris ostendunt, quasi capita columnarum, opus in se lilii quatuor cubitorum exhibent.

Et rursum *alia capitella in summitate columnarum desuper juxta mensuram columnæ contra reticula.* Quorum scilicet capitellorum factura perennis regni sublimitatem designat, quam *nec oculus vidit, nec auris audivit, nec in cor hominis ascendit, quæ præparavit Deus diligentibus se* (*I Cor.* XI). Post lilia quatuor cubitorum alia sunt posita capitella, quorum altitudo quanta fuerit non dicitur; quia multa de cœlesti beatitudine in Evangelio legimus, quod scilicet ibi *mundi corde Deum videbunt* (*Matth.* v); quod *erunt æquales angelis Dei,* quod

non nubent neque nubentur (*Matth.* XXII); quod mori ultra non poterunt (*Luc.* XX); quod *ubi est Christus, ibi et ministri ejus erunt* (*Joan.* XII), et cætera hujusmodi quæ solis ejus civibus perfecte patent.

Sicut malogranatorum uno foris cortice multa interius grana concluduntur; ita sancta Ecclesia uno fidei munimine innumera electorum agmina includit. Bene autem capita columnarum malogranatis erant circumdata in gyro; quia sancti doctores priorum fidelium vitam ad memoriam revocant, eorum exemplis actus suos et sermones undique muniunt; ne si aliter vixerint, errent. In malogranatis ergo tota significatur Ecclesia. Ducenti ordines malogranatorum in circuitu utriusque capitelli fuisse referuntur. Centenarius vero numerus, qui prius transiit ad dexteram, beatitudinem indicat æternam. Duplicatur hic numerus malogranatorum in circuitu capitelli secundi, ut significetur quod utriusque testamenti populus in Christo sit adunandus, et ad æternam coronam introducendus.

Et statuit duas columnas in porticu templi, cumque statuisset columnam dexteram, vocavit eam nomine Jachin, id est firmitas; similiter erexit columnam secundam, et vocavit nomen ejus Booz, id est in robore. Dextera igitur columna eos significat, qui venturum in carne Dominum prophetando prædixerunt; secunda illos, qui jam hunc venisse et mundum redemisse testantur. Simili vocabulo ambæ columnæ censentur. Una enim firmitas, altera in robore dicitur : ut una fidei et operis fortitudo cunctis inesse doctoribus monstraretur, et nostri temporis inertia tacite notaretur, ubi se quidam doctores, sacerdotes et columnas domus Dei videri et vocari volunt, cum nihil in se firmæ fidei ad contemnendas sæculi pompas et desideranda bona invisibilia; nihil habeant roboris ad corrigendos, nihil industriæ saltem ad intelligendos eorum quibus prælati sunt, errores

Fecit quoque mare fusile decem cubitorum a labio usque ad labium, rotundum in circuitu (77). Mare baptismum significat, quia a primo baptizato in morem, id est in forma Jesu Christi, usque ad ultimum qui in fine sæculi crediturus et baptizandus est, omnis fidelium chorus eamdem veritatis viam ingredi, et communem debet sperare a Domino justitiæ coronam. Quinque cubitorum erat altitudo ejus; quia quidquid visu, auditu, gustu, odoratu et tactu deliquimus, gratia Dei nobis per ablutionem vivifici fontis relaxat. Sed non sufficit præteritorum remissio peccatorum, nisi quis deinceps bonis studeat operibus. Alioquin diabolus qui exierat de homine, si hunc a bonis viderit vacare operibus, multiplicius redit, et facit novissima illius pejora prioribus (*Matth.* XII). Per sacerdotes qui in hoc mari lavabantur, omnes electi signantur, qui sunt membra summi sacerdotis Jesu Christi. Unde dicitur : *Vos*

(76) Ex cod. cap.

(77) Ex cap. 19.

estis regale sacerdotium, gens sancta, populus acqui- A
sitionis (I *Petr.* II). Recte hoc vas mare dicitur, in
memoriam videlicet maris Rubri in quo prius per
Ægyptiorum exstinctionem baptismi forma præcessit. Unde est illud : *Patres nostri omnes sub nube*
fuerunt, et omnes mare transierunt, etc. (I *Cor.* x.)
Et resticula triginta cubitorum cingebat illud per cir-
cuitum. Resticula disciplinam cœlestium præceptorum indicat, qua a voluptatibus mundi religamur.
Unde dicitur : *Funiculus triplex difficile rumpitur*
(*Eccle.* IV): quia observatio mandatorum quæ in cordibus electorum fide, spe et dilectione supernæ retributionis firmata est, nullo potest obstaculo dissolvi. Resticula mare ambit, cum sacramentum
baptismi quod accepimus, piis operibus munire stu-
demus. Resticula triginta cubitorum cingebat illud
per circuitum, quia Dominus noster Jesus Christus
cum esset triginta annorum, venit ad baptismum
(*Luc.* III). Qui quoniam suo baptismate quod trice-
narius accepit, consecravit nostrum baptismum ;
recte mare quod nostrum baptismum significabat,
restis circuibat triginta cubitorum. *Duo etiam ordi-*
nes sculpturarum histriatarum erant fusiles. Sculptura autem histriata est, quæ aliquas rerum historias imitatur. Unde per sculpturas histriatas quibus
mare circumdatur, exempla sculptorum temporum signantur, quæ nobis sunt intuenda, ut videamus
quibus operibus ab initio sancti homines Deo placuerunt.

Iterum Scriptura dicit : *Et stabant subter duode-*
cim boves, e quibus tres respiciebant ad aquilonem, et
tres ad orientem, tres ad occidentem, et tres ad me-
ridiem, et mare desuper erat super eos : quorum po-
steriora universa intrinsecus latitabant. Per hos boves apostolos intelligimus et evangelistas, imo
omnes Verbi ministros. Unde est illud : *Non alliga-*
bis os bovi trituranti, etc. (*Deut.* xxv.) Hi mare sibi
superimpositum portant, cum apostoli eorumque
successores injunctum sibi Evangelii officium prompta devotione implent. E quibus tres respiciebant ad
aquilonem, etc., quia universis quadrati orbis partibus fidem prædicant Trinitatis. Hinc quoque apostoli duodecim quater terni sunt electi, ut fidem et
confessionem Trinitatis per quatuor mundi partes
evangelizantes, baptizarent omnes gentes in nomine Patris, et Filii, et Spiritus sancti. Quorum et
successorum suorum verba, actus, et passiones
facile in præsenti videre et cognoscere legendo valemus. Quæ vero illis in futuro maneat gloria retributionis, nondum videre possumus. *Grossitudo au-*
tem luteris trium unciarum erat, quia robore fidei,
spei, et charitatis munitur perceptio baptismi. Neque aliter proficuum esse accipientibus ostenditur,
nisi harum trium virtutum firma certitudo mentem
accipientium et opera confirmet. *Labium maris erat*
quasi labium calicis, et folium repandi lilii. Lilium
comitante odoris gratia candidum odorem foris,

A intus aureum ostendit. Ideo gloriam resurrectionis ejus insinuat, qui corporis immortalitatem foris
discipulis ostendit, et animam divina luce coruscam
simul inesse docuit. Christus quoque ante passionem suam quasi adhuc clausum, lilium fuit, cum
in miraculis clarus homo refulsit. Post resurrectionem vero et ascensionem repandum sese lilium
cœli avibus, id est angelis et omnibus sanctis, exhibuit, quibus in assumpta humanitate potentiam
divinæ claritatis quam habuit, antequam mundus
esset, ostendit. Unde dicitur : *Ego flos campi, et*
lilium convallium (*Cant.* II). Labium ergo maris
in quo sacerdotes labantur, quasi labium fuit ca-
B licis, et folium repandi lilii ; quia baptismus quo
membra summi sacerdotis (78) mundantur, in fide
passionis ejus nos a peccatis purificat, et purificatos
ad visionem gloriæ suæ introducit. Cum prædictum
sit, quod resticula triginta cubitorum mare circu-
ierit, et sculptura rursum subter labium posita decem cubitis ambierit ; patet quia vas erat in modum
phialæ repandum et diffusum, quod a triginta cubitis circuitus quos habebat in labio, usque ad decem
coarctavit. Mare duo millia capiebat batos, vel tria
millia metretas. Batus capiebat metretam et dimidiam. Batus mensura Hebræorum est, quæ apud eos
bath dicitur, habens modios tres. Ipsa est ephi, quam
illi *epha* nuncupant ; sed ephi pertinet ad mensuram
frugum, batus vero ad liquida, vinum scilicet, aquam
et oleum. Batus ergo, quæ certæ mensuræ norma
C est, opera æquitatis scilicet et justitiæ designat,
quibus hi qui in remissionem peccatorum baptizantur, necesse habent institui. Mille batos capit mare, cum aqua baptismatis plebem Judæorum abluens,
ad regnum cœleste transmittit. Recipit et alios
mille, cum gentiles eodem fonte renatos, et operibus justitiæ confirmatos, ejusdem regni facit esse
participes.

Et fecit decem bases æneas, quatuor cubitorum longi-
tudinis bases singulas, et quatuor cubitorum, latitudinis
et (79) *quatuor cubitorum altitudinis. Et ipsum opus*
basium interrasile erat, id est intrinsecus cavum (80).
Multifarie multisque modis eadem nostræ salutis
sacramenta figurantur. Apostoli enim et apostolici
viri, sicut per boves mare portantes designantur,
D et per bases quæ portandis luteribus paratæ erant,
figurantur ; sic ipsi luteres spirituale lavacrum, sicut et mare significabant. Siquidem juxta Paralipomenon, omnia in eis, quæ in holocaustum obla-
turi erant, lavabant (II *Par.* IV). Holocaustum
autem Domini generaliter omnis multitudo electorum intelligitur, qui baptizantur in Spiritu sancto
et igni. Sicut ergo sacerdotes qui in mari lavabantur, significant eos qui per baptismum efficiuntur
summi sacerdotis consortes, scilicet Christi ; ita et
holocausta eosdem significant, cum per ablutionem
baptismi gratia Spiritus sancti replentur. Lavatur
enim in lutere hostia, cum fidelis baptismo perfun-

(78) Melius edit. *efficimur.*
(79) Edit. *Trium,* ut et Vulgata.

(80) Ex cap. 20.

ditur. Offertur in holocaustum, cum impositione A manus episcopi donum sancti Spiritus accipit. Quatuor cubitorum erat longitudo et latitudo basium; quia prædicatores sive adversa mundi, et longitudinem exsilii, et laborum præsentium foris tolerent, sive cor in dilectione Dei et proximi interna exsultatione dilatent, semper virtutibus student; prudenter scilicet interna bona et mala discernentes, fortiter adversa sustinentes, cor ab appetitu voluptatum temperantes, justitiam in operatione tenentes.

Sed et sculpturæ erant inter juncturas, quibus scilicet luterum tabulæ sibi nectabantur, ut ex quatuor scilicet vel quinque tabulis una fieret basis. Quales autem sculpturas bases inter has juncturas, id est in suis lateribus ante et retro, dextera et sinistra, et supra circulos quoque haberent, aperit, dicens : Inter coronulas et plectas, leones et boves, et cherubim, et in juncturis similiter desuper. Tabulæ ex quibus bases factæ sunt, quadratæ fuerunt, in quibus formulæ rotundæ erant, quæ coronulæ sive plectæ appellantur, in quarum medio cælaturæ erant. Non erat plana ulla ex parte superficies basis, sed undique mysticis sculpta figuris; quia sanctorum mentes, imo universa eorum conversatio virtutum gratia prætendit. Nec aliqua hora vacua præterit, in qua non vacent piis operibus, vel sermonibus, vel cogitationibus. Coronulas in se sculptas habent, cum ad ingressum perennis vitæ infatigabili desiderio anhelant. Plectas habent, cum inter desideria vitæ cœlestis quæ sursum est, fraternæ charitatis quæ juxta est, vincula non dissolvunt. Habent inter coronulas et plectas leones, cum ita ad speranda cœlestia mentem erigunt, ita ad diligendos proximos dilatant, ut quandoque errantes qui sibi commissi sunt, aspere intueantur et corrigant. Cum leonibus etiam boves habent, quando in correctione asperitati mansuetudinem miscent. Ungulam habere scissam non desinunt; quia discretionem actionis et locutionis summopere custodiunt. Semper ruminant; quia verba divinæ lectionis in ore volvere non cessant. Bene post coronas et plectas, post leones et boves cherubim sculpti esse memorantur, qui multitudinem scientiæ scilicet Scripturarum significant; quia doctores fidelium quanto studiosius divinæ Scripturæ insistunt, tanto et in severitate discretionis qua peccantes judicant, et in mansuetudine lenitatis qua pœnitentibus remittunt, timent judicium Dei, ne injuste ligando aut solvendo, juste ipsi ligentur ab eo cujus non potest errare judicium. Et super leones et boves quasi lora ex ære pendentia. Per lora potestas ligandi atque solvendi ostenditur, quæ a Domino Jesu Christo prælatis Ecclesiæ in Petro et successoribus ejus conceditur.

Iterum subjungit, dicens : Et quatuor rotæ per bases singulas, et axes ærei, super quos bases erant; et per quatuor partes quasi humeruli subter luterem fusiles, contra se invicem respectantes, ut illum por-

tarent. Quatuor rotæ quatuor Evangeliorum libri sunt; quia, sicut volubilis rota citissime currit quo ducitur, ita jubente Domino, per apostolos totum mundum in brevi impleverunt. Et sicut rota impositum currum a terra sublevat, et quo auriga dirigit, portat; ita Evangeliorum libri electorum mentes a terrenis ad cœlestia suspendunt, et ad profectum operationis vel mysterium prædicationis, quo spiritualia gratia adjuvare voluerit, ducunt; quia subditur : Tales erant rotæ, quales in curru solent fieri. Sic etiam legimus de sanctis : Currus Dei decem millibus multiplex, millia lætantium ; Dominus in iis (Psal. LXVII). Humeruli qui rotis antepositi ne ab axibus dilabi possent, obsistebant, præconia sunt prophetarum, quibus evangelica et apostolica Scriptura, ne cui legentium in dubium veniant, confirmantur. Unde dicitur : Habemus firmiorem propheticum sermonem cui benefacitis attendentes, quasi lucernæ in caliginoso loco (II Pet. I). Axes rotarum qui bases portant, corda doctorum sunt, quæ evangelicis assidua præceptis eos ab imis sustollunt, et velut immissis rotis axes a terra bases altius sublevant.

E contra os luteris intus erat versum; os unius cubiti; fundus cubiti et dimidii erat, venter autem quatuor cubitorum fuisse creditur, ut ad cœlestia nobis per baptismum iter patefactum esse doceret. Et quod ex eo forinsecus apparebat, unius cubiti erat totum rotundum propter unitatem videlicet confessionis et fidei, qua omnes in confessione Patris, et Filii, et Spiritus sancti baptizantur. Unde est illud : Unus Dominus, una fides, unum baptisma. Unus Deus et Pater omnium, qui est super omnia (Ephes. IV). Habebat etiam unum cubitum et dimidium, propter perfectionem scilicet operis et meritum contemplationis. Integer cubitus in lutere perfectionem indicat actionis bonæ, quam habent sancti homines divinæ gratiæ opitulatione. In angulis autem columnarum, id est in lateribus basium, variæ cælaturæ erant; et media inter columnam quadrata, non rotunda. Mediam inter columnam dicit tabulam superiorem, quæ sicut alia quadrata erat, similiterque sculpta et in summitate sui habebat rotunditatem unius et dimidii cubiti, in qua luter ponebatur. Rotæ quoque uno cubito et dimidio mensurantur, quia Scriptura Evangelii, qualiter, qui perfecti esse volunt, vivere debeant, ostendit, et donum æternæ retributionis promittit. Bases vero unum habebant cubitum, et semissem amplitudinis in summitate sui, ubi luteres reciperent, quia doctores et ministri lavacri opere quippe perfecti in hac vita fulserunt, se [sed] luce contemplationis ex parte finiti sunt. Unde dicitur : Ex parte enim cognoscimus, et ex parte prophetamus (I Cor. XIII). Quadraginta batos capiebat luter unus. Quadragenarius numerus magnam perfectionem significat, quia quater deni quadraginta faciunt. Decem autem sunt præcepta, quibus omnis nostra operatio in lege Dei præfixa est Quatuor vero sunt Evangeliorum libri, in quibus per dispensationem Dominicæ incarnationis cœlestis patriæ nobis patefactus est introitus. Et quia omnes qui ad mysterium baptismi pertinent, cum fide et sacramentis Evangelii fructum debent rectæ operationis ostendere, singuli luteres, in quibus holocausta lavabantur, quadraginta batos capiebant.

Et constituit decem bases, quinque ad dexteram partem templi, et quinque ad sinistram. Dexteram partem templi et sinistram non intus in ipso templo, sed ante templum dicit ad orientalem plagam, scilicet in atrio interiori, quod sacerdotum proprie vocabatur. Quinque autem posuit ad dexteram partem templi propter Judæos, qui sole justitiæ per doctrinam legis antiquitus utebantur; et quinque ad sinistram propter nos, qui cæco diutius corde adhærebamus ei qui ait : *Ponam sedem meam ad aquilonem, et ero similis Altissimo* (*Isa.* xiv). Quasi diceret : In illis cordibus requiescere desidero, quæ a luce veritatis et flamma divinæ charitatis aliena esse opto.

Mare autem positum est ad dexteram partem templi in eodem atrio. Ingredientibus enim atrium ab oriente, primo divertentibus erat ad meridiem, ubi mare in ipso angulo stabat ad lavandum sacerdotibus paratum; deinde progredientibus intro, occurrebant luteres ad lavandas hostias ab utraque parte positi. Intra hos etiam basis erat ænea quinque cubitorum longitudinis, et quinque cubitorum latitudinis, et trium cubitorum altitudinis, in qua stans Salomon dedicabat templum.

Fecit quoque Hiram lebetes, ollas scilicet æreas ad suscipiendos cineres altaris ; *Fecit et scutras,* vasa videlicet ænea æqualis in fundo et ore amplitudinis ad calefaciendum. Fecit *et hamulas,* vasa scilicet ad offerenda vina (81). Terra argillosa de qua factæ sunt formæ ad fundenda vasa, Scripturam significat, de qua regulam bene vivendi sumimus. Quasi enim argilla ignibus indurata format vasa, cum nobis Scriptura regulam justitiæ quam sequamur, ostendit (82). Mensa aurea super quam ponebantur panes, Scriptura est spirituali intelligentia clara. De qua dicitur : *Parasti in conspectu meo mensam* (*Psal.* xxii). Panes propositionis sancti doctores sunt, quorum opera nobis vel verba ad exemplum proposita in divinis paginis, qui bene quærit, invenit. Unde panes in Exodo (83) duodecim fieri præcepti sunt propter apostolos videlicet duodecim, per quos Scriptura Novi Testamenti condita est, et Veteris revelata mysteria. In verbis dierum legimus, quod fecit Salomon mensas in templo, quinque a dextris, et quinque a sinistris ; in quibus vasa Domini reponebant, scyphos videlicet, phialas, thuribula, mortariola, thymiama, (*II Paral.* iv) (84). etc. Sicut ergo una mensa duodecim panibus

A onusta, unanimem Scripturæ, qua pascimur, concordiam auctoritate apostolica munitam significat ; ita decem mensæ eloquia legis et prophetarum denuntiant, quæ nobis fidelium exempla quasi propositorum in se vasorum Domini claritatem et miracula proponunt. Mensæ sunt quinæ; quia lex tam quinque libros Moysi quam quinque ætates sæculi complectitur. Bis; quia post incarnationem Domini utrique populo, Judæo scilicet et gentili, committitur: *Et statuit decem candelabra aurea, quinque ad dexteram, et quinque ad sinistram contra oraculum ex auro puro; et quasi lilii flores, et lucernas desuper aureas* (85). Quasi lilii flores flos videtur dicere, quia suprema pars candelabrorum in modum repandi lilii erat deformata. Lucernas aureas per quod continetur id quod continet, id est vascula aurea in quibus oleum lucebat, designantur. Sicut mensæ in typo Scripturæ ponuntur, quia panem verbi ministrant, et vasa ferunt ministerii, id est justorum nobis actus in exemplum proponunt; ita per candelabra eadem figurantur, quia lucem sapientiæ errantibus proferunt. Unde Salomon: *Mandatum lucerna est, et lex lux* (*Prov.* vi). Unde David dicit : *Lucerna pedibus meis verbum tuum, et lumen semitis meis* (*Psal.* cxviii). Quod candelabra quinque a dextris, quinque autem a sinistris, idem est quod supra de mensis. Oraculum ubi erat arca, aditus patriæ cœlestis est, ubi Christus in dextera Patris sedens, paternorum utique conscius secretorum. Candelabra contra oraculum notant, quod eloquia Dei ad habitationem supernæ civitatis aspectant, ut ad eam promerendam nos accendant.

Fecitque forcipes aureos, id est emunctoria quibus emungebantur lucernæ, ut reparatæ in melius lucerent. Significant emunctoria duo testamenta quibus peccata purgantur, quæque inter se sancti Spiritus unione sociantur. Hydriæ præcordia sanctorum significant, aqua sapientiæ et vino compunctionis repleta. Fuscinulæ quibus carnes præparantur, prædicatores insinuant, qui suis auditoribus cibum intelligentiæ administrant, quorum officium est corpus et sanguinem fidelibus distribuere, infidelibus vero abnegare. Phialæ, doctores significant plenos utilibus aquis. Mortariola sunt pœnitentium labor passioque tolerantiæ, quibus mortificantur membra eorum super terram. Thuribula de auro purissimo virtutes indicant operum, et orationes sanctorum, quibus odor suavitatis ascendit ad Dominum ex conscientia bona et fide non ficta (86) (*I Tim.* i). Cardines utrorumque ostiorum sensus et corda sunt angelorum et sanctorum, quibus immobiliter contemplationi et dilectioni Conditoris adhærent, ut eo ministerium sibi delegatum recte compleant, quo a voluntate Domini nunquam oculos avertunt.

---

(81) Ex cap. 21.
(82) Ex cap. 22.
(83) Ita et in edit., sed melius *in Levitico* dixeris, ubi cap. xxiv, 25, legitur : *Accipies... similam, et*

coques ex ea duodecim panes, etc.
(84) Ex cap. 23.
(85) Ex cap. 24.
(86) Ex cap. 25.

Et intulit Salomon quæ sanctificaverat David pater suus, aurum, et argentum, et vasa, reposuitque ea in thesauris domus Domini. Sanctificavit David pater Salomonis argentum, cum Deus Pater eloquentes gratia sui Spiritus ad loquendum verbum Dei confortat; sanctificat aurum, cum naturali ingenio præditos ad intelligendum legem illuminat; sanctificat etiam vasa, cum omnibus Ecclesiæ filiis sancti Spiritus gratiam largitur. Hæc sanctificata Salomon offert in templum, cum Dominus peracto judicio doctorum et cæterorum fidelium cœtum in gaudium cœlestis regni introducit.

Fecitque Salomon omnia vasa in domo Domini. Superius dixit, Hiram fecisse Salomoni omnia vasa, nunc vero Scriptura subjungit eadem fecisse Salomon; quia videlicet Salomon fecit dictando, Hiram operando. *In campestri regione Jordanis fudit rex vasa templi Domini in argillosa terra* (87). Non enim aliter vasa electionis et misericordiæ efficimur, nisi ad baptismum ejus respicientes in tali flumine satagamus ablui. Notandum autem, quod non tantum in regione Jordanis, sed et in campestri regione illius facta dicit eadem vasa; significans multiplicationem fidelium, quæ non solum in Judæa, sed et in omnium regionum latitudine erat futura secundum illud: *Gaudebunt campi, et omnia, quæ in eis sunt* (Psal. xcv). Fudit ergo rex vasa domus Domini in campestri regione Jordanis; quia Christus baptismum salutis, de quo vasa misericordiæ faceret, per totam mundi latitudinem implevit.

Solemnitas quam fecit Salomon et omnis Israel, significat gaudium sanctorum quod cum Christo vero et pacifico rege perpetualiter habent. Emath interpretatur *Domini veritas.* Rivus sive torrens Ægypti significat mortem temporalem, quam in Ægypto consistens, id est in tenebris hujus mundi, nullus evadere potest. Omnis ergo Israel a rivo Ægypti usque Emath festum celebrat cum Salomone, quando sancti post finem præsentis vitæ veraciter æternis gaudiis cum Domino Jesu Christo perfruuntur.

Templum Domini sancta Ecclesia est juxta illud: *Templum Domini sanctum est, quod estis vos* (I Cor. III). Hanc dedicavit rex Christus, cum eam sanguine suo mundavit a peccatorum sordibus. Hanc dedicant et filii Israel, cum fideles secundum donum sibi collatum verbo prædicationis et virtutum operibus proximis suis prosunt.

Quid est quod Salomon sanctificavit medium atrii, offerens illi holocausta, quia altare æneum quod erat ante fores templi, non poterat capere totum; nisi quod Christus, quæ in lege propter infirmitatem populi perfici non poterant, nunc in Ecclesia plenius gerit? Ipse est enim atrium domus Domini, quia per ipsum ingressus patet in Jerusalem cœlestem. Quia ergo holocausta et sacrificia in altari typico non poterant offerri, eo quod omnia ibi figuraliter fiebant, rex noster erexit altare fidei in Ecclesia, in quo holocausta et sacrificia quotidie spiritualiter offeruntur. Hinc est quod Dominus ait per Isaiam: *Holocausta et sanguinem victimarum, hircorum et taurorum nolui* (Isa. I).

Tulerunt sacerdotes arcam Domini, et tabernaculum fœderis, et omnia vasa sanctuarii, quæ erant in tabernaculo, et intulerunt arcam in oraculum templi in Sanctum sanctorum subter alas cherubim. Moyses fecit duos cherubim aureos quos posuit in propitiatorio, quod erat super arcam (Exod. xxv): Salomon vero addidit duos majores, sub quorum alis nunc dicitur arcam posuisse cum propitiatorio, et duobus cherubim prioribus. Domus templi exterior peregrinantem Ecclesiam, Sancta sanctorum supernæ patriæ felicitatem designant. Illata in Sancta sanctorum arca assumptam Christi humanitatem intra velum regiæ cœlestis inductam demonstrat.

Vectes quibus arca portabatur, prædicatores sunt, per quos Christus mundo innotuit. Apparebant summitates vectium ante oraculum non semper, sed cum ostia oraculi aperirentur; neque omnibus, sed his solum qui propius accedentes, attentius interiora satagebant intueri. Vectes sunt in oraculo conditi, quia electi qui excesserunt, nunc sunt in abscondito vultus Dei. Quod tamen summitates vectium aperto oraculo, his qui appropiant, videntur, cum perfectioribus oraculum cordis purificantibus Dei gratia aliquid extremum de supernorum gaudio contemplandum donaverit, quia his qui paulo longius recesserint, id est mente exterius vagantibus, contemplatio minime conceditur.

Erat in arca urna aurea habens manna; quia in homine Christo *habitat omnis plenitudo divinitatis corporaliter* (Coloss. II). Erat et virga Aaron quæ excisa denuo floruerat; quia potestas judicandi penes eum est, cujus judicium in humilitate videbatur esse sublatum. Erant et tabulæ testamenti, quia in illo sunt *omnes thesauri sapientiæ et scientiæ Dei absconditi* (ibid.). Adhærebant ei vectes quibus portabatur; quia doctores qui laborant in verbo nunc præsenti visione congaudent gloria Christi. Unde Paulus: *Cupio dissolvi, et esse cum Christo* (Phil. I). Ipsa arca qualis et quomodo esset posita, solis eis qui oraculum intrassent, videre licebat; quia soli supernæ patriæ cives gloriam inibi Redemptoris plene contuentur.

Nebula domum Domini, id est Synagogam, implevit; quia eorum mentes infidelitatis caligo replevit. Et sacerdotes propter nebulam ministrare non poterant; quia dum mysticos sensus litteræ velamine coopertos, et nativitatis Christi sacramenta investigare despiciunt; debitum fidei ministerium per erroris sui nebulam perdiderunt; ita ut exigentibus meritis non agnoscant cultum credulitatis.

(87) Ex cap. 21.

Classis Salomonis Ecclesia est Christi, quæ in A sanctorum collocata est arca, id est Dei Filius, in mari mundi posita studium impendit thesauros scientiæ et sapientiæ, opesque virtutum acquirere. Ibi sunt servi Hiram nautici et gnari maris cum servis Salomonis, dum gentiles sæculari scientia et sapientia eruditi, cum his qui in lege Moysi periti sunt, in unitate fidei sociantur. Hos Salomon noster, id est Christus, in Ophir, quæ interpretatur *infirmans*, id est in vilitatem mittit, ut sumptum inde aurum, sensum videlicet pretiosum sibi deferant. Quantum? Quadraginta scilicet triginta talenta, id est historiam, allegoriam, tropologiam, et anagogen in duobus Testamentis. Ophir nomen est provinciæ in India, ab Ophir uno videlicet de posteris Heber nominatæ, quæ et terra aurea appellatur, eo quod montes aureos habeat, qui a leonibus et B sævissimis bestiis incoluntur, ad quos nullus aliter accedere audet, nisi stans juxta littus, terram quam unguibus leonum effossam invenerit, in suam navem recipit, ut si bestiæ eos senserint, facile in mari recipiantur.

Volo etiam vos, dilectissimi fratres, scire, quia tabernaculum quod plebs Hebræa in eremo condidit, hujus spiritualis domus figura fuit. Sed quia tabernaculum in itinere quo ad terram promissionis veniebant, hæc in ipsa ædificabatur civitate Jerusalem, illud ut de loco ad locum crebro ministerio Levitarum, portatum tandem in terram promissionis inducitur, hæc ut mox in patria ipsa, et in civitate regia constructa, inviolabili semper fundamento consisteret, donec inditum sibi figurarum cœlestium munus impleret; potest in illo tabernaculo præsentis Ecclesiæ labor et exsilium, in hac autem domo futura quies et beatitudo figurari. Vel quia illud a solis filiis Israel, hæc a proselytis etiam et gentibus facta est; possunt principaliter in tabernaculo Patres veteris testamenti et antiquus Dei populus: in hac vero congregata de gentibus Ecclesia exprimi; quamvis utrumque ædificium enucleatius discussum, et labores præsentis Ecclesiæ quotidianos et præmia æterna, in futura gaudia regni cœlestis, electionem primitivæ Ecclesiæ, et salutem omnium gentium in Christo multimodis ostendat figurari.

Igitur, fratres charissimi, templum illud manufactum in figura Jesu Christi et omnium nostrum, id est capitis et membrorum a Salomone fuit conditum. Ad spiritualis ergo templi ædificium pertinetis, dum recte credendo, et bona operando, Christi membra estis. Cum enim vos ad templi ædificium dico pertinere, non tamen ad illud quod Nabuzardan servus regis Babylonis succendit et thesauris spoliavit (*IV Reg.* xxv), sed ad illud quod Deus Pater ante omnia sæcula in dilectissimo sibique cœterno Filio suo Jesu Christo in cœlesti Jerusalem, facere decrevit. Unde est illud: *Jerusalem quæ ædificatur ut civitas*, etc. (*Psal.* cxxi.) Et iterum: *Jerusalem civitas regis magni* (*Psal.* xlvii). Ad illud ergo vos, dilectissimi, volo et desidero pertinere, in cujus interiori domo, id est in Sanctis quo fœdus pacis apud Patrem habemus. Manna etiam in arca habetur; quia in Christo sunt omnes thesauri sapientiæ et scientiæ Dei (*Coloss.* II). Ipsi etiam virga Aaron quæ floruerat, est commissa, scilicet potestas a Deo regendi Israeliticam plebem, imo universam Ecclesiam in sæcula. Idem etiam Dei Filius post resurrectionem suam ascendens in cœlum semel introivit in ipsum non manufactum, spirituale videlicet templum, constitutus a Deo judex vivorum et mortuorum. Ad hoc etiam templum angelos pertinere existimamus. . . . .

. . . . in interiori parte ejusdem templi, ante faciem videlicet ipsius summi pontificis Jesu Christi; quia semper ad ministerium illius sunt parati. Sic pedibus erectis stant, et oculos in propitiatorio, hoc est in ipso defigunt; sic suam perpetuo innocentiam conservant: sic de sanctarum animarum beatitudine in cœlis exsultant, ut nobis quos etiam adhuc in terris peregrinari conspiciunt, opem ferre non desinant, donec ad cœlestiam patriam, Deo jubente, nos perducant.

Moneo igitur vos, dilectissimi, ut studium sacris sedulo impendatis Scripturis; quatenus hos Cherubim, qui *multitudo scientiæ* interpretantur, imitari valeatis. In divinis quippe Scripturis multitudinem scientiæ invenietis, si diligenter quæsieritis, qua spiritualiter inebriati, terrena despicere, cœlestia amare, transitoria vilipendere, æterna concupiscere, ad ultimum vero oculos mentis in propitiatorio, hoc est in Christo, sine intermissione defigere possitis. De hoc propitiatorio ait Joannes: *Advocatum habemus apud Patrem, Jesum Christum justum; et ipse est propitiatio pro peccatis nostris* (*Joan.* II). Et Paulus apostolus: *Non enim in manufactis sanctis templis Jesus introivit exemplaria verorum; sed in ipsum cœlum, ut appareat nunc vultui Dei pro nobis* (*Hebr.* IX). Cherubim Dei, eos confirmante gratia, perpetue in sua perseverant innocentia. Sic et vos, dilectissimi, pactum quod cum Deo pepigistis, sive in die baptismatis, sive etiam in susceptione ordinis, jugiter ac fideliter operibus conservate bonis. Castitatem etiam custodite tam mentis quam corporis, quæ Deo est acceptabilis, et angelicæ vitæ imitatrix; quia in carne præter carnem vivere, non terrena vita est, sed cœlestis. Castitas quoque longa et humilis præmium consecutura est æternæ beatitudinis, ita tamen si in proposito perseveraverit usque in diem mortis (*Matth.* x). Ubi etiam caro jam a concubitu non potest esse integra, sit virgo in fide conscientia. Nulla igitur vobis charissimi, inordinata cogitatio aliquid illicitum suggerat, nulla immunditia polluat, non luxuria reos constituat, non cupiditas in amorem terrenarum rerum animum accendat, non iracundia proximos lædat, non elatio mentem in superbiam elevet, non injuria a proximis illata perturbet, non simulatio ante oculos hominum sanctitatem prætendat, non hypocrisis coram Deo culpabiles reddat, non malitia locum in cœlesti curia tollat, nulla perversitas vos a societate supernorum civium velut indignos repellat. Sic etiam Cherubim de sanctarum animarum beatitudine in cœlis exsultant, ut nobis quos adhuc in terris peregrinari conspiciunt, opem ferre non desistant.

Horum itaque, dilectissimi, beatorum spirituum, scilicet cherubim, exempla ante mentis oculis sæpe reducite, et quod illi perfecte in cœlis agunt sine intermissione, vos, dictante charitate, in terris pro modulo vestro agite. Vosmetipsos ergo cum Dei juvamine a peccati contagione custodite, et pro totius mundi ac proximorum salute studiose Domino preces fundite. Pro cunctis etiam fidelibus defunctis qui adhuc retinentur in pœnarum receptaculis, moneo ut orationes, sacrificia, suspiria, et lacrymas Deo offeratis, quatenus intercessu vestræ compassionis de amarissimis erepti pœnis, mereantur transire ad loca refrigerii lucis et pacis. Nec in hoc solummodo contentos vos esse volo; sed ut pro eis etiam gratiarum actiones persolvatis Domino, qui jam ab eo sunt collocati in cœli palatio. Sic ergo de vestro profectu solliciti esse debetis, ut tamen proximorum salutem non negligatis. Nulli malum quod non vultis pati, inferatis; nulli bonum quod vobis fieri desideratis, facere recusetis. Deum super omnia diligite, proximos sicut vosmetipsos in Deo amate, inimicos propter Deum patienter tolerate, oculos mentis ad cœlestem patriam cum omni devotione erigite, atque ut aliquando ad illam possitis attingere, summo studio cum lacrymis orationes fundite; ad quam vos perducere dignetur ille qui per eumdem dilectissimum Filium suum Dominum nostrum Jesum Christum de vivis et electis lapidibus æternum majestati suæ ante sæcula disposuit condere templum. Amen.

SERMO TERTIUS.

AD FRATRES, UT NON HABEANT PROPRIUM.

Fratres charissimi, quia per Dei gratiam ad componendum atque ad emendandum mores vestri ordinis, in unum convenistis; dignum est, ut ad memoriam reducatis ea, quæ Deo et abbati vestro promisistis, quando primum ad ordinem venistis. Cum primum ante abbatem præsentati fuistis, ipso interrogante tria sunt, quæ vos Deo implere vovistis, videlicet obedientiam, castitatem, et ut proprium non haberetis. Dignum valde fuit, dilectissimi, quod Deo obedientiam et castitatem promisistis, quia sine illis Deo nequaquam placere poteratis; et ideo si placet, de singulis, et primum de obedientia, aliquid dicamus vobis. Obedientia est virtus, quæ cæteras virtutes menti inserit, insertasque custodit (88). De qua Paulus ait: *Fratres, obedite præpositis vestris, et subjacete eis; ipsi enim pervigilant quasi rationem reddituri pro animabus vestris* (Hebr. XIII). Unde Salomon dicit: *Vir obediens loquitur victorias* (Prov. XXI). Revera vir obediens victorias loquitur, quia semetipsum vincit, dum alienam voluntatem propriæ voluntati anteponit. Sic et nos, dum abbati nostro humiliter obedimus, nosmetipsos in corde superamus. Unde etiam Samuel propheta loquitur dicens: *Melior est obedientia quam victimæ; et auscultare magis quam offerre adipem arietum. Quoniam quasi peccatum ariolandi est repugnare; et quasi scelus idololatriæ, nolle acquiescere* (I Reg. XV). Revera melior est obedientia quam victimæ, quia per victimas aliena caro mactatur, per obedientiam vero propria voluntas restringitur. (89) Arioli sunt, qui circa aras idolorum nefarias preces emittunt, et nefanda sacrificia dæmonibus offerunt. Idolatria vero est servitus idolorum (90). *Latria* enim Græce, Latine *servitus* dicitur. Hoc est ergo summum malum, cum servi Dei in monasterio positi per inobedientiam incurrunt peccatum ariolandi. Mihi videtur grande malum esse in monasterio videlicet servos Dei sub habitu religionis vivere, et per inobedientiam atque contumaciam scelus idololatriæ committere. Magna miseria est, quando viri religiosi per iter virtutum descendunt in infernum. Hæc est maxima infelicitas, quando viri ecclesiastici per inobedientiam sub habitu religionis periculum incurrunt æternæ damnationis.

Audiamus etiam Paulum apostolum dicentem: *Sicut per inobedientiam unius hominis, scilicet Adæ, peccatores constituti sunt multi; ita et per obedientiam unius hominis, scilicet Christi justi constituuntur multi* (Rom. V). Et sicut per inobedientiam unius hominis multi descenderunt in infernum, ita et per obedientiam unius hominis multi ascenderunt, et sunt ascensuri in cœlum. Sic etiam de Domino nostro Jesu Christo legitur: *Christus factus est pro nobis obediens Patri usque ad mortem* (Philipp. II). Si ergo Jesus Christus, rex cœlorum ac terræ, dignatus est obedire usque ad mortem Deo Patri, cur homo miserrimus in monasterio positus dedignatur obedire suo abbati? Et si Dominus noster Jesus Christus, qui est verus rex gloriæ, Deo Patri usque ad mortem obedivit, cur homo mortalis et cibus vermium præ-

---

(88) Ex Greg. lib. XXXV Mor. c. 15, n. 28.
(89) Ex Isid., lib. VIII.

(90) *Etym.*, cap. 9 et 11.

cepta sui abbatis contemnit? Quare, nisi quia non sequitur Christum, ut cum eo ascendat in cœlum, sed sequitur Adam ut cum eo per inobedientiam descendat in infernum? Quare non vult obedire suo abbati, nisi quia contemnit Christum, et sequitur diabolum? Sic Dominus in Evangelio servis suis dicit, quibus Ecclesiam suam regendam commisit: *Qui vos audit, me audit; et qui vos spernit, me spernit* (*Luc.* x). Ac si diceret: Qui vobis est obediens, et mihi obediens est, et qui vos despicit, me despicit. Igitur, dilectissimi fratres, hanc sententiam Domini nostri Jesu Christi ad mentem reducite, et eam sedula intentione recogitate, quia quicunque in monasterio inobediens est abbati suo, non solum inobediens est abbati, sed et Christo. Et quicunque despicit prælatum suum, non solum despicit prælatum, sed et Christum.

Fratres mei, secundo loco, Deo et abbati vestro castitatem promisistis, cum primum ad monasterium venistis; quam nisi custodistis, in vacuum in omnibus operibus vestris laborastis. Si castitatem non custodistis a die, qua eam Deo et abbati vestro promisistis, in vanum omne tempus vitæ vestræ expendistis. Quicunque Deo et abbati suo castitatem promisit, si eam mente et corpore non custodierit, religiosus esse non poterit, nisi hoc per asperrimam pœnitentiam emendaverit. Quare? Quia per unum malum multa bona pereunt. Per unam culpam multæ justitiæ annihilantur. Per unam iniquitatem multa bona possunt subverti. Malum mistum bonis contaminat plurima. Parum fellis in amaritudinem convertit dulcedinem mellis. Parva u ignis *magnam silvam incendit* (*Jac.* III). *Modicum fermentum totam massam corrumpit* (*I Cor.* v). Unde Scriptura dicit: *Qui in uno peccaverit, factus est omnium reus* (*Jac.* II), scilicet quantum ad vitam æternam. Quasi e im si omnibus peccatis esset involutus, ita si in uno tantum maneat, æternæ vitæ januam non intrabit. Sic homo per unum peccatum condemnari poterit, nisi illud per asperrimam pœnitentiam emendaverit; et maxime per fornicationem, quia sine castitate nullum opus perfectum, sine castitate nullum opus magnum. Unde beatus Gregorius dicit (91): « Nec castitas magna est sine bono opere, nec opus bonum est aliquid sine castitate. » Amanda est ergo castitatis pulchritudo (92). Castitas fructus est suavitatis. Castitas est inviolata virtus sanctorum. Castitas est securitas mentis, et sanitas corporis. Castitas Deo est amabilis et omnibus sanctis. De qua scriptum est, quia *sine castimonia nemo videbit Deum* (*Hebr.* XII). Unde venerat his Beda in quadam homilia. « Nemo in die resurrectionis, nisi illi qui sunt casti corpore, ad cœlos poterunt sublevari; nemo post resurrectionem, nisi illi qui sunt mundi corde, essentiam divinæ majestatis poterunt intueri. »

Tertio loco Deo promisistis, ne proprium habe-

retis. Multis modis diabolus in acquirendo plurima sollicitat, qui in modicis et paucis contenti esse promiserant. Multi de sæculari vita ad Deum convertuntur, et monasterium ingrediuntur, atque omnes divitias suas libenter pauperibus et monasteriis tradunt, ac deinceps in omni vita sua magis paupertatem quam divitias diligunt, sicut sancti apostoli fecerunt. Plerique etiam sæculares ad Deum in monasterio convertuntur, et de rebus monasterii fraudem vel furtum facere præsumunt, sicut Judas traditor fecit, de quo legitur, quia loculos habebat, et ea, quæ in communi mittebantur, abscondebat et furabatur. Nonnulli etiam de sæculo ad monasterium veniunt, et de divitiis suis, quas in sæculo habuerunt, unam partem sibi retinent et abscondunt, temporalem pertimescentes inopiam, alteram vero secum monasterio tradunt, sicut Ananias et Saphira fecerunt, de quibus nimirum scriptum est, quia agrum vendiderunt, et de pretio illius quamdam partem ante pedes apostolorum posuerunt, quamdam vero absconderunt (*Act.* v). Quidam etiam pauperes de sæculari vita ad monasterium veniunt, et quamvis in sæculo pauperes fuerunt, tamen in monasterio divites fieri volunt, sicut fecit Giezi discipulus Elisei. Cui dixit Eliseus: Quia post Naaman cucurristi, et divitias ab eo accepisti, in perpetuum lepra Naaman adhærebit tibi (*IV Reg.* v). Quicunque ergo propter Deum omnia quæ in hoc mundo sunt, despiciunt, sicut sancti apostoli fecerunt, cum eisdem apostolis lætabuntur, et remunerabuntur in perpetuum. De quibus ait Dominus in Evangelio: *Beati pauperes spiritu; quoniam ipsorum est regnum cœlorum* (*Matth.* v). Ille vero, qui de sæculo ad monasterium transit, et de rebus monasterii fraudem vel furtum facit, Judas est, et cum Juda pœnam in inferno sustinebit. Qui autem de sæculari vita ad Domini servitium convertuntur, si ex his, quæ in sæculo habuerunt, partim sibi reservant, partim distribuunt, sententiam maledictionis cum Anania et Saphira portabunt. Qui autem de sæculo ad monasterium venit, si divitias, quas in sæculo habere non potuit, in monasterio voluerit, sine dubio lepra Giezi adhærebit ei, et quod Giezi passus est in corpore, iste patietur in anima. Illis ergo qui in veritate propter Deum, more apostolorum, omnia, quæ in hoc mundo sunt, despiciunt, convenit illud Psalmistæ dicentis: *Mihi autem adhærere Deo bonum est; ponere in Domino Deo spem meam* (*Psal.* LXXII). Et illud: *Jacta cogitatum tuum in Domino et ipse te enutriet* (*Psal.* LIV). Judæ vero et sequacibus ejus dicitur: *Ascendunt usque ad cœlos, et descendunt usque ab abyssos; anima eorum in malis tabescebat* (*Psal.* CVI). Ananiæ autem et suis similibus pertinet illud: *Qui confidunt in virtute sua, et in multitudine divitiarum suarum gloriantur* (*Psal.* XLVIII). Giezi et sociis ejus congruit illud: *Ecce homo qui non posuit Deum adjutorem suum; sed*

(91) Hom. 13, in *Evang.*

(92) Isidor., lib. II *Sentent.* c. 40.

speravit in multitudine divitiarum suarum, et præ-
valuit in vanitate sua (Psal. LI).

Sed ecce, fratres charissimi, dum aliorum peccata tanto studio perscrutamur, timeamus ne
oculos divinæ majestatis offendamus. Dignum est
ergo, ut nos, qui tanta cura festucas in oculis
aliorum conspicimus, de oculis nostris trabes éji-
cere festinemus (*Matth.* VII). Quid ergo nobis inter
hæc agendum? Illud videlicet quod ait Psalmista:
Vovete, et reddite Domino Deo vestro (*Psal.* LXV);
alioquin *multo melius esset non vovere, quam post*
votum promissa non solvere (*Eccli.* V). Quare? « Quia,
sicut ait beatus Isidorus (93), inter infideles inveniendi

(93) Lib. II *Synonym.*, De voto.

A sunt, qui bona, quæ Deo voverunt, non impleverunt. » Igitur, fratres dilectissimi, ad vosmetipsos
introrsus reddite, et si ea quæ Deo promisistis, vos
opere inveneritis implevisse, Deo gratias agite. Si
autem in his, quæ Deo vovistis, vos transgressores
et negligentes cognoveritis esse, per puras orationes et quotidianas lacrymas ab omnipotenti Jesu
Christo veniam postulate, quatenus in die districti
judicii sui non permittat vos cum infidelibus perire,
sed cum electis suis ad regnum cœlorum vos
dignetur perducere, qui cum eodem Patre et Spiritu
sancto in Trinitate perfecta vivit et regnat Deus
per omnia sæcula sæculorum. Amen.

SERMO QUARTUS.

DE PRÆLATIS ECCLESIÆ.

Hispaniarum doctor Isidorus vir in omni locutionis genere formatus, ut imperito doctoque secundum qualitatem sermonis existeret aptus, ad
eruditionem sacerdotum inter cætera sic est locutus (94): « Sicut peccatores et iniqui ministerium
sacerdotale suscipere prohibentur, ita indocti et
imperiti a tali officio retrahuntur. Illi male vivendo
suis pravis exemplis vitam bonorum corrumpunt,
isti vero per ignorantiam iniquos corrigere nesciunt. Quomodo enim docere poterunt, quod ipsi
non didicerunt? (95) Desinat ergo locum docendi
suscipere, qui nescit docere. Unusquisque igitur
doctor et bonæ actionis et bonæ prædicationis habere debet studium, quia alterum sine altero inutilem facit et imperfectum. » Oportet igitur prælatum
cum omni instantia dulcedinem et suavitatem Dei
annuntiare subditis, eosque suis ad bene operandum
sollicitare exemplis, et frequenter dulcibus admonere verbis, ut recte possit computari in sanctæ Ecclesiæ membris, sicut sponsus, scilicet Christus, sub
persona sponsæ eidem Ecclesiæ loquitur in Canticis
Favus distillans labia tua sponsa, mel et lac sub
lingua tua (*Cant.* IV). (96) Prædicatores Ecclesiæ
bene labia sponsæ esse dicuntur, quia per eos populis loquitur et per eos parvuli quique ad fidem
erudiuntur, dum per eos occulta Scripturæ quasi
cordis latentia manifestantur. In favo autem mel
latet, et cera patet. Recte ergo labia sponsæ, id
est sanctæ Ecclesiæ, favus vocantur, quia dum in
carnis fragilitate sapientia magna habetur, quasi
mel in cera absconditur. Quando vero electus quisque prædicat, quando cœlestia gaudia nescientibus
revelat; tunc favus distillat, quia quanta dulcedo
sapientiæ in corde lateat, per oris fragilitatem audientibus manifestat. Unde scriptum est: *Habe-*
mus thesaurum istud in vasis fictilibus (*II Cor.* IV).
Ideo subditur: mel et lac sub lingua tua. Nimirum

B falsi prædicatores mel in lingua portant. Quod sub
lingua non habent, quia cœlestia gaudia aliquando
prædicant tanquam veri essent, cum ipsi terrestria
bona totis desideriis appetant. Sancta vero mens in
lingua mel prætendit, quia sapientiæ dulcedinem loquendo aliis ostendit, quam veraciter prædicans audientes tanquam mellis dulcedine reficit. Bonus pastor lac sub lingua gerit, quia congruenti sibi doctrina parvulos quosque in Ecclesia nutrit. Sub lingua autem hæc omnia sibi ipsi reservat, quia internam dulcedinem assidue secum portat. Dum enim
terrena abjicit, dum vitiorum amaritudinem respuit,
in interioribus sapientiæ dulcedine se pascit, quæ
robur colligit, ut ad æterna gradiens in labore viæ
lacescere non possit.

C Hujusmodi prædicando prudens pastor in cordibus subjectorum dulcedinem et suavitatem Dei infundit, eosque exemplis bonæ actionis ad cœlestia
desideranda sustollit. Nimirum ille est prudens pastor, qui super gregem sibi commissum sollicite
vigilat; quia dum se et oves ex omni parte prudenter circumspectat, hostiles insidias declinat. Audiat
igitur negligens pastor, quid sibi et prudenti pastori
Dominus loquitur: *Bonus*, inquit, *pastor animam*
suam pro ovibus ponit; mercenarius autem fugit
(*Joan.* X). Animam pro ovibus suis ponit, qui periculosum regiminis ascendens locum, clauso silentii ostio, gregem claustralium fratrum in pace custodit. Animam pro ovibus ponit, qui solus inter mun-

D dana pericula exteriora negotia procurans, necessaria et utilia fratribus quærit. Animam ponit, qui
ad sustinenda jurgia rei familiaris solus exit et
inter adulantium ac detrahentium linguas medius
incedit, pro infirmis laborat, et laborantes pascit,
consolatur pusillanimes, et cum superbis increpando
contendit. Talis pastor cum Christo et per Christum
potest dicere: *Cognosco meas, et cognoscunt me*

(94) Lib. III *Sent.*, cap. 35
(95) Cap. 36.

(96) Ex Greg., in hunc loc., cur sanctus prædict.
favo comparatus.

meæ (Joan. x). Cognoscunt oves pastorem, quem sæpe vident præsentem, quem subjectis fratribus familiaritas facit notum, quem beneficia reddunt amicum. Cognoscunt fratres prælatum, quia sive per charitatem tolerando, sive per zelum justitiæ castigando, sive exterius necessaria ministrando, sese eis reddit in omnibus utilem atque benignum. Subjecti prælatum cognoscunt, dum eis sicut pater filiis necessaria præsentis vitæ præparat, et sicut magister spiritualia prædicat. Oves vero pastor cognoscit, dum subditorum mores et actus diligenter attendit. Unde scriptum est : *Considera diligenter vultum pecoris tui (Prov. xxvii).* Vultum pecoris considerat, qui, quid singuli subjectorum possint, non ignorat. Vultum pecoris sui diligenter inspicit, qui qualitates, et actus, ac possibilitates fratrum quorum ad se pertinet cura, studiose perquirit. Cui per confessionem corda subjectorum sunt manifesta, per circuitionem nota sunt opera ; per experimentum quid possint, per effectum quid velint, ratio demonstrat : *Et vocem,* inquit, *meam audient (Joan. x).*

Tres sunt pastoris voces : suavis scilicet, dulcis, et alta. Vox suavis pertinet ad infirmum, dulcis ad morientem, alta pertinet ad surdum, id est ad inobedientem. Infirmus est qui tentatur. Qui vero de misericordia Dei desperat, moritur. Surdus est, qui non audit; id est qui obedire contemnit. Quandoque infirmus, id est qui in tentationibus est positus, audit suavem magistri vocem consolationis; audit qui præ magnitudine peccatorum de misericordia Dei desperat, vocem obsecrationis; audit surdus, id est inobediens, altam, id est asperam vocem increpationis. Iterum dicitur : *Et sequuntur me meæ :* Oves pastorem sequuntur. Quem pastorem sequuntur oves? Bonum sive malum. Quo sequuntur illum ? Quocunque ipse præcedit. Si bonus est pastor, oves sequuntur illum ad vitam; si autem malus est, sequuntur eum ad mortem. *Si autem cæcus cæcum sequatur, ambo in foveam cadunt (Matth. xv).* Quomodo bonus pastor vadit ante oves ? Vita videlicet et doctrina. Quando bene vivit et recte docet ecclesiasticus doctor, tunc fit unum ovile, et unus pastor. Pastor unus debet esse in se, et unus cum grege ; ut quod docet verbis, impleat operibus bonis. Unus debet esse, ut per iracundiam non mutetur a mansuetudine, non elevetur prosperitate, nec frangatur adversitate ; sed idem permaneat patientia perseverante. Ille ergo veraciter tenet et amat unitatem fraternitatis, qui gaudet de servitute charitatis, imitando exemplum veri pastoris, qui *venit non ministrari sed ministrare, et dare animam suam redemptionem pro multis (Matth. xx).* Nimirum ipse est idoneus pastor, et secundum Deum gregem gubernat, qui ad tantummodo laborat, ut plures secum ad Deum verbo et exemplo trahat ; quem non delectat honor prælationis, sed onus ; charitas, non potestas ; servitus impensa aliis, non suscepta ab

aliis ; juxta quod ait Paulus : *Cum essem liber ex omnibus, omnium me servum feci (I Cor. ix).* Tenet etiam pastor cum grege unitatem, quando non dividitur ab eo per habitum pretiosiorem, vel per cibum delicatiorem ; dum fit unus cum infirmis per compassionem, et cum delicatis per dispensationem. Taliter ergo oportet prælatum vivere, ut recte cum Apostolo possit dicere : *Omnibus omnia factus sum, ut omnes lucrifacerem (ibid.).*

Pastor autem negligens fugit, et a grege recedit. Sunt enim quidam prælati, qui bona, quæ aliis præcipiunt, facere contemnunt. Cum enim onera gravia et importabilia subjectis imponunt, et ea digito movere nolunt ; quod aliis præcipiunt, portare despiciunt. Fugiunt, dum a divinis officiis se subtrahunt, et cum fratribus pondus ordinis ferre contemnunt. Fugiunt, qui per alienas domos vagantes discurrunt, feliciores se existimantes dum tardius ad claustra redeunt. Fugiunt, qui ideo a claustro longius recedunt, ut licentius otiosis fabulis insistant, et abundantius stomachum cibis repleant, ac securius dormiant quam in claustro solebant. Fugiunt, qui non ea quæ fratribus sunt communia, sed quæ sunt propria, quærunt. Fugiunt, qui licet præsentes sint, tamen cum negligentias viderint, se sub silentio abscondunt. Fugiunt, qui remoti a conventu, sub otio vivunt ; qui a communi fratrum consilio recedunt, qui male vivunt et reprehendi nolunt. Unde beatus Gregorius : « Libet, inquit, ut dum licenter etiam illicita faciunt, nemo eis subditorum contradicat. » Et in eodem (97). « Cunctis se existimat prælatus amplius sapere, quibus se videt amplius posse. » Hoc amant scilicet videri sapientes et esse potentes. Hæc fuit causa angelicæ et humanæ ruinæ. Ponam, inquit, angelus, sedem meam ad aquilonem, et ero similis Altissimo (*Isa.* xiv). Et homini per serpentem dixit : *Eritis sicut dii (Gen. iii).* Timeat igitur ruinam prælatus, quam meruit homo et angelus. Angelus enim, quia voluit esse potentior, cecidit ; et homo, quia voluit esse sapientior, desipuit. Sunt præterea quidam prælati, qui bene vivunt, et subjectos sibi male vivere permittunt. Quidam etiam male vivunt, et subjectos bene vivere compellunt. Sunt et alii, qui male vivunt, et subjectos male vivere volunt. Illi ergo, qui bene vivunt, et subjectos male vivere permittunt, exemplo bonæ actionis præcedunt ; sed cum eos corrigendo non increpant, etiam cum errantibus delinquunt. Licet enim ipsi bene vivant, necessarium tamen est, ut de grege sibi commisso Domino rationem reddant. Hi tales, cur suscipiunt curam gregis, et sustinere nolunt pondus laboris ? Aut si gregem regere nesciunt, quare regendi curam suscipiunt ? Vel sciunt, et per negligentiam peccare subditos permittunt, cum soli bene vivere possent, cur æternam mortem incurrunt, dum aliorum vitam in periculum animarum suarum convertunt ? Tales

---

(97) Lib. xxvi *Mor.,* n. 44.

prælati filios Heli sacerdotis nutriunt, qui cum mulieribus quæ observabant ad ostium tabernaculi,
dormiunt; qui venientes in Silo sacrificare non permittunt, sed antequam incendatur adeps, carnem
crudam rapiunt (*I Reg.* 11). Quasi filii Heli sunt, qui
sub prælatis bene viventibus dissolute et negligenter
vivunt, qui cum mulieribus dormiunt, qui cum
vel hoc realiter agunt, vel cum carnis desideriis se
conjungunt. Illos etiam qui veniunt in Silo, ne sa-
crificent, impediunt; cum noviter conversos verbis
et exemplis ab exercitio bonæ operationis avertunt.
Accendi non permittunt adipem, quia exstincto
charitatis igne non infundunt bonæ actioni cordis
dulcedinem. Non carnem coctam sed crudam quærunt, quia tribulationis ignem fugientes paupertati
et labori se subtrahunt, nec pro Domino adversa
pati volunt. In camino etenim tribulationis et paupertatis decoqui solent vitia carnis. Carnem crudam
idcirco desiderant, ut quando et quomodo et quantum et qualem velint, sibi coquant. Tales sunt quidam, qui morantur in claustro, quasi in Silo, qui
nihil aliud faciunt, nisi quod et quomodo et quando
et quantum volunt. Quasi in Silo subjecti commorantur, qui plus voluntates proprias implere festinant,
quam ea quæ sibi a bonis prælatis imperantur. Illi
tales non imitantur Samuelem, qui prius unxit reges in regno Judæorum (*I Reg.* x); sed imitantur
Ophni et Phinees, quorum peccato arca Domini
translata est ab Allophylis in terram Philistinorum
(*I Reg.* IV). Illi vero qui male vivunt, et subjectos
bene vivere cogunt, errantes quidem a malo revocant, sed fortes, id est in Dei servitio studiosos
occidunt. Perversos a sua nequitia corrigunt verbis,
sed religiose viventes occidunt pravis exemplis.

Religiosi videri appetunt, quia religiosos sub se
habent, sed religiose vivere contemnunt. Gloriantur
de subditorum bonis operibus, non de suis actibus.
Quæ operari nolunt, aliis imperant : operantur ipsi
quod aliis operari licitum esse non putant. Subjectos ad bene operandum cogunt, et ipsi a nemine
cogi volunt.

Teneat igitur pastor cum grege unitatem, ut cum
eo pervenire possit ad cœlestis regni hæreditatem.
Non dividatur ab eo per pretiosiorem habitum, nec
per delicatiorem cibum, nec per inanis gloriæ appetitum. Circa gregem sibi commissum sollicitus
existat; bonos, ut in melius proficiant, dulciter admoneat; malos, ne in deterius eant, sollicite corrigat; infirmos frequenter visitare studeat, tristes
blande et leniter consolari non renuat. Præterea
claustrum assidue intret, pigros ad bene operandum sollicitet, negligentes increpet, atque omnibus
in commune gaudia paradisi et pœnas inferni sine
intermissione denuntiet. Ante omnia vero bona quæ
aliis prædicat, ipse prius implere non negligat,
pondus ordinis cum cæteris fratribus libenter sustineat, eisque tam in spiritalibus quam in temporalibus sicut pater filiis bona provideat; pro eis rationem se esse redditurum Deo sollicite sciat. Verum
super hæc omnia pro eis preces Domino semper
fundat, quatenus de grege sibi commisso nullus
pereat, nec lupus rapax aliquem a via veritatis
errantem inveniat quem auferat, sed ut cum eisdem
ovibus, Christo duce, ad pascua semper virentia
summopere pervenire studeat, præstante eodem
Domino nostro Jesu Christo qui cum Patre et Spiritu sancto in Trinitate perfecta vivit et regnat
Deus per omnia sæcula sæculorum. Amen.

SERMO QUINTUS.

DE OBEDIENTIA.

Præposito tanquam patri obediatur, multo magis
presbytero, qui omnium vestrum curam gerit.
Oportet nos prælatum nostrum timere ut Dominum,
diligere ut patrem, et credere quidquid nobis boni
præcipit animæ nostræ esse profectum. In hoc loco
nomine præpositi prior insinuatur claustri, sive
procurator monasterii. Quod si in congregatione
ubi canonicus ordo servatur, non est episcopus, nec
abbas, sed prior; ipse nomine presbyteri designatur. Si vero episcopus vel abbas est in congregatione, ipse, qui in ea major est, intelligitur presbyteri nomine. Nobis quippe obedientia usque ad
mortem servanda præcipitur, quia sine illa omnis
conversatio regularis pro nihilo habetur. Sciendum

vero est, quia per obedientiam a prælato nihil mali
debet præcipi, nec a subditis perfici. Unde ait egregius doctor Isidorus (98) : « Non obedias cuiquam
potestati in malo, etiam si pœna compellat, si tormenta immineant. » Quare? Quia melius est mori,
quam illicita jussa implere. Quicunque ergo prælato obediens est in malo, inobediens est Christo,
qui dixit in Evangelio : *Omnis qui facit peccatum,
servus est peccati* (*Joan.* VIII). Et quicunque in malo
non vult prælato suo obedire, obediens est Christo
omnium Domino, qui per Prophetam jussit a malo
declinare, et bonum facere (*Psal.* XXXVI). Si ergo
qui facit peccatum, servus est peccati, non debemus
in malo obedire cuiquam potestati.

(98) Lib. II *Synonym.*, cap. *Malis jussionibus.*

Sciendum etiam summopere est, quod obedientia aliquando, si de suo aliquid habeat, nulla est; aliquando autem, si de suo aliquid non habeat, minima est (99). Nam cum hujus mundi successus praecipitur, cum locus superior imperatur; ille, qui ad haec suscipienda invitatur, obedientiae sibi virtutem evacuat, si ad haec etiam ex proprio desiderio anhelat. Rursum cum alicui ex subditis praelatus despectum hujus mundi praecipit, cum probra adipisci contumeliae jubet; si hoc ex semetipso libenter non appetit, obedientiae sibi meritum minuit, quia illa quae in hac vita despecta sunt, invitus nolensque suscipit. Debet ergo obedientiam in adversis et vilioribus ex suo aliquid habere, et rursum in prosperis ex suo aliquid omnino non habere; quatenus in adversis et contemptibilioribus tanto sit gloriosior, quanto divinae dispensationi etiam ex desiderio subditur; et in prosperis tanto sit vilior, quanto a praesenti ipsa, quam divinitus percipit, gloria, funditus ex mente superatur. Sicut sanies emanat ex vulnere, ita morbus inobedientiae procedit ex tumore superbiae et contemptus ulcere. Morbus inobedientiae languor est animae. Qui enim non vult operari bona et potest, vivit; sed tamen infirmus est; vivit potestate, sed languet prava voluntate. Hoc morbo primus homo languit, qui cum viveret potestate, et sanus esset bona voluntate, bestiis terrae, et avibus aeris, ac piscibus maris praepositus fuit (Gen. 1); per inobedientiae vero culpam lapsus, a paradisi gaudiis dejectus, etiam nunc muscis et culicibus expositus ac subjectus servit. Quando infirmitas carnis adunatur in tumorem, contigit quandoque, ut generet languorem. Mens enim carnalis per tumorem superbiae incurrit saepissime languorem inobedientiae.

Duae autem sunt species tumoris: dura videlicet, et mollis. Dura species tumoris est in carne obstinatio carnalium in conversatione. Haec autem tribus modis mederi solet: emplastro scilicet, unguento, et ferro, id est exemplo boni operis, verbo commonitionis, disciplina correctionis. Cum enim mens non emittit saniem pravae intentionis per confessionem, vel ex commonitione non promittit emendationem; restat ut recipiat ferri incisionem, id est asperrimam disciplinae correctionem. Unde dicit beatus Isidorus doctor eximius (100): « Qui blando verbo castigatus non corrigitur, necesse est ut acrius arguatur. Cum dolore enim abscidenda sunt, quae leniter sanari non possunt. Qui admonitus secretim, corrigi de peccato negligit, publice est arguendus : ut vulnus quod occulte nescit sanari, manifeste debeat emendari. » Est autem tumor mollis, cum mens inflata delectatur voluptuosis cibis, dum sectatur otium, somnolentia torpescit, vanis gaudet fabulis. Ex his ergo languor animae nascitur, quando duritia obstinationis pressa, vel mollitie delectationis dissoluta, mens superba nihil

boni operatur. Assumit sibi inobedientia quandoque nomen obedientiae, ut de ea solo nomine glorietur, et non opere. Sed quia obedientia multis modis dicitur, expedit ut sermo de ea habitus aditus ordinatur.

Imponitur enim obedientia praecepto, facto, et loco, ut designetur quod praecipitur, monstret quod agitur, nominet locum in quo quis moratur. De praecepto enim dicitur: injunxit ei obedientia; de facto: complevit obedientiam; de loco: moratur apud obedientiam, cum aliquam domum servat remotam. Prima est facilis, secunda gravis, tertia ad utrumque se habet. Leve est praecipere, sed grave est implere; locus vero aliquando placet, aliquando displicet. Placet quibusdam obedientia, non ut in ea exerceantur bonis operibus, nec quia abundet fratribus; sed multis epulis et diversis deliciis. Placet obedientia quibusdam, non ut in ea magis Deo serviant quam in claustro studiosius, sed ut sibi obsequium praebeatur a famulis diversae aetatis abundantius, et deserviant otiosis fabulis suisque voluptatibus licentius. Ideo obedientia placet, quia in domo cuncta solus possidet, et quae vult, aliis donat, quae vult, sibi retinet, dum propriam voluntatem saepe rationi praefert. Sicque fit, ut apud eum qui obedientiam perversa voluntate suscipit, vocetur obedientia, cum non sit. Hanc obedientiam multi desiderant, non ut Deo et praelato suo tota mente obediant, sed ut extra obedientiam esse queant. Multis autem modis a quibusdam obedientiam esse queant. Multis autem modis a quibusdam obedientia quaeri solet, videlicet auxilio parentum, consilio fratrum, simulationis ingenio, ut quod minis parentum vel exhortationibus fratrum non potest obtineri, saltem simulationis ingenio possit adipisci. Haec autem obedientia, quae conceditur alicui parentum minis seu qualibet exactione, sive fratrum seductoria exhortatione, vel etiam boni operis simulatoria ostensione nomen habet obedientiae, sed caret re. Obedientia vocatur exterius, sed fructum remunerationis non habet interius. Hujusmodi obedientia non acquiritur, ut corpus pro Deo laboribus fatigetur; sed ut praesentis vitae blandimentis delectetur.

Ad hanc etiam obedientiam aliis modis pervenitur, ut quod illis tribus praecedentibus non potest, promissione muneris obtineatur. Sic adhuc cum Petro Simon magus moratur in Ecclesia, moratur et Ananias cum Saphira (Act. v). Per Petrum boni praelati intelliguntur, per Simonem vero, Ananiam et Saphiram mali subditi designantur. Voluit Simon emere Spiritus sancti gratiam (Act. viii), volunt isti emere obedientiam. Simon pecunia voluit donum Spiritus sancti emere, isti nituntur Ecclesiae redditus pretio acquirere. Isti ergo Petri apostoli non sunt filii per doctrinam, sed Simonis magi

(99) Ex Greg., lib. xxxv Mor., numer. 30.

(100) Lib. iii Sent., cap. 46.

per avaritiam (1). Ejus quisque filius dicitur, cujus doctrinam sequitur. De errore auctoris a quibusdam nomen et culpa trahitur, ut ipsius vocabulo censeatur, cujus errorem sequitur. Sic loquitur Dominus per prophetam Israel : *Pater tuus Amorrhæus, et mater tua Cethæa (Ezech. xvi)*; non utique nascendo, sed imitando. Sic et in meliorem partem filii Dei nuncupantur, qui præcepta Dei tota mente sequuntur. Unde et nos non natura sed adoptione clamamus Deo in oratione dicentes : *Pater noster, qui es in cœlis (Matth. vi)*. Recte ergo dicuntur filii magi Simonis non natura sed imitatione, qui pretio emunt obedientias, sive quaslibet dignitates Ecclesiæ. Ananias et Saphira absconderunt partem substantiæ (*Act.* v), isti vero negotiis incumbunt acquirendæ pecuniæ. Sed sicut scriptum est : *Nemo militans Deo implicat se terrenis negotiis (II Tim. ii)*. In hoc ergo manifestum est eos non militare Christo sed mammonæ, quia non sectantur spirituales divitias, sed lucra temporalis vitæ. Non student ut Jesu Christo cœlesti regi placeant, sed ut temporaliter divites fiant. Amplius regnat in eorum cordibus avaritia, quæ est servitus simulacrorum, quam voluntaria paupertas, quæ introducit hominem in regno cœlorum. Hi tales plus gaudent equitando per plateas civitatis discurrere, quam in claustro psalmos sub silentio recitare. Hæc est obedientia cum Simonia plena avaritia et inani gloria, quæ amatorem suum non sublevat ad æterna gaudia, sed præcipitat in tartara.

Est et alia species obedientiæ, quæ tantum obedientia vocatur : de qua dicitur : *Quia obedisti voci uxoris tuæ, et comedisti de ligno, maledicta terra in opere tuo (Gen. iii)*. Quatuor sunt autem voces, scilicet uxoris, mundi, et diaboli, ac Dei. *Audiam igitur quid loquatur in me Dominus Deus (Psal. lxxxiv)*. Nunquid loquetur diabolus? nunquid caro? nunquid mundus? Vox uxoris vox carnis; vox autem carnis voluptas; vox mundi vanitas; vox Dei bonitas (2). Suggestionem quippe diaboli serpente accipimus. Mulier vero sensus est animalis corporis, id est carnis, quem habemus communem cum bestiis, et dicitur inferior pars rationis. Unde quando occurrit nobis peccati suggestio, quasi serpens loquitur. Si vero oblectatur caro pravæ illius suggestionis consensu, quasi mulier consentit. Sed si refrenatur et expellitur a cogitatione perversa suggestio, quasi mulier sola comedit illicitum lignum. Si vero ipsum peccatum, quod serpens, id est diabolus suggerit, et caro delectando, id est inferior pars rationis scilicet mulier manducat, et si mens hominis, id est superior pars rationis ipsum peccatum perpetrare consenserit, jam quasi vir deceptus est. Jam mulier viro cibum dedit, cum mens rationalis ad peccandum delectationibus carnis consensum præbuit. Qui-

cunque ergo libenter audit vocem serpentis, id est suggestionem diaboli, et obediens est voci mulieris, scilicet delectationi suæ carnis, statim inobediens efficitur voci Creatoris. Voci igitur uxoris obediunt, qui carnis delectationibus non contradicunt, et plus voluptati carnis quam voci Dei obediunt. Est autem Creatoris vox de prælatis dicens ad subjectos : « Quod dicunt, facite ; quod autem faciunt, facere nolite (*Matth.* xxiii). » Ut perversis obedias prælatis innuit, qui etiam male operantibus obedire jussit (*I Petr.* ii), ut ingrediaris et egrediaris cum David sub Saule, et eumdem honores licet reprobum cum Samuele. Obediendum est ergo prælatis, si recta præcipiant, quamvis ipsi male vivant. Inobedientes igitur et superbos se esse testantur, qui prælatis licet perversis non obediunt, et eos non venerantur. Audi etiam breviter quid te oporteat facere, et qualiter prælatis, sive bonis sive malis, debeas obedire. Nec bonis prælatis obedias in malis præceptis, nec malis contradicas in bonis. Esto obediens malis prælatis in bonis præceptis, et cave ne obedias bonis in jussionibus malis.

Interea, fratres charissimi, Pauli apostoli sententiam ad memoriam reducite, ut perfectius intelligere valeatis virtutem obedientiæ. Sic enim ait ipse : *Quæcunque ordinata sunt, a Deo ordinata sunt. Igitur qui potestati resistit, Dei ordinationi resistit (Rom.* xiii). Ille ergo Dei ordinationi resistit, qui prælati sui præcepta contemnit. Quicunque prælato Ecclesiæ digna præcipienti contradicit, non solum homini, sed et Deo rebellis atque inobediens existit. Dathan et Abiron hac de causa perierunt, quia prælatis suis, scilicet Moysi et Aaron, inobedientes fuerunt, quando sibi per contumaciam sacrificandi licentiam usurpaverunt (*Num.* xvi). Unde scriptum est in libro Psalmorum : *Aperta est terra, et deglutivit Dathan ; et operuit super congregationem Abiron (Psal.* cv). Hi enim, ob temeritatis suæ videlicet audaciam, terræ compagibus ruptis, viventes profundo hiatu merguntur, ac traduntur inferni suppliciis. Nonne etiam rex Saul, propter culpam inobedientiæ a Domino fuit reprobatus, de sede regni expulsus, dominio Satanæ mancipatus, et ad ultimum a Philisthæis interfectus? Pensate ergo, dilectissimi, quam gravis sit culpa inobedientiæ pro qua non solum animæ cruciantur in inferno, sed et corpora puniuntur in hoc sæculo. Perpendite quam grave peccatum sit Dei ordinationi resistere, pro quo non solum in anima exsolvitur pœna, sed etiam in corpore. Audiant ergo rebelles, timeant inobedientes mandatis seniorum, ne cum Dathan et Abiron tradantur tormentis infernorum. Caveant imitari vestigia Core seditiosi, ne forte merguntur cum eo in profundum inferni. Non velint imitari Core seditiosum, qui per contumaciam et rebellionem multos secum præcipitavit in infernum; sed Christum sequantur, qui per humilitatem Deo Patri

(1) Ex Isidor. lib. i *Sent.*, cap. 12.

(2) Isid., *Quæst. in Gen.*, c. 4.

PATROL. CCIX.

obediens usque ad mortem (*Philip.* II), multos quotidie post se trahit ad regnum (*Joan.* XII). Christum ergo, fratres et domini mei, timete, ipsumque super omnia diligite, ejusque ordinationibus reverentiam exhibete. Sic enim ait ipse : *Si quis diligit me, sermonem meum servabit* (*Joan.* XIV). Appareat ergo dilectio illius in vestris operibus. Exemplo ejus tenete humilitatem in vestra conversatione, et pro amore ipsius prælatis vestris obedientes estote. Libenter in hac vita prælati jussionibus obtempe-

rate, ut ad æternam libertatem possitis pertingere. Devote igitur colla divinæ dispensationi subjicite, propriis desideriis renuntiate, voluntatem prælati vestri propriis voluntatibus anteponite, præcepta illius sine murmuratione implere satagite ; ut post hanc vitam ad cœlestem patriam possitis pervenire, ibique de visione Dei Patris in æternum gaudere ; ipso præstante, qui cum eodem Patre et Spiritu sancto in Trinitate perfecta vivit et regnat Deus per omnia sæcula sæculorum. Amen.

SERMO SEXTUS

DE DISCIPLINA.

Audite, fratres charissimi, quid Dominus noster Jesus Christus ad eruditionem et consolationem totius Ecclesiæ suæ dicat in Apocalypsi. Ego, inquit, *quos amo, arguo, et castigo* (*Apoc.* III). Illis verbis ad tolerantiam atque disciplinam hortatur nos, sicut Pater piissimus, ut omnia quæ nobis ab eo sive a prælatis nostris præcipiuntur, patienter et cum omni mansuetudine toleremus. Ideo nos pro peccatis et negligentiis per se et sanctæ Ecclesiæ ministros arguit Dominus et castigat in hoc præsenti sæculo, ne cum hoc mundo, hoc est cum amatoribus mundi, damnemur in futuro. (3) Quisquis igitur Deo exercitationibus disciplinæ non servit, Deum absque disciplinæ rigore evadere non poterit ; atque ideo Psalmista consulendo indisciplinate viventibus dicit : *Apprehendite disciplinam nequando irascatur Dominus, et pereatis de via justa* (*Psal.* II). Sed quid est disciplina ? Disciplina est morum ordinata correctio, et majorum præcedentium regulæ observatio. De qua disciplina Paulus apostolus ita loquitur, dicens : *In disciplina perseverate. Tanquam filiis vobis offert se Deus* (*Hebr.* XII). Quod si extra disciplinam estis , cujus participes facti sunt omnes ; ergo adulteri, et non filii estis. Qui ergo sine disciplina sunt, adulteri sunt, et cœlestis regni hæreditatem non accipiunt. Filii autem paternæ disciplinæ correctionem libenter portant, et hæreditatem cœlestis patriæ omnino recipere non desperant. De qua etiam disciplina Isaias indisciplinate plebi prædicat, dicens : *Quiescite agere perverse, discite benefacere* (*Isa.* I). Et eadem Psalmista prosequitur dicens : *Declina a malo, et fac bonum* (*Psal.* XXXVI). Unde etiam Salomon ait : *Multum errat, qui disciplinam abjicit* (*Sap.* III). Ille igitur est infelix, qui abjicit disciplinam patris, id est ecclesiasticæ dispensationis. Sicut milites Christum crucifigentes non diviserunt ejus tunicam (*Joan.* XIX) ; sic nos non debemus scindere

nec dividere Ecclesiæ Christi disciplinam. Sicut enim tunica totum corpus præter caput tegit, ita disciplina omnem Ecclesiam præter Christum, qui eamdem disciplinam tradidit, ornat et tegit. Ipsa vero tunica contexta desuper fuisse per totum describitur, quia eadem Ecclesiæ disciplina a Domino de cœlo tribuitur et integratur. De qua Dominus, postquam surrexit a mortuis antequam ad Patrem ascenderet, loquebatur discipulis suis : *Vos autem sedete hic in civitate, quousque induamini virtute ex alto* (*Luc.* XXIV). Tunica ergo corporis Christi disciplina Ecclesiæ est. Qui autem extra disciplinam est, a corpore Christi alienus est. Non scindamus igitur tunicam Christi, sed sortiamur de illa, id est summopere studeamus, ut eam integram conservemus, ne forte ab illius integritatis portione vacui remaneamus. Nemo quidquam de mandatis Christi solvat, sed unusquisque in quo vocatus est, in eo apud Deum permaneat.

Quicunque disciplinam Christi et catholicorum sacerdotum, quos ipse Ecclesiæ suæ præposuit, contemnit, per diversas errorum vias eundo perditionis laqueum incurrit. Unde sub prævaricatoris populi persona humanum genus ita deplangit propheta : *Nos sicut oves erravimus, unusquisque in viam suam declinavit* (*Isa.* LIII). De (4) illis etiam qui disciplinam Domini abjiciunt, et voluntatem propriam sequuntur, sapientia per Salomonem sic loquitur : *Multæ viæ videntur hominibus rectæ, et novissima eorum ducunt ad mortem* (*Prov.* XIV). Quæ utique multæ perditionis viæ tunc sequuntur, cum una regalis via, lex Dei videlicet, quæ neque ad dexteram nec ad sinistram declinat, per negligentiam deseritur. De qua scilicet via Dominus Jesus Christus, qui est finis legis ad justitiam omni credenti (*Rom.* X), denuntiat dicens : *Ego sum via, veritas et vita, nemo venit ad Patrem, nisi per me* (*Joan.* XIV). Ad quam viam omnes homines

---

(3) Ex lib. *De duodec. abusion. gradib.*, gradu 11, in *App. Aug.*, tom. VI.

(4) Ibid., gradu 12

communiter invitat, dicens : *Venite ad me, omnes* A *membris meis repugnantem legi mentis meæ, et ca-*
qui laboratis et onerati estis, et ego reficiam vos *ptivum me ducentem in lege peccati (Rom.* vii). Sed
(Matth. xi), quia non est acceptio personarum aliud est bella fortiter perpeti, aliud bellis enervi-
apud Deum *(Deut.* x). Ubi non est Judæus et Græ- ter expugnari, et dissolute vinci.
cus, masculus et femina *(Gal.* iii), *servus et liber,*   In istis ergo fortissimis præliis exercetur virtus
barbarus et Scytha : sed omnia et in omnibus juvenum, ne extolli debeat; in illis vero debilibus
Christus (Coloss. iii). Omnes ergo unum sunt in et dissolutis omnino exstinguitur, ne subsistat.
Christo Jesu. Dum ergo Christus finis est legis Bonum est igitur adolescentibus et juvenibus, ut
(Rom. x), qui sine lege, id est sine disciplina sunt, dum calor naturæ pullulat in membris, et in cor-
sine Christo fiunt. Quicunque ergo sunt sine do- pore proficit vigor ætatis, cum omni humilitate
ctrina, non sequuntur Christi vestigia. Incongruum famulentur præpositorum imperiis (6). Qualiter
est ergo et a justitia devium, in temporibus Evan- namque in senectute ministrari sibi ab aliis sperat,
gelii servi Dei sine Christo fieri, quando apostolis qui in adolescentia senioribus obedientiam exhibere
in cunctis gentibus licentia prædicationis data recusat ? Qui in juventute positus disciplinis majo-
est *(Matth.* xxviii); quando per cunctas sæculi B rum non vult esse subditus, quomodo in senectute
partes intonuit tonitruum, vox scilicet Evangelii; constitutus putat sibi reverentiam deferri a minori-
quando gentes, quam non sectabantur, apprehende- bus ? Unde et in proverbio apud veteres habetur,
runt justitiam *(Rom.* ix); quando qui longe fue- quod illi servire alii nolint, qui prius alicui ser-
runt, facti sunt prope in sanguine Christi *(Ephes.* vitutem denegat. Propter quod et Dominus Jesus
ii); qui aliquando non populus, nunc autem popu- Christus in temporibus adolescentiæ dum adhuc
lus sanctus in Christo *(Ose.* ii); quando est tem- ad legitimam ætatem doctoris non pervenerat,
pus acceptabile et dies salutis *(II Cor.* vi), et obedienter ministrationem parentibus suis exhibe-
tempora refrigerii in conspectu Altissimi *(Act.* iii). bat. Ideo quippe in juvenili ætate honorem, et reve-
Quando unaquæque gens habet testem resurre- rentiam, atque ministrationem deferebat suis pa-
ctionis, quomodo protestatur Dominus suis disci- rentibus; ut exemplum obediendi ac ministrandi
pulis : *Ecce ego vobiscum sum omnibus diebus,* præberet juvenibus *(Luc.* ii). Sicut ergo in senibus
usque ad consummationem sæculi (Matth. xxviii). Non sobrietas et morum perfectio requiritur, ita in
faciamus ergo aliquid sine Christo, ne sine nobis adolescentibus obsequium, et subjectio, atque obe-
Christus esse incipiat in futuro. dientia rite debetur. Quapropter et in mandatis
    Dignum est ergo, dilectissimi, ut disciplinam C legis primum horum quæ ad homines pertinent,
Christi cum omni devotione suscipiamus, et ut patris et matris honor imperatur *(Exod.* xx); quia,
prælatis nostris pro Christo obedientes simus. Re- quamvis carnalis pater non supervixerit, aut indi-
vera necessaria est adolescentibus atque juvenibus gnus fuerit, alicui tamen viventi paternum hono-
disciplina, et ut præceptis seniorum subjiciantur rem usque ad perfectam et dignam ætatem a filiis
cum omni humilitate ac reverentia. Unde et Do- præbendum esse ostenditur. Congruenter quousque
minus in Veteri Testamento Levitis ab anno vige- ad legitimam ætatem pervenerint filii, præcipiuntur
simo quinto tabernaculo servire mandavit, et a vivere sub disciplina patris sui, vel alicujus extra-
quinquagesimo custodes vasorum fieri præcepit nei, quia indisciplinatus quisque et indoctus ne-
(Num. viii) (5). Quid enim per annum vigesimum quaquam poterit esse discipulus Christi.
quintum, in quo flos juventutis oboritur, nisi ipsa   Quinque etenim modis in Scripturis divinis patres
vitiorum bella contra unumquemque signantur? vocantur : hoc est, natura, gente, admonitione,
Et quid per quinquagesimum annum, in quo ju- ætate atque adoptione. De patre namque naturali-
bilæi requies continetur, nisi interna quies edo- ter Jacob dixit ad Laban : *Nisi timor patris mei*
mitæ mentis exprimitur? Quid vero per vasa ta- *Isaac adfuisset, tulisses omnia quæ mea sunt (Gen.*
bernaculi, nisi fidelium animæ signantur? Levitæ D xxxi). Gente vero pater vocatur, quando Dominus
ergo ab anno vigesimo quinto tabernaculo deser- ad Moysen de rubo loquebatur : *Ego sum,* inquiens,
viunt; et quinquagesimo custodes vasorum fiunt; ut *Deus patrum tuorum, Deus Abraham, Deus Isaac,*
videlicet qui adhuc impugnantium vitiorum cer- *et Deus Jacob (Exod.* iii). Ætate autem pater et ad-
tamina tolerant, aliorum curam suscipere non monitione dicitur, cum Moyses in cantico Deute-
præsumant; sed disciplinis majorum subesse stu- ronomii loquitur : *Interroga patrem tuum, et annuntia-*
deant. Cum vero tentationum bella subjiciunt, *bit tibi; majores tuos, et dicent tibi (Deut.* xxxii).
cum apud se jam in intima tranquillitate securi Nos vero adoptione patrem vocamus, cum in ora-
sunt; animarum custodiam, quasi docti, spirituali tione, *Pater noster, qui es in cœlis (Matth.* vi),
prælio suscipiunt. Sed quis hæc prælia perfecte dicimus. Quod si ergo naturalis pater superstes
subjiciat, cum Paulus, doctissimus videlicet ac for- non fuerit, aut indignus exstiterit; admonenti ta-
tissimus præliator dicat : *Video aliam legem in* men seniori ab adolescentibus obedientia exhi-

---

(5) Ex Greg. xxiii, *Mor.*, n. 24.
(6) Ex præfato lib. *De duodecim abusionum gradib.* gradu 3.

benda erit. Quomodo enim honorandus in senectute apparebit, qui disciplinæ laborem in adolescentia non sustinuerit? Quodcunque etenim homo
laboraverit, hoc et metet (*Galat.* vi). *Omnis nam-*
que disciplina in præsenti non videtur esse gaudii sed
mœroris , nec requiei sed laboris : Postea autem
fructum pacatissimum justitiæ reddet exercitatis
(*Hebr.* xii). Sicut ergo fructus non invenitur in
arbore, in qua pampinus aut flos prius non apparuerit ; sic et in senectute honorem consequi legitimum non poterit, qui in adolescentia disciplinæ
alicujus bonæ exercitationis non laboraverit. Disciplina igitur absque obedientia qualiter fieri poterit?
Adolescens ergo sine obedientia, adolescens est
sine disciplina. Quare? Quia ipsa obedientia, quæ
omnium virtutum mater est et perfectio , magna
exercitatione indiget, ut sui normam studii exhibeat Christo Domino, qui obediens Patri usque ad
mortem, crucis ignominiam libenter sustinuit pro
omni populo suo (*Philip.* ii).

(7) Doctorum tamen catholicorum disciplinam
temperatam esse oportet, ne per nimiam crudelitatem vulneret quos mederi et sanare debet. (8) Superbi doctores vulnerare potius noverunt quam
emendare, Salomone testante : *In ore stulti virga*
superbiæ (*Prov.* xiv). (9) Revera superbi doctores in
ore virgam superbiæ ferunt, quia increpando rigide
feriunt, et compati humiliter ac misericorditer nesciunt. Iracundi etiam doctores per rabiem furoris
disciplinæ modum ad immanitatem convertunt crudelitatis, et unde emendare poterant, inde potius
vulnerant. Ideo sine mensura ulciscitur culpas præpositus iracundus , quia cor ejus dispersum in
rerum curis, non colligitur in amorem unius dignitatis. Mens enim soluta in diversis, catena charitatis non astringitur, sed male laxata male ad
omnem occasionem movetur.

(10) Notandum igitur ab omni prælato vehementer, ut tanto se erga sibi commissos cautius
agat, quanto durius a Christo pro eisdem judicari formidat. Nam sicut scriptum est : *In qua*
mensura mensi fueritis, in ipsa remetietur vobis
(*Matth.* vii). (11) Quicunque ergo ad regimen præficitur, taliter se erga disciplinam subditorum debet
præstare, ut non solum clarescat auctoritate, verum
etiam humilitate. Sed tamen ita aderit in eo virtus
humilitatis, ne vita subditorum dissolvatur in
vitiis. Atque ita aderit auctoritas potestatis, ne per
tumorem cordis severitas existat immoderationis.
Hæc est ergo in Dei sacerdotibus vera discretio,
qua nec per libertatem superbi, nec per humilitatem sint remissi.

(12) Sciendum vero est quia non omnibus subjectis una eademque doctrina est adhibenda, sed

pro qualitate morum diversa erit exhortatio doctorum (15). Manifesta igitur peccata non sunt occulta correctione purganda. Palam enim sunt ar-
guendi, qui palam nocent ; ut, dum aperta objurga-
tione sanantur, hi qui eos imitando deliquerant,
corrigantur. Dum unus corripitur, plurimi emen-
dantur. Utilius est enim ut pro multorum salvatione
unus condemnetur, quam per unius licentiam vel
pravitatis exemplum multi periclitentur. Ita ergo
delinquenti sermo est proferendus, sicut ejus qui
corripitur, expostulat salus. Nam quosdam increpatio dura, quosdam vero increpatio corrigit blanda.
Unde dicit beatus Ambrosius, vir magnæ reverentiæ et eximiæ conversationis in Christi Ecclesia :
« Leniter castigatus exhibet reverentiam castiganti ;
asperitate vero nimia increpationis offensus, nec
increpationem recipit, nec salutem. » Sic enim ait
beatus Isidorus doctor egregius (14) : « Sicut periti
medici ad varios corporis morbos diverso medicamine serviunt, ita ut juxta vulnerum qualitates diversa medicamenta adhibeant ; sic et doctor Ecclesiæ singulis quibusque congruum doctrinæ remedium adhibebit, et quid cuique oporteat, pro ætate,
pro sexu ac professione, annuntiabit (15). Nonnunquam etiam discreti doctores duris feriunt increpa-
tionibus subditos, qui tamen a charitate eorum, quos
corripiunt, non recedunt. Sæpe etiam Ecclesiæ
censura arrogantibus videtur esse superba, et quod
pie fit a bonis, crudeliter fieri putatur a pravis, quia
non recto discernunt oculo, quod a bonis recto fit
animo. »

(16) Est præterea quorumdam excusatio perversorum, qui, dum pro facinoribus suis arguuntur,
verba præpositorum justorum pro censura decli-
nanda abjiciunt, servantes se divino judicio, quo
durius puniendi sunt, dum temporaliter judicari se
ab hominibus contemnunt. Iniquis molesta est veritas, et amara justitiæ disciplina, nec delectantur
nisi propriæ imbecillitatis placentia ; justitiæ infe-
cundi, et steriles veritatis, cæci ad contuendam lucem, et oculati ad tenebrarum aspiciendum errorem.
Nonnullos esse [*add.* videas] pravitatis homines, qui,
dum ipsi a malo corrigi negligunt, correctorem falsa
criminatione detrectant, et ad sui solatium sceleris
usurpant, si vel falso compererint quid ad infamiam
bonorum objiciant. Unde in Salomone legitur : *Bona*
in malum convertet impius, et in electos imponet ma-
culam (*Eccli.* xi). Plerique etiam mali similes sibi
in malum defendunt, et patrocinio suo pravos contra correctionem bonorum suscipiunt, ne unde displiceant, emendentur ; adjicientes in se aliena delicta, ut non tantum de suis malis, sed etiam de aliorum facinoribus quorum peccata defendunt, condemnentur. Disciplina igitur ecclesiastica moderata

---

(7) Isidor. lib. iii *Sent.*, cap. 41.
(8) Ex Greg. lib. xxiv, n. 40.
(9) Isidor. ubi sup., cap. 40.
(10) Ibid., cap. 46.
(11) Ibid., cap. 24.

(12) Ibid., cap. 42.
(13) Ibid., cap. 45.
(14) Ubi sup., c. 45.
(15) Jam ex cap. 45.
(16) Ibid., ex c. 52.

esse et discreta oportet, ut negligentes emendet, debiles confortet, bonos ad æmulandum charismata meliora provocet.

Vos igitur moneo, fratres et domini mei, ut disciplinam Domini nostri Jesu Christi, quæ vobis per vestros denuntiatur prælatos, libenter suscipiatis, et eorum præcepta pro viribus implere studeatis, atque in omnibus illorum voluntatem propriis voluntatibus anteponere festinetis. Nemo vestrum dicat : Quare abbatis mei suscipiam disciplinam, cum ego doctior illo sim, et in Scripturis majorem habeam intelligentiam? Aut : Quare subjiciar prælati mei, disciplinis, cum ipse sit infimi generis, ego autem filius sim potentioris ac fortioris hominis? Cur mandata illius impleam, cum ipse in moribus negligentior sit , et ego sanctius vivam? Nolite, fratres dilectissimi, ista dicere apud vos; *quia nec opus, nec ratio, nec scientia, nec sapientia aliquid valet apud inferos (Eccle.* ix). Nemo se extollat quod sit filius alicujus magnatis , quia in die districti examinis Domini nostri Jesu Christi non poterit ei subvenire nobilitas generis (17). Nullus etiam propter sanctitatem sibi a Deo eo latam in superbiam elevetur contra suum prælatum, quia multorum temporum jejunia, eleemosynæ, vigiliæ, lacrymæ, orationes, et cætera bona, si cum superbia finem acceperint, pro nihilo reputantur apud Deum. Humiles igitur estote, et disciplinam prælati vestri cum omni devotione suscipite; quia utilius est corripi vel castigari a justo homine, quam decipi vel adulari a peccatore. Unde Psalmista dicit : *Corripiet me justus in misericordia, et increpabit me : oleum autem peccatoris non impinguet caput meum (Psal.* cxl). Oleum peccatoris laus est adulatoris. Tunc ergo caput oleo ungitur peccatoris, quando adulationibus delectatur mens audientis. Mens enim pro capite ponitur in divinis Scripturis. Libenter ergo dorsa flagellis subjicite, ut tormenta inferni possitis evadere. Non videatur vobis durum abbatis manu flagellari, ut, in cœlesti curia in numero martyrum possitis computari. Nonne melius est vobis pro culpis et negligentiis a prælato temporaliter virgulis verberari, quam apud gehennam æternos cruciatus perpeti? Nonne multo melius ac tolerabilius est abbatis sententiam humiliter ferre in hoc sæculo, quam per superbiam et contumaciam æternæ damnationis pœnam cum diabolo et angelis ejus sustinere in inferno? Devote igitur, dilectissimi, tenete et custodite disciplinam vestri pastoris, ut cum eo hæredes possitis esse æternæ beatitudinis. Castiganti reverentiam exhibete, corripientem amate, admonenti honorem rependite, flagellanti gratias agite, bona suadenti obsequium præbete, regularia ac Deo placita mandata præcipienti in omnibus obtemperate. Mala pro bonis non reddatis, benedicenti maledictionem non opponatis, prædicanti convicium non retorqueatis, increpantem non dehonestetis. In omnibus ergo vosmetipsos sicut Dei ministros ac discipulos exhibete; terrestria contemnite, cœlestia amate, peccata vestra et eorum quorum eleemosynas comeditis, studiose deflete, pœnas inferni formidate, gaudia æternæ vitæ desiderate, ut, inoffenso pede vestigia Christi sequentes, ad cœlestem patriam cum abbate, qui vobis præest, possitis pertingere : ipso præstante, qui cum eodem Patre et Spiritu sancto in Trinitate perfecta vivit et regnat Deus per omnia sæcula sæculorum. Amen.

(17) Ex lib. *De salutarib. docum.,* cap. 32, in *App. Aug.,* tom. VI.

SERMO SEPTIMUS.

QUALITER JUVENES OTIUM FUGIANT

Dignum est, fratres et domini mei, ut ea in commune audiamus, quæ ad eruditionem nostram, imo totius Ecclesiæ, Hispaniarum doctor loquitur Isidorus. Ideo nobis, ut credo, corpus illius donavit Deus, quatenus saluberrimam illius doctrinam devote suscipiamus, eamque bonis operibus implere festinemus. Ita ergo admonitionem illius reverenter debemus audire, ac si nobiscum vivens loqueretur in corpore. Ait enim (18) : « Sicut legendo scire concupiscimus ea quæ nescimus, ita sciendo recta quæ didicimus, opere implere debemus. » Lector strenuus potius ad implendum opere ea quæ legit, quam ad discendum ea quæ nescit, erit promptissimus. Lex Dei præmium habet et pœnam legentibus eam. Præmium habet his, qui eam bene vivendo custodiunt; pœnam vero illis, qui illam male vivendo contemnunt (19). Ad majoris culpæ cumulum pertinet scire quemquam quod sequi debeat, et nolle sequi quod sciat. Unde Dominus in Evangelio : *Servus,* inquit, *sciens voluntatem Domini sui, et non faciens, plagis vapulabit multis (Luc.* xii). Et Jacobus : *Scienti bonum, et non facienti, peccatum est (Jac.* iv). (20) Dei ergo servum sine intermissione legere, orare et operari oportet, ne forte mentem otio deditam spiritus fornicationis subrepat, et ad peccandum provocet. Luxuria cito præ-

(18) Lib. iii *Sent.,* cap. 8.
(19) Hæc ex lib. ii, cap. 1.

(20) Rursum ex lib. iii, c. 19.

bccupat hominem illum, quem invenit otiosum; comminus vero delectatur flagitio corpus labore fatigatum. « Contuere regem Salomonem per otium inultis fornicationibus involutum, et per fornicationis vitium usque in idololatriam lapsum (*III Reg.* xi). (21) Multum ergo apud Deum utraque sibi commendantur necessario : ut oratione operatio, et opere fulciatur oratio. Unde etiam Jeremias ait : *Levemus corda nostra cum manibus ad Deum* (*Thren.* iii). Cor enim cum manibus levat, qui orationem cum bono opere sublevat. Nam quisquis orat et non operatur, cor levat, et manus non levat. Quisquis vero operatur et non orat, manus levat ad Deum, et cor non elevat. Sed quia et operari necesse est et orare, bene juxta utrumque dictum est : *Levemus corda nostra cum manibus ad Deum.* »

Igitur, fratres charissimi, ne de negligentia mallatorum corde reprehendamur, dum salutem nostram obtinere sola oratione aut sola operatione contendimus, necesse est ut, postquam bonum opus agimus, lacrymæ orationum fundantur ut meritum bonæ actionis humilitas impetret precis. Quicunque igitur Deo in omni conversatione sua placere desiderat, otium fugiat, interdum orationi incumbat, interdum vero utile sibi et aliis opus quærat; quia otium stultitiam auget, labor vero scientiam generat (22). Hac de causa in omni opere bono fraus et desideria sunt formidanda. Fraudem Deo facimus, quoties de bono opere nostro non Deum sed nosmetipsos laudamus. Desidiam agimus, quoties per torporem languidè ea quæ Dei sunt, operamur. Omnis ars hujus sæculi strenuos habet amatores, et ad exsequendum promptissimos; et hoc proinde fit, quia præsentem habet operis sui remunerationem. Ars vero divini timoris plerosque habet sectatores languidos, tepidos, pigritiæ inertia congelatos; sed proinde, quia labor eorum non præsenti sed pro futura remuneratione differtur. Ideoque dum eorum laborem mercedis retributio non statim consequitur, spe dissoluta pene in bono opere languescunt.

Est autem labor et otium interioris hominis, est labor et otium exterioris. Labor interioris hominis labor scientiæ, labor exterioris exercitium operationis. Labor scientiæ in tribus dividitur partibus : id est in labore disciplinæ, et exercitii, atque doctrinæ. In pueritia est labor disciplinæ, in juventute labor exercitii, in senectute labor doctrinæ; ut qui nescit, in pueritia discat; qui didicit, in juventute ad usum ducat; quod autem ad usum duxit, in senectute doceat. Est et alius labor interior, scilicet cogitationis et meditationis, ut ad requiem perveniat contemplationis; ut, si quid per oblivionem sub nube dubitationis latet obscurum, fiat cogitatione liquidum, meditatione liquidius, contemplatione liquidissimum. Cum enim aliquid de

cœlestibus offert memoria menti, prius quasi confusum in cogitatione cernitur, postea meditatione discernitur, ad ultimum vero contemplatione dignoscitur. Accenditur ergo consideratione cogitatio, inflammatur discretione meditatio, illuminatur cognitione contemplatio. Est enim cogitatio in mente, quasi fumus in igne; meditatio, quasi flamma cum fumo; contemplatio, ignis cum flamma sine fumo. Cum autem mens ad consideranda cœlestia laborat, tunc cogitatio occupatione temporalium rerum impeditur, meditatio quippe otio conturbatur, contemplatio curiositate revocatur; et sic fit quandoque, ut mens otiosa voluptate torpescat, ac vitiis subjiciatur. Cum igitur homo interior jacet in lectulo voluptatis, dum somno torpescit inertiæ, et somniis deluditur curiositatis, convocat et hortatur hominem exteriorem, ut inclinet aurem rumoribus, loquatur vana, induatur mollia, mane comedat, lectionem cœnæ terminet gallus. Euntibus dormitum, surgentes ad vigilias fratres obvient, vigilantibus illis dormiant, redeuntibus surgant. Sed melius forsitan esset, si nihil dicerent, quam si subtractis syllabis aut dictionibus psalmos decantarent. Hæc est otiosorum tarditas, qui nihil operantur ad horam, sed semper comitantur moram. In hoc potius gaudent, ut extra conventum comedant, et ad horas tardius surgant. Hi sunt qui exspectant cum asino, nec ascendunt cum Isaac in montem : portantes paleas et stimulum, quæ ad asinum pertinent; non ignem et gladium, quæ pertinent ad sacrificium. Ait enim Abraham ad pueros : *Exspectate hic cum asino : ego et puer, posquam adoraverimus, revertemur ad vos* (*Gen.* xxii). Pueri sunt pueriles sensus animi, qui cum asino exspectant; quia tarditatem semper amant. Duo dicuntur esse pueri, otiosi videlicet et tepidi portantes stimulum carnis et paleas levitatis. Abraham vero, qui interpretatur *pater multarum gentium*, id est animus genitor multarum cogitationum, cum puero ascendit, id est cum corde puro, portans in manibus ignem et gladium. Per ignem charitatem, per gladium prædicationis intelligimus verbum. Ille igitur portat ignem et gladium in manibus, qui quod amat et prædicat, bonis implet operibus. *Ego*, inquit, *redeant*, id est vis rationis, et puritas mentis, ut revertantur ad agendam curam carnis, non in desideriis, sed in necessariis (*Rom.* xiii). Semper enim caro quærit ciborum affluentiam, et otii libertatem. Necessaria vero sunt impendenda, non subtrahenda. Sed tamen ne vacet otio, dum impenditur cibus, sequantur quæ conveniunt asino, virga scilicet et onus (*Eccli.* xxxiii). Virga correctionis, et onus laboris. Inter virgam siquidem et onus non est otii locus. Laboret igitur homo interior et exterior, et studiose insistant operi, ne eis dicatur : *Quid hic statis tota die otiosi?* (*Matth.* xx.) Tota die otiosi stant, qui omni tempore vitæ suæ cessantes a bono opere, in foro vanæ gloriæ torpentes perseverant. Conventus fratrum quasi otiosus stat, si eos abbas ad laborem, id est exercitium regularis vitæ, prædicando et admonendo non invitat. Otiosus stat populus, quia non episcopus, non archidiaconi eos conducunt ad bonum opus. Tamen audiant prælati causam hujus otii : Nemo, inquiunt, nos conduxit (ibid.). Non episcopi, non presbyteri conducunt populum, non abbates, non priores conventum. Quo enim eos conducent? Forsitan ad quærendum temporalem honorem, et non ad spiritalem laborem. Forsitan studiosius illos conducent ad regis curiam quam ad Domini vineam. Ibi curiosius agitur de pondere pecuniæ quam de quantitate culpæ. Nascitur illis sermo de examinatione argenti, non de purgatione peccati. Sunt tamen quidam boni prælati, qui operarios ad laborem conducunt; verbo enim docent, et exemplo præcedunt. Ad hunc laborem diversi veniunt, id est pueri, juvenes et senes. Veniunt diversis ætatibus et temporibus, scilicet vespere, mane et meridie. Mane veniunt pueri, meridie juvenes, vespere senes; ut ita dicam, mane venit Maurus, meridie Paulus, vespere Tranquellininus, sive Gentianus. Hic large accipimus juventutem, et non adolescentiam tantum, sed etiam maturam comprehendimus ætatem. Hæc est ætas labori congrua, quia nullus poterit operari in futura vita. Venit nox in qua nemo potest operari (Joan. IX). In hac ætate Paulus volens redimere tempus, non solum instabat contemplationi, sed etiam operationi.

Patriarcham Issachar, si placet, ad medium deducamus; et ab eo exemplum exercitationis, perseverantiæ et perfectionis sumamus. Issachar qui merces interpretatur, ad populum gentium, quem Dominus pretio sanguinis sui est mercatus, refertur. (23) Hic Issachar scribitur asinus fortis (Gen. XL), quia prius gentilis populus quasi brutum et luxuriosum animal erat serviens idolis. Vere nunc fortis est Redemptoris Domini jugo colla subjiciens, et onus disciplinæ evangelicæ perferens. Hic, accubans inter terminos, vidit requiem quod esset bona, et terram quod optima, et supposuit humerum suum ad portandum, et factus est tributis serviens (ibid.). Oportet ergo nos, dilectissimi, transire de terra ad terram, de terra aliena ad terram propriam, de exsilio ad patriam, de gente ad gentem, de regno ad populum alterum, de terra morientium ad terram viventium, si volumus experiendo nosse verum et internum gaudium.

Concupiscamus et nos terram illam, quam Issachar iste vidit et concupivit. Si enim non vidisset, non cognovisset; et si non cognovisset, non concupisset (Joan. XIV). Pro hac terra asinus factus et fortis effectus libenter supposuit humerum suum ad portandum, et factus est tributis serviens. Mul-

tum sibi subito viluerat, qui se asinum, animal videlicet pene præ cæteris vilius, reputabat. Multum concupivit terram, quam vidit, pro qua ad omnem laborem fortis perduravit. Vidit sane quod ad pulchritudinem illius terræ omnes justitiæ nostræ erant ut pannus mulieris menstruatæ (Isa. LXIV) : viderat nihilominus quod non sunt condignæ passiones hujus temporis ad futuram gloriam, quæ revelabitur in nobis (Rom. VIII). In uno igitur sibi vilis, in altero fortis effectus; de uno humiliatus, de altero roboratus, fortitudinis suæ humerum ad omnem laborem libenter inclinavit, et ad requirendam divinam gloriam non suam cœlesti vero regi dignum tributum persolvit. Vultis audire, et alterum simili ratione sibi viluisse, et ad omnem nihilominus laborem convaluisse ? Ut jumentum, inquit David, factus sum apud te (Psal. LXXII). Et alibi : Propter te, inquit, mortificamur tota die (Psal. XLII). Ecce quam vilis, ecce quam fortis. Vilis ut jumentum, fortis ad se mortificandum. Issachar, asinus fortis, habitans inter terminos vidit requiem quod esset bona, et terram quod esset optima. Pene igitur, non plene, illam viventium terram apprehenderat, qui inter terminos habitabat. Quia vilissimis et paucissimis hujus vitæ bonis contentus erat, hujus terræ miseræ extrema tenebat. Et quia frequentes mentis excessus perennis vitæ bona prægustabat, illius beatæ terræ initia tangebat. Vidi, inquit, requiem quod esset bona. Requies ergo bona ibi est, hoc est in cœlesti patria, quia, si ibi non esset, ibi eam minime vidisset ; et si bona non esset, propter eam humerum suum ad portandum minime supposuisset. Mansueti autem, inquit Propheta, hæreditabunt terram, et delectabuntur in multitudine pacis (Psal. XXXVI). Ecce qualis terra, ibi et requies vera, pax plena, requies bona, pax quieta, quies pacifica. In illa cœlesti patria labor non est, sed ad illam sine labore perveniri non potest. Propter ipsam in hac vita laboratur, sed in ipsa a nemine labor exigitur. Extra hanc terram non invenitur requies vera, quia nullus penitus labor est in ea. Si ergo cum Paulo cupimus tempus redimere, et dies malos evadere, oportet nos in hac præsenti vita frequenter orare, operari et legere (Ephes. V). Sic etiam Jacob cum Rachel et Lia revertitur ad patriam (Gen. XXX), sic Mariæ et Marthæ precibus Lazarus adjuvatur ad vitam (Joan. XI). Cum Rachel et Lia Jacob revertitur, quando aliquis desiderio bene operandi gradiens, activæ et contemplativæ vitæ sociatur. Lazarus vero interpretatur adjutus. Qui tunc resuscitatur, quando aliquis hinc bonis operibus, hinc lacrymis a morte peccati liberatur. Nemo igitur a labore excusatur; non pueri, non juvenes, non senes; sola tamen juventus portat pondus diei et æstus. Portat materialiter pondus laboris; et æstum solis. Portat moraliter pondus carnalis fragilitatis, sustinet æstum libidinis. Labore igitur ma-

:uum annihilatur pondus tentationum ; otio multiplicatur tentatio vitiorum. Labore caro affligitur, otio nutritur. Juvenis autem in otio, quasi juvencus sine jugo, qui dum non tenetur obedientiæ vinculo, in æqualitate fraternæ societatis quasi vox lasciviens discurrit per desideria propriæ voluntatis.

Moneo igitur vos, fratres charissimi, ut ea quæ dicuntur, sollicite audire dignemini. In illa terra bona et optima, hoc est in cœlesti patria, nullus labor est, sed tamen ad illam sine labore nemo pervenire potest. Unde est illud : « Ad magna præmia perveniri non potest nisi per magnos labores (24). Et iterum : *Non coronabitur, nisi qui legitime certaverit (II Tim.* II). Regnum cœlorum non dabitur tepidis, otiosis et vagantibus ; sed in Dei servitio exercitatis, et studiose contra vitia et tentationes certantibus. Ad illam ergo terram bonam et optimam oculos mentis erigite, et pro amore illius omnia quæ in hoc mundo sunt, despicite ; et ut eam vobis in hæreditatem possitis acquirere, libenter humerum ad portandum onus ordinis supponite. Prælati vestri præcepta tota intentione custodite, et ut ad illam optimam cœlestis patriæ terram pertingere valeatis, voluntarie colla jugo divinæ ordinationis submittite. Vos ipsos pro amore Christi vilipendite, et in Dei servitio fortes exhibete, præsentia despicite, futura bona concupiscite, car-

nalia abhorrete, spiritalia amate ; temporalia ad necessitatem possidete, æternam ad jucunditatem desiderate. Sed mens, quæ ad æternum gaudium nondum tota colligitur, quæ sit vera requies, minime experitur. Væ mihi misero qui usque hodie vagus et profugus sum super terram ! Vagus, sequendo concupiscentiam ; profugus, declinando miseriam. Concupiscentia me facit vagum, miseria efficit profugum. Est procul dubio terra ista, non stabilitas cordis, sed duritia et insensualitas mentis. O felix, qui potuit vel ad horam malorum omnium oblivisci, et illa interna pace vel requie saltem ad modicum potiri ! Felicem nihilominus, cui datum est dispersiones cordis in unum colligere, et in illo veræ felicitatis fonte desiderium figere ! Transeamus ergo et nos, dilectissimi, cum patriarcha Issachar mente et opere de terra miseriæ ad terram optimam, de terra aliena ad terram propriam, de exsilio ad patriam ; de carcere ad curiam ; de infelicitate ad gloriam, de captivitate ad libertatem, de morte ad vitam, de tenebris ad lucem, de theatro ad palatium, de ergastulo ad regnum, de cloaca ad cœlum, de volutabro vitiorum ad consortium angelorum ; ad quod Jesus Christus nos perducere dignetur, qui cum eodem Patre et Spiritu sancto in Trinitate perfecta vivit et regnat Deus per omnia sæcula sæculorum. Amen.

(24) Greg., hom. 37, in Ev.

SERMO OCTAVUS.

QUALITER SENES AC JUVENES DEO SERVIRE DEBEANT

Moneo vos, fratres charissimi, causa vestræ salutis, ut sollicite audire dignemini verba sapientissimi Salomonis : *Cani sunt sensus hominis, et ætas senectutis vita immaculata (Sap.* IV). Non ergo veraciter dicitur senex, qui ætate est provectus, sed qui sensu est perfectus. *Senectus enim venerabilis est, non diuturna, nec in numero annorum computata (ibid.)* ; sed innocens et Deo placita vita. Nulli deest ætas puerilis, si fuerit sensu parvulus et levis. Unde est illud : *Maledictus puer centum annorum (Isa.* LXV). (25) Quamvis quisque sit ætate parvulus, tamen si fuerit sensu magnus, non inter juvenes, sed inter senes est computandus. Sic enim de Daniele legitur : Juvenis quidem erat ætate, senior vero scientia ac mansuetudine. Nam et David cum ætate esset puer, et sensu perfectus, cor suum et mentem habebat in Domino defixam ; et ob hoc in regem est elevatus. Et Saul cum esset in senili ætate, quia in se magnam habuit nequitiam et puerilem levitatem, expulsus est de regali culmine. Dominus vero et Salvator noster a senioribus crucifigitur, et ingressus Jerosolymam a pueris collaudatur. Nam et

arbor multorum annorum si infructuosa fuerit, exciditur ; si autem fuerit novella et fertilis, ut magis ampliorem proferat fructum, excolitur.

Ideo, fratres dilectissimi, has similitudines vobis proposuimus, ut nullus vestrum, quamvis sit juvenis, quamvis senex, de sua virtute præsumat, nec de suis confidat operibus ; sed semper, ne in aliquo opere displiceat Deo, sit pavidus, semperque, ne pro aliquo ab eo in perpetuum separetur, sit suspectus. Quid ergo ? *Qui gloriatur, in Domino glorietur (I Cor.* I), et non in se.

Sciendum tamen est quia in quibusdam nos oportet esse infantes, in quibusdam vero senes. Unde Dominus in Evangelio : *Nisi conversi fueritis, et efficiamini sicut parvuli, non intrabitis in regnum cœlorum (Matth.* XVIII). Et Petrus apostolus : *Quasi modo geniti infantes, rationabiles sine dolo lac concupiscite (I Petr.* II). Sic etiam et Paulus : *Nolite pueri effici sensibus, sed malitia parvuli estote ; sensu autem viri perfecti (I Cor.* XIV). (26) Omnibus ergo hominibus studiose convenit Deo servire, eique per bonam operationem adhærere ; sed maxime senibus,

(25) Ex lib. *De salutarib. docum.* cap. 43.

(26) Ex lib. *De duodec. abusione grad.*, grad. 2.

qui jam pedes habent in margine fossæ. Plus ergo omnibus religioni operam dare convenit, quos præsentis sæculis florida ætas transacta jam deserit. Sicut namque in lignis ipsa reproba arbor comparet, quæ post flores, fructus optimos cultori suo non exhibet; sic et in hominibus ipse reprobus est, quem flos juventutis deserit, et tamen in sui corporis senectute bonorum operum maturos fructus proferre parvipendit. Quid ergo stolidius quidve stultius fieri potest, si mens ad perfectionem festinare non contendat, quando totius corporis habitus senectute confectus, homo ad interitum properat? dum oculi caligant, aures graviter aut fere nihil audiunt, capilli fluunt, facies in pallorem mutatur, dentes lapsi numero minuuntur, cutis arescit, rugis contrahitur, flatus jam non suaviter olet, pectus suffocatur, tussis fervet atque cachinnat, genua trepidant, talos et pedes tumor inflat, homo interior qui non senescit, his omnibus aggravatur, et hæc omnia ruituram jam jamque domum corporis cito prænuntiant. Quid ergo superest, nisi dum hujus vitæ defectus appropiat, nihil aliud cogitare quam quomodo futuri aditus prosperitates comprehendantur, et pericula animæ evadantur quisque senes appetat? Juvenibus enim incertus hujus vitæ instat terminus, senibus vero cunctis maturior ex hac luce imminet recessus.

Cavendæ sunt ergo homini duæ particulæ, quæ in illius corpore non veterascunt, et totum hominem ad peccandum pertrahunt : cor videlicet et lingua; quia cor novas semper cogitationes machinari non desinit, lingua vero impigre loquitur quodcunque cor machinari senserit. Non dicat ergo senex : Humanum sanguinem non effundo, domos proximorum non succendo, res alienas non diripio. Quia si a corde superfluas, et quod gravius est, nocivas cogitationes non expulerit, et ori suo custodiam non imposuerit, apud Christum, districtum videlicet judicem, pro solo otioso verbo culpabilis erit. Caveat igitur senilis ætas, ne istæ juvenescentes particulæ, lingua scilicet effrenata, et cor inutilia cogitans et vana, totam harmoniam decipiant, et per ineptas res reliqui corporis gravitatem illudant, et tormentis gehennæ tradant. Senex vero qui morti proximus, mortis adventum non abhorret nec formidat; qui quasi ad ostium hujus mundi positus, fortis et obstinatus spectat; nec tamen vitæ præsentis attendit egressum, nec ingressum futuræ considerat, seipsum a cœtu justorum alienat. Audit nuntios mortis, et credere non vult eis. Tres sunt enim nuntii mortis : casus videlicet, infirmitas et senectus. Casus dubia, infirmitas gravia, senectus certa nuntiat. Casus mortem nuntiat latentem, infirmitas apparentem, senectus præsentem.

Ex incertitudine mortis, timor; ex infirmitatis gravitate, dolor; ex certitudine senectutis, non obstinatio, sed humilitas et afflictio sequi deberet; sed forsitan funiculus triplex, quo ligatur senex, non facile rumpitur. (Eccle. iv). Triplex funiculus pravæ consuetudinis est usus, qui ex tribus conficitur, quando meditatio sermoni, sermo operationi ab otiosis hominibus complicatur. Dum enim a pueritia in mente senis per cogitationem semitam fecerit voluptas, in sermone vanitas, in opere perversitas, quid aliud agitur, nisi quod in consuetudinem hæc tria torqueantur? Est autem laqueus in fune, dulcedo temporalis in consuetudine; circumdatio funis impedimenta sunt carnis. Dulcedine igitur temporalium rerum decipimur, consuetudine ligamur. Ille autem laqueum evaserat, qui de se suisque sociis dicebat : Anima nostra sicut passer erepta est de laqueo venantium; laqueus contritus est, et nos liberati sumus (Psal. cxxiii). Absalon vero crinibus inhærens quercui, duritiam designat cujuslibet hominis ad opus bonum obstinati. Qui dum patris exercitum fugeret, contigit ut condensæ quercui crinibus inhæreret (II Reg. xviii). Absalon pax patris interpretatur, quia pater eum licet persequentem patiebatur. Non dicitur pax filii, quia patrem nolebat pati. Quercus intus durior, exterius vero comprobatur esse fragilior. Cui Absalon suspensus inhæret, quia interius obstinationem mentis, exterius vero comitatur fragilitatem carnis. Crinibus inhærens suspenditur, quia superfluitatis amore detinetur. Mulus autem cui insederat, pertransiit, sed ipse quercui suspensus inhæsit; quia et luxuria et dolus, cui semper servierat, periit, sed pœna peccati remansit. Tribus lanceis, id est avaritia, superbia et luxuria, cor ejus perforatur. Unde et usque in hodiernum diem acervus magnus lapidum super eum projicitur, quia peccatorum sive suppliciorum multitudine in æternum gravatur. Nec mirum si magnus acervus lapidum fuerit, quia per obstinationem usque in finem cor impœnitens gessit.

Sunt etiam tres species obstinatorum : prima scilicet eorum, qui ex correctione proficiunt; secunda eorum, qui ex commonitione deteriores fiunt; tertia eorum, qui emendationem promittunt, sed promissum non faciunt. Ex correctione rex Manasses factus est melior (II Paral. xxxiii), Nabal ex commonitione deterior (I Reg. xxv), Pharao ex afflictione exstitit durior (Exod. vii). Manasses in carcere positus, catenis et compedibus astrictus, Deum cognovit, quem prius liber cognoscere noluit. Tales sunt quidam claustrales, qui quamdiu sui juris sunt, perverse vivunt. Dum vero in claustro quasi in carcere tenentur astricti catenis, obedientiæ scilicet et timoris; dum compedes etiam adduntur, quia vagari vel egredi foras non permittuntur; fit quandoque, ut Deum, quem prius despexerant, correpti diligant; et qui fecerant de libertate servitutem, faciant de necessitate virtutem. Quos igitur perversos propria fecerat libertas, devotos reddit per correctionem aliena potestas.

Nabal vero designat quosdam doctores, qui ex commonitione subditorum fiunt deteriores; qui pueris David cibum negant, quia pure vivere volentibus verbum Dei non propinant. Tonsoribus vero suis convivium parant, quia vacantes otio, adulantium

, confabulationes amant. Accusat Nabal David, et dicit: *Hodie increverunt servi, qui fugiunt dominos suos (I Reg.* xxv). Perversi siquidem prælati dolent, cum vident numerum religiosorum multiplicari : timent, cum David vident, id est bonos subditos, ungi in regem ; et Saul dejici, id est perversos prælatos honore prælationis privari. Sed quare timent? Videlicet ne et ipsi honoribus priventur, ne loco eorum aliquis melior restituatur. *Et indicavit Abigail Nabal omnia verba quæ audierat a David, et emortuum est cor ejus intrinsecus, et factus est quasi lapis (ibid.),* cum aliquis morte perpetua induratur. Post mortem Nabal Abigail regina constituitur , quia qui sub perverso magistro bene vixerit, ad regimen animarum sublimari poterit; ut cum David obtineat temporale regnum, et, cum Christo regnet in æternum. Misit enim David ad Abigail nuntios, ipsa autem secuta est eos. Nuntios David Abigail sequitur, dum quilibet fidelis Ecclesiæ doctores vita et moribus imitatur. *Sed et quinque puellæ pedissequæ ierunt cum ea.* Quinque pedissequæ ejus sunt quinque corporis sensus, qui quasi puellæ pedissequæ cum Abigail gradiuntur, dum per munditiam continentiæ cuilibet justo servientes obsequuntur.

Pharao vero, qui populum Dei Moysi dimittere promisit, nec tamen dimisit, illos designat qui vitæ melioris emendationem promittentes, nec culpam dimittunt, nec tamen in spiritu columbino contritionem, sed in voce corvina dilationem quærunt; quorum terra diversis plagis affligitur, nec emollitur, sed consuetudine peccandi magis ac magis induratur. Tunc enim Dominus aquas in sanguinem convertit, cum de rerum causis aliquis carnaliter sentit. Terra producit ranas, cum in aliquo garrienti dominatur vana loquacitas. Cynomyia quidem et ciniphes sunt in portum mentis impetus et canini mores. Mors pecorum mortem designat cogitationum, quæ pecoribus assimilari solent, quando rationabili intellectu carent; sicut enim *homo comparatus est jumentis insipientibus, et similis factus est illis (Psal.* xlviii). Sexta plaga est cum tument vesicæ, corrumpuntur viscera; quod fit, dum interiora mentis tument odio, et ebulliunt ira. Plaga grandinis in fructibus iniquitatem designat manifestam in operibus. Plaga locustæ instabilitas est animæ, quæ ore lædit cum detrahit; dat saltus, dum ad carnis se extendit affectus. Plaga siquidem tenebrarum cæcitatem designat animarum, quæ palpabiles esse comprobantur, dum perversa, quæ mens cogitat, opere perpetrantur. Hoc enim palpabile est, quod manu tangi potest. Nota quod inter plagam grandinis et plagam tenebrarum media ponitur plaga locustarum. Ab iniquitate etenim quæ designatur per grandinem, fit quasi saltus locustarum ad æternæ damnationis cæcitatem. Novissima plaga est mors primogenitorum. Primogenita siquidem mentis moraliter sunt voluntas et intentio cujuslibet operantis. Dum enim voluntas et intentio cor-

rumpuntur, quasi primogenita Ægyptiorum morte percutiuntur. His igitur plagis affligitur obstinatio senis, qui carnalibus delectatur, loquacitate gaudet, importunus et gravis est omnibus, more pecorum pronus ad vitia, iracundia tumet, ad injuriam manifestus, ad omnia mobilis, luce veritatis carens, et ideo se ipsum palpans.

Iterum, dilectissimi, obstinato seni compatiendo ad vos revertor loquendo. Senex, qui mane, hora tertia, sexta et nona, id est in pueritia, adolescentia, juventute, senectute ad bonum opus invitatur, et venire contemnit, quid aliud nisi noctem æternæ damnationis exspectat, in qua nihil boni amplius operari poterit? Senex qui tota die stetit otiosus, et noluit pro Deo pondus diei sustinere nec æstus, quid præstolatur, nisi ut post modicum æternis tradatur suppliciis cruciandus? Unde beatissimus Joannes Baptista ait : *Jam securis ad radices arborum posita est. Omnis arbor quæ non facit fructum bonum, excidetur et in ignem mittetur (Matth.* iii). Arbor infructuosa nihilominus præciditur et igni traditur, quando infructuosus senex et ad bene operandum obstinatus morte præciditur, et gehennæ ignibus deputatur. Quomodo etiam ad nuptias æterni Regis intrare se credit, qui, audita et contempta invitantis Domini voce, per exercitationem boni operis ad eum venire despicit? Omnes quippe homines oportet bonis operibus insistere, et præcipue senes, quos citius constat, morte cogente, ab hac vita discedere. Senex deditus levitati et illicitis actibus, non de suis solummodo sceleribus, verum etiam de aliorum peccatis, quibus male vivendi in omni vita sua præbuit exempla, est rationem redditurus. Necesse est ergo ut negligens senex, quamvis sero ad se ipsum redeat, funiculum triplicem, quo tenetur astrictus, rumpat, id est pravam consuetudinem vincat, et animam suam de laqueo venantium bene vivendo eripiat. Præterea se ipsum disciplinæ Ecclesiæ cum omni devotione subjiciat, non simulative, nec in voce corvi, cras, cras, id est dilationem promittendo; sed in gemitu columbæ, hoc est in humilitate, mala quæ egit emendando. Crines capitis sui tondeat, id est amorem levitatis et superfluitatis abjiciat, ne querno, id est duritiæ et avaritiæ mentis inhærendo, suspensus intereat, hoc est a bonis operibus vacuus a societate electorum Dei pereat. Audi ergo quicunque es, inutilis et infructuose senex, audi quæ dico, ausculta quæ loquor, attende quæ moneo. Desine jam peccata tua augmentare, et sceleribus tuis finem impone. Jam tempus est ut ad te ipsum redeas, et quid sis, et quare natus, et ad quam rem in sæculo procreatus, agnoscas. Nunquid ideo omnipotens Deus te in hac vita creavit, ut omne tempus vitæ tuæ otiose transires, et non magis ut illum agnosceres eique fideliter servires, et ad ultimum cum eo in cœlo regnares? Cur ergo prave vivendo, ab illo qui te et omnia ex nihilo creavit, discedis, et te ipsum flammis gehennæ exponis?

Curre ergo pro te, miser, dum potes, ne, si dum po es nolueris, forte cum volueris, jam non possis (27). Paratus est semper Deus peccata nostra dimittere, si ad eum conversi fuerimus toto corde, ipsumque deprecati fuerimus humili ac simplici mente. Dum ergo patienter exspectat, converti ad ipsum bona operando festinemus, ne, si tardaverimus, eum ad iracundiam provocemus; quia quosdam quidem ad supplicium praedestinavit, quibusdam vero magnum beneficium praestitit; nec tamen hoc injuste, sed alto suo consilio atque judicio fecit. Cain namque perfecit homicidium (*Gen.* III), et Job vulneratus est Dei amicus (*Job* II), et Abel a fratre suo occisus (*Gen.* III); nec tamen Job diutius passus est cruciatum, nec Ananiae locum dedit ad ignoscendum (*Act.* v), nec Paulum deseruit colaphizatum, quem sua gratia fecit robustum (*II Cor.* XII), nec Judam suscepit poenitentem (*Matth.* XXVII), nec Petrum deseruit flentem (*Luc.* XXII). Et sic pius et misericors Dominus alto suo judicio separat vasa irae a vasis misericordiae. O si attendamus miserum Judam, vas olim perfectum in perditionem perductum, qui mustum sancti Spiritus portare non potuit, quo accepto, continuo crepuit, quia vas totum fractum ad nihilum est utile vel aptum! Ideo haec exempla, o senex inveterate dierum, utinam bonorum proposui tibi, ut diutius ad Deum non tardes converti, sed quantocius te ipsum humiliter subjicias jugo servitutis Christi. Festina ergo dum adhuc

potes, dum Deus tibi licentiam vivendi praestat : ne ille qui *naturalibus non pepercit ramis*, si tardaveris, *forte nec tibi parcat* (*Rom.* XI). Age itaque jam ut oportet. Terminum vitae tuae quotidie intuere. Memoriam mortis tuae tibi objice. Propone ut ulterius non pecces ; ne ultra delinquas statue ; culpas tuas cave iterare. Propone tibi futurum judicium ; reduc ad memoriam perpetuos inferorum ignes ; propone tibi gehennae poenas horribiles. Ora cum lacrymis indesinenter, ora jugiter, precare Deum diebus ac noctibus, ut clementer indulgeat tuis criminibus. Peccata tua cum lacrymis manifesta, et misericordiam Dei indubitanter spera. Depone injustitiam, et in bonitate Dei habeto remissionis fiduciam.

Vos iterum nosse volo, fratres charissimi, quia Dei Filius non solum pro senibus, sed etiam pro omnibus quos ad vitam aeternam praedestinavit, dignatus est mori. Omnibus igitur pueris, adolescentibus, juvenibus, senibus, omnibusque fidelium aetatibus convenit ipsum cum Patre et Spiritu sancto unum verum Deum cognoscere, eumque cum timore diligere, et cum dilectione timere, atque illi pura et devota adhaerere mente, ac placitam pro viribus servitutem exhibere. Vestigia ergo illius, in quantum possibile est, studiose sequimini, ut possitis eum videre regnantem in dextera Patris sui ; ipso praestante, qui cum eodem Patre et Spiritu sancto in Trinitate perfecta vivit et regnat Deus per omnia saecula saeculorum. Amen.

(28) Lib. III *Sent.*, cap. 18.

SERMO NONUS.

NE MONACHI SIVE CANONICI REGIS CURIAM FREQUENTARE PRAESUMANT.

—

Rogo et moneo vos, fratres et domini mei, ut attentius audiatis verba Hispaniarum doctoris Isidori (28) : « Alia, inquit, sunt praecepta, quae dantur fidelibus communem in hoc saeculo vitam degentibus, atque alia huic saeculo renuntiantibus. Omnibus in hoc saeculo communem vitam degentibus dicitur, ut sua omnia bene et juste gerant; saeculo autem renuntiantibus praecipitur, ut pro Christo omnia sua derelinquant. Illi, videlicet cuncti fideles, generalibus praeceptis astringuntur; isti, id est religiosi, generalia praecepta perfectius vivendo transcendunt. Illis dicitur ut aliena non rapiant; istis, ut habita deserant. Indicitur illis, ut non occidant; istis, ut neminem odio habeant, sed ut pro inimicis Domino preces fundant. Licitum est illis legitime uxores accipere; istis vero illicitum de opere conjugii aliquid cogitare. Mandatur illis, ne adversus quemquam falsum testimonium dicant; istis, ut ori suo custodiam imponant. Omnibus in commune fidelibus conceditur, ut mundanis rebus bene utantur; religiosis dicitur, ut, abnegatis om-

nibus, soli Deo vivere delectentur. » Saecularium hominum est huc illucque per plateas civitatis bona operando discurrere ; religiosorum est visus hominum fugere, seque ipsos intra parietes claustri includere (29). Hi ergo qui pro Dei timore saeculo renuntiant, et tamen curis rerum familiarium implicantur, quanto se rerum negotiis occupant, tanto se a charitate divina separant. Qui simul et terrenis parere curis, et divinis exerceri officiis student, utrumque complecti simul non valent; quia duae pariter curae inesse pectori humano non possunt, et duobus servienti dominis, utrisque placere difficile est (30). Qui, post renuntiationem mundi, ad supernam patriam sanctis desideriis inhiat, ab hac terrena intentione quasi quibusdam pennis sublevatus erigitur, et in quo lapsus erat, per gemitum conspicit; et ubi pervenerit, cum gaudio magnus intendit. Qui vero a contemplationis requie reflexus, vitiis hujus saeculi incidit, si ad memoriam sui revertatur, protinus ingemiscit; quantunque fuerint tranquilla quae perdiderit, quamque confusa sint

(27) Ex lib. *De salutarib. docum.*, cap. 56.
(29) Ex eod. lib. III, cap. 21.

(30) Ibid., cap. 16.

in quibus cecidit, ex ipsa laboris sui difficultate co- A
gnoscit. Quid enim in hac vita laboriosius quam
terrenis desideriis æstuare, aut quid hic securius,
quam hujus sæculi nihil appetere? Qui enim hunc
mundum diligunt, turbulentis ejus curis ac solicci-
tudinibus conturbantur; qui autem odiunt nec sequuntur, internæ quietis tranquillitate fruentes
futuræ pacis requiem quam alibi spectant, hic jam
quodammodo habere inchoant.

(31) Monachus Græca etymologia vocatur, eo
quod sit singularis. *Monas* enim Græce, *singularitas*
dicitur Latine. Ergo si solitarius vocabulo monachus interpretatur, quid facit in turba qui solus
est, et cur in medio populi versatur? (32) Plura
sunt autem genera monachorum. Primum genus B
est cœnobitarum, quos nos in commune viventes
possumus appellare. Cœnobium enim plurimorum
est ad instar sanctorum illorum qui temporibus
apostolorum, Jerosolymis, vendita et distributa
omnia sua indigentibus, habitabant in sancta communione vitæ, non dicentes aliquid proprium,
sed erant illis omnia communia, et anima una, et
cor unum in Domino (*Act.* II, IV). Horum igitur
institutione atque exemplo monasteria sumpserunt
principia sub Spiritus sancti magisterio. Secundum
genus est eremitarum, qui procul ab hominibus
recedentes, deserta loca et vasta inhabitare perhibentur, ad imitationem scilicet Eliæ et Joannis
Baptistæ, qui eremi secessus penetraverunt. Tertium genus est anachoretarum, qui cœnobiali conversatione perfecti, includunt semetipsos in cel- C
lulis, procul ab hominum conspectu remoti et ad se
raro alicui accessus præbentes, sed in sola contemplatione atque conversatione Domini viventes (33).
Abba vero nomen est Syrum et significat *patrem* in
Latinum, quod Paulus Romanis scribens exposuit,
dicens: *In quo clamamus: Abba (Pater)* (*Rom.* VIII),
in uno nomine duabus usus linguis. Dicit enim Syro
nomine patrem, et rursus Latino nominat idem
patrem. *Canon* Græce *regula* dicitur Latine. Unde
et canonici regulares appellati sunt, qui in monasteriis secundum normam sub sanctis apostolis
constitutam religiose et communiter vivunt. Monachi ergo specialiter et canonici pro amore Chri- D
sti sæculo renuntiant, et seipsos a sæcularis vitæ
tumultu segregant, atque intra claustri parietes,

ne levi saltem eis maculare vitam

famine contingat, devote coarctant (34),

arbitrioque præpositorum ac regimini humiliter
commendant. Hi monachi, videlicet et canonici,
dum visus hominum fugiunt, dum confabulationes sæcularium spernunt, dum divitias sæculi-
que voluptates abjiciunt, dum causa amoris
Christi parentes a se repellunt, dum die ac nocte
orationi, lectioni divinæque contemplationi studiose

insistunt, quasi inter homines eremum sibi constituunt, quo licentius Deo in psalmis, hymnis et
canticis spiritalibus pure ac solicite deserviunt.
Tamen sunt quidam monachi et canonici, quod nos
sine gravi gemitu dicere non possumus, qui sæculo
renuntiantes, sub habitu religionis in monasterio
vivunt, et tamen se ipsos intra claustri parietes
continere nolunt, sed magis curias regum ac principum frequentare appetunt.

Quoniam de curiali monacho aliqua dicturi sumus, notandum fateor ut et de canonico seu curiali
converso eadem sentiamus. Licet enim diversus sit
habitus, idem tamen debet esse religionis effectus:
ut non affectent placere vestibus, sed bonis moribus. Cum ergo dicitur monachus sive canonicus
curialis, ex adjuncto designatur aliquid levitatis.
Nisi enim monachus levitati esset deditus, nullatenus se objiceret regum confabulationibus. Qui
enim sæcularium hominum consortia diligunt,
qui se consiliis principum libenter ingerunt,
qui secretorum conscii fiunt, curiales appellari possunt. Consilia principum perversa, si
ea scias, et internuntius fias, timeo ne consentias,
et animæ tuæ maculam contrahas. Ordo claustri et
ordo curiæ diversus est. Ordo claustri quietus,
ordo curiæ tumultuosus: In claustro quieta est et
salutifera conversatio, in curia vero turbulenta et
periculosa habitatio. Habitatores claustri bona
operando, Deum sibi placant; habitatores curiæ
illicita agendo, illum ad iracundiam provocant. In
curia sedes in insidiis cum divitibus in occultis, ut
interficias innocentem (*Psal.* IX); in claustro audis: *Non sedi cum consilio vanitatis, et cum iniqua*
gerentibus non introibo (*Psal.* XXV). Ibi insidiaris ut
rapias pauperem, rapere pauperem dum attrahis
eum (*Psal.* IX); hic dicis: *Odivi Ecclesiam mali-*
gnantium, et cum impiis non sedebo (*Psal.* XXV). Ibi
dextera tua repleta est muneribus; hic lavas inter
innocentes manus tuas. Ibi pauperum res violenter
auferuntur; hic a principibus sponte offeruntur. Ibi
laudatur peccator in desideriis animæ suæ, et ini-
quus benedicitur (*Psal.* IX); hic autem Dominus
benedicit justo (*Psal.* V). Si vis igitur esse monachus vel canonicus curialis, laudas quod non debes,
quod non expedit defendis, operaris quod non licet,
quod non decet loqueris.

Duæ tamen sunt curiæ principum sæcularium,
quorumdam scilicet qui ecclesias construunt, et
quorumdam qui destruunt. Ad utramque quamvis
necessarius sit religiosorum virorum accessus, cu-
rialium tamen monachorum inutilis est et pericu-
losus. Hæc est curia David, illa Absalon. In utraque vero necessarium est consilium Christi. Lego
Achitophel consiliarium David quandoque fuisse, sed tamen ab eo recessisse, et cum Absalon
permansisse (*II Reg.* XV). Locus est forsitan

(31) Rursum Isidor. lib., VII *Etym.*, c. 13.
(32) Hæc ex eod., *De eccles. offic.* lib. II, c. 16.

(33) Ex citat. loc. *Etymolog.*
(34) Hym. de Commi. monach. ss.

ut exquisitius de adducto loquamur exemplo.
Duæ sunt enim curiæ David et Absalon. In
utraque autem prævaluit consilium Chusi, non consilium Achitophel. Chusi silentium, Achitophel *ruina
fratris* interpretatur (*II Reg.* xvii). *Vir linguosus non
dirigetur in terra : virum injustum mala capient in
interitu* (*Psal.* 139). Si autem diligis dies videre
bonos, *prohibe linguam tuam a malo, et labia tua
ne loquantur dolum* (*Psal.* xxxiii). Hoc est consilium Chusi, illud Achitophel. Lingua enim sedet in
udo, et in illa ruina fratrum. In silentio vero pax
nutritur, servatur David, ne moriatur. Erat, ut
scriptum est, Chusi. amicus David (*II Reg.* xv).
Sed quomodo amabat eum ? *Obmutui,* inquit, *et
humiliatus sum, et silui a bonis* (*Psal.* xxxvii). Sic
enim fructum silentii justus amat, ut etiam a quibusdam bonis sileat. Sic amat consilium Chusi, ut
ori suo imponat custodiam, dum non loquitur nisi
per licentiam. Cantat David psalmum pro verbis
Chusi (*Psal.* vii).Verba Chusi, verba silentii ; verba
silentii, verba mysterii. Tria sunt tamen silentia,
videlicet silentium oris, tranquillitas mentis, velamen mysterii. Verba primi silentii discreta, secunda secreta, verba tertii silentii manifestatio mysterii. Nosti historiam, nota mysterium, assigna
moralitatem. Persequebatur Absalon David, Judas
Christum, appetitus carnis animum. Æstuabat Absalon amore regnandi. Hæc est radix *omnium malorum cupiditas* (*I Tim.* vi), ipsa est caput, ex quo
pendet omnium vitiorum cæsaries. Hæc est cæsaries
quam Absalon nutriebat, et eum gravabat, et non
nisi semel in anno tondebat, et tunc ducentis siclis crines suos pondere publico ponderabat (*II
Reg.* xiv). Absalon *pax patris* interpretatur, ipse
est et Judas traditor. Audi pacem patris : *Qui in-
tingit,* inquit, *mecum manum in paropside, hic me
traditurus est* (*Matth.* xxvi). Audi pacem filii :
Quemcunque osculatus fuero, ipse est, tenete eum
(ibid.). Osculo pacem promittit, et affligit. Comam
nutriebat. Sed quomodo ? *Fur erat et loculos habebat* (*Joan,* xii). Sed semel in anno totondit, quando
semel triginta argenteos retulit, et in templo proje-
cit. Crines ducentis siclis ponderabat, qui numerus
est immundorum ; quia pœnitentia ductus ait : *Peccavi, tradens justum* (*Matth.* xxvii). Si sciret injustitiam ponderis, id est pretium sanguinis, non ad
laqueum curreret, sed ad crucem Domini properaret humilis. Ponderavit autem pondere publico, non
pondere sanctuarii : posuit talentum plumbi super
quod sedet diabolus, non leve pondus misericordiæ
cui supponit manum suam Dominus. Posuit pondus
desperationis, non misericordiæ ; quia hoc pondus
apud se habebat, illo carebat. Et ideo forsitan quia
misereri noluit, misericordiæ veniam quærere dubitavit. Audi pondus sanctuarii : *Peccavi : Delictum
meum. cognitum tibi feci, et injustitiam meam non
abscondi. Dixi : Confitebor adversum me injustitiam
meam Domino ; et tu remisisti impietatem peccati
mei* (*Psal.* xxxi). O justum pondus, abundans

misericordia ! Delictum suum cognitum facit, confitetur injustitiam ; et quo plus peccatum detegitur
ab eo, tanto plus tegitur a Deo. Audi publicum
pondus Cain ; ait enim : *Major est iniquitas mea,
quam ut veniam merear* (*Gen.* iii). Iste plus ponderavit suam malitiam quam Dei misericordiam. Sed
et appetitus carnis cæsariem nutrit, quia cogitationum superfluitatem producit. Quæ cæsaries gravat
mentem, dum deprimit terrena inhabitatio sensum
multa cogitantem (*Sap.* xiv). Qui tonsus semel in
anno, ducentis siclis crines ponderat, quando in
omni spatio vitæ suæ cupiditatibus suis semel renuntiat, et in fine carnalia desideria abnegat. Tunc
enim tantum ab his quæ possidet, spoliatur,
quando successione mortis ultimæ a terrenis separatur. Ponderat autem plus terram quam cœlum ;
plus enim amat esse in domo lutea quam in domo
non manu facta, quæ est in cœlis ; in transitoria
quam in æterna ; et hoc pondere publico, non pondere sanctuarii, id est non causa amoris Dei, sed
terreni desiderii. Audi pondus sanctuarii, scilicet
pondus Pauli : *Cupio,* inquit, *dissolvi, et esse cum
Christo* (*Philip.* i). Audi pondus publicum : *Væ habitantibus in terra* (*Apoc.* viii); non illis qui corpore
habitant, sed qui corde amant ; non illis qui corporaliter in terra commorantur, et in cœlo cogitatione et aviditate conversantur ; sed qui poculo
terrenæ delectationis inebriantur.

Amet igitur monachus sive canonicus curialis
consilium Chusi, scilicet claustri silentium ; respuat autem Achitophel consilium, ut non amet negotia principum, nec sæcularium vagus quærat
accessum. Diligat præcepta regulæ, per quæ poterit
adipisci donum supernæ gratiæ, fugiatque rumores
curiæ et spumas locutionis superfluæ. Plus amet
societatem humilium fratrum in monasterio quam
superborum militum in regis palatio. Amplius delectet illum audire Dei laudes cum cæteris fratribus
in ecclesia quam inutiles atque otiosas confabulationes in regis curia. Convenientius est canonico
sive curiali monacho in domo Dei divinis interesse
officiis quam sæcularibus in domo regis admisceri
negotiis. Hujusmodi canonicos et curiales monachos monasteria vilipendentes, seque ipsos importune sæcularibus turbis ingerentes, et curias principum ac civitatum plateas frequentantes, Jeremias
propheta lacrymabili voce deplorat, dicens : *Quomodo obscuratum est aurum, mutatus est color optimus, dispersi sunt lapides sanctuarii in capite
omnium platearum ?* (*Thren.* xli.) Per aurum intelligimus viros religiosos a strepitu sæcularium
segregatos, et in Dei servitio exercitatos, qui per
sapientiam et sanctitatem sibi a Deo concessam
debent illuminare universum mundum. Quibus ait
Dominus in Evangelio : *Vos estis lux mundi* (*Matth.*
v). Etiam de eorum sapientia quæ per aurum figuratur, in Salomone legitur : *Thesaurus desiderabilis requiescit in ore sapientis* (*Prov.* xxi). Sapientes igitur illos esse et sanctos oportet, quatenus

verbo præcationis de aliorum cordibus tenebras expellant; eisque bonæ operationis exemplo perveniendi ad cœlum rectum iter ostendant. Recte viri ecclesiastici auro comparantur; quia sicut aurum splendidius est cunctis metallis, ita ordo clericorum sapientia et discretione lux est omnibus laicis. Unde quidam sapiens ait : « Quantum distat a terra cœlum, tantum distat clericorum discretio a discretione laicorum. » Debet igitur ecclesiasticus ordo omnibus fidelibus fulgore sanctitatis splendescere, et prædicatione evangelicæ doctrinæ lucere. Unde est illud : *Luceat lux vestra coram hominibus, ut videant opera vestra bona ; et glorificent Patrem vestrum qui in cœlis est* (*Matth.* v). Si ergo viri ecclesiastici lux sunt mundi, sicut ait Dominus, quid est quod Jeremias præmisit superius : *Quomodo obscuratum est aurum, mutatus est color ejus optimus?* Sine dubio verax propheta veram de nobis nostrisque temporibus protulit sententiam ; quia quam ille spiritaliter fore intelligens futuram, nos præsentialiter cernimus impletam. Revera hodie in nobis impletur hæc prophetia, cum vita nostra per actiones infimas ostenditur reproba. Auri color optimus religiosæ conversationis est habitus. Hodie igitur obscuratum est aurum, quando viri religiosi, qui cæteris debuerant esse formam bonorum operum, fiunt pravitatis exemplum. Mutatus est color auri optimus, quoties habitus sanctitatis ad ignominiam venit despectionis. Tunc procul dubio mutatur color auri optimus, id est religionis habitus, quando sub ovina pelle latet lupus. Tunc etiam optimus color auri, id est religiosorum virorum habitus ab aspicientibus in despectione vertitur, cum perversa operatio interius tegitur, et exterius a populo non ignoratur. Nunquid, fratres dilectissimi, sine causa nos despiciunt populi ? Nequaquam. Recte enim despicimur ab eis, quia aliud sumus intus, et aliud foris. Aliud intrinsecus occultamus, et aliud extrinsecus demonstramus. Intus superbia et inanis gloria absconditur, exterius vero humilitas simulatur. Latet interius venenum odii et discordiæ, patet foris habitus sanctitatis et innocentiæ. Intus occultamus habendi divitias voluntatem, foris prætendimus voluntariam paupertatem.

Sequitur : *Dispersi sunt lapides sanctuarii in capite omnium platearum.* Lapides sanctuarii sunt religiosi viri in fundamento Ecclesiæ fundati. La-pides ergo sanctuarii tunc in capite omnium platearum disperguntur, quando viri ecclesiastici vana et inutilia sequendo foris vagantur. Et revera in capite omnium platearum disperguntur, quia nunc in foro, nunc in platea civitatis, nunc in curia regis inveniuntur. Lapides, scilicet viri ecclesiastici, foris sunt dispersi, cum hi qui per puram orationem et divinam contemplationem intus debuerant commorari, egrediuntur ad sui explendas desiderii curas cum amatoribus mundi. Et nota, *in capite omnium platearum*; quia facti sunt caput erroris, quibus debuerant esse speculum veritatis, et exemplum perfectionis.

Igitur, fratres charissimi, quia per Dei gratiam mundum contempsistis, et monasterium elegistis, moneo vos ut curiam regis frequentare, non nisi inevitabili necessitate cogente, præsumatis. Causa amoris Dei vos ipsos intra parietes claustri coarctate, sanctiarum libros Scripturarum assidue legite, sine intermissione orationi vacate, silentium opportuno tempore custodite, meditationi et divinæ contemplationi operam date, et ut gustare et videre quam dulcis quamque suavis est Dominus possitis, summopere invigilate. Dulciora vobis sint in refectorio legumina, quam multorum in regis curia ciborum fercula. Delectabilius sit vobis inspicere diversarum libros materiarum in claustro, quam diversi generis canes, et milites diversæ ætatis accipitres manibus gestantes in palatio. Sint etiam vobis amabiliora fratrum solatia in domo Domini, quam principum salutationes in conspectu populi. Tamen si veraciter curiales esse quæritis, summo desiderio ad curiam tendite summi Regis. Si vere vos magnæ nobilitatis milites delectat videre, ad æterni Imperatoris palatium pervenire gressibus bonorum operum contendite, in quo eidem Imperatori omnis militia cœlestis exercitus ministrat sine fine. Manus igitur vestras, dilectissimi, excutite ab omni munere, aures vestras timoris Dei spinis sepite, ori vestro custodiam imponite, omni studio oculos cordis mundate ab ira, invidia, odio, et omni mala voluntate, ut post hanc vitam ad cœlestem patriam possitis pertingere, ipsumque omnium sanctorum Regem in decore suo regnantem videre ; quod ipse gratuita bonitate sua dignetur præstare, qui in Trinitate perfecta vivit et regnat Deus per omnia sæcula sæculorum. Amen.

SERMO DECIMUS.

NE MONACHI SIVE CANONICI SECRETA PRINCIPUM SCIRE APPETANT.

Moneo vos, fratres charissimi, ut diligenter audiatis verba Domini nostri Jesu Christi. Ait enim : *Qui mihi ministrat, me sequatur ; et ubi sum ego, illic et minister meus erit* (*Joan.* xii). Dignum quippe est et valde necessarium sequi Christum, eique ministrare, quia sequaces suos ac ministros ad se usque facit pervenire. Quid ergo dignius ac felicius esse poterit, quam cum omni devotione

Christum sequi, qui in sua et Dei Patris præsentia
tam nobiliter ministros suos remunerare novit? (34*)
Quæ, rogo, major nobis gloria aut felicitas erit
quam illius Imperatoris esse ministros atque amicos, qui est super omnes imperatores, et coronat
immarcescibilibus coronis milites suos? Quanto ille
Imperator noster sublimior est omnipotentia et virtute, tanto nos majoris diligentiæ et observantiæ
debemus esse mandatorum ejus in sanctitate,
justitia et humilitate (35). Recognoscamus igitur
et recogite̅us cum omni diligentia, quali honore
nobis illius legatio sit accipienda. Quod si legatio
a rege veniret ad nos, aut sigillum vel indiculus,
nunquid non, mox aliis curis postpositis, prompta
voluntate et cum omni devotione litteras accipere-
mus, et lectis implere satageremus? Et ecce de
cœlo Rex regum et Dominus dominantium, imo
et Redemptor noster, per prophetas et apostolos
dignatus est litteras suas dirigere; non ut aliquod
servitium sibi necessarium a nobis quæreret, sed ut
ea quæ ad salutem et gloriam nobis prodesse possint, innotesceret. Nec in hoc solummodo voluit
contentus esse, sed etiam, quod est mirabilius ac
misericordiosius, per semetipsum ad nos dignatus
est venire, et perveniendi ad se viam nobis rectam
ostendere. Dignum est ergo ut eum tota mente sequamur bonorum operum passibus, eique cum omni
devotione ministremus; quia si hoc facere nolue-
rimus, apud districtum ejus judicem periclitabimur.
Sed quid est Christo ministrare? Bonis videlicet
operibus amore illius sine fraude insistere. Sed
forte dicit aliquis: Quomodo fraudem Christo facimus? Sed qui hoc dicit, diligenter audiat, quæ
beatus loquitur Isidorus (36): « Fraudem, inquit,
Deo facimus, cum de bonis operibus non Deum, sed
nosmetipsos laudamus. » Quidam etiam in Christo
fraudem operantur, dum de castitatis et abstinentiæ meritis apud semetipsos gloriantur. Nam et qui
eleemosynam vanæ gloriæ causa donat, fraudem
perpetrat. Sed et is qui de sapientia arrogantiam
habet, et qui pro justitia præmium appetit, et qui
aliquod donum Dei, quod meruit, in suam laudem
convertit, aut in malos usus assumit, procul dubio
fraudem Christo facit. Qui hujusmodi virtutes in
vitia commutant, Christo non ministrant; quia
pro bonis operibus plus temporalem ab hominibus
laudem quam æternam a Christo remunerationem
acquirere desiderant. Tales igitur ministri a Christo
non remunerantur, sed condemnantur; quia bona
quæ agunt, non pro eo, sed pro temporali laude
operantur. Quibus ipse in judicio dicturus est:
*Discedite a me, operarii iniquitatis; nescio vos unde
sitis* (*Luc.* XIII). Studeant ergo filii Ecclesiæ sine
fraude et simulatione Christo ministrare, non pro
vana hominum gloria, sed pro æterna felicitate.
Honorari ab hominibus pro inani gloria refugiant.

seipsos a conventu sæcularium secernant, lectioni
et orationi devote in domo Dei incumbant.

Sed tamen sunt quidam, quamvis sine gravi gemitu dici non possit, qui, post renuntiationem sæculi plus diligunt temporalia quam æterna, plus
carnalia quam spiritualia, plus confabulationes divitum quam decantationes psalmorum, plus equitando sæcularia conspicere, quam legendo in claustro sedere. Contingere etiam quandoque solet, ut
monachi sive canonici qui curias frequentant, causas audiunt, judicia perquirunt; ut, si aliquando
propriæ causæ necessitates occurrerint, ad curiam
securiores recurrant. Hi enim jam non tantum
suas, sed et jam alienas defendunt causas. Et quia
hæc amant, hæc frequentant. Amant decreta conciliorum; non secreta mysteriorum; non psalmos
recitant, sed decreta ruminant. Fiunt oratores in
causis, et coloribus utuntur rhetoricis. Laudari appetunt, quia loquuntur pro multis; sed monachus
vel canonicus multum loquens displicet multis. Conjugia copulant illicita, quandoque dissolvunt licita.
Sæpe quorum non noverunt patres; atavos nominant, consanguinitatis ordinem narrant. Hunc ex
illo descendisse confirmant, de incertis judicant,
testantur sæpissime quod ignorant. Si vero aliquoties illicita connubia conjungunt, communem utilitatem prætendunt. Promittunt Ecclesiarum quietem,
populi pacem, patriæ salutem. Si vero res sic ad
effectum pervenire non valeat, monachus sive canonicus causidicus iter parat, ut quod alibi fieri
non potuit, Romæ fiat. Pro principe igitur sæculari
Alpinum frigus, libenter Italiæ calorem patitur,
qui pro magistro spirituali, id est abbate, multo
leviora forsitan non pateretur. Oneratus cartulis,
auctoritatibus fultus revertitur, ponit diem causæ,
personas inducit, quæ, si velis, paratæ sunt jurare
quod est; et si velis, iterum jurent quod non est.
Hæc sunt principum negotia. Nunc iterum audi
judicium Joannis Baptistæ in consimili causa. *Non
licet*, inquit, *tibi habere uxorem fratris tui* (*Marc.* VI).
Quid igitur dicam? Nonne magis amat monachus
causidicus esse simul discumbentibus cum Herode,
quam in vinculis et in carcere teneri cum Joanne?
In quo convivio licet non videat caput Joannis,
videt tamen quæ effuso sanguine acquiruntur,
vaccam scilicet viduæ, et porcum pauperis. In carcere principis pauper moritur, et tamen de substantia pauperis comedens monachus sive canonicus principi blanditur.

Sed et ego, charissimi, quandoque cum Herode
in convivio moraliter discumbo, saltantem puellam
considero, caput Joannis truncatum in disco conspicio. Herodes siquidem interpretatur *gloria*. Omnis enim gloria filiarum Sion ab intus, gloria vero
filiarum sæculi deforis est. In convivio igitur cum
Herode sedeo, dum in delectatione vitiorum vanæ

(34*) Ex lib. *De salutarib. docum*, cap. 8.
(35) Ibid., cap. 9.

(36) Lib. II *Sent.*, cap. 10.

gloriæ favorem quæro. Saltantem conspicio filiam Herodiadis, dum mihi placet vanitas curiositatis. Hæc sunt illa duo, quæ auferunt caput Joannis, delectatio scilicet vitiorum, et favor curiositatis. Joannes *Dei gratia* interpretatur. Hujus igitur gratiæ Deus caput est. Caput ergo a corpore separatur, quando aliquis non Deo, sed sibi ascribit bonum quod operatur; tales apud Deum gratiam non inveniunt, quia nec quærunt. Superbi enim apud homines, apud Deum humiles gratiam quærunt. Unde et Paulus: *Gratia Dei sum id quod sum* (*I Cor.* xv), etc. Audiat canonicus sive monachus causidicus apostolum dicentem: *Quod tuum est ne repetas* (*Luc.* vi): audiat et determinet causas. Ne repetas, inquit, cum litigio, nec cum molestia prosequaris; et tamen si quid ei auferatur, subire judicium non recusat; periculum perjurii cum vel aliquis pro seipso, vel pro alio juret, non evitat. Inde conqueritur Apostolus quod fraudem patimolumus, quod judiciis contendimus, quod ira sæculi nosmetipsos vindicamus (*I Cor.* vi), dicens: *Non vosmetipsos defendentes, charissimi, sed date locum iræ* (*Rom.* xii), etc. Proh dolor! Ubi vera religio, ubi perfectionis integritas, ubi charitatis invenietur fundamentum? Forsitan in claustralibus, qui seipsos judicantes quotidie accusant, summi judicis sententiam formidant, et assidue cum profundo gemitu cordis clamant: *Non intres in judicium cum servo tuo, Domine* (*Psal.* cxlii), etc. Scrutantur enim claustrales judicia Dei vera, non sæcularia. Legem Domini custodiunt vivendo, meditando, amando. Vivendo, puritas conscientiæ; meditando, plenitudo scientiæ; amando, charitatis perfectio solet adipisci. Habet etiam lex claustralium judices, et testes atque consiliarios suos. In lege etenim Domini duo testes sunt: vita scilicet et conscientia: duo judices, meditatio et scientia; duo consiliarii, amor Dei et proximi. Testis coram Deo est conscientia, coram hominibus vita. Concordant autem in judicia scientia et meditatio, dum quod fit aut quod dicitur, diligenti consideratione providetur. Tota vero justitia prædictæ legis pendet ex duobus præcedentibus consiliariis. *Ex his duobus mandatis tota lex pendet et prophetæ* (*Matth.* xxii): Si quid igitur in hoc sæculo perfectionis est, in claustralibus inveniri potest. Nec tamen servari potest perfectionis integritas, nisi tota intentione diligatur paupertas. Qui enim divitiis abundant, si cor apponant, gravantur curis, et implicantur negotiis. Periculosa igitur vanitate seducitur, qui post renuntiationem sæculi, terrenis iterum curis implicatur. Quanto altior ascensus, tanto periculosior est casus. De alto cadit qui, degustata contemplationis dulcedine, denuo nullo cogente ad sæcularia redit. Canis reversus ad vomitum, monachus sive canonicus rediens ad sæculare negotium. Unde ait Dominus in Evangelio: *Nemo mit-*

tens manum suam in aratrum, et aspiciens retro aptus est regno Dei* (*Luc.* ix). Magnum ergo malum incurrit, qui ascendere debuerat, et descendit. Magnum malum incurrit, qui per spiritualis vitæ exercitationem debuerat proficere in melius, et per temporalis gloriæ appetitum quotidie vadit in deterius. Quamvis Deus electorum vitam in medio protegat sæcularium, impossibile tamen est quemquam inter sæculi voluptates positum a vitiis manere illibatum. Quosdam novimus a claustro recessisse, et contagionibus vitiorum illico mancipatos fuisse, atque ab amore Creatoris discessisse, ac per hoc animarum suarum damnationem invenisse. Quicunque ergo vitam immaculatam conservare desiderat, intra parietes claustri contineatur, ne foris, nisi præcepto sui abbatis cogente egrediatur, reminiscens illud quod sponsa, id est sancta anima in Canticis se vocanti sponso, scilicet Christo, respondens loquitur: *Exspoliavi me tunica mea, quomodo reinduar illam? Lavi pedes meos, quomodo iterum inquinabo illos* (*Cant.* v)? (37) Tunica sua sponsa, id est sancta anima, se exspoliavit, quia omnia exteriora quibus ornabatur abjecit. Tunica se exspoliavit, quia mundo cum suis oblectationibus renuntians, soli Deo vivere concupiscit. Pedes etiam suos sponsa lavit, quia, dum in sancto otio anima vivit, opera sua studiose ad memoriam reducit, et quidquid in eis sordidum examinando deprehendit, lacrymis quotidianis et gemitibus plangit. Pedes lavit, quia præterita opera quibus per hunc mundum dissolute ambulaverat, fletibus diluit. Pedes lavit, quia peccata lacrymis abluens, munda in conspectu dilecti sui apparere concupiscit. Hos pedes iterum inquinare metuit, quia valde sollicita est, ne, si amplius in negotiis implicita sæcularibus fuerit, macula terreni pulveris fœdata, in oculis Jesu Christi sponsi sui vilis et reproba sit. Quæ idcirco ab otio spirituali discedere refugit, quia, dum a marinis fluctibus, id est a tumultu sæculi aliena est, quasi in littore posita securius vivit.

Hæc igitur, dilectissimi, vobiscum agite, hæc in mente sedula meditatione versate, et tunicam, id est terrenam substantiam qua semel vos pro Christi amore exspoliastis, reindui nolite. Pedes vestros scilicet maculas transactæ vitæ, quas jam lacrymis et crebris singultibus lavistis, iterum inquinare, id est similia committere, formidate; causas et negotia principum ne velitis perquirere, jurgia et contentiones fugite, judicio contendere recusate. Sic ait Dominus: *Noli resistere malo* (*Matth.* v). Et paulo post: *Si quis voluerit tecum judicio contendere, et tunicam tuam tollere, relinque ei et pallium* (*ibid.*). Si vos igitur, dilectissimi, Christi discipuli estis, disciplinam Christi ostendite, non solum verbis, sed etiam operibus bonis. Vosmetipsos non quæratis defendere, sed date locum iræ. Quare? Quia Domini est vindicta et unicuique juxta opera

---

(37) Greg. in hunc. loc.

suâ retribuere, vosque de manu odientium eripere. Moneo igitur vos, dilectissimi, ut amplius perquirere studeatis secreta mysteriorum, quam decreta conciliorum. Plus in choro psalmos cantare quàm in curia temporalium rerum causas diffinire. Plus in domo Dei diurnis ac nocturnis horis orationi, lectioni, ac divinæ contemplationi insistere, quàm in domo principis diversorum negotiis atque concertaminibus interesse. Ista enim ad cœlestia mentem sublevant, illa a Deo alienant; ista cœlestibus animum dapibus reficiunt, illa peccatis et vitiis involvunt; ista spiritualibus animam deliciis satiant, illa virtutibus evacuant. In claustro igitur mensa spiritualis scilicet divina lectio apponitur, ex qua servorum Dei mentes reficiuntur, ne inter præsentis vitæ pericula spirituali fame lassentur, sed ut validius ad cœlestis patriæ gaudia subleventur. In sanctarum Scripturarum mensa parvulus noviter scilicet ad Deum conversus vel minus intelligens invenit lac, blandam videlicet ac suavem doctrinam, qua ad bene operandum nutriatur; invenit et robustus, id est, in Dei servitio exercitatus, sive divina cognitione perfectius instructus, panem quo reficiatur, scilicet altiora præcepta, quibus ad serviendum Deo, studiosius accingatur. Ibi cognoscit Dei servus qualiter a mundi recedat delectationibus, ibi degustare incipit quam dulcis, quamque suavis est Dominus. Ibi dicit quomodo præsens sæculum despiciatur, et quo ordine Deus ac proximus diligatur; ibi deprehendit astutias atque tentationes antiqui hostis, et adversus spiritum concupiscentias propriæ carnis. Ibi invenit bona quæ faciat, et mala quæ caveat, qualiter vitiis re-

nuntiet, et virtutibus inhæreat, quæ retro sunt obliviscens, et in anteriora se extendat; ori suo custodiam imponat, aures suas, ne malum audiat, claudat; oculos suos, ne vanitatem videat, avertat; malum pro malo non reddat, ea, quæ non vult pati, nemini inferat; quæ sibi fieri cupit, aliis faciat. Verum super hæc omnia in hac spirituali mensa invenire poterit viam, qua pertingere possit ad cœlestem patriam.

Ad hanc ergo, dilectissimi, spiritualem mensam studiosius solito convenite, et secundum vobis intelligentiam a Deo concessam spirituales ex ea cibos sumite, ne verbi Dei fame lassemini in hac peregrinatione. *Non enim in solo pane vivit homo, sed in omni verbo quod procedit de ore Dei (Matth. iv).* Sancta enim Scriptura pro uniuscujusque lectoris intelligentia variatur, sicut manna quod populo veteri pro singulorum delectatione varium dabat saporem. Juxta sensus enim capacitatem, scilicet intelligentiam singulis congruit sermo Dominicus, et dum sit pro uniuscujusque intellectu diversus, in se tamen permanet unus. Exteriora igitur, charissimi, vilipendite, interiora appetere curate, visibilia contemnite, invisibilia amate, terreni principis curiam nisi magna necessitate adire recusate; ad æterni regis palatium gressibus bonorum operum quantocius properate, atque ut ibi eumdem redemptorem vestrum in dextera Patris regnantem possitis videre, cum profundo cordis gemitu incessanter lacrymas fundite, quod ipse præstare dignetur qui cum eodem Patre, et Spiritu sancto in Trinitate perfecta vivit et regnat Deus per omnia sæcula sæculorum. Amen.

SERMO UNDECIMUS

DE ACTIBUS APOSTOLORUM.

Lucas evangelista et apostolicæ conscriptor historiæ, natione Syrus, arte medicus, Græco eloquio eruditus, Pauli apostoli discipulus, ejusque peregrinationis comes individuus, gratia Spiritus sancti cooperante, a pueritia fuit castissimus. In initio nascentis Ecclesiæ Theophilo (38) episcopo condiscipulo suo loquitur, dicens : *Primum quidem sermonem feci de omnibus, o Theophile, quæ cœpit Jesus facere, et docere usque in diem, qua præcipiens apostolis per Spiritum sanctum, quos elegit, assumptus est (Act. 1).* Notandum quia prius dixit : *quæ cœpit Jesus facere,* deinde subjunxit, *docere;* quia videlicet ut perfectus doctor prius fecit quæ postea docuit. Sine macula vixit, et sine mendacio docuit. Nullum in omni vita sua peccatum fecit, nihil

quod digne reprehendi posset, prædicavit. Innocenter conversatus est inter Judæos, veraciter docuit ad se concurrentes populos. Bene ergo Lucas prius se facere sermonem dixit de his quæ Jesus facere et docere cœpit; quia discipulis suis, quos ad docendas universas gentes missurus erat, imo omnibus Ecclesiæ rectoribus, perfectionis formam tribuit. Hæc est forma ecclesiasticæ religionis, ut quisque prædicator prius studeat bene vivere, deinde bene docere; ut quos in fide generat verbis, nutriat exemplis. Incomparabiliter ergo Dei et hominis Filius in hoc mundo vixit, et salubriter ad se confluentes populorum turbas docuit, ac cœlestis verbi pane sufficienter refecit. *Usque in diem qua per Spiritum sanctum præcipiens apostolis quos elegit,*

(38) Quis hic fuerit Theophilus, incertum est; sed adhuc incertius an episcopus et Lucæ condiscipulus; quam ultimam appellationem nullus inter-

pretum commemorat, ut videre est apud Maldonatum et Calmetium ad cap. 1 *Evang.* secundum Lucam.

prædicare evangelium omni creaturæ, *in cælum*, unde descenderat, *assumptus est*. Paucos elegit; per quos multos acquisivit. Elegit pauperes, per quos sibi subdidit divites et potentes; humiliavit superbos, repressit elatos, stravit tyrannos, et suæ fidei jugo subjecit omnes ad æternam vitam prædestinatos. Indoctos quippe et timidos elegit, per quos Spiritum sanctum, ut prædictum est, ad prædicandum docuit, et ad tolerandas perversorum persecutiones roboravit. Utique apostoli Domini nostri Jesu Christi timebant, quando nec prædicare, nec extra limen domus metu Judæorum pedem movere audebant. Et prædicare, nisi eos divina gratia illustrasset, qualiter poterant, qui litteras et gentium linguas ignorabant? In eisdem quippe tunc apostolis primitiva Ecclesia tenera, timida, et indicta consistebat, sicut multo, antea Salomon in Cantico amoris sub persona sponsi, videlicet Jesu Christi, prædixerat.

Soror, inquit, *nostra parvula est, et ubera non habet* (*Cant.* VIII). (39) Sororem Christus Ecclesiam vocat, qui de ipsis apostolis dicebat : *Ite, dicite fratribus meis ut eant in Galilæam, ibi me videbunt* (*Matth.* XXVIII). Soror autem parvula Ecclesia erat, et ubera non habebat, quando in solis apostolis consistebat; quia nec se ipsam nec alios lacte prædicationis nutrire poterat. Quid Petrus aliis prædicaret, cum se discipulum Christi in unius ancillæ (40) voce detestando, jurando, esse negaret? (*Matth.* XXVI.) Parvula ergo Ecclesia erat, et ubera non habebat, quia post Christi resurrectionem in una domo inclusa, inter persecutores suos non dico prædicare, sed et videri timebat.

Iterum Dei et Virginis Filius subjungit, dicens : *Quid faciemus sorori nostræ in die quando alloquenda est?* (*Cant.* VIII.) Allocutus est Christus eamdem sororem suam, quando super apostolos Spiritum sanctum misit, et in interioribus loquens, illos omnes mundi loquelas multiplici distributione docuit, et ad toleranda adversa roboravit. Perfectus quippe prædicator esse non poterit, qui timet prædicare bona quæ didicit; sicut nec indoctus, qui prædicare præsumit ea, quæ nescit. Roboravit ergo Dei Filius et docuit discipulos suos, id est Ecclesiam suam, ut bona audacter prædicaret, et mala patienter toleraret.

Quod bene Jacob patriarcha præsignabat, cum Zabulon filium suum benedicens, figurate dicebat : *Zabulon in littore maris habitabit et in statione navium* (*Gen.* LIX). (41) Zabulon, qui interpretatur habitaculum fortitudinis, Ecclesiam significat fortissimam ad omnem passionis tolerantiam. Hæc habitat in littore maris, habitat et in statione navium : ut credentibus refugium et periclitantibus ostendat veræ fidei portum. Hæc contra omnes turbines sæculi immobili et inconcussa firmitate solidata, spectat naufragium Judæorum et hæreticorum, et procellas omnium quæ circumferuntur. Quæ, si tunditur fluctibus, frangit tamen ipsa fluctus, nec ab ullis frangitur. Nec ullis tempestatibus hæresis cedit, nec ulli vento schismatis commota succumbit. Pertendit autem usque ad Sidonem, id est usque ad gentium populos pervenit. Legitur etiam in Evangelio inde assumptos esse aliquos apostolorum, et in ipsis locis Dominum sæpe docuisse. Unde in Psalmo dicitur : *Principes Juda, duces eorum; principes Zabulon, principes Nephthalim* (*Psal.* LXVII). Ac si apertius diceret : *Principes Juda duces eorum*, id est, principes fidei, sancti videlicet apostoli, erunt duces eorum qui sunt in Ecclesia : *Et principes Zabulon*, id est principes spei ; *Et principes Nephthalim*, scilicet charitatis ; quæ charitas dicitur dilatatio, quoniam in charitate sic quidam eorum extendebantur, ut etiam pro inimicis orarent.

Sequitur : *Manda Deus virtuti tuæ : confirma, Deus, hoc quod operatus es in nobis* (*Ibid.*). Quasi diceret : *Manda Deus virtuti tuæ*, scilicet ut te benedicant conversi fideles per apostolos in ecclesiis. Ac si dicatur : O Deus Pater, *manda*, id est commenda, *virtutem tuam*, scilicet Verbum tuum incarnatum, quod est virtus tua. Unde Paulus : *Christus*, inquit, *Dei virtus est et Dei sapientia* (*I Cor.* I). Vel manda virtuti tuæ benedictionem illam, ut per virtutem tuam omnis fiat benedictio. Vel manda virtutem tuam, id est charitatem quam habuisti erga homines, quoniam cum adhuc peccatores essemus, Christus pro nobis mortuus est. Iterum dicit : *Confirma, Deus, hoc quod operatus es in nobis* (*Rom.* V) ; id est gratiam illam quam nobis attribuisti, *confirma* ; id est simul nobis et gentibus firmam redde, incipiendo a templo tuo quod est in Jerusalem ; ibi enim verbum Dei prius prædicatum est. Sed quia excæcati Judæi illud humiliter suscipere noluerunt, prædicatores, scilicet sancti apostoli, conversi sunt ad gentes. *Confirma*, inquit, o *Deus, quod operatus es in nobis* ; nam si confirmaveris, *reges*, id est apostoli tui, *afferent tibi munera*. Nam Petrus offeret tibi conversos ex circumcisione, Paulus ex præputio, Thomas Indos, Jacobus Hispanos, Matthæus Æthiopes, Joannes Aslanos, Marcus Ægyptios, et quisque suos quibus prædicabit.

Aliter : *Principes Juda duces eorum; principes Zabulon, principes Nephthalim.* Cassiodorus per hæc nomina tribuum Christum et apostolos ejus indicat. Augustinus : Forsitan enim ex his tribubus fuerunt apostoli, et isti sunt duces eorum qui in Ecclesiis benedicunt Deum. Sed magis placet sensus qui colligitur ex interpretatione nominum, quæ convenit Ecclesiæ. Juda enim interpretatur *confessio*, Zabulon

---

(39) Greg. in hunc loc.

(40) Aptissime Greg. lib. XVII *Mor.*, num. 48 : *Ecce quam vilis est ad tentandum persona requisita, ut aperte proderetur quanta eum timoris infirmitas*

possideret qui nec ante vocem ostiariæ ancillæ subsisteret.

(41) Isid., *Quæst. in Gen*, cap. 31.

habitaculum fortitudinis, Nephthalim *dilatatio*, quæ principibus Ecclesiæ conveniunt. In martyriis namque prima est confessio, pro qua quidquid acciderit, fortiter tolerandum est. Inde finitis angustiis, latitudo sequitur in præmio; et est : *Ibi sunt principes Juda*, id est confessionis ; *principes Zabulon*, id est fortitudinis; *et principes Nephthalim*, id est dilatationis. Vel ita ut agatur de tribus virtutibus, quæ significantur per has nominum interpretationes ; quia confessio est in fide, fortitudo in spe, latitudo in charitate. Et est sensus : *Benedicite Deo*, vos dico, *potati de fontibus Israel*, id est potati de doctrina apostolorum, sicut decet ; quia ibi sunt *principes Juda, principes Zabulon, principes Nephthalim*, id est principes fidei, spei, et charitatis et hi sunt duces eorum qui sunt in Ecclesiis; et per hoc quisque eorum est *Benjamin*, id est filius dexteræ; *adolescentulus*, deposita vetustate malitiæ; *in mentis excessu*, id est in mente sursum invecta. *Ibi Benjamin adolescentulus in mentis excessu*. Cassiodorus : *Ibi*, id est inter fontes aquæ vivæ, hoc est inter apostolos vel in Ecclesiis est *Benjamin*, id est apostolorum novissimus. *Adolescentulus*, id est novissime assumptus, qui fuit de tribu Benjamin. Unde dicitur : *Benjamin lupus rapax, mane comedet prædam, et vespere dividet spolia* (Gen. XLIX). Hic est Paulus, qui mane suæ ætatis sanctos persecutus est, sed vespera suæ conversionis ad Deum spolia diabolo erepta divisit per diversa officia. Augustinus : Ipse est in mentis excessu, mente scilicet alienata a sensibus corporis, ut quando raptus fuit usque ad tertium cœlum, vel in mentis pavore. Dominus noster Jesus Christus in hunc mundum veniens, diaboli vires confregit, et discipulos per quos Ecclesiam suam docuit, de humili conversatione elegit. Prius per patriarchas et prophetas, ac legis doctores docuit synagogam ; ad ultimum vero sanctos apostolos eorumque successores, destructo mortis principe et æterna pace concessa, docuit sanctam Ecclesiam. Unde Michæas propheta introducit Dominum loquentem, quasi vere erit pax sanctæ Ecclesiæ, et quod facile contereretur diabolus in adventu Christi. Dicat ergo omnipotens Deus qui trinus est in personis, et in deitate unus.

Suscitabimus, inquit, *super Assyrium septem pastores, et octo primates. Et pascent terram Assur in gladio, et terram Nemrod in lanceis suis; et liberabit populum suum ab Assur ; et pax erit in terra cum venerit* (Mich. v). Ac si Deus Pater diceret: Ego, et dilectissimus Filius meus, mihique cœternus, quem ante omnia sæcula ex utero ante luciferum genui ; et Spiritus sanctus nobis consubstantialis *suscitabimus super*, id est contra *Assyrium septem pastores*, omnes scilicet patriarchas et prophetas, et sanctos veteris testamenti in quo Sabbatum celebrabatur ;

Et octo primates, apostolos videlicet et evangelistas, cæterosque novi testamenti doctores; *Et pascent terram*, id est, lacerabunt et vastabunt Assur in gladio divini sermonis; qui missus est in terram, ut dividat duos in tres. Vastabunt et terram Nemrod in lanceis ejus, id est jaculis prædicationis Christi, qui est pax nostra ; *Et liberabit ab Assur*, id est a diabolo populum suum. Nemrod interpretatur *tyrannus*, sive *tentatio descendens*. Iste enim prior arripuit insuetam in populis tyrannidem, et ipse aggressus est adversus Deum impietatis ædificare (42) turrem, significans illum qui dixit : *Ponam sedem meam ad aquilonem, et ero similis Altissimo* (Isai. XIV). Nemrod etiam tentatio descendens interpretatur, et significat illum qui ut fulgur de cœlo cecidit (Luc. X), et quasi venator inter bestias semper versatur. Infructuosa ligna lustrat et saltus, id est homines bonis operibus steriles. Sancti autem veteris et novi testamenti doctores, patriarchæ scilicet et prophetæ, apostoli et evangelistæ a Deo missi, terram vastant diaboli arguentis et tentantis, et ita liberat Deus populum suum de manu Assur, ejusdem scilicet diaboli cupientis calcare terminos Israel, id est sanctæ Ecclesiæ. Et quia idem malignus hostis destruere nititur Dei familiam, a Christo et a ministris ejus vulneratur, et ligatur secundum Evangelium in domum suam.

Iterum dicit : *Et erunt reliquiæ Jacob in medio populorum multorum quasi ros a Domino, et quasi stillæ super herbam, quæ non exspectat virum, et non præstolatur filios hominum* (Mich. v). Quod in tribus pueris historialiter factum legimus, hoc universaliter in omnibus gentibus doctrina apostolorum fecit (Dan. III). *Et quasi stillæ*, inquit, *super herbam, quæ herba non exspectat virum*, id est, non exspectat auxilium hominis, nisi solius Dei : *Et non præstolatur filios hominum*, sed Filium Dei de cœlis. Liberatis ergo nobis de Assur, id est de potestate diaboli per Deum, qui contra eum suscitavit septem (43) et octo pastores, patriarchas videlicet et prophetas, apostolos et evangelistas ; tunc reliquiæ Jacob, apostoli scilicet et primitiva Ecclesia, quæ ex Judæis habuit initium; erunt in populo quasi ros ad exstinguenda ignea diaboli jacula in cordibus hominum. Sequitur : *Et erunt reliquiæ Jacob in gentibus in medio populorum multorum, quasi leo in jumentis sylvarum, et quasi catulus leonis in gregibus porcorum*. Quasi diceret: Fortes erunt apostoli, et invincibiles in passionibus, quasi catulus leonis in gregibus porcorum. Christus leo et catulus leonis hoc dedit apostolis, ut sicut leoni non potest resisti in raptu jumentorum vel ovium, sic apostoli liberati de manu Assyrii, id est diaboli, rapiunt et separant ab infidelibus jumenta, id est simplices ut salventur.

---

(42) Ita Isidor. lib. VII *Etym.* cap. A Lapide ad cap. X Gen. ait : *Nemrod fuit auctor, incentor et conditor turris.* S. Aug., lib. XVI *De civ. Dei*, cap. 4 *Erigebat* (Nemrod) *cum suis populis turrim contra*

Dominum. Sed videas hac de re dissertationem Calmetii *De turre Babelica.*
(43) Forte hic legendum : *septem pastores et octo primates.*

Hos invincibiles Christi milites, sanctos scilicet apostolos et martyres, Gedeon fortissimus virorum præfiguravit, cum Madianitas non armis, sed lagenis et lampadibus ac tubis superavit (*Judic.* vii) (44). Gedeon ergo, cum jam contra Madianitas dimicare contenderet, et exercitus multitudinem ad bella produceret, omnes quos flexis genibus aquas haurire conspexit, a bellorum conflictu removit, et cum trecentis viris tantummodo, qui stantes, manibus aquas hauserant, remansit. Cum his Gedeon ad prælium pergit, eosque non armis, sed tubis, et lagenis, ac lampadibus armavit. Nam sicut scriptum est, *accensas lampades miserunt intra lagenas, et tubas in dextera, lagenas in sinistra tenuerunt, et super hostes suos cominus venientes concinerunt tubis, lampadesque apparuerunt. Et hinc tubarum sonitu, illinc lampadarum coruscatione territi hostes, in fugam versi sunt.* Quid hoc est, quod tale bellum per prophetam ad medium deducitur? An indicare nobis propheta studuit, quod Redemptoris nostri adventum contra diabolum illa sub Gedeone duce pugna designavit? Talia illic nimirum acta sunt, quæ quanto magis usum pugnandi transeunt, tanto amplius a prophetantis mysterio non recedunt. Quis enim unquam cum lagenis et lampadibus ad prælium venit? Quis contra arma veniens, arma deseruit? Ridiculum [ridicula] nobis hæc profecto forent, si terribilia hostibus non fuissent. Sed victoria ista attestante, didicimus, ne parva esse quæ facta sunt, perpendamus. Gedeon namque ad prælium veniens, Redemptoris signat adventum, de quo scriptum est: *Tollite portas, principes, vestras, et elevamini, portæ æternales; et introibit rex gloriæ* (*Psal.* xxiii). Et iterum: *Quis est iste rex gloriæ? Dominus*, scilicet, *fortis et potens : Dominus potens in prælio* (*Ibid.*). Hic Redemptorem nostrum non solum opere, sed etiam nomine prophetavit. Gedeon namque interpretatur, *circuiens in utero.* Dominus enim per majestatis potentiam omnia circumplectitur, et tamen per dispensationis gratiam intra uterum Virginis venit. Quid ergo est circuiens in utero, nisi quia omnipotens Deus Christus intra uterum fuit per infirmitatis substantiam, et extra mundum per divinitatis potentiam? Madian interpretatur *Dei judicium.*

Ut enim hostes ejus repellendi et destruendi essent, non de vitio repellentis, sed de judicio judicantis fuit. Ideo ergo Madianitæ Dei judicium vocantur; quia alieni a gratia Redemptoris justam damnationis causam etiam in vocabulo nominis trahunt. Contra hostes Gedeon cum trecentis viris vadit ad prælium. Solet in (45) trecenario numero plenitudo perfectionis intelligi. Quid ergo per (46) trecenarium numerum, nisi perfecta cognitio Trinitatis designatur? Cum his quippe Redemptor noster adversarios fidei destruit, cum his ad prædi-

cationis bella descendit, qui possunt divina cognoscere, qui sciunt de Trinitate quæ Deus est, perfecte sentire. Notandum vero est, quia iste trecenarius numerus in Tau littera continetur, quæ crucis speciem tenet. Cui si super transversam lineam id quod in cruce eminet, adderetur, non jam crucis species, sed ipsa crux esset. Quia ergo iste trecentorum numerus in tau littera continetur, et per tau litteram, sicut diximus, species crucis ostenditur, non immerito his trecentis Gedeonem sequentibus illi designati sunt, quibus dicitur : *Si quis vult post me venire, abneget semetipsum, et tollat crucem suam, et sequatur me* (*Matth.* xvi). Qui sequentes Christum tanto verius crucem tollunt, quanto acrius sese domant, et erga proximos suos charitatis compassione cruciantur. Unde per Ezechielem prophetam dicitur : *signa tau super frontes* [Id. *virorum*] *eorum* (*Ezech.* ix), gementium videlicet et dolentium. Vel certe in his trecentis, qui in tau littera continentur, hoc exprimitur, quod ferrum hostium crucis ligno superetur. Ducti itaque sunt ad fluvium, ut aquas biberent, et quicunque aquas flexis genibus hauserunt, a bellica expeditione remoti sunt. Aquis namque doctrina intelligitur sapientiæ; stantium autem [Id. stante autem genu] recta operatio designatur. Qui ergo dum aquas bibunt, genuflexisse perhibentur, et a bellorum certamine prohibiti recesserunt, hi sunt qui doctrinam cum operibus rectis non hauriunt. Qui vero doctrinæ fluenta hauriunt, ut nequaquam in pravis operibus carnaliter inflectantur; hi, Christo duce, contra hostes fidei ad prælium pergunt. Vadunt ergo cum tubis et lagenis; quia iste, ut diximus, fuit ordo præliandi. Cecinerunt tubis, intra lagenas missæ sunt lampades, [contractis vero lagenis, ostensæ sunt lampades, quarum coruscante luce, territi hostes fugam dederunt. Designatur itaque in tubis clamor prædicationum, apostolorum scilicet, evangelistarum, et sanctorum martyrum; in lampadibus claritas miraculorum, in lagenis vero fragilitas corporum. Tales quippe dux noster Jesus Christus secum milites ad prælium duxit; qui, despecta corporum salute, hostes suos moriendo prosternerent, eorumque gladios non armis, sed patientia superarent. Armati enim venerunt sub judice suo ad prælium martyres nostri tubis, lagenis, et lampadibus. Tubis sonuerunt, dum prædicant, lagenas confregerunt, dum solvenda in passionibus sua corpora, hostilibus gladiis exponunt; resplenduerunt lampades, cum post solutionem corporum, miraculis coruscant. Moxque hostes in fugam versi sunt, quia dum mortuorum martyrum corpora miraculis coruscare conspiciunt, luce veritatis confracti sunt, quam impugnaverunt. Cecinerunt ergo tubis, ut lagenæ frangerentur; lagenæ fractæ sunt, ut lampades apparerent; apparuerunt lampades, ut in fugam hostes verterentur, id est prædicaverunt martyres, donec eorum corpora in

---

(44) Isid., *Quæst. in Judic.* cap., 5.
(45) *Edit.*, centenario.

(46) *Ibid*, per ter ductum centenarium.

morte solverentur ; corpora eorum in morte soluta sunt, ut miraculis coruscarent. Coruscaverunt miraculis, ut hostes suos ex divina luce prosternerent. Et notandum, quod steterunt hostes ante lagenas, et fugerunt ante lampades, quia nimirum persecutores sanctæ fidei prædicatoribus adhuc in corpore positis restiterunt, post solutionem vero corporum, apparentibus miraculis in fugam versi sunt, quia pavore contriti [Id conterriti] a persecutione fidelium cessaverunt. Intuendum est etiam quod illic scriptum est, quia in dextera tubas, illic lagenas autem in sinistra tenuerunt, quia Christi martyres pro magno habuerunt prædicationis gratiam, corporum vero utilitatem pro minimo. Quisquis enim plus facit utilitatem corporis, quam gratiam prædicationis, in sinistra tubam, in dextera vero lagenam tenet. Si enim priori loco gratia prædicationis attenditur, et posteriori utilitas corporis, certum est quia in dextris tubæ, et in sinistris lagenæ tenentur. Ut ergo supra dictum est, Christi milites, apostoli scilicet et martyres non mala inferendo, sed patienter adversa tolerando, miraculis coruscando, persecutores Ecclesiæ vicerunt.

Hos divina gratia a Judæa expelli permisit, et ad gentium populos transmigrare fecit, sicut beatus Job inter cætera magna et inenarrabilia esse opera Dei considerans, dicit : *Qui transtulit montes, et nescierunt* (Job ix). Gregorius (47) : « In Scriptura sacra montium nomine prædicantium altitudo signatur, de quibus per Psalmistam dicitur : *Suscipiant montes pacem populo tuo, et colles justitiam* (Psal. LXXI). Electi quippe prædicatores æternæ patriæ non immerito montes vocantur, quia pro vitæ suæ celsitudine ima terrarum deserunt, et cœlo propinqui fiunt. Sed montes, scilicet prædicatores Deus transtulit, id est a Judææ obduratione subtraxit. Unde recte iterum per Psalmistam dicitur : *Transferuntur montes in cor maris* (Psal. XLV). In corde enim maris montes translati sunt, cum prædicantes apostoli a Judææ perfidia repulsi, ad intellectum gentilium venerunt. Inde ipsi quoque in suis Actibus dicunt : *Vobis oportebat primum loqui verbum Dei ; sed quia repulistis illud, et indignos vos judicastis æternæ vitæ, ecce convertimur ad gentes* (Act. XIII). Sed hanc eamdem translationem montium ipsi nescierunt, qui in Domini furore subversi sunt. Cum enim de suis finibus Hebræi apostolos pellerent, lucrum se fecisse arbitrati sunt, quod prædicationis lumen amiserunt. Exigentibus quippe meritis justa animadversione percussi, tanto intelligentiæ errore cæcati sunt, ut quod lucem perderent, hoc esse gaudium putarent. Sed, repulsis apostolis, per Romanum protinus principem, scilicet Titum Judæa destruitur, atque in cunctis gentibus sparsa dissipatur. Unde et translatis montibus, recte subjungitur : *Qui commovet terram de loco suo et columnæ ejus concutientur* (Job ix). De loco

A quippe suo terra commota est, cum plebs Israelitica de Judææ finibus evulsa, colla gentibus subdidit, quæ subdi auctori recusavit. Quæ scilicet terra quondam columnas habuit, quia in sacerdotes et principes legis, doctores atque Pharisæos, ruitura ejus pertinaciæ structa surrexit. In ipsis namque litteræ ædificium tenuit, et tranquillitatis suæ tempore sacrificiorum carnalium, quasi superimpositæ fabricæ, onera portavit. Sed translatis montibus columnæ concussæ sunt, quia subductis a Judæa apostolis, nec ipsi vivere in illa permissi sunt, qui ab illa vitæ prædicatores expulerunt. Dignum quippe erat ut terrenam patriam subacti perderent, cujus amore nequaquam sunt veriti cœlestis patriæ milites impugnare. Sed expulsis sanctis doctoribus, Judæa B funditus torpuit, et justo judicantis examine, in erroris tenebras oculos mentis clausit. Unde et adhuc subditur :

« *Qui præcipit soli, et non oritur : et stellas claudit quasi sub signaculo* (Job ix). Aliquando namque in sacro eloquio solis nomine prædicatorum qualitas designatur, sicut per Joannem dicitur : *Factus est sol sicut saccus cilicinus* (Apoc. vi). In extremo quippe tempore sol sicut saccus cilicinus ostenditur, quia fulgens vita prædicantium, ante reproborum oculos, aspera et despecta monstratur. Qui stellarum quoque claritate figurantur, quia, dum recta prædicatoribus prædicant, tenebras nostræ noctis illustrant. Unde et subtractis prædicatoribus, per C prophetam dicitur : *Prohibitæ sunt stellæ pluviarum* (Jer. III). Ad litteram vero stellæ pluviarum sunt, Orion, arcturum, et hyadas, quæ pluvias generant. Quia vero per diem sol fulget, stellæ obscuritatem noctis irradiant ; plerumque in sacro eloquio diei appellatione æterna patria, noctis autem nomine præsens vita signatur. Prædicatores ergo sancti, et sol nostris oculis fiunt, cum contemplationem nobis veræ lucis aperiunt ; et velut stellæ in tenebris lucent, cum per activam vitam profuturi, nostris necessitatibus terrena disponunt. Quasi in die ut sol coruscant, cum ad contemplandam internæ claritatis patriam, mentis nostræ aciem sublevant ; et quasi stellæ in nocte resplendent, quia et cum terrena agunt, offensurum nostri operis pedem, exemplo suæ rectitudinis dirigunt. Sed quia expulsis D prædicatoribus, non fuit qui plebi Judaicæ in perfidiæ suæ nocte remanenti, vel claritatem contemplationis ostenderet, vel activæ vitæ lumen aperiret ; veritas, quæ hanc repulsam deseruit, subtracto prædicationis lumine, merito eam suæ pravitatis excæcavit. Recte ergo dicitur : *Qui præcipit soli, et non oritur : et stellas claudit quasi sub signaculo.* Oriri ei quippe solem noluit, a qua prædicantium animos divertit. Et quasi sub signaculo stellas clausit ; quia dum prædicatores suos per silentium intra semetipsos retinuit, cæcis iniquorum sensibus cœleste lumen abscondit. Pensandum vero est, quia

(47) Lib. ix Mor., cap. 2.

idcirco aliquid sub sigillo claudimus, ut hoc cum tempus congruerit, ad medium deducamus. Ex sacro attestante eloquio didicimus, quod Judæa, quæ nunc deseritur, ad sinum fidei in fine colligetur. Hinc namque per Isaiam dicitur : *Si fuerit numerus filiorum Israel quasi arena maris, reliquiæ salvæ fient* (Isai. x). Hinc Paulus ait : *Donec plenitudo gentium intraret, et sic omnis Israel salvus fieret* (Rom. ix). Qui igitur prædicatores suos nunc Judææ oculis subtrahit, sed postmodum ostendit, quasi sub signaculo stellas claudit, ut absconsi prius et post coruscantibus astrorum spiritualium radiis, noctem suæ perfidiæ et nunc repulsa non videat, et tunc illuminata deprehendat. Hinc est, quod duo eximii prædicatores dilata morte subtracti sunt, ut ad prædicationis usum in fine revocentur : hi sunt duæ olivæ, et duo candelabra in conspectu Domini terræ stantes (*Apoc.* xi), quorum unum in Evangelio per semetipsam Veritas pollicetur, dicens : *Elias venturus est, et restituet omnia* (*Matth.* xvii). Quasi ergo sub signaculo stellæ clausæ sunt : qui et nunc occultantur, ne appareant, et post, ut prodesse valeant, apparebunt. Sed tamen plebs Israelitica, quæ ubertim in fine colligetur, in ipsis sanctæ Ecclesiæ exordiis crudeliter obduratur ; nam prædicatores veritatis renuit, verba adjutorii spernit. Quod tamen mira auctoris dispensatione agitur, ut nimirum prædicantium gloria, quæ recepta in uno populo latere poterat, in cunctis gentibus repulsa dilatetur.

Doctrina ergo Evangelii per apostolos in universas gentes exivit ; et sicut bonum semen, universum orbem implevit : Sicut multo antea Michæas propheta prædixit : *De Sion, inquit, exibit lex, et verbum Domini de Jerusalem* (*Mich.* iv). Sion speculatio interpretatur. Sancta Ecclesia Sión dicitur, eo quod cœlestia contemplando, bona operando, adversa vitando, indesinenter cœlestis regni introitum speculetur. Dicat ergo hic sanctus propheta : *De Sion*, id est de Ecclesia primitiva in qua doctor est, et pontifex ille Dei et Virginis Filius, exibit lex spiritualis per apostolos ad gentes : *Et verbum Domini de Jerusalem*, id est sermo prædicationis per universum mundum. Unde dicitur : *In omnem terram exivit sonus eorum et in fines orbis terræ verba eorum* (*Psal.* xviii). Sequitur : *Et concident gladios suos in vomeres, et hastas suas in ligones* (*Mich.* iv). Allegorice per fidem Christi ira effrenata et convicia deponantur, ut ponat quisque manum suam ad aratrum, apostolis monentibus, ne respiciat post tergum, ut contractis jaculis persecutionum et contumeliarum, metat Christus spirituale frumentum per angelos. Nemo intendit subvertere auditores, nec prohibere prædicatores, scilicet apostolos, quia tempus plantandi est. Iterum subjungit dicens : *Non sumet gens adversus gentem gladium : nec discent ultra belligerare. Sedebit vir sub vite, ut premat vinum spiritualis intelligentiæ, quod lætificat cor hominis ; et sub ficu, ut ditia [dulcia, ut in Glossa] sancti*

A Spiritus poma decerpat. Ante nativitatem Christi totus pene orbis plenus erat sanguine, Roma etiam in civilibus bellis dilacerabatur. Postquam vero ad Christi præceptum singulare imperium Roma sortita est, apostolorum itineri prævius factus est orbis, et eisdem apostolis apertæ sunt portæ urbium, atque ad prædicationem unius Dei singulare imperium constitutum est. Omnipotens Deus per dilectissimum Filium suum, missis per universum mundum apostolis, omnes gentes ad cognitionem et charitatem suam misericorditer vocavit, sicut ipse per Zachariam prophetam prædixit.

Sibilabo, inquit, *eis et congregabo illos ego qui redemi eos, et multiplicabo illos, sicut ante fuerant multiplicati. Et seminabo eos in populis, et de longe recordabuntur mei ; et vivent cum filiis, et revertentur. Et reducam eos de terra Ægypti, et de Assyriis congregabo illos, et ad terram Galaad et Libani adducam eos, et non invenietur eis locus* (*Zach.* x). Allegorice : His qui captivi erant in peccatis, significat Dominus per suam clementiam, ut congregentur ad eum sicut ad Redemptionem, dicens : *Tollite jugum meum super vos*, etc. (*Matth.* xi). Hos sanctos, videlicet apostolos, multiplicat, non carnali sed spirituali benedictione. Hi seminantur in populis, quibus dicitur : *Euntes, docete omnes gentes : baptizantes eos in nomine Patris, et Filii, et Spiritus sancti* (*Matth.* xxviii). Per illos Christi discipulos in cunctis seminatos gentibus, populi longe per idololatriam positi recordabuntur Domini, in cujus conspectu adorabunt universæ familiæ gentium. *Et vivent cum filiis suis*, quos videlicet Domino acquisierunt prædicando ; *et revertentur*, ut prius mortui in infidelitate, vivant spiritualiter. Hi sunt filii, quibus Paulus lac ministrabat. Sequitur : *Et reducam eos de terra Ægypti, et de Assyriis ;* de terra videlicet cui imperabat rex Pharao, qui dicebat : mea sunt, flumina, et ego feci ea (*Ezech.* xxix) ; et cui terræ dominabatur rex Assyrius, scilicet magnus sensus, id est diabolus superbus, qui se dicit magnum, qui etiam arguens vel convincens interpretatur ; hi tales ducuntur in terram Galaad, id est de terrenalibus ad spiritualia. Galaad enim testimonium transmigrationis interpretatur. Ducuntur etiam fideles per apostolos ad Libanum, id est ad dealbationem, ut de tenebris mundi hujus educti, dealbentur, et tunc non invenietur locus in illis, quia non constringentur angustiis terræ, sed latitudine cœli perfruentur. Per ipsos etiam apostolos cordibus fidelium magnam Deus suæ benignitatis dulcedinem infudit, sicut Joel propheta exsultans, ac figurate loquens, prædixit.

Erit, inquit, *in die illa : stillabunt montes dulcedinem, et colles fluent lacte ; et per omnes rivos Juda ibunt aquæ* (*Joel.* iii). Post resurrectionem atque ascensionem Domini ad cœlos, montes, id est apostoli, et post eos Ecclesiæ doctores celsi

mente abundabunt suavitate, et dulcedine sapientiæ A cælorum (*Math.* VIII). Hæ aquæ nec æstate prospe-
et divini eloquii ; et stillabunt ex eis spirituales ritatis, nec hieme persecutionis cessabunt. Sequitur :
gratiæ ; et colles, id est non habentem tantam *Et erit Dominus rex super omnem terram.* Ac si
intelligentiæ plenitudinem, emittent lac, quo nu- dicatur : cum tales aquæ utrumque mare fuerint
tritur infantia Ecclesiæ. *Et per omnes rivos Judæ,* ingressæ, et amaras aquas dulci flumine mitigave-
id est super credentes filios Ecclesiæ, abundabunt rint, Dominus, scilicet Christus, erit rex super
aquæ, apostolorum scilicet et evangelistarum præ- omnem terram. Tunc rex ille fortissimus cogno-
dicationes, et charismatum dona, quia nihil in eis scetur, de quo dictum est : *Domine Dominus noster,*
aridum erit. Sequitur : *Et fons de domo Domini* *quam admirabile est nomen tuum in universa terra !*
egredietur, et irrigabit torrentem spinarum. De domo *(Psal.* VIII.)
Domini, inquit, id est de primitiva Ecclesia egre- Iterum subjungit dicens : *In die illa erit Domi-*
dietur fons baptismatis, et doctrinæ spiritualis, *nus unus, et nomen ejus unum, et revertetur omnis*
qui irrigat corda gentilium ; quæ spinis vitiorum, *terra usque ad desertum, de colle Adremon ad au-*
et aculeis malarum cogitationum pungebantur, ut *strum, et Jerusalem exaltabitur.* (48), *et inhabitabit*
ibi oriantur flores virtutum, ubi prius oriebantur B *in loco suo,* id est in loco pristino ædificabitur, a
punctiones vitiorum. Tunc fons iste de domo Do- *porta videlicet Benjamin usque ad locum portæ*
mini est egressus, quando discipulis suis ait Do- *prioris, et usque ad portam angulorum ; et a turre*
minus : *Ite, docete omnes gentes, baptizantes eos* *Hananael, usque ad torcularia regis. Et habitabunt*
in nomine Patris, et Filii, et Spiritus sancti. Montes *in ea, et anathema non erit amplius.* Cum Dominus
etiam tunc et colles dulcedinem, id est mel sa- Jesus Christus rex fuerit super omnem terram,
pientiæ et spiritualis intelligentiæ, et colles lac, tunc erit unus Dominus de quo scribitur : *Scitote*
id est doctrinam, qua parvuli Ecclesiæ in Dei *quoniam Dominus ipse est Deus ; ipse fecit nos, et*
cognitione nutriuntur, stillarunt ; quando sancti *non ipsi nos (Psal.* LXXIX). Et erit unum nomen
apostoli eorumque successores verbis et exemplis, Domini, prava religione idolorum calcata. Tunc
ac verissimis Evangeliorum atque Epistolarum revertetur omnis terra in qua habitaverunt Judæi
scriptis, universam Ecclesiam irrigarunt. Huic usque ad desertum, id est usque ad populum gen-
simile est, quod Zacharias propheta, tempus re- tium ; qui prius desertus, quia sine notitia legis, et
surrectionis et ascensionis Christi in spiritu præ- de colle ad Adremon, id est ad excelsum, quia de
videns, gratulanter dicebat : terra et de deserto ad colles, et de collibus usque
In die illa exibunt aquæ vivæ de Jerusalem : me- C ad montana consurgemus ; et inde usque ad au-
dium earum ad mare occidentale [orientale], *et me-* strum plenæ lucis, et sic conscendendo exalta-
dium earum ad mare novissimum, in æstate et hieme bitur Ecclesia, et habitabit in loco de quo scriptum
(Zach. XIV). Ac si apertius de primo adventu est : *In loco pascuæ ibi me collocavit (Psal.* XXII).
Christi ejusque Ecclesiæ diceret : *Erit in die illa,* Et a porta Benjamin, incipiendo a virtute quam
quæ soli Deo est nota, exibunt aquæ vivæ de Jeru- dextera significat, perveniet ad portam priorem,
salem. Aquæ ideo vivæ dicuntur, quia per Christi ut per eam ingrediatur ad cæteras. Post occurrit
gratiam vitam tribuunt. Quasi enim una dies est et porta angulorum, ubi est lapis angularis, scilicet
unum tempus a primo adventu Christi usque ad Christus, qui conjungit duos parietes in unum.
secundum. *Medium,* inquit, *earum ad mare occi-* Post occurrit turris Hananael, qui gratissimus Dei
dentale [orientale], quod mortuum dicitur ; eo quod dicitur. De hac turre dicit David ad Deum : *Factus*
animantia occidat, vel quod in ejus aquis nihil *es spes mea ; turris fortitudinis a facie inimici*
possit vivere. *Et medium earum ad mare novissi-* *(Psal.* LX). Qua turre nihil est gratius homini de
mum, quod vocatur magnum. Vel per duo maria, laboribus mundi ad Deum suspiranti. Inde venitur
allegorice duo intelliguntur Testamenta ; quæ nisi D ad torcularia regis, ut imitatores passionis Christi
flumine spiritualis intelligentiæ fuerint dulcorata, bibant vinum quod lætificat cor hominis, introducti
littera occidente et spiritu non vivificante, amara in cellam vinariam Dei, in qua est vinum evange-
sunt. *In æstate,* ait, *et hieme,* ac si diceret : aquæ, licæ prædicationis ; et qui hujusmodi torcularibus
quæ de Jerusalem, id est de Ecclesia egredientur, inebriantur, habitabunt in cœlesti Jerusalem, in
nec calore siccabuntur, nec hieme constringentur. qua non erit anathema, id est maledictio et sepa-
Aquæ quæ de Jerusalem, id est de Ecclesia exeunt, ratio a Deo, sed secura quies confidentibus in Deo.
doctrina est Salvatoris, id est baptismus ; quarum Ut ergo supradictum est, aquæ vivæ de Jerusalem
una pars vadit ad mare occidentale [orientale], id egressæ sunt, quia sancti apostoli universum
est ad populum circumcisionis, qui in apostolis et mundum evangelicæ prædicationis doctrina irri-
per apostolos electus est ; et pars ad mare novis- garunt.
simum, quia *ab oriente et occidente venient qui* (49) Hos nimirum Christi apostolos Jacob patri-
recumbent cum Abraham, Isaac et Jacob in regno

(48) Rectius videtur legendum juxta Vulgatam : bitur, etc.
de colle Remmon ad austrum Jerusalem, et exalta- (49) Isid., *Quæst. in Gen.,* cap. 51.

areha præsignabat, cum Nephthalim filium suum benedicens, illum figurate cervum missum vocabat. Igitur Nephthalim quod interpretatur *dilatatio*, apostolos et prædicatores cæteros significat, quorum doctrina in longitudine totius mundi diffusa est. Ex hac enim tribu fuerunt apostoli, qui sunt principes Ecclesiarum et duces. Nam et quod in Psalmo legitur, principes videlicet Zabulon, principes Nephthalim, sine dubio ad apostolorum personam refertur (*Psal.* LXVII): Ipsi sunt filii excussorum, id est prophetarum, qui in manu omnipotentis Dei positi, tanquam sagittæ excussæ pervenerunt usque ad fines terræ. Unde et bene hic Nephthalim cervus missus scribitur, quia nimirum apostoli sive prædicatores cæteri veloci saltu exsilientes in morem cervorum, transcendunt implicamenta sæculi hujus. Sicque excelsa ac sublimia meditantur eloquia pulchritudinis, id est prædicant cunctis gentibus gratiam Dei Salvatoris. Deus igitur per universum mundum sanctos apostolos dilatavit, quia per eos cunctis gentibus nomen suum manifestavit, sicut beatus Job prædixit, inter multa quæ de Dei omnipotentia locutus est. Ait enim :

Qui extendit cœlos solus, et graditur super fluctus maris (*Job* IX). Gregorius (50) : « Quid namque cœlorum nomine, nisi sanctorum apostolorum, cæterorumque prædicatorum cœlestis via signatur. De quibus per Psalmistam dicitur : *Cœli enarrant gloriam Dei, et opera manuum ejus annuntiant firmamentum* (*Psal.* XVIII). Ipsi igitur cœli, ipsi sol esse memorantur. Cœli videlicet, quia intercedendo protegunt; sol autem, quia prædicando vim luminis ostendunt. Cœli ergo extensi sunt; quia, cum Judæa ad vim persecutionis infremuit, apostolorum vitam Dominus in cunctarum gentium cognitione dilatavit. Et illa per justum judicium captiva in mundum dispergitur; isti ubique per gratiam in honore tenduntur. Angusti quippe cœli fuerant, cum una plebs tot egregios prædicatores tenebat. Quis enim gentilium Petrum nosset, si in solius Israelitici populi prædicatione remaneret. Quis Pauli virtutes agnosceret, nisi hunc Judæa ad nostram notitiam persequendo transmisisset. Ecce jam qui flagris et contumeliis ab Israelitica plebe repulsi sunt, per mundi fines ornantur. Solus ergo Dominus cœlos extendit, qui secreti mira dispensatione consilii, prædicatores suos unde permisit in una gente opprimi, fecit in mundi cardines inde dilatari. Sed nec hæc ipsa præsenti dedita mundo gentilitas, cum culpas ejus apostolorum lingua corripuit, verba vitæ libenter accepit. Nam protinus in elatione contradictionis intumuit, atque ad crudelitatem persecutionis se excitavit. Sed quæ prædicationis verbis contraire nititur, signorum citius admiratione temperatur. Unde quoque in actoris laude apte subjungitur : *Et graditur super fluctus maris* (51). Quid enim maris nomine nisi in

bonorum necem sæviens mundi hujus amaritudo signatur. De quo per Psalmistam dicitur : *Congregans sicut in utre aquas maris* (*Psal.* XXXII). Aquas enim maris quasi in utre Dominus congregat, cum miro moderamine cuncta disponens, in suis clausa cordibus carnalium minas frenat. Super fluctus ergo maris Dominus graditur, quia cum se procellæ persecutionis erigunt, miraculorum ejus obstupefactione franguntur. Qui enim tumores humanæ vesaniæ mitigat, quasi erectus in tumulo undam calcat. Nam cum morem suum gentilitas destrui nova conversatione conspiceret, cum mundi hujus divites elationi suæ contraire facta pauperum viderent, cum sapientes sæculi adversarii sibi imperitorum verba pensarent, in persecutionis protinus tempestate tumuerunt. Sed qui verborum adversitate commoti, ad persecutionis procellas insiliunt, signorum, ut diximus, admiratione temperantur. Tot ergo in his fluctibus Dominus gressus posuit, quot superbis persecutoribus miracula ostendit. Unde bene rursum per Psalmistam dicitur : *Mirabiles elationes maris, mirabilis in altis Dominus* (*Psal.* XCII). Quia cum contra electorum vitam ad persecutionis undas mundus se mirabiliter extulit, cum supernorum conditor sublevata virtute prædicantium mirabilius stravit. Ministros enim suos ostendit posse per miracula, quod potestates terrenæ tumuerunt per iram.

Quod bene etiam per Jeremiam Dominus exteriora narrans, interiora denuntians, dicit : *Posui arenam terminum mari, præceptum sempiternum, quod non præteribit ; et commovebuntur, et non poterunt ; et intumescent fluctus ejus, et non transibunt illud* (*Jer.* V). Arenam quippe Dominus mari terminum posuit, quia ad frangendam mundi gloriam abjectos et pauperes elegit, cujus nimirum maris fluctus intumescunt, cum potestates sæculi ac commotionem persecutionis exsiliunt. Sed transire arenam nequeunt, quia despectorum apostolorum martyrumque miraculis et humilitate franguntur. Sed dum mare sævit, dum per insaniæ suæ fluctus erigitur, dumque virtutis intimæ ostensione calcatur, sancta Ecclesia proficit, atque ad statum sui ordinis per temporum incrementa consurgit.

Revera apostoli Jesu Christi, et sancti martyres evangelica prædicatione, et suorum corporum sanguinis effusione universum mundum ad Dei cultum revocarunt, et quasi cultores agrorum, dulcissimum Deo fructum ex culta terra usque hodie reddunt. De quibus Amos propheta Spiritu sancto edoctus exsultans dicebat : *Ecce dies venient, dicit Dominus : et comprehendet arator messorem, et calcator uvæ mittentem semen : et stillabunt montes dulcedinem, et omnes colles culti erunt* (*Amos*, IX). Per hos omnes prædicatorum ordo, apostolorum videlicet et ecclesiasticorum virorum, figuratur. Allegorice : *Dies veniunt*, scilicet post resurrectionem et ascen-

sionem Domini, in quibus arator, id est ordo do- A
ctorum, apostolorum videlicet et cæterorum doctorum, qui sua et aliorum corda fide et dilectione
exarant, repulsa infidelitatis duritia, fructum bonæ
operationis afferant. Isti aratores, scilicet sancti
apostoli, comprehendunt messores, id est eos qui
prædicando verbum Dei homines a curis sæculi
evellunt ut in sancta eos Ecclesia recondant. Per
uvæ calcatorem apostoli, et sancti martyres intelliguntur, qui mortem, et ipsum diabolum calcantes,
pro nomine Christi patiendo, multa sui sanguinis
fundunt, ut aliis præbeant exempla virtutum. Hos
omnes mittit Deus in Ecclesia, ut semen in electorum cordibus verbi Dei seminent, eosque a curis
sæculi segregent, et ipsi pro sibi commissis gregibus B
animas ponant. Et alius alium apprehendit, quia
alius alii succedit. Ut ergo jam supradictum est,
Dei et Virginis Filius per prophetas resurrectionem
suam prænuntiavit futuram, et per apostolos nobis
ostendit factam. Unde per Sophoniam prophetam
Ecclesiæ suæ loquitur, dicens :

Exspecta me in die resurrectionis meæ in futurum,
quia judicium meum ut congregem gentes, ad fidem
videlicet, *et colligam regna,* principes scilicet perversorum dogmatum, qui divino ardore consumen-
tur; *et effundam super eos indignationem, omnemque*
iram furoris mei (Soph. III). Ac si Dei et Virginis Filius sanctæ Ecclesiæ sponsæ suæ loqueretur
apertius : Exspecta me repellendo idola a te, et in
die resurrectionis in futurum, quando videlicet, de C
morte, quam pro tua redemptione passurus sum,
resurrexero, per baptismum te ad vitam æternam
regenerabo, et Spiritu sancto ad cognoscendum me
oculos cordis tui illuminabo, pane cœlestis verbi
confortabo, vino evangelicæ prædicationis inebria-
bo. O sponsa igitur exspecta me, ut recte cum Propheta valeas dicere : *Paratum cor meum, Deus,*
paratum cor meum : cantabo et psallam in gloria
mea (Psal. LVI). Possunt autem hæc allegorice de
primo adventu intelligi, quando dæmone calcato, et
omni errore sublato, terrenis etiam operibus destructis, omnibus linguis apostoli locuti sunt. Quando etiam post vitia et peccata Deus in nobis resurgere visus est, atque omnes congregantur ad fidem,
et timore iræ Dei accenduntur igne divino, quo de- D
vorantur in illis omnia opera terrena. Iterum Dominus loquitur dicens : *In igne enim zeli mei*
devorabitur omnis terra. Quia tunc reddam popu-
lis labium electum, ut invocent omnes nomen Do-
mini, et serviant ei humero uno (Soph., III). Et re-
stituetur (52), inquit, omnibus una lingua, ut
unusquisque, deposito errore suo, ad antiquum
confessionis Dei eloquium revertatur, ut uno ore
invocent Deum, confitendo, quod Dominus Jesus
Christus est in gloria Dei Patris, in cujus nomine
flectitur omne genu cœlestium, terrestrium, et infernorum (*Philip.* II).

Possunt hæc et de secundo adventu dici quando
post vitia præsentis sæculi, Ecclesia exspectante
adventum sponsi, gentes congregabuntur ad judicium, et reges colligentur in locum suppliciorum,
et tunc effundetur furor Dei puniens omnia mala,
ubi potentes potenter tormenta sustinebunt, et qui
minus peccavit, cito veniam merebitur. *In igne zeli*
mei, ait, *devorabitur terra,* quia gentibus ad judicium congregatis, et regibus ad supplicia, consu-
metur in toto orbe quidquid terrenum est, et ad
opera carnis pertinet, ut in salvandis omnibus, ve-
pribus et spinis combustis, unusquisque illorum ad
antiquum confessionis Dei revertatur eloquium, in
sæcula sæculorum laudans Deum, et conjuncto studio
serviant ei assidue in templo ejus.

Dignum valde est, ut ei grates et laudes non solum in præsenti, sed et in futura vita ab angelis et
hominibus referantur, qui omnes homines quamvis
indignos, id est universam Ecclesiam, per prophetas et apostolos misericorditer ad se vocare non
cessat; sicut per prophetam Osee dulcedinem sui
amoris et benignitatis ostendens, eidem Ecclesiæ suæ
loquitur dicens : Sponsabo te mihi in sempiternum;
et sponsabo te mihi in justitia et judicio, et in mise-
ricordia, et miserationibus (Ose. II). Circumcisio
data Abrahæ signum fuit inter Deum, et semen illius. Sequitur : *Et sponsabo te mihi in fide, et scies*
quia ego sum Dominus. Nota misericordiam viri,
scilicet Dei. Meretrix diu fornicata ad virum revertitur, nec conciliari viro, sed sponsari dicitur. Et
nota distantiam inter Dei, et hominum conjugia;
homines de virginibus corruptas faciunt, Deus conjunctus meretricibus virgines reddit.

Iterum dicit : *Et erit in die illa : exaudiam, dicit*
Dominus, et exaudiam cælos, et illi exaudient ter-
ram. Et terra exaudiet triticum, et vinum et oleum.
Ac si diceret : *Erit in die illa,* scilicet quando te
mihi in fide spondero, *exaudiam cælos,* id est apostolos; *et illi exaudient terram,* videlicet illam de
qua veritas orta est, et in qua paterfamilias, scilicet
Christus, seminat bonum semen, et eam cœlestis
verbi pluvia irrigent : *Et terra exaudiet triticum,*
et vinum, et oleum, hoc specialiter ad apostolos
pertinet, qui incipiendo a Jerusalem sua prædicatione, et miraculis corda audientium ubique fructificare faciunt; qui sunt semen, dum audiunt a Domino; seminatores, dum in omnem terram exiit
sonus eorum. Sequitur : *Et sponsabo te,* ait, *mihi in*
sempiternum. Primo Deus Pater despondit eam sibi
in Abraham, vel eam eduxit eam de Ægypto, ut
uxorem haberet sempiternam. Secundo in monte
Sina, dans ei pro sponsalibus legis justitiam et
judicium, conjunctam legi misericordiam, ut si
peccaverit captivetur, si pœnituerit revocetur. Tertio despondit eam in adventu Filii sui, quod est in
fide sanctæ Trinitatis, in qua fide credentes statim
sciunt illum esse, quem prius negaverunt. Hæc

ergo meretrix, quæ prius fuerat conjuncta in æternos viri complexus, quia in Ægypto idola coluit, iterum per legem assumitur, quam, quia præteriit, prophetis, quasi sponsi sodalibus interfectis, tertio venit Filius.

Quo crucifixo, et a mortuis resurgente, desponsatur Ecclesia, scilicet non jam in justitia legis; sed in fide et gratia Evangelii, et cognitione veritatis. Hieronymus : Secundum litteram potest intelligi, quod in adventu Christi bona temporalia promittuntur credentibus, ut per ipsum qui semen Dei est, omnia in suo ordine currant, sicut ab initio condita sunt, et utilitati hominum deserviant. Et tamen Judæi post tanta bona, adhuc Antichristum corporaliter exspectant. Spiritualiter : cœli, qui gloriam Dei enarrant, exauditi sunt, rogantes pro muliere Chananæa (*Matth.* xv), et pro socru Petri (*Luc.* iv), *Et cœli*, id est apostoli, *audiunt terram*, homines videlicet, qui sunt Ecclesia, quamvis necdum perfecti, et tamen custodientes Dei præcepta. *Et terra*, id est, Ecclesia, *audit triticum*, id est ita præbet spiritualem intelligentiam Veteris et Novi Testamenti, ut lætificet corda audientium, modificando doctrinam secundum capacitatem singulorum. Et hæc omnia, id est cœlum, et terra, apostoli scilicet, et universalis Ecclesia, *audient Israel* : id est, semen verbi Dei perducent ad effectum operis, ut aliud semen faciat fructum centesimum, aliud sexagesimum, et aliud trigesimum (*Matth.* xiii). Nimirum semen, id est apostolorum doctrina centesimum fructum attulit, quia illis prædicantibus multitudo gentium et pars quædam Judæorum ad Christi fidem venit. In passione et resurrectione Filii Dei et Virginis, quamvis Judæi innumera signa et miracula viderent, tamen quædam pars illorum damnabiliter in sua permansit malitia; quædam vero gratiam baptismi est consecuta.

Horum quippe duo calathi figuram præferebant, quos Jeremias Propheta sibi ostensos a Domino fuisse ante templum Domini prædixerat, ait enim : *Ostendit mihi Dominus : et ecce duo calathi*, id est, *duo cophini, pleni ficis ante templum Domini. Et cala hus unus ficus bonas habebat; bonas nimis : et calathus alius ficus habebat malas nimis, quæ comedi non poterant* (*Jer.* xxiv). Duos calathos bonarum malarumque ficuum quidam interpretantur in lege et Evangelio, Synagogam et Ecclesiam, Judæorum et Christianorum populum, gehennam, et regnum cœlorum; quorum alterum pertinet ad supplicia peccatorum, alterum vero ad sanctorum habitaculum. Nos autem juxta Apostolum legem bonam et sanctam, et mandatum bonum et sanctum sentientes, et unum esse utriusque testamenti Deum (*Rom.* vii), ad Judæos hæc referamus, qui in adventu Domini crediderunt, vel non crediderunt; ut illi qui clamaverunt Pilato, dicentes : *Crucifige,*

crucifige eum (*Matth.* xxvii), calathi sunt malarum ficuum ; qui vero crediderunt, ad bonas ficus, et ad calathum optimum referantur. Calathus ergo bonarum ficuum, Petrus et Paulus, Joannes et Jacobus, Andreas et Thomas, et cæteri apostoli, omnesque discipuli fuerunt, qui verbum vitæ per universum mundum seminaverunt. Calathus vero malarum ficuum, Caiphas, Annas, et cæteri infideles exstiterunt, qui se et filios suos antequam nascerentur, condemnaverunt, dicentes : *Sanguis ejus super nos, et super filios nostros* (*ibid.*). Dulcedo igitur bonarum ficuum dulcedinem et suavitatem designat Evangeliorum. Et amaritudo malarum, quæ comedi non poterant, versutias et infidelitatem præmonstrat Judæorum. In Christi ergo Ecclesia bonarum ficuum calathi, apostoli Domini nostri Jesu Christi exstiterunt, qui adversariis illius viriliter restiterunt, et, ut eam ad rectitudinis statum perducerent, sanguinem suum libenter fuderunt.

Mystice Godolias (53), qui interpretatur *magnificatus Domino*, hos Ecclesiæ nobilissimos præfiguravit prædicatores, qui Domini nutu perficiuntur, ut timentes Dominum habeant refugium, et eorum solatium ; hi pro subjectis animas ponunt, et contra perfidos exemplo Jesu Christi magistri sui scuta protectionis opponunt. Usque ad mortem in officio fideliter persistentes ab iniquis persequuntur, sicut Godolias innocens a perfido Ismaele occisus est. Deus igitur sanctam Ecclesiam ad laudem et gloriam nominis sui constituit, et in ea sanctos apostolos ad illius custodiam et defensionem posuit, eique gloriosos martyres quasi exemplar virtutum dedit, et præclaros veteris ac novi testamenti doctores, qui sufficienter eam cœlestis doctrinæ imbribus irrigarent, transacto jam persecutionis tempore, tribuit. De quibus omnibus beatus Job Deum in operibus ejus laudans, figurative quasi de cœlestibus astris loquitur, dicens :

Qui facit Arcturum, et Oriona, et Hyadas, et interiora austri (*Job* ix). Gregorius (54) : « Nequaquam sermo veritatis vanas Hesiodi, Arati, et Callimachi (55) fabulas sequitur, ut Arcturum nominans, extremam stellarum septem, caudam ursæ suspicetur, et quasi Orion gladium teneat, amator insanus. Hæc quippe astrorum nomina a cultoribus sapientiæ carnalis inventa sunt. Sed Scriptura sacra idcirco eisdem vocabulis utitur, ut res, quas insinuare appetit, notitia usitatæ appellationis exprimantur. Nam si astra, quæ vellet, per ignorata nobis nomina diceret; homo pro quo hæc eadem Scriptura facta est, nesciret procul dubio, quid audiret. Sic igitur in sacro eloquio sapientes Dei sermonem trahunt a sapientibus sæculi; sicut in eo, pro utilitate hominis vocem in se humanæ passionis ipse conditor omnium sumit Deus; ut videlicet, dicat : *Pœnitet enim me fecisse homines super ter-*

---

(53) Ex Glossa ad cap. xi Jeremiæ hæc desumuntur.

(54) Lib. ix *Mor.*, cap. 6.

(55) Mss. vitiose *calli et Maret.*

ram, (*Gen.* vi); cum profecto constet, quia is, qui A
cuncta priusquam veniant, conspicit, nequaquam
postquam aliquid fecerit, pœnitendo resipiscit. Quid
ergo mirum, si spirituales viri utantur verbis carnalium, quando ipse ineffabilis et creator omnium
Spiritus, ut ad intellectum suum carnem pertrahat,
in se ipso carnis sermonem format. In Scriptura
igitur sacra, dum nota astrorum nomina audimus,
de quibus astris sermo habeatur, agnoscimus; cum
vero astra, quæ narrantur, perpendimus, restat ut
ex eorum motibus, ad spiritualis intelligentiæ arcana surgamus. Neque enim juxta litteram mirum
aliquid dicitur, quod Deus Arcturum, et Oriona,
et Hyadas fecit, de quo nimirum constat, quia omnino in mundo nihil sit, quod ipse non fecit. Sanctus itaque vir hæc fecisse Dominum dicit, per quæ B
signari propriæ ea quæ spiritualiter geruntur, intelligit. Quid namque Arcturi nomine, qui in cœli
axe constitutus septem stellarum radiis fulget, nisi
Ecclesia universalis exprimitur, quæ in Joannis
Apocalypsi per septem Ecclesias, septemque candelabra figuratur? (*Apoc.* 1). Quæ dum in se dona
septiformis gratiæ spiritus continet, claritate summæ virtutis irradiata, quasi ab axe veritatis lucet.
Pensandum quoque est, quod Arcturus semper versatur, et nunquam mergitur; quia sancta Ecclesia
persecutiones iniquorum sine cessatione tolerat,
sed tamen usque ad mundi terminum, sine defectu
perdurat. Sæpe namque reprobi, qui usque ad in-
ternecionem eam persecuti sunt, quasi hanc funditus C
exstinxisse crediderunt, sed eo multipliciter ad statum sui perfectior rediit, quo inter manus persequentium moriendo laboravit. Arcturus ergo dum
versatur, erigitur; quia tunc sancta Ecclesia va-
lentius in virtute reficitur, cum ardentius pro veritate fatigatur. Unde apte quoque post Arcturum
protinus Orión subdit; Oriones quippe in ipso pondere temporis hiemalis oriuntur, suoque ortu tempestates excitant, et maria terrasque perturbant.
Quid igitur post Arcturum per Oriones, nisi martyres designantur? Quia dum sancta Ecclesia ad
statum prædicationis erigitur, ipsi martyres persequentium molestias passuri ad cœli faciem, quasi
in hieme venerunt. His etenim natis, mare terraque
turbata est, quia dum gentilitas mores suos destrui,
apparente illorum fortitudine, doluit, in eorum necem non solum iracundos ac turbidos, sed etiam
placidos erexit. Ex Orionibus itaque hiems inhor-
ruit, quia clarescente sanctorum apostolorum, et
martyrum constantia, frigida mens infidelium ad
tempestatem persecutionis excitata est. Oriones
ergo cœlum edidit, cum sancta Ecclesia martyres
misit. Qui dum loqui recta rudibus ausi sunt, omnino pondus ex frigoris adversitate pertulerunt.
Bene autem protinus Hyadas subdidit, quæ juvene-
scente verno, ad cœli faciem prodeunt, et cum jam

sol caloris sui vires exerit, ostenduntur. Illius
quippe signi initiis inhærent, quod sapientes sæculi Taurum vocant; ex quo augeri sol incipit, et
ad extendenda diei spatia, ferventior exsurgit. Quid
itaque post Oriones Hyadum nomine, nisi doctores
sanctæ Ecclesiæ designantur, qui subductis martyribus eo jam tempore ad mundi notitiam venerunt,
quo et clarius elucet; et repulsa infidelitatis hieme,
altius per corda fideliu si sol veritatis calet. Qui remota tempestate persecutionis, expletis longis infidelitatis noctibus, tunc sanctæ Ecclesiæ orti sunt,
cum ei jam credulitatis vernum lucidior annus aperitur. Nec immerito doctores sancti Hyadum nuncupatione signantur. Græco quippe eloquio hyetos
pluvia vocatur, et Hyades a pluviis nomen acceperunt, quia ortæ, procul dubio imbres ferunt. Bene
Hyadum appellatione expressi sunt, qui ad statum
universalis Ecclesiæ, quasi in cœli faciem deducti,
super arentem terram humani pectoris, pluviam
evangelicæ doctrinæ infundunt. Nam si sanctæ prædicationis sermo pluvia non esset, nequaquam
Moyses dixisset : Exspectetur sicut pluvia eloquium
meum (*Deut.* xxxii). Et Dominus per Isajam : *Man-*
dabo nubibus ne pluant super eam imbrem (*Isai.* v).
(Et (56) iterum : *Prohibitæ sunt stellæ vel stillæ*
pluviarum (*Jer.* iii), Arcturum scilicet, Orión et
Hyades, quæ pluvias generant.) Dum ergo Hyades
cum pluviis veniunt, ad cœli spatia altiora sol ducitur, quia apparente doctorum scientia, dum mens
nostra imbre prædicationis infunditur, fidei calor
augetur. Et perfusa terra ad fructum proficit, cum
lumen ætheris ignescit, quia uberius fruges boni
operis reddimus, dum per sacræ eruditionis flammam in corde clarius ardemus. Dumque per eos
diebus singulis magis magisque scientia cœlestis
ostenditur, quasi interni nobis luminis vernum
tempus aperitur; ut novus calor nostris mentibus
rutilet, et eorum verbis nobis cognitus se ipso quotidie micet clarior. Urgente etenim munditfine, superna scientia proficit, et largius cum tempore excrescit. Hinc namque per Danielem dicitur : *Per-*
transibunt plurimi, et multiplex erit scientia (*Dan.* xii).
Hinc Joanni in priori parte revelationis angelus
dicit : *Signa, quæ locuta sunt septem tonitrua*
(*Apoc.* x). Cui tamen in ejusdem revelationis termino, præcipit dicens : *Ne signaveris verba prophe-*
tiæ libri hujus (*Apoc.* xxii). Pars quippe revelationis
anterior signari præcipitur, terminus prohibetur;
quia quidquid in sanctæ Ecclesiæ initiis latuit, finis
quotidie ostendit. Nonnulli vero a Græca littera
quæ Y dicitur, Hyadas nuncupari arbitrantur. Quod
si ita est, significationi, quam diximus contrarium
non est; doctores enim his stellis non inconvenienter expressi sunt, quæ a litteris nomen trahunt. Sed
quamvis Hyades ab ejusdem litteræ visione non di-

(56) Quæ parenthesi includimus, desunt hic in
edit. ubi tantum legitur : *Atque hoc quod paulo*

ante protulimus (cap 5) *quamobrem prohibitæ sunt*
stellæ pluviarum.

screpent, certum tamen est, quia *Hyetos* imber dicitur, et ortæ pluvias apportant.»

Quid etiam beatus Isidorus Hispaniarum doctor, ac noster patronus de ejusdem stellis dicat, audiamus (57) : « Signorum primus arctos, qui in axe fixus, septem stellis in se revolutis rotatur. Nomen est Græcum, quod Latine dicitur *Ursa*; quæ, quia in modum plaustri vertitur, nostri eam Septentrionem dixerunt. Triones enim proprie sunt boves, aratorii, dicti eo quod terram terant, quasi teriones. Septentriones autem non occidere axis vicinitas facit, quia in eo fixæ sunt. Arctophylax dictus, quod Arcton, id est, Helicem Ursam sequitur. Eumdem et Booten dixerunt, eo quod plaustro hæret; signum multis inspectabile stellis, inter quas Arcturus. Arcturus stella est post caudam Majoris Ursæ, posita in signo Boote, unde Arcturus dicta est, quasi e ϝoυρα, quia Bootis præcordiis collocata est. Oritur autem, autumnali tempore. Orion autem ante Tauri vestigia fulget, et dictus Orion ab urina, id est ab inundatione aquarum. Tempore enim hiemis obortus, mare et terras aquis ac tempestatibus turbat. Hunc Latini Jugulum vocant, eo quod sit armatus ut gladius, et stellarum luce terribilis, atque clarissimus, in quo si effulgent omnia, serenitas portenditur; si obscuratur hujus acies, tempestas cernitur imminere. Hyades dictæ, ἀπὸ τοῦ ὕειν, id est a succo et pluviis. Nam pluviæ Græce ὑετὸς dicuntur. Ortu quippe suo efficiunt pluvias; unde et eas Latini Suculas appellaverunt; quia quando nascuntur, pluviarum signa monstrantur, de quibus Virgilius:

Arcturum, pluviasque Hyadas.

Sunt autem septem stellæ in fronte Tauri, et oriuntur tempore vernali. » Illis, docente beato Isidoro, auditis, ad ea iterum necesse est ut redeamus, quæ superius reliquimus.

Sanctus itaque Job redemptionis nostræ ordinem in spiritu contemplans, et diversa doctorum, apostolorum, scilicet evangelistarum, martyrum et confessorum officia considerans admiretur, atque admirans exclamet, dicens: *Qui extendit cœlos solus, qui facit Arcturum, et Orionem, et Hyadas.* Gregorius : Extensis etenim cœlis Dominus formavit Arcturum, quia in honorem deductis apostolis, in cœlesti conversatione fundavit Ecclesiam. Formato quoque Arcturo, fecit Orionem, quia roborata fide universalis Ecclesiæ, contra procellas mundi edidit martyres. Editis quoque Orionibus protulit Hyadas, quia convalescentibus contra adversa martyribus ad infundendam ariditatem humanorum cordium, doctrinam contulit magistrorum. Isti itaque sunt astrorum spiritualium ordines, qui dum summis virtutibus eminent, semper ex supernis lucem. Sed post ista quid restat, nisi ut sancta Ecclesia laboris sui fructum recipiens, ad videnda supernæ patriæ interna perveniat; unde et apte quia dixit : *Qui facit Arcturum, et Orionem, et Hyadas*; protinus addidit : *et interiora austri.* Quid namque in hoc loco austri nomine, nisi fervor sancti Spiritus designatur? Quo dum repletus quisque fuerit, ad amorem patriæ spiritualis ignescit. Unde et sponsi voce, in Canticis canticorum dicitur : *Surge, aquilo, et veni, auster, perfla hortum meum, et fluant aromata illius (Cant. iv).* Austro quippe veniente, aquilo surgens recedit, cum adventu sancti Spiritus expulsus antiquus hostis, mentem quam in torpore constrinxerat, deserit. Et hortum sponsi auster perflat, ut aromata defluant; quia nimirum, dum sanctam Ecclesiam donorum suorum virtutibus Spiritus sanctus impleverit, ab ea longe lateque odores boni operis spargit. Interiora ergo austri sunt, occulti illi angelorum ordines, et secretissimi cœlestis patriæ sinus, quos implet calor sancti Spiritus. Illuc quippe sanctorum animæ, et nunc corporibus exutæ, et post corporibus restitutæ perveniunt et quasi astra in abditis occultantur. Ibi per diem quasi in meridiano tempore ardentius solis ignis accenditur, quia conditoris claritas, mortalitatis nostræ jam pressa caligine manifestius videtur, et velut spheræ radius, ad spatia altiora se elevat, cum de semetipsa nos veritas subtilius illustrat. Ibi lumen intimæ contemplationis sine interveniente umbra mutabilitatis cernitur; ibi calor summi luminis, sine ulla obscuritate torporis perseverat; ibi invisibiles angelorum chori, quasi astra in abditis micant, qui eo nunc ab hominibus videri nequeunt, quo flamma veri luminis altius perfunduntur. Valde itaque mirum est, quod missis apostolis Dominus cœlos extendit, quod temperatos persecutionum tumores super maris fluctus gradiens repressit, quod solidata Ecclesia Arcturum statuit, quod roboratis contra adversa martyribus, Orionas misit, quod repletis in tranquillitate doctoribus Hyadas præbuit, sed post hæc valde est admirabile, quod sinum nobis cœlestis patriæ, quasi interiora Austri reparavit. Pulchrum est omne hoc, quod quasi in cœli facie de divina dispensatione cernitur, sed longe illuc pulchrius, et incomparabilius invenitur. Unde bene iterum sponsus in suæ sponsæ laudibus dicit : *Quam pulchra es, amica mea, quam pulchra es! Oculi tui columbarum absque eo quod intrinsecus latet (Cant. iv).* Pulchram eam narrat, et pulchram replicat, quia alia est ei pulchritudo morum, in qua nunc cernitur, atque alia præmiorum, inqua tunc per conditoris sui speciem sublevabitur. Cujus membra, videlicet omnes electi, quia ad cuncta simpliciter incedunt, ejus oculi columbarum vocantur, quia magna luce irradiant, quia et signorum miraculis coruscant. Sed quantum est omne hoc miraculum, quod videri potest, illud de internis miraculum est mirabilius, quod videri nunc non potest, de quo illic apte subditur, *absque eo quod intrinsecus latet.* Hoc ergo nobis

(57) Lib. iii *Etymolog.*, cap. 71.

beatus Job intimat, cum austri interiora commendat. Sponso igitur absente, sancta ingemiscit Ecclesia inter præsentis mundi angustias posita, sicut in ejus persona Jeremias deplorat dicens :

Audierunt quia ingemisco ego, et non est qui consoletur me (Thren. I). Ac si apertius sancta Ecclesia diceret : Audierunt inimici mei, quia ingemisco ego, absente Jesu Christo sponso, et non est qui consoletur me, fugato scilicet Spiritu sancto. Allegorice deplorat Ecclesia sua, et suorum mala, persecutiones videlicet, et martyria. Unde præponitur Sin littera, quæ dentium sonat : hic est dentium fletus, de quibus in Canticis legitur : *Dentes tui sicut greges tonsarum* (Cant. IV), etc. Hi sunt qui non lacte infantiæ indigent, sed manducant solidum panem, sicut Petro dictum est : *Macta, et manduca* (Act. X). Quasi diceretur : non solum panem tibi manducandum apposui, sed reptilia. Tales enim doctrinæ acumine sciunt vitia mactare, et reptilia, id est, homines diversarum gentium, in Christi corpus trajicere. Dentium autem diversum est officium, alii dividunt, alii molunt, alii voces formant. Sic dentes mystici, alii sunt, ut greges tonsarum, qui vetustate spoliati, fetibus suis lac doctrinæ, et indumenta virtutum ministrant; alii lacte candidiores, pulchritudine officii sunt decorati, ad summam subtilitatem verbum auditoribus ministrant. Unde Apostolus : *Perfectorum est solus cibus, qui exercitatos habent sensus* (Hebr. V), videlicet sancti apostoli, et Ecclesiæ doctores. Ait enim : *Audierunt quia ingemisco ego, et non est, qui consoletur me.* Audiunt inimici sponsam, id est sanctam Ecclesiam plorantem, quæ sentit sponsum absentem, qui etsi semper adest per majestatem, patitur tamen sponsam tentationibus concuti, ut semper sollicita sit, et timida, ne corruptoris suggestionem suscipiat. *Audierunt,* inquit, *quia ingemisco ego,* quod semper optaverunt, quod nunquam suspicati sunt. *Non est qui consoletur,* quia Spiritus sanctus non habitat in corpore subdito peccatis, et quotidie multiplicatur malum meum, tentationes videlicet filiorum meorum, et pericula præsentis sæculi. Iterum dicit : *Omnes inimici mei audierunt malum meum, lætati sunt* (Thren. I), etc. Inimici Ecclesiæ sunt dæmones, hæretici, et falsi Christiani, et persecutores pagani. Nam et Judæi graviter eam afflixerunt in ipso capite suo Christo, et suis membris, id est in apostolis, et martyribus, et cæteris fidelibus; quia quibusdam interfectis, alios de finibus suis ejecerunt. Dicat itaque Christi sponsa, quasi de inimicis suis querimoniam faciendo, eidem sponso suo : *Omnes inimici mei audierunt malum meum,* dæmones scilicet, et persecutores cæteri audierunt persecutiones apostolorum, passiones Stephani, et aliorum martyrum, et meorum afflictiones membrorum. *Lætati sunt quoniam tu fecisti,* id est justo judicio fieri permisisti. Unde dicitur : *Ego Dominus faciens pacem, et creans malum* (Isai. LV), id est justo judicio permittens. Ad hoc ipse permisit, ut

Ecclesia ab adversariis in terra odio nominis sui pateretur, quatenus ab eo gloriosius in cœlo coronaretur. Sequitur : *Adduxisti diem consolationis, et fient similes mei* (Thren. I). Ac si apertius Christi sponsa, sancta videlicet Ecclesia consolari ab eodem cœlesti sponso omnino exspectans, et adversarios qui se afflixerunt, puniri ab eodem non dubitans, loqueretur dicens : *Adduxisti diem consolationis,* id est adduces diem judicii, et qui me persecuti sunt, *Fient similes mei,* captivi scilicet, et afflicti, sicut ego fui. Hoc magis Ecclesiæ convenit, quia post ultimam captivitatem nulla consolatio restat Judæis, et cæteris Ecclesiæ persecutoribus. In die judicii reddet Dominus consolationem bonis, et supplicia malis : Deplorat anima in hac præsenti vita virtutum detrimenta, dicens : *Audierunt quia ingemisco ego,* inimici videlicet in malis quæ tolero. *Non est,* inquit, *qui consoletur me,* anxiatæ animæ doloris est augmentum, quia in quo sperat, differt auxilium. Hoc quoque ineffabiliter dolet, quod irrident hostes invisibiles, qui prius blandiebantur. Conscientia autem gravius accusando insultat, et vitia, quæ prius videbantur dulcia, patescunt amara; qui enim ante videbantur amici, qui debuerant compati, si forte scelera sciunt, irrident quasi inimici. Unde David : *Qui custodiebant animam meam, consilium fecerunt in unum, dicentes : Deus dereliquit eum* (Psal. LXX). Cassiodorus : Gravior est fascis, qui non dividitur. Ipsi dixerunt communi consilio : *Deus dereliquit eum, persequimini, et comprehendite eum.* Quasi in ordine suo dicerent apud se : Deus ille quem sibi Deum facit, dereliquit eum. Quem vident calamitatibus fatigatum, putant a Deo esse derelictum. Ergo *persequimini eum, ut tardum, et comprehendite,* ut invalidum; quia non est, qui eripiat comprehensum. Sed quisque servus Dei vincit omnia adversa præsentis mundi, cum Dei juvamine. Anima itaque, ut prædictum est, habet dentes, virtutes scilicet, et discretas cogitationes, quæ prospera, et adversa norunt dividere, et consolantem Spiritum sanctum requirere, et Dei misericordiam sperare.

Unde addidit : *Adduxisti diem consolationis, etc.* Scit enim fidelis anima, pœnitentibus post angustias veniam dari, et insultantibus supplicia retribui. Igitur Deus Pater ab initio per Verbum suum coæternum sibi, et consubstantiale, prophetas et apostolos eligere, et per eos Ecclesiam suam consolari, et ab infidelibus segregare non destitit. Hoc Verbum Deo Patri coæternum factum est ad Jeremiam prophetam a Domino, ut eosdem apostolos et doctores ad prædicandum sollicitaret, dicens : *Audite verbum pacti hujus, et loquimini ad viros Juda, et habitatores Jerusalem* (Jer. XI), etc. Ac si apertius diceret : audite Verbum quod erat in principio apud Deum, et Deus erat Verbum. Ac si Deus Pater prophetis, et apostolis cæterisque Ecclesiæ doctoribus loqueretur, dicens : *Audite verbum pacti hu-*

jus, unigeniti scilicet Filii mei vobis a me pro salute vestra missi. Obedite ergo illi in omnibus quæcunque dixerit vobis. De quo Moyses : Prophetam, inquit, suscitabit vobis Dominus Deus vester de fratribus vestris, tanquam meipsum audietis juxta omnia quæ locutus fuerit vobis (Deut. xviii). De quo etiam Deus Pater tribus discipulis, Petro videlicet, Jacobo et Joanni, ipsum in monte transfiguratum cernentibus ait : Hic est Filius meus dilectus, in quo mihi complacui; ipsum audite (Matth. xvii). Ac si diceret : omnia quæcunque dixerit vobis, servate, et facite; hæc enim est utilitas prædicantium, si ad singulos fiat Dei verbum. Quid enim prodest mihi convenisse in mundum, si non habeam verbum illud quod factum est ad prophetas. Et discipulis ait : Ecce ego vobiscum sum omnibus diebus usque ad consummationem sæculi. (Matth. xxviii). Dicat ergo Deus Pater prophetis, et apostolis, atque ecclesiasticis viris : Audite verbum pacti hujus, id est magni consilii : et loquimini ad viros Juda, scilicet Christianos, qui vere sunt confessores Christi : Et habitatores Jerusalem, Ecclesiæ videlicet, quæ est civitas regis magni, et visio pacis. Pax enim in ea per eumdem Christum, qui est Verbum Patris, multiplicatur et cernitur. Judæi confessores interpretantur a Juda patriarcha, de cujus tribu ortus est Dominus, de quo vere dicitur : Juda, te laudabunt fratres tui ; manus tuæ in cervicibus inimicorum tuorum (Gen. xlix). Cum ergo ad viros Juda, et ad habitatores Jerusalem verbum prædicationis fieri præcipitur, ad Christianos, qui vere confessores Christi sunt, refertur. Loquantur itaque prophetæ, et apostoli verbum pacti Domini : Hæc dicit Dominus Deus Israel : Maledictus vir, qui non audierit verba pacti hujus, quod præcepi patribus vestris in die qua eduxi eos de terra Ægypti, de fornace ferrea dicens : Audite vocem meam, et facite omnia quæ præcepi vobis, et eritis mihi in populum, ego ero vobis in Deum (Jer. xi). Ac si dicat : Non generis privilegio, non circumcisionis prærogativa, non Sabbati otio, sed propter obedientiam Israel efficior ejus Deus, et ipse populus meus. Et hic quidem, hoc est, in lege ad servos loquitur, in Evangelio autem ad amicos : Vos, inquit, amici mei estis, si feceritis quæ ego præcipio vobis (Joan. xv). Et iterum : Jam non dicam vos servos, sed amicos ; quia servus nescit quid faciat Dominus ejus (ibid.). Cum autem amici fuerint, de amicis in filios transeunt. Quotquot autem receperunt eum, dedit eis potestatem filios Dei fieri (Joan. i) etc. Amicis autem, et filiis præcipit, dicens : Estote perfecti, sicut Pater vester cælestis perfectus est (Matth. v). In hoc quod perfectionem nominat, non æqualitatem, sed similitudinem signat. In lege obedientia mandatorum præcipitur, in Evangelio autem similitudo Dei filiis Ecclesiæ promittitur. Maledictus, inquit, vir qui non audierit verbum pacti hujus.

A Judæi ergo maledicti sunt, qui non audierunt testamentum Dei, quando eduxit eos de terra Ægypti. Nos autem qui in Christum credimus, testamento ejus obedimus, quod per Moysem traditur, quia in semine Abrahæ, hoc est in Christo benedicimur. Ad hoc ergo Dei Filius sanctos apostolos elegit, eosque per universas mundi partes ad prædicandum misit, ut cordibus omnium quæ sub cœlo sunt nationum, verba pacti hujus, velut nubes aquam infunderent, scilicet ut ipsum cum Patre et Spiritu sancto unum et verum Deum esse crederent. Hoc etiam eisdem suis præcepit discipulis, ut profunda et mystica perfectioribus, aperta autem rudibus, minus videlicet intelligentibus, prædicarent. Unde beatus Job Deum in ipsius operibus laudans, ait :

Qui ligat aquas in nubibus, ut non erumpant pariter deorsum (Job xxvi). Gregorius (58). Quid hoc loco aqua, nisi scientia, quid vero nubes, nisi prædicatores, id est sancti apostoli appellantur. Nam quod in sacro eloquio aliquando aqua scientia dicitur, Salomone attestante didicimus, qui ait : Aqua profunda verba ex ore viri; et torrens redundans, fons sapientiæ (Prov. xviii). Aquam significare scientiam, David propheta testatur dicens : Tenebrosa aqua in nubibus aeris (Psal. xvii), id est occulta scientia in prophetis; quia ante adventum Domini dum occultis sacramentis gravidi immensa mysteria gestarent, intuentium oculis eorum intelligentia caligabat. Nubium vero nomine, quid hoc loco aliud quam prædicatores, sancti apostoli videlicet, designantur, qui per mundi partes circumquaque transmissi, et verbis noverant pluere, et miraculis coruscare, et minis terrere. Quod Isaias propheta longe ante intuens dixit : Qui sunt isti, qui ut nubes volant ? (Isai. lxi.) Quia igitur beatus Job prophetico plenus spiritu, in hac locutione sua ad Dei laudem initia nascentis Ecclesiæ desiderat exoriri, studet ejus ordinem ab apostolorum prædicatione narrare, quia curaverunt summopere rudibus populis plana et capacibilia, non summa et ardua prædicare. Nam si scientiam sanctam, quæ hic aquæ nomine designatur, ut per Spiritum sanctum hauriebant, corde, ore funderent, immensitate ejus auditores suos opprimerent potius quam rigarent. Unde religata intrinsecus scientia, ut non pariter deorsum erumperet, auditores suos distillatione verborum nutriens, nubs illa loquebatur dicens : Non potui vobis loqui, quasi spiritualibus, sed quasi carnalibus. Tanquam parvulis in Christo, lac vobis potum dedi, non escam (I Cor. iii). Quis enim ferre potuisset, si raptus ad tertium cœlum, raptus in paradisum, etiam arcana verba audiens, quæ dici homini non liceret, tam immensos supernæ scientiæ sinus aperiret? Aut cujus auditoris virtutem non opprimeret, si ea quæ intrinsecus hauriri poterat, in quantum carnis lin-

(58) Lib. xvii Mor. cap., 14.

gua sufficeret, extrinsecus inundans aquæ hujus
immensitas emanasset? Ut vero auditores rudes non
inundatione scientiæ, sed moderata prædicationis
distillatione proficiant, ligat Deus aquas in nubibus,
ut non erumpant pariter deorsum; quia doctorum
prædicationem temperat, ut auditorum infirmitas
doctorum rore nutrita convalescat. Quod bene in
Evangelio mystica narratione narratur, cum dicitur:
*Ascendit Jesus in naviculam Petri, et rogavit eum,
ut a terra reduceret pusillum, et sedens prædicabat
turbis* (*Luc.* v). Per navem Petri quid aliud, quam
commissa Petro Ecclesia figuratur. De qua, ut Dominus turbis confluentibus prædicet, eum a terra
paululum reduci jubet. Quam non in altum duci, et
tamen a terra præcipit removeri, profecto insinuans prædicatores suos, rudibus debere populis
nec alta nimis de cœlestibus, nec tamen terrena
prædicare. Aqua itaque ligatur in nubibus, quia
prædicatorum scientia infirmorum mentibus loquens, quantum sentire valet, loqui prohibetur.
Nam plerumque si auditorum cor, verbi immensitate corrumpitur, lingua docentium indiscretionis
pœna multatur. Unde scriptum est: *Si quis aperuerit cisternam, et effoderit, et non operuerit eam, de-
scenderitque bos vel asinus in ea, Dominus cisternæ
reddet pretium jumentorum* (*Exod.* xxi). Quid est
enim aperire cisternam, nisi intellectu valido Scripturæ sacræ arcana penetrare? Quid autem per bo-
vem, et asinum, id est mundum immundumque
animal, nisi fidelis et infidelis accipitur? Qui ergo
cisternam fodit, cooperiat, ne illuc bos vel asinus
ruat; id est qui in sacro eloquio jam alta intelligit,
sublimes eorum sensus non capientibus per silentium tegat, ne per scandalum mentis, aut fidelem
parvulum, aut infidelem qui credere potuisset, interimat. Ex morte enim jumentorum debet pretium, quia illud scilicet admisit, unde ad agendam
pœnitentiam reus tenetur. Operienda est itaque
cisterna, quia coram parvulis mentibus tegenda est
alta scientia, ne unde cor docentium ad summa
attollitur, inde infirmitas auditorum ad ima dila-
batur. Dicatur itaque recte: *Qui ligat aquas in nubibus, ut non erumpant pariter deorsum.* Pariter
namque erumperent, si coram infirmis auditoribus,
quanta est scientia, ex ore loquentis emanaret; si
simul se omnis plenitudo prædicationis effunderet,
et nihil sibi cum proficientibus reservaret. Dignum
quippe est, ut qui prædicat, audientis modum consideret, quatenus ipsa prædicatio cum auditoris sui
incrementis crescat. Sic quippe agere unusquisque
prædicator debet, sicut cum illo divinitus agitur:
ut nequaquam cuncta quæ sentit, infirmis insinuet;
quia et quousque ipse carne mortalitatis infirmus
est, quæ superna sunt, cuncta non sentit. Prædicare ergo rudibus non debet, quantum cognoscit, quia
et ipse de supernis mysteriis cognoscere non valet,

(59) Desumuntur hæc ex Greg. *Hom.* 15, *in
Ezech.* Sed Martinus transcribit Glossam non tam

quantà sint. Prædicatores igitur sanctæ Ecclesiæ
juxta audientium capacitatem, ut dictum est, debent prædicare, ut in eorum cordibus vitia pos int
resecare, virtutes nutrire, et omnibus modum
Christianæ religionis imponere, eosque ad ædificium Jerusalem cœlestis aptos exhibere. Deus
enim veteris, et novi testamenti doctoribus prædicandi mensuram tribuit, sicut Ezechiel propheta de
eisdem figurate loquitur, dicens:

Vidi in porta virum stantem, qui in manu sua calamum habebat, et ædificium ejusque portas men-
surabat et mensus est limen portæ, juxta vestibulum portæ intrinsecus, calamo uno (*Ezech.* xl).
Vir iste Christus est, qui calamum in manu sua,
hoc est mensuram sacræ Scripturæ in potestate
sua tenet, qua utrumque limen, interius videl. et
et exterius metitur, id est sanctorum veteris et
novi testamenti vitam disponit, et per eos cunctorum mores fidelium regit, et vitia corrigit. Gregorius (59): Limen exterius, Patres veteris testamenti, per quorum prædicationem perversa opera
punita sunt, et limen interius, doctoris novi testamenti accipimus, quorum doctrina ab illicitis cogitationibus animus coercetur. Illi extrinsecus
fuerunt, qui Christum in carne non viderunt, sed
tamen a sancta Ecclesia divisi non fuerunt, quia
mente, opere, prædicatione, ista fidei sacramenta
tenuerunt. Sicut enim nos in præterita Christi passione salvi sumus, ita illi per fidem in eamdem
venturam sunt salvati. Illi foras fuerunt, non extra
mysterium, sed extra tempus. Mali autem pastores
nunquam intus, sed semper foras fuerunt, ideoque
repulsi sunt a Domino. Quia ergo Dominus per
passionem et resurrectionem Jesu Christi Filii sui,
Synagogæ pastores, non dico pastores, sed legis
transgressores, Scribas scilicet et Pharisæos a facie sua propter illorum iniquitates decreverat projicere, et eorum loco apostolos subrogare; per
Jeremiam prophetam hoc eis curavit indicare, dicens: *Vos dispersistis gregem meum, ejecistis, et
non visitastis eos; et quia hoc fecistis, ecce ego
visitabo super vos malitiam studiorum vestrorum dicit Dominus* (*Jer.* xxiii). Quia omnis spes Judaici
defecerat regni, transit ad Ecclesiæ principes Synagoga cum suis pastoribus, derelicta atque damnata, ad apostolos fit sermo de quibus dicitur:
Suscitabo super eos pastores, etc. *Ecce,* inquit, *ego
congregabo reliquias populi mei de omnibus terris, ad
quas ejeceram eos illuc; et convertam eos ad rura
sua; et crescent et multiplicabuntur* (*Ibid.*). Quasi
diceret: ecce ego, et non alius, congregabo reliquias
gregis mei, gentilem scilicet populum longe lateque
peccando vagantem, de omnibus terris ad quas,
exigentibus peccatis, ejeceram eos illuc, et convertam eos ad rura sua, id est ad sanctam Ecclesiam,
ut ibi pascantur in herbis sanctarum Scripturarum,

summi pontificis quod similiter facit in consequentibus.

virentibus, et fiet unum ovile, et unus pastor, et
crescent virtutibus, et multiplicabuntur spirituali,
novaque progenie. Iterum dicit : *Et suscitabo super
eos pastores, et pascent eos*. Abjectis pastoribus Synagogæ, Scribis scilicet et Pharisæis, suscitabo
super populum meum pastores, apostolos videlicet
et ecclesiasticos viros; et pascent eos pane verbi
Dei. Possumus hoc juxta tropologiam, de Ecclesiæ
principibus intelligere, qui non regunt oves Domini
digne. Quibus abjectis, atque damnatis, salvatur
populus bonis traditus pastoribus, et reliquiæ salvantur. Perdunt oves pastores hæresim docentes,
lacerant et dissipant schismata facientes, ejiciunt
ab Ecclesia injuste persequentes, et superba agentes ; nec visitant in fide debiles, pœnitentibus manum retrahentes. Quorum omnium miseretur Dominus, pristina pascua reddens, et malos pastores
auferens. Boni pastores sancta animalia, id est fideles populos reficiunt suis prædicationibus, velut
angelicis dapibus. Sanctorum igitur Patrum doctrina cœlestis dulcedinis est mensa. Unde Ezechiel
propheta in visione sibi divinitus ostensa, figurate
loquitur, dicens : *Vidi in vestibulo portæ interioris
duas mensas hinc, et duas inde; ut immolaretur super eas holocaustum pro delicto, et pro peccato*
(*Ezech*. XL). Gregorius : Porta nostra, id est catholica fides in interiori vestibulo quatuor mensas habet, quia sancta Ecclesia ad eruditionem fidelium,
quatuor accepit ordines regentium. Unde beatissimus Paulus loquitur, dicens : *Ipse*, scilicet Deus,
*dedit quosdam quidem apostolos, quosdam autem pro-
phetas, alios vero evangelistas, alios pastores, et doctores* (*Eph*. IV), qui unus ordo sunt. Isti ergo dum
prædicant, gregem Domini, id est fidelem populum
spirituali dulcedine satiant. Habet et porta exterior
quatuor mensas, Synagoga scilicet, principes sacerdotum, et seniores populi, Scribas et Pharisæos ;
qui Pharisæi legis doctores vocati sunt. In utraque
ergo porta duæ mensæ sunt hinc, et duæ inde, quia
sancta Ecclesia in sui exordio apostolos et prophetas habuit, qui scilicet post apostolos orti sunt.
Nunc autem habet evangelistas, atque doctores.
Evangelistæ sunt, qui gaudia cœlestis patriæ populis nuntiant. Interioris autem portæ, id est sanctæ Ecclesiæ mensæ holocaustum habent, quia sive
in cordibus apostolorum atque prophetarum, sive
in mente evangelistarum et doctorum, ignis sancti
Spiritus exarsit, et ardet, qui omnem intentionem
simul et cogitationes absumit. Flamma etiam amoris
Dei quasi holocaustum totum simul quod invenit,
incendit. Mensæ vero hæc ex quadris lapidibus
factæ sunt; quia dum quotidie sacri eloquii verba
meditantur, ad offerendum Domino orationis holocaustum, quasi ex quadris lapidibus construuntur.
Verba enim sanctæ Scripturæ lapides quadri sunt,
quæ ubique firmiter stant, et nusquam reprehendun-
tur. Nam in omne quod præteritum narrant, in
omne quod venturum prædicant, in omne quod spiritualiter sonant, in omne quod moraliter annun-

tiant, quasi in diverso latere statum habent. Corda
itaque sanctorum mensæ Dei sunt ad holocaustum
quadris lapidibus constructæ, quia, qui verba
Domini semper cogitant, semet ipsos Domino a carnali vita mactant. Unde dicitur : *Lex Dei ejus in
corde ipsius* (*Psal*. XXXVI), etc. Cassiodorus : « Lex
Dei ejus, id est præcepta Dei sunt in corde ipsius,
et quasi cor, consonant linguæ. Et quid illi prodest?
hoc videlicet, quia *non supplantabuntur gressus
ejus*. Supplantare est, plantis foveam insidiarum
prætendere. Et est sensus : Verbum in corde liberat a laqueis peccatoris, ut non supplantentur
gressus hominis Deum laudantis. »

Procul dubio qui in lege Domini meditatur die
ac nocte etiam cum Propheta potest dicere : *In
corde meo abscondi eloquia tua, ut non peccem
tibi* (*Psal*. CXVIII). Quasi diceret : Exquisivi mandata tua, et etiam memoriæ commendavi; et hoc
est in corde meo abscondi eloquia tua, recondita
abscondi, porcis videlicet et canibus. Cassiodorus :
« Genus enim peccati est, obstinatis prædicare, et
ideo abscondi eloquia tua, ut non peccem tibi, qui
dicis : *Nolite dare sanctum canibus : et margaritas
ante porcos ponere* (*Matth*. VII). Vitium est enim secreta mysteria indignis vulgare, et quasi Babylonis
thesauros domus Domini ostendere; quod ab aliquo fit vel adulatione, ut placeat ei cui divulgat;
vel avaritia, ut aliquid lucretur; vel jactantia, ut
plura scire videatur; vel loquacitate incauta, dum
sine judicio semel emissum volat irrevocabile verbum. » Assumenda est enim disciplina silentii, ut
prius quis taceat, quam loquatur. Unde dicitur :
*Sit omnis homo velox ad audiendum, tardus autem
ad loquendum, et tardus ad iram* (*Jac*. I). Idcoque
Isaias cum ei dixisset Dominus, *clama*, non prius
clamavit, quam audiret, quid clamare deberet,
dicens : *Quid clamabo* (*Isai*. XL). Dominus etiam
in Evangelio comparat regnum cœlorum thesauro
abscondito in agro; hic est thesaurus sapientiæ et
cognitionis, quem cum invenerit homo abscondit
in corde suo, nec divulgat (*Matth*. XIII); sicut *Maria conservabat omnia verba Domini conferens in
corde suo* (*Luc*. II). Ut ergo supradictum est, corda sanctorum mensæ Dei sunt; qui verba Domini
sine intermissione meditantur, ex quibus Ecclesiæ
parvulos reficiunt. De his itaque lapidibus per
Isaiam dicitur : *Lateres ceciderunt, sed quadris lapidibus ædificabimus* (*Isai*. IX). Ac si apertius diceretur : *Lateres ceciderunt*, id est Judæi; sed quadris lapidibus ædificabimus, id est sanctis apostolis,
et martyribus, et Ecclesiæ doctoribus, quibus ædificatur cœlestis Jerusalem ædificium ex vivis et
electis lapidibus. De his populus Christianus, vestibulum scilicet, mensas habet quatuor constructas ;
quia fidem, vitam rectam, patientiam, benignitatem de vita sanctorum in exemplum sumit. Solus
ergo Deus ab hominibus, atque ab omnibus cœli
beatorum spirituum ordinibus est adorandus, glo-
rificandus, et super omnia diligendus, qui in suæ

dilectionis Filio, id est in Christo, omnia restaura- A
vit in angelis, et sanctis hominibus. De quo Jeremias propheta Spiritu sancto edoctus, ait :

Qui facit terram in fortitudine sua, præparat or-
bem in sapientia sua, et prudentia sua extendit cœ-
los (Jer. x). Ac si diceret : Deus Pater facit terram in fortitudine sua, de peccatoribus scilicet justos facit et sanctos; et præparat orbem ad serviendum sibi in sapientia sua, hoc est in Filio, qui
fortitudo et virtus et sapientia ejus est; et prudentia sua extendit cœlos, doctrinam videlicet apostolorum per universum mundum late diffundit. *Ipse*
enim dixit et facta sunt; ipse mandavit et creata
sunt (Psal. cxlviii), sic loquens ad Filium : *Facia-*
mus hominem ad imaginem et similitudinem no-
stram (Gen. i). De quo iterum propheta recte sub- B
jungit : *A voce sua dat multitudinem aquarum in*
cœlo, et elevat nebulas ab extremitatibus terræ (Jer. x).
Omnis doctrina Domini de cœlestibus fluit. Unde
dicitur : *Terra mota est, etenim cœli distillaverunt*
a facie Dei Sinai, a facie Dei Israel (Psal. lxvii).
Augustinus : Terra mota est, id est terreni ad fidem
Christi excitati sunt; sed unde hoc ? Etenim, id est
quia cœli, apostoli scilicet distillaverunt pluviam,
id est gratiam; et hoc a facie Dei, id est non a se,
sed a Deo qui in illis est. Sequitur : *Mons Sina a*
facie Dei Israel, subaudis, distillavit a facie Dei, et
præ aliis. Alia littera : *Mons Sina distillavit a facie*
Dei Israel : id est Paulus apostolus gentium, qui
plus omnibus stillavit doctrinæ guttas, qui bene
significatur per montem Sina, quia prius fuit gene- C
ratus in servitutem ex lege, quæ fuit data in monte
Sina. Vel ita secundum eamdem litteram, quæ
mons Sina a facie Dei Israel scilicet distillavit.
Idem sunt cœli et montes, id est idem scilicet
apostoli significantur per cœlos et montes. Nec tamen dicit *montes,* sed *mons,* idem significans singulari numero quod plurali, sicut et alibi cum dicitur : *Cœli enarrant, et firmamentum annuntiat*
(Psal. xviii); idem significat per cœlos et firmamentum. Et est sensus : *Mons Sina,* id est apostoli
a facie Dei Israel distillaverunt. Quidam tamen
libri sunt Græci et Latini, qui non habent talem
litteram, scilicet, *Mons Sina a facie Dei Israel,* sed
habent, *a facie Dei Sinai, a facie Dei Israel.* Et est D
sensus : *Cœli,* id est apostoli, *distillaverunt a facie*
Dei. Cujus Dei? *Dei,* videlicet *Sinai, Dei Israel;* id
est qui legem dedit populo Israel; quia qui dedit
per Moysen legem, qua terreret, dat et per apostolos benedictionem qua liberet.

Quid distillaverunt cœli? Pluviam, id est doctrinam gratiæ sancti Spiritus voluntariam, quæ sine
meritis datur sola Dei voluntate. Ipse quippe *genuit*
nos voluntarie verbo veritatis (Jac. i). Hanc *pluviam*
segregabis, Deus, hæreditati tuæ, scilicet fidelibus in
quos pluvia proflua irrigatione descendit. Illa hæreditas infirmata est, id est agnovit se nihil esse

ex se; tu vero perfecisti eam, quia *virtus in infir-*
mitate perficitur (II Cor. xii). Aliter : *Pluviam*
voluntariam segregabis, Deus, hæreditati tuæ. Et hoc
quomodo fiet? Nam cœli distillaverunt, id est apostoli distillabunt a facie Dei Sinai, id est a cognitione Dei dantis legem in Sina, a facie Dei Israel.
Israel dico, non secundum carnem, sed veri Israel
recipientis gratiam, et non præsumentis de carnali
observantia. Ad hoc enim dedit legem, ut terreret
de se præsumentes; dedit et benedictionem, ut
liberaret in se sperantes. Dicat ergo David rex et
propheta : *Pluviam voluntariam segregabis, Deus, hæ-*
reditati tuæ, Cœli inquit, *distillabunt.* Et quid distillabunt? Pluviam scilicet voluntariam, id est imbrem verbi Dei voluntarie, et non per merita hominum attributum, quam *segregabis, Deus, hære-*
ditati tuæ, id est tuis electis. Tantum pluviam illam
commendabis, quia non est omnium fides; et infirmata est hæreditas recognoscens peccata sua, et
nihil sibi tribuendum sentiens. Ipsa infirmatur, tu
vero, hoc est in rei veritate eam perfectam fecisti.
Unde Apostolus : *Qui fui,* inquit, *persecutor, et bla-*
sphemus, misericordiam consecutus sum (I Tim. i).
Vel sic : infirmata est hæreditas in se ad tolerandas
tribulationes, tu vero confortasti eam, et sic perfectam reddidisti. Dicat ergo Jeremias de Dei omnipotentia : *A voce sua dat multitudinem aquarum*
in cœlo, et elevat nebulas ab extremitatibus terræ
(Jer. x). Ac si apertius diceret : *A voce sua dat*
Deus in cœlo, hoc est in Ecclesia, *multitudinem*
aquarum, id est multiplicem sanctarum doctrinam
Scripturarum. Unde est illud : *In voce cataracta-*
rum tuarum (Psal. xli), id est apostolorum et prophetarum. *Et elevat,* inquit, *nebulas ab extremita-*
tibus terræ, quia non superbos sed humiles, non
divites sed pauperes elegit prædicatores, apostolos
scilicet piscatores contemptibiles, ut tumentia
destruerent argumenta hæreticorum ac philosophorum. Unde dicitur : *Infirma hujus mundi, et con-*
temptibilia elegit Deus, ut confundat fortia (I Cor. i).
Quisquis ergo mentem in superbiam elevat, prædicare proximis non præsumat. Ille utique justitias
Domini annuntiare digne aliis poterit, qui in humilitate fundatus fuerit. Unde est illud : *Qui vult*
inter vos primus esse, sit omnium novissimus (Marc.
ix). Aliter enim nemo esse nubes poterit, id est
ad irrigandum corda audientium doctrina cœlestis
pluviæ idoneus aliter non erit. Isidorus (60) :
« Nebula inde dicta, unde et nubila, ab obnubendo,
hoc est, ab operiendo terram, sive quod volans
nubes faciat. Exhalant enim valles humidæ nebulas,
et fiunt nubes; inde nubilum et nives. Nebulæ autem ima petunt, cum serenum est; summa vero,
cum nubilum. » Dominus ergo, ut dictum est, *ele-*
vat nebulas ab extremis terræ; nebulas dico, quæ
noverunt quibus pluvias impendant, et quibus sus-
pendant; sanctos videlicet apostolos, eorumque

(60) Lib. xiii *Etymolog.,* cap. 10.

successores, qui secundum gratiam, et potestatem sibi commissam spiritualibus corda fidelium imbribus irrigant. Isti bene noverunt, quando, et quibus prædicationis verbum proferre debeant. De quibus dicitur : *Mandabo nubibus meis ne pluant super eam imbrem* (*Isai.* v), id est super gentem peccatricem salutis doctrinam. Iterum Dei voluntatem facientibus promittitur : *Dabo vobis pluvias temporibus suis* (*Lev.* xxvi). Moyses quasi nubes pluviam desuper infundebat, qui dicebat : *Exspectetur sicut pluvia eloquium meum, et descendant sicut ros super fenum verba mea* (*Deut.* xxxii). Et Isaias : *Audi cœlum, et auribus percipe terra, quoniam Dominus locutus est* (*Isai.* i). Deus non educit pluviam cœlestis doctrinæ a superbis consulibus, non a ducibus, non a divitibus, sed ab humilium cordibus prædicatorum, apostolorum, videlicet et doctorum ; quia beati pauperes spiritu, quoniam ipsis commissum est regimen sanctæ Ecclesiæ, quæ regnum cœlorum dicitur (*Matth.* v. *Luc.* vi). Unde Dominus in Evangelio Deum Patrem glorificans, dicebat : *Confiteor tibi, Domine Pater cœli et terræ, quia abscondisti hæc a sapientibus et prudentibus, et revelasti ea parvulis* (*Matth.* xi), id est humilibus, et simplicibus non de se, sed de tua misericordia præsumentibus. Iterum Jeremias ad laudem Conditoris subjungit, dicens : *Fulgura in pluviam facit, et educit ventos de thesauris suis* (*Jer.* x). Fulgura in pluviam Deus facit, cum arentia hominum corda coruscanti doctrina terrificat et satiat. Ut ferunt, fulgura ex nubium collisione generantur, sicut ex durioribus sibi complosis silicibus medius ignis elabitur. Moyses et Josue nubes erant, quia dum sibi colloquuntur, ex eorum sermonibus fulgura micant. Jeremias quoque et Baruch sibi colloquentes rutilantia mittunt fulgura.

Psalmista quoque Dei omnipotentiam considerans dicebat : *Educens nubes ab extremo terræ ; fulgura in pluviam fecit* (*Psal.* cxxxiv). Augustinus : « Has nubes Deus non tantum de Israel misit, sed ab extremo terræ excitat, et in fines orbis terræ mittit. » Sed quid de ipsis nubibus operatur ? Fulgura videlicet in pluviam fecit, id est minas ad misericordiam flexit, de terroribus irrigavit. Prædicatores namque et terrent, et blandiuntur. Terrent, quando æterna supplicia minantur ; mulcent, promittendo æterna gaudia ; et ideo legitur, quod manna liquescebat ad solem, et indurabatur ad ignem (*Exod.* xvi. *Sap.* xvi). Manna enim cœlitus datum figura est divini eloquii ; quod liquefit ad solem, dum mentes fidelium futuræ claritatis promissione glorificat, cum ait : *Fulgebunt justi sicut sol in regno Patris mei* (*Matth.* xiii). Induratur autem manna ad ignem, dum mentes peccantium nescias futuræ pœnæ comminatione advertit, dicens : *Omnis arbor, quæ non facit fructum bonum, excidetur, et in ignem mitte-*

tur (*Matth.* iii). Ideo in veteri lege in summi pontificis veste erat, coccus bis tinctus qui habet speciem ignis (*Exod.* xxviii). Ignis vero duo facit. Urit scilicet, et lucet ; quia prædicator peccantium cor adurere debet fulgure, et terrore comminationis, et piorum mentes confovere promissione æternæ lucis. Inde est, quod baculus pontificis ex inferiori parte pungit, superius in anteriora extenditur ; quia prædicator pungere debet vitia carnis, et mentis vires in anteriora dirigere ; ita tamen ut ad sui considerationem semper redeat, ne cum aliis prædicaverit, ipse reprobus efficiatur (*I Cor.* ix). Et in principio sui sermonis accusator sit sui, ne videat festucam in oculo alterius, trabem gestans in suo (*Matth.* vii). Deus ergo, ut promissum est, fulgura in pluviam facit, quia in prædicatione humilium audientium corda spirituali doctrina satiat, et metu suppliciorum terrificat.

Præmiorum demulcet promissione, et suppliciorum terret denuntiatione. Isidorus (61) : « Nubes dictæ ab obnubendo, id est operiendo cœlum ; unde et nuptæ dicuntur, quod vultus suos velent. Inde et Neptunus quod nubat, id est mare et terram tegat. Nubem autem aeris densitas facit. Venti enim aerem conglobant, nubesque faciunt ; Unde est illud : Atque in nubem cogitur aer. (62) Tonitruum dictum, quod sonus ejus terreat ; nam tonus sonus. Qui ideo interdum tam graviter concutit omnia, ita ut cœlum discidisse videatur, quia cum procella vehementissimi venti nubibus se repente immiserit, turbine invalescente exitumque quærente, nubem quam excavavit, impetu magno præscindit, ac sic cum horrendo fragore defertur ad aures. Quod mirari quis non debeat, cum vesicula animalis quamvis parva, magnum tamen sonitum displosa emittat. Cum tonitruo autem simul et fulgura apparent, sed fulgur celerius videtur, quia clarum est, tonitruum autem ad aures tardius pervenit. Lux autem quæ apparet ante tonitruum, fulgetra vocatur ; quæ, ut diximus, ideo ante videtur, quia clarum est lumen (63). Fulgur et fulmen ictus cœlestis jaculi a feriendo sunt dicti. Fulgere enim ferire est atque percutere. Fulmen autem collisa nubila faciunt ; nam rerum collisio ignem creat, ut in lapidibus cernimus, vel attritu rotarum, vel in silvis arborum. Simili modo in nubibus fit ignis ; unde et prius nubila sunt, deinde ignes. Ex vento autem et igne fulmina in nubibus dicitur fieri, et impulsu ventorum emitti ; ideo autem fulminis ignis majorem habet vim ad penetrandum, quam noster ignis, qui nobis in usum est ; quia ex subtilioribus elementis factus est. Tria sunt autem ejus nomina, id est fulgur, fulgor, et fulmen. Fulgur quia tangit, fulgor quia incendit et urit ; fulmen, quia findit, ideoque cum ternis radiis fingitur. »

(61) Lib. xiii *Etymolog.*, cap. 7.
(62) Id. cap. 8.
(63) Cap. 9.

Iterum Jeremias propheta de Dei omnipotentis A operibus subjungit, dicens : *Et educit ventum de thesauris suis* (*Jer.* x), hoc est de humilium cordibus ventum sapientiæ producit, qui eosdem simplices et humiles ad prædicandam suæ fidei doctrinam mittit. In ipsis enim thesauri sunt absconditi sapientiæ et scientiæ Dei. Tunc ergo Deus ventum profert de thesauris suis, cum per eosdem humiles, apostolos scilicet et evangelistas, aliosque doctores, secretorum suorum mysteria cunctis per orbem annuntiat populis. Venti quippe qui terras perflant, horum spiritualium ventorum figuram gerunt. Huic simile est, quod ait Psalmista : *Qui producit ventos de thesauris suis* (*Psal.* cxxxiv). Prædicatores nubes sunt et venti ; nubes videlicet propter carnem, venti propter spiritum. Nubes videntur, venti sentiuntur, et non videntur. Et quia caro de terra est, ideo dicitur, quod nubes excitat ab extremo terræ, sed spiritus hominis ignoratur unde veniat. Unde recte dicitur : *Qui producit ventos de thesauris suis.* Vel propter aliud venti dicuntur apostoli, scilicet quia totum mundum velociter percurrunt. Ad litteram, ut ait beatus Isidorus (64) : «Ventus est aer commotus et agitatus ; et pro diversis partibus cœli nomina diversa sortitur ; dictus autem ventus, quod sit vehemens et violentus. Vis enim ejus tanta est, ut non solum saxa, et arbores evellat, sed etiam cœlum, et terram conturbet, maria commoveat. Ventorum quatuor principales spiritus sunt, quorum primus ab oriente Subsolanus, a meridie Auster, ab occidente Favonius, a septentrione ejusdem nominis C ventus aspirat, habentes hinc inde geminos ventorum spiritus. Subsolanus a latere dextro Vulturnum habet ; a lævo Eurum ; Auster, a dextris Euroaustrum habet, a sinistris Austroafricum. Favonius a parte dextera Africum, a læva Corum. Porro Septentrio a dextris Circium, a sinistris habet Aquilonem. Hi duodecim venti mundi globum circumagunt, quorum nomina propriis ex causis signata sunt. Nam Subsolanus vocatur, eo quod sub ortu solis nascatur. Eurus, eo quod ab Eoo flat [*M ss.* ab eo fiat], id est ab oriente. Est enim conjunctus Subsolano. Vulturnus vocatur, quia alte tonat ; de quo Lucretius :

Altitonans Vulturnus, et Auster fulmine pollens.

(Lucr., v, 744.)

Auster ab hauriendo aquas vocatus, unde et crassum aerem facit, et nubila nutrit. Hic Græce νότος appellatur, propter quod interdum corrumpat aerem. Nam pestilentiam, quæ ex corrupto aere nascitur, Auster flans in reliquas religiones transmittit ; sed sicut Auster pestilentiam gignit, sic Aquilo repellit. Euroauster dictus, quod ex una parte habeat Eurum, et ex altera Austrum. Austroafricus, quod junctus sit hinc inde austro et Africo. Ipse est et Libonotus, quod sit ei Libs hinc, et inde Notus. Zephyrus, Græco nomine appellatur, eo quod flores et germina ejus flatu vivificentur. Hic Latine Favonius dicitur, propter quod foveat quæ nascuntur. Austro autem flores solvuntur, a Zephyro, id est Favonio fiunt. Favonius nuncupatur, eo quod foveat fruges ac flores. Hic Græce dicitur Ζέφυρος, quia plerumque vere flat. Unde est illud :

Et Zephyro putris se gleba resolvit.

(Virg., *Georg.*, 1, 43.)

Africus a propria regione vocatur. In Africa enim initium flandi sumit. Corus est, qui ab occidente æstivo flat, et vocatur Corus, quod ipse ventorum circulum claudat, et quasi chorum faciat. Septentrio dictus, eo quod a circulo septem stellarum consurgit, quæ vertente se mundo resupinato capite ferri videntur. Circius dictus, eo quod Coro sit junctus. Hunc Hispani Gallecum vocant, eo quod eis a parte Galleciæ efflat. Aquilo dictus, propter quod aquas stringat et nubes dissipet ; est enim gelidus ventus et siccus. Ideo et Boreas vocatur, quia ab Hyperboreis montibus flat. Inde enim origo ejusdem venti est, unde et frigidus est. Natura enim omnium septentrionalium ventorum frigida et sicca est, australium humida et calida. Ex omnibus autem ventis duo cardinales sunt : Aquilo [Septentrio] scilicet et Auster. »

His breviter a beato Isidoro de ventorum naturis et diversitatibus dictis, ad ea, quæ superius omisimus, necesse est ut redeamus. Venti ergo qui terras perflant, in thesauris Dei non sunt, quia eorum natura manifesta est ; sed sunt thesauri ventorum, id est spirituum ; *spiritus* videlicet *sapientiæ et intellectus, spiritus consilii et fortitudinis, spiritus scientiæ et pietatis, et spiritus timoris Domini* (*Isai.* xi). Hi autem thesauri plenissime sunt in Christo absconditi, qui est fons omnium bonorum. Sunt et in cordibus servorum ejus per partes. Ab ipsius summi thesauri plenitudine oritur, ut alius sit sapiens, alius fidelis, alius humilis, alius castus, alius charitate plenus, alius sobrius, alius orationi et divinæ contemplationi deditus, alius in eleemosynis largus, alius hospitalitati et misericordiæ operibus intentus, alius adversa hujus mundi patienter sustinens, alius divitias contemnens, et propter æternam remunerationem ubi er pauper-D tatem amplectens. Dicat iterum Jeremias propheta de fortitudine et sapientia, et prudentia Dei Patris, *Qui facit,* inquit, *terram in fortitudine sua, præparat orbem in sapientia sua, et prudentia sua extendit cœlos.* Tres quodammodo virtutes assumens propheta, fortitudinem, scilicet, sapientiam, et prudentiam, unicuique propria opera distribuit, fortitudini videlicet terram ; sapientiæ orbem terrarum, prudentiæ cœlum ; in nostra ergo terra, de qua dictum est : *Terra es, et in terram ibis* (*Gen.* iii), necessariam habemus fortitudinem Dei sine qua impossibile est exsequi quæ repugnant carni. Cum autem, ut ait Apostolus, mortificata

(64) Lib. xiii *Etymol.*, cap 11.

fuerint nostra membra super terram (*Colos.* III),
tunc caro parebit voluntati spiritus. Spiritu enim
carnis facta mortificantur; quia sicut in Job scriptum est, statuit Deus terram super nihilum; quo
constat, fortitudine illius in medietate mundi terræ
libram sustineri.

Qui extendit, inquit, *aquilonem super vacuum, et
appendit terram super nihilum* (*Job* XXVI). Gregorius (65) : « Aquilonis nomine in sacro eloquio
appellari diabolus solet, qui, ut torporis frigore
gentium corda constringeret, dixit : *Sedebo in
monte testamenti in lateribus aquilonis.* (*Isai.* XIV).
Qui super vacuum extenditur, quia illa corda possidet,
quæ divini amoris gratia non replentur. Sed tamen
omnipotenti Deo suppetit, etiam vasa diaboli cunctis
virtutibus vacuæ suæ gratiæ munere implere, in
eisque divini timoris soliditatem ponere quos nulla
conspicit rectitudinis actione roborari. Unde apte
subjungitur : *Qui appendit terram super nihilum.*
Quid enim terræ nomine, nisi sancta Ecclesia designatur . quæ dum verba prædicationis suscipit,
fructum boni operis reddit? De qua per Moysen dicitur : *Audiat terra verba ex ore meo* (*Deut.* XXXII).
Et iterum : *Exspectetur sicut pluvia eloquium meum*
(*ibid.*). Et quid per nihilum nisi gentiles populi designantur? De quibus per Isaiam dicitur : *Omnes
gentes velut nihilum et inane reputatæ sunt ei* (*Isai.* XL).
In co ergo nihilo terra suspenditur, quo prius vacua ab aquilone tenebatur; quia illa corda gentilium repleta sunt charitate Dei, quæ pressa prius
fuerant torpore diaboli. » Mortificemus ergo membra nostra quæ sunt super terram, id est carnis
vitia) et vivificentur per Dei gratiam virtutes in
uniuscujusque nostrum anima; ut habitaculum cordis
nostri claudatur diabolo et aperiatur Christo. Potest vero et per hoc vacuum, Judæ infidelitas; et
per terram, sicut diximus, sanctæ Ecclesiæ fructi-
ficatio designari. Vir ergo sanctus causam Judæ
pereuntis aspiciat, et gentilitatis merita ad veniam
redeuntis cernat ; et dicat : Qui extendit aquilonem
super vacuum ; et appendit terram super nihilum.
Nam quia Judæorum corda fide vacua, diabolo sunt
subdita , extendit aquilonem super vacuum. Quia
vero nullis existentibus meritis, super gentes Dominus fundavit Ecclesiam, quæ per Prophetam
nihil ante conversionem sunt vocatæ, apte secutus
adjunxit; appendit terram super nihilum. Hoc etiam
loco satis congruere potest, quod ait Psalmista :
Pro nihilo salvos facies illos (*Psal.* LV).

Si ergo, ut supra dictum est, membra nostra, quæ
sunt super terram mortificaverimus, ventus aquilo a
nobis longius repelletur, et in membris Ecclesiæ
computabimur, et anima nostra a Spiritu sancto in-
habitabitur (66). Orbem terrarum Græce *ciromines*
dicitur, id est, inhabitata. Scio animam inhabitatam,
scio et derelictam. Si enim non habet Deum Pa-

trem, et Filium dicentem : *Ego et Pater unum sumus* (*Joan.* X), *et ad meum dilectorem veniemus, et
mansionem apud eum faciemus* (*Joan.* XIV); et Spiritum sanctum qui ab utroque procedit, vere deserta est. Illa autem anima inhabitata est, quæ
Deo plena est, et habet Christum et Spiritum Domini. Hinc David in Psalmo confessionis ait: *Spiritu principali confirma me. Spiritum rectum innova
in visceribus meis. Spiritum sanctum tuum ne auferas a me* (*Psal.* L). Hæc ad probationem ejus redu-
ximus, quo inhabitata, id est orbis terrarum in
sapientia Dei fabricata sit. Nam sicut scriptum est:
*Sapientia auxiliatur justo super decem potestatem
habentes in civitate* (*Eccle.* VII). *Sapientiam enim et
disciplinam qui abjicit infelix est, et vana spes ejus,
et labores ejus insensati, et inutilia opera* (*Sap.* III).
Laboremus ergo, fratres charissimi, ut anima nostra a Deo Patre, ejusque Filio et Spiritu sancto
sit inhabitata, et erigatur ejus sapientia. Cecidit
enim venientibus nobis de sublimi in hunc lacum
miseriarum, postquam peccavimus. Denique quicunque est in isto orbe, ante correctionem cecidit.
Omnes enim corruimus per peccatum in orbem terrarum, sed Dominus elevavit jacentes, et in prudentia sua extendit cœlos, id est animos. Non fortitudo, non sapientia in cœli extensione assumpta
est. Unde dicitur : *Dominus fundavit terram, præparavit autem cœlos prudentia* (*Prov.* III). Est ergo
aliqua prudentia Dei, quam nolo ut extra Christum
requiras, quia omnia quæ Dei sunt, Christus
est (*Colos.* III). Ipse sapientia, ipse fortitudo, ipse
justitia et sanctitas, prudentia ejus est. Sed cum
unum sit in subjacenti, pro varietate sensuum diversis vocabulis nuncupatur. Aliud significat sapientia
atque aliud justitia ; quando enim sapientia dicitur,
disciplinis te humanarum divinarumque rerum instituit ; quando justitia, distributor et judex meritorum significatur. Ita ergo prudentiam ejus hic
intellige, cum doctrina est, et demonstratio bonarum aut malarum rerum, aut utrarumque. Sic enim
extendisse cœlum dicitur in prudentia sua. Unde
dicitur : *Extendi verba mea, et non attendistis* (*Prov.*
I). Asserit enim quamdam esse verborum exten-
sionem, ut cœli. Unde est illud :

*Extendens cœlum sicut pellem; qui tegis aquis su-
periora ejus* (*Psal.* CIII). Ac si diceret:Tu es Deus extendens cœlum. Ad litteram cœlum quasi tectum mundi
extendit Deus ; facit enim amplum firmamentum, ut
tegat orbem terrarum et hoc sicut pellem , id est,
non labore aliquo , ut tu homo tuum tectum extendis ; sed tam facile, ut pellem quis. Dum vero ait
Sicut pellem, designat etiam ipsum esse operatu-
rum (67) omnium quæ circa omnia sunt. Mystice
etiam potest legi , et pendet ex illa sententia
qua supradictum est, induisse eum Ecclesiam.
Sed quomodo fecit ut hanc indueret, converso ad

rum omnia. Interlinealis ad verba, *qui tegis aquis*,
exponit *operturam omnium.*

(65) Liber. XVIII *Mor.*, num. 54.
(66) Videtur hic deesse aliquid.
(67) Legas hic *operatorem omnium*, seu *operato-*

ipsum sermone, exponit dicens : Tu es *extendens* **A**
cœlum sicut pellem. Figuratis sacramentis exponit,
quando Ecclesia facta est lux, et sine macula vel
ruga. Per cœlum enim Scriptura sacra accipitur;
per pellem, quæ mortuis animalibus detrahitur,
mortalitas prædicantium intelligitur. Unde primi
parentes nostri, Adam scilicet et Eva, post transgressionem facti mortales, induti sunt tunicis pel-
liceis. Verbum tamen Dei æternum est, et Deus
apud Deum. Et *quia in sapientia Dei non cognovit
mundus Deum; per stultitiam prædicationis*, id est
per mortales prædicatores, qui stulti videbantur,
salvat Deus credentes, et in mortali homine, facit
agnosci Verbum immortale (*I Cor.* 1). Bene etiam
pellibus comparantur prædicatores, quia sicut mortuis animalibus major usus pellium est, ita ver- **B**
bum Dei in tantum per prædicatores, imo etiam
post eos magis innotuit. Mortui enim sunt prophetæ
et apostoli; quæ autem dixerunt, stant; modo tamen dicitur sermo eorum mortuorum, quia post
mortem plus ipsi innotuerunt. Prophetas enim vivos sola Judæa habet, mortuos omnes gentes, quibus extenderunt eorum sermo ut in eo legamus,
post ut liber plicabitur. Et est sensus: Quando fecisti ut indueres. Ecce tu es Deus *extendens cœlum*,
id est Scripturam sacram, ut tegat orbem omnem
terrarum, et per eam cognoscatur æternum Dei
verbum. Extendens dico, sicut pellem, id est, per
mortales prædicatores. Verbum enim Dei quod ubique erat, sed *mundus eum non cognovit* (*Joan.* 1), **C**
per mortales cœpit nosci, et post eos magis innotuit.

Extenditur ergo anima nostra, ut supradictum
est, quo prius fuerat contracta. Qui autem cœlestem
hominem portant, cœli sunt. Si autem ad peccatorem dicitur : *Terra es, et in terram ibis* (*Gen.* III),
cur non dicitur ad justum : *Cœlum es, et in cœlum
ibis?* Aut si propter coitum ei, qui portat imaginem
choici dicitur ei : *Terra es, et in terram ibis*; cur propter cœlestem ei qui portat imaginem cœlestis, non
dicatur, *Cœlum es, et in cœlum ibis?* Unusquisque
nostrum aut cœlestia facta habet, aut terrena. Si
terrena sunt, ad cognatam sibi terram deducunt
eum qui thesaurizat in terra, et non in cœlo; si
vero cœlestia, thesaurizatorem suum ad propin-
quam sibi regionem perducunt. Ad hoc ergo Deus **D**
Pater per dilectissimum Filium suum, sanctos apostolos in universas mundi partes misit, ut de terrenis cœlestes, de carnalibus spirituales, de peccatoribus justos facerent, eorumque mores ad serviendum Deo spiritualiter instituerent, sicut beatus Job,
eorumdem apostolorum a Judæa repulsionem in
spiritu prævidens loquebatur, dicens :

*Non calcaverunt eam filii institutorum, nec per-
transivit per eam leœna* (*Job* XXVIII). Gregorius (68) :
« In cunctis Latinis codicibus (69) institutores positos reperimus, in Græcis vero negotiatores invenimus. Ex qua re colligi valet, quod hoc in loco
pro institoribus, institutores scriptores quique ignorando posuerunt. Institores enim negotiatores dicimus, pro eo quod exercendo operi instant. Sed
uterque sermo, licet in voce dissonet, intellectu tamen non discrepat; quia omnes, qui fidelium mores
instituunt, spirituale negotium gerunt, ut cum prædicationem suis auditoribus præbent, ab eis fidem,
et opera recta percipiant, sicut de sancta Ecclesia
scriptum est : *Sindonem fecit, et vendidit* (*Prov.* XXXI).
De qua et paulo post illic subditur. Vidit quod bona
est negotiatio ejus. Quid ergo hoc loco institores,
nisi prophetæ sancti vocati sunt, qui Synagogæ
mores ad fidem instituere prophetando curaverunt?
Quorum nimirum filii sancti apostoli nuncupantur,
qui, ut Deum hominem crederent, ad eamdem fidem
ex eorum sunt prædicatione generati; de quibus
sanctæ Ecclesiæ per Psalmistam dicitur : *Pro patribus tuis nati sunt tibi filii; constitues eos principes
super omnem terram* (*Psal.* XLIV). » Cassiodorus :
« Hic dicit quanto incremento sponsa, id est sancta
Ecclesia profecerit. A prole commendat, quasi diceret : *Adducentur*; nam *pro patribus tuis*, id est
pro antiquis patribus idolorum cultoribus, *nati sunt
tibi filii*, id est apostoli principes prædicationis. »
Augustinus : « *Pro patribus tuis nati sunt tibi filii*, id
est post prophetas apostoli, et post apostolos et pro
apostolis episcopi, et alii doctores quos Ecclesia genuit, et in sede Patrum constituit. Unde sequitur :
Constitues eos principes super omnem terram, etc.
Pro patriarchis ergo et prophetis sanctæ Ecclesiæ
nati sunt filii, id est sancti apostoli. Sed quia a
Judæis repulsi, a Synagogæ finibus sunt egressi,
recte nunc dicitur : *Non calcaverunt eam*, Synagogam scilicet, *filii institorum*. Si prædicatores sancti
ejusdem Synagogæ vitia calce virtutis premerent,
eam utique calcarent. Si autem institores, eosdem
sanctæ Ecclesiæ prædicatores accipimus, institorum
filios pastores ac doctores, qui apostolorum viam
secuti sunt; nihil obstat intelligi, qui Synagogam
minime calcaverunt, quia dum eorum patres, id **D**
est apostoli, ab illa repulsi sunt, ipsi quoque et ab
ejus revocatione cessaverunt. Per quam videlicet
Synagogam leœna non pertransivit, quia sancta
Ecclesia collectioni gentium dedita, nequaquam se
ad illum Judeæ populum diutius occupavit. Recte
autem Ecclesia leœna nuncupatur; quia male viventes in vitiis ore sanctæ prædicationis interfecit.
Unde et ipsi primo prædicatori, quasi hujus leœnæ

♦

res : sed cum asserat Greg. Mag. latinos codices
corrupte legisse *institutores*, pro *institores*, prave
iidem nostri mss. vitiosam hic lectionem retinere
institutorum, pro *institorum*; cum postea legitimam
amplectantur.

---

(68) Lib. XVIII *Mor.*, num. 55.
(69) Videas hic nostros mss. iis omnibus conformes quæ adducunt Benedictini in hoc loco ad veram
lectionem restituendam in edit. corruptissimam,
quoniam hic legebatur, *enstitores*; et infra : *pro ne-
gotiatoribus institores*, loco *pro institoribus institu-

ori dicitur : *Macta et manduca* (*Act.* x). Quod macta- A tur quippe, a vita occiditur. Id vero quod comedi- tur, in comedentis corpore commutatur. *Macta ergo et manduca* dicitur, id est a peccato eos in quo vivunt, interfice, et a se ipsis in tua illos membra converte. Et quia hæc Ecclesia corpus est Domini, ipse etiam Dominus Jacob voce leo vocatur ex se, et leæna vocatur ex corpore, dum ei sub Judæ spe- cie dicitur : *Ad prædam, fili mi, ascendisti* (*Gen.* xlix) : requiescens ut leo accubuisti, et quasi leæna, quis suscitabit eum? Hæc igitur leæna, nequaquam dicitur, quod Judæam non transiit, sed dicitur, non pertransiit. Sic ait beatus Job : *Non pertransivit per eam leæna* (*Job* xxviii). Apostolis quippe præ- dicantibus prius ex Judæa tria millia, postmodum vero quinque millia crediderunt (*Act.* ii, iv). Leæna itaque, id est Ecclesia per Synagogam transit, sed non pertransiit, quia ex illa ad fidem aliquantos rapuit, sed tamen illum infidelem populum a perfi- dia funditus non exstinxit. Sed quod sæpe jam dixi- mus, leæna, id est primitiva Ecclesia repulsa ab infidelitate Judæorum deflexit ad vocationem gen- tium. Unde adhuc de eadem leæna, id est sancta Ecclesia dicitur : *Ad silicem extendit manum suam, subvertit a radicibus montes* (*Job* xxviii). Manum quippe ad silicem leæna extendit, quia ad duritiam gentium brachium suæ prædicationis Ecclesia mi- sit. Unde et idem beatus Job passionis suæ histo- riam in nobis gentibus præsciens texendam dixit : *Scribantur hæc stylo ferreo in plumbi lamina, vel celte sculpantur in silice* (*Job* xix). Quid vero hoc loco montes, nisi hujus sæculi potestates accipi- mus, qui pro terrena substantia altum tument: De quibus Psalmista ait: *Tange montes, et fumigabunt* (*Psal.* cxliii). › Cassiodorus : ‹ Domine, de tua gra- tia tange montes, id est relationes terræ unitas granditates, id est superbos ; et fumigabunt, fate- buntur scilicet peccata sua. › Gregorius (70) :‹ Mon- tes a radicibus sunt eversi, quia, prædicante sancta Ecclesia, summæ hujus sæculi potestates in adora- tum omnipotentis Dei ab intima cogitatione cecide- runt. Radices enim montium sunt cogitationes in- timæ superborum ; et a radicibus montes cadunt, quia ad colendum Deum potestates sæculi ab inti- mis cogitationibus prosternuntur. Dicat ergo beatus D Job de leæna, id est de primitiva Ecclesia : *Ad sili- cem extendit manum suam, subvertit a radicibus mon- tes :* quia, dum duritiam gentium sancta apostolo- rum prædicatio petiit, superborum altitudinem fun- ditus extraxit. ›

Ad hoc enim Dei Filius discipulos suos misit, ut tam in sublimibus quam in humilibus hujus mundi hominibus gladio verbi Dei vitia resecarent, mores componerent, et ab eorum cordibus inutiles ac perversas funditus cogitationes evellerent. Unde Jeremias ait : *Maledictus homo, qui prohibet gla-*

A *dium suum a sanguine* (*Jer.* xlviii). Ac si diceret : Maledictus qui verbo Dei carnalia præcidere negli- git vitia, tam in se quam in subditis. Unde beatus Gregorius (71) : ‹ Gladium a sanguine prohibere, est prædicationis verbum a carnalis vitæ inter- fectione retinere. De quo dicitur : *Gladius meus de- vorabit carnes* (72) (*Deut.* xxxii). › Hinc Paulus ait : *Contestor hodie, quia mundus sum a sanguine om- nium. Non enim subterfugi, quominus annuntiarem omne consilium Dei vobis* (*Act.* xx). Potest etiam hoc carnaliter viventibus convenire, qui luxum sæculi sequuntur, et corpus suum castigare et ser- vituti subjicere negligunt, secundum illud : *Qui autem sunt Christi, carnem suam crucifixerunt cum vitiis, et concupiscentiis* (*Gal.* v). *Sine sanguinis* B *enim effusione non fit remissio peccatorum* (*Hebr.* ix). *Caro etiam et sanguis regnum Dei possidere non possunt* (*I Cor.* xv). Maledictus ergo qui prohibet gladium, id est verbum Dei a sanguine, quo scilicet animatur materia peccatorum. Sciendum est ergo, quia quidquid in membris nostris carnale et ter- renum inolevit, resecandum est gladio verbi Dei. Sed quod sine gravi gemitu dicere non possumus, nonnulli ecclesiastici viri inutilia libenter loquun- tur, et quæ multorum auditioni prodesse poterant, negligenter tacent ; qui causa amoris Dei et pro- ximi superflua tacere et bona gratis loqui indesi- nenter debuerant. Voluntarie quippe Dei præcepta populis prædicabat ille qui dicebat : *Annuntiavi* C *justitiam tuam in ecclesia magna, ecce labia mea non prohibebo : Domine, tu scisti* (*Psal.* xxxix). Ac si diceret : *Annuntiavi.* Hæc dicit in membris, id est in persona membrorum ; quasi diceret : Prius per me locutus sum, post et in membris annun- tiavi aliis justitiam tuam esse, id est quæ a te est justitia. *Annuntiavi justitiam tuam in Ecclesia magna,* quæ est in toto orbe terrarum, non parva, ut fuit prius ; et si quid insurget, timor non prohi- hebit me loqui, et hoc est : *Ecce labia mea non prohibebo* loqui. Quasi diceret : Non habeo in solo corde, ut timore taceam. Hoc dicit contra timorem mundanum ; quasi diceret : Sine simulatione etiam id agam, quia, *Domine, tu scisti* cor meum. Quasi D dicat : Labia mea sonant hominibus, sed tu, Domine, nosti cor meum. Hoc dicit, ne in solis labiis esset annuntiatio : quia *corde creditur ad justitiam, ore au- tem confessio fit ad salutem* (*Rom.* x). Et dicit hoc contra simulationem. Vel sic : O Domine, *non pro- hibebo labia mea :* tu scis, quod timor non promi- bet me loqui. Vel sic : *Non prohibebo labia mea,* et hoc per te est, quia tu, Domine, scisti, id est ita prædestinasti futurum. Et ad hoc non sum piger qui *justitiam tuam non abscondi in corde meo, sed veritatem tuam, et salutare tuum dixi.* Non abscondi in corde meo, quando potui prodesse aliis, justi- tiam tuam, vel meam ; id est fidem confessus sum,

(70) Ubi supra.
(71) *Reg. Pastor.,* iii part., cap. 25.
(72) Edit. *manducabit.* Sed Martinus sequitur

hic Vulgatam quam et sequuntur nonnulli mss., ut videre est apud Benedictinos in hoc loco.

non cœlo tuum, id est salvationem tuam dixi. Augustinus : Vel *veritatem tuam, et salutare tuum*, id est Christum, *dixi*, id est prædicavi, nec propter multos conciliantes dimisi. Viri ergo Ecclesiastici, ut supra dictum est, libenter populis justitiam Dei prædicare debent, et summopere cavere, ne aut indocti inordinata proferant, aut negligenter necessaria auditoribus taceant, sed in omnibus, ut apostolicæ doctrinæ normam sequi valeant, studere.

Hos nimirum e ectos de gentibus prædicatores Hiram de Tyro artifex præfigurabat, quem rex Salomon adjutorem sui operis assumpsit (*III Reg.* vii. *II Paral.* ii). Mater vero ejus vidua præsentem Ecclesiam designabat, pro qua Dei et Virginis Filius misericorditer animam posuit, et in cœlum ascendens, eam in terris peregrinantem quasi viduam reliquit, cujus filii sunt prædicatores post apostolos electi. Unde dicitur : *Pro patribus tuis nati sunt tibi filii* (*Psal.* xliv), etc. *Et fixit Hiram duas columnas æreas, decem et octo cubitorum altitudinis : et linea duodecim cubitorum ambiebat columnam utramque* (*III Reg.* vii). Linea ergo duodecim cubitorum quæ utramque ambiebat columnam, doctrina est apostolorum. Norma igitur apostolicæ institutionis ambit columnam utramque, cum doctores sancti Judæis vel gentibus prædicare jussi, ea tantum facere et docere curant, quæ per apostolos accepit et didicit Ecclesia. Nam qui aliter vivere vel docere voluerit, et apostolicam doctrinam spernere, non est columna in templo Dei ; quia cum apostolica statuta sequi contemnit, vel exilitate inertiæ, vel grossitudine elationis, duodecim cubitorum lineæ non convenit. Duæ igitur columnæ apostolos et cunctos Ecclesiæ doctores significant, fortes fide et opere, et erectos contemplatione. Duæ autem sunt, ut præputium et circumcisionem prædicando in Ecclesiam introducant. Deus igitur qui non solum per Judæos, sed etiam per gentiles ad sui nominis gloriam templum ædificare voluit, ipse post apostolos, præclaros de gentibus ad ædificandam Ecclesiam suam doctores elegit, sicut beatus Job Deum laudans, inter cætera dicit :

Qui aufert stellas pluviæ, et effundit imbres ad instar gurgitum, qui de nubibus fluunt. (*Job* xxxvi). Gregorius (73) : « Duo in hac vita sunt genera justorum : unum videlicet bene viventium, sed nulla docentium ; aliud vero recte viventium, et eadem recta docentium. Sicut et in cœli facie aliæ stellæ prodeunt, quas mille pluviæ subsequuntur ; aliæ vero, quæ arentem terram magnis imbribus infundunt, ut est Arcturus, Orion et Hyades. Igitur quoties in sancta Ecclesia recte quidam vivunt, sed tamen prædicare eamdem rectitudinem nesciunt ; stellæ quidem sunt, sed in siccitate aeris natæ ; quia per exemplum bene vivendi, lucere cæteris possunt,

sed prædicationis verbum pluere nequeunt. Cum enim in ea quidam et recte vivunt, et aliis eamdem rectitudinem verbis prædicationis influunt, quasi ad proferendas pluvias in cœlum, stellæ producuntur, quæ sic vitæ suæ meritis luceant, ut etiam sermone prædicationis pluant. An non in hoc cœlo astrum pluviæ Moyses exstitit, qui cum de supernis emicuit, corda peccantium quasi arentem inferius terram, sanctæ exhortationis pluvia ad ubertatem germinis infudit ? An non Isaias astrum pluviæ ostensus est, qui in eo quod lucem veritatis prævidens tenuit, siccitatem infidelium prophetando annuntians rigavit ? An non Jeremias et prophetæ cæteri velut in cœlo positi, stellæ pluviæ fuerunt, qui in prædicationis culmine erecti, dum pravitatem peccantium severe increpare ausi sunt, quasi verborum guttis obcæcationis humanæ pulverem rigando presserunt ? Quorum videlicet animas ab hac corruptibili carne susceptas, quia ex præsenti vita superna judicia auferunt, quasi a cœli facie stellæ pluviæ subtrahuntur. Et occulte astra redeunt, dum peractis suis cursibus sanctorum animæ in thesauris dispositionis intimæ reconduntur. Sed quia terra aresceret, si, subductis stellis, pluvia superna funditus fluenta cessarent (74), id est si, postquam subductis antiquis patribus, exteriora legis prædicamenta tacuissent. Stellas igitur pluviæ abscondit, et ad instar gurgitum imbres fudit, qui [quia] dum prædicatores legis ad secreta et intima intulit, persequentium dicta uberior vis prædicationis emanavit. Possunt quoque per stellas pluviæ sancti Apostoli designari, de quibus Judææ reprobatæ per Jeremiam dicitur : *Prohibitæ sunt stellæ pluviarum, et serotinus imber non fuit* (*Jer.* iii). Stellas ergo pluviæ Dominus abstraxit, atque ad instar gurgitum imbres fudit, quia cum de Judæa prædicantes apostolos abstulit, doctrina novæ gratiæ mundum rigavit. Quod utrumque factum in Ecclesia potest convenienter intelligi ; quia cum, solutis corporibus ad secretos supernorum sinus, apostolorum animas transtulit, quasi a cœli facie stellas pluviæ abscondit. Sed, ablatis pluviæ stellis, in more gurgitum imbres dedit, quia etiam, reductis ad superna apostolis, expositorum sequentium linguas fluenta divinæ scientiæ diu abscondita largiori effusione patefecit. Nam quod illi sub brevitate locuti sunt, hoc exponendo isti, multipliciter asserunt. Unde et non immerito ipsa expositorum prædicatio gurgitibus comparatur ; quia dum multorum præcedentium dicta colligunt, ipsi in eo quod astruunt, profundius dilatantur. Nam dum testimonia testimoniis jungunt, quasi ex gurgitibus gurgites faciunt ; quorum verbis dum gentilitas quotidie docetur, quia peccatorum mens cœlestem scientiam accipit, quasi stans in terra aqua gurgites ostendit. Sed quia nequaquam se eisdem apostolis expositores in scientia

---

(73) Lib. xxvii, *Mor.* num. 12.
(74) Supplendum hic ex edit. *recte dicitur : Qui aufert stellas pluviæ*, etc. *Nam cum prophetas ab-*

stulit, eorum vice Dominus apostolos misit, qui in similitudinem gurgitum pluerent, postquam subductis, etc.

præferunt; cum exponendo latius loquuntur, meminisse incessanter debent, per quos ejusdem scientiæ invectiones acceperunt. Unde et apte subjungitur : *Qui de nubibus fluunt.* Hi quippe gurgites de nubibus fluunt, quia a sanctis apostolis vis intelligentiæ, si non inciperet, nequaquam per ora doctorum largior emanaret. In Scriptura enim sacra aliquando per nubes mobiles quique homines , aliquando prophetæ, aliquando apostoli designantur. Per nubes quippe mobilitas humanæ mentis exprimitur, sicut Salomon ait : *Qui observat ventum non seminat; et qui observat nubes, nunquam metet* (*Eccle.* II). Ventum procul dubio immundum spiritum, nubes vero subjectos ei homines appellat ; quos toties huc illucque impellit et revocat, quoties tentatio ejus eorum corda suggestionum flatibus alternat. Qui igitur ventum observat, non seminat ; quia qui tentationes venturas metuit, cordi bona opera non præponit. (75) Et qui considerat nubes, non metet ; quia is, qui ante humanæ mutabilitatis terrorem trepidat, mercede se æternæ retributionis privat. Per nubes prophetæ figurantur sicut per Psalmistam dicitur : »

Tenebrosa aqua in nubibus aeris (*Psal.*17). Augustinus : «Tenebrosa aqua in nubibus aeris, id est obscura doctrina in prophetis et in omnibus prædicatoribus, qui a terrenis elevati, inferioribus compluunt verbum Dei. Obscura dico præ fulgore qui erit in conspectu ejus, id est in comparatione fulgoris qui erit in manifestatione ejus. *Nunc enim per speculum videmus, tunc autem facie ad faciem* (I *Cor.* XIII). Cassiodorus : « Ne quis ergo se ob hoc putet esse in futura luce, quia Scriptura recte intelligit. » Sequitur : *Nubes transierunt.* Quasi obscura aqua est in nubibus ; quæ nubes, id est divini verbi prædicatores transierunt ad gentes, et jam in Judæa non sunt. Aliter : *Inclinavit cœlos*, id est prædicatores humiliavit a contemplativa vita ad ministerium activæ, ut Rachel virum suum Liæ concedat (*Gen.* XXIX), et descendat ipse per eorum doctrinam in quorumdam simplicium notitiam, qui majora capere non valent ; et ideo ait, *descendit, vel inclinavit cœlos,* id est humiliavit prædicatores ad ferendas molestias, et descendit ipse sponsus Ecclesiæ passus in eis cum quibus est unum.

(75) Edit. *proponit.*

« Per nubes quoque, ut superius ait beatus Gregorius, et apostoli designantur, sicut per Isaiam dicitur : *Mandabo nubibus ne pluant super eam imbrem* (*Isa.* v). Ipsi ergo stellæ, vitæ meritis lucent; ipsi sunt nubes, quia arentem nostri pectoris terram cœlestis intelligentiæ imbribus rigant. Si enim nubes non essent, nequaquam eos intuens propheta dixisset : *Qui sunt isti, qui ut nubes volant ?* (*Isa.* LX.) Imbrium itaque gurgites de nubibus fluunt, quia profundæ prædicationis sequentium intelligentiæ originem a sanctis apostolis acceperunt.»

Ipsi enim discipuli veracissimæ veritatis, ipsi sunt post gloriosissimum magistrum suum Christum initium prædicationis. Ipsis dictum est : *Euntes in mundum universum prædicate Evangelium: omni creaturæ* (*Marc.* XVI). Ipsis præceptum est, ut per orbem terrarum irent, et in fide summæ et individuæ Trinitatis universas gentes baptizarent (*Matth* XXVIII). Ipsi, quæ in aure audierunt, super tecta prædicaverunt ; et quæ in tenebris, id est in abscondito, a Domino didicerunt, in universis urbibus, imo cunctis per orbem nationibus, annuntiaverunt. Isti electa seminis grana super rationalem terram, id est super corda humani generis jactaverunt, et centuplicatum Deo fructum sanctarum videlicet animarum retulerunt. Istis Dei et Virginis Filius peregre proficiscens, id est in cœlum ascendens, bona sua ad negotiandum divisit, dona scilicet sancti Spiritus tradidit, ut denuo inde cum eis rationem positurus rediens, scilicet ad judicium, sciat quantum quisque negotiatus sit. Illi vero ut fideles ac devotissimi servi talenta sibi commissa cunctis sub cœlo nationibus ad usuram tradiderunt, et eidem patrifamilias maxima sanctarum animarum lucra reportarunt. Hos idem illorum dulcissimus Magister in fine mundi secum esse sessuros, et duodecim tribus Israel judicaturos prædixit. Horum igitur, fratres charissimi, sanctorum apostolorum, in quantum divina gratia concesserit, vestigia sequamur, quatenus eorum meritis et precibus adjuti, ad æterna pervenire gaudia mereamur ; ipso præstante, qui in Trinitate perfecta vivit et regnat Deus, per omnia sæcula sæculorum. Amen.

SANCTI MARTINI

LEGIONENSIS PRESBYTERI

EXPOSITIO IN EPISTOLAM B. JACOBI APOSTOLI.

—

Scire vos, fratres charisimi, volo, quia amici Dei praesentem mundum perfecte contemnentes, et bonorum operum gressibus Christi vestigia cum omni devotione sequentes, quousque ad diu desideratum cœlestis patriæ ingressum perveniant, innumeras mentis et corporis, interius videlicet et exterius, tentationes tolerant. Interius antiquus hostis suggerit illicita, et exterius pravi homines commovent adversa. Invisibilis hostis excitat intus titillationes carnis et impii foris diripiunt subsidia vitæ temporalis. Intus tolerat Dei servus libidinis incentiva, et extra a proximis convitia atque opprobria ; intus certamina vitiorum, foris damna temporalium rerum (*II Cor.* vii). Quid plura ? *Foris pugnæ, intus timores ;* foris rabidi homines, intus naturales illecebrosæ carnis stimuli quiete non permittunt vivere sæculi contemptores. Hos beatus Jacobus consolans hortatur, ne in tentationibus a fide deficiant ; peccantes castigat et admonet, ut se a peccatis abstineant, et virtutibus proficere studeant. Ait enim in Epistola canonica vel catholica. *Omne gaudium existimate, fratres mei, cum in tentationes varias incideritis : scientes quod probatio fidei vestræ patientiam operatur. Patientia autem opus perfectum habet, ut sitis perfecti et integri in nullo deficientes* (*Jac.* i). Ideo hæ Epistolæ catholicæ dicuntur, id est universales, quia a fide universalis Ecclesiæ non discordant. Dicuntur etiam canonicæ, id est regulares, ad distantiam videlicet earum quas fecerunt pseudoapostoli sub nomine sanctorum apostolorum. Dicatur ergo : *Omne gaudium existimate, fratres mei, cum in tentationes varias incideritis.* Ac si diceret : Tribulatio in præsenti justitiam, in futuro auget coronam, et ideo nihil est unde dolere debeatis. Ideo tentamini adversis vel a persecutore, vel a concupiscentia quæ varie tentat, ut per hoc probare possitis, quia firmam fidem futuræ retributionis in corde gestatis, quod est intelligere, (76) quam exigit fides vestra. Ne ergo indignemini, si mali in mundo florent, et vos patimini; quia non est Christianæ dignitatis in temporalibus exaltari, sed potius deprimi. Mali nihil habent in cœlo, boni nihil in mundo ; sed spe illius boni ad quod tenditis, quidquid in via contingat, gaudere debetis. *Scientes,* inquit, *quod tribulatio fidei vestræ patientiam operatur,* id est facit intelligere et habere virtutem ipsius patientiæ. Eadem sententia, sed converso ordine in Paulo legitur. *Scientes,* ait, *quod tribulatio patientiam operatur, patientia vero probationem* (*Rom.* v), quia cujus patientia non vincitur, (77) perfectius probatur. Quæ sententia hic quoque dicitur. Patientia opus perfectum habet, et probatio operatur patientiam ; quod est : tribulatio quæ datur ad probationem fidei, facit per patientiam exerceri, per quod fides perfecta probatur. Patientia ergo opus perfectum habet, id est perfectos operantes facit, propter hoc quod subditur: *Ut sitis perfecti et integri in nullo deficientes :* ac si diceret : Ut sitis perfecti non deficientes in

tormentis, et in futuro integri plenam beatitudinem suscipientes.

Iterum subjungit, dicens : *Si quis vestrum indiget sapientia, postulet a Deo, qui dat omnibus affluenter et non improperat* (*Jac.* i). Quasi diceret : *Si quis vestrum indiget sapientia,* qualiter præsentis mundi tribulatio sit utilis, *postulet a Deo* spiritum illuminatorem *qui dat omnibus* pie petentibus *affluenter,* quia dona ejus non sunt ad mensuram *et non improperat* fragilitatem petentis *et dabitur ei* ipsa sapientia, quæ de cœlo venit. *Non omnis qui dicit Domine, Domine, intrabit in regnum cœlorum* (*Matth.* vii), nec omni justo dat Deus quod petit, si contra suam petat salutem, sicut Paulo dictum est, dum peteret : *Sufficit tibi gratia mea ; nam virtus in infirmitate perficitur* (*II Cor.* xii). Tanta est utilitas tribulationum ; quam si quis ignorat nondum illuminatus per Spiritum sanctum, petat ut per Spiritum sanctum aperiatur sensus illius, et cognoscet qua pietate corrigit Pater filios, quos recipit. Nec quisquam conscius de sua fragilitate diffidat, quia dat omnibus, et non improperat.

Unde Psalmista : *Benedixit omnibus, qui timent Dominum, pusillis cum majoribus* (*Psal.* cxiii). Cassiodorus : « Nullum genus hominum a benedictione excluditur, dum pusillis benedixit cum majoribus. » Sequitur : *Adjiciat Dominus super vos : super vos, et super filios vestros.* Ac si diceret : Adjiciat Dominus benedictionem super vos, o Judæi, et super vos, o gentes, et super filios vestros. Augustinus : Vel ita distinguit inter patres et filios, scilicet inter magistros et discipulos dicens : O patres, o magistri, adjiciat Dominus super vos, id est numero vestro adjiciat multos alios. Quod et factum est, quia crevit numerus magistrorum ; et adjiciat super filios vestros, quod et factum est, quia crevit numerus sequentium, cum de lapidibus suscitantur filii Abrahæ. Accessit enim fides omnium gentium, et crevit numerus non solum sapientium antistitum, sed etiam obedientium populorum. Ut ergo superius dictum est, Dominus omnibus benedixit, quia secundum suam perfectissimam dispensationem omnibus bene viventibus, et in fide recte petentibus æterna bona tribuit.

Et quia, ut diximus, multi petunt, (78) qui accipere merentur, ideo subditur qualiter petere debeant. *Postulet,* inquit, *in fide nihil hæsitans.* Ac si apertius diceret : Sic credat, et sic vivat, ut dignus sit exaudiri : quia, *qui obturat aurem suam ne audiat legem, oratio ejus erit exsecrabilis* (*Prov.* xxviii). *Qui autem hæsitat,* similis est fluctui maris, qui a vento movetur et circumfertur. Qui conscientia peccati pressus, de præmiis dubitat cœlestibus, superveniente tentationis vento, facile deserit fidei statum, et secundum tentatoris voluntatem detrahitur

---

(76) Hic forte deest quod habet Glossa : *Virtutem ipsius patientiæ.*

(77) Al. ms. addit hic cum Glossa : *per tribula-*

tiones.

(78) Glossa, *qui non.*

ad errorem, et sit a Deo alienus. Sequitur : *Non ergo existimet homo ille, quod accipiat aliquid a Deo.* Carnalis homo, qui hæsitat, non accipiet aliquid a Deo, vel hic vel in futuro. *Vir duplex animo inconstans est in omnibus viis suis* (79). Qui hæsitat, non accipit; quia qui hæsitat, duplex est, et duplex non accipit. Facile enim terretur adversis, et irretitur prosperis ; ut a veritate divertat. Vir duplex est, qui genu ad precem flectit, et mordente conscientia, de impetratione diffidit. Duplex est et ille, qui hic vult gaudere cum sæculo, et in æternum cum Deo ; qui de bonis, quæ agit, non Deum, sed favorem quærit. Unde dicitur : *Væ ingredienti terram duabus viis* (*Eccli.* ii). *Glorietur ergo frater humilis in exaltatione sua : dives autem in humilitate sua, quia sicut flos feni transibit.* Ac si diceret : Glorietur frater humilis factus pauper et depressus, et hanc humiliationem intelligat apud Deum exaltationem. Quasi diceret : (Non solum verbera et carceres, et amissiones rerum quæ sunt viles et transitoriæ, et amatores earum puniendi.) *Glorietur,* inquit, *dives in humilitate sua, quia sicut flos feni transibit.* Ac si dicatur *Glorietur* ironice ; quasi non debet gloriari in sua gloria, qua superbit, et alios deprimit, quia finienda est, et humilianda in inferno. Vel glorietur in humilitate sua; id est non superbiat, sed humilibus (80) subserviendo, et ministrando aliis de divitiis suis. Quod si non fecerit, cito gloria ejus sicut flos feni transibit. Divitem vocat illum, qui totam spem suam in divitiis ponit. Non (81) nocet divitias habere, sed amare. Justus ergo ut palma florescit (*Psal.* xci), injustus ut fenum arescit ; quia ille manet, hic cito transit. Flos justi spes, quæ fructum exspectat, radix justi charitas, quæ immobilis manet. Radix mali hominis cupiditas, flos ejus delectatio temporalium rerum.

Exortus est ergo sol cum ardore, et arefecit fenum, et flos ejus decidit, et decor vultus ejus deperiit. Vere flos cito transibit, quia sol justitiæ Christus, cum ardore exortus arefecit fenum, et tunc flos ejus decidit. Decidente flore tota pulchritudo feni periit, decor vultus ejus deperiit, honor videlicet sæculi, amicitia et cætera hujusmodi. Ardor solis adventus est severi judicis, vel in morte cujusque improvisus, vel in judicio communiter, in quo justus ut arbor fructifera manebit. *Ita et dives in itineribus suis marcescet.* Viæ divitis temporalia bona quibus beatificari quærit, quæ cito destruentur. In suis ergo itineribus marcescet dives, id est in actibus suis peribit, quia iter Domini rectum ambulare neglexit. Omne igitur gaudium, ut supradictum est, existimare debent fideles Christi, cum in tentationes varias inciderint ; quia si animus tentationi non cedit, magnum sibi ex illa quisque tentatus præmium acquirit, sicut beatus Jacobus

consequenter hic dicit : *Beatus vir, qui suffert tentationem; quia cum probatus fuerit, accipiet coronam vitæ, quam repromisit Deus diligentibus se.* Quia difficile est hortari ad contemptum mundi, ideo subdidit de magnitudine præmii. Quasi diceret : Vere quisque fidelis debet pati tentationem, quoniam cum per illam probatus fuerit, accipiet, ut triumphatores, coronam vitæ, quam per prophetas et apostolos repromisit Deus diligentibus se. Qui per exercitium tentationis probatur, perfectus est in fide, propter quod et tentatur. Sequitur : *Nemo cum tentatur, dicat quoniam a Deo tentatur.* Hactenus de exterioribus egit tentationibus, nunc de illis, quas interius instigante diabolo, vel etiam fragilitate naturæ toleramus ; ubi etiam illorum errorem destruit, qui dicebant, malas cogitationes sicut et bonas a Deo nobis inspirari, et hominem quasi ex necessitate peccare. Dicitur ergo apertius: *Nemo cum tentatur,* id est cum interiori tentatione capitur, *dicat quoniam a Deo tentatur,* quasi Deus immittat malas cogitationes. Exteriorem quippe tentationem immittit Deus ad suorum probationem, interiorem vero qua sæpe concipitur furtum, adulterium, homicidium, non immittit Deus. Iterum dicit : *Deus enim intentator malorum est.* Ac si diceret : Deus non est immissor tentationum. Tribus modis tentatio agitur, scilicet suggestione hostis, delectatione, vel etiam consensu nostræ fragilitatis.

Quod si suggestioni non consentimus, tentatio nobis ad victoriam provenit. Sed si suggestio illicit delectando, jam offendimus, sed nondum mortem incurrimus. Ac si delectationem concepti in corde facinoris sequitur partus pravæ actionis, jam nobis mortis reis victor hostis abscedit. Sequitur : *Ipse,* scilicet Deus, *neminem tentat,* id est nullum in tentationem ducit. Duo sunt genera tentationum, unum videlicet quod tentatum probat, sicut tentavit Deus Abraham (*Gen.* xxii). Aliud quod decipit, secundum quod Deus neminem tentat. Unde autem tentatio oriatur, subdendo manifestat, dicens: *Unusquisque tentatur a concupiscentia sua abstractus et illectus.* Ac si apertius diceretur : A Deo nullus, sed potius unusquisque tentatur a concupiscentia sua, vel cum caro suavia sibi quærit, vel cum diabolus incentiva immittit, a recto itinere abstractus et illectus ad malum. *Deinde,* inquit, *concupiscentia cum conceperit parit peccatum,* id est cum conceperit delectando, vel consentiendo, perducit ad actum manifeste. Sequitur : *Peccatum vero, cum consummatum fuerit, generat mortem,* id est cum peractum, et consuetudine consummatum fuerit, generat mortem; quia sicut qui tentatus superat, præmium vitæ acquirit; ita qui concupiscentiis illectus superatur, merito ruinam mortis incurrit. Cum super fundamentum ligna, fenum, stipulam ædificamus, diabolus suppo-

(79) Quæ uncis inclusa apparent, adducit Glossa ad exponenda illa verba : *Beatus vir qui suffert tentationem,* etc.; aitque : *Non solum verbera... debetis vult sed et amissiones,* etc.

(80) Glossa *humiliet se.*
(81) *Plus enim concupiscentia mundi, quam substantia nocet.* Bernardus, seu Gaufridus declam. *De colloq. Simon. cum Jesu*

nit incendium. Sed si ædificamus aurum, argentum, lapides pretiosos, tentare non audet, nec tamen omnino desistit, sed *sedet in occultis ut interficiat innocentem* (*Psal.* ix).

Cassiodorus: Sedet quasi cum mora in insidiis cum divitibus hujus sæculi quos ditabit, et moreribus cumulabit, quorum falsam felicitatem ad alios decipiendos ostentabit. In insidiis dico positus in occultis; id est in ambiguis, ubi non facile intelligitur quid appetendum sit, quidve non. Potest hoc de diabolo, ut supradictum est, intelligi, potest et de quolibet impio homine, fidelibus Ecclesiæ insidiante, adverti. Augustinus: Ad quid sedet impius in insidiis? Videlicet ut interficiat innocentem, ex innocenti faciendo nocentem. Deinde exponit insidias ejus dicens: *Oculi ejus in pauperem respiciunt: insidiatur quasi leo in spelunca sua* (*Ibid.*). Quasi diceret: Oculi ejus respiciunt veluti cum misericordia et affectu in pauperem. Vel alios sic decipit, quia oculi ejus respiciunt crudeliter in pauperes spiritu, quorum est regnum cœlorum (*Matth.* v), quia justis et pauperibus spiritu maxime insidiatur. Et ipse in abscondito insidiatur, quia ille nescit qui decipitur. Ipse dico quasi leo existens propter vim in spelunca sua, scilicet propter dolum. Iterum beatus Jacobus consolans, hortatur fideles, dicens: *Nolite itaque errare, fratres mei dilectissimi.* Ac si diceret: Nolite errare existimando, quod testamenta vitiorum a Deo procedant; et ideo a nobis dissentire non debetis, quia nihil inutile, sed quod vobis est necessarium suadeo. Et quia peccata non sunt a Deo, sed virtutes, recte subjungit, dicens: *Omne datum optimum, et omne donum perfectum desursum est descendens a Patre luminum, apud quem non est transmutatio, nec vicissitudinis obumbratio.* Ostenso quod vitia non a Deo, sed a nobis ipsis sunt; econtra ostendit quia quidquid boni agimus, non a nobis, sed ex Deo est. Unde Patrem luminum vocat, id est auctorem omnium spiritualium donorum. Dicatur ergo apertius: Quia igitur mala non a Deo, sed potius bona oriuntur: *Omne datum optimum,* ut castitas videlicet et aliæ virtutes, *et omne donum perfectum,* id est exsecutio ipsarum virtutum, vel vita æterna quæ est perfecta, *desursum est, descendens a Patre luminum* quasi radius a sole, *apud quem non est transmutatio,* id est in cujus natura mutabilitas nulla est, sed identitas, et non solum in natura, sed etiam in largitione donorum; quia sola dona lucis, et non tenebras immittit errorum; *nec vicissitudinis obumbratio,* quia lumen ejus aliqua umbra non intercidit, ut aliqua mala immittat, sed semper bona lucis dona. In nobis aliquando sunt Dei dona, quæ supervenientia obumbrant peccata, quæ non sunt in Deo. Datum refertur ad naturam, donum ad gratiam; et datum ipsi homini, donum gratiæ Dei solet ascribi: sed et bonum naturæ a Deo. Iterum Dei beneficia reducit ad memoriam, cum subjungit dicens: *Voluntarie genuit nos verbo veritatis, ut simus initium aliquod creaturæ ejus.*

Quasi diceret: Omne bonum est a Deo, et non meritis nostris ad hoc accessimus, sed sola gratia divinæ voluntatis. Dicatur ergo apertius: Voluntarie post filios tenebrarum genuit nos per aquam regenerationis in filios lucis: *Verbo veritatis,* in doctrina evangelii, ad hoc videlicet, *ut simus initium aliquod creaturæ ejus;* ne per hanc scilicet genituram putemus nos esse quod ipse est, sed quemdam principatum in creaturis adoptione nobis concessit. Quodammodo princeps est homo omnium creaturarum, quæ sub cœlo sunt. Unde alius translator ait: *Ut simus initium aliquod creaturarum ejus.* Supra monuit ad tolerantiam tentationum, deinceps moralibus instruit præceptis. Ait enim: *Scitis, fratres mei dilectissimi.* Quasi diceret: Scitis quod a vobis ipsis habuistis ad vitia labi, a Domino superna gratia illustrari; et cum initium creaturæ aliquod geniti estis, in vobis perseveret. Sequitur: *Sit autem omnis homo velox ad audiendum, tardus autem ad loquendum, et tardus ad iram.* Ac si diceret: Sit omnis homo tardus ad loquendum, ne videlicet ante tempus præsumat docere; et *tardus ad iram,* id est, ut sine causa non temere irascatur, vel contra subditos peccantes, vel contra quoslibet fratres, vel contra felicitatem malorum, quia maturitas sapientiæ non nisi tranquilla mente percipitur. Et qui iratus judicat, etiamsi justitiam judicat, tamen divini examinis justitiam, in quam perturbatio non cadit, non potest imitari. Quare? *Quia ira viri justitiam Dei non operatur.*

Homo iracundus, etsi apud homines videatur justus, apud Deum tamen est injustus. *Propter quod abjicientes,* inquit, *omnem immunditiam, et abundantiam malitiæ, in mansuetudine suscipite insitum verbum quod potest salvare animas vestras.* Monuit ad inquirendam doctrinam; ad quam suscipiendam, et ut ea possint proficere, hortatur ad munditiam corporis et animæ; quia qui non declinat a malo, non potest facere bonum. Dicatur ergo apertius: *Propter quod,* id est propter illud quod supradictum est, attenti debetis esse prius ad audiendum, deinde ad docendum, abjicientes omnem immunditiam, animæ videlicet et corporis, et abundantiam malitiæ. Malitia proprie ad interioris hominis pravitatem respicit. Vel abundantia, id est malos homines abundantes in malis. In mansuetudine, videlicet contra iram, suscipite insitum verbum cum magno honore, quod vestris cordibus prædicando imponimus. Vel verbum quod insitum et seminatum est in die redemptionis, quando vos genuit Deus, quod potest salvare animas vestras, etiam si in corpore tentationem vel mortem patimini. Et non solum auditu illud suscipite, sed etiam opere implete, quia non auditores legis justi sunt, sed factores (*Rom.* ii).

Iterum consulendo subjungit, dicens: *Estote factores verbi, et non auditores tantum, fallentes vosmetipsos.* Quasi diceret: Nunc perfectius suscipite, et operibus implete, quod in mysterio tenetis. Ac si

patenter dicat : Estote opere factores verbi, et non A
auditores tantum, fallentes vosmetipsos, si per solum auditum vos salvandos putatis ; *quia si quis
auditor est verbi , et non factor, hic comparabitur
viro consideranti vultum nativitatis suæ in speculo,*
corporali scilicet, ubi sola umbra relucet. Allegorice : Qui proponit in animo suo considerare in
Scripturis, quasi in speculo, vultum nativitatis suæ,
videlicet qualiter sit homo natus, quam fragilis, vel
quid futurus, quam brevis ævi , in quantis miseriis
positus, compunctionem magnam et voluntatem
pœnitendi contraxit, et statim aliqua seductus tentatione, obliviscitur compunctionis , et ad peccata
redit ; cujus inconstantiæ comparatur, qui libenter
verbum audit, et implere negligit. Et est similitudo
inter illum qui sponte sua, sine doctore, se ad Scri- B
pturas applicuit , et illum , qui ab alio Scripturas
audit, cum neuter impleverit. Sequitur : *Consideravit se , et abiit , et statim oblitus est qualis fuerit .*
quia videlicet non rem , sed solam umbram vidit,
sicut ille qui habet solam verborum umbram, et
non corpus operis. Puer cum nascitur , vagit, per
quod indicatur dolor animæ , quæ in vita intrat ad
miserias carnis, quem dolorem postea obliviscitur
consueta illecebris carnis. Sequitur : *Qui autem
perspexerit in legem perfectam libertatis, et permanserit in ea, non auditor obliviosus factus, sed factor
operis, hic beatus in facto suo erit.* Quasi diceret :
Qui solo auditu putat se salvari, fallitur ; sed qui
perspexerit in legem perfectam libertatis . id est
audiendo verbum Evangelii , et permanserit in ea
continuatione operis, non auditor obliviosus factus,
sed factor operis ; hic beatus non in auditu, sed in
facto suo erit in futuro, etiamsi hic est miser. Legem perfectam libertatis gratiam vocat Evangelii ,
quæ perfecte liberos facit a servitute timoris. Qui
legem tenebant, in timore serviebant; quia quisquis
eam transgrediebatur, sine miseratione lapidaba-
tur. Hæc lex neminem ad perfectum perduxit, quia,
etsi cogebat timore servire, non dabat gratiam ut
compleretur amore , et a pœnis inferni non poterat
liberare (*Hebr.* VII). Sed charitas , quæ datur in
Evangelio, mittit foras timorem , et ducit ad vitam
(*I Joan.* IV). Iterum ad illorum instructionem subjungit, dicens : *Si quis putat se religiosum esse, non
refrenans linguam suam, sed seducens cor suum,
hujus vana est religio.* Monuerat superius, ut verbum Dei non audirent solum, sed etiam implerent ;
nunc autem ut undique munitos reddat, addit nihil
valere hæc omnia , nisi etiam lingua refrenetur a
detractionibus, et mendaciis , ac blasphemiis, stul-
tiloquiis, atque multiloquio, quia *corrumpunt bonos
mores colloquia mala* (*I Cor.* XV). Dicatur ergo apertius : *Si quis putat se religiosum esse, per fidem scilicet,* quam habet, et opera fidei, *non refrenans linguam suam, sed seducens cor suum,* non intelligens
se puniendum pro peccatis linguæ , *hujus vana est
religio,* id est inutilis, vel non munda. Quasi diceret : Non solum sitis factores verbi, sed et lin-

guam refrenate. Iterum misericordiæ opera commendans, subjungit dicens : *Religio munda et immaculata apud Deum et Patrem, hæc est : Visitare
pupillos et viduas in tribulatione eorum, et immaculatum se custodire ab hoc sæculo.* Ac si apertius
diceret : Religio munda in cordis intentione, et immaculata operis exsecutione, apud Deum et Patrem,
qui non fallitur in discernendo , sicut homines , et
filiis pie consulit et retribuit , hæc est : Visitare
pupillos, id est succurrere eis qui carent præsidio
patrum, *et viduas,* quibus deest solatium marito-
rum, *in tribulatione eorum,* id est in tempore necessitatis de quibus dicitur : *Quandiu fecistis uni
de his fratribus meis minimis, mihi fecistis* (*Matth.*
XXV). *Et immaculatum se custodire ab hoc sæculo,*
munditiam cordis conservando et prava opera fugiendo. Quia dixerat factorem beatum , nunc quæ
facta maxime placeant dicit, scilicet misericordia
et innocentia. Nam in eo quod pupillos et viduas
visitare jussit, cuncta , quæ erga proximum agere
debemus, insinuat; quod immaculatos a sæculo jubet custodiri, universa , in quibus nos castos observare decet, ostendit, in quibus sunt et ea quæ
supra observare monuit, ut *tardi ad loquendum,* et
tardi ad iram.

Sequitur : *Fratres mei, nolite in personarum acceptione habere fidem Domini nostri Jesu Christi gloriæ.* Quare? Quia mundus pauperem abjicit, divitem
colit; fides Christi e contra docet, quia omnis gloria
divitum tanquam flos feni (*I Petr.* I), misericordia
vero in pauperes floret in æternum. Iis verbis beatus Jacobus ostendit, quoniam hi, quibus scribebat,
fide imbuti sed operibus vacui erant; et eleemosynam, quam prædicabant, non pauperibus propter
æterna , sed divitibus propter temporalia commoda faciebant. Unde eos redarguens Dominum
gloriæ nominat, ut ejus jussis obediatur, qui sempiterna gloria remunerat quidquid pro ejus amore
pauperibus datur. Quicunque divitem propter divitias eligit, et pauperem propter paupertatem abjicit,
in utroque peccat. Unde et recte subditur : *Etenim si
introierit in conspectu vestro vir aureum annulum habens in veste candida, introierit autem et pauper in
sordido habitu, et intendatis in eum, qui est indutus
veste præclara, et dixeritis ei : Tu sede hic bene; pauperi autem : Tu sta illic aut sede sub scabello pedum
meorum.* Augustinus : Si hanc distantiam sedendi et
standi ad honores ecclesiasticos referamus, non est
putandum, leve esse peccatum in personarum acceptione habere fidem Domini gloriæ. Quis enim ferat
eligi divitem ad sedem honoris Ecclesiæ, contempto
paupere instructiore et sanctiore? Si autem de
quotidianis consessibus loquitur, quibus differenter
divites et pauperes suscipimus, quis non hic peccat? Non tamen peccat, nisi cum apud semetipsum
intus ita judicat, ut et ei tanto melior, quanto ditior ille videatur; hæc enim videtur significasse
subdendo : *Nonne judicatis apud vosmetipsos, et
facti estis judices cogitationum iniquarum,* id est hu-

manarum? *Audite*, inquit, *fratres mei dilectissimi, nonne elegit Deus pauperes in hoc mundo, divites autem in fide et hæredes regni quod promisit diligentibus se?* Pauperes elegit Deus dicens: *Nolite timere, pusillus grex, quoniam complacuit Patri vestro dare vobis regnum (Luc. xii).* Nam et ipse Dei et Virginis Filius pauperes elegit parentes, quorum officio secundum carnem nutriretur. Dicatur ergo apertius: *Audite, fratres mei dilectissimi*, id est diligentius attendite, quia non qui ditiores in sæculo, meliores sunt in examine divino; et ideo pauperibus non præferendi. Nam Deus non divites, sed pauperes elegit, id est humiles pro contemptu rerum visibilium, fide autem invisibilium divitiarum mundo despicabiles apparent, sed hos tamen exspectatione futuri regni præclaros reddidit, et nobiles. *Vos,* inquit, *exhonorastis pauperem,* dicendo, videlicet: *Tu sta illic, aut sede sub scabello pedum meorum.* Sequitur: *Nonne divites per potentiam opprimunt vos, et ipsi trahunt vos ad judicia?* Ac si diceret: Divites per potentiam opprimunt vos, bona auferendo et verbera dando; etiam ipsi trahunt vos ad judicia, et sine causa faciunt condemnari. Hoc loco apertius ostendit, quos divites superius dixit; scilicet illos, qui divitias Christo præferunt: et ipsi, alieni a fide eos, qui credunt, per potentiam opprimunt, et ad judicia potentiorum trahunt. Et est alia causa, quare non sunt divites eligendi, scilicet quia mala inferunt fidei, *Nonne,* inquit, *ipsi blasphemant bonum nomen, quod invocatum est super nos?* Hoc apostolorum temporibus plures gentilium et Judæorum, maxime priores, fecisse inveniuntur. *Bonum nomen,* ait, *blasphemant,* id est salutare Christi nomen, quod invocatum est super nos, ad perfectionem nostram. Iterum dicit: *Si tamen legem perficitis regalem secundum Scripturas,* videlicet: *Diliges proximum tuum sicut te ipsum, bene facitis; si autem personas accipitis, peccatum operamini, redarguti a lege quasi transgressores.* Ac si apertius loqueretur dicens: *Si legem perficitis regalem,* id est excellentem inter alias; *secundum Scripturas,* secundum videlicet quod Scripturæ testantur, scilicet hanc: *Diliges proximum tuum sicut te ipsum.* Quia aspere superius de contemptu mundi locutus erat, et quodammodo contrarius legi divinæ, quæ omnes diligi præcipit, ne omnino contemnendi divites putentur, subdit: Quasi propter prædictas causas non sunt eligendi; sed tamen si perficitis hanc legem, quæ dicit, *Diliges proximum tuum sicut teipsum (Lev. xix),* bene facitis; quia etsi divites propter divitias non sunt eligendi, non tamen propter Deum minus sunt diligendi. *Si autem personas accipitis, peccatum operamini, redarguti a lege quasi transgressores,* quæ lex dicit: *Non confundas personam pauperis, nec honores vultum potentis (ibid.).* Et in Veteri Testamento dicitur: *Nulla erit distantia personarum, ita parvum ut magnum audietis; quia judicium Domini est (Deut. 1).* Ne ergo putarent quibus loquebatur,

contemptibile esse peccatum in hac una re legem transgredi, consequenter addidit, dicens: *Quicunque totam legem observaverit, offendat autem in uno, factus est omnium reus.*

Ac si dicatur: *Quicunque totam legem observaverit,* id est in animo observare proposuerit, *offendat autem in uno,* non ex humana fragilitate, sed reputando leve esse, *factus est omnium reus* apud Deum, qui nihil dimittit impunitum, et scit quam necessariam legem dederit. *Qui enim dixit, Non mœchaberis, dixit et Non occides.* Qui negligit mandatum, credit illud inaniter a Deo esse constitutum. *Quod si non mœchaberis, occidas autem, factus es transgressor legis,* et ita contemptor legislatoris. Hanc sententiam ex simili videamus. Si quis me offenderet, omnes fratres et amicos meos in me offenderet, et quodammodo contra omnes peccaret. Sic ille qui unum mandatum negligit, cætera quæ completa videbantur adjuvare, sibi inutilia reddit. Vere qui in uno offendit, transgressor totius legis est, quia peccat, et contra auctorem legis, quem in sua lege negligit, et contra charitatem, quæ est causa et quasi mater totius legis. Vel aliter: Charitas est plenitudo legis, in cujus præceptis tota lex pendet (*Matth. xxii*). Qui ergo contra charitatem facit, merito omnium reus est. Nemo autem peccat, nisi contra charitatem faciat, quia nec Deum vere diligit, cujus legem diligit, nec proximum; in quem delinquit. Quia ergo superius ostenderat eos in charitate peccare, quando dicunt pauperi: *Tu sta illic,* competenter subdit: *Qui in uno,* id est in charitate offendit, quæ est radix omnium præceptorum, ab omnibus præceptis, quæ sunt filii charitatis, accusatur. Cum ergo non dicantur paria peccata, nisi forte quia magis facit contra charitatem, qui gravius peccat, et minus qui levius? Sequitur: *Sic loquimini, et sic facite, sicut per legem libertatis incipientes judicari.* Ac si diceret: Sic loquimini proximis, et ita estote eis misericordes, sicut Deus vobis. Aliter: Gravius judicatur, qui legem Moysi, quam qui naturalem contemnit; gravius etiam qui legem gratiæ, quam qui legem Moysi despicit. Quasi ergo diceret: Bene loquimini et bene facite; quia si negligitis, gravius damnabimini, quam qui fuerunt tempore Moysi; quia cui plus committitur, plus ab eo exigitur. Quandoquidem malum est, propter divitias, divitem eligi, pauperem abjici; et quia bonum est, propter Deum etiam divites diligere, pupillos et viduas visitare, ergo sic loquimini et sic facite. Hæc loquendo et faciendo curate, ut proximos diligendo, a Deo diligi mereamini; misericordiam impendentes, misericordia digni existatis. *Incipientes,* inquit, *judicari sicut per legem libertatis.* Lex libertatis, lex est charitatis, quam superius *regalem* vocavit, qua dicitur: *Diliges proximum tuum sicut teipsum,* qua lege vos Deus judicat, cum magnam misericordiam donat; quia non judicamini per legem pœnarum et servitutis, sed per legem gratiæ, quæ spontaneos

vocat ad pœnitentiam, et peccata dimittit. *Judi-*
cium, inquit, *sine misericordia illi, qui non fecit*
misericordiam. Ac si apertius diceretur : Oportet
vos misericorditer agere, quia qui potuit et non
fecit misericordiam antequam judicaretur, sine misericordia judicabitur. Quo plus majorem quis misericordiam a Domino consequitur, eo injustius
indigenti proximo misericordiam negat, et justius
impietatis pœnas luit. Iterum misericordiæ opera
fidelibus commendans, ait : *Superexaltat misericor-*
dia judicium (*Matth.*, v) : id est supponitur ei scilicet judicio. Misericordia quasi illuminat judicium ;
quia judicium, quod est cum misericordia, per
ipsam misericordiam commendabilius est, et magis
placet. Sicut in judicio dolebit qui non fecit misericordiam ; ita qui fecit, remuneratus exsultabit
atque gaudebit. Aliter : *Superexaltat*, id est supponitur misericordia judicio ; quia in quo inventum
fuerit opus misericordiæ, et si habuerit aliquid in
judicio quo puniatur, tanquam unda misericordiæ
ignis peccati exstinguitur. Aliter : *Superexaltat*
misericordia judicium. Plures per misericordiam
colliguntur, sed qui misericordiam præstiterunt.
Beati enim misericordes : quoniam ipsi misericordiam
consequentur (*ibid.*) Sequitur : *Quid proderit, fratres*
mei, si fidem quis dicat se habere, opera autem non
habeat ? Nunquid fides poterit salvare eum ? Quasi
diceret : Debetis bona agere, quia falluntur, qui
solam fidem sufficere credunt, cum tempus habeant
operandi. Sola nimirum fides salvat hominem, quæ
per dilectionem operatur. Sicut sola verba pietatis
nudum, vel esurientem fratrem, aut sororem non
recreant, si non cibus, vel vestis præbeatur ; ita
fides verbo tenus servata non salvat. Hic latius de
operibus misericordiæ loquitur, ut quos præcedente sententia terruerat consoletur docendo quibus remediis expientur quotidiana peccata, sine
quibus non agitur præsens vita ; ne illi, qui in uno
tantum, sed qui in multis offendunt, in judicio inveniantur rei omnium. Quod legitur, *qui crediderit,*
scilicet, *et baptizatus fuerit, salvus erit* (*Marc.*, XVI) ;
de fide perfecta, quæ per dilectionem operatur, est
intelligendum. *Fides ergo, si non habeat opera,* quibus reviviscat, *mortua est in seme ipsa*, id est contra seipsam ; quia quod verbis promisit, operibus
non implevit. *Sed dicet quis*, vobis videlicet irri-
dendo : *Tu fidem habes, et ego opera.* Quasi diceret
beatus Jacobus : Non solum propter prædictas
rationes debetis ad bene operandum incitari, sed
propter hoc, ne improperium videlicet ab aliis
patiamini ; quia aliquis assumpta fiducia de suis
operibus, ut ostendat solam fidem non valere, im-
properando dicat : Tu fidem habes sine operibus, et
ego opera fidei.

Quia ergo non habes opera, ostende mihi, si
potes, fidem tuam sine operibus, per aliqua certa
signa ut credam te esse fidelem. Sed quia non poteris, cum desint opera, ego ostendam tibi per opera
quæ habeo fidem meam, quibus operibus me esse

fidelem probare possum. Hoc loco beatus Jacobus
probavit eos, qui opera non habebant, veram fidem
non habere ; nunc autem cujusmodi fidem habeant,
patefacit ; ne illam talem fidem magni faciant. Ait
enim : *Tu credis quoniam unus est Deus : bene facis ;*
et dæmones credunt, et contremiscunt. Scriptum est
enim : *Exibant dæmonia a multis clamantia, et di-*
centia : Quia tu es Filius Dei (*Luc.* IV) : Sed et legio, quæ hominem obsidebat, timens clamabat :
Quid nobis et tibi, Fili Dei summi ? Venisti ante
tempus perdere nos ? Adjuramus te per Deum , ne
nos torqueas (*Matth.* VIII. *Luc.* VIII). Qui ergo Deum
esse non credunt, vel creditum non timent , dæmonibus tardiores et proterviores sunt. Dicatur
ergo apertius : *Tu credis quoniam unus est Deus :*
bene facis, id est non improbo, sed tamen non sufficit ; et ne putes quod in hoc aliquod magnum
facias ; nam et dæmones unum esse Deum credunt,
et, quod plus est, contremiscunt. Probato quod
fides sine operibus mortua est ; ut evidentius ad
bonam operationem eos invitet, elegans exemplum
bonæ operationis de Abraham patriarcha proponit
illis, qui de circumcisione crediderant, ut bonum
patrem, quasi boni filii in tentatione et operatione
imitentur. Ait enim : *Vis scire, homo inanis, quo-*
niam fides sine operibus mortua est ? Abraham pater
noster nonne ex operibus justificatus est, offerens
filium suum Isaac super altare ? Non solum rationibus, sed etiam exemplo et auctoritate utitur. Licet
Abraham per fidem quam habebat, justus erat ;
tamen per opera quæ addidit, amplius est justificatus ; quæ nisi fecisset, meritum præcedentis fidei
amisisset. Arbitrabatur Abraham , quando filium
suum offerebat super altare, quod et mortuos potens est Deus suscitare (*Hebr.* XI). Magna tentatio,
cum filium jubebatur occidere ; magna fides, cum
etiam de mortuo credebat se posse semen accipere :
magnum opus, cum dilectissimum non dubitaret
filium offerre. Quia ergo illum obtulit in quo acceperat promissionem, apparet magna virtus fidei ,
quia etsi eum offerret, credebat promissionem im-
plendam, quia potentem credebat Deum etiam suscitare mortuum. Quod Abraham per fidem sine
operibus justificatus dicitur ; de operibus, quæ præ-
cedebant, intelligitur : quia per opera, quæ fecisset, non fuit justus, sed sola fide (*Rom.* IV). Hic de
operibus agitur, quæ fidem sequuntur, per quæ
amplius justificatur, cum jam per fidem fuisset
justus. Unde Paulus : *Fide Abraham obtulit Isaac,*
cum tentaretur (*Hebr.* II) : Hæc oblatio est opus et
testimonium fidei et justitiæ. Paulus in Abraham
fidei constantiam, Jacobus laudat operum magnificentiam, quia in utroque fuit perfectus Abraham,
et de utroque in exemplum proponitur. Et ne discipuli Christiani, quibus sanctus Jacobus scribebat,
opera tanti Patris imitari non possent, præsertim
cum modo nullus cogat filios offerre, addit exemplum mulieris peccatricis, quæ per opera misericordiæ et hospitalitatis soluta est a peccatis, et

ascripta civibus Israeliticı populi, et adnumerata in generationibus Salvatoris. Ait enim : *Similiter et Rahab meretrix, nonne ex operibus justificata est suscipiens nuntios, et alia via ejiciens.* Ac si apertius diceret : *Similiter,* id est non solum Abraham per majora opera, sed etiam Raab [per minora sua opera est justificata, suscipiens nuntios Josue, et alia via ejiciens, ne a viris Jericho occiderentur. Raab *latitudo* interpretatur, et significat Ecclesiam fide dilatatam. Hujus exemplo monet, patriæ pereuntis interitum cavere per opera misericordiæ, nuntios Christi suscipere, et servare et ad Jesum remittere, sicut legitur beatus Gamaliel fecisse (*Act.* v).

Fuere nonnulli temporibus apostolorum, qui descendentes de Judæa Antiochiam non bene eruditi in lege fidei, docebant credentes ex gentibus debere circumcidi; et alios errores inducebant, qui veris prædicatoribus non parvum laborem quæstionis contulérunt (*Act.* xv). Hos ergo ab officio verbi removet beatus Jacobus, ne veros impediant prædicatores, Dicat ergo : Sicut monui vos, inquit, ad opera misericordiæ fàcienda, sic moneo ad vitanda stulta magisteria. *Nolite itaque plures magistri fieri fratres mei* [*scientes*]*, quoniam majus judicium sumitis.* Qui indoctus officium docendi usurpat, et Christum non sinceriter nuntiat, majorem damnationem meretur, quam si solus in suo scelere periret; sicut e contra qui bene ministrat, gradum sibi bonum acquirit. Dicat ergo apertius hic sanctus Apostolus : *Nolite plures magistri fieri, fratres mei.* Quare? *Quia in multis offendimus omnes.* Vere periculosum est, quia non tantum vos minus eruditi, sed vos omnes prædicatores etiam majores in multis offendimus. alii videlicet male vivendo, alii male docendo. His et aliis modis se illis connumerat, ut eos liberius arguat. Aliter justus, et aliter malus offendit. Justus fragilitate carnis offendit, et tamen justus esse non desinit. Unde Salomon : *Septies in die cadet justus et resurget* (*Prov.* xxiv). Sicut ergo quotidiana est offensio, ita quotidiana orationum et bonorum operum medela cunctis est necessaria. Impii vero post offensionem corruunt in malum. Sequitur : *Si quis in verbo non offenderit, hic perfectus est vir.* In verbo illo videlicet, cujus offensionem humana potest vitare fragilitas, ut verbum detractionis, superbiæ, jactantiæ, sed et otiosæ et superfluæ locutionis, qui non offendit, perfectus est vir. Ac si apertius loqueretur dicens : *In multis offendimus,* quia istis et multis aliis modis, et ideo non sumus perfecti, quia ille tantum est perfectus, qui in verbo non offendit. Hac sententia vult ostendere inevitabilem verbi offensionem, ut imperitos deterreat, ne cupiant prælationem, quia qui cupit præesse, oportet aliis perfectiorem esse, ne offendat, dum debet prodesse. Iterum dicit : *Si frenos equis in ora mittimus ad consentiendum nobis* sub-

audis, in ora nostra multo magis debemus mittere. Dum similitudinem de equis ad linguam trahit, convenientiam et facultatem refrenandi linguam ostendit. Quasi diceret : Convenit ut in ora nostra frenos continentiæ mittamus ad consentiendum Creatori nostro, ut per linguæ custodiam, operum quoque rectitudinem obtineamus. Consequenter etiam de navibus aliam proponit similitudinem, dum dicit : *Ecce naves cum magnæ sint, et a ventis validis minentur,* etc. Allegorice : Magnæ naves in mari mentes hominum in mundo, venti a quibus minantur, appetitus mentium sunt, per quos naturaliter coguntur aliquid agere, quo perveniant ad bonum finem vel ad malum. Gubernaculum cordis intentio qua boni, transgressis fluctibus sæculi, salutis portum inveniunt reprobi quasi in Scylla vel Charybdi intereunt.

Scylla et Charybdis duæ rupes sunt in insula Siciliæ, quibus naves absorbentur, aut læduntur. (82) « Scyllam quoque ferunt feminam capitibus caninis succinctam, cum latratibus magnis propter fretum Siculi maris, id est Siciliæ, in quo navigantes verticibus in se concurrentium undarum exterriti, latrare existimant undas, quas sorbentis æstus vorago collidit.» Ut ergo supra dictum est, Scylla et Charybdis duæ rupes sunt in mari Siculi, id est Siciliæ, innumera in circuitu habentes latibula aquas absorbentia vicissim et evomentia. Quas dum interdum absorbent et evomunt, videntur a transeuntibus quasi multorum canum voces latrantium. Unde in proverbio dicitur : Si evasisti Scyllam, cave ne incurras Charybdim. Sicut ergo superius dicitur, bona intentio est gubernaculum cordis, qua boni salutis portum inveniunt, reprobi vero quasi Scylla vel Charybdi per malam intentionem intereunt. Quia ergo boni portum salutis inveniunt, et mali cito intereunt, recte subjungitur :

Ita et lingua modicum membrum est, sed magna exaltat, id est magna præmia, si impetus dirigentis bene eam gubernat; si autem male, sibi suisque magna perditionis exaltat. Unde Salomon : *Mors et vita in manibus linguæ* (*Prov.* xviii). Lingua exaltat vitam, si bene docet Ecclesiam; exaltat autem mortem, si male. Agit namque contra illos qui vita et scientia destituti erant, et docere præsumebant. Quidam libri habent : *Et magna exsultat;* quia cæterorum, scilicet verba et sensus despiciens, singulariter se esse sapientem jactat et facundum. Unde dicitur : *Nolite multiplicare loqui sublimia, gloriantes* (*1 Reg.* ii). Iterum de igne exemplum satis congruum ponit cum subjungit : *Ecce quantus ignis quam magnam silvam incendit! Et lingua ignis est, universitas iniquitatis.* Sic et lingua incontinens magnam bonorum operum materiam perire facit; et cum fere impossibile sit vitari peccatum etiam a perfectis, non quilibet ap-

(82) Isidor. lib. ii *Etym.,* cap. 3.

petere debet mysterium. *Et lingua*, inquit, *igni est universitas iniquitatis:* quia virtutum videlicet silvam male loquendo devorat, et per eam cuncta fere facinora, aut concinantur, ut latrocinia, stupra; aut perpetrantur, ut perjuria, falsa testimonia; aut defenduntur, ut cum quilibet impurus excusando scelus quod admisit, simulet bonum quod non fecit. Sequitur : *Lingua constituitur in membris nostris, quæ maculat totum corpus nostrum, et inflammat rotam nativitatis nostræ inflammata ad gehennam,* id est contaminat totum cursum temporalis vitæ, quousque ad mortem, velut currente rota, agitamur. Vel ideo rotam nativitatis nostræ dicit, quia merito primæ prævaricationis ab interna stabilitate projecti, huc illucque vaga mente raptamur; ubi periculum, vel ubi sit salus, prorsus ignoramus. Inflammatur hæc rota nativitatis igne linguæ, cum vitium nativæ perturbationis ineptis etiam et noxiis sermonibus maculatur. *Inflammata,* inquit, *ad gehennam.* Sicut gehenna semper ardet, sic et diabolus, propter quem facta est, ubicunque sit, vel in aere, vel sub terra, secum fert tormenta suarum pœnarum, et flammarum; et hac pœna commotus, flammam vitiorum suggerit hominibus, et ea quæ invidendo eis suggesserit, per linguæ incontinentiam aperit, et per cætera membra ad effectum perducere cogit. Iterum malignitatem indomitæ linguæ apertius ostendens, dicit : *Omnis natura bestiarum, et volucrum, et serpentium, et cæterorum domatur, et domita sunt a natura humana; linguam autem nullus hominum domare potest, inquietum malum, plenam veneno mortifero.* Lingua pravorum bestiis ferocitate, volucribus levitate, serpentibus virulentia præcellit. Sunt quidam bestiales, qui exacuunt ut gladium linguas suas (*Psal.* LXIII); sunt volatiles, qui ponunt in cœlo os suum, et quorum os locutum est vanitatem (*Psal.* LXXII); sunt serpentini, de quibus dicitur : *Venenum aspidum sub labiis eorum (Psal.* XIII).

Legimus in Plinio immanissimam aspidem in Ægypto a patrefamilias domitam quotidie de caverna sua egressam, et a mensa ejus annonam percipere solitam. Legimus in Marcellino, tigridem mansuetam factam, ab India Anastasio principi missam. Aliqui sunt bestiales sensu et opere; aliqui volucres instabilitate; alii serpentes astutia nocendi, quorum linguam difficile est a magistro refrenari. Linguam ergo nullus hominum domare potest, id est nullus doctorum potest cohibere linguam verbosorum subditorum. *Inquietum malum,* id est non potest domari, quia non quiescit in uno, ut solus linguosus peccet, sed serpit more veneni de uno in alium transeu do.

Quia lectio Plinii superius mansuetam nobis aspidem ad memoriam reduxit, latius, si placet, de ejusdem serpentis natura, beato Isidoro docente,

aliqua audiamus (85). « Aspis, inquit, vocata, eo quod morsu venenum immittat et spargat; ἰός enim Græci venenum dicunt, et inde aspis, quod morsu venenato interimat. Hujus serpentis diversa genera sunt et species, et dispares effectus ad nocendum. Fertur (84) autem aspis cum cœperit pati incantatorem, qui eam quibusdam carminibus evocat, ut illam de caverna producat; illa cum exire noluerit, unam aurem in terram premit, alteram vero cauda obturat, et operit; atque ita voces illas magicas non audiens, non exit ad incantatorem. Dipsas genus est aspidis, quæ Latine situla dicitur, quia quem momorderit, siti perit. Hypnalis, genus est aspidis dicta, quod somno necat : hanc sibi Cleopatra apposuit, et ita morte quasi somno soluta est. Hæmorrhois aspis nuncupata, eo quod sanguinem sudet, qui ab ea percussus fuerit, ita ut dissolutis venis, quidquid vitæ est, per sanguinem evocet. Græce enim sanguis αἷμα dicitur. Prester aspis semper ore patenti et vaporante currit; cujus poeta sic meminit :

Oraque distendens avidus fumantia prester.
Quem hic percusserit, distenditur, enormique corpulentia necat, extuberatum enim putredo sequitur. Seps, tabificus aspis, dum momorderit hominem, statim eum consumit, ita ut liquefiat totus in ore serpentis. »

His breviter de aspidum generibus dictis, iterum Hispaniarum doctor Isidorus de tigridis natura, cujus superius Marcellinus memoriam fecit, nobis audire cupientibus ad Dei laudem, qui in suis creaturis atque operibus semper est mirabilis, aliquid dicat (85) : « Tigris, inquit, vocatur propter volucrem fugam. Ita enim Persæ et Medi sagittam nominant. Est enim bestia variis distincta maculis, virtute et velocitate mirabilis, ex cujus nomine flumen Tigris appellatur, quod rapidissimus sit omnium fluviorum. » Hos magis regio Hyrcania gignit, quæ juxta Fison fluvium est posita. Solent præterea feminas canes, id est catellas, noctu in silvis alligatas admitti ad tigrides bestias, a quibus insili, et nasci ex eodem fetu canes adeo acerrimos et fortes, ut in suo complexu leones prosternant.

Lingua ergo pravorum, ut supradictum est, bestiis ferocitate, volucribus levitate, serpentibus virulentia præcellit ; quia ab humana natura bestiæ domantur, et pravorum linguæ domari etiam a perfectioribus magistris non possunt. Ideo et nos has ferocissimas bestias huic lectioni inseruimus, ut prudens lector facile intelligere possit, indomita lingua erga se et proximos quam gravis, quamque mortifera pestis sit. *In ipsa,* ut ait beatus Jacobus, *benedicimus Deum et Patrem : et in ipsa maledicimus homines, qui ad similitudinem Dei facti sunt.* Quasi diceret : *In ipsa benedicimus Deum et Patrem* : gra-

---

(83) Lib. XII *Etymolog.*, c. 4, et vide notationes Grialii in hunc locum.

(84) Videsis hac de re dissertationem Calmetii :

De excantatis serpentibus.
(85) Lib. XII *Etymolog.*, cap. 2.

tias videlicet agendo, laudando : *et in ipsa detra-* A
hendo maledicimus homines ; quia qui detrahit fratri, provocat illum ad maledicendum, de cujus veneni atrocitate plura subnectit, dum in vituperio
creaturæ Creatorem offendimus. In ipsa maledicimus
homines rationales (86) vere Dei cognitionem habentes. Vel *sicut ipse* principaliter præest omnibus,
ita et homines, qui ad similitudinem ejus facti sunt,
præsunt cæteris creaturis. Sequitur : *Nunquid fons de*
eodem foramine emanat dulcem, et amaram aquam ?
Oportet prædicatorem aliquando dulci, aliquando
amara prædicatione uti, attrahendo, increpando,
quod satis difficile est, ut diversis verbis ad idem
tendentibus utrumque facere possit. *Non oportet*,
inquit, *fratres, hæc ita fieri.* Vere non oportet ut eodem ore benedicamus de capite, et maledicamus B
de membris, quia amaritudine maledictionis consumitur dulcedo benedictionis, quod melius per similitudinem ostendimus. Si simul misces dulcem
et amaram aquam, et per idem foramen exeant,
dulcis commistione amaræ in amaram convertitur,
non amara in dulcem commistione dulcis. Sic non
placet dulcedo linguæ si mista est amaritudine ;
quia *modicum fermentum totam massam corrumpit*
(*I Cor. v*), nec speciosa laus est in ore peccatoris
(*Eccli. xv*). Iterum alia exempla proponit dicens :
Nunquid potest, fratres mei, ficus uvas facere, aut
vitis ficus ? Quasi diceret : Sicut arbor, amisso naturali fructu, alterius arboris non fert fructum ;
sic maledictio etsi loqui bene videatur, fructum C
tamen benedictionis non habet. Quare ? quia facilius dulcia in amarum, quam amara in dulce vertuntur. Nunquid oportet, ut doctor sit ficus dulcedine
beatitudinis, ad quam monet, et dulcibus utatur
verbis, et ut sit vitis faciens oblivisci omnium temporalium, in quibus oportet asperis uti ? Sed nunquid potest idem doctor esse ficus, dulcibus attrahendo, et potest esse vitis, asperioribus ab amore
terrenorum retrahendo ? Quasi difficile est, *salsam*
dulcem posse facere aquam, id est aliquis prædicator
acriter mordens aliorum mores, in eadem doctrina
non potest esse dulcis eisdem. Sequitur : *Quis sa-*
piens, et disciplinatus est inter vos ? Ostendat ex bona
conversatione opera sua in mansuetudine sapientiæ.
Confutatis illis, qui nec vitæ sanctitatem, nec linguæ
continentiam habebant, monet illos, qui sibi sapientes esse videbantur, et qui erant, ut sapientiam
suam magis ostendere deberent vivendo disciplinate,
quam alios docendo ; quia qui proclivior est ad
docendum, quam ad faciendum, aliquando jactantiam, vel contentionem incurrit, vel invidiam contra alios doctores, et alia multa mala. Ac si apertius prædicare præsumentibus diceret : Non debetis
cito effici doctores, quia quis ex vobis est adeo
sapiens agnitione, et disciplinatus exercitio vitæ,
ut audeat magisterium sibi assumere ? Prius discat

bene operari, quam alios docere, ut bene conver-
sando inter vos, exemplum aliorum possit esse ; et
hoc in mansuetudine, ne propter suam sapientiam,
et bonam operationem alios despiciat. Iterum eos
ad charitatem et pacem invitans dicit : *Quod si*
zelum amarum habetis, et contentiones sunt in cor-
dibus vestris : nolite gloriari, et mendaces esse ad-
versus veritatem. Quasi diceret : Si zelum Dei habentes bona facitis, et ex conscientia bonorum
operum amari erga proximos estis, et eos despicitis,
et indignantibus verbis deturbatis, et quod minus
est, contentiones sunt in cordibus vestris, quamvis
non prorumpunt in verba ; *Nolite ergo gloriari, et*
mendaces esse adversus veritatem, id est nolite mentiri Deo, cui in baptismo promisistis abrenuntiare
pompis diaboli, quod vos non facitis, cum de bono
opere superbitis. Ne putetis vos habituros gloriam
pro his quæ fiunt ex superbia, et ad depressionem
aliorum, sed pœnam. *Non est,* inquit, *ista sapientia*
desursum descendens ; sed terrena, animalis, diabo-
lica. Quasi diceret : Ista inflata et indignans sapientia non est desursum descendens a Deo, qui
est spiritualium bonorum doctor et dator ; *sed ter-*
rena, animalis, diabolica, terrenæ scilicet gloriæ
cupida, non spiritualis, sed more animalium sola
sensibilia quærens. Ista terrena et diabolica sapientia id solum sapit et agit, quod diabolus in natura
humana propter prævaricationem infudit ; scilicet
ad vesana et noxia se convertit. Sequitur : *Ubi ze-*
lus et contentio, ibi inconstantia et omne opus pravum.
Ac si apertius diceretur : Vere terrena sapientia
non est a Deo, quia ubi est zelus Dei, et contentio
contra proximos in verbis, ibi in constantia est mentis huc illucque fluctuantis, quia se ad unam superni
intuitus anchoram figere negligit, *et omne opus pra-*
vum, in conspectu Dei videlicet, etsi hominibus rectum esse videatur. Iterum subjungens ait : *Quæ*
autem desursum est sapientia, primum quidem pudica
est, deinde pacifica, modesta, suadibilis, bonis con-
sentiens, plena misericordia, et fructibus bonis. Hæc
est mansuetudo, quam superius habendam esse
præcepit, zelo amaritudinis et contentionis adversa.
Nisi primum pudicitia sedeat in mente, nulla perfectio sequitur in opere. Sapientia ergo quæ desursum est, primum pudica est, quia videlicet caste
intelligit, et operatur. Deinde pacifica, quia per
elationem a Deo vel proximorum societate non se
disjungit. *Modesta,* id est in quibuscunque non ultra
modum, nec infra subsistit ; *suadibilis,* quia videlicet, si in aliquo minus agit, vel propter ignorantiam, vel negligentiam, bonorum suasioni assensum
præbet ; *bonis consentiens,* id est quod bonis placere
videt, sibi non displicet ; *plena misericordia,* in animo videlicet, *et fructibus bonis,* id est operibus misericordiæ, jejuniis scilicet, vigiliis, orationibus ;
judicans sine simulatione, quia non appetit videri

ctoris nostri sensum percipere velis, nam presse ut
semper utramque glossam transcribit.

sanctior vel doctior quam est, nec lacerat proximum ad commendationem sui, quod sæpe conten-
tiosa facit sapientia. Quasi diceret : Non solum
propter prædicta debetis hujusmodi sapientiam appetere, sed etiam ideo quia facientibus pacem, quasi
jacientibus hoc semen, seminatur et præparatur in
pace æternæ beatitudinis fructus, id est merces
justitiæ, quæ pro justis operibus retribuitur. Qui
hic studet paci, et terram cordis sui operibus pacis,
quasi semente aspergit, justum est, ut habeat æternam pacem, quasi fructum ejus seminis.

Sequitur : *Unde bella, et lites in vobis?* Quasi
diceret : Ex vera sapientia oritur pax hic et in futuro : sed e contra in vobis unde bella, et lites nisi
ex zelo et contentione ? *Nonne,* inquit, *ex concupiscentiis vestris, quæ militant in membris vestris?*
Quia videlicet, quod mens prava suggerit, manus
et lingua implere satagit. *Concupiscitis,* ait, *et non
habetis : occiditis, et zelatis : et non potestis adipisci.* Ac si diceret : Vere ex concupiscentiis sunt in
vobis lites, et hoc ordine : Quod concupiscitis, non
habetis ; occiditis ut habeatis, zelatis, et tamen
non potestis adipisci. *Litigatis,* inquit, *et belligeratis, et non habetis propter quod postulastis. Petitis et
non accipitis, eo quod male petatis ; ut in concupiscentiis vestris insumatis.* Prohibuerat superius zelum et contentionem, unde etiam latius disputat
addens alia vitia quæ inde sequuntur, contentiones
scilicet concupiscentiæ, et ex concupiscentiis bella
et lites. Qui enim cupit præferri se aliis, vel temporalibus abundare bonis, odit, invidet, occidit.
Unde et nunc subditur : *Litigatis, et belligeratis* pro
temporali gloria; *et non habetis propter quod postulastis. Petitis* ad superfluitatem, *et non accipitis;*
quia magis terrena quam Deum amatis. *Eo quod
male petatis,* Deo scilicet datori ingrati estis. Propter hoc, inquit, non accipitis quod petitis, quia
Deum digne non postulatis; si enim illum pia intentione postularetis, non solum sempiterna, sed et
temporalia vobis ad usum necessaria daret. Quibus
hæc apostolus Jacobus scribebat, dicere possent :
Dicis nos non postulare, certe quotidie. Respondit
eis : Petitis quidem aliquando, et tamen non accipitis, eo quod male petatis.

Iterum subjungit dicens : *Adulteri nescitis quia
amicitia hujus mundi inimica est Deo ? Quicunque
ergo voluerit amicus esse sæculi hujus, inimicus Dei
constituitur.* Dixerat supra de apertis inimicis Dei,
*Nonne divites per potentiam opprimunt vos, et ipsi
attrahunt vos ad judicia,* etc.? Sed ne reputentur hi
soli esse inimici, qui aperte blasphemant, et persequuntur, agit hic etiam de omnibus amatoribus
mundi, quod inimici Dei sunt. Quasi diceret : Non
debetis in concupiscentiis insumere, id est perse-
verare, vel vitam consumere, quia per hoc probamini esse amatores mundi, et ita adulteri quia
relicto cœlestis sapientiæ amore, ad mundi hujus
amplexum declinatis, et pro hoc inimicos Dei vos
constituitis. Iterum subdens dicit : *Aut putatis quia*

inaniter *Scriptura dicat : Ad invidiam concupiscit
spiritus, qui habitat in vobis.* Scriptura, quæ a malorum societate coercet, ita per Moysen loquitur :
*Non inibis cum hominibus terræ illius fœdus, nec
cum diis eorum (Deut. vii). Et rursus : Non facies
opera eorum, sed confringes statuas eorum (Exod.
xxiii).* Dicat ergo beatus Jacobus : Non debetis litigare, nam spiritus qui in vobis est, non concupiscit
ad invidiam, sed potius facit concordes. Aliter :
Ad invidiam concupiscit spiritus, qui habitat in vobis;
id est cupit ut mundo invideatis. Vel spiritus concupiscit ad invidiam, id est contra invidiam ; hoc
scilicet desiderat, ut invidia tollatur : vel cupit ut
invideatis mundo, nec ametis eum. Vel spiritus
cujuslibet hominis cupit temporalia ad invidiam,
quia invidet aliis quod non habet. Sequitur : *Majorem,* inquit, *dat gratiam.* Propter quod dicit : *Deus
superbis resistit, humilibus autem dat gratiam
(Prov. iii).* Ac si diceret : Spiritus gratiæ non facit
invidere, imo dat gratiam, id est gratuita dona,
majora quam sint divitiæ sæculi. *Propter quod,* id
est ut sciamus quibus dat, et quibus non dat, sic
ait Scriptura : *Deus superbis resistit, humilibus dat
gratiam.* Ac si apertius diceretur : Malos omnes
punit Deus ; sed superbis præcipue resistere dicitur, quia eos majori pœna plectitur, qui Deo subdi
pœnitendo negligunt. Sed humilibus dat gratiam,
qui in suorum plagis manibus veri medici se sub-
dunt. *Humilibus,* inquit, *dat gratiam,* id est, vitam
æternam, et bonam operationem. Iterum subjungit
dicens : *Subditi ergo estote Deo, resistite autem diabolo, et fugiet a vobis. Appropinquate autem Domino et appropinquabit vobis.* Quasi diceret : Quia
Deus humilibus dat gratiam, subditi estote Deo, id
est voluntatem ejus implete. Resistite diabolo mala
suggerenti, et ita fugiet ipse a vobis. Appropinquate
Domino per humilitatem, et cætera bona opera; et appropinquabit vobis dando gratiam ut promoveamini
in melius, et liberando ab angustiis. Rursus ad perfectionem eos ducere volens ait : *Emundate manus,
peccatores : et purificate corda, duplices animo.* Ac
si diceret : Si veraciter Deo vultis appropinquare,
qui usque nunc peccatores fuistis, purificate et
mundate corda, et manuum innocentiam habete,
ne sitis duplices animo, ut æterna et temporalia
simul diligatis. *Miseri,* inquit, *estote, et lugete : risus
vester in luctum vertatur, et gaudium in mœrorem.*
Quasi diceret : Miseri estote et lugete, memores
scelerum. Qui miseros fecistis, miserias hujus
mundi, et paupertatem tolerate, et lugete in animo
pro commissis. Risus vester, qui fuit de levitate
sæculi, in luctum vertatur et gaudium animi pro
perpetratione alicujus peccati in mœrorem.

Sequitur : *Humiliamini in conspectu Domini et
exaltabit vos.* Ac si apertius diceret : Omnibus
modis humiliamini, paupertatem et tribulationem
ejus amore ferendo, vos ipsos abjiciendo, et exaltabit vos in vita æterna. Iterum dicit : *Nolite detrahere alterutro fratres. Quia qui detrahit fratri, aut*

judicat fratrem, detrahit legi, et judicat legem. Quasi Diceret : Non solum erga Deum ita vos habeatis, sed etiam a vitio detractionis linguas refrenate. Vitium detractionis ad linguæ venenum respicit. Qui ergo detrahit fratri, aut judicat fratrem, propter aliquod videlicet leve peccatum, vel propter minorem scientiam, vel aliquid tale ; detrahit legi, quæ detractionem prohibuit, et judicat legem, quasi diceret : Lex non recte fecit. Vel aliter : Qui detrahit fratri legem facienti, detrahit legi, et judicat legem, quare talia jussa dederit, quæ injurias fratrum jubet oblivisci. Et ne putarent esse leve peccatum detrahere legi, addidit esse puniendos sicut transgressores, dicens : *Quicunque judicat legem, non est factor legis, sed judex :* id est vituperator. Iterum quasi interminando subjungens, ait : *Unus est legislator, et judex, qui potest perdere, et liberare.* Ac si apertius diceret : Non debes judicare, quia a Deo judicaberis. Qui enim dedit legem, ut impleretur, potens est et ipse judicare non implentes. *Potens est,* inquit, *ipse legislator, et judex perdere, et liberare :* perdere videlicet non implentes, et liberare implentes. Sequitur : *Tu autem quis es, qui judicas proximum tuum ?* Quasi diceret : Tu pejor es, et nequior ipso, et in majora potes peccata præcipitari, et ille potest surgere ad bona. Ac si apertius diceretur : Non solum ideo tu debes detractiones vitare, ne ut transgressor legis a Deo judiceris ; sed ideo etiam, quia fortasse in nullo præcellis eos quos vituperas. Iterum . ad illorum correctionem subjungit dicens : *Ecce qui nunc dicitis : Hodie, aut cras ibimus in illam civitatem, et faciemus quidem ibi annum, et mercabimur, et lucrum faciemus : qui ignoratis quid sit in crastinum.* Post increpationem detractionis arguit illorum temeritatem, qui non habentes certitudinem vitæ, cupiditate temporalium, vitam et lucrum promittunt sibi in futurum. *Ecce,* inquit, *vos estis qui dicitis : Hodie, aut crastino ibimus in civitatem illam,* etc. Dixit vitandam detractionem, et ecce aliud vitium : stulta scilicet levitate animi spatium vitæ sibi proponentes. Multimodam hic stultitiam notat, quia et de lucrorum augmento agunt, et se multo tempore victuros, et suæ potestatis existimant, ubi annum faciant ; et in his omnibus superni examen judicis ad mentem revocare contemnunt. *Quæ est enim,* ait, *vita vestra ?* Non consentit illis qui dicunt post mortem nihil esse, sed ut doceat, quia vita pravorum brevis est in præsenti, quam tamen in futuro mors æterna sequitur. Quasi diceret : Non debetis hæc vobis promittere, quia vita vestra brevis est, *et vapor ad modicum apparens, et deinceps exterminabitur, pro eo ut dicatis : Si Dominus voluerit :* Et : *Si vixerimus, faciemus hoc aut illud.* Ac si apertius diceretur : Hæc omnia dico vobis pro eo, ut vos spe longioris vitæ non promittatis vobis lucra futuri temporis, sed potius in voluntate et potentia Dei omnia relinquatis. Sequitur : *Nunc autem exsultatis in superbiis vestris, et omnis exsul-*

tatio talis, maligna est. Quasi diceret : Non solum spatium vitæ et lucra futuri temporis vobis promittitis ; sed etiam in superbiis vestris, id est in divitiis, quæ faciunt superbos, exsultatis ; et est maligna talis exsultatio, quia ad aliorum fit depressionem. Iterum subjungit dicens : *Scienti bonum facere et non facienti, peccatum est illi.* Per totum Epistolæ textum ostendit, quia hi quibus scribebat, scientiam bene faciendi habebant, et rectam fidem didicerant, ita ut aliis se magistros fieri præsumerent, nec tamen operum perfectionem, neque mentis humilitatem, neque sermonis continentiam adepti erant ; propter quod inter alia increpationis et excitationis verba modo eos multum terret, quia scientes bene facere, et non facientes, majus peccatum habent, quam si nescirent, licet ignorantia ipsa boni magnum sit peccatum, cum scriptum sit : *Ignorans ignorabitur* (*I Cor.* xiv). Dicatur ergo : *Scienti bonum, et non facienti, peccatum est illi.* Quasi diceret : Exsultatis, et superbitis, et ideo graviter puniemini, quia scitis bonum, et non facitis.

Iterum subjungens dicit : *Agite nunc divites, plorate ululantes in miseriis, quæ advenient vobis.* Ac si apertius diceretur : Nunc in hoc tempore accepto, et die salutis, futuras pœnas fletibus et eleemosynis redimite ; hucusque peccastis, sed jam pœnitentiam agite. *Agite,* inquit, *nunc divites,* in pecunia videlicet, et in peccatis ; *plorate* in corde, *ululantes in miseriis,* manifestatione scilicet vocis et operis, respectu futurarum miseriarum, quæ advenient vobis. Sequitur : *Divitiæ vestræ putrefactæ sunt : et vestimenta vestra a tineis comesta sunt. Aurum, et argentum vestrum æruginavit, et ærugo eorum in testimonium vobis erit, et manducabit carnes vestras sicut ignis.* Non solum immisericordes divites invisibilis gehennæ ignis carnes exuret, cum sibi irasci cœperit, quare culpas eleemosynis non redemerunt, sed etiam animas cruciabit.

Unde dicitur : *Fili, recordare quia recepisti bona in vita tua, et Lazarus similiter mala* (*Luc.* xvi). Ecce ærugo pecuniæ vertitur in testimonium nequitiæ, et augmentum pœnæ, quia intelligit se male congregasse ea, quibus non indigebat ad usum vitæ, et propterea gravius punitur. Dicatur ergo apertius : *Divitiæ vestræ,* in quibus confisi estis, et quas superflue congregastis, *putrefactæ sunt ; et vestimenta vestra,* quibus indigentes vestire potuistis, non usu necessario attrita, *sed a tineis comesta sunt. Aurum et argentum vestrum,* magis scilicet pretiosum, et durabilius inter divitias, quod non congregastis propter usum vitæ, *æruginabit,* id est ex sua infirmitate defecit ; *et ærugo eorum,* superflua videlicet congregatio eorum, quæ cum non erant necessaria, congregata putrescebat, *erit in testimonium vobis, et manducabit carnes vestras,* scilicet corpora, vel carnales concupiscentias, sicut ignis, quia luxuriosas animas et exterius sæviens flamma cruciabit, et interius pungens dolor suæ tenaciæ accusabit. *Thesauri-*

zalis, ait, *vobis tram in novissimis diebus.* Quasi A diceret : Vere ita patiemini, quia quando , neglecta cura pauperum, thesauros pecuniæ congregatis, iram interni judicis vobis cumulatis. Quasi nondum apparet, sed in novissimis diebus jam certissima restat. Sequitur : *Ecce merces operariorum, qui messuerunt regiones vestras, quæ fraudata est a vobis, clamat : et clamor eorum in aures Domini Sabaoth introivit.* Magna iniquitas est, cum divites misericorditer nolunt suscipere pauperes ; sed multo major est, cum etiam mercenariis et famulis debitam laborum mercedem nolunt reddere.

Unde ait beatus Job : *Si adversum me terra mea clamat, et sulci ejus deflent : et si fructus ejus comedi absque pecunia (Job* xxxi). Terra quippe clamat, cum operatores ejus adversum avarum et superbum terræ possessorem pro mercede sibi promissa et non reddita murmurant. Sulci, quamvis vocabulo a terra distinguuntur, tamen terra sunt. Sulci ergo deflent, cum iidem operarii diuturno labore afflicti, et mercede sibi promissa privati, de illo, qui eos ad laborem conducit, conqueruntur. Ipse etiam possessor agri sine pecunia fructus terræ comedit, quando suis operariis mercedem, quam ex conventione debet, non reddit.

Gregorius vero mystice hanc sententiam exponens ait (87) : Quid est clamare terram, deflere sulcos, et fructus proprios emendo comedere ? Cui unquam necesse est sua emere ? Quis clamantem audivit terram ? Quis vidit sulcos deflentes ? Et cum sulci terræ semper ex terra sint, quid est quod pronuntiatione distincta et clamasse terra, et sulci ejus cum ea deflere dicantur ? Cum enim nihil sit aliud sulcus terræ, quam terra, magnæ distinctionis ratione non caret, cum subjungit : *Et cum ea sulci ejus deflent.* Qua videlicet in re, quia ordo historiæ deficit, sese nobis intellectus mysticus, quasi apertis jam floribus, ostendit. Ac si patenter clamet : Quia rationem litteræ defecisse cognoscitis, nimirum restat, ut ad me sine dubitatione redeatis. Omnis enim, qui vel privato jure domesticam regit familiam, vel pro D utilitate communi fidelibus præest plebibus, in hoc quod jura regiminis in commissis sibi fidelibus possidet, quid aliud quam terram incolendam tenet ? Ad hoc quippe divina dispensatione cæteris unusquisque præponitur, ut subjectorum animus, quasi subtracta terra, prædicationis illius semine fecundetur. Sed terra contra possessorem clamat, si contra eum, qui sibi præest, aliquid justum vel privata domus vel sancta Ecclesia murmurat. Clamare quippe terræ est, contra regentis injustitiam rationabiliter subjectos dolere. Ubi recte subjungitur : *Et cum ea sulci ejus de-*

flent. Terra enim nullis etiam operibus exculta, plerumque ad usum hominum aliquod alimentum profert, exarata vero fruges ad satietatem parit. Et sunt nonnulli, qui nullo lectionis, nullo exhortationis vomere præcisi, quædam bona, quamvis minima, tamen ex semetipsis proferunt, quasi terra necdum exarata. Sunt etiam nonnulli, qui ad audiendum semper atque retinendum, sanctis prædicationibus intenti, a priori mentis duritia, quasi quodam linguæ vomere scissi, semina exhortationis accipiunt, et fruges boni operis per sulcos voluntariæ afflictionis reddunt. Sæpe vero contingit, ut hi qui præsunt, injusta aliqua faciant, sicque ut ipsis subjectis noceant qui prodesse debuerant. Quæ dum rudes quique conspiciunt commoti contra B rectores murmurant, nec tamen valide proximum per compassionem dolent. Cum vero hi qui jam aratro lectionis attriti sunt, atque ad frugem boni operis exculti, gravari vel in minimis innocentes aspiciunt, per compassionem protinus ad lamenta vertuntur ; quia velut sua plangunt ea, quæ proximi injuste patiuntur. Perfecti namque, quantum semper de spiritualibus moveantur, tanto sciunt de alienis corporalibus damnis ingemiscere, quanto jam edocti sunt, non dolere de suis. Omnis ergo qui præest, si perversa in subditis exercet, contra hunc terra clamat, et sulci deflent, quia contra ejus injustitiam rudes quidem populi in murmurationis vocibus erumpunt, sed perfecti quique pro ejus pravo opere sese in fletibus affligunt. Quodque C imperiti clamant et non dolent, hoc probatioris vitæ subjecti deflent et tacent. Clamat terra, id est imperiti, errata prælati, et non dolet. Sulci, id est perfectioris vitæ homines deflent, et tacent. Cum clamante ergo terra, sulcos plangere est per hoc, unde se multitudo fidelium juste contra rectorem conqueruntur, sanctioris et sapientioris vitæ subjecti ad lamenta pervenire. Sulci itaque et ex terra sunt, tamen a terra vocabulo distinguuntur, quia hi qui in sancta Ecclesia mentem suam labore sacræ meditationis excolunt, cæteris fidelibus tanto meliores sunt, quanto per accepta semina fecundiores operum fruges reddunt. Et sunt nonnulli, qui sanctis plebibus prælati, vitæ quidem D stipendia ex ecclesiastica largitate consequuntur, sed debita exhortationis ministeria non impendunt. Contra quos adhuc exemplum sancti viri recte subjungitur, cum ab eo protinus subinfertur : *Si fructus ejus comedi absque pecunia.* Fructus etenim terræ absque pecunia comedere, est ex Ecclesia quidem sumptus vitæ accipere, sed eidem Ecclesiæ prædicationis pretium non præbere. Sive ergo ad litteram, sive ad mysticum sensum, grave peccatum est sine pecunia fructus terræ comedere, id est mercedem operariorum fraudare, vel plebem fidelem sanctis prædicationibus non irrigare. Etsi operatores patienter omnia ferentes, adversus terræ possessorem non clamant, merces tamen retenta clamat.

Clamor, inquit, *eorum in aures Domini Sabaoth,* id est exercituum, *introivit* ad damnationem videlicet illorum, qui pauperes putant nullum habere tutorem; sed Dominus omnipotens causas singulorum intuetur. Iterum subjungit dicens: *Epulati estis super terram, et in deliciis enutristis corda vestra.* Apparet quia illos divites alloquitur, quibus ait: *Agite nunc divites;* qui in necem Domini conjuraverant, et necdum fidem ejus, qua salvarentur, acceperant, de qu'bus et supra loquitur ad credentes: *Nonne divites per potentiam opprimunt vos, et pertrahunt ad judicia? Insuper et blasphemant bonum nomen quod invocatum est super nos?* Et quia ad duodecim tribus, quæ sunt in dispersione, scribit; ita fideles monet opera fidei facere, ut eos qui necdum etiam crediderant, ad fidem et opera converti suadeat. Ac si eisdem divitibus qui Christum crucifixerunt, et sanctos apostolos de finibus suis ejecerunt, apertius loqueretur dicens: Neglectis gaudiis cœlestibus, ad quæ per jejunia et afflictiones venire oportet, carnales epulas diligitis; quas tanta fames et sitis in futuro sequentur, ut nec gutta aquæ inveniri possit, per quam ardens lingua valeat refrigerari (*Luc.* xvi). Nec tantum peccastis superflua congregando, aliena rapiendo; sed etiam superflue expendendo. Omni voluptate usi estis, et nullam de pauperum nutrimento curam habuistis. Iterum eos de Salvatoris passione increpat, dicens: *In die occisionis addixistis et occidistis justum, et non restitit vobis.* Hoc loco improperat illis mortem Filii Dei; et quasi nihil mali fecissent, luxuriose et avare vivebant. Quibus proprie convenit quod ait, avaritiam carnes eorum, instar ignis, manducaturam, et quia thesaurizaverunt sibi iram in novissimis diebus. Dicatur ergo apertius: *In die occisionis,* hoc est, cum data esset vobis facultas occidendi, adduxistis ad judicium Jesum Christum justum, et occidistis eum. Ille autem tanquam ovis ad occisionem ductus, non restitit vobis (*Isai.* LIII). Hanc ergo iram Dei, quam sibi thesaurizaverunt, non solum in futura, verum etiam in præsenti vita est in eis completa, cum Jerusalem, imo omnis Judæa, expugnaretur ac vastaretur a Romanis in ultionem Dominici sanguinis, et cæterorum scelerum quæ fecerunt. Iterum ad fidelium consolationem loquitur dicens: *Patientes igitur estote, fratres, usque ad adventum Domini.*

Quasi diceret: Quia infideles divites puniendos videtis, vos estote patientes usque ad adventum Domini, qui in fine cujusque incipit. *Ecce,* inquit, *agricola exspectat pretiosum fructum terræ, patienter ferens donec accipiat temporaneum, et serotinum.* Ac si apertius diceret: Si agricola pro fructu terræ, quem sperat, tam patienter laborat, quanto magis vos pro cœlesti? *Donec accipiat,* inquit, *temporaneum, et serotinum.* Quasi diceret: Sicut agricola,

sic vos accipietis temporaneum fructum, id est vitam animæ post mortem; et serotinum, carnis videlicet incorruptionem. Vel temporaneum in operibus justitiæ, serotinum in laborum retributione. Unde Apostolus: *Habetis fructum vestrum in sanctificatione, finem vero vitam æternam (Rom.* vi). Increpatis superbis et incredulis, rursus convertitur ad eos, qui talium improbitate fuerant oppressi, invitans ad pœnitentiam, quia cito finientur pressuræ, vel justis raptis ad Dominum, vel persecutoribus privatis potestate, dicens: *Patientes estote et vos, et confirmate corda vestra, quoniam adventus Domini appropinquavit.* Ac si patenter dicat: Quamvis Dominus faciat moram, vos tamen patientes estote sicut agricola, et confirmate corda vestra, etiamsi gravia inferuntur, quoniam adventus Domini appropinquavit, ut vos ad gloriam, illi ad pœnam rapiantur.

Sequitur: *Nolite ingemiscere, fratres, in alterutrum, ut non judicemini.* Quasi diceret: Nolite ingemiscere, quasi vos majora meritis patiamini, et persecutores vestri, cum mala fecerint, nihil videantur ferre adversi. *Ut non judicemini,* ait, id est ut non damnemini, eo quod justum Judicem, quasi non æque Judicaret, vituperatis. *Ecce,* inquit, *judex ante januam assistit,* qui vobis præmia dabit, et inimicis pœnam. Ante januam assistit, quia vel proximus est ad cognoscenda quæ geritis, vel cito veniet ad retribuendum vobis et illis juxta merita. Iterum eos hortatur ad imitandum priores Patres, qui patienter propter justitiam adversa pertulerunt, dicens: *Exemplum accipite, fratres, exitus mali, et longanimitatis, laboris, et patientiæ prophetarum, qui locuti sunt in nomine Domini.* Prophetæ quidem sancti erant, ita ut Dei Spiritus per eos sua mysteria loqueretur; qui exitum malum habere visi sunt, mortem patiendo ab infidelibus in veteri et novo testamento; ut Zacharias, Joannes, Stephanus, et alii multi; nec tamen pro hoc exitu ingemuerunt, sed longanimiter ferre volebant. Alii longos sustinuerunt labores sine murmuratione, ut Noe in ædificatione arcæ, Moyses in regimine et ducatu populi, Joseph in servitute, David in expulsione patriæ. *Ecce,* ait, *beatificamus illos, qui sustinuerunt;* quia illos videlicet magnos reputamus, et veneramur. *Sufferentiam Job audistis, et finem Domini vidistis, quoniam misericors est Dominus, et miserator. Sufferentiam,* inquit, *Job audistis,* scilicet in lectione; vidistis oculis in cruce Dominum longanimiter patientem; sed et gloriam resurrectionis, et ascensionis evangelica prædicatione didicistis. Ad utraque autem firmum et immutabile (88) subjungit exemplum, de Job quantum ad labores, de Domino quantum ad exitum mortis. Non dicit, finem Job audistis, cui temporalia sunt restituta; sed patientiam Job, et finem Domini; quia et ad patiendum exemplo Job invitat; et tamen non ut temporalia

(88) Forte *immutabile,* ut Glossa.

recipiant, sicut Job vetus homo; sed æterna, sicut Christus novus homo. *Quoniam,* inquit, *misericors est Dominus, et miserator.* Quasi diceret : Ideo potius debetis imitari illum, quoniam misericors est in natura, et in exhibitionibus gratiarum, ut vel in præsenti suos a tentationibus liberet, et per constantiam fidei etiam coram hominibus viventes glorificet, vel post mortem in occulto coronet, et nec sic quidem memoriam laudis quam meruere ab hominibus auferat. Vitia linguæ ex toto ab eis resecare volens, iterum subjungit, dicens:

Ante omnia, fratres mei, nolite jurare neque per cœlum, neque per terram, neque per aliud quodcunque juramentum. Quia mortiferum linguæ virus in suis auditoribus ad integrum exhauriri desiderat; qui detrahere alterutro vetuit, qui judicare proximo interdixit, qui in adversitatibus ingemiscere prohibuit, quæ sunt aperta peccata; addidit etiam hoc quod quibusdam leve videtur, ut jurandi consuetudinem tollat; quia, *omne otiosum verbum quod locuti fuerint homines, reddent rationem de eo in die iudicii (Matth.* xii). Eos qualiter loqui debeant, sequenter instruit, dicens: *Sit sermo vester: est, est; non, non; ut non sub judicio decidatis.* Ac si patenter dicat: Ideo a jurationis vos culpa compesco, ne frequenter jurando vera, aliquando in perjurium incidatis; sed eo longius a perjurio stetis, quod nec vera jurare velitis, nisi necessitas cogat inevitabilis. Sed et ille sub judicio reatus decidit, qui etsi nunquam pejerat, celerius tamen quam opus est, verum dejerat. Iterum tristibus atque mœrentibus qualiter se habeant, insinuat, dicens: *Tristatur aliquis vestrum,* pro illata scilicet injuria, vel pro aliqua culpa, vel domestico damno, vel pro qualibet re, *oret æquo animo, et psallat.* Quia in pressuris ingemiscere eos prohibuit, nunc econtra quid eis gerendum sit, ostendit. Dicat ergo apertius: Tristatur aliquis vestrum, non murmuret, nec judicia Dei vituperet; sed ad Ecclesiam currat; flexis genibus, ut Deus ei consolationem mittat, oret: ne sæculi tristitia, quæ mortem operatur *(II Cor.* vii), eum absorbeat; et crebra psalmodiæ dulcedine nocivam tristitiæ pestem de corde pellat. Sequitur: *Infirmatur quis in vobis? inducat presbyteros Ecclesiæ, et orent super eum, ungentes eum oleo sancto in nomine Domini: et oratio fidei salvabit infirmum, et allevabit eum Dominus; et si in peccatis sit, dimittentur ei.* Sicut dederat contristato, sic dat et infirmanti consilium, qualiter se a murmurationis stultitia tueatur, juxtaque modum vulneris, modum ponat medelæ. Tristatus, pro se oret; infirmatus corpore vel fide (quia majorem sustinet plagam) plurimorum se adjutorio, et hoc seniorum, curare meminerit. Ac si patenter dicat: *Infirmatur aliquis in vobis? inducat presbyteros Ecclesiæ,* ne ad juniores minusque doctos causam suæ imbecillitatis referat, ne forte quid per eos allocutionis vel consilii nocentis accipiat. *Et orent super eum ungentes eum oleo sancto,* id est consecrato; *et oratio fidei,* qua nomen

Domini jugiter invocatur, *salvabit infirmum, et allevabit eum Dominus* ab infirmitate corporis; *et si in peccatis sit,* id est etiamsi contigerit mori, *remittentur ei.* Multi etiam propter peccata corporis puniuntur morte. Si ergo infirmi in peccatis sint, et hæc, presbyteris confessi, perfecto corde reliquerint, et emendare sategerint, dimittentur eis. Neque enim sine confessione emendationis peccata queunt dimitti.

Unde recte subditur : *Confitemini alterutrum vestra peccata, et orate pro invicem ut salvemini.* Ac si apertius diceret: *Confitemini alterutrum,* id est coæqualibus, scilicet presbyteris, peccata vestra quotidiana, et levia; gravioris vero lepræ immunditiam sacerdoti, id est abbati, vel episcopo; et quanto tempore quæ jusserit, purgare cum omni devotione curate. *Et orate pro invicem ut salvemini, quia multum valet deprecatio justi assidua.* Nota justi et assidua. Sequitur : *Elias homo erat similis nobis passibilis: et oratione oravit ut non plueret super terram, et non pluit annos tres, et menses sex. Et rursum oravit: et cœlum dedit pluviam, et terra dedit fructum suum.* Astruit exemplo, quantum valeat justi deprecatio assidua, cum Elias tantum una oratione tam longo tempore continuerit cœlos, terris imbres averterit, fructus mortalibus negaverit. Quasi diceret : *Elias homo erat,* quamvis nullus hominum virtute secundus, *similis nobis* origine carnis, nundum translatus, *passibilis* ut nos, mentis et carnis fragilitate; *Et oratione oravit ut non plueret super terram,* ad convincendam videlicet superbiam regis, et idololatræ gentis duritiam. Ubi vero tempus perspexit, ubi tabe longæ inediæ cor superbi regis et gentis idololatræ ad pœnitentiam inflexum vidit, una oratione oravit, et fructus, et aquas, quas negaverat, terris restituit. De Elia nobis exemplum proponit, ne videlicet nostra trepidaret fragilitas, reputans se non posse dicere similia tanto prophetæ, qui curru igneo rapui meruit ad cœlos *(IV Reg.* ii). Consulte de ejus oratione locuturus, ab humilitate inchoavit, dicens: *Similis nobis passibilis.* Elias carne infirmus a vidua pascitur *(III Reg.* xvii), mente infirmus, unius mulierculæ minis exterritus fugit per deserta *(III Reg.* xix). Tanta si unus Elias una oratione impetravit, quid ergo multi fideles multis orationibus? Ostensa efficacia orationis, ostendit quanti sit meriti pro fratribus orare, et ad sospitatem eos revocare. Qui ergo in superiori parte hujus Epistolæ a lingua nostra malignam et otiosam removit locutionem, utilitatem correctionis erga errantes insinuat dicens: *Si quis ex vobis erraverit a veritate, et converterit quis eum; scire debet quoniam qui converti fecerit peccatorem ab errore viæ suæ, salvabit animam ejus de morte, et operiet multitudinem peccatorum.* In fine Epistolæ ostendit, quid loqui debeamus; orare et psallere, quoties adversis pulsamur; peccata confiteamur, pro invicem oremus, ut salvemur; pro salute proximorum, non solum temporali sed potius æterna, Domino devote preces fundamus. Si enim magnæ mercedis est a morte A actione quiescit, et in ipso mentis silentio divina carnem eripere omnino morituram, quanto majoris meriti est animam a morte liberare in cœlesti patria sine fine victuram? Dicatur ergo apertius: *Si quis ex vobis erraverit a veritate, et converterit quis eum*, vel bene monendo, vel tacente lingua exempla bonæ actionis ostendendo, *salvabit animam ejus a morte, et operiet multitudinem peccatorum*, ab aspertu interni judicis suppositione vitæ melioris abscondit. Quidam codices habent : *Salvabit animam suam de morte*. Et vere, qui errantem corrigit, per hoc ampliora gaudia vitæ cœlestis sibi conquirit.

Studium ergo orationis, fratres charissimi, diligite, quod vobis ex proximis vestris erit utile, solatium videlicet utriusque vitæ præsentis scilicet et futuræ. Assidua oratio vestra sit levamen infirmorum, et tam in vobis quam in ipsis operiat multitudinem peccatorum. Tam pura, tamque devota, et ab omni strepitu sæculari remota sit oratio vestra, ut et mente et corpore infirmis obtinere possit salutem, peccatoribus remissionem, et cunctis fidelibus æternam beatitudinem. Nolo tamen vos lateat, dilectissimi, quia quisquis terrenis desideriis vel actionibus implicatus fuerit, orationi perfecte vacare non poterit. Animus, qui in terrenis actibus, sive carnalibus concupiscentiis exstiterit occupatus, minus de spiritualibus intelliget, nec perfecte cum Deo loqui in oratione poterit, nec etiam Dei vocem in Scripturis sibi loquentis aure cordis percipere valebit, quia illius oculos pulvis terrenæ actionis C claudit. Qui veraciter ac devote orat, cum Deo loquitur. Qui vero a strepitu sæculari remotus sanctarum Scripturarum libros studiose percurrit, et in eis divinam voluntatem cognoscere cupit, Deus loquitur cum eo. Unde Eliu iratus adversum Job dixisse legitur, ubi ait :

Semel loquitur Deus hominibus per somnium in visione nocturna, quando irruit sopor super homines et dormiunt in lectulo, et [secundo] idipsum non repetit (Job XXXIII)*. Gregorius (89) : Semel loquitur Deus, et secundo idipsum non repetit.* Hoc intelligi subtiliter potest, quod Deus Pater unigenitum, et consubstantialem sibi Filium genuit. Loqui enim Dei est Verbum genuisse. Semel autem loqui, est verbum aliud præter unigenitum non habere. Unde et D aperte subditur : *Et secundo idipsum non repetit :* quia videlicet hoc ipsum Verbum, id est Filium, nonnisi unicum genuit. Sequitur : *Per somnium in visione nocturna, quando irruit sopor super homines, et dormiunt in lectulo.* (90) Quid est quod per somnium nobis locutio Divinitatis innotescit, nisi quod Dei secreta non cognoscimus, si in terrenis desideriis vigilamus. In somnio exteriores sensus dormiunt, et interiora cernuntur. Si ergo interna contemplari volumus, necesse est ut ab exteriori implicatione dormiamus. Vox videlicet Dei quasi per somnium auditur, quando tranquilla mens ab hujus sæculi

actione quiescit, et in ipso mentis silentio divina præcepta pensantur. Cum enim ab externis actionibus mens sopitur, tunc plenius mandatorum Dei pondus agnoscitur, tunc verba Dei mens vivacius penetrat, tunc ejus vox auræ cordis clarius auditur, ejusque voluntas perfectius cognoscitur. cum ad se admittere curarum sæcularium tumultus recusat. Male autem homo vigilat, quando eum sæcularium negotiorum æstus insolenter inquietat. Aurem quippe cordis terrenarum cogitationum turba dum perstrepit, claudit; atque in secretarium mentis quanto minus curarum tumultuantium sonus compescitur, tanto amplius vox præsidentis judicis non auditur. Neque enim homo perfecte sufficit ad utraque divisus ; sed dum sic interius erudiri appetit, et tamen exterius implicatur, unde exterius auditum aperit, inde interius obsurdescit. Moyses admistus Ægyptiis quasi vigilabat, et idcirco vocem Domini in Ægypto positus non audiebat. Sed exstincto Ægyptio, postquam in desertum fugit, illic, dum quadraginta annis deguit, quasi ab inquietis terrenorum desideriorum tumultibus obdormivit, atque idcirco divinam vocem percipere meruit ; quia per supernam gratiam quanto magis ab appetendis exterioribus torpuit, tanto verius ad cognoscenda interiora vigilavit. Rursus Israelitici populi turbis prælatus, ut legis præcepta percipiat, in monte ducitur, atque ut interna penetret, ab externis tumultibus occultatur. Unde et sancti viri qui exterioribus ministeriis deservire officii necessitate coguntur, studiose semper ad cordis secreta refugiunt, ibique cogitationis intimæ cacumen ascendunt, et legem quasi in monte percipiunt, dum postpositis tumultibus actionum temporalium in contemplationis suæ vertice supernæ voluntatis sententiam perscrutantur. Hinc est quod idem Moyses crebro de rebus dubiis ad tabernaculum redit, ibique secreto Dominum consulit, et quid certius decernat agnoscit. Relictis quippe turbis ad tabernaculum redire est, postpositis exteriorum tumultibus secretum mentis intrare. Ibi enim Dominus consulitur ; et quod foras publice agendum est, intus silenter auditur. Hoc quotidie boni doctores faciunt, cum se res dubias discernere non posse cognoscunt, ad secretum mentis velut ad quoddam tabernaculum revertuntur. Divina lege perspecta, quasi coram posita arca, Dominum consulunt ; et quod prius intus tacentes audiunt, hoc foras postmodum agentes innotescunt. Ut enim exterioribus officiis inoffense deserviant, ad secreta cordis recurrere incessabiliter curant, et sic vocem Dei quasi per somnium audiunt, dum in meditatione mentis a carnalibus sensibus abstrahuntur. Hinc est quod sponsa in Canticis canticorum, Sponsi vocem quasi per somnium audierat, quæ dicebat: *Ego dormio et cor meum vigilat (Cant.* V)*.* Ac si diceret : Dum exteriores sensus ab hujus vitæ sollicitudinibus sopio, vacante mente, vivacius interna cognosco.

Foris dormio, sed intus cor vigilat, quia dum exteriora quasi non sentio, interiora sollerter apprehendo. Bene ergo Eliu ait, quia *per somnium loquitur Deus*; atque apte subdidit *in visione nocturna*. In nocturna enim visione apparere contemplatione mentis sub quibusdam imaginationibus solet. In diurna autem luce certius cernimus, in nocturna vero visione cunctanter videmus. Et quia sancti omnes, quandiu in hac vita sunt, divinæ naturæ secreta quasi sub quadam imaginatione conspiciunt, videlicet quia necdum sicut sunt ea manifestius contemplantur; bene Eliu postquam dixit, Deum nobis per somnium loqui, subdidit *in visione nocturna*. Nox quippe est vita præsens, in qua quandiu sumus, per hoc quod interna conspicimus, sub incerta imaginatione caligamus. Propheta namque ad videndum Deum quadam se premi caligine sentiebat, dicens : *Anima mea desideravit te in nocte* (Isai. xxvi). Ac si diceret : in hac obscuritate vitæ præsentis videre te appeto, sed adhuc infirmitatis nubilo circumscribor.

David quoque hujus noctis caliginem vitans, claritatem veri luminis præstolatus, ait : *Mane astabo tibi et videbo te : quoniam non Deus volens iniquitatem tu es* (Psal. v). Hunc versiculum beatus Augustinus (91) exponit dicens : *Mane astabo tibi*, hoc est mane non ero horarius, sed astabo tibi perseveranter, et hoc per munditiam vitæ; non jacebo in terrenis quærens in eis beatitudinem. Per hoc enim quod ait, *astabo*, duo notat : mentis scilicet directionem ad æterna, et perseverantiam. *Et videbo*, id est sciam quoniam tu es proprie qui stabilis manens, das cuncta moveri, quia Deus es ; et ideo *non es volens iniquitatem*, id est sciam quod esse Deum, et velle iniquitatem, nunquam conveniunt. Nota singula verba. *Es*, dicit, quod proprie convenit Deo. Item, *astabo tibi*. Astat ille Deo ut præsens, qui purus est, et hoc mane; mox [F. noctem] videlicet ut tenebras vitiorum deserit. Vel ita, mane astabo tibi : hoc non mutatur, et tunc videbo te. Non enim videt Deum qui terrenis inhæret, sed qui mane virtutum astat Deo. *Beati enim mundo corde, quoniam ipsi Deum videbunt* (Matth. v). Ideo mane astabo ut videam te quoniam tu es Deus non volens immunditiam. Iniquitas, mendacium, homicidium, dolus nox sunt, qua transeunte, fit mane ut videatur Deus.

Et reddit causam cur mane astabit et videbit: quoniam non Deus vult iniquitatem; quoniam, si vellet, posset ab iniquis videri sine mane bonorum operum. Adhuc ergo in nocte minus sese videre conspicit, qui ad videndum Deum, futurum mane concupiscit.

Quia vero, ut diximus, ab exteriori actione cessare, dormire est, bene Eliu subdidit : *Quando irruit sopor super homines*. Quia autem sancti viri cum exteriori actioni deserviunt, intra mentis cubilia conquiescunt, apte subjunxit : *Et dormiunt in lectulo*. Sanctos enim viros dormire in lectulo est intra mentis suæ cubile quiescere. Unde scriptum est : *Exsultabunt sancti in gloria, et lætabuntur in cubilibus suis* (Psal. cxlix). Gloria est bonorum actuum frequens laudatio. Justi lætabuntur. Ubi? Non extra in populari favore, sed in cubilibus suis, id est in conscientia; ideoque habent tam bonum Dominum, qui dat peccantibus gratiam, immeritis vitam æternam. Fatuus vero extra in fabulis hominum lætatur. Sanctis autem hic modus gaudii est, ut ad illum referant bona, qui dedit.

Dicatur ergo quod semel nobis loquitur Deus per somnium in visione nocturna, quando irruit sopor super homines, et dormiunt in lectulo, quia nimirum tunc secreta Divinitatis agnoscimus, cum nos ab hujus mundi tumultuosa concupiscentia intra mentis nostræ cubilia segregamus. Quia vero, ut jam sæpe diximus, aurem cordis tumultus sæcularium negotiorum claudit, et quies secretæ considerationis illam aperit ; dignum est, dilectissimi, ut visibilia et caduca respuatis, spiritualibus vero studiis summo desiderio inhæreatis. Tales igitur vos in Dei servitio secundum beati Jacobi apostoli consilium exhibete, ut assidua oratio vestra apud Deum sit exaudibilis, et inter angustias præsentis temporis valeat multis. Frequentia precum vestrarum tam corporum sit medicina, quam animarum. Ad imitationem Jesu Christi summi et veri pastoris, mortuos in peccatis resuscitate instantia puræ orationis, ut de æternis liberatos pœnis, vobiscum eos ad societatem electorum perducere possitis; ipso præstante, qui in Trinitate perfecta vivit et regnat Deus, per omnia sæcula sæculorum. Amen.

---

(91) Auctor noster secutus Glossam tribuit Augustino hanc expositionem ; sed S. præsul ad litteram sic ait : *Astabo quid est, nisi non jacebo? Quid est autem aliud jacere, nisi in terra quiescere, quod est in terrenis voluptatibus beatitudinem quærere! Non est ergo inhærendum terrenis, si volumus Deum videre, qui mundo corde conspicitur*.

SANCTI MARTINI

LEGIONENSIS PRESBYTERI

EXPOSITIO IN EPISTOLAM I B. PETRI APOSTOLI.

—

Tempore quo post passionem, et resurrectionem, atque ascensionem Domini nostri Jesu Christi exordium sumpsit Ecclesia, quidam de gentilitate, qui transierant ad Judaismum, Deo crediderant, et pro Christi fide patiebantur, et dispersi erant. Hos confortat apostolus Petrus scribens eis a Roma tempore Claudii Cæsaris dicens : *Petrus apostolus Jesu Christi, electis advenis dispersionis Ponti, Galatiæ, Cappadociæ, Asiæ, et Bithyniæ secundum præscientiam Dei Patris, in sanctificatione Spiritus, in obedientiam, et aspersionem sanguinis Jesu Christi : Gratia vobis et pax multiplicetur (I Petr.* 1). Omnes hæ provinciæ superius memoratæ Græcorum sunt in Asia, sed etiam alia Bithynia est in Europa, de qua illi qui sunt in Asia, originem habuerunt. Illa quæ in Asia est Bithynia, et major Phrygia vocatur, quæ Hiera flumine a Galatia disterminatur (92). Advenæ Latine, Græce *proselyti* dicuntur. Sic appellabant illos qui de gentibus nati, in Deum credere, et circumcisione accepta, Judaico more vivere juxta legem Dei volebant. Ejectos a Judæa advenas dicit, qui de gentilitate ad susceptionem legis, et postmodum ad acceptionem fidei pervenerunt. Sed et nos si veraciter cum Propheta dicere volumus, quoniam incolæ nos sumus apud te in terra, et peregrini sicut omnes patres nostri (*Psal.* xxxviii), tanquam ad nos Epistolas B. Petri apostoli scriptas credere, et ut nobis missas legere debemus. Denique in ipsis Epistolis admonet, quasi nos alibi patriam habentes, ubi ait : *Charissimi, obsecro vos tanquam advenas et peregrinos abstinere vos a carnalibus desideriis, quæ militant adversus animam.* Dicatur ergo apertius :

Petrus apostolus Jesu Christi, celebre videlicet nomen, *electis advenis dispersionis,* id est dispersis advenis ab Jerosolymis in persecutione quæ facta est sub Stephano (*Act.* viii), vel aliis multis persecutionibus, tum a Judæis, tum a gentibus, et pro fide Christi afflictis, et sæpe a sedibus suis expulsis. *Secundum præscientiam Dei Patris,* id est non nostris meritis, sed *quos præscivit, et prædestinavit conformes fieri imaginis Filii sui* (*Rom.* viii) : *In sanctificatione Spiritus electis,* scilicet ad hoc, ut per dationem sancti Spiritus sanctificarentur mundati ab omnibus peccatis, ut obedire inciperent

A Christo, qui per inobedientiam perierant, ut aspersi sanguine Christi potestatem diaboli vitarent, sicut Israel per agni sanguinem de Ægypto exivit. In veteri lege quæcunque sanctificanda erant, sanguine hostiarum solebant aspergi (*Exod.* xii. *Hebr.* x). *Gratia,* inquit, *vobis et pax multiplicetur,* scilicet ut quod bene cœpistis, perfecte expleatis, quia sine gratia Christi ad pacem reconciliationis ejus non pervenitur, nec aliquid potest esse nobis pacificum.

Sequitur : *Benedictus Deus, et Pater Domini nostri Jesu Christi, qui per misericordiam suam magnam nos regeneravit in spem vitæ, per resurrectionem Christi ex mortuis, in hæreditatem incorruptibilem, et incontaminatam, et immarcescibilem, conservatam in cœlis in vobis, qui in virtute Dei custodimini per fidem in salutem, paratam revelari in tempore novissimo.* Quasi diceret : *Benedictus Deus et Pater Domini nostri Jesu Christi,* hominis videlicet in mundo nati, sibi consubstantialis Filii; *qui per misericordiam suam magnam regeneravit nos in spem vitæ :* cum nostris meritis nati essemus ad mortem, sua misericordia regeneravit ad vitam. Sic nostram dilexit vitam, ut pro hac Filium suum mori disponeret ; et morte per resurrectionem destructa, spem nobis exemplumque resurgendi ostenderet. Mortuus est, ne mori timeremus ; surrexit, ut resurgere speremus ; et hoc per resurrectionem ejus remoti ex mortuis, ubi nec senio, nec morbo, nec alia mœstitia tangeremur. *In hæreditatem incorruptibilem,* ne scilicet corrumpamur criminalibus; *incontaminatam,* ne etiam in mediocribus contaminemur ; *immarcescibilem,* ne quotidianis et venialibus marcescamus; *conservatam in cœlis,* ut ita servemur in anima et corpore, ut per munditiam simus cœli, et sedes Dei. *Incontaminatam,* inquit, quia non in ipsis beatorum hominum mentibus ex longo usu cœlestis illa conversatio valet aliquando vilis esse, sicut nec lux (93) præsentis sæculi valet aliquando in fastidium verti ex longo usu. *Immarcescibilem, conservatam in cœlis :* non in tempore præsenti dandam, sed tempore prædestinato reddendam vobis in cœlo; *vobis,* inquam, *qui in virtute Dei custodimini per fidem in salutem,* etc. Nullus suæ libertatis potentia custodiri

---

(92) Mss. mendose : *determinatur.*

(93) Glossa : *sicut luxus.*

valet in bonis, nisi ille perficiat a quo initium
bonæ actionis, (94) et initium habetis laborare de
fine, per fidem venturi in salutem æternam, quæ
etsi modo non apparet, tamen parata est revelari,
si nos fuerimus parati. *In vobis*, ait, *qui in virtute
Dei custodimini;* ille scilicet, qui dedit vobis credentibus *potestatem filios Dei fieri (Joan.* 1), posuit
in vobis illam perseverantiam per quam hæreditatem accipiatis in cœlis; quia qui non conservaverit
disciplinam Patris, non meretur accipere hæreditatem ejus (*Prov.* xv). Sed de præsenti ad hoc ge-
neravit, ut essetis hæreditas ejus quos possideret,
sicut aliquis homo hæreditatem. Prius nos de materia, postea secundum profectum vita regeneravit. *In salutem*, inquit, *paratam revelari in tempore
novissimo, in quo exsultabitis.* Ac si diceret : In
tempore quo novissima destruetur inimica mors,
exsultabitis sicut triumphatores. Sequitur : *Modicum si oportet contristari in variis tribulationibus :
ut probatio fidei vestræ multo pretiosior sit auro
quod per ignem probatur.* Ubi æterna merces tribuitur, breve et leve videtur, quod in tribulationibus sæculi æternum videbatur et grave. Patientia
sanctorum auro comparatur, quia sicut in metallis
nihil auro pretiosius est, ita hæc apud Deum omni
est laude dignissima. Sicut enim aurum in fornace
examinatur, prolatum foras cujus sit fulgoris apparebit; ita fidelium constantia inter pressuras
præsentis vitæ contemptibilis videtur, sed, finito
certamine, in judicio quantæ sit gloriæ ostende-
tur. Unde dicitur : *Pretiosa in conspectu Domini
mors sanctorum ejus (Psal.* cxv). Dicatur ergo apertius : *Nunc si oportet contristari in variis tribulationibus,* id est quia non nisi per tristitiam potest
aliquis in gaudium pervenire, non oportet in variis tribulationibus sive exterioribus, sive interioribus contristari. Non conveniunt vobis ad malum,
sed ut probatio fidei vestræ, et vos probati fideles
in camino tribulationis, excocta omni rubigine vetustatis, apparere in futuro possitis. Plus placeat Deo
summo artifici vestra fides, quam alicui artifici aurum materiale.

*Inveniatur in laudem, et gloriam, et honorem, in
revelatione Jesu Christi; quem, cum non videtis,
diligitis; in quem nunc quoque non videntes creditis; credentes autem exsultatis lætitia inenarrabili,
et glorificata : reportantes fidei vestræ finem, salutem animarum vestrarum.* Probatio, inquit, vestræ
fidei inveniatur in laude, id est ut laudabiles et
gloriosi sitis per constantiam in revelatione Jesu
Christi, hoc est in die judicii quando revelabitur
quam magnæ potentiæ sit Deus. Ac si patenter diceret : *Probatio fidei vestræ inveniatur in laudem*,
cum judex eam laudans dicet : *Esurivi et dedistis
mihi manducare*, etc. (*Matth.* xxv). *Inveniatur et in
gloriam*, cum glorificans eam dicet : *Venite, benedi-*

*cti Patris mei, percipite paratum vobis regnum ab
origine mundi (ibid.). Inveniatur in honorem*, quando
dicetur : Tollatur impius ne videat gloriam Dei;
et tunc justi ibunt in vitam æternam (ibid.). Unde
dicitur : *Si quis mihi ministraverit, honorificabit
eum Pater meus (Joan.* xii). *Exsultabitis*, ait, *lætitia inenarrabili;* quia videlicet *nec oculus vidit, nec
auris audivit, nec in cor hominis ascendit, quæ
præparavit Deus diligentibus se (I Cor.* ii). *Reportantes fidei vestræ finem :* ipsum scilicet Deum, qui
est finis omnis consummationis. *Salutem animarum
vestrarum :* nullam amplius infirmitatem passuri.
Quæ salus multum est amanda, quia de hac salute
multi multum exquisierunt, quando vel quo ordine
salus æterna mundo adveniret. Unde dicitur :
*Multi reges et prophetæ voluerunt videre quæ videtis,
et non viderunt; et audire quæ auditis, et non audierunt (Luc.* x). Unde et nunc dicitur : *De qua
salute exquisierunt, atque scrutati sunt prophetæ,
qui de futura in vobis gratia prophetaverunt; scrutantes quod vel quale tempus significaret :* (95) *quia
in eis Spiritus Christi prænuntians eas quæ in Christo sunt passiones, et posteriores glorias.* Quasi diceret apertius : De hac æterna salute, id est de
adventu Christi scrutati sunt prophetæ in occulto,
scilicet a Domino vel ab angelis. Unde unus eorum pro magno scientiæ salutaris amore vir desideriorum ab angelo appellari meruit (*Dan.* ix). *Qui
de futura*, inquit, *in vobis gratia prophetaverunt :*
palam videlicet hominibus loquendo, et exponendo
quæ in occulto internæ contemplationis ipsi cognoverant. *Scrutantes quod vel quale tempus significaret;* quo anno, sub quo principe, quale bellicosum,
vel pacificum, vel quo ordine per partum Virginis,
vel quo alio modo. *Spiritus Christi in eis prænuntians eas quæ in Christo sunt passiones, et posteriores glorias.* Ac si diceret : Quamvis in eis esset
Spiritus Christi non tantum adventum ejus prænuntians, sed etiam passiones tardas, et diu desi-
deratas, quæ in ipso capite sunt, et in ejus membris; quod etiam per crucem finiendus et sepelien-
dus esset. Archangelos et propinquos angelos vocat
Spiritus Christi, per quos operatur Dominus, qui
Christo sunt subjecti. *Et posteriores*, inquit, *glorias.* Duæ sunt glorificationes Domini secundum
suscepti hominis formam : una scilicet qua surrexit a mortuis, et alia qua ascendit gloriosissime
in cœlum ante oculos discipulorum. Restat tertia
et ipsa in conspectu hominum, cum venerit in majestate sua, ut reddat unicuique juxta opera sua
(*Matth.* xvi). Hæ sunt posteriores gloriæ, quas per
Spiritum Christi, beatus Petrus asserit prophetis
revelari. Unde etiam sequitur : *Quibus revelatum
est*, prophetis scilicet, *quoniam non sibimetipsis,
vobis autem ministrabant ea, quæ nuntiata sunt vobis
per eos, qui evangelizaverunt vobis, Spiritu sancto*

---

(94) Glossa clarius : *a quo justitiam bonæ
actionis habetis. Laborate de fide per fidem venturi,* etc.

(95) Vetus Itala : *significaret, qui in eis erat,
Spiritus Christi.*

misso de cœlo, in quem desiderant angeli prospicere.
Hæc ideo dicit, ut moneat illos curam gerere salutis oblatæ, quam sic amaverunt priores sancti.
Ac si apertius diceretur : Prophetis quibus revelatum est, illis videlicet scrutantibus in cætera occulta, hoc est etiam intimatum, quoniam non sibi ipsis, id est non in diebus ipsorum ea salus, sed in vestris potius qui in fine sæculorum nascimini, esset ventura. *Vobis autem ministrabant ea, quæ vobis nuntiata sunt,* id est ipsi non erant domini salutis, sed ministri vestri omnia redemptionis mysteria prænuntiantes, quæ modo sunt impleta et nuntiata, quæ multos latent. Nuntiata dico per eos, *qui evangelizaverunt vobis, Spiritu sancto missa de cœlo,* id est per tam valentes nuntios, scilicet sanctos apostolos, qui non mendose, non fantastica, sed, Spiritu sancto dictante, nuntiaverunt Christum, in quem desiderant angeli prospicere. Spiritus in prophetis et in apostolis ita apparet, quod prophetæ et apostoli eamdem salutem nuntiant; illi scilicet venturam, isti impletam. Una est igitur Ecclesia, cujus pars præcessit adventum Christi, pars sequitur.

In quem desiderant, inquit, *angeli prospicere.*
Quasi diceret : Tanta est ejus, qui passus est pro nobis, hominis gloria posterior, ut etiam angelicæ in cœlo virtutes, cum sint æterna salute perfectæ, non solum immortalis deitatis magnificentiam, sed etiam assumptæ humanitatis ejus claritatem semper aspicere gaudeant. Sed cur cernere desiderant, cujus faciem cernere nunquam cessant, nisi quia contemplatio divinæ præsentiæ ita angelos beatificat, ut etiam semper ejus dulcedinem quasi novam insatiabiliter esuriant? vel in quem Spiritum sanctum desiderant angeli prospicere qui tantæ majestatis est et gloriæ, ut semper ejus visio, sicut et ipsius Patris et Filii desideretur ab angelis, quem gratia divinæ pietatis ad terras, causa humanæ salutis, misit, et illustrandis fidelium mentibus infud.t, ejus semper visa gloria satientur.
Sequitur : *Propter quod succincti lumbos mentis vestræ, sobrii, perfecti sperate in eam, quæ offertur vobis, gratiam, in revelationem Jesu Christi ; quasi filii obedientiæ, non configurati prioribus ignorantiæ vestræ desideriis : sed secundum eum, qui vocavit vos, Sanctum : ut et ipsi sancti in omni conversatione sitis. Propter quod,* inquit, *succincti lumbos mentis vestræ,* id est quia tanta gratia vobis est promissa, ut revelate videatis illum, quem nunc vident angeli ; tanto amplius digni esse curate. *Succincti lumbos mentis vestræ :* ut etiam superfluas voluptates a corde resecetis, et eamdem gratiam percipere valeatis. *Sobrii perfecti sperate,* constantes perseverando, *in eam, quæ offertur vobis, gratiam,* id est securi exspectate, mente et corpore casti. Nam qui Domino placere se non novit, merito spe bonorum carens, ne citius adveniat metuit. Offertur gratia in revelatione Jesu Christi, id est manifestatur gratis a Christo fidelibus danda.

A *Quasi filii obedientiæ* estote in bono perseverantes, ut secure possitis exspectare, et filii obedientes esse patri corripienti : *Non configurati prioribus ignorantiæ vestræ desideriis,* id est non sitis canes redeuntes ad vomitum (*II Petr.* II) ; quia per hoc quodammodo prius eratis excusabiles, sed jam nostis veritatem secundum eum, exemplo videlicet Christi, qui vocavit vos, Sanctum, id est santificatum, et sanctificantem vos, ut in omni conversatione sitis sancti. Unde dicitur : *Estote et vos perfecti, sicut et Pater vester cœlestis perfectus est* (*Matth.* v). Ad hoc vocavit vos, ut et ipsi sancti, id est filii ejus in omni conversatione sitis, et firmi contra vitia, et contra tribulationes, quoniam scriptum est : *Sancti estote, quoniam ego sanctus sum*
B (*Levit.* XI). Ac si diceret : Ego sum Pater vester, qui tales volo, qualis sum. Sequitur :

Et si Patrem invocatis eum, qui sine acceptione personarum judicat secundum uniuscujusque opus, in timore, incolatus vestri tempore, conversamini. Ac si apertius diceretur : *Si Patrem invocatis eum,* dicendo in oratione : *Pater noster qui es in cœlis* (*Matth.* VI): *qui sine acceptione personarum judicat,* id est non ut carnalis pater qui filiis peccantibus indulgentius parcere, quam servis consuevit; sed Deus Pater et servos obedientes, imo et hostes manum sibi dantes, in filios adoptat ; et qui filiorum nomine videbantur honorabiles, pro inobedientia hæreditatis reddit extores. *In timore conversamini in omni tempore in-*
C *colatus vestri, quia secundum uniuscujusque opus judicat.* Quasi diceret : Cavete ne per negligentiam et desidiam tanto Patre sitis indigni, et dum tempore exsilii vestri securi estis, quod absit! ad patriam beatitudinis pervenire non possitis. Ut ergo sancti esse possitis, omni tempore incolatus vestri, id est quandiu in hujus mundi exsilio estis, in timore Dei conversamini. *Beatus enim homo, qui semper est pavidus* (*Prov.* XXVIII). Ac si apertius diceret : Deum recte omnino non invocatis, si timidi et solliciti non estis. *Scientes quod non corruptibilibus auro vel argento redempti estis de vana vestra conversatione paternæ traditionis; sed pretioso sanguine, quasi Agni immaculati et incontaminati Jesu Christi, præcogniti quidem ante constitutionem mundi, manifestati au-*
D *tem novissimis temporibus propter vos, qui fideles estis in Deo, qui suscitavit eum a mortuis, et dedit ei gloriam, ut fides vestra et spes esset in Deo.* Quasi diceret : Quanto majus est pretium quo redempti estis a corruptione vitæ carnalis, tanto amplius timere debetis, ne revertendo ad corruptelam vitiorum, Redemptorem vestrum offendatis. Dicatur iterum apertius : *In timore* Dei, et sollicitudine *conversamini, scientes quod non corruptibilibus auro vel argento* (quibus pretiis solent adimi peccata inter homines) *redempti estis de vana vestra conversatione paternæ traditionis,* etiam a prævaricatione legis, *sed pretioso sanguine,* quia immunis a peccato, *quasi agni incontaminati* aliquo actuali, *et immaculati Christi* ab originali ; agni scilicet mansueti non

aperientis os suum (*Act.* VIII), lana sua vos vestien-
tis, id est prædicatione sua vos erudientis, et charitate reficientis. Hic tangit Leviticas et sacerdotales celebrationes, et significat animam mundam per
justitiam quæ offertur Deo. *Redempti estis,* ait, *pretioso sanguine Christi, præcogniti quidém ante constitutionem mundi,* id est præordinati a Deo, ut per
eum fieret redemptio; *manifestati autem novissimis
temporibus* per assumptam humanitatem *propter vos
salvandos, qui per ipsum,* hoc est per justificationem
ejus *fideles estis in Deo,* ut ipsius corporis membra;
qui suscitavit eum a mortuis tertia die, et dedit ei
gloriam in ascensione. Hoc toto non ideo quod ipse
indigeret, sed *ut fides vestra et spes esset in Deo,* id
est ut eamdem gloriam per ipsum vos speretis habere.

Animas, inquit, *vestras castificantes in obedientia
charitatis, in fraternitatis amore, simplici ex corde
diligite attentius: renati non ex semine corruptibili
sed incorruptibili, per verbum Dei vivi, et permanentis, quia omnis caro fenum: et omnis gloria ejus
tanquam flos feni.* Quasi diceret : Ergo invicem diligite castificantes animas vestras, ut uni sponso servent fidem in obedientia charitatis, id est ex dilectione Dei obedientes sitis ad omnia ferenda in fraternitatis amore, etiamsi fratres vobis noceant. *Simplici
ex corde,* id est non aliquo commodo vel incommodo:
invicem diligite attentius, quoniam hucusque renati
estis non ex semine corruptibili sed incorruptibili. Ac
patenter dicat : Ideo hoc agite, quia *non ex sangui-
nibus, neque ex voluntate carnis, neque ex voluntate
viri, sed ex Deo nati estis* (*Joan.* 1). *Non ex semine
corruptibili,* id est non ex lege, quæ in multis deficit,
sed in Evangelio immutabili. *Per verbum Dei vivi,*
inquit, *et permanentis,* id est per Filium Dei, vel
per Evangelium quod corrumpi non potest. Sicut ex
semine corruptibili caro, quæ corrumpitur, nascitur;
sic per aquam verbo Dei consecratam vita, quæ finem nescit, tribuitur. Quod etiam aperte prophetico
astruit testimonio dicens : *Quia omnis caro fenum,*
id est, transitoria; et omnis gloria ejus, id est omnes
delectationes carnis, *tanquam flos feni. Exaruit enim
fenum,* id est cura, infirmitate vel morte ; *et flos,*
id est gloria *ejus decidit, verbum autem Domini manet in æternum.* Gloria carnis ideo *flos* dicitur, quia aliquid ex se promittit, et tamen nullum
ex se profert fructum. Sicut incorruptibile est pretium Dominicæ passionis, quo redempti sumus;
ita etiam incorruptibile est sacramentum sacri fontis, quo renascimur; quæ ita sibi invicem conne-
ctuntur, ut unum sine altero salutem conferre nequeant. Ita enim Dominus tempore incarnationis
suæ sanguine suo omnes redemit, ut nos quoque,
nostro tempore, per regenerationem baptismi ad
consortium ejusdem regenerationis pervenire mereamur. Sicut ergo corruptibilis corruptibilem generat, ita verbum quod manet in æternum, dat vitam
æternam renatis ex aqua et Spiritu sancto in carne

et anima (*Joan.* III). Iterum subjungit dicens : *Hoc
est autem verbum quod evangelizatum est in vobis,* per
me scilicet, et per alios apostolos.

*Deponentes igitur omnem malitiam, et omnem do-
lum, et simulationes, et invidias, et omnes detractiones, sicut modo geniti infantes, rationabiles, sine
dolo lac concupiscite, ut in eo crescatis in salutem.*
Quasi diceret : Quia sic renati estis, et filii æterni
Patris effecti; tales estote per studium bonæ conversationis, quales sunt infantes recenter nati per
naturam ætatis. Dicatur ergo apertius : *Deponentes
omnem malitiam,* id est voluntatem nocendi aliis ;
et omnem dolum, id est deceptionem; *et simulationes,* ne aliud in corde et aliud in ore gestetis ; *et
invidiam* cordis, contra aliorum felicitatem; *et omnes detractiones verbi, sicut modo geniti infantes, rationabiles sine ruga duplicitatis, lac concupiscite,*
id est simplicia rudimenta fidei de uberibus matris
Ecclesiæ quærite, id est de utriusque Testamenti
doctoribus, qui divina eloquia scripserunt, vel viva
voce prædicant: *ut in eo crescatis in salutem.* id est
ut bene discendo per sacramenta Dominicæ incarnationis perveniatis ad contemplationem divinæ
majestatis. *Quasi modo geniti infantes, rationabiles,
sine dolo.* Ac si diceret : Quamvis infantes per malitiam remotam, tamen rationabiles per sapientiam,
ne ratio ad versutias sæculi vos trahat, sed sine
dolo sitis. Unde dicitur : *Estote prudentes, sicut
serpentes, et simplices, sicut columbæ* (*Matth.* X). *Lac
concupiscite, ut in eo crescatis in salutem.* Hoc loco
tangit illos, qui ad audiendas lectiones sacras fasti-
diosi adveniunt, ignari videlicet illius sitis et esu-
riei, de qua Dominus ait: *Beati qui esuriunt et
sitiunt justitiam; quoniam ipsorum est regnum cœlorum* (96) (*Matth.* V). Ideoque tardius ad perfecta
salutis incrementa perveniunt, quo possint solido
cibo verbi refici, id est arcana cognoscere divina,
vel majora facere bona. Sequitur : *Si tamen gustatis
quam dulcis est Dominus, ad quem accedentes lapidem vivum ab hominibus quidem reprobatum, a Deo
autem electum, et honorificatum.* Quasi diceret : Hoc
pacto videlicet purgata cordis malitia, utilem Christi alimoniam concupiscite, si quanta sit divina dulcedo, sapitis. Nam qui nihil de ejus dulcedine
gustat, non est mirum, si hunc terrestribus desideriis sordidare non evitat. Accedite ergo ad eum, et
accedentes per fidem superædificamini, super Christum fundamentum firmissimum, quia *fundamentum
aliud nemo potest ponere, præter id quod positum
est, quod est Christus Jesus* (*I Cor.* III). Dicatur ergo
apertius : *Ad quem accedentes,* fide et imitatione,
lapidem vivum, super quem fundatur superna civitas, non materialem, sed vivum lapidem, qui sicut
nullis contusionibus potuit dejici, sic nec illi, qui
in eo sunt fundati, poterunt decipi. *Ab hominibus
reprobatum,* videlicet cum dicerent : *Non habemus
regem nisi Cæsarem* (*Joan.* X); *a Deo autem, qui non*

(96) Ita legit Maximus Taurinensis hom. IV, *De jejunio Quadragesimæ,* circa finem.

fallitur in sui dispositione, *electum* , ut faceret utraque unum (*Eph.* 11) ; *et honorificatum*, in miraculis
scilicet, et in ascensione. Iterum subjungens , ait :
*Ipsi tanquam lapides vivi, superædificamini domos
spirituales , sacerdotium sanctum , offerre spirituales hostias acceptabiles Deo per Jesum Christum.*
Homines per infidelitatem lapides duri et insensibi-
les sunt ; sed per discretionem eruditi vivificantur,
et apti sunt, ut in Dei ædificio charitate compagi-
nentur. Ac si apertius diceret : Vos etiam tanquam
lapides in fide solidi, vivi in bonis operibus, superædificamini in domos spirituales contra pluvias ,
ventos, et flumina : *Sacerdotium sanctum*, vos dico
existentes sacerdotes cuncti oleo lætitiæ inuncti,
*offerre spirituales hostias, acceptabiles Deo per Je-
sum Christum Dominum nostrum*; videlicet non sicut
in veteri lege, sed superædificamini ad offerendum
opera bona, eleemosynas scilicet , preces , vos ipsos; *per Jesum Christum* , hoc ad omnia refertur.
Quasi diceret: Ædificamini, quia sacerdotes estis,
hostias offertis, et hoc totum per Jesum Christum,
cujus gratia omnia habetis. Iterum ad confirmandum , quod Dominus propter firmitatem suam jure
lapis sit vocatus, ait : *Propter quod continet Scriptura : Ecce pono in Sion lapidem summum angularem, electum , pretiosum : et qui crediderit in eum
non confundetur.* Ac si patenter dicat : *Ecce pono in
Sion*, quia in Judæa natus, lapidem solidum, summum , id est perfectiorem omnibus , angularem ,
duos scilicet populos in se conjungentem , electum
ex omnibus ; *pretiosum*, quia in pretium redemptionis datur. *Et qui crediderit in eum*, illum scilicet
imitando, *non confundetur*, quia neque in præsenti
de casu erubescet , neque in futuro vacuus erit a
præmio. Sequitur: *Vobis igitur honor credentibus; non
credentibus autem lapis, quem reprobaverunt ædificantes, hic factus est in caput anguli; et lapis offensionis, et
petra scandali , his qui offendunt verbo , nec credunt
in quo et positi sunt.* Dei Filius credentibus est honor , sed non credentibus est lapis quem reprobaverunt ædificantes. Ita reprobatus est ab istis, sicut
ab illis. Et ille lapis hic, id est fidelibus , factus est
in caput anguli; et infidelibus est lapis offensionis,
et petra scandali. Non credentibus est factus lapis,
quem reprobaverunt ædificantes, quia sicut ipsi in
sua ædificatione eum reprobaverunt, sic et ipse in
suo adventu reprobavit eos accipere in ædificatione
domus suæ quæ est in cœlis. Dicatur ergo apertius :
Vobis honor credentibus, quia credentes in Filium
honorificat Pater , et in adventu Filii non confun-
dentur. *Non credentibus autem lapis quem reprobaverunt ædificantes* : quem noluerunt ponere in fundamento cordis sui, Judæi scilicet legem suam
carnaliter tenendam confirmantes, et omnes justitiam suam constituere volentes ; hic tamen factus
est in caput anguli, id est in Christiana ædifica-

tione. Hic etiam factus est lapis offensionis et petra
scandali ; cum lapis sit, in quo sustententur, et tuti
quiescant boni , incredulis erit causa offensionis,
quia in præsenti non credunt in eum , et ideo cadent de vitio in vitium : et in futuro erit petra
scandali , quia ad illum quem humilem conculcave-
runt, collidentur gressus eorum, et cadent in infernum. *His*, inquit, *qui offendunt verbo , nec credunt
in quo et positi sunt.* Ille offendit verbo qui eo quod
verbum audivit, offendit animo, dum quod audivit
non credidit. Cujus stultitiam exaggerat, nec credit
in quo vel quod et positus est. Per naturam ad hoc
sunt facti homines ut credant in Deum et ejus voluntati obtemperent. In quo et positi sunt , quia *in
ipso vivimus, movemur, et sumus* (*Act.* XVII)
   Iterum dicit : *Vos autem estis genus electum ,
regale sacerdotium, gens sancta, populus acquisitionis ; ut virtutes ejus annuntietis qui de tenebris vos
vocavit in admirabile lumen suum.* Hoc testimonium
laudis quondam antiquo populo per Moysem
datum, gentibus dat apostolus, quia in Christum
credunt, qui velut lapis angularis, in eam quam
in se Israel habuerat salutem , gentes adunavit
(*Exod.* XIX). Hinc probatur, quia per hanc Epistolam scribit his, qui de gentibus ad fidem venerant.
Assumuntur hi versus (97) de prophetia Osee , in
qua agitur de vocatione gentium. Dicatur itaque
apertius : *Vos estis genus electum*, per fidem scilicet electi, et distincti ab illis, qui reprobantes lapidem Christum, facti sunt reprobi : *regale sacerdotium*, summi videlicet Sacerdotis corpori uniti, qui
et regnum sperare, et hostias immaculatæ conversationis Deo offerre debeant; *gens sancta* , non jam
in passionibus desiderii, sed sancte et juste viventibus ; *populus acquisitionis*, acquisiti scilicet in
sanguine Redemptoris, quod erat quondam populus
Israel redemptus sanguine agni de Ægypto. Unde
et in sequenti versu mystice recordatur veteris
historiæ, et hanc in novo populo spiritualiter impletam esse docet. *Ut virtutes ejus annuntietis* :
sicut liberati de Ægypto triumphale carmen Domino cantaverunt (*Exod.* XV), ita nos post tenebras
dissolutas, post acceptam remissionem per Christum ducendi ad patriam æternæ claritatis, debemus Deo rependere dignas gratias pro cœlestibus
beneficiis; qui de tenebris nos vocavit in admirabile lumen suum, sicut illos duxit etiam columna
ignis (*Exod.* XIII). Sequitur : *Qui aliquando non populus, nunc autem populus Dei.* Quasi diceret : Qui aliquando eratis alienati a conversione populi Dei, nunc
autem populus Dei : tempore videlicet gratiæ populo
ejus estis uniti. *Qui non consecuti misericordiam,*
id est qui nec misericordiam sperare noveratis,
nunc autem misericordiam consecuti estis.
   Iterum subjungens ait : *Charissimi, obsecro vos
tanquam advenas, et peregrinos abstinere vos a car-*

(97) Versus qui assumuntur de Osee non sunt
ii videlicet : *Vos estis genus electum*, etc. ; sed inferius expositi : *Qui aliquando non populus*, nunc

autem populus Dei. Vel ut legitur Osee II, 24 : *et
dicam non populo meo : Populus meus es tu.*

nalibus desideriis, quæ militant adversus animam; conversationem vestram inter gentes habentes bonam, ut in eo, quod detractant, de vobis tanquam de malefactoribus, ex bonis operibus vos considerantes, glorificent Deum in die visitationis. Hucusque nimirum beatus Petrus generaliter instruxit Ecclesiam, explicans vel beneficia, quibus Deus nos ad salutem vocare, vel dona, quibus aliquando Judæos, nunc autem nos, honorare dignatus est. Hic diversas fidelium personas solerter hortatur, ne carnaliter vivendo, se reddant indignos tantæ gratiæ Spiritus sancti, et ne degenerent a gloria nobilitatis sibi promissæ. Et primo liberos et servos, dehinc viros et mulieres, tandem seniores et adolescentes, qualiter se habere debeant, docet. Et apte liberos monet a carnalibus desideriis abstinere, quia solet libertas vitæ remissioris majora illecebrarum titillantium pati pericula. Dicatur ergo apertius: *Charissimi, obsecro vos tanquam advenas et peregrinos abstinere vos a carnalibus desideriis.* Quasi diceret: Quia jam estis misericordiam consecuti, eo minus animum terrenis rebus supponite, quo vos patriam in cœlis habere memineritis. Reprobi hic habent patriam, cujus desideriis inhiant, ideoque in perpetuum relegabuntur exsilium, carentes voluptatibus. *Quæ militant*, inquit, *adversus animam;* quia dum concupiscentiis blandientibus caro enerviter subjugatur, jam vitiorum exercitus firmiter adversus animam armatur. *Conversationem vestram inter gentes habentem bonam*, bene scilicet operando; *ut in eo quod detractant de vobis tanquam de malefactoribus*, id est in eo quod putant vos stultos esse, quia deos eorum reliquistis, et propter peccata vestra in mundo vos affligitis. *Ex bonis operibus*, id est ex vestra casta conversatione vos, id est vestram dignitatem considerantes, glorificent Deum in die visitationis, in tempore scilicet retributionis. Ac si diceret: Quanta sit vobis gloria donanda per Deum, jam nunc cognoscunt increduli, cum vos instanter per omnia pericula illum sequi perspexerunt. Vel *in die visitationis*, quando scilicet visitabit illos Deus convertendo de malo ad bonum. Plerumque contigit, ut pagani, qui vituperabant fidem Christianorum, postea considerantes bonam eorum conversationem, Christum laudare inciperent. Sequitur: *Subditi estote omni humanæ creaturæ propter Deum: sive regi, quasi præcellenti; sive ducibus, tanquam ab eo missis ad vindictam malefactorum, laudem vero bonorum.* Quasi diceret: Ut conversatio vestra omnibus placeat, subditi estote omni humanæ creaturæ, fidelibus scilicet et incredulis, propter Deum, id est non resistatis alicui dignitati hominum, alicui principatui, cui vos Deus subdi voluit; quia *non est potestas nisi a Deo, et qui potestati resistit, Dei ordinationi resistit* (*Rom.* XIII). Creaturam per partes exponit, cum ait: *Sive regi præcellenti*, ne vel in hoc fidei et religioni Christianæ possit detrahi, quod per eam turbentur jura conditionis. Subditi etiam

estote ducibus tanquam ab eo, id est a rege vel a Deo missis ad vindictam malefactorum, id est ad pœnam; *et ad laudem bonorum*, non quod semper ita sit, sed quæ esse debeat actio ducis, simpliciter narrat; qui etiamsi bonos damnat, non minus ad eorum laudem pertinet quod agit, si patienter improbitatem ejus tolerant boni, et sapienter ejus astutiæ resistunt. Multoties Deus aliquem malum tyrannidem exercere permittit, ut et mali confundantur, et boni magis probentur. Iterum dicit: *Quia sic est voluntas Dei, ut benefacientes obmutescere faciatis imprudentium hominum ignorantiam.* Ac si apertius diceret: Vere quidquid duces agant, boni laudem consequuntur, quia hoc vult Deus, qui etiam malis utitur in bonum; ut vos etiam utentes illis in bonum, sive boni, sive mali sint, faciatis obmutescere ignorantiam et imprudentiam eorum; ut illi videlicet duces ignorantes, quomodo eis in bonum utamini, et per eos laudem mereamini; non inveniant quid vituperent in vobis, dum etiam ipsos honoratis, et patimini, quamvis sint immundi et indigni. *Quasi liberi*, inquit, *et non quasi velamen habentes malitiæ libertatem, sed sicut servi Dei.* Ac si patenter dicat: Quo majori libertate apud homines utimini, eo liberius divino famulatui sitis subjugati; et non habentes libertatem vestram in velamen malitiæ, id est libertas vestra non obnubilet corda vestra; ut tanto licentius peccetis, quanto minus jugo servitii deprimimini; et ne culpam vestram nomine libertatis prætexatis. Vult autem apostolus eos liberos esse a servitio culparum, ut permaneant servi Creatoris boni et fideles. Unde addidit: *Sed sicut servi Dei.* Servitus Dei humilitatem requirit. Sequitur: *Omnes honorate: fraternitatem diligite.* Quasi diceret: *Quæ Cæsaris sunt, Cæsari reddite* (*Matth.* XXII), et unumquemque pro modo suo honorate. *Fraternitatem diligite*, hoc est inter omnia fratres amate; etiam et illos, qui conditione temporali subjecti sunt vobis, sicut fratres in Christo diligite. Item dicit: *Deum timete, regem honorificate.* Ac si diceret: *Deum timete*, ut in omni obsequio timor Dei præcedat; *regem honorificate*, quasi præcellentem videlicet ampliori honore veneramini. Hucusque exhortatus est liberos ad subjectionem, nunc servis loquitur, ut et ipsi subjecti sint dominis, dicens: *Servi, subditi estote in omni timore dominis*, ut nec Deum offendatis, nec dominis obedire recusetis; *non tantum bonis*, fide scilicet, vita, moribus: *et modestis*, id est moderate imperantibus et condonantibus; *sed etiam dyscolis*, id est indisciplinatis. Schola Græce *locus* dicitur, in quo ad audiendos magistros liberalium artium conveniebant. Unde schola interpretatur *vacatio*, quia ibi vacabant studiis. Scholastici igitur sunt eruditi, dyscoli vero sunt indocti et agrestes. Ecce quomodo monebat supra, subdi omni humanæ creaturæ propter Deum. Si propter Deum scientem bonam intentionem aliquis patiens verbera a domino injuste,

cum ei bene serviat, sustinet, id est leves reputat A
tristitias, hæc est gratia, id est per hæc efficitur
gratus Deo, et hoc exigit gratia fidei. Unde subjungens, ait : *Hæc est enim gratia, si propter conscientiam Dei sustinet quis. tristitiam, patiens injuste.*
Quasi diceret : Si injuste patimini, gratiam Dei
acquiritis. *Quæ enim gratia est, si peccantes, colaphizati suffertis ?* Ac si diceret : Si vos patienter
suffertis pœnas illatas a dominis. vos dico peccantes, nolendo obedire eis ; et colaphizati ab
ipsis dominis, id est sæpe correcti ab illis, ut per
colaphos ad obediendum induceremini, quæ gratia
erit vobis inde? Nihil propter hoc accipietis a Deo.
Sed si patienter bene facientes suffertis, id est
quamvis bene feceritis, mala illata a dominis suffertis, hæc est gratia apud Deum.

Multum glorificat conditionem servorum, quos
bene facientes, et absque culpa vapulatos a dominis
crudelibus et improbis. affirmat esse imitatores Dominicæ. passionis. Sequitur : *In hoc enim vocati
estis; quia Christus passus est pro nobis, vobis relinquens exemplum, ut sequamini vestigia ejus; qui
peccatum non fecit, nec inventus est dolus in ore ejus.*
Quasi diceret : *In hoc vocati estis*, scilicet ut patiamini, et hoc exemplo Christi, quia Christus passus
est pro nobis. Gaudes et in hoc, quia Christus pro
te mortuus est ; attende quod sequitur : *Vobis relinquens exemplum*, tribulationum videlicet, contumeliarum, flagellorum, crucis, mortis ; ut sequamini vestigia ejus, *qui peccatum non fecit*, licet pateretur, *nec inventus est dolus in ore ejus*, a Judæis
scilicet et Phariseis observantibus eum, quia nec
in verbo peccavit. *Qui cum malediceretur*, quasi se-
ductor, et dæmoniacus, non *maledicebat*, id est non
improperabat illis mala quæ vere in ipsis erant.
Cum pateretur, a Judæis scilicet, non comminaba-
tur illis. *Tradebat autem judicanti se injuste : qui
peccata nostra ipse pertulit in corpore suo super lignum : ut peccatis mortui, justitiæ vivamus : cujus
livore sanati estis.* Tradebat se judicanti injuste, illis
videlicet judicantibus secundum injustam sententiam, utpote justissimus existens ; sive tradebat Deo
Patri injuste judicantes, id est eos qui eum. nequis-
sime condemnabant, et neci ejus insistebant, ut supplicia sumentes erudirentur. *Peccata nostra ipse* D
pertulit in corpore suo super lignum, id est pœnam
pro peccatis omnium communiter debitam super lignum posito ut *peccatis mortui*, sicut ipse mortuus est,
corporaliter ; *justitiæ vivamus* sicut ipse vivit nova
vita ; *cujus livore sanati estis*, sola scilicet dilectione,
vel carne ejus facta livida in passione. Cum supra
spiritualiter servos, nunc totam Ecclesiam instruit,
ut etiam dominis in memoriam revocet, quid pro
eorum liberatione suus actor pertulerit. Sequitur :
Eratis enim sicut oves errantes, sed (98) *conversi
estis nunc ad pastorem et episcopum animarum vestrarum.* Tangit evangelicam parabolam, ubi pius

pastor, relictis nonaginta novem ovibus in deserto,
venit visitare unam quæ erraverat (*Matth.* xviii).
Dicatur itaque apertius : *Eratis sicut oves errantes,
sine pastore per vitia, dilacerati spinis vitiorum;
sed conversi estis nunc ad pastorem :* in passione
videlicet Christi, corpore et anima reversi estis ad
eum, qui vos pascit verbo veritatis ; et episcopum
vel visitatorem animarum vestrarum quod idem
est. * (99) Episcopatus autem vocabulum, ut ait
beatus Isidorus, inde sumptum est, quod ille qui
superefficitur, superintendat, curam scilicet subditorum gerens, σκοπεῖν enim Græce, Latine *intendere* dicitur. Episcopi vero Græce, Latine *specula-
tores* interpretantur; nam speculator est præpositus
in Ecclesia, dictus, eo quod speculetur, atque pro-
spiciat populorum infra se positorum mores et vitam.*

Rectissime ergo Jesus Christus dicitur episcopus,
id est superintendens : quia, *Oculi Domini super
justos, et aures ejus in preces eorum* (*Psal.* xxxiii).
Cassiodorus : Hic agit Propheta de retributionibus
bonorum et malorum, ne in passionibus vel periculis justus aliqua dubietate mollescat. Quasi diceret : Diverte a malo, inquire pacem, et ne ex infirmitate tua diffidas ; quia *oculi Domini*, id est respectus misericordiæ Dei *super justos*, etsi, ut medicus, secat et urit, per quod videtur non exau-
dire, hoc facit ut sanet, et parcat in sempiternum.
Et aures ejus sunt *in preces eorum*, ut det quod petunt, scilicet gratiam pro gratia. Et nota quod non
ait, *ad preces*, sed *in preces eorum* ; in quo notatur
celeritas audiendi. Augustinus : Forte dicit malus :
Secure facio male, quia non sunt super me oculi Domini. Ad justos Deus attendit, et me non videt.
Ideo subjicit dicens : *Vultus autem Domini super
facientes mala : ut perdat de terra memoriam eorum.*
Quasi diceret : Justos respicit Deus : sed ne malus
putet se nesciri ; quia vultus Domini, id est cognitio
Dei super facientes mala. Non tamen eos respicit
misericorditer, videlicet ut exaudiat, sed cognoscit
ut puniat. Unde subdit : *Ut perdat de terra memoriam eorum*, videlicet ut nec mentio. id est, inter-
cessio fiat pro eis inter bonos, quia placet eis justitia Dei. Unde in Evangelio ait Abraham ad divitem : *Chaos magnum firmatum est inter nos et vos*
(*Luc.* xvi) : ut boni videlicet non possint condescendere ad eos compassione aliqua, propter confusionem peccatorum quæ admiserunt. Et vere oculi
Domini super justos ; quia justi, sicut Abraham,
Isaac, Jacob, Moyses, Aaron, Josue, Samuel, David, et cæteri, clamaverunt ad Dominum, et ipse
exaudivit eos, et ex omnibus tribulationibus eorum
liberavit eos. Unde etiam Zacharias propheta ait :
Visitavit nos Oriens ex alto (*Luc.* i).

Iterum beatus Petrus subjungens, dicit : *Similiter
et mulieres subditæ sint viris suis : ut et si qui non
credunt verbo, per mulierum conversationem sine
verbo lucrifiant, considerantes in timore sanctam con-

versationem vestram. Quarum sit non exterius capil-
latura, aut circumdatio auri, aut indumenti vesti-
mentorum cultus : sed qui absconditus est homo cor-
dis, in incorruptibilitate quieti, et modesti spiritus,
qui est in conspectu Dei locuples. Videtur, quod mulieres eorum, qui in tribulatione erant, contemne-
bant viros ; et, ut aliis placerent, ornabant se pulchre, et hoc fieri prohibet. Ita bonas mulieres vult
viris incredulis subdi, ut non solum nihil mali ad
imperium eorum faciant, sed etiam in tam sancta
conversatione persistant insuperabiles, ut ipsis etiam
viris exemplum sint charitatis et fidei. Ac si aperte
dicat : Sicut servi debent esse subditi dominis propter Deum, similiter et mulieres patientes cum
sponsis, et etiam ipsis sponsis subditæ sint : non
adulteris, sed viris suis ; ut, si qui mariti non credunt verbo Evangelii, per mulierum conversationem
bene se habentium, et humiliter omnia patientium,
sine verbo prædicationis lucrifiant, id est convertantur ad fidem ; considerantes tantummodo in timore sanctam conversationem vestram, habitam
etiam timore Dei conservato ; quarum cultus sit non
capillatura, aut aurum circumdans ; aut non sit
cultus vestimentorum indumenti, non sint festiva
indumenta, quibus induantur ; sed sit vobis ornatus, homo cordis interior soli Deo notus in incorruptibilitate spiritus. Spiritus dico quieti ab impugnatione vitiorum ; et modesti, ne superbiat : *Qui*
est in conspectu Dei locuples ; quia talis spiritus, etsi
hominibus non patet, tamen in conspectu Dei est
dives. Sicut Cyprianus ait : Serico et purpura mulieres indutæ, Christum induere non possunt. Auro,
margaritis, et monilibus adornatæ, ornamenta cordis et pectoris perdiderunt. Quod si Petrus mulieres
quoque admonet coercendas, et ad ecclesiasticam
disciplinam religiosa observatione moderandas, quæ
excusare cultus suos possunt per maritum ; quanto
id magis observare virginem fas est, cui nulla ornatus sui competat venia, nec derivari in alterum
possit mendacium culpæ, sed sola ipsa remaneat in
crimine? Igitur quoniam exterior homo vester corruptus est, et beatitudinem integritatis, quæ proprie virginum est, habere destitistis ; imitamini
incorruptionem spiritus per abstinentiam, et quod
corpore non potestis, mente perstate. Has enim
Christus divitias, et hos vestræ conjunctionis quærit ornatus. Apud Pythagoram, naturali scientiæ
lege dictante, eadem sententia invenitur : Vera ornamenta matronarum pudicitiam, non vestes esse.

Sequitur : *Sic enim et sanctæ mulieres, sperantes*
in Deo, ornabant se, subjectæ propriis viris ; sicut
Sara obediebat Abrahæ, dominum eum vocans : cujus
estis filiæ benefacientes, et non pertimescentes ullam
perturbationem. Quasi diceret : Sic aliquando et
sanctæ mulieres, incorruptione spiritus, *sperantes*
in Deo, etiam ante tempus gratiæ, ornabant se subjectæ propriis viris, non in ornatu vestium, sed in
spirituali ; *sicut Sara obediebat Abrahæ*, etiam in
his quæ gravia videbantur, *dominum eum vocans ex*

reverentia (Gen. xviii) : *Cujus estis filiæ benefacien-*
tes, honorando videlicet maritos ; *et non pertimes-*
centes ullam perturbationem : etiam, si aliquid
mali infertur maritis, vos non inde turbemini. *Viri*
similiter cohabitantes secundum scientiam, quasi infir-
miori vasculo muliebri impertientes honorem, tan-
quam et cohæredibus gratiæ, et vitæ ; ut non impe-
diantur orationes vestræ. Si abstinemus a coitu, honorem tribuimus ; si non abstinemus, perspicuum
est, honori contrarium esse concubitum. Quasi diceret : Ideo ita modeste vos habete cum uxoribus,
ut non impediantur orationes vestræ ; si enim discordes fueritis, orationes vestræ Deo non placebunt. Aliter : *Ut non impediantur orationes vestræ.*
Impediri orationes officio conjugali commemorat,
quia quotiescunque uxori debitum redditur, oratio
impeditur. Quod si juxta Apostoli sermonem *sine*
intermissione orandum est (I Thess. v), nunquam
conjugio mihi serviendum est, ne ab oratione, cui
semper insistere jubeor, ulla hora impediar. Dicat
ergo beatus Petrus : Sicut præcepi uxoribus, ut per
sanctam conversationem suam lucrifacerent maritos, et servirent illis ; similiter præcipio vobis, o
viri, ut per vestram conversationem lucrifiant mulieres. Et custodite illas ; vos, dico, cum illis, reddendo debitum, cohabitantes ; et hoc secundum
scientiam, non in passionibus desiderii ; sed sicut
intelligitis Deum velle, scilicet ut generetis filios
in cultum unius Dei, impertientes videlicet honorem vasculo muliebri quasi infirmiori. In vestibus
et aliis necessitatibus eis providete ; etiam aliquando,
si illis placet, a coitu cessate. Impendite illis honorem, quia infirmiores sunt ; impendite etiam tanquam cohæredibus gratiæ in præsenti datæ a Deo,
et vitæ dandæ in futuro, vel vitæ per gratiam dandæ. Ac si patenter loqueretur, dicens : Diversas
personas, diversas conditiones, diversos sexus docui, jam nunc omnes communiter admoneo, ut in
causa Dominicæ fidei unum cor, et unam animam
habeatis. Unde et subjungit, dicens : *In fide autem*
omnes unanimes in oratione estote, compatientes,
fraternitatis amatores, misericordes, modesti, hu-
miles. Quasi diceret : *In fide unanimes in oratione*
estote, videlicet ut nec cogitatione desperetis, ne
scilicet fraternitatem destruatis, et per hoc liberius
a fide recedatis ; *misericordes*, condonando peccata,
et eleemosynas faciendo ; *modesti*, omnia scilicet
cum modo facientes ; *humiles* ne de his superbiatis.

Sequitur : *Non reddentes malum pro malo, nec*
maledictum pro maledicto, sed e contrario benedi-
centes, quia in hoc vocati estis, ut benedictionem
hæreditate possideatis. Ac si apertius diceretur :
Non reddentes malum pro malo, quid videlicet secundum justitiam sæculi in actu videretur fieri
posse juste. *Nec maledictum pro maledicto*, in verbis ; sed e contrario benedicentes, id est non solum
cessetis reddere maledictum, sed etiam pro maledicto date benedictionem ; *quia in hoc vocati estis,*
ut benedictionem hæreditate possideatis, dicente ju-

dicc : *Venite, benedicti Patris mei, percipite regnum, quod vobis paratum est ab origine mundi (Matth. xxv).* Vel benedictionem, quia sancti in futura vita Deum benedicent. Quod ergo quisque in futuro desiderat invenire, hoc in præsenti meditari et agere satagat, conditorem et fratrem benedicat, seque dignum divina et fraterna benedictione reddat. Iterum dicit: *Qui enim vult vitam diligere, et videre dies bonos, coerceat linguam suam a malo, et labia ejus, ne loquantur dolum.* Quasi diceret : *Qui vult vitam diligere,* id est qui vult ostendere dilectionem se habere ; *et videre dies bonos,* cum in hoc sæculo dies mali sint, *coerceat linguam suam,* interius a malo ne murmuret, et labia ejus exterius ne loquantur dolum, ne scilicet aliquid proferant dolosum. *Declinet autem a malo, et faciat bonum, inquirat pacem, et sequatur eam.* Ac si dicat : Si etiam exterius occasio datur ut peccet, declinet tamen a malo, et faciat bonum, *inquirat pacem,* ut rem absconditam cum Deo et fratre suo, *et sequatur eam,* ut rem fugitivam. *Quia oculi Domini super justos, et aures ejus in preces eorum : Vultus autem Domini super facientes mala,* judicium videlicet, vel manifestatio, vel primo loco, vel reddendo illis mala. Quia prohibuerat malum pro malo reddere, sed potius maledicentibus benedicere jusserat, recte prophetico astruit testimonio, superna inspectione et malos semper et bonos videri, ut meminerimus et nostram patientiam, qua patimur malos, et nostram benevolentiam, qua persequentibus bona optamus, æterno præmio remunerandam, et persecutores digno plectendo supplicio. Si vero pœnituerint, nos quoque pro ipsorum salute quam precamur, coronam accepturos.

Sequitur : *Et quis est qui vobis noceat, si boni æmulatores fueritis ?* Ac si diceret : Ideo debetis declinare a malo, et facere bonum, quia nemo potest vos retrahere a bono ; nec a corona, si persistere volueritis, imo prosunt, dum nocere cupiunt. *Sed si quid patimini propter justitiam, beati eritis,* id est, non solum nocet, quod a malis irrogatur, sed etiam prodest, quia patientiam exercet. Si verba contumeliosa, si rerum damna, si tormenta inferunt, non nocent, sed patientiam vestram exercent. Si quis autem victus his deficit, non ille qui malum intulit, sed ipse qui malum non pertulit, nocuit. Tentatur omnis domus, et ea videlicet quæ supra petram, et ea quæ super arenam fundatur, sed uni firmitas fundamenti coronam perseverantiæ tribuit, alteram vero fragilis structura stravit. Iterum subjungit dicens : *Timorem autem eorum ne timueritis, ut non conturbemini.* Quasi diceret : In futuro eritis beati, in præsenti autem ne timorem eorum timueritis, id est illa quæ in eis possunt videri timenda, ut regia potestas, et hujusmodi. Non ergo eos timueritis : *Et non conturbemini,* recedendo videlicet a fide et dilectione Dei. *Dominum autem Christum sanctificate in cordibus vestris.* Ac si diceret :

Sanctitatem Christi, quam sit incomprehensibilis, intimo cordis affectu intuemini ; et sic ipsum Christum sancite in vobis, ut non a memoria, non ab amore recedat. Qui hanc sanctitatem non considerat, deficit ad hostis insidias. Sequitur : *Parati semper ad satisfactionem omni poscenti vos rationem de ea, quæ in vobis est, spe.* Duobus modis de spe nostra et fide rationem reddere debemus, id est quærentibus fideliter vel infideliter, rectas causas spei et fidei intinemus, et ipsam fidem et spem inter pressuras illibatam teneamus, ostendentes per patientiam, quam rationabiliter eam conservandam didicimus, pro cujus amore, nec adversa pati, nec mortem subire formidamus. Parati ergo semper ad satisfactionem omni nos poscenti rationem esse debemus, id est volenti mutuo percipere rationalem pecuniam, non negemus. Unde Paulus : *In sapientia ambulate propter eos qui foris sunt : scientes quomodo oporteat singulis respondere (Coloss. iv).* Foris enim existentes, id est nondum fideles, volunt aliquid cognoscere de spe, quæ in vobis est. Qui ergo ecclesiastico utitur magisterio, doceat patientes, obstruat resultantes. Iterum dicit : *Cum modestia et timore, conscientiam habentes bonam, ut in eo quod detrahunt de vobis, confundantur, qui calumniantur vestram in Christo bonam conversationem.* In ipsa doctrinæ scientia qualitatem docendi monet observari, ut humilitas et loquendo et vivendo monstretur. Quasi diceret : Cum modestia et timore rationem poscentibus reddite, id est non tantum doctrinam, sed etiam in doctrina modestiam habete, quæ est mater omnium virtutum. Vel secundum modestiam et timorem, ut quod exterius ostenditis, interius habeatis ; ut, qui fidem et spem cœlestium, quam videre non possunt, in vobis irrident, per vestra bona opera confundantur, quæ bona esse negare non possunt. Vel curate benefacientes, ut qui vestræ bonæ conversationis detrahunt, veniente retributionis tempore, confundantur, videntes vos cum Christo coronari, secum vero diabolum damnari. Quasi de hoc confundantur, quod calumniantur.

Sequitur : *Melius est enim benefacientes (si velit voluntas Dei) pati, quam malefacientes, quia et Christus semel pro peccatis nostris mortuus est, justus pro injustis, ut nos offerret Deo, mortificatos quidem carne, vivificatos autem spiritu.* Hic illos arguit, qui cum pro culpis arguuntur a fratribus, vel etiam pœnis coercentur, patienter tolerant. Sed si absque culpa aliquid eis a fratribus infertur, mox corruunt in iracundiam, et qui hactenus ridebantur innoxii, per impatientiam et murmurationem reddunt se noxios. Utilius fuit Tobiam percuti cæcitate sine culpa, ut ejus probaretur patientia (*Tob.* ii), quam Elymas (100) magus, qui pro perfidia percussus, a creditorum societate removetur, et æternæ ultioni præparatur (*Act.* xiii). *Melius est,* inquit, *benefa-*

cientes (ut velit voluntas Dei) pati, quam malefacientes. A
Ac si diceret : Ita debetis calumniatores pati et confundere, quia tutius est vobis pati pro benefactis, quam
pro malefactis, ita dico, si velit voluntas Dei, quæ majorem præparat retributionem. *Nam et Christus semel
pro peccatis nostris mortuus est.* Sic et nos semel
morimur, id est temporali morte, pro qua reddetur
merces æterna. Qui ergo justus patitur, Christum
imitatur, qui flagellis corripitur, latroni assimilatur,
qui cum Christo in cruce cognito paradisum intravit
(*Luc.* xxiii). Qui nec flagellis corrigitur, sinistrum
latronem imitatur, qui propter peccata ascendit in
crucem, et post crucem ruit in tartarum. *Justus*
inquit. *pro injustis mortuus est, ut nos offerret Deo,
mortificatus quidem carne, vivificatus autem spiritu.*
Offert nos Christus Patri, et vitam nostram laudabi- B
lem in conspectu Patris ostendit, cum per mortificationem carnis pro illo gaudemus immolari. Vel
offert nos Deo, cum absolutos carne in æternum
regnum nos introducit. Sequitur :

*In quo, et his qui in carcere erant, spiritu veniens
prædicavit, qui increduli fuerant aliquando, quando
exspectabant Dei patientiam in diebus Noe, cum fa-
bricaretur arca : in qua pauci, id est octo animæ
salvæ factæ sunt per aquam.* Qui habent sensum
obscuratum tenebris, merito etiam in hac vita dicuntur carcere inclusi, et in hoc interiori carcere
mentis, operibus injustis gravantur, donec carne
soluti, in exteriores tenebras projiciantur æternæ
damnationis. Habent et justi hic carcerem, sed
tribulationum, reprobi vero vitiorum. Ait enim :
*In quo et his qui in carcere erant, spiritu veniens
prædicavit,* Quasi diceret : Ille, qui nostris temporibus carne veniens, tunc virum mundo prædicavit,
ipse etiam ante diluvium eis, qui tunc increduli
erant, et carnaliter vixerant, spiritu veniens prædicavit, quia per Spiritum sanctum erat in Noe, et in
aliis bonis hominibus, per quorum bonam conversationem aliis malis prædicabat, ut converterentur
ad bonum. Dicatur iterum apertius : *In quo,* id est
in quo spiritu, et his qui in carcere, tenebrarum videlicet, et infidelitatis, *vel* (1) *carne,* id est in carna-
nalibus desideriis erant, veniens prædicavit, ideo
scilicet ut illos Deo offerret, quia tunc si qui ad
prædicationem Domini, quam per vitam fidelium D
prætendebat, credere voluissent, et ipsos offerre
gaudebat Deo patri, si qui autem detrahebant de
bonis quasi de malefactoribus, imminente diluvio
confundebantur. *Qui increduli fuerant aliquando,* id
est qui non crediderant Deo per Noe comminanti,
quando exspectabant Dei patientiam, cum videlicet
patientia Dei invitaret illos ad pœnitentiam, parcens illis per centum annos, quibus Noe construe-
bat arcam, per quam ostendebatur, quid futurum
esset mundo, ipsi non utebantur patientia Dei ad

pœnitentiam, sed exspectabant eam, quasi semper
duraturam, in qua arca *pauci,* qui Deo crediderant,
id est, *octo animæ,* quæ spem octavæ diei habebant,
salvæ factæ sunt per aquam. Sicut arca fabricata est de
lignis levigatis, sic Ecclesia de collectione fidelium
animarum : et sicut pereunte mundo pauci salvantur
per aquam, sic ad comparationem pereuntium parvus est electorum numerus, quia, *Angusta est via
quæ ducit ad vitam, et pauci sunt qui inveniunt eam*
(*Matth.* vii). Quod aqua diluvii nullos salvavit extra arcam positos, sed occidit, significat, omnem
hæreticum, licet habentem baptismi sacramentum,
non aliis, sed ipsis aquis ad inferna mergendum,
quibus arca sublevatur ad cœlum. Sequitur : *Quod
et nunc similis formæ salvos facit baptisma, non carnis depositio sordium, sed conscientiæ bonæ interrogatio, in Deum per resurrectionem Domini nostri
Jesu Christi, qui est in dextera Dei deglutiens mortem, ut vitæ æternæ hæredes efficeremur : profectus
in cœlum subjectis angelis sibi, et potestatibus,
et virtutibus.* Per illos, qui in diluvio submersi
sunt, significatur mortificatio carnis, per illos vero, qui salvati sunt, signatur vivifica-
tio spiritus. Noe, qui interpretatur requies,
significat Christum, qui dat suis fidelibus requiem
animarum. Dicatur itaque apertius : *Quod et nunc
similis formæ salvos facit baptisma :* videlicet quod
etiam nunc facit baptisma, scilicet facit salvos,
baptisma dico similis formæ, id est per omnia assimilatum illi arcæ ; quia quidquid ibi carnaliter, hic
geritur spiritualiter. *Non carnis depositio sordium,*
id est non dico illud baptisma salvare, ubi tantum
est depositio carnis sordium, id est tantum abluitur
caro exterius, quod et hæretici habuerunt, sed ubi
est interrogatio puræ conscientiæ, id est ubi inter-
rogatur et exigitur ad baptisma bona conscientia
baptizandi, quia tale baptisma salvat, illud aliud
occidit. Interrogatio facta et tendens in Deum, ut
per bonam conscientiam unum efficiatur in Deo.
Bonæ conscientiæ interrogatio in Deum, id est non
sufficit baptizando habere bonam conscientiam, nisi
ad interrogationem Ecclesiæ suam fidem ostendat,
et hoc per resurrectionem Domini nostri Jesu Christi ; ut sicut *Christus resurrexit a mortuis per gloriam
Patris,* ita purgati a vitiis per aquam regenerationis, *in novitate vitæ ambulemus* (*Rom.* vi). Quod
etiam significabant octo animæ in arca salvatæ. *Per
eum,* inquit, *qui est in dextera Dei deglutiens mortem.*
Quod deglutimus, agimus, ut in nostri corporis interiora assumptum, nusquam appareat. Sic Dominus mortem funditus consumpsit, ut nihil contra
se valeret ; et manente specie veri corporis, abesset
labes priscæ fragilitatis, quod et nobis promittitur.
Unde subdidit : *Ut et nos vitæ æternæ hæredes efficeremur. Profectus,* inquit, *in cœlum subjectis ange-*

(1) Ita legit Beda et alii nonnulli, ut videre est
apud Sabbatier; quapropter errat manifeste alter
ms. et glossa interlinealis, dum hic corrigunt, *vel
carcere.* Nec enim satis congrua erit expositio, in

carnalibus desideriis, si demas lectionem, *vel carne.*
Nihilominus et hanc et superiorem alteram, *spiritu,*
pro, *spiritibus,* in mendo cubare constat, inquit
Calmet in hunc locum.

lis sibi, et potestatibus, et virtutibus. Angelus primus, potestates secundus, virtutes tertius ordo est. Semper angelos subjectos fuisse Filio Dei, non dubitamus; sed hic ideo subjectionis meminit, ut assumptam humanitatem ita in resurrectione sublimatam monstraret, quod enim angelicæ dignitatis potentiæ præferatur. Unde est illud : *Omnia subjecisti sub pedibus ejus, oves et boves universas; insuper et pecora campi* (*Psal.* VIII).

Augustinus : Ac si Propheta Deo Patri diceret : Omnia sub pedibus Jesu Christi Filii tui subjecisti, oves scilicet, id est innocentes, tam homines quam angelos; et boves, scilicet arantes et triturantes, qui in vinea Domini vomere spirituali rura criminis conscindunt; boves dico universas. Femineo genere utitur, ut notet fructificantes, qui semine verbi Dei hominum corda fructificare faciunt, et illi sunt homines et angeli. Sequitur : *Insuper et pecora campi*. Quasi diceret : Non tantum bonos subjecisti ei, sed insuper et pecora campi. Per hoc quod dicit, *insuper*, distinguit hoc a prædictis sanctis; hæc enim sunt acina, sicut prædicti sunt vinum. Malos etiam Christo subjectos vocat, quod minus videtur, quod significat cum ait, *et pecora campi*, id est carnales in amplitudine voluptatum, tanquam in latitudine camporum, non in montibus habitantes virtutum. Pecora ergo campi sunt homines, qui in carne vivunt; ubi nihil laboriosum, nihil arduum ascenditur, sed lata via est cui hærent, quæ ducit ad mortem (*Matth.* VII). Unde et Abel a fratre occiditur in campo (*Gen.* IV). Iterum subjungens, ait : Subjecisti ei *et volucres cœli* (*Psal.* VIII), id est, superbos. Bene [per] volucres cœli significantur superbi, de quibus dicitur : *Posuerunt in cœlum os suum* (*Psal.* LXXII). Quorum caput dicit : *Ascendam in cœlum, et exaltabo solium meum* (*Isai* XIV), etc. Sequitur : *Et pisces maris*, id est curiosos, *qui perambulant semitas maris*, id est qui in profundo sæculi hujus temporalia, quæ, quasi semitæ in mari, cito evanescunt, pertinaci studio inquirunt. Unde recte non ait, *ambulant*, sed, *perambulant*; per hoc ostendens pertinacissimum studium inania et præterfluentia requirentium. Hæc autem tria genera vitiorum, id est voluptas carnis, curiositas, et superbia includunt omnia vitia, quæ, sicut beatus Joannes ait, sunt *concupiscentia carnis*, ambitio sæculi, id est, superbia, *et concupiscentia oculorum* (*I Joan.* II). Per oculos namque curiositas maxime prævalet. De his tribus tentatus fuit Salvator, et vicit, quibus primus homo victus succubuit. Omnia ergo, ut supradictum est, quæ in cœlis, in terris, et in mari sunt creata, sub pedibus Jesu Christi Dei et hominis sunt Filii subjecta, qui non propter sua, sed propter totius humani generis peccata dignatus est pati; et sicut Christus resurgens ascendit in cœlum, (2) sedet ad dexteram Dei Patris; sic

etiam per baptisma nobis viam salutis et regni cœlestis introitum patriæ aperuit.

Postquam exemplum Dominicæ resurrectionis, et nostræ ablutionis de arca et diluvii sacramento beatus Petrus astruxit, reddit ad hoc quod cœperat, ut imitantes Salvatorem, inter bona, quæ agimus, patienter malorum nequitiam toleremus, dicens :

Christo igitur passo in carne, et vos eadem cogitatione armamini : quia qui passus est in carne, desiit a peccatis : ut jam non hominum desideriis, sed voluntati Dei, quod reliquum est in carne vivat temporis. Quisquis justorum corpus martyrio subjicit, nihil in mundo habens ubi peccet, hoc tantum desiderare cogitur, ut finito certamine percipiat coronam vitæ. Talium mentem semper cupit Petrus imitari; cum proposito Dominicæ passionis exemplo, nos eadem cogitatione contra nequitiam pravorum, contra oblectamenta vitiorum præcipit armari; volens intelligi, quod etiam nos in pace Ecclesiæ quiescentes, si habitum patientis induimus, facile, juvante Domino, lapsus peccatorum vitamus. Dicat ergo apertius princeps apostolorum Petrus : *Christo passo in carne*, non in deitate, *et vos eadem cogitatione armamini*, id est sicut ipse sponte, et nos sponte; sicut ipse toleravit omnia, et nos toleremus; et inde evenit utilitas, *quia qui passus est in carne, desiit a peccatis;* quia qui timore cœlestium judiciorum carnales in mente concupiscentias exstinguit, jam, similis Christo crucifixo, quasi mortuus existens peccatis, Dei tantum servitio vivit : *ut jam non hominum desideriis, sed voluntati* Dei confirmando se in bonis operibus, *quod reliquum est, in carne vivat temporis.* Dignum quippe est, ut se quisque fidelis propter æternam remunerationem, ad tolerandas tentationes et passiones corporis viriliter accingat, et sui Redemptoris imitator existat, qui suis discipulis, imo omnibus in se credentibus dicebat : *Qui vult venire post me, abneget semetipsum, et tollat crucem suam et sequatur me* (*Matth.* XVI). Nam et ad corroborandam inter hujus sæculi adversa mentem, verba beati Job ad memoriam reducat, qui inter flagella positus, dicebat :

Sicut cervus desiderat umbram, et sicut mercenarius præstolatur finem operis sui : sic et ego habui menses vacuos, et noctes laboriosas enumeravi mihi (*Job* VII). Gregorius (3) : Umbram quippe cervus desiderare est, post tentationis æstum sudoremque operis æterni refrigerii requiem quærere. Hanc namque umbram cervus ille desiderabat, qui dicebat : *Sitivit anima mea ad Deum vivum; quando veniam et apparebo ante faciem Domini* (*Psal.* XLI). Augustinus : Hic determinat desiderium suum, quia poterat cervus desiderare (4) fontem intelligi causa bibendi vel lavandi, et ostendit quia maxime causa bibendi, fontem desiderat. Quasi dicat : Desiderat

(2) Supp. ex Glossa, *et.*
(3) Lib. VIII *Mor.*, cap. 4.

(4) Ms. mendose *desiderate.*

anima mea ad te. Cassiodorus : Sitivit inquam et olim, non modo primum anima mea ad Deum fortem, vel fontem, id est Christum, qui est fons aquarum irriguus, unde omnia bona fluunt ; vivit (5), non ad mortua simulacra gentium. Et quid sitivit ? Venire scilicet et apparere ante faciem Dei, et hoc est : quando veniam. Quasi diceret : Cupio dissolvi, quia sitio in peregrinatione, sitio in cursu ; satiabor in adventu, sed quando veniam ! Hoc ideo ait, quia quod citius est Deo, tarde est desiderio. *Et apparebo*, inquit, quia et nos tunc apparebimus, qui modo latemus, ante faciem Dei, quia tunc videbimus cum sicut est (I Joan. III). Dicat ergo David propheta : *Quando veniam et apparebo ante faciem Dei ?* Qui quasi a labore agri æstum fugiens, atque ad obtinendam refrigerii requiem tegmen quærens, iterum dicit :

Ingrediar in locum tabernaculi admirabilis, usque ad domum Dei (Psal. IV). Augustinus : Tabernaculum in terra fideles sunt, in quibus iste jam miratur, scilicet, quod in corpore non regnat peccatum, sed est arma justitiæ, et quod anima obedit Deo, et tolerat aspera, et tendit in altum, et hujusmodi. Transit etiam hæc, et pervenit mente usque ad domum Dei cœlestem, et stupet : et hoc est, *ideo effudi animam meam*, quoniam hoc modo transibo, vel ingrediar in locum tabernaculi admirabilis, id est in præsentem Ecclesiam, quæ est quædam imago et species futuræ Jerusalem ; quæ dum videtur, amplius illa desideratur, et in ista amplius gemit. Ideo dicit, ingrediar in locum tabernaculi, quia extra locum tabernaculi hujus aliquis quærens Deum, errat. Ego dico perveniens mente usque ad domum Dei, non captus desideriis sæculi. Quomodo ad secretum domus pervenis ? *In voce*, videlicet, *exsultationis, et confessionis sonus epulantis.* De æterna enim festivitate sonat nescio quid canorum et dulce cordi ejus, unde rapitur sicut cervus ad fontes aquarum, et mulcetur. Sequitur : *Et confessionis*, id est laudis æternæ, quæ ab angelis Deo decantatur, unde sonat ei mira suavitas. Dicat ergo beatus Job :

Sicut cervus desiderat umbram, et sicut mercenarius præstolatur finem operis sui, etc. (6) Hanc umbram comprehendere Paulus anhelabat, desiderium habens dissolvi, et esse cum Christo (Philip. I). Ad hanc umbram ex desiderii jam perfectione pervenerant qui dicebant : *Nos portavimus pondus diei, et æstus* (Matth. XX). Bene autem qui desiderare umbram dicitur, cervus vocatur ; quia electus quisque, quousque infirmitatis conditione constringitur, sub dominantis jugo corruptionis, quasi sub æstus anxietate retinetur. Qui nimirum cum corruptione exutus fuerit, tunc sibimetipsi liber et tranquillus innotescit. Unde etiam recte per Paulum dicitur : *Ipsa creatura liberabitur a servitute corruptionis in libertate gloriæ filiorum Dei* (Rom. VIII). Electos

enim nunc pœna corruptionis deprimit, tunc autem gloria exaltabit ; et quanto ad præsentis necessitatis pondera nunc in Dei filiis de libertate nihil ostenditur, tanto vero ad subsequentis libertatis gloriam tunc in Dei famulis de servitute nihil apparebit. Creatura ergo servitute corruptionis exuta, et libertate dignitatis accepta, in filiorum Dei gloriam vertitur ; quia unita Deo per spiritum, quasi hoc ipsum quod creatura est, transisse ac subegisse declaratur. Sed quia adhuc umbram desiderat, cervus est ; quia quousque æstum tentationum et passionum tolerat, jugum miseræ conditionis portat. Ubi apte subditur : *Et sicut mercenarius præstolatur finem operis sui.* (7) Mercenarius etenim cum faciendo opera conspicit, mentem protinus ex longinquitate et pondere laboris abducit. Cum vero lassescentem animum ad desiderandum operis præmium revocat, vigorem mox animæ ad exercitium laboris reformat, et quod grave perpendit ex opere, leve æstimat ex remuneratione. Sic electi quique, cum mundi hujus adversa patiuntur, cum honestatis contumelias, rerum damna, cruciatus corporis tolerant, esse gravia, quibus exercentur, pensant, sed cum mentis oculum ad æternæ patriæ considerationem tendunt, ex consideratione præmii, quam sit leve quod patiuntur inveniunt. Quod enim valde esse importabile ex dolore ostenditur, consideratione provida ex renumeratione levigatur. Hinc est quod Paulus semper semetipso robustior contra adversa erigitur, quia nimirum finem sui operis sicut mercenarius præstolatur.

Grave namque quod sustinet æstimat, sed leve quippe hoc per præmii considerationem pensat. Ipse quippe quam sit grave quod patitur, indicat, qui in carceribus abundantius, in plagis supra modum, in mortibus frequenter se fuisse testatur ; qui a Judæis quinquies quadragenas unam minus accepit ; qui ter virgis cæsus, semel lapidatus est, ter naufragium passus, nocte et die in profundum maris fuit (II Cor. 11). Qui pericula fluminum, latronum, ex genere, ex gentibus, in civitate, in solitudine, in mari, in falsis fratribus pertulit ; qui in labore et ærumna, in jejuniis multis, in fame et siti, in vigiliis multis, in frigore et nuditate laboravit : qui foris pugnas, intus timores sustinuit. (II Cor. VII) : qui ultra vires gravatum se asserit, dicens : « *Supra modum gravati sumus, ita ut tæderet nos vivere* (II Cor. I). Sed quomodo remunerationis linteo sudorem tanti laboris tergat, ipse denuntiat, dicens : *Non sunt condignæ passiones hujus temporis ad futuram gloriam, quæ revelabitur in nobis* (Rom. VIII). Finem itaque operis quasi mercenarius præstolatur, qui dum profectum remunerationis considerat, vile æstimat, quod pene deficiens laborat. Apte itaque subditur : *Sic et ego habui menses vacuos, et noctes laboriosas enumeravi mihi.* Electi quippe Conditori rerum serviunt, et

---

(5) Fort. *vivum*, ut substantivo *fontem* concordet.
(6) Greg. ubi supra.

(7) Greg., cap. 5.

sæpe rerum inopia coangustantur. Per amorem Deo inhærent, et tamen subsidio vitæ præsentis egent. Qui igitur per actiones suas præsentia non quærunt, a mundi compendiis vacuos menses ducunt. Noctes quoque laboriosas tolerant, quia adversitatum tenebras non solum usque ad inopiam, sed sæpe usque ad corporis cruciatum portant. Despectum namque egestatemque perpeti, laboriosum bonis mentibus non est; sed cum usque ad afflictionem carnis adversitas vertitur, labor procul dubio ex dolore sentitur. Potest etiam non inconvenienter intelligi, quod sanctus quisque menses vacuos sicut mercenarius ducit, quia laborem jam sustinet, sed præmium necdum tenet; hoc tolerat, illud exspectat. Noctes laboriosas enumerat, quia adversitates sibi præsentis temporis sese in virtutibus exercendo coacervat. Nam si proficere in mente non appetit, minus fortasse aspera, quæ mundi sunt, sentit. Quæ enim sententia, si ad vocem sanctæ Ecclesiæ ducitur, intellectus ejus paulo subtilius indagatur. Ipsa quippe menses vacuos habet, quæ in infirmis membris suis terrenas actiones absque vitæ præmio defluentes sustinet. Ipsa noctes laboriosas enumerat, quæ in membris fortibus multiplices tribulationes portat. In hac etenim vita quædam laboriosa sunt, quædam vacua. Quædam vero vacua simul et laboriosa. Amore quippe conditoris, præsentis vitæ tribulationibus exerceri, laboriosum quidem est, sed vacuum non est. Amore autem sæculi, voluptatibus solvi, vacuum quoque est, sed non laboriosum. Amore vero ejusdem sæculi, adversa aliqua perpeti, et vacuum simul est et laboriosum, quia ex adversitate mens afficitur, et remunerationis præmio non repletur. In his itaque sancta Ecclesia, qui in ea jam positi adhuc voluptatibus defluunt, et proinde fructu operis non ditantur, menses vacuos ducit; quia vitæ tempora sine retributionis munere expendit. In his vero qui æternis desideriis dediti, mundi hujus adversa patiuntur, laboriosas noctes sancta Ecclesia numerat; quia tribulationum tenebras, quasi in caligine vitæ præsentis portat. In his autem, qui et transeuntem mundum diligunt, et tamen ejus contrarietate fatigantur, simul menses vacuos et noctes laboriosas tolerat; quia eorum vitam et retributio subsequens nulla remunerat, et præsens tribulatio angustat. Recte autem nequaquam dies, sed in eis menses vacuos habere se perhibet; mensium quippe nomine dierum collectio et summa signatur. Per diem ergo unaquæque actio exprimi potest, per menses autem actionum finis innuitur. Et sæpe cum in hoc mundo aliquid agimus intenta spei alacritate suspensi, hoc ipsum quod agimus, vacuum non putamus. Sed postquam ad actionum terminum pervenimus, non obtinentes quæ appetimus, laborasse nos in vacuum dolemus. Non solum igitur dies, sed et menses vacuos ducimus, cum nos in terrenis actionibus sine fructu la-

borasse, non ex actionum principio, sed ex fine pensamus. Cum enim labores nostros adversitas sequitur, quasi vitæ nostræ vacui menses arguuntur, quia ex completione actionum agnoscitur; quam frustra laboramus. Nox vero pro ignorantia ponitur, Paulo attestante, qui venturam vitam scientibus discipulis, ait: *Omnes vos filii lucis estis et filii diei; non sumus noctis, neque tenebrarum (I Thess. v).* Quibus præmisit, dicens: *Vos autem, fratres, non estis in tenebris, ut vos dies illa tanquam fur comprehendat (ibid.).* Potest hoc in loco ex eorum persona vox sanctæ Ecclesiæ accipi, qui post ignorantiæ suæ caliginem ad amorem rectitudinis redeunt, et veritatis radiis illustrati, fletibus diluunt, quod erraverunt. Illuminatus etenim quisque respicit, quam turpe fuerit quod præsentis vitæ amore laboravit. In eis ergo sancta Ecclesia in quibus ad vitam revertitur laborem suum æstuanti servo et desideranti finem mercenario comparat, dicens: *Sicut cervus desiderat umbram, et sicut mercenarius præstolatur finem operis sui : sic et ego habui menses vacuos, et noctes laboriosas enumeravi mihi.* In comparatione enim duo sunt, quæ præmisit. In expressione etiam fatigationis duo subdidit. Protinus ad æstuantem quippe menses vacuos reddidit, quia quo magis æternum refrigerium quæritur, eo magis conspicitur, quam vacue pro ista vita laboratur. Ad præstolantem vero laboriosas noctes subintulit, quia quo magis ex termino operis præmium, quod assequamur inspicimus, eo magis ingemiscimus bonum nescisse, quod sequeremur. Unde et ipsa pœnitens cura vigilanter exprimitur, ut laboriosas noctes enumerasse diceretur; quia quanto verius ad Deum revertimur, tanto subtilius labores, quos per ignorantiam in hoc mundo pertulimus, dolendo pensamus. Nam quo unicuique plus dulce fit, quod de æternis desiderat, eo et magis grave ostenditur, quod pro præsentium amore tolerabat. »

(8) « Cervus dicitur, ut ait beatus Isidorus, ἀπὸ τῶν κεράτων, id est, a cornibus. Κέρατα enim Græce cornua dicuntur. Hi quippe serpentibus sunt inimici; qui cum se gravatos infirmitate perspexerint, spiritu narium eos extrahunt de cavernis, et superata pernicie venenorum pabulo reparantur. Dictamnum herbam ipsi prodiderunt. Nam ea pasti excutiunt acceptas sagittas. Mirantur autem sibilum fistularum; erectis auribus acute audiunt, submissis nihil. Si quando immensa flumina vel maria transnatant, capita clunibus præcedentium superponunt, sibique invicem succedentes, nullum ponderis laborem sentiunt. »

His breviter de cervorum natura a beato Isidoro dictis, ad ea iterum necesse est, ut redeamus, quæ superius omisimus. Quisque ergo fidelis desiderio videndi Christum, qui fons est omnium bonorum,

(8) Lib. xii *Etymolog.*, c. 1.

efficiatur cervus, et propter cœlestia dona patienter A tolerando adversa, sit quasi mercenarius; ut, sic- ut ait beatus Petrus, non jam hominum desideriis sed voluntati Dei conformando se, in bonis operibus quod reliquum est in carne vivat temporis : scili- cet ut moriatur mundo, et vivat Deo, libenter pro ejus amore passiones sustinendo. Dicat iterum bea- tus Petrus : *Sufficit præteritum tempus ad voluntatem gentium consummandam, qui ambulaverunt, in luxuriis, desideriis, vinolentiis, comessationibus, po- tationibus, et illicitis idolorum cultibus, in quibus nunc obstupescunt.* Quasi diceret : Vere jam cessat a peccatis qui mortuus est in carne ; quia, consi- derata immanitate scelerum, sufficit impendisse præteritum tempus secundum voluntatem gentium consummandam. Ita dico consummandam ; quia, sicut gentes, ambulaverunt de vitio in vitium, non stabiles in uno vitio. *In quo admirantur non con- currentibus vobis in eamdem luxuriæ confusionem, blasphemantes, qui reddent rationem ei, qui paratus est judicare vivos et mortuos.* Ac si apertius diceret : *Admirantur non concurrentibus vobis in eamdem luxuriæ confusionem* in qua prius currebatis, quia jam carnem vestram crucifixistis cum vitiis et con- cupiscentiis. Et si blasphemant vos jam segregatos a perfidia sua, tamen in vestra conversatione opera justitiæ, et pietatis videntes, mirantur ; et fidem quodammodo venerantur. Quasi diceret : Ideo minus curate, si benefacientes blasphemamini a reprobis, quia, et si vos tacetis, non tacebit justus judex, qui et illis blasphemiæ pœnam, et vobis patientiæ præmia restituet. Sequitur : *Propter hoc enim et mortuis evangelizatum est ; ut judicentur quidem secundum homines in carne, et vivant secun- dum Deum in spiritu.* Tanta cura est Deo, nos mor- tificari carne, vivificari spiritu, ut his quoque, qui majoribus involuti criminibus, inter mortuos erant numerandi, verbis fidei evangelizari præceperit : *Ut judicentur quidem,* id est, condemnentur a seip- sis, *secundum homines,* id est, secundum quod ad morem peccatorum (9) vixerunt in carne, hoc est in carnalibus desideriis, et abjectis vitiis, vivant in spiritu, id est spiritualiter juxta voluntatem Dei. *Vel judicentur secundum homines,* id est secun- dum rationem, quam Deus dedit hominibus, ut ra- tio ipsorum damnet mala in ipsis. Ait enim : *Om- nium autem finis appropinquabit.* Quia dixerat, in judicandos vivos et mortuos ; ne quis blandiretur sibi de longinquitate futuri judicii, consulte admo- net, quia etsi incertus adventus extremi discriminis est, tamen certum est omnibus, quod in hac vita diu existere nequimus.

Sequitur : *Estote itaque prudentes, et vigilate in orationibus.* Quasi diceret : Quia ergo incerta est hora mortis, estote prudentes, id est non deficientes

a fide ; et vigilate in orationibus, ne animus aliquid cogitet præter id solum quod precatur. Cum ad orandum stamus, omnis carnalis cogitatio absistat. Iterum subjungit, dicens : *Ante omnia autem mutuam in vobismetipsis charitatem continuam habentes ; quia charitas operit multitudinem peccatorum.* Ex fragili- tate carnis non semper possumus orationi, et ho- spitalitati, vel aliis virtutibus insistere, quas per officia corporis et per opportuna tempora fieri necesse est. Ipsa autem charitas, cujus instinctu hæc foras aguntur, quæ interiori homini præsidet, semper ibidem haberi potest, quamvis non semper in publicum ostendi possit. Dicatur ergo apertius : *Ante omnia mutuam in vobismetipsis charitatem continuam habentes,* id est, ut intelligatis modum orandi, et impetrare possitis quod oraveritis ; habete charitatem inter vos, non propter exte- riora vestra sed in vobis ipsis, id est, vos ipsi sitis causa dilectionis. *Charitas,* inquit, *operit multitudinem peccatorum,* hoc est, cum per alias virtutes culpæ diluantur, maxime per charitatem, per quam proximis debita dimittimus, ut a Deo dimittatur nobis. Qui per charitatem proximum monet, increpat, castigat, per charitatem operit multitudinem peccatorum ; quia qui converti fece- rit peccatorem ab errore viæ suæ, salvabit ani- mam ejus de morte, et operit multitudinem pec- catorum. *Hospitales invicem sine murmuratione,* hoc est ut de longo usu hospitalitatis non murmu- raret. *Unusquisque, sicut accepit gratiam, in alter- utrum illam administrantes, sicut boni dispensatores multiformis gratiæ Dei,* id est formatæ secundum desiderium uniuscujusque, sicut manna sapiebat secundum cibos quos volebant. Iterum dicit : *Si quis loquitur, quasi sermones Dei :* hoc est, si quis habet scientiam loquendi, non sibi sed Deo im- putet, timeatque ne præter Dei voluntatem, vel præter sanctarum Scripturarum auctoritatem, vel (10) præter fratrum utilitatem doceat, ne etiam quod docendum est, taceat. *Si quis ministrat, tan- quam ex virtute quam administrat Deus : ut in omni- bus honorificetur Deus per Jesum Christum Dominum nostrum : cui est honor et gloria in sæcula sæculo- rum. Amen.* Ac si dicatur : *Si quis ministrat,* elee- mosynam scilicet, vel aliquod bonum opus humiliter impendat, quia nihil habet a seipso quod tribuat, sed a solo Deo ; *ut in omnibus* videlicet factis ve- stris, *honorificetur Deus :* cum omnia scilicet bene, et secundum voluntatem ejus feceritis, non vestris meritis, sed ejus gratiæ tribuatis ; ut alii videntes *vestra bona opera, glorificent Patrem vestrum, qui in cœlis est* (Matth. v) : per Jesum Christum adjutorem et mediatorem, cui est gloria, id est bona fama, et imperium, id est potestas in sæcula sæculorum. *Amen.*

---

(9) Al. ms. *peacorum :* et infeliciter forte manus ignara emendare voluit lectionem nostri, qui *pecco- rum* posuit, id est *peccatorum,* ut et Glossa.

(10) Glossa : *præter utilitatem fratrem doceat :* et

vitiose al. ms. *præter fratrum utilitatem,* ex prava intelligentia notæ *frm.* quæ utrumque sensum ad- mittit juxta rationem constructionis.

Charissimi, nolite peregrinari in fervore, qui ad A *tentationem vobis fit, quasi novi aliquid vobis contingat; sed communicantes Christi passionibus gaudete, ut et in revelatione gloriæ ejus gaudeatis exsultantes.* Quasi diceret : Si patimini fervorem tribulationum quæ certa ratione inferuntur ad vestram probationem et gloriam, ne ideo putetis vos exsules esse a membris Christi; et nolite mirari de illatis malis, ut per illa tentet vos Deus, et probet; quia antiquum et frequens est, electos Dei pro æterna salute in præsenti adversa pati. *Nolite,* inquit, *peregrinari in fervore,* id est supradicta bona facite, et pro nulla tribulatione cessate : ne (11) æstuetis vel mutari deficientes à fide : *sed communicantes Christi passionibus,* repræsentando, *gaudete, ut et in revelatione gloriæ ejus,* quando videlicet omne velamen auferetur, gaudeatis animo, exsultantes corpore. Qui patitur pro nomine Christi, beatus est. Non enim debetis credere, quod sine remuneratione patiamini, sicut illi qui pro suis sceleribus patiuntur, et inviti puniuntur. Vel nemo erubescat committere scelera, pro quibus juste puniatur. Quod si patitur ut Christianus pro fide et confessione nominis Christi, non erubescat, sed potius glorificet Deum, permanens in hoc nomine, ut possit dici : Bonus est Dominus iste, qui tam fideles habet servos. Sequitur : *Si exprobramini in nomine Christi, beati eritis: quoniam quod est honoris, gloriæ, et virtutis Dei, et qui est ejus Spiritus super vos requiescet.* Quasi diceret : Quia requiescet super vos patientes, et in præsenti ex parte ad bene operandum et in futuro perfecte ad remunerandum : quod est honoris, ut in præsenti sitis honorabiles in bonis operibus, et in futuro participes honoris Christi; et quod est gloriæ, in præsenti pura conscientia, in futuro sine omni corruptione tam in anima, quam in corpore; et quod est virtutis, et in præsenti et in futuro super diabolum et membra ejus. Et unde hæc omnia subjungit : et requiescet super vos Spiritus sanctus, qui est ejus Christi; quia ipse plene accepit, et membris suis dedit, et in futuro maxime dabit. Iterum dicit : *Nemo enim vestrum patiatur quasi homicida, aut fur, aut maledicus, aut alienorum appetitor.* Ubi enim aliquis quasi fur patitur, ibi prorsus nulla remuneratio exspectatur. Tanquam maledicus patitur, qui passionis suæ tempore in sui salutem injuria persecutoris effrenatur. *Si autem ut Christianus patitur, non erubescat : glorificet autem Deum in isto nomine; quoniam tempus est, ut incipiat judicium a domo Dei.*

Quasi diceret : Ideo patiendum est pro nomine Christi, quia cum nullum malum sine pœna possit transire, et Deus (12) in ultimo malos sit aspere judicaturus, in præsenti flagellat et corripit omnes, quos in futuro vult recipere ad salutem. Unde Salomon : *Fili, accedens ad servitutem Dei præpara ani-*

mam tuam ad tentationem. (Eccli. 11). Duo sunt judicia : unum occultum, pœna scilicet, qua nunc unusquisque aut exercetur ad purgationem aut monetur ad conversionem, aut, si contemnit vocantem, exercetur ad damnationem. Alterum judicium est manifestum, quo venturus est judicare vivos et mortuos, et sæculum per ignem. Nunc autem tempus est, ut Ecclesia per exercitia sæculi ad gloriam reparetur. Nunc vero reprobi *ducunt in bonis dies suos, et in puncto ad inferna descendunt (Job, xxi).* Si autem, inquit, primum a nobis fit judicium, quis finis eorum, qui non credunt Evangelio ? Ac si apertius diceret : Si primum fit judicium a nobis, id est si hic cruciat quos amat, si flagellat filios quos recipit (Hebr. xii), quid sperare debent servi nequissimi ? Sequitur : *Et si justus quidem vix salvabitur, impius et peccator ubi apparebunt ?* De Proverbiis hoc assumptum est juxta veterem translationem. In nostra autem, quæ secundum Hebraicam veritatem est, ita habetur : *Si justus in terra recipit,* subaudis flagella, *quanto magis impius et peccator ? (Prov. xii.)* Id est si tanta est fragilitas vitæ mortalis, ut nec justi quidem, qui in cœlo coronandi sunt, hanc sine tribulationibus propter innumeram vitiatæ naturæ labem transeant; quanto magis hi qui a cœlesti sunt gratia exortes, certam damnationis suæ perpetuæ exitum exspectant? Dicatur itaque apertius : *Si justus,* ille videlicet, qui verba Dei suscipit et amplectitur non sibi conscius alicujus mali, *vix salvabitur,* cum magno videlicet certamine æstuando, decertando : *impius et peccator,* ille scilicet, qui contradicit verbo Dei, *ubi apparebunt ?* Omnino extra Deum in fetido et horribili loco. Qui, etsi verba Dei recipit, non in eum fideliter credit; sed ipsum contemnit, et membra ejus affligit. Iterum subjungens, ait : *Hi, qui patiuntur secundum voluntatem Dei, fideli Creatori commendent animas suas.* Quasi diceret : Quia judicium incipit de domo Domini, et *per multas tribulationes oportet nos ingredi in regnum Dei (Act. xiv);* hoc tantum restat illis passuris, ut quando patiuntur secundum quod Deus vult, id est propter justitiam, commendent animas suas Deo nihil de se præsumentes : ut et hic secundum quod Deus vult purget, et in futuro beatificet; quia fidelis est, bona reddendo illis, quos creavit (I Joan. 1). Patiuntur dico in benefactis, non propter peccata. Non est laboriosum Deo liberare justum; sed ut ostendatur, quod merito fuerit damnata tota humana natura, non vult facile de tanto malo nec ipse Omnipotens liberare. Propter quod peccata proclivia sunt, et laboriosa justitia, nisi Deum amantibus : sed charitas, quæ hos amantes facit, ex Deo est (I Joan. iv). Sequitur :

Seniores ergo, qui in vobis sunt, obsecro, consenior et testis Christi passionum : qui et ejus quæ in futuro revelanda est, gloriæ communicator. Cum supra

---

(11) Aperius Glossa interlinealis : *Nolite peregrinari,* vel mirari, ab amore Dei ne æstuetis deficientes a fide.

(12) Glossa : *Deus malos sit judicaturus,* aspere in præsenti flagellat.

distincte monuisset liberos, servos, et viros, et mu- A raliter admonendo subjecit : *Omnes autem, et senes*
lieres ; post interpositam communem exhortatio-   *videlicet regendo, et juvenes obsequendo, invicem*
nem, hic alloquitur senes et juvenes, dicens : *Se-*   *humilitatem insinuate, quia Deus superbis resistit,*
niores qui in vobis sum obsecro, consenior et testis   *humilibus autem dat gratiam.* Auctoritate Salomonis
Christi passionum. Quasi diceret : Quia oportet   deterret omnes se audientes a superbia quæ diabo-
pati, et qui patiuntur animas suas Deo commen-   lum dejecit (*Prov.* III). *Deus superbis resistit,* pri-
dant, ergo patimini et laborate pro eo. Ac si aper-   mum videlicet diabolo, postea homini ; *humilibus*
tius diceret : *Seniores,* ætate scilicet vel etiam cura,   *autem dat gratiam,* sicut omnibus pœnitentibus. Quæ
obsecro ego consenior, id est simili ætate favente,   sit gratia quam Deus confert humilibus, subdit :
qui sum *testis Christi passionum,* quia præsens Chri-   ut quo magis humiliati fuerint propter ipsum tem-
sto patiente astiti, et pro ejus nomine carcerem, et   pore certaminis, eo gloriosius exaltentur tempore
vincula pertuli, et quæ vidi de eo scripsi. *Testis,*   retributionis. Humilitatem dicimus, vel cum ali-
inquit, *sum passionum Christi, et ejus etiam quæ in*   quando aliquis pro abluendis peccatis incipit salu-
futuro est revelanda gloriæ, sum communicator. Ni-   briter afferi ; vel quando spontanea mentis devo-
mirum Petrus gloriæ Christi communicator exstitit,   tione perfectiores Deo et proximis humiliantur ; vel
cum in sancto monte cœlestem gloriam vultus ejus B quando contra persecutores patientiæ virtute invi-
cum Jacobo et Joanne vidit, cujus etiam sperat se   ctus armatur animus, et ad omne genus humilitatis
participem fore ; sive cum resurrectionis et ascen-   sequitur congrua merces exaltationis. Iterum dicit :
sionis ejus potentiam cum aliis apostolis, qui affue-   *Humiliamini igitur sub potenti manu Dei, ut vos exal-*
runt, vidit (*Matth.* XVII). Iterum dicit : *Pascite qui*   *tet in tempore visitationis.* Quasi diceret : Vos qui
in vobis est gregem Dei providentes non coacte, sed   estis in hac peregrinatione, *humiliamini sub po-*
spontanee secundum Deum. Sicut Dominus Petro to-   *tenti manu Dei, ut vos exaltet in tempore visitationis,*
tius gregis curam habere jussit, ita Petrus sequaci-   hoc est in die judicii. *Omnem,* inquit, *sollicitudi-*
bus Ecclesiæ pastoribus jure mandat, ut eum quis-   *nem vestram projicientes in eum quoniam ipsi cura*
que, qui secum est, gregem Dei gubernatione solli-   *est de vobis.* Ac si diceret : *Omnem sollicitudinem*
cita tueatur. *Pascite,* inquit, *qui in vobis est gre-*   *vestram,* corporis scilicet et animæ, *projicientes in*
gem Dei, id est qui inter vos est grex, vel vos ipsi   *eum,* sicut anchora in mari, *quoniam ipsi cura est*
estis grex Dei, providentes illis subditis de omnibus   *de vobis.* Ita projicite sollicitudinem vestram in
necessariis non coacte, id est non prædicetis Evan-   Deum, ut etiam vos collaboretis adjutrici gratiæ.
gelium propter inopiam temporalium, ut de Evan-   Iterum subjungens ait : *Sobrii estote et vigilate, quia*
gelio vivere possitis ; *sed spontanee secundum Deum,* C *adversarius vester diabolus, tanquam leo rugiens,*
id est solo intuitu supernæ mercedis. Sequitur :   *circuit quærens quem devoret : cui resistite fortes in*
Neque turpis lucri gratia, sed voluntarie : neque ut   *fide : scientes eamdem passionem ei, quæ in mundo*
dominantes in cleris, sed forma facti gregis ex ani-   *est, vestræ fraternitati fieri.* Quasi diceret : *Sobrii*
mo. Et cum apparuerit princeps pastorum, perci-   *estote,* non intenti delectationibus sæculi ; et vigilate
pietis immarcescibilem gloriæ coronam. Quasi dice-   in bonis operibus, quia adversarius vester diabo-
ret : Nullus quæstus vos impellat ; quia cuncta   lus circuit quærens quem devoret. Sicut rugitus
opera religionis debent esse voluntaria : sicut in   leonis impedit aures, ne alium sonum excipiant ;
constructione tabernaculi, quod præsentem Ecclesiæ   sic diabolus, fidelium mentes terrendo vel illicita
constructionem significat, omnis multitudo filiorum   suggerendo, a via veritatis, ne vocem Christi au-
Israel mente devota primitias Domino, ad facien-   diant, avertit. *Circuit,* ait, *quærens quem devoret,*
dum opus tabernaculi offerebat, et ipsi artifices   tanquam hostis videlicet clausos obsidens muros
sponte se obtulerunt (*Exod.* XXXV). *Non turpis lucri*   explorat, an sit pars aliqua murorum minus stabi-
gratia, inquit, *neque ut dominantes in cleris.* Ac si   lis. Cujus aditus, ad interiora ut penetretur, offert
apertius diceret : Humilitatem quam subditos ha- D oculis formas illicitas et faciles voluntates, ut visu
bere vultis, ipsi prius et actu monstretis, et animo   destruat vigorem ; linguam convicio provocat ; ma-
integro servetis ; ut *forma facti gregis ex animo,* per   num injuriis lacescentibus ad cædem instigat ; ho-
vos informetur grex ad humilitatem : et inde cum   nores terrenos promittit, ut cœlestes adimat, et
apparuerit Princeps pastorum qui prior humiliatus   cum latenter non potest fallere, apertus addit ter-
est, hoc præmium consequemini : percipietis vide-   rores. In pace subdolus, in persecutione violentus :
licet immarcescibilem gloriæ coronam.   contra quem animus tantum debet esse paratus ad
   Sequitur : *Similiter adolescentes subditi estote se-*   resistendum, quantum ille paratus est ad impu-
nioribus. Postquam seniores quomodo præessent   gnandum. Sequitur : *Deus autem omnis gratiæ, qui*
docuit ; etiam juniores ad obediendum eorum provi-   *vocavit nos in æternam suam gloriam in Christo Jesu,*
sioni instruit, nihilque aliud monet, nisi ut seni-   *modicum passos perficiet, confirmabit, solidabitque.*
bus, quos plenius instruxerat, subditi sint, et exem-   Quasi diceret : Vos quod e vobis est facite ; Deus
pla illorum respiciant, et imitentur. Sed ne præ-   autem omnis gratiæ dator, fidei scilicet, spei et cha-
lati hæc audientes putarent subditis suis, et non   ritatis, et aliarum virtutum, qui vocavit nos in æ-
sibi humilitatis jura esse servanda, continuo gene-   ternam suam gloriam, in Christo Jesu existentes ut

membra, medicum passos perficiet, illis scilicet A virtutibus, quas jam habetis, super addet alias vobis necessarias; confirmabit ad tolerandas tribulationes, solidabitque membra timore, vel errore dissoluta, in unitatem videlicet Ecclesiæ reducet. *Ipsi gloria, et imperium in sæcula sæculorum. Per Silvanum fidelem fratrem vobis, ut arbitror, breviter scripsi : obsecrans et contestans hanc esse veram gratiam Dei, in qua statis.* Ac si diceret : Scripsi vobis, non imperans sed obsecrans vos fortes in fide persistere; vel obsecrans et contestans auctoritate Scripturarum hanc esse veram gratiam, quam scribendo prædico; quia *non est in alio aliquo salus, in quo oporteat vos salvos fieri (Act.* IV) : et obsecrans vos, ut faciatis hanc gratiam, in qua scilicet imbuti estis; quia hæc est vera gratia proficiens vobis. Qui B gratiam spernit, non gratiam invenit, sed hanc non suam, id est non sibi utilem reddit. *Salutat vos Ecclesia quæ est in Babylone et Marcus filius meus.* Romam Babylonem vocat, propter confusionem multiplicis idololatriæ, in cujus medio sancta Ecclesia jam rudis habitabat: parva scilicet fulgebat, sicut plebs Israelitica parva numero, et captivata sedens super flumina Babylonis absentiam sanctæ terræ deflebat, nec canticum Domini in aliena terra cantabat (*Psal.* CXXXVI). Et bene dum auditores suos hortatur ad tolerantiam adversitatum præsentium, dicit Ecclesiam, quæ secum est, in Babylone constitutam, id est in confusione tribulationum, quia sancta Dei civitas a permistione et pressura C diaboli non potest esse immunis. *Salutat vos etiam Marcus* (evangelista) *filius meus,* a me videlicet baptizatus et doctus, *Salutate invicem in osculo sancto,* in signum scilicet communis fidei, et osculo pacifico atque columbino, non subdolo vel ficto. *Gratia vobis omnibus qui estis in Christo Jesu. Amen.* Epistola ista a gratia cœpit, in gratia finit. Quasi diceret : Quod prænominatis Ecclesiis scribo, omnibus per orbem terrarum Ecclesiis scribo.

Gratias ergo, fratres charissimi, cum beato Petro, et cum omnibus sanctis nos humiliter oportet Deo omnipotenti referre, qui ut nos redimeret de potestate inimici, proprio Filio suo non pepercit, sed pro nobis misericorditer morti tradidit illum, ut nos in eo æternæ vitæ participes essemus (*Rom.* VIII). D Tanto igitur ei magis devoti, atque ad serviendum promptiores esse debemus, quanto majora ab eo dona percepimus. Summo itaque studio mentis, et corporis munditiam diligamus, summa vigilantia, quid in conspectu ejus sit placitum, perquiramus, maculas pravæ cogitationis simul et operis a nobis expellamus, nec aliquod vitium in corde latere putemus, quia *omnia nuda sunt et aperta oculis majestatis ejus* (*Hebr.* IV). Sicut eum non latet aperta operatio, sic nec occulta cogitatio, videt enim occulta qui fecit abscondita. Nam et ipse perfecte novit, quod in nobis ignoramus. Unde beatum Job

dixisse legimus : *Non sunt tenebræ, et non est umbra mortis, ut abscondantur ibi, qui operantur iniquitatem (Job* XXXIV). Gregorius (13) : « Quid per tenebras, nisi ignorantiam, et quid per umbram mortis, nisi oblivionem, studuit signare ? De quorumdam quippe ignorantia dicitur : *Tenebris obscuratum habentes cor, vel intellectum* (*Ephes.* IV), et rursum de oblivione, quæ in morte contingit, scriptum est : *In illa die peribunt omnes cogitationes eorum* (*Psal.* CXLV), quando videlicet exibit spiritus ejus, et revertetur in terram suam. » Augustinus : Exibit spiritus ejus, id est, anima ejus exibit subito, quando non vult, vel scit : et exeunte spiritu revertetur in terram suam, unde cepit initium; et in illa die, mortis scilicet, peribunt, id est frustabuntur omnes cogitationes ejus quæ in diversos ambitus sæculi tendebant. Quia igitur de anima ejusque sensibus sufficienter loqui minime possumus, beatum Isidorum, Hispaniarum doctorem, quem Deus magno sapientiæ dono ditavit, interrogemus, et quidquid nobis de illius natura dixerit attentius audiamus.

(14) « Duplex, inquit, est homo, interior scilicet et exterior. Interior homo anima, exterior vero est corpus. Anima autem a gentilibus nomen accepit, eo quod ab eis ventus crederetur. Unde et Græce ventus ἄνεμος dicitur, eo quod ore trahentes aerem vivere videamur. Sed apertissime falsum est, quia multo prius gignitur anima, quam concipi aer ore possit, quia jam in genitricis utero vivit. Spiritum idem esse quod anima evangelista pronuntiat de Christo dicens : *Potestatem habeo,* inquit, *ponendi animam meam : et iterum potestatem habeo sumendi eam* (*Joan.* X). De hac quoque ipsa Domini anima passionis tempore evangelista ita protulit dicens : *Inclinato capite tradidit spiritum* (*Joan.* XIX). Quid est enim emittere spiritum, nisi animam ponere? Sed anima dicta, propter quod vivit; spiritus autem vel pro spirituali natura vel pro eo quod inspiret in corpore. Item animum idem esse quod animam, sed anima vita est, animus consilium. Unde dicunt philosophi, etiam sine anima vitam manere, et sine mente animam durare. Unde et amentes dicuntur. Nam mentem vocari, ut sciat, animum, ut velit. Mens autem vocata eo quod emineat in anima, vel quod meminit, unde et immemores amentes dicuntur. Quapropter non anima, sed quod excellit in anima mens vocatur, tanquam caput ejus vel oculus. Unde et ipse homo secundum mentem imago Dei dicitur. Hæc autem omnia adjuncta sunt animæ et una res fiunt. Pro efficientiis enim causarum diversa nomina sortita est anima. Nam et memoria mens est. Unde et immemores amentes dicuntur. Dum ergo vivificat corpus anima est, dum vult, animus est, dum scit, mens est, dum recolit, memoria est, dum rectum judicat, ratio est, dum spirat, spiritus est, dum aliquid sentit, sensus est.

---

(13) Lib. XXV *Mor.*, cap. 4.

(14) Lib. XI, *Etymolog.*, cap. 1.

Nam inde animus sensus dicitur, eo quod sentit, unde et sententia nomen accepit. » His breviter a beato Isidoro de animæ sensibus dictis, ad ea iterum necesse est ut redeamus, quæ superius omisimus.

Ut ergo ait beatus Gregorius, per tenebras ignorantiam, et per umbram mortis oblivionem, quæ in morte contingere solet, intelligimus, dum quorumdam intellectus ignorantiæ tenebris obscuratur, et umbra mortis interveniente, oblivioni traditur quidquid in vita cogitatur. « Umbra ergo mortis quasi quædam oblivio est. Sicut enim agit mors interveniens non esse quod fuit in vita; ita interveniens agit oblivio, non esse quod fuit in memoria. Recte itaque umbra mortis dicitur, quia velut de ipsa exprimitur, dum vim illius sopiendo, sensus immutatur. Deus autem, quia mala omnium nec cogitata ignorat, nec perpetrata obliviscitur, nisi ab ejus oculis pœnitendo deleantur; congrue dictum est : *Non sunt tenebræ; et non est umbra mortis, ut abscondantur ibi, qui operantur iniquitatem.* Ac si diceret : Idcirco ejus judicio nullus absconditur, quia nullatenus potest, aut non videre quod facimus, aut oblivisci quod videt. Quamvis intelligi tenebræ et umbra mortis, etiam aliter possunt. Omnis namque immutatio, velut quædam mortis imitatio est. Id enim quod mutat, quasi ab eo quod erat interficit, ut desinat esse quod fuit, et incipiat esse, quod non fuit. Lumen igitur verum, Creator videlicet noster est, qui nulla mutabilitatis vicissitudine tenebrescit, nullis naturæ suæ defectibus obumbratur; sed ejus esse sine mutabilitate fulgere est, tenebræ ei vel umbra mortis dicuntur non inesse. Unde alias scriptum est : *Apud quem non est transmutatio nec vicissitudinis obumbratio (Jac. 1).* Et unde rursus Paulus dicit : *Qui solus habet immortalitatem, et lucem habitat inaccessibilem (I Tim. VI).* Sed cum cuncti noverimus, quod et humana anima, et angelici spiritus sint immortales instituti, cur ab Apostolo Deus solus immortalitatem habere perhibetur, nisi quia solus vere non moritur, qui solus nunquam mutatur? Humana quippe anima in lapsum non caderet, si mutabilis non fuisset. Quæ a paradisi quoque gaudiis expulsa, si mutabilis non esset, ad vitam minime rediret. In hoc ipsum vero quod redire ad vitam nititur, defectus suos cogitur alterna semper mutabilitate tolerare. Quia ergo ex nihilo condita, ex se nihilominus infra se tendit nisi ad boni desiderii statum artificis sui manu teneatur. Ex eo itaque quod creatura est, deorsum ire habet. Virtute namque propria in præceps posse se ire considerat, sed ad Creatorem suum amoris manu se retinet, ne cadat, quousque ad immutabilitatem transeat; et eo vere immorta-

liter, quo immutabiliter vivat. Ipsi quoque angelici spiritus mutabiles ex natura sunt conditi, quatenus aut sua sponte caderent, aut ex arbitrio starent. Sed quia humiliter elegerunt ei inhærere, a quo creati sunt, hanc ipsam in se mutabilitatem suam standi jam immutabilitate vicerunt, ut hoc ipsum merito transcenderent, quo naturæ suæ ordine mutabilitati subesse potuissent. Quia ergo solius divinæ naturæ est, umbras ignorantiæ mutabilitatisque non perpeti; dicatur recte : *Non sunt tenebræ, et non est umbra mortis, ut abscondantur ibi qui operantur iniquitatem.* Lux enim æterna, quæ Deus est, quanto immutabilius fulget, tanto penetrabilius videt : et neque occulta nescit, quia cuncta penetrat; neque penetrata obliviscitur, quia incommutabilis durat. Proinde quoties indignum aliquid corde concipimus, toties in luce peccamus, quia ipsa nobis, et non sibi, præsentibus præsto est, et perverse gradientes in ipsa impingimus, a qua per meritum longe sumus. Cum vero nos videri non credimus, in sole oculos clausos tenemus : illum videlicet nobis abscondimus, non nos illi. Nos ergo, dum possumus, a conspectu æterni Judicis male cogitata et pejus perpetrata deleamus. Revocamus ante oculos cordis quidquid perverse egimus per nequitiam præsumptionis. Nihil sibi nostra blandiatur infirmitas; atque in his quæ recolit semetipsam delicate non palpet; sed quanto sibi male sit conscia, tanto in se benignius sit severa. Proponat contra se divinum judicium; et quæque in se sentit districte ferienda per sententiam judicis, hæc ipsa pie feriat per pœnitentiam conversionis. »

Ut ergo, charissimi, superius diximus, dignum est ut cor ab immundis cogitationibus, et manus a pravis actionibus custodiamus, qui in conspectu Dei omnipotentis nihil celare possumus etiam si velimus. Ab omni inquinamento carnis ac spiritus nos ipsos purgemus; et Christi vestigia secundum beati Petri apostoli consilium, in quantum possibile est, sequamur; et si necesse fuerit, proprium pro eo sanguinem fundamus, ut in numero electorum ejus computari possimus. Ad hoc ille pro nobis passus, patiendi nobis reliquit exemplum, ut et nos pro eo passi mereamur pertingere usque ad ipsum. Maculas igitur mentis et corporis sedula lacrymarum compunctione tergamus, et illius exemplo, hujus mundi adversa libenter patiamur. Si enim compatimur et conregnabimus (*II Tim. II*). Crucem itaque nostram, sicut ipse præcipit, accipiamus; indesinenter bona operando illi ministremus; ut, ubi ipse est, et nos esse possimus, ipso præstante, qui cum Patre et Spiritu sancto in Trinitate perfecta vivit et regnat Deus, per omnia sæcula sæculorum. Amen.

SANCTI MARTINI

LEGIONENSIS PRESBYTERI

EXPOSITIO EPISTOLÆ I B. JOANNIS.

Joannes apostolus et evangelista, Zebedæi filius, a Domino virgo est electus, atque inter cæteros magis dilectus. Qui etiam super pectus magistri recumbens, Evangelii fluenta de ipso sacro Dominici pectoris fonte potavit, et quasi unus de paradisi fluminibus verbi Dei gratiam in toto terrarum orbe diffudit; quique in locum Christi, Christo jubente, successit, dum matrem magistri suscipiens discipulus, etiam pro Christo alter quodammodo derelictus est filius. Hic dum Evangelium Christi in Asia prædicaret, a Domitiano Cæsare in Pathmos insula metallo relegatur, ubi etiam positus Apocalypsim propria manu scripsit. [Hic Domitianus Vespasiani fuit filius, et frater Titi, illius videlicet, qui Jerosolymam subvertit (15)]. Interfecto autem a senatu Romano Cæsare Domitiano, sanctus Joannes exsilio resolutus, in Ephesum rediit, ibique ob hæreticorum refutandas versutias, rogatus ab Asiæ episcopis Evangelium novissimus edidit. Cujus quidem inter alias virtutes magnitudo signorum hæc fuit: Mutavit in aurum silvestres virgas, littoreaque in gemmas saxa. Item gemmarum fragmenta in propriam reformavit naturam. Viduam quoque ad precem populi suscitavit, ac redivivum juvenis corpus revocata anima reparavit. Bibens lethiferum haustum, non solum evasit periculum, sed et eodem prostratos poculo in vitæ reparavit statum. Hic autem anno nonagesimo (16) nono ætatis suæ sub Trajano principe longo jam vetustatis senio fessus, cum diem transmigrationis suæ imminere sibi sentiret, jussisse fertur effodiri sibi sepulcrum, atque inde valedicens fratribus, facta oratione, vivens tumulum intravit, deinde in eo tanquam in lectulo requievit. Unde accidit, ut quidam eum vivere asserant, nec mortuum in sepulcro, sed dormientem jacere contendant, maxime pro eo quod illic terra sensim ab imo scaturiens, ad superficiem sepulcri

conscendat, et quasi flatu quiescentis deorsum, ad superiora pulvis ebulliat. Quievit autem apud Ephesum, vi Kalendas Januarii.

Hic ergo beatissimus evangelista et apostolus Joannes scripserat Evangelium, ut supra dictum est, adversus dogmata hæreticorum, qui de Verbi æternitate male sentiebant, et male prædicabant. Scripsit etiam Epistolam adversus eorumdem et aliorum hæreticorum stultitiam, in qua de fidei et charitatis perfectione agit, ut intelligamus, quid diligere quidve credere debeamus. Multi enim pravis dogmatibus inducti de sinceritate fidei et charitatis non bene intelligebant. Dicebant enim opera esse charitatis crebro convivari, luxuriari, consentire vitiis alienis, contradicentes communicare passionibus Christi, et cæteris, quæ implentur per charitatem Dei et proximi. « Hæresis, ut ait Hispaniarum doctor Isidorus (17), Græce ab electione vocatur, eo scilicet quod unusquisque id sibi eligat quod melius illi esse videtur, ut philosophi Peripatetici, Academici, et Epicurei, et Stoici, vel sicut alii, qui, perversum dogma cogitantes, arbitrio suo de Ecclesia recesserunt. Inde ergo hæresis dicta Græca voce ex interpretatione *electionis* : quia [f. qua], quisque arbitrio suo ad instituenda, sive ad suscipienda quælibet, ipse sibi eligit. Nobis vero nihil ex nostro arbitrio inducere aliquid licet, sed neque eligere quod aliquis ex arbitrio suo induxerit. Apostolos Dei habemus auctores, qui nec ipsi quidquam ex suo arbitrio, quod inducerent, elegerunt; sed acceptam a Christo disciplinam fideliter nationibus assignaverunt, id est tradiderunt. »

Dignum est ergo, charissimi, ut et nos ex arbitrio nostro nihil eligamus vel superinducamus; sed quæ a Christo et ab apostolis ejus accepimus, fideliter teneamus. Beatus itaque Joannes in principio hujus epistolæ ad commendationem sermonis, di-

---

(15) Præter quæ ansulis includimus, cætera de B. Joanne transcribit auctor ex lib. Isidori *De ortu et obitu Patrum*, cap. 72. Quoniam vero plura hic adducuntur non satis probatæ fidei; breviter notabimus Domitianum interfectum fuisse a Stephano procuratore Domitillæ eo modo quem narrat Baronius ad annum Christi 98, num. ix, qui etiam num. xix rejicit ut apocrypha miracula quæ evangelista patrasse refertur; si exceperis revocationem mortui hominis ad vitam. Portenta quæ contigisse memorantur in transmigratione beatissimi apostoli similiter explodit ad annum 101, num. 11 et sequentib., nisus præcipue testimonio Augustini, tract. 114 in

Joann. qui videndus omnino est. Critici omnes recentiores perillustri cardinali astipulantur, et legendus præ aliis Tillemontius, tom. 1 *Hist. eccles.*

(16) Rectius Isidor. *anno sexagesimo septimo* (seu potius octavo cum Hieron.) *post Passionem Domini.* Nam obiisse evangelistam anno 99 ætatis suæ, primus Usuardus scripsit, inquit prælatus cardinalis ad eumdem annum 101, num. 8, nulla certa aliqua antiquorum assertione. Probabilius est vita eum defecisse annos natum nonaginta tres, ut videtur Baronio, vel nonaginta quatuor, ut sentiunt alii.

(17) Lib. viii *Etymolog.*, c. 3.

vinitatem et humanitatem Christi designat, in qua charitatem Dei ad homines, et suam ad illos quibus scribit insinuat, dicens: *Quod fuit ab initio, quod audivimus, quod vidimus oculis nostris, quod perspeximus, et manus nostræ contrectaverunt de Verbo vitæ; et vita manifestata est, et vidimus et testificamur, et annuntiamus vobis vitam æternam, quæ erat apud Patrem et apparuit nobis (I Joan.* 1). Quasi diceret: *Quod fuit in vero esse Deitatis, quod audivimus* per legem et prophetas, *quod vidimus,* hominem scilicet visibiliter et sensibiliter venientem, *quod perspeximus* divinitatem advertentes in hominem; *et manus contrectaverunt de Verbo vitæ ;* non fortuito consentientes ei, qui in carne visus est, sed cum multa contrectatione perscrutantes Scripturas perhibentes testimonium de ipso Verbo.

Quod vidit aliquis, nuntiare potest aliis; quod perfecte conspicit; aliquando non potest explicare verbis. Dicatur ergo apertius: *Quod fuit ab initio,* Filius Dei scilicet in principio; sed eumdem in carne viderunt et audierunt discipuli, quia in principio erat Verbum, et Verbum erat apud Deum, et Deus erat Verbum (*Joan.* 1). *Quod audivimus,* auribus videlicet mentis et corporis; *quod vidimus oculis nostris,* hominem scilicet cum hominibus conversantem. Nam et *gloriam speciei ejus vidimus, quasi gloriam Unigeniti a Patre (ibid.). Quod perspeximus,* vitam scilicet et mores, et etiam spiritualibus oculis divinam virtutem ejus in monte cognovimus (*Matth.* xvii). *Et manus nostræ contrectaverunt de Verbo vitæ,* magna videlicet ei familiaritate conjuncti, veram carnem habere palpando probavimus; et ante et post resurrectionem ejus, quibus dicitur: *Palpate et videte, quia spiritus carnem et ossa non habet, sicut me videtis habere (Luc.* xxiv). *Manus,* inquit, *nostræ tractaverunt de Verbo vitæ,* id est vivificante. *Et vita manifestata est,* panis scilicet angelorum assumptione carnis hominibus innotuit, miraculis claruit, surrexit, et alios secum resurgere fecit. *Et vidimus, et testificamur, et annuntiamus vobis vitam æternam:* per hæc scilicet supradicta vita manifestata est, esse cum fidelibus, *quæ erat apud Patrem* in æterna divinitate, *et apparuit nobis* in tempore in humanitate. Quasi diceret : vidimus manifestam vitam, id est Christum, quam infideles non viderunt; et testes sumus. Vidimus dico, et incredulis annuntiantes, martyres facti sumus. Sequitur: *Quod vidimus et audivimus, annuntiamus vobis, ut et vos societatem habeatis nobiscum, et societas vestra sit cum Patre et Filio ejus Jesu Christo.* Ac si apertius diceretur: *Quod vidimus,* id est Christum in carne: *et audivimus,* verba videlicet ex ore ejus; *annuntiamus vobis,* et debetis credere illis, qui audierunt et viderunt; *ut et vos qui non vidistis, societatem habeatis nobiscum,* bene credendo, bene vivendo, patienter omnia ferendo; *et societas nostra sit cum Patre et Filio ejus Jesu Christo,* id est, per nostram

societatem transeatis ad Dei societatem, ut simus *hæredes Dei, cohæredes autem Christi (Rom.* viii). Quicunque vult Deo sociari, prius debet societati Ecclesiæ adunari. Nec (18) minus habent qui per apostolos, quam qui per ipsum Christum crediderunt. Unde dicitur: *Beati qui non viderunt et crediderunt (Joan.* xx). Et iterum: *Non pro his rogo tantum, sed pro eis, qui credituri sunt per verbum eorum in me (Joan.* xvii). Iterum subjungens ait: *Hæc scribimus vobis ut gaudeatis, et gaudium vestrum sit plenum.* Quasi diceret: *Hæc scribimus vobis,* id est, non transitorie nuntiamus, sed memoriæ commendamus, ut multos ad eamdem societatem nobiscum ducamus, et gaudium nostrum sit plenum in hoc sæculo, videlicet in unitate Ecclesiæ, et in futuro in angelorum societate. Sequitur: *Hæc est annuntiatio quam audivimus ab eo, et annuntiamus vobis: quoniam Deus lux est, et tenebræ in eo non sunt ullæ,* Ac si diceret: Applicuimus nos ad lucem; et lux nos irradiavit ; tenebræ eramus, sed modo per lucem lux sumus et alios illuminamus, dum peccata dimitti et tenebras expelli nuntiamus. *Deus lux est.* Qui ergo vult habere societatem cum luce, pellat tenebras peccatorum, quia tenebræ cum luce societatem habere non possunt. *Deus,* inquit, *lux est,* tenebras scilicet peccatorum expellit; *et tenebræ in eo non sunt ullæ,* id est persistentes in peccatis, et alios obscurantes, non computantur in membris ejus. Forte dicit aliquis: Quare Verbum caro factum est? Quid novi attulit Christus mundo? Cur venit pati? Non frustra fuit. Vide quod voluit docere: videlicet quia *Deus lux est.* Hac sententia divinæ puritatis excellentiam monstrat quam imitari jubemur. Hinc Manichæi confutantur qui Dei naturam a principe tenebrarum bello dicunt esse victam et vitiatam (19). « Manichæi a quodam Persa exstiterunt, qui vocatus est Manet [*f.* Manes]. Hic duas naturas et substantias introduxit, id est, bonam et malam; et animas ex Deo, quasi ex aliquo fonte manare asseruit. Hi Testamentum Vetus respuunt, Novum ex parte recipiunt. »

Hactenus commendatio Epistolæ. Hic ostendit evangelista qualiter charitas sit habenda. *Si ergo,* inquit, *dixerimus quia societatem habemus cum illo, et in tenebris ambulamus, mentimur, et veritatem non facimus.* Quasi diceret: cum Verbum caro factum est, ut hoc annuntiaret mundo, *si dixerimus quia societatem habemus cum illo,* per fidem et charitatem quæ Deo sociant *et in tenebris,* id est, in peccatis ignorantiæ vel nequitiæ *ambulamus,* peccatum peccato addentes, *mentimur* in nobis, *et veritatem non facimus,* dum ad idem mendacium exemplo nostro alios inducimus. Unde beatus Paulus: *Quæ conventio Christi ad Belial? Aut quæ societas lucis ad tenebras? Si autem in luce ambulamus, sicut ipse in luce est, societatem habemus ad invicem, et sanguis Jesu Filii ejus emundat nos ab omni peccato* (II

---

(18) Glossa vitiose: *Hæc.*

(19) Isid. lib. viii *Etym.,* c. 5.

Cor. **vi**). Deus in luce esse dicitur, quia summa bonitas ubi proficere valeat non invenit. In luce homo habitat quia virtutum operibus ad meliora proficit.

Dicatur ergo apertius : *Si in luce ambulamus,* id est, si eadem causa ducimur, qua Christus dictus est lux ; *sicut et ipse in luce est,* id est, exemplo illius alios illuminantes, *societatem habemus per charitatem ad invicem,* et hoc merito : quia *sanguis Jesu filii ejus emundat nos ab omni peccato :* Sacramentum videlicet Dominicæ passionis omnia peccata originalia et actualia laxat. Si ambulamus in lucem, ita sumus mundi ; sed tamen non debemus nos putare, quandiu vivimus, omnino a peccatis posse mundari. Illi etiam non habent charitatem, qui de suis meritis superbientes, dicunt se esse mundos. Sequitur : *Si dixerimus quia peccatum non habemus, ipsi nos seducimus, et veritas in nobis non est.* Non ait, non habuimus peccatum, ne forte de præterita vita dictum videretur. Dicatur ergo apertius : si elati de aliqua nostra justitia, *dixerimus quia peccatum non habemus, ipsi nos* ad majora peccata *seducimus; et veritas,* id est Deus, *in nobis non est,* quia ab elatis se subtrahit. Iterum subjungit dicens : *Si confiteamur peccata nostra, fidelis et justus est Deus, ut remittat nobis peccata nostra, et emundet nos ab omni iniquitate.* Quia in hac vita sine peccato esse non possumus, prima salutis spes est confessio plus ex humilitate, quam ex necessitate ; deinde dilectio quia diligimus eum cui humiliamur, *et charitas operit multitudinem peccatorum* (*I Petr.* iv). Superbia exstinguit charitatem, charitas vero exstinguit peccatum. Ergo roboret humilitas charitatem, humilitas hominem ducat ad confessionem. Ac si apertius diceretur : *Si confiteamur peccata nostra, fidelis et justus est Deus,* qui promisit gratiam humilibus. *Fidelis* est exsequendo, *et justus,* quia veræ confessioni juste dimittit : ut in hac vita remittat nobis peccata nostra, sine quibus non vivitur ; et post solutionem emundet nos ab omni iniquitate ut nec peccare velimus, nec possimus, in æterna scilicet vita. Sequitur : *Si dixerimus quoniam non peccavimus, mendacem facimus eum, et verbum ejus non est in nobis.* Solus Deus est verax ; homo vero ex Deo verax, ex se autem mendax. Impossibile est quemlibet sanctum aliquando non cadere in minutis peccatis, nec tamen justus esse desinit, quia citius, opitulante Deo, resurgit. Dicatur ergo apertius : Si confitemur peccata nostra, mundamur a peccatis ; sed *si dixerimus quoniam non peccavimus,* id est si nos ipsos volumus excusare, quasi non egeamus absolvi, *mendacem facimus eum* qui dicit, nec infans unius diei est sine peccato (*Job* xiv); *et verbum ejus non est in nobis :* Christus videlicet per quem remissio datur, non manet in superbis. Vel verbum quod dixit : *Quanto major es, tanto humilia te in omnibus* (*Eccli.* iii).

Sequitur : *Filioli mei, hæc scribo vobis, ut non peccetis.* Quasi diceret : Si ex humana fragilitate non potestis omnia vitia cavere, date operam, ut saltem majora et apertiora caveatis, ut *non apprehendat vos tentatio nisi humana* (*I Cor.* x). Ut *non peccetis,* inquit, id est, ne malam securitatem assumatis, audientes nos a Deo mundari, sed utilem timorem habeatis. Ac si patenter dicat : *Filioli mei,* quibus debeo providere, et vos mihi obedire, *hæc scribo vobis,* scilicet ut memoriter teneatis, et *non peccetis,* dicendo, Non peccavimus. Iterum subjungit, dicens : *Sed et si quis peccaverit, advocatum habemus apud Patrem Jesum Christum justum; et ipse est propitiatio pro peccatis nostris, non pro nostris autem tantum, sed etiam pro totius mundi.* Ac si diceret : Si quis etiam post admonitionem meam ceciderit, non desperet. Non est advocatus Dei Filius, nisi se pure vocantibus. Displiceant ergo tibi peccata tua, clama, et ipse audit, atque liberat. Joannes vir justus contemperans se infirmis, non dixit, *advocatum habet,* sed, *habemus,* se videlicet ponens in medio vel numero peccatorum, ut habeat Christum advocatum. Justus advocatus injustas causas non suscipit. Qui tamen nos justos defendet in judicio, si non accusamus injustos in hoc sæculo. *Ipse est,* inquit, *propitiatio pro peccatis nostris,* nos scilicet propitians Deo Patri prædicatione, et intercessione, *non pro nostris tantum,* qui modo in carne vivimus, *sed etiam pro totius mundi,* id est pro omni ecclesia. Nemo ergo dicat, Ecce hic Christus, aut illic est Christus (*Marc.* xiii). Quare ? Quia ubique est Christus, et ubique propitiatur. *Et in hoc scimus quoniam cognovimus eum, si mandata ejus observemus.* Scire vel cognoscere, non semper pro notitia dicitur, sed pro experimento, et unione alterius rei. Cognoscimus Deum, quando unimur ei ; quia qui sic noscit, mandata servat. Quasi diceret : *In hoc scimus,* id est, notitiam habemus, quia novimus unum Deum adhærentes ei, *si mandata ejus,* id est charitatem observamus, sicut alibi ait : *Hoc est præceptum meum, ut diligatis invicem sicut dilexi vos* (*Joan.* xv). Debemus ergo fragilitatem nostram attendere, debemus in peccatis advocatum quærere ; quod ut impetremus, de custodiendis mandatis laboremus, per quæ ad cognitionem ejus venitur. Sequitur : *Qui dicit se nosse Deum, et mandata ejus non custodit, mendax est, et in eo veritas non est.* Non est magnum unum Deum nosse, cum et dæmones credant, et contremiscant (*Jac.* ii). Hoc est ergo Deum nosse, quod amare. Ac si diceret : *Qui dicit se nosse Deum,* id est, qui mandata ejus servat, ille scit Deum. Nam qui non servat mandata, nescit illum, *et in eo veritas non est,* Christus scilicet qui dicit : *Ego sum via, veritas, et vita* (*Joan.* xiv). *Qui autem servat verbum ejus, vere in hoc charitas Dei perfecta est,* id est, ille scit eum. *In hoc scimus quoniam in ipso sumus,* id est, si mandata ejus servamus, in ipso vivimus vera vita, et non morimur. Sequitur : *Qui dicit se in illo manere, debet, sicut ille ambulavit, et ipse ambulare.* Ac si patenter dicat : *Vere observanda sunt mandata Dei, quia post baptismum dicimus nos in ipso manere, et qui dicit, se in ipso manere,* debet *sicut ille ambulavit,* qui pro inimicis oravit, *et ipse in via justitiæ,* et charitatis, et patientiæ pro modulo suo *ambulare* de virtute in virtutem. Unde dicitur : *Qui vult post me venire, abneget semetipsum, et tollat crucem suam, et sequatur me (Matth.* xvi). Iterum subjungens ait :

Charissimi, non mandatum novum scribo vobis, sed mandatum vetus quod habuistis ab initio. Eadem charitas *mandatum vetus* est, quia ab initio commendata est eadem et *mandatum novum* est, quia tenebris ejectis, desiderium novæ lucis infundit. Ac si apertius diceret : *Non mandatum novum scribo vobis, sed mandatum vetus,* id est usitatum a justo Abel et a sanctis Patribus, non quod ad solum veterem hominem pertineat, sed etiam ad novum *quod habuistis ab initio fidei vestræ. Mandatum vetus est verbum quod audistis.* Ac si apertius diceret : verbum istud, quod audistis a me et ab aliis prædicatoribus, est illud *vetus mandatum* ; et ideo *vetus,* quia ab initio fidei vestræ illud audistis. Sequitur : *Iterum mandatum novum scribo vobis, quod verum est in ipso, et in vobis, quia tenebræ jam transierunt, et lumen verum jam lucet.* Quasi diceret : Hoc mandatum debetis tenere ; quia non tantum semel prædico et commendo, sed quia multum vobis illud utile video, iterum iterumque illud quasi novum replico. *Quod verum est,* inquit, *et in ipso et in vobis,* id est secundum quod promisi per observationem mandatorum Dei ad ipsius cognitionem et dilectionem perveniri, et in ipso Christo impletum quia obedivit Patri usque ad mortem, et ideo est glorificatus *(Philip.* ii). *Verum est* hoc mandatum *et in vobis,* quorum quidam jam per hoc cum Deo glorientur. Et vere est *novum, quia tenebræ jam transierunt, et lumen verum jam lucet. Tenebræ* ad veterem hominem, lux vero ad novum pertinet. *Tenebræ,* id est corpus passibile, et miseriæ carnis in Christo transierunt, *et verum lumen* immortalitatis jam lucet, ex eo in quo illuminat etiam alios, qui fuerunt vetus homo et tenebræ, nunc autem lux sunt in Domino *(Ephes.* v). Iterum subjungens ait : *Qui dicit se in luce esse, et fratrem suum odit, in tenebris est usque adhuc.* Hic determinat quod mandatum accipiat, id est charitatem ; et qualiter charitas ipsa habenda sit, scilicet dilectio proximi. Quasi diceret : Qui dicit se in luce esse Christianæ fidei, vel bonæ operationis, *et fratrem suum,* quem Deus præcipit diligi, *odit, in tenebris est, usque adhuc,* in peccatis videlicet in quibus natus erat ; vel deputatus est tenebris inferni. Iterum dicit : *Qui diligit fratrem suum, in lumine manet, et scandalum non est in eo.* Qui diligit fratrem tolerat omnia propter unitatem charitatis : etiam si fratri adhibet correctionem, non irascitur, non ignominiosa infert.

Unde Psalmista Deo loquitur dicens : *Pax multa diligentibus legem tuam, et non est illis scandalum (Psal.* cxviii). Ac si Propheta Domino loqueretur dicens : *Pax multa* est in mente diligentium legem tuam, etsi non omnimodo : vel multa pax erit in futuro ubi vere perfecta erit charitas diligentibus te. Charitas enim pellit omnes perturbationes. *Et non est illis scandalum,* id est non offenditur. (20) diligentibus legem Dei in petra scandali, ut Judæis et hæreticis. Illi qui diligunt non scandalizantur, quia non sunt pusilli, de quibus Dominus dicit : *Quicunque scandalizaverit unum de pusillis istis, qui in me credunt (Matth.* xviii), etc. Pusillorum est scandalizari, non perfectorum. Vel non est illis scandalum ipsa lex ; quia qui diligit legem, si quid in ea non intelligit, honorat, et quod absurde sonare videtur, judicat esse magnum, et se nescire, et ideo illi lex non est scandalum. Vel nullum undecunque est eis [f. ei] scandalum, quia fides ejus ex ipsa lege pendet ut [f. non] ex moribus hominum ; ne aliquibus cadentibus, qui magni habebantur, ipse scandalo pereat. Legem vero secuturus (21) diligit, et est ei pax et nullum scandalum ; in qua lege etiamsi multi peccant, ipsa tamen non peccat, nec peccare novit.

Multa ergo pax est diligentibus legem Dei, id est charitatem, *et non est illis scandalum.* Ac si apertius beatissimus evangelista Joannes diceret : *Qui diligit fratrem suum* postquam videlicet per baptismum ad Deum accessit, *in lumine bonorum operum manet,* quia tunc ei bona opera, et lux fidei prosunt. Sequitur : *Qui autem odit fratrem suum, in tenebris est, et in tenebris ambulat, et nescit quo vadat, quoniam tenebræ obcæcaverunt oculos ejus.* Quasi diceret : Qui diligit fratrem, est in lumine scientiæ et operationis ; sed *qui odit est in tenebris* ignorantiæ, et per ipsam ignorantiam *ambulat* de vitio in vitium ; *et nescit,* id est non prævidet *quo eat,* vel ad quam pœnam rapiendus sit. Quo eat ignorat, viam scilicet qua convertatur ad melius ; et hoc non ideo quia via aperta sit, sed quia tenebræ obcæcaverunt oculos ejus ; quia a lumine Christi recedens, peccatis, et carnali voluptate ita præpeditur, ut etiamsi bonum videat, non tamen exsequitur. Iterum dicit : *Scribo vobis, patres, quia cognovistis eum, qui ab initio est.* Quasi diceret : Hoc etiam modo potest haberi charitas, si Deum diligitis, et mundum cum omnibus, quæ sunt ejus, despicitis ; et hoc scribo vobis, ut rem utilem.

Ac si apertius dicat : *Scribo vobis, patres,* non ætate, sed sapientia, quorum est antiqua meminisse, et minoribus pandere ; *quia cognovistis eum qui ab initio est,* Christum videlicet cum Patre, et Spiritu sancto, semper fuisse scitis, et hoc aliis nuntiatis. Vel, patres sunt venerandi senes, quibus jam debet amor mundi frigescere. Quasi diceret : Omnibus scribo ; quibusdam vero ut patribus ; qui-

---

(20) Al. ms. vitiose *ostenditur.*

(21) Glossa *securus.*

busdam ut filiis; aliis autem ut juvenibus. Sequitur : *Scribo vobis, filioli, quoniam remittuntur vobis peccata propter nomen ejus.* Ideo ergo patres, quia cognovistis antiqua; ideo filii, quia remittuntur vobis peccata; ideo juvenes, quia fortes estis, et vicistis. Omnes vocat filios quos ipse in fide præcessit. Filioli parvuli sunt, non ætate sed scientia. Ac si aperte dicat : *Scribo vobis, filioli, obedientes,* scilicet Patri, vel nuper geniti; *quoniam remittuntur vobis peccata.* Proponit causam, qua possit eos abstrahere ab amore mundi; quia baptizatis in nomine Christi, ejusque nomen invocantibus dimittuntur peccata; ergo magis Christo adhærendum est quam mundo. Iterum dicit : *Scribo vobis, adolescentes, quoniam vicistis malignum.* Adolescentiæ tempus, propter incentiva carnis, est lubricum, sed propter robur ætatis, est habile et certamini aptum. Hi juvenes quos laudat, tentamenta voluptatum verbi Dei amore vicerunt, et persecutiones contempserunt. Sequitur : *Scribo vobis, infantes, quoniam cognovistis Patrem.* Hoc in loco infantes dicit humiles spiritu, qui quo magis humiliantur sub potenti manu Dei, eo sublimius norunt arcana æternitatis. Unde dicitur : *Revelasti ea parvulis* (*Matth.* xi). *Scribo vobis, patres, quia cognovistis eum qui ab initio est.* Commendat et repetit. Quasi diceret : Mementote vos esse patres; quia si obliviscimini cum, qui ab initio est, perdidistis paternitatem. Sequitur : *Scribo vobis, juvenes, quoniam fortes estis: et verbum Dei manet in vobis, et vicistis malignum.* Quasi diceret : *Scribo vobis juvenes,* qui virtute animi, et amore verbi Dei incentiva carnis vicistis, et diabolo tentanti viriliter restitistis. Trahebantur tunc temporis ex consuetudine ad lupanar, sed isti viriliter resistendo vincebant. Ac si patenter diceret : Considerate etiam quia juvenes estis; pugnate, ut vincatis; vincite, ut coronemini; humiles estote, ne in pugna cadatis; et quia jam vicistis malignum, turpe esset vinci ab illo, quem jam vicistis.

Quia ergo de hominum ætatibus, beatissimo Joanne evangelista prædicante, lectio nobis sese obtulit; dignum est, charissimi, ut de earumdem ætatum differentiis, sancto Isidoro Hispaniarum doctore disserente, latius aliqua audiamus (22). « Gradus, inquit, ætatis hominis sex sunt : infantia videlicet, pueritia, adolescentia, juventus, gravitas, atque senectus. Prima ætas infantia est, quæ porrigitur in septem annis. Secunda ætas pueritia, id est pura et necdum ad generandum apta, tendens usque ad quartum decimum annum. Tertia ætas adolescentia, ad gignendum adulta, quæ porrigitur usque ad viginti octo annos. Quarta juventus, firmissima ætatum omnium, finiens in quinquagesimum annum. Quinta ætas seniorum, id est gravitas, quæ est declinatio a juventute in senectutem, nondum senectus, sed jam non juventus,

quia senioris ætas est, quam Græci πρισβύτης vocant; nam senex apud Græcos presbyter, sed γέρων dicitur; quæ ætas a quinquagesimo anno incipiens, septuagesimo terminatur. Sexta ætas senectus, quæ nullo annorum tempore finitur, sed post illas quinque ætates, quantum vitæ est, senectuti deputatur. Senium autem pars est ultima senectutis dicta, quod sit terminus sextæ ætatis. In his igitur sex spatiis philosophi vitam descripserunt humanam in quibus mutatur, et currit, et ad mortis terminum pervenit. »

Ad ea iterum necesse est, ut redeamus, quæ superius omisimus. Ait etiam sanctus Joannes evangelista : *Charissimi, nolite diligere mundum, neque ea, quæ sunt in mundo.* Quasi diceret : Utimini mundo ad necessitatem, sed non diligatis ad superfluitatem : *et carnis curam ne feceritis in desideriis* (*Rom.* xiii). Quasi diceret : Vobis omnibus hoc scribo : *Nolite diligere mundum,* id est abundantiam mundi, vel pulchritudinem ejus; neque ea, quæ in mundo sunt, ut aurum, argentum, et omnem fluxum divitiarum. Sequitur : *Si quis diligit mundum, non est charitas Patris in eo.* Ac si dicatur : Quia cor duos sibi adversarios non capit amores, radicati in charitate, super hanc radicem nihil ædificetis, nisi quod convenit charitati, quia non potestis duobus dominis servire (*Matth.* vi). Sicut dilectio Dei est fons omnium virtutum, ita dilectio mundi omnium vitiorum. Unde sequitur : *Omne quod est in mundo concupiscentia carnis est, et concupiscentia oculorum, et superbia vitæ : quæ non est ex Patre, sed ex mundo est. Et mundus transibit, et concupiscentia ejus.* Quæ concupiscentia, et superbia non est ex Patre. Pugna etiam vitiorum non est ex Deo Patre conditore, sed ex mundi amore quem Deo præferimus. Fecit Deus homines rectos, ipsi autem se miscuerunt infinitis quæstionibus (*Eccle.* vii). *Deus intentator malorum est, sed unusquisque tentatur a propria concupiscentia* (*Jac.* i). Omnes dilectores mundi nihil habent, nisi hæc tria quibus omnia vitiorum genera comprehenduntur.

Concupiscentia carnis est desiderium omnium, quæ ad voluptates et delicias corporis pertinent, ut cibus, potus concubitus, et hujusmodi; concupiscentia oculorum est omnis curiositas, quæ fit in discutiendis magicis artibus, in contemplandis spectaculis turpibus, in supervacuis acquirendis rebus temporalibus, in dignoscendis, in carpendisque vitiis proximorum; superbia vitæ est cum quis se jactat in honoribus, et magnas familias expetit. Per hæc tria visus est Adam, quia cibum vetitum concupivit, et esse voluit sciens bonum et malum, id est sicut Deus esse voluit (*Gen.* iii). Hæc tria vicit Christus qui non captus amore corporalis panis, non descendit de pinna, nec tolli voluit super mundi regna (*Matth.* iv). Dicatur itaque apertius : *Omne quod in mundo est, concupiscentia carnis est,* cum per tactum videlicet vel gustum caro delectatur ; *et concupi-* *scentia oculorum* quando visus delectatur, ut in pul- chris vestibus, et auro, et talibus, *et superbia vitæ,* omnis scilicet ambitio sæculi ; *quæ non est ex Patre,* non est videlicet ex Deo creante, et paterne nobis providente, *sed ex mundo est,* id est ex eo quod nos applicamus ad mundum. Adhæreamus ergo Deo Pa- tri in hoc mundo, quia *mundus transibit* in novam scilicet formam, *et concupiscentia ejus,* cum in illa die perierint omnes cogitationes malorum (*Psal.* cxlv). *Qui autem facit voluntatem Dei, manet in æternum,* quia dum viveret, æterna quæsivit.

Filioli, novissima hora est. Quasi diceret : Prope est uniuscujusque finis, et ideo convenit vos instare operibus bonis ; *Et sicut audistis,* inquit, *quia Anti- christus venit, nunc Antichristi multi facti sunt ; unde scimus quia novissima hora est.* In undecima hora sumus. Venit Salvator in carne, et secutura est Antichristi pestis, quæ præconia salutis impu- gnet, quæ vineam, quam Christus excolit, exstirpet : et hujus nequissimi capitis jam multa membra præmissa sunt, a quibus est cavendum, quia jam imminet finis sæculi. Vel *novissima hora,* id est si- milis novissimæ, similis videlicet, hæc persecutio illi futuræ. Quasi diceret : Hoc etiam modo potest haberi charitas, si nullo instinctu hæreticorum de- vietis a fide, et cæteris quæ sunt Dei, et ut eam teneatis, permaneant in vobis, quæ audistis ab ini- tio. Proponit causas quia *filioli,* et quia *novissima hora est. Antichristi* sunt omnes hæretici : omnes videlicet qui fidem quam confitentur, desiruunt actibus : omnes scilicet Christo contrarii, qui ven- turo capiti suo reddunt testimonium, quia *ministe- rium iniquitatis jam operatur* (*II Thess.* II). Anti- christi sunt qui baptizati, et chrismate inuncti : per quod melius possunt accipi, qui sunt Christo ejusque Ecclesiæ contrarii. Ac si apertius diceret : Propter hoc in fide et bonis operibus debetis per- sistere, quia *multi Antichristi sunt* qui vos seducere volunt : et sicut jamdudum audistis cum quanto impetu et errore Antichristus venturus est, cum tanta violentia, et isti veniunt. *Unde scimus quia novissima hora est,* id est quia multi Antichristi sunt, absque dilatione veniet dies judicii. Iterum dicit : *Ex nobis prodierunt, sed non erant ex nobis.* Ac si patenter dicat : Multi sunt Antichristi, non tamen vos terreant, si ad Judaismum, vel paganis- mum redierunt. Non etiam per hoc putetis Eccle- siam pati aliquod damnum, quia etsi *exierunt ex nobis,* tamen *non erant ex nobis* veraciter, nec po- tuissent egredi nisi Christo essent contrarii. Qui Christo non est contrarius, in corpore Christi ma- net.

Quid de Antichristo ejusque membris beatus Isi- dorus sentiat, ad eruditionem nostram ostendat (23). « Antichristus, inquit, appellatur, quia contra Chri- stum venturus est. Non igitur quomodo quidam

simplices intelligunt, Antichristum ideo dictum, quod ante Christum venturus sit, id est post eum veniat Christus, sed quia Antichristus Græce dicitur, quod est Latine *contrarius Christo :* ἀντί enim Græce, in Latinum *contra* significat. Christum enim se esse mentietur, dum venerit, et contra eum dimicabit, et adversabitur sacramentis ejus, ut veritatis illius Evangelium solvat. Nam et templum Jerosolymis reparare, et omnes veteris legis cæremonias restau- rare tentabit ; nam et ille Antichristus est qui ne- gat Christum esse Deum, qui contrarius Christo est, omnes etiam qui exeunt de Ecclesia et ab unitate fidei præciduntur, et ipsi Antichristi sunt.

Iterum beatus Joannes subjungit dicens : *Si fuis- sent ex nobis, permansissent utique nobiscum : sed, ut manifesti sint, quoniam non sunt ex nobis, ideo exierunt a nobis.* Sic sunt ficti Christiani in Eccle- sia quomodo humores mali in corpore ; et sicut, cum evomuntur, relevatur corpus, sic, cum exeunt mali, relevatur Ecclesia. Multo qui non sunt ex nobis accipiunt nobiscum sacramenta Christi ; sed tentatio probat eos, qui non sunt ex nobis. Quando illis tentatio venerit ; quasi occasione venti foras volant, quia grana non erant. Sed omnes mali procul dubio tunc volabunt, cum Dominica area cœperit in die judicii. Dicatur iterum apertius : *Si fuissent ex nobis, permansissent utique nobiscum :* hoc est, inde probatur, quod non erant ex nobis præ- destinatione et electione Domini ; sed ut manifesti sint, ideo, permittente Deo, quidam ultima dis- cussione exeunt ab Ecclesia, ostendentes se non fuisse de Christi corpore, ut per hoc manifeste cla- rescat, *quoniam non sunt omnes ex nobis,* qui nobis- cum intus positi, sacramenta Christi percipiunt, et ideo non debet vos gravare eorum separatio. Iterum subjungens : *Sed vos unctionem habetis a Sancto et nostis omnia.* Cum de hæreticis loque- retur, repente ad suos conversus, dicit, eos unc- tionem habere a Sancto, id est a Christo, ut e contrario ostendat, quod hæretici et omnes Anti- christi munere spiritualis gratiæ sint privati, nec pertinent ad eum, qui Sanctus vocatus est a pro- phetis. Ac si apertius diceretur : Vos debetis per- manere in fide et bonis operibus, quia *habetis unctionem a Sancto* (Christo), baptismum scilicet vel Spiritum sanctum, per quem omnis dolor peccati, et ignorantiæ pellitur : *Et nostis omnia,* qui videlicet sunt boni, qui mali ; nec opus est ut doceamini, quia unctio vos docet. Quasi diceret : Nostis veritatem fidei, docti per unctionem Spiritus, nec opus habetis doceri, nisi ut persistatis in eo quod cœpistis. Quasi diceret : *Non scripsi vobis quasi ignorantibus veritatem, sed quasi scientibus eam.* Ac si patenter dicat : Vere *nostis omnia :* nam si ignoraretis, quæ de fide tenenda essent, possem vobis, quasi parvulis, hoc ministrare ; sed quia perfecti estis in scientia, scripsi vobis sicut per-

(23) Lib VIII *Etymolog.,* c. 11.

fectis. Iterum dicit : *Et quoniam omne mendacium ex veritate non est ; quis est mendax, nisi is qui negat quoniam Jesus non est Christus ?* Quasi diceret : nullum mendacium est ex veritate ; quia qui mentitur non est ex Christo ; sed spiritualiter *quis est mendax nisi is qui negat quoniam Jesus non est Christus,* id est, Messias promissus in lege. *Hic est Antichristus qui negat. Patrem et Filium.* Frustra confitetur Deum Patrem, qui negat Filium, qui ex eo procedit. Ne quis dicat : Christum non colo, sed Deum Patrem colo, addit : *Omnis qui negat Filium nec Patrem habet,* id est, qui negat Jesum esse Dei Filium, nec Filium, nec ipsum Patrem habet placatum. *Qui autem confitetur Filium, et Patrem habet :* id est, qui confitetur Jesum esse *Filium Dei, et Patrem habet* propitium. Ecce admoniti sumus quomodo agnoscamus Antichristum, scilicet eum quicunque negat Christum. Dixerat omne mendacium non esse ex veritate ; sed quia multa sunt genera mendaciorum inter se disparia, nunc singulare ponit mendacium negationis Christi, in cujus comparatione cætera, ut parva aut nulla videantur. Hoc proprium est Judæorum, qui dicunt mentiendo Jesum non esse Christum ; sed et omnium qui Christi mandatis obtemperare contemnunt.

Sequitur : *Vos quod audistis ab initio, in vobis permaneat.* Ac si aperte dicat : *Quod audistis* per prædicatores *ab initio* conversionis vestræ, *in vobis permaneat :* id est, per observationem memoriter teneatis. Quasi diceret : Si quis dixerit vobis : *Ecce hic Christus aut illic* (*Matth.* XXIV) est Christus ; ne credideritis, sed hoc tantummodo tenete quod ab apostolis didicistis. Iterum dicit : *Si autem in vobis manserit quod audistis ab initio, et vos in Filio et Patre manebitis.* Primo Filium ponit, quia nemo venit ad Patrem nisi per Filium (*Joan.* XIV). Ac si apertius dicatur : Si in vobis permanserint quæ audistis, eritis membra Patris et Filii, ita ut a memoria et protectione Patris et Filii non excidatis : et hoc maxime debetis appetere, ut sitis in Patre et Filio, quia inde mercedem consequemini. *Hæc est repromissio, quam ipse pollicitus est nobis, vitam* scilicet *æternam.* Quasi diceret : Memoria promissæ faciat vos perseverantes in bono opere. Ac si aperte dicat : *Hæc est repromissio, quam ipse* qui non mentitur, *pollicitus est nobis* per se et per suos prædicatores, non aurum scilicet, non argentum, nec aliquid terrenum, sed *vitam æternam. Hæc,* inquit, *scribo vobis de his qui seducunt vos.* Quasi diceret : Moneo ut ad hæc sitis attenti quæ dico, quia propter vitandos malos scripsi vobis hæc. *De his,* ait, *scripsi vobis qui seducunt vos ;* vel perversis dogmatibus, vel per aliquas illecebras, vel per adversa sæculi a vita æterna vos retrahunt. Sequitur : *Et vos unctionem, quam accepistis ab eo, maneat in vobis.* Ac si patenter dicat : Ut doctrinam quam exterius vos doceo, bene teneatis, curate ut sancti Spiritus gratiam, quam in baptismo consecuti estis, integram in corde et corpore servetis. Iterum dicit : *Non nece se habetis ut aliquis doceat vos, sed sicut unctio ejus docet vos de omnibus, et verum est, et non est mendacium. Et, sicut docuit vos, manete in eo :* ut, cum apparuerit, habeamus fiduciam et non confundamur ab eo in adventu ejus. Quasi diceret : *Non necesse habetis ut aliquis doceat vos,* quia sic fit ut, docente vos interius Spiritu sancto, minus indigeatis extrinsecus hominum instructione doceri. *Sed sicut unctio ejus,* id est Spiritus sanctus, cujus sacramentum est in unctione visibili, *docet vos de omnibus* quæ tenenda sunt ; vel unctio ejus, charitas quæ diffunditur in cordibus nostris per Spiritum sanctum qui datus est nobis ; quæ charitas ad observanda Dei mandata, cor quod implet, inflammat. « (24) Nemo ergo, ut ait beatus Gregorius, docenti tribuat quod ex ore ejus intelligit ; quia nisi intus sit Spiritus sanctus qui doceat, lingua doctoris exterius in vacuum laborat. » Nec tamen doctor taceat, sed bonum quod potest agat. *Verum est,* inquit, *et non est mendacium,* subaudis quod prædico ; quia qui aliter docent falsi sunt. Nec vos aliter invenietis vitam æternam, nisi sequamini viam castam fidei, quam per me audistis. *Verum est,* et non est mutabile ut vetus lex. Alia translatio *et vera est,* scilicet unctio, *et non est mendax, et sicut docuit vos, manete in eo.*

Quasi diceret : Ideo quia verax est, sicut unctio ejus docuit vos, *manete in eo. Et nunc, filioli, manete in eo.* Crebra iteratione verba inculcat, ut mentibus arctius infigat. *In eo,* inquit, *manete,* etsi quid boni habetis, illi totum et non vobis ascribite ; mala autem vobis et diabolo imputate : *ut cum apparuerit,* ad præmium bonorum, et damnationem malorum, *habeamus fiduciam,* hoc commodum habituri, et *non confundamur ab eo,* pro eo neglecto vel negato, *in adventu ejus.* Qui inter persecutiones in Domino manet non confusus, spem habet in ejus adventu ; sed qui hic erubescit, confundetur in ejus adventu, cujus præcepta negligit. *Si scitis quoniam justus est, scitote quoniam et omnis qui facit justitiam ex ipso natus est.* Si ergo nati sumus ex justo, justitiam justi Patris oportet nos sequi. Justitia perfecta vix est in angelis, vel in sanctis viris qui semper manent in contemplatione Dei. In nobis autem justitia ex fide incipit. Initium vero justitiæ confessio peccatorum est ; perficietur autem justitia quando jam non erit lucta cum carne, sed triumphus de hoste. Dicatur iterum apertius : *Si scitis,* id est, si hoc constat vobis, *quoniam justus est,* id est principaliter actor et natura totius justitiæ, *scitote etiam hoc quoniam et omnis qui facit justitiam ex ipso* (ministrante) *natus est,* de malo in bonum.

Sequitur : *Videte qualem charitatem dedit nobis*

Pater ut Filii Dei nominemur et simus. Dedit nobis **A** charitatem Deus Pater, ut cum eum amare noverimus et possimus, non tantum ut Dominum servi, sed et ut Patrem filii amemus. Unde dicitur : *Quotquot autem receperunt eum, dedit eis potestatem filios Dei fieri, his qui credunt in nomine ejus (Joan. i).* *Videte,* inquit, *qualem charitatem dedit nobis Pater :* hoc est, etsi non intelligitis, quod omnis justitia sit ex Deo, per hoc probate quantis et qualibus donis ostendit Deus erga nos paternam charitatem. Dedit enim nobis ut in hoc sæculo nomine et actu nominemur filii Dei et in futuro simus, possidendo hæreditatem in æterna beatitudine. Iterum dicit : *Propter hoc mundus non novit nos, quia non novit eum,* scilicet Patrem. Quasi diceret : Propter hoc quod filii Dei dicimur, mundus, id est, amatores mundi non diligunt nos, id est non percipiunt nostram dignitatem; non venerantur nos, sed affligunt. Iterum subjungens ait : *Charissimi, nunc filii Dei sumus, sed nondum apparuit quid erimus.* Quasi diceret : Esse et dici filios Dei, quæ dignitas est? Respondet : Nunc per miracula quæ facimus, et per puritatem vitæ, apparet quod *sumus filii Dei;* sed quidquid est in præsenti sæculo, parum est respectum (25) futuri : *Nondum apparuit quid erimus, quia nec oculus vidit, nec auris audivit, nec in cor hominis ascendit, quæ præparavit Deus diligentibus se* (I Cor. ii). Sequitur : *Scimus quoniam cum apparuerit, similes ei erimus, quoniam videbimus eum sicuti est.* Cum immutabilis et æternæ divinitatis contemplatione perfruemur, nos quoque immortales et æterni in illo erimus; non idem quod ipse, sed *similes,* quia creatura. Secundum quod *Verbum caro factum est (Joan. i),* viderunt mali Christum, et in judicio sunt visuri; sed quomodo Verbum in principio erat apud Patrem *(ibid.),* videbunt soli justi; et tolletur impius ne videat gloriam Dei (Isa. xxvi). Ac si aperte dicat : *Scimus quoniam cum apparuerit* in suo adventu secundum corpus, *similes ei erimus,* videlicet immortales et impassibiles, *quoniam videbimus eum sicuti est,* quia eum in ipsa deitatis suæ substantia contemplabimur, quod in hac vita nulli conceditur. Iterum subjungens ait : *Omnis qui habet hanc spem in eo, sanctificat se, sicut et ille sanctus est.* Non solum per gratiam Dei **D** facti sumus filii Dei, et speramus quod ei similes erimus; sed etiam ab iniquitate liberamur, quia ideo *apparuit, ut peccata tolleret,* de qua iniquitate nemo se excuset, quia : *Omnis qui facit peccatum, et iniquitatem facit; et peccatum est iniquitas. Et scitis quia ille apparuit, ut peccata tolleret; et peccatum in eo non est. Omnis ergo,* ut supradictum est, *qui habet hanc spem,* videlicet quod ad similitudinem Dei perventurus sit; *sanctificat se,* id est, in præsenti sanctitatem Dei non ex toto, sed pro modulo suo imitatur, pie vivendo, sæcularia abnegando, *sicut et ille sanctus est.* Nemo ergo dicat : Homo peccator sum, sed iniquus non sum; quia,

qui *facit peccatum et iniquitatem facit.* Non aufert liberum arbitrium, dum dicit, quod homo se sanctificat; nec tamen consentit Pelagianis, qui dicunt hominem non indigere Dei gratia; sed sicut gloriam divinæ similitudinis pro modulo nostro præcipimur sperare, sic munditiam divinæ sanctitatis pro nostra capacitate jubemur imitari, ut præeunte gratia, vitare mala laboremus, dicentes Deo :

Adjutor meus esto, Domine : ne derelinquas me, neque despicias me, Deus salutaris meus (Psal. xxvi). Ac si apertius Propheta Deum deprecaretur dicens : *Adjutor meus esto, Domine,* quia ego, quamvis liber et in via positus, mihi tamen non sufficio. Quando enim inveniam te, nisi tu adjuves me ? Sine te deficiam, et ideo peccator; in hoc, id **B** est in hac via, *ne derelinquas me,* quasi incœpto itinere. Jam in via me posuisti, sed aberrabo si me derelinquis. Voluntatem liberam mihi dedisti, sed sine te nihil est conatus meus. *Neque despicias me,* id est non contemnas, quia ego mortalis te æternum audeo quærere; quia tu es *Deus* qui me creasti, et *salutaris meus,* qui sanas plagam mei peccati. Quasi diceret : Frustra creasti et recreasti, si mortalem despicis; quod non debes, quia non mea propria, sed parentalis culpa est, qua in hanc mortalitatem decidi. Indiget ergo homo divina gratia, qua possit bona agere, et mala vitare quam Pelagiani omnino asserunt non indigere. Pelagiani a Pelagio monacho Africano sunt exorti. Hi liberum arbitrium divinæ gratiæ anteponunt, dicentes **C** sufficere voluntatem ad implenda jussa divina. Omnis ergo, ut dictum est, qui facit peccatum, contrarius est divinæ legi. Græce νόμος Latine *lex* dicitur. Inde *anomia,* id est *iniquitas,* quæ est contra legem vel sine lege. Inde dicit : Peccatum est iniquitas, quia cum peccamus, contra legem Dei facimus. Unde Psalmista : *Prævaricantes reputavi omnes peccatores terræ; ideo dilexi testimonia tua (Psal. cxviii).* Ac si patenter dicat : *Prævaricantes* sunt, quales ego *reputavi,* vel æstimavi, vel *reputavi omnes peccatores terræ;* quia etsi prævaricatio non est, ubi non est lex, et non omnes habent legem scriptam, scilicet per Moysen datam, tamen habent naturalem legem, quæ dicit : Quod tibi non vis, alteri ne feceris *(Matth. vii),* contra quod omnes faciunt. Parvuli etiam prævaricatores existunt, sicut in Patre sunt peccatores. **D** Omnis ergo peccator prævaricator est, et bene ait, *peccatores terræ :* quia sunt et peccatores cœli, sicut ille qui ait : *Pater, peccavi in cœlum et coram te (Luc. xv).* Nam et quicunque minuit aliquid de gratia, quam accepit de cœlo, quam Spiritus sanctus dat vel infundit, in cœlum peccat. Peccat ergo in cœlum, qui, cœli incola, cœlum relinquit; peccator terræ est, qui terrenis in olvitur delictis. Sequitur : *Ideo dilexi testimonia tua.* Quasi diceret : Et quia lex vel in paradiso data, vel naturaliter insita, vel scripta litteris, fecit omnes prævarica-

(25) *Respectu,* seu cum Glossa : *ad respectum.*

tiones, *ideo dilexi testimonia tua*, quæ sunt in lege A *peccat.* Ex diabolo est qui peccatum facit, non de tua gratia, ut non sit in me justitia mea, sed tua. Lex enim data est, ut mittat ad gratiam, non solum attestando eam, sed timore prævaricationis quam fecit. *Ideo igitur ait, dilexi testimonia tua*, quia lex ad gratiam ducit, quæ sola liberat. Non solum ergo prævaricatores sunt, qui scriptam legem contemnunt, sed etiam qui innocentiam naturalis legis corrumpunt.

Iterum beatus Joannes subjungit, dicens : *Scitis quia ille apparuit ut peccata tolleret mundi;* ne nos videlicet, qui peccatis et iniquitatibus carere non possumus, desperemus, subdit quod per Christum a peccatis solvimur. Unde dicitur : *Ecce Agnus Dei, ecce qui tollit peccata mundi* (*Joan.* 1). Dei Filius tollit dimittendo peccata jam transacta; adjuvando, ne fiant similia; ducendo ad vitam æternam, ubi fieri omnino non possint. *Et peccatum non est in eo;* quia, si in illo esset peccatum, illi esset auferendum, non ipse auferret. Quasi diceret : Et quid prodest nobis, si sine peccato venit? Respondit : *Omnis qui in Deo manet, non peccat; et omnis qui peccat, non vidit eum, nec cognovit eum.* Ac si apertius diceret : *Qui peccat, non videt eum; et qui manet in eo, non peccat.* Quasi diceret : Vere ipse est immunis ab omni peccato, qui in Deo manet; quia etiam ille qui adhæret ei, in quantum in eo manet, non peccat, sed ex hoc quod ei adhæret, vitat peccata. Nam et omnis qui peccat, fide non videt eum in humanitate, nec cognovit eum, gustando scilicet C suavitatem ejus. Si enim gustaret suavitatem ejus, id est, quam suavis est Dominus; non peccando a videnda ejus gloria se removeret.

Sequitur : *Filioli, nemo vos seducat,* dicendo quod vel justitia sit ex homine, vel quod cum peccato possit aliquis in Deo manere; quia et omnis justitia ex Deo est, et omne peccatum ex diabolo. Iterum dicitur : *Qui facit justitiam, justus est : sicut et ille justus est.* Sicut non semper in æqualitate diei solet; verbi gratia : Ut multum interest inter faciem hominis et imaginem de speculo, quia hic corpus, ibi tantum imago; et tamen hic et ibi oculi, hic et ibi aures; ita et nos habemus imaginem Dei, justitiam videlicet et sanctitatem Dei; sed non imaginem, qua Filius est æqualis Patri; non justitiam Dei, qua ille justus est incommutabili perpetuitate : nos credendo in eum quem non videmus; non sanctitatem, qua ille sanctus est sua æternitate, nos vero sola fide sancti. Ac si apertius diceret : *Qui facit justitiam, justus est :* id est qui habet actum justitiæ et intentionem, justus quidem est, sed non ex se; sed *sicut ille est :* id est ab eadem radice procedit justitia; sed in illo est principaliter, in isto secundarie; in illo naturaliter, in isto per adoptionem; quia quicunque justus est, ab illo justus est. Iterum subjungens ait : *Qui facit peccatum, ex diabolo est : quoniam ab initio diabolus*

carnis originem ducendo; sicut Manichæus voluit de cunctis hominibus; sed imitationem et suggestionem peccandi sumendo ab illo, sicut filii Abrahæ dicuntur imitando fidem ejus, et Judæi deserentes fidem Abrahæ, facti sunt non filii Abrahæ, sed filii diaboli. *Ab initio*, inquit, *diabolus peccat*, id est *ab initio* suæ creationis peccare cœpit, et *peccat* quotidie usque in præsens tempus. Sequitur : *In hoc apparuit Filius Dei, ut dissolvat opera diaboli.* Quasi diceret : *In hoc apparuit Filius Dei*, per carnem *ut dissolvat*, id est destruat *opera diaboli*, illam videlicet nativitatem quam a diabolo traximus. Adam a Deo factus est, sed peccando a diabolo natus. Tales diabolus filios genuit, qualis fuit.

B Cum concupiscentia nati sumus : antequam nostra delicta addamus, de illa damnatione nascimur, et morimur. Sed natus est Christus Deus et homo, ut solvat peccata hominum, et reducat ad vitam. Iterum dicit : *Omnis qui natus est ex Deo, peccatum non facit; quoniam semen ipsius in eo manet, et non potest peccare, quoniam ex Deo natus est.* Quasi diceret : Ita Christus solvit peccata, quia omnis qui natus est ex Deo in baptismo, *peccatum non facit; quoniam semen ipsius*, id est verbum per quod generatur, *in eo manet; et* non solum (26) quia non peccat, sed etiam *non potest peccare*, quandiu verbum retinet : *quoniam ex Deo natus est*, in quo peccatum non est. Non de omni peccato dicit; *Si enim dixerimus quoniam peccatum non habemus, nos ipsos seducimus et veritas in nobis non est.* De violatione ergo charitatis dicit, quoniam [f. quam] qui semen Dei, id est Verbum Dei quo renatus est, in se habet committere non potest, et ad hoc sequentia spectant; vel de quolibet criminali potest accipi. *In hoc*, ait, *manifesti sunt filii Dei, et filii diaboli.* Verus filius legem Patris non potest dimittere. Lex Patris est : *Mando vobis ut diligatis invicem, sicut dilexi vos* (*Joan.* xv). Quasi diceret : *In hoc manifesti sunt filii Dei*, quod non peccant; *et filii diaboli*, in hoc quod peccant. Unde dicitur : *A fructibus eorum cognoscetis eos* (*Matth.* vii). Sequitur : *Omnis qui non est justus, non est ex Deo; et qui non diligit fratrem suum; quoniam hæc est annuntiatio quam audistis ab initio ut diligatis alterutrum.* Dilectio est certum signum quo discernuntur filii Dei et filii diaboli. Alia præcepta communia sunt bonis et malis, sed de hoc fonte non communicat alienus. Quidquid vis, habe; hoc solum si non habeas, nihil tibi prodest. Alias virtutes non habeas; hanc si habes, implesti legem, quia *plenitudo legis est charitas* (*Rom.* xiii). Ac si apertius diceret : *Omnis qui non est justus*, id est, qui non rependit Deo quod debet, *non est ex Deo : et qui non diligit fratrem suum, non est ex Deo*, quoniam vere habenda est dilectio, quam audistis ab initio. Unde dicitur : *Hoc est præceptum meum, ut diligatis invicem* (*Joan.* xv). Bonum est ergo ut diligamus alterutrum, sed non si-

___

(26) Hæc particula deest in Glossa et superflua videtur.

cut *Cain, qui ex maligno erat, et occidit fratrem suum. Et propter quod occidit eum? Quoniam* scilicet *opera ejus maligna erant* (27). Ubi est invidia, non est fraternus amor. Opera Cain mala non dicit, nisi invidiam et odium fratris ; opera Abel justa non dicit, nisi charitatem. Hi discernuntur homines ut nemo attendat linguas, sed facta. Cor, si non bene faciat pro fratribus suis, ostendit quid in se habeat, scilicet odium. Cain recte offerebat creaturam Creatori, sed non bene dividebat, quando credebat placere munera quæ offerebat cum odio fratris ; Abel cum dilectione munera Deo obtulit, et Creatori placuit. Quasi diceret : *Non sicut Cain, qui ex maligno,* id est, ex diabolo erat, qui invidit Deo, et occidit de cœlo ; invidit homini, et ejecit eum de paradiso ; *quoniam opera ejus erant maligna,* id est, invidebat fratri ; opera autem Abel bona erant, per charitatem videlicet Deo placita. Non mirum si amator mundi fratrem odit, fratrem dico separatum ab amore mundi, et cœlestibus intentum desideriis. Sequitur :

Nolite mirari, fratres, si odit vos mundus, id est, mundi amatores. Ac si apertius diceret : Dilectionem habete, nec propter mundi odium vel persecutiones dilectionem dimittatis, quia tentationibus probamini. *Nos scimus,* ait, *quoniam translati sumus de morte ad vitam quoniam diligimus fratres.* Nemo de virtutibus se extollat, nemo virium suarum paupertatem metuat ; quoniam qui fratrem diligit, apertum dat indicium quia ad sortem justorum pertinet. Ac si patenter dicat : Nos scimus, quia propter mundum non debet minui dilectio, *quoniam translati sumus de morte ad vitam,* scilicet æternam, quoniam per hoc *diligimus fratres ; sed qui non diligit, manet in morte :* id est, non tantum venturus est in æternam mortem, sed jam nunc manet in morte animæ. *Omnis,* inquit, *qui odit fratrem suum, homicida est.* Qui ex odio insequitur fratrem, provocat illum ad iracundiam, et discordiam, et sic quantum ad se, occidit eum in anima. Unde sequitur : *Omnis qui odit fratrem suum, homicida est.* Vita carnis anima, vita animæ Deus est ; corporis mors amittere spiritum, animæ mors amittere Deum ; qui igitur per odium fratris amittit Deum, amittit vitam. Diligere ergo debemus, non odisse ; quia *qui odit homicida est. Et scitis quia omnis homicida non habet vitam æternam in se manentem.* Homicida est qui vel ferro percutit, vel odio insequitur. Si quis contemnit odium fratris, non contemnet in corde suo homicidium, non movet manus ad occidendum, et homicida jam tenetur ; vivit ille, et iste interfector judicatur. Dicatur iterum apertius : *Scitis quia omnis homicida :* id est, quamvis per fidem hic inter sanctos vivere videatur, tamen cum Cain perpetuo damnabitur ; quia hoc genere homicidii tenetur ut discordet a fratribus. Sæpe cum illum, quem diligere nos dicimus, flagello castigationis

A Deus percutit, atque hujus sæculi adversitatibus tangit, despicimus ; et tanto illum inter amicos habere contemnimus, quanto amplius divina castigatione humiliatum videmus ; ac per hoc, dum ei in necessitatibus subvenire dedignamur, Deum qui illum misericorditer flagellavit, offendimus. Unde Beatum Job dixisse legimus :

Qui tollit ab amico suo misericordiam, timorem Domini derelinquit (*Job.* vi) Gregorius (28). « Quis hoc loco amici nomine, nisi quilibet proximus designatur, qui, eo nobis fideliter jungitur, quo percepto nunc a nobis bono opere ad obtinendam post æternam patriam veraciter auxiliatur ? » Quia autem duo sunt præcepta charitatis, Dei videlicet amor et proximi, per amorem Dei amor proximi gignitur, et per amorem proximi Dei amor nutritur. Nam qui amare Deum negligit, profecto amare proximum nescit, et tunc plenius in Dei dilectione proficimus, si in ejusdem dilectionis gremio prius charitate proximi lactamur. « Quia enim amor Dei amorem proximi generat, dicturus per legem Dominus : *Diliges proximum tuum sicut teipsum* (*Lev.* xix), præmisit dicens : *Diliges Dominum Deum tuum* (*Deut.* vi); ut scilicet in terram pectoris nostri prius amoris sui radicem figeret, quatenus per ramos postmodum dilectio fraterna germinaret. Et rursum, quia amor Dei proximi amore coalescit, testatur Joannes qui in hac Epistola increpat, dicens: *Qui non diligit fratrem suum quem videt, Deum quem non videt quomodo potest diligere?* Quæ tamen divina dilectio per timorem nascitur, sed in affectu crescendo permutatur. Sæpe vero omnipotens Deus ut ostendat quantum quisque a charitate ejus vel proximi longe sit, miro ordine cuncta dispensans, alios flagellis deprimit, et alios successibus fulcitur ; et cum quosdam temporaliter deserit, in quorumdam cordibus, quod malum latet ostendit. Nam plerumque ipsi nos miseros insequuntur, qui felices sine comparatione coluerunt. Quisque positus in prosperitate diligitur, cadens vero in paupertatem contemnitur : quia amissio felicitatis interrogat vim dilectionis. Unde bene quidam sapiens ait : *Non agnoscitur in bonis amicus, et non absconditur in malis inimicus* (*Eccli.* xii). Nec prosperitas quippe amicum indicat , nec adversitas inimicum celat, quia et ille sæpe prosperitatis nostræ reverentia tegitur, et iste ex confidentia adversitatis aperitur. Vir igitur justus in flagellis positus, dicat: *Qui tollit ab amico suo misericordiam, timorem Domini derelinquit.* Quia nimirum qui ex adversitate proximum despicit, aperte convincitur quod in prosperis non amavit. Et cum omnipotens Deus ideo quosdam percutiat, ut et percussos erudiat, et non percussis occasionem boni operis præbeat, quisquis percussum despicit, occasionem a se virtutis repellit ; et tanto se nequius contra actorem erigit quanto hunc nec pium in salute propria, nec justum in alieno vulnere agnoscit. Intuendum vero

---

(27) Hic desunt verba quæ in Vulgata leguntur : *Fratris autem ejus, justa.*

(28) Lib. vii *Etymolog.*, c. 10.

est, quod beatus Job sic sua loquitur, ut totius A quoque electi populi per eum vita signetur. Quia enim ejusdem populi membrum est; cum ea quæ ipse patitur, narrat, etiam quæ sustinet ille denuntiat, dicens : *Fratres mei præterierunt me, sicut torrens qui raptim transit in convallibus.* Reproborum mens quia sola præsentia diligit, quæ nunc tanto aliena existit a verbere quanto post extranea remanebit ab hæreditate, ut superba justos despicit, quos paterna misericorditer severitas affligit ; sæpe vero reprobi eamdem fidem, qua vivimus retinent eadem fidei sacramenta percipiunt, ejusdemque religionis unitate continentur, sed tamen compassionis viscera nesciunt, charitatis vim qua in Deum et proximum flagramus non agnoscunt. Recte ergo et fratres et prætereuntes vocantur, quia ex uno B matris nobiscum gremio per fidem prodeunt, sed in uno charitatis studio erga Deum et proximum non figuntur. Unde et apte etiam torrenti, qui raptim transit in convallibus, comparantur. Torrens namque ex montanis ad ima defluit, et collectus hiemalibus pluviis, æstivo sole arescit. Qui enim terrena diligentes, spem supernæ patriæ deserunt, quasi ex montibus valles petunt. Quos tamen hiems præsentis vitæ multiplicat, sed ætas venturi judicii exsiccat, quia cum sol supernæ districtionis incaluerit, reproborum lætitiam in ariditatem vertet. Bene est autem dicere, *raptim transit in convallibus.* Torrentem quippe ad convalles raptim transire, est pravorum mentes ad ima desideria sine ullo obstaculo ac difficultate descendere. Omnis namque C ascensus in labore est, descensus in voluptate, quia per adnisum gressus ad superiora tenditur, per remissionem vero ad inferiora declinatur. Ad montis verticem saxum subvehere, magni laboris est; idque a summis ad ima dimittere laboris non est ; sine mora videlicet proruit, cum magnis vero conatibus ad summa pervenit. Longo studio seges seritur, sole atque imbre diutino nutritur ; sed tamen una et summa scintilla consumitur. Paulisper alta ædificia proficiunt, sed repentinis casibus terram petunt. Robusta arbor per tarda incrementa se erigit ; sed quidquid diu ad alta protulit, semel et simul cadit. Quia igitur descensus in voluptate est, recte nunc dicitur : *Fratres mei præterierunt me sicut torrens, qui raptim transit in convallibus.* Quod tamen sentiri et aliter potest. Si enim convalles ima pœnarum loca intelligimus, injusti quique raptim sicut torrens ad convalles transeunt, quia in hac vita quam totis desideriis appetunt, diu stare nequaquam possunt. Nam quot dies ætatis accipiunt, quasi tot quotidie gressibus ad finem tendunt. Augeri sibi tempora optant ; sed quia concessa persistere nequeunt, quot augmenta vivendi percipiunt, de vivendi spatio totidem perdunt. Momenta ergo temporum, quod [*edit.* quo] sequuntur, fugiunt, quod accipiunt, amittunt. Raptim itaque ad convalles transeunt, qui in longa quidem voluptatis desideria trahuntur, sed ad inferni claustra repente deducuntur. Quia

enim hoc etiam, quod qualibet longævitate extensum est, si fine clauditur, longum non est ; ex fine miseri colligunt, breve fuisse quod amittendo tenuerunt. Unde bene per Salomonem dicitur : *Si multis annis vixerit homo, et in his omnibus lætus factus; meminisse debet tenebrosi temporis et dierum multorum qui, cum venerint, vanitatis arguuntur præterita (Eccle.* XI). Stulta etenim mens cum malum repente invenerit, quod nequaquam præterit, æternitate ejus tolerando intelliget, quia quod præterire potuit vanum fuit. » Qui ergo, ut supra diximus, fratrem aliqua adversitate percussum despicit ; Deum qui illum pro animæ salute afflixit, offendit, quia et erga fratrem impius, et erga Deum superbus existit. Dignum est itaque, ut, sicut nos dilexit Deus, et nos invicem verbo et opere diligamus, ne per odium reos nos homicidii in ejus judicio constituamus. Ait iterum beatus Joannes :

In hoc cognovimus charitatem Dei, quoniam ille pro nobis animam suam posuit. Et nos debemus pro fratribus animas ponere. Propositis multis rationibus de habenda charitate, tandem supponit de charitatis perfectione sub exemplo Dominicæ passionis. Hanc Petrus monetur habere, cum Domino interroganti profitetur se amare; cui dicitur : *Cum senueris extendes manus tuas, et alius te cinget. (Joan.* XXI). In quibus verbis ut animam pro ovibus poneret, docebatur. *Majorem enim charitatem nemo habet quam ut ponat quis animam suam pro ovibus suis (Joan.* XV). Quasi diceret : Multis modis habendam charitatem probavi; ut autem ad finem veniam, ex charitate debemus animam pro fratribus ponere, sicut Christus animam suam posuit pro omnibus nobis. Iterum dicit : *Qui habuerit substantiam mundi hujus et viderit fratrem suum necesse habere, et clauserit viscera sua ab eo : quomodo charitas Dei manet in eo?* Si vel ex temporis opportunitate, vel ex humana infirmitate non contigerit animam ponere, debemus saltem res nostras pro fratribus ponere, quia hoc est nutrimentum charitatis. Qui didicit rem suam indigenti dare, consequenter poterit seipsum pro salute fratris impendere. Ac si patenter dicat : *Qui viderit fratrem suum necesse habere*, vestitus scilicet vel victus ; D *et clauserit viscera sua ab eo*, ut non compatiatur miseriæ illius ; vel nihil ei det, etiam si compatiatur, *quomodo charitas Dei manet in eo?* Id est, si superflua non vis dare fratri, quomodo animam tuam dabis pro fratre? Sequitur : *Filioli mei, non diligamus verbo neque lingua, sed opere et veritate.* Quasi diceret : Quia non est perfecta charitas in illo qui non ponit animam pro fratribus, vel qui saltem non eis dat pecuniam; ergo ut perfectam charitatem habeatis, filioli ejusdem Patris, non diligatis verbo, id est solo verbo, neque lingua, hoc est in sola locutione composita, sed opere et veritate, id est, in operibus misericordiæ sine simulatione. In lingua multiplex oratio intelligitur, sicut quidam sæpe repetitis sermonibus appetitum suum

volunt commendare. Iterum dicit: *In hoc cognosci-* A
mus quoniam ex veritate sumus: et in conspectu
ejus suademus corda nostra: quoniam si reprehendit
nos cor nostrum, major est Deus corde nostro, et no-
vit omnia. Quasi diceret: In hoc quod in veritate
diligimus, scimus *quoniam ex veritate sumus,* id est
scimus ex Deo, qui est veritas, hanc veram dilectionem habere; et ex hac dilectione scimus nos
esse *in conspectu,* id est promereri ejus conspectum: et in hac etiam *suademus corda nostra* ad
meliora opera excogitanda. Ac si apertius diceretur
tur: *In hoc* videlicet ut simplici intentione beneficia fratribus præstemus, non propter jactantiam,
nec propter aliquod temporale commodum: sed
respectu solius Dei *cognoscimus quoniam ex veritate*
sumus, id est cum opera pietatis in veritate faci- B
mus, patet quod *ex Deo,* qui est unitas, sumus, cum
ejus perfectionem pro modulo nostro imitamur. *Et*
in conspectu ejus, id est tales cogitationes corda
nostra habere suademus, quæ dignæ sint divinis
conspectibus. Omnis enim qui aliquid facere disponit, ad idem factum meditandum corda sua se convertere suadet. Sed qui mala cogitat, si posset, ea
Deo occultaret; qui vero bona facillime cordi suadet ut in conspectu Dei patefieri desideret, quod
est initium magnæ perfectionis, cum sua opera
vel cogitatus a Deo gaudet videri: quia, *Qui facit*
veritatem, venit ad lucem ut manifestentur opera
ejus, quia in Deo sunt facta. (Joan III). Etiam et hoc
magnum est, quod per dilectionem ita mundas habemus cogitationes, quod eas Deo volumus ostendere: C
quia etiam si conscientia accusaret nos intus, et
vellet latere Deum quia non bono animo bona
nostra faceremus, tamen Deum latere non possemus, quia major est corde, et novit omnia. Valet
ergo dilectio quæ nos commendat illi, quem latere
non possumus. Ac si aperte dicat: Diligamus
opere, non verbo, quia si etiam fallimur in dilectione ex humana infirmitate, non fallimur in mercede, quia major est corde nostro, et novit quo
zelo fiant omnia. Iterum subjungens ait:

Charissimi, si cor nostrum non reprehenderit nos,
fiduciam habemus ad Deum, et quidquid petierimus,
accipiemus ab eo: quoniam mandata ejus custodi-
mus, et ea quæ sunt placita eorum eo facimus.
Quasi diceret: *Si cor nostrum non reprehenderit*
nos, in dilectione scilicet, certi sumus quod puram
dilectionem habemus, fratrum salutem quærentes sine
alio emolumento. Aliter: *Si cor nostrum non reprehen-*
derit nos, in oratione videlicet, dum dicimus: *Dimitte*
nobis debita nostra, sicut et nos dimittimus debito-
ribus nostris (Matth. VI), etc. Si ergo in dilectione
non reprehenderit nos cor nostrum, fiduciam habe-
mus ad Deum, non in conspectu hominum, sed ubi
Deus videt, scilicet in corde: *et quidquid ex radice*
charitatis *petierimus,* etsi aliquando non ad voluntatem, semper tamen ad salutem *accipiemus ab eo:*
quoniam mandata ejus, id est charitatem *custodi-*

(29) Glossa in interlin. *scilicet.*

mus in animo, et opera charitatis *quæ sunt placita*
coram eo, in abscondito ubi ipse videt, facimus.
Magna promissio est desiderabilis fidelibus, sed si
quis est adeo perversus ut cœlestibus promissis non
delectetur, saltem timeat quod e contrario Sapientia terribiliter intonat dicens: *Qui avertit aurem*
suam, ne audiat legem, oratio ejus erit exsecrabilis
(*Prov.* XXVIII). Sequitur: *Et hoc est mandatum Dei:*
ut credamus in nomine Filii ejus Jesu Christi: et
diligamus alterutrum, sicut dedit mandatum nobis.
Et qui servat mandata ejus in illo, manet, et ipse in
eo. Mandatum singulari numero ponit, et duo subjungit, quia hæc nequeunt separari. Quasi aliquis
quæreret: Quod est illud mandatum? Respondit:
Fides et dilectio: ut credamus scilicet in nomine
Filii ejus Jesu Christi, quia *non est aliud nomen in*
quo oporteat nos salvos fieri (Act. IV): et diligamus
alterutrum ita puro amore non sicut latrones vel
quilibet scelerati se diligunt, sed sicut dedit mandatum nobis. Unde dicitur: Ad hoc amate ad quod
amavi vos (29) et ut ad beatitudinem pertingatis.
Et qui vel qua mercede hæc mandata fidei et dilectionis serventur, exsequitur cum ait: *Et qui*
servat mandata ejus, in illo, hoc est in Deo, ut in
domo, id est in tuto refugio manet, et *ipse,* scilicet
Deus, *manet in eo* in præsenti, et in futuro, ut in
vase mundo. *Et in hoc scimus quoniam manet in*
nobis de Spiritu sancto, quem dedit nobis. Quasi diceret: Si servamus charitatem, manet Deus in nobis; et si dubitamus an in nobis habitet, manifestis
signis hoc possumus ostendere, quia dedit nobis
genera linguarum, gratiam sanitatum, et cætera
charismata. Sequitur:

Charissimi, nolite omni spiritui credere, sed pro-
bate spiritus, si ex Deo sunt. Primis temporibus
crescentis Ecclesiæ cadebat spiritus super credentes, et loquebantur linguis, et faciebant miracula,
sed nunc non eget Ecclesia exterioribus signis, quia
omnis qui habet fidem et charitatem, testatur Spiritum sanctum in se manere. Hic est necessaria illa
gratia, quæ discretio spirituum ad discernendum
dicitur. Ac si apertius diceret: *Nolite omni spiri-*
tui, id est spiritualiter loquenti, *credere* ut eum
eligatis ad imitandum, quia quædam dona sancti
Spiritus sunt communia tam bonis quam malis,
præter charitatem: *sed probate spiritus utrum ex*
Deo sint, id est si secundum Deum sunt spirituales,
si charitate nituntur; et ideo prædico vobis, quoniam *multi pseudoprophetæ exierunt in mundum,* qui
sub obtentu fidei errorem prædicant, et malis
exemplis corrumpunt mores bonorum, charitatem
non habentes. Quia multi non habentes charitatem
et unitatem Ecclesiæ pravo dogmate scindentes,
nihilominus Spiritum sanctum in se esse contendunt, subdit, ut per fructus probentur, si sunt
pseudo vel veri prophetæ, quia non colliguntur de
spinis uvæ, neque de tribulis ficus (*Matth.* VII).
Iterum dicit: *In hoc cognoscitur Spiritus Dei.* Di-

cit aliquis : Quomodo possumus probare Spiritum A suæ extendit. Sed quia diu hæc ejus Iniquitas non
Dei? Hoc videlicet signo cognoscitur : *Quia omnis* simitur extolli, dicatur : *Memoria illius pereat de*
spiritus qui confitetur Jesum Christum in carne ve- *terra, et non celebretur nomen ejus in plateis*, id
nisse ex Deo est : et omnis spiritus qui solvit Jesum, est, citius laudem terrenæ potestatis amittat, et
ex Deo non est, et hic est Antichristus, de quo au- omne gaudium sui nominis perdat, quod longe late-
distis quoniam venit, et nunc jam est in mundo. que in brevi temporis prosperitate diffuderat. Se-
Multi hæretici, et multi schismatici confitentur quitur : *Expellet eum Deus de luce in tenebras.* De
Jesum in carne venisse, sed factis negant, non ha- luce ad tenebras ducetur, cum de honore vitæ
bendo charitatem. præsentis ad supplicia æterna damnabitur. Unde

(30) « *Hæresis* Græce, ut jam dictum est, ab *ele-* et apertius subditur : *Et de orbe transferet eum.* De
ctione vocatur : quod scilicet unusquisque id sibi orbe quippe transfertur, cum superno Judice ap-
eligat, quod melius illi esse videtur. Schismatici ab parente de hoc mundo tolletur, in quo perverse
scissura animorum sunt vocati. Eodem enim cultu, gloriatur. Qui pro eo quod cum omnibus sequacibus,
eodemque ritu credunt ut cæteri ; solo autem con- fine mundi interveniente, damnabitur, recte sub-
gregationis delectantur dissidio. Fit autem schisma, jungitur : *Non erit semen ejus neque progenies in*
cum dicunt homines : *Nos justi sumus, nos sancti-* B *populo suo, nec ullæ reliquiæ in regionibus illius.*
ficamus immundos, et cætera similia. » Necessaria Scriptum quippe de illo est : *Quem Dominus Jesus*
est igitur nobis charitas, fratres charissimi, quia *interficiet spiritu oris sui, et destruet illustratione*
charitate *Verbum caro factum est ;* et qui charita- *adventus sui (II Thess.* II). Dum ergo ejus iniquitas
tem non habet, negat eum venisse in carne, et hic cum mundi statu terminabitur, progenies in populo
convincitur Spiritum Dei non habere : quia Spiritus suo non relinquetur ; quia et ipse, et ejus populus
Dei non sono linguæ, sed amando et faciendo dicit cum eo ad supplicium pariter urgebuntur. Omnes
Jesum in carne venisse. Jesus venit ut colligat, etiam iniqui qui de ejus perversa persuasione in
hæreticus ut spargat ; et ideo non habet Spiritum pravis actionibus nati sunt, illustratione adventus
Dei. *Et omnis spiritus, qui solvit Jesum, ex Deo non* Domini æterno interitu cum eodem suo capite fe-
est, id est, qui divinitatem, vel animam, vel carnem rientur. Nulla ejus progenies in mundo remanebit,
negat, vel præcepta negligit. *Jesus solvit,* qui Deum quia districtus Judex iniquitates illius cum ipso
ab homine disjungit ; qui membra a Deo dividit, mundi fine concludet. Quod vero hæc aperte de
qui verba Dei male interpretatur, quique male vi- Antichristo intelligi debeant, demonstratur cum
vendo a Deo recedit : *et hic est Antichristus, de quo* C subditur : *In diebus ejus stupebunt novissimi et pri-*
audistis quoniam veniet imminente die judicii, *et nunc* *mos invadet horror.* Tanta enim tunc contra justos
jam est in mundo, habitans In mentibus eorum, qui iniquitate effrenabitur, ut etiam electorum corda
Christo verbo vel opere repugnant : nam operatur non parvo pavore feriantur. Unde scriptum est :
jam ministerium iniquitatis. De ipso quippe perdi- *Ita obstupescent, ut in errorem inducantur, si fieri*
tionis filio Baldad Suhites in libro beati Job videtur *potest, etiam electi (Matth.,* XXIV). Quod videlicet
dicere, ubi ait : dicitur, non quia electi casuri sunt, sed magnis

Memoria iniqui pereat de terra, et non celebretur terroribus trepidabunt. Tunc vero contra eum cer-
nomen ejus in plateis civitatis (Job. XVIII). Grego- tamen justitiæ et novissimi electi habere narrantur,
rius (31) : « Intuendum nobis est, quia sic Baldad et primi ; quia scilicet et hi qui in finem mundi
Suhites de unoquoque iniquo loquitur ut latenter electi reperientur, in morte carnis prosternendi
ad caput omnium iniquorum ejus verba vertantur. sunt, et illi etiam qui a prioribus mundi partibus
Caput certe iniquorum diabolus est. Ipse quippe in processerunt, Enoch scilicet et Elias ad medium
ultimis temporibus illud vas perditionis ingressus, revocabuntur, et crudelitatis ejus sævitiam in sua
Antichristus vocabitur, quia nomen suum longe adhuc mortali carne passuri sunt. Hujus vires in
lateque diffundere conabitur ; quod nunc unusquis- D tanta potestate laxatas novissimi obstupescent, et
que imitatur, cum de memoria terreni nominis primi metuent ; quia licet ita [*f.* juxta] hoc quod spi-
gloriam laudis suæ extendere nititur, atque opinione ritu superbiæ sublevatur, omnem temporalem ejus
transitoria lætatur. Sic ergo hæc verba intelligantur potentiam despiciunt, juxta hoc tamen quod ipsi
de unoquoque, ut referri quoque debeant ad ipsum adhuc in carne mortali sunt, in qua cruciari tem-
specialiter caput iniquorum. Dicatur itaque : *Me-* poraliter possunt, ipsa, quæ fortiter tolerant,
moria iniqui pereat de terra, et non celebretur nomen supplicia perhorrescunt, ita ut in eis uno eodem-
ejus in plateis civitatis. Platea quippe appellatione que tempore, et constantia ex virtute sit, et pavor
Græca a latitudine est appellata. Memoriam ergo ex carne, quia etsi electi sunt, tormentis vinci
suam in terra statuere conatur Antichristus, cum nequeunt, per hoc tamen quod homines sunt, et
in terrena gloria, si esset possibile, appetit in per- ipsi metuunt tormenta quæ vincunt. Dicatur ergo :
petuum permanere. Nomen suum in plateis celebrare *In diebus ejus stupebunt novissimi ; et primos inva-*
gaudet, cum longe lateque operationem iniquitatis *det horror :* quia videlicet tanta signa monstratu-

(30) Isidor., lib. VIII *Etym.,* c. 3.   (31) Libr. XIV, *Mor.,* c. 11.

'rus, et crudelia ac dura facturus est, ut ad stupo-rem perducat, quos in fine mundi invenerit, et priores Patres, qui in ejus expugnationem servati sunt, Enoch scilicet et Eliam, carnalis mortis dolore transfigat. Igitur, quia de iniquis omnibus, ac de ipso iniquorum capite multa Baldad narravit, generali mox definitione subjunxit : *Hæc sunt ergo tabernacula iniqui, et iste locus ejus, qui ignorat Deum.* Superius enim dixerat : *Expellet eum de luce ad tenebras, et de orbe transferat eum.* Cujus cùm mala subjungeret, adjunxit : *Hæc sunt tabernacula iniqui, et iste locus ejus qui ignorat Deum :* videlicet indicans quia is, qui nunc Deum ignorando extollitur, tunc ad propria tabernacula perveniet, quando eum sua malitia vel iniquitas in supplicia demerget : et locum suum quandoque invenit, scilicet tenebras, qui dùm hic falsa gauderet luce justitiæ, locum tenebat alienum. Ad locum ergo suum tunc iniquus perveniet, cum iniquitatis suæ merito igne cruciatur. »

Dicat iterum beatus Joannes, cujus sanctitatem Deus ditavit privilegio castitatis. *Omnis*, inquit, *spiritus, qui confitetur Jesum Christum in carne venisse ex Deo est : et omnis spiritus, qui solvit Jesum, ex Deo non est, et hic est Antichristus, de quo audistis quoniam venit.* Multi hæretici, qui unitatem Ecclesiæ separare pravo dogmate volebant, hunc versiculum ex Epistola raserunt, he per cum errores eorum convincerentur. Iterum subjungens ait : *Vos ex Deo estis, filioli, et vicistis eum quoniam major est qui in vobis est, quam qui in mundo.* Quasi diceret : Illi non sunt ex Deo, sed *vos ex Deo estis :* et confitendo Jesum venisse in carne, et habendo charitatem *vicistis eum,* diabolum videlicet, sed non virtute liberi arbitrii : *quoniam major est qui in vobis est,* Deus scilicet ad protegendum, quam diabolus *qui in mundo* est ad impugnandum. Sequitur : *Ipsi de mundo sunt : et ideo de mundo loquuntur, et mundus eos audit.* Quasi diceret : Ili spiritus non sunt diligendi, nec audiendi, quia, etsi Christi nomen invocant, et signo Christi se notant, de illorum tamen sunt numero, qui mundana cupiunt, et cœlestia ignorant. *Ideo* inquit *de mundo loquuntur,* id est ratione mundanæ sapientiæ, probantes non posse Deum hominem fieri, mortuum suscitari, hominem mortalem in cœlis habere mansionem, et alia hujusmodi. *Et mundus eos audit,* id est mundi concupiscentiis dediti : quia spiritualium corda virorum a veritate non possunt avertere. Iterum dicit : *Nos ex Deo sumus, et qui novit Deum, audit nos ; qui non est ex Deo, non nos audit.* Quasi diceret : Quia charitatem habemus, *ex Deo sumus :* et qui per charitatem *novit Deum,* audit nos, nos dico prædicatores veritatis ; et *qui non est ex Deo,* id est qui non habet charitatem, nos non audit : quia carnalis homo non percipit ea, quæ sunt Spiritus Dei *(I Cor. II).* *In hoc,* ait, *cognoscimus spiritum veritatis, et spiritum erroris.* Ac si apertius diceret : Qui audit nos, habet *spiritum veritatis ;* et qui non audit nos, habet *spiritum erroris.*

Charissimi, diligamus invicem : quia charitas ex Deo est. Et omnis, qui diligit Deum, ex Deo natus est, et cognoscit Deum. Non differt in Deo ut justus et justitia dicatur, ut diligens et dilectio dicatur ; quia non transnominative a justitia dicitur justus, vel diligens a dilectione, quod justitiam vel dilectionem habeat ; sed quia est justitia et dilectio. Filius Deus est ex Deo, Spiritus sanctus [supple : Deus], est ex Deo : et non tres dii, sed unus est Deus Pater et Filius et Spiritus sanctus ; et ille diligit in quo habitat Spiritus sanctus. Ergo dilectio est Deus, sed Deus qui ex Deo ; et ita vere dicitur : et dilectio ex Deo est, et Deus dilectio est. Cum dicitur ex Deo, aut Filius intelligitur, aut Spiritus sanctus. Cum Apostolus dicat : *Charitas Dei diffusa est in cordibus nostris per Spiritum sanctum qui datus est nobis (Rom.* v), intelligimus in dilectione Spiritum sanctum esse. Hic est fons de quo non communicat alienus, cum de omnibus aliis Ecclesiæ sacramentis communicet. Ad hunc fontem bibendum nos hortatur evangelista, dicens : *Diligamus invicem qùia charitas ex Deo est :* Quasi diceret : Quia ex Deo sumus et non ex mundo, ergo diligamus verbo et opere invicem. Iterum dicit : *Qui non diligit, non novit Deum ; quoniam Deus charitas est.* Commendavit autem charitatem multis modis, sed jam ad ejus singularem laudem accedit, in quo eum maxime debemus audire, scilicet, qui diligit, ex Deo natus est, et Deum novit, quia Deus charitas est. Superius dixerat : *Charitas ex Deo est,* hic superaddit : *Deus charitas est.* Qui igitur facit contra charitatem, contra Deum facit. Et si facile videatur cuilibet, facere contra hominem, sed contra Deum facere, quis non timeat ? Dicatur iterum apertius : *Qui non diligit non novit Deum : quoniam Deus charitas :* id est ad notitiam charitatis, quæ Deus est, non venitur nisi per charitatem ; quia, *In malevolam animam non introibit sapientia, neque habitabit in corpore subdito peccatis (Sap.* I). Probando quod Deus charitas est, et quod nos diligit ; vult inducere nos suo exemplo, ut invicem diligamus ; et ut ad notitiam ejus veniamus, subjecit, dicens : *In hoc apparuit charitas Dei in nobis, quoniam Filium suum unigenitum misit Deus in mundum, ut vivamus per eum.* Quasi diceret : Filium suum unigenitum invisibilem in se, misit Deus, visibilem ex carne, in mundum, hoc est, mori pro mundo, ut prius mortui, vivamus per eum resuscitatum. Iterum dicit : *In hoc est charitas : non qua i nos dilexerimus Deum, sed quia ipse prior dilexit nos, et misit Filium suum propitiationem pro peccatis nostris.* Dilectio Patris probata est, quia misit Filium ; dilectio Filii, quia pro nobis mortuus est. Quasi diceret : *In hoc est charitas,* id est in hac manifestata missione, qua Deus Pater misit Filium suum pro nostra salute. *Non quasi nos dilexerimus Deum,* id est non prius dileximus, ut quasi merito nostræ dilectionis ipse diligeret nos ; sed quia ipse prior dilexit nos, ut, præeunte gratia ejus, nos eum

dil'gamus; *et misit Filium suum propitiationem pro* A
peccatis nostris in experimento suæ dilectionis.
Amavit iniquos, sed non iniquitatem. Dignum est
ergo, dilectissimi fratres, ut sicut Deus non exspe-
ctavit, ut nos eum diligeremus prius, sic nos non
exspectemus, ut proximi nos diligant, sed priores
diligamus eos. Alia translatio : *Misit Deus Filium*
suum litatorem, id est sacrificatorem, pro peccatis
nostris destruendis.

Iterum subjungens ait : *Charissimi, si Deus di-*
lexit nos, et nos debemus invicem diligere. Dilige,
et fac quod vis. Sive taces, dilectione taces ; sive
clamas, dilectione clamas. Quasi diceret : *Estote*
imitatores Dei, sicut filii charissimi, et ambulate in
dilectione, sicut et Christus dilexit nos (Ephes. v).
Sequitur : *Deum nemo vidit unquam.* Ideo igitur B
diligere debemus ; quia cum Deus invisibilis sit,
quasi contra naturam per charitatem eum videmus,
sicut videntur ista visibilia sensibus corporis nota.
Sed etsi aliquando hoc modo videndi visus est, non
sicut istæ naturæ videntur, sed voluntate visus est
specie qua voluit ; apparens latente natura, et incommutabiliter in se permanente. Eo autem modo
quo videtur sicut est, nunc fortasse videtur ab
angelis ; et a nobis tunc videbitur, cum æquales
angelis fuerimus (*Luc.* xx). Sed etiam nec tunc videbitur, sicut ista visibilia, quæ corporali visione
cernuntur; sed *Unigenitus qui est in sinu Patris, ipse*
narrabit (Joan. i), quod non ad oculos, sed ad mentium visionem pertinet. Sicut ergo, si solem istum C
videre vellemus, oculum corporis purgaremus ; sic
volentes videre Deum, oculum cordis purgemus.
Sed quia hæc visio in futuro speratur, quid agendum
est, quo solatio utendum, dum adhuc peregrinamur
in corpore ? Hoc videlicet ut diligamus invicem et
sic Deus in nobis manet, et charitas ejus in nobis
perfecta est. Quasi diceret : *Si diligamus invicem,*
sincera videlicet et disciplinabili charitate, non remissa et desidiosa mansuetudine, *Deus in nobis*
manet inspirando bona, *et charitas ejus in nobis per-*
fecta est. Ac si dicatur : Incipe diligere, incipit
Deus in te esse : cresce in dilectione, et amplius
habitando in te Deus faciet te perfectum esse ; ut
diligas etiam inimicum, sicut et ipse inimicos dilexit. Iterum subjungens ait : *In hoc cognoscimus*
quoniam in eo manemus, et ipse in nobis : quoniam
de Spiritu sancto dedit nobis. Deus in nobis manet,
et nos in Deo, et de salute nemo desperet; quia etsi
morbi scelerum nos deprimunt, omnipotens est medicus, qui salvet; gaudeamus in spe, ut veniamus
ad rem. Dicatur iterum apertius : *In hoc cognos-*
cimus quoniam in eo manemus, id est, si diligimus,
manet in nobis : quod tali experimento probamus,
quoniam de Spiritu sancto dedit nobis, id est, subtiliter de divinitate sua facit scire, et loqui. *Et nos,*
inquit, *vidimus et testificamur quoniam Pater misit*
Filium suum, Salvatorem mundi. Quasi diceret : Per
hoc probamus quod de Spiritu sancto dedit nobis
quia *vidimus,* id est, per inspirantem Spiritum fide

novimus, et per confortantem Spiritum *testificamur,*
quod non faciunt hi qui Spiritum sanctum non acceperunt, *quoniam Pater misit Filium suum* ad cognitionem hominum, modo *Salvatorem mundi,* in futuro Judicem. Unde scis, si habes in te Spiritum
Dei? Interroga viscera tua, et, si sunt plena charitate, habes Spiritum Dei in te, quia *Charitas Dei*
diffusa est in cordibus nostris (Rom. v). Sequitur :
Quisquis confessus fuerit quoniam Jesus est Filius
Dei, Deus in eo manet, et ipse in Deo. Quasi diceret :
Nos per Spiritum datum credimus, et testificamur ;
et exemplo nostro quisquis per eumdem Spiritum
confessus fuerit vera confessione cordis, ut nec hæreticorum fraudibus, nec persecutorum tormentis,
nec carnalium fratrum exemplo, nec propria fragilitate titubet. *Et nos,* inquit, *cognovimus, et cre-*
dimus charitati, quam habet Deus in nobis. Ac si diceret : Nos vidimus, et testamur quia Deus misit
Filium suum, et cognovimus qua causa hoc fecit;
non videlicet quia indigeret, non quia deberet aliquid, sed sola charitate : cum haberet unicum Filium,
noluit illum esse unum, sed ut fratres haberet,
adoptavit illi qui cum illo possiderent vitam æternam. Supra dixerat : *Si diligimus, Deus in nobis*
manet, hic dicit : *Qui confessus fuerit quoniam Je-*
sus est Filius Dei, in Deo manet, et Deus in eo, insinuans quod quisquis habet dilectionem in fratribus,
ille vere testatur Jesum esse Filium Dei. Quarum
enim causarum effectus conveniunt, et ipse causæ
conveniunt. Dum dilectionem commendat, dilectionem Dei nec penitus tacet, nec frequenter nominat: dilectionem inimici omnino tacet, fraternæ
charitatis frequentissime meminit. Cur hoc, cum
dicat non esse magnum, si diligamus eos qui nos
diligunt, nisi etiam ad inimicos dilectio pertingat?
Sed qui usque ad inimicorum dilectionem pervenit,
non transibit fratres. Oportet ergo ut, more
ignis, prius occupet proxima, et sic in longinquiora
descendat.

Qui optat de inimico ut frater fiat, fratrem diligit, non enim amat in illo quod est, sed quod vult
esse. Sicut faber amat lignum de silva recissum,
de quo aliquid est facturus, non amat quod est,
sed quod facturus est. Non minus ergo monuit de
charitate, quia in mutua dilectione est perfectio
charitatis divinæ. Iterum dicit : *Deus charitas est :*
et qui manet in charitate in Deo manet, et Deus in
eo. Idem superius dixerat, et ecce iterum dicit, ut
amplius commendet, et ut alium charitatis effectum
adjungat. Supra dixit per charitatem factum esse
primum adventum Filii Dei in mundum, ad salutem
mundi ; hic per eamdem charitatem annuntiat salutem fidelium, in secundo adventu in die judicii. *Deus*
charitas est; et qui manet in charitate in Deo manet,
et Deus in eo. Vicissim in se habitant, qui continet,
et qui continetur. Habitas in Deo, sed ut conti-
nearis; habitat in te Deus, sed ut te contineat
ne cadas. Quomodo cadet, quem continet Deus?
Nullatenus. Iterum dicit : *In hoc perfecta est*

charitas Dei nobiscum, ut fiduciam habeamus in die judicii, quia sicut ille est, et nos sumus in hoc mundo. Quasi diceret : In hoc signo potest probari, quisque quantum profecerit in charitate. Interroga cor tuum, et respondebit tibi. Credit aliquis diem judicii, sed quia non est perfectus charitate, incipit timere. Si autem perfectus esset, fiduciam haberet, et sic desideraret diem illum, et non timeret. Quando aliquis convertitur ad pœnitentiam, incipit timere, sed processu bonæ conversationis discit non timere, sed optare, ut dies judicii veniat. Unde dicitur : Cupio dissolvi, et esse cum Christo (Philip. 1). Dicatur iterum apertius : In hoc perfecta est charitas Dei nobiscum, id est per hoc ostendimur perfecte diligere Deum, si non timemus adventum Judicis, quia qui timet, non est perfectus in charitate ; ut fiduciam habeamus in die judicii, non timentes apparere Judici : quia sicut ille est, et nos sumus in hoc mundo, id est per hoc habemus fiduciam, quia imitamur perfectionem dilectionis ejus in mundo, amando etiam inimicos, sicut ille pluit super justos et injustos de cœlo. Iterum subjungit dicens : Timor non est in charitate : sed perfecta charitas foras mittit timorem, quoniam timor pœnam habet (Matth. v). Quasi diceret : Per hoc intelligitur perfecta charitas, quia in tali charitate, quæ ad imitationem divinæ charitatis etiam inimicis bene facit, non est timor. Ut jam expositum est, sicut non semper æ æqualitatem, sed ad quamdam similitudinem dicitur, sicut aures habeo, sic et imago. Si ergo ad imaginem Dei facti sumus, quare non sicut Deus sumus? Timor locum præparat charitati, sed perfecta charitas, quæ pro merito justitiæ fiduciam habet, foras mittit timorem, de quo dicitur : Initium sapientiæ timor Domini (Eccli. 1) ; sed et præsentes tribulationes facit non timeri, quoniam timor pœnam habet, quia torquet conscientiam peccatorum. Initium sapientiæ timor Domini (Psal. cx) : quo timore timet quisque incipiens opera justitiæ, ne veniat districtus Judex, et se minus castigatum damnet. Perfecta charitas perfectam facit justitiam, nec habet unde timeat ; sed judicium suum videre desiderat. Aliud est timere Deum, ne mittat te in gehennam, qui timor nondum castus cessabit ; aliud est timere Deum ne te deserat, qui timor castus permanet in sæculum sæculi, et desiderat adventum Sponsi, id est Christi. Qui autem timet, non est perfectus in charitate. Quare? Quia Deum non diligit, ut filius patrem dulcissimum, sed timet ut servus dominum crudelissimum. Sequitur : Nos ergo diligamus Deum, quoniam ipse prior dilexit nos. Quasi diceret : Quia qui timet non est perfectus, nos ergo diligamus Deum, ut perfecti simus ; quoniam ipse prior dilexit nos nulla necessitate, ut de inimicis

amicos faceret. Sed quia multi verbotenus dicunt : Diligo Deum. Subditur : Si quis dixerit quia diligo Deum, et fratrem suum odit, mendax est. Qui diligit fratrem, necessario diligit Deum, quia diligit ipsam dilectionem, qua diligit fratrem. Et Deus dilectio est, et si diligit dilectionem, id est Deum, non potest odisse fratrem, quem Deus diligit, et diligi præcipit. Dilectio dedit nobis, ut diligeremus eum. Unde dicitur : Non vos me elegistis, sed ego elegi vos, et posui vos ut eatis, et fructum afferatis, et fructus vester maneat (Joan. xv).

Iterum dicit : Qui enim non diligit fratrem suum quem videt, Deum, quem non videt, quomodo potest diligere? Per hoc videlicet probatur mendax : id est non videt Deum, quia non habet dilectionem, ideoque non habet dilectionem, quia non diligit fratrem; quam si haberet, videret procul dubio Deum. Ergo, purgato mentis oculo per dilectionem, tendamus ad contuendam incommutabilem Dei substantiam. Fit diversus et contrarius fructus, ut aliquando blandiatur, et charitas sæviat. Ne quis ergo, Possum, audeat dicere, diligere Deum, etiamsi non diligam fratrem ; addit : Et hoc mandatum habemus a Deo, ut qui diligit Deum, diligat et fratrem suum. Quasi diceret : Quomodo diligitis eum cujus negligitis mandatum? Qui diligit Deum diligat et fratrem suum; quia si fratrem non diligit, nec Deum diligit cujus filios odit. Sequitur :

Omnis qui credit quoniam Jesus est Christus, ex Deo natus est. Et omnis qui diligit eum qui genuit, diligit eum qui natus est ex eo. Omnis qui credit, id est, qui sic vivit, quomodo Christus præcepit, ex Deo natus est. Si vero aliter credit, et dæmones credunt (Jac. 11). Opera ante fidem vel nulla, vel etiam, si bona videantur, sunt inania ; quia præter Christum, qui est via, veritas, et vita efficiuntur (Joan. xiv). Vere qui diligit Deum diligit et fratrem suum ; nam et qui diligit Deum Patrem, diligit Deum Filium a Patre genitum, et qui diligit Deum Filium, diligit etiam Dei filios, qui sunt membra illius capitis. Ergo diligamus filios Dei, ut diligere possumus Filium Dei cujus membra sunt ; et diligendo Filium integrum, id est, cum suis membris, diligamus et Patrem. Dilectio compaginat corpus Christi, ut sit unus Christus ; ita et qui amat fratrem, amat seipsum ; cum illo enim ipse unus (32) est, nec potest non diligere Christum, qui membra Christi diligit. Sicut qui Filium diligit, qui est idem cum (33) Patre, necessario et Patrem diligit. Omnis autem qui credit quoniam Jesus est Christus, ex Deo natus est. Revera qui diligit Deum, diligit et fratrem ; et qui diligit eum qui genuit, diligit eum qui genitus est, secundum quod genitus est ab eo. Et quis natus est ex Deo ? Ille videlicet qui credit, quoniam Jesus est Filius Dei. Et quis est qui genuit? Deus Pater. Qui ergo

(32) Unum hic loci correxit in ms. nimis scrupulosa manus, existimans forte locutam fuisse Glossam quæ unum legit de unitate naturæ in divinis : quoniam vero agat de mutua amicorum necessitudine, idem est quod unus ac unum legamus. Ille enim quem amavero vel alter ego, vel idem quod ego peræque dicitur.

(33) Hoc est, idem quod Pater.

diligit Deum generantem in fide, diligit generatum in fide. Et convenienter loquens de dilectione, meminit fidei, quia si quis adeo est durus, ut negligat amare hominem propter hoc quod est homo, et in eodem exsilio est, monendus est ut saltem ideo eum diligat, quia ex Deo natus est, et quia ejusdem gratiæ particeps est. Sed quia multi diligunt proximos propter consanguinitatem, vel temporale commodum, determinat qui sit verus amator proximi, cum subjungit: *In hoc cognoscimus quoniam diligimus natos Dei, cum Deum diligamus, et mandata ejus faciamus.* Quasi diceret: Ille recte probatur diligere proximum, qui etiam Deum diligit. Et ne quis seipsum de amore Dei falleret, et verbo tenus diceret, se amare Deum; addit: *Et mandata ejus facimus.* Iterum subjungens ait:

Hæc est charitas Dei, ut mandata ejus custodiamus; et mandata ejus gravia non sunt. Quasi diceret: Ideo conjungo, ut Deum diligamus et mandata ejus faciamus, quia aliter non est dilectio. Regem non diligit, qui legem ejus odit; ex amore ergo regis, lex ejus debet impleri. *Hæc est*, inquit, *charitas Dei*, id est, per hoc probatur charitas Dei esse in nobis, si *mandata ejus custodiamus*, quæ libenter sunt custodienda: quia *mandata ejus non sunt gravia* diligendo filios Dei, id est non trahunt deorsum ut talentum plumbi; sed sursum vehit, et excelsos facit custodia mandatorum Dei; et mandata ejus gravia non sunt, quia jugum Dei suave est, et onus leve (*Matth.* xi). Quæ hominibus natura sui dura sunt et aspera, amor Dei et spes præmii facit levia. Si quis gravia esse dicat, infirmitatem suam accusat, quia forti levia sunt. Et vere Dei mandata non sunt gravia, *quia omne quod natum est ex Deo, vincit mundum.* Nascitur ex Deo qui diligit Deum et proximum, qui de mandatis Dei ita se instituit, ut ea ad actionem perducat: et hic vincit mundum, et contemnit blandimenta vel adversitates sæculi, etiam et ipsas passiones corporis. Quærit quæ sursum sunt, non quæ super terram (*Coloss.* iii). Et ne quis sua virtute confidat se posse vincere mundum, subdit: *Et hæc est victoria, quæ vincit mundum, fides nostra.* Illa videlicet fides quæ per dilectionem operatur, quæ et Dei auxilium flagitat. Demonstrative quasi digito ostendit fidem tanquam confitentem ac permanentem. Iterum dicit: *Quis est qui vincit mundum, nisi qui credit quoniam Jesus est Filius Dei?* Determinat quæ fides vincit mundum, scilicet fides Christi. Quasi diceret: Vere per fidem vincitur mundus, quia per aliud non vincitur. Ac si apertius diceretur: *Quis est qui vincit mundum*, id est, quis possit contemptum mundi habere, nisi qui credit Jesum esse Christum, qui prophetatus est, et qui jungit digna opera fidei? Et quia sola fides et confessio divinitatis Christi non sufficit ad salutem, et ad vincendum mundum, addit et de ejus humanitate dicens: *Hic est qui venit per aquam et sanguinem Jesus Christus.* Quasi diceret: Qui erat æternus, venit ad salutem et remissionem peccatorum, per

aquam baptismi et sanguinem passionis; et non solum dignatus est baptizari propter nostram ablutionem, et ut baptismi sacramentum nobis consecraret; sed etiam sanguinem proprium dedit pro nostra redemptione.

Iterum dicit: *Non in aqua solum, sed in aqua et sanguine.* Ecce quæ fides vincit, quæ videlicet credit verum hominem et verum Deum Jesum Christum. *Et spiritus est, qui testificatur quoniam Christus est veritas.* Quasi diceret: Licet Christus secundum hominem sit passus, tamen Spiritus sanctus visus est super eum baptizatum in specie columbæ (*Matth.* iii). Vel spiritus, id est, omnis spiritualis doctor testatur hoc, quod Christus est veritas, id est, verus Dei Filius, non phantasma: verus mediator et reconciliator, immunis a peccato et sufficiens ad tollenda peccata mundi. Iterum subjungit dicens: *Quia tres sunt qui testimonium dant in cœlo: Pater, Verbum, et Spiritus sanctus.* Pater dedit testimonium deitatis, quando dixit: *Hic est Filius meus dilectus, in quo mihi complacui* (ibid.). Idem etiam Dei Filius testimonium dedit, qui in monte transfiguratus, potentiam divinitatis, et speciem æternæ beatitudinis ostendit (*Marc.* ix). Spiritus etiam sanctus testimonium dedit, qui super baptizatum in specie columbæ requievit, vel quando invocationem nominis Christi corda credentium implevit. Per hoc ergo manifestissime apparet quod Jesus est veritas, id est, verus Deus et verus homo; quia de utroque certum habemus testimonium: de deitate videlicet per Patrem, et Filium, et Spiritum sanctum; de humanitate vero per animam, aquam, et sanguinem. *Et hi tres unum sunt.* Quasi diceret: Illi tres eamdem rem testantes, unus Deus sunt. *Et tres sunt qui testimonium dant in terra: Spiritus*, id est, humana anima, quam emisit in passione; *aqua, et sanguis*, quæ fluxerunt de latere illius (*Joan.* xix): quod fieri non posset, si veram carnis naturam non haberet. Sed ante passionem sudor factus sicut guttæ sanguinis (*Luc.* xxii), ostendit veritatem carnis : hoc autem quod de latere jam mortui contra naturam aqua et sanguis vivaciter fluxit, testatur quod corpus Domini post mortem melius esset victurum, et mors ejus vitam nobis daret. Quod vero sudor ejus sicut sanguis in terram fluebat, significabat, quia suo sanguine Ecclesiam toto orbe lavaret. Iterum dicit: *Si testimonium hominum accipimus, testimonium Dei majus est.* Ac si diceret: *Si testimonium hominum accipimus*, id est, quia ita certa testimonia habemus, ergo hæc debemus accipere; quia etiam testimonia hominum, qui mentiri possunt, solemus accipere, *testimonium Dei majus est*, id est, melius ad accipiendum. Magnum testimonium David hominis, quod de Filio Dei perhibet dicens: *Dixit Dominus Domino meo, sede a dextris meis* (*Psal.* cxix), etc. Qui etiam inducit Filium loquentem de Patre cum ait: *Dominus dixit ad me: Filius meus es tu, ego hodie genui te* (*Psal.* ii). Magnum testimonium præcursoris qui ait: *Ego ba-*

ptizo vos in aqua: ille autem baptizabit vos in Spi- *ritu sancto* (*Matth.* iii). Sed majus est testimonium Patris, qui Spiritum, quo semper plenus erat, in eum visibiliter misit. Quasi diceret: Si creditis hominibus prænuntiantibus adventum illius, magis credere debetis Deo Patri Christum advenisse testificanti. *Quoniam hoc est testimonium Dei, quod majus est, quia testificatus est de Filio suo.* Ac si diceret : Per hoc testimonium probo quod Dei testimonium majus sit, id est, melius ad accipiendum quam testimonia hominum; quoniam testificatus est de Filio suo dicens : *Hic est Filius meus dilectus, in quo mihi complacui* (*Matth.* iii). Sequitur: *Qui credit in Filium Dei, habet testimonium Dei in se.* Quia Pater testatur de Filio, credamus in Filium : quia *qui in Filium credit,* et ita bene operando tendit in ipsum Filium, *habet testimonium Dei in se.* Quasi etiam de eo testatur Deus, quod ipse sit credens, eritque in numero filiorum Dei, ipso Filio suis ita pollicente: *Si quis mihi ministraverit, honorificabit eum Pater meus, qui est in cælis* (*Joan.* xii). Si ergo Deum testem tuæ fidei habueris, quid te hominum infamia vel persecutio lædit? Unde dicitur : *Si Deus pro nobis, quis contra nos?* (*Rom.* viii.) Revera qui credit in Filium Dei, habet testimonium Dei in se ; quia intelligit Patrem esse veracem in testimonio Filii. Qui autem non credit, dicit Patrem mentitum.

Unde sequitur : *Qui non credit Filio, mendacem facit eum,* videlicet *quoniam non credit testimonio, quod testificatus est Deus de Filio suo. Et hoc est testimonium, quoniam vitam æternam dedit nobis Deus. Et hæc vita in Filio ejus est.* Ac si aperte diceret : Qui non credit Filio dicenti, *Ego et Pater unum sumus* (*Joan.* x), mendacem facit eum qui dicit, non esse Filium minorem Patre. In quo facit eum mendacem? In hoc videlicet, quoniam non credit testimonio quod testificatus est Deus de Filio suo, dicens : *Tu es Filius meus dilectus in quo mihi bene complacui* (*Matth.* xvii). Et iterum in passione: *Clarificavi,* inquit, *et iterum clarificabo* (*Joan.* xii). Et hoc est testimonium quod de Filio suo testatus est Deus Pater. Nam et de nobis filiis adoptivis testatus est, quod per illum unicum Filium suum etiam nobis jam in specie, in futuro vero in re vitam æternam dedit. *Et hæc,* inquit, *in Filio ejus est,* id est in fide et confessione nominis ejus, et in perceptione sacramentorum illius; quia nemo venit ad Patrem nisi per eum (*Joan.* xiv); nec est aliud nomen in quo oporteat nos salvos fieri (*Act.* iv). Et ne parum videretur dixisse, vitam æternam esse in Filio; addit ipsum Filium esse illam vitam. *Sicut enim Pater habet vitam in semetipso, sic dedit Filio vitam habere in semetipso* (*Joan.* v), qui dat suis vitam æternam sicut ait : *Qui habet Filium Dei in se, habet vitam æternam: qui non habet Filium, non habet vitam:* id est, qui *non habet Filium credendo et imitando, non habet vitam,* id est, salvari non poterit. Sequitur: *Hæc scribo vobis : ut sciatis quo-*

niam *vitam habetis æternam, qui creditis in nomine Filii Dei.* Quasi diceret : *Hæc scribo vobis :* id est his verbis debetis adhibere fidem, *ut sciatis quoniam vitam habetis æternam,* id est, ut certi sitis futuræ vestræ beatitudinis, *qui creditis in nomine Filii Dei,* ne seducamini fraudibus eorum qui negant Christum esse Dei Filium; quia merito fidei vitam habebitis. *Et hæc est,* inquit, *fiducia, quam habemus ad eum : quia quæcunque petierimus secundum voluntatem ejus, audiet nos.* Quasi diceret: Non tantum in futuro bona cœlestia sperare debetis ex fide Christi, sed etiam in hac vita est fiducia; quia impetrabimus quidquid salubriter petierimus. Quasi diceret: Quæcunque petierimus, non secundum nostra carnalia desideria; quia, *quid oremus sicut oportet, nescimus* (*Rom.* viii), nisi ipse suam nobis ostendat voluntatem, qui melius nostram quam nos ipsi intelligit utilitatem. Postulemus ergo juxta voluntatem illius qui dixit: *Quærite primum regnum Dei et justitiam ejus* (*Matth.* vi); et audiet nos dando effectum nostræ petitioni. Aliter : Quod petierimus secundum voluntatem ejus, vel [*fort.* ut quod velit] quod rogaverimus, vel quales nos esse desiderat ad rogandum veniamus. Si volumus salutem nostram, vel proximi, non discordemus a voluntate Dei. Sed si voluntas nostra per ignorantiam a voluntate Dei recedit, bona voluntas Dei nostram stultam corrigat, ut Paulo apostolo contigit. Multipliciter hic beatus Joannes quæ præmiserat, inculcat, ut nos ad orandum vivacius excitet, dicens : *Et scimus quia Deus audit nos : et quidquid petierimus dabit nobis.* Quasi diceret : Non tantum in futuro tempore audiet nos, sed etiam scimus quod quotidie audit; et per hoc quod jam audimur, certi sumus de futuro.

Iterum dicit : *Scimus quoniam habemus petitiones, quas postulamus ab eo.* Ac si apertius diceretur : Quia scimus quoniam habemus ab eo petitiones quas postulamus, nihil petimus quod ei sit adversum ; nihil, nisi quod nos docuit, quod nobis inspiravit, petimus ; et, si in aliquo erramus, statim errata corrigimus. Hic loquitur de quotidianis et levibus peccatis, quæ sicut difficile vitantur, sic facile curantur. Si dicto, vel cogitatu, vel oblivione, vel ignorantia peccasti, confitere fratri, sicut Jacobus docet, et postula ut pro te interveniat ; et si ille iterum tibi confitetur, tu etiam pro illo iterum interveni (*Jac.* v). Hic sufficit Dominica oratio, mutua confessio, levis pœnitentia. Porro si grave peccatum fuerit, induc præsbyteros Ecclesiæ, et ad illorum examen castigare. Unde sequitur : *Qui scit fratrem suum peccare peccatum non ad mortem, petat, et dabitur ei vita peccanti non ad mortem.* Quasi diceret: *Qui scit* per confessionem, sive etiam alio modo *fratrem suum peccare peccatum non ad mortem,* id est, non criminaliter vel usque ad finem vitæ; *petat* pro eo, et oratione sua *dabitur ei a Deo vita : ei dico peccanti non ad mortem,* id est, vel usque ad finem vitæ. Si petimus secundum voluntatem Dei, impetramus ; sicut quando petimus pro fratre, pro quo est petendum. David graviter peccavit ; sed quia ex Deo natus ad societatem electorum Dei pertinebat, non peccavit ad mortem, sed veniam pœnitendo meruit. Sicut peccatum ad mortem separat hominem a Deo, sic mors animam a corpore ; de quo aperte subjungit dicens : *Est peccatum ad mortem, non pro illo dico ut roget quis.* Quare ? quia quod in hac vita non corrigitur, ejus venia frustra post mortem postulatur. Potest hoc et de omni criminali accipi. Dominus pro persecutoribus orare jubet (*Matth.* v). Joannes dicit non orandum pro quibusdam ; quia sunt in fratribus peccata, quæ inimicorum persecutione sunt graviora. Peccatum (54) fratris est ad mortem, cum post agnitionem Dei, quæ per gratiam Christi data est, aliquis oppugnat fraternitatem, et adversus gratiam, qua reconciliatus est, invidentiæ facibus agitator. Est peccatum non ad mortem, si quis non amore a fratre se alienaverit, sed per aliquam infirmitatem animi officia fraternitatis non exhibuerit. Unde Christus de cruce sic misericorditer clamasse legitur : *Pater ignosce eis, non enim sciunt quid faciunt* (*Luc.* xxiii). Nondum enim per gratiam sancti Spiritus participes facti, societatem sanctæ fraternitatis inierant. Sic et Stephanus orat pro illis qui gratiam non acceceperant (*Act.* vii) ; Paulus pro Alexandro non orat, quia jam frater (55) erat et fraternitatem impugnabat. Pro his qui timore succubuerant, orat dicens : *Omnes me dereliquerunt : non illis imputetur* (*II Tim.* iv). Iterum subjungens, ait : *Omnis iniquitas peccatum est : et est peccatum ad mortem.* Quasi diceret : Vere est orandum pro peccantibus non ad mortem ; quia multis peccatis occupantur omnes, et nemo potest sine peccato esse (*Job.* xiv) quia *omnis iniquitas est peccatum :* sed supra alia peccata *est peccatum ad mortem,* quod non humana fragilitate, sed invidia et odio committitur, et ideo oratione justorum non purgatur, *quoniam talia qui agunt regnum Dei non consequentur.* (*Gal.* v). Ac si aperte dicatur : *Omnis iniquitas peccatum est,* id est, quidquid ab æquitatis ratione discrepat, inter peccata numeratur ; sed minima justis non obsunt. Quædam vero ab omni justitia ita discordant, ut, nisi corrigantur, in pœnam mergant.

Sequitur : *Scimus quia qui natus est ex Deo, non peccat : sed generatio Dei conservat eum, et malignus non tangit eum.* Quasi diceret : Qui semen Dei in se habet, non potest peccare ad mortem, id est, non potest simul operare justitiam et peccatum, *sed generatio Dei conservat eum;* id est, gratia qua regenerati sunt, qui secundum propositum vocati sunt sancti, *servat eum,* ne committat peccatum ad

mortem ; et si in quibuslibet humana fragilitate deliquerit, ne a maligno hoste possit tangi, defendit. Qui in generatione Dei perseverant, peccare non possunt ; neque a maligno hoste contingi. Quomodo dies et nox misceri nequeunt, sic justitia et iniquitas, malignus et generatio Dei non commiscentur. Tangit vero aliquos malignus lædens et affligens, sed non ad malum eorum. Qui natus est ex Deo, non peccat ad mortem ; qui non est natus, peccat. Iterum dicit : *Scimus quoniam ex Deo nati sumus : et mundus totus in maligno positus est.* Quasi diceret : *Ex Deo nati sumus,* id est, renati in baptismo ; *et mundus totus in maligno positus est,* id est, non solum mundi amatores, sed etiam nuper nati, qui non habent discretionem boni vel mali, propter primam prævaricationem pertinent ad regnum diaboli, nisi gratia Dei eruantur a tenebris. Iterum subjungens ait : *Et scimus quoniam Filius Dei venit, et dedit nobis sensum ut cognoscamus verum Deum, et simus in Filio ejus vero.* Quasi diceret : Filius Dei venit per carnem, non nisi propter nostram salutem, et dedit nobis credentibus sensum, ut credendo verum Dei Filium, cognoscamus verum Deum, et simus amando in Filio ejus vero, ut membra. Per hunc erimus dii in Deo, et viventes sine fine in vivente, sine initio vel termino. *Hic est verus Deus et vita æterna.* Nemo sine divinæ gratiæ cognitione ad vitam æternam pervenire, nemo cognoscere Deum sine gratia Dei potest ; quia *nemo novit Filium, nisi Pater; neque Patrem quis novit nisi Filius, et cui voluerit Filius revelare* (*Matth.* xi). Et Patrem et seipsum idem Filius revelat, qui carnaliter visibilis apparens, divinitatis arcana per evangelium mundo patefecit. Sequitur : *Filioli, custodite vos a simulacris.* Quasi diceret : Qui verum Deum cognoscitis, et vitam æternam exspectatis, custodite vos a doctrinis hæreticorum, qui speciem sanctitatis sibi assumunt ; qui pravis dogmatibus gloriam incorruptibilis Dei in similitudinem corruptibilium rerum commutant. Simulacrorum etiam servitus avaritia est. Nam et qui mundum Deo præponunt, idololatræ sunt (*Ephes.* v).

(56) « Fuerunt, ut ait beatus Isidorus , quidam viri fortes vel urbium ædificatores, quibus mortuis, homines qui eos dilexerunt simulacra finxerunt, ut haberent aliquod ex eorum imaginum contemplatione solatium. Sed paulatim hunc errorem persuadentibus dæmonibus , ita in posteris irrepsisse dicitur et crevisse, ut quos illi pro sola nominis memoria honoraverunt, successores illorum deos sibi constituerent, atque colerent. Simulacrorum itaque usus exortus est cum ex desiderio mortuorum constituerentur imagines, vel effigies, tanquam in cœlum receptis, pro quibus se in terris dæmones

---

(54) Ex Glossa ordinaria, ut cætera omnia , desumpta est hæc expositio ; sed plenius explicat Augustinus hunc locum in lib. i, *De serm. Dom. in monte,* cap. 22.

(55) Frater erat Alexander , si idem est, ut cre-

ditur, quem Apostolus tradidit Satanæ, cum Hymenæo (*I Tim.* i), et si ex numero erat eorum, qui circa fidem naufragaverunt.

(36) Lib. viii *Etymolog.,* cap. 11.

colendi supposuerunt, et sibi sacrificari a deceptis, et perditis, persuaserunt. Simulacra ad similitudinem nuncupata, eo quod manu artificis ex lapide aliave materia eorum vultus imitantur in quorum honore finguntur. Ergo simulacra, vel pro eo quod sunt similia, vel simulata atque conficta dicuntur, unde et falsa sunt. Et notandum quod Latinus sermo sit in Hebraeis. Apud eos enim *idolum* sive simulacrum *Semel* [f. Selum] dicitur. Judaei dicunt quod Ismael primus simulacrum luto fecerit. Gentiles autem primum Prometheum simulacra hominum de luto finxisse perhibent, ab eoque natam esse artem simulacra et statuas fingendi. Unde, et poetae ab eo homines primum factos esse confingunt, figurate propter effigies. Apud Graecos autem Cecrops, sub quo primum in arce oliva orta est, et Atheniensium urbs ex Minervae appellatione nomen sortita est; hic primus omnium Jovem appellavit, et simulacra reperit, aras instituit, victimas immolavit; quae nequaquam istiusmodi res in Graecia unquam visa fuerant. »

Admoneat iterum beatus Joannes discipulos suos, dicens : *Filioli, custodite vos a simulacris.* Cum testimonium perfectionis in multis perhibuerit illis, tamen potest timeri ne aliquis nuper conversus reliquias superstitionis idolorum mente retinuerit. Ut ergo superius dictum est, qui mundum Deo praeponunt, idololatrae sunt. (57) « Idololatria idolorum servitus sive cultura interpretatur. Nam λατρία Graece, Latine *servitus* dicitur. Quae quantum ad veram religionem attinet, non nisi uni et soli Deo debetur. Hanc sicut impia superbia, sive hominum sive daemonum sibi exhiberi jubet, vel cupit; ita pia humilitas angelorum, sanctorum, vel hominum, sibi oblatam recusat; et cui debetur insinuant. Idolum autem est simulacrum quod humana effigie factum et consecratum est, juxta vocabuli interpretationem; εἶδος enim Graece *formam* sonat; et ab eo per diminutionem *idolum* dictum est. »

Si ergo, fratres charissimi, qui mundum Deo praeponunt idololatrae existunt, necesse est ut secundum beatissimi Joannis consilium, mundum, id est, concupiscentiam mundi per Dei charitatem despiciamus; et Deum omnibus, quae in coelis et in terris sunt creaturis cunctisque carnalibus desideriis praeponamus, ut non idololatrae efficiamur, sed digni servi Dei esse mereamur. Ad hoc enim nos verbo suae praedicationis genuit, ut illum in omnibus et super omnia, quasi dulcissimum Patrem diligamus, eique tota mente, veluti summo bono adhaereamus, ac pro viribus, sicut provisori et gubernatori Domino, serviamus, quia *in ipso vivimus, movemur, et sumus* (Act. xvii).

Dignum quippe est, ut eum super omnia diligamus, quia ipse prior per charitatem suam nos diligere est dignatus. In tantum nos dilexit, ut ad nos Filium suae charitatis misericorditer mitteret, et coelestibus nos per eum disciplinis instrueret, a peccati unda baptismatis ablueret, de antiqui hostis manu redimeret, in filios adoptaret, coelum nobis aperiret, angelorum societatem concederet, et, quod est multo beatius multoque felicius, se ipsum nobis in gloria sua videndum promitteret. Quia igitur *ex eo sumus nati,* id est verbo ipsius generati, dignum est ut eum super omnia diligamus, et proximos nostros sicut nos ipsos amemus, quia veraciter Deum Patrem non diligimus, si proximum, qui eumdem nobiscum habet Patrem, odio habemus.

Deum ergo diligamus mente integra, et filiis ejus, id est proximis nostris pro posse provideamus bona. Cum metu et reverentia serviamus omnipotenti Deo, et proximis nostris, si necesse fuerit, subveniamus corde pleno. Offeramus Deo affectum purae devotionis, et impendamus proximis affectum piae compassionis. Mens nostra erga Deum sit humilis et devota, et erga proximos utilis et benigna, pura sit semper in conspectu Dei conscientia, et manus erga proximos larga. Mens in oratione contempletur Deum interioribus oculis, et per charitatem misereatur proximi in necessitatibus suis, tempore orationis elevetur devote in contemplatione Creatoris, tempore necessitatis compatiatur sollicite proximorum miseriis. Sed si mens exterius libenter terrena concupiscit, concupita inhianter acquirit, acquisita avare possidet, nec Deum perfecte interioribus oculis contemplari poterit, nec in necessitatibus proximorum utilis erit, quia dum transeuntium rerum desideriis involvitur, ad omne opus perfectionis impeditur. Unde beatum Job dixisse legitur :

Involutae sunt semitae gressuum eorum (Job. vi). Gregorius (38) : « Omne quod involvitur in se ipsum replicatur. Et sunt nonnulli qui seducentibus vitiis obviare quasi tota intentione deliberant, sed irruente tentationis articulo, in deliberationis proposito non perdurant. Alius namque pravo usu superbiae inflatus, cum magna esse praemia humilitatis considerat, adversum semetipsum se erigit, et quasi tumorem turgidi fastus deponit, exhibere se quibuslibet contumeliis humilem promittit; sed cum repente, hunc unius verbi injuria pulsaverit, ad consuetam protinus elationem redit, sicque ad tumorem ducitur, ut nequaquam quod humilitatis bonum concupierat, recordetur. Alius avaritia aestuans, augendis facultatibus anhelans, cum praeterire omnia velociter conspicit, vagantem per concupiscentias mentem figit. Decernit jam nihil appetere, adepta tantummodo sub magni moderaminis freno possidere; sed cum repente fuerint oculis oblata quae placent, in ambitione protinus mens anhelat, semetipsam non capit, adipiscendi haec occasionem quaerit, et oblita continentiae quam secum pepigerat, cogitationum stimulis sese per desideria acquisitionis inquietat. Alius luxuriae tabe polluitur, et longa jam consuetudine captus tenetur, quanta autem castitatis sit munditia, conspicit, et a carne vinci turpe depre-hendit. Restringere ergo voluptatum fluxa deliberat, et resultare consuetudini quasi totis se viribus parat ; sed objecta oculis specie, vel ad memoriam reducta, cum subita tentatione concutitur, protinus a pristina præparatione dissipatur, et qui contra hanc clypeum deliberationis erexerat, delectationis jaculo confossus jacet, sicque eum luxuria inermem superat, ac si nulla contra eum intentionis arma præparasset. Alius iræ flammis accenditur, et usque ad inferendas proximis contumelias effrenatur. Cum vero nulla furoris occasio animum pulsat, quanta sit mansuetudinis virtus, quanta patientiæ altitudo considerat, seque etiam contra contumelias patienter temperat ; sed cum parva quælibet commotionis occasio nascitur, repente ad voces contumeliosas medullitus inflammatur, ita ut non solum ad memoriam patientia promissa non redeat, sed semetipsam mens, et ea quæ loquitur convicia non agnoscat. Cumque furori plene satisfecerit, quasi post exercitium in tranquillitatem redit, et tunc se ad silentii claustra recolligit, cum linguæ non patientia, sed procacitatis suæ satisfactio frenum ponit. Vix igitur sero post convicia illata se cohibet, quia ex cursu sæpe spumantes equos non præsidentis dextera, sed campi terminus coercet. Bene ergo de reprobis dicitur : *Involutæ sunt semitæ gressuum eorum*, quia recta quippe deliberando appetunt, sed ad consueta semper mala replicantur, et quasi extra se tensi, ad semetipsos per circuitum redeunt. Qui bona quidem cupiunt, sed a malis nunquam recedunt. Esse quippe humiles, sed tamen sine despectu; esse contenti propriis, sed sine necessitate; esse casti, sed sine maceratione corporis; esse patientes, sed sine contumeliis volunt. Cumque adipisci virtutes quærunt, sed labores virtutum fugiunt, quid aliud quam ei belli certamina in campo nesciunt, et triumphare in urbibus de bello concupiscunt ? Quamvis hoc, quod eorum semitæ involutæ memorantur, adhuc intelligi et aliter possit.

« Sæpe namque nonnulli quædam vitia subigere sibi negligunt. Cumque se contra ista non erigunt, etiam et illa contra se reparant, quæ jam subegerunt. Alius namque jam carnem a luxuria edomuit, sed tamen adhuc mentem ab avaritia non refrenavit; cumque se in mundo pro exercenda avaritia retinet et a terrenis actibus non recedit, erumpente occasionis articulo, etiam in luxuriam labitur, quam jam subegisse videbatur. Alius avaritiæ æstum vicit, sed nequaquam vim luxuriæ subdidit; cumque explendæ luxuriæ pretium præparat, jugo quoque avaritiæ quam dudum domuit, cordis cervicem subdit. Alius rebellantem jam impatientiam stravit, sed inanem gloriam necdum vicit, et cum se per hanc honoribus mundi inserit, confixus causarum stimulis, et impatientia captus redit, cumque inanis

gloria ad defensionem sui animum erigit, et illam victus tolerat, quam superavit. Alius inanem jam gloriam subdidit, et tamen impatientiam necdum stravit, et cum multa resistentibus per impatientiam minatur, erubescens non implere quod loquitur, sub inanis gloriæ jugum revocatur; et hoc victus per aliud tolerat, quod plene se vicisse gaudebat. Sic ergo ope vicaria fugitivum suum vitia retinent, et quasi jam amissum sub dominii jure recipiunt, atque ut vinctum sibi vicissim tradunt. Perversis itaque involutæ sunt gressuum semitæ; quia etsi devicta una nequitia pedem levant, remanente tamen altera, hunc in ea etiam quam devicerant, implicant. Aliquando vero involutis gressuum semitis, et una culpa non devincitur; et alia perpetratur. Nam sæpe furto negationis fallacia jungitur, et sæpe culpa fallaciæ perjurii reatu cumulatur. Sæpe quodlibet vitium impudenti præsumptione committitur; et sæpe (quod omni culpa fit gravius) etiam de commisso vitio superbitur. Nam quamvis de virtute nasci elatio soleat, nonnunquam tamen stulta mens de perpetrata a se nequitia exaltat. Sed cum culpa adjungitur, quid aliud quam involut s semitis atque innodatis vinculis pravorum gressus ligantur ? Unde bene de perversa mente sub Judææ specie per Isaiam dicitur : *Erit cubile draconum, et pascua st. uthionum: et occurrent dæmonia onocentauris, et pilosus clamabit alter ad alterum* (*Isa.* XXXIV). »

Hispaniarum doctorem Isidorum interrogemus, et quæ nobis de istorum naturis animalium dixerit, in communi audiamus : « (39) Draco, inquit, major est cunctis serpentibus, sive omnibus animantibus super terram. Est autem cristatus, ore parvo, et arctis fistulis per quas trahit spiritum, et linguam exerit. Vim autem non in dentibus, sed in cauda habet, et verbere potius quam dentibus nocet. Struthio Græco nomine dicitur, quod animal in similitudine avis pennas habere videtur, tamen de terra altius non elevatur. Ova sua fovere negligit, sed projecta tantummodo, fotu pulveris animantur (40). Dæmones a Græcis dictos aiunt, quasi δαίμονας, id est peritos ac rerum scios. Præsciunt enim futura multa, unde et solent responsa aliqua dare, quamvis fallacia. Inest eis cognitio rerum plusquam infirmitati humanæ; partim subtiliori acumine, partim experientia longissimæ vitæ, partim per Dei jussum angelica revelatione. Illi corporum aereorum natura vigent. Ante transgressionem quidem cœlestia corpora gerebant; lapsi vero in aeriam qualitatem conversi sunt, nec aeris illius puriora spatia, sed justa [*f.* ista] caliginosa tenere permissi sunt, qui eis quasi carcer est, usque ad tempus judicii. Illi sunt prævaricatores angeli, quorum diabolus princeps est (41). Onocentaurum autem vocari aiunt, eo quod media pars hominis species, media asini esse dicatur, sicut et hippocentauri; quod equorum homi-

(39) Lib. XII *Etymolog.*, c. 4.
(40) Lib. VIII, c. 11.

(41) Lib. XI, c. 3.

numque in eis natura conjuncta fuisse putatur,
Centauris autem species vocabulum indidit, id est
hominem equo mistum, quos quidam fuisse equites
Thessalorum dicunt, sed pro eo quod discurrentes
in bello velut unum corpus equorum scilicet et hominum viderentur, inde centauros fictos asseverant.
Porro Monocentaurum nomen sumpsisse ex tauro
et homine, qualem bestiam inclusam dicunt fabu-
lose in Labyrintho fuisse. De qua Ovidius :

    Semibovemque virum, semivirumque bovem.

            (Ovid.; A. Am. ii, 23.)

(42) « Pilosi, Græce *Panitæ,* Latine *Incubi* appellantur, sive *Invi* ab ineundo passim cum animalibus:
unde et *Incubi* dicuntur ab incumbendo, hoc est stu-
prando. Sæpe enim improbi existunt mulieribus, et
earum peragunt concubitum, quos dæmones Galli
Dusios nuncupant, qui assidue hanc peragunt immunditiam. Quem autem vulgo incubonem vocant, hunc
Romani Faunum Timerium [f. Ficarium] dicunt, ad
quem Horatius dicit :

    Faune, Nympharum fugientum amator,
    Per meos fines, et aprica rura
    Lenis incedas.

            (Hor. Od., III, xviii, 1.,

Dicat itaque Isaias propheta de perversa mente
sub Judææ specie : *Erit cubile draconum, et pascua
struthionum ; et occurrent dæmonia onocentauris : et
pilosus clamabit alter ad alterum* (Isa. xxxiv).
« (43) Quid namque per dracones nisi malitia ?
quid vero struthionum nomine nisi hypocrisis designatur? Struthio quippe , speciem volandi habet, sed usum volandi non habet, quia et hypocrisis
cunctis intuentibus imaginem sanctitatis de se insinuat, sed tenere vitam sanctitatis ignorat. In
perversa igitur mente draco cubat, et struthio pascitur : quia et latens malitia callide tegitur, et
intuentium oculis simulatio bonitatis antefertur.
Quid vero onocentaurorum nomine nisi lubrici figurantur et elati ? Græco quippe eloquio ὄνος *asinus*
dicitur, et appellatione asini luxuria designatur,
propheta attestante qui ait : *Ut carnes asinorum
carnes eorum* (Ezech. xxiii). Tauri autem vocabulo
cervix superbiæ demonstratur, sicut voce Dominica
de Judæis superbientibus per Psalmistam dicitur :
Tauri pingues obsederunt me (Psal. xxi). Onocentauri ergo sunt qui, subjecti luxuriæ vitiis, inde
cervicem erigunt, unde humiliare debuerunt ; quia
carnis suæ voluptatibus servientes, expulsa longe
verecundia, non solum se amittere rectitudinem
non dolent, sed adhuc etiam de opere confusionis
gaudent. Onocentauris autem dæmonia occurrunt,
quia maligni spiritus valde eis ad votum deserviunt, quos de his gaudere conspiciunt, quæ flere
debuerunt. Ubi aperte subjungitur : *Et pilosus clamabit alter ad alterum.* Qui namque alii pilosi appellatione figurantur, nisi hi quos Græci Panes
[f. Panas] Latini vero incubos vocant? quorum nimi-

rum forma ab humana effigie incipitur, sed bestiali
extremitate terminatur. Pilosi ergo nomine cujuslibet peccati asperitas designatur; quod si quando
quasi obtentu rationis incipit, semper tamen ad
irrationales motus tendit. Et quasi homo in bestiam
desinit, dum culpam per rationis imaginem in-
choans, usque ad irrationalem effectum trahit. Nam
sæpe edendi delectatio servit gulæ, et servire se
simulat necessitati naturæ, cumque ventrem in in-
gluviem extendit, membra in luxuriam mergit.
Pilosus autem alter ad alterum clamat, cum perpetrata nequitia perpetrandam malitiam provocat ;
et quasi quadam cognationis voce, commissa jam
culpa, culpam quæ adhuc committatur, invitat.
Sæpe namque, ut diximus, gula dicit : Si abundanti
cibo vel alimento corpus non reficis, in nullo utili
labore subsistis. Cumque mentem per desideria
carnis accenderit, mox quoque luxuria verba propria suggestionis facit, dicens : Si misceri Deus
homines corporaliter nollet, membra ipsa coeundi
apta usibus non fecisset. Cumque hæc quasi ex
ratione suggerit, mentem ad libidinum effrenatio-
nem trahit; quæ sæpe deprehensa patrocinium mox
fallaciæ, et negationis inquirit; reamque se esse
non æstimat, si mentiendo vitam defendat. Pilosus
ergo alter ad alterum clamat, quando sub aliqua
ratiocinandi specie perversam mentem culpa subsequens ex occasione culpæ præcedentis illaqueat.
Cumque hanc peccatorum [f. peccata] dura atque
aspera deprimunt, quasi convocati in ea concorditer pilosi dominantur. Sicque fit ut semper se
gressuum semitæ deterius involvant, dum mentem
reprobam culpa per culpam ligat.

« Sed inter hæc sciendum est quod aliquando
prius oculi [f. oculus] intellectus obtunditur, et
postmodum captus animus per vana desideria vagatur : ut cæca mens quo ducitur nesciat, et carnis
suæ illecebris sese libenter subdat. Aliquando vero
prius desideria carnis ebulliunt, et post longum
usum illiciti operis oculum cordis claudunt. Nam
sæpe mens recta cernit, nec tamen audacter contra
perversa se erigit ; et renitens vincitur, dum hoc
ipsum quod agit dijudicans, carnis suæ delectatione
superatur. Quia enim plerumque prius oculus contemplationis amittitur, et post desideria hujus
mundi animus laboribus fatigatur, testatur Samson
ab Allophylis captus, qui postquam oculos perdidit,
ad molam deputatus est (Judic. xvi): quia nimirum
maligni spiritus, postquam tentationum stimulis
intus aciem contemplationis effodiunt, foris in circuitum laborum mittunt. Quomodo ergo culpa prodeat, vel quibuslibet ex occasionibus erumpat,
reproborum tamen semitæ semper involutæ sunt,
ut pravis concupiscentiis dediti, aut bona nulla
appetant, aut appetentes infirmo desiderio ad hæc
nequaquam mentis liberos gressus tendant. Recta
enim aut non incipiunt, aut in ipso fracti itinere,

---

(42) Lib. viii *Etymolog.*, cap. 11.

(43) Greg., *ubi supra.*

ad hæc minime pertingunt. Unde fit plerumque ut cœlestem amorem lassati deserant, seseque ab intentione animi in carnis voluptatibus sternant, sola quæ transeunt cogitent, nulla quæ secum permaneant, curent. Unde et aperte subditur : *Ambulabunt in vacuum, et peribunt.* In vacuum quippe ambulant, qui nihil secum de fructu laboris portant. Alius namque pro adipiscendis honoribus desudat, alius multiplicandis facultatibus æstuat, alius promerendis laudibus anhelat. Sed quia cuncta hæc, hic quisque moriens deserit, labores in vacuum perdit, quia secum ante judicem nihil defert. Quo contra bene per legem dicitur : *Non apparebis in conspectu Domini vacuus (Exod.* xxiii). Qui enim promerendæ vitæ mercedem bene agendo non providet, in conspectu Dei vacuus apparet. Hinc de justis per Psalmistam dicitur : *Venientes autem venient cum exsultatione portantes manipulos suos (Psal.* cxxv). Ad examen quippe judicii portantes manipulos veniunt qui ex semetipsis recta opera, quibus vitam mereantur æternam ostendunt. »

Cassiodorus : « *Venientes* ad judicium quod erit commune omnium, *venient cum exsultatione;* et est hoc tantum bonorum, quia ad gaudium non nisi boni veniunt. » Augustinus : Venient portantes manipulos suos, id est, fructum seminis, coronas scilicet gaudiorum et exsultationis. Tunc erit triumphus lætantium, et morti insultantium, in qua hi gemebant. Qui ergo, ut dictum est, dum in hoc sæculo vivit, bonis operibus non insistit, labores suos in vacuum perdit ; quia ante oculos Dei nihil de bono opere secum ducit.

(44) « Hinc de unoquoque electorum per Psalmistam iterum dicitur : *Qui non accepit in vano animam suam (Psal.* xxiii). In vanum namque animam suam accipit, qui, sola præsentia cogitans, quæ sequuntur in perpetuum non attendit. In vanum animam suam accipit qui, ejus vitam negligens, ei curam carnis anteponit. Sed animam suam in vanum justi non accipiunt, quia intentione continua ad ejus utilitatem referunt quidquid corporaliter operantur, quatenus et transeunte opere, operis causa non transeat quæ vitæ præmia post vitam parat. Sed hæc curare reprobi negligunt, quia profecto ambulantes in vacuum, vitam sequentes fugiunt, invenientes perdunt. *Qui non accepit,* inquit, *in vano animam suam,* id est, qui non deputavit animam suam rebus non permanentibus et caducis, sed, eam sentiens immortalem, æterna desideravit. »

Vos iterum, fratres charissimi, post supradicta iterum attentius moneo, ut sanctorum Patrum verba quæ aure corporis percipitis, armario pectoris summa cum diligentia recondatis, eaque bonis operibus implere studeatis, ut velut bona terra centuplicatum Creatori fructum reddere valeatis.

(44) Rursum Gregor.

Summopere ergo curate, ut animas vestras accipiatis, id est, ne terrena immoderate diligendo, eas in hoc mundo perdatis, sed ut, studiis spiritualibus devote inhærendo, in vitam æternam eam invenire possitis. Præsentia igitur bona tota mentis intentione despicite, æterna vero integra devotione desiderate, et ad hoc potius studete, ut ante conspectum æterni judicis, non vacui, nec nudi, sed bonorum operum fructibus referti, et incorruptibilibus innocentiæ cæterarumque virtutum stolis, quas videlicet in primi parentis prævaricatione amisistis, induti, præsentari feliciter mereamini. Sit igitur mens plena dilectione Dei et proximi, manus vero religioso insistat operi. Appareat mens in novissimo examine repleta fructibus devotionis, et manus offerat manipulos justitiæ in operibus bonis. Præterea diligenter attendite, ne hujus mundi oblectamenta gressuum vestrorum semitas involvant, et vos ad æternam patriam tendentes impediant, atque ab electorum Dei societate, quod absit ! extraneos faciant. Cavete etiam ne draco in domicilio mentis vestræ cubet, hoc est, ne malitia ibi regnet, et, desinens esse habitatio Dei, fiat cubiculum diaboli ; quia ab illa se procul dubio mente Spiritus sanctus elongat, in qua malitia regnat. Unde Paulus ait : *Non regnet peccatum in vestro mortali corpore (Rom.* vi).

Iterum vos, dilectissimi fratres, moneo ut struthionem, immundam scilicet avem, in vestra mente pascere non permittatis, id est hypocrisim a vobis procul removeatis, ut non aliud interius et aliud exterius ante oculos hominum ostendatis, sed habitum quem foris specie prætenditis, bonis moribus ornetis. Revera struthio, id est, hypocrisis mentem quam possidet quasi quædam pestis depascit, quia eam virtutibus sub specie sanctitatis inanem facit. Onocentauri etiam longe sint a mente sanctitatis vestræ, id est, superbia et luxuria, quia nimirum ubi hæc duo capitalia vitia simul convenerint, perfectio boni operis nulla ibi esse poterit. Attendite iterum ne dæmonia ibi centauris occurrant, hoc est, ne de sanctitatis vestræ detrimento gaudeant, ne vobis ad illicitum opus faveant, ne, illicita suadendo, vos ad perpetranda vitia permoveant. Curate etiam ne in mente vestra, quæ Spiritus sancti debet esse habitaculum, pilosi habitent, et alter ad alterum clamet, hoc est, ne peccata multiplicentur, et ex peccato peccata oriantur, et jam commissa adhuc committenda invitent, sed expulsis vitiorum sordibus, sit in ea compunctio lacrymarum, sedulitas orationum, æmulatio virtutum, compassio proximorum, odium vitiorum, Dei templum, bonorum exemplar operum, contemplatio creatoris, atque omnium cœlestium virtutum. Ipso præstante qui in Trinitate perfecta vivit et regnat Deus, per omnia sæcula sæculorum. Amen.

SANCTI MARTINI

LEGIONENSIS PRESBYTERI

EXPOSITIO LIBRI APOCALYPSIS.

Jeremias propheta, fratres charissimi, inter cæteras humani generis miserias, quas pia compassione deplorat, famem quoque spiritualis panis commemorat dicens : *Parvuli petierunt panem, et non erat qui frangeret eis (Thren.* iv). Judæi quippe et gentiles ante adventum Christi cognitione divinæ dispensationis parvuli, et rudes erant, quia Christi et Ecclesiæ sacramenta non intelligebant. Panem petebant, qui divinæ voluntatis notitiam habere cupiebant; sed non erat qui frangeret, quia mystica et arcana nuptiarum Christi et Ecclesiæ non erat qui exponeret. At, postquam Dei Filius per intemeratæ Virginis uterum natus, passus, mortuus est, et resurrexit, et ad Dei Patris dexteram ascendit, panem parvulis fregit ; Judæis videlicet et gentilibus signati libri septem sigilla aperuit, id est, secretorum mysteriorum sacramenta manifestavit. Unde et ipse verus Deus et verus homo Jesus Christus jam in cœlo consistens, ut suam ac Dei Patris occultam dispensationem eorum quæ fuerunt, sunt, et in proximo futura erunt, servis suis palam faceret, per fidelissimum servum suum Joannem Apocalypsim septem Ecclesiis misit.

Apocalypsis hæc, id est revelatio inter reliquos Novi Testamenti libros prophetia vocatur : sed aliis est excellentior prophetiis, quia de Christo et Ecclesia magna ex parte adimpleta sacramenta denuntiat : et sicut Evangelium Legis observantias, sic ista prophetia expellit veteres a longe prospicientes venturas prophetias. Ad corroborandam ergo hanc prophetiam occurrit etiam auctoritas mittentis, deferentis, et accipientis. Hanc enim Deus, id est, tota sancta Trinitas misit. Nam de Patre dicitur : *Mittens per angelum suum (Apoc.* 1). Filius autem circa finem hujus libri dicit : *Ego Jesus misi angelum meum testificari vobis (Apoc.* xxii). Sed et de Spiritu sancto hoc scriptum est : *Dominus Deus omnipotens (Apoc.* iv). Sciendum itaque quia cum sine additamento Spiritus ponitur, tota Trinitas frequentius intelligitur. Unde Dominus in Evangelio, Samaritanæ mulieri ait : *Spiritus est Deus; et ideo in spiritu et veritate oportet adorari (Joan.* iv). Quanquam igitur angelus solius Verbi incarnati personam gesserit, tota tamen Trinitas in angelo operata est. Quod autem Joannes in exsilio positus ista vidit, manifestat Christi fidem in terrenis pressuris cœlum sibi vindicare. Per hoc quod beatus Joannes omni humano eloquio et auxilio destitutus,

A divinitus visitatur, innuitur et nobis quod quanto magis a sæculari tumultu recedimus, tanto magis divina visitatione digni judicabimur.

Propterea videndum est quo modo visionis Joannes talia vidit. Tres namque modi sunt visionis : Unus scilicet cum cœlum, terram, et similia corporis oculis videmus; alius cum dormientes vel etiam vigilantes aliquid videmus, per quod aliquid figuramus, sicut Pharao vidit crassas boves et macilentas (Gen. xli). Alius modus est intellectualis, cum aliquid scilicet mente concipimus, non per imagines, sed sicut David in Psalmis. Joannes vero imagines vidit, et in eis veritatem intellexit.

B Idcirco, dilectissimi fratres, libri Apocalypsis obscuritates verborum, et figuras visionum, sicut a sanctis Patribus exposita sunt, breviter vobis scribere volumus; ut ea legentes, facilius intelligere possitis, et si pro Christi nomine et amore necesse fuerit pati adversa, non fugiatis. *Per multas enim tribulationes oportet nos intrare in regnum Dei (Act.* xiv). Deus igitur Pater prævidens tribulationes quas passura erat Ecclesia, postquam ab apostolis in fide fuit fundata, disposuit cum Filio et Spiritu sancto easdem tribulationes, earumque præmia revelare. Merito Christus Joanni manifestavit hanc revelationem, qui excellit omnes privilegio virginitatis, et qui gratia Dei interpretatur. Ipse quippe Joannes invitat nos ad legendum, et ad audiendum, et ad servandum verba libri hujus, quia si hoc fecerimus, æternam beatitudinem consequemur.

C Legendus est ergo iste liber, quia est Apocalypsis Jesu Christi, id est, revelatio non cujuslibet, sed Jesu Christi : de qua dicitur :

CAPUT PRIMUM.

Vers. 1. — *Apocalypsis Jesu Christi quam dedit illi Deus palam facere servis suis, quæ oportet fieri cito.* Deus in hoc loco tota Trinitas intelligitur. Ac si aperte dicat : *Apocalypsis,* id est, revelatio *Jesu Christi, quam dedit illi Deus* Pater secundum humanitatem, *palam facere* verbo et exemplo *servis suis, quæ oportet fieri cito,* id est, in præsenti tempore. Omne enim tempus præsentis vitæ comparatum æternitati quasi unius horæ parvissimum est

D momentum. In his verbis duo comprehenduntur : ut ea, scilicet quæ finienda sunt, cito accipiant terminum; et ea, quæ sunt inchoanda, cito sumant initium. Sequitur :

Vers. 2. — *Et significavit, mittens per angelum suum servo suo Joanni qui testimonium perhibuit verbo Dei, et testimonium Jesu Christi quæcunque vidit.* Quasi diceret : Jesus Christus Dei et hominis Filius *significavit mittens per angelum suum*, personam videlicet sui habentem, *servo suo Joanni*, viro scilicet probatissimo, *qui testimonium perhibuit Verbo Dei*, scilicet, qui contestatus est verba ipsius Christi tam de divinitate, quam de humanitate. Filius Dei Patris Verbum vocatur, quia per ipsum Deus Pater humano generi manifestatur. *Et testimonium Jesu Christi quæcunque vidit*, in his videlicet quæ vel corporaliter ut passum, vel sola mente, ut fuisse cum Patre ante omnia sæcula.

Vers. 3. — *Beatus qui legit et qui audit verba prophetiæ hujus : et servat ea quæ in ea scripta sunt.* Ac si aperte beatus Joannes evangelista dicat : Quia mihi Christus misit hanc revelationem sive prophetiam, beatus erit, qui a me illam acceperit, et illius verba legerit, et ea quæ in ea scripta sunt servaverit, id est fidem Christi non violaverit; minata timebit et promissa sperabit. Vere beatus, quia nec longa erit mora laboris, nec tempus elongabitur remunerationis. *Tempus enim prope est*, scilicet judicii, vel remunerationis.

Vers. 4. — *Joannes septem Ecclesiis, quæ sunt in Asia.* Deus Pater, ut supradictum est, dedit hanc Apocalypsim Christo; Christus Joanni, Joannes autem septem Ecclesiis, quæ sunt in Asia; principaliter videlicet, vel quibus erat magister constitutus, et per simile aliis Ecclesiis; vel per septem Ecclesias universæ Ecclesiæ manifestat hanc revelationem, quia per septem universitas figuratur; vel quia septiformi spiritu illustratur. *Gratia*, inquit, *vobis et pax ab eo, qui est, et qui erat, et venturus est.* Gratia dicitur gratis data non merces reddita, sed venia collata. *Gratia vobis et pax*, id est remissio peccatorum et quies a vitiis, *ab eo*, scilicet a Christo olim secundum humanitatem passibili, qui jam est immutabilis, et qui erat æternaliter quamvis natus ex tempore, et qui talis venturus est, etsi modo non apparet. Personam Patris evangelista tacet, quia nemo de Deo creatore male intellexerat, et ideo ponit personas Filii, et Spiritus sancti, super quibus omnes hæreses nascuntur in Ecclesiis. Sequitur :

Vers. 5. — *Et a septem spiritibus qui in conspectu throni ejus sunt : et a Jesu Christo, qui est testis fidelis, primogenitus mortuorum, et princeps regum terræ.* Spiritus plerumque sonat idem quod charitas, unde attribuuntur spiritui remissio peccatorum, et alia dona, quæ sunt totius Trinitatis, ut (44*) intelligamus Trinitatem ex sola dilectione operari. Dicatur itaque apertius : *Et a septem spiritibus*, id est, a septiformi spiritu qui natura unus

(44*) Mss. prave : *Ut non intelligamus.*
(45) Deest in Glossa, quod parenthesi claudimus

est, et gratiarum distributione multiplex ; vel a spiritualibus viris a Spiritu sancto illuminatis, qui *in conspectu ejus throni sunt*, in quibus sedet Deus ad exemplum vel ad custodiam. Throni sunt angeli et sancti homines in quibus Deus nunc judicat ne in futuro judicet. *Et ab Jesu Christo, qui est testis fidelis*, qui se videlicet esse Deum, nec propter imminentem mortem negavit; vel testis operum nostrorum erit in die judicii, quando dicet justis : *Vidistis me esurientem et dedistis mihi manducare, venite, benedicti Patris mei, percipite paratum vobis regnum a constitutione mundi* (Matth. xxv). *Primogenitus mortuorum*, quia surrexit a mortuis jam impassibilis, vel primus mortificantium se, quia peccatum non fecit ; *et princeps regum terræ*, id est terrenarum potestatum, potens eas removere, et ad suorum utilitatem permittens sævire. Recte quidem primogenitus mortuorum vocatur, qui sic surrexit a mortuis, ut ultra non moriatur. Sequitur :

Vers. 6. — *Qui dilexit nos et lavit nos a peccatis nostris in sanguine suo, et fecit nos regnum et sacerdotes Deo et Patri suo, ipsi gloria et imperium in sæcula sæculorum. Amen.* Ac si aperte dicat : Revera qui *dilexit nos*, dabit gratiam et pacem, quia sola dilectione *lavit nos a peccatis* originalibus vel actualibus (Adæ, (45) vel etiam nostris), *in sanguine* non vituli, non arietis, sicut in veteri lege, sed in suo proprio; *et fecit nos regnum, et sacerdotes*, id est potentes vitiis resistere, et pro nobis et pro fratribus nosmetipsos *Deo Patri* offerentes, et sibi ipsi, et Spiritui sancto. *Ipsi* ex nostro sacerdotio sit *gloria*, et ex nostro regno *imperium in sæcula sæculorum. Amen.*

Vers. 7. — *Et hoc imperium non tardabit, quia ecce venit cum nubibus, et videbit eum omnis oculus, et qui eum pupugerunt.* Quasi diceret : Videbit eum omnis oculus tam bonus quam malus, et etiam Judæi qui eum in cruce pupugerunt, ut magis crucientur. Ac si aperte Ecclesiis dicat : Vere debetis eum glorificare, quia ipse est qui venturus est ad remunerandum cum nubibus, id est cum sanctis qui nubes fuerunt, compluendo alios et miracula faciendo, vel sicut in nube ascendit, in nube veniet, per quam Dei clementiam intelligimus; quia bonis est refrigerium et illuminatio, malis autem terror et excæcatio : quod significatum est per nubem, qua educti sunt filii Israel de Ægypto. Sequitur : *Et plangent se super eum omnes tribus terræ : etiam. Amen.* Ac si diceret : *Plangent se*, et collident super eum, impotentes ejus resistere imperio, ad similitudinem lapidis et vasculorum fictilium. Vel *plangent se*, id est dolebunt respicientes eos, qui super eum fundati erant; quia non tam dolebunt ipso tormento, quam quod repellentur a tali consortio, et ab ipso Domino. *Omnes tribus terræ*, inquit : id est omnes terreni, quod firmandum est omni lingua : *etiam : Amen.* Quasi et superesse videtur.

diceret; Non dubitanter in judicio plangent se super
eum, sed etiam. Amen, id est vere. Ac si aperte
dicat : Bene poterit esse hoc, quia ille qui est Deus
et Dominus, dicit hoc :

VERS. 8. — *Ego sum Alpha et Omega, principium
et finis.* Quasi diceret : *Ego sum Alpha*, id est
principium, ante quod nullum, vel a quo omnia cœperunt; *et finis*, post quem nullus, vel in quo omnia terminabuntur. Alpha enim litteram nulla præcedit, prima est enim omnium litterarum. Sic et
Filius Dei. Ipse enim se principium Judæis inter-
rogantibus esse respondit (*Joan.* VIII). Est etiam
novissimus, quia judicium novissimus ipse suscepit.
Hic manifeste ostenditur quia angelus, qui hæc
Joanni ostendebat, personam Dei in se habebat.
Ego sum, inquit, *Alpha et Omega, principium et finis,
dicit Dominus Deus : qui est, qui erat, et qui venturus est, Omnipotens*, judicare scilicet vivos et
mortuos. Sequitur :

VERS. 9. — *Ecce ego Joannes frater vester, et particeps in tribulatione, et regno, et patientia in Jesu ;
fui in insula quæ appellatur Pathmos propter Verbum
Dei, et testimonium Jesu Christi.* Finita salutatione
progreditur ad narrationem ponendo quatuor, personam scilicet, locum, causam, et ipsius loci tempus, quæ valent ad confirmationem ipsius revelationis. Ac si aperte dicat : *Ego Joannes frater vester*
in fidei unitate, *et particeps in tribulatione*, quia fui
flagellatus, et in dolio missus, atque ab hominibus
separatus, *particeps etiam in regno* Dei futurus *et
patientia in Jesu*, id est propter patientiam habitam
ad similitudinem Jesu. *Fui in insula, quæ appellatur
Pathmos*, id est fretu [*f* fretum]. Vel tribulatione, in
qua magis cœlestia fidelibus aperiuntur : *propter
verbum Dei, et testimonium Jesu Christi*, id est propter testimonium divinitati et humanitati exhibitum. Benedictus omnipotens Deus qui probatissimo
servo suo Joanni, cui negabatur terra, cœlum aperuit, eique ad totius Ecclesiæ eruditionem secreta
aperuit. Quanto enim magis sancti in præsenti vita
pro Christo affliguntur, eo amplius illis secreta cœlestia aperiuntur. Hinc apparet quia pœna non
facit martyrem, sed justitia. Hinc Psalmista ait :
*Judica me, Deus, et discerne causam meam de gente
non sancta* (*Psal.* XLII) : *Fui*, inquit, *in insula quæ
appellatur Pathmos.* Ecclesia insulæ comparatur,
quia sicut insula marinis procellis tunditur, ita
Ecclesia persecutionibus malorum affligitur. Iterum
subjungit dicens :

VERS. 10. — *Fui in spiritu in Dominica die.* Quatuor posuit ad confirmationem revelationis : personam videlicet, locum, causam, et ipsius loci tempus. Personam designavit, cum dicit : *Ego Joannes
frater vester*; locum, cum ait : *Fui in Pathmos insula*; causam, cum dicit : *Propter verbum Dei*; tempus, cum adjunxit : *Fui in spiritu in Dominica die,
et audivi post me vocem magnam tanquam tubæ dicentis : Quod vides scribe in libro.* Quasi diceret :
Fui in spiritu, hoc est in excessu mentis, *in Dominica*

die, id est in spe resurrectionis positus per resurrectionem Christi, *et audivi post me*, hoc est in
clara cognitione resurrectionis, cognovi *vocem magnam*, id est manifestationem, quia de futuris vel
de magnis sacramentis : *tanquam tubæ*, quia [*f* qua]
incitatur ad bellum spirituale. Ecce figura corporalis docens milites Christianos exhortandos ad
spirituale prælium, ubi necessaria est patientia. Hic
aperte demonstratur beatum Joannem hanc visionem non corporaliter, sed in spiritu vidisse, non
tamen in somnis hoc vidit, sed in extasi raptus est,
sicut et Ezechiel : et spiritui æternitatis adhæsit
mens ejus. *Audivi*, inquit, *post me vocem magnam.*
Post se audivit, quia, dum de præsentis vitæ tumultibus eductus, in anteriora vim contemplationis ex-
tenderet, alios respicere admonitus est, vel post
se audivit, quia lege et prophetis prædictum hoc
idem intellexit. Solet rerum qualitas tempore notari, ut Abraham qui in fervore fidei angelos meridie vidit (*Gen.* XVIII), Lot in perditione Sodomæ
vespere (*Gen.* XIX), Adam post meridiem (*Gen.* III),
Salomon non servaturus sapientiam, nocte suscepit (*III Reg.* III). Sive simul et uno intuitu, sive
per diversa tempora in ipsa die Dominica hanc visionem viderit, angelus ei utrumlibet conferre potuit. Sequitur :

VERS. 11. — *Quod vides scribe in libro, et mitte
septem Ecclesiis, quæ sunt in Asia, Ephesum, Smyr-
nam, Pergamum, Sardis, Thyatiram, Philadelphiam
et Laodiciam.* Ac si aperte dicat : *Quod vides*, hoc
est quod visurus es, *scribe in libro*, id est mente re-
conde. Vel ad litteram : Non abscondas talentum in
sudario, sed mitte septem Ecclesiis Ephesus fuit metropolitana sedes totius Asiæ, in qua Joannes præfuit;
Ephesus ergo interpretatur *voluntas* sive *consilium*,
Smyrna *canticum eorum*, Pergamus *divisio cornuum*,
Thyatira *illuminata* vel *vivens hostia*, Sardis *principium pulchritudinis*, Philadelphia *amor fratris*, vel
salvans hæreditatem, Laodicea *tribus amabilis Domino*. Communis admonitio fit beato Joanni, quæ
monet communiter mittere Ecclesiis Asiæ, quia
per eas intelligendæ sunt omnes aliæ Ecclesiæ. Cur
ergo Ecclesia cum una sit, a Joanne septem scribuntur, nisi ut una catholica septiformi plena spiritu designetur? Unde novimus dixisse Salomonem :
Sapientia, id est Dei Filius, *ædificavit sibi domum,
excidit columnas septem* (*Prov.* IX) : quæ tamen septem una esse non ambigitur, dicente Apostolo :
*Ecclesia Dei vivi, quæ est columna et firmamentum
veritatis* (*I Tim.* III). Sequitur :

VERS. 12. — *Et conversus sum, ut viderem vocem quæ
loquebatur mecum.* Ac si diceret : Audita illa voce,
conversus sum ab ignorantia, *ut viderem*, id est,
intelligerem vocem angeli personam Christi habentis sub figura tubæ, quæ loquebatur mecum, quia
non discordabat a voluntate mea. Deus loquitur ad
sanctos in corde sine sono vocis, ipsi autem loquuntur formantes verba cum lingua carnis. Iterum
subjungens ait : *Et conversus, vidi septem candelabra*

aurea. Quasi diceret : Et quia *conversus* sum de A carnali intellectu, *vidi,* id est, cognovi quare Ecclesia comprehendatur sub hoc numero septenario et sub corporali, figura candelabrorum aureorum. *Vidi,* inquit, *septem candelabra aurea,* id est Ecclesias ardentes et illuminatas sapientia divini Verbi. Sicut aurum per ignem probatum, percussionibus extensum, candelabrum efficitur ; sic Ecclesia tribulationibus purgata tentationum ictibus in longanimitate extensa consummatur. Sequitur :

Vers. 13. — *Et in medio septem candelabrorum aureorum similem filio hominis vestitum podere, et præcinctum ad mamillas zona aurea.* Ac si patenter diceret : Vidi *in medio septem candelabrorum aureorum,* id est, in medio Ecclesiæ, *similem filio hominis,* angelum videlicet in persona Christi, qui quasi B jam non filius hominis sed similis, quia jam non moritur ; vel filio hominis similis, quia non cum peccato sed in similitudinem carnis peccati apparuit. *Vestitum,* ait, *podere,* id est, sacerdotali veste, hoc est carne, in qua se obtulit et quotidie offert, repræsentans se Deo Patri. Vel poderis est Ecclesia, qua vestitur Deus : quæ est talaris, quia usque ad finem mundi protenditur. *Et præcinctum ad mamillas,* quia ipse caput totius Ecclesiæ prius in se ostendit, quod nunc a suis exigit. *Præcinctum zona aurea,* id est cingulo charitatis, quia dilectione ministrat suis sanctis. Unde ipse in Evangelio de se ait : *Transiens ministrabit illis* (*Luc.* XII), scilicet post judicium præparabit, id est, disponet eis æternas mansiones. Daniel cinctum ad renes illum vidit in veteri testamento, quia ibi carnalia facta constringebantur (*Dan.* X) : Joannes ad mamillas, quia in novo etiam cogitationes judicantur. Sequitur :

Vers. 14. — *Caput autem ejus, et capilli erant candidi tanquam lana alba, et tanquam nix.* Ac si diceret : *Caput* Christi erat candidum in quo sunt omnia necessaria ad regimen Ecclesiæ ; *et capilli erant candidi* candore justitiæ, sancti videlicet imitatores innocentiæ et simplicitatis illius extenuati disciplinis et adhærentes ipsi capiti ; *tanquam lana alba,* id est vestimentum contra frigus, id est contra vitia ; *et tanquam nix,* candidior scilicet omni creatura, per quam immortalitatis candor designatur. D Unde Dominus claritatem futuræ resurrectionis niveo candore expressit in monte Thabor coram discipulis (*Matth.* XVII). Habent etiam sancti candorem lanæ, quia imitantur simplicitatem et innocentiam capitis sui dicentis : *Discite a me quia mitis sum et humilis corde* (*Matth.* XI). Hæc lana, id est vera innocentia, illius est de quo Isaias ait : *Tanquam ovis ad occisionem ducetur, et quasi agnus coram tondente se obmutescet* (*Isai.* LIII), etc. Iterum subjiciens ait : *Et oculi ejus velut flamma ignis,* dona videlicet sancti Spiritus, quæ sunt Christi habentis et fidelibus dantis, sunt et Ecclesiæ accipientis, quæ illuminant et in Dei amore ardere faciunt. Vel oculi Christi sunt spirituales viri in Ecclesia, de quibus Salomon voce sponsæ, id est, ejusdem Ecclesiæ sanctæ ait in Canticis : *Oculi tui sicut columbæ super rivulos aquarum* (*Cant.* V). Vel oculi sunt divina præcepta monstrati sub tali figura corporali.

Vers. 15. — *Et pedes ejus similes aurichalco, sicut in camino ardentis.* Ac si aperte dicat : *Pedes ejus,* id est ultimi fideles, qui circa finem mundi, temporibus videlicet Antichristi inveniendi sunt, præ magnitudine passionum ac diversarum tribulationum quasi multis contusionibus experti, non retinebunt veteris hominis vetustatem, sed transferentur per Christum in meliorem colorem, hoc est, in spiritualis vitæ novitatem sicut aurichalcum, quod quanto amplius incenditur et tunditur, tanto clarius conspicitur. Pedes Domini aliquando significant stabilitatem æternitatis, aliquando humanitatem, per quam venit ad nos cognitio divinitatis ; aliquando prædicatores, de quibus scriptum est : *Quam speciosi pedes evangelizantium pacem, et evangelizantium bona* (*Isai.* LII). Sicut Antichristus crudelior erit omnibus persecutoribus, ita sancti illius temporis, ut credimus, fortiores erunt omnibus retro ante martyribus. In alia translatione habetur : *Pedes ejus sicut aurichalco Libani,* per quod ostenditur in illa regione ubi Dominus crucifixus est, maxime illa fidelium tribulatio sub Antichristo valitura. Iterum subjungit dicens : *Et vox illius tanquam vox aquarum multarum.* Superius comparata est vox angeli tubæ, nunc vero aquis multis, quia quod primum pauci prædicatores, hoc postea totus mundus clamat.

Vers. 16. — *Et habebat,* inquit, *in dextera sua stellas septem.* Ac si diceret : habebat sub alia figura in dextera, id est in prædestinatione vel in potentia sua stellas septem, prælatos scilicet Ecclesiarum, qui lucent in hoc mari fidelibus navigantibus. Superius posuit candelabra sine lumine, hic ponit stellas, per hoc designans, quosdam habere officium prædicationis, quosdam vero scientiam tantum. Stellæ episcopi sunt, qui debent aliis lucere verbo et exemplo vitæ, qui, etsi peccaverint, tamen stellæ vocantur, secundum quod instituti sunt ; quos habet in dextera sua, id est, in potioribus donis quæ per dexteram significantur. *Et de ore ejus,* ait, *gladius ex utraque parte acutus exibat.* Quasi diceret : De ore ejus, id est, de prædicatoribus ejus, per quos Deus aperit secreta sua, *gladius ex utraque parte acutus,* prædicatio scilicet, quæ utraque secat, in veteri scilicet testamento carnalia opera, et in novo concupiscentias. *Et facies ejus,* inquit, *sicut sol lucet in virtute sua.* Ac si aperte dicat : *Facies ejus,* id est sancta Ecclesia post diem judicii videns eum facie ad faciem (*I Cor.* XIII), per virtutem ejusdem Jesu Christi sponsi sui lucebit sicut sol in virtute sua, hoc est sicut ipse Christus, quia corpus illius est. Unde ait Apostolus : *Scimus quoniam cum apparuerit, similes ei erimus* (*I Joan.* III). Sicut etiam ipse verus sol justitiæ ait : *Fulgebunt justi sicut sol in regno Patris eorum* (*Matth.*

xiii). Erat facies ejus sicut sol lucet in virtute sua, id est, in meridie sine nubibus, vel quando fixus erit post judicium in æternum. Unde ait Hispaniarum doctor Isidorus : « Sol iste materialis, quem cernimus post diem judicii non patietur occasum, ne impii claritate luminis ejus fruantur. » Hanc claritatem futuræ resurrectionis ostendit Dominus in monte coram tribus discipulis, quando facies illius resplenduit sicut sol (*Matth.* ix). « Centies enim tantum, ut ait beatus Hilarius, refulsit : sed non habuit evangelista creaturam splendidiorem, cui comparare posset eamdem claritatem, et idcirco dicit sicut sol resplenduisse faciem ejus. Et qualis tunc apparuit Dominus, talis utique venturus est ad judicium, excepto quod clavorum et lanceæ signa monstraturus est. » Sequitur :

Vers. 17. — *Et cum vidissem eum, cecidi ad pedes ejus tanquam mortuus.* Ac si diceret : *Cecidi ad pedes ejus,* id est, projeci curam humanitatis, temporalium scilicet rerum ad similitudinem ultimorum fidelium. *Cecidi,* inquit, *ad pedes ejus,* hoc est humiliavi me ad hoc ut essem unus de pedibus ejus, reputans me mortuum fuisse intellectu. Ad pedes angeli personam Christi habentis Joannes cadit, dum sancta Ecclesia vestigia passionis Christi imitatur. Ad pedes cadit dum considerat redemptorem suum mortuum, mox mundo moriendo, ad imitandum ejus vestigia semetipsam humiliter prosternit. *Et posuit,* inquit, *dexteram suam super me, dicens : Noli timere.* Quasi diceret : Quia cecidi ad pedes ejus tanquam mortuus, ideo posuit dexteram suam, id est auxilium suum, scilicet spiritum confortantem, vel favorem suum sive potentiam per prædicatorem vel per Scripturas; *super me,* id est supra vires humanitatis. Notandum quia Joannes in hac prophetia Ecclesiæ personam tenet.

Vers. 18. — *Noli timere,* inquit, et adjecit : *Ego sum primus, et novissimus, et vivus, et fui mortuus, et ecce sum vivens in sæcula sæculorum, et habeo claves mortis et inferni.* Ac si patenter omni Ecclesiæ dicat : Quia resurgens a peccatis scilicet et vitiis, sicut ego, *noli timere* pati pro me tribulationem ; quia ego, qui non indigebam propter me, cum sim *primus et novissimus,* propter vos tamen fui mortuus. Quasi diceret : *Ego sum primus* secundum divinitatem, *et novissimus* sicut vermis et non homo ; et fui mortuus pro vestra salute, *et ecce sum vivens* æternaliter *in sæcula sæculorum :* ideoque ne terreamini pro me pati, quia manifeste nec amplius moriar. Hostia quippe et immolatur et viva est, quia sancti etsi se causa amoris Christi mortificant cum vitiis et concupiscentiis, non tamen penitus moriuntur. *Et habeo,* inquit, *claves mortis et inferni.* Ac si diceret : ideo nolite timere, quia ego habeo claves mortis et inferni, et quia pravi homines nihil mali vobis possunt facere nisi permissi. Nec patiar vos tentari supra quod ferre potestis, quia habeo claves, id est, potestatem super

diabolum et super membra ejus. Diabolus est mors, quia causa mortis, ministri ejus inferni in quibus habet locum. Hic manifestissime apparet, quia angelus, qui beato Joanni apparuit, figuram Christi tenuit. Non enim alio quam Christo nato, passo ac sepulto, et resuscitato hæc verba conveniunt.

Vers. 19. — *Scribe ergo,* o Joannes, *quæ vidisti, et quæ sunt, et quæ oportet fieri cito post hæc.* Ac si aperte dicat : *Scribe quæ vidisti,* sicut passionem et resurrectionem, *et quæ sunt,* præsentes videlicet tribulationes, et præsens Dei auxilium ; *et quæ oportet fieri cito post hæc,* in ultimis scilicet fidelibus, per quorum exemplum isti multum debent animari. Iterum subjungens, ait :

Vers. 20. — *Sacramentum septem stellarum, quas vidisti in dextera mea, et septem candelabra aurea.* Sacramentum est, ubi aliud videtur et aliud intelligitur, sicut in corpore Domini, ubi cum videatur panis, vera est caro. Unde ipsi sacerdotes dicunt : *Sacramenta quæ sumpsimus, Domine,* etc. Ac si apertius diceret : O Joannes, ea quæ vidisti, fidelibus scribe, et ea quæ ego tibi sub sacramento ostendo, hæreticis absconde. *Septem stellæ angeli sunt septem Ecclesiarum.* Quasi diceret : Per septem stellas designati sunt universi rectores omnium Ecclesiarum ; et candelabra septem, septem Ecclesiæ sunt. Per septem candelabra intelliguntur illi, qui scientiam habent prædicationis, sed non habent officium, quia non sunt prælati. Allegoriam in parte aperit, ut doceat ubique debere requiri.

CAPUT II.

Incipit singulares admonitiones, quæ singulæ universales esse possunt secundum diversa membra cujuslibet Ecclesiæ, dicens :

Vers. 1. — *Et angelo Ephesi Ecclesiæ scribe.* Ac si aperte dicat : Quamvis dixerim, *mitte septem Ecclesiis,* tamen huic specialiter primum scribe. Angelo itaque, id est episcopo Ephesi Ecclesiæ scribit, de cujus manu peccata subditorum requirit, et sine cujus consensu subditos judicare non præsumit. Ephesus interpretatur *voluntas* vel *consilium,* sive *lapsus profundus.* Ephesus ergo, secundum bene persistentium partem, voluntas interpretatur, quorum Deus operibus delectatur ; de quibus præponit, ut per horum exemplum qui lapsi sunt corrigantur, secundum quos Ephesus consilium interpretatur, id est indigens consilio. Sequitur : *Hæc dicit, qui tenet septem stellas in dextera sua, qui ambulat in medio septem candelabrorum aureorum.* Ac si apertius diceret : Ille hæc dicit, cujus dicta non sunt contemnenda, et qui tenet septem stellas, id est omnes Ecclesiæ prælatos in dextera sua ne cadant ; qui ambulat sicut dona dividens, vel nondum quietus in medio septem candelabrorum omnibus providendo, omnibus subveniendo. *Qui habet,* inquit, *in dextera sua septem stellas.* Notandum, quia in hac dextera boni et mali continentur ; boni quidem comprimuntur, ne vel ultra mensuram acceptæ virtutis per inanem gloriam transeant, vel ad vitiorum illecebras ruant; mali autem, ne quantum volunt possint, virtute hujus dexteræ comprimuntur; sed tanquam servi sub potestate Domini ad mensuram filios flagellis cædant. In medio septem candelabrorum ambulat, quia tandiu inter electos et reprobos exhortationis verbo discurrit, quousque inveniat apud quem per opera virtutum mansionem faciat. Ambulat Dominus in medio candelabrorum, hoc est, in medio electorum suorum, quando suæ gratiæ dona illis infundit. Sedet, quando singulorum merita dijudicat. Sed ille, qui habet septem stellas in dextera sua, quid dicit angelo Ecclesiæ Ephesi?

VERS. 2. — *Scio,* inquit, *opera tua, et laborem, et patientiam, et quia non potes sustinere malos; et tentasti eos, qui se dicunt apostolos esse, et non sunt, et invenisti eos mendaces.* Quasi diceret: *Scio,* id est approbo et eligo *opera tua; et laborem,* id est tribulationem; *et patientiam,* quia non murmuras de dilato præmio; *et quia non potes sustinere,* id est, pati *malos* quin emendes vel expellas ab Ecclesia; *et tentasti eos,* id est, probasti doctrinam eorum, *qui se dicunt apostolos esse,* id est, missos a Deo, *et non sunt,* ut facilius decipiant; *et invenisti eos mendaces,* prava eorum vita, et perversa prædicatione. *Tentasti,* inquit, *eos,* utrum veri an falsi sint; vel paulatim eos volens revocare ab errore suo. Tempore beati Joannis surrexerunt falsi apostoli, id est hæretici, Marcion videlicet, et Ebio, et Cerinthus, et alii plurimi in Asiam, volentes corrumpere rectam fidem, et prædicantes Christum minorem Patre; qui utique falsi apostoli erant. Iterum subjungit dicens:

VERS. 3. — *Et patientiam habes et sustinuisti propter nomen meum, et non defecisti.* Ac si aperte dicat: *Patientiam habes et sustinuisti* in malis, quæ ipsi falsi apostoli, jam convicti per terrena argumenta, tibi ingesserunt; *et hoc non fecisti pro* humana laude, sed *propter nomen meum* glorificandum, *et non defecisti,* sed in vera doctrina perseverasti. Iterum subsequenter ait:

VERS. 4. — *Sed habeo adversus te pauca, quod charitatem tuam pristinam reliquisti.* Notat causam, humanos scilicet defectus fuisse contrarium coronæ, nisi Dei auxilium eumdem episcopum prævenisset. Ac si diceret: De avaritia te vitupero, eo quod charitatem primam reliqueris. Forte episcopus in persona sua affectus tædio vitiorum in subditis, vel subditi amore terrenorum, charitatem primam reliquerunt. Præcipua et prima charitas est, homo seipsum dare Deo; secunda, suam substantiam. Vel primam charitatem reliquit, quam primum habuit prædicando. In supradictis operibus bonis fuit voluntas Dei, in his autem, quæ sequuntur, quia correctione indigent, valet consilium; ibi dixit: *scio opera tua,* id est laudis; hic dicit, *habeo adversus te,* id est video in te esse quædam, quæ indigent consilio, id est correctione, quæ sunt ad-

versum te, hoc est contraria saluti tuæ, vel quæ faciunt me aversum a te. Sed tamen non desperes propter asperitatem correctionis, quia pauca sunt, et ideo facili indigent emendatione. Sequitur

VERS. 5. — *Memor esto itaque unde excideris, et age pœnitentiam, et prima opera fac.* Ac si aperte dicat: Quia igitur quod agis, adversum te est, *memor esto unde* (id est de consortio fidelium, vel a qua gratia) *excideris, et age pœnitentiam,* hoc est, dignos fructus pœnitentiæ, ut gratiam meam recuperare possis, pro eo quod me reliquisti et terrenum amorem, ut mulier adultera, suscepisti. *Memor esto,* inquit, *unde excideris:* id est, a quanta virtute vel ab amicitia mea. *Et prima opera fac,* hoc est redi in amorem prioris viri, id est, mei. *Sin autem, veniam tibi cito, et movebo candelabrum tuum de loco suo, nisi pœnitentiam egeris.* Ac si aperte dicat: Si prima opera non feceris, *veniam tibi cito* ad damnum tuum, ut animam videlicet et corpus interficiam, *et movebo candelabrum tuum de loco suo,* auferam scilicet virtutes et dona sancti Spiritus, per quem sunt constituta candelabra, quia episcopatum tuum accipiet alter, vel illam mercedem, quam inde exspectabas; si autem pœnitentiam egeris, salvari poteris. Licet Petrus negaverit Christum, quia pœnituit, non perdidit apostolicum gradum. *Nunquid qui cadit, non adjiciet ut resurgat?* (Psal. XL.)

VERS. 6. — *Sed hoc habes, quia odisti facta Nicolaitarum, quæ et ego odi.* Quasi diceret: Quamvis hoc est adversum te, tamen non desperes, quia *habes bonum hoc,* scilicet *quia odisti facta Nicolaitarum,* in communem videlicet usum mulierum, et comestionem idolothytorum, *quæ et ego odi,* quæ ideo odisti, quia me odisse cognovisti. Nicolaus fuit unus de septem diaconibus, qui electi et ordinati sunt ab apostolis; sed, cæteris permanentibus in fide et ministerio sancto, ille recessit ab eorum fide et doctrina. Nicolaus interpretatur *stultus populus,* id est omnes falsi de quacunque lege. Nicolaus ergo stultus populus, id est gentiles Deum ignorantes, publice uxoribus utentes, qui idolothyta comedunt; hæretici quoque stulti sunt apud Deum, quibus error idolorum cultura imputatur, et fornicantur immunditiæ carnis servientes. Stulti quoque sunt Judæi, stulti etiam falsi Christiani, qui concupiscentiis dediti, mundum colunt.

VERS. 7. — *Qui habet,* inquit, *aurem, audiat quid Spiritus dicat Ecclesiis: Vincenti dabo edere de ligno vitæ, quod est in paradiso Dei mei.* Ac si patenter dicat: Quod uni dico, omnibus dico. Non solum Ephesiano episcopo avaritiam prohibeo, sed etiam cæteris Ecclesiarum episcopis. Quasi diceret: *Qui habet aurem,* id est spiritualem intellectum, *audiat quid Spiritus,* scilicet sancta Trinitas, quia *Spiritus est Deus* (Joan. IV), *dicat Ecclesiis:* hoc videlicet, ut odio habeant avaritiam, non tantum in dando, sed etiam in consulendo et prædicando. Ac si diceret: Vere unusquisque debet habere odio avaritiam, et cætera vitia quia *vincenti,* id est perseveranti in hoc, *dabo edere de ligno vitæ.* Cur audiendum est quid Spiritus dicat Ecclesiis? Quia vincenti scilicet, id est perseveranti Christus est lignum, robur, et umbraculum dans fructum, id est corpus et sanguinem suum hic, et maxime in futuro. Ac si aperte dicat : Perseveranti in charitate Dei et proximi, *dabo edere de ligno vitæ,* hoc est corpus meum, *quod est in paradiso,* id est in horto deliciarum, hoc est in Ecclesia *Dei mei,* secundum humanitatem. Lignum vitæ est sapientia Dei Patris, de qua dicitur : *Lignum vitæ est his, qui apprehenderint eam; et qui tenuerit eam, beatus erit (Prov. III).* Sequitur :

VERS. 8. — *Et angelo Smyrnæ Ecclesiæ scribe.* Smyrna *canticum* interpretatur, vel quasi myrrha. Ac si aperte dicat : Hoc notifica etiam aliis Ecclesiis, qui commorantur et perseverant in cantico Moysi, vel in aliorum sanctorum Patrum canticis, sive in mortificatione carnis.

VERS. 9. — *Hæc dicit primus et novissimus, qui fuit mortuus et vivit : Scio tribulationem et paupertatem tuam, sed dives es ; et blasphemaris ab his, qui se dicunt Judæos esse, et non sunt, sed sunt Synagoga Satanæ.* Quasi diceret : Ne deficiatis vos in tribulationibus, quia ego tantus, *primus* scilicet existens : nte omnia, per quem omnia subsistunt ; *et novissimus,* per quem omnia consummabuntur ; propter vos passus sum mortem, de qua surrexi ; quam et vos pro me exspectare et pati debetis : *et fui mortuus pro vobis,* per quem vivetis, quia ego vivo. Talem describit Christum, qui valeat ad consolationem eorum, quibus tribulationes ingeruntur. *Scio,* inquit, *tribulationem tuam,* quia *beati qui persecutionem patiuntur propter justitiam (Matth. V),* et *paupertatem tuam,* quia *beati pauperes spiritu (ibid.),* sed dives es in anima, in spe videlicet remunerationis : *et blasphemaris ab his, qui se dicunt Judæos,* id est confitentes, *esse et non sunt* [quia, si filii Abrahæ essent, opera Abrahæ facerent *(Joan. VIII)*], *sed sunt Synagoga Satanæ,* id est congregatio adversantis. Quasi diceret : Cum lauderis a me, non est tibi curandum de blasphemia blasphemorum. Nulla pestis efficacior quam domesticus inimicus. Cumulus miseriæ est tribulatis, si ab adversariis infamentur. Iterum subjungit dicens :

VERS. 10. — *Nihil horum timeas quæ passurus es.* Præmissa laude, subdit præmonitionem. Ac si diceret : Multa adhuc passurus es ; sed nihil horum timeas, quia corpus tantum occidere possunt. Iterum subsequenter ait : *Ecce missurus est diabolus ex vobis in carcerem ut tentemini, et habebitis tribulationem diebus decem.* Ac si patenter dicat : *Nihil horum timeas,* quia et si in præsenti tempore missurus est diabolus ex vobis per membra sua, ut fuit Nero, Domitianus et cæteri persecutores, *in carcerem,* tamen non omnes vos, sed quosdam ex vobis : *ut tentemini,* id est ut probemini, vel despectui habeamini diabolo et membris ejus. Carcer enim pro omni tribulatione ponitur. Vel missurus est

A quosdam ex vobis in carcerem vitiorum, id est in delectationem carnis, *et habebitis tribulationem diebus decem,* id est tempore belli. Deus enim servos suos ad bella mittens, Decalogo illos armat. Vel decem dies : toto hoc tempore, in quo per septem dies Ecclesia contra tria vitia principalia pugnat, avaritiam scilicet, vanam gloriam, et cupiditatem, vel, diebus decem habebitis tribulationem propter charitatem videlicet decem præceptorum ; vel, tota hac vita quæ consideratur per quinque zonas cœli, et quinque zonas terræ, habebitis tribulationem, vel per quinque sensus masculorum, et quinque mulierum, vel per decem dies intelliguntur decem imperatores, qui inter Neronem et Diocletianum fuerunt, et Christianis multa tormenta intulerunt. Prima ergo persecutio Christianorum facta est a Nerone, secunda a Domitiano, tertia a Trajano, quarta ab Antonio [Antonino], quinta a Severo, sexta a Maximiano [Maximino], septima a Decio, octava ab Aureliano, nona a Valeriano, decima a Diocletiano et Maximiano comitibus. Per hos decem reges passa est Ecclesia ab Ascensione Christi, usque ad Nicenum concilium, id est usque ad imperatorem Constantinum per annos ducentos quinquaginta. Habuit itaque sancta Ecclesia tribulationem diebus decem supradictorum videlicet temporibus decem regum. Sequitur : *Esto fidelis usque ad mortem, et dabo tibi coronam vitæ.* Quasi diceret : Quamvis inimici veritatis tibi adversa ingerant, tu tamen esto fidelis, id est perseverans cum recta fide in bonis operibus, et dabo tibi coronam vitæ, bravium scilicet æternæ remunerationis.

VERS. 11. — *Qui habet aurem, audiat quid Spiritus dicat Ecclesiis : Qui vicerit non lædetur a morte secunda,* quæ est in gehenna. Prima mors animæ est in peccatis, secunda in pœnis. Prima est etiam mors corporis, quando anima ab eo dissolvitur ; secunda quando in judicio condemnatur. Iterum subjungit dicens :

VERS. 12. — *Et angelo Pergami Ecclesiæ scribe.* Pergamus *divisio cornuum* interpretatur. Ac si diceret : Angelo Pergami Ecclesiæ scribe, id est discernentis defensores Ecclesiæ et hæreticos.

VERS. 13. — *Hæc dicit qui habet rhomphæam ex utraque parte acutam : Scio ubi habitas, ubi sedes est Satanæ ; et tenes nomen meum, et non negasti fidem meam. Et in diebus Antiphas testis meus fidelis, qui occisus est apud vos, ubi Satanas habitat.* Ac si patenter dicat : Hæc dicit ille, cujus dicta non sunt negligenda, *qui habet rhomphæam,* id est divinam Scripturam *ex utraque parte acutam,* per dilectionem Dei et proximi resecando vitia. His verbis exigit, ut isti hunc gradum habeant in electione bonorum, et reprobatione malorum, quo confringantur cornua peccatorum, et exaltentur cornua justi *(Psal. LXXIV).* Scio, inquit, *ubi habitas,* in medio scilicet pravæ nationis, *ubi sedes est Satanæ.* Quasi diceret : Hoc laudo videlicet quod inter malos es bonus ; et quia *tenes* contra disputantes *nomen*

meum, scilicet , quod sum Filius Dei; et nomen A
Christianitatis; vel quod verbo prædicas, opere
comples. Vel tenes nomen meum, hoc est integra
fide colis, etiam in tempore tribulationis, *et non
negasti* pro aliqua tribulatione *fidem meam*: et hoc
fecisti *in diebus illis*, in quibus exstitit *Antiphas testis
meus fidelis*, qui occisus est apud vos (quasi con-
doleo, quia illum occiderunt) *ubi Satanas habitat.*
Ac si apertius Pergami Ecclesiæ episcopo diceret:
Et etiam fuisti testis meus fidelis, testificando me
esse Filium Dei; et coæqualem illi , in diebus illis,
in quibus occisus fuit Antiphas.

VERS. 14. — *Sed habeo adversus te pauca, quia
habes illic tenentes doctrinam Balaam*, *qui docebat
Balac mittere sandalum coram filiis Israel edere et
fornicari.* Ac si diceret: Quamvis in hoc constas, B
et bene discernis, qui sint hæretici vel catholici;
sed non fortis dimicas contra eos, *et ideo habeo adversus te pauca*, id est, propter pauca sum tibi adversarius nisi corrigaris ; *quia habes illic*, hoc est in
tua subjectione, non expellis, sed pateris tenentes
doctrinam Balaam, id est vani populi cui Deus abstulit spiritum prophetiæ propter nequitiam suam;
*qui docebat Balac mittere scandalum coram filiis
Israel edere et fornicari*, hoc est delectari in vanis
rebus cum dæmone. Balaam significat hæreticos,
qui docent terrenos principes qualiter subvertant
videntes Deum, id est populum Christianum. Vel
Balaam dæmones designat, qui per carnis delectationem et immunditiam conantur animas Deum videntes decipere. Dum hæretici suasoria quædam C
dulcia verba proponunt in suis falsis dogmatibus,
quasi per pulchras mulieres eos seducere cupiunt,
ut comedant idolothyta, id est ut sequantur idolorum doctrinam omni spurcitia plenam, ibique for-
nicentur, id est ut relicta veritatis doctrina, mendaciis perversorum inhæreant. Iterum subsequenter
ait :

VERS. 15. — *Ita habes et tu tenentes doctrinam
Nicolaitarum.* Ac si patenter dicat : Sicut habes illic
tenentes doctrinam Balaam, nec eos excludis, sed
pateris ; ita habes tenentes doctrinam Nicolaitarum. Similiter ergo de istis sicut de illis age pœnitentiam. Ideo repetit de Nicolaitis, ut ad pœnitentiam invitet, quod superius non fecit. Ex hoc apparet, quia pari reatu astringitur ille, qui prava
docet; et ille qui prava doceri tacens permittit. Sequitur :

VERS. 16. — *Si cominus* [*f.* si quo minus] *veniam
tibi cito, et pugnabo cum illis in gladio oris mei.*
Quasi diceret : Nisi pœnitentiam egeris , et prava
docentes non corripueris, *veniam tibi cito*, et pu-
gnabo cum illis, id est convincam illos fornicatos
peccasse. *In gladio oris mei* : dicendo videlicet :
Ite, maledicti, in ignem æternum (*Matth.* xxv).

VERS. 17. — *Qui habet aures, audiat quid Spiritus
dicat Ecclesiis : Vincenti dabo edere manna absconditum, et dabo illi calculum candidum : et in calculo
nomen novum scriptum, quod nemo novit, nisi qui*

accipit. Ac si diceret : *Vincenti*, scilicet propria
desideria et dæmonum tentamenta, *dabo ei manna*,
videlicet meipsum, vel sanctam eucharistiam, et
meam contemplationem , interim *absconditum* : et
dabo illi calculum candidum, scilicet meipsum, vel
evangelii scientiam, quæ faciet candidos duplici
stola. Vel dabo ei manna absconditum, id est æternam gloriam, de qua præ admiratione omnes dicent : Quid est hoc? Quam videlicet gloriam nec
oculus vidit, nec auris audivit, nec in cor hominis
ascendit (*Isai.* LXIV). *Et dabo illi calculum candidum*, id est corpus solidum et lucidum virtutibus,
atque immortale. Calculus candidus significat corpus in baptismate dealbatum, et immortale futurum. *Et in calculo*, scilicet in tali corpore, *nomen
novum scriptum*, id est : *In principio erat Verbum*
(*Joan.* 1). Christus scilicet Dei Filius, in quo
nihil constat veteris Adæ : *quod nemo novit* (vim
scilicet cujus in experientia ad quid per hoc nomen
invenietur) *nisi qui accipit*, id est nisi prius peccata
vicerit, et bona quæ prædicat vel audit, opere
impleverit : quia *qui dicit se nosse Deum, et mandata
ejus non custodit, mendax est* (1 *Joan.* 11). Calculus
lapis est pretiosus, qui et carbunculus appellatur eo
quod in tenebris positus, sicut succensus carbo fulgere perhibetur. Per hunc autem lapidem ipse intelligitur Christus, qui inter hujus sæculi tenebras
refulsit, quando *Verbum caro factum est, et habitavit in nobis* (*Joan.* 1). Unde bene candidus dicitur,
quia sine ulla peccati offuscatione mundus inter homines apparuit, et divinitatis suæ luce tenebras
nostræ mortalitatis illustravit. *Et in calculo*, inquit,
nomen meum scriptum. De hoc nomine sic ait Isaias :
*Vocabitur tibi nomen novum, quod os Domini nomi-
navit* (*Isai.* LXII). Iterum subjungit dicens :

VERS. 18. — *Et angelo Thyatiræ Ecclesiæ scribe.* Thyatira, ut supradictum est, *illuminata* interpretatur vel *vivens hostia.* Quid ergo Jesus
Christus angelo Thyatiræ Ecclesiæ dicat, audiamus :

VERS. 19. — *Hæc dicit Filius Dei, qui habet oculos ut flammam ignis, et pedes ejus similes aurichalco : Novi opera tua, et fidem, et charitatem, et ministerium, et patientiam tuam, et opera tua novissima
plura prioribus.* Ac si aperte dicat : *Hæc dicit Filius Dei, qui habet oculos ut flammam ignis*, dona
videlicet sancti Spiritus habet, et dat ea cui vult
vel aufert. *Et pedes ejus similes aurichalco*, quos
omnino necesse est imitari ; videant itaque isti qui
jam receperunt illa dona, ne per consensum malorum perdant ea. Vel oculi Domini intelliguntur
doctores, qui nos doctrina et exemplo illuminant,
et lucem scientiæ præbent. Pedes Domini sunt, vel
sancti prædicatores, per quos mundum circuit, scilicet sancti apostoli, martyres et confessores igne
tribulationis probati ; vel certe ultima ac novissima illius membra extrema persecutione candentia.
Novi, inquit, id est recepi *opera tua, fidem* scilicet *et charitatem*, et cætera bona opera ; *et minus-*

terium tuum in eleemosynis, et patientiam tuam in
omnibus adversis ; et opera tua novissima plura
prioribus, quia rudis Ecclesia a levioribus incipit,
et ad perfectionem pervenit. Iterum subsequenter
ait :

VERS. 20. — *Sed habeo adversum te, quia permittis mulierem Jezabel, quæ se dicit propheten, docere et seducere servos meos, fornicari et manducare
de idolothytis.* Ac si patenter dicat: *Habeo adversum te, quia permittis,* id est non excommunicas
mulierem Jezabel, mollem scilicet et lascivam (fluxum (46) sanguinis vel sterquilinium) *quæ se dicit.*
propheten, *docere*, *et seducere servos meos*, *fornicari.* Jezabel quippe *sterquilinium* vel *fluxus sanguinis* interpretatur. Nam sicut mulieres tempore
menstruali fluxum sanguinis patiuntur, sic reprobus quod male concipit, mox ut tempus est, perficit;
et cum post flamma augetur, totus fluens dicitur.
Dum vero in consuetudinem peccatum ducit, fetorem late spargit. Cum autem dicit, *permittis mulierem Jezabel,* præpositos Ecclesiæ, id est episcopos designat, qui habent permittendi prohibendique
potestatem. Episcopus ergo mulierem Jezabel Dei
servos seducere et fornicari permittit, cum subditis prava agentibus non contradicit. Seipsum ergo
episcopus reum constituit, si subjectis sibi peccantibus non resistit. Fornicatio dicitur quadriformis,
videlicet animo, si videris mulierem ad concupiscendum eam (*Matth.* v); in actu ipso, in amore terrenorum, in cultura idoli. Sequitur :

VERS. 21. — *Et dedi illi tempus ut pœnitentiam
ageret : et non vult pœnitere a fornicatione sua.*
Jezabel, ut dictum est, sunt homines in Christi Ecclesia male viventes, et prava docentes, quibus dat
Deus spatium pœnitendi, ut recipiscant a sua perversitate. Et quia episcopi negligunt eos corrigere,
ipsi autem cum tempus habeant, nolunt a sua perversitate recedere, eis Dominus terribiliter comminatur dicens:

VERS. 22. — *Ecce mitto eam: in lectum, et qui
mœchantur cum ea, in tribulatione maxima erunt,
nisi pœnitentiam egerint ab operibus suis.* Ac si diceret : *Ecce ego mitto eam,* scilicet Jezabel, id est
omnes in Ecclesia male viventes et prava docentes,
in lectum, id est in reprobum sensum et excæcationem, et in securitatem peccandi; vel in lectum
doloris, id est in desperationem sanitatis, sicut
medicus qui desperat de infirmo; *et qui mœchantur
cum ea,* imitatores videlicet et conformes sibi,
erunt in tribulatione maxima, id est diuturna in
sæcula; ita dico, *nisi pœnitentiam egerint ab operibus suis,* vel in hoc loco lectum posuit pro luctu,
quo æternam miseriam designavit, sæpe fit justo
Dei judicio, ut propter peccata præterita homines
ad majora ruant facinora.

VERS. 23. — Iterum subjungit dicens : *Et filios
ejus interficiam in mortem, et scient omnes Ecclesiæ,*

(46) Supersunt ea quæ ansulis claudimus.

*quia ego scrutans renes et corda, et dabo unicuique
vestrum secundum opera vestra.* Prosperantur siquidem iniqui ad tempus, æterna morte plectendi;
affliguntur ad modicum electi, perennibus bonis
consolandi. Ac si apertius diceret : *Filios ejus,* id
est omnes sequaces eorum interficiam, ducendo in
mortem perpetuam ; et ita scient omnes Ecclesiæ,
id est omnis ordo fidelium in diem judicii, *quia
ego sum scrutans renes et corda,* puniens videlicet
carnales concupiscentias et malas cogitationes.
Vel *renes*, id est libidinem malorum, *et corda,*
mundas scilicet cogitationes bonorum. *Et d.bo,*
inquit, *unicuique vestrum secundum opera vestra.*
Ac si patenter dicat : Tunc scient quia in præsenti video bona et mala; et in futuro remunerabo bonis bona, et retribuam malis mala. Iterum
subsequenter ait :

VERS. 24. — *Vobis autem dico cæteris qui Thyatiræ estis : Quicunque non habent doctrinam hanc,
qui non cognoverunt altitudinem Satanæ quemadmodum dicunt, non mittam super vos aliud pondus.*
Quasi diceret : Jezabel et sequaces ejus puniam,
sed vobis dico, qui Thyatiræ estis, id est illuminati
et viventes hostiæ, qui estis segregati ab eis, quia
vos non puniam. Hoc loco fit commutatio personæ,
et interpositio sententiæ. *Quicunque non habent,* id
est qui non sequuntur doctrinam hanc Jezabel, *et
qui non cognoverunt,* id est non approbaverunt aliquo consensu, altitudinem Satanæ, id est superbiam et calliditatem, vel carnalem legis observantiam, in qua ipse gloriatur, et quam pro summa
altitudine habet, *quemadmodum* quidam de Judæa
egressi dicunt, quod iterum subjiciam vos jugo legis ; *ego autem non mittam super vos aliud pondus,*
scilicet veteris legis observantiam, quamvis illi dicunt, id est non patiar vos tentari supra id quod
potestis, vel non mittam super vos aliud pondus legis, hoc est non iterum mancipabo vos carnalibus
observantiis, sicut quidam dicunt, quia iterum
debetis judaizare. Unde ait beatus Petrus : *Quid
vultis iterum jugum imponere super cervices discipulorum, quod neque nos, nec Patres nostri portare
potuimus ?* (*Act.* xv.) Sequitur:

VERS. 25. — *Tamen id, quod habetis, tenete donec
veniam.* Ac si diceret : Quamvis inter tales sitis,
tamen id quod habetis, scilicet fidem, *tenete* operando, perseverando et defendendo donec veniam
retribuere vobis mercedem, vel ut majora vos doceam. Iterum subjungit dicens :

VERS. 26-27. — *Qui vicerit, et custodierit usque in
finem opera mea, dabo illi potestatem super gentes,
et reget eas in virga ferrea et tanquam vas figuli confringentur.* Ac si apertius diceret : Tenete rectam
fidem, et vincite hæreticos et carnales affectus,
quia qui vicerit et custodierit, non ad tempus, sed
usque in finem vitæ suæ, vel usque ad perfectionem opera mea, dabo illi in hoc sæculo potestatem

super gentes gentiliter viventes sibi commissas, sicut Petro in Romanos, vel super vitiorum catervas ; *et reget eos in virga ferrea,* justitia videlicet inflexibili, *et tanquam vas figuli confringentur;* ità scilicet irrecuperabiliter confringentur eorum vitia, ut non sint amplius peccatores. Vel ita citissime quidam eorum confringentur, ut omnino pereant, quidam vero, ut in melius mutentur.

VERS. 28. — *Dabo,* inquam, *illi potestatem super gentes, sicut et ego accepi a Patre meo* per humanitatem. Unde in Psalmo Deus Pater ait : *Postula a me, et dabo tibi gentes hæreditatem tuam (Psal.* II), etc. *Et illi stellam matutinam,* id est meipsum manè resurgentem. Stella matutina et lucifer, qui ortus, diem nuntiat, Christus est, qui resurgens, fidei lucem et immortalitatis mundo attulit. Dabit ergo vincenti peccata et custodienti mandata sua, id est omni Ecclesiæ suæ stellam matutinam, id est seipsum, et gloriam resurrectionis. Vel stella matutina resurrectio est prima.

VERS. 29. — *Qui habet aures, audiat quid Spiritus dicat Ecclesiis :* pravam scilicet doctrinam fugiat, et rectam cum bonis operibus fidem custodiat. Iterum subsequenter ait :

CAPUT III.

VERS. 1. — *Et angelo Sardis Ecclesiæ scribe.* Sardis, quæ *principium pulchritudinis* interpretatur, apta atque ornata subauditur : *Hæc dicit qui habet septem spiritus, et septem stellas in dextera sua,* id est in potestate sua : *Scio opera tua, quia nomen habes quod vivas, et mortuus es.* Ac si patenter dicat : Hæc dicit ille, cujus oculos nulla latent : *Qui habet septem spiritus,* quia super eum requiescit Spiritus Domini, *et septem stellas,* id est septiformem Ecclesiam sibi subjectam. *Scio,* inquit, id est nosco opera tua, et scio quod in operibus illis quæris humanam laudem, quia *nomen habes* sanctitatis quod vivas sicut hypocritæ. Vel quosdam habes in subjectione tua, qui se existimant sanctos, sed quia non corrigis illos, mortuus es. Vel mortuus es in charitate proximi, quia non corrigis : quia *qui in uno peccaverit, factus est omnium reus (Jac.* II). *Nomen habes,* inquit, *quod vivas, sed mortuus es.* Ex parte criminibus mortuum, ex parte vero, operibus bonis vivum esse ostendit. Quasi diceret : Ideo te vivere putas, quia in quibusdam bonis operibus exercitium habes, sed attende quia vivere non vales, si vitia prævaluerunt virtutibus quibus vivere videbaris. Sunt enim nonnulli qui eleemosynis insistunt, pauperum curam gerunt, sed ipsi a rapina manus non retrahunt; et his similia facientes, dum se quibusdam bonis operibus vivere putant, unoquolibet facinore multi moriuntur. Ad quorum personam benigna hæc exhortatio dirigitur.

VERS. 2. — *Esto vigilans, et confirma cætera, quæ moritura erant.* Ac si diceret : Ideo igitur, *esto vigilans,* id est sollicitus de salute, et per hoc confirma cætera bona quæ habes ; *quæ moritura erant,* nisi te et proximum corrigas. Moriuntur

etiam in te omnia bona quæ agis, si inde humanam laudem appetis. Si ergo vis in illis, quæ benè gessisti, vivere ; ab his, quæ malè operaris, per pœnitentiam evigila ; quia si in illis mortuus permanes, in istis nullatenus vives. Hinc ostenditur quia, si a peccato per pœnitentiam perfecte quis evigilat, nec illa quæ etiam mortuus benè gessit, post vivens opera amittet, atque in illa vivificat, qui ipse a peccati somno evigilat. Ac si apertius omni ordini episcoporum diceret : Vigila, quia licet sis in te sollicitus, non es tamen perfectus, si cæteros ad benè operandum non excitas. Vel non est satis Christum ore confiteri, nisi etiam opera Christi feceris. Vigila, dico, *non enim invenio opera tua plena coram Deo meo.* Ac si patenter dicat : Opera tua non sunt perfecta, quia fiunt sine charitate, vel pro humana laude : et ideo non sunt in beneplacito Dei. Si igitur ex parte qua mortuus es, reviviscis, cætera quæ adhuc in te vigent, ne moriantur confirmas.

VERS. 3. — *In mente ergo habe qualiter acceperis et audieris; et serva,* o episcope Sardis, *et pœnitentiam age.* Quasi diceret : Quia opera tua non sunt plena, id est non sunt perfecta coram Deo ; in mente habe qualiter ab apostolis acceperis, et a sanctis Patribus audieris, hoc videlicet, quia *qui uno peccaverit, factus est omnium reus (Jac.* II) ; et qui pro humana laude bona operantur, æternam mercedem perdunt : *et serva, et pœnitentiam age,* id est opere completo bonum quod per negligentiam dimiseras. *Si ergo non vigilaveris, veniam ad te, tanquam fur, et nescies qua hora veniam ad te.* Ac si diceret : Quia non sunt plena opera tua coram Deo, si non vigilaveris in bonis operibus, *veniam ad te,* (excæcando te) *tanquam fur,* ut spoliem, et occidam te ; *et nescies,* id est non poteris præcavere, *qua hora veniam ad te.* Ille quippe recte vigilat, qui et bona desiderabiliter providet, et mala solerter cavet.

VERS. 4. — Iterum subsequenter ait : *Sed habes, pauca nomina in Sardis, qui non inquinaverunt vestimenta sua : et ambulabunt mecum in albis quia digni sunt.* Ac si aperte diceret : *Habes pauca nomina in Sardis,* id est homines mihi notos ex nomine, qui comparatione cæterorum criminibus et immunditiæ carnis deservientium, *non inquinaverunt vestimenta sua,* vestem scilicet immortalitatis et innocentiæ quam in baptismo acceperunt, criminali macula, vel factam maculam lacrymis deleverunt : et ideo ambulabunt mecum de virtute in virtutem in albis, promoventes se videlicet, semper in melius mutabuntur, scilicet ad conformitatem meam ascendent, *quia digni sunt,* id est mundi.

VERS. 5. — *Qui vicerit,* inquit, *sic vestietur vestimentis albis, et non delebo nomen ejus de libro vitæ, et confitebor nomen ejus coram Patre meo et coram angelis ejus.* Ac si patenter dicat : Simi-

liter de imitatoribus horum qui vicerit, sic vestietur vestimentis albis, sicut et isti : *et non delebo,*
id est non privabo nomen ejus de libro vitæ, id
est ab æterna Dei cognitione. Liber quoque vitæ
præscientia Dei est, in qua omnia constant. Novit
enim Dominus, qui sunt ejus. Non solum numerum,
sed etiam electorum nomina scit Dominus, sicut
ipse ait ad Moysen : *Novi te,* inquit, *ex nomine*
(*Exod.* xxxiii). *Et confitebor,* ait, *nomen ejus coram*
Patre meo et coram angelis ejus, id est in conspectu
omnium cœlestium virtutum, dicens : nudus fui,
et hic me vestiit : esurivi, et dedit mihi manducare : sitivi, et dedit mihi potum, etc. (*Matth.*
xxv).

Vers. 6. — *Qui habet aures, audiat quid Spiritus*
dicat Ecclesiis. Quasi diceret : Quod uni dico,
omnibus dico. Sequitur :

Vers. 7. — *Et angelo Philadelphiæ Ecclesiæ scribe.*
Philadelphia *amor fratris,* vel *salvans hæreditatem*
interpretatur. *Hæc dicit sanctus et verus, qui habet*
clavem David : qui aperit, et nemo claudit : claudit et
nemo aperit. Scio opera tua, etc. Ac si diceret :
Hæc dicit sanctus, id est firmus : *et verus,* in
promissis : *qui habet clavem David,* carnem scilicet
de semine David ; *qui aperit* dicta prophetarum vel
corda hominum ad fidem, vel obscuritatem Scripturarum, vel januam æternæ vitæ : *et nemo,* scilicet
persecutorum *claudit :* claudit porcis et canibus,
subtrahendo gratiam : *et nemo aperit,* ante porcos
videlicet, ne margaritas fidei conculcent (*Matth.* vii).
Humanitas quoque, et divinitas Christi aperuit
nobis portas paradisi, et fortem armatum devicit.
Ac si aperte dicat : *Qui habet clavem,* id est regiam
potestatem quasi ex stirpe David natus : vel quia
accepit carnem ex semine David, per quam janua
vitæ, quæ in Adam clausa fuerat, nobis aperta est :
vel cujus dispensatione prophetia David patefacta
est, sicut ipse ait : *Necesse est impleri omnia quæ*
in prophetis et psalmis scripta sunt de me (*Luc.* xxiv).

Vers. 8. — *Scio,* inquit, *opera tua,* id est approbo esse bona. Et iterum : *Ecce dedi coram te*
ostium apertum quod nemo potest claudere ; quia
modicam habes virtutem, et servasti verbum meum,
et non negasti nomen meum. Ac si apertius Philadelphiæ Ecclesiæ episcopo diceret : *Dedi coram te*
ostium apertum, corda scilicet hominum prius
dura, vel Scripturas obscuras quæ ad vitam sunt
ostium ovium, quod nemo potest claudere. Unde
discipuli loqui prohibiti et cæsi dixerunt : *Non*
possumus quæ vidimus non loqui (*Act.* iv). *Et quia*
modicam, id est non superbam sed humilem
habes virtutem : vel modicam comparatione futuræ
virtutis, ubi nullus erit labor, *et servasti verbum*
meum, id est prædicationem meam : *et non ne-*
gasti in angustiis *nomen meum.* Et quia talis es,

Vers. 9. — *Ecce dabo tibi de Synagoga Satanæ,*
qui dicunt se esse Judæos, et non sunt, et mentiun-
tur. Ac si patenter dicat : *Dabo tibi de Synagoga*
Satanæ, qui se dicunt esse Judæos et non sunt, quia

videlicet hoc nomen perdiderunt, dum de Christo
dixerunt, Hunc nescimus unde sit (*Joan.* ix). *Sed*
mentiuntur, quia verbis et quibusdam simulationibus
credere dicuntur, sed factis negant. Sicut in sequentibus sexto sæpius ordine, sic et hic in sexto
angelo novissima designatur persecutio, in qua
quidam Judæorum sunt decipiendi, quidam Eliæ
monitis legem spiritualiter impleturi, et hostem,
id est Antichristum creduntur victuri. Iterum
subjungit dicens : *Ecce faciam illis, ut veniant, et*
adorent ante pedes tuos. Quasi dicat : Ego hoc
faciam illis, qui se mentiuntur esse Judæos, videlicet ut non mentiantur dando virtutes et opera :
ut veniant, id est ut gressibus virtutum ad fidem
accedant, qui a Deo longe recesserant ; *et adorent,*
id est venerentur exemplo pedum ante pedes tuos
per similitudinem humiliati, ut Joseph adoraverunt
fratres sui (*Gen.* xlii). Fideles homines pedes
dicuntur, vel quia portant Deum, vel quia
alios secum portant bona operando ad Deum. Ac
si episcopo Philadelphiæ Ecclesiæ diceret : Labora
in conversione fratrum sicut cœpisti, quia ego qui
promisi, *quodcunque petieritis Patrem in nomine*
meo, dabit vobis (*Joan.* xv), sum verax in promissis :
unde scire potes, quia multos congregabo tibi
sicut desideras. Iterum subjiciens ait :

Vers. 10. — *Sciens quia ego dilexi te quoniam*
servasti verbum patientiæ meæ. Ac si aperte dicat :
Infideles qui non crediderunt, Deum diligere Ecclesiam, quam permittebat affligi ; *scient quia ego*
dilexi te, id est quod nunc faciam fidem dilectionis, quia idcirco dilexi te, *quoniam servasti*
verbum patientiæ meæ, scilicet præceptum de patientia quam in me ostendi, orans pro persecutoribus ; vel cujus præcepti dator ego sum. Ac si
apertius diceret : Cum adduxero Judæos ad fidem,
qui prius persequebantur Ecclesiam, tunc scient,
id est credent, quia diligo eam quam prius non
videbar diligere, dum eam patiebar affligi : hoc
erit circa finem mundi quando reliquiæ Israel
salvæ fient (*Isai.* x). Iterum subsequenter ait : *E*
ego te servabo ab hora tentationis, quæ ventura est
in orbem universum tentare habitantes in terra. Ac
si patenter dicat : Sicut tu servasti verbum patientiæ meæ, ita et ego te servabo, ne vincaris ab
hora tentationis, id est probationis, quæ ventura
est in orbem universum, id est in universam Ecclesiam, quæ semper revertitur in idipsum tentare, id
est probare sicut aurum, habitantes in terra, scilicet qui bene excolunt hæreditatem suam, id est
corpus suum et opera sua. *Servabo te,* inquit, *ab*
hora, id est ab horaria discussione, quæ fiet tempore Antichristi, vel in die judicii : vel ab hora,
scilicet ex quo incipiet tentatio Antichristi, quæ
jam incepta est per suos ministros. Unde ait
beatus Hieronymus super Nahum prophetam : « Sicut Christus habuit præcursores suos, scilicet
David, Salomonem, et cæteros sanctos reges et
prophetas : ita Antichristus habuit Antiochum

impiissimum regem, et cæteros reges Ecclesiæ persecutores.) Sequitur :

VERS. 11. — *Ecce venio cito.* Quasi diceret : Tentatio veniet vere, sed ne subcumbatis, ecce venio cito ad remunerandum, vel ad succurrendum. Iterum subjungit dicens : *Tene quod habes ut nemo accipiat coronam tuam.* Quasi diceret : Quia ego venio cito, interim tene quod habes, fidem scilicet et bona opera ; ut, cum sit Deo certus electorum suorum numerus, si quis relabitur, alius misericordia ejus subinducitur : *nemo accipiat coronam tuam,* id est præmium tuum. Hic ostenditur quoniam remuneratio, quæ superbientibus aliquando justo Dei judicio aufertur, aliis misericorditer attribuitur. Iterum subjiciens ait :

VERS. 12. — *Qui vicerit faciam illum columnam in templo Dei mei, et foras non egredietur amplius; et scribam super eum nomen Dei mei, et nomen civitatis Dei mei novæ Jerusalem, quæ descendit de cœlo a Deo meo, et nomen meum novum.* Ac si diceret : Tene quod habes, et vince; quia qui vicerit, faciam illum columnam infrangibilem, scilicet et firmam in se, et sustentantem alios verbo et exemplo; *in templo Dei mei,* in cœlesti videlicet Jerusalem; *et foras non egredietur,* non patiar eum scilicet ab ea discedere amplius. Filius junior, id est gentium populus a domo patris exierat, sed morte vituli saginati (*Luc.* xv), id est cruore Christi reconciliatus foras non egredietur amplius. *Et scribam super eum,* inquit, *nomen Dei mei;* plusquam videlicet mens humana capere et intelligere sensus possit, quodammodo vocabitur Deus juxta illud: *Ego dixi: Dii estis* (*Psal.* LXXXI); *et nomen civitatis Dei mei novæ Jerusalem* : civitas videlicet Dei vocabitur, id est munitus virtutibus, ubi nihil erit vetustatis, sed plena erit visio pacis; *quæ descendit de cœlo,* id est de conformitate cœlestium creaturarum, *a Deo meo,* quia Deus misit ei virtutes et dona sancti Spiritus, quibus talis effectus est; *et nomen meum novum,* Christianus scilicet vocabitur, id est unctus gratia, quod nihil veteris hominis habeat.

VERS. 13. — *Qui habet aures, audiat quid Spiritus dicat Ecclesiis.*

VERS. 14. — *Et angelo Laodiciæ Ecclesiæ scribe.* Laodicia tribus amabilis interpretatur. *Hæc dicit Amen, testis fidelis et verus, qui est principium creaturæ Dei.* Quasi diceret: *Hæc dicit Amen,* id est vere, *testis fidelis,* eorum scilicet quæ a Patre audivit, vel testis operum nostrorum apud Patrem. Verus utique est, quia per eum promissa Patris implentur; vel cui fides est habenda in omnibus verbis, *qui est principium creaturæ Dei,* primæ videlicet creationis, vel recreationis, Jesus Christus scilicet, cujus regni non erit finis qui est sine defectu.

VERS. 15.—*Scio,* inquit, *opera tua, quia neque frigidus es, neque calidus.* Ac si episcopo Laodiciæ Ecclesiæ diceret: *Scio,* id est, non me latent opera tua; non vis scilicet corrigi a pravitate tua; *quia neque frigidus es,* id est, neque omnino fidem ignoras; *neque calidus,* neque videlicet acceptam aperte negas. *Frigidus est qui neque Dei cognitionem habet, neque opera charitatis exercet; calidus est, qui, cum habeat Dei cognitionem, habet charitatis fervorem. Utinam frigidus esses aut calidus ; quia videlicet major spes est de frigidis, quam de tepidis.*

VERS. 16. — *Sed quia tepidus es, et nec frigidus, nec calidus, incipiam te evomere ex ore meo.* Notandum quia non ideo optat eum fieri frigidum, ut non aliquid bonum haberet; sed quia minus peccatum est juxta sententiam beati Jacobi apostoli. *Scienti,* inquit, *bonum et non facienti ; eccatum est* (*Jac.* IV). Frigus enim ignorantiam significat. Ille ergo frigidus non punietur de transgressione intellectus, sed de ignorantia tantum. Vel ideo optat eum esse frigidum potius quam tepidum, quia tales idiotæ et simplices citius convertuntur ad meliorem vitam, et ad majora promoventur quam superbi sapientes. Unde ait beatus Paulus: *Sapientia inflat ; charitas ædificat* (I *Cor.* VIII). Tepidum namque dicimus qui cum Dei notitiam habeat, charitatis fervore caret, vel fidem sine operibus tenet. Ac si aperte dicat : *Sed quia tepidus,* id est torpens est, *et nec frigidus, nec calidus, incipiam te* (excommunicando) *evomere ex ore meo,* id est removere de consortio sanctorum per prædicatores meos, in quibus loquor.

VERS. 17. — *Quia dicis, quod dives sum vel locupletatus, et nullius egeo ; et nescis quia tu es miser, et miserabilis, et pauper, et cæcus, et nudus.* Ac si apertius diceret : Ideo iterum evomam te, *quia dicis,* id est deliberas apud te ita dicens: Me non oportet amplius laborare sicut peccatores *quia dives sum,* id est purgatus in baptismo; vel dives scientiæ divinæ et sæcularis, *et locupletatus,* repletus videlicet virtutibus. *Et nullius egeo;* et ego scilicet ex mea parte quædam alia bona addidi. *Et nescis tu* qui hoc dicis, id est non intelligis *quia tu es miser* (talia scilicet opera non proderunt tibi ad salutem) *et es miserabilis,* in tantum quod per ignorantiam pereas, *et es pauper* ab operibus videlicet virtutis, *et cæcus,* non habens lumen scientiæ, quia non cognoscis vitia, *et nudus* a virtutibus in animo. Quamvis igitur talis sis, ego tamen misericordiam non denego; sed

VERS. 18. — « *Suadeo tibi emere a me aurum ignitum probatum, ut locuples fias et vestimentis albis induaris, et non appareat confusio nuditatis tuæ.* Ac si patenter dicat : *Suadeo tibi,* id est cohortor te fructum pœnitentiæ, jejunando scilicet et orando, *emere a me aurum,* id est meipsum, vel charitatem, *ignitum,* splendidum scilicet et probatum, ubi nihil erit immunditiæ, quod te dilectione Dei et proximi fervere faciet. Vel aurum, id est divinam sapientiam, quæ te purificabit, et ad bene operandum accendet; ideo videlicet, ut *locuples fias* virtutum operibus, *et vestimentis albis induaris,* id est ipsis virtutibus; *et non appareat confusio nuditatis tuæ,* quæ apparuit in primis parentibus cooperire volentibus culpam suam quibusdam excusationibus;

quando dictum est : *Adam ubi es ? (Gen.* III.)

Notandum quia quinque modi sunt specialiter quibus a Domino flagellantur homines. Aliquando videlicet ad augmentanda merita, sicut Job et Tobias; aliquando ad custodiam virtutum, ut Paulus; aliquando ut peccata præterita corrigantur, sicut paralyticus, cui dictum est : *Ecce sanus factus es: vide ne pecces, ne deterius tibi aliquid contingat (Joan.* V). Aliquando vero non ut emendentur, sed ut duplici perditione pereant, ut Antiochus et Herodes; aliquando ut Dei gloria per hoc ostendatur manifesta, sicut Lazarus, et cæcus natus *(Joan.* IX, XI). Sed electi quocunque modo flagellentur, meliores efficiuntur ex flagello. Iterum subsequenter ait: *Et collyrio inunge oculos tuos ut videas.* Quasi diceret: Unge dono sancti Spiritus mentem, quam terrena clauserant. Vel inunge oculos tuos collyrio, id est compunctione et lacrymis pœnitentiæ. Unde ait Psalmista : *Præceptum Domini lucidum, illuminans oculos (Psal.* XVIII). Sequitur:

VERS. 19. — *Ego quos amo, arguo et castigo.* Ac si diceret: Huic meæ exhortationi debes acquiescere, quia *ego,* causa præmissa, *quos amo,* verbis *arguo :* sua videlicet peccata illis cognoscere facio, et flagellis castigo, et castos reddo. *Æmulare ergo, et pœnitentiam age.* Æmulus studiosus dicitur, vel invidus vel imitator. Quasi diceret : Æmulare quos vides pati adversa, et age pœnitentiam de tepiditate tua.

VERS. 20. — *Ecce,* inquit, *sto ad ostium et pulso.* Ac si diceret: Quia tu es tepidus, ecce sto ad ostium, scilicet ad cor clausum, *et pulso,* id est increpo. *Sto,* id est exspecto vel inspiro, vel per prædicatores voco. *Si quis audierit,* ait, *vocem meam, et aperuerit mihi januam, introibo ad illum, et cœnabo cum illo, et ipse mecum.* Ac si aperte dicat: *Si quis audierit* (intelligendo) *vocem meam, et apparuerit* (ad opus meum faciendum) *januam, introibo* (in secreta cordis) *ad illum, et cœnabo cum illo,* quia fide et opere ejus delector, *et ipse mecum,* quia lætabitur de mea visitatione et auxilio. Cœna est communis refectio, quia cœnon *commune* dicitur. Iterum subjungit dicens:

VERS. 21. — *Qui vicerit, dabo ei sedere mecum in throno meo: sicut et ego vici, et sedi cum Patre meo in throno ejus.* Ac si aperte diceret: *Qui vicerit* omnia hæc supradicta, *dabo ei sedere mecum,* id est judicare, *in throno meo,* in illis videlicet in quibus sedeo ego, et judico : *sicut et ego vici, et sedi cum Patre meo in throno ejus,* quia victoria ejus et sessio ejus est causa victoriæ eorum et sessionis eorum. Hoc de prælatis, et per prælatos, de subditis intelligi potest. Sciendum itaque quia quod illi tales et cæteri subjecti non habebunt in se, habebunt in suis prælatis. Qui ergo per se non judicabunt, utique per suos præpositos judicabunt. Tanta enim erit in illis charitas, ut quod quisque viderit in altero, suum deputabit. Ideoque quod non habebit in se, habebit in altero. Sicque omnes electi

potestatem habebunt judicandi in prælatis, sicut habet potestatem totum corpus hominis loqui per os, videre per oculos, audire per aures, odorare per nares, operari per manus, cum singula membra certa habeant officia, quia quod unumquodque membrum non habet in se, habet in altero. Sed ut ad hanc dignitatem Ecclesia pervenire possit, in hac interim peregrinatione humiliata gemit. Nec quærit celsitudinis culmen, ubi tota vita sanctorum humilitatis obtinet nomen.

VERS. 22. — *Qui habet,* inquit, *aures, audiat quid Spiritus dicat Ecclesiis.*

CAPUT IV.

Finita prima visione ingredietur secundam, dicens :

VERS. 1. — *Post hæc vidi : et ecce ostium apertum in cœlo.* Hæc visio non prima sed secunda ponitur, quia, cum suos ad tribulationes invitat, non valet pati, nisi prius neglecta corrigantur, quod fuit in prima. Fere tota hæc secunda visio de ultimis fidelibus agit, quod multum valet ad animationem præsentium : pauca etiam inducit de his, qui ante Incarnationem Christi passi sunt, quod ad idem valet. In hac secunda visione agit de sedente in throno et ornatu ejus, et de agno aperiente librum, id est divinam dispositionem; et de reparatione humani generis, et de solvente septem sigilla; ut, cum viderimus Deum tantam intelligentiam Scripturarum impendisse fidelibus, grati ei simus, et pro eo pati non formidemus. Quid ergo in secunda visione beatus Joannes viderit, audiamus.

Post hæc, inquit, *vidi : et ecce ostium apertum in cœlo.* Non hoc ad vicissitudinem temporum referendum est, sed ad ordinem visionum. Ac si patenter dicat: *Post hæc vidi :* non tempore, sed ordine; et videre potui, quia *ecce ostium apertum in cœlo,* id est in Ecclesia, Scriptura scilicet, quæ est via ducens ad vitam, vel Christus qui vere est ostium, cujus mysteria ante clausa fuerunt, modo sunt aperta his qui fide et opere sunt cœlum. Revera Christus est ostium in Ecclesia nulli fidelium clausum, sed apertum, nisi furibus, id est hæreticis, ejusque præcepta respuentibus. Iterum subjiciens, ait: *Et vox prima, quam audivi, tanquam tubæ loquentis mecum, dicens: Ascende huc, et ostendam tibi quæ oportet fieri cito post hæc.* Quasi diceret: *Et vox prima quam audivi,* id est prophetica, quia novum testamentum præcedit, *tanquam tubæ* (hortatoria ad bellum) *loquentis mecum,* videlicet non dissentiens a rationalitate mea, reddens rationem cur pati deceat, dicens: *Ascende huc, et ostendam tibi quæ oportet fieri cito post hæc.* Ac si dicatur: tu correctus amplifica animum ad intelligendum ista alia, et ascende de superficie litteræ huc, id est ad spiritualem intellectum, et ostendam tibi tribulationes et miracula, quæ oportet fieri post hæc. Quæ jam prætierunt, dicit adhuc oportere fieri, utpote in eodem statu, quo cœperunt, permansura; post hæc in alio statu fiant. Vel post hæc, id est in ultimis fidelibus. Ac si aperte dicat : Postquam Ecclesias tuas de suis peccatis correxisti, te oportet cœli videre secreta, per quæ fideles animentur ad prælia. Iterum subsequenter ait :

VERS. 2. — *Statim fui in spiritu, et ecce sedes posita erat in cœlo, et supra sedem sedens.* Non est ita intelligendum quod spiritus ejus a corpore fuerit ablatus, et sic statim viderit visionem ; sed sicut jam superius dictum est, mente totum hoc vidit. Vis enim Spiritus sancti sublevavit mentem illius ad contemplanda cœlestia mysteria, nihilque per corpus vel audivit vel vidit ; sed a Spiritu sancto in exstasi raptus, eductus est ut videret et audiret spiritualiter ; audiens retineret, possetque ea scribere et ad posteros transmittere. Si vero ad electos hoc referre volumus, spiritualis in hoc eorum conversatio declaratur quibus per Paulum dicitur : *Non estis in carne, sed in spiritu* (Rom. VIII). Et iterum : *Spiritu ambulate et desideria carnis non perficietis* (Gal. V). *Statim,* inquit, *fui in spiritu.* Ac si apertius diceret : *Statim,* id est non repugnavi, sed sine mora abjeci curam totius terrenitatis : et quia ita desiderabam, *ecce sedes posita erat in cœlo,* majores scilicet in Ecclesia in quibus Deus sedet et judicat, *et supra sedem sedens* : ut excedens sedet in aliis sibi subditis. Christus supra inter candelabra ambulans, nunc sedet, id est merita singulorum dijudicans, de quo digne facit his memoriam, quos hortaturus est ad prælium.

VERS. 3. — *Et qui sedebat,* inquit, *similis erat aspectui lapidis jaspidis et sardini.* Ac si patenter dicat : *Qui sedebat,* paratus scilicet ad judicandum, *prius incognitus, similis erat aspectui lapidis jaspidis,* id est apparuit per carnem mundo, confringens ut lapis inimicos, robur suis et pascua præbet, et divinitus viret. Erat etiam similis sardino, caro illius scilicet rubens in passione Per horum duorum lapidum colorem notat Deum et hominem. Christus habet virorem in divinitatis claritate ; habet etiam ruborem in humanitate, per quam et Adam, qui *rubra terra* interpretatur, ad cœlestia revocavit ; et ideo quod in eo viret potentiæ est ; quod rubet, misericordiæ. Et qui ex eo quod viret, scilicet quod Deus est, nos creavit ; ex eo quod rubet, redemit. Jaspis subobscurus significat per viriditatem latentem in homine divinitatem ; sardis autem rubens significat passionem : *Et iris erat in circuitu sedis similis visioni smaragdinæ.* Ἶρις Græce, Latine dicitur *arcus.* Arcus autem in die pluviæ apparet, et est signum propitiationis, dicente Domino tempore diluvii ad Noe (Gen. IX) : *Ponam arcum meum in nubibus cœli,* etc. Smaragdinus lapis viridis est et rubens. Per viridem ergo colorem, qui est aquaticus, baptisma intelligitur ; per rubeum vero dona sancti Spiritus in baptismo accepta, per quæ comburuntur peccata, designantur. Per glaucum vero colorem, qui est inter rubeum et viridem, temperatur justitia rubedinis, et propitiatio viriditatis. Vel in his coloribus

notatur judicium aquæ præteritum, et ignis futurum, in quibus Deus suos salvabit. Sequitur :

VERS. 4 — *Et in circuitu sedis sedilia viginti quatuor.* Quasi diceret : Ex omnibus partibus principalis sedis vidi viginti quatuor sedilia ut appendicia, et judicio ejus consentientia. Sedilia viginti quatuor dicuntur libri duodecim apostolorum et duodecim prophetarum. Iterum subjungit dicens : *Et supra thronos viginti quatuor seniores sedentes, circumamictos vestimentis albis et in capitibus eorum coronæ aureæ.* Omnes doctores veteris sive novi testamenti dicuntur duodecim propter fidem videlicet Trinitatis, quam annuntiant quatuor partibus mundi. Vel viginti quatuor fiunt per sex et quatuor, ex quibus sex referuntur ad opera, quæ Deus sex diebus fecit ; quatuor ad Evangelia, id est ad Ecclesiam, quæ Veteri et Novo Testamento opera Dei colit. Sicut sexies quatuor vel quatuor sex faciunt viginti quatuor, ita quater tria vel ter quatuor faciunt duodecim Nam in viginti quatuor continentur bis duodecim. *Supra thronos,* inquit, *viginti quatuor seniores sedentes :* perfecti scilicet in Ecclesia habentes senes (sic) mores, congregati de quatuor partibus mundi, complentes decem præcepta per geminam dilectionem Dei et proximi, sedent, id est quiescunt ab aliis curis commorantes et delectantes in scientia viginti quatuor librorum. *Circumamictos vestimentis albis,* quæ in baptismo induerunt, quibus peccata teguntur, et albescunt exterius in bonis operibus, et interius in anima virtutibus. Et in capitibus, id est in mentibus eorum erant coronæ, id est victoriæ per sapientiam vel per charitatem pertingentem etiam ad inimicos aureæ. Iterum subjiciens, ait :

VERS. 5 — *Et de throno procedunt fulgura, et voces, et tonitrua.* Ac si diceret : *De throno,* id est de Ecclesia, quæ pluit spiritualem doctrinam, *procedunt fulgura,* scilicet miracula, quæ terrent et illuminant, *et voces,* admonitiones videlicet ad beatitudinem, *et tonitrua,* id est [comminationes de æterna morte. *Et septem lampades,* inquit, *ardentes ante thronum, quæ sunt septem spiritus Dei* id est, septem dona sancti Spiritus, quæ accendunt et illuminant corda hominum, qui sunt sedes Dei. Λαμπὰς, Græce, Latine *flamma* dicitur. Iterum subsequenter ait :

VERS. 6. — *Et in conspectu sedis tanquam mare vitreum simile crystallo.* Ac si aperte dicat : *In conspectu sedis,* id est in evidentia Ecclesiæ prophetica lex primo accedentibus ad fidem Christi est, quasi mare, id est profunda, quorum intellectus litteralis dicitur. Magis vero aliquantulum promotis similis vitro puro, quod aliquantulum clarius videtur, quorum intellectus dicitur moralis. Perfectissimis autem est similis crystallo, per quod clarissime videtur, quorum intellectus dicitur spiritualis. Sicut crystallus ex nimio frigore durescit in lapidem, sic et fideles ex nimietate tribulationum, quæ ideo illis ab impiis, videlicet ut a charitate frigescant, ingeruntur, transeunt in conformitatem lapidis angularis, id est Christi. Vel quia crystallus hanc habet naturam, quia aqua made-facta et radio solis exposita emittit ex se scintillas ignis, sic fideles in Ecclesia aqua baptismatis vel imbre sancti Spiritus madefacti, expositi radio solis, id est ad exemplum Christi, emittunt ex se scintillas ignis, accendendo alios ad bene operandum. Unde ait beatus Paulus : *Hoc faciens carbones ignis congeres super caput eius* (*Rom.* XII). Sequitur : *Et in modo sedis, et in circuitu sedis quatuor animalia plena oculis ante et retro.* Ac si aperte dicat : Vidi in medio sedis id est in medio orbis, scilicet in Jerusalem, ubi primum cœpit fieri sedes Dei, *et in circuitu sedis*, id est per totum orbem, ubi amplificata est sedes Dei; *quatuor animalia*, ordo scilicet Novi et Veteris Testamenti prædicatorum, *plena oculis*, ad hoc ut quatuor Evangelia ab hæreticis defendant, *ante et retro*, memores peccatorum præteritorum, et caventes sibi in futurum; vel habentes cognitionem de his, quæ Deus in principio fecit, et facturus est in fine mundi. Vidi, inquit, quatuor animalia, id est omnes Veteris et Novi Testamenti doctores *in medio* velut sustentatores, *sedis* id est Ecclesiæ; *et in circuitu*, circumquaque scilicet velut excubiæ sedis, agendo de præsentibus, quæ sunt inter præterita et futura, agendo de præteritis et futuris. Iterum subjungit, dicens :

VERS. 7. — *Et animal primum simile leoni*, Marcus scilicet, qui sub similitudine leonis regalem narrat prosapiam Christi, qui ideo similis leoni dicitur, quia sicut leo vocem magnam emisit, dicens : Factum est verbum Domini super Joannem Zachariæ filium in deserto (47). *Et secundum animal simile vitulo*, scilicet Lucas, qui loquitur de sacrificiis Patrum veteris testamenti, quod in eis figuretur. Sic enim in initio Evangelii loquitur, dicens : *Fuit in diebus Herodis, regis Judææ, sacerdos nomine Zacharias* (*Luc.* 1). *Et tertium animal habens faciem quasi hominis*, scilicet Matthæus, qui de Dei et Virginis Filii humanitate sic loquitur dicens : *Liber generationis Jesu Christi filii David, filii Abraham* (*Matth.* 1). *Et quartum animal simile aquilæ volanti*, scilicet Joannes transcendens omnem humanam atque angelicam creaturam, ipsam divinitatem irreverberatis oculis contemplatus dicens : *In principio erat Verbum* (*Joan.* 1).

Hæc animalia typice Christum significant, qui pro humani generis salute dignatus est nasci, mori, resurgere, et ascendens in cœlum, sedet in dextera Dei Patris. Dei etiam animalia sunt fideles rationales et mansueti, ut homo; sine terrore ferentes adversa, ut leo; sese mortificantes, ut vitulus in sacrificio; cœlestia petentes, ut aquila. Leo, ut fertur, mortuus nascitur, et die tertia voce patris vivificatur. Sic et Christus die tertia resurrexit. Et resurgere oportuit, quia mortuus fuit. Et mori potuit, quia homo exstitit. Et cum homo et mortuus

fuerit, resurgere potuit; quia aquila, id est non homo, sed Deus et homo fuit. Ezechiel, quod futurum erat, prævidens, prius hominem posuit, deinde leonem (*Ezech.* 1), quia Christus homo nascendo fuit, in prædicatione autem leo exstitit. Postea vero vitulum posuit, quia sacrificatus Deo Patri in ara crucis fuit : tandem aquilam, quia ad cœlos ascendit. Joannes vero hæc omnia impleta videns, primo leonem posuit quasi fundamentum totius fidei. Iterum subjiciens, ait :

VERS. 8. — *Et quatuor animalia singula eorum habebant alas senas.* Ac si apertius diceret : Ad hoc, ut ista de Christo prædicarent, bene instructi erant. Prima ala lex est naturalis, secunda lex Mosaica, tertia prophetica, quarta evangelica, quinta institutiones apostolorum, sexta quorumcunque, ut Augustini, Gregorii, Hieronymi, Ambrosii, Benedicti et Isidori, per quos sancta Ecclesia alta petit, et a quibus prædicatores accipiunt totius prædicationis firmamentum. Vel sex alæ cognitio est operum, quæ Deus sex diebus perfecit, quorum notitia multum sublevantur, qui in eis bene operantur. *Et in circuitu*, inquit, *et intus plena sunt oculis.* Revera doctores Ecclesiæ, quia se mundos servant, et alios exemplis informant; per litteram simplices, per allegoriam vero perfectiores instruunt; vel quia in medio et in finibus terræ illuminant, in circuitu et intus plena sunt oculis; vel plena oculis intus, id est in conscientia munda, *et in circuitu*, scilicet in conspectu hominum irreprehensibiles sunt; vel quia fidem, quam habent in corde foras manifestant in ore. Iterum subsequenter ait : *Et requiem non habebant die ac nocte dicentia : Sanctus, sanctus sanctus Dominus Deus omnipotens, qui erat, qui est, et qui venturus est.* Ter dixit sanctus, quia Deus trinus est in personis, et semel *Dominus Deus omnipotens*, quia unus in majestate, qui erat sine principio, et qui est immutabilis, et qui venturus est : Filius scilicet corporaliter apparebit, imo etiam ipsa divinitas se fidelibus manifestabit. Sequitur :

VERS. 9-10. — *Et cum darent illa animalia gloriam, et honorem, et benedictionem sedenti super thronum, viventi in sæcula sæculorum, procidebant viginti quatuor seniores ante sedentem in throno, et adorabant viventem in sæcula sæculorum, mittentes coronas suas ante thronum dicentes : Dignus es, Domine*, etc. Ac si patenter dicat : *Cum darent illa animalia*; id est, omnes doctores Ecclesiæ cum attribuerent, et prædicarent, et profiterentur fidei suæ, vel in resurrectione gloriam, vel in ascensione honorem operationis, vel in exaltatione benedictionem supernæ remunerationis, *sedenti super thronum, viventi in sæcula sæculorum, procidebant viginti quatuor seniores*; id est omnes Veteris et Novi Testamenti prædicatores humiliabant seipsos ante sedentem in throno, id est in beneplacito ejus; et omne bonum

---

(47) Nullibi sic legit Marcus, sed verba Lucæ sunt cap. III. 2; communiter interpretes sequuntur hic Hieronymum lib. 1 *contra Jovinian.*

dicentem : *Marcus... habet... faciem leonis, propter vocem clamantis in deserto. Parate viam Domini, rectas facite semitas ejus* (cap. 1).

suum ad illum referebant, dicentes : *Non nobis,* A
Domine, non nobis ; sed nomini tuo da gloriam
(*Psal.* CXIII). *Et adorabant viventem in sæcula sæcu-*
lorum : quod a se videlicet non habebant ab illo,
requirebant voce, opere, et in secreto cordis,
mittentes coronas suas ante thronum, id est attribuentes Deo victoriam vitiorum vel tribulationum,
exemplum laudis dantes aliis, dicentes :

VERS. 11. — *Dignus es, Domine Deus noster, ac-*
cipere gloriam et honorem, et virtutem ; quia tu
creasti omnia, et propter voluntatem tuam erant, et
creata sunt. Quasi dicerent : *Dignus es Domine*
Deus noster accipere a nobis gloriam, et honorem,
et virtutem; quia tu omnia bona hæc tribuisti nobis,
et ideo tibi sunt attribuenda, non nobis. Ideo etiam
omnia ad te sunt referenda, *quia tu creasti omnia,*
et non de subito, sed propter, id est, juxta tuam
voluntatem erant in arte, priusquam formarentur
in opere. *Et creata sunt,* visibiliter existendo : vel
quædam secundum spiritualem creationem jam
erant in prædestinatione omnipotentis Dei, et creata
sunt in opere visibili. Hoc denique figuratum est,
quando Domino Jerosolymam veniente, turba quæ
obviam illi venit, palmas, quibus victoria significatur, ante pedes asinæ cui sedebat prostravit
(*Matth.* XXI). Quod enim per palmarum ramos in
via stratos, hoc significatur per coronas ante
thronum positas.

CAPUT V.

VERS. 1. — *Et vidi in dextera sedentis supra* C
thronum librum scriptum intus et foris signatum si-
gillis septem. Ac si diceret : *Vidi in dextera Dei*
Patris sedentis supra thronum, id est in Filio per
quem omnia fecit, ad quem totius libri intentio dirigitur ; *librum scriptum intus et foris,* scilicet duo
Testamenta, quæ idem sunt foris secundum Vetus
significans, vel quia forinseca promittit. *Intus,*
secundum Novum significatum, vel quia interdum
promittit beatitudinem. Vel *intus,* id est in occul-
tioribus, secundum perfectiores ; *foris* in simpli-
cioribus verbis, secundum minus perfectos : *signa-*
tum, id est clausum, *sigillis septem,* universis scilicet mysteriis et obscuritatibus de septem ætatibus
mundi. Vel clausus erat liber septiformi Spiritu, D
per quem fides aperitur. Vel liber dispositio est
divinæ de reparatione hominum, qui est scriptus,
id est manifestatus, *intus,* scilicet obscure in Veteri Testamento, ut Moyses ait filiis Israel : *Ad*
vesperum immolabitis agnum (*Exod.* XII), ibi manifestans in ultima ætate futuram nostram reparationem per Christi immolationem, *et foris,* id est
evidenter in Novo Testamento. Iterum subjiciens
ait :

VERS. 2. — *Et vidi angelum fortem prædicantem*
voce magna, id est quemlibet priorum Patrum in-
quirentem et aliis annuntiantem, ac præ nimio desiderio tandiu differri conquerentem, et dicentem :
Quis est dignus aperire librum et solvere signacula
ejus ? Ac si apertius dicatur : Putas videbo ? Putas

durabo ? *Quis est dignus aperire librum ?* id est
implere divinam dispositionem de humani generis
reparatione, et *solvere,* scilicet manifestare; et exponere *signacula,* id est ænigmata et obscuritates
libri septem ? Nullus, nisi Dei et Virginis Filius.
Hujus itaque libri apertio humani generis est redemptio.

VERS. 3. — *Et nemo poterat in cælo, neque in*
terra, neque subtus terram aperire librum, neque
respicere illum. Ac si aperte dicat : Nemo eorum
qui erant *in cælo,* videlicet angelus; *neque in terra,*
homo, *neque subtus terram,* anima carne exuta,
poterat aperire librum, id est implere divinæ dispositionis [f. divinam disposition.], vel utriusque
Testamenti sacramenta perfecte intelligere, *neque* B
respicere illum. Unde dicitur : *Generationem ejus*
quis enarrabit ? (*Isai.* LIII.)

VERS. 4. — *Et ego flebam multum, quia nemo di-*
gnus inventus est aperire librum, nec videre eum. Ac
si apertius diceret : *Ego Joannes flebam multum* in
persona scilicet antiquorum Patrum, qui dolebant
humani generis diuturnam captivitatem, et illius
reparationem ad plenum non intelligebant. De quibus in Evangelio discipulis ipse Dei et Virginis Filius ait : *multi reges et prophetæ voluerunt videre,*
quæ vos videtis, et non viderunt ; et audire quæ au-
ditis, et non audierunt (*Luc.* X). Ideo, inquit, ego flebam multum : quia non solum nemo dignus erat
aperire librum ; sed neque respicere illum ; nullus
videlicet perfecte intelligere poterat dispositionem
humanæ redemptionis.

VERS. 5. — *Et unus de senioribus dixit mihi : Ne*
fleveris. Quilibet videlicet propheta, qui Christi adventum annuntiando aliis, consolatur. Unde Isaias
propheta ait : Ecce veniet Dominus princeps regum
terræ, et ipse aufert jugum captivitatis nostræ
(*Isa.* XIV). Sed quid senior dixerit audiamus : *Ecce*
vicit leo de tribu Juda, radix David, aperire librum,
et solvere septem signacula ejus. Præteritum posuit
pro futuro. Ac si patenter Moyses vel David, sive
aliquis prophetarum antiquo populo ad consolationem loqueretur dicens : *Ecce vicit leo de tribu Juda,*
id est vincet diabolum, mundum, mortem, et infernum : *radix David,* procedens videlicet de semine
David, vel firmamentum David, per quem David
subsistet, vincet dico ad hoc, ut aperiat librum, et
solvat, id est exponat septem signacula ejus, ænigmata scilicet et obscuritates reparationis humanæ.
Leo iste, qui mundum et fortem armatum, id est
diabolum vicit, humilibus parcit, et superbis resistit. Leo dum fugatur, per montes fugit ; nodo,
quem habet in cauda, delet vestigia ; ita Christus
per montes fugit, cælos videlicet ascendit, divinitas
Judæos latuit, assumpta carne divinitatem texit,
ne posset agnosci. Sicut leo, apertis oculis, consuevit
dormire, ita Christus exspiravit, divinitate vivente.
Sequitur :

VERS. 6. — *Et vidi : et ecce in medio throni, et*
quatuor animalium, et in medio seniorum, agnus

stantem tanquam occisum, habentem cornua septem, **A**
et oculos septem, qui sunt septem Spiritus Dei, *missi
in omnem terram.* Exsequitur quomodo vicerit leo,
et ubi. Quasi diceret : Sicut unus de senioribus, ex
sanctis videlicet prophetis, mihi prædixerat, *vidi :
et ecce in medio throni,* id est in communi utilitate
Ecclesiæ et quatuor animalium, scilicet Novi Testamenti prædicatorum, *et in medio seniorum*, id est
prophetarum, *agnum stantem*, simplicem videlicet,
innocentem, suos milites certantes adjuvantem, *tanquam occisum*, quia etsi mortuus est ex infirmitate
carnis, vivit tamen ex virtute Dei (*II Cor.* XIII) :
vel inter suos tanquam occisus in quibus quotidie
mortificatur, *habentem cornua septem*, homines scilicet mundos in septem ætatibus mundi, *et oculos
septem, qui sunt septem spiritus Dei, missi in omnem* **B**
terram. Iterum subjungit dicens :

VERS. 7. — *Et venit : et accepit librum de dextera
sedentis in throno.* Ac si diceret : Venit Dei Filius
per carnem ad cognitionem hominum, *et accepit
librum*, id est dispositionem reparationis humanæ,
de dextera, a verbo scilicet sibi conjuncto; Verbum
dico Dei Patris sedentis in throno.

VERS. 8. — *Et cum aperuisset librum, quatuor animalia, et viginti quatuor seniores ceciderunt coram
agno, habentes singuli citharas et phialas aureas plenas odoramentorum, quæ sunt orationes sanctorum.*
Ac si apertius dicatur : *Cum aperuisset librum*, id
est cum omnia quæ de se prædicta erant, manife-
stasset, *quatuor animalia*, omnes videlicet prædica- **C**
tores *et viginti quatuor seniores*, id est omnes judices in Ecclesia, ceciderunt coram agno, scilicet
humilia de se sentiendo ipsumque imitantur, ut et
ipsi ad similitudinem ejus patiantur, et tam pro se,
quam pro sibi subditis reddentes Deo Patri, et eidem
agno, et Spiritu sancto gratias de redemptione humani generis. *Habentes singuli citharas*, id est mortificantes et macerantes carnem suam reddebant
Trinitati dulce sonum, gratas scilicet laudes. Cithara constat ex ligno et chorda; lignum ergo est
crux Christi, chorda sanctorum caro, quæ tenditur
in ligno, dum diversis tormentis eumdem sonum
reddentes, crucem Christi imitantur. *Et phialas aureas*, lata scilicet corda divina sapientia et charitate, etiam usque ad inimicorum dilectionem re- **D**
pleta; *plenas odoramentorum, quæ sunt orationes
sanctorum* Deo suaviter redolentium. Quod Psalmista precatur dicens : Dirigatur, Domine, oratio mea
sicut incensum in conspectu tuo (*Psal.* CXL).

VERS. 9. — *Et cantabant canticum novum dicentes:
Dignus es, Domine,* etc. Cum exsultatione quippe
sancta Ecclesia canticum novum cantat, id est Novum Testamentum opere profitetur, dum in morte
Christi baptizatur ; et cum lætitia annuntiat præceptum Christi, id est *mandatum novum do vobis :
ut diligatis invicem sicut dilexi vos* (*Joan.* XIII). Sed
quid Veteris et Novi Testamenti seniores dicant,
audiamus :

VERS. 10. — *Dignus es, Domine, accipere librum, et
aperire signacula ejus, quoniam occisus es, et rede-
misti nos Deo in sanguine tuo ex omni tribu, et lingua, et populo et natione : et fecisti nos Deo nostro
regnum et sacerdotes : et regnabimus super terram.*
Ac si apertius dicerent : *Dignus es, Domine Jesu
Christe*, quia es immunis a peccato, *accipere in*
quantum homo es, de manu Patris *librum*, id est
officium humanæ reparationis; *et aperire* nascendo,
moriendo, resurgendo, atque ascendendo, *signacula
ejus*; et vere dignus, *quoniam occisus es; etenim re-
demisti nos Deo* obediens *in sanguine tuo ex omni
tribu* Judæorum, *et lingua* gentilium, *et ex omni populo* gentili *et natione*, tam servorum quam liberorum; *et fecisti nos Deo nostro* (sic congregatos) *regnum*, spiritualiter scilicet regnantes, *et sacerdotes*,
nos ipsos offerentes, et pro aliis orantes; *et regnabimus*, ab omni servitute, sicut reges super terram
viventium, vel super omnia terrena, despiciendo
ea. Omnes electi reges appellantur, quia tyrannidem vitiorum in se consurgere non sinunt. *Rede-
misti nos*, inquit, *ex omni tribu et lingua.* Tribus
dicitur a tribus ordinibus, in quibus septuaginta
duæ linguæ sunt; in singulis quarum, multi populi;
in populo, nationes. Non enim est apud Deum personarum distinctio, sed in omni gente qui timet Deum,
et operatur justitiam, acceptus est illi (*Act.* X). Iterum subsequenter ait :

VERS. 11-12. — *Et vidi et audivi vocem angelorum
multorum in circuitu throni, et animalium et seniorum; et erat numerus eorum millia millium dicentium voce magna : Dignus est agnus qui occisus est
accipere virtutem et divinitatem, et sapientiam, et
fortitudinem, et honorem, et gloriam, et benedictionem.* Ac si apertius diceret : Non solum animalia
et seniores ex officio suo vidi idem attestantes, sed
etiam omnes angeli congratulabantur eis. *Vidi*, inquit, *et audivi vocem angelorum multorum*, electorum videlicet spirituum supernorum, qui Ecclesiam
muniunt et custodiunt; qui de reparato consortio
sanctorum hominum gratulantur; qui testimonium
perhibent Christo in annuntiatione, nativitate, passione, resurrectione, et ascensione, judicem venturum testati sunt. Vel angeli minores homines, id
est subditi sunt in Ecclesia angelicam vitam ducentes, qui circumdant et honorant suos prælatos,
et suos judices testimonio eorum consentientes et
confirmantes. *Et erat numerus* omnium videlicet
supradictorum, *millia millium*, id est nobis infinitus
et incognitus; quia finitum est apud Deum quod
hominibus est infinitum; quanto plures sunt testes,
tanto major est attestatio, et majus gaudium. Tot
quippe sancti homines ascensuri sunt in cœlo, quot
ibi remanserunt angeli, cadente diabolo; quoniam
in omnibus angelorum ordinibus sancti homines locum habebunt. Quod beatus Gregorius testatur i-
cens (48) : « Superna illa civitas ex angelis atque
hominibus constat : ad quam credimus tot homines

ascendere, quot illic contigit angelos remansisse, id est angelorum. Unde ait Hispaniarum doctor Isidorus (49) : « Bonorum angelorum numerus, qui post ruinam angelorum malorum est diminutus, ex numero electorum hominum supplebitur; qui numerus soli Deo est cognitus.» Sed quid multitudo angelorum et omnium sanctorum dicat, audiamus ; O vos auditores, *dignus est agnus qui occisus est, accipere virtutem*, id est immunitatem a peccato, *et divinitatem*, quia Deus fuit visus mortuus, *et sapientiam*, omnium rerum per Verbum sibi unitum, *et fortitudinem*, qua vicit diabolum constans in passione, *et honorem* in resurrectione, *et gloriam*, id est impassibilitatem et immortalitatem, *et benedictionem* in exaltatione ascensionis : *Ut in nomine Jesu omne genu flectatur coelestium, terrestrium, et infernorum* (*Philip.* II). Qui appellatur leo propter fortitudinem, ipse appellatur agnus propter innocentiam et simplicitatem, et quia in sacrificium est oblatus Deo Patri. Iterum apertius exponatur, ut audientium mentibus arctius imprimatur : *Dignus est, agnus qui occisus est accipere virtutem*, id est spiritum consilii, *et divinitatem*, spiritum scilicet pietatis, *et sapientiam*, spiritum videlicet sapientiæ, *et fortitudinem*, id est spiritum fortitudinis, *et honorem*, spiritum videlicet scientiæ, *gloriam et benedictionem*, id est spiritum timoris Domini. Sequitur :

VERS. 13.— *Et omnem creaturam, quæ in coelis est, et quæ super terram, et subtus terram, et mare, et quæ in eo sunt : omnes audivi dicentes : Sedenti in throno et Agno benedictio, et honor, et gloria, et potestas in sæcula sæculorum.* Ac si patenter dicat : *Omnem creaturam*, id est omnes gradus fidelium, *quæ in coelis*, scilicet angelorum militiam, *et quæ super terram*, videlicet contemplativos, *et subtus terram*, id est electos mortuos, vel activos, qui designantur per mare vel mundum ad litteram, *et quæ in eo sunt*, qui sunt, id est immobiles manent; *omnes audivi*, id est animalia et seniores angelorum testimonio assensum præbent, omnes in simul dicentes, id est confitentes : *sedenti in throno, et Agno*, scilicet Deo Patri, et Filio, Deo videlicet Trinitati, quia Spiritus sanctus in Patre et Filio est, *sit benedictio* in miraculis, *et honor* in operatione, *et gloria* in confessione *et potestas in sæcula sæculorum* jure scilicet, quia omnipotens est in resistendo vitiis. Ac si apertius diceret : *Benedictio*, id est augmentatio, quam habemus in bonis operibus, *et honor* quem inde consequitur (50), *et gloria* de virtutibus quas in baptismo accepimus, *et potestas* qua concupiscentiis resistimus ; hoc totum non nobis sed Deo Patri, et Filio, et Spiritui sancto viventi in sæcula sæculorum, attribuatur.

VERS. 14.— *Et quatuor animalia dicebant : Amen* id est alii jam facti quatuor animalia et viginti quatuor seniores per prædicationem supradictorum animalium et seniorum confirmando quod illi dixerant, *dicebant : Amen*; scilicet verum est testimonium, quod Deo reddidistis. *Et viginti quatuor seniores ceciderunt in facies suas, et adoraverunt.* Quasi diceret : *Viginti quatuor seniores*, id est omnes judices Ecclesiæ, tam veteris, quam novæ legis non superbierunt, eo quod alios judicarent, *sed ceciderunt*, videlicet humiliaverunt se *in facies suas*, id est in corda sua *et adoraverunt* mente, ore, et opere, scilicet venerati sunt Deum, eo quod eorum conscientiæ bonæ erant.

CAPUT VI.

VERS. 1.— *Et vidi quod aperuisset Agnus unum de septem sigillis.* Superius dictus est : *Ecce vicit leo de tribu Juda aperire librum et solvere septem signacula ejus; et tunc vidi quod aperuisset Agnus unum de septem sigillis*, illud videlicet quod futurum erat in primo statu de septem statibus Ecclesiæ. Apertio sigilli revelatio est sacramenti. Verum per septem sigilla, sicut supradictum est, plenitudo mysteriorum absconditorum designatur, quæ latebant ante adventum Domini. *Et audivi unum de quatuor animalibus, dicens tanquam vocem tonitrui : Veni, et vide.* Ac si diceret : *Audivi unum de quatuor animalibus*, id est de quatuor ordinibus quatuor Evangelia prædicantibus, *dicens, tanquam vocem tonitrui*, quia Evangelium terret, sicut tonitruum. Animalia Joannem, id est primitivi sequentem invitant Ecclesiam. Ac si aperte dicant : *Veni*, et a mysterio transi, et compleram *vide* veritatem.

VERS. 2.— *Et ecce equus albus, et qui sedebat super illum, habebat arcum, et data est ei corona, ei exivit vincens ut vinceret.* Ac si patenter dicat : *Ecce equus albus*, id est primus status, scilicet Ecclesia in baptismo albata, vel maxime prædicatores qui ubique Deum ferunt, vel caro Christi immunis a peccato; *et qui sedebat super illum habebat arcum*, Christus scilicet habens Scripturam, qui illuminat suos; et occidit inimicos : *et data est ei corona*, id est divina Scriptura, quæ vulnerat corda audientium; et resistit hæreticis; *et exivit vincens ut vinceret* in se vel in suis membris gentes, quia quod prædicatores faciunt, Deo attribuimus. Vel, *exivit* de sinu Patris, vel de utero Virginis *vincens ut vinceret* in se et in membris suis diabolum, et omnes superbos. Primus status Ecclesiæ per album equum, id est per Ecclesiam innocentem, dealbatam virtutibus, et fortem contra hæreticos designatur. De septem igitur statibus primus status est prædicatorum, qui intelligitur per equum album, secundus per equum rufum, tertius per nigrum, quartus per pallidum, quando videlicet conversi de Judæis et gentibus passi sunt persecutionem ab hæreticis ; quintus in quo nos sumus

(49) Lib. I *Sent.*, c. 10.
(50) *Consequimur*, vel ut Glossa : *qui inde consequitur*.

modo, in quo non adeo sunt rabies hæreticorum ; sextus in tempore Antichristi ; septimus dies judicii. Postquam ergo Agnus quæ de se prædicta erant, implevit, et Ecclesiam suam testimonio prophetarum et angelorum in fide solidavit ; aperit ei sensum, ut intelligat Scripturas, et per prædicatores exterius denuntiat quid pro hac fide pati debeant, et quæ auxilia vel quas coronas suis militibus præferat ; quia facta memoria de reparatione, si de tribulationibus taceret, citius deficere possent, dum illis improviso tribulatio insurgeret. Iterum subjungit dicens :

Vers. 3. — Et cum aperuisset sigillum secundum, audivi secundum animal, dicens : Veni et vide. Ac si diceret : Cum aperuisset sigillum secundum, id est quando apostoli eorumque discipuli cœperunt prædicare Judæis infidelibus, ordine videndi et tempore, audivi secundum animal de supradictis quatuor ordinibus prædicantium Evangelii [f. Evangelium], dicens : Veni et vide. Ac si aperte dicat : O Joannes, tibi provide ab equo rufo, quia quod in corde habet, opere implet.

Vers. 4. — Et exivit alius equus rufus : et qui sedebat super illum datum est ei, ut sumeret pacem de terra, et ut invicem se interficiant homines, et datus est ei gladius magnus. Ac si patenter dicat : Exivit, ab amicitia Dei, alius equus rufus, infidelis, superiori equo contrarius, scilicet aperti persecutores et sanguinolenti : et qui sedebat super illum, id est diabolus, datum est ei, id est concessum, ut sumeret pacem, scilicet exteriorem, per Titum et Vespasianum, de terra, id est de Judæa ; vel, concessum est illi a Deo, ut auferret omnem quietem animi ab his qui sunt terrenis dediti. Et ut invicem se interficiant gladio materiali vel spirituali, monendo ad malum opus, et dando pravum exemplar alter alteri. Et datus est illi gladius magnus, id est magna potestas interficiendi ; quia non solum minores, sed etiam majores, ut Petrus et Paulus interfecti sunt. Videns diabolus Ecclesiam institui ad locum unde ipse ceciderat supplendum, et (51) omnia nititur subvertere prius aperte, deinde occulte.

Vers. 5. — Et cum aperuisset sigillum tertium, audivi tertium animal, dicens : Veni et vide. Quasi diceret : Cum aperuisset Agnus sigillum tertium, id est quando discipuli apostolorum transitum fecerunt de Judæis ad gentes, audivi tertium animal, scilicet tertium ordinem prædicatorum dicentium : Veni et vide, et provide tibi ab equo nigro. Et ecce equus niger et qui sedebat super eum habebat stateram in manu sua. Ac si diceret : Ecce equus niger, id est gentilis populus vel hæretici, offuscans sua vitia quibusdam bonis operibus ; et qui sedebat super eum, ipsi videlicet diabolo quod sui per eum operantur attribuimus, habebat stateram in manu sua,

quia non licebat ei nocere, nisi quantum ei permittebatur. Vel, habebat stateram in manu sua, quia hæretici dicunt se veram in Scripturis discretionem habere ; et quod prædicant, se opere implere jactant. Videns diabolus se per apertos persecutores non profecisse, immittit hæreticos qui falsis rationibus contra Ecclesiam contendant, ut eam facilius decipiant. Iterum subjiciens ait :

Vers. 6. — Et audivi tanquam vocem in medio quatuor animalium dicentium : Bilibris tritici uno denario, et tres bilibres hordei denario, et vinum, et oleum ne læseris. Ac si aperte dicat : Quia hic majus periculum prætenditur, audivi tanquam vocem angeli existentis in medio quatuor animalium, id est in communi utilitate prædicatorum dicentium : Ne timeatis, o fideles, quia non poterunt vos lædere ; et vos diaboli ne lædatis eos, non enim perficietis, quia bilibres tritici denario, vas scilicet capiens duos sextarios plenos tritici, id est Ecclesia habens fidem, et operationem, emitur singulariter uno denario, videlicet sanguine Christi. Et tres bilibres hordei plenos, denario emptos, id est eos, qui cum fide sanctæ Trinitatis complent duo præcepta charitatis, et vinum et oleum, istos videlicet qui sunt refecti vino, id est sanguine Christi, et oleo, id est Spiritu sancto uncti, ne læseritis. Libra constat ex duodecim unciis, et duodenarius ex duobus senariis ; per quod intelliguntur illi, qui per geminam dilectionem duodecim apostolorum præcepta complent. Vel ne læseris illos, qui sunt complentes quatuor evangelia cum fide sanctæ Trinitatis, et cum dilectione Dei et proximi, pleni tritici, id est abundantes refectiva doctrina, quia sunt redempti uno, id est solo denario, scilicet singulari sanguine Christi. Triticum in hoc loco perfectiores appellat, qui tribulatione attriti, igne excocti, Deo cibus suavis sunt (52). Emina appendet libram unam, quæ geminata sextarium reddit ; sextarius vero duarum librarum est, qui bis assumptus, vocatur bilibris, assumptus quater, fit Græco nomine conix [f. chœnix], quinquies complicatus, quinarem sive gomor facit. Videns itaque diabolus, nec per apertas tribulationes, nec per apertas hæreses se posse proficere, præmittit falsos fratres, qui sub habitu religionis obtinent naturam rufi et nigri equi. Iterum subsequenter ait :

Vers. 7. — Et cum aperuisset sigillum quartum, audivi vocem quarti animalis dicentis : Veni et vide. Ac si patenter dicat : Audivi vocem quarti animalis me admonentis sic : Veni ad fidem, et vide, id est provide tibi : et est opus quia,

Vers. 8. — Ecce equus pallidus, scilicet mortui vel affligentes se sicut hypocritæ, qui ideo jejunant et vigilant, ut pallidi appareant : et qui sedebat desuper, videlicet diabolus, nomen illi mors ; quia per

---

(51) Superest conjunctio, et, Glossa habet eam, loco, omnia.

(52) Ex Isidoro, lib. xvi Etymolog., c. 26.

eum mors intravit in orbem terrarum (*Rom.* v), vel ad litteram quia quosdam occidit in corpore, quosdam in anima : *et infernus sequebatur eum*, id est insatiabiles terrenis vitiis imitantur illum; vel qui sunt in inferno ponendi, obediunt ei. *Et data est illi potestas super quatuor partes terræ interficere gladio, fame, et morte, et bestiis terræ.* Quasi diceret : *Data*, scilicet permissa est illi equo, id est hæreticis, *potestas super quatuor partes terræ*, scilicet super omnes malos morantes vel super Judæos et gentiles, hæreticos et falsos Christianos, *interficere* fideles *gladio* materiali vel persuasionis, *fame* divini verbi, et *morte* spirituali, et *bestiis terræ*, bestialibus videlicet ministris. Ilic aperte monstratur, quia singulis gentibus Deus omnipotens angelos secundum meritum suum præposuit; Et sicut bonis bonum, id est Michaelem, præfecit angelum; ita et malis malum. Unde est illud : *Nemo est adjutor meus in omnibus his nisi Michael princeps vester* (*Dan.* x). Quatuor etiam angeli, qui quatuor principalibus regnis sunt præpositi, non boni fuerunt, sed mali. Si Deus hanc famem immittit, quid inde peccat diabolus? Quæ quæstio facile solvitur; quia quod Deus facit justo judicio, diabolus facit invasione, deceptione, et mala voluntate. Sequitur :

VERS. 9. — *Et cum aperuisset sigillum quintum, vidi subtus altare animas interfectorum propter verbum Dei, et propter testimonium quod habebant.* In hoc statu quinto subdit consolationem eis quibus talia inferuntur, ut ea patienter tolerent, et geminas stolas exspectent, unam in præsenti, et alteram in futuro. Ac si diceret : *Vidi subtus altare animas* Jesu Christo capiti suo se humiliantes : vel *sub*, id est in absconso, quia nemo in hac vita plene percipit quomodo ibi sint. *Animas* dico *interfectorum* aliquibus tribulationibus, vel aperto martyrio *propter verbum Dei*, id est præceptum quod impleverunt, *et propter testimonium* quod ante reges et præsides testati sunt. Ac si apertius dicatur : *Vidi subtus altare* Dei, id est sub divina potestate quæ fit per spirituale sacrificium, scilicet per cor contritum et humiliatum quod est, super altare, id est super Christum, qui est firmamentum nostrum, et subtus eum, quoniam quasi in secreto conservat nobis remunerationem illius sacrificii; *animas interfectorum propter Dei testimonium*, quod coram aliis testati sunt. In tabernaculo Moysi duo altaria fuerunt : prius scilicet ære coopertum sub divo, ubi sacrificia cremabantur; aliud vero interius ante velum, in quo tantum sanguis ponebatur et tymiama; et erat vestitum auro (*Exod.* xxvi; xxx). Per hæc duo altaria duo significantur populi. Per altare exterius carnalis, id est Judaicus populus, qui tantummodo per legis opera et sacrificia putat se salvari posse, et justificari; per altare vero aureum, quod erat interius, spirituales utriusque testamenti, qui non per legem aut per opera sacrificiorum se putant posse salvari solummodo, sed potius per

fidem Christi. Unde ait patriarcha David : *Sacrificium Deo spiritus contribulatus cor contritum et humiliatum* (*Psal.* L).

VERS. 10. — *Et clamabant* animæ videlicet interfectorum, *voce magna*, id est magno desiderio, dicentes : *Usquequo, Domine,* (sanctus et verus) *non judicas et vindicas sanguinem nostrum de his, qui habitant in terra?* Ac si aperte dicant : *Usquequo, Domine, sanctus,* amans videlicet sanctitatem in operibus, et *verus* in promissis, quare *non judicas,* faciendo discretionem bonorum et malorum, et *vindicas,* inferendo pœnas, *sanguinem nostrum de his qui habitant* (amore) *in terra,* id est in terrenis delectationibus. Altari Christus intelligitur, super quem fideles offerunt, et quem habent munimentum. Vel ipsæ animæ sunt altare, de quibus fumus procedit Deo delectabilis, et quæ fuerunt sanguine linitæ, modo existentes *sub,* id est in minori dignitate quam sunt futuræ. Duobus modis petunt sancti ex charitate vindictam de inimicis; videlicet, ut illi qui ad vitam æternam sunt prædestinati, convertantur de malo ad bonum; velut illi qui, præsciente Deo, damnandi sunt, moriantur et peccare desistant; ut per hoc minorem pœnam in inferno habeant. Animæ itaque interfectorum idcirco ad Deum clamant, quia majus gaudium, et societatem sanctorum desiderant, et in damnatione impiorum divinæ justitiæ concordant.

VERS. 11. — *Et datæ sunt illis singulæ stolæ albæ : et dictum est illis, ut requiescerent tempus adhuc modicum donec impleantur conservi eorum, et fratres eorum, qui interficiendi sunt sicut et illi.* Ac si patenter dicat : *Datæ sunt illis singulæ stolæ albæ,* id est beatitudo animæ, et a Deo *dictum est illis,* scilicet inspiratum *ut requiescerent* videlicet ut patienter exspectarent *tempus adhuc modicum donec impleantur conservi eorum,* servi scilicet causa ipsius Domini, *et fratres eorum qui interficiendi sunt sicut et illi* ex dilectione exspectare debent.

VERS. 12. — *Et vidi cum aperuisset sigillum sextum, et terræmotus factus est magnus, et sol factus est niger tanquam saccus cilicinus, et luna tota facta est sicut sanguis.* Quasi diceret : Terræmotus factus est magnus, persecutione videlicet Antichristi; quia sicut dicit Dominus, talis erit tunc tribulatio, qualis non fuit neque fiet, ex quo homines esse cœperunt (*Matth.* xxiv). *Et sol factus est niger,* illi videlicet in quibus Deus lucet, reputabuntur rei et peccatores, *tanquam saccus cilicinus,* claritatem suam in se retinentes. Vel quidam ad tenebras decident. Vel Christus sol verus, et modo clarus, tempore Antichristi erit obscurus, id est nullis miraculis coruscans. *Et luna,* id est sancta Ecclesia, *tota facta est sicut sanguis,* quia videlicet ubique patietur.

VERS. 13. — *Et stellæ cœli,* id est sancti prius lucidi, *ceciderunt* innitentes *super terram, sicut ficus mittit grossos suos,* scilicet fructus inutiles et inanes, et nunquam ad maturitatem perventuros, qui boni videbantur, et non erant, *cum a vento magno movetur :* cum Ecclesia videlicet magno persecutionis Antichristi vento agitata fuerit, tunc fiet.

VERS. 14.—*Et cœ'um*, id est Ecclesia, *recessit sicut liber involutus,* celando videlicet prædicationem impiis, sicut liber clausus : *et omnis mons,* virtute scilicet eminentes, *et insulæ de locis suis motæ sunt;* id est omnes fideles qui in medio amaricantium fluctuationes et contusiones erunt, movebuntur de locis suis, id est de officiis suis; fide videlicet et opere separabuntur a pravis hominibus, sicut scriptum est : Exite de ea, id est de Babylone, populus meus, et immundum ne tetigeritis (*Isai.* LII).

VERS. 15. -- *Et omnes reges terræ, et principes, et tribuni,* majores videlicet et minores vitiis carnis resistentes, *et divites* bonis operibus, *et fortes* contra tentationes diaboli, *et omnis servus,* id est conjugatus, vel Dei servus, *et liber* a peccato vel a conjugio, *absconderunt se in speluncis,* scilicet petent suffragia angelorum, qui sunt excelsi montes, *et in petris montium,* qui fortes et indissolubiles sunt, id est ab apostolis et evangelistis et cæteris sanctis exorabunt auxilium, ut eorum precibus misericordiam judicis impetrare possint.

VERS. 16, 17. — *Et dicunt montibus et petris : Cadite super nos, et abscondite nos a facie sedentis super thronum, et ab ira Agni, quoniam venit dies magnus iræ ipsorum.* Ac si dicerent : O vos montes et colles, id est omnes et sancti, cum magna affectione et compassione condescendite nobis, et vestris orationibus *abscondite nos a facie* (ab ira videlicet et a præsentia) *sedentis super thronum, et ab ira Agni,* Dei scilicet et hominis Jesu Christi ; et ideo necesse est, ut cadatis super nos, id est ut vestris orationibus nobis subveniatis, *quoniam venit dies magnus iræ ipsorum.* Etenim *quis poterit stare,* nisi vestris adjuvetur precibus?

CAPUT VII.

VERS. 1. — *Post hæc,* inquit, *vidi quatuor angelos stantes super quatuor angulos terræ, tenentes quatuor ventos terræ, ne flaret ventus super terram, neque super mare, neque in ullam arborem.* Ac si aperte dicat : *Vidi quatuor angelos,* id est quatuor dæmones *stantes,* scilicet immorantes, *super quatuor angulos terræ,* etiam in remotissimis locis. Quatuor dicuntur pro mundi quatuor partibus; diabolus angelus dicitur, id est missus a Deo ad probationem bonorum et deceptionem malorum. Unde in libro Regum ait Micheas propheta Achab regi Israël interroganti : *Vidi Dominum sedentem super solium suum, et omnem exercitum cœli assistentem ei a dextris et sinistris. Et ait Dominus : Quis decipiet Achab regem Israel, ut ascendat, et cadat in Ramoth Galaad? Egressus est autem spiritus, et stetit coram Domino, et ait : Ego decipiam illum. Cui ait Dominus : In quo? Et ille ait : Egrediar, et ero spiritus mendax in ore omnium prophetarum ejus.*

Et dixit Dominus : Decipies, et prævalebis; egredere ergo, et fac ita (III Reg. XXII). Mittitur præterea spiritus nequam a principe diabolo ad subversionem cunctorum. *Tenentes,* inquit, *quatuor ventos terræ :* id est impedientes spirituales viros terram Ecclesiæ temperantes : *ne flaret ventus super terram,* (scilicet habitantibus in terra, vel terrenis vitiis dediti) *neque super mare,* id est super gentes, vel diversis vitiis fluentibus. (53) Unde est illud : *Surge aquilo, et veni auster, perfla hortum meum, et fluant aromata illius (Cant.* IV). Sicut ventus nubes excitat, terram rigat, eamque fructuosam facit, faciem ejus hilarem reddit; sic prædicatio mentes hominum Tempore tribulationis nihil magis necessarium quam prædicatio; sed diabolus nititur detinere eam in omni loco. Quatuor boni angeli sunt justitia, prudentia, fortitudo, et temperantia. E contra vero quatuor mali sunt injustitia, imprudentia, debilitas, et intemperantia. Multiplici Ecclesiæ bello descripto, subjicit tempore hujus belli diabolum nocere paratum, sed a Deo refrenatum, ne suis aliquatenus torpeant. Iterum subjungit dicens :

VERS. 2. — *Et vidi alterum angelum ascendentem ab ortu solis, habentem signum Dei vivi.* Ac si patenter dicat : E contra illos quatuor angelos malos vidi alterum angelum, scilicet magni consilii, *ascendentem,* id est facientem ascendere suos, *ab ortu solis,* videlicet a Deo Patre, et per hoc *habentem signum Dei vivi,* id est crucem qua suos signaret, vel potentiam Deo Patri æqualem; sive immunitatem a peccato, per quam Deus apparet : quia præter ipsum est omnis homo peccator. Hic angelus est ille lapis sine manibus præcisus, qui statuam quatuor metallis constantem confregit, et hic quatuor ventos solvit (*Dan.* II). Ex quo in cruce Christus exspiravit, ascendit, et diabolum vicit; paulatim per prædicatores suos mundum illuminavit fide, sicut sol lumine. Vel ascendit ab ortu solis, id est a Patre, proficiens sapientia et ætate secundum quod homo est (*Luc.* II). Vel a se secundum humanitatem ascendit, quia non concubitu viri carnem assumpsit, sed ipse eam creavit, qui est ortus solis.

VERS. 3. — *Et clamavit voce magna quatuor angelis, quibus datum est nocere terræ et mari, dicens : Nolite nocere terræ et mari, neque arboribus quoadusque signemus servos Dei nostri in frontibus eorum.* Magna voce hic angelus, id est Dei Virginisque Filius *quatuor malis angelis, quibus datum est nocere terræ et mari,* Judæis videlicet et gentibus amaricatis, *clamavit,* quando in passione dæmones magno imperio refrenavit, *dicens : Nolite nocere,* plusquam vobis permissum est, *terræ et mari,* Judæis scilicet et gentibus, *neque arboribus,* videlicet neque illis, qui jam terrenam conversationem excedentes, in Dei cognitione creverunt, *quoadusque,* id est donec ego in corde interius, et Ecclesiæ sacerdotes exterius, *signemus servos Dei nostri in*

---

(53) Rectius Glossa collateralis : *Habitantibus in insulis, vel diversis vitiis affluentibus.*

frontibus eorum, signo videlicet crucis discernamus
prædestinatos ad vitam. Signum crucis ideo gestatus
in fronte, ne celetur in tribulatione; nam signatio
pectoris confessio est cordis. Hoc signo et si non re,
fide tamen antiqui Patres signati fuerunt. Signum
sanctæ crucis fideles in corpore et in animo portant. In corpore, quia signantur exterius in fronte
in nomine Patris, et Filii, et Spiritus sancti. In
anima, quia Christi passionem imitantur, crucifigentes se cum vitiis et concupiscentiis. Unde et in
Veteri Testamento præceptum est, ut super utrumque limen ponerent de sanguine agni (*Exod.* XII).
Non enim prodest signum exterius quemquam portare, nisi ipsum quis accipiat et interius; fides,
enim si non habeat opera nihil valet (*Jac.* II). Idcirco
igitur pueri signantur in frontibus, id est in aperto,
ut ante reges et præsides non erubescant, nec du-
bitent prædicare crucem Christi. Signantur etiam
in pectore, ut hoc ipsum in memoriam habeant.
Iterum subjiciens ait :

VERS. 4. — *Et audivi numerum signatorum, centum quadraginta quatuor millia signati ex omni tribu
filiorum Israel.* Quasi diceret : Intellexi, quales
essent signandi in libro vitæ, *et audivi numerum signatorum, centum* videlicet *quadraginta quatuor
millia signati*, perfecti scilicet in operibus, *ex omni
tribu filiorum Israel*, id est ex omnibus gentibus
fidem Jacob imitantibus. Finitum ponit, quia Deus
sub certo numero omnes comprehendit. Fideles
enim ad hoc laborant, ut sint centum, id est perfecti *in operibus*; et ut sint millia, perfecti scilicet
in virtutibus. Non ideo ex omni genere videntium
Deum dicit esse signatos centum quadraginta quatuor millia, quod plures non sint; sed ideo melius
posuit hunc numerum quam alium, quia per centum
quadraginta quatuor millia designatur tota Ecclesia
et ita quod perfecta, quia duodenarius numerus quater multiplicatus facit quadraginta octo. Et hæc
multiplicatio quaterna significat universam Ecclesiam per quatuor mundi partes diffusam. Etiam
quadraginta et quatuor numerus ter multiplicatus
significat sanctam Trinitatem, quam colit Ecclesia. Iterum subsequenter ait :

VERS. 5. — *Ex tribu Juda duodecim millia signati.* Judas *confitens* interpretatur; hoc sufficit his,
qui non reservantur ad operandum, sed statim ut
in baptismo Deum confitentur, peracta confessione,
moriuntur. Isti confitentes procul dubio sunt signati,
id est ad vitam æternam prædestinati. *Corde creditur ad justitiam, ore autem confessio fit ad salutem (Rom.* x). Judas, qui primus est ordine, generationis fuit quartus : per quod innuitur spiritualis
prosapia attendenda. Ex tribu Dan nascetur Antichristus; et ideo hic prætermittitur, ut ex omni
numero sanctorum ejiciendus ostendatur. De quo
patriarcha Jacob cum filiis suis benediceret, ait :
Dan coluber in via, cerastes in semita, etc. (Gen.

XLIX). (Non ideo dicit ex tribu Juda, id est ex confessoribus, duodecim millia esse signatos, quod
plures non sint de eodem genere signati; sed per
duodecim, qui per ternarium et quaternarium multiplicatur, significat Ecclesiam per quatuor mundi
partes diffusam sanctam Trinitatem colentem). (54)
Ex tribu Ruben, id est *videntis filios*, ex illis scilicet, qui reservati post factam confessionem in
baptismo, vident filios suos, id est opera sua bona, quæ faciunt post baptismum, sunt signati duodecim millia. *Ex tribu Gad*, id est *tentationis*, vel
accincti, ex illis, videlicet qui, bene operando, a
diabolo tentantur, et ita accincti et expediti ad
pugnandum et resistendum, fortes inveniuntur,
quod superari ab eo non possint, similiter sunt
signati duodecim millia. Quibus per Paulum dicitur:
Estote fortes in bello, et pugnate cum antiquo serpente (*Hebr.* IV).

VERS. 6. — *Ex tribu Aser*, id est *beati*; ex illis
scilicet qui sufferendo tentationes, hoc nomen quod
beati dicuntur, inde assequuntur, sunt signati duodecim millia. Unde est illud : *Beatus vir qui suffert
tentationem; quoniam cum probatus fuerit accipiet
coronam vitæ, quam repromisit Deus diligentibus
se (Jac.* I). *Ex tribu Nephtalin*, id est, *latitudinis*,
ex illis videlicet qui post superatas tentationes dilatant, et amplificant corda sua in charitate Dei, et
proximi, ita quod etiam inimicos diligant; *duodecim
millia* sunt signati. *Ex tribu Manasse*, id est *obli-
viosi*, ex illis scilicet, qui post dilatatam dilectionem Dei et proximi obliviscuntur omnia quæ sunt
hujus mundi; *duodecim millia* sunt signati.

VERS. 7. — *Ex tribu Simeon*, id est *exauditio
tristitiæ*; ex illis videlicet, qui postquam ad hanc
perfectionem ascendunt ut omnia hujus mundi oblivioni tradant, semper rememorantes peccatorum,
in quibus prius fuerunt, et inde dolentes, tristitiam habent; *duodecim millia* sunt signati. *Ex tribu
Levi*, id est *additionis : illorum videlicet, qui sibi
injuncta faciunt, et etiam superadduunt sibi præcepta
non jussa, ut est virginitas, et qui de simplici
veste dat partem; *duodecim millia* sunt signati. *Ex
tribu Issachar*, id est, *mercedis*; ex illis scilicet, qui
semper addunt pœnitentiæ quam faciunt de præterita peccatorum tristitia, in qua jam se fuisse re-
cordantur, et hoc ideo ut æternæ beatitudinis
mercedem inde consequantur, *duodecim millia* sunt
signati.

VERS. 8. — *Ex tribu Zabulon*, id est *habitaculi
fortitudinis*, ex illis videlicet, qui laborem non recusant, sed aliquando pro necessitate fratrum de
Maria ad Martham descendunt; *duodecim millia*
sunt signati. *Ex tribu Joseph*, id est *augmenta-
tionis*, ex illis videlicet, qui in militia Christi perseverant, et de virtute in virtutem semper ascendunt, *duodecim millia* sunt signati. *Et tribu Benjamin*, id est *filii dexteræ*, ex illis scilicet, qui sunt

(54) Desunt in alia ms. quæ ansulis includimus, et superflua omnino sunt.

filii propitiationis, et nihil a se sed omnia divinæ bonitati imputantes, non inter hædos, sed ad dexteram Dei laborant collocari, *duodecim millia sunt signati.*

VERS. 9. — *Post hæc,* inquit, *vidi turbam magnam, quam dinumerare nemo poterat ex omnibus gentibus, et tribubus, et populis, et linguis ; stantes ante thronum, et in conspectu Agni, amicti stolis albis, et palmæ in manibus eorum.* Usque modo ostendit, prævisos ad vitam esse apud Deum sub certo numero, et nunc ostendit eos esse innumerabiles quantum ad nos, dicens : *Vidi turbam magnam, quam dinumerare* certo numero *nemo vivens* in carne *poterat,* nec tantum de duodecim tribubus Jacob, sed *ex omnibus gentibus,* etiam barbaris et Scythis, et ex omnibus Judæorum *tribubus et populis,* quia in urbe unus populus continetur, *et linguis,* quia multis in locis sunt diversæ linguæ in populo uno, *stantes ante thronum,* parati obedire Deo judici, et ut conspiciantur *in conspectu Agni,* scilicet in beneplacito Dei et hominis Jesu Christi, *amicti,* id est ornati, *stolis albis* jugum Dei designantibus prius in baptismo, et post in lacrymis. Hæc in præsenti : *et palmæ,* id est signum victoriæ, *in manibus,* scilicet in operibus eorum in præsenti et maxime in futuro. Hoc ideo addidit, quasi vellet dicere : Quamvis certum numerum posuissem, centum videlicet quadraginta quatuor millia, tamen multo plures et innumerabiles vidi, et non tantum de duodecim tribubus Israel, sed etiam de omnibus gentibus. Cum ergo secundum figuram designandos sub certo numero vidisset, et tantummodo de filiis Israel, nunc aperte docet, quia per illum numerum universi fideles, et per duodecim tribus accipiendæ sunt omnes gentes. Et omnes illi innumerabiles populi, non remisse agendo.

VERS. 10. — *Clamabant voce magna,* id est magno desiderio, Deo *dicentes* salutationem suam : *Salus Deo nostro,* id est Deo Patri, non per nos, sed per Agnum habentem salutem, remissionemque, et bonam operationem, et æternam gloriam in potestate sua : *qui Deus Pater ad hoc ut salvet nos, sedet super thronum,* videlicet super nos ipsos in quibus judicat, *et Agno* Filio ejus sit salus. Et cum illa innumerabilis turba Deo Trinitati gloriam et honorem redderet :

VERS. 11. — *Omnes angeli stabant in circuitu throni, et seniorum, et quatuor animalium ; et ceciderunt in conspectu throni in facies suas, et adoraverunt Deum, dicentes : Amen.* Ac si aperte dicat : *Omnes* angeli, id est prædicatores supradictorum fidelium *stabant,* ut juvantes, *in circuitu throni et seniorum, et quatuor animalium,* in circuitu videlicet majorum atque minorum, quos prædicatione sua jam in fide procreaverant, in custodia scilicet totius Ecclesiæ stabant : *et ceciderunt in conspectu throni,* id est humiliaverunt se coram Deo, ad hoc ut conspicerentur ab eo, et ut darent aliis exemplum humilitatis, *in facies suas,* rationabiliter sicut electi. Reprobi retro cadunt, quia quæ eos in futuro mala sequantur, providere negligunt, electi vero in facies suas, quia in futuro sibi prospiciunt. Priores illi angeli, id est prædicatores instruentes sibi subditos ut septem benedictiones quæ sequuntur Deo ascriberent.

VERS. 12. — *Adoraverunt Deum dicentes : Amen ; vere* scilicet et fideliter sit *benedictio, et claritas, et sapientia, et gratiarum actio, honor et virtus, et fortitudo Deo nostro in sæcula sæculorum, Amen.* Dignum quippe est, ut *Amen,* id est veritas Deo ascribatur in promissis, *et benedictio,* id est exaltatio quam habet super omnem creaturam. Ordo *Amen,* id est vere et fideliter, ascribatur semper Deo ; *benedictio,* id est spiritus timoris Domini, quia dedit nobis Spiritum ut eum timeremus, *et claritas,* id est spiritus intelligentiæ per quem scimus discernere legis mysteria, *et sapientia,* id est spiritus sapientiæ, per quem sentimus aliquem saporem de cognitione Divinitatis, *et gratiarum actio,* id est spiritus pietatis, per quem scimus ei gratias referre de collatis beneficiis, *et virtus,* id est spiritus consilii, *et fortitudo,* scilicet spiritus fortitudinis *in sæcula sæculorum, Amen.* Visa beatus Joannes turba in tanta dignitate, monetur attendere viam, qua potuit illuc ascendere, ut idem alios doceat inspicere. Unde sequitur.

VERS. 13. — *Et respondit unus de senioribus dicens mihi : Hi, qui amicti sunt stolis albis, qui sunt, et unde venerunt ?* Ac si aperte dicat : Cogitanti de tanta felicitate eorum, *unus de senioribus* satisfaciens desiderio meo, adaugendo illud, *respondit dicens,* id est exponens mihi : *Hi, qui amicti sunt stolis,* id est ornati duplici jugo utriusque testamenti, cum lege videlicet, et in lege, et sub lege quantum ad invitos quam digni quam imitandi ; *qui sunt, et unde* ad hanc *dignitatem venerunt ?* Ac si apertius diceret : *Hi, qui amicti sunt stolis albis,* id est immortalitate et impassibilitate, *qui sunt,* dic mihi, *et unde venerunt* huc ?

VERS. 14. — *Et dixi illi : Domine mi, tu scis.* Ego nescio, sed tu me doce. Ac si patenter dicat : Ego tibi suppositus, a te debeo discere, non solvere hanc quæstionem. *Et dixit mihi : Hi sunt, qui venerunt de tribulatione magna, et laverunt stolas suas, et dealbaverunt eas in sanguine Agni.* Quasi diceret : Hi sunt, qui venerunt, veniunt, et venturi sunt *de tribulatione magna* ad tantam quam vides, dignitatem, et quia nemo sine peccato, *laverunt stolas suas,* innocentiam videlicet in baptismo acceptam vel corpora sua *et dealbaverunt eas in sanguine Agni,* per fidem passionis. Stolas suas, id est corpora sua in sanguine Christi dealbant, dum Jesu Christi capitis sui imitantur exempla, vel pro illo patiendo, sive aliorum illatas contumelias patienter tolerando, aut semetipsos vitiis et concupiscentiis pro amore Christi mortificando.

VERS. 15. — *Ideo,* inquit, *sunt ante thronum Dei, et serviunt ei die ac nocte in templo ejus.* Ac si

diceret : Quia venerunt de magna tribulatione, et
candificaverunt stolas suas in sanguine Agni, *ideo
sunt ante thronum Dei,* id est ante Deum judicem
in consortio angelorum, *et serviunt ei die ac nocte,*
laudando eum continue, *in templo ejus,* in præsenti
videlicet Ecclesia, vel in cœlo. Et hanc persevo-
rantiam habent a Deo, *qui sedet in throno, et habitat super illos,* id est custodit eos; et ideo.

Vers. 16.— *Non esurient, neque sitient amplius,*
quia fruentur vivo pane et fonte vitæ, *neque cadet
super illos sol,* major scilicet vel exterior tribulatio,
neque ullus æstus, minor videlicet interior tribulatio.

Vers. 17.— *Quoniam Agnus, qui in medio throni
est, reget illos,* de virtute in virtutem scilicet in
præsenti, et per hoc in futuro *deducet eos ad vitæ
fontes aquarum,* id est ad Deum Patrem qui est fons
vitæ indeficiens. *Et absterget Deus omnem lacrymam ab oculis eorum,* auferendo scilicet voluntatem peccandi, quæ est causa gemitus et lacrymarum, id est omnem dolorem sive pro delictis suis
sive pro adversis, vel exsilio vel cæteris hujusmodi.

CAPUT VIII.

Vers 1.— *Et cum aperuisset sigillum septimum,
factum est silentium in cœlo, quasi media hora.* Ac
si aperte dicat : *Cum aperuisset Agnus sigillum septimum,* ea videlicet quæ gerenda erant post mortem Antichristi in conversione reliquiarum, *factum
est silentium in cœlo,* quia post mortem Antichristi
pax erit in Ecclesia, *quasi dimidia hora,* quia cito
veniet dies judicii. Post persecutionem itaque Antichristi orationi et divinæ contemplationi vacabit
sancta Ecclesia, sed quasi dimidia hora, quia electorum animus in hac mortali vita, et aliquid de
superna quiete percipit, et tamen in eo quod percepit, diu stare non valet. Iterum subjungit, dicens :

Vers. 2.— *Et vidi septem angelos stantes in conspectu
Dei : et datæ sunt illis septem tubæ.* Septem dicuntur angeli, quia tenenda annuntiant quatuor Evangelia, et sanctæ Trinitatis fidem. Nam septem constat ex quatuor et tribus. In conspectu Dei stare
perhibentur, quia calcatis omnibus terrenis voluptatibus, contemplatione Deo adhærent, ejusque
voluntatem qui nusquam deest, semper considerant,
et quod ei placere sciunt, opere perficiunt. *Vidi,*
inquit, *septem angelos,* id est omnes prædicatores
hujus præsentis vitæ, quæ septem diebus volvitur,
sanctorum videlicet apostolorum imitatores, *stantes
in conspectu Dei,* aperientes videlicet sigillatas
prophetarum litteras, *et datæ sunt illis septem tubæ,*
id est officium prædicandi. In hac tertia visione
sunt materia septem angeli canentes tubis ad destructionem inimicorum Ecclesiæ, ad similitudinem
illorum sacerdotum, qui canentes tubis, destruxerunt mœnia urbis Jericho, in qua visione intentio
satis patet. Quasi diceret : Cum intellexissem salvationem justorum, ex alia parte intellexi damnationem impiorum per officium prædicationis servis
Dei injunctum.

Vers. 3.— *Et alius angelus venit; et stetit juxta
altare habens thuribulum aureum.* Alius angelus
Christus intelligitur, qui venit, id est humanitatem
sibi univit, et stetit ante altare, paratus videlicet
seipsum in ara crucis immolare, habens thuribulum
aureum, id est corpus plenum divinitate. Vel thuribulum aureum sunt apostoli, qui sunt vasa ignis,
id est sancti Spiritus, et de quibus exeunt orationes, quæ elevantur coram Deo. *Et data sunt illi
incensa multa,* a sanctis videlicet offeruntur Christo, vel per Christum orationes Deo Patri acceptabiles, *ut daret,* id est ut repræsentaret eas Patri,
non omnes, sed *de orationibus sanctorum,* quæ Deo
placent, quia aliquando petunt quod petendum non
esset : *super altare aureum,* id est Deo Patri, qui
est supra se, *quod est ante thronum,* videlicet in
beneplacito, Dei Patris sedentis in throno.

Vers. 4.— *Et ascendit fumus incensorum de orationibus sanctorum de manu angeli coram Deo.* Ac
si patenter dicat : Quia illi data sunt incensa multa, igne Dei interius accenso, ascendit fumus incensorum, id est compunctio procreata orationis studio, procedens *de orationibus sanctorum de manu
angeli,* scilicet per manum Christi, et hoc coram
Deo Patre. Et iste angelus, scilicet Christus.

Vers. 5. — *Accepit thuribulum aureum,* apostolos videlicet et evangelistas, eorumque imitatores,
et implevit illud de igne altaris, scilicet eodem spiritu, quo ipse plenus erat ad illuminationem gentium, *et misit in terram,* in eos videlicet, qui erant
apti ferre fructum. *Et facta sunt* ab illis Christi
præconibus *tonitrua,* id est prædicationes æternas
pœnas comminantes. Unde est illud : *Omnis arbor,
quæ non facit fructum bonum, excidetur, et in ignem
mittetur* (Matth. III). *Et voces,* dulces videlicet
suasiones ad fidem introductoriæ, unde dicitur :
Beati mundo corde, quoniam ipsi Deum videbunt
(Matth. V). *Et fulgura,* id est miracula quibus fideles et ad vitam præordinati illuminantur, infideles
vero excæcantur, assignantes ea potius diabolo quam
Deo, *et terræmotus magnus,* terreni scilicet homines sunt valde moti per eorum prædicationem alii
ad fidem venientes, alii ad persequendum eum et
suos.

Vers. 6. — *Et septem angeli,* id est universi
prædicatores apostolos imitantes, *qui habebant septem tubas præparaverunt se,* prius videlicet impleverunt opere, quæ prædicaturi erant ore, *ut tuba
canerent,* prius scilicet emendaverunt se, ut postea
alios emendarent ; vel præviderunt quid unicuique
personæ conveniret. Isti angeli, id est prædicatores
qui erunt post mortem Antichristi, ita reducent
memoriæ persecutionem illam, quæ fuit in primo
statu Ecclesiæ, ut reliquiæ, quæ salvandæ sunt,
habeant inde exemplum patientiæ. Quasi diceret :
O vos reliquiæ Israel, sic credite et prædicate, sicut apostoli eorumque imitatores crediderunt et
prædicaverunt de Christi incarnatione, nativitate,
passione, et resurrectione, etc.

Vers. 7. — *Et primus angelus tuba cecinit, et facta est grando, et ignis mista in sanguine, et missum est in terram.* Ac si diceret : *Et primus angelus,* scilicet qui superius fuit equus albus, ordine videlicet narrationis; vel quia prius contigit excæcatio Judæorum, prædicantibus apostolis, *tuba cecinit,* id est prædicavit, et in prædicatione ejus *facta est grando, et ignis mista,* scilicet ista duo, *in sanguine.* Quæ figura significavit hoc, quod primi prædicatores annuntiaverunt grandinem, id est, iram contundentem et comminuentem; id est occidentem incredulos in hoc sæculo; et ignem, id est æternam damnationem in alio; *et missum est in terram,* videlicet in Judæos qui per legem et prophetas exculti erant. *Et tertia pars terræ,* id est terrenorum, *combusta est,* a Deo videlicet excæcata, et a ministris ejus damnata. Duæ partes justorum, perfecti et minus perfecti, omnes vero reprobi tertia parte intelligendi sunt. *Et tertia pars arborum,* id est philosophorum, quorum duæ partes sunt, magis scilicet et minus sapientes, est combusta, hic et in futuro ab ira Dei. *Et omne fenum viride combustum est.* Omnes videlicet in flore mundi requiescentes feno comparantur, et cito ardebunt. Quo contra qui de panibus Domini reficiuntur, super fenum discumbunt; quia omnes in se voluptates carnales comprimunt (*Matth.* xiv).

Vers. 8. — *Et secundus angelus,* scilicet post apostolos, id est equus rufus, *tuba cecinit; et tanquam mons magnus igne ardens missus est in mare.* *Et secundus angelus,* inquit, ordine narrationis *tuba cecinit,* id est prædicavit, *et tanquam mons magnus,* diabolus scilicet, qui pro elatione mons dicitur, igne invidiæ *ardens,* ad nocendum *missus est in mare,* videlicet in gentilem populum carnalibus vitiis fluctuantem; in quo cum antea esset, nunc missus dicitur, quia, quibusdam recedentibus, alios retinere nititur. Secundum igitur quod impletum fuit Judæis excæcatis et apostolis ad gentes conversis, duæ partes, perfecti scilicet et imperfecti crediderunt; tertia, id est omnes reprobi, dati sunt in reprobum sensum.

Vers. 9. — *Et facta est tertia pars maris sanguis,* id est peccatores, *et mortua est,* id est excæcata, *tertia pars creaturæ illorum,* scilicet gentilium qui aliis dignior reputabantur pro quibusdam bonis operibus, *quæ habebant animas,* id est discretionem, *et tertia pars navium,* scilicet alios gubernantium. Quia igitur diabolus omnes Judæos et gentiles excæcare non potuit, immisit hæreticos.

Vers. 10. — *Et tertius angelus tuba cecinit : et cecidit de cœlo stella magna, ardens, tanquam facula, et cecidit in tertiam partem fluminum, et in fontes aquarum.* *Tertius angelus,* ordine videlicet narrationis *tuba cecinit,* et in prædicatione ejus continebatur istud : *Cecidit de cœlo stella magna,* id est diabolus invidens, non quod luceat, sed quia se in angelum lucis transfigurat, *ardens tanquam facula,* incendit videlicet, destruit et consumit se

et alios : *et cecidit in tertiam partem fluminum et in fontes aquarum,* depravando per hæreticos Evangelia et rationes nostræ fidei. Fontes dicuntur, ubi summa et quasi totius fidei origo comprehenditur, sicut est Evangelium. Flumina vero, quæ inde trahuntur, sunt expositiones sanctorum, in quibus sunt duo sensus fidelium, historialis videlicet, et allegoricus; tertius est hæreticorum, cum suas hæreses pravis confirmant expositionibus Scripturarum.

Vers. 11. — *Et nomen stellæ,* id est hæreticorum, *dicitur absinthium* propter amaritudinem. *Et facta est* (erroris hæreticorum) *tertia pars aquarum,* id est Scripturarum, *in absinthium,* id est in amaritudinem : *et multi hominum* irrationabilium *mortui sunt* in animabus de *aquis,* id est ex doctrina hæreticorum, *quia amare factæ sunt,* sine sapore scilicet charitatis. Per absinthium doctrina hæreticorum perversa exprimitur, quia per suam falsitatem dulcedinem fidei convertunt in amaritudinem perfidiæ, et erroris, atque malæ operationis : quia illorum omnis operatio et doctrina in amaritudinem versa est.

Vers. 12. — *Et quartus angelus,* ordine videlicet narrationis, id est equus pallidus hypocritarum, *tuba cecinit : et percussa est,* scilicet excæcata subtractione gratiæ, *tertia pars solis,* id est omnes majores et doctiores, *et tertia pars lunæ,* videlicet minores, *et tertia pars stellarum,* id est simpliciores, *ita ut obscuraretur tertia pars eorum,* amitteret videlicet cognitionem et bonam operationem; nam partem illam novæ legis vel veteris, quam ipsi hæretici prædicabant, male eam interpretando tertiam faciebant; *et diei non luceret pars tertia,* illuminati videlicet a majoribus novæ legis, *et noctis similiter* id est illuminati a minoribus veteris legis. Cum enim diabolus quosdam de Judæis et gentilibus excæcasset, quosdam in hæresim convertisset; tandem ipsos Ecclesiæ filios expugnare aggressus est, et quosdam tam de majoribus quam de minoribus rapuit. *Percussa est,* inquit, *tertia pars solis, et tertia pars lunæ, et tertia pars stellarum.* In sole quippe apertus error hæreticorum ostenditur, in luna vel stellis occultus : quia quidam illorum apertis, quidam vero occultis persuasionibus in abditis quos possunt decipiunt (*Exod.* vii). *Ut obscuraretur,* ait, *tertia pars eorum.* Hæretici prius vulnerantur in mente occulte, postea vero obscurantur, quando ab Ecclesia expelluntur et anathematizantur aperte.

Has quatuor damnationes quasi præteritas narravit, utpote quæ quotidie videntur in Ecclesiis, tres vero secuturas prænuntiare facit, ut doceat futuras in novissimis temporibus, et graviores præteritis, quod etiam ad consolationem præsentium potest redigi. Sed ne talium perditio ad Deum referatur, hoc quod de præfatis luminaribus dicitur : *Percussa est tertia pars eorum, ut obscuraretur.* Sic intelligatur, sicut cor Pharaonis ab ipso indurari dicitur, cujus duritia per ipsum misericorditer non emollitur (*Exod.* VII). Non enim solis culpa est, quod suis radiis lippientibus oculis cæcitatem infundit; sed magis ad oculorum vitia referendum est, qui ex lumine tenebrescunt. Omnipotens vero Deus bene utens etiam malis nostris, multa bona ex his operari consuevit; excitavit enim doctores Ecclesiæ error schismaticorum ad defendendam veritatem fidelium, quia procul dubio nequaquam ad differendas Scripturas tanto studio vacassent, si erroris mendacium veritati resistens non increvisset. Iterum subsequenter ait :

Vers. 13. — *Et vidi, et audivi vocem unius aquilæ volantis per medium cœlum, dicentis voce magna : Væ, væ, væ habitantibus in terra!* Ac si aperte dicat : *Vidi, et audivi,* id est firmiter intellexi *vocem unius aquilæ,* prædicationem videlicet unius ordinis prædicatorum, *volantis,* subtiliter, id est spiritualiter considerantis medulam legis, quæ celat, id est continet secreta Dei, *per medium cœlum,* id est Ecclesiæ quæ celat in se divina sacramenta, *dicentis voce magna* in toto mundo, vel magna stabilitate, sive quia in omnem terram sonuit omnibus metuenda. Aquila omnes prædicatores designat, qui mente longinqua conspiciunt, et Ecclesias circumeuntes prædicando futura muniunt; qui omnes unum sunt, quia ad idem tendunt. Apte quippe sancta Ecclesia aquila dicitur, quia calceatis terrenarum voluptatum desideriis intima contemplatione ad cœlestia sublevatur. Per medium cœlum pennis contemplationis volat Ecclesia, quia hinc inde orbem terrarum in electis possidet. Sed quid vox aquilæ denuntiet, audiamus. *Væ, væ, væ habitantibus in terra!* Ac si patenter dicat : Væ gentilibus, væ Judæis, væ hæreticis habitantibus in terra, non filiis Ecclesiæ, *de cæteris vocibus trium angelorum, qui erant tuba canituri;* nam de septem angelis quatuor jam dicti sunt officium suum complevisse, tres vero adhuc tria væ exposituri sunt.

CAPUT IX.

Vers. 1. — *Et quintus angelus,* ordine videlicet narrationis et temporis *tuba cecinit.* Hoc prædicat iste angelus, quod cecidit diabolus, hic est ergo damnatio eorum quos diabolus mittit ad præparandas vias Antichristi. *Et vidi,* inquit, *stellam,* id est diabolum qui vocabatur Lucifer, propter magnam quam illi Deus dederat claritatem, *de cœlo,* id est de societate bonorum angelorum, *in terram cadentem,* scilicet in terrenis dominantem, et ne quis mortalium ad locum illius ascendere possit totis viribus laborantem. Flamma hæreticorum, de qua superius pauca dixerat; de quo fonte [*f.* fomite] creverit, exponit dicens : *Et data est ei clavis,* potestas videlicet et facundia obscuræ doctrinæ; *putei abyssi,* scilicet ad infernum ducens. Abyssi tenebrosi puteus profundiores hæretici sunt, quia alios mergunt pravis sententiis. In his ergo clavem, id est potestatem accipere dicitur, quia tunc non sicut

A modo a Deo refrenabitur. Vel clavis principes sæculi sunt, per quos hæretici multa mala operantur; quia non auderent tanta et talia loqui, nisi temporali potentia fulti fuissent.

Vers. 2. — *Et aperuit puteum abyssi : et ascendit fumus putei, sicut fumus fornacis magnæ, et obscuratus est sol, et aer de fumo putei.* Quasi diceret : *Aperuit,* diabolus, *puteum abyssi,* hæreses videlicet quæ latebant in cordibus pravorum hominum, id est in propatulo habuit hæresiarcam doctrinam suam, et ita multos subvertit; *et ascendit fumus putei* excæcans, videlicet doctrina illorum manifestata est, quæ lumine veritatis caret, *sicut fumus fornacis magnæ,* id est similis doctrinæ Antichristi, qui est fumus purgans bonos, et in cinerem redigens malos; *et per hoc obscuratus est sol,* lex scilicet ab hæreticis vilis habita est; *et aer,* id est Ecclesia, *de fumo putei,* per obscurantem videlicet doctrinam hæreticorum. Fornax magna novissima est vexatio tempore Antichristi futura. *Obscuratus est,* inquit, *sol, et aer de fumo putei;* quia sicut aer neque in terra est neque in cœlo, sed in medio; ita Ecclesia fidelium nec in terra est, quia terrena despicit; nec in cœlo corporaliter, sed quasi in medio, ita ut a terra elevetur, et ad cœli sublimia erigatur.

Vers. 3. — *Et de fumo per totum mundum exierunt locustæ,* discipuli videlicet hæreticorum salientes de hæresi in hæresim, corrodentes segetem Ecclesiæ. Recte discipuli hæreticorum locustis comparantur, quia neque volant in altum per cognitionem, nec firmiter gradiuntur per bonam operationem, sed superbia saliunt, et in deterius cadunt, quia sunt corrosores bonorum. *Et data est locustis potestas, sicut habent potestatem scorpiones terræ,* qui vultu apparent innoxii, cauda gravissime nocent. Scorpio blandus est facie, cauda percutit occulte. Ideo igitur hæreticos scorpioni comparat, quia sicut scorpius, quando pungit, non sentitur; postea vero paulatim venenum diffunditur; sic decepti ab hæreticis non sentiunt, sed tandem perimuntur. Et quia Deus hæreticorum refrenat dolos, licet ipsi non intelligant.

Vers. 4. — *Præceptum est illis, ne morte animæ læderent fenum terræ;* rudes videlicet, et ad decipiendum faciles, *neque omne viride,* homines scilicet jam provectos, *neque omnem arborem,* jam videlicet bonis operibus fructificantes, *nisi tantum homines,* id est nullum penitus, nisi illos, *qui non habent* in veritate *signum Dei* vivi quod est charitas, per quod signantur filii Dei, *in frontibus suis,* illi videlicet, qui non audent in aperto confiteri se esse Christianos.

Vers. 5. *Et datum est illis, ne occiderent eos; sed ut cruciarentur mensibus quinque.* Ac si diceret : Non dabit illis Deus potestatem, ut aperte corpora interficiant, neque occulte ut animas decipiant; sed ut crucient eos mensibus quinque, id est omni tempore præsentis vitæ quo utuntur quinque sensibus corporis. *Et cruciatus eorum, sicut cruciatus scorpii cum percutit hominem;* quia cum data sit eis A potestas cruciandi filios Ecclesiæ, non tamen aperte tormenta irrogant, sed apud sæculi principes eos accusant, quia per se non audent.

VERS. 6. — *Et in diebus illis,* timentes lapsum, *quærent homines mortem,* desiderabunt videlicet martyrium, *et non invenient eam,* scilicet ut probabiliores reddantur; *et desiderabunt mori,* et esse cum Christo (*Philip.* 1), *et fugiet mors ab eis;* quia cura gregis eos astringet labori, ideoque servabuntur ad pœnam. Cum ostendisset qualiter nocerent, per dolos, videlicet, et per occultam impugnationem, et in utroque Dei refrenationem; nunc ostendit quales ipsi sint, et per quod operari possint. Dicat itaque beatus Joannes in qua similitudine se ostendant, ut melius cognoscantur, et solertius B vitentur.

VERS. 7. — *Et similitudines locustarum similes equis paratis in prælium.* Ac si aperte dicat : Non vere locustæ, sed similes locustarum erant, similes equis paratis in prælium, quia veloces ad discurrendum, et feroces ad impugnandum, et non prævident in quos incurrant, sive in cives, sive in hostes. *Et super capita locustarum,* id est in mentibus earum, ubi et in se, et coram aliis superbiunt, *tanquam coronæ similes auro,* id est victoriæ suis falsis sententiis et disputationibus acquisitæ. Vel coronæ similes auro super capita locustarum, id est super doctores, et magistros et rectores hæreticorum, super priores scilicet hæreticos acquisitæ per non veram sapientiam, sed per falsitatis figmenta. *Et facies earum,* id est vultus, *sicut facies hominum.* Ac si patenter dicat : Per hanc falsam similitudinem nocent, quia demonstrant se homines et pios, cum intus potius sint ferini et bestiales. Dicunt se esse rationales, quia licet erroris doctores sint, aliqua tamen vera intermiscent, ut magis decipiant. Alia etiam vera similitudo proponitur.

VERS. 8. — *Et habebant capillos sicut capillos mulierum; et dentes earum sicut leonum erant.* Quasi diceret : Habebant capillos, id est mores lapsos et effeminatos, qui eis inseparabiliter adhærent, et ab eis ad deceptionem aliorum dependent, *sicut capillos mulierum,* sicut mores videlicet mulierum sunt D molles et flexibiles in omne vitium; vel discipulos sibi adhærentes, ad omnia vitia pronos. *Et dentes earum,* id est ipsi alios laniantes, *sicut leonum erant :* laniatum videlicet et fœtorem leonum habebant. Per facies hominum et capillos mulierum uterque sexus exprimitur; quia illi non solum deceperunt viros, sed etiam mulieres. Unde et ipsæ mulieres defendebant illos, sicut soror Constantini quæ Arium revocavit ab exsilio, et Justina quæ defendebat doctrinam Arii.

VERS. 9. — *Et habebant loricas ferreas,* id est corda obstinata, quæ sagitta veritatis non penetrat; vel sententias deceptionibus munitas, quas confringit veritas. *Et vox alarum earum,* id

est tumultus sententiarum, quem faciunt postquam ratione deficiunt, *sicut vox currum equorum multorum currentium in bellum.* Sicut diversi currus diversis viis a diversis equis ad idem bellum rapiuntur; sic hæretici, licet diversis hæresibus, unanimiter Ecclesiam impugnant. Volunt enim hæretici assimilare falsam doctrinam suam prædicationi fidelium, qui currunt per totam Ecclesiam quatuor rotis quatuor Evangeliorum ad spirituale præmium.

VERS. 10. — *Et habebant caudas similes scorpionum;* quia quamvis assimilarent se bonis prædicatoribus, tamen in cauda, id est in fine locutionum suarum, habebant aculeos quibus nocebant. Vel postquam non valet ratio nec tumultus eorum, quærunt auxilium principum; qui caudæ dicuntur, quia ut astringant, terrent et blandiuntur, et latenter pungunt. *Et aculei,* id est peccatum, quia peccare faciunt, *in caudis earum,* in fine videlicet verborum suorum. *Potestas earum nocere hominibus* malis *mensibus quinque,* id est secundum quinque corporis sensus omnibus diebus vitæ suæ. Sed nihilominus hanc potestatem non habebunt a se, nisi a Deo permittente. Ostenso quales in se sint, monstrat etiam per quem hæc possint, dicens :

VERS. 11. — *Et habebant super se regem angelum abyssi,* id est, diabolum dominantem in terrenis, *cui nomen Hebraice Labadon, Græce autem Apollyon, et Latine habet nomen Exterminans.* Ac si diceret : Cavete vobis ab hoc malo angelo, o Hebræi, Græci et Latini, quia Christi Evangelium his tribus linguis scriptum est, et receptum. Quod in quibusdam codicibus scriptum invenitur Abadon, ubi scilicet primum est A, falso scriptum est et vitio scriptorum, sed L, primum est ibi ponendum, et Labadon dicendum, sicut beatus Hieronymus dicit in Hebraicis interpretationibus. Idem malignus abyssi angelus Latine habet nomen Exterminans, scilicet a patria vitæ; quia sicut Christo congregandi, sic diabolo congruit nomen exterminandi. Unde est illud : *Qui non colligit mecum, dispergit* (*Luc.* xi).

VERS. 12. — *Væ unum abiit, et ecce adhuc veniunt duo væ,* id est duæ persecutiones, *post hæc.* Væ aliquando significat temporalem miseriam atque afflictionem, aliquando vero æternam damnationem. De temporali afflictione ait Dominus in Evangelio : *Væ mundo a scandalis* (*Matth.* xviii). Et iterum : *Væ prægnantibus, et nutrientibus in illis diebus* (*Matth.* xxiv). Et beatus Job : *Si impius fuero, væ mihi est; si autem justus, non levabo caput, saturatus afflictione et miseria* (*Job* x). Væ iterum æternam damnationem significat, ubi scriptum est : *Væ impio in malo; retributio manuum ejus fiet ei* (*Isai.* iii). Unde etiam ait Dominus in Evangelio : *Væ vobis, qui ridetis nunc; quoniam lugebitis et flebitis* (*Luc.* vi). Item ipse : *Vermis eorum non moritur, et ignis eorum non exstinguetur* (*Marc.* ix). Et iterum : *Discedite a me, maledicti, in ignem æternum* etc. (*Matth.* xxv). Aquila vero volans per medium cœlum tria væ prædixit ventura , quorum unum A abiisse dicitur in narratione præcedenti vel tribulatione quæ facta est temporibus sanctorum apostolorum et martyrum. Adhuc ergo , duo væ restare dicuntur, vel narranda , vel posteriori tempore sub Antichristo adimplenda. Sequitur :

Vers. 13. — *Et sextus angelus* , ordine videlicet narrationis et temporis *tuba cecinit* ; ordo scilicet prædicatorum sexti status, sive Christus. Hic est enim damnatio malorum , qui tempore Antichristi erunt. *Et audivit vocem unam ex quatuor cornibus,* id est propter quatuor Evangelia quæ de Christi divinitate et humanitate prædicant , *cornibus altaris aurei,* ubi sanguis ponebatur , super quod quidquid offertur , a Deo Patre libentissime accipitur , *quod est ante oculos Domini* , a quo semper clarissimo respectu illustratur. Unde ait Psalmista : *Ecce oculi Domini super justos , et aures ejus ad preces eorum* (*Psal.* xxxiii).

Vers. 14. — *Unam* , inquit , *vocem dicentem sexto angelo :* præcones videlicet præteriti temporis præmonent illos, qui tempore Antichristi erunt quid sint facturi ; *angelo, dico , qui habebat tubam,* existenti scilicet in prædicatoribus sexti status. Altare Christus , dicitur , cornua altaris prædicatores Christum sublevantes, et pro eo mori parati, sicut sanguis ponebatur in cornibus altaris. Vel altare est Ecclesia Deo sese immolans, in qua sunt cornua, id est, defensores aliorum , qui omnes ad idem tendunt (*Lev.* iv). Vel quatuor altaris cornua, quatuor sunt Evangelia ; quæ Antichristi fraudes detegere docent. Bene autem altare aureum dicitur , quia profecto Ecclesia justorum sempiterna Dei sapientia illustratur. De qua Salomon ait : *Accipite sapientiam sicut aurum* (*Prov.* xvi) , in hoc quod sanguis fundebatur super cornua altaris , significabantur sancti martyres pro Christo cruore proprio abluendi. Sed quid vox a quatuor altaris cornibus exiens dicat, audiamus : *Solve quatuor angelos, qui alligati sunt in flumine magno Euphrate;* ac si vox altaris sexto angelo diceret : *Solve,* id est prædica, omnes illos diabolos esse solutos, qui habentes potestatem nocendi habitantibus in quatuor mundi partibus, sunt adhuc alligati a Domino in magno flumine Euphrate, in potentibus videlicet et divitiis hujus sæculi de vitio in vitium defluentibus ; ut qui in eis erant quasi alligati, per eos sibi traditos apertius operentur. Ipsi quippe immundi spiritus in quatuor mundi partibus regnantes, tempore Antichristi solventur, qui in adventu Dei et hominis Jesu Christi refrenati fuerant. Vel solve, id est prædica esse solutos, ut caveant sibi electi, sicut in Evangelio legitur de ficulnea : *abscide illam* (*Luc.* xiii), id est prædica abscidendam. Quoniam Euphrates magnus flavius est et profundissimus, et de amœnis paradisi sedibus descendens, per ipsum magna et profundissima Dei potentia intelligitur. Vel quia currit per Babyloniam, significat confusam et profundissi-

mam doctrinam hæreticorum, vel ipsos esse in profunditate vitiorum.

Vers. 15. — *Et soluti sunt quatuor angeli , qui parati erant interficere filios Dei in horam,* id est in pueritia, *et diem,* scilicet in dolestia [f. adolescentia], *et mensem* , id est in juventute, *et annum,* scilicet in decrepita ætate. Vel parati erant *in horam* , id est continue per medietatem anni, *et diem,* scilicet per annum ; *et mensem,* videlicet per secundum annum, *et annum,* id est per tertium annum. Nam per tres annos et dimidium Antichristi persecutio perdurabit. Erant itaque parati in horam, ut dictum est, et diem, et mensem , et annum, *ut occiderent tertiam partem hominum,* id est omnes reprobos.

Vers. 16. — *Et numerus illius equestris exercitus vicies millies,* id est per viginti mille vices, erat destruens *dena millia. Audivi,* id est intellexi, *numerum eorum,* quod plures essent quam boni. Dena millia significant sanctos viros ex præceptis legis et Evangelii perfectos, contra quos duplex numerus ponitur malorum, quia mali plures sunt quam boni. Vel duplex , quia ex malignis spiritibus , et reprobis constat hominibus. Ordo itaque exercitus hæreticorum erat destruens dena millia, id est perfectionem decem præceptorum, *per vicies,* id est, per bis decem ; et per bis mille , quia malorum exercitus ex malignis spiritibus et reprobis hominibus multiplicatur. Isti numeri, scilicet vicies millies, multiplicatio est irregularis , sicut et septuagies septies ; quia est ex duobus adverbiis, quæ deberet esse ex nomine et adverbio sic : Vicies mille, vel millies viginti , sicut septuagies septem ; sive e converso septies septuaginta.

Vers. 17. — *Et ita vidi equos in visione, et qui sedebant super eos, habentes loricas igneas et hyacinthinas, et sulphureas.* Ac si aperte dicat : Sicut intellexi, quod ad destructionem aliorum equitabant, sic intellexi, quod per diabolum hæc faciebant, quem sicut equi portabant. Vel diaboli sunt equi super quos fundantur mali, *et qui sedebant super eos,* id est diaboli vel impii super diabolum fundati, *habentes loricas igneas,* sententias videlicet quæ ad infernum ducunt, *et hyacinthinas,* id est lapidis fumidi coloris , *et sulphureas,* in Deum scilicet fetidas blasphemiis. *Sedebant,* inquit, *super eos,* id est eminebant eos sententiis, de quibus sequitur æterna pœna, ubi est ignis, et fumus, et fetor. Vel habentes loricas, id est æternas pœnas, quæ nunquam dimittunt, quos accipiunt. Hyacinthus est subnubilus, per quod intelligitur fumus idololatriæ, qui a longe clarior videtur ; nam malorum vita non vult sub luce videri, quia secundum Domini sententiam : *Omnis , qui male agit, odit lucem* (*Joan.* iii). Per colorem ergo fumi, qui solet exire de sacrificiis idolorum , notatur idololatria. *Et capita equorum ,* id est majores inter ministros dæmonum , *erant tanquam capita leonum ,* quia laniant, et fetent, et pœnis homines confiteri cogunt. *Et ex ore*, id est **ex prædicatione ipsorum A** *aperte mala*, *procedit ignis invidiæ*, et sulphur, fetor scilicet blasphemiæ, et fumus idololatriæ. Aliter : Ignis est cupiditas, fumus superbia, sulphur fetor malorum operum. Superius in plaga locustarum vidit facies hominum, hic leonum; quia hæretici aliquid humanitatis ostendunt, ministri vero Antichristi, quod docent dictis, et signis, hoc etiam pœnis cogunt confiteri.

Vers. 18. — *Ab his tribus plagis occisa est*, facta videlicet prava, *tertia pars hominum*, scilicet *de igne*, *fumo*, *et sulphure*, *quæ procedebant ex ore ipsorum*, id est ex prava et aperta persuasione eorum. Hæc repetit, ut ea in memoria habeamus, ut nobis inde melius caveamus.

Vers. 19. — *Potestas enim equorum*, id est hæreticorum, *in ore eorum est*, scilicet in mala prædicatione, *et in caudis eorum*, quia, si aperte nequeunt, occultis deceptionibus nocent. Vere potestas hæreticorum est in ore ipsorum, quia, quos non possunt decipere per pravitatem erroris, decipiunt per hujus sæculi principes. Et vere in caudis habent potestatem : *nam et caudæ eorum similes sunt serpentibus*, quia blandiuntur in facie et occulte venenum immittunt; *habentes capita*, alios scilicet majores qui graviter mordent, *et in his nocent*.

Vers. 20. — *Et cæteri homines*, qui omnino expertes sunt Christianæ fidei, *qui non sunt occisi*, id est quamvis non sint occisi *in his plagis*, *neque pœnitentiam egerunt de operibus manuum suarum*, de cæteris videlicet criminibus non prædictis, quæ male cogitaverunt et opere perfecerunt, ita ut post peractam pœnitentiam, *non adorarent dæmonia*, *et simulacra aurea*, *et argentea*, *et ærea*, *et lapidea*, *et lignea*, quæ ideo non sunt adoranda, quia *neque videre possunt*, *neque audire*, *neque ambulare*.

Vers. 21. — Et vere de operibus suis *non egerunt pœnitentiam*, id est *de homicidiis* apertis, *neque a beneficiis suis*, scilicet ab occultis homicidiis, *neque a duplici fornicatione sua*, ab immunditia videlicet et ab idololatria, *neque a furtis suis*; a Deo tamen mortui sunt in anima. Tertia itaque pars, id est omnes reprobi de Ecclesia, similiter omnes Judæi et pagani, qui nunquam fuerunt baptizati, quamvis non fuerunt in his supradictis **D** plagis mortui; tamen in animabus sunt mortui, et a Dei regno alieni.

CAPUT X.

Vers. 1. — *Et vidi alium angelum fortem descendentem de cœlo amictum nube*, *et iris in capite ejus*. Ac si patenter dicat : *Vidi alium angelum fortem*, paternæ scilicet voluntatis nuntium, diabolo autem ejusque membris contrarium per memoriam et fidem fortem in cordibus fidelium. Fortis dicitur, quia ad debellandas venit aerias potestates. Unde Psalmista ait : *Dominus fortis et potens*, *Dominus potens in prælio* (*Psal.* XXIII). *Descendentem*, se videlicet humiliantem assumptione humanitatis, *de cœlo*, id est de cognitione angelorum,

vel quia se hominibus cognoscibilem fecit. Descensio ejus humilitas fuit incarnationis. *Amictum nube*, latentem scilicet carne, quod est nobis refrigerium contra vitia; *et iris in capite ejus*, quia Deus erat in Christo mundum reconcilians sibi (*II Cor.* v). Super nubem levem Dominus ascendit, quando carnem sine peccati gravedine assumpsit. *Et facies ejus erat ut sol*: id est cognitio quam de illo habent fideles, est clara, sicut sol; quia qui veram habet de eo cognitionem, credit eum esse Deum. Per faciem ergo angeli incarnatio Filii Dei exprimitur, per quam habemus cognitionem de eo. Unde ait Psalmista : *Ostende nobis, Domine, faciem tuam, et salvi erimus* (*Psal.* LXXIX). *Et pedes ejus tanquam columna ignis*. Pedes Domini fideles sunt fortes in fide, divino igne accensi, et sicut columna alios sustentantes.

Vers. 2. — *Et habebat in manu sua libellum apertum*, omnes videlicet Scripturas operatione sua completas, partim prædicando, partim, quæ de se dicta erant, complendo, tandem suis discipulis sensum aperiendo. Manus illius operatio est nostræ salutis. *Et posuit pedem suum dextrum*, id est firmiores prædicatores, *supra mare*, id est, supra majores et inundationes hujus præsentis sæculi tribulationes; *sinistrum autem super terram*, id est minus fortes ad patiendum mala, et minus agiles ad operandum bona mittit in terram, scilicet inter minus inundantes tribulationes. Et ipse angelus per eosdem majores atque minores prædicatores.

Vers. 3. — *Et clamavit voce magna*, de magnis videlicet agente, tamen terribiliter, *quemadmodum leo cum rugit*. Vox leonis ostendit ejus virtutem, et infert terrorem. *Et cum clamasset*, ideo scilicet quia isti ab eo missi prædicaverunt, *locuta sunt septem tonitrua*, id est universi successores terrorem inferentes, voces suas tempori eorum congruas. Terret cum dicit : *Omnis arbor*, *quæ non facit fructum bonum excidetur, et in ignem mittetur* (*Matth.* III).

Vers. 4. — *Et quæ locuta sunt septem tonitrua*, scripturus eram. Hic fert personam eorum, qui tempore Antichristi volent prædicare ex præcedentium Patrum imitatione. *Et audivi vocem de cœlo*, divinam scilicet inspirationem, vel angelicam admonitionem, *dicentem*, id est exponentem, *signa*, id est sigilla, quæ locuta sunt septem tonitrua ut amicis pateant, et inimicos lateant, *et noli ea scribere*, id est manifestare infidelibus, in quibus locum non habent. Ac si patenter dicat : O vos Ecclesiæ prædicatores, ne miseritis margaritas ante porcos (*Matth.* VII).

Vers. 5. — *Et angelus*, *quem vidi stantem supra mare*, *et super terram*, *levavit manum suam ad cœlum*, *et juravit per viventem in sæcula sæculorum*. Quasi diceret : Levavit, id est exaltavit Christus, *manum suam*, scilicet humanitatem suam, *ad cœlum*, per quam Deus Verbum sibi unitum operabatur, tanquam manu, *et juravit*, id est firmavit per se ipsum exaltatum, et per Deum Patrem suum viventem in sæcula sæculorum.

VERS. 6. — *Qui creavit cœlum*, *et ea quæ in illo sunt : et terram, et ea quæ in illa sunt : et mare, et ea quæ in eo sunt ; quia tempus*, scilicet variatio, id est modo nox, modo dies, modo prosperitas, modo adversitas, modo mors, modo vita, *non erit amplius*, quantum ad suos fideles, quia immortales et impassibiles efficientur in æterna beatitudine, cum econtra tempus malorum sit in sæcula. Justis tempus non erit, id est mutabilitas aliqua, quia immutabiles erunt in mente, et incorruptibiles in corpore. Tempus quippe est vicissitudo dierum ac noctium, ideoque ibi tempus non erit, ubi nulla varietas cujuslibet rei apparebit, sed semper apud eos claritas et lux indeficiens permanebit.

VERS. 7. — *Sed in diebus vocis septimi angeli, cum cœperit tuba canere*, id est cum prædicare cœperit, non differetur, sed statim *consummabitur*, id est implebitur, *mysterium Dei*, remuneratio videlicet sanctorum ; quod mysterium est secretum, quia nec oculus vidit, nec auris audivit quæ præparavit Deus diligentibus se (*Isa.* LXIV). Sicut *evangelizavit per servos suos prophetas*; quia videlicet prima intentio prophetarum fuit de adventu Domini, secunda de consummatione sæculi. Ostensa igitur destructione, quæ erit tempore Antichristi, et inde etiam prædicatione substracta, et ad hoc fidelibus consolatione adhibita, monetur quæ vidit prædicare. Quasi sibi diceretur aperte : Ecce tibi revelavi omnia, modo vade et prædica; nec quia sunt aspera paveas, nec terrearis pro tribulatione aliqua ; quia non tanta patieris quanta patientur qui tempore Antichristi perseverabunt. Hoc ad consolationem præsentis Ecclesiæ hic apponitur, ubi major tribulatio prænuntiatur.

VERS. 8. — *Et vocem*, id est divinam admonitionem, *audivi de cœlo*, de eisdem, *iterum loquentem*, id est agentem *mecum, et dicentem*, rationes videlicet reddentem. Ac si apertius diceret : O Joannes, quia mysterium hujus momentaneæ persecutionis et remunerationis cito consummabitur; *vade, et accipe librum apertum de manu angeli*; id est prædica filiis Ecclesiæ, quæ audisti et vidisti. Ac si aperte dicat : Vade gressibus virtutum, et promerere *Dei gratiam*, et per eam intellige, quia revelabit tibi omnia; *accipe librum apertum*, scilicet Evangelii, id est Scripturam a Deo completam et fidelibus monstratam, *de manu angeli*, videlicet per operationem Christi, *stantis super mare, et super terram*, parati adjuvare ad se accedentes.

VERS. 9. — *Et abii ad angelum, dicens ei, ut daret mihi librum. Et dixit mihi : Accipe et devora illum*. Ac si patenter dicat : Ampliavi mentem, et abii ad angelum, sicut obediens, relinquendo omnia quæ habebam, dicens ei ut daret mihi librum, id

est intelligentiam Scripturarum. Jubentis quippe Domini vocem paratissimus sequitur sanctorum effectus [*Fors.* cœtus] oratione et operatione. Et quia Deus si quem paratum videt, quod necessarium est, sponte se offert; dixit mihi angelus : *Accipe librum*, tibi videlicet incorpora, *et devora illum*, id est tracta inquirendo et operando, et aliis distribue. Et tamen quia implere, grave est humanitati, quæ mollis et fragilis est; *faciet amaricari ventrem tuum*, sed placebit cogitando et prædicando in ore tuo : id est, in tuis perfectioribus discipulis per quos tu loqueris, *erit dulce tanquam mel*.

VERS. 10. — *Et accepi librum de manu angeli*, id est operationem Christi sequendo, *et devoravi eum, et amaricatus est venter meus*. Sanctos prædicatores habemus, qui die ac nocte in lege Domini meditantur, et possunt dicere cum Psalmista : *Quam dulcia faucibus meis eloquia tua, super mel ori meo* (*Psal.* CXVIII). Et cum accepissem librum, licet amara sentirem, monuit tamen, ut nec timore mortis prædicare desisterem, dicens mihi : Quia de carcere, de insula scilicet Pathmos exibis.

VERS. 11. — *Oportet te iterum prophetare populis, et gentibus, et linguis et regibus multis.*

CAPUT XI.

VERS. 1. — *Et datus est mihi calamus*, scilicet Scriptura calamo scripta, *similis virgæ*, id est sceptro, quia reges constituit. Reges in signum potentiæ suæ virgam manu portant, per quam regia illorum potestas exprimitur. Ideo igitur calamus, id est divina Scriptura virgæ comparatur, quia suis observatoribus regnum promittit, dicens : *Beati pauperes spiritu, quoniam ipsorum est regnum cœlorum* (*Matth.*, V). *Datus est mihi calamus similis virgæ, dicens : Surge*, id est erigere ad prædicandum, *et metire templum Dei*, ita videlicet prædica secundum uniuscujusque capacitatem ; *et altare*, scilicet ut constituas Ecclesiam, et in ea altare ; *et adorantes in eo* : id est ut constituas qualiter fideles Deum adorent in spiritu et veritate. Altare in templo eminentiores significat in Ecclesia fideles, id est virgines continentes et sæculo renuntiantes, in quibus principaliter jugis et indeficiens sanctæ compunctionis permanet ignis.

VERS. 2. — *Atrium autem, quod est foris templum*, id est, falsos Christianos, qui se Ecclesiam simulant, sed factis abnegant; *ejice foras*, excommunicando, scilicet ostende eis esse foras; *et ne metiaris illud* : omnino videlicet subtrahe prædicationem : *quoniam d. tum est gentibus*, id est conformes facti sunt gentilibus, colendo idola, et sic peribunt communi tormento cum eis : *et civitatem sanctam*, id est, Ecclesiam ad bene vivendum congregatam et virtutibus munitam, *calcabunt*, scilicet persequentur illi qui sunt atria, id est hæretici, pagani, Judæi, et falsi Christiani, *mensibus videlicet quadraginta duobus*, id est tribus annis et dimidio, quibus regnabit Antichristus. Ac si apertius diceret : Sciatis, omnes persecutiones quæ sunt in præsenti, et quæ fuerunt in præterito, procedere ab Antichristo, sicut et illas quæ erunt tempore suo.

Sicut (55) auctores nostri dicunt, Antichristus ex populo Judæorum nascetur; scilicet de tribu Dan, secundum prophetiam, dicentem : *Fiat Dan coluber in via, cerastes in semita (Gen.,* xlix). Ad hoc enim in via sedebit, et in semita erit, ut eos, qui per semitas justitiæ ambulant, feriat, et veneno suæ malitiæ occidat. Nascetur autem ex patris et matris concubitu, sed totus in peccato concipietur, in peccato generabitur, et nascetur. In ipso autem conceptionis suæ initio simul diabolus introibit in uterum matris ejus, et ex malignitate diaboli confovebitur et conlutabitur in ventre ejus. Et sicut in matre Domini nostri Jesu Christi, Spiritus sanctus venit, et eam sua virtute obumbravit, et divinitate replevit, ut de Spiritu sancto conciperet, et quod nasceretur, divinum esset et sanctum (*Luc.* 1); ita diabolus in ventrem matris Antichristi descendet, et totam eam replebit, totam circumdabit, totam tenebit, totam interius et exterius possidebit, ut diabolo cooperante, per hominem concipiat, et quod natum fuerit, totum iniquum, totum malignum et perditum erit. Unde et ille homo *filius perditionis* (*II Thess.* 11) appellatur, quia in quantum poterit, genus humanum perdet, et ipse in novissimo perdetur. Nascetur autem in Babylonia. Paulus apostolus dicit, Antichristum non antea esse venturum in mundum, nisi venerit discessio primum; id est nisi prius discesserint omnia regna a Romano imperio, quæ olim subdita illi erant. Hoc autem tempus nondum venit, quia, licet videamus Romanum imperium ex maxima parte destructum, tamen quandiu reges Francorum duraverint, qui Romanum imperium tenere debent, Romani regni dignitas ex toto non peribit, quia in regibus suis stabit. *Tantum est ergo,* sicut ait Apostolus, *ut qui tenet modo, teneat, donec de medio fiat (ibid.).* « (56) Hoc, ut ait beatus Augustinus, non absurde de ipso Romano imperio creditur dictum. Quasi diceret : Tantum qui modo imperat, imperet, donec de medio fiat, id est de medio tollatur; *et tunc revelabitur ille iniquus (ibid.),* quem significari Antichristum nullus ambigit. »

Quidam vero nostri doctores dicunt, quod unus ex Francorum regibus Romanum imperium ex integro tenebit, quia in novissimo tempore erit, et ipse erit maximus et omnium regum ultimus. Hic postquam regnum suum feliciter gubernaverit, ad ultimum Jerosolymam perget, et in monte Oliveti sceptrum et coronam suam ultro deponet, (hic erit finis et consummatio Romanorum Christianorumque imperii) statimque, secundum Apostoli senten-

tiam, Antichristum dicunt adfuturum. Tunc ergo revelabitur Antichristus, qui licet homo sit, fons tamen erit omnium peccatorum, et filius perditionis, id est diaboli, non per naturam, sed per imitationem. Per omnia enim adimplebit diaboli voluntatem, quia plenitudo diabolicæ potestatis et totius mali ingenii corporaliter habitabit in illo, in quo erunt omnes thesauri malitiæ et iniquitatis absconditi (*Coloss.* 11). Hic itaque, ut supra diximus, in civitate Babyloniæ natus, Jerosolymam veniens, circumcidet se, dicens Judæis : Ego sum Christus vobis repromissus, qui ad salutem vestram venit, ut vos de cunctis terris congregem et defendam. Tunc fluent ad eum omnes Judæi, æstimantes Deum suscipere, sed suscipient diabolum.

Sed ne ipse Antichristus totum mundum decipiat et perdat, duo magni prophetæ mittentur in mundum, Enoch scilicet et Elias, qui contra impetum Antichristi fideles Dei divinis armis præmunient, et instruent, docentes et prædicantes tribus annis, et dimidio. Filios autem Israel quicunque eo tempore fuerint inventi, hi duo maximi doctores et prophetæ ad fidem Christi convertent, et a pressura tanti turbinis in parte electorum inseparabiles reddent, sicut dicit Scriptura : *Si fuerit numerus filiorum Israel sicut arena maris, reliquiæ salvæ fient ex eo (Isa.* x). Postquam ergo per tres annos et dimidium prædicationem suam compleverint, mox incipiet exardescere Antichristi persecutio, et contra eos primum sua arma corripiet, eosque interficiet. Postquam ergo isti duo interfecti fuerint, inde cæteros persequens, aut martyres gloriosos faciet, aut apostatas reddet, et quicunque in eum crediderint signum characteris ejus accipient.

Hic itaque Antichristus totius malitiæ artifex, cum per tres annos et dimidium totum mundum vexaverit, omnem populum Dei diversis poenis cruciaverit, Eliam et Enoch interfecerit, et cæteros in fide perseverantes martyrio coronaverit; ad ultimum judicium Dei veniet super illum, ut beatus Paulus scribit, dicens : *Quem Dominus Jesus potentia jussionis suæ* (57), sive archangelus Michael interficerit illum, per virtutem Domini nostri Jesu Christi occidetur. Tradunt autem majores nostri atque doctores quod in monte Oliveti Antichristus occidetur in papilione et in solio suo in loco illo quo Dominus ascendit ad cœlos. De quo propheta ait : *Præcipitabit Dominus inclytum universæ terræ in monte sancto (Thren.* 11), id est in monte Oliveti.

Debetis præterea scire, fratres charisimi, quia postquam Antichristus fuerit occisus, non statim veniet dies judicii Domini, sed sicut in libro Da-

---

(55) Hæc omnia quæ de Antichristo adducit Martinus, transcribit ex libro *De vita Antichristi* qui nomine Augustini Alcuini et Rhabani circumfertur; sed quem existimant Benedictini tom. XI, in App. de addendis et corrigendis in tom. VI S. Augustini, esse fœtum Adsonis, monasterii Derbensis abbatis tempore Ludovici Ultramarini Francorum regis.

(56) *De civ. Dei,* lib. xx, cap. 19, num. 3.
(57) Locus corruptus sic restituendus : Quem Dominus interficiet spiritu oris sui; sive Dominus Jesus interfecerit illum potentia jussionis (Bened. *visionis* ms., Adson. *virtutis*) suæ, sive archangelus, etc.

nielis legitur, quadraginta (58) dies concedet Dominus electis, qui ab Antichristo decepti fuerint, ut pœnitentiam agant (*Dan.* XII). Postquam vero hanc pœnitentiam peregerint, quantum temporis vel spatii fiat, quousque Dominus ad judicium veniat, nemo est qui sciat; sed sicut ipse ait in Evangelio, in dispositione Dei manet (*Marc.* XIII). Quid autem angelus in persona Domini de duobus magnis prophetis referat, audiamus.

VERS. 3. — *Dabo duobus testibus meis, et prophetabunt,* id est prædicabunt, *diebus mille ducentis sexaginta,* scilicet tribus annis et dimidio sicut Jesus Christus prædicabit, *amicti saccis,* id est, pœnitentiam prædicantes, et exemplo ostendentes, sicut Joannes Baptista, qui erat indutus pilis camelorum (*Matth.* III). Vel quia vita sanctorum reprobis videbitur despecta, ideo saccis induti ad prædicandum venire perhibentur. De Elia et Enoch agitur, per quos multi alii prædicatores intelliguntur. Bene Ecclesia in duobus testibus figuratur propter duo testamenta; vel quia ex duobus populis constat; sive propter duo genera martyrii, vel propter dilectionem Dei et proximi. In quorum laudibus iterum subjungit, dicens :

VERS. 4. — *Hi sunt duæ olivæ,* scilicet Spiritu sancto uncti, *et duo candelabra* alios illuminantes, *in conspectu Domini terræ stantes,* videlicet quid Domino placeat attendentes; vel quia in paradiso, ubi quondam Adam fuit, translati sunt, et a nostris conspectibus ablati, claritate visionis Dei perfruuntur.

VERS. 5. — *Et si quis eos voluerit nocere,* scilicet a sancto proposito revocare, *ignis,* id est spiritualis sententia, *exiet de ore illorum,* quæ aliis erit odor vitæ in vitam, aliis odor mortis in mortem (*II Cor.* II), *et devorabit,* id est damnabit, *inimicos eorum; et si quis voluerit eos lædere,* corporali morte, *sic, videlicet spirituali sententia, oportebit eum occidi.*

VERS. 6. — *Hi habent potestatem claudendi cœlum,* id est Scripturas quæ celant arcana, *ne pluat diebus prophetiæ ipsorum,* quia non prædicabunt nisi congruo tempore. Similiter omnes Ecclesiæ prædicatores his duobus prophetis significantur et comprehenduntur, qui tempore baptismatis, et manus impositionis episcoporum acceperunt Spiritum sanctum. Omnes quippe doctores imitari eos debent. *Habent etiam potestatem hi duo prophetæ super aquas,* id est, super doctrinas suas, quæ sunt fidelibus aquæ irrigantes, *convertendi eas in sanguinem,* scilicet in mortificationem quia aliis erit ad vitam, aliis ad mortem prædicatio eorum, *et percutere terram omni plaga,* id est terrenos, *quotiescunque voluerint,* sicut Moyses convertit aquas fluminis Nili in sanguinem (*Exod.* IV, 7), et Elias clausit cœlum, ne plueret annis tribus et dimidio (*III Reg.* XVII).

VERS. 7. — *Et cum finierint testimonium suum,* bestia, id est Antichristus, *quæ ascendit* ad regnum *de abysso,* scilicet de occulto Dei judicio, quia *judicia Domini abyssus multa.* (*Psal.* XXXV); vel ascendit de inferno, quia, ut in Christo requiescit omnis plenitudo divinitatis corporaliter (*Colos.* II), ita in Antichristo omnis plenitudo malitiæ requiescit corporaliter. *Et faciet adversus illos bellum* (falsis disputationibus) *et vincet illos.* Non ideo dicit, *vincet illos,* quod unquam a suo proposito revocentur; sed vincet, id est, corporaliter occidet.

VERS. 8. — *Et corpora eorum jacebunt in plateis civitatis magnæ,* scilicet Jerusalem, quæ magna fuit quondam in virtutibus, et tunc erit in malitia; ita ut quicunque viderint eos jacentes mortuos, timeant eis conformari et sepelire. *Quæ civitas vocabitur spiritualiter Sodoma,* id est, muta, quia nemo ibi sanctæ Trinitatis fidem prædicare ausus erit ; *et Ægyptus,* tenebrosa videlicet sine cognitione Dei. Vel vocabitur Sodoma propter Sodomorum opera, *ubi et eorum Dominus crucifixus est.* Licet persecutio ubique grassetur, tamen major et acerbior erit Ecclesiæ vexatio ubi Dominus crucifixus est, et ubi omnium malorum caput apparebit Antichristus. In cujus platea specialiter dicuntur jacere corpora sanctorum, tanquam scilicet, ubi principale erit certamen, ibi mortuorum corpora multipliciter insepulta jaceant. Ubi etiam intelligitur, quia Judaica plebs specialiter adhærebit Antichristo, quousque Elia et Enoch prædicantibus, qui ex ea salvandi fuerint, revertantur ad Christum. Per civitatem magnam Jerusalem, in qua jacebunt corpora eorum, totus mundus intelligitur, quia in omnibus mundi partibus tunc temporis sancti interficientur. Sequitur :

VERS. 9. — *Et videbunt de populis et tribubus, et linguis, et populis, et gentibus,* quidam oculis, quidam fama, *corpora eorum per tres dies et dimidium,* id est, per tres annos et dimidium : *et corpora eorum non sinent poni in monumentis ;* videlicet ne memoria eorum habeatur, et ne monumenta eorum venerentur.

VERS. 10. — *Et inhabitantes terram,* id est, adhærentes terrenis *gaudebunt, et jucundabuntur super eos ;* jocos videlicet statuent, et ludent insimul præ gaudio; *et munera sibi invicem mittent,* et hoc ideo, *quoniam hi duo prophetæ cruciaverunt eos, qui habitant super terram,* contradicendo eis suam iniquitatem. Quod enim Dominus extra portam civitatis passus est (*Hebr.* XIII), significabatur quia in suis membris in toto mundo erat passurus.

VERS. 11. — *Et post tres dies,* id est, post tres annos et dimidium, *Spiritus vitæ a Deo intravit in eos :* scilicet animæ eorum æternaliter conferentes eis immortalitatem et impassibilitatem a Deo missæ

---

(58) *Quadraginta* quoque habet Alcuinus, et ms. Adsonis; sed rectius Glossa collateralis *quadraginta quinque* posuit, nam hic alludit auctor libri ad locum Danielis; *Beatus qui exspectat et pervenit usque*

ad dies mille trecentos triginta quinque. Quadraginta enim quinque additi 1290 versiculi anterioris efficiunt summam 1355. Super cujus loci explicationem videsis interpretes.

intrabunt in eos. *Et* jam impassibiles et immortales *steterunt*, scilicet stabunt, *super pedes suos*, id est, super se ipsos, quod prius fuerant, non indigentes quo innitantur, *et timor magnus*, pœna videlicet infernalis vel Dei reverentia, *cecidit*, id est, cadet ut pondus comprimens, *super eos qui viderunt*, id est, videbunt, *eos* ita glorificatos.

VERS. 12. — *Et audierunt*, id est, audient *vocem magnam*, scilicet potestatis magnæ, *de cœlo*, id est a Christo vel ab archangelo, *dicentem illis : Ascendite huc*, ad consortium videlicet sanctorum. *Et ascenderunt*, id est ascendent, *in cœlum*, et hoc *in nube*, quæ illos refrigerabit, et inimicos terrebit : *et viderunt*, id est, videbunt, *eos* inimici eorum ita honorificatos, quos hic reputaverunt esse stultos et insanos.

(58*) Si quis Pauli sententiam intuens, requirit qualiter primo homini generalis compleatur sententia, qua illi dixit Deus, *terra es, et in terram ibis* (*Gen.* III); scire debet, veram esse Dei, et Pauli sententiam ; quia et vivi reperientur homines, ex quorum persona hoc Apostolus loquitur; et tamen, ut beatus Augustinus dicit, in ipso raptu nubium, etsi momentaneam tamen mortem gustabunt. In terram ergo revertentur : quia hoc est corpus in terram reverti, quod est exeunte anima remanere corpus, quod utique terra est. Itaque securi dicimus, quia in momento, in ictu oculi, in ipsis nubibus spiritum vitæ accipient hi, qui adventu Domini vivi reperientur; qui, ut dictum est, et momentaneam mortem gustabunt, et in terram redibunt. Impii quippe præcipitabuntur in infernum, electi autem in nubibus elevabuntur ad gloriam (*I Cor.* xv). Iniqui ergo et omnes inimici illorum eos videbunt, et judices sentient juste, quos judicaverunt et damnaverunt injuste.

VERS. 13. — *Et in illa hora*, occisionis sive glorificationis horum duorum prophetarum, Enoch scilicet et Eliæ, *factus est terræmotus magnus*, id est terreni homines sunt moti ad destructionem scilicet Ecclesiæ occisis magistris, *et decima pars civitatis cecidit :* omnes videlicet impii ceciderunt de Ecclesia in pœnas, vel omnino destructi in infernum, *et occisi sunt in terræmotu*, illi scilicet, qui postea per pœnitentiam non recesserunt a malis suis, *nomina hominum septem millia ;* id est, omnes perfecti in malitia, quos Deus præscivit ad mortem, ne fideles quoquo modo terreantur. *Et reliqui*, scilicet boni qui non ceciderunt in pœnas vel in peccatum, *in timore sunt missi*, id est in Dei reverentia timent ne cadant, nihil sibi attribuentes, *dederunt gloriam Deo cœli*.

VERS. 14. — *Væ secundum abiit : et ecce væ tertium venit cito*.

VERS. 15. — *Et septimus angelus*, ordine narrationis et temporis, *tuba cecinit et factæ sunt voces magnæ in cœlo*, id est, laudes Deo de justorum sal-

ratione et malorum damnatione, *dicentes ; Factum est regnum Dei nostri et Christi ejus :* qui prius videlicet erat abjectus, jam regnat bonos coronans, malos condemnans ; *et regnabit*, id est, permanebit regnum ipsius, *in sæcula sæculorum : Amen*.

VERS. 16. — *Et viginti quatuor seniores*, id est, non tantum minores ita glorificabunt Deum, sed etiam ipsi majores, *qui in conspectu Dei sedent*, id est judicant quod est in præsenti , considerantes quid Deo placeat, *in sedibus suis*, videlicet sibi commissis, *ceciderunt*, id est humiliaverunt se, *in facies suas*, scilicet in corda sua, et adoraverunt Deum, ut conservaret eos, *dicentes :*

VERS. 17. — *Gratias agimus tibi, Domine Deus omnipotens*, ideo videlicet quia nos salvasti, et inimicos nostros damnasti , *qui es* immutabilis, *et qui eras*, olim cum a Judæis despiciebaris, *qui accepisti* (resurgendo) *virtutem tuam magnam*, id est, Spiritum sanctum tuis dando et Ecclesiam congregando, et regnasti, nos videlicet a diabolo defendisti.

VERS. 18. — *Et iratæ sunt gentes* pro regno tuo. Unde ait Psalmista : *Dominus regnavit, irascantur populi : qui sedes super cherubim, moveatur terra* (*Psal.* XCVIII). *Et advenit* contra illos ira tua, id est tempus vindictæ tuæ, *et advenit tempus*, scilicet opportunitas , *mortuorum judicari* tam bonorum quam malorum, ut separentur boni a malis, et *advenit tempus reddere mercedem servis tuis prophetis*, id est aliis providentibus, *et sanctis*, videlicet in fide confirmatis, *et timentibus nomen tuum pusillis et magnis*, id est non tantum majoribus, sed quibuscunque fidelibus ; *et advenit tempus exterminandi eos, qui corruperunt terram*, id est, seipsos per malam operationem, et alios per malum exemplum.

VERS. 19. — *Et apertum est templum Dei in cœlo ; et visa est arca testamenti ejus in templo ejus*. Notanda sunt hæc præterita posita esse pro futuris, scilicet apertum est templum, et visa est arca testamenti, et apparuit signum in cœlo. Quasi diceret : In die judicii aperietur, templum Dei fuisse in cœlo ; et tunc etiam videbitur, archa [*f. arcam*] testamenti fuisse in templo ejus, et quare facta fuissent fulgura, et apparebit signum magnum quod prius multis fuit incognitum, etc. A*pertum est igitur templum Dei in cœlo :* Christus scilicet, qui est templum Dei, in quo habitat omnis plenitudo divinitatis corporaliter (*Colos.* II), venit ad cognitionem Ecclesiæ , quæ in cœlestibus conversatur spiritualiter ; *et visa est arca testamenti ejus* videlicet Dei Patris, id est, idem ipse Christus qui continet in se sacramentum Dei Patris, sicut arca fœderis vetus testamentum continebat. Ipse quippe testatus est omnia quæ audivit a Patre suo, ipse nobis cibus spiritualis est et refectio, quod significat manna absconditum in arca ; ipse nobis rex est et sacerdos, quod significabat virga Aaron quæ servabatur in arca. *Et facta sunt fulgura*, id est, miracula, quæ terrorem inferunt aspicientibus ea ; *et tonitrua*, prædicationes videlicet æternam mortem peccatoribus comminantes ; et facta est grando magna, scilicet prædicatio iram Dei annuntians quæ contundit et punit eos qui nolunt converti , *et terræmotus*, omnes terreni sunt moti, quidam ad fidem, quidam ad persecutionem.

CAPUT XII.

Vers. 1-2.— *Et post hæc signum magnum visum est in cœlo : Mulier scilicet amicta sole*, sanctam Ecclesiam significans , quæ est amicta et cooperta , et undique munita Jesu Christo sponso suo defensore; qui est verus sol justitiæ (*Malac.* iv), *et luna sub pedibus ejus* , quia sancta Ecclesia cuncta terrena quæ sicut luna crescunt et decrescunt, quasi lutum quod pedibus suis conculcat, despicit et pro nihilo habet. *Et in capite ejusdem* mulieris erat *corona duodecim stellarum* , id est Christus, qui est caput et rector totius Ecclesiæ circumdatus et coronatus duodecim apostolis, qui sicut stellæ fulgent in Ecclesia. *Et mulier*, id est sancta Ecclesia, *habet verbum Dei in utero*, scilicet in mentis suæ secreto, et erat prægnans, id est, verbo Dei repleta, *et parturiens*, multos scilicet fideles Christo parere et conformes facere desiderans, *clamabat*, magna videlicet cordis intentione auxilium a Domino petebat, *et cruciabatur*, id est, multos cruciatus et labores sustinebat, *ut pareret*, scilicet ut per fidem multos Deo filios acquirere posset. Unde ait beatus Paulus : *Filioli mei, quos iterum parturio, donec formetur Christus in vobis* (*Galat.* iv). Iterum beatus Joannes subjiciens, ait :

Vers. 3.—*Visum est aliud signum in cœlo ; et ecce draco roseus magnus habens capita septem, et cornua decem.* Quasi diceret : Præter supradicta visum est mihi aliud signum, draco videlicet magnus et rufus, et significabat diabolum qui est fortis in malitia , *et rufus*, id est sanguinolentus, spiritualiter interficiendo homines, *habens* in potestate sua *capita septem*, omnes videlicet mundi principes et *decem cornua* , scilicet omnes principibus terræ subditos, per quos ipsi principes impugnant et persequuntur decem legis præcepta servantes. *Et in capitibus ipsius* draconis, id est in principibus terræ qui illi sunt obedientes, *septem diademata* , id est, victoriæ de omnibus illis qui perditioni sunt dediti.

Vers. 4.—*Et cauda ejus*, id est, occulta deceptio ipsius *trahebat*, ad se *tertiam partem stellarum cœli*, eorum videlicet qui in Ecclesia lucere videbantur virtutibus ut stellæ, *et misit eas in terram*, illos videlicet quos ad se traxit, terrenorum amore et cupiditate involvit. Mulier, ut dictum est, parturiens clamabat, *et draco* , id est diabolus fortis in malitia, et potens in iniquitate, *stetit ante mulierem*, in pugnam videlicet contra Ecclesiam perseveravit, *quæ erat paritura* , homines scilicet ad fidem vocare et conformes Christo facere debebat. Ideo draco,

id est diabolus , ante mulierem stabat, *ut filium peperisset* , aliquem videlicet Christianum similem sibi Ecclesia fecisset, *devoraret ;* a fide scilicet suæ malignitatis astutia revocaret , sibique illum incorporaret. Paratus itaque erat draco, id est diabolus, ut mulieris filium devoraret , sed non potuit, quia sancta Ecclesia

Vers. 5. — *Peperit masculum* , id est Christum, fortem et insuperabilem, de quo dictum est : *Ecce vir Oriens nomen ejus* (*Zach.* vi). *Qui recturus erat*, id est qui debebat regere et defendere omnes gentes *in virga ferrea*, per inflexibilem scilicet et rectam justitiam. *Et raptus est filius ejus*, Deus videlicet et homo Jesus Christus, *ad Deum*, id est exaltatus ad dexteram Dei Patris, *et ad thronum ejus* usque ad suam sedem, videlicet judiciariam in qua omnia judicat cum Patre.

Vers. 6.—*Et mulier*, id est sancta Ecclesia, *fugit in solitudinem*, terrenam scilicet dignitatem et sæculi tumultum reliquit; in qua solitudine habet locum paratum a Deo, quietem scilicet mentis, *ut ibi pascat eam* pane cœlestis verbi, *diebus mille ducentis sexaginta*, id est per tres annos et dimidium ; quia tot annis ipse Dei et Virginis Filius prædicavit.

Vers. 7. — *Et factum est prælium in cœlo* , id est in Ecclesia et ex parte Ecclesiæ *præliabantur cum dracone Michael*, qui interpretatur *quis ut Deus*, *et angeli ejus; et draco pugnabat* cum Michaele, *et angeli ejus.*

Vers. 8. — *Et non valuerunt*, scilicet non habuerunt in illo prælio valitudinem aliquam draco et angeli ejus, *neque locus eorum est amplius inventus in cœlo*, id est in Ecclesia.

Vers. 9. — *Et draco ille magnus*, id est diabolus qui primum hominem dejecit , *est projectus*, longe scilicet ab Ecclesia, *qui vocabatur diabolus* , id est , deorsum fluens, *et Satanas* , scilicet adversarius , *qui seducit*, id est, seorsum ducit a recta via, non solum primum parentem , sed etiam universum orbem.

Vers. 10. — *Et audivi vocem magnam in cœlo*, id est, quamdam exsultationem in Ecclesia , scilicet *vocem* angelicam, *dicentem: Ante* adventum Christi diabolus erat princeps hujus mundi, sed *nunc facta est salus*, id est, sanitas antiqui vulneris, *et virtus*, scilicet potestas resistendi diabolo ipsumque vincendi, *et regnum Dei nostri*, nunc videlicet Deus noster Trinitas habet regnum in Ecclesia, *nunc* scilicet regit Ecclesiam suam, *et potestas Christi ejus* , id est, Christo Filio suo est data, secundum humanitatem, omnis potestas in cœlo et in terra. Et hoc idcirco, *quia accusator fratrum nostrorum*, id est diabolus, qui facit fratres nostros accusabiles, *est projectus*, longe scilicet ab ipsis Dei servis remotus, *qui tam in die* quam *in nocte*, id est, assidue, vel in prosperis et in adversis , *accusabat illos*, scilicet faciebat illos accusabiles et reos, *in conspectu Domini.* Et quamvis filii Ecclesiæ ita impugnabantur a diabolo, tamen

Vers. 11. — *Ipsi vicerunt illum propter. sanguinem Agni,* id est propter effusionem sanguinis Christi, inde, existente causa, *et propter verbum testimonii,* eorum scilicet prædicationem.ferentem testimonium Christo, quod ipsi faciebant, et ideo vicerunt eum. Hac etiam de causa vicerunt eum, quia *non dilexerunt animas suas,* id est suas carnales delectationes, *usque ad mortem;* videlicet non sunt usi temporalibus bonis ad superfluitatem, sed ad necessitatem. Modo vertunt angeli sermonem suum ad fideles qui diabolum vicerunt, dicentes :

Vers. 12. — *Propterea lætamini, cœli, et qui habitatis in eis.* Ac si dicerent: O vos cœli, videlicet qui virtutibus excellentiores estis, et vobis subditis divinam doctrinam compluitis ; *propterea lætamini,* id est, magnam lætitiam concipite de victoria habita in cordibus vestris, quia accusatorem humani generis vicistis. Lætamini etiam et vos, o minores, *qui habitatis in eis,* id est in patrocinio et disciplina majorum, quia similiter cum eis eumdem hostem antiquum superastis. Iterum vox angelica subsequenter ait : *Væ,* id est miseria, dolor et captivitas est vobis, *terræ,* scilicet terrena diligentibus, *et mari,* id est fluctuantibus, et Deum vobis in malis operibus amaricantibus, ideo scilicet *quia diabolus* de hac potestate, quam super fratres vestros habebat, lapsus, *descendit ad vos,* id est , ad detrimentum vestrum, *habens iram magnam* de perdita potestate ; quam iram exercet in vobis ipse draco sævissimus, *sciens quod modicum tempus habet,* quod parum videlicet hanc potentiam sibi exercere licebit , sed post modicum etiam vobiscum in inferno cruciabitur.

Vers. 13. — *Et cum vidisset draco quia projectus est in terram;* in illis videlicet qui terrenis delectationibus tantum dediti sunt, *persecutus est mulierem,* id est Ecclesiam, *quæ peperit masculum,* Christum videlicet fortem et invincibilem ad expugnandum diabolum. Et quia draco persequebatur mulierem ,

Vers. 14. — *Datæ sunt a Domino mulieri,* id est Ecclesiæ ut resistere posset draconi persequenti eam, *duæ alæ magnæ aquilæ,* scilicet charitas continens in se dilectionem Dei et proximi. Facta est igitur Ecclesia magna aquila altissime volans, loquendo de deitate, et acutissime conspiciens solem, id est, divinæ essentiæ claritatem. Ideo igitur datæ sunt mulieri, id est, Ecclesiæ duæ alæ, *ut volaret in desertum* in locum suum, id est in securitate sua, *ubi,* scilicet in qua securitate, *alatur,* et nutriatur illic a Domino illo pane, illa scilicet prædicatione quæ fuit a Christo facta, *per tempus,* id est, per unum annum, *et per. tempora,* id est per duos annos, *et per dimidium tempus,* id est per dimidium annum, per tres videlicet annos et dimidium

quibus in mundo positus Dominus prædicavit; *et hoc a facie serpentis,* id est propter infestationem præsentem et diaboli instantiam, qui ita latenter sicut serpens mordet. Et cum vidisset draco, quod mulierem non potuit nocere

Vers. 15. — *Misit ex ore suo,* id est ex sua suggestione vel ex membris suis, per quæ loquitur, *aquam,* scilicet inundantem persecutionem, *tanquam flumen,* magnam videlicet et impetuosam, *post mulierem,* id est post Ecclesiam, *ut faceret eam trahi* retro a proposito suo a magno *flumine* illo, id est per illam magnam persecutionem. Sed nec sic draco potuit trahere mulierem, nam

Vers. 16. — *Terra,* id est Christus qui est forte et immobile fundamentum Ecclesiæ, qui etiam corpus habet de communi humani generis terra, *adjuvit mulierem,* scilicet Ecclesiam, (59) idem videlicet Christus, *aperuit os suum,* id est prædicationem suam, suis videlicet discipulis dedit gratiam prædicandi ; vel aperuit signum suæ misericordiæ, *et absorbuit,* id est destruxit *flumen, quod misit draco ex ore suo,* id est persecutionem quam misit diabolus in Ecclesiam per *membra sua.*

Vers. 17. — *Et iratus est draco in mulierem,* id est contra Ecclesiam, *et abiit,* scilicet longe remotus est ab ea, *et hoc ad faciendum prælium cum reliquis de semine ejusdem* Ecclesiæ, *qui custodiunt mandata Dei,* et qui habent fidem per testimonium, id est per prædicationem quæ testatur Jesum Christum esse Deum et hominem.

Vers. 18. — *Et stetit super arenam maris,* super steriles videlicet, et super infructuosos et aridos mundi.

CAPUT XIII.

Vers. 1. — *Et vidi* quamdam *bestiam ascendentem de mari,* id est Antichristum cum principibus hujus sæculi et subditis eorum et ministris, *ascendentem,* id est exaltantem se et elevantem, *de mari,* scilicet de malignis hominibus et Deum sibi amaricantibus, id est, exacerbantibus; *habentem capita septem,* omnes scilicet principes mundi, *et cornua* decem, id est, minores malignos, per quos principes impugnant decem præcepta servantes, *et super cornua ejus decem diademata,* scilicet victorias de servantibus decem præcepta , quia videbuntur eos occidendo vicisse. *Et super capita ejusdem bestiæ,* id est super principes mundi, vidi scripta *nomina blasphemiæ,* scilicet vidi eos Deum nominatim blasphemantes, dicentes Christum non verum Deum fuisse, et his similia.

Vers. 2 — *Et bestia, quam vidi, erat similis pardo,* id est variis hæresibus erat plena, sicut pardus est varius ; *et pedes ejus,* ipsi videlicet inferiores hæretici ejusdem bestiæ, id est Antichristi erant ita habiles ad persequendum et parati ad lacerandum fideles, *sicut pedes ursi et os ejus,* scilicet locutio erat ita fidelibus terrorem ingerens, sicut vox et

(59) Typi. hic *et terra.*

rugitus terret leonis cætera animalia. *Et draco*, id A
est diabolus, *dedit illi* bestiæ suæ, scilicet Antichristo *virtutem suam*, et sicut ipse est fortis et malignus, ita fecit eam malignam et fortem; *et dedit*
illi suam potestatem ad expugnandum fideles.

VERS. 3. — *Et vidi unum de capitibus bestiæ*, id
est de principibus illius, majorem aliis principibus,
id est Antichristum, *occisum*, eundo scilicet quasi
in veram *mortem:* sui videlicet discipuli mentientes
fingent eum vere occisum, et tertia die resurrexisse.
Vidi eum, inquit, *quasi occisum in mortem, et plaga
mortis ejus curata:* id est ipse qui per plagam mortuus esse dicitur, curatus est; fallaciter videlicet
dicetur esse resuscitatus, et in illa falsa resurrectione *est admirata*, valde scilicet admirabitur *universa terra*, id est omnes terrena diligentes euntes B
post illam *bestiam*, scilicet post Antichristum bestia-
liter viventem.

VERS. 4. — *Et adoraverunt draconem*, id est diabolum, idcirco *quia dedit illi bestiæ potestatem* faciendi ea quæ cupit, putantes se Deum adorare, et
a Deo potestatem illam Antichristum habere, non a
diabolo. Et non solum draconem, id est diabolum
adoraverunt hoc modo, sed etiam ipsam *bestiam
adoraverunt, dicentes : Quis est*, vel *fuit*, vel *erit
similis huic bestiæ?* Et tamen quidam volunt eam
impugnare, sed *quis poterit pugnare cum ea?* Notandum interea, fratres charissimi, quia ista quæ narrantur quasi jam præterita, adhuc in novissimis
temporibus sunt ventura. Sequitur :

VERS. 5. — *Et datum est huic bestiæ*, id est Antichristo a Domino per diabolum, id est concessum
os loquens magna, quia dicet Filium Dei se esse, et
os loquens *blasphemias* quia dicet Christum Dei et
Virginis Filium qui mundum redemit, aliquem ma-
gam fuisse. *Et data est ei potestas facere menses quadraginta* (60), id est faciendi hæc omnia per quadraginta et duos menses, scilicet per tres annos et
dimidium. Denique *bestia*, id est Antichristus.

VERS. 6. — *Aperuit os suum*, eundo de blasphemia
in blasphemiam ad Deum, id est contra Deum, quia
dicet se esse Filium Dei, et pleno ore dicet diabolum esse Deum, qui erit pater ejus. Aperiet itaque
os suum ad blasphemandum nomen omnipotentis
Dei, quia dicturus est se esse justum, clementem, D
atque omnipotentem, quod est *blasphemare nomen
Dei et tabernaculum ejus*, id est humanitatem Christi, qui verus Deus et verus homo est, fuisse magum. Blasphemabit etiam *eos qui habitant in cœlo*,
id est in Ecclesia, dicendo eos esse erroneos et
stultos.

VERS. 7. — *Datum est* etiam *illi* bestiæ, scilicet
Antichristo concessum est a Deo per diabolum *facere bellum cum sanctis, et vincere illos*, quosdam
spiritualiter, quosdam vero tantum corporali morte.
Data est etiam *illi potestas super omnem tribum, et
super omnem populum, et super omnem linguam*,

Hebraicam videlicet, Græcam et Latinam, et super A
cæteras linguas, quia multoties plures linguæ continentur in populo uno, *et in omnem gentem*, generaliter videlicet super Asiam, Europam atque Africam.

VER. 8. — *Et adoraverunt* bestiam supradictam, id
est Antichristum *omnes qui habitant terram :* illi
videlicet qui in terrenis sunt fundati, *quorum nomina sunt scripta in libro vitæ*, id est in memoria
Dei et *Agni, qui pro nobis est occisus ab origine
mundi*, prædestinatione.

VERS. 9. — *Qui habet aures*, id est spiritualem
intellectum, *audiat;* scilicet intelligat quod omnis
ille

VERS. 10. — *Qui duxerit captivitatem*, qui alios B
videlicet rectos et bene viventes a vera via ducit
captivos per pravam doctrinam in falsam viam,
vadit in captivitatem, in mortem scilicet æternam,
et *qui in gladio* materiali aliquos fideles *occiderit*,
oportet eum gladio occidi, id est divina sententia.
Hæc res *est patientia sanctorum et fides*, quia videlicet tribulationes et tribulatores brevi tempore per-
manebunt, et in æternam captivitatem ibunt; perseverantes vero in fide æterna beatitudine coronabuntur.

VERS. 11. — *Et præter hæc vidi* etiam *aliam bestiam ascendentem de terra*, id est prædicatores et
discipulos Antichristi exaltatos et elevatos de terra
in superbiam. Et illa *bestia habebat duo cornua*,
non in rei veritate, sed *similia* duobus cornibus C
Agni, id est Christi, quibus significantur bestiales
apostoli Antichristi dicentes se esse innocentes et
miracula facientes, sicut Christus fecit, cum potius
sint peccatores et dæmoniosi. *Et loquebatur*, ita
terrorem incutiendo, *sicut draco* terret omnes aves
suo clamore.

VERS. 12. — *Et habebat omnem potestatem prioris
bestiæ*, id est Antichristi, sicut veraces apostoli
fuerunt in beneplacito et protectione Domini nostri
Jesu Christi. *Et ipsa secunda bestia fecit terram*,
id est ipsos principes terrenos et omnes *habitantes
in ea*, minores scilicet terrenos subjectos facient ipsi
falsi apostoli Antichristi *adorare primam bestiam*,
eumdem videlicet Antichristum, *cujus plaga mortis
est curata*, quia scilicet Antichristus dicitur esse
resuscitatus de ficta morte.

VERS. 13. — *Et faciet* ipsa bestia, id est discipuli
Antichristi, *magna signa* et miracula, in quibus de-
signabunt ipsum Antichristum quasi Deum ; ita *ut
etiam ignem de cœlo descendere faciat*, id est spiritum malignum quasi Spiritum sanctum descendere
in terram, scilicet super terrenis vitiis deditos et ad
suam sectam conversos. Et faciet eos loqui omnibus
linguis sicut apostoli faciebant illos quos ad fidem
convertebant : et hoc de cœlo, id est de aere, *in
conspectum omnium*, non ita absconse in domo,
sicut Spiritus sanctus descendit super apostolos in

domo in qua erant pariter congregati (*Act.* II), sed
videntibus cunctis. Et per hæc signa et miracula
quæ discipulis Antichristi tempore illo concedentur
facere,

VERS. 14-15. — *Seducent habitantes in terra, di-cèntes ut faciant imaginem bestiæ,* id est ut se con
formes faciant Antichristo cujus *plaga gladii* curata
est et *revixit,* id est dicetur revivere. Hoc signum
facient ipsi falsi apostoli Antichristi, quod malignum
spiritum facient etiam sicut ignem de aere videnti-bus omnibus descendere, per quod seducent homi-nes et confirmabunt eos ipsi Antichristo : et hoc
ita *ut loquatur imago bestiæ,* sicut et ipsi qui con-formes erunt Antichristo, loquentur omnibus lin-guis. *Et faciet* illa secunda bestia, id est illi pseudo-apostoli, *ut omnes occidantur quicunque non adora-verint,* non solum bestiam, id. est Antichristum, sed
etiam *imaginem bestiæ;* ipsos eosdem scilicet falsos
apostolos, qui conformes erunt Antichristo suo
falso Deo.

VERS. 16. — *Et facient* ipsi pseudoapostoli *omnes.
pusillos et magnos, divites et pauperes, liberos et ser-vos habere characterem,* id est signum suæ sectæ,
in dextera manu, in sua scilicet operatione ; *aut
in frontibus suis,* in manifesta videlicet confes-sione.

VERS. 17. — *Et* facient *ne quis possit emere aut
rendere,* id est dare prædicationem et recipere ali-quem conversum per prædicationem factam de
Antichristo, *nisi ille tantum qui habet characterem,*
id est signum bestiæ, ut diximus, *et nomen,* id est
Teitan, *et numerum nominis ejus,* id est sexcenti
sexaginta sex, quia Teitan vocabitur ille perditus
homo, et hoc facient discipuli Antichristi, quia non
licebit alicui prædicare tunc temporis, nisi habuerit
numerum nominis Antichristi, scilicet nisi perfe-ctus fuerit et fructum centesimum sexagesimum et
senarium ei quasi Deo obtulerit. In hoc ergo hujus
nominis numero

VERS. 18. — *Est* adhibenda *sapientia,* id est sa-pienter est considerandum, et ideo omnis *qui ha-bet intellectum,* scilicet qui sapiens est, *computet
numerum* hujus *bestiæ;* quia si aliquis stultus hunc
numerum computaverit, statim putabit illum esse
Deum, quia hic numerus Deo convenit. Ideo igitur
sapientia est adhibenda in computatione hujus nu-meri, quia quamvis hic *numerus* sit Dei, ad tempus
tamen erit perditissimi *hominis,* scilicet Antichristi,
a quo usurpabitur. Hic *numerus* constat *ex sexcentis
sexaginta sex.* Numerus enim Jesu Christi est, cu-jus nomen sibi facit bestia, id est Antichristus.

CAPUT XIV.

Ostensa gravissima persecutione quam patitur et
passura est Ecclesia sub Antichristo, ostendit etiam
ad ejus consolationem et cohortationem, quantum
et qualem habet adjutorem, dicens :

VERS. 1. — *Vidi ; et ecce agnus,* scilicet Christus
pro nobis immolatus, *stabat supra montem Sion,* id
est juvabat sanctam Ecclesiam eminentem in vir-

tutibus, et cœlestia speculantem et contemplantem.
Supra stabat, quia ex omni parte eam obumbrabat
et protegebat ; *et cum eo centum quadraginta quatuor
millia,* id est infinitos quantum ad nos, et quantum
ad Deum finitos, virgines perfectissimos, prædica-tione sanctæ Trinitatis ex quatuor mundi partibus
collectos, *habentes nomen* Agni ut a Christo Chri-stiani nominentur, *et nomen Patris ejus,* scilicet
Dei, ut dii vocentur, *scriptum in frontibus suis,* in
manifesta videlicet confessione, ita ut nunquam
deleri possit. Pro illo et vos, fratres charissimi, qui
tam splendidam, tamque dignam habetis familiam,
si necesse fuerit, libenter debetis pati, ut illis qui
inter alios fideles tam clari sunt, possitis admisceri.
Iterum subjungit, dicens :

VERS. 2. — *Et audivi vocem,* id est admonitionem,
de cœlo venientem, id est de Ecclesia, tanquam vo-cem aquarum multarum, scilicet multorum populo-rum, qui decurrunt per temporalia, et defluunt sicut
aqua ; *et tanquam vocem tonitrui magni,* terrorem
videlicet inferentem, sicut tonitruum homines ter-ret. Et vox illa quam audivi, erat *sicut vox citha-rædorum,* scilicet eorum, quorum est sonare cithara,
citharizantium, id est exercentium officium sibi
commissum non in alienis, sed *in suis citharis.* Hoc
utique significat sanctas virgines, quorum officium
est mortificare carnem, non alienam, sed suam pro-priam. Vocem ergo virginum carnem suam morti-ficantium audivi,

VERS. 3. — *Et* ipsi *cantabant,* id est jucundanter
exercebantur, et servabant canticum, scilicet men-tis et corporis integritatem, quæ est eis maxima
delectatio et jucundatio. *Cantabant,* inquit, *quasi
canticum novum;* illa scilicet observantia integrita-tis mentis et corporis erat eis jucunda, et chara, et
delectabilis, sicut novæ res solent amplius delectare
quam veteres, et esse chariores. Sed ubi cantabant?
Non in occulto videlicet, sed *ante sedem,* id est in
præsentia et in conspectu multorum fidelium qui
sunt sedes Dei, ut ab eis exemplum accipiant. Et
non solum ante minores fideles, sed etiam *ante qua-tuor animalia,* scilicet in præsentia omnium docto-rum, *et* ante *seniores,* id est judices. *Et nemo po-terat dicere canticum illud,* id est nemo poterat obser-vare integritatem mentis et corporis, *nisi illa centum
quadraginta quatuor millia,* nisi illi virgines, scili-cet *qui empti sunt de terra,* videlicet quos Deus et
homo Jesus Christus dando sanguinem suum in
pretio, emit de terrena conversatione. Virgines ergo
illi

VERS. 4. — *Cum mulieribus non sunt coinquinati*
aliqua sorde. Vere non sunt coinquinati in aliquo
criminali, *nam virgines sunt; et* hi sequuntur, id
est imitantur, *Agnum quocunque ierit.* Et hi tales
sunt empti, scilicet hos tam notabiles in dignitate
elegit Deus ex omnibus aliis, et tanquam *primitiæ,*
id est chariores oblationes omnibus aliis *Deo* Patri,
et Agno.

VERS. 5. — *Et in ore ipsorum non est inventum*

mendacium, nullum scilicet est in eis inventum ex locutione peccatum, quia si aliquod fecerunt, ita inde pœnituerunt, quod eis in morte per pœnitentiam sit dimissum. Et si operando aliquid peccaverunt, tamen *sine macula sunt,* id est sine criminali peccato, quia nec veniale nec criminale est in eis in morte sua inventum, dum perfecte pœnituerunt. Aliter : Vere in ore, id est in prædicatione centum quadraginta quatuor millia non fuit mendacium, sed pura veritas. Nam istud vidi eos sine mendacio prædicasse de nostra reparatione, scilicet angelum paternæ miserationis nuntium, *volantem,* id est sublimia prædicantem fuisse, et hoc per se cœlum et medium videlicet mediatorem Dei et hominum. Hoc etiam sine mendacio prædicaverunt, quod ipse sit habens evangelium in sua dispositione, ut prædicaret illud, aut per se, aut per servos suos. Descripta impugnatione facta per duas bestias, subjunctoque auxilio Agni, et dignitate familiæ ejus ostensa, subjungitur admonitio, ut ad hanc familiam desideranter accedant, et comminatio ut ab illa alia declinent.

Vers. 6. — *Vidi,* inquit, *alterum angelum,* id est prædicatores qui sunt alteri a Christo, vices ejus scilicet exsequentes, *volantem,* id est a terrenis se removentem, *per medium cœlum,* per communem videlicet Ecclesiam quam verbis et exemplis trahunt secum, *habentem evangelium æternum,* id est prædicationem ex injuncto officio æterna bona promittentem, et complentes ad æternitatem ducentem ; et hoc ideo habebat, *ut evangelizaret,* scilicet ut prædicaret, non porcis et canibus, sed *sedentibus super terram,* illis scilicet qui vilipendentes terrena et calcantes ea, requiescunt ab omni strepitu mundi et cura ; *et super omnem gentem,* scilicet omnimodam diversitatem illorum, qui in terrenis demorantur ; *et super tribum* Judaicam, *et linguam* barbaricam, *et super populum dicentem magna voce,* spirituali videlicet admonitione et persuasione.

Angelus volat per medium cœlum, quia prædicatores Ecclesiæ mentis contemplatione cœlestia petunt, non terrenis inhærent, sed etiam subjectos populos ad cœlestia exemplis et verbis invitant. De his quippe volantibus prædicatoribus Isaias dicit : *Qui sunt isti qui ut nubes volant, et quasi columbæ ad fenestras suas ? (Isai.* lx.) Ut nubes enim volant, quia a terrenis desideriis pennis virtutum sublevati pluunt verbis, et coruscant miraculis. Ad fenestras suas velut columbæ volant quia per hoc quod exterius conspiciunt, nihil terrenum concupiscunt, sed gaudia perpetua jugiter contemplantur. Sed quid angelus per medium cœlum volans dicat audiamus.

Vers. 7.— *Timete Deum* casto amore, non supradictas bestias, *et date illi,* benè operando, et bene de eo annuntiando, *honorem,* ut per vos gloriosus appareat, *quia venit hora judicii ejus.* Ac si aperte dicat : Non deficiatis in tribulationibus, quia non longo tempore patiemini. Et, si timetis defectum,

adorate eum, id est petite ab eo subsidium, *qui fecit cœlum,* patriarchas scilicet et prophetas, et sanctam Ecclesiam, *terram, et mare,* et omnia quæ in eis sunt, *et fontes aquarum ;* gentiles videlicet qui fuerunt fontes multarum prævaricationum. De cujus omnipotentia Daniel prædixit : *Potestas ejus potestas æterna quæ non auferetur, et regnum ejus quod non corrumpetur (Dan.* vii).

Vers. 8. — *Et alius angelus,* id est aliquis doctor Ecclesiæ, quia prædicatores invicem succedunt sibi, *secutus est dicens : Cecidit, cecidit,* duplici videlicet contritione, *Babylon illa magna* civitas, id est omnes confusi in vitiis pro multitudine iniquitatum, vel pro superbia, suo perverso dogmate munita. *Cecidit, cecidit Babylon.* Bis positum verbum infinitatem designat, in quo omnimoda destructio intelligitur. Peribit enim mundus et concupiscentia ejus *(I Joan.* ii). Et nec immerito cecidit, *quæ a vino,* id est quia a vino *iræ fornicationis suæ,* sua scilicet prava doctrina quæ est causa iræ Dei, *potavit,* id est potionavit, *omnes gentes* gentiliter viventes. *Vino fornicationis,* id est vitiis, et præcipue idolatria, quæ est potus dulcis peccantibus, quibus mundi amatores alios inquinant, et ne recto tramite gradiantur, inebriant, unde debetur eis *ira Dei.* Omnia hæc sine mendacio locuta sunt illa centum quadraginta quatuor millia, id est Ecclesiæ prædicatores. Hæc dixerunt primus et secundus angelus.

Vers. 9. — *Et tertius angelus secutus est illos, dicens voce magna,* id est per magnam admonitionem admonentem sic : *Si quis adoraverit bestiam,* etc. Tres angelos ponit propter sanctæ Trinitatis fidem : Ac si aperte tertius angelus omnibus Ecclesiæ filiis dicat : Nolite fieri discipuli Antichristi ; quia, *si quis adoraverit bestiam,* id est Antichristum, *et imaginem ejus,* scilicet imitatores illius sibi conformes fecerit, *et acceperit characterem in fronte sua,* signum videlicet in aperta confessione, *aut in manu sua,* scilicet in opere.

Vers. 10. — *Et hic bibet,* sicut Babylon, *de vino iræ Dei,* id est de æterna damnatione, *quod mistum est mero in calice iræ ipsius,* videlicet quod iratus Deus propinat ; quia qui non corrigitur vindicta ejus ad correctionem data, punietur æterna pœna ; *et cruciabitur igne* invidiæ *et sulphure,* id est fetore pravæ operationis, *in conspectu angelorum sanctorum* de divina justitia lætantium, ut visa bonorum claritate tabescant, *et ante conspectum agni,* scilicet in præsentia Christi.

Vers. 11. — *Et fumus tormentorum eorum,* id est tenebrosum tormentum illorum, *in sæcula sæculorum ascendet ;* sed non cruciabitur ad tempus, sed in æternum perseverabit. *Nec habent,* id est non habebunt *requiem die ac nocte, qui adoraverunt bestiam,* scilicet Antichristum, *et imaginem ejus,* discipulos videlicet illius. Merito in æternum cruciabuntur, qui incessanter peccaverunt. Ac si apertius diceret : Non est mirum, si illi qui Antichristum

adoraverunt sine fine punientur; quia sui etiam A
præcedentes ministri eamdem pœnam habebunt.
Transient enim, ut in libro beati Job scribitur, ab
aquis nivium ad calorem ignium (*Job* xxiv). *Et
si quis accepit* non tantum imaginem, *sed characterem nominis ejus*, ut superius dictum est, cruciabitur.

In hoc loco Origenis error aperte destruitur, qui
dixit, post mille annos reprobos redire ad vitam,
justos autem iterum reversuros ad pœnam. Alioquin falsum est quod Veritas dicit : *Ibunt impii in
supplicium æternum* (*Matth.* xxv). Si quis vult quærere cur pro temporali peccato sine fine reprobi
crucientur, dicendum est, quia districtus judex veniens non tantum facta pensabit, sed et voluntates.
Nam reprobi, si fieri possit, semper in hac vita vivere cuperent, ut nequaquam peccare desisterent.
Ideo igitur nunquam carebunt supplicio, qui nunquam carere voluerunt peccato. Et nullus erit illi
terminus ultionis, qui nunquam voluit habere terminum criminis. Si enim, ut illi aiunt, finienda
sunt supplicia reproborum, quandoque finienda
sunt et gaudia justorum. Si illud verum non est
quod minatus est Dominus, neque verum est quod
promisit. Ad hæc illi respondent : Ideo æternam
pœnam minatus est peccantibus, ut eos a perpetratione peccatorum compesceret, quia creaturæ suæ
æterna supplicia minari debuit, non inferre. Quibus
citius ad hæc respondemus : Si falsa minatus est
ut ab injustitia corrigeret, etiam falsa est pollicitus C
ut ad justitiam provocaret. Iterum subjiciens ait :
Si quis accepit characterem nominis ejus, id est
Antichristi, cruciabitur.

VERS. 12. — *Hic vel hæc, patientia sanctorum est,*
majorum atque minorum, scilicet in consideratione
tantæ vindictæ; sanctorum dico, *qui custodiunt,* id
est opere complent *mandata* de gemina dilectione *Dei
et proximi, et fidem Jesu,* quia Deum illum confitentur.

VERS. 13. — *Et audivi vocem de cœlo, dicentem
mihi.* Hæc vox tam ad beatum Joannem pertinet,
quam ad omnes fideles, qui remunerationem
æternæ beatitudinis exspectant. Ac si beato Joanni
angelus dicat : Cum sim locutus de cruciatu et infelicitate malorum, non desperes de beatitudine bo- D
norum, sed potius scribe illa in corde tuo, vel litteris commenda, ut ad posteros perveniant; quia
vere *beati* sunt *mortui, qui in Domino,* id est in
confessione Domini *moriuntur,* scilicet quando
corpus et anima resolvuntur. *Amodo,* id est a præsenti tempore vel a tempore resurrectionis, *jam
dicit Spiritus,* scilicet tota Trinitas, quia, *Spiritus
est Deus* (*Joan.* iv), *ut requiescant,* videlicet ut
amplius non patiantur, *a laboribus suis,* quos hucusque passi sunt : *opera enim illorum sequuntur
illos,* id est merces operum quæ sequitur. Quasi
diceret : Dum in mundo erant, majores tribulationes ad majorem coronam pertinebant, unde abjecti

a Deo esse putabantur, sed ultra jam non patientur.

VERS. 14. — *Et vidi et ecce nubem candidam,* id
est sanctos vel Dominicam carnem, quam non
fuscavit macula peccati : *et super nubem sedentem,*
Christus scilicet supra sanctos sedet, vel divinitas
supra humanitatem, *similem filio hominis,* quia
jam impassibilis et immortalis, *habentem in capite
suo,* id est in se ipso vel in divinitate ad similitudinem triumphantis, *coronam auream,* quia vicit diabolum per sapientiam suam, *et in manu sua,* scilicet
in potestate sua, *falcem acutam,* id est judiciariam
sententiam malos a bonis separantem, quam alibi
gladium appellat, dicens : *Non veni pacem mittere,
sed gladium* (*Matth.* x), quia per ipsam mali sepa-
rantur a bonis.

VERS. 15. — *Et alter angelus exivit de templo,* in
hoc quod Christi servus, id est sancti homines,
qui hucusque fuerunt infidelibus occulti, scilicet
despecti, nunc autem in claritate apparent judicaturi omnes eum desiderio, ut Deus separationem
faciat bonorum et malorum, *clamans voce magna ad
sedentem super nubem,* id est ad Christum judicantem super humanam carnem. Sed quid angelus de
templo exiens, id est omnes sancti, Jesu Christo
sedenti super nubem dicat, audiamus : *Mitte falcem
tuam,* id est exerce judicium, per quam falcem
colliguntur herbæ de omni genere. Vel, *mitte falcem
tuam,* id est prædicationem tuorum, per quam
separabuntur salvandi a perdendis; *et mete,* scilicet
collige tuos, *quia venit hora ut metatur,* scilicet
opportunum est, cum jam completus sit numerus
tuorum, *quoniam aruit messis terræ,* videlicet quia
consummata est nequitia malorum, et jam non
habet locum.

VERS. 16. — *Et misit ille qui sedebat super nubem
falcem suam in terram, et messuit,* id est separavit
malos a bonis.

VERS. 17. — *Et alius angelus,* id est supradicti
sancti aliud officium habentes, *exivit de templo,
quod est in cœlo,* videlicet de secreto loco, *habens
et ipse falcem acutam,* sicut Christus, quia sancti
hanc potestatem habuerunt a Christo, qui est angelus magni consilii. Cum ostendisset, Deum potestatem judicandi habentem a sanctis implorari, et
sic judicium fieri, ostendit eamdem potestatem
sanctos habere, et Christum, ut judicent, imperare,
et illos imperio ejus obedire.

VERS. 18. — *Et alius angelus,* scilicet sancti
martyres et confessores post apostolos, qui Ecclesiæ statum custodiunt, *de altari exivit,* id est de
Ecclesia, martyres dico et confessores, qui se Deo
offerunt et sacrificant. Qui angelus *habet potestatem
super ignem,* prædicando scilicet fideles ab æternis
pœnis eripere, et excommunicando infideles gehennæ incendiis tradere : *et clamavit voce magna,*
id est magno desiderio, *ad eum qui habebat falcem
acutam,* judiciariam videlicet sententiam omnes
includentem, *dicens : O Domine, mitte falcem tuam*

acutam, et vindemia, id est separa maturos in nequitia, *botros terræ* (61), abundantes scilicet in malitia terrenorum : *quia maturæ sunt uvæ ejus,* scilicet tempus est ut judicentur, quia malitia eorum completa est.

VERS. 19. — *Et misit angelus* magni consilii, id est Christus, *falcem suam in terram,* scilicet judicium suum in terrenos, *et vindemiavit vineam terræ,* rogatu videlicet sanctorum separavit malos a bonis, *et misit in lacum iræ Dei magnum,* id est in infernum, ubi multi iram Dei patientur.

VERS. 20. — *Et calcatus est lacus,* scilicet viliter et despective positi sunt in inferno *extra civitatem* Dei, videlicet extra consortium sanctorum, quia pœna illa non erit purgatoria, sed æterna ; *et exivit sanguis de lacu,* id est apparuit vindicta de martyribus, scilicet æterna pœna pro peccato, non vinum quod in Dei cellario poneretur. *Exivit,* dico, *sanguis usque ad frenos equorum,* videlicet usque ad ipsos rectores iniquorum puniendos, scilicet diabolos, *per stadia mille sexcenta.* Per sex perfecti, per centum perfectiores, per mille perfectissimi designantur.

CAPUT XV.

In his tribus supradictis visionibus, scilicet in revelatione mysteriorum, et in datione tubarum, et in pugna mulieris contra diabolum, a principio redemptionis secutus est ordinem usque ad diem judicii. In his vero tribus sequentibus circa ultima tempora moratur, qui de his præcedentibus in aliis multoties divinis Scripturis dictum est enucleatius, de aliis vero parum et occultius. In hac ergo quinta materia sunt septem angeli tenentes phialas, in quibus continentur plagæ, id est destructiones iniquorum, qui tempore Antichristi erunt, quæ destructio maxime hortatur præsentes ad patiendum. Iterum subjiciens, ait :

VERS. 1. — *Et vidi aliud signum,* id est figuram aliud significantem, quia qui in hoc signo significantur, in cœlo conversantur. *Signum* dico *magnum* in admiratione, *et mirabile,* quia mirum est hominem tantam potestatem habere, ut alios possit damnare; scilicet *angelos septem,* id est prædicatores de quibus dicitur : Angeli pacis amare flebant (Isai. xxxiii). *Habentes septem plagas novissimas* sibi injunctas a Deo, omnem scilicet excæcationem et destructionem eorum qui tempore Antichristi erunt. Vere plagas habebunt, *quoniam in illis consummata est ira Dei :* super iniquos enim iram Dei exercebunt, et vere novissimas plagas, scilicet quia post eas in mundo non inferet Deus alias. Septem plagas habent, hoc est notitiam omnium Scripturarum qua vulnerantur corda bonorum ad salutem, corda vero impiorum ad damnationem.

VERS. 2. — *Et vidi tanquam mare vitreum,* id est baptismum, ubi fidei puritas exigitur, et homines a vitiis mundantur: *mare* dico *mistum igne,* quia in eo

baptizatis Spiritus sanctus datur; *et eos, qui vicerunt bestiam,* id est Antichristum, *et imaginem illius,* scilicet conformitatem ejus vitantes, *et numerum nominis ejus,* qui per hoc videlicet non sunt decepti; *stantes supra mare vitreum,* quia illi veraciter stant, qui baptismi gratiam integram servant, *habentes citharas Dei,* id est mortificantes carnem suam, quod eis Deus injunxit, vel quod prior ipse fecit,

VERS. 3.—*Et cantantes canticum Moysi servi Dei,* veterem scilicet legem, quæ est exsultatio bene intelligentibus eam, *et canticum Agni,* novum videlicet testamentum, *dicentes,* id est alios admonentes : *Magna,* in prima creatione, *et mirabilia sunt opera tua, Deus omnipotens,* in recreatione, *justæ sunt et veræ viæ tuæ, Rex sæculorum,* quia unicuique pro merito reddunt; *et veræ,* quia perducunt quo promittunt: Justæ et veræ viæ sunt institutiones Dei, per quas nos ad Deum, vel ipse ad nos venit. Iterum subsequenter ait :

VERS. 4. — *Quis ergo non timebit te,* o Domine, scilicet quis non ex amore serviet tibi, *et magnificabit nomen tuum* opere et prædicatione ? Et vere timebunt te, *quia tu solus pius es,* qui gratis salvas. Et vere magnificabunt te, *quoniam omnes gentes venient,* fide videlicet aliqui de omnibus, *et adorabunt* in spiritu et veritate, *in conspectu,* id est in beneplacito *tuo; quoniam judicia tua manifesta sunt,* quia quosdam eligis; et quos reprobas, cognoscent fideles ex justitia esse.

VERS. 5. — *Et post hæc vidi, et ecce apertum est templum tabernaculi testimonii in cœlo :* scilicet revelata sunt mysteria Ecclesiæ, in qua Dominus habitat, et quæ in Dei honorem militat, quæque in se continet vetus et novum testamentum. Et quia mysteria Ecclesiæ aperta erant,

VERS. 6. — *Exierunt septem angeli,* id est prædicatores qui reprehendunt male operantes, *habentes septem plagas,* id est septiformes Scripturas, *exierunt de templo,* scilicet de Ecclesia, et ut irreprehensibiles essent, *vestiti lapide [f. lino] mundo, et candido,* id est circumdati undique fortitudine et munditia, quia erunt immunes a peccatis, et decore virtutum ornati, *et præcincti circa sua pectora zonis aureis,* refrenantes videlicet malas cogitationes et voluntates per charitatem et divinam sapientiam,

VERS. 7. — *Et unus ex quatuor animalibus dedit septem angelis, septem phialas aureas;* et hoc per Christum, qui est unus, id est caput quatuor evangelistarum, quia quod illi prædicabunt, ex institutione priorum Patrum habebunt; *phialas,* dico, *aureas,* conscientias videlicet perlucidas, *plenas iracundiæ Dei viventis in sæcula sæculorum,* illuminatas scilicet divina sapientia. In illorum enim doctrina et plena electorum salus et reproborum damnatio consistit; unde isti vitam, inde illi mortem accipiunt. Fecit eos itaque *vasa* iram Dei con-

---

(61) Vulg. leg. *botros vineæ terræ.*

lineatia. Per unum de quatuor animalibus qui dedit septem angelis septem phialas, possumus intelli-
gére ordinem prædicatorum, apostolos scilicet et
cæteros qui suis sequacibus dederunt phialas, id
est divinam prædicationem commiserunt, quoniam
non solum eos baptizaverunt, sed etiam ordinaverunt, et in suis locis eos sedere fecerunt, sicut
Petrus Clementem, Linum, et Cletum, quibus etiam
potestatem ligandi et solvendi, quam a Domino
perceperat, tradidit, et in cathedra sua sedere compulit. Quod etiam quotidie agitur cum per impo-
sitionem manuum in civitatibus præsules animarum
constituuntur. Sequitur :

VERS. 8. — *Et impletum est templum fumo*, id est
obscuritate, et hoc *a majestate*, scilicet a præsentia
Dei, et de virtute ejus ; quia quamvis tunc omnia ita
erunt aperta fidelibus, clausa tamen et obscura
erunt infidelibus; quia cui ea claudit fide, spe, et charitate, nemo aperit. *Et nemo de reprobis poterat* per
sæcularem scientiam *introire in templum*, id est ut
fieret Dei templum, nisi instructus per prædicationem septem angelorum, *donec consummarentur
septem plagæ septem angelorum :* donec videlicet
omnis Ecclesiæ prædicatio terminetur

CAPUT XVI.

Et quia nullus poterat fieri templum nisi per
eorum prædicationem.

VERS. 1. — *Audivi vocem*, id est divinam inspirationem vel admonitionem, *magnam*, quia magna præcipit; *de templo*, scilicet a Christo, *dicentem septem
angelis*, id est inspirantem eis. Vos, qui boni estis
quantum ad vos, adhuc in melius proficite, et in
malis hominibus damnationem exercete. *Ite ergo*
de contemplatione ad commodum fratrum, *et effundite septem phialas iræ Dei ;* id est denudate. claras
conscientias vestras, *in terram,* scilicet contra eos
qui sunt in terra. Hoc totum sine mendacio dixerunt illa superius centum quadraginta quatuor
millia qui empti sunt de terra, *in quorum ore non
est inventum mendacium ;* id est omnes prædicatores Ecclesiæ auditoribus suis, scilicet ut qualiter
Christus admonuit, prædicarent, et quomodo prædicarent.

VERS. 2. — *Et primus angelus abiit*, a contemplationis secreto ad utilitatem, *et effudit phialam
suam*, id est puram et profundam conscientiam
suam, *in terram,* id est in contemporaneos suos.
Ac si apertius diceret : Primus angelus audita jus-
sione Christi prædicavit auditoribus, quæ et quanta
fecerit Deus his qui in prima ætate fuerunt. *Et factum est vulnus sævum ac pessimum*, id est excæcatio et damnatio nociva et insanabilis ex contemptu divino, *in homines, qui habent characterem
bestiæ*, scilicet Antichristi, *et eos qui adoraverunt
imaginem ejus*, id est venerati sunt ejusdem Anti-

christi falsos discipulos. Prædicatio sanctorum aliis
est odor mortis, et aliis odor vitæ; sed illud ponit,
unde magis terreantur auditores.

VERS. 3. — *Et secundus angelus*, in officio, *effudit
phialam suam in mare*, id est in illos qui sanctos
Dei contundunt et persequuntur, et quos possunt in
amaritudinem vitiorum secum trahunt ; *et factus est
sanguis*, damnatio videlicet eis illata est pro sanguine sanctorum quem effuderunt, *tanquam mortui,*
quia nunquam resurgent ab illa damnatione, scilicet
nunquam ab ea liberabuntur. *Et omnis anima*, id
est consentientes, qui vivere videntur, quia aperte
Ecclesiam non persequuntur, sed propter consensum
damnabuntur, *mortua est in mari* ; illi scilicet qui
magis vivere videbantur, excæcati sunt per mare,
videlicet per hoc quod alios in signum suffragii sui
receperunt, sicut mare diversa piscium genera recipit. Hoc etiam sine mendacio docuerunt auditores
suos illa centum quadraginta quatuor millia, scilicet
antiqui doctores quomodo Noe in secunda ætate,
secundum prædicationem secundi angeli, in exitu
arcæ vineam plantaverit, et quomodo filii ejus turrim ædificare cœperint, ubi l'nguarum confusio facta est (*Gen.* IX, 11).

VERS. 4. — *Et tertius angelus*, agens de tertia
ætate, quando Dominus præcepit Abrahæ ut circum-
cideretur, et filium suum Isaac sibi immolaret, et
de terra et cognatione sua exiret; quod totum illa centum quadraginta quatuor millia (*Gen.* XVII, XXII, XII),
qui omnium Ecclesiæ prædicatorum personam gerunt, sine mendacio contemporaneos suos docuerunt.
*Tertius ergo angelus effudit phialam suam super flu-
mina*, plene scilicet manifestavit doctrinæ suæ scientiam super illos qui fluunt de vitio in vitium, vel
super philosophos qui sunt origo multarum sententiarum ; *et super fontes aquarum*, id est contra pseu-
doapostolos Christi, qui Scripturas principales sicut
Evangelium, unde spiritualis doctrina procedit, de-
pravant; *et sermo angeli factus est sanguis*, quia
similiter isti damnabuntur pro sanguine quem fuderunt corporaliter, vel spiritualiter, ut alios deter-
rerent a prædicatione tertii angeli. Plato (62), a
Jeremia posito in Ægypto cognovit quod Deus
omnipotens fecit cœlum et terram, mare, et omnia
quæ in eis sunt; sed hanc phialam isdem Plato vertit in sanguinem, id est in pravitatem erroris, dicens
quod cœlites, scilicet angeli, fecerunt cæteram minorem creaturam. Virgilius (63) quoque ex Danielis
volumine dicit quatuor regna a Deo præordinata,
ex quibus unum est aureum ; sed convertit hoc in
sanguinem, cum retulit hæc regna ad Saturnum et
Jovem, ipsosque dixit conditores ipsorum regnorum.
Huic Paulus apostolus loquitur, dicens : Secundum
carnem sapere, mors est (*Rom.* VIII).

VERS. 5. — *Et audivi angelum aquarum*, scilicet

vit. Dei, ubi quid sentiendum sit, pronuntiat. Legan-
tur hoc in loco adnotationes Benedictinorum.

(63) *Eclog.* IV.

---

(62) Platonem cœtaneum fuisse Jeremiæ et ab
eo instructum, asserit Augustinus lib. II *De doctr.
Christian.*, num. 43. Verum postea retractavit in II
Retract. cap. 4, n, 2, et in cap. 11, lib. VIII *De ci-*

multarum doctrinarum, id est intellexi ipsos prædicatores, quia vindictam hanc facient, non sibi, sed Domino attribuentes, et juste fieri confirmantes. Ac si apertius dicatur : Audivi eumdem supradictum tertium angelum, id est tertium ordinem prædicatorum nuntium multarum aquarum, scilicet multarum Scripturarum, quæ lavant animas a criminalibus peccatis, et satiant corpora, sicut aquæ satiant animas sitientes, et lavant sordes, dicentem, id est gratias Deo reddentem de hoc quod sanguis sanctorum erat effusus, et fecit vindictam de impiis. Ac si tertius angelus in persona prædicatorum diceret : O Domine, etiam in hoc justus es qui es, et qui eras sanctus. Venturum non ponit, quia in proximo futurum intelligit : vel præteritum positum est pro tribus temporibus. Justus es, Domine, inquiunt, qui hæc judicasti, scilicet qui per nos illos malos damnasti.

Vers. 6. — Quia sanguinem sanctorum et prophetarum tuorum, id est majorum atque minorum, effuderunt, et sanguinem, scilicet æternam pœnam pro effusione sanguinis, in qua promerenda delectati sunt, dedisti eis bibere, id est permisisti eos ire in desideria cordis sui, digni enim sunt hæc pati.

Vers. 7.—Et quia quod magistri dicunt, discipuli confirmant, audivi alterum angelum, id est discipulos eorum, dicentem : Quod dicitis, o magistri, verum est. Etiam ex magna affectione convertunt sermonem ad Deum, dicentes : Domine Deus omnipotens, etiam vera et justa sunt judicia tua : scilicet justum est, ut qui sanguinem fuderunt, vindictam sanguinis bibant.

Vers. 8. — Et quartus angelus effudit phialam suam in solem, id est in Antichristum, qui se dicet solem mundi ; et datum est illi, Antichristo scilicet a Deo permissum, æstu affligere vel afficere homines, minori videlicet tribulatione, et igni, id est majori afflictione.

Vers. 9. — Et æstuaverunt homines æstu magno, scilicet defecerunt in illa tribulatione. Vel afflicti martyres afficient tortores suos æstu iracundiæ dum invenientur insuperabiles, et sic æstuabunt inimici eorum invidia vel ira. Et ipsi increduli blasphemaverunt nomen Dei habentis potestatem super has plagas, quia quibus vult dat, quibus vult amovet, neque pœnitentiam egerunt, id est non resipuerunt ; etiamsi corde dolerent, non sunt ausi proferre, ut darent illi gloriam. Ille enim claritatem Deo dat, qui et se de suis iniquitatibus accusat, et ejus justa judicia collaudat. At contra iniquorum mos est, ut suas iniquitates defendant, et Dei judicia reprehendant. Quartus angelus, ut dictum est, effudit phialam suam, quia in quarta ætate dedit Dominus Moysi legislatori primatum, et ut suspenderet serpentem æneum in ligno ne a morsibus serpentium lædereptur percussi (Num. xxi), et de silice torrentem educeret (Exod. xvii). Quod totum sine mendacio centum quadraginta quatuor millia, id est omnes Ecclesiæ doctores suis contemporaneis auditoribus prædicaverunt. In quinta ætate David unctus in re-

gem, et devicit Goliat. Quod totum sine mendacio centum quadraginta quatuor millia, scilicet sancti doctores contemporaneos suos docuerunt (I Reg. xvi, xvii).

Vers. 10. — Et quintus angelus effudit phialam super sedem bestiæ, id est super Antichristum et super omnes ministros ejus, ad depressionem videlicet discipulorum illius. Diabolus cum omnibus suis membris vocatur bestia, quia aut latenter insidians, aut aperte sæviens, Agnum, id est corpus Christi invadere nititur. Et factum est regnum ejus, id est ipsa sedes, scilicet omne corpus Antichristi, tenebrosum, omnes videlicet discipuli illius excæcati sunt. Et commanducaverunt linguas præ dolore, id est, præ invidia quam habent erga sanctos : scilicet refecti sunt alter malo sermone alterius, vel publice et aperte blasphemias contra Christum pertulerunt [f. protulerunt], hortantes se invicem ut Antichristum confiterentur et Christum blasphemarent. Et in sua malitia perdurantes,

Vers. 11. — Blasphemaverunt Deum cœli, dicentes Dei et Virginis Filium fuisse magum, præ doloribus, id est illatis plagis per quas excæcantur, et vulneribus suis, quæ ipsi sibi fecerunt cùm manducatione linguarum, et non egerunt pœnitentiam ex operibus suis pessimis.

Vers. 12. — Et sextus angelus agens sexta ætate, in qua reparatio nostra facta est ; quod totum centum quadraginta quatuor millia, id est doctores, sine mendacio auditoribus suis prædicaverunt ; effudit phialam suam in flumen illud magnum Euphratem, id est in omnes divitiis affluentes, vel vitiis in superbia. Per magnum flumen Euphratem potentia hujus sæculi, et omnis multitudo malorum exprimitur, contra quos sancti prædicatores indesinenter loquuntur. Et siccavit aquam ejus, id est prædicabunt cito siccandam affluentiam mundi, quia finito mundo erit resurrectio fidelium, ut præparetur via regibus qui venient, ab ortu solis, scilicet a Christo, quando cœperit lucere, id est seipsum manifestare. Hi ab ortu solis venire dicuntur, quia a Domino vocantur, qui est verus sol justitiæ. Reges sunt, qui se et alios bene regunt, et motus suæ carnis regendo constringunt.

Vers. 13. — Et vidi de ore draconis, id est de inspiratione diaboli, et de prædicatoribus ejus, et de ore bestiæ, scilicet de verbis Antichristi, et de ore pseudoprophetæ, de verbis videlicet apostolorum Antichristi, spiritus tres immundos, id est omnes impios qui pro nimia malitia spiritus immundi dicendi sunt, vel ipsos dæmones qui in cordibus aliorum suggerunt spiritum blasphemiæ, invidiæ, et avaritiæ. Tres dicuntur unus pro unitate malitiæ in quam conveniunt, vel quia alius est spiritus mendax, alius fornicationis, alius immundus, qui in se sordidus est, et alios inquinare non cessat.

Vers. 14. — Sunt enim vere immundi spiritus dæmoniorum facientes signa, id est miracula, aut vera Dei permissione, aut sua falsa deceptione, quibus reprobi justo Dei judicio decipiantur, sicut magi in Ægypto (*Exod.* vii), et sicut Simon Magus et alii quam plures hæretici, qui tempore apostolorum in nomine Christi ejiciebant dæmonia (*Act.* viii). *Et ipsi maligni spiritus prodeunt ad reges totius terræ congregare illos in prælium* contra fideles, ad concitandas blasphemias et persecutiones contra sanctos, sed malo suo; quia cito ducentur *ad diem magnum Omnipotentis,* id est ad diem judicii.

Vers. 15. — *Et ecce venio sicut fur,* id est officium furis habens. Ac si patenter Dei et Virginis Filius dicat : Ego illis omnia quæ habent aufero, quos dormientes invenio ; vigilantes vero mea visitatione reficio. Quotidie quippe venit Christus ut fur, quando improvisa morte subito, cum non sperat homo, moritur. Ideo igitur *beatus qui vigilat,* videlicet qui sollicitus est de salute sua, *et custodit vestimenta sua,* id est innocentiam in baptismo acceptam, et charitatem, et cæteras virtutes. Unde ait beatus Jacobus (64) : *Charitas operit multitudinem peccatorum (I Petr.* iv). Beatus itaque qui custodit vestimenta sua, ne nudus a virtutibus in die judicii resurgat, et videant sancti turpitudinem peccati ejus. Vestimenta sua custodit, qui ea quæ in baptismo promisit, implere satagit. Ista sunt vestimenta immortalitatis et innocentiæ, quibus primus homo in paradiso exspoliatus fuerat ; sed iterum per occisum vitulum saginatum, id est per passionem Filii Dei et Virginis, in baptismo eadem vestimenta recepit. Servat igitur hæc vestimenta, quisquis gravioribus peccatis se non commaculat. Quod si et hæc, peccatis impedientibus ac fragilitate carnis cogente, contigerit inquinari, habet adhuc baptismum secundum quo mundari possit, compunctionem scilicet fontemque lacrymarum. De quo gemino baptismo Psalmista dicit : *Beati quorum remissæ sunt iniquitates,* in baptismate videlicet primæ regenerationis, *et quorum tecta sunt peccata* per compunctionem cordis (*Psal.* xxxi). Illa ergo immundorum spirituum et impiorum hominum turba exibit ad congregandos reges totius terræ.

Vers. 16. — *Et congregabit illos in locum, qui vocatur Hebraice Ermagedon,* id est, faciet eos habere fiduciam in Antichristo, qui est refugium omnibus volentibus furari sanctis fidem suam, et ad quem consociabuntur omnes mali diversarum sectarum. Ermagedon enim Hebraice dicitur mons furum, vel mons globosus, sive conresurrectio testium iniquorum. Ipsi ergo Antichristo adhærebunt multi populi diversarum sectarum, scilicet hæreticorum, homicidarum, et falsorum fratrum, qui erit mons falsorum testium.

Vers. 17. — *Et septimus angelus effudit phialam suam in aerem,* id est contra aereas potestates, scilicet contra diabolos quorum locus est aer, *et exivit,* id est in manifestum ivit, *vox magna;* scilicet magna annuntians, *de templo,* id est de Eccle-

(64) Recte hic al. ms. *Petrus.*

sia, *a throno,* quia videlicet Ecclesia hanc vocem a Deo accepit, *dicens : Factum est,* id est consummata sunt omnia, et finis mundi adest, et finitum est regnum Antichristi, et completa est reproborum damnatio. Septimus angelus dicitur propter septimum statum, qui erit in tempore Enoch et Eliæ. Ostenso videlicet super quos illi septem angeli effundebant phialas suas, et supponit quid contingat ipsis malis per effusionem istarum septem phialarum : scilicet quod hic quantum poterunt, adversus bonos repugnabunt, quasi ab ipsa effusione acceperint incrementum malitiæ ; sed tandem detrudentur in infernum.

Vers. 18. — *Et facta sunt,* a discipulis Antichristi ad contradictionem bonorum, *fulgura,* id est miracula, *et voces,* blanditiæ ad bonos decipiendum, *et tonitrua,* videlicet comminationes, *et terræmotus magnus,* videlicet malorum hominum tam gravis, *qualis* et quantus *nunquam fuit, ex quo,* id est a tempore quo *homines* boni et rationales *cœperunt esse super terram,* scilicet terrena contemnere, id est, a tempore Abel qui primus terram calcavit, scilicet terrena despexit, et Ecclesia cœpit ædificari, *terræmotus talis,* id est tam turpis et tam fortis, *sic magnus,* videlicet tam gravis contra fideles.

Vers. 19. — *Et facta est civitas magna,* id est omnis collectio reproborum propter enormitatem scelerum, *in tres partes,* Judæorum scilicet et gentilium, atque hæreticorum, *et civitates gentium ceciderunt,* omnis videlicet collectio malorum in generatione prima manentium damnabuntur. Propter istam ergo damnationem, et propter peccata, quæ ipsi addunt, damnata est ipsa civitas, et divisa est pœna unicuique pro merito, Judæis scilicet, et gentilibus, et falsis Christianis. Ab exordio mundi usque ad finem sæculi duæ civitates ædificari videntur, quarum una est Dei, altera vero diaboli. Una quæ ab Abel justo cœpit, et ad novissimum electum tendit ; altera quæ a Cain impio initium sumpsit, et in ultimo reproborum terminabitur. Hic autem, id est in præsenti sæculo, civitas magna, civitas diaboli intelligitur. *Et Babylon magna,* id est collectio illa malorum magna, *confusa venit in memoriam ante Deum,* scilicet in præsentia Dei, ipse videlicet recordatus est singula peccata eorum, quorum prius videbatur oblitus : *dare ei calicem vini indignationis iræ ejus,* ad hoc scilicet, ut Deus daret illi collectioni pessimæ mensuratam pœnam, quæ procedit ab illo indignante et irato, pro delectationibus quas habuit in mundo.

Vers. 20. — *Et omnis insula fugit, et montes non sunt inventi,* omnes videlicet pro Deo afflicti in mundo, et virtutibus eminentes respectu harum pœnarum in vita sua vitaverunt consortia impiorum, ideoque non sunt inventi in pœnis eorum.

Vers. 21. — *Et grando magna sicut talentum de-*

scendit de cœlo in homines. Majus talentum est cen- A
tum viginti librarum, medium talentum septuaginta duarum, minus vero quinquaginta. De medio
itaque talento quod septuaginta duarum librarum
perficitur, hic dicit, quia peccatores in septuaginta
duabus linguis non effugient hanc vindictam. Grando
magna et sicut talentum ponderosa significat æternam pœnam sine fine peccatores contundentem,
tamen cum mensura, quia Deus justus judex unicuique tribuit secundum opera sua. Et illi homines
patientes, in inferno positi *blasphemaverunt Deum,*
dicentes eum injustum et crudelem, *propter plagam
grandinis : quoniam magna facta est vehementer.* Et
illi infelices, quamvis sciant se pro suo merito puniri, dolebunt tamen quod Deus tantam potentiam
habeat, quod eis plagam inferat.

CAPUT XVII.

Ostensis plagis diaboli et bestiæ, ac liberatione
mulieris, ne judicium Dei injustum videatur, incipit
justas damnationis eorum causas ostendere, ut ab
his causis caveant sibi fideles.

Vers. 1. — *Et venit unus de septem angelis, qui
habebant septem phialas, et locutus est mecum, dicens :
Veni, ostendam tibi damnationem meretricis magnæ.*
Hic angelus personam habet filii Dei docentis et
Joanni loquentis, qui vere est caput septem angelorum. Cum descripsisset plagas, quas prædicatores
inferent tempore Antichristi, et damnationem
æternam, quam inde patientur impii, monentur
attendere causas ipsius damnationis. Quasi diceret:
Ostendi vobis quid in illo futuro tempore fiet, et
vos præsentes modo cavete vobis, quia idem diabolus, qui tunc ita aperte decipiet, occulte decipit
quotidie, et ad eumdem interitum quo illos ducet
vos si potest. *Veni,* inquit angelus, o Joannes, per
intelligentiam, *et ostendam tibi damnationem meretricis magnæ :* id est causam damnationis malorum, qui relicto creatore, fornicantur cum dæmone
idola colendo, et terrena amando; *quæ sedet super
aquas multas,* regnat videlicet super multos populos, quos attrahunt ad se luxuriando. Unde ait Dominus ad Job : Virtus ejus scilicet diaboli, in lumbis ejus, quando viros, quorum seminarium in
lumbis est, decipit (*Job* XL). Unde propheta ad Jerusalem quasi ad meretricem loquitur, dicens : *In
die ortus tui,* id est, in hoc tempore sæculi, *non
est præcisus umbilicus tuus (Ezech. XVI),* scilicet
non refrenasti luxuriam.

Vers. 2. — *Cum qua* meretrice *fornicati sunt reges
terræ,* id est principes sæculi, honores terræ et
voluptates carnis appetendo et immunditiam se-
ctando; *et inebriati sunt qui inhabitant terram de
vino prostitutionis ejus,* id est manifestæ fornicationis illius. Sicut ebrius nihil timet, sic terrenis inhærentes in tantum excæcabuntur amore terræ,
ut nec Deum diligant, nec pœnas inferni timeant.
Meretrix ista magna est Antichristus, et mali qui
tempore ejus erunt; quæ jam sedet super aquas,
id est jam regnat super malos præsentes, et in no-

vissimo regnabit super malos futuros quorum ipse
est caput. Sequitur :

Vers. 3. — *Et abstulit me in desertum in spiritu,*
id est in corda reproborum absentia divinitatis
vacua. Hæc omnia beatus Joannes non corpore
vidit, sed spiritu et mentis intellectu. Desertum in
sacro eloquio aliquando significat cœlum; ut est
illud in Evangelio : Reliquit nonaginta novem oves
in deserto, id est in cœlo (*Luc.* XV). Aliquando
significat mentes sanctorum, sicut in Psalmo legitur : *Ecce elongavi fugiens, et mansi in solitudine*
(*Psal.* LIV), id est, in secreto mentis. Aliquando
significat Deum sicut Jeremias ait : *Quis dabit me
in solitudine diversorum viatorum ? (Jer.* IX.) Aliquando corda reproborum, ut est illud Jeremiæ : B
Quomodo sedet sola civitas plena populo (Thren. I).
Sola, id est sine Deo. Hinc et Joannes dicit : *Vox
clamantis in deserto : Dirigite viam Domini (Matth.*
III). Jure enim desertum vocantur hi quos omnipotens Deus per gratiam non inhabitat. Iterum
subjungit dicens, *et vidi mulierem super bestiam coc-
cineam,* id est illos malos, qui Evæ a qua peccatum
cœpit, conformantur; qui diabolum habent fundamentum, qui est sanguineus in se et in suis, vel
quia sanguinem sanctorum fundunt, *plenam nominibus blasphemiæ,* sive quia eloquia Domini male
intelligunt, et mendaciter proferunt, vel quia mala
quæ faciunt, Deo non displicere dicunt; bestiam
dico, *habentem capita septem,* id est quinque sensus carnis et errorem hæreticorum, et tandem C
Antichristum, per quæ septem diabolus homines
ducit ad peccatum, *et cornua decem,* scilicet decem
regna quæ erunt tempore Antichristi, per quæ intelliguntur decem cornua.

Vers. 4. — *Et* per illam bestiam talem, id est per diabolum, *mulier erat circumdata purpura.* Illi videlicet
molles et fornicarii super diabolum erant circumdati
purpura, regalibus scilicet vestibus ornati terrenis
divitiis, ut decipiant fideles, *et coccino erat circumdata,* quia ipsi sunt sanguinolenti, sicut pater
eorum diabolus, occident enim nolentes sibi acquiescere. *Et erat inaurata auro,* quia videbuntur
divina sapientia illuminati, *et lapide pretioso,* scilicet carbunculo, id est charitate quam dicent se D
habere, *et margaritis,* aliis videlicet virtutibus,
habens poculum aureum, divinam scilicet Scripturam, qua potantur fideles ad salutem, habent *in
manu sua,* id est in pravis expositionibus; populum dico *plenum abominatione et immunditia fornicationis ejus,* videlicet quæ secundum illas expositiones debent abjici a fidelibus, quia immunditiam carnis docent, et fornicari a Deo.

Vers. 5. — *Et* quamvis mulier, scilicet ipsi
collectio malorum sit tam habilis ad decipiendum,
tamen, o vos fideles Christi, ne desperetis, quia *in
fronte ejus,* id est in manifesto, *habet nomen scriptum : Mysterium;* scilicet immutabiliter positum
et incognoscibile signum, nisi sapientibus; quod
rudibus est mysterium hoc nomen, videlicet quod

Babylon magna vocabitur, id est, magna confusio, A
et mater fornicationum, a Deo videlicet recedentium,
dantes aliis peccandi exemplum, *et abominationum*
terræ, pro quibus terreni homines a salute fidelium
repellentur.

VERS. 6. — *Et vidi eamdem mulierem, ut dixi,*
variis vestimentis ornatam, diversis videlicet vitiis
involutam, id est pro peccato damnatam; *et de*
sanguine sanctorum ebriam; ita scilicet depressam
vindicta pro effusione sanguinis ut præ nimiis doloribus nesciat ubi sit; *et de sanguine martyrum*
Jesu, illorum scilicet, qui testari non timent Christum Deum verum esse et hominem. *Et miratus*
sum, cum vidissem illam admiratione magna. Hic
habet beatus Joannes personam illorum, qui cum
vident malos in mundo exaltatos, mirantur; cum B
audiunt pœnas quæ ipsis malis promittuntur: et
cum ita sint puniendi, quare permittit Deus exaltari eos. Sed qui hujusmodi mirantur, docentur intelligere illam exaltationem datam ad majorem
excæcationem, et inde juste inferri æternam damnationem.

VERS. 7. — *Et dixit mihi angelus,* id est inspiravit mihi Deus: *Quare miraris, o Joannes?* Quasi diceret: Noli mirari, sed intellige quid sit. *Et ego*
dicam, scilicet reserabo tibi, ita ut possis intelligere *sacramentum mulieris, et bestiæ quæ portat eam,*
videlicet quare puniantur isti mali, et diabolus qui
eos peccare fecit; sacramentum dico, quod est incognitum, non doctis, sed indoctis: *quæ bestia ha-*
bet capita septem, et cornua decem. C

VERS. 8. — *Bestia, quam vidisti,* id est diabolus,
qui bestiales homines facit, ante adventum Christi
fuit, dominium habens, et non est, quia, Christo
nato, jus perdidit, *et ascensura est de abysso,* scilicet
de massa infidelium, habens dominium, quia tempore Antichristi potestatem recipiet, in malis videlicet hominibus locum habebit, *et in interitum ibit,*
quia, mortuo Antichristo, *quem Dominus Jesus in-*
terficiet spiritu oris sui (II Thess. II), amplius non
habebit diabolus locum in terra. *Et mirabuntur*
inhabitantes terram, mali videlicet, cum viderint
potestatem diaboli et Antichristi ita adnihilatam,
dolebunt; non quasi pœnitentes, sed tantum admi-
rantes; *quorum nomina non sunt scripta in libro* D
vitæ a constitutione mundi, quamvis ipsi præsumento
scribunt se, dicentes: *Non movebor in æternum*
(Psal. XXIX): videntes bestiam quæ erat, scilicet dominabatur humani generis, et modo adeo dominans
non est.

VERS. 9. — *Et hic,* id est in hoc loco, *est sensus,* videlicet adhibendus est intellectus, non stultis et idio-
tis; sed ille *qui habet sapientiam,* debet hic intelligentiam suam exercere. Ac si apertius diceret:
Respectu hujus pœnæ potestis vobis cavere. Hic,
id est in consideratione istarum rerum, vel in expositione sequentium beatus Joannes auditores suos
reddit attentos. *Septem capita* hujus bestiæ *septem*
montes sunt, id est septem dominationes per septem

status Ecclesiæ ab adventu Domini usque ad diem
judicii, vel septem principalia vitia, quia per hæc
septem erigit diabolus homines in superbiam, in
quibus innituntur infideles, *super quos mulier sedet,*
molles videlicet, et fornicarii, et ad peccandum
proni; *et reges septem sunt.*

VERS. 10. — *Quinque ceciderunt, unus est, et alius*
nondum venit; et cum venerit, oportet eum breve
tempus manere. Sex ætates mundi addito septimo
statu Antichristi facit septem reges sedentes super
septem montes. Isti ergo reges jam regnant in avis,
et proavis, id est in suis similibus. *Alius,* id est
septimus rex dicitur Antichristus, cujus regnum
non permanebit, nisi per tres annos et dimidium.
Hic dicitur septimus, non quantum ad ætates mundi,
quæ sunt solummodo sex, sed quantum ad septem
status, in quorum septimo Antichristus venturus
est, qui septimus status continetur infra sextam
ætatem, quæ est ab adventu Domini usque ad diem
judicii.

Adam si in obedientia perseverasset, ad nullam
voluptatem sensibus corporis uteretur: sed per
peccatum ita corrupti sunt, ut jam naturale sit, le-
nia tactu, sapora, canora, odorifera, visu pulchra
quærere. Ili sunt quinque reges, per quos homines diabolus in pueritia regit, quia ipse fuit causa
quare corrumperentur. Ili sunt quinque viri Samaritanæ mulieris, quibus succedit error, quia postquam ad discretionem venit homo, si peccat, jam
non dicitur peccare per quinque sensus, sed per
errorem. De quo ait Dominus mulieri Samaritanæ:
Quem nunc habes, non est tuus vir (Joan. IV). Alius
rex qui septimus dicitur, est Antichristus, qui, ut
dictum est, nondum venit, per quem amplius quam
per quinque sensus, vel per errorem regit eamdem
mulierem, omnem scilicet malorum collectionem,
ad æternam damnationem.

VERS. 11. — *Et bestia,* id est diabolus, *quæ erat*
ante adventum Domini habens dominium, et modo
non est adeo dominans, *et ipsa octava est,* quia ejus
dominium protenditur usque ad resurrectionem,
quæ est octava ætas. Et ipsa bestia, scilicet diabolus, *de septem est,* quia similiter peccat, et similiter
punietur, et octava est, *et in interitum vadit* ipse
totius malitiæ caput cum suis membris, quia omnes
transcendit et in nequitia et in pœna.

VERS. 12. — *Et decem cornua, quæ vidisti. decem*
reges sunt, qui regnum nondum acceperunt. Tempore
Antichristi, ut ait Daniel, erunt decem regna, quorum reges in cornibus notantur *(Dan. VII).* Sed qui
sunt isti reges Persæ? videlicet, Saraceni, Vandali,
Gothi, Longobardi, Burgundiones, Franci, Hungari,
Alamani, et Sueni [Suevi], qui tamen tempore
beati Joannis regnum nondum acceperant. *Sed po-*
testatem tanquam non veri reges, sed tanquam tyranni *una hora accipient post bestiam,* id est, secundi post caput suum. Ac si apertius dicatur: O
fideles Christi, ideo timere non debetis, quia malo-

rum regnum quantumcunque permaneat, compara- A
tum æternitati nihil est.

VERS. 13. — *Hi* omnes reges devicti ab Antichristo in bello materialiter vi, *unum consilium habent*,
id est, habebunt, negandi Christum, et credendi in
Antichristo, hoc scilicet, quia *virtutem*, quam habebunt in se, *et potestatem*, quam habebunt super
alios, *bestiæ tradent*, quia omnem gratiarum actionem illi attribuent.

VERS. 14. — *Hi* omnes verbo et opere ut fideles
sibi subjiciant, *cum Agno*, id est contra Agnum,
pugnabunt; sed consilium eorum vanum erit, quia
Agnus vincet illos, faciendo suos constantes, et dam-
nando impios cum suo capite diabolo: Innocentia
videlicet Agni destruet consilium bestiæ, id est
diaboli; quia *Dominus dissipat consilia gentium,*
reprobat autem cogitationes populorum, et reprobat
consilia principum (Psal. XXXII). Quare? Quoniam
Dominus dominorum est, et Rex regum, utens etiam
malis ad utilitatem fidelium: et ideo vincet supradictos reges, quia *qui cum illo sunt, vocati*, per
prædicatores, *electi*, ab æterno, *et fideles* sunt exsequendo recta opera.

VERS. 15. — *Et dixit mihi angelus: O* Joannes,
aquas, [*f.* aquæ] *quas vidisti ubi meretrix sedet*, id
est, ubi Antichristus jam regnat per mysterium,
populi sunt, et gentes, et linguæ, scilicet præsentes
mali ex omni diversitate hominum collecti,

VERS. 16. — *Et decem cornua, quæ vidisti in be-*
stia, scilicet principes Hebræorum, Græcorum, Latinorum, et Saracenorum impugnantes decem præcepta legis; *hi odient fornicariam* idololatriam, reprobi videlicet odient seipsos ; quia *Qui diligit*
iniquitatem, odit animam suam (Psal. x); quia
unde reprobi se amant voluntates suas sequendo,
inde se odisse convincuntur. *Et desolatam facient*
illam, ab illis videlicet quibus imperabit, quia solatium diaboli perditio est malorum; quod solatium
perdet completo numero electorum. *Et facient*
illam nudam, a prima videlicet potestate. Diabolus
habet potestatem faciendi signa ad deceptionem,
quam perdet completo numero bonorum, quia
postea tentatio non habebit locum. Quando diabolus
et Antichristus filius ejus potestatem, quam ad decipiendum humanum genus habuerunt, perdiderint,
dicturi sunt reprobi: *Ecce quomodo servi Jesu Chri-*
sti computati sunt inter filios Dei, et inter sanctos
sors illorum est. Nos insensati vitam illorum æstima-
bamus insaniam, et finem illorum sine honore (Sap.
v). *Et carnes ejus*, id est voluptates diaboli, et Antichristi omniumque discipulorum eorum, *mandu-*
cabunt, id est destruent et denudabunt, et tormentis tradent ipsum diabolum, et corpus illius, scilicet
Antichristum et membra ejus ; *et ipsam bestiam*
fornicariam, id est ipsum diabolum qui eos fecit
fornicari, *igni concremabunt*; quia simul cum ipsis
et pro peccatis illorum punietur ipse diabolus, qui
eos ad peccandum incitavit, Vel ipsi sunt carnes,
quia semper pœnis pascentur, semperque eos ver-

mes comedent, et nunquam ad defectum, cum jugiter defecerint, pervenient. Dum ergo suis iniquitatibus, suisque pravis voluptatibus quasi quibusdam
lignis ignem quo comburantur accendunt, ipsi se
concremant. Sic enim usitata locutione, quod in
ipsis contigerit, reprobi facere perhibentur ; sicuti
nos quemlibet se ipsum interfecisse dicimus, qui
periculum mortis, cum posset, non declinavit; vel
seipsum incendisse, qui semet volens in ignem
præcipitem dedit. Isaias dicit de reprobis, quia
Ignis eorum non exstinguetur, et vermis eorum non
morietur (Isai. LXVI). Merito ergo sic eveniet bestiæ,
id est diabolo et membris ipsius, quia pro suis
malis meritis excæcavit eos Deus. Sæpe enim
Deus iratus pro præcedentibus hominum peccatis permittit eos facere, unde illum amplius offen-
dant.

VERS. 17. — *Deus ergo dedit in corda eorum*, scilicet supradictorum regum, *ut faciant quod* (*placi-*
tum est) *illi*, id est, quod a Deo permissum est; hoc
scilicet, *ut dent regnum suum bestiæ*, videlicet ut
permittant se regi a diabolo conversi in reprobum
sensum, *donec consummentur*, id est, opere comple-
antur *verba Dei* de promissione præmiorum vel
pœnarum. Quia superius obscure egerat angelus
de muliere illa, apertius inde modo Joanni loquitur,
dicens:

VERS. 18. — *Et mulier, quam vidisti*, id est quam
superius monstravi tibi, *civitas magna est*, scilicet
multitudo malorum, *quæ habet regnum super reges*
terræ, id est, quæ allexit sibi reges terrenos, non
spirituales, unde maxime superbiunt ipsi.

CAPUT XVIII.

In hac sexta visione agit de ultimis pœnis quas
patientur impii in inferno pro singulis peccatis; et
primum de Babylone ostendit, postea de bestia et
pseudoprophetis, tandem de ipso diabolo, in quo
finis patet. Istam damnationem exsecuturus a
Christo prædicatum dicit, ut major fides habeatur.

VERS. 1. — *Et post hæc*, inquit, scilicet post prædicata ab illis centum quadraginta quatuor millibus,
id est ab omnibus veteris et novi testamenti doctoribus; *vidi alium angelum*, scilicet Christum, secundum prædicationem eorumdem centum quadraginta quatuor millium, *descendentem* in uterum Virginis *de cælo*, scilicet de æqualitate Patris, *haben-*
tem potestatem magnam cum eodem Patre secundum
divinitatem, et etiam secundum humanitatem. Unde
ipse ait in Evangelio: *Data est mihi omnis potestas*
in cælo, et in terra (Matth. XXVIII); *et terra*, scilicet
Ecclesia, *illuminata est*, expulsis tenebris ignorantiæ, *a gloria*, id est a gloriosa prædicatione
ejus.

VERS. 2. — *Et exclamavit*, scilicet prædicavit in
forti voce, qui quod dixit, effectu non carebit, *dicens:*
Cecidit, cecidit Babylon magna. Bis pro duplici damnatione, animæ videlicet et corporis ponitur; vel
quia æternaliter punietur. Unde ait Psalmista:

Defæcisti eos dum allevarentur (*Psal.* LXXII). Et A ideo cadet, quia *facta est habitatio dæmoniorum*, id est collectio , quia dæmones habitabunt in ea , expulso a se Deo, et *custodia omnis spiritus immundi*, quia ipsa custodit se diabolo, vel ipse diabolus custodit eam sibi ; et *custodia omnis volucris immundæ*, ideo videlicet, quia dæmones in pravis cordibus pro carnis illecebris sunt immundi, pro mentis elatione volucres, quia per hunc aerem discurrunt. Et hæc ideirco illi eveniunt.

VERS. 3. — *Quia de ira* (65) *fornicationis ejus biberunt omnes gentes*, scilicet de fornicatione qua irascitur Deus , *et reges terræ*, id est principes sæculi, *cum illa fornicati sunt ; et mercatores terræ*, illi videlicet qui animas suas vendunt ambitione sæcularium rerum, *de virtute deliciarum ejus divites facti sunt*, id est, de ambitione sæcularis pompæ, scilicet de peccatis per quæ acquiruntur divitiæ, quia omnis dives. aut est iniquus, aut hæres iniqui.

VERS. 4. — *Et audivi aliam vocem de cœlo , dicentem*, id est divinam inspirationem, vel Christi vel suorum prædicationem , dicens futuram illam damnationem ad præsens, et ideo admonet præsentes ut sibi caveant. *Exite de illa , populus meus*, i.l est, opera ejus ne faciatis, *et ne participes sitis delictorum ejus*, facientibus videlicet consensum ne præbeatis, *et de plagis ejus non accipiatis ;* quia si dissimiles in vita fueritis, similes in pœna non eritis; quia modicum tempus superest, quo pro merito C accipient ultionis tormenta.

VERS. 5. — *Quoniam pervenerunt peccata ejus usque ad cœlum*, id est usque ad contemptum Dei per impœnitentiam, *et recordatus est Dominus iniquitatum ejus*, quamvis videretur oblitus , dum permitteret prosperari. Videtur enim Deus oblivioni tradere bona justorum et perversa facta impiorum, quando istos permittit affligi, illos autem honoribus et dignitatibus pollere. Sequitur :

VERS. 6. — *Reddite illi sicut ipsa reddidit vobis*, id est, sicut ipsa vindietam meam exercuit de vobis qui purgamini, sic vos injuriam meam vindicate in illis, *et duplicate duplicia , secundum opera ejus*, scilicet, animæ et corpori majores pœnas inferte illis, quam ipsi intulerunt vobis, secundum. videlicet quod ipsi in Deum et in se et in vos peccaverunt ; *in poculo, quo miscuit , miscete illi duplum :* id est, sicut vobis tormenta intulerunt, sic vos illis vestro judicio.

VERS. 7. — *Quantum glorificavit*, id est exaltavit se et superbivit, *et quantum in deliciis fuit*, scilicet quantum delectata est in terrenis deliciis, cum duplo tantum date illi tormentum in corpore , *et luctum in anima, quia in corde suo dicit : Sedeo regina* , quasi non movenda, honore scilicet et dignitate; *et vidua non sum*, quia habeo consolationem in temporalibus bonis; *et luctum non videbo*, quia futura mala non timeo, sed lætitia perseverabit mecum. Et quia hoc dicit,

VERS. 8. — *Ideo in una die*, scilicet in die judicii, venient plagæ ejus, et mors absentia vitæ, id est, Dei, *et luctus*, contra hoc quod hic riserunt, *et fames*, quia Deo qui est vera refectio carebunt, et perpetuo *igni comburentur; quia fortis est Deus, qui juste judicabit illam.*

VERS. 9. — *Et flebunt, et plangent se super illam reges terræ*, dolorem videlicet in corpore et in anima sentient, eo quod super illam fundati fuerunt principes sæculi, *qui cum illa fornicati sunt*, id est, qui casto Dei amori Babylonis amorem prætulerunt, illi adhærentes, *et in deliciis mundi vixerunt. Cum viderint fumum incendii ejus*, id est, cum defecerint divitiæ eorum, quod est signum æterni incendii ; vel cum viderint pœnam suam ultra modum exaltatam et elevatam, tunc flebunt et lugebunt.

VERS. 10. — *Longe stantes* , non corpore sed voluntate, longe videlicet desiderantes esse *propter timorem tormentorum ejus , et dicentes : Væ , væ civitas illa magna Babylon, civitas illa fortis; væ*, scilicet omnem miseriam habebit in corpore et *væ* in anima, quia nunc in toto mundo distenditur propter multitudinem reproborum, quæ simulabat se fortem, non in bono, sed in persecutione sanctorum, quos diversis afflixit modis, et interfecit. Et revera Babylon *væ*, scilicet omnem miseriam in corpore et in anima habebis, *quoniam una hora*, id est subito, *venit judicium tuum*, id est damnatio tua.

VERS. 11. — *Et negotiatores terræ*, id est terrenorum, vel maligni spiritus. Vel ad litteram, pro terrenis animas dantes, *flebunt* , scilicet quia illa perire dolebunt, in quibus suam deputabant prospetatem , *et lugebunt super illam, quoniam merces eorum nemo emet amplius*, quia videlicet glo.ia temporalis, quam homines solebant emere, peribit. Sic enim dicturi sunt : Omni gloria mundi pereunte, non erunt merces quas non emamus, nec erunt qui nostras merces emant, ut eorum pretio ditemur. Dolent enim quod ad præsens perdunt lauti, nec amant quod in æternum possidere poterant voluntarii.

VERS. 12-13. — Hæc quæ sequuntur, pertinent ad quinque sensus corporis, quibus nutritur avaritia, luxuria, et cætera vitia. Hæc quatuor pertinent ad visum : videlicet *merces auri et argenti, lapides pretiosi, et margaritæ*. Et hæc quatuor ad tactum : scilicet *merces byssi, et purpuræ, et serici et cocci*. Et hæc sex ad visum : videlicet *omne lignum thyinum*, id est odoriferum, *et omnia vasa eboris, et omnia vasa de lapide pretioso, et æramento, et ferro, et marmore*. Et hæc quinque ad odoratum, id est *cinnamomum, et odoramentorum, et unguenti, et thuris*. Sed et istæ singulæ species electos significant, quas bestia, scilicet diabolus, fraude se ha-

(65) Vulg habet : *de vino iræ*

here ostendit, ut perdidisse dolet. Et hæc quatuor A
ad gustum : videlicet merces *vini, et olei, et similæ,
et tritici*; etiam merces *jumentorum, et ovium, et
equorum, et rhedarum, et mancipiorum*, et merces
animarum hominum; quia etiam homines solent
vendi, vel quando aliqui sacros ordines vel aliquam
sancti Spiritus gratiam vendunt.

VERS. 14. — *Et poma tua desiderii* vel concupiscentiæ *animæ*, id est superflua quælibet existentia desideria animæ tuæ *discesserunt a te, et
amplius illa non invenient*, pereunte mundi gloria.

VERS. 15. — *Mercatores horum*, id est, diaboli,
et illi homines, *qui divites facti sunt, ab ea*, id est
abundantes luxuria et cæteris vitiis, *longe stabunt*,
videlicet pro voto suo longe starent si possent, *propter timorem tormentorum Babyloniæ*, sed longe
stare non poterunt. Hoc omnino, quod secundum
quinque corporis sensus reprobi tractant, pereunte
deplorant, quia nesciunt aliud cogitare, nisi ea
quæ exterius considerant. *Longe*, inquit, *stabunt,
flentes, ac lugentes, et dicentes :*

VERS. 16. — *Væ, væ civitas illa magna* Babylon.
Hoc autem dictum est de mediocribus, majores
namque dixerunt superiora *væ*, isti vero mediocres
dicunt, *væ, væ*. Minores autem dicent tertium *væ,
væ, civitas illa magna*, quod est habitura in corpore, et in anima, *quæ amicta erat bysso, et purpura,
et cocco*, et *erat abundans omni gloria mundi, et
deaurata auro*, humana videlicet sapientia, *et lapide pretioso*, soliditate scilicet virtutum, æstimatione C
hominum, *et margaritis*, id est diversis virtutibus.
Et merito illi civitati, *væ, væ :*

VERS. 17. — *Quoniam una hora*, ex improviso,
destitutæ sunt, id est destructæ, *tantæ divitiæ*, videlicet tam superbæ Babylonis. *Et omnis gubernator*, id est majores inter minores, *et omnes qui in
longum navigant*, scilicet qui aliquid certi habere
desiderant, sicut aliqui episcopatum, ut per totum
mundum suam falsam doctrinam diffundant, vel
quorum lata sunt imperia, *et nautæ*, id est consortes, sed tamen sunt minores, *et qui in mari operantur*, scilicet minimi qui mundi lucra sequuntur,
longe steterunt, videlicet pro voto suo longe starent
si possent.

VERS. 18. — *Et clamaverunt* toto affectu cordis,
videntes locum incendii ejus, horrorem scilicet pœnarum Babylonis id est, infernum cui tradita est
dicentes : Quæ res similis, scilicet in miseria, *civitati huic magnæ* in deliciis et in nequitia?

VERS. 19. — *Et miserunt pulverem*, id est sero-
tinam pœnitentiam vel concupiscentiam terrenorum,
super capita sua, scilicet super mentes suas per similitudinem pœnitentis, *et clamaverunt plangentes
et lugentes*, habitum videlicet pœnitentiæ ostendentes, *ac dicentes : Væ, væ* in corpore et in anima *civitas magna* Babylon, *in qua divites facti sunt* de
copia vitiorum suorum *omnes qui habent naves*, id
est navigationes *in mari, de pretiis ejus*. Et merito
væ, quia una hora, id est in ictu oculi, *desolata est*.

Postquam prædixit hanc damnationem futuram impiis, monet fideles exsultare, ut concordent divino
judicio, vel quia his damnatis, sequetur eorum
remuneratio.

VERS. 20. — *Exsultate super eam cœli*, id est cœlestes
creaturæ, *et sancti apostoli et prophetæ*. Ac si diceret :
Illi reges terræ et negotiatores flebunt, et lugebunt,
sed, o vos cœli, id est sancti apostoli, et prophetæ,
et omnes fideles, qui ex terra cœlestes facti estis,
exsultate : non quia perit Babylon, id est omnis
collectio malorum, sed quia judicium Dei justum
est, et quia talia evasistis. *Exsultate*, inquit, *quoniam judicavit Deus judicium vestrum de illa*, scilicet, ut illa judicavit vos injuste, damnabitur juste.
Pœna enim malorum augmentum est gloriæ bonorum. Postquam descriptæ sunt singulæ pœnæ, B
ostenditur beato Joanni modus damnationis. Ac si
aperte dicat : Quod vidi prædictum, vidi etiam
qualiter in futuro erit completum.

VERS. 21. — *Et sustulit unus angelus fortis*, id
est, Christus, *lapidem quasi molarem magnum*, id
est dura corda habentes, quia per mundana vol-
vuntur, *et misit in mare*, scilicet in infernum, *dicens : Hoc impetu*, id est tali, scilicet irrecuperabiliter, *mittetur Babylon illa magna civitas*, collectio
videlicet confusorum notabilis, et magna in peccatis, quæ ita est volubilis terrenis voluptatibus, sicut lapis molaris : *mittetur*, dico, in infernum, *et
ultra jam non invenietur*, sed desiderium eorum,
quia in inferno nulla est redemptio. Quia superius
quatuor sensus tantum præmiserat, agit hic de
quinto, id est, de auditu.

VERS. 22. — *Et vox*, inquit, *citharædorum, et
musicorum, et tibia canentium et tuba non audietur*,
id est non invenietur, *in te amplius*, quia nulla erit
amplius terrenorum jucunditas. Et non tantum
unius artis, ut fabri et carpentarii, sed *omnis artifex cujuslibet artis non invenietur in te amplius*, quia,
peracto judicio, omnis sæcularis scientia delebitur.
Ibi non exquirentur delicatissimi panes, quia *vox
molæ non audietur in te amplius ;* vel quia tantum
superflui erant, quod ad molendum piper maximas
molas habebant.

VERS. 23. — *Et lux lucernæ*, id est lampadis D
non lucebit in te amplius. Et vox sponsi et sponsæ,
id est lætitia nuptiarum, *non audietur adhuc in te*,
scilicet post judicium. Ac si patenter dicat : Cujuslibet generis sit gloria hujus mundi, omnino delebitur. Et merito destrueris, o Babylon, *quia mercatores tui erant principes terræ*, id est diaboli. Quasi
diceret : Quia illi dantes animas pro terrenis,
nimiam potestatem exercuerunt, quam pati non
possunt, ideo ista non audientur in te amplius.
Ideo etiam juste peribis, *quia in veneficiis tuis*, id
est in erroribus et in pravis persuasionibus tuis,
erraverunt omnes gentes, quidam videlicet de omnibus. Nunc ad ipsam Babylonem loquitur de suo
casu, quasi condolens miseriæ ejus; nunc ad auditores convertitur, ut fideles exhortetur. Ideo iterum

Babylon, id est omnis collectio malorum, mittentur in infernum quia :

Vers. 24. — *In ea sanguis prophetarum et sanctorum inventus est*, in vindictam scilicet sanguinis : *et omnium, qui in nequitia interfecti sunt*, id est occisi, *in terra*. Si malus malum occidit, occisorem non excusat.

CAPUT XIX.

Vers. 1. — *Post hæc audivi* mente, id est, post hanc visionem intellexi, centum quadraginta quatuor millia sine mendacio docuisse hoc auditores suos, quia, facto judicio, omnes sancti laudabunt Dominum pro remuneratione bonorum. Quod dicit, *post hæc*, non est diversitas temporis, sicut prædictum est, sed ordo narrationis. Contra hoc videlicet quod superius dictum est, *væ, væ, væ*, pro damnatione capitis et membrorum, ita ostenditur beato Joanni sanctos dicturos esse ter *Alleluia*, scilicet, laus sit Deo Patri, et virtus Deo Filio, et gloria Spiritui sancto. *Audivi*, inquit, *quasi vocem magnam multarum tubarum in cœlo*, illorum scilicet qui in prædicatione fuerunt tubæ, *dicentium : Alleluia*, laus videlicet humanis verbis inexplicabilis. Ideo dicimus Alleluia, quia laus est Deo nostro ; id est quia magna bona nobis fecit ; unde antonomastice, id est excellenter eum laudare debemus. Sit itaque *laus* Deo Patri, *et gloria*, id est immortalitas et impassibilitas ; *et virtus Deo* Filio, id est victoria qua vicit diabolum , et Spiritui sancto, scilicet Deo nostro Trinitati laus est.

Vers. 2. — *Quia dando quod promisit, vera et justa judicia ejus sunt*, unicuique secundum merita reddendo, *quia judicavit de meretrice magna*, quæ corrumpit terram, scilicet pravi homines corrumpunt seipsos, vel alius alium, vel sanctam Ecclesiam, *in prostitutione sua*, id est in luxuria, *et vindicavit sanguinem servorum suorum de manibus ejus requirens eum.*

Vers. 3. — *Et iterum dixerunt : Alleluia.* Per hanc iterationem debemus intelligere laudem æternam. Deus vindicavit sanguinem sanctorum de manu ejus. *Et fumus ejus*, id est obscuritas et elevata pœna æternaliter *ascendet et crescet durans in sæcula sæculorum.*

Vers. 4. — *Et ceciderunt seniores viginti quatuor, et quatuor animalia et adoraverunt Deum sedentem super thronum, dicentes : Amen, Alleluia ;* quia videlicet non minores sancti solummodo de hac damnatione laudaverunt Deum, sed etiam illi majores qui in Ecclesia fuerunt judices et doctores aliorum. Ac si dicerent : Vere Deus laudandus est de hoc, quod inimicos nostros ita punivit. Ac si apertius dicatur : *Amen : Alleluia :* scilicet verum est, quod ita Deus gloriosus est.

Vers. 5. — *Et vox de throno*, id est admonitio de illis in quibus Deus sedet , ad audientiam omnium *exivit, dicens : Laudem dicite Deo nostro omnes servi ejus : et qui timetis eum* casto amore, *pusilli et magni, qui hæc* possunt. Laudem Deo di-

cere , est bene operari. Pusilli sunt qui nequeunt altiora penetrare mysteria, nec Domini consilium possunt implere dicentis : *Vende omnia quæ habes , et da pauperibus, et veni, sequere me* (*Matth.* XIX). Parvitas quippe ingenii non nocet, cujus cor et lingua Domini laude repletur.

Vers. 6. — *Et audivi vocem quasi tubæ magnæ, et sicut vocem aquarum multarum*, qui a de multis populis collecti sunt. *et sicut vocem tonitruum magnorum*, quia terrebit impios sanctorum exsultatio, *dicenti m Alleluia.* Ostensa lætitia quam habebunt sancti de justa damnatione impiorum , subjungit aliam lætitiam ipsorum sanctorum, quam de salvatione sua habebunt. Quasi dicerent : Antea regnaverunt impii, sed nos ideo gaudemus , *quoniam regnabit Dominus Deus noster omnipotens.*

Vers. 7. — *Gaudeamus itaque* beatitudinem animæ habentes, *et exsultemus* in corpore glorificati, *et demus gloriam ei*, ab eo videlicet nos omnia habere reputemus, *quia venerunt nuptiæ Agni*, Ecclesia scilicet conjuncta est Christo, *et uxor ejus conveniens*, ut jungeretur, *præparavit se*, quia ipsa Ecclesia fecit se idoneam ut reciperetur.

Vers. 8. — *Et datum est illi, ut se posset præparare, et ut cooperiat se contra æstus mundi byssino splendido et candido*, id est justificationibus, quia nullis maculis fuscatur conscientia sanctorum profectu virtutum. Nunc sancta Ecclesia est sponsa. Cum autem ad amplexus sui viri fuerit perducta, et quod nunc videt in spe, viderit in re, tunc erit uxor. *Byssus enim justificationes sunt sanctorum* (*Prov.* x), quæ fiunt per charitatem, quæ operit multitudinem peccatorum (*I Petr.* IV). Fiunt etiam justificationes per fidem, sicut ait Apostolus : *Justificati per fidem, pacem habeamus in idipsum* (*Rom.* v).

Vers. 9. — *Et dixit mihi angelus : Scribe : Beati, qui ad cœnam nuptiarum Agni vocati sunt.* Locutus de nuptiis futuris, invitat præsentes ad eas. Ac si diceret : *Beati qui ad cœnam*, id est ad supernum illud et cœleste convivium vocati sunt in Dei præscientia et prædestinatione ad consortium videlicet angelorum et sanctorum hominum , ubi erit refectio sanctarum animarum, præsens scilicet omnipotentis Dei vultus. Bene autem non convivium, sed cœna vocatur, quia in fine mundi adimplebitur. Post prandium enim cœna restat, post cœnam autem convivium nullum. *Et dixit mihi : hæc verba Dei sunt* ; et ideo vera quia illius sunt propria.

Vers. 10. — *Et quia ego Joannes* majora me intellexi et obedire paratus fui, *cecidi ante pedes ejus, ut adorarem eum.* Notandum , quia idem angelus pedes habuisse dicitur , quia nimirum de cœlo veniens, ex ære corpus assumpsit. *Et dixit mihi* idem angelus : *Vide ne feceris : conservus enim tuus sum, et fratrum tuorum habentium testimonium Jesu, quia* quidquid prophetæ dixerunt, Christo testimonium perhibet. *Deum igitur adora,* quia ego ; et tu , et fratres tui unum Deum habemus. In veteri lege non prohibuit se angelus adorari (*Gen.* XVIII , XIX ;

Num. XXII; *Jos.* v), sed post ascensionem videns super se exaltatum hominem, ab homine timuit adorari. *Testimonium enim Jesu est spiritus prophetiæ.*

VERS. 11. — *Et vidi cœlum apertum,* id est mysteria revelata, quod homo possit ascendere-cœlum, et cognoscere Deum. Ac si apertius diceret : Vidi vocatos ad nuptias; vidi etiam quod possent venire, nam bonum adjutorem et bonos habent admonitores. Et quid aperuit iste? *Ecce,* inquit, *equus albus,* id est, caro Christi portans verbum Dei ad bellum contra-diabolum; *et qui sedebat super eum,* scilicet deitas, *vocabatur Fidelis;* quia promissa adimplet; *et Verax,* quia ipse est veritas, *et veraces facit, et cum justitia judicat,* quia unicuique justa opera sua reddit; et pugnat in suis contra diabolum.

VERS. 12. — *Oculi autem ejus,* id est dona sancti Spiritus vel charitas, *sicut flamma ignis,* quia vitia comburunt et corda illuminant, et ad Dei amorem accendunt; *et in capite ejus,* scilicet in divinitate, *diademata multa,* quia per ea, ipse, et sui coronantur, *habens nomen scriptum, quod nemo* infidelis *novit nisi ipse,* et sui per eum.

VERS. 13. — *Et vestitus erat veste aspersa sanguine;* id est carne passa, vel Ecclesia, quæ in martyribus occiditur; *et vocatur nomen ejus verbum Dei,* quia per ipsum Deus Pater dixit, et facta sunt omnia, et per quem se mundo innotuit. De hac veste Isaias ex persona angelorum ad ipsum Dominum loquentium sic ait : *Quare rubrum est indumentum tuum, et vestimenta tua sicut calcantium in torculari?* (*Isai.* LXIII.)

VERS. 14. — *Et exercitus qui sunt in cœlo,* id est in Ecclesia, fideles scilicet contra diabolum dimicantes, *sequebantur,* id est, imitabantur, *eum in equis albis,* videlicet in corporibus mundis quæ ab illicitis refrenantur, et stimulo charitatis ad bona innituntur, *vestiti bysso,* id est justitia, albo profectu virtutum, *mundo* a criminali macula.

VERS. 15. — *Et de ore,* id est de prædicatione, *ipsius procedit gladius acutus,* divina videlicet sententia incidens pravas cogitationes mentis, et illicitos corporis motus; vel Testamentum Vetus et Novum : *ut in ipso percutiat gentes,* quosdam ad vitam, quosdam ad mortem. *Et ipse reget eos,* sanctos scilicet de virtute in virtutem, et malos puniens *in virga ferrea,* id est inflexibili justitia; *et ipse calcat torcular vini furoris iræ Dei omnipotentis,* id est mortem, quæ ab irato Deo primo homini peccanti illata est, resurgens destruxit. Vel torcular tribulatio intelligitur, quam, id est in qua positos sanctos calcat, dum ampliat; quam Deus iratus Adæ peccanti intulit, et juste in propagine ejus extendit; sed vinum in cellario Dei ponendum fiunt, quo positi non erunt vinum furoris, sed gratiæ.

VERS. 16. — *Et habet in vestimento,* id est in humanitate, *et in femore suo,* in humano scilicet corpore, quod de Virgine habuit sine virili semine, ut ostendat se de vera progenie priorum Patrum carnem habuisse : *scriptum* indelebiliter *Rex regum,* id est sanctorum qui se et alios regunt, *et Dominus dominantium,* id est dominium exercent super subditos. Matthæus generationem illius per reges describit, per David scilicet, et posteros ejus. Vel in cordibus fidelium, qui sunt sibi vestimentum et filii, scriptum est *Rex regum.* Ostensa dignitate Christi, per quam diabolum expugnare poterit, subdit admonitionem de præsenti. Ac si aperte dicat : Isti tali adhærent fideles. Iterum subsequenter ait :

VERS. 17. — *Et vidi,* id est intellexi, illos centum quadraginta quatuor millia, prædicatores scilicet Veteris et Novi Testamenti, istud docuisse, auditores suos videlicet; *unum angelum,* id est Eliam et Enoch unum et idem prædicantes; angelum dico, *stantem in sole,* ipsos scilicet prædicatores, non in abscondito, sed coram omnibus populis in aperto perseverantes in Christi prædicatione, quia illius gloria in toto orbe terrarum diffusa est. *Et clamavit voce magna, dicens omnibus avibus,* id est fidelibus qui agiles et leves sunt in promotione bonorum operum, et cœlestia contemplantur; *quæ volant per medium cœli,* videlicet per catholicam fidem, quæ est communis in Ecclesia. *Venite* ergo, o fideles, bene operando, *congregamini* compage charitatis in eadem fide, non diversas hæreses sequentes, sicut mali. Vel, de diversis mundi partibus venite *ad cœnam magni Dei* complendam, id est ad ipsum Deum qui vobis refectio erit :

VERS. 18. — *Ut manducetis carnes,* videlicet ut prædicando desituatis carnales delectationes. Aliter : *Venite, ut manducetis carnes regum, et carnes tribunorum,* id est ut delectemini in cruciatu, tam majorum, quam minorum; *et carnes fortium* in corpore, *et carnes equorum,* scilicet carnalem sensum brutorum hominum ab hæreticis deceptorum, et aliis subditorum, *et sedentium in ipsis,* id est dominantium illis, videlicet hæresiarcharum prælatorum; *et omnes omnium (liberorum),* id est regum; *ac servorum,* scilicet tribunorum; *et pusillorum ac magnorum,* id est magis et minus fortium. Et contra apertam prædicationem Eliæ et Enoch docebant centum quadraginta quatuor millia auditores suos venturum Antichristum. Quasi diceret : O fideles, multum debetis esse solliciti ut ad hanc cœnam Agni venire possitis, quia nisi bene pugnaveritis, diabolo succumbetis, qui pro viribus paratus est nocere vobis : quem tamen auxilio Dei superare poteritis. Sequitur :

VERS. 19. — *Et vidi bestiam et reges terræ,* id est Antichristum et apostolos ejus, *et exercitus eorum,* scilicet omnes obedientes ei, *congregatos ad faciendum prælium cum illo qui sedebat in equo,* contra Christum videlicet Deum et hominem, et contra suos, *et cum exercitu ejus,* id est cum membris illius. Et quibus armis? Blasphemiis scilicet, et tribulationibus, et miraculis.

VERS. 20. — *Et apprehensa est bestia* a magnitudine Dei, id est æternaliter punita; *et cum illa pseudopropheta,* scilicet multitudo discipulorum

Antichristi : *qui pseudopropheta fecit signa coram ipso* Antichristo, *quibus seduxit eos,* qui in eum credunt, qui et acceperunt characterem bestiæ, id est fidem, *qui et adoraverunt imaginem ejus,* ut Judæi, qui cum gaudio illum suscipient. *Vivi missi sunt* hi duo, scilicet diabolus et Antichristus cum suis discipulis, *in stagnum ignis ardentis et sulphuris,* ut semper vivant in fetidis et tenebrosis pœnis. Majores pœnas patientur isti, quam alii, ad similitudinem illorum qui vivi comburuntur.

VERS. 21. — *Et cæteri,* id est sequaces eorum qui minori pœna patientur, *occisi sunt in gladio,* scilicet per gladium verbi Dei, *sedentis super equum album,* super corpus videlicet sine peccato, *qui procedit de ore ipsius,* id est de prædicatoribus illius. Vel illi qui erunt cæteri, scilicet qui non sunt ex parte diaboli vel Antichristi, sed ad Deum conversi; sunt occisi mundo, et vivunt Deo. *Et omnes aves (saturatæ sunt carnibus eorum),* id est omnes sancti delectati sunt de pœna illorum, vel de profectu fratrum. Unde est illud : *Videbunt justi, et timebunt, super eum ridebunt, et dicent : Ecce homo qui non posuit Deum adjutorem suum (Psal.* LI).

CAPUT XX.

Dicta damnatione Babylonis et Antichristi, et pseudoapostolorum, subjungit damnationem ipsius diaboli, et proponit causam, quare, et tempus quo damnabitur, et quis illum possit vincere : ille scilicet qui in humili adventu potuit illum ligare quanto tempore voluit, jam glorificatus eumdem omnino destruere poterit. Et ne aves, id est sancti et cæteri fideles possent ab istorum impietate et prava persuasione destrui,

VERS. 1. — *Vidi,* scilicet intellexi Christum *descendentem,* id est humiliantem se in carne; et condescendentem eis, *de cœlo* videlicet de divina misecordia, *habentem clavem abyssi,* id est potestatem, *et catenam magnam,* ligaturam scilicet incomparabilem, et inevitabilem potentiam quæ omnia constringit, *in manu sua,* id est in operatione passionis et resurrectionis suæ. Abyssum dicit tenebrosa corda impiorum, vel ipsum diabolum, quem Dominus sævire permittit, et ne tantum noceat, quantum cupit, refrenat.

VERS. 2. — *Et apprehendit draconem,* scilicet peccasse ostendit, dum se immunem a peccato ille occidit : draconem dico, id est diabolum fortem et potentem contra humanum genus : *serpentem antiquum,* qui a principio mundi fraude decepit primum hominem, *qui est diabolus,* deorsum fluens in se, *et Satanas,* scilicet adversarius ad alios ; *et ligavit eum,* priori videlicet dignitate privavit, *per annos mille,* a tempore scilicet passionis suæ usque ad Antichristum : quo tempore possunt homines pro modulo suo perfecti fieri, quia ejectus a fidelibus, in malis hominibus cœpit dominari atrocius. Hinc in Evangelio legitur, quod intravit in porcos (*Matth.* VIII).

VERS. 3. — *Et misit in abyssum,* id est in corda

A infidelium occulto suo judicio. Millenarius numerus pro perfectione rei ponitur. Unde legitur in psalmo : *Verbi quod mandavit in mille generationes (Psal.* CIV). Ideo igitur hic numerus propter sui perfectionem omne hoc præsens tempus significat a passione Domini usque ad finem sæculi. Iterum subjungit, dicens : *Et clausit,* id est, licentiam egrediendi interdixit, *et signavit,* sigillum posuit, id est signum sanctæ crucis *super eum,* quod signum sic ipsum diabolum superat, ut eum a fidelibus repellat : ad hoc videlicet ut ipse diabolus æternaliter pereat, *et ut non seducat amplius gentes ;* eos scilicet qui in Dei prædestinatione sunt salvandi, et sic a toto pars intelligitur : *donec consummentur mille anni,* id est, donec Antichristus veniat. Sciendum quod similiter in

B Abraham et aliis fidelibus diabolus fuit ligatus, sicut in istis præsentibus ; sed in illis ligavit eum spes futuri Christi, in istis vero ipse Christus adveniens. *Post hæc,* id est post mille annos, *oportet illum solvi,* quia Deus ita constituit, *modico tempore,* ideoque non est timendus. Oportet itaque illum solvi, ut recipiat potestatem quam habuit ante adventum Christi, per tres annos et dimidium. Tunc enim exiet seducere gentes, quia comparatione illius seductionis ista quæ nunc agitur, seductio esse denegatur. Unde ait beatus Ambrosius : « Ideo permittitur modico tempore solvi diabolus, ut Dei virtus, et diaboli infirmitas et impotentia manifestetur. Virtus Dei servos suos facit fortes et pa-

C tientes, infirmitas autem diaboli vincitur a puellis et infantulis. » Et quia beatus Joannes dixerat diabolum solvendum, ne fideles desperarent, dicit eos futuros judices diaboli et suorum membrorum.

VERS. 4. — *Et ligato diabolo,* a tempore videlicet passionis Christi usque ad Antichristum, *vidi sedes,* scilicet minores fideles solutos prælatis suis obedire paratos, *et sederunt* prælati *super eas* ad judicandum in subditos, *et hoc idcirco,* quia *judicium datum est illis ;* Deus videlicet injunxit eis hoc judicium. *Et vidi animas decollatorum,* quæ propter excellentiam dicuntur visæ, *propter testimonium Jesu,* id est humanitatis, *et propter verbum Dei,* scilicet divinitatem, *et vidi illos, qui non ado-*

D *raverunt bestiam,* id est Antichristum, *neque imaginem ejus,* scilicet apostolos illius, *nec acceperunt characterem in frontibus suis,* id est signum ejus manifesta confessione, *aut in manibus suis,* videlicet in operatione, sed vicerunt Antichristum, *et vixerunt et regnaverunt,* hi omnes *cum Christo mille annis,* id est omni tempore vitæ suæ, et ideo judicabunt cum eo. Non ideo vivent et regnabunt in futuro, sed etiam in hoc præsenti sæculo, ex quo interfecti sunt, vixerunt et regnaverunt cum Christo. Ac si apertius diceret : Vidi in tempore hujus ligationis, scilicet a passione Christi, quo tempore fuit ligatus diabolus ; vidi Ecclesiam ad bene operandum ita solutam : et in hoc eodem tempore illos qui pro Christo moriuntur, vidi statim in gloriam intrare, et nunquam ad inferos descendere, sicut Abraham

et cæteri prophetæ descenderunt, quamvis justi
fuerint. Sequitur :

Vers. 5. — *Et cæteri mortuorum*, id est in anima
mortui, *non vixerunt*, et hoc ideo quia æternas
pœnas patientur. *Donec consummentur mille anni :*
donec videlicet finiatur æternitas, quæ nunquam
finietur. *Hæc est resurrectio prima :* scilicet ut
anima diabolum et peccatum vincat, et in carne
mortificata vivens, virtutes acquirat ad differentiam
illius videlicet resurrectionis quæ erit simul in anima et corpore. Et, si omnes perfecti esse non possunt, nec in eadem claritate futuri sunt ; tamen

Vers. 6. — *Beatus est*, quia beatitudinem consequetur, *et sanctus*, quia in ea erit firmus, *qui habet
partem in resurrectione prima*, cujus partes sunt
æleemosynas dare, jejunare et divinæ contemplationi inhærere. Et vere beati in quibus prima resurrectio partem habet, quia *in his secunda mors*, id
est æterna damnatio quæ erit in corpore et in a-
nima, *non habet partem vel potestatem*, quia in nullo
contristabuntur. Sed illi qui cum Christo non vivunt, neque vincunt, non erunt beati, sed potius
infelices, quia non habent partem in prima resurrectione. Mors secunda dicitur, quando corpus et
anima simul puniuntur. Iterum subjiciens, ait :
Sed erunt sacerdotes Dei et Christi, æternas scilicet laudes offerentes Trinitati, id est Deo Patri,
et Filio, et Spiritui sancto ; *et regnabunt cum illo
mille annis*, seipsos videlicet semper in melius
regent : et non solum post mille annos, quibus non
est dubium, sed etiam in istis mille annis regnabunt cum Dei Trinitate, et Christi humanitate, quæ
passa est pro humani generis salute. Sed

Vers. 7. — *Cum consummati fuerint mille anni,
solvetur Satanas*, id est recipiet priorem potestatem *de carcere suo*, scilicet de cordibus reproborum in quibus modo ligatus est, ne pro suo
velle sæviat : *et exibit*, videlicet exercebit potestatem, *et seducet*, a Christo scilicet ad se ducet
gentes, quæ sunt super quatuor angulos terræ, scilicet *Gog*, quod interpretatur tectum, *et Magog*,
quod interpretatur detectum, ut per hos duos populos intelligamus occultos et manifestos Ecclesiæ
persecutores, *quorum (Gog et Magog) est numerus*
ita infinitus, sicut arena maris, et qui sunt ita
steriles et infructuosi, sicut arena maris. Ad litteram has duas gentes prius seducet, et per eas
ad alias procedet. Quidam dicunt has gentes esse
Getas et Massagetas. *Et congregabit eas in prælium*,
non loqualiter sed mente.

Vers. 8. — *Et ascenderunt*, scilicet diabolus et
membra ejus, id est Gog et Magog superbient,
super latitudinem terræ, id est in omni orbe ; et
quasi invadentes intrare non poterunt, sed *circui-
bunt castra sanctorum*, id est sanctos semper paratos ad spirituale bellum ; *et civitatem dilectam*,
videlicet eosdem sanctos virtutibus a Deo munitos,
et unanimes in bello. De hac civitate dicitur :

Non potest civitas abscondi supra montem posita
[*Matth.* v].

Vers. 9. — *Et descendit ignis de cœlo*, id est
repentinus interitus, et *devoravit eos*, quia cito peribunt : *et diabolus, qui seducebat eos, missus est in
stagnum ignis, et sulphuris*. Quasi a Deo ignis de
cœlo descendit, cum ex divini Verbi prædicatione
reprobis livor invidiæ accrescit, et sic ipsa prædicatio quæ justis est vita, reprobis est damnatio
perpetua. Missus est ergo diabolus in stagnum ignis
et sulphuris, *ubi est bestia*, id est Antichristus.

Vers. 10. — *Et pseudoprophetæ*, id est falsi prophetæ ejus, et discipuli *cruciabuntur die ac nocte*,
respectu scilicet gloriæ justorum, quæ est dies et
pœnarum suarum quæ sunt nox *in sæcula sæculorum :* Amen. Vel dies et nox ponitur pro varia-
tione pœnarum. Dicta destructione diaboli et suorum membrorum, subjungit destructionem mundi
ad majorem pœnam impiorum. Competit enim ut,
destructis malis hominibus, mundus etiam destruatur, scilicet incommoditates mundi, secundum quod
ab eis fuerat corruptus.

Vers. 11. — *Et vidi thronum*, id est Ecclesiam,
magnum, multitudine, *candidum* per immortalitatem et impassibilitatem, perfectiores videlicet et
majores sanctos, qui facti candidi et immortales
et impassibiles, erunt in die judicii thronus Dei.
Et vidi sedentem super thronum, scilicet Christum
requiescentem et judicantem in supradictis suis
sanctis, *a cujus conspectu fugit terra*, ab hac specie,
et cœlum, id est aer, *et locus*, videlicet status iste,
non est inventus amplius *ab eis ;* quia terra non habebit amplius montes et valles, nec ædificia, nec
erit sicut modo ponderosa, nec poterit amplius talia
sustinere corpora, qualia modo sustinet ; neque
aer erit amplius ita modo lucidus, modo obscurus,
modo dies, modo nox, sicut nunc est. Unde ait
beatus Paulus : *Præterit figura hujus mundi*
(*I Cor.* vii). Sæpe locutus de glorificatione sanctorum et de pœnis impiorum, non fecerat mentionem corporum, videlicet si deberent glorificari, vel
puniri, quod hic aperte ostendit.

Vers. 12. — *Et vidi mortuos magnos et pusillos*,
id est malos tam majores quam minores, *stantes*
scilicet corporaliter, *in conspectu throni*, quia sancti omnino conspicient merita singulorum, *et libri
aperti sunt*, scilicet divinorum præceptorum, quando
dicent : *Et nos insensati vitam illorum æstimabamus
insaniam : ecce quomodo computati sunt inter filios
Dei, et inter sanctos sors illorum est* (*Sap.* v). *Et
alius liber apertus est*, id est conscientiæ singulorum,
qui est vitæ, scilicet vere viventium. Vel Christus
est liber vitæ qui tunc omnibus apparebit potens, et
suis dabit vitam. Vel liber præscientia Dei est, quia
tunc aperte scient mali se non prædestinatos esse
ad vitam quam in mundo existentes sibi promitte-
bant. Vel liber apertus sunt divina præcepta, quæ
quia agere prætermiserunt impii, scient se pro
merito puniri. Vel libri aperti, ut diximus, con-

scientiæ sunt singulorum, quæ omnibus apertæ erunt. *Et judicati sunt mortui ex his quæ scripta erant in libris :* per comparationem videlicet sanctorum impii damnabuntur, qui legent in illis quæ agere noluerunt. Judicati sunt ergo *secundum opera eorum*, quia aliis major pœna dabitur, aliis minor.

VERS. 13. — *Et dedit mare,* id est reddet vitæ, *mortuos suos,* scilicet corpora mortuorum quæ *erant in eo.* Vult aperte ostendere, corpora mortuorum ubicunque fuerint projecta, in illo judicio vivificari. Dedit ergo mare, scilicet mundus iste, mortuos suos, id est corpora mortuorum quæ erant in eo. *Et mors,* id est diabolus, *et infernus,* scilicet tenebrarum locus, *dederunt mortuos suos,* animas videlicet mortuorum, *qui,* vel quæ in ipsis erant : *et judicatum est de singulis secundum opera eorum.*

VERS. 14. — *Et infernus,* id est profundi in vitiis, *et mors,* scilicet diabolus, *missi sunt in stagnum ignis. Hæc mors secunda est.* Ac si patenter dicat : Cavete vobis a morte prima, id est a peccato, quia ex illa prima sequitur hæc vera mors.

VERS. 15. — *Et qui non est inventus in libro vitæ,* scilicet *scriptus,* id est ad vitam æternam prædestinatus, *missus est in stagnum ignis.*

CAPUT XXI.

In hac septima visione agit de innovatione elementorum, et glorificatione sanctorum, describens merita per quæ sancti ita glorificandi sunt.

VERS. 1. — *Et vidi cœlum novum,* id est aerem novum statum habentem, scilicet immobilem, fulgure et tonitruis carentem et nullam varietatem lucis ac tenebrarum recipientem, et purgatum ab omni sorde per ignem qui sicut diluvium transcendet omnes montes. Unde ait magister Anselmus (66) : « Cœlum, sol, luna, stellæ, aquæ, quæ modo festinant cursu irretardabili, quasi cupientes in meliorem statum immutari; tunc fixa stabiliter manebunt et quieta, et immutabili glorificatione immutata. Cœlum gloriam solis induet, et sol septempliciter plus quam nunc fulgebit. Unde Isaias propheta ait : Erit lux unius diei, scilicet æternitatis, sicut lux septem dierum. Luna et stellæ vestientur ineffabili splendore (*Isai.* xxx). Aqua vero, quæ corpus Christi tangere meruit et in baptismate lavit, omnem crystalli decorem transcendet. Terra quæ in gremio suo Dominicum corpus confovit, tota erit ut paradisus : et quia sanctorum sanguine est irrigata, odoriferis floribus, videlicet liliis, rosis, violis, immarcescibiliter erit perpetuo decorata. Quæ terra prius fuerat, peccante homine, maledicta et spinis ac tribulis subjecta; tunc a Domino erit in æternum benedicta, et labor vel dolor non erit ultra.» Terra ergo similiter habebit novum statum. Nullos ut credimus, habebit montes,

nec silvas, nec ædificia, nec bestias, nec volucres, nec homines, nec cætera hujusmodi. Mundus penitus non interibit; sed frigus et æstus, grandines, turbines, fulgura, tonitrua et aliæ incommoditates, ut credimus, omnino interibunt. *Primum ergo cœlum,* ut dictum est, *et prima terra abiit :* ille videlicet status in quo prius erant, amplius non est necessarius secundum primum statum. *Et mare jam non est,* id est collectiones aquarum jam perdiderunt priorem statum, nescio quomodo, sive per ignem sicut cætera elementa, sive sola Dei voluntate. Immutatio ergo aeris et terræ dubium non est, quin per ignem fiat; sed de aqua etiam a sanctis doctoribus dubitatur. Nam, ut prædictum est, purgationem in seipsa habere creditur.

VERS. 2. — *Et vidi civitatem,* id est Ecclesiam in æterna quiete et gloria positam, et ita munitam, ut nec diabolus, nec quisquam persecutor eam nocere prævaleat; *civitatem,* dico, *sanctam Jerusalem,* id est firmam et sine fine in gloria statutam, præsentialiter et plene videntem æternam pacem, id est Deum qui pax est ad se pervenientibus; *novam,* scilicet immortalem et impassibilem, *descendentem de cœlo,* quia Ecclesia humiliter intelligit, omnia quæ habet, sola Dei gratia percepisse; *a Deo paratam sicut sponsam ornatam viro suo.* Sicut enim sponsus præparat sponsæ munera antequam eam ducat uxorem, ita Christus Ecclesiæ fidem, et virtutes, et bona opera, antequam eam in gloria suscipiat. Cum dixisset se vidisse innovationem elementorum et glorificationem sanctorum; quia incognitum erat et incredibile, subjungit auctoritatem sanctorum Patrum qui hæc prædixerunt.

VERS. 3. — *Et audivi,* inquit, *vocem ;* id est admonitionem, *magnam,* quia de secretis agit *de throno,* ab illis videlicet in quibus Deus principaliter sedet, *dicentem : Ecce tabernaculum Dei cum hominibus,* scilicet in evidenti est quod in eadem gloria qua est humanitas Christi, in qua Deus verbum habitat et militavit, erunt homines pro modulo suo, qui ipsum fuerint imitati, et bene ratione usi. Unde ipse ait in Evangelio : *Pater, volo ut ubi ego sum, ibi sint et hi mecum (Joan.* xvii). Et sicut alibi ait : *Ubi fuerit corpus, illuc congregabuntur et aquilæ (Matth.* xxiv). *Et ipse habitabit cum eis,* non ad tempus sed æternaliter ; *et tunc ipsi populus ejus erunt,* in nullo videlicet offendentes, vel peccata committentes, quod esse non potest dum in carne vivunt; *et ipse Deus,* etiam secundum deitatem præsens eis, *erit cum eis eorum Deus,* videlicet quia ipsi nunquam peccabunt, et ipse nunquam recedet ab eis.

VERS. 4. — *Et* quia erit ibi gloria et nulla tristitia, *absterget Deus omnem lacrymam ab oculis eorum,* quia non erit amplius causa aliqua quæ eos faciat lacrymari. Primus homo ea lege conditus est in paradiso, ut, si non peccasset, immortalis mansisset, et, completo dierum numero, ab illo paradiso terreno, absque mortis interventu transiret ad patriam cœlestem. Si autem peccaret, mori posset. Vere itaque absterget Deus omnem lacrymam in cœlesti paradiso ab oculis justorum, quia ibi *mors non erit ultra*, id est dissolutio animæ et corporis sicut in paradiso terreno; *nec lacrymœ*, quia nec causa lacrymarum; *neque luctus*, scilicet pœnitentialis fletus peccatorum; *neque clamor*, id est aliqua inquietatio; *neque dolor*, mala videlicet conscientia peccatorum, *erit ultra, quœ* [quia] *prima abierunt*, scilicet, quia jam non est locus eorum, cum peccata non sint de quibus hæc incommoda procedebant, quæ prius regnaverunt.

Vers. 5. — *Et dixit qui sedebat in throno.* Posita auctoritate sanctorum de hac innovatione, ponit etiam auctoritatem ipsius Dei dicentis : *Ecce nova facio omnia*, superius dicta. *Et dixit mihi :* O Joannes, *scribe*, scilicet in corde tuo et in cordibus aliorum. Scribe ergo, *quia hœc verba fidelisssima sunt*, scilicet habilia ad credendum, et leviter ac cito credetur eis ; *et vera*, quia complebuntur.

Vers. 6. — *Et dixit mihi : Factum est*, scilicet completa sunt quæ complenda fuerunt. Et ne beatus Joannes quæreret quid post illam innovationem futurum esset, dicitur sibi nihil restare faciendum. Quasi diceret : O Joannes, ne quæras scire quid fiet post omnium rerum innovationem, nam factum est totum ; et hoc potes per hoc scire, quia *ego sum Alpha et Omega*, hoc est, *initium et finis*. Ac si diceret : Hanc innovationem facere potero, quia per me sunt omnia facta, et in me consummabuntur. Et ad hanc innovationem debent omnes festinare, quia *ego sitienti*, id est desideranti, *dabo de fonte*, scilicet de meipso, qui sum principium omnis beatitudinis, *aquœ vivæ*, quia vivere facit ; et dabo eam *gratis*, id est per solam gratiam.

Vers. 7. — *Et qui vicerit*, peccata scilicet et vitia, *possidebit hœc*, id est firmiter obtinebit supradicta bona, quia ego non dabo ea sitienti, scilicet desideranti ad horam, sed jugiter perseveranti. *Et ero illi Deus*, id est æterna satietas, *et ille erit mihi filius*, quod supra populus.

Vers. 8. — *Timidis autem, et incredulis*, illis videlicet qui timore pœnarum fidem accipere fugiunt, vel acceptam relinquunt, de hac innovatione desperantibus : *et exsecratis*, id est excommunicatis; *et veneficis*, scilicet magis erit æternus dolor. Vel possumus eos intelligere, qui humana potestate aliis dominantur. De quibus ait Dominus in Evangelio : *Reges gentium dominantur eorum : et qui potestatem habent super eos, venefici vocantur* (*Luc. xxii*), id est malefici. Sunt etiam in pace Ecclesiæ timidi, qui metu principum sæcularium hominum bona operari metuunt. De quibus dicitur : *Illic trepidaverunt timore, ubi non erat timor* (*Psal.*

xiii). *Homicidis ergo, et fornicatoribus, et veneficis, et idololatris, et omnibus mendacibus*, illis videlicet quibus mendacium est in usu, *pars illorum erit*, id est participantes erunt vel plus vel minus, *in stagno ardenti igne et sulphure; quod est mors secunda*.

Dicit beatus Augustinus (67), octo esse genera mendaciorum ; sed tamen nullum mendacium est, quod peccato careat. Unde scriptum est : *Os quod mentitur occidit animam* (*Sap.* i); et *perdes eos qui loquuntur mendacium* (*Psal.* v). Nonnulli tamen adstruere nituntur non esse peccatum, si pro justitia mendacium proferatur, sicut legimus factum in Ægypto de obstetricibus (*Exod.* i). Et de Raab fuit quidem peccatum, sed opere misericordiæ est purgatum. Pejus enim fuisset, si eos proderet ad mortem, quam quod eos negavit et mentita est (*Jos.* ii, vi). Unum sane firmiter debemus tenere, nullum mendacii genus inultum manere quod hic laxatum non fuerit per pœnitentiam, aut aliquo pietatis opere. Descripta gloria quam habituri sunt sancti, dicit quo merito vel quo auxilio illam sint accepturi.

Vers. 9. — *Et venit ad corda justorum unus de septem angelis*, scilicet Christus, *habentibus phialas plenas septem plagis novissimis, et locutus est mecum, dicens : Veni*, id est amplia tuum intellectum *et ostendam tibi sponsam uxorem Agni*; videlicet quo merito fideles debent pervenire ad hanc supradictam innovationem ; et quare Ecclesia sit sponsa, et quare sit uxor Agni. Et ut melius crederetur mihi,

Vers. 10. — *Sustulit me in spiritu*, per intellectum veteris et novæ legis, *in montem magnum et altum*. Christus est mons, quia munimentum suorum ; magnus, quia totum mundum implet ; altus, quia est insuperabilis. *Et ostendit mihi super illum montem civitatem*, id est Ecclesiam ad jure vivendum collectam, et sanctis virtutibus munitam; *et sanctam*, scilicet firmam et stabilem in suo proposito, *et magnum*, videlicet potentem superare adversarios ; *Jerusalem*, id est videntem et contemplantem æternam pacem, *descendentem de cœlo a Deo*, scilicet de Dei secreto.

Vers. 11. — *Habentem claritatem Dei*, videlicet cognitionem de Deo ; quia spiritu in cœlis conversans, eadem Dei claritate potitur qua et angeli. Et vere clara civitas illa, id est sancta Ecclesia ; quia *lumen ejus simile est lapidi pretioso*, lucem videlicet habet pro modo suo similem Christo, qui fuit et est in proposito firmus, et lucens virtutibus, præbens pascua suis fidelibus. Unde est illud : *Dominus regit me, et nihil mihi deerit; in loco pascuæ ibi me collocavit* (*Psal.* xxii). Est ergo lumen Ecclesiæ tanquam *lapidis jaspidis* propter virorem fidei atque constantiam; *sicut crystallus*, quia ejus fides perspicua est omnibus. Nam sicut jaspis durus est et viridis : sic Ecclesia viret fide, et in ea firma est.

(67) Lib. *De mendacio*, num. 25.

VERS. 12. — Et vere sancta et firma erat, quia A
habebat murum, id est Christum defensorem qui
magnus est in Sion, et altus cum Patre : magnus
secundum humanitatem, altus secundum divinitatem. Vel murus civitatis hujus, id est Ecclesiæ,
sunt defensores, qui magni bene vivendo, et alti,
scilicet insuperabiles, et potentes ad persecutores
superandos. Et hæc civitas non solum per murum
patet esse magnam, sed etiam per portas, id est
per duodecim patriarchas, per quorum exemplum
alii ad fidem introducuntur. Per hoc etiam patet
hæc civitas esse magnam, quia et in portis, id est
in fide, et in vestigiis patriarcharum et prophetarum, habebat angulos duodecim, id est apostolos
qui sunt anguli, id est aliorum defensores. Et nomina scripta, id est omnes fideles tenentes quatuor B
Evangelia et fidem sanctæ Trinitatis sunt in memoria : quæ sunt nomina duodecim tribuum filiorum
Israël; quia omnes fideles sunt fundati et quasi in-
scripti in prophetis et patriarchis, et in dilectione
priorum Patrum constant. Nomina dico scripta in
portis quæ sunt nomina duodecim tribuum filiorum
Israël, id est omnium eorum qui spiritualiter tam
in veteri quam in nova Ecclesia sunt filii et imitatores videntium Deum, et exempla sanctorum patriarcharum, prophetarum, et apostolorum sequentium, qui Deum contemplabantur.

Numerus etiam duodecim portarum, quæ per
quatuor mundi partes suo ternario numero comprehenduntur, ad ministerium pertinet duodecim
apostolorum, per quos fides Trinitatis diffunditur C
per orbem quadripertitum. Civitas ergo illa, ut
dictum est, hujusmodi habebat duodecim portas :

VERS. 13. — Ab oriente videlicet erant portæ tres,
per quas ingrederentur Judæi de quibus ortus est
Dominus ; vel ab infantia ad cultum Dei venientibus. Oriens Judæi in hoc loco intelliguntur, a
quibus Sol Justitiæ ortus est. In his itaque sunt
portæ tres, quia his primum fides sanctæ Trinitatis
est. Et ab aquilone portæ tres, per quas ingrederentur gentiles, qui frigidi et steriles erant, ad
hanc civitatem in senectute venientes. Aquilo igitur frigidas gentes designat, quæ post Judæos crediderunt. Et ab austro, id est in juventute venientibus portæ tres, per quas fideles ingressuri erant D
ab adventu Domini usque ad occasum, id est usque
ad ultimam ætatem mundi, in qua Elias et Enoch
quatuor evangelia et fidem Trinitatis prædicabunt.
Ab austro ergo sunt portæ tres, id est a claritate
fidei, quæ est ab adventu Christi. Et ab occasu
portæ tres, in decrepita ætate venientibus. Ab occasu ergo sunt portæ tres, id est ab ultima ætate
mundi quæ per Eliam et Enoch fidem Trinitatis re-
cipient.

VERS. 14. — Et murus civitatis, id est fides Christi quæ munit ipsam civitatem, habens fundamenta duodecim, scilicet duodecim patriarchas per
quos fundatur; quia illi primi hanc fidem tenuerunt, et in illis innituntur quicunque ad fidem ac-

cedunt. Et in ipsis duodecim fundamentis, id est
in patriarchis et prophetis, scilicet in memoria et
prædicatione eorum, nomina duodecim apostolorum
et Agni, id est memoria Christi quem prædixerunt
venturum, et memoria apostolorum atque omnium
retinentium quatuor Evangelia et fidem Trinitatis.
Quam fidem enim isti tenent, illi venturam intel-
lexerunt, et prænuntiaverunt. Unde Isaias ait : Ecce
Virgo concipiet, et pariet filium, et vocabitur nomen
ejus Emmanuel (Isa. VII).

VERS. 15. — Et qui loquebatur mecum, scilicet
angelus in persona Christi ad beneplacitum meum,
habebat mensuram arundineam auream, id est divinam Scripturam Dei sapientia compositam, quæ
tangit et illustrat corda fidelium ; ut metiretur
civitatem, quia non omnes erant æqualis meriti
quos per divinam sapientiam metiebatur. Ad hoc
ergo metiebatur civitatem, ut secundum mensuram
daret prælatis et subditis intelligentiam ipsarum
Scripturarum pro capacitate utentium. Et portas
ejus, id est illos qui alios introducunt ad fidem; et
murum, scilicet defensores aliorum.

VERS. 16. — Et civitas in quadro posita est, et
longitudo ejus tanta est quanta et latitudo. Quatuor
latera civitatis sunt fides, spes, charitas et operatio ; quæ æqualia sunt, quia quantum quis credit,
tantum sperat, et tantum diligit ; et quantum diligit,
tantum operatur. Est ergo in quadro posita, quia
robusta fide, longanimis spe, ampla charitate, et
efficax est opere. Vel quatuor latera quatuor sunt
principales virtutes quarum alia non debet excedere aliam in homine, scilicet prudentia appetendi
bonum et vitandi malum, quam sequitur temperantia, ut a voluptatibus homo se retrahat. Post
hæc fortitudo, ut quod intelligit operetur ; dehinc
justitia, ut sic suos actus temperet, ne nimis justus
vel sapiens videatur. Iterum subsequenter ait : Et
mensus est civitatem, id est præsentem Ecclesiam,
de arundine aurea, id est per divinam Scripturam,
per stadia duodecim millia, illi videlicet qui perfecti sunt in fide sanctæ Trinitatis, et quasi per
stadia festinent ad cælestem patriam ex quatuor
mundi partibus. Stadium locus cursus est, et notat
tendentes ad bravium. Quadragenarius numerus in
Scriptura sacra multimoda ratione habetur perfectus, propter jejunium Domini quadraginta diebus
peractum, sive propter decalogum legis, et quatuor Evangelia, in quibus decalogi perfectio continetur. Quaternarius similiter numerus sacratus est,
propter quatuor flumina paradisi vel quatuor libros
Evangelii, etiam propter quatuor partes mundi,
vel quatuor principales virtutes. Quantum ergo ad
altiorem pertinet intellectum, mensura hominis
quæ est angeli, recte Ecclesia mensuratur, quia
videlicet gloria angelorum et hominum in cœlesti
beatitudine æqualis erit. Unde in Evangelio Dominus ait : Neque nubent, neque nubentur : sed
erunt sicut angeli Dei in cœlo (Matth. XXII). Vel
ideo mensura hominis, quæ est angeli dicitur, qui

quot angeli remanserunt in cœlo post casum archangeli, tot homines de terra sunt ascensuri ad cœlos. Sequitur : *Longitudo, id est fides vel longanimitas, et latitudo, scilicet charitas, et altitudo ejus, id est spes vel contemplatio, æqualia sunt.*

VERS. 17. — *Et mensus est muros ejus*, id est, defensores aliorum, quantum laborent et pro se et pro aliis in legis mandatis, *centum quadraginta et quatuor cubitorum, mensura hominis, quæ est angeli.* Cubitus in quo est manus, operationem significat. Juxta litteram ostendit, angelum apparuisse sibi in specie hominis, ut aperte doceret (68) eum qui significabatur verum angelum, id est, Dei Filium, et verum hominem fuisse.

VERS. 18. — *Et erat structura muri ejus ex lapide jaspide*, id est ex fide constanti, quia, si aliquis ad hoc instruit, ut sit aliorum defensor, hoc habet ex fide quam fortiter tenet et prædicat, quod lapis viridis significat. *Ipsa vero civitas*, id est Ecclesia, *aurum mundum simile vitro mundo.* Aurum sapientiam designat, vitrum fidei puritatem, quia sancta Ecclesia ore promit quod corde credit. Hæc verba non possunt referri ad præsentem Ecclesiam, in qua singulis conscientiæ occultæ sunt, sed quando, veniente Domino, *qui illuminabit abscondita tenebrarum et consilia cordium (I Cor.* IV), singulorum conscientiæ cunctis manifestabuntur. Quidquid enim cogitatum fuerit ab aliquo, totum videbitur ab altero. Sicque unusquisque tunc erit conspicabilis alteri, sicut nunc esse non potest conspicabilis sibi. Dixerat in hac civitate esse muros, et portas, et fundamenta, et ipsos inter se alios majores esse, et alios minores. Hic autem exsequitur murus ipse qualis sit, et qualis ipsa civitas, et fundamenta, et portæ ipsius.

VERS. 19. — *Fundamenta muri civitatis sunt ornata omni pretioso lapide*, id est patriarchis et prophetis quos defensores Ecclesiæ habent fundamentum. Fuerunt decorati et ornati omnibus pretiosis virtutibus et firmis, et in eis *primum fundamentum fuit jaspis*, id est fides fortis et firma. Fundamentum primum est jaspis viridis, qui immarcescibilem fidei virorem significat. *Secundum est sapphirus*, similis sereno cœlo, qui percussus radiis solis ardentem emittit fulgorem. Significat altitudinem spei sanctorum quorum conversatio in cœlis est, qui et a vero sole innovati, ardentius æternam patriam quærunt, et alios quærere docent. *Tertium est chalcedonius.* Quasi pallens ignis lucernæ nitet et fulget sub divo, non in domo; qui significat flammam charitatis internæ, quæ in abscondito bona agit; sed cum aliis prodesse jubetur, mox apparet quid fulgoris habeat intus; sculpentibus resistit, ictu solis vel attritu digitorum excandens, ad se paleas trahit. Ita sancti cum valde atteruntur, et ardentiores fiunt, et a nullo vinci queunt, imo ad se paleas, id est fragiliores, trahunt. *Quartum*

smaragdus est, nimiæ viriditatis, superans herbas et frondes. Qui lapis in frigore Scythiæ invenitur, id est fortis confessio ejusdem fidei inter adversa, quæ frigore signantur; quæ fides, quia tanta per evangelium mundo innotuit, quarta dicitur propter quatuor Evangelia.

VERS. 20. — *Quintum est sardonyx* qui est niger inferius, in medio candidus, superius rubeus, et significat sanctos martyres, qui patiendo sunt rubei, interius conscientia candidi, sed sibi per humilitatem despecti. Quæ humilitas quia ex infirmitate corporis descendit, quod quinque sensibus agitur, quinta est. *Sextum* est *sardius*, sanguinei coloris; martyrum gloriam significat; ideoque sexto loco ponitur, quia Christus in sexta feria et hora fuit crucifixus. *Septimum* est *chrysolythus*, qui ut aurum fulget scintillasque ardentes emittit, id est spiritualis inter miracula prædicatio. Auro enim superna sapientia; scintillis, exhortatio vel etiam miracula signantur. Quod quia per Spiritum sanctum fit, septimo loco ponitur. *Octavum* est *beryllus*, quo prædicantium perfecta operatio designatur; ut enim aqua sole percussa refulget. Quod non fit aliter nisi in sexangula poliatur forma; quia ex angulorum repercussione splendor acuitur. Aqua sensum hominis significat, splendor solis divinam sapientiam per quam amplius fulget. Sed neque humana neque divina sapientia perfecte lucet, nisi operibus consummetur. Perfectio operum per sex intelligitur, cum hoc numero opus mundi factum sit. Hic lapis urit manum tenentis; quia qui sancto viro conjungitur, ejus conversatione accenditur. *Nonum* est *topazius*, qui quanto rarior, tanto est pretiosior. Et est bicolor, ex auro scilicet et ætherea claritate maxime lucens; cum splendore solis tangitur, superans omnium gemmarum claritates, in aspectum suum singulariter provocans aspicientes. Quem si polis, obscuras; si naturæ suæ relinquis, clarior est. Nihil est eo charius inter divitias regibus. Contemplativam vitam significat, quam sancti reges omnibus operum divitiis, et gemmis virtutum præferunt, et in eam maxime mentes dirigunt; et tanto amplius, quanto frequentius divina gratia illustrantur. Ex interna charitate color aureus, et ex dulcedine contemplationis æthereus : quæ contemplatio attritu sæculi vel occupationibus sæcularis rei vilescit. Vix enim potest aliquis simul doloribus corporis agi, et tranquilla mente gaudia cœli contemplari. Et, sicut in octavo activa vita, sic in nono contemplativa, quæ est angelorum, quorum novem sunt ordines; vel quia a denario mercedis uno gradu abest, scilicet mortis. *Decimum* est *chrysoptasus*, qui viridis est, et quædam aureæ misturæ sunt in eo, et est purpureus cum guttis aureis. Nascitur quoque in India; et significat eos qui virorem æternæ patriæ charitate merentur, et aliis purpuram martyrii ostendunt; et qui exem-

plum Domini sequi merentur ; in India, scilicet
prope ortum solis sunt. Et quia cum Christo regnare exspectant, in denario numero sunt, et decalogus implebitur per dilectionem quæ nona fuit (69).
In chrysoptaso igitur opus martyrii indicatur et
præmium. *Undecimum* fundamentum est *hyacinthus,*
qui cum aere mutatur : in sereno scilicet perspi-
cuus est, in nubilo marcescit ; et indicat doctores
ad alta levatos, sed ad utilitatem proximorum per
charitatem condescendentes. *Duodecimum* fundamentum est *amethystus,* purpureus, misto colore
violæ et rosæ leniter quasdam flammas fundens.
Purpureus decor cœlestis regni speciem tenet ;
viola sanctorum verecundiam, rosa pretiosam
sanctorum mortem significat, qui inter adversa
mente sunt in summo : qui non solummodo inter
se, sed etiam ad inimicos flammas charitatis re-
fundunt. Significat igitur amethystus cœlestis regni
semper memoriam in humilium Dei servorum animo. Talia sunt fundamenta hujus civitatis, ut supradicta sunt.

VERS. 21. — *Et duodecim portæ duodecim margaritæ sunt,* id est unusquisque apostolorum duodecim , habebat simul omnes supradictos lapides,
per singulas : ita quod unaquæque porta est una
margarita. Et hoc exponit eundo per singulas. Ac
si aperte dicat : Dixi esse duodecim portas ; et cum
ita sint, duodecim illæ portæ, id est apostoli eorumque imitatores prædicantes fidem sanctæ Trinitatis per quatuor mundi partes, et alios in Ecclesiam introducentes, *per singulas ,* scilicet per
instructionem singulorum doctorum sunt margaritæ ; illi videlicet qui de quacunque mundi parte
ad fidem Trinitatis vocantur, sunt splendidi virtutibus. *Et singulæ portæ,* id est singuli apostoli,
scilicet omnes quotquot sunt, *ex singulis* supradictis *margaritis* vel lapidibus sunt ; videlicet innituntur et fundantur in patriarchis et prophetis, qui
ex omnibus supradictis lapidibus inter omnes ornati fuerunt. Tales sunt muri et portæ civitatis,
ut dixi. *Sed et platea civitatis,* id est simpliciores in
Ecclesia laxius mundo utentes sicut uxorati, sunt
aurum mundum, sapientia videlicet et charitate
pleni, et a criminali macula mundi, *tanquam vitrum
perlucidum,* scilicet nullas sordes in se celantes.
Plateæ igitur civitatis sunt humillimi in Ecclesia,
quorum vita laxior est, non habentes hos supradictos lapides ; sed tamen sunt aurum mundum,
habent videlicet charitatem sine hypocrisi, et fidei
puritatem, quod notatur per vitrum lucidum ; vel
quia possunt mali in operibus illorum nequitiam
suam velut in speculo cognoscere.

VERS. 22. — *Et templum non vidi in ea,* id est
locus orationis et obsecrationis, quæ ibi locum non
habebunt. Ubi peccatum non erit, procul dubio
nec hostiæ temporales erunt. *Dominus enim Deus
Pater omnipotens templum illius est,* scilicet omni-

moda requies, et *Agnus,* id est, Filius ejus super
quem immolabunt hostiam laudis.

VERS. 23. — *Et civitas illa non eget sole* novi
testamenti, *neque luna* testamenti veteris, *ut luceant
in ea.* Hic eget sancta Ecclesia ad ministerium diei
ac noctis sole et luna, ibi vero non ; quia Deus omnipotens plene illuminabit eam. Diu enim promissa *claritas Dei* Patris *illuminavit eam : et lucerna
ejus,* id est lumen, scilicet humanitas continens
in se deitatem ad illuminationem multorum, *est
Agnus,* Dei videlicet et Virginis Filius.

VERS. 24. — *Et ambulabunt gentes in lumine ejus,*
id est perseverabunt æternaliter in illa claritate,
in spe videlicet luminis ejus , vel per radios cognitionis illius quos jam habent. Et tanta erit illa lux
in futuro, quod usque ad finem mundi ambulent
gentes ; illi videlicet qui gentiliter vixerunt, dimissa
gentilitate ambulabunt semper, id est promovebunt
se de bono in melius. *Et reges terræ,* scilicet rectores Ecclesiæ qui seipsos et alios regunt, *afferent
gloriam suam,* id est acquisitos Deo pro quibus
coronabuntur, *et honorem suum in illam* civitatem,
scilicet puritatem conscientiæ suæ pro ea habenda
ad similitudinem victorum qui spolia in urbes
suas transferunt. Hæc verba non ad remunerationem futuri, sed ad laborem præsentis temporis
referenda sunt, quia sancti in ambulando tunc non
laborabunt, sed post laborem beate viventes quies-
cent. Nunc itaque ambulant per lumen ejus, scilicet per Christi fidem cæterasque virtutes, ut
postea pervenientes ad patriam, quiescant in ipso
lumine, id est in ipsius Dei contemplatione.

VERS. 25. — *Et portæ ejus non claudentur per
diem.* Hæc de futuro in præsenti. Aliquando subtrahitur prædicatio ne fures intrent et conculcent dum
nox est, id est locus insidiarum. Sed quia ibi dies
perpetua erit, omnis timor aufertur. *Nox enim non
erit illic,* videlicet in futuro.

VERS. 26. — *Et* sancti apostoli cæterique doctores *afferent,* scilicet repræsentabunt Deo Patri *gloriam,* puritatem videlicet conscientiarum fidelium,
et honorem gentium in illam, id est ipsas gentes
propter sua bona opera honoratas. Dicta honestate
civitatis, ne quisquam falsus frater ad aliquem horum graduum pertinere præsumeret, determinat
qui sint intraturi, et qui non. Licet ergo portæ
non claudantur, tamen :

VERS. 27. — *Non intrabit in eam aliquid coin-
quinatum,* id est cum aliis per consensum inquinatum,
et faciens abominationem, scilicet aliquod criminale,
et mendacium, videlicet qui delectatur in mendaciis
inveniendis. Quid per singula referam ? Nemo intrabit in eam, *nisi illi qui scripti sunt in libro vitæ,*
id est in præscientia deitatis, *et Agni,* scilicet Dei
et hominis Jesu Christi per quem dabitur illa vita
scriptis in Dei memoria.

(69) Rectius Glossa collateralis : *quæ non finit.*

CAPUT XXII.

Postquam situm civitatis, dignitatem ejus, muros et fundamenta describit, ostendit etiam refectionem quam Deus ipsi civitati tribuit, et in præsenti et maxime in futuro, dicens :

Vers. 1. — *Et ostendit mihi fluvium aquæ vitæ; splendidum,* id est copiosam refectionem sanctorum et in præsenti et in futuro : refectionem dico, scilicet aquam affluentem, id est æternam beatitudinem, *tanquàm crystallum,* quia æternaliter fulgebunt sancti ; *procedentem de sede Dei et Agni,* de illis videlicet in quibus principaliter sedet Deus, quia in illis maxime et per instructionem eorum minores coronabuntur, id est in confessoribus, qui minores Deo conjungunt.

Vers. 2. — *In medio plateæ ejus,* eorum videlicet qui laxiori vita incesserunt. In specie aquæ notatur per ablutionem baptismi ad hanc beatitudinem pervenisse. *Et ex utraque parte fluminis lignum vitæ,* id est secundum utramque naturam Christi idem Christus sit suis lignum vitæ, cujus fructus primitivi fuerunt apostoli, *afferens fructus duodecim, per singulos menses,* scilicet prophetas et apostolos in fide Trinitatis per quatuor mundi partes fructificantes per singulas ætates , vel assidue, id est omni tempore , lignum dico *reddens fructum suum,* scilicet animarum refectionem. Christus est ergo lignum vitæ reddens fructum suum per duodecim menses, id est per duodecim apostolos, quia Christus dies vel annus, apostoli sunt horæ vel menses, sicut ipse in Evangelio ait : *Nonne duodecim horæ sunt diei ?* (Joan. xi.) Quasi diceret : Quia vos estis mihi subditi, mihi (70) prævidendum est vobis. Alia etiam ligna sunt ibi reddentia fructum suum, id est sancti qui reddunt pro meritis præmia sibi subditis. *Et folia ligni,* scilicet præcepta Christi quæ tegunt et ornant fructum, id est verba prædicationis ejus sunt *ad sanitatem gentium,* gentilium videlicet conversorum si implentur. Christus ergo reddet fructum, et apostoli eorumque successores post eos prædicando, per universum mundum spargent folia, id est præcepta ipsius Christi. Vel citra fluvium, id est in hac vita, habemus lignum vitæ, scilicet corpus et sanguinem Christi in quibus reficimur, et ultra flumen, videlicet in futuro habebimus ipsum præsentem. Vel citra flumen accipimus tempus ante baptismum, per ultra, illud quod fuit post baptismum, ut ostendamus fideles in veteri et in nova lege salvatos per Christum quod præsignavit Moyses qui duxit filios Israel usque ad flumen Jordanis, et Jesu Nave qui de flumine Jordanis duxit eos in terram promissionis. Sequitur :

Vers 3. — *Et omne maledictum non erit amplius,* id est substractio gratiæ non erit amplius. Istud est maledictum legis : Maledictus qui non fecerit omnia verba legis (Deut. xxvii). Sed *et sedes Dei et*

A *Agni in illa* civitate *erunt* : scilicet æternaliter requiescet Deus Pater, et Christus Deus et homo, et Spiritus sanctus, videlicet Trinitas unus Deus in illis : *et servi ejus,* non timore sed dilectione, servient illi laude æterna.

Vers. 4. — *Et videbunt faciem ejus,* non in ænigmate, ut nunc, sed sicut est.

Vers. 5. — *Et nox,* id est prævaricatio vel ignorantia, *ultra non erit. Et non egebunt lumine lucernæ,* id est doctrina veteris legis vel alicujus mediocris prædicatoris, *neque lumine solis,* scilicet doctrina novæ legis vel alicujus eximii doctoris, quod repugnat ad egere lumine aliorum, *quoniam Deus illuminabit illos, et regnabunt cum eo in sæcula sæculorum.* Sicut in principio posuit commendationem visionis, sic et ad ultimum ponit. Iterum subjungit, dicens :

Vers. 6. — *Et dixit mihi,* scilicet idem angelus : *Hæc verba,* id est quodcunque verbis et figuris ostenditur, *fidelissima,* videlicet habilia quibus fides adhibeatur, *et vera sunt,* quia implebuntur, *et Dominus Deus spirituum prophetarum misit angelum suum ostendere servis suis, quæ oportet fieri cito.* Quasi diceret : O Joannes, ideo bene credere debes quæ audisti et vidisti, quia ille qui in potestate habet dona sancti Spiritus, per quem locuti sunt prophetæ, *misit angelum suum* (71) non regibus nec philosophis, sed *servis suis : quæ oportet fieri cito,* id est remuneratio sanctorum, quia non possunt remanere inexpleta, scilicet in brevissimo hujus præsentis vitæ momento. Et vere cito fient, quia ipse dicit :

Vers. 7. — *Ecce venio cito.* Et hæc etiam dixit mihi : *Beatus qui custodit,* id est qui opere implet, *verba libri hujus.* Ac si apertius diceret : Quia velociter venturus sum ut reddam unicuique secundum opera sua, *Beatus, qui custodit verba libri hujus,* ut dignus habeatur remuneratione perpetua. Sicut angelus Joanni, sic Joannes commendat hæc suis discipulis. Quasi diceret : Non propter me ostensa sunt mihi hæc, sed pro totius Ecclesiæ salute, et ut vos mihi credatis. Angelus ergo mihi locutus est.

Vers. 8. — *Et ego Joannes,* qui nihil falsitatis soleo vobis nuntiare, *audivi voces, et vidi hæc* per figuras notata. *Et postquam audissem, et vidissem, cecidi,* id est humiliavi me, *ut adorarem ante pedes angeli, qui mihi hæc ostendebat,* id est pro hac causa.

Vers. 9. — *Et dixit mihi, vide ne feceris : conservus enim tuus sum, et fratrum tuorum,* scilicet prophetarum, id est prædicantium, *et eorum,* scilicet prædicantibus obedientium, *qui fide et opere servant verba libri hujus : Deum adora,* quia ipse solus est adorandus.

Vers. 10. — *Et dicit mihi : Ne signaveris,* id est

---

(70) Clarius glossa collateral, *mihi serviendum est, non vobis.*

(71) Supple. hic *ostendere.*

ne sigillaveris, sed propala omnibus *verba prophetiæ libri hujus.* Quia posset dici, quod malum esset prophetare malis, cum gravius essent puniendi, dicium est sibi ne ideo esset, quia bonum est. *Tempus ergo prope est,* in quo omnia discutientur. Igitur,

VERS. 11.—*Qui nocet, noceat adhuc :* scilicet post ostensionem libri ea quæ mali inferunt, bonis inferant, *et qui in sordibus est,* scilicet in propria nequitia, *sordescat adhuc; et qui justus est,* bonum tribuens aliis, *justitiam faciat,* id est impensius tribuat *adhuc ; et qui sanctus est, sanctificetur adhuc* proficiendo in melius. Permissivus modus est, non optativus neque imperativus. Sæpe enim Deus omnipotens permittit hominem propter peccata præterita ruere ad graviora. Unde et Dominus per Psalmistam : *Non audivit populus meus vocem meam, et Israel non intendit mihi. Et dimisi eos secundum desideria cordis eorum, ibunt in adinventionibus suis* (Psal. LXXX). In qua sententia aperte ostenditur præcessisse culpam inobedientiæ per quam a Deo permissi sunt ire in voluptates suas. Et vere, inquit, tempus breve est, quia

VERS. 12.—*Ecce venio cito, et merces mea,* id est meorum, *mecum est,* in mea videlicet consideratione, *reddere unicuique,* uni plus et alii minus, *secundum opera sua.* Et bene hoc potero facere, quia

VERS. 13. — *Ego sum Alpha et omega,* id est primus, in quo omnia principium habuerunt, *et novissimus,* in quo omnia consummabuntur, *principium* scilicet, *et finis.*

VERS. 14.— *Beati qui lavant stolas suas,* corpora scilicet et vitam in baptismo et in lacrymis pœnitentiæ, *ut sit potestas eorum in ligno vitæ,* id est ut possint edere de ligno vitæ, *et per portas,* scilicet per fidem doctorum, *intrare in civitatem* sanctam Jerusalem, quia *hæc porta Domini, et justi intrabunt per eam* (Psal. CXVII). Quia dixerat : *Nocens noceat adhuc; sordens sordescat adhuc :* ne aliquis malus diceret, cum sim malus, quare me pœniteret, dicit : Non solum sunt beati qui majorem habent perfectionem ; sed etiam illi qui contaminaverunt stolas suas quas in baptismo acceperunt, si denuo laverunt eas, et eos peccasse pœniteat, beati erunt. Sed,

VERS. 15. — *Foris canes,* scilicet oblatrantes, et garruli, *et venefici,* id est immundi et hæretici, *impudici, homicidæ, idolis servientes, et omnis qui amat,* audiendo, *et facit, inveniendo, mendacium.*

VERS. 16. — *Ego Jesus misi angelum meum,* id est nuntium, *testificari vobis hæc in Ecclesiis.* Et mihi ergo credendum est quia ego Jesus *sum radix* secundum deitatem, id est sustentamentum, *et genus David* secundum humanitatem, *stella splendida et matutina,* scilicet magna claritas annuntians diem, id est futuram beatitudinem per meam resurrectionem in mane factam.

VERS. 17. — *Et spiritus, et sponsa,* id est sancta Ecclesia, *dicunt : Veni;* sed spiritus per occultam inspirationem, et Ecclesia per apertam prædicationem omni homini qui est extra Ecclesiam, dicit :

Veni, scilicet ad notitiam hujus libri. *Et qui audit,* id est qui intelligit, non solum fidelibus, sed etiam omni homini infideli *dicat ; Veni.* Et non tantum quilibet, sed ille tantum *veniat qui sitit,* id est credere desiderat. Et non veniat aliquis coactus, sed ille tantum *qui vult, accipiat aquam vitæ* per baptismum *gratis,* sine pretio videlicet meritorum , per quod baptismum itur ad æternam vitam. Postquam beatus Joannes commendationem hujus libri posuit per Deum Patrem, et Filium, et Spiritum sanctum, per angelum, per se, et per fideles, quia quosdam sciebat esse in Asia, qui pro suis erroribus fovendis aliquid adderent vel demerent, supponit excommunicationem, dicens : Et ego Joannes.

VERS. 18.— *Contestor,* id est cum testimonio Dei Patris et Filii et Spiritus sancti dico *omni audienti verba prophetiæ libri hujus : Si quis apposuerit ad hæc quæ non sunt apponenda, apponet Deus super illum,* id est ad depressionem illius, *plagas scriptas,* scilicet memoratas, *in libro isto.*

VERS. 19.—*Et si quis diminuerit aliquid de verbis prophetiæ hujus, auferet Deus partem ejus de ligno vitæ,* id est de Christo vitæ datore, *et de civitate sancta, et de his quæ sunt scripta in libro isto.* Hoc ego dico, scilicet excommunico, et ille idem Christus

VERS. 20. — *Dicit qui testimonium perhibet istorum :* Id est mecum excommunicat illum qui aliquid mutaverit. Dicit etiam Christus : *Amen,* scilicet vera sunt omnia supradicta, *Venio cito.* Quasi diceret : Cavete vobis, quia ego cito venio judicare sæculum. *Amen,* scilicet verum est quod dico. *Veni Domine,* precamur ad remunerandum. Hoc omnis Ecclesia loquitur in Joanne, optans ut Christus veniat ad judicium. Unde et quotidie in oratione Dominica postulat, dicens : *Adveniat regnum tuum* (Matth. VI).

VERS. 21.— *Gratia Domini nostri Jesu Christi,* id est, remissio peccatorum sit *cum omnibus vobis,* ab eodem Domino nostro Jesu Christo, qui cum Patre et Spiritu sancto vivit et regnat Deus per omnia sæcula sæculorum. *Amen.*

In hoc loco beatus Joannes typum gerit prædicatorum, qui scientes hominem non posse justificari per legem sed per gratiam, optat ut eadem gratia semper cum Ecclesia permaneat. Nota quod hic beatus Joannes a gratia sumpsit initium, et in gratia posuit terminum, quia videlicet et præveniente Dei gratia salvamur, et subsequente justificamur.

Dignum est, fratres charissimi, ut omnipotenti Deo gratiarum actiones in commune persolvamus, cujus gratia nos præveniente, comitante, et subsequente, obscuritates verborum et arcana mysteriorum hujus veracissimæ revelationis, secundum quod a sanctis Patribus exposita sunt, ad eruditionem vestram descripsimus; quatenus fidem catholicam quam in baptismo per patrinos Deo et sacerdotibus Ecclesiæ confessi estis, corde, ore et opere firmam teneatis, et, si necesse fuerit, pro Dei amore et proximi dilectione adversa pati non fugiatis. Hortor etiam vos omnes Ecclesiæ fideles, qui Antichristi tempora visuri estis, ut Jesu Christo, Dei et Virginis Filio, devota mente adhæreatis, eique puram et incorruptam fidem exhibeatis, et neque temporalium rerum promissionibus, neque Antichristi vel ministrorum ejus terroribus ab integritate fidei ipsius Jesu Christi recedatis. Ipse ante omnia sæcula ineffabiliter natus est de Deo Patre, ipse pro redemptione nostra dignatus est nasci in tempore de Virgine matre. Conceptus de Spiritu sancto in uterum Virginis humanitatem nostram sine peccato sibi univit, et secundum ipsam natus, legi obediens, seipsum quadragesimo nativitatis die ; divinitus accensis lampadibus, et obviam sibi populis laude cantantibus, in templo præsentavit ; magos divina inspiratione ad seipsum adorandum de orientis partibus prævia stella perduxit ; a facie Herodis, terreni videlicet regis, non resistendo, sed humiliter persecutionem declinando, monente angelo in Ægyptum descendit ; et ut Ecclesiam sponsam suam ab originali peccato ablueret, qui peccatum omnino nullum habebat, baptizari voluit ; et ut ejusdem Ecclesiæ filiis exemplum abstinentiæ donaret, quadraginta diebus jejunavit ; docens nos tentationes vincere, tentari pertulit ; ipsumque tentatorem vincens, nos ab ejus potestate eripuit, prædicatione sua nos miseros sedentes in tenebris et umbra mortis illuminavit (Luc. 1 IV) ; passionem secundum humanitatem, non pro se, sed pro humani generis reparatione sustinuit, crucem misericorditer ascendit (Luc. XXIII), et in ea, ut bonus Pastor pro ovibus suis, animam suam posuit (Joan. XI), qua ad infernum descendens, portas confregit, ipsum humani generis inimicum, scilicet diabolum, in profundum inferni ligavit, captivitatem, quam idem totius malitiæ inventor captivaverat, recaptivavit, inde rediens tertia die corpus de monumento suscitavit, seipsum per quadraginta dies in multis argumentis discipulis suis manifestans, quadragesimo die cœlum ascendens, eamdem quam ab inferis abstraxerat captivitatem, in cœlum collocavit, et in dextera Dei Patris a quo exierat, sedet, unde etiam in fine mundi venturus est, ut reddat unicuique juxta opera sua, et judicet vivos et mortuos, et sæculum per ignem (Ephes. IV).

Vobis testificor, o Ecclesiæ filii, qui visuri estis Antichristum vel illius falsos apostolos, quia hæc est vera fides et catholica, quam nisi integram inviolatamque servaveritis, salvi esse non poteritis. Iste igitur qui sic est, ut supra diximus, de Deo Patre et de Virgine matre sine peccato natus, cum eodem Patre et Spiritu sancto unus est et verus Deus. Verus Deus et verus homo est, sine quo nemo ad Patrem pervenire potest. De Deo Patre ante omnia sæcula ineffabiliter genitus, veram accepit in tempore de Virgine matre substantiam, cum qua tertiam habet in Trinitate personam. Christus est igitur veræ

fidei fundamentum fortissimum a lege et prophetis habens testimonium. Unde ait apostolus Paulus : *Nemo potest aliud fundamentum ponere præter id quod positum est, quod est Christus Jesus (I Cor. III)*. Ipsum habemus in terra piissimum et fortissimum pastorem ; per ipsum credimus pertingere ad ejusdem Patris sui perennem et dulcissimam visionem. Ipse est via recta, verissima veritas, et vita æterna, *(Joan. XIV)*, per quam filii Ecclesiæ currunt et perveniunt ad æterna præmia.

Iterum vos moneo, o populi Christiani, qui vivi in corpore estis inveniendi tempore Antichristi, ut firmiter teneatis hanc Jesu Christi Dei et hominis fidem contra ejusdem Antichristi persecutionem vel fallacem disputationem. Nam, ut ait beatus Petrus apostolus, *Non est in alio aliquo salus. Nec enim aliud nomen est sub cœlo datum hominibus, in quo oporteat nos salvos fieri (Act. IV)*, nisi in Jesu Christo filio Dei, qui mundum redemit in manu hostis antiqui. Minas ergo Antichristi non pertimescatis, nec illius promissionibus acquiescatis, nec miraculis fidem attribuatis, quia non veniet, ut mundum redimat, sed ut genus humanum secum ad perditionem pertrahat. Ideo illum Scriptura commemorat filium perditionis quia suis falsis miraculis et verbis seductoriis multos secum præcipitabit in stagnum ignis ardentis, et ad ultimum ipse interficietur spirituali gladio ex utraque parte acuto qui procedit ex ore Jesu Christi in dextera Dei Patris sedentis (II Thess. II). Unde Isaias propheta, enumeratis virtutibus ejusdem Filii Dei et Virginis, loquitur dicens : *Spiritu labiorum suorum interficiet impium (Isai. II)*. Revera impius et crudelis, qui nec sibi parcit nec aliis. Congrue igitur illum propheta impium vocavit, quia cum venerit, et se et multos alios secum condemnabit. De quo etiam ait apostolus Paulus : *Cum revelatus fuerit ille homo peccati, filius perditionis, qui adversatur, et extollitur supra omne quod dicitur, aut quod colitur, ita ut in templo Dei sedeat ostendens se tanquam sit Deus (II Thess. II)*. Recte siquidem homo peccati dicitur, quia, ut ait magister Anselmus (72), vir sapiens scilicet et catholicus : « In Babylonia ex meretrice de tribu Dan nascetur, et in matris utero diabolico spiritu replebitur, et a maleficiis nutrietur. » In templo Dei sedebitur, et a maleficiis nutrietur. » In templo Dei sedebit ur ostendens se tanquam sit Deus, quia antiquam Jerusalem restaurabit, in qua se quasi Deum coli jubebit.

Hic igitur, o fideles Christiani, qui homo peccati et perditionis filius dicitur, nequaquam pro Deo est colendus, sed omnibus modis a filiis Ecclesiæ abominandus et exsecrandus. Sanctitatem simulabit, sed omni dolo et fallacia plenus erit. Miracula facturus est, non vera, sed ab ipso et patre suo diabolo fallaciter inventa. Omni arte magica et sæculari scientia atque incredibili eloquentia eruditus erit, quibus humanum genus decipiet, sibique sub-

jugabit. Videte ergo, fratres charissimi, cum revelatus fuerit ille homo peccati, perditionis filius, ne
illius signis et prodigiis, virtutibus mendacissimis
decepti, cito moveamini a vestro sensu, id est, a
recto et vero catholicæ fidei statu. Videte ne ado-
retis filium perditionis loco redemptoris. Insani
capitis est et vani filium iniquitatis adorare, et Jesum Christum, Filium Dei omnipotentis, contemnere,
qui mundum redemit suo pretioso sanguine. Procul
dubio igitur, si Antichristum adoraveritis, sive
characterem ipsius in manu, scilicet in operatione,
aut in fronte, id est in confessione vestra susce-
peritis, cum eo peribitis. In Christo itaque Dei et

Virginis Filio anchoram spei vestræ reponite, ad
ipsum gradibus bonorum operum accedite, pro
ipso, si necesse fuerit, persecutiones, plagas, verbera et cætera adversa tolerate; ipsum brachiis
veræ fidei et sinceræ dilectionis amplectimini; ad
ipsum in dextera Dei Patris sedentem summa devotione oculos mentis erigite, ipsum cum Deo Patre
et Spiritu sancto in cœlo regnantem unum et verum Deum adorate, ut cum electis ejus in ipsius
præsentia sine fine possitis regnare, ipso præstante,
qui cum eodem Patre et Spiritu sancto in Trinitate
perfecta vivit et regnat Deus, per omnia sæcula
sæculorum. Amen.

ANNO DOMINI MCCII

GUALTERUS DE CASTELLIONE

NOTITIA

(Fabric., *Biblioth. med. et inf. Lat.*, II, 112)

Magister Philippus Gualterus de Castellione, Insulanus (1), præpositus canonicorum Tornacensium,
scripsit, Q. Curtii insistens vestigiis, *Alexandreidem*
sive poema heroicum de rebus gestis Alexandri Magni, elegans pro illa ætate, *libris x* , quorum singulorum primæ litteræ referunt nomen, *Guillermus* (2);
dicavit enim illos Guillermo II, qui archiepiscopus
Remensis fuit ab anno 1176 ad 1201. Hoc poema
circa annum 1280, quo tempore scripsit Henricus
Gandavensis, in scholis grammaticorum tantæ dignitatis fuit, ut præ illo veterum poetarum lectio ne-
gligeretur : neque tamen tantum Gualtero Alanus
Insulensis præstat, ut nisi judicium istud dictasset
illi livor, hæc Gesta ducis Macedum, convicio *tenebrosi carminis umbræ* perstringere debuisset. Post
editionem Argentinensem anno 1513, 8°, hos libros
vulgavit Osvaldus Eck, dicavitque Alberto, comiti
palatino Rheni et duci Bavariæ, Ingolstad. 1541,
8°, ex officina Alexandri Veissenborn. Hanc editionem cum variis lectionibus, ascriptis manu Christiani Daumii τοῦ μακαρίτου, qui hujus scriptoris
editionem cogitabat, possidere se testatur V. C.
Christophorus Augustus Heumannus in *Conspectu
reip. litterariæ*, pag. 65, et in *Actis philosophorum*,
parte xv, pag. 571. Denique Gualteri *Alexandreis*

(1) Monostichon apud Henricum Gandavensem,
cap. 20 :
   Insula me genuit, rapuit Castellio nomen.
Sed in brevi vita Gualteri, quam *Alexandreidi* præmisit Sebastianus Linck, distichon legitur hunc in
modum :
   Insula me genuit, rapuit Castellio, nomen
     Perstrepuit modulis Gallia tota meis.
(2) Pagius ad annum 1102, num. XIII.
(3) Gallice, *caractères de civilité.*—Exstat *Alexandreidos* editio quarta, Lugdunensi sæculo integro
recentior (1659, in 12), quæ ex duobus mss. S.

lucem vidit Lugd. 1558, 4°, singulari et nitido ty-
porum charactere, qui propius accedit ad currentes
litteras quibus in scribendo utimur (3). Veterem
Islandicam versionem, quam edere parabat vir pe-
ritissimus illarum litterarum Arnas Magnæus, ab
alio viro erudito exspectamus, qui Latinos etiam
duos codices mss. hujus scriptoris in usum vertere
poterit, quos ex auctione Gudiana nactus ad laudatum Magnæum miseram.
Opuscula rhythmica varia quæ exstare in bibl.
regis Galliæ codice 5535 notat Oudinus (4), non
Gualteri de Castellione sunt, sed Gualteri Mapes,
de quo infra. Idem vero Oudinus *libellos tres* dialogi scriptos more *adversus Judæos* sub Gualteri de
Castellione nomine primus vulgavit ex ms. cod ce
abbatiæ S. Evodii de Brana, præmissa etiam auctoris ære descripta icone; inter opuscula sacra aliquot
Galliæ et Belgii scriptorum Lugd. Bat., 1692, 8°.
Denique Bernardus Pez tom. II *Anecdotorum*,
parte II, pag. 51, ex ms. Salisburgensi in lucem
protulit Magistri Galteri, quem hunc Gualterum
Insulanum esse sibi persuadet, tractatum *De SS.
Trinitate*, Augustæ Vindel. 1721, fol. Vide lauda.i
Pezii Diss. isagogicam p. xxii.

Galli et Montis Angelorum typis commissa est in
eodem cœnobio S Galli et forinis ejusdem; » ut
in fronte libri legitur, curante Athanasio Gugger,
Sangallensi monacho, qui Gualteri opus nondum
editum putabat. « En tibi, inquit, candide lector,
opus novum, ut sit antiquum, nusquam quod
sciam, editum, a multis cupide inspectum et desideratum, non minus antiquitate quam eruditione
venerabile. »   Edit. Patr.
(4) In Vita præmissa libellis contra Judæos at
tom. II *De S E.*, p. 1668.

NOTITIA ALTERA.

(Oudin, Comment. de scriptoribus et scriptis ecclesiasticis, II, 1666.)

Gu lterus Insulanus, de Castellione dictus, floruit ab anno circiter 1160 usque ad an. 1200, vel ultra etiam. Cujus meminit Joannes Sarisberiensis epistola 134, ad Joannem Gaufridum de Sancto Edmundo, innuens a se rogatum Gualterum, ut regem Anglorum pro S. Thoma Cantuariensi archiepiscopo et martyre adiret : Sollicitaveram antea super hoc virum optimum et suis meritis mihi reverendum M. Gualterum de Insula. et per ipsum alios patres, quorum fides mihi videbatur esse sincerior. Et in fine : Audio M. Gualterum juramento arctari, ut neque litteras neque nuntios recipiat exsulantium. Et Epistola 159 : Verum M. Gualterum de Insula misit in Angliam cum litteris a colloquio Chinonensi, ut Insulanos super facta appellatione præmuniret, et portas transitus faceret diligentius observari, et clerum ab obediendo suspenderet, cum tamen facta ist appellatio, et archiepiscopus possit facile inveniri. Nec dubito quin prædicto Gualtero machinatio ista displiceat, cum omnibus quæ proferuntur adversus Ecclesiam Dei, quoniam Dominum timet. Ad eumdem scribit epistola 189. Ex his igitur patet Gualterum floruisse aliquando post medium sæculi XII, ab anno circiter 1160 usque ad 1200 : nec fuisse Magalonensem episcopum, ut aliqui scribunt, cum hisce temporibus Joannes de Montelauro Ecclesiæ Magalonensi præesset. Hujus facit mentionem Henricus Gandavensis in libro De scriptoribus ecclesiasticis, cap. 20, pag. 165, Bibliothecæ ecclesiasticæ Auberti Miræi, his verbis : Gualterus dictus de Castellione, Insulis oriundus, unde est ejus illud Monostichon
Insula me genuit, rapuit Castellio nomen.

Scripsit Gesta Alexandri Magni eleganti metro, qui liber in scholis grammaticorum tantæ dignitatis est hodie, ut præ ipso veterum poetarum lectio negligatur. Exstant autem Libri decem Alexandreidos sive De gestis Alexandri Magni a Gualtero Castellionensi carmine heroico non infelici, ad Guillelmum Remensem archiepiscopum, anno circiter 1180, script', qui anno 1531 Argentorati, et Ingolstadii ac Lugduni anno 1558, typis editi sunt. Habentur mss. in regia Galliarum bibliotheca codd. 5644, 5645. Prologus incipit, Moris est usitati, etc. Liber primus:
Primus Aristotelis imbutum nectare sacro, etc.
Itemque in bibliotheca Sancti Germani Parisiensis, codd. optimæ notæ 556 et 537, sæpiusque in Colbertina et Victorina. Item inter mss. codd. univ. Cantabrigiensis, num, 544; in mss. codicibus collegii Sanctæ Trinitatis, in parte australi bibliothecæ, serie prima, codice 3. Inter mss. codices Bodlejanæ bibliothecæ, num. 1269; in mss. codicibus Guillelmi Laudi littera H. codice 6. Et ibidem num. 1515, in mss. codicibus ejusdem littera K, codice 89. Denique inter mss. codices universitatis Cantabrigiensis, num. 1346, in mss. codicibus collegii S. Benedicti, codice 69, n. 6. Ejusdem creditur num. 5 : Artificium bene loquendi versu, cujus initium : Ecce papæ leges, quod rectius ab aliis Galfrido de Vino salvo tribuitur Anglo poetæ. Hujus Gualteri poetæ meminit Guillelmus Brito, initio suæ Philippidos libris duodecim conscriptæ.
Gesta ducis Macedum celebri describere versu,
Si licuit, Gualtere, tibi, quæ sola relatu

Multivago docuit te vociferatio famæ.
Si sua gentili mendacia cuique poetæ
Grandisonante fuit licitum pompare boatu :
Si tibi, Petre Riga, vitium non esse putasti
Ubere de legis occultos sugere sensus,
Quos facis ut levibus verbis elegia cantet
Fortia facta virum numero breviore coarctant,
Quæ potius pede Mævio referenda fuerunt.
Cur ego quæ novi, proprioque lumine vidi,
Non ausim magni magnalia scribere regis?
Et in fine libri septimi indicat quantum se Gualtero in arte poetica inferiorem agnosceret.
Ut qui Gualtero te nosti voce minorem,
Sal em librorum numerus te comparet illi.
Non defuerunt tamen e veteribus qui Gualterum sugillarent, ei forsitan invidentes gloriam, quam famæ tuba sparsam videbant. Nam Alanus de Insulis, popularis ejus et compatriota, eum vocat Mævium, id est malum poetam, instar illius Mævii Virgiliani.

Priami fortunas intonat illic
Mævius, in cælis audens os ponere mutum :
Gesta ducis Macedum tenebrosi carminis umbra
Fingere dum tentat, in primo limine fessus
Hæret, et ignavam queritur torpescere musam.

Ejusdem opuscula varia in Regia Galliæ Bibliotheca, cod. 5533, nempe Gualteri de Insula opusculum rhythmicum, De statibus mundi : « Missus sum in vineam, » etc., fol. 36, Ejusdem similia opuscula super statibus ecclesiasticarum personarum : Multiformis hominum fraus, etc., fol. 36. Contra ecclesiasticos prælatos, Fallax est, etc. fol. 37. Contra ecclesiasticos juxta visionem Apocalypsis : A Tauro torrida, etc., fol. 37. Quod papa sit summus, et imperator sub ipso : « Totus hujus temporis ordo, » etc., fol. 40. Contra statum ecclesiæ depravatum : « Heliconis rivulo, » etc., fol. 41. De adventu Antichristi : « Dum contemptor, » etc., fol. 41. Domino papæ : « Tanto viro locuturi, » etc., fol. 42. Scholaribus bonis in reditu suo a curia Romana : « Membra cohæreant, » fol. 43. Rhythmica paraphrasis in Psalmum, Miserere mei, Deus, etc. Dum Gualterus ægrotaret, etc. fol. 44. Horum tamen opusculorum (modica enim sunt) magnam partem attribuit Gualtero Mapo, Anglo, Henrici II regis sacellano, tandemque archidiacono Oxoniensi, Guillelmus Cavus, ipse Anglus, in Historia litteraria scriptorum ecclesiasticorum, ad annum 1210, pag. 706 : qua de re videant qui mss. codices volvere possunt, ac disquirere ad quem istorum spectent amborum Gualterorum, qui eadem ætate florebant, hic in Belgica Flandria, ille in Anglia. Scripsit etiam Libellos tres contra Judæos, quos vidi mss in bibliotheca Branensi, ordinis Præmonstratensis, in episcopatu Suessionensi, cum aliis tractationibus contra Judæos in unum volumen compactis. Sunt autem per formam dialogi inter Gualterum, qui se Castellionensem appellat, et Balduinum Valentianensem, hujus abbatiæ Branensis canonicum, Gualtero ob eamdem patriam charissimum. Illud opusculum procurante me, editum in 8°, anno 1692, Lugduni Batavorum, cum aliis sæculi XII opusculis, apud Petrum Vander Meersche.
Valerius Andreas in sua Bibliotheca ms. Belgica duos Gualteros de Insula cognominatos confudit,

quos male inquit claruisse circa annos 1255. Alter
enim amborum anno 1108, factus Magalonensis
episcopus, anno 1128, mortuus est in peregrinatione
suscepta ad Terram Sanctam, ut recte tradunt
fratres Sammarthani tomo III *Galliæ Christianæ*,
fol. 567, in episcopis Magalonensibus ; alter autem
floruit ab anno 1160 ad 1200, ut supra diximus.
Agunt de hoc Gualtero Insulano Joannes Trithe-
mius in libro *De scriptoribus ecclesiasticis*; Anto-
nius Possevinus tomo I *Apparatus sacri*, pag. mihi
692 ; Gerardus Joannes Vossius lib. III *De historicis
Latinis*, part. II. *De historicis incertæ ætatis*, littera

A P. quem *Philippum Gualtherum Castellioneum* vocat,
recteque circa annum 1200 floruisse statuit ; sæculum IV. *Historiæ universitatis Parisiensis*, pag. 740,
in Catalogo illustrium hujus sæculi Academicorum,
unde multa habuimus. Aubertus Miræus in scholiis
suis ad libellum Henrici Gandavensis *De scriptoribus ecclesiasticis*, ubi de duobus Gualteris Insulen-
sibus loquitur ; Valerius Andreas in *Bibliotheca
Belgica*, p. 773, ubi eum *Philippum Gualtherum de
Castellione* vocat, editionis 1643, ultimæ, in 4°,
Lovanii.

TRACTATUS SIVE DIALOGUS

MAGISTRI

GUALTERI TORNACENSIS

ET

BALDUINI VALENTIANENSIS

CONTRA JUDÆOS

(GALLAND., *veterum Patrum Bibliotheca*, XIV, 505. — Gualteri opusculum jam ediderat Oudinus in collectione cui titulus : *Veterum aliquot Galliæ et Belgii scriptorum opuscula sacra nunquam edita*, Lugduni
Batav., 1692, in-8)

PROLOGUS.

Cum triplicem primæ perditionis causam fuisse
constiterit, avaritiam scilicet, κενοδοξίαν [vanam
gloriam] et gulam, ab his tribus tota posterorum series, utpote corrupto semine, peccandi sumpsit
exordium. Ita ut ab eis, tanquam efficientibus causis, totius humanæ fragilitatis occasio, velut originaliter propaganda prodierit ; ac more lymphæ
semper ad declivia tendentis, permisso ei libere
arbitrii freno, ad hoc nostræ captivitatis calamitas
devenit, ut homo ad cujus imaginem factus sit non
recordans, idolorum culturæ se subderet, et quod
factum fuerat, et non eum qui fecerat adoraret.
Quocirca Divum arbiter proborum merita ponde-
rans, atque reproborum culpas examinans, inun-
dante aquarum diluvio, quod perdendum erat, perdidit ; servatoque boni chirurgi tenore, mortuam
carnem, ne pars sincera traheretur, recidit, et quod
vivum erat reservavit. Labente autem multo temporum curriculo, quam plurimi pristinæ iniquitatis
adipem sapientes, inveterata jam malitia, apostasiæ
periculum incurrerunt ; pauci vero in cultu unius
Dei permanserunt. Ex quibus patriarchæ et patriarcharum filii, radix sancta, populus electus prodierunt, quibus data est lex ad tempus, donec veniret

B Sanctus sanctorum, qui utraque unum faciens, et
protoplasmatis delictum absolveret, et regni cœlestis introitum credentibus aperiret. Cujus misericordiæ particeps Ecclesia, sponsum ad generales
nuptias venturum exspectat ; Synagoga vero adhuc
velamen ante oculos habens, ut Britones Arcturum,
primum ipsius præstolatur adventum. Unde proca-
cem Judæorum duritiam et pervicacem eorum
obstinationem vehementer admiror, qui nescio quo
Dei occulto judicio, in veteri sua perfidia adeo per-
tinaces sunt, ut si quis infidelitatem ab eis quadam
quasi furca repelleret, iram tamen usque incurreret ;
ac si eorum inseparabile accidens infidelitas alibi sedem non inveniret. O igitur mira dispensatio Conditoris ! O districta ultio judicis, qui sic tabernaculum
C repulit, sic Israel primogenitum suum exclusit ; qui
sic quos ædificaverat destruxit, sic quos plantave-
rat evellit ! Qui nimirum novæ gratiæ veritati non
solum non acquiescunt, verum etiam, quasi planetæ
retrogradi, firmamento fidei nostræ obviare conantur, et Christicolis objecta ex Pentateucho auctoritate controversantur.

Super quo eorum imperitiæ consulentes, ego
Gualterus Tornacensis diœceseos oppido quod Insula

dicitur oriundus, et Balduinus Valentianensis Ec- A
clesiæ Brancnsis canonicûs, libellum in Judæos sub
dialogo scripsimus, in quo scilicet ex prophetarum
libris, compilatis quibusdam floribus, diversa de-
fensionum genera teximus, quibus linguam falsi-
loquam refrenamus. Cum enim nihil aliud fere prophetarum oracula, quam adventum Christi, passionem, resurrectionem categorizent, quia tamen aliqui minus liquide et ænigmatice quodammodo
loquuntur, ex eis quædam apertissima vaticinia
collegimus, quibus, etsi velit illa subjugalis asina,
contraire non possit.

BALD. Sed priusquam litteræ vacemus, ea in quibus a nobis dissonat, per capitula distinguamus.
GUALT. Placet quod dicis; et illud quidem prius
ponendum censeo, quod ipsi Messiam nondum venisse, et, cum venerit, non de virgine, sed de cor- B
rupta nasciturum asseverant. B. Ita est, inquam,
ipsum quoque non Deum, sed purum hominem fore
confirmant, nec passurum, nec resurrecturum as-

truunt. Præterea memini me cum quodam eorum,
quem pro se constituerant adversum me responsa-
lem et advocatum, nudius tertius disceptasse : et ad
hoc eûm coegisse ut duos fore Messias, unum jam
venisse, alterum venturum esse fateretur. G. Papæ !
Quod novum irrisionis genus? Simile est hoc ei
quod asseritur, peccatum scilicet transgressoris
Adæ posteris suis nihil mali intulisse, præter moriendi occasionem , et quod nulli ob hunc reatum
ad inferos descenderint, præcipue de Judaismo, ibi
damnandi. B. Hoc et adjunge prædictis, quod se
solos populum Dei gloriantur esse, vocationem gentium excludentes. G. Imo et reprobationem eorum,
et si quâ meæ suggesseris parvitati, styli officio
designabo. B. Et ego in quibusdam personam Judæorum gerens, quæ opponi posse video, objiciam.
G. Sapienter, inquam, locutus es, sed nunc quod
instat agamus, et prius Isaiæ revolvamus oracula,
qui cæteris evidentius Christi prædicavit adventum.

LIBER PRIMUS.

I. G. Isaias in exordio libri sui et Judæorum
obcæcationem, et gentium illuminationem patenter
insinuat, ait enim : « Filios enutrivi et exaltavi, C
ipsi autem spreverunt me (Isa. I, 2). » Sed quia
hoc tam de gentibus quam de Judæis intelligi potest, audi quod sequitur : « Cognovit bos possessorem suum, et asinus præsæpe domini sui, Israel
autem non me cognovit, et populus meus non intellexit (ibid., 3). » B. In his quæ objicere possunt,
non video; procede ergo. G. Holocausta quoque
eorum quia non placita sunt Deo, ipse ostendit,
ubi dicitur : « Quo mihi multitudinem victimarum
vestrarum, dicit Dominus? plenus sum (ibid., 11).»
Et quibusdam interpositis quæ ad ritum sacrificiorum pertinent, subjungit : « Ne afferatis ultra sacrificium frustra. Incensum abominatio est mihi,
Neomeniam et Sabbatum et alias festivitates non
feram. Iniqui sunt cœtus vestri; Kalendas vestras
et solemnitates vestras odivit anima mea. Facta sunt
mihi molesta, laboravi sustinens. Cum extenderitis
manus vestras, avertam oculos meos a vobis, et
cum multiplicaveritis orationem, non exaudiam
(ibid., 13, 15). » B. In his omnibus, ut video, nihil
aliud quam eorum repulsa intelligi potest. G. Et
paulo post, reprobationem eorum evidenter insinuat, ubi ait : « Projecisti, Domine, populum tuum,
domum Jacob (Isa. II, 6). » Et post pauca ad conversionem gentium se transfert dicens : « Elevabitur Dominus solus in die illa, et idola penitus con-
terentur (ibid., 17, 18). » B. Quomodo per hæc
Messiam venisse arguas non video, cum nos quoque
et crucifixos et imagines sanctorum quæ ipsi idola

dicunt, habeamus. G. Nullus, Balduine, jam superest locus hujusmodi oppositioni, si sequentia diligenter intendas. Ait enim idem de eodem. « In die
illa projiciet homo idola argenti sui et simulacra
auri sui quæ fecerat, ut adoraret talpas et vespertiliones (ibid., 20). » Non enim in toto orbe terrarum gens est adeo expers rationis, quæ se non
incurvet sub jugo unius Creatoris; nulla est quæ
idola deos esse confirmet, nulla est quæ talpas et
vespertiliones adoret. B. Ita est, inquam. G. Quid
igitur habent, ut præ aliis de unius Dei cultura
glorientur? Imo habent, ut infelices dicantur. Scripsit enim Isaias in persona Domini loquentis : « Po-
pule meus, qui beatum te dicunt, ipsi te decipiunt
(Isa. III, 12). »

II. B. Quæso te, si in tota Veteris Instrumenti
pagina reperis, quod eos ut in deitate Trinitatem
recipiant arguere possit, edisseras. G. Multa equi- D
dem, sed prius de cæteris utpote de facilibus expediti, in fine hujus operis, quasi de terrenis ad
cœlestia gradientes, de Trinitate unitatis prolixius
disseremus; nunc autem propositum exsequamur.
Sequitur : « Excæca cor populi hujus, et aures ejus
aggrava, et oculos ejus claude, ne forte videant
oculis, et auribus suis audiant, et corde suo intelligant, et convertantur et sanem eos (Isa. VI, 10). »
Aggravatum est quippe cor eorum et oculi cordis
clausi, cum Christum nondum venisse et quod de
corrupta nasciturus sit mentiuntur, Isaia dicente :
« Ecce virgo concipiet in utero et pariet filium, et
vocabitur nomen ejus Emmanuel (Isa. VII, 14). »
Aliter se habere in Hebræo dicunt. Ubi enim nos

virgo legimus, ibi dicunt se habere hanc dictionem
alma, cui æquipollet Latine *puella*, ut alma significet in sexu ætatem, non pudoris integritatem.
Prædictum itaque sic versiculum legunt : *Hinne
ahalma hara vatieleżebeir* (*Vejoladib Ben*). Ac
si Latine diceretur : « Ecce puella concipiet. » O
mira miserorum versutia ! Cum bona quæ habent,
non solum non credunt, sed ne credant, legendo
pervertunt. Quam perversionem ex facili potes ad-
vertere, si præcedentia velis intelligere. Ait enim :
« Pete tibi signum a Domino Deo tuo in profundum
inferni, sive in excelsum supra (*Isa.*, 11). » Et
post pusillum : « Et propter hoc dabit Dominus
ipse vobis signum : Ecce virgo concipiet et pariet
filium (*ibid.*, 14). » O legis prævaricatores ! O duræ
cervicis rebelles ! O increduli ! Quod signum vobis
ostendit, si puella concipit ? Quod prodigium de-
monstraret, si adolescentula parturiret, quod fieri
quotidie videmus ? Vere repulsa es, Judæa prævari-
catrix, a Domino. Sequitur enim : « Exspectabo
Dominum, qui abscondit faciem suam a domo Jacob
(*Isa.* viii, 17). » Ab eo enim quem Deus non diligit, faciem suam abscondit. Quid autem de gentium
illuminatione et Christi nativitate ac divinitate
senserit, audivimus. Ait : « Gentium populus qui
ambulabat in tenebris, vidit lucem magnam, habitantibus in regione umbræ mortis, lux orta est eis
(*Isa.* ix, 2). » Unde hoc contingat tanquam exponens, subjungit : « Parvulus enim natus est nobis, et
filius datus est nobis, et vocabitur nomen ejus Admirabilis, Consiliarius, Deus fortis, Pater futuri sæculi,
Princeps pacis (*ibid.*, 6). » Quid tibi videtur, Balduine ? eritne Deus Messias cum venerit ? B. Imo et
Deus est, et jam venit, et eum secundo venturum
exspectamus.

III. G. Ita est, inquam, et qui hoc non credunt,
merito dispergentur. Unde sequitur : « Disperdet
Dominus ab Israel caput et caudam (*ibid.*, 14). »
Qui vero Christum plenum Spiritu sancto fuisse
negant, audiant quid sequitur : « Egredietur virga
de radice Jesse, et flos de radice ejus ascendet, et
requiescet super eum Spiritus Domini, etc. (*Isa.*
xi, 1, 2.) Itemque : « In die illa erit radix Jesse.
Qui stat in signum populorum, ipsum gentes depre-
cabuntur, et erit sepulcrum ejus gloriosum (*ibid.*, 10). »
Cujus enim sepulcrum adeo famosum, cujus pyramis
adeo gloriosa, ut nostri Redemptoris sepultura ?
B. Nullius, inquam. G. Sequitur : « Emitte Agnum,
Domine, dominatorem terræ de petra deserti, ad
montem filiæ Sion (*Isa.* xvi, 1). » B. Quis est hic
Agnus, qui de petra deserti promittitur emittendus ?
G. Quis alius agni nomine censetur, quam Agnus
noster immaculatus, qui pro nobis mortem subiit,
qui in Ægyptum a matre delatus, ad montem filiæ
Sion crucifigendus ascendit ? De quo et subditur :
« In die illa inclinabitur homo ad factorem suum,
et oculi ejus ad sanctum Israel respicient, et non
inclinabitur ad altaria, quæ fecerunt manus ejus
(*Isa.* xvii, 7). » Iterum : « Ecce Dominus ascendet

A super nubem levem et ingredietur Ægyptum, et
commovebuntur simulacra Ægypti a facie ejus
(*Isa.* xix, 1). » Iterum ait : « Ecce ego mittam in
fundamentum Sion lapidem : lapidem probatum,
angularem, pretiosum, in fundamento fundatum ;
qui crediderit, non festinet (*Isa.* xxviii, 16). » Et
post pauca : « Et delebitur fœdus vestrum cum
morte, et pactum vestrum cum inferno non stabit
(*ibid.*, 18) ; » et subjicit : « Ut faciat opus alienum,
opus ejus (*ibid.*, 21). »

IV. B. Hæc omnia aliquantulum obscure sonant,
et tamen, ut reor, objicienda sunt eis. G. Vera,
inquam, reris. Sed audi quod sequitur : « In die
illa cantabitur canticum istud in terra Juda : Urbs
fortitudinis nostræ Sion, salvator ponetur in ea
murus et antemurale. Aperite portas, et ingredietur
gens justa, custodiens veritatem, et vetus error
abiit (*Isa.* xxvi, 1-3). B. Ecce nunc palam loquitur. G. Attende sequentia. Ait : « Deus ipse veniet,
et salvabit nos. Tunc aperientur oculi cæcorum, et
aures surdorum patebunt (*Isa.* xxxv, 4, 5). » Hæc
enim jam facta et quotidie fieri videmus. Cum enim
Ecclesia de gentibus, veritatem Evangelii oculo
cordis intuita, apostolicæ prædicationi auditum
credendo præbuerit, quæ prius cæca erat, quid
aliud quam visum auditumque recepit, quamvis
prædicta quoque ad miracula Salvatoris referri
possint ? veniens enim in carne Redemptor noster,
surdis auditum et cæcis visum reddidit, et, quod
majus est, mortuos suscitavit. B. Nihil verius.

V. G. Nunc errorem eorum, quo dicitur transgressionem protoplasmatis nulli pœnam intulisse inferna-
lem, persequentes refellamus. Isaias enim ait : « Ego
dixi in dimidio dierum meorum : Vadam ad portas inferi (*Isa.* xxxviii, 10). » B. Heu miseri, quam bonum nobis esset, si vestræ opinioni veritas assentiret, si nemo
nostrum ad inferos declinaret ! G. Sequitur : «Dedi
spiritum meum super eum. Judicium gentibus pro-
feret : non clamabit neque accipiet personam, neque audietur foris vox ejus (*Isa.* xlii, 1-2).» Et post
pauca : «In veritate educet judicium. Non erit tristis, neque turbulentus, donec ponat in terra judicium : et legem ejus insulæ exspectabunt (*ibid.*, 3,
4).» Et iterum : « Servavi te et dedi te in fœdus
populi, in lucem gentium, ut aperires oculos cæcorum, et educeres de conclusione vinctum, de domo
carceris sedentem in tenebris (*ibid.*, 6, 7).» B. Hæc
omnia fere superius exposita sunt. G. Procedamus
ergo : «Quæ prima fuerunt, ecce venerunt ; nova
quoque ego adjicio, antequam oriantur audita vobis, faciam. Cantate Domino canticum novum, laus
ejus ab extremis terræ (*ibid.*, 9, 10).» Et post pusillum : «Ducam cæcos in viam quam nescierunt : in
semitas quas ignoraverunt, ambulare eos faciam
(*ibid.*, 16).» Et exponens subdit : «Quis cæcus, nisi
servus meus, et surdus, nisi ad quem nuntios misi?»
(*ibid.*, 19.) Rursusque post pauca : « Ecce ego faciam nova (*Isa.* xliii, 19).» Et quæ nova facturus
sit, quibusdam interpositis exponendo subjunxit :

« Rorate, cœli, desuper, et nubes pluant justum; A pandi manus meas tota die, ad populum incredulum aperiatur terra et germinet Salvatorem (*Isa.* xLV, 8).» Tunc enim terra nostra germinavit, tunc fructum suum dedit, cum caro factum Verbum Patris uterum Virginis obumbratione sancti Spiritus imprægnavit. Verum quid de eo amplius dicat audiamus : « Iste asperget gentes multas. Super ipsum continebunt reges os suum, quia quibus non est annuntiatum, de eo videbunt (*Isa.* LII, 15). » Et quibusdam interpositis, de passione Salvatoris evidenter adjungit : «Vere languores nostros ipse tulit, et dolores nostros ipse portavit, et nos putavimus eum quasi leprosum et percussum a Deo et humiliatum. Ipse autem vulneratus est propter iniquitates nostras, attritus est propter scelera nostra. Disciplina pacis nostræ super eum, et livore ejus sanati sumus. B Omnes nos quasi oves erravimus, et unusquisque in viam suam declinavit, et Dominus posuit in eo iniquitates omnium nostrum. Oblatus est quia ipse voluit, et non aperuit os suum. Sicut ovis ad occisionem ducetur, et sicut agnus coram tondente se obmutescet, et non aperiet os suum (*Isa.* LIII, 4-7).» Multos enim legimus prophetas subiisse martyrium, multos fuisse reges in Israel interfectos; nulli tamen eorum attribui potest, quod dolores nostros portaverit, et quod propter scelera nostra attritus fuerit, nisi soli Regi regum, Deo et homini, de quo subditur : « De angustia et judicio sublatus est. Generationem ejus quis enarrabit?»(*Ibid.*,8.) Ac si diceret : Nemo. Iterum : «Justificabit ipse justus servos C meos multos, et iniquitates eorum ipse portabit; ideo dispertiam ei plurimos, et fortium dividet spolia, pro eo quod tradiderit in morte animam suam, et cum sceleratis reputatus est. Et ipse peccatum multorum tulit, et pro transgressoribus oravit, ut non perirent (*ibid.*, 11, 12).» B. Hæc omnia adeo plana mihi videntur, quod exposisione non indigent. G. Quid planius eo quod ait :«Locum pedum meorum glorificabo? » (*Isa.* LX, 13.) Iterum : «Et suges lac gentium, et mamillas regum lactabis (*ibid.*, 16).» Et iterum de passione Christi : « Quis est iste qui venit de Edom, tinctis vestibus de Bosra? Iste formosus in stola sua, gradiens in multitudine fortitudinis suæ (*Isa.* LXIII). At ille quasi interrogatus respondet : «Ego qui loquor justitiam, et propugnator sum D ad salvandum (*Ibid.*).» Et subjicitur quasi vox interrogantis : «Quare ergo rubrum est indumentum tuum, et vestimenta tua sicut calcantium in torculari?» (*Ibid.*, 2.) Et subjicit causam : «Torcular calcavi solus, et de gentibus non est vir mecum; calcavi eos in furore meo, et conculcavi eos in ira mea. Et aspersus est sanguis eorum super vestimenta mea, et omnia indumenta mea inquinavi (*ibid.*, 3). «Et quid super hoc facturus sit ostendit, dicens : « Dies ultionis in corde meo, annus retributionis meæ venit (*ibid.*, 4).» Item de vocatione gentium : «Quæsierunt me qui ante non interrogabant, invenerunt qui non quæsierunt me (*Isa.* LXV, 1).» Rursumque : «Ad gentem quæ non invocavit nomen meum, ex-

pandi manus meas tota die, ad populum incredulum (*ibid.*, 2).» Item de eadem : « Et ponam in eis signum, et mittam ex eis qui salvati fuerint ad gentes in mari, in Africa, in Lydia tendentes sagittam, in Italiam et Græciam, ad insulas longe, ad eos qui non audierunt de me et non viderunt gloriam meam. Et annuntiabunt gloriam meam gentibus, et adducent omnes fratres nostros de cunctis gentibus Domino (*ibid.*, 18,20). » Hæc de Isaia pro posse nostro summatim expressimus, nunc ad Jeremiam styli vestigium convertamus.

VI. Jeremias, qui antequam formaretur in utero ac de vulva exiret, sanctificatus est, passionem Domini Salvatoris, vocationem quoque gentium, et reprobationem Ju.'aismi evidenter insinuat. Ait enim : «Tu ergo noli orare pro populo hoc, non assumas pro eis laudem et orationem, et non obsistas mihi, quia non exaudiam te (*Jer.* VII, 16).» Et alibi : «Milvus in cœlo cognovit tempus suum; turtur et hirundo et ciconia custodierunt tempus adventus sui : populus autem non cognovit judicium Domini. Quomodo dicitis : Sapientes nos sumus, et lex Domini nobiscum est ? Vere mendacium operatus est stylus mendax scribarum. (*Jer.* VIII, 7, 8).» Et post pauca : «Derelinquam populum meum, et recedam ab eis (*Jer.* IX, 2).» B. Hæc omnia nuda sunt, et quod his objici possit, non habeo. G. Sed quid apertius eo quod subjungitur? «Ecce ego, inquit, cibabo populum istum absynthio, et potum dabo eis aquam fellis, et dispergam eos in gentibus, quas non noverunt ipsi et patres eorum : et mittam post eos gladium, donec consumantur, dicit Dominus exercituum (*ibid.*, 15-17).» Et amplius : «Inducam super eos mala, de quibus exire non poterunt; et clamabunt ad me, et non exaudiam (*Jer.* XI, 11),» Iterum idem de eodem : «Tu ergo noli orare pro populo hoc, et ne assumas pro eo laudem et orationem, quia non exaudiam in tempore afflictionis eorum. » B. Suntne aliqua in his omnibus, quæ expositione indigeant? G. Nequaquam.

VII. B. Verum ad id quod de ortu novæ gratiæ dixerit, festinemus. G. Nihil hoc ipso clarius amplector. Ait ergo : «Ecce dies veniunt, dicit Dominus, et feriam domui Israel et domui Juda fœdus novum, non secundum pactum quod pepigi cum patribus vestris in die qua apprehendi manum eorum, ut educerem eos de terra Ægypti; pactum quod irritum fecerunt; sed ego dominatus sum eorum, dicit Dominus. Sed hoc erit pactum quod feriam cum domo Israel : Post dies illos, dicit Dominus, dabo legem in visceribus eorum, et in corde eorum scribam e m; et ego ero eis in Deum, et ipsi erunt mihi in populum. Et non docebit ultra vir proximum, et vir fratrem suum, dicens : Cognosce Dominum. Omnes enim cognoscent me a minimo usque ad maximum, dicit Dominus (*Jer.* XXXI, 31-34).» Et alibi : «Ecce dies veniunt, dicit Dominus, et suscitabo verbum bonum quod locutus sum ad domum Juda. In diebus illis et in tempore illo germinare faciam Da-

vid germen justitiæ, et faciet judicium et justitiam
in terra, et hoc est nomen quod vocabunt eum :
Dominus justus noster. Non interibit de David vir
qui sedeat super thronum domus Israel, et de sacerdotibus et de Levitis non interibit vir a facie mea,
qui offerat holocaustomata et incendat sacrificium,
et cædat victimas cunctis diebus (Jer. xxxiii, 14-19).»
Item de eodem : « Si irritum fieri potest pactum meum
cum die et pactum meum cum nocte, ut non sit dies et
nox in tempore suo ; et pactum meum irritum esse
poterit cum David servo meo, ut non sit ex eo filius
qui regnet in throno ejus, et ministri sacerdotes mei
(ibid., 20).» B. Per hæc et similia probari posse videtur, aut de nobis hoc dictum fuisse ; aut ipsos
quod falsum est, etiam nunc et regem, et Levitas
et sacerdotes offerentes holocausta et cædentes victimas, habere. G. Ita est, inquam : aliter enim
propheta mentitus fuisse videretur. Non, inquam,
imo ipsi mendaces sunt et pseudodeicolæ de quibus
sequitur : « Ecce ego juravi in nomine meo magno
dicit Dominus, quia nequaquam ultra nomen meum
vocabitur ex ore omnis Judæi (Jer. xliv, 26).» Et
post pauca : « Ecce quos ædificavi destruo, et quos
plantavi ego evello (Jer. xlv, 4).» Rursusque : «Grex
perditus factus est populus meus, pastores eorum
seduxerunt eos (Jer. l, 6).» Et post pusillum :
«Omnes qui invenerunt, comederunt eos, et hostes
eorum dixerunt : « Non peccavimus : » pro eo quod
peccaverunt Domino, decori justitiæ et exspectationi
patrum eorum Domino (ibid., 7).»

VIII. Quid autem in Threnis Jeremias de passione
Salvatoris, reprobatione quoque Synagogæ patenter
innuerit, si placet, eloquamur. B. Ita tamen, ut ea
quæ ex eis compilaverimus, oculo intelligentiæ subjecta clarescant. G. Imo, et quædam figurate dicta
scribere necessarium arbitror, ut unde grana fideles,
inde sibi paleam tollant infideles. Quid est enim
aliud sub persona destructæ Jerusalem passionem
Christi attendere, quam sub palea granum invenire?
Ait ergo : «O vos omnes qui transitis per viam, attendite et videte si est dolor similis sicut dolor
meus (Thren. iv, 8)! » Item : «Torcular calcavit
Dominus virgini filiæ Juda (Thren. i, 15).» Et de abjectione Judæorum : «Repulit Dominus altare suum,
maledixit sanctificationi suæ (Thren. ii, 7).» Rursus in persona Domini : « Factus sum in derisum
populo meo (Thren. iii, 14).» Item de Synagoga :
«Periit finis meus et spes mea a Domino (ibid., 18).»
Ait etiam : «Dabit percutienti se maxillam, satura-
bitur opprobriis (ibid., 30).» Sequiturque aperta
eorum reprobatio, ubi dicitur : «Denigrata est super
carbones facies eorum (Thren. iv, 8).» Et post pauca :
«Non addet ultra ut inhabitet in eis; facies Domini
divisit eos, non addet ut respiciat eos (ibid., 15,
16).» Hoc siquidem satis nude dictum est, sed multo
liquidius est quod subjungitur : «Spiritus oris nostri
Christus Dominus captus est in peccatis nostris (ibid.,
20).» De quo etiam Baruch, Jeremiæ notarius, tanquam hunc magistri sui versiculum exponens, ait :

«Hic est Deus noster, et non æstimabitur alius ad
illum. Hic adinvenit omnem viam disciplinæ et dedit illam Jacob puero suo, et Israel dilecto suo. Post
hoc visus est in terris, et cum hominibus conversatus est (Baruch. iii, 36).»

IX. Hæc de Jeremia pro modulo nostro diximus.
Nunc ad Ezechielem calamum vertamus, pauca tamen in Ezechiele quæ ænigmatibus involuta non
sunt, invenimus : quæ ideo prætermisimus, quia per
hæc ad litteram Judæos posse redargui desperamus.
Verum quæ nude sonant, prosequamur. Ait : «Ecce
ego ad te, et ipse ego faciam in medio tui judicia
in oculis gentium, et faciam in te quæ non feci, et
quibus similia ultra non faciam (Ezech. v, 8).» B.
Quæratur igitur ab eis quæ sunt hæc, quibus similia
ultra non faciet, vel fecit, G. Placet. Sequitur hoc
quoque post pauca : «Conturbatio super conturba-
tionem veniet, et auditus super auditum; et quærent
de propheta visionem, et lex peribit a sacerdote et
consilium a senioribus (Ezech. vii, 26).» Iterum :
«Et relinquam ex eis viros paucos a gladio et fame
et pestilentia, ut narrent omnia sæcula eorum in
gentibus, ad quas ingredientur (Ezech. xii, 16).» Et
post pauca, abjectionem eorum, et gentium vocationem evidenter insinuat, ubi dicit : «Et scient omnia ligna regionis, quia ego Dominus humiliavi lignum sublime, et exaltavi lignum humile; et sic-
cavi lignum viride, et frondere lignum aridum feci,
dicit Dominus (Ezech. xvii, 24).» B. Quæso te, unde
per hæc eos esse abjectos et gentes exaltatas affir-
mes, edissere? G. Quid per lignum sublime et humiliatum, viride prius et modo arefactum, nisi Synagogæ repulsam intelligis? Quæ enim prius sublimis
et viridis fuit, nunc in infidelitate prostrata prorsus
emarcuit; et gens quæ prius arida fuit, nunc in fide
Christi exaltata virescit, de qua etiam subjungitur :
«Et ponam gloriam meam in gentibus (Ezech. xxxix,
21). Quæ autem in Ezechiele sequuntur, adeo obscura sunt, ut nec ipsi quidem ea ad litteram intelligant, nedum ad figuram. Hæc autem fidelibus mystice intellecta dulce sapiunt, et manna spirituale
propinant. Unde a quodam sapiente cælesti nectare
delibuta esse dictum est : palato fidei dulce sapit mel
Dei.

X. B. Ita est, inquam, sed nunc, si placet, Danielis oracula revolvamus. G. Placet; quis enim et
adventum et passionem Salvatoris eo liquidius expressit? Ait enim : «Aspiciebam ego in visione noctis, et ecce cum nubibus cæli quasi Filius hominis
veniebat, et usque ad Antiquum dierum pervenit, et
in conspectu ejus obtulerunt eum, et dedit ei potestatem et regnum; et omnes populi, tribus et linguæ servient ei. Potestas ejus, potestas æterna quæ
non auferetur, et regnum ejus quod non corrumpetur (Dan. vii, 10).» Et iterum : «Regnum autem
et potestas et magnitudo regni, quod est subtus omne
cælum dabitur populo sanctorum Altissimi; cujus
regnum sempiternum est, et omnes reges servient ei
et obedient (Dan vii, 13, 14).» Et quibusdam inter-

po ilis addit : « Septuaginta, inquit, hebdomades abbreviatæ sunt super populum tuum, et super urbem sanctam tuam, ut consummetur prævaricatio, et finem accipiat peccatum, et deleatur iniquitas, et adducatur justitia sempiterna , et impleatur visio et prophetia, et ungatur Sanctus sanctorum (Dan. ix, 24).» Per hæc, Balduine , aut de Messia non esse prædicta, aut ipsum cum venerit Deum fore, necessario Moysicolas recipere oportet. B. Quonam, inquam, modo? Cum enim Deum esse sanctum constet, si Messias Sanctus sanctorum sit, aut ipse Deus erit, aut aliquem Deo sanctiorem esse constabit. G. Verisimiliter, ut arbitror, argumentaris, attende quod sequitur : « Et post hebdomades septuaginta duas occidetur Christus, et non erit ejus populus, qui eum negaturus est (ibid., 26).» Sequentia vero si quis perscrutatur interius, cœlestis plena saporis inveniet. Sed quia sanctum dare canibus non debemus (Matth. vii, 6), hucusque Danielem legisse sufficiat, et ad retractanda libri duodecim prophetarum vaticinia, præparemur.

XI. Et quia primus Osee legendus occurrit , quid de reprobatione Judæorum ac spoliatione inferni dixerit, audiamus : « Quia, inquit, oblita es legem Dei tui, obliviscar filiorum tuorum et ego, secundum multitudinem eorum, sicut peccaverunt mihi, gloriam eorum in ignominiam commutabo. Peccata populi mei comedent (Ose. iv, 7, 8). » Et alibi : « Venite, revertamur ad Dominum, quia ipse cepit et salvabit nos; percutiet et curabit nos. Vivificabit nos post duos dies, in die tertia suscitabit nos (Ose. vi, 2). » Et post pusillum, de passione Salvatoris evidentiora subjungit : « Ero mors tua, o mors, morsus tuus ero, inferne (Ose. xiii, 14). » Momordit enim infernum, cum eorum quos tenebat partem ab eo extorsit, partem reliquit.

XII. Joel etiam ait : « Ululate , ministri altaris, ingredimini ; cubate in sacco, ministri Dei mei, quoniam interiit de domo Dei vestri sacrificium et libatio (Joel. i, 13). » Iterum : « Sol et luna obtenebrati sunt, et stellæ retraxerunt splendorem suum (Joel. ii, 10). » Item : « Dominus de Sion rugiet, et de Jerusalem dabit vocem suam, ac movebuntur cœli ac terra, ac fons de domo Domini egredietur, ac irrigabit torrentem spinarum (Joel. iii, 16, 18). »

XIII. Amos quoque pastor ovium verum pastorem moriturum prævidit, de quo ipse ait : « Super tribus sceleribus Israel, ac super quatuor non convertam eum, pro eo quod vendidit argento justum, ac pauperem pro calceamentis (Amos ii, 6). » Rursus de adventu Domini : « Postquam hæc fecero tibi, præparare in occursum Dei tui (Amos iv, 12). » Sequitur de abjectione Synagogæ : « Cecidit, non adjiciet ut resurgat virgo Israel. Væ desiderantibus diem Domini, ad quid eam vobis (Amos v, 1, 18) !» Quod tam de secundo adventu, quam de primo intelligi potest. Væ enim Synagogæ in primo adventu, quia quem desideraverat, non cognovit! Unde : «Væ

illi secundo erit ! » de quo et subditur : « Odi ac projeci festivitates vestras, ac non capiam odorem cœtuum vestrorum (ibid., 21). » Et post pauca : « Venit finis super populum meum Israel. Ac erit iniquitas in die illa, dicit Dominus. Occidet sol in meridie, et tenebrescere faciam terram in diebus luminis, et convertam festivitates vestras in luctum, et canticum vestrum in planctum (Amos viii, 8-10). » Ubi enim sol justitiæ mortem subiit, sol materialis lucis suæ radios suos abscondit. Hæc Amos de Christo præcurrit.

XIV. Abdias quoque vocationem gentium evidenter aperuit : «Quo modo, inquit Dominus , bibistis super montem sanctum meum, bibent omnes gentes jugiter, et in monte Sion erit salvatio , et erit sanctus (Abdias, vers. 16, 17).» B. Quomodo ista in ordine prosequimur, sic ordine singula exponere deberemus. G. Longum esset ac difficile, si cuncta vellemus ad plenum enucleare. Prolixitas enim operis plerumque fastidium generat auribus audientis. Unde quid mystice sentiat vox prophetantis, relinquendum est diligentiæ lectoris. De Jona autem ideo prætermisimus , quia nihil ad litteram sonat, quod Judæis opponamus.

XV. Michæas vero ait : « Ecce egredietur Dominus de loco sancto suo, et descendet et calcabit super excelsa terræ (Mich. 1, 3). » Item : « Tunc clamabunt ad Dominum, et non exaudiet eos, abscondet faciem suam ab eis (Mich. iii, 4). » Item : « In novissimo dierum erit mons præparatus domus Domini in vertice montium, et sublimis super omnes colles, et fluent ad eum populi , et properabunt gentes multæ et dicent : Venite, ascendamus ad montem Domini et ad domum Dei Jacob , et docebit nos vias suas, et ambulabimus in semitis ejus : quia de Sion exibit lex, et verbum Domini de Jerusalem (Mich. iv, 1, 2). » Quæ lex est ista, quam exituram propheta prædixit, nisi illa gratiæ præcepta quæ discipulis in monte residens aperuit? Sequitur: « In virga percutient maxillam Judicis Israel; et tu, Bethlehem Ephrata, parvulus es in millibus Juda : ex te mihi egredietur qui sit Dominator in Israel , et egressus ejus ab initio, a diebus æternitatis (Mich. v, 1, 2). » Quid ad hoc, charissime, Judæos respondere posse putas? Nunquid de suo Messia dicta fore arbitrantur? B. Nequaquam possunt, cum enim purum hominem ipsum esse fateantur, quomodo egressus ejus ab initio, et a diebus æternitatis? G. Optime, inquam, respondisti. Sequitur : «In die illa longe fiet lex (Mich. vii, 11).»

XVI. Nahum quoque dixit : « Ecce super montes sedes evangelizantis ac annuntiantis pacem (Nahum i, 15).»

XVII. Habacuc vero luctator fortissimus : « Aspipite, inquit, in gentibus, et videte, et admiramini, et obstupescite, quia opus factum est in diebus nostris, quod nemo credet, cum enarrabitur (Habac. i, 5).» Item de adventu Salvatoris : « Apparebit in finem et non mentietur; si moram fecerit, exspecta eum, quia veniens veniet, et non tardabit (*Habac.* II, 3). » De quo etiam accipi potest quod sequitur : « Spoliabunt te omnes qui reliqui fuerint de populis, propter sanguinem hominis, et iniquitatem terræ, et civitatis et omnium habitantium in ea (*ibid.*, 8). » Illud autem quod sequitur, cum maxima devotione fidelibus amplexandum est, pro eo quod redemptionis nostræ mysteria declarat; ait enim : « Splendor ejus ut lux erit, cornua in manibus ejus. Ibi abscondita est fortitudo ejus, ante faciem ejus ibit mors (*Habac.* III, 4). » Hactenus verba Habacuc.

XVIII. Sophonias quoque ait : « Adorabunt omnes viri de loco suo, omnes insulæ gentium (*Sophon.* II, 11). » Rursus de reprobatione Judæorum : « Sacerdotes ejus polluerunt sanctum, injuste egerunt contra legem (*Sophon.* III, 4); » et alibi : « Quapropter exspecta me, dicit Dominus, in die resurrectionis meæ in futurum, quia judicium meum est, ut congregem gentes et colligam regna (*ibid.*, 8). »

XIX. De quo etiam Aggæus ait : « Adhuc unum modicum, et ego movebo cœlum et terram, et mare et aridam, et veniet Desideratus cunctis gentibus, et replebo domum ista gloria. Meum est argentum ac meum est aurum, dicit Dominus exercituum. Major erit gloria domus istius novissimæ, quam primæ (*Agg.* II, 8-10). »

XX. Zacharias quoque : « Lauda, inquit, et lætare, filia Sion, quia ecce ego venio ac habitabo in medio tui, ait Dominus. Et applicabuntur gentes multæ ad Dominum in die illa, et erunt mihi in populum, et habitabo in medio tui (*Zach.* II, 10 11). » Item, idem super eodem : « Et venient populi multi et gentes robustæ, ad quærendum Dominum exercituum in Jerusalem, et præcandam [*Vulg.* deprecandam] faciem Domini (*Zach.* VIII, 22). » Et post pauca Christum in carne venientem intuitus, ait : « Exsulta satis, filia Sion; jubila, filia Jerusalem, ecce rex tuus venit tibi justus et salvator, ipse pauper et ascendens super asinam, et super pullum filium asinæ (*Zach.* IX, 9). » Et statim subinfert : « Loquetur pacem gentibus; et potestas ejus a mari usque ad mare, et a fluminibus usque ad terminos terræ (*ibid.*, 10). » Et conversus ad eum dicit : « Tu quoque in sanguine testamenti tui, emisisti vinctos tuos de lacu, in quo non erat aqua (*ibid.*, 11). » In quo nimirum propheta fideles innuit quos de lacu inferiorum in sanguine suo Christus eduxit. Sequitur : « Et Deus noster super eos videbitur, et exibit ut fulgur, jaculum ejus (*ibid.*, 14). » Et post hæc venditum à discipulo Salvatorem figurat dicens : « Et tuli, inquit, virgam meam, quæ vocatur Decus, et abscidi eam ut irritum facerem fœdus meum, quod percussi cum omnibus populis; et irritum deductum est in die illa, et cognoverunt sic pauperes gregis qui custodiunt mihi, quia verbum Domini est. Et dixi ad eos : Si bonum est in oculis vestris, afferte merce-

dem meam; si non, quiescite. Et appenderunt mercedem meam XXX argenteos. Et dixit Dominus ad me : Projice illud ad statuarium, de quorum pretio [*Vulg.* decorum pretium quo] appretiatus sum ab eis. Et tuli XXX argenteos, et projeci in templo ad statuarium (*Zach.* XI, 10-13). » Item de passione et Spiritus sancti adventu : « Effundam super domum David et super habitatores Jerusalem spiritum gratiæ et precum, et aspicient ad me quem confixerunt. Et plangent eum planctu, quasi super unigenitum (*Zach.* XII, 10). » Iterum ad idem confirmandum : « Quid sunt plagæ istæ in medio manuum tuarum? Et dicet : His plagatus sum in medio eorum, qui diligebant me (*Zach.* XIII, 6). » Sequitur : « Percute pastorem, et dispergentur oves, et convertam manum meam ad parvulos (*ibid.*, 7). » Et alibi : « Egredietur Dominus et præliabitur contra illas gentes, et stabunt pedes ejus in die illa super montes olivarum (*Zach.* XIV, 3, 4). » Vocationem quoque gentium manifeste subjungit : « Et omnes, inquit, qui reliqui fuerint de universis gentibus quæ venerunt contra Jerusalem, ascendent ab anno in annum, ut adorent Dominum exercituum (*ibid.*, XVI). » Addit et quiddam quod jam completum esse cognovimus : ait enim : « In die illa erit quod super frenum equi est, sanctum Domino (*ibid.*, 20). » Intelligisne quid dicat? *B.* Intelligo. Legitur enim Constantinum Helenæ filium clavos, quibus Dominus cruci affixus fuerat, in superiori parte freni, illa scilicet quæ super caput est equi, consilio matris addidisse, ut sic Sancto Domini munitus, in belli discrimina pergeret ab hoste securus. *G.* Ita est, inquam, nunc ad propositum redeamus.

XXI. Malachias et gentium fidem et Judaismi obcæcationem uno concludit versiculo, in persona Domini dicens : « Non est voluntas mihi in vobis, dicit Dominus exercituum, et munus de manu vestra non suscipiam. Ab ortu enim solis usque ad occasum magnum est nomen meum in gentibus, et in omni loco sacrificatur et offertur nomini meo oblatio munda, quia magnum nomen meum in gentibus (*Malach.* 1, 10, 11). » Et iterum subdit : « Rex magnus ego, dicit Dominus exercituum, et nomen meum horribile in gentibus (*ibid.*, 14). » Item in persona Domini loquentis : « Sacerdotes, si nolueritis audire, et si nolueritis ponere super cor, ut detis gloriam nomini meo, ait Dominus exercituum, mittam in vos egestatem, et maledicam benedictionibus vestris (*Malach.* II, 2). » Et quibusdam interpositis adjungit : « Vos autem recessistis de via, et scandalizastis plurimos in lege, dicit Dominus. Irritum fecistis pactum meum, propter quod et ego dedi vos contemptibiles, et humiles in omnibus populis (*ibid.*, 8, 9). » Ait etiam : « Ecce ego mitto angelum meum ante faciem tuam, et præparabit viam tuam ante te, et statim veniet ad templum sanctum tuum Dominator, quem vos quæritis; et Angelus testamenti, quem vos vultis. Ecce venit, dicit Dominus (*Malach.* III, 1). » Hæc autem omnia com-

plcta esse nemo fidelium ambigit, cum eo quod A
sequitur : « Et orietur, inquit, vobis timentibus
nomen meum, Sol justitiæ, et sanitas in pennis ejus
(*Malach.* IV, 2). »

XXII. Hæc de libro XII prophetarum sumpta pauca
expressimus, prout ea, Judæis obviare posse cognovimus. Nunc autem paulisper pausationi operam
demus, antequam Moysis *Pentateuchum* replice-

mus. Igitur intervallo brevi recreationi vacantes,
cum cui nihil impossibile est suppliciter imploremus, quatenus ei ita placere studeamus, ut ad ipsum
qui « via, veritas et vita » est (*Joan.* XIV, 8), pervenire mereamur, Dominum nostrum Jesum Christum, cujus imperium sine fine permanet in sæcula
sæculorum. Amen.

LIBER SECUNDUS.

—

I. Ab heri et nudiustertius otio, Balduine, vaca-
vimus, unde vereor ne vires ingenii quas invisibiliter nobis divina gratia propinat, torpor longæ
quietis excutiat ; intermissio enim laboris plerumque causa est hebetationis. Cum igitur argutos et
subtiles viros obtundat otium, quid mirum si nobis
quietis mollities obtundat ingenium? Amplius, assi-
duitas laboris custos solet esse virtutis. Mentis
enim humanæ labilitas plerumque temperatur, dum
sollicitudine operis corpus afficitur. Contingit itaque ut unde visibilis homo noster atteritur, inde invisibilis homo quiescens virtutibus augmentetur.
Revertamur igitur ad laborem styli, ut addatur gratia nostræ menti.

II. Et prius illud quidem evangelicum libri Geneseos Judæis objiciendum censeo, quod de assertione C
Trinitatis scribit Moyses, cum de operibus sex dierum loqueretur, his verbis utens : « Terra, inquit,
erat inanis et vacua, et tenebræ erant super faciem
abyssi, et spiritus Domini ferebatur super aquas
(*Gen.* I, 2). » Secundo quærendum est ab eis,
quare secunda dies et ejus opera benedictione
caruerunt, cum in aliis dicat Moyses : « Et vidit
Deus quod esset bonum (*ibid.*, 10), » in secunda
vero, non. Tertio eis objice hanc quæstionem, cur
Deus dixerit : « Faciamus hominem ad imaginem et
similitudinem nostram (*ibid.*, 26). » Verum de his
omnibus quæ modo prælibando transcurrimus, in
tractatu *De Trinitate* latius differemus; nunc autem
sequentia breviter attingamus.

III. Attendite, o Judæi, quid est quod post ex-
pulsionem protoplasti de paradiso Moyses designat,
ubi ait : « Et collocavit ante paradisum voluptatis
cherubim, flammineum gladium atque versatilem,
ad custodiendum viam ligni vitæ (*Gen.* III, 24). »
Quid tibi videtur? Nonne per transgressionem primi
patris obstrusus fuit aditus paradisi? Sicut enim
mortem transgressor in posteros propagavit, ita
omnibus vitæ januam clausit. Unde necesse est ut
vel adhuc limen paradisi fateantur obstructum, vel
illud per passionem Redemptoris nobiscum prædi-
cent fuisse reseratum. B. Quia de redemptione nostra mentionem fecisti, unum mihi modo memoriæ
occurrit, quod ipsi nobis frequenter objiciunt. Di-

cite, inquiunt, o Christicolæ, ubinam invenistis quod B
per mulierem vita debeat reparari, regnumque
diaboli destrui? G. Id quidem manifeste reperies,
si quæ præmissa sunt, diligenter attendas. Ait enim
Dominus ad serpentem : « Inimicitias ponam inter
te et mulierem, et semen tuum et semen illius, et
ipsa conteret caput tuum, et tu insidiaberis calcaneo
illius (*ibid.*, 15). » Quæ omnia si quis perscrutetur
intentius, et per mulierem finem accepisse peccatum, et per eam callidi serpentis, id est diaboli
caput noverit esse contritum. Colligendum præterea
ex consequentibus quiddam est, quod maxime Judæorum superbiam retundit, et concedentibus aliquod
mysterium innuit. Abrahæ namque antequam cir-
cumcideretur, Dominum benedixisse ter legimus,
sicut scriptum est : « Egredere de terra tua, et de C
cognatione tua et de domo patris tui, faciamque
te in gentem magnam, et magnificabo nomen tuum.
Benedicam benedicentibus tibi, et maledicam maledicentibus tibi, atque in te benedicentur universæ
cognationes terræ (*Gen.* XII, 1, 3). » Dixit etiam
Deus ad Abraham, postquam divisus est ab eo Lot :
«Leva oculos tuos et vide, a loco in quo nunc es ad
aquilonem et meridiem, ad orientem et ad occidentem. Omnem terram quam conspicis dabo tibi et
semini tuo in sempiternum, faciamque semen tuum
sicut pulverem terræ. Si quis hominum poterit
numerare pulverem terræ, semen quoque tuum numerare poterit (*ibid.*, 14-16), » Et alibi : « His
transactis factus est sermo Domini ad Abram per D
visionem, dicens : Noli timere, Abram, ego protec-
tor tuus sum et merces tua magna nimis. Dixitque
Abram : Domine Deus, quid dabis mihi? Ego vadam absque liberis, et filius procuratoris domus
meæ, iste Damascenus Eliezer. Mihi autem non dedisti semen, et ecce vernaculus meus, hæres meus
erit. Statimque factus est sermo Domini ad eum
dicens : Non erit hic hæres tuus, sed qui egredietur de utero tuo, ipsum habebis hæredem. Ad-
duxitque eum foras, et ait : Suspice cœlum, et
numera stellas, si potes ; et dixit ei : Sic erit semen tuum. Credidit Abram Deo, et reputatum est
ei ad justitiam (*Gen.* XV, 1-7). »

IV. Liquet igitur quia ante circumcisionem Do-

minus Abrahæ benedixit; et non solum Judæos
quod ipsi autumant, verum et Ecclesiam de gentibus in semine ejus, qui est Christus benedican-
dam esse promisit. Si enim se d* txat sub hac be-
benedictione comprehendi voluerint, quomodo sicut pulverem terræ semen Abrahæ, et sicut stellas
cœli Deus innumerabile fecit? Nunquam enim a
die repromissionis usque ad tempora Judaicæ
dispersionis, quæ sub Tito et Vespasiano facta esse
describitur, tam numerosus Israel fuit, quin sub certo
numero comprehendi potuerit, quod eorum quoque
testimonio poteris approbare. Regnante enim David
rege fortissimo, copiosissimus Israel fuit et plurimus, cujus tamen per Joab principem exercitus
sui certus ad regem relatus est numerus. Quia
scriptum est : « Dixit David ad Joab principem
exercitus sui : Perambula omnes tribus Israel a
Dan usque ad Bersabee, et numera populum ut
sciam numerum ejus (II Reg. xxiv, 2). » Et post
pauca addit : « Et lustrata universa terra, affue-
runt post novem menses et xx dies in Jerusalem.
Dedit ergo Joab numerum descriptionis populi
regi, et inventa sunt de Israel octingenta millia virorum fortium qui educerent gladium, et de Juda
quingenta millia pugnatorum (ibid., 8, 9). » Non
solum autem Abrahæ, sed et Isaac dictæ sunt repro-
missiones a Domino dicente : « Ne descendas in
Ægyptum, sed quiesce in terra quam dixero tibi,
tibi enim et semini tuo dabo universas regiones
has; et benedicentur in semine tuo omnes gentes
terræ (Gen. xxvi, 2-4). »

V. Sed ne forte Ismaelitas nos aut Esau filios,
et non Israel esse arbitrari debeant, placet et ipsa
promissionis verba quæ ad Israel facta est, retra-
ctare. Quia cum vidisset Jacob scalam et angelos
ascendentes et descendentes per eam, vidit Dominum dicentem sibi : « Ego sum Dominus Abraham
patris tui; terram in qua dormis tibi dabo et semini tuo post te, eritque germen tuum sicut pulvis
terræ. Dilataberis ad orientem et occidentem, septentrionem et meridiem, et benedicentur in te et
in semine tuo cunctæ tribus terræ (Gen. xxviii,
13, 14). » Dicant igitur infideles an illa benedictio
impleta sit et in quo, an adhuc restet implenda.
Sed, ut verum fateamur, et partim jam impleta est,
et quotidie impletur, cum quotidie credentium numerus augeatur. Restat autem generalis implenda benedictio, quia, «cum plenitudo gentium intraverit,
tunc omnis Israel salvus fiet (Rom. xi, 25), ut sit
Deus omnia in omnibus (I Cor. xv, 28). « Sed de
istis hactenus.

VI. Nunc autem ad finem Geneseos transferamur,
ubi juxta ordinem nativitatis unicuique filiorum benedicens Jacob, conversusque ad Judam prophetizat,
dicens : « Juda, te laudabunt fratres tui, manus
tua in cervicibus inimicorum tuorum, adorabunt
te filii patris tui. Catulus leonis Juda, ad prædam,
fili mi, ascendisti. Requiescens accubuisti ut leo et
quasi leæna. Quis suscitabit eum? Non auferetur

sceptrum de Juda, et dux de femore ejus, donec
veniat qui mittendus est, et ipse erit exspectatio
gentium. Ligans ad vineam pullum suum, et ad
vitem, o fili mi, asinam suam. Lavabit in vino sto-
lam suam, et in sanguine uvæ pallium suum. Pul-
chriores sunt oculi ejus vino, et dentes ejus lacte
candidiores (Gen. xlix, 8, 12). » Ex quibus necesse
est ut vel ipsi sceptrum regni ducemque in Juda
(quod minime possunt) ostendant, vel eum qui
mittendus erat, ultronei venisse concedant. Ut quid
igitur, o Judæi, observatione Sabbati gloriamini,
quod a principio videtis infractum? Ait enim sic
beatus Hieronymus in libro Hebraicarum Quæstionum : Arctabimur, inquit, Judæos qui de otio Sabbati gloriantur, quod jam tum in principio dissolutum sit Sabbatum, cum Deus operaretur in Sabbato, complens opera sua in eo, et benedicens ipsi
diei, quia in ipso universa compleverit.

VII. Exodus quoque, qui Hebraice Beelezemoth
dicitur, ad confringendum Synagogæ cornu multa
Christicolis ministrat argumenta. Cum enim præcipue de legali mandatorum observatione glorientur, quærendum est ab eis an ista observent, quæ
a Moyse dicente jubentur : « Peregrino molestus
non eris. Sex annis seminabis terram tuam et con-
gregabis fruges ejus, anno autem septimo dimittes
eam et requiescere facies, ut comedant pauperes
populi tui (Exod. xxiii, 9-11). » B. Forsitan respondebunt se non habere agros aut hujusmodi, uti
adimpleant quæ jubentur. G. Nunquid non novisti
quosdam, verbi gratia, Isaac, et fratrem ejus, qui,
cum habeant agros aut vineas, tamen hujusmodi
non observant? B. Novi. G. Quærendum præterea
quid portenderit illa Domini comminatio loquentis
ad Moysen, postquam adorassent vitulum aureum,
et dicentis : « Populus duræ cervicis es, semel ascendam in medio tui, et delebo te (Exod. xxxiii,
5). » Sed quid est, dicite, o Judæi, quod sequitur :
« Loquebatur autem Dominus facie ad faciem, sicut
loqui solet homo ad proximum suum (ibid., 11). »
Et post pauca Moyses ad eum : « Si inveni, inquit,
gratiam in conspectu tuo, ostende mihi faciem tuam
(ibid., 13). » Si enim loquebatur facie ad facie ad
faciem, quare petit : « Ostende mihi faciem tuam? »
Nunquid dicetis: Loquebatur facie ad faciem Dominus,
id est angelus? Minime potestis, quia ibi scriptum
est Adonai quod interpretatur, Dominus Deus. Quæ
sunt etiam signa quæ se facturum Dominus pollicetur, loquens ad Moysen dicens : « Ego inibo pactum, cunctis videntibus signa faciam, quæ nusquam
visa sunt super terram? » (Exod. xxxiv, 10.)

VIII. In Levitico autem, qui Hebraice Vaicra dicitur, omnia tam in mari quam in fluminibus quæ
non habent pennulas et squammas, abominabilia et
polluta esse monstrantur. Et de muliere menstruata
scriptum est : « Mulier quæ redeunte mense patitur fluxum sanguinis, septem diebus separabitur.
Omnis qui tetigerit eam, immundus erit usque ad
vesperam, et in quo dormierit vel sederit diebus

separationis suæ, polluetur. Qui tetigerit lectum
ejus, lavabit vestimenta sua, et ipse lotus aqua,
immundus erit usque ad vesperum. Omne vas super quod sederit illa quisquis attigerit, lavabit
vestimenta sua, et lotus aqua, pollutus erit usque
ad vesperum (*Levit.* xv, 19-33). » Quæ omnia vel
mystice intelligenda, vel se horum omnium esse
transgressores, fateantur necesse est : « Veste quoque quæ ex duobus texta est, non indueris (*Levit.*
xix, 19). » Hactenus de *Levitico.*

IX. De libro autem *Numeri*, qui et *Vajedaber*
Hebraice, hoc primo ponimus quod supradictis
concordat, in persona Domini loquentis de Moyse
ad Aaron et Mariam sororem ejus : « Ore, inquit,
ad os loquor ei et palam, et non per ænigmata et
figuras Dominum videt (*Num.* xii, 8). » Si ergo
non per ænigmata et figuras, quomodo jam constat : «Non videbit me homo et vivet?» (*Exod.* xxxiii,
20). Ostendant et fimbrias per angulos palliorum,
de quibus locutus est Dominus ad Moysen, dicens :
« Loquere filiis Israel et dices ad eos , ut faciant
sibi fimbrias per angulos palliorum, ponentes in
eis vittas hyacinthinas, quas cum induerint, recordabuntur omnium mandatorum Domini, nec sequantur cogitationes suas, et oculos per res varias for-
nicantes (*Num.* xv, 38, 39). » Prophetia quoque
Balaam non est digna prætermitti. Ait enim : « Videbo eum, sed non modo : intuebor eum, sed non
prope. Orietur stella ex Jacob et consurget virga de
Israel (*Num.* xxiv, 17). » Et post pauca subjungit :
«Heu! quis victurus est, quando ista faciet Deus?»
(*Ibid.*, 23.) Nec silentio prætereundum est , quod
filiæ Salphaad de tribu Joseph dixerunt Moysi :
« Pater noster mortuus est in deserto, nec fuit in
seditione quæ concitata est contra Dominum sub
Core, sed in peccato suo mortuus est (*Num.* xxvii,
3). » Dicant igitur Judæi cum superius justus fuisse
describatur, in quo peccato mortuus est, nisi in peccato originali ?

X. Hinc autem *Deuteronomium*, quod ipsi *Elle
hadebarerim* vocant, consulamus, ex quo præcipue se
habere dicunt quod Salvatorem nostrum Jesum,
lege coacti, merito interimere debuerint. Auctoritatem igitur ex qua hoc contrahunt in medium
proferamus, ut unde triumphasse videntur, inde
victi fuisse comprobentur. Sunt autem duo capitula
quibus innituntur, quorum hoc est primum : « Si
surrexerit in medio tui, prophetes, aut qui Deum omnium vidisse se dicat, et prædixerit signum atque
portentum et evenerit quod locutus est, et dixerit
tibi : Eamus et sequamur deos alienos, et serviamus eis : non audies verba prophetæ illius aut
somniatoris (*Deut.* xiii, 1-3). » Et paulo post : « Propheta autem ille aut fictor somniorum, interficietur
(*ibid.*, 5). » Hoc est primum. Ecce secundum capitulum : « Prophetam de gente tua et de fratribus
tuis sicut me suscitabit tibi Dominus Deus tuus,
ipsum audies, ut petisti a Domino Deo tuo in Ho-
reb, quando concio congregata est atque dixisti :

Ultra non audiam vocem Domini mei, et ignem hunc
maximum amplius non videbo, ne moriar. Et ait
Dominus mihi : Bene omnia sunt locuti. Prophetam
suscitabo eis de medio fratrum tuorum similem
tui, et ponam verba mea in ore ejus, loqueturque
ad eos omnia quæ præcepero ei. Qui autem verba
ejus quæ loquetur in nomine meo audire noluerit,
ego ultor existam. Propheta autem qui arrogantia
depravatus voluerit loqui in nomine meo quæ ego
non præcepi illi ut diceret, aut ex nomine alienorum deorum, interficietur. Quod si tacita cogitatione responderis : Quomodo possum intelligere
verbum, quod non est locutus Dominus ? hoc habebis signum : Quod in nomine Domini propheta ille
prædixerit, et non evenerit, hoc Dominus non est locutus ; sed per tumorem animi sui propheta confin-
xerit, et idcirco non timebis eum (*Deut.* xviii, 15-22). »

XI. Quam igitur occasionem suum perdendi Messiam in his omnibus invenerunt ? Quippe qui nec
deos sequi hortabatur alienos, « nec inventus est dolus
in ore ejus (*I Petr.* ii, 22), » cujus opera testimonium
perhibebant de eo, ut si verbis ipsis non crederent,
operibus saltem credere deberent. Incircumcisi ergo
corde, nunquid de vobis dictum est quod sequitur :
« Circumcidite igitur præputium cordis vestri, et
cervicem vestram, ne induretis? » (*Deut.* x, 16.) Sed
ne forte quidam, quod prædictum est ad aliud trans-
ferant, quasi iterando subjungit : « Funiculos in
fimbriis, facies per quatuor angulos palli tui, quo
operiris (*Deut.* xxii, 12). » Et quasi hoc ad summam
protrahens ait : « Custodies te ab omni re mala
(*Deut.* xxiii, 9) » ac si dicatur : Vis ut brevi epilogo
quæ tibi facienda sunt colligam ? Audi : « Custodies
te ab omni re mala. » Sequitur : « Habebis locum
extra castra ad quem egrediaris ad requisita naturæ, gerens paxillum in balteo ; cumque sederis,
fodies per circuitum, et egesta humo operies, quo
relevatus es (*ibid.*, 12-14). »

XII. *B.* Forsitan quia in terra non sua sunt, idcirco hæc non esse observanda respondebunt. *G.*
Quia extorres et peregrini sunt, ideone hæc et alia
se posse transgredi autumabunt? Inde est quod a
nobis debita cum usuris exigunt, cum in præcedentibus dictum sit : « Non fenerabis fratri tuo, sed
alieno (*Deut.* xxiii, 19). » Et in hoc volumine dicatur : « Et vos ergo amate peregrinos, quia et ipsi
fuistis advenæ in terra Ægypti (*Deut.* x, 19). Que-
nam modo hæc solvunt ? Cum enim omnes præputium
habentes secundum eos peregrini sint et alieni,
quomodo amare dicuntur, a quibus fenus et rapinas
violenter extorquent? Præterimus modo quod ipsi
res quaslibet furto sublatas quia, vili pretio comparantur a furibus, emunt. Sed quid plura ? « A fructibus eorum cognoscetis eos (*Matth.* vii, 16). »

XIII. Sequitur quoque illud gloriosum Dominicæ
passionis argumentum, quod quia fidem non adhibet, penitus ignorant : « Et erit, inquit, vita tua
quasi pendens ante te, timebis nocte et die, et non
credes vitæ tuæ (*Deut.* xxviii, 66). » Quid hoc Evan-

gelio clarius? Quid hac prophetia dulcius? Salvator noster, via, veritas et vita, quæ erat lux hominum ante oculos Judæorum, in ligno crucis pependit; et tamen infelix Synagoga vitæ suæ pendenti non credidit. Moyses quoque in benedictionibus filiorum Israel, talia proponit ænigmata, quæ Salvatoris ortum gentiumque vocationem promittere videntur. Ait enim : « Dominus de Sina venit, et de Seir ortus est nobis, apparuit de monte Pharan, et cum eo sanctorum millia. In dextera ejus ignea lex, dilexit populos, omnes sancti in manu ejus sunt (*Deut.* xxxiii, 2, 3). » Hactenus de *Pentateucho* Moysi quæstiones eratis, quibus Judæorum versutia vel nequitia refellatur, vitandi causa fastidii, legisse sufficiat. Idcirco autem librum Jesu Nave, quem Judæi *Josue Jehosua* vocant, et *Sphetim*, id est *Judicum*, prætermisimus, quia in eis pauca quæ Judæorum cornu frangant, juxta litteram esse conspeximus. De cætero si placet, *Malachim*, id est *Regum*, diligenter volumina perscrutemur, si forte in serie rei gestæ panem subcinericium quo pastus est Elias, invenire possimus

XIV. Nunc ergo primum inquiramus quid sibi velit versus in cantico animæ dicentis : « Dominus judicabit fines, et dabit imperium regi suo, et sublimabit cornu Christi sui? » (*I Reg.* ii, x.) Nondum erat rex in Israel, quid est ergo : « Dabit imperium regi suo? » B. De illo nimirum rege loquitur, qui « cum esset in accubitu suo, nardus » sponsæ « dedit odorem suum (*Cant.* ii, 11). » G. Benedictus sermo oris, fratrum charissime, quia bene respondisti. Ipse enim est rex et sacerdos secundum ordinem Melchisedech de quo etiam subditur : « Suscitabo semen tuum post te, quod egredietur de utero tuo, et firmabo regnum ejus. Ipse ædificabit domum nomini meo, et stabiliam thronum regni ejus usque in sempiternum. Ego ero illi in patrem, et ipse erit mihi in filium (*II Reg.* vii, 12-14). » Non enim hoc de Salomone potest accipi; si enim thronus ejus usque in sempiternum juxta litteram stabiliendus erat, ostendant, quæso, nunc aliquem de domo David in throno regni sedentem. Præterea dicant, obsecro, quid est quod post verba Nathan prophetæ, ingressus David coram Domino ait : « Quis ego sum, Domine Deus, quia adduxisti me hucusque? Sed et hoc parum visum est in conspectu tuo, Domine Deus meus, nisi loquereris de domo servi tui in longinquum? Ista enim est lex Adam (*ibid.*, 18, 19). » Quid est, quæso, ista lex Adam? Est autem hic sensus : Ideo de domo servi tui in longinquum loqueris, quia de semine ejus Filium tuum incarnari constituis. Quare? *Ista enim est lex Adam*, ut « sicut omnes in Adam moriuntur, ita et omnes in Christo vivificentur (*I Cor.* xv, 22). » Non enim ipse loquebatur, sed Spiritus sanctus super eum, ut sequens declarat historia dicens : « Dixit David filius Isai : Dixit vir, cui constitutum est de Christo Dei Jacob, egregius psaltes Israel, Spiritus Domini locutus est per me, et sermo ejus per linguam meam » (*II Reg.*

xxiii, 1, 2). » Videsne quomodo tribus verbis totam complexus est Trinitatem? « Spiritus Domini de Christo Dei Jacob. » B. « Vere locus iste sanctus est, et bonum est nos hic esse (*Matth.* xvii, 4.) (*Gen.* 28, 17).»

XV. G. Est et aliud super quo arctabimus Judæos, qui nobis imagines sanctorum objiciunt dicentes idololatras Christianos. Si enim in his redarguendi sumus, quare Moyses serpentem æneum in deserto, et Salomon in ædificatione templi xii boves cæteraque ejusmodi fecisse inveniuntur? In lege quippe prohibitum erat : « Non facies tibi sculptile, neque omnem similitudinem quæ est in cœlo desuper et in terra deorsum, nec eorum quæ sunt in aquis sub terra (*Exod.* xx, 4). » Quid est ergo quod prohibet Dominus per servum : « Non facies sculptile, » et postea præcipit ei ut faciat serpentem ex ære? Non ergo, o miseri, prohibemur sculptilia facere, sed facere et adorare. Unde statim subjunxit : « Non adorabis ea, neque coles (*ibid.*, 5). » Posset autem fortassis quispiam in *Regum* voluminibus et alia hujusmodi invenire, quibus Judaicam valeret perfidiam improbare, sed quia liber *Psalmorum* in quo præcipue nostri propositi intentio invalescit, Salomonis quoque codices non sunt explanandi. Cum prolixitas operis mater soleat esse fastidii, *Malachim* breviter transcurrisse sufficiat. Nunc autem Psalmistam, quid de restauratione humani generis prædixerit, audiamus.

XVI. Ait autem in secundo psalmo : « Astiterunt reges terræ et principes convenerunt in unum adversus Dominum et adversus Christum ejus. » Item ; « Dominus dixit ad me : Filius meus es tu, ego hodie genui te. » B. Quid est, quæso, « Hodie genui te? » G. A tot et tantæ memoriæ viris exposita sunt Psalmistæ oracula, quod nostra explanatione non indigent. Verum quod ab ipsis accepimus, non erit incompetens enarrare. Quid est ergo aliud : « Hodie genui te, » quam æternaliter vel ab æterno? vii : « Exsurge, Domine Deus, in præcepto quod mandasti ; Synagoga populorum circumdabit te. Et propter hoc in altum regredere. » Et ix : « Convertantur peccatores in infernum, omnes gentes quæ obliviscuntur Deum. » Si per infernum, lacum vel antrum sepulcri ut ipsi mentiuntur, vellet intelligi, quare peccatores in infernum convertendos optaret? cum illuc tendat universa caro. Et iterum : « Constitue, Domine, legislatorem super eos. » xv : « Non derelinques animam meam in inferno, nec dabis Sanctum tuum videre corruptionem, » super quo in *Actibus apostolorum* latius disputatum est. In xviii : « Et ipse tanquam sponsus procedens de thalamo suo. » In xxi : « Foderunt manus meas et pedes meos, dinumeraverunt omnia ossa mea. » In xlvi : « Ascendit Deus in jubilatione, et Dominus in voce tubæ. » In xlviii : « Sicut oves in inferno positi sunt, mors depascet eos. » In eodem ; « Verumtamen Deus redimet animam tuam de manu inferni, cum acceperit me. » In liv : « Veniat mors super illos, et descendant in infernum viventes. » In lx ; « Dies

super dies regis adjicies, annos ejus usque in diem
generationis et generationis. › Quod si de alio quam
de Christo Jesu, rege Deo, intelligere præsumant,
quomodo constat quod sequitur : « Permanet in æternum in conspectu Dei, misericordiam et veritatem
ejus qui requirét? › In LXVII : « Ascendisti in altum,
cepisti captivitatem. › In LXVIII : « Non erubescant,
qui exspectant te, Domine. › Dicens quot exspecta-
tiones; «Exspectans exspectavi Dominum : Exspecta
Dominum, viriliter age; Exspectabam eum qui salvum me fecit; Exspectabo Dominum Salvatorem
meum. › Putasne durabo, videbo? « Exspecta, reexspecta ; exspecta, reexspecta (*Isa.* XXVIII, 10). ›
In eodem : « Dederunt in escam meam fel, et in siti
mea potaverunt me aceto. Obscurentur oculi eorum
ne videant, et dorsum eorum semper incurva. › In
LXXI : « Descendet sicut pluvia in vellus. Reges
Tharsis et insulæ munera offerent. Ex usuris et iniquitate redimet animas eorum. Et vivet et dabitur
ei de auro Arabiæ. »

XVII. Sed ne ipsi de suo Messia dictum fore ar-
bitrentur, cum eum purum hominem dicant futurum, neminemque præter Deum adorandum esse
(quod verum est) affirment, subjunxit et ait : « Et
adorabunt de ipso semper. › Et iterum : « Ante solem permanet nomen ejus. › Videsne quanta totius
hujus psalmi series cœlestis rore balsami sit referta? In LXXIX : « Excita potentiam et veni, ut salvos facias nos; Deus virtutum, converte nos, et
ostende faciem tuam, et salvi erimus. › Ac si aperte
dicat : Si vis nos salvos fieri, ostende faciem tuam,
id est figuram substantiæ tuæ per assumptionem
carnis ostende visibilem, et salvi erimus. › In eodem secundo ; « Ostende faciem tuam, et salvi erimus. » In qua terna repetitione nihil aliud significandum est quam id : « Qui videt me, videt et Patrem (*Joan.* XIV, 9); › et qui Patrem et Filium, ab
utroque procedentem Paracletum videt. *B.* « Fidelis
sermo et omni acceptione dignus (*I Tim.* I, 15). ›
G. In LXXXVIII : « Benedictiones dabit legislator,
ibunt de virtute in virtutem, videbitur Deus deorum
in Sion. › O generatio perversa, et infideles filii!
Hodie vos legifer vester Moyses cornuto feriet syl-
logismo; utram enim partem elegeritis, sequetur
vos confusio. Cum enim dicat Moyses in persona
Domini : « Non videbit me homo (*Exod.* XXXIII, 20); »
et Psalmista : « Videbitur Deus deorum in Sion, » alterum eorum mentiri necesse est. Imo vos mendaces, quia ex patre diabolo estis, et pater vester
mendax est. Ponite, miseri, ponite lignum in Ma-
rath ut dulcorentur aquæ, et videbitis Deum deorum
in Sion. In LXXXIV : « Veritas de terra orta est, et
justitia de cœlo prospexit. › In LXXXVI : « Nunquid
Sion dicet : Homo, et homo natus est in ea, et ipse
fundavit eam Altissimus? › In LXXXVIII . « Ipse invocavit me, Pater meus es tu; › et omnes fere versus istius psalmi, Christi Dei redolent incarnationem et cætera ejus mysteria. In eodem : « Quis est
homo qui vivet et non videbit mortem? cruet ani-

mam suam de manu inferi. › Nunquid hoc loco dicent inferi nomine lacum telluris vel antrum significari? Sed nunquid anima telluris specu coarctari
dicetur, cum ipsa sit spiritus? In cvm quoque, id
est, « Deus, laudem meam ne tacueris, › quærendum est ab eis, cui scilicet maledictiones irroget.

XVIII. Sequitur cix : « Dixit Dominus Domino meo, »
super quo satis in Evangelio cum adversariis veritatis Veritas disputavit. Non solum autem iste, sed
et omnes ejusdem psalmi versiculi cœlestis pluviæ
stillicidiis irrigati sunt : « Tecum principium in die
virtutis tuæ, » etc. Item , « Tu es Sacerdos in æternum, » non secundum ordinem sacerdotum carnaliter immolantium, sed « secundum ordinem Melchisedech, » qui in mysterium vivifici corporis et sanguinis tui, Abrahæ fideli tuo panem et vinum legitur
obtulisse. In cx : « Redemptionem misit Dominus
populo suo, mandavit in æternum testamentum
suum. › In cxi : « Exortum est in tenebris lumen
rectis. › In cxvii : « Lapidem quem reprobaverunt
ædificantes, hic factus est in caput anguli. » Unum
porro in sequentibus est, unde mihi vellem rationem redderetis; cum enim lege naturali fungeretur,
legis etiam scriptæ arctaretur mandatis, quare tam
sollicitus aliam sibi legem constituit dicens : « Legem pone mihi, Domine, viam justificationum tuarum? (*Psal.* CXVIII, 33.) › Quod idcirco egregium
Psaltem Israel dixisse crediderim, quia ex operibus
legis, juxta Apostolum, neminem justificari posse
videret (*Rom.* III, 20) ; ideoque legem sibi poni in
qua, præveniente gratia, justificaretur, studiosus
oraret. Hæc de *Psalmis* succincte perstrinximus, in
quibus quædam exponere nova, sed non incredibilia, Spiritu sancto docente, notavimus. Si quis autem
incredibile reputet, quod per os peccatoris Spiritus
sanctus loquitur, illud secum mente pertractet, quia
poeta et Cumana vates et Caiphas prophetaverunt.
Sed hæc hactenus. Nunc autem *Malloth*, id est *Pa-
rabolas* Salomonis consequenter attingamus, ubi et
infernum esse quod quidam abnuunt Judæorum, et
neminem tunc temporis ab originali peccato absolutum esse, monstrabimus. Inprimis quoque verba
Sapientiæ, quæ Christus est, ponere congruum
esse duximus, ut quo in illum sensu ea censeant exponenda, ab eis saltem inquiramus.

XIX. Ait ergo : « Dominus possedit me in initio
viarum suarum, antequam quidquam faceret a principio. Ab æterno ordinata sum (*Prov.* VIII, 22). »
Et multis ad id pertinentibus interpositis subjunxit;
« Et deliciæ meæ esse cum filiis hominum (*ibid.*, 31).»
Si ergo deliciæ Christi Domini esse cum filiis hominum, « usquequo gravi corde, » in ipsum « filii hominum, » non filii Dei, Moysicolæ, « utquid diligitis
vanitatem » sectantes carnalia legis, « et quæritis
mendacium (*Psal.* IV, 3) » ? abnegantes eum quem
lex et prophetæ venturum prædixerunt? Iterum :
« Infernus et perditio coram Domino, quanto magis
corda filiorum hominum? » (*Prov.* XV, 11.) Item de
eodem : « Semita vitæ super eruditum, ut declinet

de inferno in die novissimo (ibid., 24). » Iterum :
« Infernus et perditio non replebuntur (Prov. xxvii,
20). » Item in eodem : « Tria sunt insatiabilia et
quartum quod nunquam dicit : Sufficit : infernus et
os vulvæ, et terra quæ non satiatur aqua. Ignis
vero nunquam dicit : Sufficit (Prov. xxx, 15,
16). » Liquet ergo ex præmissis quia infernus
locus est pœnarum, ad quem declinabant quotquot
sub lege a vita decedebant. Quotquot enim nasce-
bantur, originaliter peccato tenebantur, unde in
eodem scriptum est : « Quis potest dicere : Mundum
est cor meum, purus sum a peccato?» (Prov. xx,9.) Est
et aliud in eodem volumine evidens de Filio Dei contra
Judæos testimonium, quod sequenti libro reservamus.

XX. De libro quoque Sapientiæ qui dicitur Salomonis, testimonium Dominicæ passionis excerpsi-
mus, cui vel Apella Judæus obviare non possit.
Dixerunt enim : «Circumveniamus virum justum, quoniam inutilis est nobis, et contrarius est operibus
nostris, et improperat nobis peccata legis, et diffa-
mat in nos peccata disciplinæ nostræ; promittit se
scientiam Dei habere, et Filium Dei se nominat. Factus est nobis in traductionem cogitationum nostrarum. Gravis est etiam nobis ad videndum, quoniam
dissimilis est aliis vita illius, et immutatæ sunt viæ
ejus. Tanquam nugaces æstimati sumus ab illo, et
abstinet se a viis nostris tanquam ab immunditiis,
et profert novissima justorum, et gloriatur Patrem
Deum se habere. Videamus ergo si sermones illius
veri sunt, et tentemus quæ ventura sunt illi, et sciemus quæ erunt novissima illius. Si enim est verus
Filius Dei, suscipiet illum, et liberabit illum de
manu contrariorum. Contumelia et tormento interrogemus illum, ut sciamus reverentiam illius, et
probemus patientiam ejus; morte turpissima condemnemus illum ; erit enim respectus ex sermonibus illius. Hæc cogitaverunt et erraverunt ; excæcavit enim illos malitia illorum, et nescierunt sacramentum Dei (Sap. ii, 12-22). » B. Hæc prorsus
omnia nude sonant Dominicam passionem, et eorum
obcæcationem. Unde mirum est, cum litterales sint,
id est litteralem et non spiritalem quærant intelligentiam, quare huic litteræ consonare contemnant.

XXI. G. Quin in Ecclesiastico qui et Jesu filii
Sirach Sapientiæ liber inscribitur, manifeste reperies unde rebellis Synagogæ colla subjicias. Dicunt
enim peccatorum confessionem esse inutilem et a
sacerdotibus causa lucri fuisse inventam. Sed dicit
Scriptura : « Ne confundaris confiteri homini peccata tua (Eccli. iv, 31). » Habes etiam in eodem de
maledicto paternæ perditionis evidens argumentum.
Scriptum quippe est : « Væ vobis, viri impii qui
dereliquistis legem Domini altissimi; etsi nati
fueritis, in maledictione nascemini; etsi mortui
fueritis, in maledictione erit pars vestra (Eccli. xli,
11, 12). » Quod si hoc de transgressione scriptæ
legis dictum fuisse responderint, quomodo ejus
derelictores sub maledictione nascuntur ? Nunquid
antequam nascatur quis, legis transgressor accusari

debebit? Absit a nobis id opinari, qui in illam
credimus de quo subditur : « In sermone, inquit,
ejus siluit ventus, cogitatione sua placavit abyssum,
et plantavit illum [in illa] (Dominus Jesus) insulas
(Eccli. xliii, 25). »

XXII. Quem quia non credunt, merito quoque
de illis Paralipomenon liber scribit, dicens : « Transibunt autem multi dies in Israel absque Deo vero,
et absque sacerdote, doctore, et absque lege (II Par.
xv, 3). » Super quo longa posset disputatio pro-
tendi, si nostri suppeteret vigor ingenii.

XXIII. Sed quia nostri propositi erat ostendere
ex diversis Scripturarum locis infernum esse locum
pœnarum, ad quem non solum nunc infideles,
verum ante Redemptoris Incarnationem vergebant
etiam fideles, ex verbis quoque Job rei dubiæ fidem
faciamus. Dixit enim : « Dimitte ergo me paululum,
ut plangam dolorem meum, antequam vadam, et
non revertar, ad terram tenebrosam et opertam
mortis caligine, terram miseriæ et tenebrarum, ubi
umbra mortis et nullus ordo, sed sempiternus
horror inhabitat (Job x, 20-22).» Certus profecto
erat vir Dei, quia statim ex quo terrenæ fecis mole
solveretur, ad terram miseriæ et tenebrarum, originali ducente commisso, descenderet. Unde post
pauca supposuit : « In profundissimum infernum
descendent omnia mea (Job xvii, 16). » Ac si patenter his verbis uteretur : Non solum in infernum
quem ipsi speluncam sepulcri vocant, sed « in
infernum profundissimum; » nec solum cum corpore,
sed, « omnia mea, » id est totus cum corpore et
anima descendam; aut ibi originali tantum tenendus, aut aliquo actuali delicto puniendus. Unde
quasi ambigendo subjungit : « Putasne saltem ibi
requies erit mihi ? » (Ibid.). Quasi diceret : Putasne
ibi in me aliquod actuale inveniat flamma gehennalis quod puniat? Aut ibi tantum causa originali
tenear, et ita requiescere debeam? Non enim
credendum est sanctos patres, adventus Dominici
præcessores, alia in inferno pertulisse tormenta
quam tenebras. Quod et beatus Augustinus de
infantulis unius diei asserit, qui morte præventi,
gratiam baptismi non sunt assecuti. Mitissima
namque erit illorum pœna qui originali peccato
nullum superaddiderunt.

XXIV. Multa quidem et alia Dominicæ nativitatis,
passionis ac resurrectionis testimonia de Veteris
Testamenti voluminibus poterit diligens lector
excerpere : sed quia propositum nobis est Trinitatem, quæ Deus est, inter veteres Synagogæ cæremonias investigare, hujus secundi libelli termine-
mus opusculum, et ad materiæ tantæ impensas
cordis præparemus affectum. B. Ita hoc fiat; ut,
quemadmodum Plato in Timæo dicit, divinum prius
invocemus auxilium, sine quo nihil omnino est
validum, nihil frugi, nihil perfectum. G. Bonum
consilium tuum, vir Dei, et bene et bonum quod
locutus es, et, quamvis « non » sit « speciosa laus in
ore peccatoris (Eccli. xv, 9), » quia tamen de Trinitate

sumus dicturi, in exordio, id est in capite tertii
libri erumpamus in laudem trini Dei, ut ita im-

pleatur iterum quod dicitur : « In capite libri
scriptum est de me (*Psal.* xxxix, 8). »

LIBER TERTIUS.

I. « Quam bonus Israel Deus (*Psal.* lxxii, 1)! « quam
bona sunt opera tua antiqua quæ ostendisti patribus
nostris, educens eos de terra servitutis ; sed quam
bona sunt, imo quam optima sunt opera tua novissima, quæ operatus es in medio terræ (*Psal.*
lxxiii, 12), eruens nos de carcere mortis, non in
virga Moysi, sed in brachio tuo extento, ut quanto
major erat hæc redemptio priore, tanto major esset
minister redemptionis ! Ibi enim Deus per hominem, non hominem, sed corpus hominis a servitute
liberavit; hic Deus corpus et animam, id est
totum hominem, a perpetuæ vinculo mortis eripuit;
ibi per lignum et aquam, hic per lignum, aquam et
sanguinem; ibi servus conservum, hic Dominus
servum; ibi servus in ducem erigitur, hic dux et
Dominus in servum humiliatur. O mira dignatio et
digna miratio! Justus condemnatur, ut injustus
salvetur ; Dominus plectitur et servus absolvitur,
miseretur servo, qui non parcit Filio. O mitis
crudelitas ! O crudelis misericordia ! Chariorem
incarcerat qui minus charum decarcerat, imo fere
æqualiter charum. Quæ enim charitas ista charitate
amplior? Licet enim Veritas dicat : « Majorem charitatem nemo habet, ut animam suam ponat quis
pro amicis suis (*Joan.* xv, 13), » est tamen major
charitas, ut animam suam ponat quis pro inimicis
suis. Nos autem cum inimici essemus Deo, pro nobis
animam suam posuit. Quantis igitur misericordiæ
visceribus nos dilexit, qui, ut nos diligeret, animam
suam odio habuit.

II. O igitur summum bonum, unum principium,
Pater, Fili et Spiritus Sancte, unus diligens eum
qui ab ipso est, et unus diligens eum de quo est, et
ipsa dilectio, et tamen unum, diligens, dilectus,
dilectio! Non tres essentiæ, sed tres personæ, quos,
etsi diversificat personalis proprietas, unit tamen
ejusdem essentiæ æqualitas; unus ingenitus, unus
genitus, unus procedens ; una deitas, una beatitudo,
una æternitas : « Ex quo omnia, per quem omnia,
in quo omnia. » Da nobis, quæsumus, invenire quod
quærimus, assequi quod investigamus ; da luce
reperta in te conspicuos animi oculos configere.
Da fontem lustrare boni ; aperi thesauros sapientiæ
tuæ, reple vasa cordium nostrorum, quæ, etsi bonis
operibus vacua, vino tamen et oleo fidei suæ refecta
sunt. Firma calami nostri vestigium, ut quod de
Trinitate, quæ Deus est, ante revelatæ tempus
gratiæ patres sensere sanctissimi ita proferamus in
lucem, ut non incidamus in errorem : ita super-
bientis Synagogæ jacula recondamus, ut tamen

hæresim caveamus, per eum qui natus de Virgine
hæreticam interemit pravitatem. Amen.

III. Est quidam apud nos Castellione Judæus,
quem omnium vicinarum urbium seu oppidorum
Hebræi magistrum antonomasice appellant. Dum
ergo nudiustertius cum eo disceptaturus me signo
crucis armassem, ad conventum malignantium fidenter descendi, multaque cum eis de legalium
mandatorum observatione contuli. Magna autem
jam longis conflictationibus diei parte consumpta,
tandem de suo Messia sermo habitus est. Super quo
diu disputantes, ad ultimum de conditione primi
hominis mentionem fecimus ; unde statim occasione
sumpta materiam disputationis ad Trinitatem trans-
tuli, et ab hoc puncto incœpi : « Faciamus hominem ad imaginem et similitudinem nostram (*Gen.* i,
26). » — « Quis, inquam, loquitur et ad quem?
—Deus, inquit, ad angelos, consilio eorum volens
hominem facere. » Quo audito in risum prorumpens, antequam secundam inferrem quæstionem,
cachinnando subjeci : « Dic, quæso, ad imaginem
Creatoris, an angelorum factus est homo ? » — Creatoris, inquit —Quid est ergo, dixi, quod sequitur :
« Ad imaginem nostram ? » Cum enim ad imaginem
Dei solius factus sit homo, etsi ad angelos dixisset :
« Faciamus, » singularitatem tamen considerans
suæ personæ, dixisse debuerat, « Ad imaginem »
meam, non « nostram : » *noster* enim pronomen
non unius, sed plurium personarum designativum
est : unde primæ personæ intrinsecus est; extrinsecus vero tertiæ. »

IV. B. Quæso te ut super hunc locum diutius im-
moremur, et quid super hoc judicandum sit, paucis
absolvamus. G. Nequaquam possumus, nisi prout
Spiritus sanctus dabit eloqui nobis, super hisce
expediri. Præterea vereor, si tantum onus aggressus
fuero, operis ne pondere pressus succumbam labori,
et frustra tentata relinquam. Verum quia scriptum
est : « Aperies os tuum, et ego implebo illud
(*Psal.* lxxx, 11); » licet de propriis viribus diffidamus, eorum tamen vestigia qui super hoc scripsere
sequentes, prædictum versiculum paucis absolve-
mus : « Faciamus hominem ad imaginem et similitudinem nostram. » Loquitur Pater ad Filium,
dicens : « Faciamus hominem. » Dicit ergo, « Faciamus » ad Filium, quia « per ipsum omnia facta sunt
(*Joan.* i, 2). » Pater enim operatus est omnia per
Filium, et Filius est cooperator omnium, quia,
quando « præparabat montes, aderam cum eo
cuncta componens (*Prov.* viii, 27). » —« Faciamus, »

alt ad Filium; sed nunquid et ad Spiritum sanctum? Vere et ad Spiritum sanctum. Si enim ad Filium tantum loqueretur, « Faciamus hominem ad imaginem nostram ; » ad imaginem tantum Patris et Filii, factus esset homo. Sed constat quia ad imaginem Trinitatis factus est homo, ergo ad Filium suum et ad Spiritum sanctum locutus est Pater : « Faciamus hominem ad imaginem et similitudinem nostram. » In quo illud profecto notandum est quod et « Faciamus » pluraliter dixit, et « nostram, » utrumque enim pluraliter dictum est, « Faciamus » et « nostram, » et nisi ex relativis accipi non oportet. Non enim, ut ait Augustinus, ut facerent dii vel ad imaginem deorum ; sed ut facerent Pater et Filius et Spiritus sanctus. Præterea si ad angelos dixisset : « Faciamus, » probabile quidem esse videretur, ad imaginem quoque angelorum hominem factum fuisse, et non solum Deum creatorem, sed etiam angelos factores hominis et quasi concreatores exstitisse. Exempli gratia : Tu cum sis sacerdos et satis litteratus, si ad laicum quemdam prorsusque expertem litterarum et quasi brutum animal loquereris, dicens : « Eamus, frater, celebremus missam, cantemus vesperas, » vel aliquid simile : in quo te solum et non illum valere constaret, nonne illum cui hæc diceres, coadjutorem tuum, tuique ministerii seu officii participem posse fieri significares ?

V. B. Profecto ita esset, sed nunc ad sequentia transeamus ; grandis enim nobis restat via. Nec tamen illud silentio prætermittendum est quod superius eis objiciendum esse censuisti. G. Quid est, quæso, illud ? Quare secundæ diei opera benedictione caruerunt ? G. Cum quemdam, nudiustertius, satis magnæ auctoritatis theologum super quæstione hac consulerem, solutionem mihi rescripsit (5), qua etsi quæstioni satisfecit, quærenti tamen non suffecit. Exemplum vero epistolæ quam mihi direxit, hoc est. « Magistro GUALTERO amico suo, Magister PETRUS, salutem et dilectionis sinceritatem. Cum de proprio ministrare non valeam, quod esurienti palato sufficiat, pro me Spiritus sanctus respondet, qui hujus scrupulosæ quæstionis solutionem Patribus insinuavit orthodoxis. Ex quorum traditione accepi, quoniam secunda dies a binario denominatur, binarius autem infamis est numerus. Cum enim divisionem recipiat, schismatis discordiam signat. Deus autem amator est pacis et unitatis, in cujus rei mysterium, opus secundæ diei benedictione frustratur. Vel quod probabilius, inquit, et dies secunda et tertia communem habent aquas materiam. In secundo enim die divisit Deus aquas superiores ab inferioribus, interponendo firmamentum ; tertia vero congregavit aquas quæ erant sub firmamento, ut per alveos et canales subterraneos diffluerent. Ut ergo communis erat materia, ita communis debuit esse benedictio : unde

secundæ diei benedictio in tertium reservata est, quasi a communi accipienda. Vale. »

VI. Sed quia illi qui ita senserunt et bene ex posuerunt, et ipsi homines fuerunt ; et nos cum homines simus, licet non illos æquiparantes, venemur tamen in hujus quæstionis saltu diutius, ut, quemadmodum de Jonatha legitur, mel si invenerimus, summitate saltem virgæ attingamus (I Reg. xiv, 29). Binarius ergo quemadmodum jam prætaxatum est, sectionem recipit divisionis, et est quasi quædam meta, dividens unitatem et unitatem. Sed quid exsecrabilius, quid maledictione dignius, quam ita Trinitatem ab unitate dividere, ut vel tres credantur dii in Trinitate, vel una tantum in deitate persona ? Nonne Arius de familia binarii fuit, qui sic trinitatem ab unitate divisit, ut tres esse personas in Trinitate astrueret, et non unitatem substantiæ in illa Trinitate reciperet ? Sed nunquid etiam Sabellius cum binario benedictione caruit, qui sic unitatem essentiæ in Deitate credidit, quod personarum trinitatem ab unitate divisit ? Caruit igitur benedictione binarius, eo quod unitatem excedat, et ab ea dividat Trinitatem. Sic ergo credendæ sunt tres in Trinitate personæ, ut eorum trium, id est Patris et Filii Spiritus sancti, una credatur essentia esse in Deitate. Quicunque autem huic diversum, vel ab hac fide diversum crediderit, et in ovile ovium, id est in sanctam Ecclesiam per ostium, qui Christus est (Joan. x, 9), non intraverit, ille fur est et latro (ibid., 1), dignusque ut cum binario anathemate feriatur. « Hæc est enim fides Catholica, quam nisi quisque fideliter firmiterque crediderit, salvus esse non poterit (Athan. Symb.). » Hic est triplex funiculus, qui difficile solvitur (Eccle. iv, 12). Hic est numerus, de quo poetam somniasse crediderim, qui dicebat :

Trina tibi hæc primum triplici diversa colore
Licia circumdo, terque hæc altaria circum
Effigiem duco.

        (VIRG. Eclog. VIII, vers. 73-75.)

Et quasi exponens unitatem ternarii, quare ista ter fieri jusserit, adjungit dicens :

..... Numero Deus impare gaudet.

        (ID. ibid., 75.

Et iterum :

Necte tribus nodis ternos, Amarylli, colores.

        (ID. ibid., vers. 77).

B. « Vere etenim Dominus est in loco isto, et ego nesciebam (Gen. XXVIII, 16). » Vere hic est favus mellis quem te venari proponebas, quem in saltu litteræ per Jonathan, id est columbæ domum, videlicet per domum Spiritus sancti invenisti : quem etsi non ad plenum hausisti, summitatem tamen virgæ, id est summotenus ore quodammodo degustasti.

VII. G. Videamus præterea de Trinitate, quæ Deus est, quomodo senex fidelis, qui prima credendi

---

(5) Responsio M. Petri Cantoris Parisiensis.

via est, senserit Abraham, beati seminis pater. A
« Qui cum sederet ad ostium tabernaculi, apparuit
ei Dominus in valle Mambre, in ipso fervore diei.
Cumque elevasset oculos, apparuerunt ei tres viri
stantes prope eum. Quos cum vidisset, cucurrit
in occursum eorum de ostio tabernaculi, et adoravit
in terram et dixit : Domine, si inveni gratiam in
oculis tuis, ne transeas servum tuum, sed afferam
pauxillum aquæ, et laventur pedes vestri, et re-
quiescite sub arbore. Ponam bucellam panis et
confortate cor vestrum, postea transibitis ; idcirco
enim declinastis ad servum vestrum. Qui dixerunt :
Fac ut locutus es. Festinavit Abraham in tabernaculum ad Saram, dixitque ei : Accelera tria sata
similæ commiscens, et fac subcinericios panes. Ipse
vero ad armentum cucurrit, et tulit inde vitu- B
lum tenerrimum et optimum, deditque puero, qui
festinavit, et coxit illum. Tulit quoque butyrum et
lac, et vitulum quem coxerat, et posuit coram eis :
ipse vero stabat juxta eos sub arbore. Cumque
comedissent, dixerunt ad eum : Ubi est Sara uxor
tua ? Ille respondit : Ecce in tabernaculo est. Cui
dixit : Revertens veniam ad te vita comite, et habebit filium Sara uxor tua (Gen. XVIII, 1-10). »
Vides igitur, charissime, quomodo Abraham aliquando pluraliter ad tres, aliquando unus ad Abraham, aliquando tres. Et non mirum, quia hi tres
unum sunt. Sed quia beatus Augustinus super hoc capitulum in libro De Trinitate diutius immoratur, dis-
putationi ejus aliquid superaddere non audemus.
Hoc tantum de illo dixisse sufficiat, ex præceden- C
tibus debere intelligi quod Trinitas in personis et
una sit essentia Trinitatis. Quod et in sequentibus
innuit, loquens ad Moysen Dominus et dicens :
« Ego um qui sum. Sic dices filiis Israel : Qui est,
misit me ad vos (Exod. III, 14-16). » Ecce « ego »
pronomen substantiam significans præmittitur, et-
ter repetitur verbum substantivum, « sum qui
sum, » et « qui est : « quibus verbis nihil aliud
quam unitatem essentiæ et trinitatem personarum
figurari credendum est. Quod profecto confirmant
consequentia sancti Evangelii secundum Moysen,
ad quem locutus est iterum Dominus, dicens : « Hæc
dices filiis Israel : Dominus Deus patrum vestrorum, Deus Abraham, et Deus Isaac, et Deus Jacob D
misit me ad vos (ibid., 15). » Attende diligenter,
« Dominus Deus patrum vestrorum. » Ecce unitas
essentiæ designatur. « Deus Abraham, Deus Isaac
et Deus Jacob : » ecce Trinitas personarum. « Deus
Abraham, » Deus Pater qui in multis Scripturæ
locis Dei Patris figuram gerit ; « Deus Isaac, » Deus
Filius, in typum cujus ad immolandum ductus est :
« Deus Jacob, » Deus Spiritus sanctus, in cujus
mysterium unxit lapidem, juxta illud Isaiæ : « Spiritus Domini super me, eo quod unxerit me (Isa.
LXI, 1). » Est ergo sensus, « Deus Abraham et
Deus Isaac et Deus Jacob, » id est Deus Pater, Deus
Filius, Deus Spiritus sanctus. Alioquin quare isto-
rum trium Deus tantum et tam frequenter dicere-

tur, et non etiam Deus Moysi, et Deus Samuelis et
Deus David, nisi ut trinus ostenderetur, et ut qua-
ternitas in Trinitate non admitteretur ?

VIII. Consistamus hic paululum contra servos
inutiles, contra fidei inimicos. Adeste ergo, o Judæi,
Et cantare pares et respondere parati.
(VIRGIL. Eclog. VII, vers. 5)

Si Trinitatis mysterium sanctos nativitatis Dominicæ præcursores penitus latuisset, quare cum
tanta veneratione ternarium Scriptura vetus am-
plecteretur ? Jubet enim Dominus Abrahæ : « Sume,
inquit, vaccam triennem, et capram trinam et
arietem annorum trium (Gen. XV, 9). » Audit Isaias
seraphim clamantes alter ad alterum : « Sanctus,
sanctus, sanctus Dominus Deus Sabaoth (Isa.
VI, 3). » Ait etiam : « Dominus judex noster, Dominus
legifer noster, Dominus rex noster (Isa. XXXIII, 22).»
Nota ordinem verborum. Hinc simile dicit Psalmista :
« Benedicat nos Deus, Deus noster, benedicat nos Deus
(Psal. LXVI, 8).» Benedicat nos Deus Pater, Dominus
judex noster, sed modo «judicium omne dedit Filio
(Joan. V, 22) ; » benedicat nos Deus noster, legifer
noster, qui nos redemit, qui nobis legem gratiæ
dedit ; benedicat nos Deus Spiritus sanctus, rex
noster. Audi et Jeremiam dicentem : « Templum
Domini, templum Domini, templum Domini est
(Jer. VII, 4). » I em : « Ego, ego sum, ego vidi, dicit
Dominus : et ; Heu, heu, heu ! (Jer. XXXIV, 17).» Et
in Ezechiele ! Heu, heu, heu : Dominus Deus (Ezech.
IX, 8). » Sed quid plura ? Si adhuc infideles credere non vultis Trinitatem, consulite Eliam, quare
expandit se atque mensus est super puerum tribus
vicibus (III Reg. XVII, 21), et quare hydrias aquæ
super holocaustum et super ligna ter jussit effundi.
Scriptum quippe est : « Implete quatuor hydrias
aqua, et effundite super holocaustum et super ligna. Rursusque dixit : Etiam secundo hoc facite :
qui cum fecissent et secundo ait : etiam tertio id
ipsum facite : fecerunt et tertio, et currebant aquæ
circa altare, et fossa aquæductus repleta est
(III Reg. XVIII, 34, 35). » Videtis quomodo in trina
effusione consummavit holocaustum suum vir Dei.

IX. Præterea liber Machabæorum secundus ad
idem nos invitat, qui de Heliodoro et satellitibus
ejus sic scribit : « Apparuit illi quidam equus, terribilem habens sessorem, optimis operimentis ador-
natus, isque Heliodoro cum impetu priores calces
elisit : qui autem ei sedebat, videbatur arma habere aurea. Alii etiam apparuerunt duo juvenes
virtute decori, optimi gloria, speciosique amictu
(II Machab. III, 25, 26). » Sed quid dicam de beato
Job, quem vos quia incircumcisum dicitis, forsan
non recipietis ? In libro quidem ejus scriptum est :
« Ecce hæc omnia operatur Deus tribus vicibus p r
singulos, ut revocet animas eorum a corruptione,
et illuminet luce viventium (Job XXXIII, 29, 30). »
Semen Chanaan et non Juda, quid hoc respondebi-
tis ? Sufficiuntne vobis testimonia hæc ? Non equidem. Quomodo enim paries ædificabitur, ubi fun-

damentum deficit? Si enim quæ sursum sunt sape-
retis, non quæ super terram (Coloss. III, 2), Isaiæ
saltem oraculo crederetis, qui Filium Dei tam aperte
loquentem introducit, ut nemo gentilis etiam, nedum Judæus, quidquam contradicere audeat. In
eo quippe scriptum est : « Audi me, Jacob, et Israel, quem ego voco : Ego ipse, ego primus et ego
novissimus. Manus quoque mea fundavit terram,
et dextera mea mensa est cœlos. Ego vocabo eos, et
stabunt simul. Congregamini, omnes vos, et audite,
Quis de eis annuntiabit hæc? Dominus dilexit eum,
faciet voluntatem suam in Babylone, et brachium
suum in Chaldæis. Ego, ego locutus sum et vocavi
eum, adduxi eum et directa est via ejus. Accedite
ad me, et audite hoc ; non a principio in abscondito
locutus sum, ex tempore, antequam fierent, ibi
eram ; et nunc Dominus Deus misit me, et Spiritus
ejus (Isa. XLVIII, 12-16). » Quis est porro iste tam
imperiosæ auctoritatis, qui sic loquitur? Constat
enim quia Deus est et non homo, qui dicit : « Ego
ipse, ego primus et ego novissimus, et ex tempore
antequam fierent, ibi eram. » Sed nunquid Deus Pater est qui loquitur, aut Deus Spiritus sanctus qui
dicit : « Ego primus et ego novissimus? » Deus
procul dubio est, et « Antequam fierint, ibi eram. »
Sed quis dicit : « Nunc Dominus Deus misit me et
Spiritus ejus? » Cum Pater nunquam missus legatur, Pater profecto non est, sed Filius ejus est.

X. B. Quia de Filio Dei fecisti mentionem, quiddam mihi jam pridem accidit, quod te latere non
volo. Cum enim perendie cum quodam de filiis Belial, de eorum superstitione contenderem quæsivit
a me Ismaelita : « Ubinam, inquit, frater, qui Fi-
lium Dei credis, invenisti quod Deus habuerit Filium? nisi forte homines filios Dei adoptive appellare velis? » Hujus quæstionis necessitate coacti,
compellimur mittere in dexteram navigii rete, et
Scripturarum aquas rationis fuscina rimari, si forte
piscando in eis, incidemus in Filium Dei. B. « Beatus venter qui te portavit et ubera quæ suxisti
(Luc. XI, 27)! » quia petitio tua non est digna repulsa ; sed, quemadmodum consuluisti, fiat voluntas tua. Videamus ergo quid de Filio Dei ille Salomon rex sapientissimus dixerit, quem etsi constat
fuisse idololatram, certum tamen est quia de eo
nihil dixerit hæreticum. Hic autem in Coelet, id est
Proverbiorum libro, de Filio Dei sic loquitur : « Stul-
tissimus sum virorum et sapientia hominum non
est mecum, non didici apientiam non et novi sancto rum scientiam. Quis ascendit in cœlum atque descendit? Quis continuit spiritum in manibus suis?
Quis colligavit aquas quasi in vestimento? Quis
suscitavit omnes terminos terræ? Quod nomen ejus
est, et quod nomen Filii ejus; si nosti? »(Prov. XXX,
2-4.) Animadverte itaque sermones istos, et auribus percipe verba regis hujus, ut videas et scias
de quo loquitur hic, utrum de aliquo Dei secundum
adoptionem, filio ; an de substantiali et coæterno
sibi unigenito, cujus nomen tam affectuose quærit

et investigat? B. De illo quidem et illius nomine
quærit cujus « nomen admirabile est in universa terra (Psal. VIII, 2), et cujus nomen super omne nomen (Philipp. II, 9). G. Ita profecto est ut arbitra-
ris, non solum enim hic, verum in libro Sapientiæ
de coæquali Deo Patri Filio idem scribit his verbis :
« Videamus, inquiunt Judæi, si sermones illius veri
sunt, et tentemus quæ ventura sunt illi, et sciemus
quæ erunt novissima illius. Si enim est verus Filius Dei, suscipiet illum et liberabit illum de manu
contrariorum (Sap. II, 17, 18). » Ecce nunc palam
loquitur et proverbium nullum dicit (Joan. XVI,
29) : Verum enim Filium Dei dixit, ad differentiam
eorum, qui non natura, sed nuncupatione Filii
Dei vocantur : de quibus Psalmista dicit : « Ego
dixi : Dii estis et filii Excelsi omnes (Psal. XXI,
6) : » de quo manifestius in Evangelio Veritas dicit :
« Omnis qui fecerit voluntatem Patris mei qui in
cœlis est, ille meus frater, et mater, et soror est
(Matth. XII, 50). » Si ergo fratres Christi, et filii sunt,
Dei.

XI. Habemus itaque duo congrua de Filio Dei in
Salomone testimonia, quæ si filiis perditionis non
sufficiunt, ad Danielem revertendum est, apud
quem Nabuchodonosor in fornace Filium Dei intuens
ait : « Ecce ego video viros solutos quatuor ambulantes in medio ignis, et nihil corruptionis in eis
est, et species quarti similis est Filio Dei (Dan.
III, 92). » Audi, Israel, audi idololatram, audi alie-
nigenam, acquiesce gentili qui credere respuis Salomoni. Quis est iste Filius Dei? Porro iste est Filius
Dei qui longo post tempore, mirabiliter filius hominis fieri dignatus est. Mirabiliter dicamus : an
miserabiliter? sed, ut verius fateamur, et mirabiliter dicamus et miserabiliter : quia « O quam admirabile commercium! Creator generis humani
animatum corpus sumens, de Virgine nasci dignatus
est (Offic. B. Mariæ in Sabbato). » Miserabiliter in
nobis, quia « Vere languores nostros ipse portavit
(Isa. LIII, 4). » Item mirabiliter in se, quia mirabile
mysterium declaratur : « Deus homo factus est (Joan.
I, 14) ; » et quia, « Exinanivit semetipsum, formam servi accipiens (Philipp. II, 7). » Miserabiliter
autem in nobis, quia verus Samaritanus iter faciens, venit secus vulneratum, et videns eum, misericordia motus est. « Hoc est igitur mirabile in oculis nostris (Matth. XXI, 42), » hoc est illud novum quod
Dominus se creavisse super terram asserit per Jeremiam prophetam dicentem : « Revertere, virgo
Israel, revertere ad civitates istas. Usquequo deliciis dissolveris, filia vaga? Quia creavit Dominus
novum super terram, femina circumdabit virum
(Jer. XXXI). » Et notandum quod magis proprie
dixit, « circumdabit, » quam si dixisset, generabit :
generatio enim proprie dicitur, quando viro recepto
semine mulier imprægnatur. Verum quia in Salvatoris generatio de pura carne Virginis absque aliqua virilis seminis præjacente materia provenit,
« circumdabit » pulchre dictum est, et non, genera-

bit : sane tamen utrumque dici potest. Habemus itaque quod quærebamus, manifesta videlicet de Filio Dei testimonia.

XII. Nunc autem ad tertiam in Trinitate personam, Spiritum sanctum, calamum transferamus, quem quidam ventum esse vel sibilum auræ mentiuntur. Super quo beatus Hieronymus in *Hebraicis Quæstionibus* ita scribit : « *Et Spiritus Dei ferebatur super aquas* (Gen. I), pro eo quod in codicibus nostris scriptum est *ferebatur*, in Hebræo habetur, *marahahephet* [merachephet], quod nos appellare possumus, *incubabat* sive *confovebat*, in similitudinem volucris ova calore animantis. Ex quo intelligimus non de spiritu mundi dici, ut nonnulli arbitrantur, sed de Spiritu sancto, qui et ipse vivificator omnium a principio dicitur. » Dicant ergo falsitatis assertores, qui Spiritum sanctum ventum volunt accipi, quomodo constat quod « Verbo Domini cœli firmati sunt, et Spiritu oris ejus, omnis virtus eorum? (*Psal.* XXXII.) » Nuper enim accidit, quod tibi relaturus sum.

XIII. Nudiustertius, ut mihi moris est, cum vacuus essem, die solemni Dominica descendi in domum cujusdam Hebræi, quasi aliquid novi auditurus. Interrogatus igitur a me quid esset Spiritus sanctus, ventum esse respondit. Quid est ergo, inquam, quod dixit David : « Cor mundum crea in me, Deus, et Spiritum rectum innova in visceribus meis. Ne projicias me a facie tua, et Spiritum sanctum tuum ne auferas a me. Redde mihi lætitiam salutaris tui, et Spiritu principali confirma me (*Psal.* L) ? » Præterea liber, inquam, beati Job, non videtur velle Spiritum sanctum aliud esse quam ipsum Deum. In eo enim Eliu filius Barachiel, de Spiritu Domini scribit ita, dicens : « Spiritus Dei fecit me, et spiraculum Omnipotentis vivificavit me (*Job* XXXIII). » Die igitur, similiter dixi, quis est iste quo innovari David desiderat, pro quo ne sibi auferatur interpellat, per quem se confirmari concupiscit. Sed quis est iste Spiritus Dei, a quo se factum Eliu fuisse testatur? Nonne is est Spiritus de quo ait Psaltes egregius Israel : « Emittes Spiritum tuum, et creabuntur, et renovabis faciem terræ? » (*Psal.* CIII.)

His et aliis auctoritatibus ad hoc adversarium veritatis impuli, ut Spiritum sanctum Deum esse, et eumdem Spiritum ventum esse fateretur. Tum ego : Spiritus sanctus, inquam, te judice, ventus est, et Deus Spiritus sanctus est, ergo et Deus ventus est. B. Profecto vere et syllogistice argumentatus es. Nunc autem de Spiritu sancto prosequamur, ut cujus instinctu hoc opus incœpimus, eo consummante peragamus.

XIV. G. Fiat ut postulasti, auctoritates etiam prophetarum de Spiritu sancto quos eodem inspirante proferunt, in unum colligamus. Ait ergo Salomon in libro Sapientiæ : « Spiritus sanctus disciplinæ effugit fictum, et auferet se a cogitationibus quæ sunt sine intellectu (*Sap.* I). » In eodem : « Spiritus Domini replevit orbem terrarum, et hoc quod continet omnia, scientiam habet vocis (*Ibid.*). » In Isaia quoque scriptum est : « Gaudium onagrorum pascua gregum, donec effundatur super nos Spiritus ab Excelso (*Isa.* XXXII). » Item : « Effundam Spiritum meum super semen tuum (*Isa.* XLIV). » In eodem : « Spiritus Domini super me, eo quod unxerit me (*Isa.* LXI). » Michæas quoque ait : « Ego sum repletus virtute, Spiritus Dei (*Mich.* III). » In Zacharia etiam invenitur : « Non in exercitu, neque in robore, sed in Spiritu meo, dicit Dominus Deus (*Zach.* IV). » Sed quid item per singula? Si linguis hominum loquerer et angelorum, non tamen hunc de quo agimus Spiritum explicare possem. Facturi igitur finem, modumque cursui imponentes, bravium postulamus, non aurum argentumve, seu etiam sæcularis auræ laudisque favorem mundanæ. Verum ab illo remunerari petimus, cui servire regnare est, de quo et a quo diximus, quidquid bene diximus. De cætero ab illis qui hoc opus lecturi sunt, si quis tamen hoc captus amore leget, de omissis vel non sane dictis, veniam postulamus, ut et de bene dictis, Deo grates persolvat, eumque pro nobis imploret, quatenus viam universæ carnis ingressuri, præsto habeamus defensorem nostrum misericordem et pium Dominum Jesum Christum, cui est honor et gloria cum Patre et Spiritu sancto per omnia sæcula sæculorum. Amen.

ALEXANDREIS

SIVE

GESTA ALEXANDRI MAGNI

LIBRIS X COMPREHENSA

AUCTORE

GUALTERO DE CASTELLIONE

Ex veteribus mss. bibliothecarum S. Galli et Montis Angelorum in lucem edita opera R. P. F. Athanasii Gugger, S. Galli monachi, superiorum permissu, in monasterio S. Galli, formis ejusdem, anno partæ salutis M. DC. LIX. — In-12.

(Juxta exemplar in bibliotheca Argentinensi asservatum, quod nobis gratiose transmisit D. Jung, eidem bibliothecæ præfectus.)

—

CANDIDO LECTORI SALUTEM.

En tibi, candide Lector, opus novum, ut sit antiquum, nusquam, quod sciam, editum (6), a multis cupide inspectum et desideratum, non minus antiquitate quam eruditione venerabile. Auctor est quidam Gualterus de Castellione : scripsit annis abhinc trecentis circiter, vir ut in poetica, sic in omni disciplinarum genere, præcipue sanctarum litterarum cognitione instructissimus. Gesta Alexandri M. sic prosequitur, ut et ingenii acumine, et judicii acrimonia cum veteribus illis, quos egregie æmulatur, in certamen venire posse videatur; venustus totus et floridus, plenus succi, sententiis densus, et sæpe seipsum velut excedens, auream illam Q. Curtii brevitatem non solum imitatus, sed etiam assecutus. In hoc edendo nactus sum exemplaria duo mss. vetusta, alterum ex bibliotheca celebris monasterii Montis Angelorum, ordinis S. P. Benedicti, a R.mo ejusdem cœnobii eruditissimoque abbate mihi communicatum, alterum vero ex nostra, id est S. Galli vetere armario depromptum, et glossa interlineari explicatum, quam et prius illud exemplar, sed rariorem habet, prorsus ut persuadear in scholis hunc auctorem olim publice prælectum fuisse : ut quod de Aristotelis philosophia conjuncta cum pomeridiana rhetoricorum exercitatione traditur, id de Q. Curtio, et hoc auctore alternis in humanioribus explicato factum fuisse conjecturem. Videtur id ex epitaphio, quod sibimet auctor concinnavit, haud obscure colligi posse. Ut tamen in rebus humanis nihil est ex omni parte beatum, ita sunt in hoc opere quæ displicere possint politioribus. Equidem ut de lis taceam quæ necessitas extorsit, uti sunt *topographus, Mesopotamia, Jerusalem*, etc., tantus auctor beneficio cæsuræ utitur forte nimis frequenter. Deinde Græcorum vocabulorum fuit negligentior, ea pleraque cum præfectorum militarium sint, et ex Historia Curtii, Plutarchi, etc., petantur,

---

(6) Fallitur, ut jam supra monuimus. Prolegomena editionis Lugdunensis anni 1558, quæ typis cursivis (Gallice *caractères de civilité*) impressa fuit, hic adnectere operæ pretium duximus :

Philippi Galtheri poetæ, Alexandreidos libri decem, nunc primum in Gallia Gallicisque characteribus editi. — Lugduni, vendebat Robertus Granjon typis propriis. MCLVIII. Ex auctoritate regia.

Extrait du privilege du Roy.

Il ha pleu au Roy, nostre sire, de donner priuilege et permission à Robert Granjon d'imprimer ce present livre, intitulé : *Alexandreidos*, de sa lettre francoise d'art de main : et pour remuneration de son inuention, veult iceluy Seigneur, que nul autre, quel qu'il soit, en ce royaume, n'ayt à tailler poinssons, ne contrefaire la dite lettre francoise d'art de main, ne d'icelle vendre ne distribuer aucune impression, fors celle qui sera imprimée par ledit Granjon, sur certaines et grandes peines contenues aux lettres et privileges dudit Granjon : Et ce pour le temps et terme de dix ans consequutifs, à compter du jour et date des presentes; quant à l'imitation desdits caractères d'art de main, et quant à l'impression dudit livre, du jour et date qu'il sera achevé d'imprimer. Et outre ce, ledit Granjon, tant pour cette œuvre que pour autres contenues et mentionnees en ses dites lettres, veult et entend que par l'extraict et inscription qui sera faicte d'iceluy en chacun livre, les defenses et inibitions mentionnees aux priuileges, soyent tenues pour

mutarique citra rerum gestarum confusionem non potuerint, ne lector offenderetur, mutato charactere, additoque asterisco notantur, mutatis solum propriis; quæ secum errorem trahunt et quibus ne Curtius utitur. Atque ut de voce *Darius* (cujus priorem utramque fere semper breviat), taceam, voces Græcæ multæ sunt, quæ ne dialecto salvari possunt, ut *Symmachus*, *Nicanor*, etc., quanquam quid Græcis non licet? cum et Virgilius *Orionem* pro libitu variet. Erant et inusitata quædam et obsoleta verba Latina, pauca tamen, quorum loco, ne vestis splendida his quasi maculis fuscaretur, alia substitui, illis interim in marginalia plerumque relatis, præter ablativum, *mediante*, qua voce, quia sæpe utitur, delectatus esse videtur. Discrepabant insuper exemplaria non sola verborum trajectione, quæ levis est, sed etiam diversitate, ut *ambo* haberentur, omissis tamen erratis, in marginalia rejeci pleraque. Librariorum errores graviores sane ita castigati, ne palam apparerent, facile istos ex mutato charactere conjiciet lector, non enim verisimile tales illos, nisi forte aliquos ab auctore commissos, cum alioqui sibi contrarius seipsum expugnaret. Dubia nonnulla cum se auctoritate etiam veterum tueantur, ut vox *temulentus*, *Clytus* quod æque per *y* scriptum reperitur, neminem offendent. Hæc sunt quorum te, benevole lector, admonitum volui. Vale, et fruere, interim, dum alia sequantur, meumque hunc de antiquitate in lucem protrahenda laborem æqui bonique consule.

suffisamment signifiees à tous imprimeurs et autres qu'il appartiendra : comme plus à plain est contenu aux lettres patentes dudit Granjon, donnees à Saint-Germain en Laye le xxvi⁰ jour de decembre l'an de grace mil cinq cens cinquante sep⁰,   Ainsi signées :

                                   Par le Roy,

Maître Jehan NICOT, maistre des Requestes de l'hostel, present. FIZES.

R. Constantini epigramma :

Mæonium vatem qui quondam invidit Achilli,
     Magnus Alexander, nunc timet invidiam,
Postquam grandiloquum sensit sua facta poetam
     Galtherum Ausonia sic cecinisse tuba :
Quem sibi præferri non indignetur Homerus
     Qui nequedum poterat cæcus habere parem.
Hoc tamen adversus stimulos prætendit acutos
     Invidiæ, Macedo, quique monarcha fuit,
Zeuxidis ad dictum alludens, regisque poetæque :
     « Invidus esse potes, æmulus esse nequis. »

Du latin, vers alexandrins.

Alexandre le Grand, chatouillé de l'honneur
Qu'Achille recevoit, ayant sa muse amye
Du mieux disant des Grecs, s'enfuriait d'enuie :
Et or il craint qu'aucun seconde son erreur :
Quand il ha entendu, de Galther hault sonneur
Ainsi chanter ses faicts du cleron d'Ausonie :
Et qu'Homere aveuglé son premier ne le nie :
Qui jusqu'icy n'ha eu égal à sa grandeur.
Pourtant le Macédon (qui du bras de victoire
Au rond de l'uniuers feit retentir sa gloire)
Préparé aux traicts aigus de l'enuieux arroy
L'apophthegme imité du tableau qui faict vivre
Le bon peintre Zeuxis : « Du poete et du Roy
Tu peux estre enuieux, et non pas les ensuiure.

R. Constantinus lectori

Equidem fore non dubito quin, quantum horum characterum novitas atque insolentia lectorem in admirationem converterit, tantum oblectet utilitas atque elegantia ; quorum non solum typos ingeniose expressit Robertus Granjon, sed etiam, ut alter Dibutades Sicyonius, protypa et ectypa fecit et excudit. Primum quod ad characterum venustatem et facilitatem in legendo, horum certe forma non minus commendabilis cæteris, magis autem nostris usitata, quæ scribentis manum quam proxime reddit : ut scripturam ementiatur impressio, et quod manufactum, an typis excusum sit, postea possit dubitari. Usus autem erit non minimus tum nostris hominibus, tum exteris, quem litteratoribus exponendum relinquo ; sine quorum opera, etiam vel ἄλογος τριβή utilitatem satis aperiet, efficietque ut hoc scripturæ genus non novum fuit, sed omnibus maxime familiare ; quod jam etiam totius Europæ gentis præcipue, manus atterit. Nisi quis fortasse sua contemnens peregrina suspiciat, ob hoc ipsum merito, ut apud Romanos antiquitus, peregrinitatis accusandus atque castigandus, vel, ut loquitur Ulpianus, per pœnam deportationis ad peregrinitatem redigendus. Malus enim civis est quem barbara magis instituta capiunt quam patria, et cui plus placet aliena respublica quam sua. Vale.

EPISTOLA AUCTORIS (7).

Moris est usitati cum in auribus multitudinis aliquid novi recitatur, solere turbam in diversa scindi studia, et hunc quidem applaudere, et quod audit, laude dignum prædicare; illum vero, seu ignorantia ductum, seu livoris aculeo, vel odii fomite perversum, etiam bene dictis detrahere, et versus bene tornatos incudi reddendos censere. Et mirum est humanum genus a prima sui natura, secundum quam cuncta, quæ fecit Deus, valde bona creata sunt, ita esse depravatum, ut pronius sit ad condemnandum, quam ad indulgendum, et facilius sit ei ambigua depravare, quam in partem interpretari meliorem. Hoc ego reveritus, diu te, o mea Alexandreis, in mente habui semper supprimere, et opus quinquennio laboratum, aut penitus delere, aut certe, quoad viverem, in occulto sepelire. Tandem apud me deliberatum est te in lucem esse proferendam, ut demum auderes in publica venire monumenta. Non enim arbitror meliorem me' esse Mantuano vate, cujus opera mortali ingenio altiora carpsere obtrectantium linguæ poetarum, ac mor- A tuo derogare præsumpserunt, quem, dum viveret' nemo potuit æquiparare mortalium. Sed et Hieronymus noster, vir tam disertissimus quam Christianissimus, qui in singulis præfationibus, suis æmulis respondere consuevit, manifeste dat intelligi, nullum apud auctores superesse securitatis locum, cum virum tam nominatæ auctoritatis pupugerit stimulus æmulorum. In hoc autem lectores hujus opusculi, si quis tamen hoc captus amore leget, exoratos esse volo, ut si quid in hoc volumine reprehensibile vel satira dignum invenerint, considerent arcti temporis brevitatem, qua scripsimus, et altitudinem materiæ, quam nullus veterum poetarum, teste Servio, ausus fuit aggredi perscribendam. Et hoc habito respectu, discant saltem ex B dispensatione pleraque tolerari debere; quæ si quis stricto jure ageret, poterant de rigore justitiæ condemnari. Sed hæc hactenus. Nunc autem quod instat agamus, et ut facilius possit, quod quæsiverit quis, invenire, totum opus per capitula distinguamus.

(*Ms. Engelbergense quod sequitur habet :*

EPITAPHIUM.

Istud scripsit, seu fecit, Gualterus auctor hujus libri, antequam carmen incœpisset, quia timuit morte præveniri :

Insula me genuit, rapuit Castellio nomen,
Pertremuit modulis, Gallia tota, meis.
Gesta ducis Macedum scripsi, sed syncopa fati
Incœptum clausit obice mortis opus.

(7) Deest in editione Lugdunensi.

ARGUMENTUM LIBRI PRIMI.

Primus Aristotelis imbutum nectare sacro
Scribit Alexandrum, sceptroque insignit et armis,
Cecropidas regi rursus confœderat, arces.
Diruit Aonias, numerosa classe profundum
Intrat, et appellens Asiam de nave sagittat.
Parcendumque ratus, hostem sine Marte triumphat,
Elatusque animo sub sole jacentia regna
Jam sibi parta putat, Asiam de vertice montis
Inspicit, et patrias partitur civibus urbes,
Pergama miratur, et somnia visa retractat.

LIBER PRIMUS.

Gesta ducis Macedum, totum [1] digesta per orbem
Quam large dispersit opes, quo milite Porum
Vicerit et Darium, quo principe Græcia victrix
Risit, et a Persis rediere tributa Corinthum,

C Musa refer : qui si senio non fractus [2] inermi
Pollice fatorum, nostros vixisset in annos,
Cæsareos nunquam loqueretur fama triumphos,
Totaque Romuleæ squaleret gloria gentis.

VARIÆ LECTIONES.

[1] longum. [2] stratus.

Præradiaret enim meriti fulgore caminus,
Igniculis, solisque sui palleret in ortu
Lucifer, et tardi languerent plaustra Bootæ.
At tu cui major genuisse Britannia reges
Gaudet avos, Senonum quo præsule non minor urbi
Nupsit honor, quam cum Romam Senonensibus
                   [armis
Fregit, adepturus Tarpeiam Brennius arcem,
Si non exciret vigiles argenteus anser,
Quo tandem regimen cathedræ Rhemensis adepto
Duritiæ nomen amisit bellica tellus,
Quem partu effusum gremio suscepit alendum
Philosophia suo, totumque Helicona propinans,
Doctrinæ sacram patefecit pectoris aulam,
Excoctumque diu studii fornace, fugata
Rerum nube, dedit causas penetrare latentes,
Huc ades, et mecum pelago decurre patenti,
Funde sacros fontes, et crinibus imprime laurum,
Ascribique tibi nostram patiare camœnam.

  Nondum prodierat naturæ plena tenellis
Infruticans lanugo pilis, matrique parabat
Dissimiles proferre genas, cum pectore toto
Arma puer sitiens, Darium dare jura Pelasgis
Urbibus ³, imperiique jugo Patris arva prementem
Audit, et indignans, his vocibus exprimit iram :
Heu quam longa quies pueris! nunquamne licebit
Inter funereas ⁴ acies mucrone corusco
Persarum damnare jugum, profugique tyranni
Cornipedem lentùm celeri prævertere cursu,
Confusos turbare duces, puerumque leonis
Vexillo insignem, galeato vertice saltem
In bello simulare virum ⁵? verumne dracones
Alciden puerum comprensis faucibus olim
In cunis domuisse duos? ergo nisi magni
Nomen Aristotelis pueriles terreat annos,
Haud dubitem similes ordiri fortiter actus.
Adde quod ætati *florenti* ⁶ corpore parvo
Major inesse solet virtus, viridisque juventæ
Ardua vis supplere moras, semperne putabor,
Nectanebi ⁷ proles? aut ⁸ degener arguar? absit!
Hæc ait ⁹, hæc secum dubitanti corde perorat :
Qualiter Hyrcanis ¹⁰ si forte leunculum arvis
Cornibus elatos videt ire ad pabula cervos,
Cui nondum totos descendit robur in armos,
Nec pede firmus adhuc, nec dentibus asper aduncis
Palpitat, et vacuum ferit improba lingua palatum,
Effunditque prius animo, quam dente cruorem,
Pigritiamque pedum redimit matura voluntas.
Sic puer effrenus ¹¹ totus bacchatur in arma,
Invalidusque manu gerit alto corde leonem,
Et præceps teneros audacia prævenit annos.

  Forte macer, pallens, incompto crine magister
Nec facies studio male respondebat, apertis
Exierat thalamis, ubi nuper corpore toto
Perfecto logices, pugiles armarat elenchos.
    Vers. 72.

A O quam difficile est studium non prodere vultu !
Livida nocturnam sapiebant ora lucernam,
Seque maritabat tenui discrimine pellis
Ossibus in vultu, partesque effusa per omnes
Articulos manuum macies jejuna premebat;
Nulla repellebat a pelle parenthesis ossa :
Nam vehemens studii macie labor afficit artus,
Et molem carnis, et quod cibus educat extra,
Interior sibi sumit homo, fomenta laboris.
Ergo ubi flammato vidit *Juvenem ore minacem* ¹²,
Accusabat enim occultam rubor igneus iram,
Flagitat, unde animus incanduit, unde doloris
Materiam traxit ? quæ tanta efferbuit ira ?
Ille sui reverens faciem monitoris, ocellos
Supplice dejecit vultu, pronusque sedentis
B Affusus genibus, senium lugere parentis
Oppressum imperio Darii, patriamque jacentem
Conqueritur lacrymans, lacrymisque exaggerat iras¹³,
Atque hæc dicentem vigili bibit aure magistrum :

  Indue mente virum, Macedo puer, arma capesse :
Materiam virtutis habes, rem profer in actum :
Quoque modo id possis, aurem hucadverte, docebo.
Consultor procerum, servos contemne bilingues,
Et nequam ; nec quos humiles natura jacere
Præcipit, exalta ; nam qui pluvialibus undis
Intumuit torrens, fluit acrior amne perenni :
Sic partis opibus, et honoris culmine, servus
In dominum surgens truculentior aspide sur'a,
Obturat precibus aures, mansuescere nescit.
C Non tamen id prohibet rationis calculus, ut non
Exaltare velis, si quos insignit honestas,
Quos morum sublimat apex, licet ampla facultas,
Et patriæ desit et gloria sanguinis alti.
Nam si vera loquar, auferre pecunia mores,
Non afferre solet ; etenim inter cætera noctis
Monstriparæ monstro nihil est corruptius isto.
Quem vero morum, rerum non copia ditat;
Quem virtus extollit, habet quod præferat auro;
Quo patriæ vitium redimat, quod conferat illi
Et genus et formam, virtus non quæritur extra.
Non eget externis, qui moribus intus abundat.
Nobilitas sola est animum quæ moribus ornat.
Si lis inciderit, te judice, dirige libram
Judicii, nec flectat amor, nec munera palpent,
D Nec moveat stabilem personæ acceptio mentem.
Muneris arguitur accepti censor iniquus ;
Munus enim a norma recti distorquet acumen
Judicis, et tetra involvit caligine mentem.
Cum semel obtinuit vitiorum mater in aula
Pestis avaritiæ, quæ sola incarcerat omnes
Virtutum species, spreto moderamine juris,
Curritur in facinus, nec leges curia curat.
  Parce humili, facilis oranti, frange superbum,
Grande aliquid si velle tenes, et posse tenebis,
Castra move, turmas instaura, transfer in hostem
    Vers. 127.

VARIÆ LECTIONES.

³ *Gentibus.* ⁴ *semirutas.* ⁵ *ducem.* ⁶ *duodenni.* ⁷ *Neptanabi.* ⁸ *ut.* ⁹ *dictanti.* ¹⁰ *Hyrcanus* ¹¹ *ef*
frenis. ¹² *Philippida vultu.* ¹³ *iram.*

Si conferre manum, dum luditur alea Martis,
Debilis et nondum matura refugerit ætas,
Te tamen armatum videant hilaremque catervæ,
Pugnantem precibus, monituque minisque tonan-
[tem.
Profuit interdum dominis pugnare jubendo.
Nam dum castra metus calcat, dum languida terror
Agmina prosternit, dum corda manusque vacillant,
Si gravis hortatu præceptor inebriat aures,
Se timor absentat, et sic formidine mersa
Irruit in ferrum monitis effrena juventus
Hostibus ante alios primus fugientibus insta :
Quod si forte tuus repetat [14] tentoria miles,
Agmina retrogrado fugiens hostilia gressu,
Ultimus a tergo [15] fugias, videantque morantem,
Indecoresque fuga pudeat sine rege reverti.
Interea metire oculis, quot millibus instent,
Quot peditum turmæ, quot fusi e vallibus adsint,
Quot solem galeis equites clypeisque retundant.
Nec te terruerit numerus, si molliter illos
Videris instantes, rue primus in arma sequentum,
Primus equum verte, pressoque relabere fœno,
Hic vigor emineat tuus, affectusque tuorum,
Et fervens animus, durique peritia Martis,
Hic equus opponatur equis, hic ensibus ensis,
Hic clypeus clypeis, hic obruta casside cassis.
Vix liceat victis victori offerre tropæum [16].

Cumque vel intrabis victis tradentibus urbem,
Vel si restiterint, portas perfregeris urbis,
Thesauros aperi, plus donat iva manipulis;
Vulneribus crudis, et corde tumentibus ægro
Muneris infundas oleum, gazisque reclusis
Unge animos donis, aurique appone liquorem.
Hæc ægræ menti poterit medicina mederi.
Sic inopi dives, largusque medetur avaro.
At si forte animo res non responderit alto ;
Copia si desit, vel si minuatur acervus,
Non minuatur amor, non desit copia mentis
Allice pollicitis, promissaque tempore solve :
Munus enim mores confert, irretit avaros,
Occultat vitium, genus auget, subjicit hostem.
Non opus est vallo, quos dextera dapsilis ambit,
Nam seu pax vigeat, seu rupto fœdere pacis,
Regnet, et in toto discordia sæviat orbe,
Principibus dubiis, subitumque timentibus hostem,
Est dare pro muro, et solidi muniminis instar :
Non murus, non arma, ducem tutantur avarum.
Cætera quid moneam ? sed non te emolliat intus
Prodiga luxuries, nec fortia pectora frangat
Mentis morbus amor, latebris et murmure gau-
[dens.
Si Baccho Venerique vacas, qui cætera subdis [17]
Sub juga venisti, periit delira vacantis
Libertas animi, Veneris flagrante camino,
Mens hebet interius, rixasque et bella moveri

Vers. 180.

Imperat, et suadet rationis vile sepulcrum,
Ebrietas, rigidos enervant hæc duo mores.
Parca voluptates sit eis explere voluntas,
Qui leges hominum, et mundi moderantur habenas.
Dirigat ergo tuos, studio celebrata priorum,
Actus justitia, et per te revocetur ab alto
Ultima, quæ superum terras Astræa reliquit.
Nec desit pietas, pudor, et reverentia recti;
Divinos rimare apices, mansuesce rogatus,
Legibus insula, civiliter argue sontes.
Vindictam differ, donec pertranseat ira,
Nec meminisse velis odii post verbera ; si sic
Vixeris, æternum extendes in sæcula nomen.

Talibus informans monitor [18] virtutis alumnum,
Imbuit irriguam fecundis imbribus aurem,
Et thalamo cordis mores impingit honestos.
Ille libens sacris bibulas accommodat aures
Vocibus, extremæ commendans singula cellæ.
Mens igitur laudum stimulis sibi credula fervet.
Germinat intus amor belli, regnique libido [19].
Jam timor omnis abest, jam spes præjudicat annis,
Jam fruitur voto, jam mente protervit in hostes,
Jam regnat, jam servit ei quadrangulus orbis.
Ergo ubi quæ ferulæ pueros emancipat ætas
Advenit, Macedo civiliter induit arma,
Non sibi, sed patriæ, vivitque in principe civis.
Tiro quidem, sed mente [20] gigas, sed pectore miles
Emeritus ; tunc indomitum, tunc tanta videres
Velle Neoptolemum, quæ vix [21] expleret Achilles,
Nec [22] solum in Persas, quos contra justa querele
Causa sibi fuerat, parat insanire, sed ipsum
Et totum, si fata sinant, conjurat in orbem.

Urbs erat auctoris nomen sortita Corinthus,
Quam situs ipse loci, quam rerum copia major,
Quam patrum, et populi, quam regum firma volun-
[tas
Sanxerat, ut regni caput, urbs primaria ut esset [23];
Hanc evangelico propulsans idola [24] verbo
Paulus, ad æterni convertit pascua veris;
Hic igitur Macedo, ne jura retunderet urbis,
Post patris occasum sacrum diadema verendo
Imponens capiti [25], sceptro radiavit eburno.
Stat procerum medius, stipat latus ejus utrumque
Canities veneranda patrum, mitisque senectus ;
Quorum juris erat toti disponere regno,
Per quos insidiis obsistitur obice, vallo
Consilii, potiusque valent interprete lingua,
Quam pugnante manu tractare negotia belli,
Et gerere armorum curas, quam cingier armis;
Eminus assistunt, pauloque remotius illi,
Effrenæ mentis, quorum sub pectore robur
Imperat ingenio, et Nestor succumbit Achilli,
Principis a facie vatum grege cinctus inermi
Sedit Aristoteles, molli velatus amictu,
Jam rude donatus, fatisque prementibus annos

Vers. 254.

[14] *repetit.*   [15] *instando.*   [16] *triumphum.*   [17] *vincis.*   [18] *monitis.*   [19] *cupido.*   [20] *corde.*   [21] *non*
[22] *non.*   [23] *Ms. ut metropolis esset.*   [24] *Æolice.*   [25] *suscipiens capite.*

Curvus, et impexos castigat laurea crines.
Contemplans igitur Macedo per singula vires,
Pascitur intuitu procerum, et quæ maxima dudum
Crescere non poterat, vehemens audacia crevit
Regis ad aspectus, et quem conceperat ante
Ampliat affectum, cordisque reverberat aures
Applausus populi, majoraque viribus audet.
Accedit facies animo, mentique profundæ
Respondent oculi, totoque accenditur ore.
Sic fuit ex facili regem cognoscere promptum;
Ornamenta licet regi regalia desint,
Lucidus obryzo crinalis circulus auro,
Et quæ flammiferis [26] ignescit purpura gemmis,
Sola tamen loquitur vultus reverentia regem.

    Mensis erat, cujus juvenum de nomine nomen,
A quo vitis habet quod floreat, uva propinet
Quod bibat autumnus, et quod sibi bruma reservet,
Cum tumet in fructum seges ardua, jamque para-
                          [bat
Retrogradum Phœbus radiis incendere Cancrum,
Cum Macedo assensu pariter vulgique ducumque
In regem erigitur, lectosque ad bella quirites
Dividit in turmas, quorum bis millia bina
Quingentique equitum numerus fuit, omnibus idem
Impetus armorum, sed eos discriminat ætas.
Nec juvenes solum, sed quorum cana vetustas
Testis militiæ, et probitas sub patre probata,
Legit Alexander; ductor princepsque cohortis
Nullus erat, qui non sexagenarius esset;
Usque adeo, positis ut si quis cominus armis
Principia inspiceret castrorum, sive quir.tum
Præfectos, equites non crederet, imo senatum.
Præterea peditum quater octo millia bello
Instaurat, quibus arma sudes, et Daca bipennis
Et quæ lethifero contorta volumine glandes
Funda jacit, gladiusque, et vitæ prodigus arcus,
Lunatique orbes, et prævia mortis arundo.
Incutiunt hastas, verubusque minantur acutis :
Pectora thorace, et cervix secura galero est,
Quos licet armarit telo præstantior omni
Virtus, tam voluisse tamen supponere mundum
Quam potuisse sibi, tam paucis millibus, æque
Miror Alexandrum, monstroque simillima fati
Hæc series, tot regna, uni submittere paucos.

    In tanto rerum strepitu mundique fragore,
Cum tremeret totus variis rumoribus orbis,
Subtrahere auxilium, dubiumque lacessere Martem.
Detrahere absenti, suasu Demosthenis [27], ipsi
Cecropidæ, et vires opponere viribus ausi.
Æstuat auditis Macedo; maturius ergo
Castra movere jubet Danais [28] sic cominus hosti
Improvisus adest, et muris applicat alas [29].
Interea senibus in Palladis arce receptis
Æschinus [30] eloquitur, cœptæ et [31] Demosthena litis
Arguit, et pace ostendit nil tutius esse.
       Vers. 288.

A Dum sibi mandatas legatio mutua partes
Exsequitur, patriæ tactus nutricis amore
Rex fœdus renovat, pacemque redintegrat urbi,
Artibus ingenuis, studiisque vacare, sereno
Annuit his vultu, Martemque remittit agendum.
Inde ubi discordes iterum sibi junxit Athenas:
Impiger ad veteres rapto [32] volat agmine Thebas.
Aonidæ, muros juvenum stipante corona,
Armati assistunt, portasque intrare volenti
Objiciunt, quem si dominum patienter habere,
Si prece, non armis vellent occurrere, si sic,
Ut decuit, cœptæ fraudis scelerisque pigeret,
Fortassis poterant torrentem inhibere furoris,
Incolumemque statum vitæ, veniamque mereri.
Sed quoniam ætatem simul et contemnere regem
B Præsumpsere, sibi merito sensere tyrannum.
Dum super excidio Macedo deliberat urbis,
Jam populo variis afflicto cladibus, adsunt
Collecti satrapæ e vicinis urbibus, omne
Qui genus accusent, recolantque ab origine gentem
Intentam sceleri, et Græcorum cæde madentem :
Progenitos serpente patres, semperque minores
Cordibus infusum patrium servasse venenum.
Quis fastus Niobes, quis sparsam sanguine nati,
Femineum nescit ululasse per agmen, Agaven?
Quis flammas Semeles, quis regem lumine cassum
Nesciat in proprios revolutum turpiter ortus?
Præterea partos infando semine, damno
Totius Europæ, sibi concurrisse gemellos?
C His accensa supercandescit [33] principis ira,
Accingique suos pugnæ jubet. Inde parato
Mille equitum cuneo, tumidam circumvolat urbem,
Mœnibus arcere hos cives nituntur, eosque
Plurimus involvit telorum cominus imber.
Nec minus interea pedites exscindere muros
Vectibus incussis [34] validisque ligonibus ardent.
Hos ne missilibus deterreat hostis ab alto,
Ut tuti lateant, alii testudinis instar
Ictibus arcendis junctis umbonibus instant.
Jam pede subducto, jam mole minanto ruinam,
Præcipiti saltu, qui vivi forte supersunt
Aonidæ fugiunt, seque in secreta receptant.
At Danai, saxis cedentibus, hoste remoto
Per murum fecere viam : ruit omnis in urbem
D Turba, perit nullo discrimine sexus et ætas.
Omnis ; adest etiam ductor Pellæus, et ipse
Invehitur Thebas armis stipatus, eique [35]
Accessit Cloades fidus, magnoque canebat
Regi dulce melos, lyricisque subintulit ista :
Clara deum proles Macedo, fortissime regum
Cui favet astrorum series, cui quatuor orbis
Climata despondent, filo properante, Sorores ;
Cujus, ut invictus victis, et parcere scires
Supplicibus victor, et debellare rebelles,
Divinis toties monitis armavit anhelum
       Vers. 543.

VARIÆ LECTIONES.

[26] flammigeris.   [27] suadente Demosthene primi.   [28] Danaos.   [29] forte scalas manibus aptat.   [30] Curt.
supp. Æschines.   [31] cœptæque.   [32] rapido.   [33] flagrascit.   [34] excussos.   [35] eoque.

Pectus Aristoteles : tunc hanc rex funditus urbem
Excidio [26] delere paras? his sedibus ortus
Liber, thuricremis sua quem colit India templis.
Hæccine terra deos tulit, auctoremque tuorum
Nutriit Alciden, cujus supereminet omnes
Edomitum toties laus derivata per orbem?
En muri et structæ modulis Amphionis arces
Disce pius victis, vincendis esse cruentus.
Instabile est regnum, quod non clementia firmat,
At si tanta tibi cives torquere voluntas,
Soli parce solo, divisque ignosce locorum.
Finierat Cloades, sed stat sententia regis,
Propositique tenax iræ permittit habenas,
Æquarique solo turres, ac mœnia primo
Imperat, et reliquam Vulcano fulminat urbem.

Postquam digna satis compescuit ultio Dircen,
Jamque novo didicit servire Bœotia regi,
Dispositis Macedo pariter patriaque domoque,
In Darium sævire parat; minus ergo peritos
Armorum, minus audaces, famæque minoris [37]
Segregat, et patriis tutelam deputat Argis,
Inde rates variis rerum speciebus *acervat* [38],
Nec tanto libuit paucas adhibere labori,
Namque quater ductus, nisi ter senarius obstet
Navigii numerum quinquagenarius æquat.

Jamque ubi velivolum tenuit mare libera classis,
Intenditque fugam, nec jam ulla momordit arenam
Anchora, cum patrio discederet incola portu,
Stridula, discussit concentibus aera [39] miris,
Vox hominum præsaga mali, mistusque tubarum
Infremuit clangor, totumque remugiit æquor.
O patriæ natalis amor sic allicis omnes!
O quantum dulcoris habes! fugitiva per altum
Classis dum raptim patriæ furatur alumnos,
Sponte licet properent Persarum invadere fines,
Nec trahat invitos ad prædæ præmia ductor;
Sola tamen revocat patriæ dulcedo volentes,
Nec sinit a patria divelli, mentis acumen,
Sed dulces oculos animumque retorquet ad Argos,
Donec ab intuitu longe decrescere visus
Europæ defecit apex, portusque recessit.
Tanta sub invicto bellandi corde voluptas [40],
Tanta parentis erat oblivio, tanta sororum.
Solus ab Inachiis declinat lumina terris
Effrenus Macedo; qui cum Cilicum prius arva
Collibus eductis Asiamque emergere vidit,
Gaudet, et angustum vix gaudia tanta receptat [41]
Pectoris hospitium; remis incumbere nautas,
Nec solum tensis ultra se credere velis,
Lætitia damnante moram jubet. Ocius illi
Haud segnes per transtra parant assurgere dicto
Principis, et multo castigant verbere pontum.
Tantum aberat classis portus statione, lapillum
Quantum funda potest celeri transmittere jactu :
Eminus emissa Pellæus arundine terram.

Vers. 398.

A Vulnerat hostilem, faustumque hoc prædicat omen
Tota cohors, lætosque ferunt ad sidera plausus.
Nec mora, littoreis immergitur uncus arenis.
Exonerant primo naves [42] celerique volatu
Exsiliunt, viridique locant in littore castra.
Deinde vacant epulis, ac dum solemnia tractant
Pocula, continuant seræ convivia nocti.

Tertia pars orbis, cujus ditione teneri
Olim dicta fuit, ejus quoque nomen adepta est,
Hæc Asia est, vasto quam gurgite solis ab ortu
Terminat Oceanus, et ab austro extendit in arcton
A Borea Tanais, simul et Mæotidos unda
Claudit, ab Europa nostrum discriminat æquor.
Huic soli ex æquo cessit partitio mundi,
Cumque sit una trium, solam hanc discindere mun-

B   [dum
Topographi perhibent, igitur breviore duabus
Contentis spatio, medium non invidet orbis :
Hic situs est Asiæ, sed et illam mitis obumbrat [43]
Cæsaries nemorum, fluviorum cursus inundat,
Nobilium multa regionum laude superbit;
Hic dives gemmis elephantibus India barrit,
Bis serit, et fruges toties legit, instat ab arcto
Caucasus, irriguo paradisus spirat ab ortu,
Hæc habet Assyrios, Medos et Persida, quarum
Parthia nunc nomen, quam Mesopotamia finit.
Hæc Babylonis opes, Chaldæaque regna receptat,
Hæc Arabum terras redolentes thure Sabæo,
In quibus ille labor logicorum nascitur, una
Semper avis Phœnix, vicinaque cinnama myrrhæ.
C Hinc Syriam Euphrates, illinc *gens Armena* tangit,
Diluviique memor superis cœloque minatur.
Inde Palæstinæ cunctis supereminet una
Unius Judæa Dei, Jerosolyma terræ :
In centro posita est; ubi Virginis edita partu
Vita obiit, nec stare Deo moriente renatus
Sustinuit, sed pertremuit [44] perterritus orbis
Totque Asiæ partes, quas si meus exaret omnes
Aut seriem scindet stylus, aut fastidia gignet.

Jamque sub auroram volucrum garrire solebat [45]
Et lucem tenui præcedere lingua susurro.
Lucifer emeritæ confinia noctis agebat,
Astrorumque fugam solis præcursor anhelo
Maturabat equo, facili cum membra sopore
D Solvit Alexander; igitur cum sole retusum
Prospexit primo pelagus radiosque natantes,
Emicat ex templo castris, et in ardua montis
Erumpens, Asiæ metitur lumine fines.
Hinc ubi vernantes cereali gramine campos
Tot nemorum saltus, tot prata virentibus herbis
Lasciviæ videt, tot cinctas mœnibus urbes,
Tot Bacchi frutices, tot nuptas vitibus ulmos :
Jam satis est, inquit, socii; mihi sufficit una
Hæc regio, Europam vobis patriamque relinquo.
Sic ait, et patrium ducibus subdividit orbem.

Vers. 452.

[26] *exilio.* [37] *famaque minores.* [38] *onustat.* [39] *æthera.* [40] *voluntas.* [41] *recevit.* [42] *Exonerantque
vates primo.* [43] *inumbrat.* [44] *contremuit.* [45] *parabat.*

Nam timor ille ducum (tanta est fiducia fati)
Regnorum quæcunque jacent sub cardine quadro
Jam sibi parta putat, sic a populantibus agros
Liberat, et pecorum raptus avertit ab hoste.

  Jamque iter arripiens Cilicum sibi vindicat arces
Conciliatque pii clementia principis urbes.
Pluris Alexandro fuit hæc solertia, quam si
Sanguinis impensa Martem tractaret, agitque
Pace vices belli, cum parcit et obruit hostem.

Inde rapit cursum Phrygiæque per oppida tendit
Ilion, et structos violato fœdere muros
Idaliosque legit saltus, quibus ore venusto
Insignem puerum pedibus Jovis aliger [46] uncis
Arripuit, gratumque [47] tulit super æthera munus;
Dumque vetustatis saltem vestigia quærit
Sedulus, occurrit [48] fluviali consita rivo
Populus, Œnones ubi mœchi falce notata
Scripta latent Paridis, tenerique leguntur amores,
Densa subest vallis, ubi litis causa jocosæ
Tractata est, cum judicium temeravit adulter
Unde mali labes, et prima effluxit origo
Iliaci casus, et Pergama diluit ignis.
Nunc reputanda quidem parvi; sed quanta fuerunt
Conjicitur, testatur enim vetus illa ruina,
Ingens quam fuerit [49] Trojæ mensura ruentis.
Tot bellatorum Macedo dum busta pererrat,
Argolicos inter cineres, manesque sepultos,
Quos tamen accusant titulis epigrammata certis,
Ecce minora loco, quam fama vidit Achillis
Forte sepulcra sui, tali distincta sigillo:
Hectoris Æacides domitor, clam, incautus, iner-
[mis
Occubui [50] Paridis trajectus arundine plantas.
Hæc brevitas regem ducis ad spectacula tanti
Compulit, et sterilem mulso satiavit arenam,
Et suffire locum sumpta properavit acerra:
O fortuna viri superexcellentior, inquit,
Cujus Mæonium redolent præconia vatem,
Qui claret exanimem distraxerit Hectora, robur,
Et patrem patriæ summum tamen illud honoris
Arbitror augmentum, quod tantum tantus habere
Post obitum meruit præconem laudis, Homerum;
O utinam nostros, resoluto corpore, tantis
Laudibus attollat non invida fama triumphos!
Nam cum lata meas susceperit area leges,
Cum domitus Ganges, et cum pessumdatus Atlas,
Cum vires Macedum Boreas, cum senserit Hammon,
Et contentus erit, sic solo principe mundus,
Ut solo sole: hoc unum mihi deesse timebo,
Post mortem cineri ne desit fama sepulto,
Elysiisque velim hanc solam præponere campis,
Neu vos excutiat cœpto, gens provida, bello,
Argolici, fortuna licet quandoque minetur
Aspera, quæ nunquam vultu persistit [51] eodem.
Blanditiis indignus erit, mollique potiri

Vers. 506.

A Fortuna, qui dura pati, vel amara recusat.
Nam quæ dura prius fuerant mollescere vidi,
Neu vos sollicitos agat ignorantia veri,
Unde hæc tanta mea surgat fiducia menti,
Occultum hoc vestris impertiar auribus unum.

  Cum patris interitu nutaret Græcia mœrens,
Pausaniasque scelus, et cædem cæde piasset,
Nocte fere media, somnum suadentibus astris,
Pulvinar regale premens penetralibus altis
Solus eram, socios laxabat inertia somni:
At mea pervigiles urebant pectora curæ,
Cumque super regni ratio novitate labaret,
Incertus sequererne hostes, patriamne tuerer?
In neutro stabilis facturus utrumque videbar,

B Ecce locum subita radiantem lampade sensi,
Et cœleste jubar noctis caligine pressa
Irrupisse fores, tenebrasque diescere vidi,
Cum timor *urgeret* mentem, testemque pavoris
Sentirem trepidos sudorem errare [52] per artus,
Adfuit ætheriis, hominem si dicere fas est,
Ingenua gravitate, plagis, quem barbara texit
Multiplici vestis mistim distincta colore,
Cujus, ut ire solet filo radiante sacerdos,
Gemmea flammantes tangebat [53] fimbria plantas,
Aurea rorifluos crispabat lamina crines,
Pectoris in medio bisseni schemate miro
Ardebant lapides, gemmarum luce superbi.
Nescio quod nomen, prætendere visa figuris
Signabat mediam tetragrammata lamina frontem,

C Sed quoniam mihi barbaries incognita linguæ
Hujus erat, legere hanc me non valuisse [54] fatebor.
Præsulis occultum caput amplexante tiara,
Pesque verecundus talari veste latebat,
Qui nisi me verbis prior aggrederetur, habebam
Quod breviter possem scitari, quis? quid? et unde?
Egredere, o Macedum fortissime, finibus, inquit,
A patriis, omnemque tibi pessumdabo gentem.
At si me tibi forte vides occurrere talem,
Parce meis, dixit, superas decessit in auras [55],
Discedensque domum miro perfudit odore:
Hoc duce dura manus, hoc principe bella move-
[tis;
Sic fatur, celeresque gradus ad castra retorquet.

D Vera tamen docuit: etenim cum victor adire
Post Tyron eversam multa legione pararet
Jerusalem, templumque Dei violare, domosque
Velle putaretur, invicti principis iram
Præveniens urbis sacro comitante senatu
Exierat tali summus cum veste sacerdos,
Qualem in siderio rex præsule viderat ante,
Quam tanquam cognoscat, equo descendit, eumque
Pronus adoravit, cunctis mirantibus, illum
Impendisse homini decus, unum quod sibi pridem
Jusserat impendi, tunc rex legione sequentum
Exclusa, paucis intrat comitantibus urbem,

Vers. 560.

[46] *armiger.* [47] *placitumque.* [48] *objicitur.* [49] *Quam fuit immensa.* [50] *Occubuit.* [51] *consistit.* [52] *exiva*
[53] *lambebat.* [54] *potuisse.* [55] *superasque recessit.*

Et quod ab Hebræis monitus fuit, obtulit illic
Pacifica, et multo ditavit munere templum,

A Jamque valefaciens indulto Marte beatæ
Urbis perpetuo donavit munere cives.

ARGUMENTUM LIBRI SECUNDI.

> Præparat ad pugnam Darium Persasque secundus,
> Scribit Alexandro Darius. populumque recenset,
> At Macedo fatale jugum mucrone resolvit,
> Seque sibi recipit, morbum curante Philipp
> Stant hinc inde acies, Cilicum conclusa jugosis
> Faucibus, injusti Sisenem premit alea fati.
> Spernitur a Persis ducibus, licet utile docti
> Consilium Thymodis' placuit committere fatis.
> Omne simul robur, socios hortatur ad arma
> Acer uterque ducum, plaudentibus assonat aer [56].

LIBER SECUNDUS

Ultorem magnum patriæ, jam fata minantem,
Nuntia Persarum discurrens fama per urbes,
Desidiæ torpore gravis, luxuque soluti,
Terrifico strepitu Darii concusserat aures,
Qui licet imperio major, munitior armis,
Obsequiis[57] regum, pretioso ditior ære,
Viribus excedens, ævo maturior esset
Bellatore novo; tamen experientia Martis,
Qua desuetus erat, et pax diuturna labantes
Impulerant regis animos, ut in omnibus esset
Inferior duce, quo poterat præstantior esse,
Si mens tanta foret pugnandi quanta facultas,
Ne depressa[58] tamen errore, minusque rigoris[59]
Regia majestas videatur habere, superbo
Intonat ore minas Darius, gentesque subactas
Colligit in castris, cujus per regna volante
Ocius edicto, ruit omnis in arma juventus.

Interea a Dario, ne nil fecisse videri
Possit, Alexandro legatur epistola talis:
Rex regum Darius, consanguineusque deorum
Scribit Alexandro famulo. Licet indole clarus,
Parce puer teneris et adhuc crescentibus annis,
Non est apta legi, quæ non maturuit arbos,
Quos tibi sumpsisti, temerarius exue cultus
Armorum, et castæ gremio te redde parentis,
Quæque tuæ potius ætati congrua, misi
Lora tibi, teretemque pilam. forulosque capaces
In sumptus comitum, fomenta viæque levamen;
At si tanta tuum vexat vesania pectus[60]
Ut paci lites, et amico præferat hostem:
Non equites, verum furiata mente clientes
Emittam, qui te correptum verbere, duris
Affligant pœnis: tenebrisque perennibus abdant[61].

Frendit Alexander modice turbatus, eisque
Vers. 608.

B Qui sibi detulerant Medi mandata tyranni,
Procincte subicit: Meliusque interpretor, inquit,
Et magis egregie vestri munuscula regis;
Forma rotunda pilæ sphæram speciemque rotundi
Quem mihi subjiciam, pulchre determinat orbis.
His in subjectos mihi Persas utar habenis
Cum victor Darii veteres effregero gazas:
Sic ait, et formæ regalis imagine ceris
Impressa, vario legatos munere donat.

At Darius quamvis, fama mediante, recepto
Memnonis excessu labefacto pectore nutet,
Aspera fortunæ tamen in contraria torquens[61]
Conclusus procerum serie, peditumque catervis
Tendit ad Euphraten, ubi tot radiantibus auro
Gentibus explicit, diffusis æquore vasto,
C Tot populis vires dedit in commune videndas:
Elatusque animo vallum circumdedit, unde
Primo sole locum feriente, recensuit omnes,
Xerxis ad exemplum, donec, nascentibus astris,
Noctivagæ[63] Phœbes præcederet Hesperus ortum.
Egreditur vallo, viridesque effusa per agros
Infinita phalanx, numerumque recognita vincit,
Spargitur, et speciem majoris copia complet[64];
Sic ubi balantes ad pascua veris ituræ
Ut totidem reddat pastor, quot fudit[65] ovile
Mane novo, numerantur oves, quas anxia sortis,
Ne minuat numerum lupus, upilione sinistro,
Capripedi Fauno commendat sedula Baucis.
At prior in Magnum Darii congressus, et acris
D Pugna, sub illustri adversæ, duce Memnone, partis,
Millia nobilium tenuit sexcenta virorum,
Quos licet inferior numero, sed fortior armis
Fudit Alexander, expugnatamque suorum
Viribus intravit Midæ prædivitis aulam
Vers. 642.

VARIÆ LECTIONES.

[56] æther. [57] obsequio. [58] devrensa. [59] vigoris. [60] tuam vesania mentem. [61] addant. [62] vertens. [63] Montivagæ. [64] præbet. [65] fundi.

Gordicum veteres, Sardis dixêre minores [66].
Hic Asiam refluis undarum cursibus arctant
Faucibus angustis gemini confinia Ponti,
Hic ab utroque mari distans Sangarius æque
Littoribus tamen alternis, communicat undas.
Hic Jovis in templo Midæ patris alta coruscant
Plaustra, jugumque vetus Asiæ fatale, sed ejus
Funibus inter se subeuntibus [67] arte latenti
Complexisque iterum, spatioso tempore nemo
Vel reperire caput paterat, vel solvere nodos;
Certa fides, urbis ita disposuisse tenacem
Fatorum seriem, qui vincula solveret, illum
Regno totius Asiæ debere potiri.
Movit Alexandrum supplendi fata cupido;
Extollensque jugum, nexus dissolvere tentat,
Luctatusque brevi dum se contendere frustra
Conspicit, astantes ne triste retunderet [68] omen :
Quid refert, inquit, proceres [69], qua scilicet arte
Quoque modo tacitæ pateant ænigmata sortis?
Dixit, et arrepto nodos mucrone recidit.
Unde vel clusit sortem, vel sorte reclusit [70].

Hinc venit Ancyram, missis qui Marte retundant
Cappadocum gentes, quibus in sua jura redactis,
Mane iter accelerat Macedo, spatioque diei
Unius, stadia rapidis [71] quingenta peregit
Gressibus, accelerans pavidum prævertere regem,
Quippe graves aditus Asiæ, faucesque locorum
Angustas metuens, Cilicum jam plana tenenti
Obvius ire parat Dario, qui primus Eoo
Cum sol roriflua stillaret lampade, castra
Movit ab Euphrate [72], lituis cava saxa resultant,
Respondent valles, ictusque fragoribus aer
Ingeminat strepitus, agitantque tonitrua nubes.
Hic fragor in castris; sed et hic erat agminis ordo.
Ignem quem Persæ sacrum, æternumque vocabant,
Axibus auratis argentea prætulit ara :
Alba, Jovis currus, series ducebat equorum;
Cælatasque decem gemmis, auroque quadrigas
Tam cultu variæ, quam lingua et moribus, uno
Agmine bis senæ comitantur in ordine gentes.
Quosque immortales mentitur opinio vulgi,
Mille fere decies plaustris auroque feruntur :
At consanguinei regis, muliebriter omnes
Millia prætextis ter quinque feruntur amicti.
Mole gravi, medius radiis stellantibus auro,
Invehitur Darius curru, quem stipat utrinque
Effigies numerosa Deum, quem prædicat ardor
Gemmarum, et luxus opulentia barbara regum [73].
Desuper ardentis fervorem temperat æstus
Fictilis aurata pendens Jovis armiger ala [74],
Hunc hastata decem præcedunt millia, quorum
Aurum cuspis habet, argentea candet arundo,
Præterea Darius præclaros sanguine reges
Contiguos lateri præceperat ire ducentos.
     Vers. 696.

A   Neve sit in promptu Danais penetrare tribunal
Regis, munitis peditum præstantibus armis
Clauditur extremum ter denis millibus agmen :
Subsequitur Medi plenus genitrice tyranni
Currus, et uxor adest, natique, et tota supellex
Regia, pellicibus totidem, sub pondere tanto
Quinquaginta fere suspirant plaustra vehendis.
Moris erat Persis ducibus, tunc temporis omnem
Ducere in arma domum, cum tolli signa juberent.
Sexcentis sequitur invecta pecunia mulis,
Tercentumque onerat dorso surgente camelos.
Plurimum hoc agmen centenis millibus ambit
Funditor, et levibus fundæ jaculator habenis :
Ultima procedit levis armatura virorum
Excedens numerum, pedibusque attritus et axe,
B. Aurea pulvereus involvit sidera turbo.

    Interea Macedo profugis vastantibus arva
Ciliciæ deserta videns, rapit agmina ductor
Ad loca, quæ Cyri dixerunt castra priores,
Præmissis igitur, duce Parmenione, catervis,
Tarsum seminecem Persarum servat ab igne;
Hic, ut scripta ferunt, illustri claruit ortu,
Per quem præcipue cæcis, errore subacto
Gentibus emersit radius, fideique lucerna ;
Purus et illimis, mediam perlabitur urbem
Cydnus, qui gelidos haurit de fontibus amnes,
Contentus sese est, nullasque aliunde ruentis
Admittit torrentis aquas, sed gurgite ludit
Calculus, et refugo lapsu lascivit arena ;
C. Hic primum didicit Magnus durare salutem
Nulli continuam, sed mista adversa secundis [75],
Impulit hic regem vis præsumptiva superbum,
Quæ potuit potius laudis jactantia dici.
Ergo cum casu luctari fata videres,
Quæque aspirabat cœptis, sors prospera, paulo
Substitit, et Macedum spem desperare coegit.

    Æstus erat, medius cum sole tenente Leonem
Julius arderet, medioque sub axe diei
Arida Ciliciæ, fiderat [76] vapor igneus arva,
Perfusus Macedo sudore et pulvere, membra,
Temperie fluvii captus, specieque liquoris,
Corpore adhuc calido subjectis insilit undis ;
Horruit extemplo gelido perfusa liquore
Tota viri moles, ubi non invenit apertas
D Spiritus *hic venas* corpusque reliquit inane
Frigore, vitalis calor interclusus, aquarum ;
Fluctuat afflictus rex, exanimisque suorum
Extrahitur manibus, oritur per castra tumultus
Flebilis, et Graium ruit in lamenta juventus :

     Flos juvenum Macedo, quis te impetus interami-
                                     [cos

Nudum, quis casus inopina morte subegit?
Improba mobilior folio fortuna caduco,
Tigribus asperior, diris immitior [77] hydris
     Vers. 749.

VARIÆ LECTIONES.

[66] moaerni. [67] coeuntibus. [68] reverberet. [69] socii. [70] resolvit. [71] Virg. Liminaque laurusque. [72] Brevis ante liq. producitur Græcis. [73] regem. [74] aliger. [75] in ms. altero, sequentes duo versus omissi. [76] findit. [77] inimicior.

Tisiphone horridior, monstroque cruentior omni.
Cur metis ante diem florentes principis annos ?
Hactenus exstiteras mater, quis te impulit illi
Velle novercari ? quem promissum sibi regem
Mundus adoptabat ? Sed quis manet exitus illos,
Optime rex, quibus a patria tua castra secutis
Non licet in patriam, loca per deserta reverti ?
Nunquid nos sine te medios mittemur in hostes ?
Sed quis dignus erit tanto succedere regi ?

Audiit hæc, ut forte rotam volvendo fatiscens
Cæca sedebat humi Fortuna, animamque resumens
Surgit, et Argolicos, subridens ore sereno,
Increpat usque metus, et secum pauca susurrat :
Inscia mens hominum quanta caligine fati
Pressa jacet ! quæ me toties injusta lacessit,
Jus reliquis proprium licet exercere deabus ,
Me solam excipiunt, quæ dum bona confero, magnis
Laudibus extollor [78], si quando retraxero rebus
Imperiosa manum, rea criminis arguor, ac si
Naturæ stabilis sub conditione teneri
Possem, si semper apud omnes una manerem
Aut eadem, jam non merito fortuna vocarer ;
Lex mihi naturæ posita est sine lege moveri,
Solaque mobilitas stabilem facit. Hæc ubi dicta,
Liberior regis jam morbida membra revisit
Spiritus, et solitos paulisper habere meatus
Cœpit, sed nimius urebat viscera morbus ;
Qui tamen attollens erecto lumine vultum :
Ergo, ait, in castris victum sine Marte cruentus
Victor Alexandrum capiet [79] ? nam proximus hostis
Non medicos segnes, non critica tempora morbi,
Exspectare sinit, spoliis ululabit ademptis
Hostica barbaries, at rex inglorius exsul,
Nudus in hostili, sine laude, jacebit arena.
Si tamen in medicis est, ut reparare salutem
Arte queant medica, faveat medicina, sciantque
Me non tam spatium vitæ, quam quærere belli.
Nec tam mortis agit me, quam dilatio Martis.
Nam licet æger adhuc, si saltem stare meorum
Ante aciem potero, cursu fugitiva rapaci
Terga dabunt Persæ, Danaique sequentur ovantes
Impetus hic regis, præcepsque libido cohortes
Moverat ancipites, ne festinatio curæ
Augeret morbum, sed enim spondente Philippo
Qui comes est a patre datus custosque salutis,
Tres rutili reditus Phœbi tamen anxius ægre
Exspectat, morbique fugam reditumque salutis ;
Hic præmissa ducis perturbat epistola regem,
Quæ medicum damnat, auro tædaque sororis
Corruptum a Dario. Jam tertia sparserat ignes
Explicitum tenebris rutilos aurora per orbem.
Cogitur insontis hausturus pocula ductor
De medici dubitare fide, sed potio postquam
Exhausta est, chartam dextra nutante legendam
Porrigit Archigeni, quam dum legit ille, legentis
Nulla notare potest in vultu signa timoris.
Vers. 803.

Atque ita subridens : Bone rex, exciuæ timorem,
Laxa animum curis, sine [80] vim medicaminis hujus
In venas recipi ; qui me tibi detulit (audi)
Aut ut sic pereas; reliquis ardentius optat
Sedulus, aut nostra marcescit lividus arte,
(Verius ut fatear) aut in tua damna protervit,
Qui notat innocuum sceleris, qui proditionis
Arguit insontem, merito non creditur insons.
Nam reus unde reum se noverit, illud acerbe
Objiciet, sic injuste quandoque ligatur
Justus, et injustos absolvit curia mendax.

Hæc ubi dicta, metum jubet evanescere regis
Ergo ubi transmissum medicamen ad intima, venas
Imbuit, emeriti perierunt semina morbi.
Exhilarat vultum color, et pallore perempto,
Emergit facies niveo liquefacta rubore ;
Mens redit, et virtus rediviva renascitur intus,
Concurrunt proceres, avidi spectare Philippum
Illius injiciunt jucundi brachia collo,
Huncque Patrem patriæ, servatoremque salutant ;
Rex cum sol rutilo radiaret crastinus axe,
Insigni provectus [81] equo, per castra videndum
Se dedit, et pavidis excussit mentibus omnem
Segnitiem, vultuque suos ac voce refecit.
Inde ubi finitimas exercitus obruit urbes,
Et sacra pro dubia, quæ voverat ante, salute
Persolvit superis ; ferratos mœnibus Issi
Applicuit cuneos, ubi Parmenio venienti
Occurrens, urbi desertæ a civibus infert.

Quæritur hic inter proceres, an debeat ultra
Extendi bellis acies, potiusne sit hostis
Opperiendus ibi ? placuit sententia tandem
Hæc potior ducibus, inter montana jugosis
Faucibus, hic fatis committere robur utrumque [82],
Quippe pares illic acies utriusque tyranni
Parmenio censet, angusta valle, futuras.
At Sisenes, quia rem tacite suppresserat, auro
Creditur a Dario furtim corruptus, eumque
Mors injusta ferit, non ignorante tyranno.
Jamque superveniens Græcis equitatus ab oris,
Exsilio comitante fugam, duce Thymode, castris
Infertur Darii, regique salubre propinans
Consilium suadet, ut, dum licet, axe citato
Obliquum retro flectat iter, cursuque volucri
Pulvereo repetat spatiosos æquore campos:
Aut si degenerem pudeat retrocedere regem
Converso ne forte gradu vertatur in omen
Triste suis, saltem gazas, et pondera belli
Dividat in partes, ut si fortuna , quod absit !
Faverit Argolicis in primo Marte, supersit
Copia, quoque [83] recens ruat in discrimina pubes;
Non mediocris enim furor est exponere bellis,
Uno, velle semel fortunæ cuncta, sub ictu.
Utile consilium dederat, sed inutile visum est
Principibus Persis, quorum prævertere regem
Mens erat, ut merita deleret [84] morte Quirites
Vers. 861.

VARIÆ LECTIONES.

[78] *attollor.* [79] *rapiet.* [80] *a curis.* [81] *prævectus.* [82] *utrinque.* [83] *quæque.* [84] *damnaret.*

Conductos, etenim gazas dispergere Græcos
Velle putant, ut sic spoliis et rebus onusti
Ad regem Macedum redeant, pacemque reforment.

Rex, ut mitis erat, satis ac tractabilis, aures
Obstruit his monitis, et pectore saucius : Absit !.
O proceres, ait, ut nostro dominetur in ævo
Dedecus hoc, perdamne viros mea castra secutos [85]
Castra fidemque meam? nunquam tam sæva seve-
                                            [ros,
Jamque senescentes, infamia polluat annos ;.
Sic ait, et grates referens absolvit Achivos,
Sed regredi regem, profugus ne forte putetur,
Dedecori ascribit, jamjam committere bellum
Ardet, et angustos inter decernere montes,
De gaza primo definit, eoque jubente
Maxima cum cuneis pars est transvecta Damascum,
More tamen veterum servato, regia conjux
Et soror, et proles, in castris fata sequuntur.
Certus abhinc Darius, cum posterus exseret orbem
Luciferum Titan regum concurrere vires,
Ascendit tumulum, modico qui colle tumebat,
Castrorum medius, patulis ubi frondea ramis
Laurus odoriferas celabat crinibus herbas ;
Sæpe sub hac memorant carmen silvestre canentes
Nympharum vidisse choros, Satyrosque procaces.
Fons cadit a læva, quem cespite gramen obumbrat
Purpureo, verisque latens sub veste jocatur
Rivulus, et lento rigat inferiora [86] meatu
Garrulus, et strepitu facit obsurdescere montes.
Hic mater Cybele, Zephyrum tibi Flora maritans
Pullulat, et vallem secundat gratia fontis ;
Qualiter Alpinis spumoso vertice saxis
Descendit Rhodanus, ubi Maximianus Eoos
Exstinxit cuneos, cum sanguinis unda meatum
Fluminis adjuvit fusa legione *virorum*.
Permistusque cruor erupit in æthera, spreto
Aggere terrarum, totumque rigavit Agaunum.
Hinc ad suppositas vulgi procerumque cohortes
Pacifici Darius obliquans luminis orbem,
Accitis ducibus prius, in discrimen ituros
Segregat in partes, demum sic orsus, adultas
Ore pio spirante preces, soloque mereri
Debuit aspectu, facies matura favorem.
Hæredes superum Persæ, gens unica bello.
Cui genus a prisci descendit origine Beli,
Qui primus meruit *venerandus imagine dia*
Inter cœlicolas solio stellante locari,
Solvite corda metu [87], furor est, pugnamque vocari
Dedecet, in Dominum cum servus abutitur armis,
Ultio, non bellum est, servos ubi sceptra rebelles
Corripiunt, captosque domant, patriamque tuentur ;
Ille puer spurius regni moderamen adeptus
Cuncta sibi cessura ratus, fervore juventæ
Ducitur, et casus ruit improvisus in omnes,.
Et pugnando mori mavult, quam cedere victus,
                Vers. 914.

A Et jam spe vacuus, animo lentescit inani,
Damnorumque memor, quæ Granicus intulit ain-
                                        [nis,
Incipit afflictis partim diffidere rebus,
Proh pudor ! in rerum dominos quibus omne metal-
                                        [lum
Servit, servi inopes, pauci, sine viribus audent.
Scire velim Macedo, quibus, inspirante Megæra,
Artibus, illius Cyri te posse potiri
Imperio jactas ? cui Lydia, Crœsus et omnes
Curvavere genu quocunque sub axe tyranni.
Qui licet exstinctus, me successore, superstes
Regnat, et in vivo vivit fortuna sepulti.
Si veterum monumenta manent ; si mente recordor
B Scripta patrum memori, quis nos a stirpe gigan-
                                        [tum
Ignoret duxisse genus ? quis bella deorum,
Quis coctum laterem, structamque bitumine turrim
Nesciat a proavis ? magnæque quis immemor urbis
Cui dedit æternum labii confusio nomen ?
Ergo agite, o proceres, patrium revocate vigorem,
Pro patria state, et patriæ titulis, et honori
Invigilate, decet : ne pauper et advena victor
Conculcet pedibus veterum [88] monumenta paren-
                                        [tum,
At si quem vestrum, quod abominor, improbus ho-
                                        [stis
Excutiat campo, profugumque per arva fatiget,
Si mihi, si patriæ, si civibus arma negatis,
C Uxores saltem, ac nati, quos hostica clades
Obteret [89] in castris moneant in castra [90] reverti.
Non tamen id vereor quin jam victoria Persis
Applaudat ducibus, etenim ludente [91] favilla
Ardere in somnis Macedum tentoria vidi,
Vesanumque ducem ritu Babylonis amictum,
Purpureo luxu subeuntem mœnibus urbis
Ad me perlatum, dehinc evanescere raptum.
Quid moror ? æternum testor jubar, aurea solis
Lumina, cui dedimus nostris in finibus ortum,
Hostis erit quicunque fugæ laxabit habenas.

Plura locuturo celeri pede nuntius affert,
Descruisse locum Græcos, pavidasque cohortes
Consuluisse fugæ, jam per compendia saltus
Ad pelagus rapuisse gradum, perque ardua rupis
D Præcipitasse viam, mollem sic principis aurem
Pascit adulator, fluitat percussus inani
Lætitia, damnatque moras. Exercitus ergo
Flumine transmisso per saxa, per invia [92] raptim
Quærit iter, profugumque parat prævertere regem.
Quo ruitis, peritura cohors [93] ? juvenemne putatis
Invictum fugere hunc, qui quovis crimine credit
Turpius esse fugam ? qui ne fugiatis inertes,
Hoc solum metuit, etenim si forte daretur
Optio talis ei, fugiens an vincere mallet
Quam vinci a profugis, hostique resistere victus ?
                Vers. 964.

[85] *sequentes.* [86] *interiora.* [87] *corde metum.* [88] *terram et.* [89] *obruet.* [90] *bella.* [91] *plaudente.* [92] *avia.*
[93] *manus.*

Forsitan ambigeret, utrum minus esset honori.
  Jam Chaldæa cohors, Isson festina propinquans
Proditur excubiis, auri lapidumque nitore
Fulgurat armorum series, graditurque rapaci
Turbine, pulvereo furata volumine solem.
Providus aerea currens speculator ab arce
Nuntiat Argolicos, Babylonis adesse tyrannum,
Et genus omne hominum : vix credere sustinet ille,
Quem belli mora sola movet, prior ergo maniplis
Intonat : Arma, arma, o Danai, prior urbe relicta
Fulminat in Persas, sequitur galeata juventus.
Sic ruit in prædam jejuna fauce Lycaon,
Cujus opem sicco mendicat ab ubere pendens
Vagitus prolis, tandemque impegit in agros
Cædis amica fames, vacuis concepta sub antris.
Stat pecus attonitum, quod nec fugere audet, et ipsum
Si fugiat, nemoris alios incurret hiatus.
Copula diripitur canibus, quos ore canoro,
Et baculo, et palmis irritat ab aggere pastor ;
Haud aliter Macedum rex debacchatur in illam
Barbariem, quæ nunc profugam pavitare ferebat,
Hos ubi discretis acies adversa catervis
Aspicit in bellum subito prodire volatu.
Spem sibi mentitam metuens, in prælia mente
Consternata ruit, sed vox et in arma ruentum
Impetus, et discors exercitus agmina turbat.
Quippe viæ [94] potius, quam bello, hostique terendo
Aptus erat miles, Darius tamen agmine rursus
Disposito, caute secum deliberat; hostem
Milite consulto vi circumcingere multa,
Utile propositum [95] regique suisque salubre
Quod ratus est, verum ratione potentior omni
Discussit fortuna procax, quæ sola tuetur
Tuta, gravata levat, quassat rata, fœdera rumpit
Infirmat firmum, fixum movet, ardua frangit.
Jam Macedum series certo stabilita tenore,
Inque acies distincta suas, montana tenebat :
Rex stabilem peditum tanquam insuperabile vallum
Opposuit Persis, in prima fronte, phalangem ;
In cornu dextro præfecti jura *Nicanor*
Parmenionis habet, illi Ptolomæus, Amyntas,
Perdiccas, Cœnus, Clytus et Meleager adhærent,
Unusquisque sui dux agminis, at tibi lævum
Commissum est cornu, qui nulli Marte secundus
Parmenio, sequitur *Craterus generosus* eisque
Jungitur Antigonus et turbidus ense *Philotas.*
  Hospitus expositus ante omnia signa suorum
Cornipedem vexans in dextro Marte coruscat
Casside flammanti, gladioque tremendus, et hasta;
Armipotens Macedo, lateri junctissimus hæret
Conscius arcani [96] studio par regis et ævo,
Sed longe rosea præstans Hephæstio forma,
Præcedens igitur hilaris vexilla Quiritum,
Præfectos prece sollicitat, blanditur amice,
Consolidat dubios, animos audentibus auget,
Errantes reprimit, sparsasque recolligit alas,
    Vers. 1020.

A Spe libertatis servos, tenues, et avaros
Invitat pretio, lente gradientibus hasta
Inquit, ut properent, nunc hos, nunc circuit illos ;
Nunc arcus tractare [97] monet, nunc fundere glandes,
Si procul insistant acies, nunc hoste propinquo
Rem gladio peragant [98], nunc quærant fata bi-
                       [penni,
Dumque gradus inhibent, hæc illis pauca profatur:
  Martia progenies, quorum ditione teneri
Legibus astringi, totus desiderat orbis,
Ecce dies optata, parat qua provida nobis
S lvere promissum toties fortuna triumphum,
Cujus in Europa dudum præludia sensi
Cum genus Aonidum, totamque a sedibus urbem
Delestis, soloque metu domuistis Athenas ;
Cernitis imbelles auro fulgere catervas,
Cernitis ut gemmis agmen muliebre coruscet ?
Prætendunt prædæ plus, quam discriminis ; aurum
Vincendum est ferro, tantum didicere minari
Deliciæ [99] molles, gladios et vulnus abhorrent.
Lethifer illorum scrutatus viscera mucro
Cum semel hostili resperserit arva cruore,
Per saltus per saxa fugæ divortia quærent.
Quanta mei vobis sit cura, probare licebit
Cum gladios hebetes, fractos cum videro, quassos
Ictibus umbones ; ferientis dextera mentis.
Exprimet affectum, tantum sub pectore vobis
Charus Alexander, quantum permiserit ensis.
Vincite jam victos, gladio qui parcit in hostem ,
Ipse sibi est hostis. Vitam qui prorogat hosti,
Derogat ille suæ, non est clementia, bello
Hostibus esse pium; gravis est sibi, dignaque cædi
Cædis parca manus, segnes incurrere mortem,
Dum pavitant, audent, sed non occurrere morti;
A Persis ducibus quoties illata Pelasgis
Mentibus occurrunt injuria, prælia, cædes,
Creditis esse satis patrum luere acta nepotes
Plurimus in pœnas populus non sufficit iste.
Europæ strages, Asiæ pensabo ruinis :
Media cum Dario Xerxis commissa piabit.
Me duce signa duces producite, me duce vallum
Sternite, confertos incedite cæde per hostes.
Prælia non spolium mecum discernite, cedant
Præmia præda meis, mihi gloria sufficit una :
Rem vobis, mihi nomen amo. Sic fatur, et ecce
Concurrunt acies ; Persæ, clamore soluto,
Horrisonis vexant tenues ululatibus auras,
Classica terrifico distringunt arva boatu,
Fit sonus utrinque, et lituis illiditur aer,
Et referunt raucos montana cacumina cantus,
Quæque sonos iterat purum sine corpore nomen
Responsura fuit nunquam tot vocibus Echo ;
Arma tamen Darii multo sudore fabrili
Parta micant ; referuntque virum monumenta prio-
                       [rum,
Æmulus ad litem, jubar insuperabile solis
    Vers. 1072.

[94] *fuga.*   [95] *consilium.*   [96] *arcanis.*   [97] *tentare.*   [98] *gerere nunc quærere.*   [99] *Divitiæ.*

Invitat clypeús, septeno fusilis orbe,
Fulget origo patrum Darii, gentisque profanus
Ordo Giganteæ, quorum sub principe Memrot,
Sennaar in campo videas concurrere fratres
Terrigenas, ubi diluvii dum fata retractant,
Coctile surgit opus, sermo prior omnibus unus;
Scinditur in varias, dictu mirabile, linguas;
Parte micans alia sacram molitur ad urbem
Rex Chaldæus iter, fulgent insignia patrum
Prælia, et Hebræa celebres de gente triumphi,
Victoris sequitur dejecto lumine currum
Intercepta [100] tribus, muris temploque redactis
In planum, hostilis infertur mœnibus urbis
Privatus solio, gemina cum luce, tyrannus ;
Ne tamen obscurent veterum præconia regum
Quorumdam maculæ, sculptoris dextera magnam
Præteriit seriem, quam prætermittere visum est ;
Inter tot memoranda ducum, regumque triumphos,
Agresti victu pastum, et fluvialibus undis
Turpe fuit regem versa mugire figura,
Rursus in effigiem sensu redeunte priorem.
Præteriit vixisse patrem, quem filius amens
Ne nunquam solus patria regnaret in urbe
Consilio Joachim, proh dedecus ! alite diro

A Membratim lacerum sparsisse per avia fertur,
Ultima pars clypei, Persarum nobile regnum
Inchoat, in sacro libantem Balthasar auro,
Scribentisque manum, conversaque fata notantis
Aspicias, cujus occultum ænigma resolvit.
Vir Desiderii, sed totum circuit orbem
Atque oras ambit clypei celeberrima Cyri
Historia : a tanto superari principe gaudet
Lydia, et ambiguo deceptus Apolline Crœsus.
Ausa tamen Tomyris belli tentare tumultus,
Viribus opponit vires, belloque retundit,
Infractum bellis, et iniquo sidere mergit
Tot titulis illustre caput, proh gloria fallax
Imperii ! proh quanta patent ludibria sortis
Humanæ ! Cyrum terræ pelagique potentem,
B Delicias orbis, quem summo culmine rerum
Extulerat virtus, quem fama locarat in astris,
Qui rector, composque sui, qui totus et unus
Malleus orbis erat, imbellis femina fregit.
Parcite mortales animos attollere [1] fastu,
Collatis opibus, aspernarique minores,
Parcite victores ingrati vivere summo
Victori, vires, sceptrum, diadema, triumphos,
Divitias, dare qui potuit, auferre valebit.

ARGUMENTUM LIBRI TERTII.

—

Tertius arma canit, populosque in fata ruentes,
Vincuntur Persæ, Darii pretiosa supellex
Diripitur, soror et mater capiuntur, et uxor,
Septennisque puer ; capta Sidone, Tyroque
Funditus eversa, magno discrimine Gaza
Vincitur, et Lybicus a paucis vincitur Hammon.
Præterea Darius reparato robore, rursus
Major in arma ruit, fit seditionis origo
In castris Macedum, lunæ defectus, et ecce
Consulti vates, duro de tempore tractant.

LIBER TERTIUS.

Jam fragor armorum jam strages bellica vincit
Clangorem lituum, sublexunt astra sagittæ,
Missiliumque frequens obnubilat aera nimbus :
Primus in oppositos, prætenta cuspide, Persas
Ocius emisso, tormenti turbine, saxo
Torquet equum Macedo, qua confertissima regum
Auro scuta micant, ubi plurima gemma superbis
Scintillat galeis, qua (formidabile visu)
Aurivomis patulas absorbens faucibus auras
Igniti Dario præfertur forma draconis.
Quærentique ducem quem primo vulnere dignum
Obruat, objicitur Syriæ præfectus *Arettas*
    Vers. 1143.

C Cujus ab aurata volitans ac pendulus hasta
Vindicat astra leo, galeam carbunculus u it,
Primus Alexandri tremebundo trajicit ictu
Chaldæus clypeum, sed fraxinus asseris arctum
Non patiens [2] aditum, fracto crepat arida ligno,
Gnaviter occurrens ferro Pellæus Arettæ
Dissipat umbonem, qua barbara bulla descit
Principis in clypeo, nec eo contenta trilicis
Loricæ *diffringit* [3] opus cordisque vagatur
Per latebras, animamque bibit lethalis a undo.
Occidit occisus, largoque foramine manans
Purpurat arva cruor : regem clamore fatetur
    Vers. 1155.

VARIÆ LECTIONES.

[100] *captivata.* [1] *extollere.* [2] *formidans.* [3] *dissarcit.*

Altisono vicisse suum, primumque tulisse
Primitias belli, faustum sibi prædicat omen
Græca phalanx, lætosque ferunt ad sidera plausus,
Densantur cunei, Clytus et Ptolomæus in armis
Conspicui, tanta levitate feruntur in hostes
In tauros quantum [1] geminos rapit [2] ira leones
Quos stimulat jejuna fames, causamque furoris
Adjuvat, excussæ gravis obliquatio caudæ.
Hic Ptolomæus equo, partum Dodanta supinat
Tempora transfixum, cerebroque fluente gementem,
At conto Clytus Artophilon evertere tentat,
Inque vicem sese feriunt, clypeisque retusa
Utraque dissiluit obtuso lancea ferro.
Quadrupedi quadrupes, armoque opponitur armus,
Pectora pectoribus, orbisque retunditur orbe,
Thorax thorace, et gemit obruta casside cassis.
Nec mora poplitibus ambo cecidere remissis
Vectores, vectique simul, similesque peremptis,
Exanimes jacuere diu ; sed corpora postquam
Convaluere, prior reparato robore sursum [6].
Inque pedes sese recipit Clytus, Artophiloque
Surgere conanti, solo furialiter ictu
Demetit ense caput, et terræ mandat humandum.
Præditus eloquio bello, specieque, sinistro
Fuderat in cornu Græcum Mazæus Iollam,
Ultor adest agilis stricto mucrone Philottas,
Et quia Mazæum sonipes amoverat [7] Othim,
Cominus aggreditur, cujus latus ense bipertit:
Interea multa sudantem cæde Philottam
Hircani cingunt equites, quorum agmina rumpit
Impiger Antigonus, Cœnus, Craterusque, furensque
Parmenio, sine quo nil unquam carmine dignum
Gessit Alexander, sed quæ provenerit illi
Talio pro meritis, magis arbitror esse silendum.
Antigoni jacet ense Phylax, Mida cuspide Cœni,
Amphilochium Craterus sternit, quem casside rupta
Abstrahit exanimem curru, jungitque ruenti
Automedonta suum, jam viscera rupta trahentem.
 More suo ruit in Persas damnatus iniquo
Sidere Parmenio, cui regibus ortus Isannes,
Et Dimus incutiunt hastas lateri, manet ille
Immotus, stabilitque animum [8] pavitantis Orestæ,
Qui pedes exesæ tendebat in ardua rupis.
Hunc simul intuitus perfossum pectus Isannem
Sternit equo, profugumque equitem restaurat in ar-
                                    [ma,
Instantemque Dimum, rapto mucrone, lacerto,
Cornipedis planta terit, invalidumque relinquit :
His Agilon, his addit Elan, Arabemque Cheram-
                                    [pum,
Parte alia furit Eumenides, Persasque lacessit,
Nunc gladio, nunc missilibus, mucrone Diaspen.
Dejicit, Endochii telum pulmone cruentat.
Disjicit ossa virum, procerum conculcat acervos.
Nec minus in dextro dum pugnat Marte Nicanor,
　　　Vers. 1208.

A Sanguine spargit agros, humectat cædibus æquor,
Cui juvenis facie dives, sed ditior ortu,
Quippe genus claro referens a sanguine Cyri
Obviat Eclimus, clypeumque Nicanoris ictu
Provocat, ut laterem tecti vaga veris in ortu
Grando ferire solet, sed respuit aeris iram
Tuta domus, verum durato corde Nicanor
Irruit in facinus miserandæ cædis [9], eumque,
Qua candens oculis aperit lorica fenestram,
Cuspide percellit, et lumine privat utroque.
Dumque per unius aditum scelus ausa cucurrit
Fraxinus, alterius exstinxit luminis usum ;
Stabat in adverso discriminis agmine duri
Clara propago Nini, princeps Ninivita Negusar,
Doctus in objectos dubia sævire securi,
B Doctus et a tergo jaculis incessere fata,
Nunc jaculis, nunc ense furit [10], nunc vero bi-
                                    [penni
Excutiens cerebrum, jaculo perfoderat Helim
Actoriden, Dorylum dextro viduaverat armo,
Fuderat Hermogenem cæsa cervice securi,
Hunc ubi multimoda vastantem cæde Pelasgos
Intuitus stricto celer advolat ense Philottas,
Quaque super conum lucem vomit igne pyropus,
Pertundit galeam, sed lubrica discutit ictum :
Non impune tamen descendit mucro, sinistram
Quam sibi forte manum frontem prætenderat ante
Amputat : ecce parat ulcisci dextra sororem
Cædibus exposita, et cædis secura, securim
C Librat, et astanti casum casura minatur,
Ereptamque sibi gemeret fortasse Philottas
Ante dies animam, sed equo prælatus Amyntas
Opposuit clypeum quem miro transiit [11] ictu
Machina terribilis, medioque umbone retenta est
Retrahere ardenti, qua jungitur ulna lacerto,
Ense viri instantis a pectore cæsa recessit.
Excitat interdum vires dolor, ille recisis
In bello manibus, se corpus inutile cernens,
Quod potuit fecit, et equo se objecit Iollæ,
Tresque ruere simul, periit perfossus Iollas,
Et sonipes jaculis, sed nec tibi dure Negusar
Missilium grando [12], nec tanta ruina pepercit.
Jam latet herba madens, terramque cadavera ce-
                                    [lant,
D Arva natant sanie, replentur [13] sanguine valles,
Largus utrinque cruor; sed major inebriat agros
Persarum strages, rarescit barbarus hostis,
Tabescitque animo, licet infinitus, eumque
Pauca manus Macedum, non cessat cædere, quorum
Defectum nimium [14] fervens audacia supplet.
His igitur jam terga fugæ spondentibus [15], instat
Ceu fulmen [16] Macedo, perque invia tela, per enses,
Perque globos equitum peditum stipante corona,
Ad Darium moderatur iter; sed contrahit agmen
Oxatres, Dario quo nemo propinquior ortu,
　　　Vers. 1261.

VARIÆ LECTIONES.

[1] quanta. [2] premit. [6] rectum. [7] submoverat. [8] fugam. [9] sortis. [10] ferit. [11] trajicit. [12] nimbus. [13] complentur. [14] numeri. [15] præbentibus. [16] fulmineus.

Hic dolor, hic gemitus, perit acris utrinque juven- A
[tus,
Involvitque ducum mors uno turbine turbam,
Seminat in Persas lethi genus omne, cruentas
Excutiens Bellona manus; gemit ille recluso
Gutture, trajecto jacet ille per ilia ferro :
Hunc *sparus exanimat* [17], hunc tundit funda, per
[artus
Ille vomit saniem fractis cervicibus, illi
Intestina cadunt, alium sibi vindicat ensis,
Hic obit, hic [18] obiit ; hic palpitat, ille quiescit.
Stabat ab oppositis [19] niveis pretiosus [20] in armis
Memphites Zoloas, quo nemo peritior astris
Mundanas prænosse vices, quo sidere frugis
Defectum patiatur ager, quis frugifer annus,
Unde nives producat hiems, quæ veris in ortu
Temperies impinguet humum, cur ardeat æstas,
Quidque det autumno maturis cingier uvis,
Circulus an possit quadrari, an musica formet
Cœlestes modulos, vel quæ proportio rerum
Quatuor inter se, novit quis sidera septem
Impetus obliquo rapiat contraria mundo,
Quot distent a se gradibus, quæ stella nocivum
Impediat sævire senem, quo sidere fiat
Obice propitius, Martem quis temperet ignis,
Quam sibi quisque domum quærat, quod sidus in isto
Imperet hemicyclo, motus rimatur, et horas
Colligit, eventus hominum perpendit in astris.
Parva loquor, totum claudit sub pectore cœlum ;
His ergo in stellis mortem sibi fata minari
Contemplatus erat, sed enim quia vertere fati
Non poterat seriem, penetrare audebat ad ipsum
Rectorem Macedum, toto conamine poscens
A tanto cecidisse viro, vitamque perosus,
Mortem parturiens in prima fronte furoris
Occurrebat ei currumque premebat ab alio
Grandine missilium pertusum principis orbem,
Nec solum jaculis, sed voce probrisque lacessit,
Atque ita : Nectanebi [21] non inficianda propago,
Dedecus æternum matris, cur vulnera perdis
Ignavos agitans? in me converte furorem,
Si quid adhuc virtutis habes, me contere, cujus
Militiam claudit septemplicis arca Sophiæ,
Et caput astriferum sibi vindicat utraque laurus.
Motus Alexander miseretur obire volentis,
Ac placide subjicit : Proh monstrum ! quisquis es,
[inquit,
Vive, precor, moriensque tuum ne destrue tantis
Artibus hospitium; nunquam mea dextera sudet,
Vel rubeat gladius cerebro, tam multa scienti;
Utilis es mundo ; quis te impulit error ad amnem
Tendere velle Stygos, ubi nulla scientia floret?
Dixit, at ille [22] pedes terræ se mandat, eique,
Qua se dissocians ocream lorica relinquit [23], -
Vers. 1312.

Sauciat ense femur, et dedicat arva cruore.
Infremuit Macedo, Zoloæque ut parcere posset
Admissum procul egit equum, sic ergo remotus
Continuit bilem, verum Meleager in illum
Irruit, et Zoloæ, qua cruri tibia nubit,
Cædit utrumque genu, tum cætera turba jacentem
Comminuunt in frusta virum, stellisque reponunt.
Tunc vero in Darium pondus discriminis omne
Conversum est : quid agat? videt arva cruore suo-
[rum
Pinguia, se circa videt exanimata jacere
Corpora tot procerum, [*fugiuntque quibus super ante
Fidebat potius* [24]] quin viscera fusa trahentes
Inter equos auriga jacet, cervice recisa.
Dum dubitat, fugiatne pedes, seseve laboret B
Perdere? Perdiccas jaculum jaculatur, at illud
Se capiti affigit, cerebrum tamen ossa tuentur :
Excutitur Darius curru, nec sustinet ultra
Ferre aciem, turbamque pedes declinat, et inter
Degeneres, profugosque legit compendia saltus,
Donec ei sonipes oblatus ab Ausone magnum
Transtulit Euphraten, ac se Babylona recepit.
Hunc ubi fortunam [25] belli mortisque ruinam
Evasisse fuga sensit Mazæus, et illi
Quorum victoris animi excellentia nondum
Evelli a campo, Martisque furore sinebat
Extemplo turbata malis, audacia tantos
Destituens motus, didicit servire timori.
Inque metum converso fides, fugit agmine facto C
Turba ducum, partesque labant, ubi summa move-
[tur [26],
Cunque caput nutat, turbari membra necesse est.
Cæditur a tergo populus, furit altera cædes,
Pro domino patriaque mori dum posset honeste,
Dedecoris, mortisque luem fugiendo meretur.
Jam satur ad loculum redit ensis , et ipse Pelas-
Victores victor a cæde recedere cogens,
Ad gazas properare jubet, rapiendaque gazæ [27]
Munera, quæ saltus jacet interclusa latebris,
It celer, et partas partitur partibus æquis
Victor opes, onerantur equi, gemit axis avarus,
Jam satur est, aurumque vomit summo tenus ore
Sacculus, et nexus refugit, spernitque ligari,
Fessa legendo [28] manus, non est satiata legendo. D
Quin caligæ, patulique sinus turgere docentur.
Itur in imbelles, agmen muliebre, catervas,
Quarum ubi marmoreo rapuere monilia collo,
Extorquent [29] torques, et in aures perdidit auris,
Itur in amplexus nuptarum, virginitasque
Vim patitur, coit in patulo, tractatque pudenda
Sanguinolenta manus, coitus pars altera labem
Contrahit incestus, verum pars altera luget,
Et venit ad veniam, patientis namque reatum
Vers. 1363.

VARIÆ LECTIONES.

[17] *excerebrat.* [18] *ille.* [19] *opposito.* [20] *speciosus.* [21] *Neptanabi.* [22] *Dixerat ille.* [23] *reliquit.* [24] *Ambo hæc hemistichia inclusa, in altero ms. omittuntur.* [25] *urtiva.* [26] *moventur.* [27] *prædu.* [28] *ligando.* [29] *extorti.*

Vis illata levat, minuitque coactio culpam.
Majestate tamen salva, salvoque pudore
Tota domus Darii, genitrix et regia conjux
Et soror, et natus (tanta est clementia regis)
Curribus auratis in Dorica castra vehuntur.
Et matrem Darii sic tractat [30], ut hanc sibi matrem
Eligat, uxori det [31] nomen habere sororis :
Septennem puerum in natum sibi mitis adoptet [32].

Tantus enim virtutis amor tunc temporis, illo
Pectore regnabat, si perdurasset [33] in illo
Ille tenor, non est quo denigrare valeret
Crimine candentem titulis infamia famam,
Verum ubi regales, Persarum rebus adeptis,
Deliciæ posuere modum, suasitque licere
Illicitum et licitum, genitrix opulentia luxus,
Corripuit fortuna physin, cursuque retorto
Substitit unda prior, vitiorum cautibus hærens.
Qui pius ergo prius erat hostibus, hostis amicis,
Impius in cædes, ratus et bella domestica demum
Conversus, ratus illicitum nil esse tyranno;
Præterea, quis prætereat summum sibi patrem
Usurpasse [34] Jovem ? nam se genitum Jove credi
Imperat, et credit hominem transgressa potestas,
Seque hominem fastidit homo, minimumque videtur
Esse sibi, cum sit inter mortalia summus.

Mittitur interea cum Parmenione Damascum
Miles, ut a victis extorqueat urbe repostas
Reliquias gazæ, sed jam censebat habendas
Victori præfectus opes, dominoque priori
Proditor infidus, caute quos traderet hosti
Traxerat urbe suos, fortunæ namque meatu
Mutato, mutatus erat, sic unius uno
Crimine Persarum, cæsis tot millibus ipse
Cum reliquis cecidit, Dario solamen id unum
Damnorum, luctusque fuit, cum nuntius ipsum
Artificem sceleris afferret in agmine primo
Arte perisse sua, nec iniquam sustinet ultra
Dicere fortunam, quæ justa lance rependit
Sontibus interdum, prout fraus ignava meretur.
Hæc Dario medicina mali, sic pene malorum
Omnia cum quodam veniunt incommoda fructu.

Septimus accenso Phœbea lampade mundo
Presserat astra dies, cum rex pro more peracto
Funeris obsequio tendit Sidona, vetustam
Phœnicum gentem, quibus in sua jura redactis,
Ad Tyrios convertit iter, quos omne paratos
Martis ad examen, murique abrupta tuentes,
Gaudet Alexander suspecta cominus urbe,
Invenisse viros, tot propugnacula muris
Edita; dispositæ longo stant ordine turres,
Quæ lapidum valeant refugos eludere jactus.
At quacunque aditum molitur saxea moles,
Adsunt objecta [35] clypeorum crate clientes.
Plurimus hic fundit fundam jaculator, et arcum,

          Vers. 1417.

A Plurima suppositis mortem ballista minatur.
Verum ubi longa dies afflictis civibus urbem
Navali modo congressu, modo Marte pedestri
Fregit, et appositis utrinque ad mœnia Graium
Navibus, hostiles dissolvit [36] machina muros :
Absque aliquo periit discrimine sexus et ætas
Omnis, et a nullo scelus æquo judice pensans
Abstinuit gladius; etenim cum mœnia nondum
Cingeret obsidio, missos a rege Quirites
Paci ut consulerent, angusto in tempore cives
Et pace, et medii violato fœdere juris,
Implicuere neci legatos, unde tyranno
Infensi, nec enim veniam meruere mereri,
In quibus et veniæ, et pacis legatio nullam
Invenit veniam, Macedo jubet ocius omnes
B Cladibus involvi, præter quos templa tuentur;
Fit fragor et planctus, crebrescit flebile murmur,
Aurea femineus perstringit sidera clamor,
Dumque in præcipiti rerum discrimine nutant,
Qua magis incumbit ventorum spiritus urbi,
Substituunt ignem, volat ad fastigia flammæ
Inflammata fames, et eo magis esurit ignis,
Quo plures tabulata cibos, alimentaque præbent.
Mista plebe patres pereunt, genus omnibus unum
Mortis, sed species moriendi non fuit una;
Iste pyram ut fugiat [37], gladios incurrit, at ille,
Ut gladios fugiat, medios se mittit in ignes;
Nonnullos, alia mortem dum morte caverent
Urbis semirutæ lapsos de mœnibus, ultro
C Æquorei vehemens absorbuit amnis hiatus,
Occultas alii latebras, vacuosque penates
Quærentes laqueos jugulis aptare parabant,
Et mortem fecere sibi, ne morte perirent
Inflicta a Graiis, alios divortia mortis [38]
Quærere dum puduit, pro jure et legibus urbis,
In faciem patriæ libertatemque tuendo
Elegere mori, mortis genus istud honestum.
Et labi sine labe fuit, non cedere, cædi,
Cædereque et cædi [39] dum non cædantur inulti.
Occurrunt [40], et materiam ferientibus affert
Gens devota neci, feriunt, feriuntur et ipsi :
Dumque necem patiuntur, agunt, ad utrumque pa-
                                        [rati ;
Nec minus excidium conjux Cythereius infert;
D Solvitur in cineres ab Agenore condita primo
Nobilis illa Tyrus, quæ, si præclara merentur
Vatum dicta fidem, famæ si credere dignum est,
Vocum sola notas, et rerum sola figuras
Aut didicit prior, aut docuit. Sic ergo tot annis
Indomitam indomitus domuit Macedum furor urbem.

Verum vera fides et pax divina sub ipso
Christorum Christo [41] reparatis mœnibus urbem
Restituere, ubi plebs veri studiosa flagransque
Thuribulo mentis, Crucifixi nomen adorat,

          Vers. 1470.

VARIÆ LECTIONES.

[30] *In matrem sibi se sic temperat.* [31] *dat.* [32] *adoptat.* [33] *permansisset.* [34] *usurpare.* [35] *objecta.* [36] *impegit.* [37] *reverens.* [38] *Martis.* [39] *Cædere quam cædi.* [40] *Concurrunt.* [41] Alludit poeta ad tempus quo Tyrus Francis parebat.

Cujus sunt aliæ septeni climatis urbes
Quas patria ditione tenet, longumque tenebit.

Præmonuisse alias poterat Tyrus obruta gentes ·
Neque sub Eoo regio præsumeret orbe
Pellæi deinceps [42], Macedumque lacessere vires
Gaza tamen Darium, causamque secuta priorem,
Ausa parem, superos [43] muris excludere tentat,
Fortunam si forte fides evertere possit ;
Dumque suum Mars explet opus, dum cæde cruenta
Et damno partis utriusque prosternit utrinque ;
Barbarus ad regem veniens, ut transfuga, ferrum
Occultans clypeo, Magni caput appetit ense,
Sed quia fatorum stat inevitabilis ordo,
Eventusque hominum series immobilis arctat,
Erravit temulenta manus, ferroque perire
Non patitur Lachesis, cui jam fatale venenum
Confectumque diu lethæa *pixide clausum*
Lurida considerat mediante favore suorum
Porrectura duci dea post duo lustra bibendum.
Hic Arabis dextram, quia sic erravit eodem
Quem male libravit [44] rex imperat ense recidi :
Quique prius sopitus erat jam fraude recenti,
Martius evigilat furor, et sub corde calenti
Ira recrudescit, dumque instat turbidus hosti,
Ausa nefas, lævum perstringit fraxinus armum,
Et medium cruris elisit saxea moles :
Sed licet accepto bis vulnere, non tamen acri
Destitit incepto Macedo, sed prod'gus auræ
Vitalis, scindit cuneos, ipsumque tyrannum
Obruit [45], et victis urbem tradentibus intrat.

Hinc ubi disposuit procerum discretio regno,
Tendit in Ægyptum, qua sub ditione redacta,
Ardet rex Libyci sedes Hammonis adire,
Difficiles aditus, iter intolerabile, quamvis
Fortibus et paucis : rorem sitit arida tellus,
Et cœlum mendicat aquas, æstuque perenni
Marcescit [46] regio, et steriles moriuntur arenæ,
Cumque tenax sabulum solem concepit [47] et arva [48]
Impulsuque pedum concrevit turbo, procellas
Hic Syrtes habuere suas, hic altera sicco
Scylla mari latrat, hic pulverulenta Charybdis ;
Pulvereos vomit ille globos ; jacet ille sepultus
In sabulo, fortassis eos leviore procella
Punisset mare Neptuni, quam pulveris æquor.
Nusquam culta virent, hominis vestigia nusquam,
Nusquam terra oculis, nusquam sese objicit arbor.

Jam quater irriguos libraverat aere currus,
Memnonis impendens lacrymas aurora sepulcro,
Cum Macedum rector, et cætera turba superstes
Hammonis subiere nemus, fontemque biberunt,
Quem satis indignum est inter memoranda silere ;
Cum sol frenat equos, tepidos habet unda meatus,
Frigidior glacie est, quando ferventior arva
Exurit Titan, mediæ fervore diei ;
Axe sub Hesperio cum jam præsepia mundans
Solis equos stabulare mari parat hospita Thetis,
  Vers. 1526.

Ambrosiamque locat, et liberat ora lupatis :
Frigoris excluso paulum torpore tepescit
Fons Jovis, ac Phœbo torrentior æstuat idem,
Cum mundum madidis medius sopor irrigat alis ;
Quoque magis Phœbus solidum festinat ad ortum,
Tanto plus soliti reminiscitur unda teporis,
Et nocturnus eam cogit decrescere fervor,
Donec Phœbeo rursus languescit in ortu.

Rex ubi consulto lætus Jove munera solvit,
Regreditur Memphim licet affectaret adustas
Æthiopum gentes, et inhospita Memnonis arva,
Auroræ sedes, atque invia solis adire.
Sed durum Martis et inexpugnabile [49] tempus,
Et præfixa, dies mundi visura tumultus
Et strages pugnæ, quam maturaverat hostis,
Vicina instabat, positamque regentis in arcto
Cogit ab incepto mentem desistere voto.

Arctabant rigidam majora negotia mentem,
Interea Darii reparato robore, totus
Conjuratus adest in prælia mundus, eumque
Præteriti pudor et spes incentiva futuri
Rursus in arma vocant, coeunt in castra Quirites
Permisti agricolis, queritur cessare ligones
Radicosus ager, et sentibus obsita tellus,
Suspirant ad plaustra boves, dorsumque cameli
Barbaries gentis, elephantes bellica pressit
Machina, turrito gradientes agmine, nec se
Bubalus absentat, nunquam tot millibus Argos
Aggrediens hominum siccavit flumina Xerxes.
Sed neque tam multas collegit in Aulide gentes
Uxor adulterii, cum classi defuit æquor,
Virgineusque cruor monitu Calchantis iniqui
Detersit facinus, et ventos sanguine solvit.

Miratur Macedo, tot millibus ante redactis
In nihilum, plures rediviva morte renasci
Ad mortem populos rursusque ad bella vocari.
Non secus Antæum Libycis Jove natus arenis
Post lapsum stupuit majorem surgere, donec
Sublatum rapiens : Vana spe duceris, inquit,
Hic [50] Antæe cades. Vel cum tot cæde suorum
Fecundam capitum domuit Tirynthius Hydram.

Jamque per Euphraten discriminis immemor om-
                             [nis
Contemptor numeri, rapidum transegerat agmen
Terrarum domitor, exustasque ignibus urbes,
Quas aditurus erat, fumantesque invenit agros,
Quos duce Mazæo Darius præceperat uri
Ut tali articulo fortunæ flectere cursum
Possit, et *exutos Cereali munere frugum*
Cogeret audaci Graios desistere cœpto,
Desperare aditum per saxa rigentia flammis,
Molirique fugam, dum cuncta exusta viderent,
Et loca feta igni, et viduatos gramine colles
Otia cum sulci gemerent, victumque negaret
In cinerem resoluta Ceres. Sed sorte secunda
Usus Alexander ad summi semper honoris
  Vers. 1581.

[42] *nomen.* [43] *superis.* [44] *vibravit.* [45] *obterit.* [46] *Increscit.* [47] *suscepit.* [48] *auram.* [49] *inevitabile.*

Aspirans apicem, Tigri velocior ipso,
Tigri, qui celeri sortitur ab impete nomen,
Tigris aquas superat, qui gurgite saxa volutans
Grandia, marmoreas exit truculentus in undas.

  Nec mora, ne Dario regni penetrare liceret
Interiora sui, canis ut venaticus altis
Occultum silvis Actæona, nare sagaci
Vestigat, vel qui venator Gallicus aprum
Irato sequitur stringens venabula ferro,
Haud aliter Darium venatur, et *Arbela* præter
Castra locat, quem cæde sua, quem fraude suorum
Infamem facturus erat, periturus eodem,
Fixerat infausto jam tunc tentoria vico.

  Tempus erat dubiam cogens pallescere lucem,
Sed neque lux, neque nox imponit nomen, utrum-
                                                    [que est,
Et neutrum, tenui discrimine ; verius ergo
Ambiguum cum sit, dixere Crepuscula *nostri* [51],
Hesperus irriguum jam maturaverat ortum,
Jamque minante oculis caligine, sidera solis
Supplere officium, luna mediante, parabant ;
Cum Phœbe mundo fratris manifesta recessu
Exhilarans hominum nascenti climata gyro
Palluit, et primo defectus passa nitoris,
Demum sanguineo penitus suffusa rubore
Fœdavit lumen, Macedumque exterruit ipsos [52]
Cum vulgo proceres ; cum tantum frenderet ho-
                                                    [stis [53],
Cumque instaret eis, invito numine belli
Præfinita dies, parti feralis utrique,
Cœloque aspicerem minitantia sidera, tantum
Exhorrere nefas, atque id portendere signum.
Non mirum nutare animos armisque refertas
Dormitare manus ; trepidant concussa recenti
Corda metu, et rauco crudescunt murmure castra ;
In causa Macedo est, culpamque refundit in ipsum
Seditiosa cohors, jam tædet in ultima mundi
Invitos a rege trahi, montana queruntur
Invia, desertas Vulcano vindice terras ;
Urbes et fluvios admittere nolle nocentes,
Velle hominum dominos, diis indignantibus, esse,
Astra infensa sibi, solitumque negantia lumen,
Inscriptos homini, regem transcendere, fines,
Affectare polum, patriæ contemnere sedes,
Unius ad laudem tot inire pericula, tantas
Fortunæ variare vices, jam vulgus in istos
Exierat questus, jam seditione moveri
Cœperat, eventu cum rex interritus omne
Concilium vocat, et vates quibus arte magistra

  Vers. 1628.

A Astrorum dederat divina peritia [54] nomen,
Consulit, et lunæ quæ causa infecerit orbem ?
Quid superi super his [55] caveant ? quæ ænigmata
                                                    [fati
Significare velint ? jubet in commune referri.

  Inter sortilegos vatum, stellasque sequentes
Major [56] Aristander, sterili jam marcidus ævo ;
Parcite, ait, vanis incessere fata querelis,
Fata regunt stellas, et quos ab origine cursus,
Quæ loca, quos motus, vel quod [57] portendere ma-
                                                    [gnus
Ille sator rerum dedit, hoc certo ordine servant ;
Nec quidquam mutare queunt de mente profunda,
Quidquid ab æterno præviderit illa, futurum est.
Seu terræ incumbens extendat littora Thetis
B Gurgitis augmento, seu tellus subruat urbes,
Concursu [58] laterum, seu morbidus influat aer,
Seu tenebris fuscare diem, seu cornua lunæ
Caligare velit, seu tardius ire galerum [59],
Omnia descendunt a summo consule rerum.
Quo nisi consulto, nihil est quod sidera possint.
Inde est quod lunæ pallescit luridus orbis,
Cum terram subitura suos abscondere vultus
Fertur, et humano parat evanescere visu.
Vel cum fraterno premitur splendore Diana,
Qualiter accensæ jubar, igniculumque lucernæ
Invida [60] majoris obscurat flamma camini,
Dogma tamen veterum non vile, patrumque secutus
Memphios, haud dubitem Græcorum dicere solem,
C Persarum lunam, cum deficit ille, ruinam
Graium, Persarum cum deficit illa notari.

  Dixit et exemplis veterum [61] pro teste resolvit
Persidis acta ducum, quibus incumbente flagello
Fortunæ, obscuro lugubris Cynthia cornu
Palluerat ; stetit ergo ratum, quod cana senectus
Arguerat, meruitque fidem sententia vatis ;
Editaque in medium est, flexit pavitantia vulgi
Corda superstitio, qua nil districtius [62] ad se
Inclinat turbam, rapit ora, manusque refrenat,
Quæ cum sæva, potens, mutabilis æstuat æstu
Multivagæ mentis, vana si forte movetur
Religione ducum, spreto moderamine vatum
Imperium subit [63], et regum contemnit habenas.

  Ergo ubi torpentes spes et fiducia fati
D Erexit mentes, armis, dum corda calerent,
Utendum ratus est Macedo, ne frigeat ardens
Impetus, exemplo velli tentoria, circa
Noctis iter medium jubet, et præcedit ovantes
In primis, raro contentus milite, turmas.

  Vers. 1675.

ARGUMENTUM LIBRI QUARTI.

—

Quartus ad uxoris Darii lacrymabile funus
Convertit Magnum, Darium lamenta fatigant.

VARIÆ LECTIONES.

[51] *Græci.* [52] *omnes.* [53] *terra infrenderet.* [54] *potentia.* [55] *hoc.* [56] *Stabat.* [57] *quid.* [58] *concussu.* [59] *pla-*
nctam. [60] *vivida.* [61] *utens.* [62] *astrictus.* [63] *regit.*

LIBER QUARTUS.

Luridus, et piceo suffusus lumina fumo,
Quartus anhelanti ferales ante tumultus
Lucifer ibat equo, sterilesque [65] effusa per agros
Inter arenosi subjectum gurgitis amnem,
Et montem summo parientem [66] vertice nubes
Desertum rapiebat iter, spe ducta Pelasgum
Imperiosa phalanx ; cum regia decidit uxor
Captivarum inter molles collapsa catervas,
Quam dolor, absentisque viri, patriæque jacentis,
Continuusque viæ labor, exspirare coegit.
Non secus indoluit regum fortissimus ille,
Et pius eversor, quam si cecidisse peremptas
Nuntius afferret una cum matre sorores ;
Et lacrymis, quales Darius fudisset, obortis
Exiit in planctum juvenis jam cana senectus :
Funeris assedit loculo, et quæ rara tyrannis
Semper inest, fregit pietas generosa rigorem
Principis indomiti, lacrymasque extorsit ab hoste.
Post raptum semel hanc inspexerat ; at [67] pretiosa
Reginæ species non incentiva furoris
Causa sibi fuerat, custodem se esse pudoris
Maluit, et formæ, neutrumque sibi temerare
Gloria major erat, quam si violaret utrumque.
Nuntius ad Darium mediis elapsus Achivis
It spado *Tyriotes*, quem scissa veste cruentis
Unguibus, et lacero super ora jacente capillo,
Et vultum multo lacrymarum flumine mersum
Ut vidit ; Ne differ, ait, turbare, salutis
Si quid adhuc superest in me, mihi solve timorem

In luctum, didici miser esse, malisque retundi,
Hoc solamen, et hæc misero medicina malorum,
Sortem nosse suam ; ludibria cruda meorum,
Atque ipsis affers omni graviora flagello,
Quod tamen ipse loqui timeo. Tunc excipit ille :
Quantuscunque potest reginis, inquit, ab illis
Cedere, qui parent, honor et reverentia *cessit* [68]
A victore Tuis ; verum tua nobilis illa
Et soror et conjux, quod vix præsumo fateri,
Exiit a medio, corpusque reliquit inane.
  Tunc vero in gemitum et planctum conversa vi-
[deres
Castra, senex jacet exanimis, fœdatque verendam
Pulvere canitiem infelix, ideoque peremptam

Vers. 1727

A Uxorem, quia casta pati probra nollet, apud se
Nescius affirmat, unoque spadone retento
Excludit reliquos, jurat spado, nulla tulisse
Damna pudoris eam, nil importasse molesti
Raptorem raptæ, verum gessisse mariti
Officium lacrymis, et dignas indole tanta
Solvisse exsequias ; hinc sollicitudine mista
Suspicio, graviter animum trajecit amantis ;
Æstuat æger amans, a consuetudine stupri
Ortum conjectans raptæ et raptoris amorem :
Hæc captiva, inquit, et forma et sanguine clarens,
Hic dominus fuit, et juvenis, voluisse probatur,
Quod potuisse patet, his æstuat anxia curis
Languida mens Darii, donec testante Penates,
Et superos, servo castam vixisse maritam,
B Facta fides Dario ; tollens ad sidera palmas,
Et faciem irriguo lacrymarum fonte madentem :
Summe Deum Pater, inquit, et una potentia rerum
Di patrii, et quorum nutu stat Persicus [69] orbis,
Primum, quæso, mihi regnum stabilite, meisque :
Quod mihi jam tolli si præfinistis, et a me
Transferri fati jubet imperiosa voluntas
Regnum Asiæ, me post, hic tam pius hostis habete.
Tam clemens victor. Dixit, superosque profusis
Invitat lacrymis, ut vocem fata sequantur.
Et quanquam frustra, jam pace bis ante petita
Consilia in bellum converterat, hostis amore
Victus et exemplo, cum Palladis arbore tutos
Præfectos equitum, quibus allegatio pacis
Commissa est, jubet ire decem, quorum unus Achil-
C [las,
Qui quantum eloquio reliquis, tam præstitit ævo,
Sic cœpit : Darium, rex clementissime, pacem
Ut toties a te peteret, vis nulla subegit [70],
Sed tua, qua satis es in nostros usus, ab illo
Expressit pietas ; matrem, pia pignora, natos,
Absentes tantum, non captos sensimus, harum
Quæ superant, custos pius, et tutela pudoris
Haud secus ac genitor curam geris, omine fausto
Reginas dicis, hostilisque immemor iræ
Fortunæ speciem pateris retinere prioris :
Luridus in vultu color, et liventia fletu
Lumina, *convincunt* [71] quanto clementior hoste
Hostis es, et facies aufert velamina menti,

Vers. 1770

[64] somnis. [65] virides. [66] *Et silvas summo parientes.* [67] *et.* [68] *tantus.* [69] *sphæricus.* [70] *coegit.* [71] *conjiciunt.*

Talis erat Dariu, cum legaremur ab illo
Qualis Alexandri patet, uxorem tamen ille,
Tu luges hostem; clypeum jam læva teneret
Jam stares acie, jam te vibraret in hostem
Fulmineus *Bucephal*, jam te sentiret in armis
Horrificum Darius, nisi conjugis ejus humandæ
Cura moraretur : rata sit concordia, natam
Non sine dote offert Darius tibi, quidquid ubique
Terrarum est inter Phryxei littoris oram,
Euphratemque, tibi, nata mediante, precatur,
In dotem capito, teneatur filius obses
Et fidei et pacis : redeat comitata duabus
Virginibus mater, quarum ter dena talentum
Millia sunt [71] pretium, fulvo decocta metallo.
Quod nisi te superi majori pectore fultum
Humanosque artus divina mente beassent,
Tempus erat, quo non solum pacem dare, verum
Poscere deberes, et fœdus inire ; videsne
Quantus in arma ruat Darius? quot ab orbe remoto
Excierit gentes? quot classibus æquor obumbret?
Nec mare navigio, nec castris terra locandis
Sufficit, objectæ claudunt maris ostia puppes,
Quid moror? unus habet, quas non habet area vires.
   Magnus ut accepit Darii responsa, citatis
In cœtum ducibus, quidnam super his sit agendum
Consulit, ambiguum videas mussare senatum,
Et siluisse diu perhibetur curia, donec
Parmenio, cujus non tam facundia solers
Quam constans animus, nec ei tam dicere prom-
                           [ptum
Fortia quam facere est : dudum redimentibus, inquit,
Reddendos fore censueram, cum maxima posset
Ex ipsis, qui vel ob iter periere, vel arctis
Compedibus lapsi fugere, pecunia reddi :
Id quoque nunc censemus, ut auri pondere tanto
Imbellis populus, genitrix cum prole gemella
Permutetur anus, quæ Græcorum agmen, iterque
Impediunt potius, tam latum et nobile regnum
Conditione potes nancisier, absque tuorum
Sanguinis impensa, sed nec reor hactenus Istrum
Inter et Euphratem tot possedisse jacentes
Quemquam alium terras, tamen et graviora super-
                           [sunt.
Inspice quanta petas, quantumque reliqueris orbis
Post tergum domiti, patriam, non Bactra, vel Indos
Pectore habe memori : post fortia gesta reverti
Tutius in patriam est, quam vivere semper in ar-
                           [muis.
Consulis arbitrium tulit ægre Magnus : Et, a me,
Si essem Parmenio, oblata pecunia palmæ
Præferretur, ait, mallemque inglorius ire [73],
Quam sine divitiis palmam cum laude mereri.
At nunc securus sub paupertatis amictu
Regnat Alexander, regem me glorior esse,
Non mercatorem ; fortunæ venditor absit!
Nil venale mihi est, si reddendos fore constat,
   Vers. 1823.

A Gratius hoc gratis reddi, donoque remitti
  Censeo quam censu, pretium si dona sequatur
  Gratia non sequitur, nec habent commercia grates.
    Hæc ubi dicta super responso consulis : intr
Legatos jubet admitti, Darioque referri :
Quod clementer, ait, feci, quodque indole dignum,
Naturæ tribuisse meæ, non ejus honori
Me scierit, me femineum non sentiet hostem
Agmen, Alexandrum tuto contemnere possunt
Soli contempti, non infero talibus arm
Qui nequeant armis uti, quibus arma negavit
Naturæ pigra mollities, armatus oportet
Sit, quæmcunque odiis aut ira fecero dignum ;
Quod si forte bonæ fidei invigilaret, et [75] a me
Expeteret pacem, totoque recederet orbe,
B Ambigerem fortassis, an id concidere vellem,
Cumque meos modo pollicitis, ad proditionem
Sollicitet Darius, modo munere palpet amicos,
Ut mea fatali maturent fata veneno,
Persequar ad mortem ; neque enim mihi, justus ut
                           [hostis
Prælia molitur, verum ut sicarius, imo,
Ut verum fatear, ut latro, veneficus instat.
Conditio pacis quam vos prætenditis, illi,
Si tulero acceptam, palmam conferre videtur
Quæ trans Euphratem consistunt, omnia nobis
In dotem affertis [76], unde et vos arbitror esse
Oblitos, ubi colloquimur, mea transiit ala
Euphratem, metam dotis mea castra relinquunt.
C Pellite ab hinc regem Macedum, ut vestrum sciat
                           [esse
Quod mihi donatis, multum mihi præstat honoris,
Si me Mazæo generum præponere quærit ;
Ite reportantes vestro hæc mea dicta tyranno :
Quidquid habet Darius, quæcunque amisit, et ip-
                           [sum,
Esse mei juris, et pugnæ et præmia *Graium* [77].
   Sic ait, et Persas celeres in castra remittit.
Mittitur a Dario Mazæus, ut occupet, hostis.
Quos aditurus erat colles, et plana viarum,
Interea Macedo condivit aromate corpus
Uxoris Darii, tumulumque in vertice rupis
Imperat excidi, quem fructum schemate miro
Erexit celeber digitis Hebræus Apelles
D Nec solum reges et nomina gentis Achææ,
Sed Genesis notat historias, ab origine mundi
Incipiens : aderat confusis partibus hyle,
Et globus informis vario distincta colore
Quatuor impressis pariens elementa sigillis [78].
Hic operum series, quæ sex operata diebus.
Est Deitas, inter quæ, auro spirante nitorem,
Luciferum, et rutilis lambentibus aera gemmis,
De tenebris primam videas emergere lucem.
Dignior hic inter animas ratione carentes
De limo formatur homo, quem costa fefellit
Propria, lethifero colubri seducta veneno.
   Vers. 1876.

VARIÆ LECTIONES

[71] *sint.*   [73] *esse.*   [74] *sequantur.*   [75] *ut.*   [76] *offertis.*   [77] *Graiis.*   [78] *figuris.*

Exclusis pátribus, primaque a matre receptis
Ignea virgulti limen rhomphæa *tuetur* [79].
Inde Cain profugus bigami non effugit arcum,
Pullulat humanum genus, et polluta propago,
Decedit virtus, vitium succedit, adhærent
Conjugio illicito, pietas rectumque recedunt ;
Factorem, si triste notes in imagine signum,
Pœnituisse putes hominem fecisse. Laborat
Arcifaber [80], genus omne animæ clauduntur in arcâ.
Post refugos fluctus replet octonarius orbem ;
Vinea plantatur, et inebriat uva parentem.
Hic patriarcharum seriem specialibus [81] aurum
Exprimit, emeritos videas ridere parentes ;
Venantemque Esau, turmisque redire duabus
Luctarique Jacob ; sequitur distractio Joseph,
Et dolus, et carcer, et transmigratio prima
Hic dolet Ægyptus denis percussa flagellis ;
Transvehit Hebræos, equitatus regis et arma
Subruit, et puro livescit Pontus in auro.
Hic populum manna desertis pascit in arvis [82] ;
Lex datur ; et potum sitienti petra propinat ;
Succedit Ben Nun Mosi post bella sepulto,
Natio subjicitur, Jordanes contrahit amnes
Post cineres Jericho *furtum reus eluit* Achor,
Persolvit *Josue* naturæ debita , postquam
Funiculo patrium divisit fratribus orbem,
Judicibus tandem populum supponit Apelles.
Inter quos Samson fortissimus, attamen [83] illum
Fortior excæcat præciso [84] Dalila crine.
Ruthque Moabitis viduata priore marito,
In genus Hebræum felici fœdere transit.
  Altera picturæ sequitur distinctio, reges
Aggrediens, funusque Heli Samuelis ab ortu,
Murmurat in Silo populus ; de *Benjamin exit
Qui regat Hebræos, sed enim quia dissonat ejus
Principio finis, Isai de semine princeps
Præficitur populo, qui contudit arma Goliæ,
Inque acie belli eum prole, cadente tyranno,
Regia desertos damnat maledictio montes.
Hic *Asael, Abnerque cadunt, incurrit *Urias
Quam tulerat mortem, patricidam detinet arbor,
Quem fodit hasta viri, patriam lugere putares
Effigiem ; sed postquam humanitus accidit illi,
Construitur templum, vivunt mandata sepulti
Pacifico regnante, patris, nec sacra tuetur
Ara Joab, Semeique vorax intercipit ensis,
Consilio juvenum *perdurat* [85] schisma perenne
Cum populo regum, lis est de divite regno [86].
Quodcunque alterutrum præclare gessit, eodem
Marmore docta manus, et res et nomina pingit ;
Ne tamen infamet gentem, et genus, idola [87] regum
Sordes fraterni, Samariæ, numina regni
Præterit, et funus *Jesabel de turre cadentis,
Morsque tacetur Achab, et vinea sanguine parta.
  — Vers. 1930.

Non illi cum socio quinquagenarius ardet.
Sed gens sacra Baal gladio feriuntur *Eliæ,
Discipulusque dolet non comparere magistrum.
  Quos tamen illustres declarat pagina reges
Altior ordo tenet, Ezechias idola purgat,
Et revocat longo sopitas tempore leges :
Hic ægrotantem videas, solisque recursum,
Et clarum titulis celebrantem Pascha *Josiam ;
Præter quos nullus regnavit in omnibus expers
Labis apostaticæ, nullusque a crimine mundus.
  Ecce prophetarum quo rege et tempore quisque
Scripserit, effigies habet altior ordo locatas ;
Hic signum dat Achaz : ecce, inquit filius Amos,
Virgo concipiet. Hic sub Joachim *Jeremias
Occasum dolet, et : Dominum nova monstra creasse
In terra [88], mulierque virum circumdabit, inquit,
Et stans Ezechiel post captam a gentibus urbem,
Se vidisse refert clausam per sæcula portam,
Scilicet intactæ designans virginis alvum.
Occidetur, ait Daniel, post *temporis* [89] *illas*
Hebdomadas Christus ; vatum bissena sequuntur
Nomina, cum titulis et in unum consona dicta
Ultima pars regnum Cyri, populique regressum
Sub duce *Zorobabel habet, hic reparatio templi
Pingitur, historia non prætermittitur Esther
Causaque mortis Aman, stolidæque superbia Vasti,
Hic sedet in tenebris privatus luce *Tobias,
In castrisque necat Holophernen mascula Judith,
Totaque picturæ series finitur in Esdra.
  Magnus ut, exsequiis tumulo de more peractis,
Inferias solvit, festinus castra moveri
Imperat, et rapido cursu bacchatur in hostem,
Et Menidam raro contentum [90] milite campos
Explorare jubet, ubi rex Persæque laterent,
Quo procul inspecto Mazæus præpete cursu
Contraxit turmas, et sese in castra recepit ;
At Darius patulis avidus decernere campis.
Instaurat bellorum [91] acies, cuneosque pererrans,
Pectora tam monitis onerat *quam præstruit armis.
  Jam loca Pellæus castris elegerat, unde
Aurea Persarum poterant tentoria cerni ;
Jam vexilla ducum spatio distantia parvo
Jam stabant acies, hinc inde volare videres
Ventorum facili incursu per [93] inane dracones ;
Cum Macedum furor infremuit, strepituque soluto,
In Persas raucis stridoribus impulit auras.
  Nec minus adversi certant elidere Persæ
Horrifico clangore polum, tremit orbis et axis
Ad sonitum, tremuloque genu vix sustinet Atlas
Perpetuum pondus, rursus nova bella gigantum
Orta putans *resilit replicatis vocibus* echo,
Et patulæ rauco respondent gutture valles,
Armatas inhibere manus, populique furorem
Vix potuit Macedo, quin excitus ordine rupto
  Vers. 1984.

VARIÆ LECTIONES.

[79] *custodit virgulti rhomphæa limen.* [80] *Archifaber.* [81] *speculatius.* [82] *agris.* [83] *et tamen.* [84] *pretioso.* [85] *pharizæat.* [86] *Et populi, et regum.* [87] *Æolice.* [88] *terris.* [89] *septuaginta.* [90] *contemptum.* [91] *bellis.* [92] *armat.* [93] *impulsu facili per….*

t renderet; incussoque gradu, raperetur in hostem.
Sed quia jam fessus emenso Cynthius orbe
Obtenebrans faciem, ne funera tanta videret,
Emerito, mergi certabat in æquora, curru.

   Ipse jacit vallum, et Graiis edicit eodem
Castra locare loco; paretur, et aggere facto
Se rapit ad tumulum, quo totum cominus hostem,
Et sparsas oculis potuit revocare phalanges;
Totaque venturi facies discriminis illi
Objicitur, videt armisonas radiare cohortes,
Distinctas acies, phaleris, auroque superbas,
Barbariem populi, confusaque murmura vocum
Audit, et horrisonus aures percellit equorum
Hinnitus, quæ cuncta viro, si credere fas est,
Incussere metum, facilemque ad nobile pectus
Corque giganteum reor ascendisse pavorem.

   Non alio Typhis curarum fluctuat æstu
Cui blandita diu zephyri _moderatio_ [94] solo
Flamine contentam ducit sine remige puppim,
Nereidumque chorus placidis epulatus [95] in undis
Si procul instantes videat fervere procellas,
Et celeres phocas imis a sedibus Auster
Præmittens madidis jam verberat aera pennis,
Inclamat socios laxisque rudentibus ipse
Convolat ad clavum, laterique aplustre maritat;
Non secus ut vidit tot millibus arva prementes
Barbaricos instare globos, jam credere fas est
Magnanimum timuisse ducem; vocat ergo Quirites,
Seu dubiæ mentis quid agat, seu verius ut sic
Experiatur eos, quæ sint tractanda, requirens.

   Exspectata diu tandem sententia docti
Parmenionis habet [96]; ope noctis eis opus esse,
Et furto potius, quam bello censet agendum.
Attonitos subito casu, caligine noctis
Oppressos placidæ torpore quietis, inertes,
Moribus et linguis discordes posse repelli
Ex facili, aut cædi gladiis, aut cedere victos.
Nam si res agitur de luce, horrenda Scytharum
Corpora, et intonsis invisi crinibus Indi,
Et quos Bactra creant, immensa statura gigantum
Occurrent [97] oculis, et inani quassa pavore
Pectora terribiles poterunt pervertere formæ;
Addit, et a paucis hominum tot millia gentis
Nec circumfundi, nec bello posse moveri;
Præterea Darium probat elegisse jacentes
Planitie campos, et non, ut contigit ante,
Ciliciæ angustas inter decernere fauces;
Tota fere Macedum laudat manus hoc, et in unum
Consonat, hos inter Polypercon, nocte fruendum.
Asserit, et positum Graiis in nocte triumphum.

   Hunc rex intuitus; neque enim jam Parmenionem
Sustinet arguere, et tumidis offendere dictis,
Quem modo consultum satyra percusserat acri:
Hic latronis, ait, mos, et solertia furum est,
Quam mihi suggeritis, quorum spes unica, voti

   Vers. 2039.

Summa, nocere dolis, et fallere fraude latenti.
Gloria nostra dolo non militat, ut nihil obstet
Quod mihi candorem famæ fuligine labis
Offuscare [98] queat, jam non angustia saltus;
Et Cilicum fauces, Dariive absentia segnis,
Nec furtiva placent timidæ suffragia noctis.
Aggrediar de luce viros, victoria quam nos
Molimur gladiis, aut nulla sit, aut sit honesta.
Malo pœniteat fortunæ, et sortis iniquæ
Regem, quam pudeat parti de nocte triumphi.
Vincere non tanti est, ut me vicisse dolose
Posteritas legat, et minuat versutia palmam [99],
Quin, ne fallantur, ne comperiantur ab hoste,
Persarum vigiles, et in armis stare catervas
Compertum est, igitur vestris impendite curam
Corporibus, somnoque operi reparate diurno,
Vicinæ memores motus instare diei,
Quæ vobis [100] medium pessumdare debeat orbem.
Hisque peroratis redit in tentoria miles.

   Econtra Darius Persas haud segnius armat,
Præmunitque suos, facturum conjicit hostem
Quæ [1] facturus erat, si Parmenionis haberet
Consilium vires, mandunt alimenta furoris,
Quadrupedes frenos, phalerataque terga relucent,
Ignibus accensis acies ardere videntur,
Sideribus certant galeæ, clypeisque retusis
Invenisse pares flammas stupet arduus æther,
Et metuit cœlum fieri ne terra laboret;
Nec minimum gaudet nox instar habere diei.
Nam pro sole sibi Darii datur æmula Phœbi
Cassis, et in summo lampas sedet ignea con[1],
Sideraque noctis obscurans, solaque solis
Solius radiis indignans cedere, quantum
Lumine cedit ei, tantum præjudicat illis.
Mille micant lapides in gyrum, nullus eorum
Quem jubar ardoris non disputet esse pyropum.

   Invasit subitis concussum motibus ingens [dum]
Agmen utrumque timor, jamque ausa fovere secun-
Aurea sponda Jovem, sed non spondere soporem,
Implicitum curis corpus regale tenebat,
Nunc placet in dextrum cuneum de vertice montis
Mittere Grajugenas, nunc lævum frangere cornu,
Et nunc oppositis occurrere frontibus hosti,
Molitur modo falcatos eludere [2] currus,
Insomnemque trahit, agitat dum talia noctem
Nec capit angustum curarum [3] millia pectus.

   Insula multifidi quam Tybridis alveus ambit,
Est ipso reverenda loco, quam vindicat orbis
Imperiique caput, quadris ubi firma columnis
Stat sita, sub clivo lunaris in aere motus,
Regia, reginæ cujus Victoria nomen,
Mille patet foribus, tremulisque sonora lapillis
Intremit attactu, totique immurmurat orbi
Cardo semel flexus, ad limina prima susurrat,
Introitumque tenet, curarum [3] sedula mater

   Vers. 2094.

VARIÆ LECTIONES.

[94] _moderantia._   [95] _epulatur._   [96] _adest._   [97] _occurrunt._   [98] _obscurare._   [99] _famam._   [100] _novis._   [1] _Quod._
[2] _clidere._   [3] _causarum._

Ambitio perpox, solio sedet intus eburno
Diva, triumphales lauros moderante ⁴ cap llos
Munifica munita manu, cinguntque sorores
Ejus utrumque latus, et regia tecta coronant
Perpetuæ comites. Lyrico modulamine carmen
Immortale canens et in ævum Gloria vivax,
Majestasque premens, rugoso sæcula fastu,
Conciliansque sibi facilem reverentia plebem
Et Dea quæ leges armat, quæ jura tuetur
Justitia, in neutram declinans munere partem:
Assidet his, stabilitque dea Clementia regnum,
Sola decens *miseri* misereri et parcere victis :
Has inter locuples, sed barbara moribus astat
Fomentum vitii, genitrixque Pecunia luxus,
Pacifico reliquis prælibans oscula vultu,
Immemor est ⁵ odii finis, Concordia belli
Et Pax *arva colens*, et pleno Copia cornu
Applausus a fronte sedent, qui seria ludis
Miscentes, divam vario oblectamine mulcent;
Et favor ambiguus, et blæso subdolus ore
Risus adulator, commentaque ludicra divæ
Singula *pollicibus* aptant et musica circum
Instrumenta sonant, numeros aptante Camœna.

Hæc ubi tot curas volventem pectore Magnum
Vidit, perpetuos cui continuare triumphos
A cunis dederat, metuens ne forte futuri
Naufragium Martis insomnes mergeret artus,
Emicat extemplo, velataque nubis amictu,
Antra quietis adit, et desidis atria somni;
Atque ita : Surge, Pater, Macedumque illabere regi
Dum jacet, et curis animum corpusque relaxat.
Dixerat : ille gravis vix se torpore soluto
Excutiens, madidas libravit ⁶ in aera pennas,
Quo se cunque rapit lethæo tacta liquore
Sidera dormitant, solitos oblita meatus.

Ergo ubi torpenti Græcorum castra volatu
Attigit, expulso curarum examine, totus ⁷
Principis incubuit castris atque imbuit ejus
Rore papavereo respersa medullitus ossa.
Sic animum regis prius anxietate gravatum
Altior oppressit resoluto corpore somnus,
Posseditque diu, donec caligine mersa
Noctis, Hyperborei languerent sidera plaustri,
Ætheriosque celer stimularet Lucifer ignes:
Et jam pestiferæ ducens præsagia lucis
Prodierat Titan, Nabatheis luridus undis,
Conveniunt proceres orta jam luce Pelasgi
Ad regem, insolito thalamis de more ⁸ vacantem ⁹
Mirantes : alias vigiles excire solebat,
Et stimulare pigros, et maturare morantes :
At nunc cum summi discriminis arceat hora
Quod premat alterutram fatali turbine turbam,
Explicitum curis, torpore quietis inertem
Mirantur juvenem ; sunt qui latitare paventem,
Celantemque metum tenebris, nec cedere somno
    Vers. 2149.

A Credere sustineant, tutorum corporis ejus
Nemo vel intrare propiusve accedere fidit,
Nec munire latus armis sine voce jubentis,
Ire nec in turmas audet sine principe miles :
Parmenio, ne qua bellum ratione moretur,
Utile consilium ratus est, ut corpora curent,
Utque cibos sumant, pronuntiat ergo tribunus ¹⁰ :
    Jamque movente gradus adversa parte, necesse
Illis erat exire : stratum tunc denique regis
Dux adiit, quem sæpe vocans, cum voce nequiret,
Excivit leviore manu : Lux, inquit, oborta est;
Nunc ego te moneo molles excludere somnos,
Quæ te tanta quies tenuit ? jam Meda propinquant
Agmina, jam cuneos admovit cominus hostis
Jam Bellona furit, sed adhuc exspectat inermis ¹¹
B Imperium tua turba tuum : rigor ille vigoris
Et virtus animi, quæ nunquam fracta resed't
Hæc ubi nunc ? sane vigilum pigritantia somno
Corda ciere soles. Crede, inquit Martius heros
Admitti somnum mihi non potuisse, priusquam
Exonerata graves posuissent pectora curas.
    Miranti sine fine duci, quod libera curis
Pectora dixisset Macedo, sed quærere causam
Non tamen audenti . cum vicos ureret, inquit,
Hostis, cum vastaret agros, exscinderet urbes,
Cum fugeret, sese diffidens credere fatis,
Justa mihi tunc causa metus, onerataque curis
Mens erat, alternam non admissura quietem.
At nunc cum Darius coram me, totus, et ejus
C Copia tota mihi sese præsentet in armis,
Nec fugiens possit divortia quærere Martis,
Quod metuam nihil est ; sed quid moror ? ite parati,
Ut mos est, alias replicabo licentius ista.
    Dixit : et armari lituo præcone, Pelasgos
Imperat ¹², ipse suis aptat munimina membris
Ærea crure tenus serpens, descendit in ¹³ imos
Squama pedes, natum mordacis acumine dentis
Castigare moras, et pennas addere plantis
Calcar inest, ut, cum profugos prævertere cursu
Tentabit, si vox non excitet, aut tuba lentum
Cornipedem, saltem stimulos latus audiat acres.
At læves ¹⁴ humeros, et pectus herile tuetur
Vertice dependens triplici toga ferrea nexu,
Quæ ¹⁵ teretes ulnas maculis circumligat uncis,
D Sed parcens oculis, hostem dat posse videri.
Tutior ut lateat duplici protecta galero
Corporis humani pars dignior, ærea cassis
Imprimitur capiti, flammantibus ignea cristis :
Inseritur lateri, rivos factura cruoris
Dira lues, gladius, per quem Jovis atria nigri
Manibus exspectant vacuos implere Penates.
Poscitur hic *Bucephal*, cui rex ut præpete saltu
Insedit, domuitque ferum, domitor ferus orbis,
Læva manus clypeo felici fœdere nubit,
Sic tamen ut frenis æquo jungatur amore,
    Vers. 2204.

VARIÆ LECTIONES.

⁴ *mordente*. ⁵ *estque*. ⁶ *Vibravit*. ⁷ *stratis*. ⁸ *dormire*. ⁹ *jacentem*. ¹⁰ *tribunis*. ¹¹ *in armis*. ¹² *Jussit*. et. ¹³ *ad*. ¹⁴ *latos*. ¹⁵ *Et*.

Fraxinus in dextra est, cujus flagrante coruscat
Vexillo cuspis, et verberat astra leone.
  Non magis in [16] primo duri discrimine Martis
Hunc alacrem videre sui, veniente suorum
In medium Magno, spes sana resuscitat ægrum
Agmen, et in vultu victoria visa sedere est.
Ipse suis igitur distinguens partibus agmen,
Disponens [17] aciem, quo debuit ordine, currus
Falcato Dario, quæ spes est sola triumphi,
Excipere ordinibus laxis, cœtuque soluto,
Evitare jubet, et non impune vagari
Aurigas et equos, sed eos involvere telis.
Dumque monet, munitque suos, dum pectora dictis
Roborat, elapsus a Medis transfuga Medus
Transmeat [18] ad regem Macedum, qui ferrea terræ
Instrumenta refert astu mandata [19] latenti,
(Muricibus nomen) quibus etsi [20] viribus hostem
Vincere non possit, retinere tenacibus uncis
Sperat, et occulta Graios sorbere ruina.
Quo simul [21] accepto, Medus ne ficta loquatur,
Ne capiat sermone suos, rex imperat [22] illum
Servari, tamen ipse locum fecitque notari
Monstrarique suis, ubi rex Babylonius arte
Fretus Ulyssæa terræ mandaverat uncos.
Neve repulsa dolis succumberet ardua virtus,
Omnibus ostendi jubet, ostensumque caveri
Suspectum de fraude locum, tunc vero fluentes
Præcedens acies, verbo nutuque loquaci
Ad lites animans : vestris labor ultimus, inquit,
Præ manibus socii, bellum quod Granicus amnis
Vidit, et angusto Cilicum victoria saltu
Quid laudis, quid honoris habet? nisi fine beato [23]
Terminet extremum Deus et fortuna triumphum?
Sed fortuna *dea est, atque hæc* pro viribus astans
Semper Alexandro, tam sub me sceptra tenere
Quam sub me gaudet alios regnare potentes.
Hæc, ubi me Macedum moderantem Græcia vidit

A Frena, meos extunc promovit, eisque nocere
Velle licet liceat, sed non audere licebit.
Ista nihil, præter numerum discriminis affert,
Tam populosa cohors, sed [25] ad hoc fortuna laborat,
(Quam pudet exiguos toties numerare triumphos)
Ut mihi vincendum semel, et simul afferat orbem.
Tanto pluris erit nobis victoria, quanto
A paucis partam de pluribus esse liquebit.
Ite per imbelles, gladio ductore, catervas :
Cernitis ut solem gemmis auroque corusci [26]
Obscurent clypei? lapidumque superbia conos
Occupet ardentes, ut purpura vestiat agros?
Vincere quis nolit, ubi sic in bella venitur?
Quis nisi mentis inops oblatum respuat aurum?
Congestas Orientis opes, Arabumque laborem,
B In promptu capere [27] est, menti si pareat ensis,
Si cupido cordi gladii respondeat ictus,
Si tam cædis amans animus, sitiensque cruoris
Quam sitiens auri, vestrum est quodcunque videtis :
Non ascribo meum, tantum mihi vincite, prædam
Dividite inter vos, qui mecum vincere certas [28]
Participem me laudis habes [29], tibi cætera tolle,
Exemplar virtutis habe formamque gerendi
Martis, Alexandrum, nisi primus in agmine primo
Rex apparuerit, si tergum verterit hosti
Excusatus eris, veniamque merebitur ille
Qui fugiet, si [30] lentus agam [31], si vero remisse
Nil aggressus ero, si nunquam dixero forti :
I, prior, i, sed in arma veni præcedere jussus,
C Tunc demum socios sum dignus habere sequaces :
Exemplo moveat [32] fortes, documenta vigoris
Exhibeat, quicunque regit. Sic fatur, et ecce
Concurrunt acies : it tantus ad æthera clamor
Et vulgi strepitus, quantus si dissona mundi
In chaos antiquum recidiva lite relabens
Machina corrueret, rerum compage soluta,
Horrisonum concussa darent elementa fragorem.

ARGUMENTUM LIBRI QUINTI.

—

*Quintus habet strages varias, et funera charis
Deplorata suis, victos apud Arbela Persas.
Consulit Arsacides [33] duro de tempore tractans,
An potius sit ei reparato robore latis
Medorum regnis rursus concurrere [34] fatis?
Sed proceres hærent. Ad donativa maniplos
Convocat Æacides, et donis vulnera curat.
Ecce vir illustris, et non inglorius illa
Præcedente acie, stipatus prole virili
Mazæus, regem Babylonis mœnibus infert.*

LIBER QUINTUS.

Lege Numæ regis lata de mensibus olim,
Quintus ab ancipiti descendens ordine Jano
  Vers. 2290.

D Mensis erat, roseis distinguens partibus annum,
Et gemino plausu gaudebant, hospite Phœbo,
  Vers. 2292.

VARIÆ LECTIONES.

[16] *a.*   [17] *Disponensque.*   [18] *Transvolat.*   [19] *mandasse.*   [20] *ut si.*   [21] *semel.*   [22] *præcipit.*   [23] *habent.*   [24] *se.*
[25] *et.*   [26] *coruscum.*   [27] *rapere.*   [28] *curas.*   [29] *habe.*   [30] *qui.*   [31] *agit.*   [32] *moneat.*   [33] *Arsamides.*   [34] committere.

Ledæi fratres, prima cum parte diei
Concurrere duces, emenso tempore cujus
Prævidisse luem Medis Persisque futuram
Creditur, et Daniel scripto mandasse latenti.
Adfuit a gelidis ³⁵ veniens aquilonibus Hircus,
Ultio divina, prolesque Philippica, Magnus ;
Quem procul ut vidit galea flammante coruscum
Indus Aristomenes, denis elephanta flagellis
Prodigus excutiens medicata cuspide ferrum
Immersit ³⁶ clypeo, sed eo lorica retuso
Tutatur corpus, at Magnus arundine monstro
Obviat, et qua se lateri promuscide jungit,
Vitales aperit ferro mediante latebras.
Fit fragor ingentem monstro faciente ruinam ;
Sed cum præcipiti cecidisset bellua lapsu,
Ultor Aristomenon, et parcere nescius ensis
Acephalum reddit. Nostra est victoria, nostra est,
Ingeminant Græci : Persæ glomerantur in unum,
Missiliumque frequens regem circumvolat imber.
Sed nec gesa ³⁷ movent, nec sævior ense bipennis :
Quem, duce fortuna, virtus infracta tuetur,
Ille per insertos invictus et impiger enses,
Telaque perrumpens ³⁸ volat, ignoratque moveri,
Ferreus armatos contundens malleus artus,
Quo feriente cadunt, Elephaz Pharaone creatus,
Et Pharos Orchanides ; Elephaz gladio, Pharos ha-
[sta ³⁹,
Hic eques, ille pedes, Ægyptius hic, Syrus ille.
Sicca prius, sterilisque diu jam flumine fusi
Sanguinis humet humus, jamque unda cruoris ⁴⁰
[inundat
Telluris venas, cadit infinita vicissim
Persarum, Macedumque manus : jacet ense * *Phi-*
[*lottæ*
Henos et Caman ; Henos quia fuderat ense
Euryphilum, Caman ; quia Laomedonta securi :
Ibat Alexandro vulnus lethale daturus,
Si sineret fortuna, Geon, maris incola Rubri,
Informis facie, quem creditur una gigantum,
Quippe giganteis ducens a fratribus ortum,
Æthiopi peperisse viro, qui corpore matrem
Immani referens, nigroque ⁴¹ colore parentem,
Quos terrere nequit nigredine, corpore terret.
Fuderat ergo viros, clava ter quinque trinodi,
Agmina dum Graium sinuoso turbine rumpens
Ad Magnum molitur iter : ceu dissipat acri
Dente canes Nemeæus aper, cui sudat apertis
Spuma labris, dorso, valli riget instar acuti,
Seta minax, humeroque canes supereminet omnes,
Nunc hos, a læva, dextra nunc fulminat illos,
Nunc caput in renes obliquat, rursus ab illis
In latus oppositum, partemque tuetur utramque
Si non ignarus volucri defendere gyro.
Ventum erat ad regem, miratur Martius heros
Visa mole viri, dumque arduus ille cruentam
Vers. 2304.

A Erigeret clavam, clamoso gutture regi
Intonat : Heus, inquit, quis te furor egit in hostem .
Magne giganteum ? quem sidereas Jovis arces
Affectasse legis, a quo vix fulmine tandem
Tutus in ætheria mansit Saturnius arce?
Nondum finierat, agili cum torta lacerto
Pinus Alexandri, medio stetit ore loquentis,
Faucibus astringens ⁴² linguam, ne deroget ultra
Cœlicolis, sed adhuc stantem, telumque cruentum
Mandentem, Macedo tum demum admissus equini
Pectoris impulsu quatit, explicitumque per artus
Reddit humo natum, plangit percussa jacentem,
Mater humus prolem, tantumque dat icta fragorem,
Quantus, ubi annosam, sed adhuc radice superbam
Montibus evellit Boreæ violentia quercum.
B Concurrunt Argiva phalanx, stratumque Geonta
Confodiunt jaculis, gladiosque in viscera condunt.
Quem tandem lacerum vultus, ac mille retusum
Pectora vulneribus, Acherontis ad antra remittunt.
Parte furens alia, Persarum ⁴³ proterit agmen
Inclytus ille Clytus, cujus soror ubere Magnum
Lactavit proprio, sed quæ provenerit illi
Gratia pro meritis, magis arbitror esse silendum :
Hunc ubi germani respersum sanguine vidit
Sanga Damascenus, fraterno motus amore,
Ter gemitum dedit, et repetita medullitus alto
Pectore confusam repetunt ⁴⁴ suspiria vocem,
Cumque tribus jaculis, frendens explere nequiret
Pectoris affectum, stricto mucrone, micanti
C Emicuit curru, quaque huic flagrante pyropo
Ardebat cassis, claro caput arguit ictu,
Et nisi loricæ latuisset tuta galero,
Plorasset cerebrum, terebrata casside, cervix.
Sed licet attonitus mananti sanguine Sangæ :
Non tamen ignarus gladio respondet, idemque
Quod modo transierat primi per vulnera ⁴⁵ fratris
Balneat alterius intra præcordia ferrum.
Diriguit primo spectata cæde suorum
Metha ⁴⁶ pater, nec quos lacrymarum funderet im-
[bres
Invenit facies, etenim dolor intus obortas
Sorbuerat lacrymas ; et compluit intima cordis
Arida, decrepitæ faciei debitus imber,
Supplevitque vices oculorum flebile pectus.
D Palluit exanimis, dextra languente, gelato
Corde senex, et mors in vultu visa sedere est :
Mox ut ⁴⁷ mens rediit, redivivo sanguine, tandem
Singultum medias interrumpente querelas .
Tunc duos, inquit, tortor sævissime, fratres,
Tunc duos ante ora patris mucrone vorasti ?
Non veritus patris emeriti, miserique parentis
Præcipitare dies ? sed ut ulterius tibi nullum
Non pateat facinus, ferro, fera tigris, eodem,
Quo mea, me coram, rupisti viscera, ferro
Junge patrem natis, et funera terna remitte
Vers. 2358.

VARIÆ LECTIONES.

³⁵ *siccis.* ³⁶ *immisit.* ³⁷ *tela.* ³⁸ *prorumpens.* ³⁹ *ense.* ⁴⁰ *imbuit unda cruoris.* ⁴¹ *aliumque.* ⁴² *affigens.*
⁴³ *Parthorum.* ⁴⁴ *reprimunt.* ⁴⁵ *viscera.* ⁴⁶ *Mecha.* ⁴⁷ *ubi.*

Conjugis et fratrum, viduæ plangenda parenti :
Si qua tamen conjux, si quis tibi filius hæres,
Aut soror aut mater, Parcarum vindice filo,
Quod doleo doleant, et idem quod lugeo plangant.
Dixit, et imbelli jaculatus missile-dextra
Torsit in ora Clyti, quod vix umbone moratum
Ocius avellit Clytus, et qua sacra retortis [48]
Canities nemorosa pilis vergebat in armos
Hispida lethali pertundit [49] guttura ferro.
Ille ruens cecidit, visù miserabile, natos
Inter semineces, prolemque amplexus-utramque
Tendit ad infernam natis comitantibus urbem.
Jamque propinquarat [50] regali prodita luxu
Ipsa acies Darii, curruque micabat ab alto
Rex, regem innumera lapidum prodente lucerna,
Obstupuit tanta percussus luce * Nicanor ;
Utque erat in dextro cornu dux agminis, illuc,
Applicuit cuneum belli, quem sorte regebat
Commissum, primis arrisit subdola gestis
Ejus, et excepit blande fortuna-ruentem [51]
Parmenione satum, vix obstitit unda clientum
Primo congressu, stabilemque * Nicanoris alam
Sustinuit tepide, donec Rhemnon Arabites [52]
Turbidus in medios ruit, obsitus imbre Quiritum,
Et stabilit profugos, mentesque redintegrat ægras.
Statur, et immotis figunt vestigia plantis,
Eminus occumbunt jaculis, et turbine fundæ,
Cominus et gladio, cerebrum sitiente securi,
Interdum livore sudum, vepribusque cruentis
Rem peragunt pedites, sedes [53] implentur avari
Ditis, et umbriferi domus insatiabilis antri [54],
Rumpere fila manu non sufficit una sororum,
Abjectaque colo Clotho, Lachesisque virorum
Fata metunt, unamque duæ juvere sorores,
Mistà plebe duces pereunt utrinque, sed inter
Millia tot procerum, speciali laude refulgens
Inclytus emicuit [55] numerosa cæde * Nicanor,
Perque tot objectos vestigat [56] Rhemnona Persas,
N.I actum credens fusis tot millibus, ipsum
Cum videat superesse ducem, dominumque cohor-
[tis.
Nec mora conspicui turba cedente suorum
Concurrere duo, ferit horrifer [57] astra boatus,
Et populi quatit arva fragor, ferrata coactis [58]
Cornipedum pedibus putres terit ungula glebas,
Cominus admissi congrediuntur [59], uterque
Cuspide prætenta superos agnovit in ictu
Proprios, crudeque licet pulsatos acerno
Stipite mansit eques tamen, hinc vacuata propin-
[quum
Vertitur ad capulum manus ærea, casside cassa
Erumpens [60] rigat arva cruor, nec sustinet iras
Macronis clypeus, genibus cecidere remissis
Vers. 2409.

A   Vectores, vectique simul, prior ense retecto [61]
Surgit * Parmenides, et pectora Rhemnonis acer
Arctat utroque genu, donec vitalia Parthi,
Et ventris latebras, capulotenus induit ensis.
    Extemplo turbati Arabes, et lite relicta,
Vertere terga parant, sed quos Hyrcania gignit
Conspicuos in Marte [62], supervenit ala Quiritum
Excedens numerum, inclusumque * Nicanora vallo
Armisonæ sepis, facta statione, coronant ;
Obruitur primo jaculis, strepit ærea cassis
Glandibus et saxis, tantamque sibi lacer orbis
Obstupet innasci veterato [63] robore silvam ;
Jamque pedes, ulnæque labant, mistoque cruore
Membra lavat [64] sudor, sed mens, infractaque vir-
[tus,
B   Et princeps animus capto sub corpore regnat [65],
Totque lacessitus jaculis, et cæstibus ille
Murus Alexandri, sed non sine nomine tandem
Procubuit [66], multamque sua cum strage ruinam
Persarum, trahit unius damnosa ruina,
Qualis Romulea [67] cecidit cum turris in urbe,
Turbine fulmineo vicinas obruit ædes.
Interea, Macedum planctu pulsatus acerbo,
Advolat orbata catulis violentior [68] ursa
Diluvium mundi Macedo, pavet obvia turba
Principis occursum, fugiuntque per avia cursu
Præcipiti dociles vitam præferre triumpho,
Unus Alexandro, reliquis fugientibus, instat
Memnonides Sthenelus, cujus, lanugine prima,
C   Signabat roseas facies nimis æmula, malas,
Nobilis, et patrio referens a sanguine Cyrum,
Cui nuptura soror Darii, si cederet illi
Gloria Martis, erat, unde orta superbia, Magno
Obvius ire parat ; sed nec reverentia patrum,
Nec favor ætatis, nec rerum copia mortem
Excutiunt, parili forma, sed dispare fato
Occurrit juveni laxis Hephæstio frenis,
Et qua flammivomo rictu micat aurea [69] tigris
Disjicit umbonem, largoque foramine candens
Admittit ferrum laxo toga ferrea nexu,
Transit in occultas feralis arundo latebras
Pectoris, inque humeros inter cervice reclivi,
Perpetua Sthenelus noctis caligine tectus
Fertur, et æterno clauduntur lumina somno.
D   At lævo cornu [70], cui nulli Marte secundus
Parmenio præerat, discors Bellona furebat
Sanguineis maculosa fibris [71], sanieque recenti
Delibuta comas, cui spumeus axe citato [72]
Lumine terrifico tonitrus et fulminis instar
Concitus occurrit ferali turbine frater.
Cui sternit [73] furor ipse vias, ceduntque furenti
Degeneres animi, comes indivisa furoris
Præcipites rapit ira gradus, et fellea torquens
Vers. 2461.

VARIÆ LECTIONES.

[48] recurvis. [49] perfodit. [50] propinquabat. [51] furentem. [52] Arabarches. [53] sedesque. [54] auri. [55] ini-
tuit. [56] adversos. [57] ensifer. [58] subactas. [59] vicinantur. [60] profluidus. [61] retento. [62] morte. [63] ve-
terano. [64] lavit. [65] regnant. [66] Occubuit. [67] Romana. [68] truculentior. [69] area. [70] in cornu. [71] julis.
[72] cruento. [73] Consternit.

Lumina, contemnit humiles rationis habenas,
Impatiensque moræ, levis et male cuncta mini-
[strans
Impetus, obliquos versat in pulvere currus:
Undique successus, sed et infortunia mistim
Circumfusa volant, et mille a vertice Martis
Cum pallore suo, nutant per inania mortes.
　Talis in amplexus veniens per colla sororis
Brachia diffudit Deus horrifer: Ocius, inquit,
Labere, chara soror, Macedumque, i, nuntia regi:
Vana spe raperis, Darium quid perdere per te 74
Inscius affectas? scelus hoc a principe tanto
Amovere dii, nec fas ut dextera mundi
Sceptra tenens; madeat jugulo polluta senili.
Altera debetur Dario fortuna, suorum
Proditione cadet, celer ergo per arma, per hostes
Adsis, et varia populanti cæde Pelasgos
Ilicet occurras Mazæo, quippe rapinis
Et Macedum spoliis inhiat, laxatque solutos
Compedibus Persas, rursus versa vice vinclis
Mancipat Argivos, neque 75 enim tot sufficit ultra
Millia Parmenio paucis incessere turmis.
　Dixit, at 76 umbrifero Bellona citatior Austro
Fertur, et ad dextrum pertransit stridula cornu,
Induiturque genas, horrendaque Palladis ora 77
Gorgonis anguicomos prætendens ægide vultus,
Commemoransque Dei breviter mandata recessit,
Infecitque diem, ferali nube recedens.
　Excutitur saltu Macedo, profugamque secutus
Voce deam: Quocunque venis, dea, cardine, vanum
Spernimus omen, ait, non 78 me divellet ab armis
Et curru Darii, licet impiger Ales ab alto
Missus Atlantiades verax 79 mihi nuntius ipse 80
Afferat 81 a Persis raptas cum matre sorores,
Ex Dario pendet nostri spes unica voti;
Quem si perdidero, parvi mihi cætera, parvi
Perdita momenti: solum si vicero, solus
Perdita restituet, non est mihi perdere tanti,
Quod recipi poterit, ut non et vincere malim;
Sed neque si turris Darium septemplice muro
Includat, licet ardenti circumfluus unda
Sulphureis Acheron defendat mœnia ripis,
Eripiet fortuna mihi. Sic fatus, in armis
Se locat, et summo clypeum feriente lacerto
Orbem signiferum, ceu vallum et mœnia, muro
Pectoris opponit, tendensque in sidera pinum,
Vertice sublato, medius ruit hostis in hostes,
Flammantesque 82 globos, torquens testatur adesse
Pulvis Alexandrum; fertur temone supino
Afer Aristides, pedibusque attritus equinis
Occubuit Pelias, Libycis a Syrtibus Afer
Venerat, a Scythicis Pelias tetrarcha pruinis,
Illic Afrum Craterus, Pelian dejecit Amyntas:
Ense jacet Pelias, hastili corruit Afer,
Jungitur his Amilon terebrato gutture, rubram
　Vers. 2515.

Exhalans animam, Baradamque jacentibus addit
Antigonus, reprimitque globum Ptolomæus eque-
[strem:
　Nec minor Eumenidi strages, nec gloria Cœni
Inferior, Meleagre, tua, truculentior instat
Perdiccas solito: cunctis cernentibus, ipsam
Ante aciem Darii Polypercon (nocte fruendum
Qui prius asseruit) redimit de luce patenter 83
Consilium de nocte datum, furit Attica 84 pubes
Mente nova votoque pari: furor omnibus idem,]
Parque animus bello, dominoque simillimus ipsi;
Ut quod Alexandri comites si Marte furentes
Cominus aspiceret, tot se gauderet habere
Magnus Alexandros; jam victoris fragor aures
Pulsabat Darii, jamque irrumpebat in ipsos
Consortes lateris, funestæ turbo procellæ.
　Æger in adversis animus sapientis, et ægre
Consulit ipse sibi, cum duro in tempore primis
Diffidit rebus, et spes languescit inermis:
Nam quid agat Darius? quo se regat ordine demens?
Cui nec tuta fuga est, nec si velit ipse morari,
Inveniet socios? nam de tot millibus ante
Quos sibi crediderat, vix bello mille supersunt,
Qui stent pro patria: pudor et reverentia famæ
Ne fugiant, prohibent, contra timor anxius urget:
Dumque vacillanti stupefactus pectore nutat,
Dum dubitat, capiatne fugam, vitamne perosus
Se sinat ipse capi? Persæ velut agmine facto
Mandant terga fugæ, rapiuntque per arva, relicto
Rege, gradum: demum laxis invitus habenis,
Nactus equum Darius, rorantia cæde suorum
Retrograde fugit arva gradu; quo tendis inermem
Rex periture, fugam? nescis, heu, perdite, nescis?
Quem fugias? hostes incurris, dum fugis hostem,
Incidis in Scyllam cupiens vitare Charybdim,
Bessus, Narbasanes 85, rerum pars magna tuarum
Quos inter proceres humili de plebe locasti
Non veriti temerare fidem, capitisque verendi
Perdere canitiem, spreto moderamine juris
Proh pudor! in domini conjurant fata clientes.
　Magnus ut ablatum medio de limine mortis
Accepit Darium, regum super ossa cruentus
Fertur, et ingenti super ipsa cadavera saltu
Insequitur profugum, pœne incomitatus Achivis,
Immemor ipse sui, qualis 86 rapit impetus ignem
Sideris, et claris 87 distinguit nubila flammis.
Sed jam præcipiti per saxa, per invia saltu
Transieratque Lycum, paucis comitantibus, amnem
Belides, dubiusque stetit, stratumne furenti
Immersurus aquæ properaret frangere pontem,
Pellæo clausurus iter, sed ab hoste premendos
Dira cæde suos timuit, si ponte reciso
Securus fugiens Persarum excluderet agmen;
Utile propositum vicit respectus honesti,
Præposuitque suos Darius sibi; maluit er
　Vers. 2569.

VARIÆ LECTIONES.

* regem. 75 nec. 76 et. 77 arma. 78 nec. 79 verus. 80 ipsas. 81 Nuntiet. 82 Fumantesque. 83 patenti. 84 Inacha. 85 Curt. Nabarzanes. 86 qualem. 87 raris.

Justus inire fugam, potiusque elegit apertam
Victori præbere viam, quam claudere victis.

Fit fuga Persarum, turbatoque ordine passim
Curritur ad pontem [86], sed et intolerabilis æstus,
Et duplicata sitis cursu languentia torrent
Viscera, et exhaustos sudor sibi vindicat artus,
Pulmonisque vagas agitant suspiria cellas.
Unde inopes undæ, nemorum per devia ducti,
Occulti laticis salientes quærere venas,
Omnibus incumbunt rivis, haustaque gulose
Limosi torrentis aqua, præcordia limo
Tensa rigent, prægnantem uterum simulare co-
          [actus
Triste parit funus, concepto flumine, venter.
Nonnullis, avido fluvium dum gutture sorbent
Obstruit occurrens vitales unda meatus
Deraque in cæcis inclusum intercipit antris.

Sed neque tot turmas procerum vulgique pha-
          [langes
Ad mortem ductore metu, sine lege ruentes
Explicat unius angustia pontis, acervos
Vix capit unda tumens, fluviique vorago cadentes;
Labuntur passim, lapsosque involvit hiatus
Fluminis, et virides stupuere cadavera Nymphæ.

Languentes gladios [89], et habentia tela suorum
Intuitus Macedo, cum jam declivis Olympus
Phœbeis legeretur equis, fumantibus arvis
Æthiopum, et solito pauloque remissius igne
Ureret Herculeas solis vicinia Gades,
Caussatus præceps in noctem tempus, ad illos,
Quos credebat adhuc in cornu stare sinistro
Flectit iter, jamque in lævum converterat arma,
Cum præmissus eques a Parmenione, triumphum
Nuntiat, et variis afflictos cædibus hostes;
Dumque reducuntur equites in castra, repente
Vallibus emergens Persarum apparuit agmen,
Exurens clypeis, galeisque micantibus agros;
Qui primos inhibere gradus, et figere gressum;
Demum [90] ubi tam paucos Macedum videre cruentas
In Magnum vertere acies. Rex ante Quiritum
More suo gradiens vexilla, pericula Martis
Dissimulans potius, quam spernens, illud ab hoste
Concussum toties, sed inexpugnabile castrum
Pectoris opposuit Persis, nec defuit illi
Perpetua in dubiis rebus fortuna, cohortis
Præfectum mortis, et Martis amore furentem
Excipit, et celeri rimatur viscera ferro;
Nec mora Lysimachus, et gloria gentis Achææ
Invasere Arabes passim, neutrisque pepercit
Martius ille furor, ubi nemo cadebat inultus;

Verum cum Phœbi radiis, Atlantide stella
Jam vultus audente suos opponere Persis,
Marte videretur fuga tutior, ordine rupto
Consulere fugæ, laxisque licenter habenis,
Nocte fere media trajecti [91] fluminis amnem

Vers. 2622.

A Arbela perveniunt, ubi rex Babylonius illos,
Quos secum fuga contulerat, lugubris et amens
Consulit, et pariter duro de tempore tractat;
Cumque repressisset queruli suspiria cordis,
Relliquias Macedum lacrymoso lumine spectans:
Fortuitos, inquit, toties mutare tumultus
Nunc adversa pati, nunc exsultare secundis,
Nunc caput incurvare malis, nunc tollere, sortis
Humanæ est; humilem sic vidit Lydia Crœsum,
Sic sic victorem versa vice femina fregit:
Sic quoque Thermopylæ Xerxem videre jacentem,
Et qui navigio [92] totum modo texerat æquor,
Vix licuit victo sola cum nave reverti.

Nulla rei novitas pervertere fortia debet
Pectora, cum nulla teneatur lege fidelis
B Esse homini fortuna diu, spes unica victis,
Contra victorem rursum sperare triumphum.
Nec dubito quin victor agros aditurus, et urbes
Civibus exhaustas, et opimis rebus, et auro
Confertas, ubi gens avidissima, pectore [93] toto,
Visceribus siccis, sitiens lethale metallum
Tentabit sedare sitim, prædaque recenti
Conceptam satiare famem, nec inutile nobis
Id reor. Interea fines intactaque bellis
Regna petiturus, Medorumque ultima, vires
Non ægre reparabo meas, pretiosa supellex,
Castraque castratis, et multa pellice plena
Quanti sint oneris, et quantum bella gerentes
Impediant, usu longo didicere potentes;
His partis erit inferior, quibus ante remotis
C Major erat Macedo, spoliis vincetur onustus,
Qui vicit vacuus: non auro bella geruntur,
Sed ferro, non æs, non oppida regna tuentur,
Sed virtus, viresque virum: penetremus ad ipsos [94]
Medorum fines, in duris utile rebus,
Non dictu speciosa sequi docet ipsa facultas;
Non secus antiquos summo [95] molimine rerum
Novimus affectos [96] fortes [97] discrimine patres,
Indultis aliquot hostique sibique diebus,
Fortunam reparasse suam, rursusque retusis
Hostibus adversa de parte tulisse triumphum.

Finierat Darius, vox plena timoris [98], et exspes
Visa suis, cum tot opibus Babylona superbam,
Et reliquas urbes, sine defensore relictas,
D Esset Alexander primo fracturus Eoo.
Nulla videbatur reparandæ copia sortis,
Sed neque (quod superest) retinendi gratia regni:
Seu confirmato tamen agmine, sive sequenti
Imperium potius, quam consilium ducis, uno
Maturant animo Medorum visere fines.

Nec mora, distribuens celebres apud Arbela gazas
Munificus Macedo, tantis ardenter onusto
Rebus, et inventa satiato milite præda
Transcurrit Syriam [99], pluvioque citatior austro,
Vi, vel amicitia superatis [100] civibus, ardet

Vers. 2677.

VARIÆ LECTIONES.

[86] pavem. [89] animos. [90] Verum. [91] transvecti. [92] navigiis. [93] gutture. [94] abactos. [95] primo. [96] afflictos. [97] sortis. [98] doloris.

Obsita coctilibus intrare palatia muris,
Insignemque olim tot regum laudibus urbem,
Cui dedit æternum labii confusio nomen :
Cumque Semiramia tantum distaret ab urbe,
Quantum Sequanicis distat Dionysius undis,
Ecce vir illustris stipatus prole beata
Impiger occurrit Mazæus transfuga regi,
Imperio Magni, sese Babylonaque dedens,
Quem rex complexus avide, vultuque benigno
Suscipiens, tacitis suffocat gaudia votis.

Quippe laboris erat magni, longique paratus,
Tot populis et tot munitam turribus urbem
Obsidione capi, nisi machina, Numine Divum,
Coctile cæmentum crebro dissolveret ictu,
Virque manu doctus [1], et non inglorius illa
Præcedenti acie, toties expertus in armis,
Exemplo poterat alios ad fœdera pacis
Invitare suo ; tunc vero cohortibus arte [2]
Dispositis, jussisque sequi, et retrocedere Persis,
Agmine quadrato stupefactæ illabitur urbi ;

Splendet in occursum tanti Babylonia regis,
Et quas congessit veterum solertia regum
Exponuntur opes, ardent altaria gemmis ;
Porticibusque sacris statuæ reteguntur avitæ,
Per fora, per vicos, per compita, serica ridet
Vestis, et aurivomis ignescunt fana coronis,
Matronasque graves annis, civesque severos,
Tegmina cælatis urunt bombycina monstris :
Servus et ancillæ jussi splendescere luxu
Barbarico, insolitos nequeunt sufferre paratus,
Immemoresque sui dum contemplantur amictus,
Jam se præsumunt, servos non esse, fateri.
Hosque, quibus deerat fallax opulentia, jussit
Inter honoratos fulgere precaria vestis,
Jam totum victoris iter lascivia florum
Sparserat [3], et ramis viduata virentibus arbor.
Quocunque ingreditur certant opobalsama nardo [4],
Divinique Arabum pascuntur odoribus ignes,
Et matutino satiantur aromate nares,
Effera præfertur claustro indignata teneri
Tigris, et obstrusi ferrato carcere pardi.
Inclusi caveis frendunt immane leones,
Et quæcunque tenet Hyrcanos bestia [5] saltus.

Vers. 2720.

Et ne præpediat oculos objecta sequentum,
Turba frequens, gradibus transvecti [6] ad culmina
[tecti
Quam plures, avidique suum cognoscere regem
Edita murorum longa statione coronant.

Occurrunt lyricis modulantes cantibus odas
Cum citharis mimi, concordant cymbala sistris,
Tympanaque harmoniis cedunt, nec defuit aures
Blandius humanas docilis testudo movere [7],
Et quos Niliacæ tradunt mendacia gentis
Fatidicos, cœlique notis prænosse peritos
Sidereos motus, et ineluctabile [8] fatum
Memphitæ [9] vates currum victoris adorant :
Nunquam tam celebri jactatrix Roma triumpho
Victorem [10] mirata suum tam divite luxu
Excepit [11] : seu cum fuso sub Leucade Cæsar
Antonio [12], sexti mutavit nomina mensis,
Lactandasque dedit hydris Cleopatra papillas [13].
Seu post Emathias acies cum sanguine Magni
Jam satur irrupit Tarpeiam Julius arcem :
Et merito, nam si regum miranda recordans,
Laudibus et titulis cures attollere justis,
Sive fide recolas quam raro milite contra
Victores mundi, tenero sub flore juventæ,
Quanta sit aggressus Macedo, quam tempore parvo
Totus Alexandri genibus se fuderit orbis,
Tota ducum series, vel quos Hispana poesis
Grandiloquo modulata stylo, vel Claudius altis
Versibus insignit, respectu principis hujus,
Plebs erit, ut pigeat Lacanum lumine tanto
Cæsareum cecinisse melos, Romæque ruinam ;
Et Macedum clarus succumbat Honorius armis.

Si gemitu commota pio, votisque suorum
Flebilibus, divina daret clementia talem
Francorum regem, toto radiaret in orbe
Haud mora, vera fides, et nostris fracta sub armis
Parthia baptismo renovari posceret ultro :
Quæque diu jacuit effusis mœnibus alta
Ad nomen Christi Carthago resurgeret, et quæ [14]
Sub Carolo meruit Hispania solvere pœnas,
Erigeret [15] vexilla crucis, gens omnis, et omnis
Lingua Deum caneret, et non invita subiret
Sacrum sub sacro Remorum præsule fontem.

Vers. 2762.

ARGUMENTUM LIBRI SEXTI

Sextus Alexandrum luxu Babylonis et auro
Corruptum ostendit, castrensia munera certis
Distribuit numeris [16] : armato milite fines
Uxiacos intrat. Sisigambis liberat urbem
Et Medatem [17] precibus : a mœnibus inclyta [18] fumat
Eruta [19] Persepolis : Movet occursus miserorum
Turbatum regem : Darius discrimina Martis
Rursus inire parat : hic seditio patricidas
Separat a Dario, sed eos innata simultas
Acceptos reddit, et credula pectora lactat [20];
Nec fatum mutare valent decreta Patronis.

VARIÆ LECTIONES.

[99] Assyriam. [100] superandis. [1] promptus. [2] arcte. [3] Texerat. [4] thymiamata thuri. [5] bellua. [6] evecti. [7] sopire viella. [8] inevitabile. [9] Memphites. [10] excepit. [11] victorem. [12] synœr. [13] mamillas. [14] quas. [15] Exigeret. [16] donis. [17] Curt Madathem. [18] eruta. [19] Inclyta. [20] placat.

LIBER SEXTUS.

Ecce tues mundi regum timor ultimus [21] ! ecce !
Quem toties poteras, Babylon, legisse futurum
Eversorem Asiæ, sacra quem prædixerat Hircum
Pagina, quem gemini fracturum cornua regni,
Præsentem mirare virum, nec despice clausum
Cœtilibus septis, qui latum amplectitur orbem,
Cujus inhorrescunt audito nomine reges :
Rex erit ille tuus, a quo se posceret omnis
Rege regi tellus, si perduraret in illa
Indole virtutum, qua cœperat ire potestas.

Aspice quam blandis, victos [22] moderetur habenis,
Aspice quam clemens inter tot prospera victor :
Aspice quam mitis dictet jus gentibus : ut quos
Hostes in bellis habuit, cognoscat in urbe
Cives, et bello quos vicit vincat amore :
Hos tamen a tenero schola quos impresserat ævo
Ornatus animi, poliendæ schemata vitæ,
Innatæ virtutis opus, solitumque rigorem,
Fregerunt Babylonis opes, luxusque vacantis
Desidia populi, quia nil corruptius urbis
Moribus illius, nihil est instructius illis
Ad Veneris venale malum, cum pectora multo
Incaluere mero, si tantum detur acerbi
Flagitii pretium, non uxores modo sponsi,
Sed prolem hospitibus cogunt prostare parentes,
Solemnes de nocte vident convivia ludos,
Quos patrio de more solent celebrare tyranni.

Hos inter luxus Babylonis, et otia Magnum
Ter deni tenuere dies et quattuor, unde
Terrarum domitor exercitus ille, futurus
Debilior fuerat, si post convivia mensæ
Desidis, effrenum piger irrupisset in hostem :
Ergo Semiramiis postquam Mavortius heros
Finibus egressus, Satrapenis astitit [23] arvis,
Quædam, quæ dederant patres, præcepta prioris
Militiæ, mutanda ratus, castrensia certos
Munera sub numeros arguta menta redegit,
Utque suos habeant *Ductores* [24] quæque Quiritam
Millia constituit, quibus indubitata probetur
Indicibus virtus equitum, dignusque probatis
Exhibeatur honos, ne falso præmia poscat
Qui tepide gessit, ne sub probitatis amictu
Splendeat improbitas, et ne mercede negata
Perdiderit titulum, qui gessit fortia fortis.

Moris apud veteres Macedum, patremque Philippum
Hactenus exstiterat, cum tolli signa juberent,
Castra ciere tuba; quæ præpediente tumultu,
Armorumque sono non pertingebat ad omnes ;
Sed super hoc factum [25] est, ut Parthica signa mo-
[vendi
Luce, sit in signum fumus, de nocte vel ignis,
Vers. 2823.

Neve quis alterius munus, vel fortia gesta
Usurpasse [26], suisve ascribere viribus ausit,
Unumquemque virum vice qua donatur, et actis
Contentum jubet esse suis, monet, allicit, arctat [27],
Fortes, conductos, cives, prece, munere, scripto.
Romuleos reges, subjecto legimus orbe,
In populos legem et causas dictasse forenses,
Cum Deus ultrices furias arceret Olympo
Omnipotens, [28] terris, sed plus fuit arma tenentes
Legibus astringi, quam victis condere jura,
Et majus fuit armatos decreta rigoris
Suscipere in bello, quam jus in pace pacisci.

Hæc ubi mature tractata, libentibus omnes
Accepere animis : Susam tradentibus urbem
Civibus, et multis hilarato milite gazis
Agmen ad Uxiacas convertit turbidus arces,
Uxiacæ regionis onus, summamque regebat
Præfectus Medates, sane vir fortis, et ingens
Exemplar fidei, pro qua suprema subire
Non veritus, verum Dario servavit [29] amicum
Doctus ab indigenis iter esse latens et opertum,
Civibus ignaris, Graios quod ducat ad [30] urbem,
Delectis equitum tantum in discrimen ituris
Præfecit Macedo meriti Taurona probati :
Ipse [31] movens circa teneræ primordia lucis,
Angustas superat fauces, aditusque locorum,
Cæsaque materies faciendis cratibus apta,
Et pluteis curva testudine surgit in arcem,
Artificium ut studiis, tali munimine tuta
Funditus erueret muros armata juventus :
Sed gravis accessus, cum dura minetur acutis
Cautibus [32] et saxis succidi nescia tellus :
Nec solum Macedo cum duro dimicat hoste,
Sed locus est, cum quo pugnandum est, vivaque
[cautes
Nativo munita situ ; tamen arcta subibant,
Et prærupta leves, duce præcedente, cohortes,
Quem tamen objecta testudine, cum peteretur
Eminus ex alto, telorum grandine, nec vi,
Nec prece, barbaricis poterant avellere muris.
Quippe inter primos galeato vertice primus
Fulminat in muros, nunc grandia saxa volutans
Nunc sude suffodiens, nunc frangens ariete portas
Nunc tormenta rotat, tormentum flebile mundi,
Impellensque suos ; pudeat jam, proh pudor ! in-
[quit,
Victores Asiæ, o socii, quibus ante tot urbes
Cessere, exigui dormire ad mœnia castri :
Quæ loca, quod subsistat opus quis non ruat agger
Ante manus Macedum ? quæ mœnia stare vel arces
Sustineant ? solidis quæ fundamenta columnis
Vers. 2872.

VARIÆ LECTIONES.

[21] *unicus.* [22] *victor.* [23] *constitit.* [24] *Chiliarchas.* [25] *cautum.* [26] *usurpare.* [27] *aptat.* [28] *Theodosius.*
[29] *servabat.* [30] *in.* [31] *Ille.* [32] *Cotibus.*

Inniti valeant, cum senserit altus adesse
Murus Alexandrum? quamvis æquandus Olympo
Corruet, et discent mihi *se submittere* [33] turres,
    Dixit, et in summa Tauron apparuit arce,
Quo semel aspecto, Graiis audacia crevit,
Corripuitque pavor et desperatio cives ;
His, extrema pati, patriæque impendere vitam,
Illis corde sedet fuga, si modo libera detur ;
Maxima nubiferam se turba recepit in arcem.
Nec mora ter denis victorem flectere missis,
Ut liceat salva victos discedere [34] vita,
Triste reportatur responsum a principe : nullum
Esse locum veniæ, parvas superesse doloris
Suppliciique moras, torpent languore timoris
Percussi cives, dociles extrema vereri :
Dirigit ergo preces occulto calle per umbras
Ad matrem Darii ' Medates ut mitiget iram
Principis [35], ut victis et victæ parceret urbi,
Non ignarus ei *deferri* [36], et matris honore
A victore coli. ' Medates ejus sibi neptem
Duxerat, ad Darium cognato sanguine spectans.
    Abnuit illa diu precibus concurrere, quamvis
Justa petant. Et : Fortunæ non congruit isti
Qua nunc utor [37], ait, tantos admittere fastus.
Victorem qua fronte rogem captiva? repulsam
Ex merito patitur, qui [38] postulat ulterius, quam .
Promeruit, spes, quam meritum non prævenit, a spe
Deviat, et verum dat ei præsumptio nomen.
Convenit, ut potius, quod sim captiva, penes me
Contempler, quam, quod fuerit regina, recorder :
Tot precibus latis, vereor ne fessa residat,
Neve fatigari queat indulgentia [39] regis.
    Ista Sisigambis ; ' Medatis tamen icta dolore,
Scribit Alexandro ; victis si parcere nolit,
Luce frui ' Medatem jam victum, jamque fatentem
Se peccasse, sinat; quæ tunc moderatio Magni,
Quæ pietas fuerit, vel quæ constantia regis
Arguit hoc unum : quod non ' Medati modo, verum
Omnibus ignovit, et libertate prior
Concessa, captam captivis reddidit urbem
Restituit captos [40] priscis cultoribus agros,
Immunesque coli mandavit, et absque tributo :
Si vaga victori Dario fortuna dedisset
Urbem præ manibus, non impetrasset ab illo
Plura parens , quam , quæ victis dedit hostibus ho-
        [stis.
    Nec mora, divisis [41] cum Parmenione catervis,
Imperat, ut Darium caute vestiget, eumque
Campestri jubet ire via, tamen ipse retentis [42]
Delectis equitum, juga tendit in ardua, quorum
Perpetuum excurrit vergens in Persida dorsum.
Non alias Macedo graviora pericula passus :
Expertus didicit semper, variamque, sibique
Dissimilem, et nulli fortunam stare perennem,
    Vers. 2925.

A Perque tot angustas, et qua via devia fauces,
Perque tot anfractus, et qui vestigia nusquam [43]
Admittunt hominis, gradiens Pellæus, ab hoste
Desuper obruitur, et non impune frequenter
Compulsus retroferre gradus [44], multaque suorum
Sanguinis impensa, post tot discrimina, tandem
Hostica confregit collato robore signa :
Victaque sederunt victricibus arma sub armis.
    Vix bene purgato, noctis caligine, cœlo,
Trajiciens Macedo molimine pontis Araxem,
Persepolim festinus adit, captamque redegit
In cineres celebrem priscis tot regibus urbem.
Divitiis tumidas cum ceperit ante tot urbes,
Hujus opes alias opulentia barbara longe
Præteriit, luxum totius Persidis istuc
B Intulerant reges ; sacrum penetralibus aurum,
Et rudis eruitur argenti massa vetusti,
Ex adytis rapitur non tantum partus ad usum
Agger opum : nec ad hoc congessit avara vetustas
Quantum, ut mirantes traheret speculatio visus.
    Curritur ad prædam citius [45], certatur et inter
Prædantes [46], hostisque loco, truncatur amicus,
Cui pretiosior est rapta, aut inventa rapina,
Causa necis, pretiumque fuit, pretiosa supellex
Et quæ quisque rapit, jam non capit improbus, unde
Accidit, ut quod jam non accipit [47] æstimet illud.
Purpura diripitur, laceratur regia vestis
Artificum sudata manu, quæque aspera signis
Aurea vasa rigent, *cedunt in frusta dolabris*,
Nil sinit intactum, nullis contenta cupido ;
C Integra nulla manent membris simulacra revulsis,
Plus terroris habent mutilata, minusque decoris
    Exitus hic urbis, quæ tot regalibus olim
Floruerat titulis, et quæ tot gentibus una
Jura dabat quondam, specialis et unicus ille
Europæ terror, decies cum mille carinis
Obstrueret totum, numerosa classe, profundum,
Neptunum effossis immittere collibus ausa,
Ausaque montanis exponere lintea dorsis.
    Persarum reliquas urbes tenuere secuti
Post Magnum reges, hujus vestigia nusquam
Invenies, nisi strata rapax ostendat Araxes
Mœnia, marmoreis paulo distantia ripis.
Dixeris indignam, dignamve his cladibus urbem
D Ambigitur ; nam cum subiturus mœnia Magnus
Pergeret, occurrunt [48] (agmen miserabile visu)
Captivi Macedum tria millia, corpora cæsi,
Auribus orbati, pedibus manibusque recisis,
Vel labra præcisi penitus, vel lumine cassi,
Aut aliqua a Persis membrorum parte minuti :
Præterea quæ longa diu ludibria servet,
Frontibus impressa [49] est rudibus nota barbara si-
        [gnis.
    Hos ubi, non homines verum simulacra videri
Rex ratus, in primis tandem cognovit obortis
    Vers. 2979

VARIÆ LECTIONES.

[33] condescendere. [34] *abscedere.* [35] *Regis, et ut victis invictus parcat et urbi.* [36] eam venerari. [37] *vexor.*
[38] *quæ.* [39] *possit clementia.* [40] *patrios.* [41] *diversis.* [42] *trecentis.* [43] *nunquam.* [44] *pedem.* [45] *in.*
[46] *prædones.* [47] *occupat.* [48] *occurrit.* [49] *imposita.*

Intepuit lacrymis, victorque exercitus ille
Flevit, et in subitum versa est victoria luctum.
  Rex miseros animi fortis jubet esse, daturum
Se quidquid peterent, visuros dulcia rura
Divitis Europæ, uxores, dulcesque propinquos,
Spondet, et in patrio capturos cespite somnum ;
Secedit vallo vulgus miserabile, donec,
Quæ potiora petat, libra deliberet æqua
  His Asiæ placuit consistere finibus ; illis
Dulcior est patrius alieno cespite cespes,
Quorum, quem celebrem docilis [50] facundia linguæ
Fecerat Eutition [51] ita creditur esse locutus :
Quem modo de tenebris, et clauso carceris antro,
Ut peteremus opem, puduit procedere trunci
Corporis exitium patriæ qua fronte valebis
Ostentare tuæ, spectacula læta daturus ?
Cum sane incertum, discrimina tanta tulisse
Pœniteat magis, an pudeat, bene fertur iniqua
Conditio, cum tecta latet, bene fertur amara
Conditio, miseram si nosti abscondere vitam ;
Nullaque tam nota est miseris, tam patria dulcis,
Quam sedes aliena, domus, sine teste prioris
Fortunæ ; miseros faciunt loca sola beatos,
Quando beatarum subeunt oblivia rerum.
Qui totum ponunt in spe, vel amore suorum,
Quam cito consuescat [52], lacrymarum arescere
                                            [rivus
Ignorant : leviter veniunt, leviterque recedunt,
Blandiri dociles lacrymæ ; solasque propinqui
Impendunt miseris lacrymas, arentibus illis,
Cum lacrymis arescit amor, pietasque tuorum [53].
Sors miseri querula est ; felicis vero superbus
Est status, et tumidæ nulla est miseratio [54], mentis
Quem fastidit homo, non vere diligit : Ille
Verus amor, miserum qui non fastidit amicum :
Fortunam alterius dum tractat quisque recurrit
Ad propriam, et propria consulta forte, requirit
Tales exterius, qualem se noverit intus.
Fortunata parem solet alea quærere casum.
  Fastidisse alius alium poteramus, et esse
Opprobrio mistim, nisi mutua fata dedissent
Omnibus æquales, inter tria millia, casus ;
Uxores teneræ, quas in fervore juventæ
Duximus, et spretas sumptis dimisimus armis,
O quam solemni in socialia fœdera vultu
Admittent Veneris viles sine fomite truncos ?
Partirique volent genialia [55] fœdera lecti ;
Usque adeo sexus nobis [56] incognitus ille est.
Pectore femineo vernalis certior aura est
Mollior est adamas, felici quæ solet esse
Dura viro, miserum poteritne videre maritum ?
Obsecro vos olim vita defuncta juventus,
Quærite, quas habitent semesa cadavera, sedes.
Quæramus parili voto lugentibus aptum
  Vers. 3052.

A Abjectisque locum, ignotis lateamus in oris ;
Quas penes agnosci miseri jam cœpimus, imo
Quas penes invisum jam desinit [57] esse cadaver.
  Hactenus Euticion. Cui sic oriundus Athenis
Theseus [58] objecit : Nemo æstimat, inquit, amicum
Corporis ex habitu, duræ ludibria sortis
Nemo prius pensat, non nos natura creatrix,
Sed contemptibilis hostis violentia fecit.
Omnibus esse malis, me judice, censeo dignum,
Quem pudet eventus, sua cui fortuna pudori est,
Desperare solent, alios in tempore duro
Esse miseruros aliorum [59], qui misereri
Non vellent, si fata darent contraria fila :
Inclementis homo mentis, male conjicit ex se,
Rara quod humanæ sedeat clementia menti,
B Spe majus votoque, Deum conferre [59] videtis
Uxores, patriam, prolem patriosque penates.
  Heus liceat clausis erumpere carcere, lucem
Aeraque antiquum [60] patriosque resumere mores.
Cur miser hic, et servus eris, si patria detur
In votis ? in qua tantum miser esse teneris :
Exsulibus tandem fortunæque ultima passis,
Est aliquid patrio se reddere posse sepulcro :
Mollius [61] ossa cubant, manibus tumulata suorum.
In Persis maneant, Medorumque aera spirent,
Felices alii, quos diffidentia patrum,
Uxorumque potest avellere dulcibus arvis ;
Me sane regis usurum [62] munere constat,
Europam, patriamque sequi, modo libera detur
Visendi a superis natalia rura potestas [63].
C Finierat Theseus, sed paucos repperit hujus
Voti participes, aliorum pectora vicit
Consuetudo potens, natura fortior ipsa,
Quorum consilio concurrens Magnus, opimos
Non solum partitur agros, sed prodigus addit
Æs, variosque greges, et læti farris acervos,
Ne [64] frumenta solo desint [65], cultoribus æra
  His ubi consulte providit Martius heros,
Medorum ingreditur, reparato milite, fines
Præcipitique legens Darii vestigia cursu,
Ne fuga subripiat, pleni pars magna triumphi
Qui solus superest, pardis [66] instantior instat ;
Sed jam Belides Ecbatana venerat, urbem
Medorum primam, decreverat inde subire
D Bactrorum fines, sed cum loqueretur adesse
Rumor Alexandrum, cujus satis, agmina contra,
Pennatosque gradus, distantia longa [67] locorum
Nulla [68] videbatur, mutato pectore mutans
Consilium, totos orditur in arma paratus,
Pugnandoque mori decrevit honestius esse,
Quam victam toties fatis extendere vitam.
  Unde viæ comites, paulo consistere jussos
Intuitus : Si me ignavis sors æqua laboris
Jungeret, et mortem reputantibus, inquit, honestam
  Vers. 3086.

VARIÆ LECTIONES.

[50] docilis celebrem. [51] Curt. Euctemon. [52] sustineat. [53] suorum. [54] compassio. [55] genialis. [56] vobis. [57] desiit. [58] Curt. Theuteus. [59] deos offerre. [60] Aeraque et linquam. [61] Molliter. [62] visurum [63] facultas. [64] Nec. [65] desunt. [66] Parthis. [67] nulla. [68] Longa.

Qualiscunque foret, potius dicenda tacerem,
Quam verbo vellem consumere tempus inani.
Sed majore fide, quam vellem, quamque decorum
Esset, virtutis expertus robora vestræ,
Jam didici, quam sit venerabile nomen amici,
Quam sincera fides, sinceros inter amicos :
Tot rebus monitus præsumere debeo, tantis
Me dignum sociis, de tot castrensibus ante,
Unica Persarum superestis gloria, qui me
Bis profugum victi, bis principis arma secuti.
   Vestra [69] fides, stabilemque probans constantia
                      [mentem,
Efficiunt, ut non vereat me credere regem ;
Ut me Persis adhuc ausit regnare fateri ;
Qui potius castris victi elegistis adesse,
Victoris quam signa sequi, me judice digni
Si mihi non liceat, pro me quibus ætheris ille
Dignas rector agat grates, quia non erit ulla
Nescia tam recti, tam non obnoxia justis,
Surdaque posteritas, quæ non vos efferat æquis
Laudibus in cœlum, quæ non memoranda loquatur,
Quæ vos, et meriti taceat præconia vestri.
Vivere per famam dabitur, post fata, sepultis,
Sola mori nescit, eclipsis nescia virtus :
Unde fugæ latebras, quas semper abhorreo, quamvis
Molirer, virtute animi, tantoque meorum.
Consilio fretus, irem tamen obvius hosti :
Exsulat in regno Darius ; sed quousque feretis,
Cives, quod patrio rex imperat advena regno ?
Aut mihi defungi vita continget honesta,
Aut revocare meas afflictis hostibus urbes,
Et quæ perdidimus celeri reparare paratu.
   Arbitrium victoris, an id censetis honestum
Victus ut exspectem, Darioque precaria detur
Mazæi exemplo, sola in regione potestas ?
Qui modo totius Asiæ moderabar habenas,
Anne reservabor ad tantum dedecus, ut sim
Gloria victoris, in regni parte receptus ?
Non erit, ut capitis decus hoc, aut [70] demere quis-
                      [quam
Debeat, aut demptum mihi, se mihi reddere jactet.
Imperium vivus perdam, privabor eodem
Imperio, vitaque, die, pretiosa duobus
Mors Darium vita simul, et diademate privet [71].
   Si manet hic animus, socii, si mens ea vobis,
Nemo supercilium Macedum, fastusque nefandos
Cogetur post fata pati, sua dextera cuique :
Aut modo finis erit, aut ultio digna malorum ;
Ergo si Superi pia bella moventibus absunt,
Si facinus reputant justos defendere, saltem
Finis honestus erit, fortesque licebit honesto
Mortis more [71] mori : veterum per gesta paren-
                      [tum,
Per pretiosa precor quondam præconia Patrum,
   Vers. 3137.

A Illustresque viros, quibus hæc [73] subjecta tributum
Gens Macedum toties, et vectigalia solvit,
Obtestor, miles, ut dignos stemmate tanto
Concipias animos, ut te contingat Olympo
Teste, vel egregia vinci, vel vincere pugna.
   Hactenus Arsacides. Sed non excepit eodem
Verba cohors animo, dictis quoque debitus ille
Defuit applausus, quem persuadentibus audax
Reddere turba solet, præstruxerat omnia verus
Ora timor, donec Artabasus [74], inter amicos
Regis præcipuus [75] : Nos, inquit, in arma seque-
                      [mur
Unanimes regem, nobis erit exitus idem,
Qui tibi, qui patriæ. Dubio [76] excepere loquentem
Assensu reliqui, raucosque dedere tumultus :
B Qualis in Ægæo desperans navita ponto,
In quem fluctivomus jam fracta puppe videtu.
Conjurasse Notus, socios solatur inertes,
Dissimulansque metum, comitum titubantia firmat
Pectora, et invicto parat ire per æquora vento.
   At Bessus facinus jam præmeditatus acerbum,
Narbasanesque suus, numeroso milite cincti [77],
Jam definierant Darium comprendere vivum :
Ut si Magnus eos sequeretur, munere tanto
Commodius possent victoris inire favorem.
Quod si præceleres evadere principis alas
Sors daret, auderent Dario regnare perempto,
Et vires reparare, novumque lacessere Martem.
   Narbasanes igitur sceleri jam tempora nactus
C Opportuna suo : Scio, rex, quæ dixero, dixit,
Displicitura tibi, nec erit sententia cordi
Hæc mea grata tuo : sed prægrave vulnus acerbo
Curatur ferro, gravis est medicina dolenti ;
Asperior sanat graviores potio morbos
Naufragiumque timens, jactura sæpe redemit
Navita, quæ [78] potuit, et damnis damna levavit.
Scis, quod amara geris, adverso numine, bella,
Sors urgere tuos non desinit aspera Persas,
Omnibus est tentata [79] modis fortuna, novisque
Est opus ominibus : depone insignia regni
Ad tempus, bone rex, alii concede regendam
Imperii summam, qui nomen regis, et omen
Possideat, donec, Martis cessante procella,
D Hostibus expulsis Asia, justo tibi regi
Restituat regnum : brevis exspectatio facti
Hujus erit ; tot Bactra dabunt, totque [80] India
                      [gentes,
Ut major belli moles, majora supersint
Robora, quam bello quæ sunt exhausta priori.
Cur in perniciem balantes, more bidentum,
Irruimus ? fortis animi est contemnere mortem,
Non odisse tamen vitam, sed amare, virorum est :
Degeneres, et quos constat tædere laboris,
Compelluntur ad hoc, ut vitam ducere vile
   Vers. 3189.

[69] vera. [70] ut. [71] nudet. [72] amore. [73] hic. [74] Curt. Artabazus. [75] conspicuus. [76] lente. [77] fulti [7
quod. [79] tentanda. [80] dabit

Quid reputent, quid mirum? Ignavo vivere mors
[est :
Econtra nil est, quæ fortis et ardua virtus
Linquat inexpertum, movet omnia, et omnia tentat,
Tenditur ad mortem, cum nil superesse videtur :
Ultimus ad mortem, post omnia fata, recursus :
Ergo age, rex, Besso, quod gratia temporis offert,
Ad præsens committe tui moderamina regni,
Ut tibi restituat acceptum [81] tempore sceptrum.
Hæc ubi dicta : animos [82] vix temperat ille be-
[nignus
Et patiens rector : Jam te invenisse, cruentum
Inquit, mancipium, funesti temporis horam
Comperio, facinus qua patraturus acerbum
In dominum servus, Parcarum stamina solvas.
Hæc ait, et stricto poterat mucrone videri
Occursurus ei [83], nisi vultu supplice, Bessus
Indignantis habens speciem, multoque suorum
Agmine stipatus, regem exoraret, eumque,
Haud mora, vinciret, nisi nudum conderet ensem.
Tunc vero a reliquis metari castra seorsum
Præcepere suis : at regi Artabasus; iræ
Consulit, ut parcat, habeat pro tempore tempus :
Æqua mente feras, ait, erroremve tuorum,
Stultitiamve : gravis et præmaturus in armis
Instat Alexander, blando retinendus amore
Miles, ne sanos turbet discordia sensus,
Neve a rege suos alienent Bactra quirites :
Annuit [84] Arsacides, superosque et fata secutus,
Castra locat, mœror et desperatio, victis
Individua comes, animos illius obumbrat.
In castris igitur quæ jam rectore carebant,
Motus erat varius animorum, et proxima regi
Instabat funesta dies, nec ut ante, regebat
Imperii summam, solus tentoria servans
Regia, pervigiles librans [85] in pectore curas :
At duo conceptum jam mente, cupidine [86] regni,
Tractantes facinus, agitant [87], sub pectore, regem
Non nisi cum magno comprendi posse labore :
Non mediocris enim timor, et reverentia regum
Regnat apud Persas, majestas regia magni
Ponderis esse solet, etiam gens barbara nomen
Regis inhorrescit, et quos in sorte secunda
Barbaries metuit, veneratur numine pressos,
Vivit in adversis primæ moderatio [8] sortis,
Cui semel exhibuit, impendit, semper honorem :
Et quia tanta fides, et gratia regis in illa
Gente, palam, vel vi, sine magna cæde suorum,
Non poterant Darium sceleris vincire ministri.
Ergo dolis operam dare, et excusare furorem
Decrevere suum; simulanti voce, reverti,
Ut decet, et tanti se pœnituisse reatus,
Ficturos extrema pati pro rege paratos.
Crastinus amissum noctis caligine mundum
Vers. 5241.

Reddiderat Titan, et signum castra movendi
Jam dederat Darius, aderant cum milite multo
Participes sceleris, caute prætendere docti
Officium solemne foris, speciemque sequendi
Principis imperium, sed in alta [89] mente latebat
Occultum facinus, scelerisque protervia tanti.
Sceptrum præradians, et adhuc insignia regni
Gestabat Darius, curruque micabat ab [90] alto.
Prona jacebat humi supplex, veniamque precata [91]
Seditiosa cohors, et sustinuit venerari
Tunc patricida ducem, quem post in vincula ser-
[vus [92]
Retrusurus erat, lacrymisque coegit obortis
Credere Belidem, vultumque rigare senilem
Fletibus irriguis, sed nec tunc fraudis amicos
Pœnituit sceleris, cum certus uterque videret
Quam mitis naturæ hominem, regemque virumque
Falleret; ille quidem securus, et immemor horæ
Instantis, quam sors, et servus, uterque parabat.
Pellæi, Macedumque manus (quæ sola timebat)
Effugere affectans, laxis properabat habenis
Maturare fugam, fluesque subire remotos [93].
At Patron Græci dux agminis, integer ævo,
Et stabilis fidei, Darii non fictus amicus.
Jam patricidarum comperta fraude, suorum
Millibus armatis pulchre circumdatus, ibat
Contiguus regi, fandique ut copia facta est :
Narbasanes, inquit, et Bessus, Maxime regum,
Insidias in te conceptas ense cruento
Effutire parant, vitæ tibi terminus ista
Lux erit, aut illis, nos ergo corporis esse
Custodes patiare tui, tu [94] præcipe, dum res
Expedit, in nostris figi tentoria castris.
Liquimus Europam, nec Bactra, nec India nobis
Arva, laremque, et spes in te congessimus omnes :
Esse tui custos externus, et advena nusquam [95]
Expeterem, fierique tuæ tutela salutis,
Si tibi quemquam alium velle [96-97] hoc præstare vi-
[derem :
Inclyta Patronem servati [98] gloria regis [99]
Fecerat insignem; si quis tamen hæc quoque, si
[quis
Carmina nostra leget [100], nunquam Patrona tacebit,
Gallica posteritas, vivet cum vate superstes
Gloria Patronis, nullum moritura per ævum.
Jam reor æterno causarum sæcula fluxu.[1]
Non temere vol i, nemo temeraria credat,
Fortuitoque geri mundana negotia casu :
Omnia lege meant, quam rerum Conditor ille
Sanxit ab æterno; Darius cum vivere posset
Consilio Grajum, fati decreta secutus :
Quanquam nota satis, expertaque sæpius, inquit,
Sit mihi vestra fides, nunquam tamen a populari
Gente recessurus, nec ab his divortia quæram,
Vers. 5292.

VARIÆ LECTIONES.

[81] accepto. [82] animo. [83] occisurus eum. [84] paruit. [85] vibrans. [86] corde. [87] agitabant pect. [88] veneratio. [89] arcta. [90] in. [91] rogabat. [92] servum. [93] repostos. [94] tua. [95] nunquam. [96-97] posse. [98] ser-
vandi. [99] regem. [100] legat. [1] nexu.

Quos toties favi, satis et levius mihi falli est,
Quam damnare meos, quidquid fortuna jube-
[bit,
Inter eos me malo pati, quam transfuga credi.
Si salvum jam me esse mei, si vivere nolunt,
Jam sero pereo, jam mortem ultroneus opto.
Attonitus Patron, et desperare coactus,
Consilio regis, ad Græca revertitur amens
Agmina, pro recto [2], justique rigore, fideque
Cuncta pati promptus. Bessus Patricida Pelasgæ
Ignarus linguæ, tanti tamen ipse furoris
Conscius, occultum rapit [3] ex interprete verbum :
Jamque peremisset Darium, nisi crederet esse
Tutius, ut vivum Pellæo traderet hostem.
Quo potiore modo, sperabat [4] cædis amica
Concio, victoris sibi conciliare favorem :
Distulit ergo nefas in idonea tempora noctis,
Noctis, quando solent patrari turpia, noctis

A Quando impune placent, quæ sunt de [5] luce pu-
[dori,
Cum timor est audax, et frons ignara pudoris [6].
Tum Dario Bessus, grates agere, et venerari
Ficta mente studet, quod perfida verba dolosi
Vitasset lepido, et pulchro sermone Quiritis,
Qui dum spectat [7] opes, Macedum placare tyran-
[num
Hac regis cervice parat, funesta daturus
Munera, nec mirum, venalia constat habere
Omnia, venalem et ductum mercede Quiritem.
Vir sine pignoribus, lare, conjuge, pauper et exsul
Emptorum pretiis, ut circumfertur arundo.
Annuit Arsacides, certus tamen omnia vera
Deferri a Græcis [8], sed eo jam venerat, ut res
B Æque dura foret, et plena timoris, et exspes,
Non parere suis, et eis se credere nolle,
Quam falli, et gladiis caput objectare suorum.

ARGUMENTUM LIBRI SEPTIMI.

Septimus in dominum servos liber armat, et ejus
Justitiam ostendit, tandemque in vincula trudit.
Interea victos [9] vestigans Magnus, abactos
Confecit sceleris, confuso Marte, ministros.
Tunc demum Darius jaculis confossus, in ipsa
Morte Polistratio vivos cum [10] quæreret amnes
Extremas voces, et verba novissima mandat.
Inventum Macedo corpus rigat ubere fletu,
Ac sepelit: Rursus procerum, vulgique tumultus
Comprimit, et rapido cursu bacchatur in hostem.

LIBER SEPTIMUS.

Restitit Hesperio, mœrensque in littore Phœbus
Defixis hærebat equis, tristisque remissa
Luce retardabat venturæ noctis habenas,
Et tantum visura nefas Latonia, terris
Virgo morabatur roseos ostendere vultus ;
Sed lex æterno quæ condidit [11] omnia nodo,
Et sacer orbis amor, quo cuncta reguntur, utrum-
[que
Corripuit, jussitque vices explere statutas,
Jamque vaporantem fumabat Tethyos unda
Vorticibus clausura diem, requiemque petebat
Humanus cum sole labor, sed pœna manebat
Lugentem Darium, positusque in vespere vitæ
Occasum facturus erat, cum vespere mundi.
Clauserat infelix tentoria, solus apud se,
De se consilians, sed debile semper et exspes
Consilium miseri, vitamque trahentis in arcto,
Vers. 3351.

C Et tandem [12] hoc secum : Quos me, pater impie
[divum,
Distrahis [13] in casus? Quo me parat alea fati
Perdere delicto? Superi! quo crimine tantas
Promerui pœnas? cui nec locus inter amicos,
Nec notos superest; nec enim securus, apud quos
Debueram dominus tutam deponere vitam :
Sed sitit hanc animam, manifesto sævior hoste,
Inque senis jugulum parat arma domesticus hostis.
Si fuit indignum, tanto diademate cingi,
Totiusque Asiæ Darium ditione potiri,
Si male subjectos rexit, si jura tyrannus
Publica, vel patrias tentavit solvere leges,
Si cives armis, populumque tyrannide pressit,
Si cum judicio resideret, censor iniquus
D Avertit surdas a causa pauperis aures ;
Si partem injustam corruptus munere fovit,
Vers. 3367.

VARIÆ LECTIONES.

[2] *vero.* [3] *capit.* [4] *credebat.* [5] *in.* [6] *ruboris.* [7] *exspectat.* [8] *Grais.* [9] *Darium.* [10] *du . . colli-*
git. [11] *tamen.* [13] *detrahis.*

Si mihi persuasit funesta pecunia, justum
Vendere judicium, si fundum tristis avitum,
Et patrias vites, per me sibi flevit ademptas,
Filius exhæres, si jura fidemque perosus
In stadio mundi, non munda mente cucurri,
Jam mortem merui, fati nec [14] deprecor horam :
Jam satis est, superi, vestro quod munere vixi :
Crudescant furiæ Bessò, [15] desæviat in me
Narbasanes, gelidoque senis perfusa cruore
Tota domus, mœstas [16] compescat Numinis iras.
   Sed si justitiæ cultor, si jura secutus
Nil egi, nisi quod rationis littera dictat,
(In quantum natura sinit, petulansque nocivæ
Conditio carnis), gladios removete clientum
A domini jugulo, prosit vixisse per ævum
Innocue Darium, mors convertatur in illos
Qui meruere mori, liceat mihi vivere, prosit
Simplicitas justo, noceat sua noxa nocenti [17].
Quod si fixa Deum manet imperiosa voluntas,
Si mihi fatorum series immobilis, auras
Vitales auferre parat, vitamque coarctans
Atropos incisum maturat rumpere filum :
Cur alii liceat de [18] me plus quam mihi? vel cur
Narbasani servatus ero, subtractus Achivis?
Nunquid adhuc sanguis, nunquid mihi dextera,
                                      [nunquid
Ensis, ut hanc dubitem fatis absolvere vitam?
   Sic ait, et gelido terebrasset viscera [19] ferro,
Sed spado, qui solus aderat, tentoria planctu
Castraque commovit, dehinc irrupere citati
Cum lacrymis [20] alii, regem cecidisse gementes.
Barbarus in castris ululatus, et icta tremendo
Rura fragore tonant, tremulusque reliditur aer;
Nec capere arma sui, gladios ne forte clientes [21]
Incurrant, audent; sed ne videantur inique
Deseruisse ducem, monet arma capessere Persas
Cum pietate fides; sed terror vicit utrumque.
Exclusitque potens reverentia mortis, honestum.
   Ecce per attonitos rapientes agmina Persas
Sacrilegi comites strictis mucronibus adsunt,
Irrumpuntque aditus, et circumstantibus ense
Dispersis, regem quem jam exspirasse putabant
Vinciri faciunt, proh! quanta licentia fati!
Quam vaga quæ versat humanos alea casus!
Quem prius aurato curru videre sedentem,
Et tremuere sui, jam non suus, ille suorum
Vincitur manibus, et in [22] arcta sede locatur :
Captivumque trahit currus angustia regem.
   Attamen ut regis saltem pro nomine nullus
Non habeatur honor, vinciri præcipit aureis
Compedibus dominum, truculentior aspide servus.
Regia diripitur, ceu belli jure, supellex,
Utque avidos pressit inventa pecunia currus,
Per scelus extremum partis jam rebus onusti
   Vers. 5420.

A Intendere fugam. Quo tenditis agmine facto
   Eoum facinus, sceleris [23] fraudisque, ministri?
   Quæ vos terra feret? Ubi tanti tuta manebit [24]
   Impostura mali? Quis tuto ducere vitam
   Sub servo poterit domini sitiente cruorem?
   Interea summis accincto [25] milite rebus,
Vestigans Darii rapido [26] vestigia cursu
Terrarum domitor, Ecbatana cingere, facta
Obsidione, parat, profugumque capessere regem,
Et delere armis eversam funditus urbem,
Extremamque manum longis imponere bellis
Cum tamen audiret [27] Darium fugisse [28] : fugæque
Intentum celeri, liquisse Ecbatana, cœptum
Haud mora flectit [29] iter, et Persidis arva relin-
                                      [quens,
B Insequitur profugos, animi calcaribus actus.
Et quia certa rapi [30] famæ vulgaverat aura,
In Medos Darium, dehinc Bactra subire volentem
In Medos sævire [31] parat, sed certior ipsum
Nuntius avertit, retrusum in vincula regem
Affirmans, seriemque rei pulchro ordine pandens.
   Horruit auditis Macedo, ducibusque citatis :
Est brevis iste labor, et præmia magna laboris
Qui superest, socii, Darium non hinc procul, in-
                                      [quit,
Destituere sui, vinctumque suprema reservant
Ad mala, fortunæ finem, metamque laborum [32] :
Aut jam succubuit fatis, aut munere vitæ
Invitus fruitur : piger ergo citatius æquo
C Castigandus equus, et præcipitandus in hostem
Est gradus, afflicto vitam donemus ut hosti :
Non minus est, postquam cœpit miserabilis esse,
Parcere confracto [33], quam frangere posse rebellem.
Applaudunt proceres præcepto [34] regis, et instant,
Seque secuturos per summa pericula spondent ·
   Ergo inito cursu mundi fatale flagellum
Agmen agit Macedo, somnoque medente, diurnum
Non relevat fessis requies nocturna laborem.
Talis in adversos Jovis irruit ira Gigantes,
Fulmine quem dextram fingunt armasse poetæ,
Cum jam Centimanus cœlo nodosa Typhæus
Brachia porrigeret, Martem flammare videres,
Pallada vipereos clypeo protendere vultus,
Telaque fatali spargentem Delion arcu.
D   Ventum erat in vicum, stellis nascentibus, in quo
Vinxerat Arsacidem, furiato pectore, Bessus :
Occurrere duo, qui prodigiale perosi
Flagitium Bessi, patricidarum comitatu
Tutius esse putant, Macedum se jungere castris :
His ducibus Macedo brevius jam deside Phœbo
Est aggressus iter, incedens ergo quadrat
Agmine, sic cursum moderatur, ut ultima primis
Conjungi posset acies, jam Delius æquis
Distichiis [35] ab utraque domo distabat, et ecce ·
   Vers. 5472.

VARIÆ LECTIONES.

[14] non. [15] bello. [16] justus [17] noceatque nocentia sonti. [18] in. [19] pectora. [20] clamore. [21] clientum.
[22] jam. [23] scelerum. [24] latebit. [25] accito. [26] rapto. [27] audisset. [28] movisse. [29] linquit. [30] tenden
tem. [31] transire. [31] malorum. [32] jam fracto. [34] responso. [35] forte Dissidiis.

Vivere adhuc regem [35], Brocubelus [37] transfuga, regi A
Et tantum stadiis affirmat abesse ducentis,
Sed caveatur, ait, ne sic exercitus iste
Aut incompositus eat, aut incurrat inermis
Armatas acies, patricidas acrius urit [38].
In cædem facinus, ubi desperatio nullum
Jam veniæ superesse locum, sub pectore, clamat,
His super accensi proceres, majorque sequendi
Crevit Alexandro servilia castra cupido

Ergo fatigati, laxis fodiuntur habenis,
Et gravius solito, stimulos audire jubentur
Quadrupedes, sumptisque volant per inania pennis :
Jam sonus audiri stepitusque, fragorque rotarum
Cœperat a Graiis, ut pars adversa videri
Posset ab adversis, nisi pulveris horrida nubes
Intuitum eriperet, paulo subsistere Græcos
Jussit Alexander, donec cessante procella
Pulveris, hostiles possent agnoscere turmas.

Bessus in [39] obliquum sedato pulvere lumen
Flexit, et aerei de vertice montis, anhelos
Vidit adesse viros, armorum luce Quirites
Fulgere, et peditum, ferro livere [40], catervas :
Horruit aspectu, et gelido labefacta pavore [41]
Pectora monstriferæ tremuerunt [42] conscia culpæ.

Econtra Macedum viso, gens aspera, Besso,
Accelerat gressum, fusoque per ardua cursu,
Æstuat imparibus concurrere viribus hosti ;
Nam si tantum animi, tantumque vigoris haberet
Ad bellum Bessus, et Martis munia, quantum
Ad facinus, tantumque valeret in agmine quantum C
In gestu sceleris, et proditione valebat :
Pellæi poterat [43] Macedumque repellere vires,
Ulciscique Asiam : nam Bessi castra sequentes,
Barbarico tantum præstabant robore, quantum
Et numero Grajis : somnoque, ciboque [44] refecti
Magna fatigatis pugnæ documenta [45] daturi,
Viribus alternam multum conferre quietem.

Sed Macedum terror, et formidabile terris
Nomen Alexandri, momentum non leve belli [46]
Avertit pavidos, et desperare coegit,
Vinci posse viros, fugit indignantibus armis
Seditiosa cohors, versisque in pectora dorsis,
Degeneres rapuere fugam ; tunc vero nefandi
Participes sceleris [47], accincti pectore toto
Ad scelus extremum, Darium descendere curru,
Utque alacer conscendat equum, vitamque laboret
Conservare fuga, monitis hortantur, et instant.

Ille venenatos [48] monitus, et dicta repellit,
Ultoresque deos testatur adesse : fidemque
Acris Alexandri lacrymis implorat obortis :
Seque negat scelerum comitari velle clientes ;
Nullus, ait, mortis metus, aut violentia fati
Compellet Darium scelerum se jungere castris ;
Vers. 3325.

Non habet ulterius, quod nostris cladibus addat,
Fortunæ gladius ; mors, qua patricida minatur
Antidotum mœroris erit : mortisque venenum
Pro medicamentis, curaque laboris, habebo

His super accensi patricidæ, corde sub alto,
Concipiunt bilem, dominumque patremque cruentis
Confodiunt jaculis, et in ipsum grandinis instar
Spicula conjiciunt, quem tandem vulnere multo
Pectora confossum, sparsumque cruore relinquunt ;
Et fugitiva sequi ne longius agmina possint,
Curribus assuetos juga regia ferre, jugales
Afficiunt telis gladiisque, duosque [49] clientes,
Quos habuit comites in vita, mortis eidem
Esse jubent socios, et eodem funere mergunt

Quo facto, ut tanti lateant vestigia monstri,
B Divisere fugam, festinat Bactra subire
Bessus, Narbasanes Hyrcanos visere saltus.
Dispersi fugiunt alii [50], vel quo metus urget.
Vel spes, in dubiis semper comes optima rebus :
Quingenti tantum se collegere Quirites.]
Qui pro justitia patriæque jacentis honore
Elegere mori, Macedumque resistere turmis ;
Vel quia sperabant armis extendere vitam,
Vel quia turpe fuit regi superesse perempto.
Dum tamen ancipiti sermonum barbara motu
Definit legio, meliusne sit hoste propinquo
Dedere terga fugæ, Grajisne opponere pectus ?
Ecce triumphantis animi pernicibus alis
Vecta supervenit Macedum manus, omnibus a
Omnibus et vires, et Martius omnibus ardor.

Jam fragor, et belli rursus novus ingruit [51] horre ;
Non [52] timido fuga, non [53] prodest audacia forti
Cæduntur fortes, timidi capiuntur ; et ecce,
Res indigna fide, dictu mirabile ! plures
Captivi, quam qui caperent, numerumque ligantum,
Prædonumque, gravis excessit copia prædæ.
Non magna sine laude tamen, cecidere rebelles
Adversæ partis, clari ter mille [54] Quirites,
Nec cædis rancor, nec funeris ira quievit,
Donec, Alexandro gladii revocante furorem,
Cædibus abstinuit, cædi devota juventus.

Tunc vero intactum pecudum [55] de more super-
[stes
D Agmen agebatur, nec erant vestigia toto
Agmine, qui Darium Grajis ostendere possent,
Singula scrutantur Persarum plaustra, nec usquam
Dedecus inveniunt fati, regale cadaver.
Regis enim, trito deserto calle, jugales,
Pectora confossi jaculis, in valle remota
Constiterant, mortem Dariique suamque gementes.
Haud procul hinc querulus lascivo murmure rivus
Labitur, et vernis solus dominatur in herbis ;
Patrem rivus habet fontem, qui rupe profusus
Vers. 3577.

VARIÆ LECTIONES.

[35] *Darium.* [37] *Curt. Broculus.* [38] *armat.* [39] *ut.* [40] *lucere.* [41] *cruore.* [42] *tenuerunt.* [43] *et retundere.*
[44] *cibique.* [45] *be.li monumenta.* [46] *bellum.* [47] *operis.* [48] *venenosos.* [49] *Affligunt aladiis* [50] *Diffugiunt
alii sparsim.* [5] *ingerit.* [52] *Nec.* [53] *nec.* [54] *ceciderunt mille.* [55] *vecudis.*

Purus, et expressis, per saxea viscera, guttis,
Liquitur [56], et siccas humectat nectare glebas
Ad quem vir Macedo, post Martem fessus anhelo
Ore, Polystratius, sitis incumbente procella,
Ductus, ut arentes refoveret flumine fauces,
Curriculum Darii vitam exhalantis opertum
Pellibus abjectis [57], jumentaque saucia vidit,
Vidit, et accedens confossum vulnere multo,
Invenit Darium, turbatum lumina, mortis [58]
Inter et exiguæ positum confinia vitæ.
Cumque rogaretur Indo sermone : Quis esset?
Gavisus, quantum perpendi, ex voce, dabatur :
Fortunæ præsentis, ait, mortisque propinquæ,
Hoc unum Dario, et solum solamen habetur,
Quod tecum mihi non opus est interprete lingua.
Quod loquor extremum discretis auribus, et quod
Non erit extremas incassum promere voces.

O quam grata mihi Macedum præsentia regi
Esset! ut audiret me tam pius hostis, et ejus
Colloquio fruerer, ut mutua verba ferendo,
Sedaret veteres belli brevis [59] hora querelas !
Quem quia fata negant, hoc, quisquis es, accipe, et
                                                   [ista
Perfer Alexandro : Post tot certamina, Magni [60]
Debitor intereo, multumque obnoxius illi,
Quod matrem Darii, prolemque modestus, et iræ
Immemor hostilis, clementi pectore fovit :
Quod non hostilem, qualem decet esse tyrannum,
Sed regalem animum victis, vultumque serenum
Exhibuit victor, hostique fidelior hostis,
Quam noti civesque mei : donata per illum
Vita meis; vitam quoque subripuere propinqui :
Regna quibus, vitamque dedi, miserabile dictu,
Quorum præsidio, tutus vel ab hostibus esse
Debuerat Darius, ab eis occisus, et inter
Hostes incolumis stans, labitur inter amicos.

His precor [61] a justo reddatur principe talis
Talio pro meritis, qualem patricida meretur.
Quamque repensurus, mihi si fortuna triumphum
Concessisset, erat; nec enim hoc discrimine solo [62]
Alea versatur mea, sed communis eorum est,
Qui præsunt turbæ [63], et populi moderantur habe-
                                                   [nas :]
In me causa agitur; decernat pondere justo
Magnus, quæ tantum maneat vindicta reatum :
Quæ nova flagitii scelus expiet ultio tanti,
Quam si distulerit, vel forte remissius æquo
Egerit, illustris minuetur opinio regis,
Decolor, et famæ multum diversa priori :
Adde, quod a simili debet sibi peste cavere
Rex pius, et subiti vitare pericula casus.
Et cum justitiæ status hinc versetur, et illinc
Utilitas, uno tueatur utrumque [64] rigore
                Vers. 3628.

A Hoc unum Superos, votis instantibus [65], oro,
Infernumque chaos, ut euntibus ordine fatis,
Totus Alexandro famuletur subditus orbis,
Magnus, et in magno dominetur Maximus orbe,
Utque mihi justi concesso jure sepulcri
A rege extremi non invideantur honores.

Sic ait, et dextram, tanquam speciale ferendum [66]
Pignus Alexandro, Græco porrexit, eique
Lethifer irrepsit per membra rigentia somnus
Et sacer erumpens luteo de carcere tandem
Spiritus, hospitium miserabile carnis abhorrens
Prodiit, et tenues evasit [67] liber in auras.

Felices animæ! dum vitalis calor artus
Erigit infusos, si prægustare daretur,
Quæ maneant manes, decreto tempore justo
B Præmia, quæ requies, et quam contraria justis
Impius exspectet, non nos funestus habendi
Irretiret amor, nec carnis amica libido
Viscera torreret, sed nec prædivite mensa,
Patria [68] sorberet obscenus jugera venter ;
Sed neque ferrato detentus carcere Bacchus
Frenderet horrendum, fracturus dolia, nec se
Inclusum gemeret sine respiramine Liber
Non adeo ambiret cathedræ venalis honorem
Jam vetus ille Simon, non incentiva malorum
Pollueret sacras funesta pecunia sedes
Non aspiraret, licet indole clarus aviti
Sanguinis, impubes ad pontificale cacumen,
Donec eum mores, studiorum fructus, et ætas
C Eligerent, merito non suffragante parentum :
Non geminos patres, ducti livore, crearent,
Præficerentque orbi, sortiti a cardine nomen.
Non [69] lucri regnaret amor [70] : pervertere formas
Judicii nollet corruptus munere judex.
Non caderent hodie nullo discrimine sacri
Pontifices : quales nuper cecidisse queruntur
Vicinæ, modico distantes æquore, terræ :
Flandria Robertum, cæsum dolet Anglia Thomam.

Sed quia, fluxarum [71] seducta cupidine rerum
Dum sequitur profugi bona præcipitantia [72] mundi,
Allicit illecebris animam caro, nec sinit esse
Principii memorem, vel cujus imaginis instar
Facta sit, aut quorsum resoluta carne reverti
Debeat, inde boni subit ignorantia veri.
D Inde est, quod spreta cupimus rationis habena,
Quod natura negat, facimusque paratus ad omne,
Non reveretur homo, quod fas et jura verentur,
Inde est, quod regni flammatus amore satelles,
Non reverens homines, non curans numina, Bessus,
Et patris, et domini fatalia fila resolvit.
Te tamen, o Dari, si quæ modo scribimus, olim
Sunt habitura fidem, Pompeio Francia juste
Laudibus æquabit, vivet cum vate superstes
                Vers. 5681.

VARIÆ LECTIONES.

[56] liquitur.   [57] adjectis.   [58] lumina morte, inter—et extremæ.   [59] sedaret nostras veteres brevis.   [60] Magnus.   [61] prior.   [62] solum.   [63] turmæ.   [64] teneatur uterque.   [65] morientibus.   [66] ferendam.   [67] vanescit.
[68] patrum.   [69] nec.   [70] odor.   [71] labilius.   [72] momentanea.

Gloria defuncti, nullum moritura per ævum.

Magnus ut accepit, Darium exspirasse, citatum
Turbidus accelerat gressum, inventumque cadaver
Perfundit lacrymis, et compluit ubere fletu :
Sedit complosis manibus, positoque rigore [73]
Principis, effusum doluit, gemuitque jacentem,
Quem stantem ut caderet, toties invaserat [74] ante.
Ergo ubi purpureo lacrymas siccavit amictu,
Purgavitque genas : Miseris mortalibus, inquit,
Hoc solum relevamen inest [75], quod gloria mortem
Nescit, et occasum non sentit fama superstes :
Si vitæ meritis respondet gloria famæ,
Nulla tuos actus poterit delere vetustas.
Nec te posteritas, rex Persidis inclyte Dari,
Oblinet, aut veterum corrodet serra dierum.
Claresces titulis, totoque legeris in orbe,
Ausus Alexandro, Macedumque resistere satis.
Si modo [76] te vivum servassent, omine fausto,
Fata, jugo Macedum levius nil esse probares,
Uno rege minor tantum, Magnoque secundus,
Jura dares aliis, in regni parte receptus ;
Sed quia serviles non permisere catervæ,
Qui patris emeritam ferro rupere senectam
Ut clemens victo laudarer victor in hoste,
Quod solum licet, ultorem, defuncte, relinquis
Hostibus infandis, habuisti quem prius hostem.

Sic mihi contingat, bellis Oriente subacto,
Hesperios penetrare sinus, classemque minacem
Occiduis inferre fretis, cursuque reflexo,
Gallica Græcorum ditioni subdere colla :
Sic mihi dent superi, trajectis Alpibus, una
Cum populis Ligurum, Romanas frangere vires.

Dixit, et exsequiis solito de more solutis,
Regifico sepelit corpus regale paratu,
Membraque condiri jubet, et condita recondi
Majorum titulis ; ubi postquam condita, celsa
Pyramis erigitur, niveo quæ marmore structa,
Ingenio docti superædificatur Apellis :
Conjunctos lapides, infusum fusile rimis
Alterno interius connectit amore metallum,
Exterius quacunque patet, junctura figuris
Insculpitur variis rutilans intermicat aurum.

Quattuor ex æquo distantibus arte columnis
Sustentatur onus, quarum basis aurea [77] fulget,
Argento stylus erigitur, capitella recocto
Imperitant auro, fornacibus eruta binis.
Has super, exstructa est (tantæ fuit artis Apelles)
Auro lucidior [78], pacato purior amne,
Crystallo similis, cœlique volubilis instar,
Concava testudo, librati ponderis, in qua
Forma tripartiti pulchre describitur orbis.
Hic Asiæ sedes late diffunditur, illic
Subsidunt geminæ, spatio breviore, sorores .
Hic certis distincta notis, loca, flumina, gentes,

Vers. 3735.

A Urbes, et silvæ, regiones, oppida, montes.
Et quæcunque vago concluditur insula ponto.
Indigeat quæ terra quibus, quæ rebus abundet.
Frugifera est Libyæ, vicinus Syrtibus Hammon
Mendicat pluvias : Ægyptum Nilus opimat ;
Indos ditat ebur, vestitaque littora gemmis.
Africa prætendit magnæ Carthaginis arces,
Græcia divinas [79], famæ immortalis, Athenas :
Pallantea domus, Roma crescente, superbit.
Francia militibus, celebri Campania Baccho [80],
Gadibus Herculeis Hispania, thure Sabæi,
Arcturo Britones, solito Northmannia fastu,
Anglia blanditur, Ligures amor urit habendi,
Teutonicusque suum retinet de more furorem ;
Lubricus extremas tantæ testudinis oras
B Circuit Oceanus, Asiam, tractusque duarum,
Opposito medius disterminat [81] obice Pontus
Pontus, distinctis [82] in quem vaga flumina ripis
Omnia descendunt, et eo ducente, recurvos
Flexa per anfractus, magnum labuntur in æquor.
Et quia non latuit sensus Danielis Apellem,
Aurea signavit epigrammate marmora tali :
Hic situs est typicus aries, duo cornua cujus
Fregit Alexander, totius malleus orbis.

Præterea Hebræos, et eorum scripta secutus,
Præteriti seriem revoluti [83] temporis, annos
Humani generis a conditione notavit,
Usque triumphantis ad bellica tempora Magni.
In summa : Annorum bis millia bina leguntur
C Bisque quadringenti, decies sex, bisque quaterni.

Interea meritos [84], ad donativa, maniplos
Invitat Macedo, gemitus, et vulnera largis
Curat muneribus, et idonea tempora nactus,
Solemnes epulas, et Bacchi gaudia totis
Instaurat castris. Ergo dum pocula tractat,
Deliciisque vacat diffusus in otia miles,
Ecce repentinus, vitium solemne vacantis
Militiæ, rumor subito ferit agmina motu.
Fertur : Alexandrum post prospera bella, tumentem,
Hostibus afflictis, et adepta Perside, velle
Ad patriæ [85] fines, et dulcia regna reverti
Ergo avidi reditus, quamvis auctore carere
Rumor, discurrunt lympharum more, per omnes
D Castrorum vicos, aptant tentoria plaustris,
Sarcinulas, et vasa legunt castrensia, tanquam
Mane paretur iter, oritur per castra tumultus.
Lætitiæ, lætosque [86] ferunt ad sidera plausus.

Rumor ut attonitas invicti principis aures
Impulit, occultus mentem [87] perterruit horror,
Contraxitque furor laxas rationis habenas.
Mox ubi mens rediit domito revocata furore
Præfectos jubet acciri, lacrymisque profusis :
Limite de medio terrarum, a civibus orbem
Auferri sibi conqueritur, virtutis in ipso

Vers. 3789

VARIÆ LECTIONES.

[73] vigore. [74] incusserat. [75] hoc solamen inest solum. [76] si mihi. [77] area. [78] lucidior vitro. [79] divitias. [80] vitio. [81] discriminat. [82] distortis. [83] serie. revoluta [84] multos. [85] patrios. [86] mistos. [87] animur

Limine, Alexandro mundi totius apertum.
Præcludi imperium, nihil in patriam nisi probra,
Fortunam victi, se non victoris, ad Argos
Esse relaturum, tantis obsistere cœptis
Invidiam Superum, qui fortia pectora semper
Illiciant, patriæque trahant natalis amore, .
Indecoresque viros, sine nomine velle reverti
Ad proprios ortus : indulto tempore, magna
Laude reversuros. Applaudit curia regi,
Promittitque suas in cuncta pericula vires,
Jussa secuturos proceres, et mobile vulgus,
Si modo blanditiis duras permulceat [88] aures.

Ergo tribunali posito, ducibusque citatis,
In facie procerum, plebisque astante corona [89]
Cœpit Alexander : Recolentibus, inquit, amici,
Gestarum vobis [90] titulos et nomina rerum,
Non mirum est, patrias animis occurrere sedes,
In quibus illustres decantet fama labores,
Et celebris vestras attollat gloria pugnas [91]·
Libera, Persarum veteri, jam patria per vos
Est exempta [92], jugo, Phœnicem, Persida, Medos,
Armenios, Syriam vestri domuere lacerti :
Lydia, Cappadoces, Parthi, Cilicum juga vestro
Succubuere jugo, terras mihi vestra subegit
Asperitas plures, aliis quam regibus urbes
Lubrica sors dederit. Ergo si certa [93] maneret
Terrarum (quas tam celeri virtute subegi)
Perpetuo mecum possessio, fœdera fixa :
O cives, vobis etiam retinentibus, ultro
Ad patrias urbes, dulcemque erumpere terram
Optarem, matrem, geminasque videre sorores,
Et parta pariter vobiscum laude potiri.

Sed novus est, nec adhuc firma radice tenetur
Imperii status, et nondum subeuntibus æqua
Barbaricis cervice jugum, victoria nutat :
Ergo brevi nobis opus assuetudine, donec
Barbara mollescant accepto tempore corda,
Et peregrina suos deponant pectora mores :
Nam mora maturat fruges, et musta statuto
Tempore mitescunt, quamvis expertia sensus.
Quod natura nequit, animos, rabiemque ferarum
Mulcet longa dies; sævum indomitumque leonem,

Vers. 3851.

A Mitigat humani, manus et vox blanda, magistri.
Vicistis Persas sed non domuistis et ipsi.
Armis, non morum cohibentur lege, futuri,
Quos modo præsentes metuunt, absentibus hostes.
Et, licet exstincto Persarum principe, multus
Hostis adhuc superest, Bessus patricida, retento,
Narbasanesque suus coeunt in prælia, regno.
Proh pudor ! æternum nati servire clientes,
Per scelus extremum, parta ditione, cruentas
Extendunt ad sceptra manus, sed sicut in ægris
Omnia corporibus, medici nocitura recidunt [94] :
Sic nihil a tergo quod discedentibus obstet,
Esse relinquendum, resecandumque arbitror esse [95],
Quidquid obesse potest, regno post terga relicto.
Parva solet magnis causam præstare ruinis,
B Cum neglecta fuit modicæ scintilla lucernæ.
Tutior ut maneas hostis, nil est quod in host.
Despicias tuto, fit, quem neglexeris, ille
Fortior hoc ipso, multoque valentior hostis.

Vicimus idcirco Darium ut Besso patricidæ
Cederet imperium ? procul hunc arcete furorem,
Terrarum domini, brevis est *via*, *viæque dierum*
Quattuor, inter iter jacet ut divortia mortis
Quærere nulla queat Bessus patricida. Tot amnes,
Tot juga [96] transistis, tot proculcastis hiatus,
Horrendosque lacus, tot saxa, tot invia vobis
Pervia fecistis, non vos mare dividit æstu
Fluctivago [97], sed plana jacent, et plena triumpho
Omnia; vicina est, et in ipso limine palma,
C Vincendi restant pauci, memoranda per ævum
Gloria, cum servos, vestro [98] mediante labore,
Audierit, domino pœnas solvisse perempto,
Credula posteritas, dignus labor Hercule : nullum,
Quem patris occisi condemnet opinio, vestras
Effugisse manus, hoc uno, miles, honorem
Perpetuare tuum, Persas, Asiæque favorem
Conciliare potes. Sic fatur [99] ductor, et ecce
Attollunt cuncti [100], quæcunque in prælia, dextras,
Seque secuturos, per summa [1] pericula, spondent
Unanimes, lætique senes, hilarisque juventus.
Ergo avidus pugnæ tentoria vellere [2] Magnus
Imperat, et rapido cursu bacchatur in hostes.

Vers. 3873

ARGUMENTUM LIBRI OCTAVI.

Hircanos domat octavus, nec iniqua ferentem
Vota, pharetratam præsentat Amazona regi.
Uruntur gazæ Macedum, mirabile factu.
Detegitur Dymni facinus, sequiturque nefandus
In castris gemitus, oratio, morsque Philottæ.
Impius attrahitur, monstrum implacabile, Bessus,
Suspensusque piat manes patricida paternos.
Arma Scythis infert, quorum [3] legatio postquam
Nil agit, et monitu [4] non flectunt principis iram,
Gens invicta prius, victori subditur orbis.

VARIÆ LECTIONES.

[88] præmulceat. [89] caterva. [90] nobis. [91] laudes. [92] erepta [93] tanta. [94] retunaunt. [95] ense. [96] loca. [97] fluctivomo. [98] nostro. [99] fatus, et ecce paratas. [100] equites. [1] cuncta. [2] vertere. [3] Macedo. [4] monitus.

LIBER OCTAVUS.

Memnonis æterno deplorans funera luctu,
Tertia luciferos terras aurora per omnes
Spargebat radios, cum fortis et impiger ille [b]
Terrarum domitor, in cuncta pericula præceps,
Hyrcanos subiit, armato milite, fines.
Quos ubi perdomuit, vitamque cruentus, ab ipso
Narbasanes molli lingua scribendo recepit
Haud mora, visendi succensa cupidine regis,
Gentis Amazoniæ venit regina Thalestris,
Castraque virginibus subiit comitata ducentis :
Omnibus hæc populis, dorso quos Caucasus illinc
Circuit, hinc rapidi circumdat Phasidos amnis,
Jura dabat mulier, cui primo ut copia facta est
Regis, equo rapide descendit, spicula dextra
Bina ferens, lævum pharetra suspensa lacertum.
     Vestis Amazonibus non totum corpus obumbrat,
Pectoris a læva nudantur, cætera vestis
Occupat, et celat celanda, nihil tamen infra
Juncturam genuum, mollis descendit amictus :
Læva papilla manet, sed conservantur adultis,
Cujus lacte infans sexus muliebris alatur,
Non intacta manet, sed aduritur altera, lentos
Promptius ut tendant arcus, et spicula vibrent.
     Perlustrans igitur attento lumine regem,
Mirata est, famæ non respondere, Thalestris,
Exiguum corpus, taciturnaque versat apud se
Principis indomiti, virtus ubi tanta lateret ?
Barbara simplicitas a majestate venusti
Corporis, atque habitu veneratur, et æstimat omnes.
Magnorumque operum, nullos putat esse capaces,
Præter eos, conferre [6] quibus natura decorum
Dignata est corpus, specieque beare venusta.
Sed modico præstat interdum corpore major
Magnipotens animus, transgressaque corporis artus
Regnat in obscuris præclara potentia membris.
     Ergo rogata semel, ad quid regina veniret ?
Anne aliquid vellet a principe poscere magnum ?
Se venisse refert, ut pleno ventre regressa
Communem pariat a tanto principe prolem,
Dignam se reputans, de qua rex gignere regni
Debeat hæredem, fuerit si femina partu
Prodita, maternis potiatur filia regnis :
Si mas exstiterit, patri reddatur alendus.
     Quærit Alexander sub cone vacare Thalestris
Militiæ velit? Illa suum custode carere,
Causatur regnum, tandem pro munere noctem
Ter deciesque tulit : et quod quærebat adepta
Ad solium regni, patriasque revertitur urbes.
     Interea Bessus, sumpto diademate, Bactra
     Vers. 5932.

Venerat [7], ausus nomen nomen mutare, Scythisque
Accitis, toto surgebat in arma paratu.
Æstuat auditis Macedo, sed inertia luxu
Et bello, partis tot rebus onusta, moveri
Agmina vix poterant : ergo [8] (mirabile factu!)
Cuncta cremanda ratus, quæcunque moventibus
                     [arma]
Esse solent oneri, primo sua, deinde suorum
In medium proferre jubet. Spatiosa jacebat
Campi planities, ubi multo sanguine partæ
Exponuntur opes Arabum, Serumque labores,
Plaustraque diversis rerum speciebus onusta.
Illis ubi congestis, rapta face, Martius heros
Ignem supposuit, et miscuit omnia flammis,
Ardebant dominis mirantibus omnia, quæ ne
Ardeicent, toties accensis [9] urbibus, igni
Restiterant, toties humero subeunte laborem,
Pertulerant avidas multo discrimine flammas,
Non tamen audebant tanto sibi parta labore
Sanguinis effusi pretium, deflere quirites,
Seu vulgus ; cum regis opes, idem ureret ignis.
     Hic ubi sedatus dolor est, dixisse feruntur
A curis gravibus, et sollicitudine magna
Consilio regis, ereptas esse cohortes :
Et quos subdiderat regina pecunia servos
Principis exemplo libertos esse per ignem
     Jamque legebat iter, jam Bactra subire parabat
Exonerata manus, cum rex invictus, et hoste
Tutus ab externo, pene interfectus ab ipsis
Consulibus Macedum, tamen intestina suorum
Devitavit [10] adhuc, Parcis parcentibus, arma,
Et civile nefas. Erat inter regis amicos
Præcipuus, tota major legione Philottas,
Parmenione satus, sine quo nil carmine dignum
Gessit Alexander, qui grande nefas Cebalino
Indice perlatum certis rationibus ad se,
Tres siluit luces, donec Metrone cruentum
Comperiente scelus, proprio cadit ense ligatis
Complicibus Dymnus : vincitur [11] et ipse Philottas,
Creditus hoc [12] uno perimi voluisse tyrannum,
Quod totos tres ille dies suppresserat hujus
Indicium sceleris : inducitur ergo revinctis
A tergo manibus, faciem velatus, in aulam.
     Principis edicto populus convenerat armis
Cinctus, et horrendo pallebat regia ferro.
Mussat tota cohors, tantique ignara tumultus
Cur accita foret, arrectis auribus hæret,
Donec Alexander sermone silentia rumpens
Detexit scelus, illatoque cadavere Dymni,
     Vers. 5980

VARIÆ LECTIONES.

[5] iste. [6] offerre quibus natura decorum [7] voverat. [8] igitur. [9] incensis. [10] declinavit. [11] religatur. [12] hic.

Subticuit primo, demum : Pene, inquit, ademptus
Vobis, o cives, fortunæ munere vivo.

　Regis ad hanc vocem, clamoso perstrepit aula
Turbarum fremitu, cunctis poscentibus hujus
Auctores [13] sceleris, ut proderet [14]. Ille : Quid? in-
　　　　　　　　　　　　　　　　　　　[quit,
Ille mei patris, ille meus specialis amicus
Parmenio, tantoque aliis prælatus honore [15],
Tanti flagitii fuit auctor, et ipse * Philottas
Cum patre concipiens tam detestabile terris,
Et cœlo facinus, Lycolaum [16] * Demetriumque
Et Dymnum, cujus corpus miserabile coram
Aspicitis, socios delegit, et in mea ductor
Fata subornavit; rursus sera concio vocem
Intonat horrendam. Metron, * Cebalinus et index
Nicomachus testes producti, criminis ortum
In medium referunt : subdit Mavortius heros :
Quo dominum obsequio, quo dilexisse videtur
Affectu patrem, qui cum scelerum hoc scelus, in-
　　　　　　　　　　　　　　　　　　　[quit,
Resciret, siluit? quod non tamen esse regendum [17]
Cæde liquet Dymni. Facinus * Cebalinus acerbum
Ut semel accepit, hora non distulit una ;
Solus non timuit, solus non credidit istud
* Parmenides, sane.patria ditione tumescit.
Quem quia præfeci Medis, majora superbus
Sperat, et aspirat ad summi [18] culmen honoris.

　Forsitan hoc animi [19] dedit in mea fata * Phi-
　　　　　　　　　　　　　　　　　　　[lotta,
Quod sine cognatis sum, nec mihi libera proles,
Nec superest genitor : Erras, funeste * Philotta.:
Tot salvis Macedum ducibus,quorum agmina memet
Circumstare vides, Magnum ne dixeris orbum.
Ecce mihi [20] fratres, quos intuor, ecce parentes,
Quod celat, quod Dymnus eum non nominat, inter
Participes sociosque doli, minus esse nocentem
Non facit, indicium est ducis, et terroris in illos
Prodere qui præsunt [21], qui dum [22] de se fateantur,
De duce non audent ducti terrore fateri,
Multaque consuevit de me suspecta * Philottas
Et serere, et faciles præbere serentibus aures ;
Se gaudere mihi, genitum quem Jupiter a se
Affirmabat, ait, miseris tamen esse dolendum,
Vivendum quibus est tanti sub principe fastus,
Excedente modum, et stadium mortalis arenæ [23].

　Et scivi, et silui nec eos [24] fieri mihi viles,
Et contemptibiles aliis volui, quibus ante.
Tot bona contuleram, sed jam temeraria lingua
Vertitur ad gladios : et quod conceperat ore,
Parturit ense manus ; quo me conferre licebit?
Cui caput hoc credam? præfeci pluribus unum,
Cui vitæ et capitis commisi jura, sed unde
Præsidium petii, venit improvisa salutis
Pernicies, melius cecidissem Marte, futurus
　　　　Vers. 4051.

Hostis præda mei potius quam victima civis
Nunc servatus ab his, Macedo quæ sola timebat,
Incidit [25] in lateris socios, et in agmina, quorum
Nec vitare manus, nec debuit arma timere.
Ergo, mei cives, vestri [26] ad munimina civis,
Armaque confugio, liceat vos esse salutis
Auctores, salvus, vobis nolentibus esse
Nec volo, nec possum ; si me servare [27] velitis,
Vindicis officium prætendite, vindice pœna.

　Hoc ubi persuasit, ira dictante, reliquit
Concilium, vinctumque jubet proferre * Philottam
Dicturum causam, ne judiciarius ordo
Dicatur vires tanti rectoris in aula
Amisisse suas : manibus stetit ille revinctis
Luridus, et vili [28] velatus tegmine membra,
Lugubris facie, multum mutatus ab illo,
Qui nuper princeps equitum, Magnoque secundus,
Nobilior ducibus, et magnificentior ibat,
Disponens acies, tractansque negotia belli.

　Hoc habitu quondam Burchardum Flandria vidit
Solventem meritas, occiso principe [29], pœnas :
Quem rota pœnalis pro tanto crimine torsit,
Totaque confregit, Ludwico vindice, membra.

　Nutabat pietate cohors, animosque subibat
Parmenionis amor, tam clari civis amara
Conditio, qui cum viduatus prole gemella,
Hectore jampridem, magnoque * Nicanore, nuper,
Jura dabat Medis : absente parente superstes
Tertius, et patrium solus solamen, iniquo
Judice, barbaricis causam dicebat in oris.
Hærebant animi procerum, poteratque videri
Sævitiæ [30] cessisse [31] rigor, cum prætor Amyntas
Regius, intuitus mentes pietate labare. [32]
Pluribus objectis, cœpit damnare * Philottam,
Sopitamque ducum, dicendo resuscitat iram,
Sedatumque facit rursus crudescere vulnus.

　Tunc vero attonitus labefacta mente * Philottas,
Avertensque oculos, a circumstante caterva,
Nec caput erexit, nec flexit luminis orbem :
Seu quia conciderat sceleris mens conscia tanti [33] ;
Seu quia supplicii nutabat pressa timore.
Nec mora, mentis inops, super illum corruit, a quo
Ipse [34] tenebatur : at demum mente recepta
Abstergens panno faciem [35], vultumque madentem
Fletibus.: Insonti facile est, inquit, reperire
Verba, tenere modum, misero non est leve, cives :
Cumque sit in portu mens hinc mea, criminis ex-
　　　　　　　　　　　　　　　　　　　[pers
Hujus, et in nulle sibi conscia, turbidus illinc
Me tumido fluctu, fortunæ verberet auster :
Inter utrumque situs, utriusque locatus in arcto,
Non video qua lege queam parere, vel hujus
Temporis articulo, vel mundæ a crimine menti :
Forti fortunæ pereo, si pareo, mentem
　　　　Vers. 4084.

[13] actores. [14] perderet. [15] amore. [16] Curt. Peucolaum. [17] silendum. [18] summum. [19] animum✓ [20] mei. [21] possunt. [22] cum. [23] habenæ. [24] neque enim. [25] decidit. [26] vestra. [27] salvere. [28] vili faciem velatus amictu. [29] consule. [30] segnitiæ. [31] cecidisse. [32] remissas. [33] facti. [34] ille. [35] lacrymus.

Non sinit insontem fortuna potentior esse.
Hæc [36] secura manet, in me parat illa securim,
Hinc spes, inde metus, hinc salvus, naufragus illinc.

Præterea causam ingredior, sine judice, cujus
Intererat justæ meritum cognoscere causæ;
Nec [37] video cur absit, ei damnare nocentem
Cum liceat soli, solusque absolvere possit.
Absolvi nequeo, nisi causæ cognitor ipse
Et judex sedeat, quod vix continget, ut ipso
Liberer absente, quo sum præsente ligatus.
Sed quamvis infirma hominis defensio vincti
Sit, qui censorem non instruit, imo videtur
Arguere injusti, tamen hoc, utcunque licebit,
Mortis in articulo pro me allegabo, meique
Non ero desertor, sed quo me crimine damnet
Curia, non video, de conspirantibus unum,
Vel de complicibus me nemo fuisse fatetur.
De me Nicomachus nihil expressit; * Cebalinus
Plus, quam Nicomachus, a quo scelus audiit istud,
Noscere non potuit, me rex tamen arguit hujus
Criminis auctorem, sed qua ratione videtur
Subticuisse caput cædis, scelerisque magistrum?
Quemque sequebatur tanto in discrimine Dymnus?
Non verisimile est, alieno parcere quemquam,
Qui sibi non parcit, econtra credere dignum est
Ut se majori tueatur nomine : Dymnum
Inter participes prius expressisse * Philottam.

Scripta ferunt Ithacum, cum furtum Palladis illi
Ajax objiceret, raptamque in nocte Minervam,
Tydidæ socio factum [38] excusasse decenter,
Vel velasse suam Diomedis nomine culpam;
Cumque * Laertiadæ rursus, simulasse furorem
Objiceret, bellique metu quæsisse latebras;
Sit [39] mihi, respondit, latebras quæsisse, pudori.
Dum ratione pari crimen reputetur, Achillem
Inter femineas timidum latuisse catervas :
Cum tanto commune viro non abnuo crimen.

Sic ubi tractatur communis causa duorum,
Interdum major solet excusare minorem,
Dicite consulti juris, legisque [40] periti,
Qua ratione perit, mortem quo jure meretur,
Quem nemo accusat? in quem nec fama laborat?
Nec sua condemnat confessio? criminis hujus
Nuntius in primis [41] nisi me * Cebalinus adisset,
Non hodie traherer in causam, nemine nomen
Accusante meum. Sed quod suppresseris, ad te
Delatum facinus, quodque his rumoribus aures
Clauseris, objicitur, quid ni [42]? Puerine querelis
Est adhibenda fides? Minus est pretiosus, et absque
Pondere sermo gravis, quem non gravis edidit au-
[ctor,
Ramoresque facit levitas auctoris inanes;
Si Dymno socius culpæ, vel conscius essem
Non sincerem sane vel me, vel criminis hujus
  Vers. 4137.

Participes prodi, *spatio* cum posset in illo
Res peragi, clam, sive palam, poteram * Cebalinum
Tollere de medio, ne regi nuntius iret
Concepti sceleris, hujus moliminis ad me
Delato indicio : post detectam mihi fraudem,
Qua periturus eram [43], ferro comitante penates
Secretos adii, regisque cubilia solus.
Non video cur distulerim scelus; an sine Dymno
Ausus non fuerim? Princeps erat ille cruenti
Et dux consilii, sub eo latuisse * Philottas
Creditur? Et Magno, regnum affectasse, perempto?
Quem tamen e vobis corrupi munere, cives?
Quem colui, de tot vobis impensius unum?

Sed scripsisse sibi me rex objecit, honori
Congaudere suo, genitum quem Jupiter a se
Voce affirmabat, miseris tamen esse dolendum
Vivere quos deceat tanti sub principe fastus.
Vera fides, et amor, fiducia, consiliique
Libertas veri, sed perniciosa quibusdam,
Sanaque, qua colui regem, correptio, vos me
Decepistis : et hoc fateor scripsisse * Philott.am :
Hoc regi scripsi, sed non de rege; sciebam
Dignius esse Jovem tacitis cognoscere [44] votis,
Et Superum stirpem, quam se jactando, movere
Contra se invidiam, procerumque lacessere bilem :
Quid mihi, rex, toties pro te sudasse sub armis
Profuit? et tecum pro te consumpta juventus,
Continuusque labor Martis? Quid in agmine fratres
Amisisse duos [45]? nec patrem ostendere possum,
Præsentemque malis adhibere, nec audeo nomen
Implorare patris, quia creditur [46] hujus, et ipse
Criminis esse reus, nec enim satis esse parentem
Orbatum geminis, si non orbetur [47] et uno
Qui superest, natique rogis imponitur insons.

Ergo, chare pater, et [48] tu pro me morieris?
Et mecum? vitaque mihi tu causa fuisti,
Qui tibi mortis ero? Rumpo tibi fila, tuumque
Filius exstinguo senium? Cur ergo creabas
Hoc in perniciem corpus tibi? Nonne creatum
Perdere debueras? An ut hos ex stirpe maligna
Perciperes [49] fructus? miserabiliorne senectus
Sit patris, natine magis miseranda juventus,
Ambigitur; vernis et adhuc venientibus annis
E medio tollor, effeto sanguine patri
Spiritus eripitur, quem si fortuna morari
Vel modicum sineret in obeso corpore, jure
Poscebat natura suo. Sic fatur, et ecce
Rex in concilium, ferro livente caterva,
Stipatus rediit : tunc vero exterritus ille
Supplicii mortisque metu, rursusque gelato
Corpore [50] lapsus humi moribundo languit ore.

Cœperat in proceres sententia serpere discors,
Ancipitique ducum nutabant murmure partes,
Censebantque alii perimendum more vetusto
  Vers. 4191.

[36] mens. [37] nunc. [38] furtum. [39] si. [40] legumque. [41] indicii. [42] quid enim. [43] erat. [44] agnoscere. [45] meos. [46] dicitur. [47] orbatur. [48] et propter me. [49] demeter. [50] pectore

Parmenidem saxis, alii extorquere parabant [51]
Supplicio verum ; quorum rex dicta secutus
Aptari tormenta jubet ; tortoribus ergo
Exsertis manibus, in conspectumque Philottæ
Sævitiæ misero genus omne parantibus, ille :
Non opus est, inquit, proceres, graviore flagello.
Confiteor, volui. Sed cum gravioribus illum
Afficerent pœnis, cum jam lacer ossibus ictus
Exciperet nudis, nec jam [52] superesset in illo
Vulneribus locus, exposuit tandem capitales
Insidias, seriemque rei, facinusque, sed anceps
Conjectura fuit, an tanta enormia de se
Confessus fuerit, ut se *cruciatibus istis* [53]
Eripiens, celeri finiret morte dolores.

    O quam difficili nisu sors provehit actus
Lubrica mortales ? Et quos ascendere fecit
Quam facile evertit ! magno fortuna labore
Fecerat excelsum media de plebe [54] Philottam
Princeps militiæ factus, ductorque cohortis
Parmenione satus, modico post tempore lapsus,
Scandere dum quærit, fato damnatus [55] et exsul
Obruitur saxis, certat simul omnis in unum
Volvere saxa manus, cujus manus ante movendi
Castra dedit [56] signum. Quàm frivola gloria re-
                     [rum !
Quam mundi fugitivus honor ! quam nomen inane !
Prælatus præesse volens, prodesse recusans [57] !
Sex ubi, consumpto [58] post tristia fata Philottæ
Præteriere dies, propero rapit agmina cursu
In Bessum Macedo, nec destitit ille laborum
Prodigus et patiens, fatalis malleus orbis,
Donec ab Eoo, monstrum implacabile, tractu
Attrahitur victus, præsentaturque furenti
Bessus Alexandro, penitus velamine dempto
Nudus, et inserta collo, pedibusque catena.
Quem rex intuitus flammato lumine : Cujus,
Besse ; feræ rabies, vel quæ suggessit Erynnis
Tam tibi grande nefas, ut promeritum bene regem
Vincire auderes, regnique cupidine vitam
Et patris, et domini, violento claudere ferro ?

    Hæc ait, et fratrem Darii, quem corporis inter
Custodes primum, terrarum eversor, habebat,
Accivit, vinctumque pedes, et brachia, Bessum
Tradidit ; ille sacram longis cruciatibus illi
Eripiens animam, stygias ad sacra sorores
Advocat [59], et placat fraternos sanguine manes,
Affixumque cruci, jubet ire ad tartara Bessum.
Exitus hic Bessi, qui dum conscendere tentat,
Labitur ; imperium dum quærit, et *impetrat* [60] in se
Regreditur, domini ponens insignia servus.

    At Macedo dudum sitienti pectore regnum
Affectans Scythiæ, pardis velocius agmen
Ad Taniam transfert, qui vasto gurgite Bactra
A regno Scythiæ dirimit, qui terminus idem
Europam, mediis Asiamque interfluit undis.
      Vers. 4245.

A Gens ea Sarmatiæ pars est, si prisca meretur
Fama fidem, montes et inhospita lustra ferarum
Pro domibus, thalamisque colunt, questumque pe-
                     [rosi,
Contentique cibis, quos dat natura, beatam,
Ambitione sacra, nolunt corrumpere vitam :
Dumque super Taniam metatus castra pararet
Navigium Macedo, fluvium quo sole sequenti
Transponendus erat, Scythicas bellator in oras :
Ecce peregrino, Macedum tentoria, cultu
Horrida cornipedum bis deni terga prementes
Intravere viri, regi [61] mandata ferentes.

    Quorum qui reliquis fuerat maturior ævo,
Intuitus regem : Cupido si corpus haberes
Par animo, dixit, mentique immensa petenti,
B Vel si, quanta cupis, tantum tibi corporis esset,
Non tibi sufficeret capiendo maximus orbis,
Sed tua mundanas mensura excederet oras :
Ortum dextra manus, occasum læva teneret,
Nec [61] contentus eo, scrutari et quærere votis
Omnibus auderes, ubi se mirabile lumen
Conderet, et solis auderes scandere currus
Et vaga depulso moderari lumina Phœbo :
Sic quoque multa cupis, quæ non capis, orbe sub-
                       [acto
Cum genus humanum superaveris, arma cruentus
Arboribus, contraque feras, et saxa, movebis.
Montanasque nives, scopulisque latentia monstra
Non intacta sines, sed et ipsa carentia sensu
C Cogentur sentire tuos elementa furores.

    An nescis longo quod provocat æthera ramo
Arboreum robur, firma radice, superbum,
Quodque diu crevit, hora exstirpari una ?
Stultus, qui fructum dum suscipit, arboris altum
Non vult metiri ; videas, sublime cacumen
Prendere dum tendis (postquam comprenderis
                       illud)
Cum ramis ne forte cadas. Avium fuit esca
Parvarum quandoque leo, rex ante ferarum.
Ferrum cuncta domans, atque omni durius ære
Consumit rubigo vorax ; sub cardine Phœbi
Tam firmum nihil est, cui non metus esse ruinæ
Possit, ab invalido, quis non dum navigat orbem
Debeat occasum, mortisque timere procellam ?
D Quid nobis tecum ? Non infestavimus armis,
Contigimusve tuam, facturi prælia, terram.
Qui sis, unde trahas genus, ad quid missus, et
                       [unde,
Ignorare Scythis liceat fugientibus arma,
Et strepitus hominum, nemorumque colentibus
                       [ant. a.
    Libera gens Scythiæ nihil appetit ulterius, quam
Prima parens natura dedit, de munere cujus
Nec cuiquam servire potest, nec, ut imperet, optat :
Esse sui juris hominem, sua, seque tueri,
      Vers. 4295.

[51] *volebant.* [52] *cum nec.* [53] *cruciamine longo.* [54] *gente.* [55] *damnatur.* [56] *dabat.* [57] *Prælatus, qui* *præesse cupit, prodesse recusat !* [58] *consumpti Philottæ.* [59] *Convocat.* [60] *imperat.* [61] *regis.* [62] *non*

Contentum esse suis, alienum nolle, beatum
Efficiunt : ergo [63] si quid quæsiveris ultra,
Excedunt tua vota modum, finemque beati :
Nec [64] tamen ignores mores, gentesque Scytha-
                   [rum ;
Sunt armenta Scythis, vomis, scyphus, hasta, sa-
                 [gitta :
Utimur his rebus, et amicos inter et hostes.
Dis vinum in sacra patera libamus, amicis
Parta labore boum largimur farra, sagitta
Eminus obruimus inimicos, cominus hasta.
Quæ te terra capit ? quid sufficiet tibi ? Lydos,
Cappadoces, Syriam domuisti, Persida, Medos ;
Bactra subegisti, nunc tendis victor ad Indos.
Proh pudor ! ad nostras pecudes extendis avaras
Instabilesque manus, et cum tibi regna ministrent
Omnia divitias, tibi pauper inopsque videris.
Quid tibi divitiis opus est ? quæ semper avaris [65]
Esuriem pariunt, quanto tibi plura parasti,
Tanto plura petis, et habendis acrius ardes :
Sicque famem faciens, defectum copia nutrit.
   Succurritne tibi, quam longo tempore Bactra
Te teneant ? Populum hunc dum subjicis, ille re-
                 [bellat,
Nascitur ex bello victoria, rursus ab illa
Surgunt bella tibi, Tanaim transibis ut hostes
Invenias, Scythiamque tibi, quæ libera semper,
Subjicias, sed nostra tuis velocior alis
Paupertas, totius opes exercitus orbis
Et prædam, vehit iste tuus ; nos pauca trahentes,
Unde magis celeres hostes [66] levitate fugamus,
Et fugimus, cum vero Scythas procul esse remo-
                 tos
A te credideris, intra tua castra videbis.
Cumque capi faciles, captosque putaveris [67] ho-
                 [stes,
Elapsi effugient rapido velocius Euro :
Nulla Scythas inopes opulentia, nulla cupido
Allicit, hoc hominum genus oppida spernit, et ur-
                 bes,
Et deserta colit, humani nescia cultus.
   Proinde manu pressa digitisque tenere recurvis
Fortunam memor esto tuam, quia lubrica semper,
Et levis est, nunquam poterit [68] invita teneri.
Consilium ergo salubre sequens, quod temporis
                 [offert
Gratia præsentis, dum prospera luditur a te
Alea, dum sceleris fortunæ numina nondum
Accusas, impone modum felicibus armis,
Ne rota forte tuos evertat versa labores.
   Vestri [69] fortunam pedibus dixere carentem
Pennatasque manus et habentem brachia pingunt.
Ergo manus si forte tibi porrexerit, alas
   Vers. 4341.

A Corripe, ne rapidis, quando volet, avolet alis.
Denique si Deus es, mortalibus esse benignus,
Et dare quæ tua sunt, nunquam [70] sua demere de-
                 [bes.
Si similis nobis homo, te debes reminisci
Semper id esse quod es ; stultum est, horum me-
                 [minisse
Ex quibus ipse tui es oblitus ; habebis amicos,
Bella quibus non intuleris ; fortissimus [71] inter
Æquales, interque pares, est nodus amoris ;
Æquales sunt, sive pares, qui nec tibi cedunt,
Nec sese excedunt, hi sunt, qui nulla cruentis [72]
Viribus inter se fecere pericula Martis [73].
   Esse tibi carosne putes [74], quos vincis amicos ?
Ante feret tellus stellas, septemque Triones
B Abluet Oceanus, et siccum piscis amabit,
Quam servi ad dominum sit veri nodus [75] amoris
Inter eos nulla est concordia, nam licet extra
Pax prætendatur, odio confligitur intus ;
Pacem vultus habet, agitant præcordia bella [76].
   Sic ait ; et [77] Macedo nihilominus agmine facto
Arma Scythis inferre parat, multoque labore
Flumine transmisso, collatis viribus, hostes [78]
Dejicit, et tandem, sed non sine cæde suorum,
Imperio Macedum Scythiam servire coegit.
Qualis in Alpinis annoso robore saxis
Astra petens abies, multosque inflexa per annos
Afflatus Euri, Zephyrum contempsit, et Austrum,
Quam si forte suo Boreæ de more fatiget
C Spiritus, et toto tundat simul aera nisu,
Nil rami veteres illi, nil horrida musco
Robora proficient [79] sua, quominus obruta vent
Corruat, et prono tellurem vertice pulset,
Sic licet Assyrios, Medorum et Persidis arma
Fregissent, tamen ut Boreæ glacialibus alis
Ocior incubuit, et acerbior ille cruentus
Fatorum gladius, terrarum publica pestis,
Magnus Alexander, confractis viribus, illi
Succubuere Scythæ [80], Superos et fata secu..
   Hunc ubi finitimas [81] dispersit fama triumphu
Garrula per gentes, exemplo corda pavorem
Hauserunt subitum, totusque perhorruit orbis,
Et matutino quæ sunt loca subdita Phœbo :
Quippe Scythas duris infractos viribus ante,
D Audierant nuper Macedum ditione teneri [82].
Non animi virtute pares, non viribus æquos
Credebant aliquos mundo superesse potentes,
Cum cecidisse Scythas, invictos ante, viderent.
Unde jugum Macedum multi subiere volentes.
Non magis arma ducis homines movere, suoque
Subjecere jugo, quam quod clementer agebat
Cum victis, etenim quos Magnus robore vicit,
Vinxit [83] amore sibi, nec durus eis nec avarus
   Vers. 4391

VARIÆ LECTIONES.

[63] igitur. [64] non. [65] avaro. [66] parili. [67] captosve. [68] nunquamque potest. [69] nostri. [70] non quæ. [71] firmissimus. [72] cruenti. [73] mortis. [74] esse cave, tibi ne credas, quos. [75] nexus. [76] bellum. [77] at. [78] hostem. [79] proficiunt. [80] Viri fortunam et. [81] vicinas. [82] subactos. [83] junxit.

Exactor, captos precibus, gratisque remisit,
Absolvitque reos, ut facto ostenderet isto,

A Se non ex iræ stimulis, cum gente tero
Sed de virtutum motu certamen inisse

ARGUMENTUM LIBRI NONI.

In nono Magnus collatis viribus Indos
Turbidus aggreditur; sed fata, deosque moratur
Armipotens Porus : specialis flenda duorum
Mors juvenum planctu, partem turbavit utramque
Magnus ut hostilem [84] tenuit cum milite ripam ;
Concurrere [85] acies, sed fracto denique Poro,
Franguntur reliqui, cum toto Oriente, tyranni.
Saltus Alexandri mirabilis ; agmina Grajum
Seditione movet ; mirabiliusque stupendæ
Propositum mentis, nova mittit in arma cohortes.

LIBER NONUS.

—

Ultima terribiles Macedum sensura tumultus
India restabat, multo sudore domanda,
Et gravibus bellis, quam dum petit ille deorum
Æmulus in terris, Clytus, Hermolaus, et ejus
Doctor (Aristoteli præter quem nemo secundus)
Extremum clausere diem, documenta futuris
Certa relinquentes, etenim testatur eorum
Finis, amicitias regum non esse perennes.
India tota fere nascenti subdita Phœbo,
Eoum spectat, audaci vertice tractum ;
At qua parte situm Libyes despectat, et Austrum,
Altius erigitur tellus, et in æthera tendit :
Cætera plana jacent, ubi magni nominis, a se
Caucasus emittit rapidis occursibus amnes.
Sed reliquis, a quo sortita est India nomen
Indus frigidior ; Australi parte, jugosis
Montibus invehitur, directo gurgite, Ganges,
Totius fluviis Orientis major, uterque
Turbidus, extensis Rubrum mare verberat undis,
Robora multa solo radicitus eruta, magna
Absorbet cum parte soli : si fortibus undis
Molle solum reperit, stagnat, tellusque fluentum
Insula facta bibit, intercipit hic Acesinem
In mare manantem, magnis occurrit uterque
Motibus, et rapido inter eos colliditur æstu [86].
Præterea, volucri famæ si creditur, aurum
Illa fluenta vehunt, gemmas, et cætera quæ sunt
Ulterius solito nostris pretiosa diebus
Gentibus Eois hinc est opulentia, namque
Iis ubi vulgavit ditatos mercibus Indos
Fama loquax, toto celeris discurrit [87] ab orbe
Natio, ridentes gemmas emotura, rubentis [8]

Vers. 4457

B Purgamenta freti, quæ parvi ponderis in se
Sola sibi fecit hominum pretiosa cupido [89].
Ergo ubi Pellæum, prolem Jovis, omnia mundi
Regna flagellantem, Macedum virtute suisque
Finibus appulsum stupefactis auribus Indi
Accepere duces, coeunt formidine mersi [90]
Muneribus placare ducem [91], traduntque refertas
Divitiis urbes : sed in illis maximus oris
Solus Alexandro, magno conamine, Porus,
Obvius ire parat ; veluti cum parte revulsa
Alpini lateris ruit alta per ardua [92] rupes,
Obvia confringens sinuoso turbine saxa,
Si vero stygios penetrans radice recessus
Instar ei montis occurrit saxea moles,
Fit fragor, et magnis confligunt motibus ambo.

C   Audit Alexander armato milite Porum
Indorum fines, regnique extrema tuentem,
Armorum speciem toto prætendere nisu.
Oblatamque sibi, Poro mediante, triumphi
Adfore materiam gaudens rapit agmina cursu
Præcipiti, rapidumque petit festinus Hydaspen ;
Cujus, disponens acies, in margine ripæ
Ulterioris, erat collecto [93] robore Porus :
Major et horridior reliquis elephantibus ipsum
Bellua terribilis, immensa mole, vehebat,
Humanique modum transgressum corporis, æro
Arma tegunt regem, niveo distincta metallo :
Par animæ membris, et quanto corpore cunctos
Excedit, tanto est reliquis præstantior [94] Indis.

D   Terruerat Græcos non tantum turbidus hos is,
Sed vehemens fluvii rate trajicienda vorago ;
Instar erat maris undisoni, speciesque profundi,

Vers. 4469.

VARIÆ LECTIONES.

[84] hostiles — ripas.   [85] Succurrere.   [86] ictu.   [87] decurrit.   [88] nitentis.   [89] libido.   [90] mista.   [91] deum.
[92] avia.   [93] collato.   [94] prudentior.

Qnatuor in latum stadiis diffusus Hydaspes.
Alveus altus erat, nusquam vada : transitus ergo
Navigio quærendus erat, sed barbarus hostis
Stabat ab opposito, qui tela simillima nimbo
In medium spargens, facta statione cupita,
De facili poterat naves avertere ripa.

Fluminis in medio terræ radicitus hærens
Insula vasta [95] fuit, quo vecta natantibus ulnis
Arma ferens ibat, ab utraque cohorte juventus
Expertura suas parvo certamine vires;
Exercebat enim modicæ discrimine sortis,
Qui gravis instabat, summi præludia casus;
In castris Macedûm, res non indigna referri [96].

Corporibus similes, animisque fuere [*] Nicanor
Et Symachus [97], quos una dies, ut creditur, una
Ediderat terris, par militiæ labor ambos
Parque ligabat amor, belli discrimen inibant
Et [98] lucro, damnoque pares, si saxa rotare
Tormento jussi [99], si claudere mœnibus hostem,
Frangere si muros, junctis umbonibus ibant [100].
Si frumentatum missi, si frangere [1] fossis
Obsessos, hostem noctu si fallere, sive
Excubiis operam dare, si explorare latentes
Vallibus insidias, quæcunque pericula bellum
Objecisset eis dubiæ molimina [2] sortis
Corporis atque animi socia paritate ferebant.

Horum ergo [3] virides animos animante juventa,
Nescio quid magnum, conceptum pectore tandem
Effutire parant; primusque : Videsne [*] Nicanor,
Acer ait [*] Symachus, quam fluminis obice parvo [*]
Hæreat, et nutet invicti gloria regis ?
Audendum est aliquid, quod nos de margine ripæ
Hostibus expulsis nostra virtute coronet
Victrici lauro, vel si quid fata minantur,
Induat æterna, nudatos [*] corpore, fama.

Vix ea : cum rapto sermone [*] Nicanor, et ipse :
Hoc ego mente diu tacita, diis testibus, inquit,
Concepi, sed jam mora nulla, feramur in hostes,
Contenti levibus armis; nec plura locuti
Accincti gladiis, rapidos mittuntur in amnes.
Lancea pone natat, ducibus committitur istis
Multa manus fluvio, quos ut vicina recepit
Insula, confusis resonat clamoribus æther;
Nam prædicta frequens loca jam possederat hostis :
Fit gravis occursus Indorum ; grandinis instar
Tela volant, multasque serunt [6] per inania mortes.

At [*] Symachus qui forte prior transnaverat hostes
Educto mucrone petit, sociusque [*] Nicanor
Multo contendit vestire cadavere terram,
Jamque satis telis [7] factum, jam tela rubebant
Martia, purpureis distincto flumine guttis,
Jam poterant juvenes merita [8] cum laude reverti,
Sed nullo contenta modo est temeraria virtus.

Vers. 4522.

A Dumque triumphatis insultant hostibus, ecce
Occulte subeunt plures morientibus, Indi.
Hic dolor, hic planctus, Grajum, Macedumque
[ruinæ.
Sternitur Androgeos, regum generosa propago,
Occumbunt clari titulis, ter quinque quirites,
Quos longo gemuit ereptos [9] Græcia luctu ;
Soli restabant, animo, non sanguine fratres
Grajugenæ, vitæ socii, mortisque futuri,
Quos ubi telorum pressit circumfluus imber,
Mentibus attonitis hæsere, quid esset agendum ?
Nam neque tela viris, neque lancea, quippe minu-
[tim
Utraque fracta jacent [10], ergo quæ sola supersunt
B Arma, movent gladios, raptimque feruntur in ho-
[stes.
Sed reprimunt gressus teneris hærentia membris
Spicula, nec Martis opus exercere dabatur
Cominus; ergo viri, quia jam suprema minari
Fata vident, orat, ut præmoriatur uterque,
Occumbatque prior, socioque superstite, cujus
Cernere funus erat letho crudelius omni.
Objiciunt igitur sibi se, certantque vicissim
Alterius differre necem, dum se objicit alter.
Dum tamen hic illum, dumque istum protegit ille [11]
Ecce giganteis abies excussa lacertis
Advolat, et mediis conatibus [12] arctat utrumque
Affigitque solo; sic indivisa juventus
Cuspide nexa jacet, sed nec diuturnius [13] ipsa
C Morte resedit amor, amplexus inter, et inter
Oscula decedit, moriensque sua, sociique
Morte perit duplici, resoluto corpore tandem
Transit [14] ad Elysios, angusto tramite, campos.

Erexit Pori victoria visa suorum
Indomitum pectus, nec desperare coegit
Regem [15] eversorem, contemptoremque pericli
Omnis, Alexandrum, sed qua sibi transitus arte
Ad Porum pateat, tacito sub corde volutat.
Attalus unus erat, inter tot millia, regi
Persimilis, facie referens et corpore Magnum ;
Vestibus ornari rex imperialibus illum
Imperat, ut ripam teneat, speciemque videndi
Exhibeat Poro, regem cessare, nec esse
Ultra sollicitum, qua transitus arte paretur :
D At rex præter aquam, Macedum statione relicta,
Longius abscessit, paucis, ut falleret hostem,
Contentus sociis ; animosum numina magni
Propositum juvere ducis ; nam fusa [16] per orbem
Involvit cæcis nubes elementa tenebris,
Tantaque subjectas tenuit [17] caligo cohortes,
Alter ut alterius vix nosceret ora loquentis :
Hæc nubes aliis terroris origo fuisset,
Cum foret ignotum classis ducenda per æquor :

Vers. 4572.

VARIÆ LECTIONES.

[95] magna. [96] relatu. [97] Symmachus. [98] in. [99] missi. [100] instant. [1] cingere. [2] inclinamina. [3] igitur. [4] parvi. [5] viduatos. [6] ferunt. [7] gladiis. [8] mira. [9] electos. [10] sparsa jacent igitur. [11] alter. [12] connexibus. [13] diuturnus in ipsa. [14] tendit. [15] regum. [16] fusca. [17] texit.

Sed cum terreret alios obscurior aer,
Confisus Macedo, sua tanquam occasio noctem
Inducat, primam qua vectabatur in undas
Imperat expelli [18] subducto remige navim.

  Nec mora, certatim fluvio commissa quiritum
Turba ducem sequitur, ripæque appulsa carenti
Hostibus, arma capit, armataque fertur in hostem.
Porus adhuc aliam, quam cœperat ante tueri,
Spectabat ripam qua regis veste coruscans
Attalus instabat [19] : cum Poro nuntius affert :
Rectorem Macedum, et regni [20] discrimen adesse.

  Mox ubi lucidior excussit nubila mundus,
Atque adversa phalanx, Phœbo percussa refulsit,
Extemplo visus, equitum bis millia bina
Hostibus objecit Porus, centumque cruentis
Plaustra referta viris, qui tela simillima nimbo
Late spargentes gemitum [21], mortemque pluebant.
Sed quia perfusi terram violentia nimbi
Mollierat, nec erat equitabilis area campi,
Mole graves [22] currus, molli tellure, lutoque
Hærebant, et erat minus utilis usus equorum.
Econtra Macedo solita levitate, per Indos
Strenuus invehitur, sequitur levis ala ruentem,
Atque exserta manus; oritur confusio vocum,
Et lituum clangor, sed ab illa tympana parte
Castigata sonant, fervent hinc inde ruentes
In mortem cunei, mortalia fila sorores
Sufficiunt vix nere duæ, quæ tertia rupit [23].

  Primus Alexandro laxis occurrere frenis
Ausus, anhelantem [24] stimulis elephanta fatigans
Oppetit Enachides [25], hasta confossus Hiulton [26],
Perque tot objectos invictus et impiger hostes
Ad Porum molitur iter, Mavortius heros :
Quem, velut exstantem subjectis mœnibus arcem,
Ut procul aspexit, elephantis terga prementem ;
Inveni tandem, dignumque stupore, meoque
Par animo discrimen, ait : Res ecce gerenda est
Cum monstris mihi, cumque viris illustribus una.

  Dixit et in lævum flexit [27] vestigia cornu,
Qua gravior belli, Poro pugnante, tumultus
Aera vexabat, sequitur bellator Ariston,
Polydamasque ruit, ruit ictus Aristonis ense
Rubrius, et proprio rubefecit sanguine terram.
Polydamanta ratus prolixo evertere conto,
Candaceus, volucri præventus [29] arundine Glauci
Oppetit, et terræ moriens immurmurat udæ.

  Jamque Argiva phalanx medium perruperat agmen
Indorum, et primis labefactis viribus, Indæ
Nutabant acies, cum Porus in agmen equestre
Jussit agi, magnis elephantes turribus æquos.
Sed tardum hoc animal, et pene immobile gressu,
Nec volucres cursus æquare valebat equorum :
Ergo levis Macedum manus occurrebat, et hoste
Percusso, refugis ictus vitabat habenis.

    Vers. 4626.

A Sed neque barbaricis, Martem exercere, sagittis
Fas erat, arcus enim gravis, atque ingens nisi pri-
                  [mum
Imprimeretur humo, nisi curvaretur ab imo,
Non poterat flecti, jamque aspernantibus Indis
Imperium Pori, quod fit titubantibus alis
Cum ducis imperiis metus acrior imperat, illi
Extenuare aciem, turmas hi jungere, rursus
Stare jubent alii ; nec erat de millibus unus,
In medium qui consuleret : tamen agmine Porus
Disposito rursus, dispersa recolligit arma,
Terribilesque oculis elephantes objicit hosti.
Nec minimum Graiis monstra incussere pavorem [29]
Nec solum barritus equos, sed et horrifer aures
Moverat humanas, tremulusque expaverat aer.

B   At [30] jam terrificus turbaverat agmina laxis
Ordinibus stridor, et jam mandare parabant
Terga fugæ modo victores : cum Magnus inertes
Corripiens Macedum cuneos, equites Agrianos,
Et Thracas, in monstra jubet convertere gressus.
Extemplo redeunt animi, positoque timore
Mortis, in adverso crevit certamine virtus.
Evacuat [31] pharetram manus, et fatalis arundo
Non sine morte [32] volans, homines et monstra cru-
                 [entat :
Dumque avidi quidam nimis incautique [33] sequun-
                 [tur,
Obtriti pedibus elephantum, certa relinquunt
Defuncti documenta suis, ut protinus instent.

C   Anceps pugna diu Macedum fuit, haud sine multa
Sanguinis impensa, donec vibrare secures
Cœpere unanimes, solidosque pedes elephantum,
Informesque arius [34], falcato cædere ferro ;
Ergo fatigati jaculis, tandemque cruentis
Pressi vulneribus, uno simul impete vecti,
Vectoresque ruunt ; tunc vero exercitus amens
Terga metu comitante fugit, Porumque serentem
Missilium nimbos, et ab alto culmine monstri
Spicula fundentem, medio velut æquore solum
Destituere sui : sed cum premeretur [35] ab omni
Parte lacessitus hinc inde, novemque satiscens
Vulneribus lacer, inspiciens auriga tyrannum
Languentem membris, stimulis elephanta fatigat,
Inque fugam vertit; profugo par fulminis, instat

D Ira Dei Macedo, sed dum fugit imbre cruento
Telorum confossus obit, genibusque caducis
Rege magis posito, quam fuso, nobilis ille
Procubuit Bucephal, qui tanto principe solo
Solus erat dignus, cujus de nomine dictam
Tempore post parvo, Pellæus condidit urbem.

  Rex igitur dum mutat equum, Porumque, suos-
                 [que
Tardius insequitur, sed frater Taxilis, Indis
Qui præerat, rex ipse quidem sed deditus illi,

    Vers. 4676.

VARIÆ LECTIONES.

[18] impelli. [19] astabat. [20] rerum. [21] gemitus. [22] gravi. [23] rumpit. [24] cunctantem. [25] Inachides. [26] Hyulcon. [27] torquet. [28] præcinctus [29] timorem. [30] et. [31] exhausit. [32] cæde. [33] incauteque. [34] manus. [35] peteretur.

Quem oederat mundo regem fortuna, monebat
Sollicite Porum, fortunæ ut cederet, utque
Tam celeri, tam propitio se crederet [36] hosti.
At Porus, quanquam marcescens corpore toto,
Deficeret sanguis, fausto tamen auspice, notam
Excitus ad vocem : Num [37] tu, proh dedecus! inquit,
Taxilis es frater? qui transfuga meque, suumque
Prodidit imperium? Dixit, telumque, quod unum
Nondum corruerat manibus, contorsit in hostem,
Quod medio juvenis exceptum pectore, tergum
Rupit, et æterno sopivit lumina somno ;
Seque fugæ rursus commisit; sed fera multis
Saucia vulneribus [38] penitus defecit, eumque
Hostibus objecit peditem, Magnoque sequenti
Qui ratus exstinctum spoliari nobile corpus [39]
Imperat, at morsu spoliantes cœpit amaro
Attentare [40] elephas, rursusque imponere tergo [41]
Seminecem, donec multis turgentia telis
Interius pepulere foras vitalia vitam.

    At rex, cum [42] Porum, quem jam credebat Averni
Immistum populis, erecto lumine vidit
Attollentem oculos, odium clementia vicit :
Et : Quæ, Pore, tuos, inquit, dementia sensus
Ebria pervertit? ut cum tibi nota mearum
Rerum fama foret, tu [43] tanto perdite fastu
Auderes mihi collatis occurrere signis?
    At Porus : Quia quæris, ait, respondeo tanta
Libertate tibi, quantam mihi, Magne, dedisti
Quærendo prius : Ante malum certaminis hujus
Nemo erat in terris, quem posse resistere, quemve
Censerem mihi Marte parem, vel mente, meamque
Vim noram, et meritum, nondum tua fata, tuasque
Expertus vires, sed quam me fortior esses,
Eventus belli docuit, tibi vero secundus
Non minimum felix vidéor mihi, ne tamen isto
Attollas animum casu, quia viceris ipse.
Exemplum tibi sum, qui cum fortissimus essem
Fortius inveni, ne dixeris esse beatum
Qui, quo crescat [44] habet : nisi quo decrescere possit
Non habeat, satius est non ascendere, quam post
Ascensum regredi, melius non crescere, quam post
Augmentum minui, gravius torquentur avari
Amissi memores, quam delectentur habendo.
Proinde tui cursus frenum [45] moderare, caduca
Sunt bona fortunæ : stabilis [46] ignara favoris.
    Miratur Macedo fortunæ turbine regem
Infractum, victumque animum victoris habentem.
Ergo refrenata mutati pectoris ira,
Contra spem procerum, curavit prodigus ægrum,
Curatum fovit, confirmatumque benigne
Inter amicorum cœtus, numerumque recepit
Largius exhibuit, dilatavitque prioris
Imperii metas, tantoque exceptus honore

    Vers. 4729.

Est hostis, quantum sibi vix speraret amicus.
    Postquam magnanimus Macedum victricibus ar-
                                                    [mis
Succubuit Porus, succumbere nescius ante,
Elatus Macedo, cui vix, cedentibus astris,
Prodiga tam celebrem dederat fortuna triumphum.
Quo famulante [47] sibi fines Orientis apertos
Censebat, laxis propere festinat habenis,
Orbis in extremas convertere prælia gentes
Oceanique suis populos adjungere castris.
Ocior ergo Notis, Indos, extremàque mundi
Climata subjiciens, populos, regesque pererrat,
Nec minus humanis portenti mentibus infert,
Terrorisve minus nocturni fulminis [48] igne,
Quem sequitur fragor, et fractæ collisio nubis,
Et vaga, pallentem motura tonitrua mundum
Mentem præteritæ memorem terrentia culpæ.
    Ausa tamen fatis, Macedumque resistere famæ
Gens Sadracarum [49] validis [50] se mœnibus urbis
Inclusit, dubio metuens se credere Marti.
Aptari scalas jubet, et cunctantibus aliis [51]
Primus in oppositum galeato vertice murum
Invadit [52] Macedo, sed erat locus arctus, ut ipsum
Vix caperet murus : sic ergo suprema tenebat
Ut magis hæreret, quam staret, cum tamen ipse [53]
Mille citaretur jaculis e [54] turribus unus,
Nec Macedum quisquam gradibus succedere posse,
Quippe ascendentes removebat ab aggere missus
Missilium turbo, tandem discrimina, vimque
Telorum vicit [55] pudor, et confusio frontis.
Nam mora subsidii poterat compellere lenti,
Dederet ut sese, vel morti forte vel hosti.
Festinant ergo [56] certatim ascendere, vitæ
Pignore postposito, sed festinando morantur
Auxilium ; nam dum certant evadere [57], scalas
Plus onerant, quibus effractis, ruit omnis ab alto
In se lapsa manus, et desperare coegit.
Spem Macedum Magnus, quem solum stare videbat
Tanquam in deserto fuerit desertùs ab illis,
Jamque manus, clypeum quæ contorquebat ad ictus,
Lassa minabatur defectum, jamque monebant
Clamantes socii, celer ut resiliret, ut [58] ipsum
Exciperent : cum rex ausus, mirabile dictu,
Atque fide majus ; saltu se præpete, dira
Barbarie plenam præceps immisit in urbem,
Indignum reputans divino schemate princeps,
Tot clarus titulis, si tergum ostenderet hosti
    Quæritur an fortis facto, an temerarius isto.
Rex fuerit? sed si contraria jungere cures :
Et fortis fuit, et facto temerarius isto.
Cumque capi vivus posset, perimive priusquam
Surgeret, excussit fortuna potenter utrumque,
Et [59] miro miranda modo protexit alumnum.

    Vers. 4781.

[35] dederet. [37] non. [38] missilibus. [39] pectus. [40] Infestare. [41] dorso. [42] ut. [43] in. [44] crescit. [45] tuos cursus freno. [46] stabilisque. [47] mediante. [48] fulguris. [49] Q. Curt. Oxytracarum. [50] validæ. [51] aliis. [52] Evasit. [53] ille. [54] ex. [55] vincit. [56] igitur. [57] invadere. [58] et. [59] Sed.

Sic etenim corpus Macedo libraverat, ut se
Exciperet pedibus : stans ergo lacessere pugnam
Cœpit, et a tergo, ne posset ab hoste necari [60],
Magnipotens fortuna duci [61] præviderat ante.

Stabat enim laurus annoso stipite, tanquam
Nata ducem Macedum vetulis defendere ramis.
Cujus [62] ut applicuit trunco insuperabile corpus,
Ultio cœlestis clypeum circumtulit, ictus
Telorum excipiens, cumque omnes eminus unum
Impeterent, propius accedere nemo, manumve
Conferre audebat, celeberrima fama verendi
Nominis, edomitum jam dilatata per orbem
Pro duce pugnabat, et desperatio magnæ
Virtutis stimulus, et honestæ occasio mortis :
Sed clypeum jam missilium perfoderat imber,
Fractaque plangebat saxorum turbine [63] cassis,
Lubrica succiderant [64] genua, et labefacta laboris
Pondere continui, vix sustentare valebant
Egregium corpus ; quod cum spoliare pararent
Qui stabant propius, hos sic mucrone recepit
Magnus, ut ante ipsum, vita fugiente jacerent
Exanimes gemini, quorum sic terruit omnes
Sadracas obitus, ut nemo lacessere deinceps
Cominus auderet, collato robore Magnum.

Ille tamen genibus exceptus [65] corpus, ad omnes
Ictus expositum non ægre, tigridis instar,
Ense tuebatur, donec per inane sagitta
Accelerans, latus in dextrum, scelus ausa cucurrit;
Cujus ad introitum, crudo de vulnere tantum
Sanguinis emicuit, ut rex tremefactus, et amens,
Non posset telum nutanti evellere dextra.
Exsangues igitur afflicti corporis artus
Applicuit lauro moribundus, et arma remisit.
Accurrens [66] alacer jaculum qui miserat, Indus,
Exanimem credens regem, spoliare parabat.
Quem simul ac sensit, corpus regale profana
Attrectare manu Macedo : Proh dedecus, inquit,
Nonne [67] ducem Macedum hosti? nec plura locutus
Languentem revocans animum, nudum latus hostis
Subjecto mucrone fodit [68], jungitque duobus
Exanimem [69] sociis : Talem decet ire sub umbras,
Inquit Alexander, talis mihi nuntius esto.
Dixit, et ut moriens invictus dimicet ante,
Quam sacer in tenues erumpat spiritus auras,
Se clypeo, et lauri ramis attollere tentat;
Sed neque sic proferre potens venerabile corpus
Poplite succiduo rursum procumbit, et hostem
Provocat, exserto si quis confligere telo [70]
Audeat, et tantæ spolium sibi [71] tollere palmæ.

Tandem alia muri vestigia parte secutus
Peucestes, pulsis propugnatoribus urbis,
Impiger irrumpens aditus et claustra, retecto
Ense supervenit, tremulo quem lumine postquam
    Vers. 4834.

A   Intuitus Macedo, jam non solatia vitæ,
Sed mortis socium ratus advenisse, tepenti
Excepit clypeo corpus, subit inde * Timæus,
Deinde * Leonatus, et Ariston [72], omnibus isti
Indis oppositi [73], regem defendere totis
Viribus ardescunt [74]; sed dum tot millia soli
Rejicerent, cecidit præclarus [75] Marte * Timæus
Peucestesque gravi capitis discrimine læsus,
Deinde * Leonatus, armis jacuere remissis
Ante pedes regis, jam spes in Aristone sole
Unica restabat, sed et ipse ruentibus Indis
Saucius, haud poterat tantos inhibere furores.

Interea cecidisse ducem, intra mœnia, rumor
Pertulit ad Græcos, alios tam dura timore
Fregisset, sed eos animavit fama, pericli
B   Totius immemores, murum fregere dolabris,
Molitique aditum, spreto discrimine mortis,
Per murum fecere viam, perit obvia passim
Turba, cadit sine quo delectu sexus, et ætas
Omnis, Alexander mortis, seu vulneris auctor
Creditur, occurrit quicunque, nec improbus iram
Deposuit gladius, donec superesse ruinæ
Desiit, et dextræ ferienti defuit hostis.
Nec mora, concurrunt avidi curare jacentem
Pellæum proceres, referuntque in castra deorum
Invidiam, cujus nudato vulnere, magnus
Inter doctores medica Critobulus [76] in arte
Comperit hamata percussum cuspide regem,
Non [77] posse educi, nisi vulnus docta secando
Augeret manus, et ferrum, multumque cruoris
C   Ne traheret fluxum, cuspis retracta, trementi
Mente verebatur; igitur cum fata videret,
Si male curaret regem, sibi triste minari,
Inque suum reditura caput mala, pectore stabat
Attonito, quem rex trepidum ut percepit amictu
Siccantem [78] lacrymas, et captum mente : Quid, in-
                               [quit,
Exspectas (cum sit hoc insanabile vulnus)
Me saltem lento moriturum [79] absolvere letho?
Cumque mihi possis celeri succurrere morte,
An metuis ne sis fati reus hujus? at ille
Sive nihil metuens tandem sibi, sive timorem
Dissimulans, supplex oravit, ut ipse tenendum
Præberet corpus, teli dum velleret hamos.
D   Quippe levem ad motum quantumlibet adfore vitæ
Non leve discrimen. Non est ait, ille decorum
Vinciri regem, non est, Critolae, teneri.
Libera sit regis, et semper salva potestas.

Sic ait, et quod vix auderes credere, corpus
Præbuit immotum, neque [80] vultus signa doloris
Contraxit, rugas; sed abacta cuspide postquam
Largior erupit [81] patefacto vulnere sanguis :
Offudit [82] caligo oculos, animumque labantem
    Vers. 4886.

VARIÆ LECTIONES.

[50] moveri.   [61] viro.   [62] Hujus.   [63] telorum grandine.   [64] conciderant.   [65] excepit.   [66] decurrens.
[67] Mene.   [68] ferit.   [69] Exsanguem.   [70] ferro.   [71] sic.   [72] Q. Curt. Aristonus.   [73] expositi.   [74] ardebant.
[75] præclaro.   [76] Q. Curt. Chritobolus.   [77] Nec.   [78] Celantem.   [79] periturum.   [80] non.   [81] emicuit.   [82] suffudit.

Suspendit tantus dolor, ut moribundus, ab illis [63]
Qui circumstabant, vix exciperetur amicis.
  Quod simul acceptum est, oritur per castra tu-
                                              [multus
Fiebilis, et Macedum ruit in lamenta juventus,
Confessi se omnes unius vivere vita.
Nec prius obticuit clamor, quam pollice docto.
Restrinxit fluxum *medicus medicantibus* herbis.
Tunc demum somno licuit succumbere Magno [84].
Tunc demum accepta regis per castra salute
Exsule mœstitia, turmas statuere per omnes
Prodiga lætitiæ positis convivia [85] mensis.
Qualis in Ægæo, Borea bacchante, profundo
Exoritur clamor, cum fracta puppe magister
Volvitur in medios immerso vertice fluctus ;
Fit fragor, et similem timet unusquisque ruinam,
Seque omnes anima periisse fatentur in una,
Si tamen incolumem, revocare tenacibus uncis
Ad [86] clavum revocare [87] queant, sonat aura tu-
                                              [multu
Lætitiæ, et primum vincunt nova gaudia luctum.
  Postquam, Pellæi curato [88] vulnere, pauci
Effluxere dies, cum nondum obducta cicatrix,
Posse videretur graviorem gignere morbum,
Impatiens tamen ille moræ, parat arma repostis
Gentibus Oceani, et celeres inferre sarissas.
Perdomitoque sibi nascentis cardine Phœbi,
Quærere nescitum Nili mortalibus ortum,
Regibus Indorum Poro, Abisarique [89], juvante
Taxile, navigii mandatur cura parandi.
Rumor ut attonitas implevit militis aures,
Cumque fatigati, regisque, suæque saluti
Consulerent proceres, cuncti velut agmine facto
Conveniunt simul, et *Craterus generosus* ad ipsum
Vota precesque ferens : tua, regum maxime, virtus
Inquit, et esuries mentis, cui maximus iste
Non satis est orbis, quem proponunt tibi finem ?
Vel quem sunt habitura modum ? tua si tibi vilis,
Ut nunc est, vel cara minus, pretiosa tuorum
Sit saltem tibi, Magne, salus, gens omnis in istos
Conspirat jugulos, lateat sub classibus æquor :
Cuncta venenatos acuant animalia dentes,
Quælibet occurrat ignoto bellua vultu,
Omnibus objice nos terræ, pelagique periclis,
Dummodo te serves, dum tu tibi parcere cures.
Ad nova tendentes semper discrimina, quis nos
Invictos toties poterit præstare deorum.
  Res ita se præbent, ut nulli fas sit in uno
Semper stare gradu, sed quis spondere deorum,
Audeat hoc, Macedum diuturnum te fore sidus ?
Quis te præcipitem per mundi lubrica possit
Incolumem servare diu ? cur te manifestis
  Vers. 4936.

A Casibus objicis ? ut capias ignobile castrum ?
Cum labor et merces æqua sibi lance cohærent,
In causis paribus, respondent præmia damnis.
Dulcior esse solet fructus, majorque [90] secundis
Rebus, et adversis majus solamen haberi.
Esto tibi deinceps et nobis parcior in te,
Objice nos cuivis portento, ignobile bellum,
Degeneres pugnas, obscura pericula vita.
Gloria quantalibet vili sordescit in hoste.
Indignum satis est, ut consumatur [91] in illis
Gloria vel virtus, ubi multo parta labore
Ostendi nequeunt. Eadem Ptolomæus, et omnis
Concio [92] cum lacrymis confusa voce perorant.
  Non fuit Æacidæ pietas ingrata suorum,
Atque ita : Non minimum vobis obnoxius, inquit,
B Haud ingratus ero, non solum, quod scio nostram
Vos hodie, proceres, vestræ præferre saluti ;
Sed quod ab introitu regni, vel origine belli,
Erga me nullum pietatis opus, vel amoris
Pignus omisistis, verum non est mihi prorsus
Mens ea, quæ vobis, nec enim desistere cœptis,
Aut bellum finire volo ; non me capit ætas,
Sed neque me spatio ætatis, vel legibus ævi
Metior, excedit ævi mea gloria metas.
Hæc sola est, vestrum metiri qua volo regem.
  Degeneres animi pectusque ignobile, summum
Credunt esse bonum, diuturna vivere vita,
Sed mundi rex unus ego, qui mille triumphos,
Non annos vitæ numero, si munera recte
C Computo fortunæ, vel si bene clara retractem
Gesta, diu vixi. Thracas [93] Asiamque subegi,
Proximus est mundi mihi finis, et absque deo-
                                              [rum
Ut loquar invidia, nimis est angustus hic orbis
Et terræ tractus, domino non sufficit uni ;
Quem tamen egressus, postquam hunc subjecero
                                              [mundum,
En alium vobis aperire sequentibus orbem,
Jam mihi constitui ; nihil insuperabile forti,
Antipodum penetrare sinus, aliamque videre
Naturam accelero, mihi si tamen arma negatis,
Non possunt mihi deesse manus, ubicunque mo-
                                              [vebor,
In *scena* mundi totius me reor esse,
D Ignotosque locos, vulgusque ignobile bellis
Nobilitabo meis, et quas natura removit
Gentibus occultas calcabitis, hoc duce, terras ;
His operam dare proposui nec respuo [94] claram,
Si fortuna velit, vel in his exstinguere vitam.
  Dixit, et ad naves socios invitat, at illi
Ducai eos quocunque velit hortantur, et ecce !
Nauticus exoritur per fluminis ostia clamor.
  Vers. 4985.

VARIÆ LECTIONES.
[63] ipsis. [84] *Magnum.* [85] solemnia. [86] *Et.* [87] reparare. [88] curando. [89] *Q. Curt. Abiasares.* [90] *melicr*-
que. [91] consumantur. [92] *Cœtus.* [93] *Cretas.* [94] *Ms.* renuo.

ARGUMENTUM LIBRI DECIMI.

Oceanum Decimus audaci classe fatigat
Infernum natura chaos, civesque gehennæ
Conquestu, monituque [95] *movet. Redit æquore Magnus*
Oceano domito, mirandaque pectore versans,
Occiduum bellis proponit frangere mundum :
Navigiumque parat ; sed territus orbis in unum
Confluit, et misso veneratur munere Magnum :
Qui licet invictus ferro, famulante [96] *veneno,*
Vincitur ; et luteo resolutus corpore, tandem
Liber in ætherias vanescit spiritus auras.

LIBER DECIMUS.

Sidereos vultus [97], et amicum navibus amnem
Præbuerat zephyrus ; et jam statione soluta
Longius impulerat acclivis navita classem,
Ignarus quo tendat iter, vel quam procul absit
Hactenus Oceani populis, incognitus amnis.

Interea memori recolens natura dolore
Principis opprobrium mundo commune, sibique
Qui nimis angustum terrarum dixerat orbem,
Arcanasque sui partes aperire parabat,
Gentibus armatis, subito turbata verendos
Canitie vultus, Hylen irata, novumque
Intermittit opus, et quas formare figuras
Cœperat, et varias [98] animas infundere membris
Turbida deserit, velataque nubis amictu
Ad Styga tendit [99] iter, mundique arcana secundi.
Quo se cunque rapit, cedunt elementa, suæque
Artifici assurgunt, veneratur pendulus aer
Numinis ingressum, terræ lascivia vernis
Floribus occurrit, solito mare blandius undis
Imperat, et tumidi tenuere silentia fluctus ;
Omnia naturam digne venerantur, et orant :
Ut sata multiplicet, fetusque, et semina rerum
Augeat, infuso, mistoque humore calori.

Illa suis referens grates, servare statutas
Jussit, et in nullo naturæ excedere metas.
Ad Styga discedo [100], mihi provisura, meisque,
Inquit, Alexandri, quem terra, fretumque perhor-
[rent [1]
Eversura caput, vobis [2] commune flagellum
Dixit, et obscuros aperit telluris hiatus,
Tartareumque subit declivi tramite limen.

Ante fores Erebi, Stygiæ sub mœnibus urbis,
Liventes habitant, terrarum monstra, sorores :
Inter quas, antris aliarum mater opacis
Abscondit loculos, et coctum mille caminis,

Vers. 5029.

A Faucibus infusum siccis *ingurgitat* [3] aurum,
Explerique nequit sitis insatiabilis ardor.
Subsannans alias, cunctis supereminet una
Dedignata parem flagrante Superbia vultu.
Mersa jacens ardente luto torquetur, et ardet
Pubetenus, totis exhausta Libido medullis.
Nauseat Ebrietas ; Gula deliciosa ligurrit,
Et mendica suos consumit morsibus artus.
Immemor Ira sui est, et quo rapit impetus, illuc
Ebria discurrit, et se, sociasque flagellat,
Proditioque Doli comes, et Detractio macri
Filia Livoris, quæ cum benefacta negare
Non possit, quocunque modo pervertere tentat,
Et minuit laudes, quas non abscondere [4] fas est.
Pestis Hypocryseos marcenti livida vultu
B *Hic sedet*, et summus hodie Processus in aula,
Pestis adulandi, bibulis studiosa potentum
Auribus instillans animæ lethale venenum ;
Huic aulæ vitio tanta est concessa potestas,
Ut rerum dominis humanas subtrahat aures.
Has ubi præteriens obliquo lumine vidit [5]
Rerum prima parens, urbis se mœnibus infert
Qua videt æternis animas ardere caminis.

Est locus extremum barathri devexus in antrum,
Perpetua fornace calens, ubi crimina punit,
Et sontes animas, ultricis flamma gehennæ ;
Et [6] licet unus eas atque idem torreat [7] ignis,
Non tamen infligunt æquas incendia pœnas
Omnibus ; hi levius torquentur, sævius illi ;
Sic se conformat meritis cujusque gehenna,
C Ut qui deliquit levius [8], levioribus ille
Subjaceat pœnis, et qui graviore reatu
Excessit gravius, graviorem sentiat ignem.

Sunt quibus excepta primi levitate parentis
Nulla fuit vitæ contagio, vel venialis ;

Vers. 5064.

VARIÆ LECTIONES.

[95] *lacrymisque.* [96] *mediante.* [97] *fluctus.* [98] *variis.* [99] *vertit.* [100] *descendo.* [1] *perhorret.* [2] *nobis.* [3] *ingutturat.* [4] *pervertere.* [5] *fixit.* [6] *Sed.* [7] *terreat.* [8] *levibus.*

His nihil, aut modicum pœnæ vapor igneus infert.
  Sicut in æstivo cum tempore noxius agros
Sirius exurit, sub eodem lumine solis
Sanus lascivit, cruciatur, et æstuat æger.
Illic perpetuæ miscens incendia mortis,
  Leviathan, medii stans in fornace[9] barathri,
Ut procul inspexit Numen, fornace relicta,
Tendit eo, sed eam ne terreat, ora Colubri
Ponit, et in primam redit, assumitque figuram,
Quam dederat natura creans, cum sidere solis
Clarior vinuit, tantamque superbia mentem
Extulit, ut summum partiri vellet Olympum ;
Quo dea conspecto : Scelerum pater, inquit, et ul-
                     [tor,
Quem matutini superantem lumine vultum
Luciferi tumor ætheria dejecit ab arce,
Ad te confugio tandem miserabilis, ad te,
Quem ne nulla tibi perdenti sidera sedes
Esset, in hac saltem terrarum nocte recepi.
Ad te communes hominumque, deumque querelas
Affero, scis etenim quantis elementa fatiget
Motibus armipotens Macedo, qui classe subacto
Æquore Pamphylo, Darium ter vicit, et omnem
Confundens[10] Asiam, Porum servire coegit
Indomitum bellis, nec eo contentus, Eoas
Vestigat latebras, et nunc vesanus in ipsum
Fulminat Oceanum, cujus si fata secundis
Vela regant ventis, caput indagare remotum
A mundo Nili, et paradisum cingere facta
Obsidione, parat, et ni tibi caveris, istud
Non sinet intactum chaos, antipodumque recessus,
Alteriusque volet naturæ cernere solem ;
Ergo age, communem nobis ulciscere pestem.
Quæ tua laus, Coluber, vel quæ tua gloria ? Primum
Ejecisse hominem ? si tam venerabilis hortus
Cedat Alexandro ? Nec plura locuta recessit.
Ille secutus eam dictis, promittit in omnes
Eventus operam, nec se desistere, donec
Inferni tenebris jungatur[11] publicus hostis.
Nec mora, rugitu tenebrosam concutit urbem[12]
Conciliumque vocat, jacet inveterata malorum
Planities, durata gelu, et nive saucia, cujus
Nec sol indomitum, nec mitigat aura, rigorem.
Hic sontes animæ passim per plana jacentes
Mortis inauditæ torquentur agone, quibus mors
Est, non posse mori, quia quorum hic mortua vita
In culpa fuerit, ibi vivet semper eorum
Mors in suppliciis, ut qui hic delinquere vivus
Non cessat, finem moriendi nesciat illic.
Afflictus[13] glacie, nivium de frigore transit
Ad prunas, proh supplicium miserabile ! semper,
Et nunquam moritur, quem torquet carcer averni.
  Illic ubi collecti satrapæ Stygis, et tenebrarum
Consedere duces, tria sibila gutture rauco
    Vers. 5117.

Edidit antiquus serpens, quibus omne repressit
Murmur, et infernis indicta silentia pœnis :
Umbrarumque graves jubet obmutescere planctus.
Ergo ubi compressit gemitus, a pectore surgens
In medium, mandata deæ proponit, et addit.
  Nam quis erit modus, o socii, et quæ meta fla-
                      [gelli
Hujus, ait, quo cuncta tremunt, prolixior illi
Si mora pro libitu frangendum indulserit orbem ?
Ecce (sed id taceo) rupto parat obice terræ,
Tartareum penetrare chaos, belloque subactis
Umbrarum dominis captivos ducere manes ;
Est tamen in fatis, quod abominor, adfore tempus
Quo novus in terris, quadam partus novitate,
Nescio quis nascetur homo, qui carceris hujus
Ferrea subversis confringet claustra columnis,
Vasaque diripiens, et fortia fortior arma
Nostra triumphali populabitur atria ligno ;
Proinde duces mortis, nascenti occurrite morti[14]
Et regi Macedum, ne forte sit ille futurus
Inferni domitor, letho præcludite vitam.
  Vix ea ructarat, cum blando subdola vultu
Proditio surgens : labor iste brevissimus, inquit,
Est mihi mortiferum, super omnia toxica, virus,
Quod nec testa capit, nec fusilis olla metalli,
Nec vitri species, nec vas aliud, nisi solum
Ungula cornipedis, dabitur liquor iste Falerno
Mistus Alexandro, præsto est occasio dandi,
Nam meus Antipater, Macedum præfectus, ab ipsis
Cunarum lacrymis, prætendere doctus amorem
Voce, sed occultis odium celare[15] medullis,
Ad regem ire parat Babylona, citatus ab ipso,
Ut sub eo senium consumat, et aspera rursus
Perferat emeritus[16] castrensis tædia vitæ :
Hoc ego, si dea sum, qua nulla potentior inter
Noctigenas, si me vestram bene nostis alumnam,
Hoc famulante[17], duci virus lethale datura
Evehor ad superos. Sic fatur, et omnis in unum
Conclamat tenebrosa cohors, laudatur ab omni
Provida concilio, quia[18] sic studiosa pararet
Indomitum[19] bellis armato frangere potu.
  Nec mora Proditio faciem mutata vetustam,
Emergit tenebris, Siculumque per aera, pennis
Vecta venenatis, thalamum tandem intrat alumni,
Quem satis instructum blando sermone relinquens,
In chaos æternum, solitasque revertitur urbes[20].
  Namque reluctantem Pellæus classe minaci
Fregerat Oceanum, jamque indignantibus undis,
Victor ab Oceano, Babylona redire parabat ;
Constituebat enim miser, ignarusque futuri,
Dispositis Asiæ rebus, transferre sarissas,
Pœnorum in fines, *Libycis exinde subactis*
Finibus, Hispanas, quibus Herculis esse columnas
Fama loquebatur, ultra discedere[21] metas,
    Vers. 5170.

VARIÆ LECTIONES.

[9] *fervore.*   [10] *Confringens.*   [11] *mergatur.*   [12] *umbra.*   [13] *Astrictus attritus.*   [14] *morbo.*   [15] *vrastare.*
[16] *emeritæ.*   [17] *mediante.*   [18] *quod.*   [19] *infractum.*   [20] *umbras.*   [21] *descendere.*

Occiduumque sibi bello submittere solem.
Gentibus his domitis, animi sitientis in arce
Concipere audebat, post hæc transcendere montes
Velle Pyrenæos, armisque domare rebelles
Gallorum populos, Rhenumque adjungere victis.
Tunc demum patriam, Macedumque revisere fines,
Alpibus abjectis agitabat, et inter eundum
Italiam servire sibi, Romamque docere
Græcorum portare jugum. Prætoribus ergo
Præcepit Syriæ faciendæ quærere classis
Materiem ; dolet aerias procumbere cedros
Libanus, et virides adductas fluctibus [22] ornos.
In classem cadit omne nemus, stupet æthera [23] tellus
Arboreis viduata comis, umbraque perenni,
Miranturque novum nudata cacumina solem.

  Quo tendit tua, Magne, fames ? quis finis habendi ?
Quærendi quis finis erit ? quæ [24] meta laborum ?
Nil agis, o demens ! licet omnia clauseris uno
Regna sub imperio, totumque subegeris orbem ,
Semper egenus eris, animum nullius egentem
Non res efficiunt, sed sufficientia ; quamvis
Sit modicum, si sufficiat, nullius egebis.
O facilem falli ! qui dum parat arma, venenum [25]
Ejus ad interitum quod comprimat arma, paratur [21].
Crescit avara sitis juveni, sed potio tantam
Opprimet [27] una sitim. Nam proditor ille scelestus [26]
Instructus monitis, ventisque advectus iniquis
Venerat Antipater Babylonem, ubi cum patricidis
Complicibusque suis, facinus tractabat acerbum.

  Quis furor, o superi ? quid agis fortuna ? tuumne
Protectum toties perimi patieris alumnum ?
Si fati decreta nequis mutare, volentis
Ut pereat Macedo, saltem secreta revela
Carnificum, potes auctores convertere lethi,
Et fati [29] mutare genus, converte venenum
In gladium, satius est honestius occidet armis,
Is qui plus deliquit in his, sed forsitan armis
Non potuere palam superi, quem vincere dirum
Clam potuit virus ; fuit ergo dignius illum
Occultum sentire nefas, quam cedere ferro.

  Ut [30] tamen ante diem extremum, quem fata para-
                                                    [bant,
Omnia, rex regum, sibi subdita regna videret,
Fecit eum famæ sonus, et fortuna monarcham.
Tantus enim terror, et consternatio gentes
Invasit reliquas, ut post domitos Orientis
Totius populos, turbata medullitus omnis
Natio contremeret, longeque remota paveret
Insula fluctivago quæcunque includitur æstu.
Oblatis igitur, cursum flexura tyranni,
Muneribus toto peregrina cucurrit ab orbe,
Ad mare descendens plenis legatio velis.
  Non dedignantur subdi Carthaginis arces
Imperio Magni, sed et Africa tota, remoto
         Vers. 5223.

A Scribit Alexandro : Sese servire paratam :
Scribit idem solo terrore coercita, quamvis
Tuta situ, et multis pollens Hispania bellis.
Totaque terrificum, misso diademate, quod vix
Credere sustineam, veneratur Gallia regem :
Mitescit Rheni rabies, positoque rigore [31]
Teutonicus misto tendit Babylona Sicambro :
Nec minor Italiæ gentes servire coactas
Invasit metus, et licet hinc natura nivosas
Objiciat cautes, illinc maris obice tuta
Continui maneat, tamen insuperabile Magno
Nil credens, regis spontanea prævenit iram,
Muneribus sedare datis Trinacria, montes,
Infernosque lacus, proli servire Philippi
Imperat, et scribit. Sed quid moror ? omnis in unum
B Natio concurrit, claras [32] Babylonis et arces
Æquore vecta petit, legatos inde videres
Affluere, et naves rerum speciebus onustas
Quadrupedumque greges , quo pervenisse loqua-
                                                    [cem
Credere vix posses famæ præmobilis auram.
  Magnus ut accepit, quia [33] confluxisset in unum
Ipsius exspectans [34] adventum territus orbis,
Ardet adire locum mortis, remisque citata
Classe Semiramiam tendit festinus ad urbem :
Non aliter procul inspecto grege, tigris equorum,
Cujus fulmineas urget [35] sitis aspera fauces,
Excutitur stimulante fame, vivumque cruorem
Immitis bibit, et laceros incorporat artus.
C Quam si forte sequens occulto tramite pungat
Cuspide venator, plangit, fusoque per herbam
Immoritur sitiens nec adhuc satiata cruore.
  Jam sibi Pellæus fatales, proh dolor ! arces
Agmine quadrato stipatus inibat, et ecce
Obvia mirifico splendebat turba paratu ;
Occurrunt proceres, quibus ut comitantibus urbem
Arduus intravit, sumpsitque insignia regni,
Legatos jubet admitti, positumque monarcha
Ascendens solium, victo sibi victor ab orbe
Munera missa capit, clypeum quem Gallia gemmis
Miserat intextum ; galeam Carthago pyropo
Desuper ardentem ; visumque sitire cruorem
Teutonicus gladium ; spumantem Hispania labris
Cornipedem, vario distinctum membra colore,
D Aureaque attritis mandentem frena lupatis.
Tortilis argento digitis intexta Cyclopum
Traditur a Siculo veniens lorica Tyranno.
His tamen acceptis, quot mundi regna, tot illi
Tradita designant regum diademata regem :
His variæ gentis cultus, his plurima miris
Purpura texta modis, his quidquid ubique reper-
                                                    [tum est,
Quod mentem alliciat, quod delectare tuendo
Mortales oculos queat additur omne metallum,
         Vers. 5275.

[22] adjectas viribus.   [23] aera.   [24] erit modus aut quæ.....   [25] paratur.   [26] quod comprimat.   [27] venenum.   [28] scelestis.   [29] mortis   [30] Hoc.   [31] furore.   [32] clarasque Semiramis arces.   [33] quod.   [34] ope-
riens.   [35] urit.

Et lapidum splendor : his ut brevius [36] loquar, or-
[bis
Junguntur [37] totius opes, quibus ille receptis :
Gratia diis, inquit, quorum mihi parta favore
Regna, triumphantur [38] quas nondum vidimus
[urbes.
Nec [39] minor a vobis [40] debetur gratia [41] cœlo;
Quod sine conflictu bellorum, quod sine nostri [42]
Sanguinis impensa Macedum certamina nondum
Cominus experti, nostræ cessistis habenæ :
Cui se si Darius posito diademate supplex
Commisisset, eo regnorum in parte recepto,
Sensisset nihil esse jugo mansuetius isto :
Porus in exemplo est, qua mansuetudine victis
Præsideam victor, ne dum parentibus ultro,
Quosque jugum nostrum vis nulla subire coegit
Subjectos mihi mortales, ita vivere salva
Libertate volo, ut jam non sit *servitium*, imo
Libertas, servire mihi, distinctio nulla
Libertatis erit, inter quos nemo rebellis.

Hæc ubi legatis breviter : conversus ad illos,
Egregia quorum virtute subegerat orbem :
Vos quoque, victores, quorum labor arduus, inquit,
Egit, ut in nostro conspectu terra sileret,
Præmia digna manent : dignissimus Hercule miles,
Hoc me rege meus, sed et hoc [43] rex milite dignus,
Milite quem nec hiems fregit glacialibus oris,
Nec medius Libyæ torpentem reddidit æstus.
Indica vicerunt [44] Macedum deserta catervæ,
His nostris [45] manibus domitis lugentia monstris.

Quid referam triplicem Dario vivente trium-
[phum?
Memnona dejectum, Porique et Taxilis arma?
Quid loquar informes nobis [46] cessisse gigantes ?
Nunc quia nil mundo peragendum restat in isto,
Ne tamen assuetus armorum langueat usus ;
Oro [47], quæramus alio sub sole jacentes
Antipodum populos, ne gloria nostra [48] relinquat
Vel virtus quid inexpertum, quo crescere possit,
Vel quo perpetui mercatur carminis odas.

Me duce, nulla meis tellus erit invia, vincit
Cuncta labor, nihil est investigabile forti :
Plures esse refert mundos doctrina priorum ,
Væ mihi, qui nondum domui de pluribus unum.
Scitis enim , socii, quod [49] cum mihi miserit olim
Roma per Æmilium regni diadema, mihique
Scripserit ut regi, opposita modo fronte, re-
[sumptis
Cornibus, excedit corrupto fœdere pactum.

Nunc igitur nostris ne pars vacet ulla trium-
[phis,
Neve meis titulis desit perfectio, Romam
In primis delere placet. Dedit hoc ubi : solvit
Concilium, proni curru jam deside Phœbi.

Vers. 5324.

A Jam maris undisonis rota merserat ignea solem
Fluctibus, et præceps confuderat omnia tetro
Nox elementa globo, tenuit prodire volentes
In lucem stellas, solito lugubrior aer
Nocturnus lunam, noctique [50] præesse statuta
Sidera caligo, nubesque suborta repressit.

Illa nocte oculis Cynosuram nauta requirens
Nunc Helicen, vetitumque mari se mergere Plau-
[strum,
(Cum nusquam auderet sine sidere flectere cur·
[sus ·)
In medio latuit, prora fluitante, profundo.

Funus Alexandri mortis præsaga futuræ,
Omnia lugebant, moriturum flevit Olympus,
Quem modo nascentem signis portenderat istis.
B De cœlo veri lapides cecidere, locutus
Agnus in Ægypto est , peperit gallina draco-
[nem :
Et nisi digna fide mentitur opinio vulgi,
Tecta patris, culmenque super, geminæ sibi toto
Qua peperit regina die, velut agmine facto,
Conflixere aquilæ, tot præsignatus ab ortu
Prodigiis Macedo, superi ! quo crimine vestrum
Demeruit, vitæ in tanta brevitate, favorem.

Sed si mortali contentus honore fuisset,
Si se gessisset humilem inter prospera; si sic
Dulcia fortunæ, velut ejus amara tulisset ;
Forsitan et gladium, et gladio crudelius omni
Vitasset, fato sibi disponente, venenum.

C Jam piger expleta flectebat nocte Bootes
Emeritos currus, teneræque infantia lucis
Sopierat tenebras, sed nec tunc lucis in ortu
Roscidus aurorae super herbam decidit humor :
Nec volucres cantu tremula sub fronde, canore
Prævenere diem : venturi præscia luctus,
Vocis amorigeræ citharam Philomela repressit ;
Luciferumque ferunt primum cessisse diei
Venturæ, et reliquis nondum cedentibus astris,
Primus in [51] occidui, versa vice, littora ponti
Flexit iter pronus, hebetique elanguit [52] ore
Tunc demum [53] licet invitus, quia fata morari
Non poterat Titan, Nabathæis extulit undis
Armatum radiis caput, et nisi provida fati
D Obstaret series, toto conamine currus
Velle minabatur, flexo [54] temone, reverti [55]

Siste gradum, venerande parens , et lucis, et
[ignis
Siste gradum, nisi luciferum converteris orbem
Exstinguet Macedum, tua Phœbe lucerna, lucer-
[nam :
Sed jam magnanimi fatalis venerat hora
Rectoris mersura caput, nec [56] fata sinebant
Differri scelus ulterius, mundique ruinam.
Eois redolens fragrabat [57] odoribus aula,

Vers. 5375.

VARIÆ LECTIONES

[36] *brevibus.* [37] *adduntur.* [38] *triumphatæ.* [39] *Non.* [40] *nobis.* [41] *gloria.* [42] *vestri.* [43] *hic.* [44] *vi-*
derunt. [45] *vestris.* [46] *vobis.* [47] *Eia.* [48] *vestris.* [49] *quia.* [50] *nocti præesse.* [51] *ad.* [52] *relanguit.*
[53] *Sed tandem.* [54] *verso.* [55] *regressum.* [56] *non.* [57] *fulgebat.*

Qua populus, procerumque sacer convenerat ordo.
Cum quibus, aut fando pars est consumpta diei
Plurima, tum demum, cum donaretur [38] opimis,
A duce muneribus, ditatis [39] vina ministris
Circumferre jubet; et qui securus ab hoste
In bellis [60] toties hostilia fuderat arma
Et pater, et dominus cadit, et perit inter amicos
Diriguit totum subita torpedine corpus,
Vixque sui compos, demisso poplite, lecto
Redditur, extemplo ferali tota tumultu
Regia concutitur, nec dum proferre dolorem
In medium audebant, quia fortunæ medicinam
Adfore sperabant, quæ semper adesse ruenti
Quoslibet in casus, consueverat. Ergo ubi venas
Infecit virus, et mortis certa propinquæ
Signa dedit pulsus, media sibi jussit in aula
Aptari lectum, quo postquam exercitus amens
Convenit, mistoque ducum manus inclyta, vulgo,
Undantes lacrymis, et arantes unguibus ora,
Intuitus. Quis cum terris excessero, dixit,
Talibus inveniet dignum ? jam sufficit, orbem
Terrarum rexisse mihi, satis axe sub isto,
Prospera successit parentibus alea bellis;
Jam tædere potest, membris mortalibus istam
Circumscribi animam, consumpsi tempus et ævum,
Deditus humanis satis in mortalibus hæsi,
Hactenus hæc. Summum deinceps recturus Olym-
                                    [pum,
Ad majora vocor; et me vocat arduus æther,
Ut solium regni, et sedem sortitus in astris
Cum Jove disponam rerum secreta, brevesque
Eventus hominum, superumque negotia tractem
Rursus in æthereas arces, superumque cohortem,
Forsitan Ætnæos armat præsumptio fratres;
Et dura [61] Encelado laxavit membra Pelorus.
Sub Jove decrepito, superosque et sidera credunt
Posse capi ex facili, rursusque lacessere tentant.
Et quia Mars sine me belli discrimen abhorret :
Consilio Jovis et superum, licet ipse relucter,
Invitus trahor ad regnum. Sic fatur, et illi
Quærere cum planctu, lacrymisque fluentibus
                                    [instant :
Quem velit hæredem, mundique relinquere regem ?
O, timus, inquit, et imperio dignissimus, esto
Rex vester; sed vox postquam non adfuit, aurum
Detractum digito Perdiccæ tradidit, unde
Præsumpsere duces, regem voluisse supremum
In regni sibi Perdiccam succedere summa [62].
    Vers. 5419.

Nec mora vitalis resolutum frigore corpus
Destituit calor, et luteo de carcere tandem
Spiritus erumpens, tenues exivit in auras.
Tunc vero in luctum dolor est resolutus amarum,
Tunc vires habuere suas lamenta, nec ultra
Mobilis horrendos suppressit turba tumultus,
Non [63] tantus ciet astra fragor, cum quattuor axem
Stelliferum quatiunt, agitando tonitrua, fratres.
O felix mortale genus, si semper haberet
Æternum præ mente bonum, finemque timeret,
Qui tam nobilibus, media quam plebe citatis
Improvisus adest, animæ discrimine magno
Dum quæruntur opes, dum fallax gloria rerum
Mortales oculos vanis circumvolat alis :
Dum profugos petimus, qui nunc venduntur, ho-
                                    [nores,
Verrimus æquoreos fluctus, vitamque perosi
Et caput, et [64] merces tumidis committimus undis.
Cumque per Alpinas hiemes, turbamque latro-
                                    [num
Romuleas arces, et avaræ mœnia Romæ
Cernere solliciti, si cursu forte beato
Ad natale solum, patriamque revertimur urbem [65],
Ecce repentinæ, modicæque occasio febris
Dissolvit, toto quæcunque paravimus ævo.
Magnus in exemplo est; cui non suffecerat orbis,
Sufficit exciso de fossa marmore terra,
Quinque pedum fabricata domus, ubi [66] nobile
                                    [corpus
Exigua requievit humo, donec Ptolemæus,
Cui legis Ægyptum in partem cessisse, [67] verendi
D. positum fati, toto venerabile mundo
Transtulit ad dictam de nomine principis urbem.
    Sed jam præcipiti mersurus lumine noctem
Phœbus anhelantes convertit ad æquora cursus
Jam satis est lusum, jam ludum incidere præstat,
Pierides; alios deinceps modulamina vestra
Alliciant animos, alium mihi postulo fontem,
Qui semel exhaustis sitis est medicina secundæ.
    At tu cujus opem pleno mihi copia cornu
Fudit, ut hostiles possim contemnere linguas
Suscipe Gualteri studiosum, magne, laborem,
Præsul, et hanc vatis circum tua tempora sacræ
Non dedigneris hederam conjungere mitræ.
Nam licet indignum tanto sit præsule carmen,
Cum tamen exuerit mortales spiritus artus
Vivemus pariter, vivet cum vate superstes
Gloria Guilhelmi, nullum moritura per ævum.
    Vers. 5464.

VARIÆ LECTIONES.

[38] donarentur. [39] ministros. [60] bello. [61] duraque Typhœo. [62] summam. [63] Nec. [64] ut. [65] patriumque revertimus orbem. [66] qua. [67] cecidisse.

Ms. Engelbergense sic claudit opus : Explicit Alexandris magistri Gualteri de Castellione. Scriptus fuit liber iste anno Domini 1277

Dum librum concludo, ecce, benevole lector, eorum imperio, quibus me parere oportet, injungitur, ne quid minus ex fide ms. exemplarium fecisse videar, ut versus etiam depravatos vel leviter mutatos, substitutis sed *alio subinde cnaractere vocabulis fideliter annumerem, id quod factum volo. Itaque præter ea quæ in marginalibus afferuntur, in utroque ms, sic lego :*

Lib. i.   v. 18. Exsequitur patriæ tactus supp.-
                    cantis amore.
         v. 22. Euphrates illinc Armenia...
         v. 16. Cum timor incuteret mentem...
Lib. ii.   v. 7. ... numerumque recensita...
         v. 13. Spiritus arterias corpusq...
         v. 16. Indulto tridui spatio tamen...
         v. 14. Legione Thebæa...
         v. 23. ... sacra venerandus idea.
         v. 9. ... sequitur alacer Craterus, eisque
Lib. iii.   v. 11. Cœnus Craterus et ipse.
         v. 18. Amphilochum Craterus adit...
         v. 16. Hunc sudes excerebrat...
         v. 7. Quid dedit autumno...
         v. 16. Regnet hemisphærio motus...
         v. 7. ... ubi plebs nunc orthodoxa...
         v. 2. Confectumque diu lethea fæce vi-
                    trina Pixide considerat...
         v. 13. Posset, et affectos fame defectu-
                    que ciborum.
Lib. iv.   v. 5. Sordes Samarice fraterni...
         v. 7. ... putans replicat iteratos Echo
                    boatus.
         v. 24. Sola docens miseris misereri...
         v. 1. Et Pax agricola, et cum pleno...
         v. 22. Sed fortuna Deus et eaque...
Lib. v.   v. 16. Arterias Cybeles cadit...
         v. 12. Memnonides Phidias, cujus...
         v. 1. Impiger occurras.
         v. 11. Occubuit Lysias...
         v. 13. Afrum Craterus, Lysiam deje...
         v. 9. Transierat Lycum paucis...
         v. 13. Tympana Psalterio
         v. 12. ... Tanto splendore Lucanum
         v. 24. Lingua lesum...

Lib. vi.   v. 28. ... rigent dolabris in fragmina ce-
                    dunt.
         v. 11. Esse miserturos alii; Si qui...
         v. 16. Metropolis Mædiæ...
         v. 27. ... nec ut antea regni...
                    Dispensabat onus solus...
         v. 18. ... Bessus optime regum
         v. 2. In Mediam Darium., et v. seq.
         v. 19. Non adeo ambirent...
                    Simonis hæredes...
         v. 21. ... brevis est labor et via, nobis
                    Quatridui super est iter ut...
Lib. viii.   v. 7. ... molli lingua suplicante recepit
         v. 4. ... et veteri mutato nomine Scy-
                    this.
         v. 1. ... exemplo manumiftos esse...
         v. 12. Suppressit triduo donec...
         v. 16. Quod toto tridui spatio...
         v. 20. ... præfeci Mediæ.
         v. 2. ... prodi biduo cum posset...
         v. 9. ... infractos antea bellis
         v. 2. ... intercipit in mare Gangem
                    Manantem Acesinem...
Lib. ix.   v. 5. Rubrius et proprio rubricavit...
         v. 15. Doctores medicæ Critobolus artis,
         v. 5. ... regem Critobole, sive teneri.
         v. 20. Fluxum medicis Critobolus herbis,
         v. 22. Convenere, simul quorum Crate-
                    rus ad ipsum :
         v. 22. In theatro mundi...
Lib. x.   v. 6. Has colit hypocrisis murcenti...
                    Sedes, et summus...
         v. 24. Fines, et Numidiæ peragratis.
         v. 22. ... non sit servitus, imo

APPENDIX AD GUALTERUM DE CASTELLIONE.

LIBER DE TRINITATE

AUCTORE GALTHERO, VETERE THEOLOGO.

(D. Bern. Pezius, *Thesaur. Anecdot.*, II, ii, 51; ex cod. monast. S. Petri Salisburg.)

MONITUM.

Insignem hunc tractatum Galtheri *De Trinitate* nobis refertissima veteribus libris bibliotheca Sancti Petri Salisburgensis suggessit in codice membraneo in 4°, quingentorum circiter annorum, ex quo illum etiam nostra gratia A. R. P. Michael Bockn, eruditus loci bibliothecarius, Placidi germanus frater, exscripsit. De auctore nihil certi statuere nobis licet, cum magna vis doctorum hominum sæculo Christi duodecimo et decimo tertio, quo circiter eum floruisse vix dubitari potest, exstiterit *Gualtheri, Galtheri, et Waltheri* nomine insignium. Ut tamen vel conjecturam afferamus, videtur Galtherus auctor præsentis tractatus *De Trinitate* non esse distinctus a *Gualtero de Castellione, Tornacensium Canonicorum præposito*, cujus *libellos tres dialogorum contra Judæos* Casimirus Oudinus ex ms. cod. abbatiæ S. Evodii de Brana, in *Veterum aliquot Galliæ et Belgii scriptorum opusculis sacris* anno 1692 Lugduni Batavorum edidit. Nihil enim in nostro tractatu occurrit quod vel ætati, vel doctrinæ, vel stylo, vel dignitati Gualtheri de Castellione repugnet. Conjecturam nostram utcunque codex Petrensis confirmat, in quo opusculum non alio quam hoc modo inscribitur : *Tractatus magistri Galtheri de Trinitate.* Et in fine : *Explicit tractatus de sanctissima Trinitate a magistro Galthero sane compositus.* Eodem fere modo apud Oudinum : *Incipit Tractatus sive dialogus magistri Gualtheri Tornacensis contra Judæos.* Et Joannes Saresberiensis in epistolis suis Gualterum de Castellione passim non nisi *magistrum Gualtherum de Insula,* et *magistrum Gualtherum* vocat, ut videre est apud citatum Oudinum : ut adeo Gualthero de Castellione singulari quadam ratione ac prærogativa qua ab aliis ejusdem nominis Gualteris distingueretur, nomen *Magistri* adhæsisse videatur. Itaque si quid veritatis hæc conjectura habet, Galtheri nostri ætas facile post alios definiri potest, qui Gualtherum de Castellione anno 1201 obiisse scribunt. Verum quia rationum nostrarum infirmitatem ipsi probe perspectam habemus, rem hanc omnem in medio relinquere satius putamus. Porro quisquis demum noster Galtherus fuerit, opusculum suum adversus eos præcipue edidisse videtur qui quasdam in Deo *proprietates vel relationes,* quæ non sint idem quod Deus, sed *aliæ res quam Dei substantia,* esse contendebant, quos capite IV auctoritate ac ratione refellit. Capite sequenti *præterire noluit quorumdam profanas novitates, quorum,* inquit, *stultitia per Dei potentiam, et sapientiam, et bonitatem existimat discernendas, soli Patri omnipotentiam, soli Filio sapientiam, soli Spiritui sancto bonitatem assignans ; quod homines imperitos, et fere totius veritatis ignaros adinvenisse manifestum est.* Tum post quædam subdit : *Tribus ergo omnipotentia, tribus sapientia, tribus convenit benignitas. Et mirum est qualiter illi insensati homines contra tot auctoritates in hac veritate concordantes audeant suos errores inducere, quibus contra-veritatem fidei catholicæ impune mentiri non sufficit, sed apud vulgus illitteratum nomen suum gloriantur per sua figmenta diffamare, insuper addentes, se ad plenum cognoscere in unitate divinæ substantiæ esse genituram Filii a Patre, et processionem ab utroque Spiritus sancti,* etc. Ad ultimum concludit et inculcat Galtherus, quod et alias agit, *nulli tantam inesse debere dementiam, ut hoc divinæ naturæ secretum incomprehensibile conetur acumine sui ingenii comprehendere, et tanquam comprehensum præsumat aliis jactanter explanare ; et econtra nullum adeo esse debere obstinatum, ut ideo credere nolit, quia ad plenum non intelligit inscrutabilia mysteria sanctæ Trinitatis : sed quicunque,* ait, *dubitare incipit, quia non intelligit recurrat ad supradictas auctoritates, quæ affirmant neminem in hac vita de Deo habere perfectam notitiam, quibus instructus incipiat de Deo credere, quod credidit Petrus. Hujus umbra infirmos sanavit, et alii martyres et confessores, quorum sanctitas non solum in vita, sed et post mortem miraculis incomparabilibus innotuit. Quod si contigerit argumentis dialecticis, quæ juxta solitum naturæ cursum et usus vocum inventa sunt, vel Judæum vel hæreticum impugnare veritatem catholicam, quæ est de natura divinæ substantiæ, omnia ineffabiliter transcendente, quamvis catholici nequeant humana ratione refellere, tamen nihilominus in fide, quæ tantis auctoritatibus munita est, constanter permaneat, memoriter recolens, illam fidem non habere meritum, cui humana ratio præbet experimentum.* Hæc Galtherus, quibus in quæstione difficillima nihil salubrius præcipi potuisset. Cæterum eruditum lectorem advertimus, non nisi jam excusa hac parte duo nos manuscripta ejusdem opusculi exempla etiam in bibliotheca Mellicensi reperisse, a quorum tamen utroque nomen Galtheri abest. Prius exstat in codice chartaceo 4°, signato lit. Q, 4, manu sæculi decimi quinti exarato, in quo *incipit Tractatus utilis de Trinitate personarum et unitate essentiæ in divinitate : Credo unum Deum esse,* etc., et, *explicit Tractatus perutilis et catholicus de beatissima Trinitate.* Alterum habetur in codice chartaceo, in 12°, notato lit. H, 44, in quo addit scriba Joannes de Wailhaim, Mellicensis, vir accuratus et doctus, auctorem hujus *perutilis et catholici tractatus* ignorari, nec in exemplari ex quo eum anno 1469 exscripsit, *fuisse titulum prænotatum.* Quæ si prius nobis constitissent, variantes ex utroque codice lectiones colligere non prætermisissemus. Ast nunc re non amplius integra id unum notamus, capite 8 post init. pro. *sunt essentialia,* recte nos legendum suspicatos esse, *sunt enuntiabilia,* quam lectionem uterque codex Mellicensis retinet.

INCIPIT TRACTATUS

MAGISTRI GALTHERI DE TRINITATE.

Cap. I. *Deus unus incorporeus, omnipotens, æternus, omnium creator, immutabilis, immensus, simplex, sapiens et justus est, idque non ratione quadam adventitia, sed essentialiter.*

Indubitanter credo unum Deum esse et non plu-

A res, juxta Moysen : *Audi, Israel, quia Dominus Deus unus est* (*Deut.* VI). Quem credo incorporeum, juxta illud evangelicum Joannis : *Spiritus est Deus, et eos, qui adorant, oportet in spiritu et veritate adorare* (*Joan.* IV). Credo etiam omnipotentem, juxta illud Psalmistæ : *Omnia quæcunque voluit,* fecit (*Psal.* cxiii). Et juxta illud Apostoli : *Voluntati ejus quis resistit ?* (*Rom.* ix.) Credo et æternum, et omnium creatorem, juxta illud : *In principio creavit Deus cœlum et terram* (*Gen.* i). Et illud : *Qui vivit in æternum, creavit omnia simul* (*Eccli.* xviii). Credo et immutabilem, juxta illud Psalmistæ : *Mutabis eos et mutabuntur; tu autem idem ipse es* (*Psal.* ci). Et illud Jacobi apostoli : *Apud quem non est transmutatio, nec vicissitudinis obumbratio* (*Jac.* i). Credo et ubique præsentem, ubique essentialiter totum, juxta illud : *Si descendero in infernum, ades; si ascendero in cœlum, tu illic es.* (*Psal.* cxxxviii). Et illud prophetæ : *Cœlum et terram ego impleo* (*Jer.* xxiii). Credo et simplicem, et nullius rei extrinsecæ capacem, nec aliquid a sua substantia divisum in se continentem. Quamvis enim sapiens et justus sit, et aliis designetur nominibus, quibus, quando de homine loquimur, diversas enuntiamus proprietates; tamen per ea nihil aliud de Deo, quam divinam enuntiamus essentiam, quia nihil aliud est in Deo sapientia vel justitia, quam divina substantia. Unde fit, ut non solum Deus dicatur sapiens, sed ipsa sapientia. Et cum audimus : Deus est sapiens, Deus est sapientia, ex his verbis diversis, eumdem concipimus intellectum. Cum tamen dicitur : Deus est sapiens, Deus est justus, Deus est misericors, diversos intellectus videmur concipere, non pro diversitate proprietatum, quæ nullæ in Deo sunt, sed ex diversitate effectuum, quos Deus in creaturis operatur. Cùm enim audimus, Deum esse sapientem, inde conjicimus, nunquam aliquid eum egisse, nisi cum summa ratione. Quando audimus, Deum esse justum, animadvertimus eum juste judicare, non remisse. Quando audimus Deum misericordem, perpendimus eum misericorditer indulgere.

CAP. II. *In unitate divinæ substantiæ tres sunt personæ, seu hypostases, Pater, Filius, et Spiritus sanctus.*

Præterea confiteor in unitate illius divinæ substantiæ tres esse personas, vel, ut Græci dicunt, tres hypostases subsistentes, quarum una Pater, alia Filius, alia Spiritus sanctus vocatur. De existentia autem et pluralitate harum personarum multa inveniuntur testimonia in Scripturis sacris tam Novi quam Veteris Testamenti. De Patre et Filio legitur in Psalmista : *Dominus dixit ad me : Filius meus es tu, ego hodie genui te* (*Psal.* ii). De Filio, id est sapientia Patris in Proverbiis Salomonis : *Ego jam concepta eram, nec dum fontes aquarum eruperant, ante colles ego parturiebar, adhuc terram non fecerat* (*Prov.* viii). De Spiritu sancto legitur in Genesi : *Spiritus Domini ferebatur super aquas* (*Gen.* i). De Patre et Filio in Evangelio Joannis : *Pater enim diligit Filium, et omnia monstrat ei* (*Joan.* v). De Spiritu sancto in eodem : *Paracletus autem Spiritus sanctus, quem mittet Pater in nomine meo, ille vos docet omnia* (*Joan.* xiv). Et hæc Trinitas est

unus Deus, et idem Deus, et eadem substantia, licet Arius contradicat. Quod monstrat Dominus in Evangelio dicens : *Ego et Pater unum sumus* (*Joan.* x). Et Joannes in Epistola : *Tres sunt, qui testimonium dant in cœlo, Pater, Verbum et Spiritus, et hi tres unum sunt* (*Joan.* v). Firmissime tamen credendum est, tres esse personas, quarum una non est alia, quæ quamvis unum et idem sint in substantia Pater, Filius et Spiritus sanctus, tamen nec ille Pater, qui est Filius, vel qui est Spiritus sanctus; nec ille Filius, qui est Spiritus sanctus, sed alius est Pater, alius Filius, alius Spiritus sanctus. Quod est contrarium Sabellianæ hæresi asserenti tria nomina et unam solam personam, et eamdem personam esse Patrem et Filium et Spiritum sanctum.

CAP. III. *Pater a nullo est; Filius a Patre genitus est, ab eodemque procedit; Spiritus sanctus procedit, non gignitur, a Patre et Filio.*

Ex prædictis itaque auctoritatibus indubitanter constat unam totius deitatis esse substantiam, et unius substantiæ tres esse personas; vel, ut Græci dicunt, tres hypostases *homousion.* Et de earum natura personarum sciendum est, quod Pater de nullo est, sed Filius et Spiritus sanctus sunt de Patre. Filius est de Patre nascendo et procedendo. Filii genituram a Patre testatur Psalmista dicens : *Ante Luciferum genui te* (*Psal.* cix). Et quod a Patre procedat, ostendit ipse dicens : *Ego ex Deo processi et veni* (*Joan.* viii). Spiritus autem sanctus de Patre est non nascendo, sed procedendo, uterque enim procedit a Patre, sed ineffabili dissimilique modo. Quod autem Spiritus sanctus a Patre procedat, hæc verba demonstrant Domini : *Paracletus, quem ego mittam vobis a Patre meo, Spiritum veritatis, qui a Patre procedit, ille testimonium perhibebit de me* (*Joan.* xv). Sed nec a Patre solo procedit Spiritus sanctus, sed etiam a Filio juxta hoc Evangelium : *Virtus de illo exibat et sanabat omnes* (*Luc.* vi). Non enim erat virtus alia, quam Spiritus sanctus, qui ab ipso procedebat et sanitatem omnibus conferebat. Itaque Spiritus sanctus de utroque non nascendo, sed procedendo, et ideo nec Patris nec Filii Filius est, sed utriusque Spiritus est. Et quod Spiritus sanctus sit amborum, his aliis testimoniis comprobatur Dominus in Evangelio Matthæi dicit : *Non enim vos estis, qui loquimini, sed Spiritus sanctus Patris vestri, qui loquitur in vobis* (*Matth.* x). Apostolus in Epistola ad Romanos : *Qui Spiritum Christi non habet, hic non est ejus* (*Rom.* viii). Et alibi : *Dominus misit Spiritum Filii sui in corda vestra clamantem : Abba Pater* (*Gal.* iv).

CAP. IV. *Pater a nullo habet, quod habet. Filius omnia sua habet a Patre. Spiritus sanctus quidquid habet, habet a Patre et Filio, non per gratiam, sed naturaliter : ex quo tamen non sequitur ullam in divinis personis minoritatem esse.*

Quemadmodum autem Pater de nullo est, ita a nullo habet, quidquid habet; sed quidquid habet

Filius, a Patre habet, et Spiritus sanctus similiter. A Patre enim, de quo suum esse habet, et omnia, quæcunque habet. Dicit enim Filius in Evangelio Matthæi : *Omnia mihi tradita sunt a Patre meo* (*Matth.* xi). Et in Evangelio Joannis : *Sicut habet Pater vitam in semetipso, sic dedit et Filio vitam habere in semetipso* (*Joan.* v). Nec solum habet a Patre Spiritus sanctus, id quod habet, sed etiam a Filio, a quo habet esse, quemadmodum a Patre. Et quod Spiritus sanctus habeat ab alio hoc, quod habet, legitur in Evangelio Joannis hoc modo : *Cum venerit ille Spiritus veritatis, docebit vos omnem veritatem. Non enim loquetur a semetipso, sed quodcunque audiet, loquetur* (*Joan.* xvi). Et quidquid habent Filius et Spiritus sanctus, naturaliter habent, et non per gratiam; si enim haberent per gratiam, jam essent Patre minores, ex cujus gratia et beneficio hoc haberent. Sed, quamvis dicat Filius : *Pater major me est* (*Joan.* xiv), quod ad naturam hominis referendum est, tamen secundum naturam divinam æqualis est Patri Filius, dicente Apostolo : *Qui, cum in forma Dei esset, non rapinam arbitratus est, esse se æqualem Deo* (*Philip.* ii). Itaque, in quantum Deus est, Filius est æqualis Patri. Tanta est enim in sanctissima Trinitate æqualitas, ut in ea nulla persona sit major alia, nec etiam tres simul majores sint una sola. Quod animadvertere potest, quicunque præcedentibus fidem adhibens, unamquamque personam de illis tribus credit esse simplicem Dei substantiam, et tres simul credit esse unam eamdem simplicem substantiam. Est etiam Filius Patri coæternus, quamvis a Patre sit, velut (licet) splendor ab igne sit, igni tamen coæquævus. Est etiam Deus et Creator, quemadmodum et Pater, juxta illud Joannis Evangelistæ : *In principio erat Verbum, et Verbum erat apud Deum, et Deus erat Verbum* (*Joan.* i). Et paulo post : *Omnia per ipsum facta sunt, et sine ipso factum est nihil* (ibid.). Et in Proverbiis Salomonis legitur de Sapientia Patris, id est de Filio : *Quando præparabat cœlos, aderam; quando appendebat fundamenta terræ, cum eo eram cuncta componens* (*Prov.* viii). Similiter Spiritus sanctus, æqualiter et coæternus est Patri et Filio, et Deus est, et Creator, de quo legitur in libro Job : *Spiritus Domini fecit me* (*Job* xxxiii). Et alibi : *Spiritus ejus ornavit cœlos* (*Job* xxvi). Palam est ergo, Filium, quamvis de Patre sit, verum esse et perfectum Deum, de Deo Patre, lumen de lumine, principium de principio, sapientiam de sapientia. Et hæc omnia vere possunt dici de Spiritu sancto.

Cap. V. *Tota Trinitas, ejusdemque ad extra operatio prorsus inseparabilis est, et quidquid operatur una persona, id operantur et reliquæ. Solvuntur objectiones contra hanc doctrinam.*

Præterea illa superiora, quæ de sanctissima Trinitate commemorata sunt, a quolibet fideli firmiter credenda sunt, totam Trinitatem, cum sit ejusdem

substantiæ, esse penitus inseparabilem, quod testantur verba Domini Philippo dicentis : *Nescis quia ego in Patre, et Pater in me est? qui videt me, videt et Patrem* (*Joan.* xiv). Ex quibus verbis non tantum agnoscitur Patrem, et Filium, et Spiritum sanctum, nullatenus aliquo spatio a se disjungi, sed etiam Patrem esse in Filio et unumquemque in alio. Sicut autem tota Trinitas inseparabilis est, ita omnis ejus operatio est inseparabilis; nam quidquid operatur Pater, id penitus operatur Filius et Spiritus sanctus, quod de Patre et Filio declaratur in Evangelio Joannis his verbis : *Quæcunque Pater operatur, eadem Filius operatur et similiter* (*Joan.* v). Quod autem Filius et Spiritus sanctus cum Patre, qui creavit omnia, sint inseparabiliter operati in faciendis creaturis, testatur Psalmista dicens : *Verbo Domini cœli firmati sunt, et Spiritu oris omnis virtus eorum* (*Psal.* xxxii). Itaque quidquid operatur unus, operatur et alius.

Sed istam unitatem aliquis infirmare volens opponit: Si inseparabiliter operatur Trinitas, tunc Filius se ipsum genuit, quia Pater Filium genuit, et Pater procedit ab alio, quia Spiritus sanctus procedit ab alio. Sic autem opponenti respondetur; quia nihil Deus operari dicitur, nisi respectu creaturæ. Non ergo generare Filium, vel ab alio procedere alicujus divinæ personæ est operatio; nam si esset operatio Patris generare Filium, sequeretur ut idem esset Filius operatus, vel esset falsum omnia Filium operari quæ Pater operatur.

Sed iterum opponitur : Si Trinitas inseparabilis est, et inseparabiliter operatur, tunc carnem assumpserunt Pater et Spiritus sanctus, et sunt incarnati, quia Filius carnem assumpsit, et est incarnatus. Ad quod respondendum est : Quanquam inseparabilis sit Trinitas, et inseparabiliter operatur, tamen aliquid convenit uni de personis, quod minime convenit aliis. Hoc autem ex ipsarum creaturarum similitudine potest agnosci. In radio namque solis sunt inseparabiliter, adjunguntur splendor et calor, et calor explicat, et splendor illuminat. Similiter ad faciendum sonum in cithara inseparabiliter operatur manus, dum tangit, et chorda, dum tangitur, et tamen aliud convenit manui, aliud chordæ; nam sola manus pulsat, et sola chorda resonat. Ita in sancta Trinitate quæque persona operata est incarnationem Filii, et tamen soli Filio convenit illa operatio et carnis assumptio. Potest autem aliquem movere, quod Scriptura quoque dixit, Christum conceptum esse et natum de Spiritu sancto, tanquam soli Spiritui sancto opus incarnationis ascribendo, quam tota Trinitas est operata. Sed sciendum est quod Spiritus sanctus cum sit Deus, et Patri et Filio consubstantialis, tamen amborum est donum. Ut ergo ex gratia et dono Dei, non propter hominum merita, Dei Filium carnem assumpsisse appareret, ad nos instruendos providit Scriptura divina, Christum esse natum ex Spiritu sancto, tanquam incarnatum Dei donum. Satis apparet ex superiori similitudine quod, licet Trinitas inseparabiliter operetur, tamen solus Filius carnem assumpsit, sicut solus Spiritus sanctus in columbæ specie apparuit, et solius Patris vox audita est, dicentis ad Filium : *Hic est Filius meus dilectus, in quo mihi bene complacui (Matth.* xvii).

CAP. VI. *Quidquid de Deo dicitur substantialiter, omne illud de Patre et Filio, et Spiritu sancto pariter enuntiatur. An dicere liceat in Trinitate esse tres naturæ rationalis substantias individuas?*

Superioribus est adjungendum quod, quidquid de Deo dicitur substantialiter, id est quidquid ab æterno sine respectu convenit divinæ substantiæ, omne illud de Patre et Filio et Spiritu sancto pariter enuntiatur. Sicut enim Pater est omnipotens, sapiens, æternus, justus et misericors, ita Filius est omnipotens, sapiens, æternus, justus et misericors, et Spiritus sanctus similiter. Nec tamen aliquatenus dicendum est, Patrem, et Filium, et Spiritum sanctum tres deos esse, tres omnipotentes. Quia ne Pater, et Filius et Spiritus sanctus tres esse divinæ putarentur substantiæ, quod esset sanæ fidei contrarium, et Deitati dicenti : *Ego et Pater unum sumus (Joan.* x), fere nullum nomen de illis essentiari permissum est. Nam quod Latini Patrem et Filium et Spiritum sanctum tres dicunt esse personas, Græci vero tres hypostases, ad pluralitatem personarum insinuandam, seu ad hoc demonstrandum (fit), quod Pater non est Filius, vel Spiritus sanctus, nec Filius est Pater, vel Spiritus sanctus, nec Spiritus sanctus Pater est vel Filius, sed alius est Pater, alius Filius, alius Spiritus sanctus. Itaque tres personas, non tres deos dicimus, non tres omnipotentes ; quamvis, teste Augustino in libro *De Trinitate,* persona nomen substantiale est, ac sine respectu dicitur ; et cum personam dicimus, nihil aliud quam essentiam rationalem nominamus. Quod cum sit, tamen ad pluralitatem prædictam designandam consuetudo Latinæ Ecclesiæ confitetur, esse aliam personam Patris, aliam Filii, aliam Spiritus sancti ; nec tamen audet quis confiteri aliam esse essentiam Patris, aliam Filii, aliam Spiritus sancti, ne plures dii et essentiæ audiantur. Unde manifestum est quod, sicut non dantur tres dii, ita nec tres personæ dicerentur, si competentiora haberentur verba, quibus pluralitas Patris et Filii et Spiritus sancti convenientius monstraretur. Non enim hoc dicitur, ut personæ dictum intelligatur, et ut essentialiter diversitas astruatur, sed ne Patris et Filii et Spiritus sancti pluralitas taceatur. Et quamvis tres personas dicimus, et distinctio personæ sit naturæ rationalis substantia individua, non tamen audemus dicere, Patrem et Filium et Spiritum sanctum esse tres naturæ rationalis substantias individuas. Sic enim tres divinas substantias et tres deos videremur asserere. Sicut autem ad unitatem essentiæ confirmandam unum et non tres deos dicimus....... ne personarum pluralitas negari videatur.

Legitur etiam quodam loco, ad earumdem personarum plu alitatem et æqualitatem asserendam,

quod ipsæ coæternæ, sicut sunt et coæquales. Ex cujus locutionis similitudine videtur appellari eas consubstantiales et coomnipotentes ; sed, quia non invenitur his verbis usa auctoritas, non est de illis temere præsumendum. Nam cum Apostolus profanas verborum novitates evitari jubeat, id maxime est observandum, cum de divinitatis essentia et distinctione personarum loquimur, in qua re sine periculo non erratur. Profanas autem novitates appellamus non solum eas quæ hæresim profitentur, sed etiam eas quæ, quamvis sana fide exponi valeant, tamen, quia inusitatæ sunt, contra fidem aliquid novi videntur asserere. Si quando ergo vocum pronuntiationes proponantur incognitæ, et causa novitatis sive ostentationis excogitatæ, melius esse arbitror sensum earum pie ignorare, quam de illis aliquid temere diffinire. Jam satis apparet ex prædictis, qualiter Dei substantialia nomina de singulis sint enuntianda personis.

CAP. VII. *De singulis personis etiam prædicantur, quæ Deo conveniunt ab æterno respectu naturæ, uti et ea, quæ respectu creaturæ Deo temporaliter competunt. Solus Filius carnem assumpsit in tempore. Deus nullo afficitur accidente, sed invariabiliter permanens diversa sortitus est nomina ex rerum varietate, quam fecit.*

Sicut autem nomina substantialia de unaquaque persona enuntiantur singulariter, ita enuntiantur etiam illa, quæ Deo conveniunt ab æterno respectu naturæ, veluti hæc nomina, *præscius, providus,* et similia, quæ ideo conveniunt Deo ab æterno, quia præscivit et providit omnia ab æterno, antequam fierent. Similiter de unaquaque persona singulariter enuntiantur illa nomina, quæ respectu creaturæ competunt Deo temporaliter, velut hæc nomina : *Dominus, creator, miserator;* non enim Deus teste Augustino *De Trinitate,* ante fuit Dominus, quam esset ejus servus ; itaque temporaliter cœpit esse Dominus, quando creatura in tempore facta cœpit ei servire. Similiter Deus cœpit esse Creator in tempore, quando fecit creaturas, non enim creavit eas ab æterno, nec Creatori sunt coæternæ, sicut quidam æstimant occasione horum verborum : *Omnia in ipso vita erant,* quæ sic sunt exponenda : in ipsius præscientia, quæ est vita ex se vivens, et alia vivificans, erant omnia ordinata et cognita, tanquam personaliter existentia. Verum est ergo ex tempore Deum esse Dominum et Creatorem, et cum Pater sit Dominus et Creator, et Filius, similiter et Spiritus sanctus, non tamen tres sunt domini, vel tres creatores, sed sunt unus et idem Dominus et Creator, et tamen de illis pluraliter dicitur : *Ipsi tres mundum creaverunt.* Quod autem pro nominali voce et verbali possint pluraliter designari, manifeste apparet ex supra positis verbis Joannis apostoli dicentis : *Tres sunt, qui testimonium dant in cælo, Pater, Verbum et Spiritus (I Joan.* v).

Hic animadvertendum est, quod solus Filius carnem assumpsit in tempore ; unde illi soli competit incarnatum esse in tempore, quia incarnatus homo

Christus appellatur. Nam, quamvis verum sit, quod fuit semper, sicut ipse nobis insinuat, dicens : *Antequam Abraham fieret, ego sum* (Joan. VIII), tamen hoc nomen ei ex carnis assumptione temporaliter et non ab æterno convenit, quod tali similitudine innotescere potest. De Abraham in extremo die vitæ suæ verum fuit dicere : Iste senex Abraham habitavit in Ur Chaldæorum ; nec tamen conveniebant ipsi illa duo nomina, id est senex et Abraham : quando in Ur habitavit. Itaque illa prædicta nomina de solo Filio enuntiantur, nec videntur esse relativa, cum superiora respectu creaturæ Deo convenientia de singulis dicantur personis, et sint relativa. Potest autem ex supra dictis conjici, Deo aliquid accedere, et Deum esse mutabilem ideo, quod quædam nomina habet ex tempore. Sed sciendum est, quod omnia, quæ Deus fecit, sine labore et motu suo regit, et pro nutu suo variat, puræ et perfectæ simplicitatis et immutabilitatis statum non excedens. Non enim ideo de malis irasci, vel de bonis gaudere dicitur, quod aliquatenus motum iræ, vel gaudii more animi humani patiatur; sed quia tanquam iratus peccatoribus apparet eos puniendo, justus velut gaudens præmia conferendo. Itaque nullo penitus afficitur accidente, sed invariabiliter permanens diversa sortitus est nomina ex rerum varietate, quam fecit.

CAP. VIII. *Quid de singulis in Trinitate personis prædicandum sit quoad prædicata relativa? Licet omnes tres personæ sint unus Deus, et unus Deus sit Trinitas, non tamen ideo triplex appellandus est Deus.*

His prædictis ergo adjungendum videtur esse, quædam alia esse nomina, quæ non de omnibus communiter, sed quædam distincte et relative de quibusdam personis ab æterno sunt enuntiabilia. Nam solus Pater ad Filium relative dicitur Pater gignens, generans, et si quid his simile invenitur. Et hæc nomina de aliis non enuntiantur personis. Nam quod tota Trinitas et unaquæque persona translative Pater quasi Creator et rector universæ creaturæ dicitur, similiter solus Pater ingenitus, qui, quantum ad vocem, nihil aliud esse videtur, quam non genitus. Sed, cum Spiritus sanctus, qui non genitus, tamen non dicatur ingenitus; apparet, quod Pater ingenitus dicitur, ideo, quia nec est genitus, nec est de alio. Non autem substantiale nomen est ingenitus; sed de Patre dicitur per abnegationem relativi, id est geniti, quod Patri non convenit, Filio autem conveniunt hæc nomina alia, *Verbum, Filius, natus, genitus, generatus,* et alia nativitatem significantia. Substantialia quoque genituræ determinatione apposita efficiuntur Filii persona, velut *genitus Deus, sapientia nata;* et his omnibus nominibus Filius ad Patrem relative dicitur. Solet et hoc nomine quandoque Filius *sapientia* sine determinatione posita designari, sicut plerumque fit in Proverbiis Salomonis, et tamen est substantionale trium personarum; nam Pater est sapientia, et Filius est sapientia, et Spiritus sanctus

est sapientia. Hæc autem videntur Spiritus sancti persona esse, id est *Spiritus sanctus, donum, procedens;* quando notat processionem Spiritui sancto convenientem. Etenim Filio convenit quodam diverso modo procedere a Patre, et tamen videtur posse procedendo appellari : propterea *Spiritus, amor, charitas, dilectio,* et similia de Spiritu sancto distincte et relative solent dici, et maxime determinationibus appositis, veluti, dum dicitur charitas Patris, aut Filii. Cum enim sine determinationibus profertur, non solum de Spiritu sancto relative, sed etiam de aliis personis substantialiter possunt enuntiari. Est enim Pater charitas, et Filius charitas et Spiritus sanctus charitas. Conjicitur ex verbis Augustini, quod hæc appellatio, id est *Spiritus sanctus* in communi significatione de singulis dicatur personis. Dixit enim, Spiritum sanctum, quia utriusque Spiritus est, communi utriusque nominatione appellari; uterque enim, id est Pater et Filius, et Spiritus, et sanctus est, et illis superioribus nominibus Spiritus sanctus ad Patrem et Filium relative dicitur. Procedens enim a Patre et Filio dicitur; et quamvis nullum nomen Patris et Filii personæ videatur construi relative cum illo nomine Spiritus sanctus, qui est procedens; sive Spiritus, non minus tamen Spiritui sancto convenit relative dici procedentem sive Spiritum sanctum ; quod exemplo tali clarius esse potest; si nullo nomine dominus ad servum diceretur, non minus tamen relative competeret esse servum. Præterea est unum nomen, id est *Trinitas,* quod de nulla personarum singulatim dicitur. Non enim Pater est Trinitas, vel Filius, vel Spiritus sanctus, sed tres personæ simul, id est Pater, et Filius et Spiritus sanctus sunt Trinitas, et Trinitas est Pater, et Filius, et Spiritus sanctus. Verum est etiam, quod Trinitas, id est tres personæ sunt unus Deus, et unus Deus est Trinitas, id est tres personæ, non tamen ideo triplex appellandus est Deus. Potest autem hoc nomen Trinitas collectim appellari, cum de nulla personarum per se dicatur, sed simul de omnibus, nec est substantiale nomen, sed pluralitatem designat personarum.

CAP. IX. *Mysterium Trinitatis humanæ animæ similitudine declaratur.*

Superius multis auctoritatibus probatum est, unam totius Deitatis esse substantiam, et esse tres personas unius substantiæ. Cujus rei profunditatem, quamvis impossibile humano ingenio ad plenum comprehendere, tamen ipsius divinæ Trinitatis aliquam similitudinem in natura creaturarum, quamvis multum dissimilium, licet qualitercunque investigare, dicente Apostolo : *Invisibilia ejus a creatura mundi per ea, quæ facta sunt, intellecta conspiciuntur* (Rom. 1). Relictis autem ad præsens aliis, inspiciamus naturam animæ rationalis, quam imaginem Dei factam esse Scriptura testatur. Anima igitur substantia est corporea [*leg.* incorporea], et comparatione corporum simplex, nec partibus suis diversa locorum occupans spatia : Quæ, cum sit sui memor, se quandoque considerat, et cognoscit, et cognitam se diligit. Sunt itaque in eadem simplici substantia animæ tria, scilicet *memoria, notitia, amor;* et cum verissime dici potest, memoriam non esse notitiam vel amorem, sed illa tria a se invicem distincta sunt, tamen non sunt illa tres substantiæ, nec sunt aliud, quam anima et ejus substantia. Et in illis tribus attendendum est, quod ex memoria procedat notitia, et amor sive voluntas ex utraque parte. Nec aliquem moveat, quod ex memoria procedere dicatur, cum prius ex notitia memoria procedere videatur; non sicut a notitia provenit memoria, ita secundo per memoriam de scientia in anima procedente excitatur cogitatio, quæ formata, et rei cogitatæ adhærens, notitia, sive mentis verbum appellatur. Ipsa enim mentis conceptio personæ verbum nuncupatur, et de ipsa ad vocem exterius sonantem translatum est verbi vocabulum. Itaque per memoriam excitatur notitia sive verbum, expressam habens similitudinem scientiæ memoriter procedentis, de qua provenit ipsum verbum, et quasi gignitur. Continet enim in se verbum prorsus idem, quod per scientiam memoria sciebatur; unde imago scientiæ potest appellari. Jam vero per memoriam excitata notitia, id est verbo, subjungitur amor, sive voluntas; cum enim ad rem, quam memoriter sciebat anima, cogitando pervenit, vult et amat cognoscere id, quod cogitando reperit. Ad hujusmodi similitudinem animæ, licet a divina natura multum dissimilem pro posse nostro conemur assignare divinam et ineffabilem Trinitatem.

Una est Dei substantia, simplex et incorporea, et unius substantiæ tres subsistentiæ, tres personæ, quarum una non est alia, id est Pater, Filius et Spiritus sanctus, et hi tres nihil aliud sunt quam ipse Deus, et una Dei substantia, velut in eadem substantia animæ tria sunt, id est *memoria, notitia, amor,* quæ tria nihil aliud sunt, quam anima. Sicut autem in substantia animæ procedit a memoria notitia sive verbum, ita a Deo Patre, qui de nullo est, qui est summa sapientia, genitus est ab æterno Filius, id est Verbum certissima cognitione continens quæcunque noscit Pater, et Patris sapientia, et Patris imago non incongrue appellatur, cum Patri sit expresse similis per omnia. Quia vero Pater Filium sibi consubstantialem, et per omnia similem diligit, et Filius amat Patrem, qui eum perfectum et summe beatum de sua substantia genuit, procedit ab utroque amor et benignitas, id est Spiritus sanctus, quemadmodum a memoria et notitia procedit amor sive voluntas. Et cum istæ tres personæ sint ejusdem substantiæ, tamen in tantum distinctæ sunt quod, sicut sola memoria est memoria, et sola notitia est notitia, et solus amor est amor, ita solus Pater Pater est, quia solus Pater genuit Filium; qui solus Filius Filius est, quia solus Filius genitus est; sed Spiritus sanctus,

qui neque genuit, neque genitus est, nec Pater est nec Filius est, sed tantummodo Spiritus sanctus est, et utriusque Spiritus est. Est enim attendendum quod, quamvis verum sit, Patrem genuisse Filium, et Patrem et Filium esse unum Deum, non tamen Deus genuit se ipsum. Non enim divina substantia se ipsam genuit, nec etiam aliam divinam substantiam; sed persona Patris genuit personam Filii : similiter, cum Spiritus sanctus procedat a Patre et Filio, non tamen Deus procedit a se ipso.

CAP. X. *Perfectam summæ Trinitatis cognitionem soli in cœlis beati habebunt.*

Satis de sancta Trinitate, quæ est incomprehensibilis, disseruimus, quantum parvitati nostræ a Deo permissum est eam intueri per speculum in ænigmate, id est per similitudinem rationalis creaturæ, et multum ab ea dissimilem. Si quis autem desiderat, ut sibi demonstretur evidentiori ratione, qualiter in una Dei substantia sine diversitate formarum et substantiarum possit esse personarum pluralitas, hic attendat memoriter, quod ad hujus rei perfectam notitiam nemo, quantumcunque subtilis et exercitatus poterit pervenire, quandiu in hac vita caro inquietabit animam. Nam illa notitia non nisi beatis et jam vita æterna fruentibus convenit, Domino attestante, qui dicit : *Vita æterna cognoscere te Deum unum, et quem misisti Jesum Christum* (Joan. XVII). De hac eadem notitia dicit Dominus ad Moysen : *Non videbit me homo, et vivet* (Exod. XXXIII).

CAP. XI. *Auctoritate et ratione ostenditur, in Deo nullas esse proprietates vel relationes, quæ non sint idem cum Deo, sed aliæ res, quam Dei substantia.*

Post alia videtur inquirendum, utrum in Deo sint aliquæ proprietates, quæ non sint idem cum Deo, sed aliæ res, quam Dei substantia? In quo censemus usum communem Ecclesiæ esse imitandum, et sine hæsitatione omni pronuntiandum, neque quantitatem, nec qualitatem, nec relationem, nec aliquam rem prorsus in Deo esse, quæ ab ejus substantia sit diversa. Non enim Dominus magnus dicitur idcirco, quod in eo sit quantitas, nec justus vel bonus idcirco, quod in eo sit qualitas ab eo diversa; sed, teste Augustino, sine quantitate magnus, sine qualitate bonus intelligitur : et, quamvis in divina substantia tres personæ sint, quarum una non est alia, tamen nullis relationibus sive aliis formis inter se differunt; sed quia Deus Filium sibi consubstantialem genuit, et quia Patre Filium diligente, et Filio Patrem, ab utroque procedit amor sive benignitas, id est Spiritus sanctus, idcirco pluralitas personarum in Deo est; non quia relationibus vel aliquibus rebus a Deo diversis personæ a se distinguantur; et quia nullius rei diversæ admistio in Deo sit, non solum rationibus, sed etiam auctoritatibus comprobatur. Isidorus dicit : « Ideo Deus dicitur simplex, sive non amittendo quod habet, seu quia aliud non est ipse, et aliud, quod in ipso est. » Boetius vero in libro *De Trinitate* eam-

19

dem. simplicitatem Dei affirmans sic dicit : « Quo-circa hæc vere : unus est , in quo nullus est numerus, nullum in eo aliud , præter id quod est. » Et paulo post : « Ergo nulla in eo diversitas, nulla ex diversitate pluralitas, nulla ex accidentibus multitudo. » Augustinus in septimo libro *De Trinitate* multis præmissis subjungit hæc verba : « Et non erit, ibi summa jam simplicitas. Sed absit ! ut ita sit ; quia vere ibi est summe simplex essentia. Hoc ergo est ibi esse , quod sapere. » Et in eodem libro dicit : « Cum conaretur humana inopia loquendo proferre ad hominum sensus , quod in secretario mentis pro captu teneret de Domino Creatore suo, sive per piam fidem, sive per intelligentiam, timuit dicere tres essentias, ne intelligeretur in illa summa æqualitate ulla diversitas. » Et paulo post : « Quibus omnibus non diversitatem intelligi voluit, sed singularitatem noluit. » His auctoritatibus monstratum est , nihil esse in Deo , quod aliud sit ab ipso. Sed idem potest rationibus probari ; si enim , sicut quidam asserunt , in illa summa Trinitate , quæ Deus est, non possit alius esse Pater a Filio et Spiritu sancto , nisi in eis sint relationes quædam , quibus a se differant Pater et Filius , et Spiritus sanctus , liquido apparet, quod nullatenus existere possit illa summa Trinitas, quæ creavit omnia sine admistione et adjutorio rerum a se diversarum. Manifestum est etiam, quod in essentia Dei absque illarum interventu et auxilio non esset summa sufficientia et summa beatitudo, si, tanquam illi asserent, absque illis relationibus non posset Pater generare Filium summe bonum, vel Spiritus sanctus summe bonus posset ab utroque procedere ; jam enim absque illis non posset illa incorporalis pulchritudo Trinitatis existere , sine qua Deus nullo modo esse summe bonus posset. Item si tres relationes in Deo sunt, jam præter Deum sunt tria sine principio , et Deo coæterna, quæ nec Creator, nec creatura sunt , nec substantiæ nec accidentia ; in Deo enim nullum accidens esse potest. Item si tres relationes in Deo sunt, et sunt aliæ res , quam divina substantia, apparet ab æterno non fuisse sanctam Trinitatem, quæ Deus est, sed cum ea quamdam aliam relationum Trinitatem , et ita manifestum est duas esse trinitates in Deo sibi coæternas, scilicet unam, quæ Deus est, et aliam ab ipso diversam. Sed de illa trinitate alia in nullo symbolo, in nulla synodo, in nulla scriptura canonica aliquid propalatum, vel dictum invenitur.

CAP. XII. *Ostenditur, sancti Hieronymi sententiam , adversæ opinioni nulla ratione suffragari, uti nec verba præfationis in missa de SS. Trinitate.*

Nec nos latet , quosdam velle existentiam prædictarum relationum affirmare ex quibusdam verbis, quibus in expositione suæ fidei usus est beatus Hieronymus. Ut autem ex ipsis verbis Hieronymi evidenter appareat , eum aliter sentire , et eos aliter, qui relationes asserunt, ipsa Hieronymi verba apponere curavimus , quæ sunt hujusmodi : « Tota

Deitas sui perfectione est æqualis, ut, exceptis vocabulis quæ proprietatem personarum indicant , quidquid de una persona dicitur, de tribus dignissime posset intelligi , atque (ut) confundentes Arium , unam eamdemque dicimus esse Trinitatis substantiam , et unum in tribus personis fatemur Deum ; ita impietatem Sabellii declinantes , tres personas expressas sub proprietate distinguimus , non ipsum sibi Patrem , ipsum sibi Filium , ipsum sibi Spiritum sanctum esse dicentes; sed aliam Patris , aliam Filii, aliam Spiritus sancti esse personam ; non enim nomina tantummodo, sed etiam nominum proprietates, id est personas , vel ut Græci exprimunt, tres hypostasis, hoc est , subsistentias confitemur. » Hæc sunt verba Hieronymi, quæ quidam male exponentes relationum existentiam conantur asserere, maxime insistentes his verbis prioribus : « Ut, exceptis vocabulis, quæ proprietatem personarum indicant, quidquid de una persona um dicitur, de tribus dignissime possit accipi. » Dicunt autem, nullam aliam proprietatem personarum his verbis significasse Hieronymum, quam earum relationes ab ipsarum personarum diversas essentia. Quem errorem ipse Hieronymus excludere volens , quid in priori parte senserit , in sequenti declaravit , ubi ait : « Non autem nomina tantummodo, sed etiam nominum proprietates , id est personas , vel ut Græci exprimunt, hypostases, hoc est subsistentias confitemur. » Hoc autem dicendo manifeste insinuat nihil aliud (se) appellare proprietatem personarum, quam ipsas personas plures , a se distinctas , nec intelligere aliud esse proprietates nominum, quam ipsas personas a nominibus designatas, cum ipse sensum suum evidenter volens exprimere, ita dicat : « Sed etiam nominum proprietates , id est personas. » Simili modo determinata sunt cujusdam præfationis verba in hunc modum prolata : « Ut in confessione veræ , sempiternæque Deitatis , et in personis proprietas , et in essentia unitas, et in majestate adoretur æqualitas. » Nihil enim aliud in personis proprietas intelligitur, quam earum distinctio , nec aliud est earum distinctio , quam ipsæ personæ, quæ a se distinctæ. Sufficienter dictum esse arbitror contra eos, qui ponunt in Deo relationes, sive alias a Deo proprietates.

CAP. XIII. *Confutatur eorum error, qui soli Patri omnipotentiam, soli Filio sapientiam, soli Spiritui sancto bonitatem tribuendam esse delirant, putantque ac jactant se mysterium sacratissimæ Trinitatis comprehendisse.*

Hoc loco præterire nolui, quorumdam profanas novitates , quorum stultitia per Dei potentiam , et sapientiam et bonitatem existimat discernendas, soli Patri omnipotentiam, soli Filio sapientiam, soli Spiritui sancto bonitatem assignans ; quod homines imperitos, et fere totius veritatis ignaros adinvenisse manifestum est. Quis enim non penitus totius expers veritatis ignorat , Deum Patrem esse sapientem, qui omnia , antequam essent, congruo ordine disposuit? Aut quis negat ipsum esse bonum, qui sola bonitate sua naturas rationales creatas creavit de nihilo, ut suæ benedictionis participes efficeret? Similiter de Filio nullus dubitare debet, quod non sit omnipotens, et bonus, per quem omnia facta sunt, et qui bono Patri consubstantialis est. De Spiritu sancto similiter nemo dubitet, quod non sit omnipotens et sapiens, quia ipse ornavit cœlos (Job xxvi).

Tribus ergo omnipotentia, tribus sapientia, tribus convenit benignitas. Et mirum est, qualiter illi insensati homines contra tot auctoritates in hac veritate concordantes audeant suos errores inducere, quibus contra veritatem fidei catholicæ impune mentiri non sufficit, sed apud vulgus illiteratum nomen suum glorientur per sua figmenta diffamare; insuper addentes se ad plenum cognoscere in unitate divinæ substantiæ esse genituram Filii a Patre, et processionem ab utroque Spiritus sancti. Sed eorum contumax præsumptio evincitur a beato Clemente, qui dicit : « Nec quæratur, quomodo genuit Filium, quod angeli nesciunt, et prophetis est incognitum. Unde illud dictum est : Generationem ejus quis enarrabit (Isai. lii)? quando secretam originem cum proprio Filio novit ipse solus, qui genuit, nec a nobis Deus discutiendus est, sed credendus. » Hoc testimonio sancti Clementis apertissime confuta-

tur istorum stultitia, qui se jactant profundum scientiæ Trinitatis mysterium ad plenum cognoscere. Ergo nulli tanta inesse debet dementia, ut hoc divinæ naturæ secretum incomprehensibile conetur acumine sui ingenii comprehendere, et tanquam comprehensum præsumat aliis jactanter explanare, et econtra nullus adeo sit obstinatus, ut ideo credere nolit, quia ad plenum non intelligit inscrutabilia mysteria sanctæ Trinitatis; sed quicunque dubitare incipit, quia non intelligit, recurrat ad supradictas auctoritates, quæ affirmant, neminem in hac vita de Deo habere perfectam notitiam. Quibus instructus incipiat de Deo credere, quod credidit Petrus. Hujus umbra infirmos sanavit, et alii martyres et confessores, quorum sanctitas non solum in vita, sed et post mortem miraculis incomparabilibus innoluit. Quod si contigerit argumentis dialecticis, quæ juxta solitum naturæ cursum, et usus vocum inventa sunt, vel Judæum vel hæreticum impugnare veritatem catholicam, quæ est de natura divinæ substantiæ, omnia ineffabiliter transcendente, quamvis Catholici nequeant humana ratione refellere, tamen nihilominus in fide, quæ tantis auctoritatibus munita est, constanter permaneat, memoriter recolens, illam fidem non habere meritum, cui humana ratio præbet experimentum.

ANNO DOMINI MCCII

SANCTUS WILHELMUS

ABBAS S. THOMÆ DE PARACLITO

IN DANIA

—

SANCTI WILHELMI ABBATIS VITA

AUCTORE ANONYMO, EJUS DISCIPULO

(Scriptores rerum Danicarum medii ævi, partim hactenus inediti, partim emendatius editi, quos collegit et adornavit Jacobus Langebek, sacr. Reg. Maj. a consiliis status et tabularii sanctioris præfectus; post mortem autem viri beati recognovit, illustravit publicique juris fecit Petrus Fridericus Suhm. Vol. I-VIII, in-fol. — Tom. V (Hauniæ 1786), pag. 458.)

OBSERVATIONES PRÆVIÆ.

Vita hæc exscripta est per B. Langebekium ex magno opere Actorum Sanctorum, t. I mens. Aprilis, p. 625-645, cum adnotationibus non indoctis Henschenii et Papebrochii, qui tamen, ut exteri, in rebus nostris Danicis interdum hallucinantur. Vide in primis not. e, p. 632, ubi putant Eschiloe et Iselflort (sic male scribunt pro Isefiord), idem denotare, nomenque detortum esse ab Eschil, cum tamen Isefiord nostra lingua idem est ac sinus glacialis; Eschilsoe, quæ vox significat Eschilli insulam, autem nomen suum sine dubio traxit ex homine viri Eschil. Doctam sane introductionem hi duumviri vitæ hujus sancti præmiserunt a p. 650 ad 674, cujus summa hæc est : Domum S. Victoris Parisiensis fundatam esse 1129, et primam fuisse in ista urbe regia Canonicorum Regularium S. Augustini ; ex hac domo priorem S. Genovefæ Oddonem anno 1140 exiisse, cujus disciplina informatus sanctus hic Guilielmus ; Wilhelmum mortuum 6 Aprilis et canonizatum per papam Honorium III, anno 1224, xii Kal. Februarii, qui in bulla testatur, se fecisse inquiri de prædicti famuli Dei vita, fama et miraculis per Thomam, quondam archiepiscopum Lundensem, ac per Petrum, Roskildensem episcopum, et abbatem de Ervado (Herivad) Cisterciensis ordinis. Pergunt porro docti hi duumviri : « Eodem, quo expedita est bulla anno (nempe 1224), facta quoque solemnitas est ; peregit eam Petrus Jacobi (Sunonis) filius, episcopus Roskildensis, et sub episcopo Nicolao Stig facta est translatio in Ebelholt anno 1238. Ad calcem codicis Victorini, ex quo hæc vita edita est, inveniuntur orationes breves quædam in honorem S. Wilhelmi, quas Papebrochius Henscheniusque quidem in introductione inseruerunt. Cum autem, duumviris sæpe memoratis scribentibus, dies mortis sancti hujus viri incidit in diem Paschalem, festum ejus translatum est ad xvii Kalendas Julii, ne identidem impediretur eidem decreta annua veneratio. Postea tamen nomen Wilhelmi sic exolevit apud ordinis ejus fratres, ut nec memoratus sit a Canonicis Regularibus in officiis propriis, nec numeratus inter sanctos sui ordinis in Kalendario ante annum 1613 ; sed tunc cura Pennotti, lecta ejus Vita apud Surium, nomen ejus prodiit inter propria ordinis officia, primum Romæ, dein Montibus anno 1625, et deinde Venetiis 1643, atque in aliis postea ditionibus.

Hæc Vita edita est a Surio in Vitis sanctorum, t. II, p. 98, sed juxta sui ipsius testimonium a se locis aliquot in compendium redacta, plerumque etiam phrasi mutata juxta ejus consuetudinem. Auctores autem Actorum Sanctorum hanc postea ediderunt, ut supra dixi, ex codice ms. monasterii S. Victoris Parisiis. Hi doctissimi viri putant auctorem Francum fuisse, et ex eo evincunt, quod Percas Perticas vocat (ex Francica voce Perche sine dubio factas) ; extremis tamen annis cum eo in Dania vixisse ; inde falsas ejus narrationes de S. Wilhelmi actis in Francia fluxisse ; credibile enim est sanctum non loqui solitum de suis laudibus, quas ergo scriptori fuit necesse ab aliis mutuare, qui per tertiam manum traditas retulerunt res quinquaginta annis ante se in aliena terra gestas. Veritatem autem rerum in Francia gestarum cognoscere possumus ex epistolis abbatis Sugerii, (quorum nonnullæ editæ sunt in Martene Thesauro novo Anecdotorum, tomo I, col. 414, etc., ubi tamen nil hanc ad rem pertinens invenitur) apud Duchesnium in Historiæ Francorum Scriptoribus, t. IV, pag. 493-546, editis (1), ubi præsertim p. 506 edocemur mutationem in ecclesia S. Genovefæ non factam esse ad ardentissimas preces San-Victoriani abbatis, verum ad ipsorummet sæcularium Canonicorum postulationem, quarum tamen, ut ex alia ejusdem Sugerii epistola ad papam Eugenium vidimus, nonnulli valde contradicebant. Claudius du Molinet in epistola ad editores Actorum Sanctorum monuit, in Necrologio S. Victoris exstare nomina decem fratrum S. Genovefæ, et inter eos Guillelmi subprioris, qui sine dubio noster Wilhelmus est.

Noster Stephanius in Prolegomenis ad Saxonem, c. 11, p. 10, ait, in bibliotheca Academiæ Hafniensis exstitisse codicem antiquum, et ibi hæc verba reperiri : « Anno Domini 1161 misit Absolon, episcopus Roschildensis, Saxonem, præpositum Roschildensem, Parisios, ad ecclesiam S. Genovefæ, et adduxit fratrem Wilhelmum, cum aliis tribus fratribus, in Daniam. Et factus est abbas S. Wilhelmus in Eschilsio, ubi erant Canonici Regulares, nihil præter nomen et habitum habentes, qui antea habuerant priorem pro prælato. Obiit autem S. Wilhelmus xl anno, postquam curam pastoralem suscepit, et sepultus in monasterio D. Thomæ, in oppidulo Selandiæ Ebbelholt dicto, anno 1202. » Hucusque hoc manuscriptum. Mihi clarum est hanc membranam continuisse Vitam S. Wilhelmi, in nonnullis autem diversam ab illa quam in lucem hic edimus, quod mentio Saxonis evincit. Dicta vero membrana periit in incendio Hafniensi 1728. D. amicus meus Langebekius collegit multa ex Breviariis, etc., uti ex Breviario Roschildensi, et Fasciculo n. 670 in ms. Magnæanis, cui titulus : Historiales lectiones de Sanctis, Breviario Slesvicensi, Missali Hafniensi, quod omne tamen omittere decrevi ob rationes superius allatas. In Bartholinianis tomo I, vel B. exstat privilegium Absalonis tunc Roskildensis episcopi, datum monasterio S. Thomæ de Eschildsoe anno 1171, et ejusdem duæ confirmationes, quas dedit, alteram episcopus, alteram archiepiscopus, pluresque aliæ litteræ confirmationis et gratiis plenæ paparum, regum nostrorum et archiepiscoporum Lundensium, usque ad Christianum II et annum 1517 de monasterio in Ebelholt, ubi etiam, p. 581, occurrit Institutio domini abbatis Wilhelmi super anniversaria die ejus, quomodo sit agenda post obitum ejus, ubi inter alia nos docet, patrem ejus fuisse vocatum Radulfum et matrem Emeliniam. Natalem autem locum non nominat ; invenitur autem in Saussaye Martyrologio Gallicano, p. 193, Lutetiæ Parisiorum. Post obitum fama S. Wilhelmi, inclaruit apud exteros. Sic enim scribitur de eo in Chronico Alberici, part. II, p. 528, « anno 1228, in Dania, S. Guillelmus abbas canonizatus a papa, multa miracula fecit de die in diem ; » et in Annalibus Colmariensibus apud Ursticium, t. II, p. 6 : « Anno 1232. S. Wilhelmus miraculis claruit. »

Apud nos etiam magna semper fuit fama S. Wilhelmi, quare patres nostri magna contentione asseruerunt exstare apud se quasdam sacri ejus corporis reliquias ; uti canonici ecclesiæ D. Mariæ Hafniæ digitum ejus ; minores Hafnienses de tunica, de calceis et de cingulo ejus ; minores Roskildenses articulum digiti, item de calceis, de terra et baculo, de cista et de ossibus ejus, ut docent nos libri reliquiarum postmodum in hoc opere edendi. Non longe a Ringstadio apud Vigersted est in Sialandia adhuc fons, qui vocatur S. Wilhelmi, et ab ægrotis visitatur vigilia S. Joannis Baptistæ. Maximam tamen sui memoriam apud nos reliquit epistolis suis, quæ adhuc exstant, licet nonnullæ perierc, et post vitam hanc locum obtinebunt. Præterea reliquit Genealogiam regum Danorum a Langebekio editam, t. II, p. 154-165, quæ scripta est in gratiam Ingeburgis reginæ, ut monstraret S. Wilhelmus nullam consanguinitatem intercedere inter eam et maritum Philippum Augustum, Franciæ regem, cujus prætextu rex voluit matrimonium dissolvere ; qua in re S. Wilhelmus multos labores et diligentiam magnam præstitit Kanuto VI regi nostro fratrique Ingeburgis.

Quod translatio S. Wilhelmi facta sit 1238 discimus ex Annalibus apud Langebekium, t. IV, p. 24, ex Chronologia, t. II, p. 168, et ex Chronico Sialandiæ, p. 629.

Ad monasterium de Ebelholt quod attinet, quæ supersunt ruinæ ejus monstrant priscis temporibus magnum illud fuisse. Apparent etiam vestigia horti. Hoc epitaphium adhuc ibi servatum est : « Hic sepultus est nobilis vir D. Ako Andreæ miles cum uxore Anna Dorothea, qui ob. Dronningholm ; orate Deum pro illis. 1520, » cum duobus insignibus, et infra « 1511 Virgo Anne Bilds Datter (filia). » Apud Langebekium, tom. IV, pag. 624, in Chronico Sialandiæ exstat ejusmodi epitaphium sancti hujus viri :

(1) Epistolæ Sugerii exstant Patrol. t. CLXXXVI.

Parisiis natus, dictis factisque beatus,
Mundo sublatus, jacet hic Guilielmus humatus.

In diplomatibus invenio sequentes abbates in Ebelholt post Wilhelmum : Riccardum 1218; Wilhelmum 1258; Ascerum 1585; Benedictum Esberni 1405 et 1417; Matthæum 1423; Joannem Andreæ 1435 et 1449; Thomam Budh 1457 et 1464; Jeip Nicolai 1477 et 1498; Claudium Martini 1505 et 1512; Nicolaum Juni 1503, 1512 et 1515. Religione evangelica in his regionibus introducta, monasterium hoc fuit cum aliis sæcularizatum, annoque 1548 possessum ut feudum a Christophoro Thrandi. Demum cum oppido destructum, cum arx Fridericsburgensis ædificaretur. Vide Sperling in Test. Abs. not. 40. Juxta litteras regis Friderici II de die 29 Maii et anno 1561, tunc etiamnum stetit ecclesia de Ebelholt, quæ erit magna et vasta. In libro Datico Lundensi apud Langebekium, t. III, p. 500, vocatur hoc monasterium Sancti Thomæ et Sancti Wilhelmi de Paraclito.

INCIPIT VITA.

CAPUT PRIMUM.

Ad S. Genovefæ sæcularem canonicum dissoluti collegæ persequuntur, Regulares illuc inducuntur.

Beatus Wilhelmus, ex nobili ortus prosapia (1'), venerabili viro Hugoni, abbati S. Germani de Pratis (2), a parentibus suis ad educandum traditus fuit, qui eum ut nepotem suum benigne suscipiens, litteralibus studiis diligenter erudiri fecit. Cumque adhuc infantulus in claustro apud S. Germanum nutriretur, ac primis elementis litterarum informaretur, studiose considerabat, quomodo monachi in claustro sederent, legerent, cantarent et orarent; unde, velut apis prudentissima, florum diversitatem inveniens, munera mellis ab eis suscepit, et in favo cordis sui recondebat. Meditabatur namque tunc mente puerili, quod devotus postea impleret ætate senili. Divina itaque sibi cooperante gratia, multos coævos suos docilitate ingenii præcellens, studio liberalium artium transcendit; atque inter ipsos magistros artium scientia et doctrina conspicuos, famosus habebatur. Igitur abbas Hugo de profectu et honestate morum nepotis sui exsultabat uberius, et gratias Deo agebat; volensque ejus utilitati in posterum esse provisum, ei in subdiaconum promoto præbendam in ecclesia Parisiensi apostolorum Petri et Pauli et B. Genovefæ, in qua tunc sæculares erant canonici, acquisivit. Factus itaque canonicus sæcularis, omnia, quæ ad eum pertinebant, prudenter exsequebatur. Animadvertens etiam, quod in tenera ætate sui educatus monachos in quiete degentes facere cognoverat, accepto libro sæpius in claustro solus sedebat et legebat, et in divina lectione se exercebat.

Quod videntes concanonici sui, indignati sunt vehementer; et ejus bonis moribus invidentes, unde deberent proficere, inde cœperunt deficere. Cogitationes suæ adversus eum erant in malum, inflammatæ a gehenna. Stridebant siquidem dentibus in eum, nec poterant ei quidquam pacifice loqui; *sepulcrum enim patens erat guttur eorum, linguis suis dolose*

agebant, *venenum aspidum sub labiis eorum (Psal.* xiii). Unde convenerunt in unum adversus (Psal. ii) innocentem, dicentes : « Viri fratres, quid faciemus? Ecce homo iste multa contra nos et consuetudines nostras facit : nam contrarius est operibus nostris, monasticam volens super nos inducere vitam. Ad memoriam revocemus, quod ait philosophus (3) :

Principiis obsta : sero medicina paratur,
Cum mala per longas convaluere moras.

Obstemus igitur ejus malis adinventionibus et eas radicitus exstirpemus; nam si dimiserimus eum sic, venient non tantum Romani, sed et summus pontifex et Francorum rex, et tollent nobis locum, nobisque ejectis, viros alterius schematis in tabernaculis nostris regnare facient, et erimus in proverbium omni populo. » Hæc et his similia quasi spiritu prophetiæ inter se alternabant; ignari quod tale quid eis post annos paucos esset venturum.

Ab illo ergo die cogitabant, quomodo eum affligerent, et fraude circumventum a sua canonica citius eliminarent; et rei facti sunt in cogitationibus suis. Unus ergo ex ipsis, qui ei cæteris familiarior esse videbatur (nescitur ex propria deliberatione, an aliorum suggestione) sub quadam dilectionis specie, quam non gestabat in corde, eum convenit secreto, dicens : « O charissime et omni dilectione dignissime, est secretum, quod tibi volo dicere, si tu adjuratus promiseris hoc te nulli manifestaturum, donec opere complevero, quod mente pertracto. » Ad hoc vir Domini respondit, se optime posse habere celatum, quod ille voluit esse secretum. Tunc ille : « Diu est, charissime frater, quod desiderio vitæ cœlestis, vitam istam, quam tenemus, mutare disposui; nam licet vocatur vita, mors tamen potius dicenda est quam vita; quia amatores suos ad æternam perducere cognoscitur mortem. Mundus enim in maligno positus est, et omni immunditia plenus, qua suos indesinenter irretit; unde attendamus quod Dominus in Evangelio ait : *Vigilate, quia nescitis diem neque horam* (*Matth.* xxv). Et iterum :

(1') Natus sub annum 1105, quippe qui anno Christi 1203 ætatis 98 obiit. LANGEBEKIUS.
(2) Hic Hugo factus est abbas 1116, et mortuus

1145.
(3) Ovidius in *Remedio amoris*, v. 91 et 92.

Qui non renuntiaverit omnibus his quæ possidet, non potest meus esse discipulus (Luc. xiv). Et Apostolus : *Hora est jam nos de somno surgere* (Rom. xiii). Surgamus ergo de somno culpæ et ornemus lampades nostras, et cum prudentibus simus vigiles ; ut, veniente patrefamilias, sine repulsa ingrediamur cum eo ad nuptias. »

Cumque ille intente auscultaret verba ipsius, adjecit : « Si fuerimus duo, fovebimur mutuo obsequio. » Cui vir Dei respondit : « Salutaria sunt, quæ perorasti, et sapienti super aurum et lapidem pretiosum desiderabilia. Sed quid faciemus? » At ille : « Si vere caduca et transitoria mundi relinquere voluerimus, nos cum nostris Deo fideliter in religionis habitu offeramus. » Ad hæc ille subridens, ait : « Nondum velle habeo monachari ; sed pro salute animæ meæ et tuæ, si dictis facta compenses, faciam quæ hortaris ; ita tamen, ut quod te prius videro aggressum, tutius ipse sequar. » At ille gaudens, intulit : « Bene dixisti, ita fiat. » Cumque sæpius inter se de contemptu mundi et de suo proposito familiaria sererent colloquia, placuit utrique quantocius adire monasterium monachorum, quod Charitas (4) nuncupatur. Quo cum pervenissent, dator hujus consilii, accito Patre monasterii, causam adventus ipsorum humiliter aperit ; quorum adventu ex voto ille gavisus, charitatis brachiis eos amplectitur, et in hunc modum dat responsum : « Dominus noster ait : *Qui venit ad me non ejiciam foras* (Joan. vi). Huic ego innixus sententiæ, libenter vobis temporalia et spiritualia hujus domus impertiar, et huic sanctæ congregationi vos associare curabo ; si a proposito non defeceritis. » Cui cum grates pro tam dulci responso, et pro eo quod eorum decrevisset acceptare petitionem, retulissent multimodas ; jubet abbas eos in hospitium recipi, et eis necessaria administrari.

Cumque resideret, ille Wilhelmum sic alloquitur : « Jam, Domino favente, bonum opus et saluti animarum nostrarum proficuum inchoavimus ; restat ut, ipso adjuvante, ab incepto nequaquam desistamus. Quam felix es, frater dilecte, quod nullius impedimento temporali subjaces ; sed ab omnibus expeditus, habitum ad præsens cum his sanctis viris potes accipere! Me autem ad modicum oportet domum repedare, ut matri et sorori meæ tutorem providearn ; quia impium et gravissimum esset mihi peccatum, eas sine tutela relinquere ; cum Apostolus dicat : *Si quis suorum curam non habet, maxime fidelium, fidem negavit et est infideli deterior* (I Tim. v.) Tu autem æquo animo esto, et noli ægre ferre ad tempus absentiam meam ; sed quod habes facere, *fac citius* (Joan. xiii). Ego autem, expleto termino induciarum a te mihi creditarum, coram Deo et sanctis ejus me promitto velocius reversurum. » Tunc Wilhelmus, quod Spiritu Dei hæc non agerentur, sed ut eum a

se disjunctum loris vinciret claustralibus, sic respondit : « Maturior ætas te ad præeundum provocat, me autem ætate juniorem non te prævenire, sed magis decet subsequi : hoc etiam in initio admonitionis tuæ me tibi recolo pollicitum fuisse. » Tunc hujus doli inventor, videns fraudis suæ comenta effectu frustrari, longa suspiria ab imo traxit pectore, atque dicebat : « Differamus ergo in aliud tempus. » Et sic a claustro recedentes, per iter quo venerant remeabant, et in se ipsam reciprocata, *mentita est iniquitas sibi* (Psal. xxvi).

Dominus abbas Hugo, semper eodem zelo dilectionis circa profectum nepotis sui inconcusse fervens, eum in gradum diaconi promoveri voluit, quod cognoscentes æmuli sui, dolore cordis intrinsecus tacti, timebant, ne, si ordinaretur in ecclesia sua, ad majorem provolheretur dignitatem. Ideo timori suo solatium excogitantes, episcopum Parisiensem precibus circumvenerunt multimodis, ut cum omnino ad promovendum non susciperet, aut eo tempore sacros ordines facere penitus desisteret. Quorum precibus episcopus victus, et eorum verbis nimium credulus, quia enim in multis accusabant, sacros ordines facere distulit. Sed Deus omnipotens, qui comprehendit astutos in astutia sua, et perdit sapientiam sapientium, et intellectum intelligentium reprobat, quod moliti fuerant contra nepotem suum, abbatem Hugonem minime latere voluit. Unde idem abbas illum cum litteris suis Silvanectensi (5) episcopo ordinandum transmisit ; et quod voluit, idem episcopus devotus implevit.

Adeptus itaque diaconatus officium, domum rediit, nullo canonicorum suorum sciente, quo vel ad quid abierat. Sabbato subsequenti intitulatur ad homiliam legendam, quia vicarium propter eorum importunitatem habere non poterat. Noc autem faciebant, ut ipso non habente qui Leviticum pro eo officium expleret, secundum quod institutio præbendæ suæ exigebat, scandalizaretur ; et ipsi materiam malignandi contra eum haberent. Nocte Dominica, cum septima lectio pronuntiari debuisset, ipse ad eamdem pronuntiandam accessit, et aperto libro, alta voce : *Jube, Domine*, personuit ; erat autem evangelium (*Luc. xi*) : *Erat Jesus ejiciens dæmonium, et illud erat mutum.* Ad cujus jussionis vocem repleti stupore magno et exstasi, in eo quod contigerat illis, obmutuerunt et siluerunt a responso benedictionis ; et quoniam renovatus est dolor eorum, relictis matutinis et choro, exierunt unus post alterum, incipientes a senioribus, et remansit Wilhelmus solus ad pulpitum, et magister Albericus in medio choro, qui erat vir bonus et justus : hic non consenserat consilio et actibus illorum, sed exspectabat regnum Dei.

Mane facto, cum canonici in unum convenissent, et de his quæ facta fuissent ad invicem ruminarent ; superveniens magister Albericus, sic orsus est loqui : « Hoc vere possumus dicere, quia hac nocte

---

(4) In *Actis sanct.* M. Apr., t. I, p. 627, not. C, putatur Charitatis monasterium fuisse in diœcesi Bisontino, quod fundatum est 1133.

(5) Hodie Senlis.

vidimus mirábilia. Et quis non miretur? mirum non est, quod unicus omnipotentis Dei Filius dæmonium, quod erat mutum, ejicere potuit, et loquente muto miratæ sunt turbæ; sed illud mihi magis admirabile quod domino Wilhelmo homiliam pronuntiante: *Erat Jesus ejiciens dæmonium*, ejecti sunt concanonici sui de ecclesia, homines videlicet rationales; et ipso loquente, facti sunt muti; et fratres sui elongaverunt ab eo, et noti quasi alieni recesserunt. › Ipso sermonem finiente, facti sunt persecutores servi Dei in parabolam omnibus, qui hæc audierant.

Beatus autem Wilhelmus, jugi meditatione verbi Dei roboratus, in omnibus se prudenter regebat, ut cum Psalmista posset dicere: *Dominus mihi adjutor est, non timebo, quid faciat mihi homo* (*Psal.* CXVII). Et iterum: *Mihi autem adhærere Deo bonum est, ponere in Domino Deo spem meam* (*Psal.* LXXII). Cumque adjutorio Dei, cujus judicium abyssus multa, et contra cujus examen non est stabile hominis consilium, patientia armatus adversarios suos, in incepta malitia perseverantes, redderet inermes; cujusdam præposituræ dignitate sublimatur. O Christi pietas, omni prosequenda laude! qui famulum suum in tempore beneplaciti sui novit extollere, quem ante tempus filii invidiæ moliebantur opprimere. Concanonici autem sui, turpi marcentes otio, in apparatu regio ederunt et biberunt ad luxuriam, in superbia et in abusione, usque in diem, in qua dominus Eugenius papa intravit Galliam, habens præter ea, quæ extrinsecus erant instantia quotidiana, sollicitudinem omnium Ecclesiarum sibi a Deo commissarum. Hic superbiam eorum confregit, et ad nihilum redegit; nam, illo adveniente Parisius, quod metuebant evenit, et quod verebantur accidit eis (*Job* III): non fortuitu quidem, nec Wilhelmi actum aut præmeditatum consilio; sed divinæ sapientiæ justo cuncta disponente judicio.

Volens itaque dominus papa scire, si floruisset vinea, si flores fructus dedissent, secessit in partes Galliæ: cui Parisius appropinquanti rex Ludovicus et episcopus ejusdem civitatis, cum multitudine clericorum et laicorum, occurrunt; et honorifice susceptum ad ecclesiam B. virginis Mariæ cum magno tripudio perducunt. Post paucos dies placuit ei ecclesiam B. Genovefæ visitare, et ibi divina celebrare, quia apostolica dicebatur. Quo cum pervenisset, pallium sericum ante altare a ministris ecclesiæ deponitur; ubi dominus papa ad orandum prosternitur. Oratione completa vestibulum ingreditur, et ad missam celebrandam sacris vestibus induitur. Interea ministri domini papæ pallium sericum tollunt, affirmantes illud sibi deberi, secundum antiquæ consuetudinis morem. Quod famuli canonicorum indigne ferentes, pallium ab eorum manibus extrahere moliuntur: Romani econtra totis nisibus illud sibi attrahere non desistunt. Quid in his moror? Trahere ad invicem non destiterunt, donec

scisso frustatim pallio pugnis se percuterent, et ministri ecclesiæ servos domini papæ sanguinolentos adhibitis fustibus redderent. Cumque clamor discordantium in ecclesia attolleretur, occurrit rex Ludovicus, eos compescere volens; illi vero, quia *obscuratum erat insipiens cor eorum* (*Rom.* I), regem in decore suo venientem non verebantur, sed eum sicut alios validis ictibus affecerunt.

Cumque hæc agerentur, quidam ex familia domini papæ, scissa veste et facie unguibus exarata, domini sui advoluti pedibus, lacrymabiliter ei injurias suas proponunt, dicentes: ‹ Ecce quomodo honorantur, quos dominus papa vult honorari. Talene nobis debetur præmium, qui reliquimus Romam et nostra, et secuti sumus te? Habeat jam Roma pudorem: nusquam fuimus sine honore nisi in ecclesia ista, in qua acciderunt nobis mala, quæ non merebamur; unde: *Opprobrium facti sumus vicinis nostris, subsannatio et derisio his qui in circuitu nostro sunt* (*Psal.* LXXVIII); sed, si quid potes, *aufer opprobrium nostrum* (*Isa.* IV). › Cum autem apostolicus cuncta cognovisset, quæ facta fuissent, nimia exacerbatus indignatione, respondit: ‹ *Mihi vindicta et ego retribuam* (*Rom.* XII). › Et accersito domino rege Ludovico, sic fatur: ‹ Ego ob reverentiam apostolorum Petri et Pauli et B. Genovefæ, huc accessi divina tractare mysteria: et canonici hujus ecclesiæ, maligni et insipientes, timorem Domini abjicientes, famulos meos, ut me ad iracundiam provocarent, pugnis et flagellis cecicerunt. Sed ne diu glorientur in malitia sua, tu, qui causa ecclesiæ hujus tueris, mihi de prædictis transgressoribus justitiam exhibere ne moreris. › Rex autem domino papæ, a se justitiam quærenti, ait: ‹ Pater sancte, cui querelas injuriæ mihi illatæ exponam, aut quis mihi justitiam faciet? nam ego ut vestri, dum eos disjungere conarer; graves ictus furentium sustinui. Sed cum tibi a Domino ligandi atque solvendi justo judicio collata est potestas, ecce in manu tua sunt; redde retributionem eorum ipsis. › His dictis, simul ab loco illo recesserunt.

Cum autem simul pergerent, iterum ortus est sermo inter illos, quomodo superbiam illorum canonicorum destruerent, et vineam illam aliis agricolis locarent, qui redderent fructum ejus temporibus suis. Nec tamen cuiquam eorum violentiam inferre voluerunt, ut præbenda sua privarentur, priusquam Deus tolleret eos de medio, quia multi ex eis nobiles et scientes exstiterunt; sed ut injuriam eis illatam, sine peccato, per viros religiosos vindicarent, eis ecclesiam B. Genovefæ committendo. Decreverunt ergo Nigros monachos ibidem esse constituendos; sed hoc eos maxime angebat, quod ad eorum emolumentum, præter unam præbendam, quæ tunc forte vacabat, non habebant. Abbas itaque S. Victoris, comperto eorum consilio de mutatione ordinis, dominum papam et regem Ludovicum precibus circumvenit affectuosis, ut ordo S. Augustini in ecclesia, ad honorem Dei et apostolorum Petri et Pauli et B. Genovefæ virginis, chorum patrocinio institueretur : multis asserens assertionibus, quod facilius ex contumacibus illis ad regularem vitam ipsorum, quam ad habitum et consuetudinem monachorum converterentur.

Apostolicus autem et rex Ludovicus, cognoscentes bonam famam ipsius abbatis et suorum fratrum, et religionem ipsam per omnes vicinos eorum extolli et domum S. Victoris magnæ charitatis odore redolere; petitioni abbatis, justo desiderio flagrantis, gratum præbuerunt assensum. Electus est die postero in abbatem Odo prior, homo sanctæ conversationis ac totius prudentiæ, et religionis indefessus amator : missique sunt cum eo duodecim canonici, viri honesti et bonæ famæ ad ecclesiam B. Genovefæ, sicut ipsius virginis decebat puritatem : sicque ordo B. Augustini in ecclesia B. Genovefæ, privilegio domini papæ Eugenii ac Christianissimi regis Ludovici, immutabiliter confirmatus, usque in hodiernum diem ibidem conservatur. Ecce ut in principio commemoratum est, canonici priores, Caiphæ prophetiam habentes, locum suum perdiderunt, et datus est locus ille genti alienæ, genti videlicet religiosæ, vineam Domini religiose excolenti.

CAPUT II.

S. Wilhelmus, e sæculari regularis canonicus factus, magni zeli exempla præbet.

Cum hæc agerentur, Wilhelmus in præposituram suam secesserat, de rebus domesticis cum amicis suis tractans et disponens, die sequenti, cum ad mensam suam diversis ferculis oneratam cum suis discubuisset, ecce quidam subito intravit, qui eum sic allocutus est : « Salutat vos dominus abbas Odo de B. Genovefa, et litteras istas vobis transmittit. » Ille ultra quam credi potest admirans salutantis verba, ait : « Quis est ille abbas, vel quando fuit abbas in ecclesia B. Genovefæ ? » Cui nuntius : « Odo, prior de S. Victore, ipse est abbas in ecclesia B. Genovefæ, heri a summo pontifice et domino rege ibidem constitutus. » Ad hæc Guilhelmus : « In somnis hæc audio ? An vera mihi refers ? » — « Vera sunt, » inquit. Tunc discutiens seriem litterarum, vidit sibi mandatum ab abbate Odone, ut capitulum suum quantocius adire non supersederet. Surrexit itaque refectionis curam postponens, et valedicens omnibus, ait : « Vadam et videbo, si est hæc mutatio dexteræ Excelsi. » Cumque claustrum B. Genovefæ intrasset, vidit ibi viros schemate religionis adornatos. Credidit ergo sermoni, quem dixerat illi nuntius ; sed tamen vehementer intra se hæsitabat, cur hoc evenisset, aut quæ causa fuerit hujus mutationis. Nuntiatur protinus abbati adventus domini Wilhelmi ; cui festinanter occurrit, et in osculo pacis susceptum devotissime amplectitur.

Cumque residerent, ac inter se miscerent colloquia alterna ; adventus sui suorumque modum, et cætera quæ illis evenerant diebus, abbas pandit Wilhelmo ; quibus relatis, cœpit eum de contemptu mundi admonere, dicens : « Fili, si dives esse cupis, veras divitias require ; si gloriam dignitatis diligis, in illa superna angelorum curia ascribi festina. Animadverte quod Dominus in Evangelio ait : *Qui amat patrem aut matrem et agros aut domos et cætera plus quam me, non est me dignus* (Matth. x). Et iterum : *Beati pauperes spiritu, quoniam vestrum est regnum Dei ; beati qui nunc esuritis, quoniam saturabimini* (Matth. v). Et B. Joannes Evangelista ait : *Nolite diligere mundum, neque ea, quæ in mundo sunt ; quia si quis diligit mundum, non est charitas Patris in eo* (I Joan. ii). Huic bene concordat B. Jacobus apostolus, dicens : *Quicunque voluerit amicus esse hujus sæculi, inimicus Dei constituitur* (Jac. iv). Ne tardes ergo converti ad Dominum, et ne differas de die in diem ; ne subito veniat ira Dei super te, et in tempore vindictæ disperdat te. Valde stultus est, qui pro eo, quod parvo tempore luxuriæ deservit, suumque miserum desiderium pravis delectationibus pascit ; et cœlestem perdit amœnitatem, ei æternam incurrit damnationem. Igitur renuntia omnibus, quæ possides, et bajula crucem Christi quotidie ; qui cum esset dives et præpotens, rex cœli et terræ, sponte pauper factus est pro nobis, ut nos divites faceret secum in regno cœlorum. »

Postquam finem his imposuit monitis, apprehensa manu ejus, duxit illum ad vitream fenestram, in qua erat imago Crucifixi depicta. Tunc renovato sermone ait : « Videsne, mi domine, hanc imaginem, et consideras ? » Cui ille : « Video plane et diligenter considero ; nam si hoc mysterium mihi vetus est, per usum est tamen mihi semper novum ; propter eum qui nos reformavit et conformavit corpori claritatis suæ, et renovat hominem nostrum interiorem de die in diem. » Intelligens abbas cor ejus a Spiritu sancto inflammatum, iterum : « Vides quanta amoris dulcedine te sibi alligare cupit et extensis brachiis suscipiendo amplecti, qui pro te se permisit crucifigi ? » Protinus vir Dei, lacrymarum imbre ora perfusus, et propter nimium singultum vix verba valens edere, cum timore respondit : « Utinam scire possim, quod me dignaretur habere servum sibi, et præteritæ iniquitatis et fragilitatis meæ errores dimittere ! » Ad hæc abbas : « Ego fidejussor ero, si sanis monitis obtemperare volueris, quod non solum peccata tua dimittet, verum etiam post vitæ hujus terminum cum sanctis suis æterna coronabit gloria. » Nec mora, Wilhelmus ad pedes corruens (habuit) fidem dictis ; seque et sua Deo benigne commendavit, et sic de hujus mundi naufragio nudus evasit.

Lætatur Christi familia de tanti juvenis conversione, nec minus gaudet ex insperato auxilio tam repente sibi cœlitus transmisso. O bone Jesu, *quam magnificata sunt opera tua !* (Psal. xci), nam *omnia opera nostra*, ut ait propheta, *operatus es in nobis* (Isa. xxvi). Jam expletum esse cernimus, quod te dixisse legimus : *Facilius est camelum per acus* foramen transire quam divitem regnum cælorum intrare (Matth. xix), sed cum homines terrena tantum sapientes interrogarent, quis ergo potest salvus fieri? respondisti : *Quæ apud homines sunt impossibilia, possibilia sunt apud Deum (Luc. xviii).* Ecce, quia hunc ad gratiam prædestinasti, facile de superbo humilem, de divite pauperem facere potuisti. Dicat quisque quod sentit in laude apostolorum Petri et Andreæ germanorum scriptum, quod ad unius jussionis vocem prædicantis Domini, relictis retibus et navi, secuti sunt Redemptorem; iste vero non tantum ad Domini, sed ipsius servi admonitionem : non solum retia et navem, sed prædia et possessiones, domos et familias, divitias et honores, insuper et semetipsum reliquit. Nec hoc idcirco dicimus : ut eum summis æquiparemus apostolis; sed sic approbamus minora opera, ut non vituperemus majorum magnalia.

Suscepto itaque habitu regulari, Wilhelmus appositus est ad cæteros fratres, et adnumeratus est cum illis duodecim; et mutato habitu, mutatus est in virum alterum; atque divina cooperante gratia, quæ sibi eum vas electionis præviderat, proficiebat *de virtute in virtutem,* ut dignus haberetur *videre Deum Deorum in Sion (Psal. lxxxiii).* Erat enim præditus virtute charitatis, humilitate præcipuus, patientia fortis, obedientia tractabilis, et ad cætera genera virtutum promptus. Insistebat lectioni, orationi, divinæ contemplationi; vigiliis, jejuniis artus domabat corporis; et qui solebat in sericis procedere indumentis, post in abjectis vestibus servit pauper pauperibus; divitiarum præteritæ vitæ oblitus, panem furfureum, ut cæteri, edebat, et herbas agrestes in edulium præparatas cum gratiarum sumebat actione; non enim alias delicias duæ præbendæ tantum, in principio ipsis fratribus et familiæ eorum, præbere poterant. Unde fortis athleta Christi, in incepto stabilis religionis atque ordinis, in tantum vehemens æmulator exstitit, quod cum superioris fungeretur officio, nulla patiebatur ordinis instituta transgredi.

His et aliis hujusmodi virtutum studiis cum se indesinenter exerceret, jamque probatus Deo et hominibus existeret; Dominus noster Jesus Christus, juxta illud evangelicum : *Qui diligit me diligetur a Patre meo, et ego diligam eum, et manifestabo ei me ipsum (Joan. xiv);* quadam nocte, cum membra sopori dedisset, apparuit ei in visione in specie pulcherrimi juvenis, vocansque eum proprio nomine ait: «Noveris te ad quamdam insulam mecum profecturum, ubi multa tentationum genera perferes atque molestias; sed his meo adjutorio superatis, deposito carnis onere, *mecum eris in paradiso (Luc. xxiii).* Quid autem vellet sibi talis visio talisque admonitio, nequaquam poterat conjicere, antequam in Daciam; ad insulam, quæ Zelandia est vocabulo, ubi nunc requiescit, vocaretur.

Recursis post hæc non multorum annorum curriculis, abbas Odo, in senectute bona migravit ad Dominum, quo defuncto dominus Garinus, ejusdem monasterii prior, quia vir honestus et litteratus et providus in agendis habebatur, in abbatem eligitur. Postquam autem consecratus et in sede sua erat, confirmatus, habitus est sermo ad fratres in capitulo de priore substituendo. Fuit ibi quidam, cui abbas omnimodis affectabat dare prioratum, annuentibus cunctis et abbati consentientibus; sed resistebat ille frater, dicens : «Justum est, ut in regali abbatia officiales per regem in officiis suis imponantur.» Quod audientes fratres, conturbati vehementer, dixerunt : «Si vis secundum ordinis tenorem prioris suscipere officium, consentimus electioni tuæ; sin autem terminos, quos posuerunt Patres nostri, transgredi tentaveris, nunquam ad illud contingues.» Illo autem in suo proposito persistente, abbas, ut sui incepti compos fieret, fratrem illum secum ad regis palatium duxit; et quia ignota regi erat ordinis institutio, factus est ille prior ab eo in palatio. Optatum itaque reportans effectum, hora refectionis accessit ad cymbalum, et percusso cymbalo convocavit conventum. Fratres hoc videntes, quid facerent, quid dicerent? Loqui non poterant; sed nutibus et signis interiorem cordis amaritudinem demonstrabant. Quia vero justus ut leo confidit (*Prov. xxviii),* Wilhelmus animatus zelo ordinis et amore justitiæ, post ingressum refectorii præsumptorem illum, a nola submovit et subpriorem adhibuit.

Submotus ille cum rubore exivit dedecusque sibi illatum cum magno gemitu abbati exposuit. Conquerentem blande consolatus est, dicens : «Si ista Wilhelmo de S. Germano non reddidero, nunquam abbas ero.» Fratribus in capitulo mane congregatis, proclamatus est Wilhelmus, quod manum priori imposuisset violentam. Negat ille, se unquam priori aliquam intulisse injuriam. Post aliquos vero verborum discursus sic fatur : «Si in his aliquid peccavi, quod ab officio prioris, non priorem, sed ordinis prævaricatorem abegi; præsto sum emendatoriam subire vindictam.» Et veniam sumens, continuo damnatur silentio; et ut singulis septimanis tres dies in pane et aqua jejunans, in terra sine mensali sedeat; ille vero talem sententiam non abhorruit, sed animadvertens, pastoris sententiam esse timendam, justam sive injustam, quod suo capiti injunctum fuerat humiliter sustinuit. Exiit tunc sermo inter fratres, quod discipulus ille injusto damnatur officio; quamobrem quidam dominum apostolicum qui tunc Senonis morabatur (6), cum festinatione adiit, et omnia secundum quod acta fuerant tanto Patri intimavit. Summus pontifex non bene ferens ordinis prævaricationem, et innocentem graviter sententiatum, abbati de S. Genovefa subito mandavit, ut suæ præsentiæ sine mora se exhiberet, et Wilhelmum sui

itineris faceret consortem. Paruit ille mandato, as- A
sumptoque secum Wilhelmo, venit Senonis, assis-
tensque summo pontifici, temeritatis et indiscretionis arguitur, et Wilhelmus a sententia liberatur; et
ne de cætero officiales contra ordinis instituta eligantur vel instituantur, districtissime præcipitur.

Dum medium silentium tenerent omnia, et quæque procella tempestatis in ecclesia illa videretur
sedata; murmur factum est in populo, quod caput
B. Genovefæ de loco sancto suo esset sublatum.
Spiritus hujus blasphemiæ regias tandem perculit
aures; unde ex relatis dominus rex Ludovicus immensa furoris ira exacerbatur, juravit per Sanctum
de Bethlehem, quod, si hoc verum foret, omnes
canonicos flagellis cæsos de ipsa ejiceret ecclesia et
adhibitis custodibus, qui custodiam haberent de
thesauro et reliquiis illius monasterii, litteras ad
archiepiscopum Senonensem et suffraganeos ejus,
ad abbates et priores ejusdem episcopatus misit,
præcipiendo, ut omnes in die ab ipso præfixo, hujus rei veritatem indagaturi, Parisiis convenirent.
Fratres jusjurandum regis percipientes, conturbati
sunt, commoti sunt, tremor apprehendit eos; et
quamvis formidabilis erat eis ira principis, magis
tamen de thesauro præstantiore auro et margarita
pretiosa, quem sibi verebantur ablatum, doluerunt.
Præ cæteris autem anxiatus est spiritus Wilhelmi,
qui omnium reliquiarum capsas et thesaurum ecclesiæ jam dudum in sua susceperat custodia.

Illuxit dies statutus, advenit rex cum suis, adve- C
nerunt pontifices et abbates, advenit etiam multitudo non minima, exitum rei scire cupiens, tandem
nominatis et assignatis, qui cum archiepiscopo et
aliis episcopis ad locum sanctum sanctæ Virginis
ascenderent, voluit Wilhelmus cum eis ascendere,
nec permittebatur. Unde arrepto, nescio magis,
candelabro aut thuribulo, secum ait : « Si mihi non
aliter conceditur, saltem ascendam ut minister ; »
et cœpit ire. Aperto igitur scrinio, ecce caput
B. Genovefæ, Franciæ gemma, cum cæteris membrorum suorum reliquiis, reperitur. Quod cum fidelis famulus ipsius magnus Wilhelmus videret,
conceptum animi gaudium intra se non capiens,
quin illud voce exsultationis eructaret; oblitus illorum, qui majoris erant auctoritatis, Te Deum laudamus audacter inchoavit; ut tota ecclesia in voce
resonaret ipsius, quod inchoatum omnis populus,
qui convenerat ad diem festum, non minori alacri-

tate ad finem decantavit. Quo decantato, archiepiscopus collectam ipsius virginis prose quitur (7).

Qui cum finem imposuisset, episcopus Aurelianensis cum maxima indignatione intonat : « Quis
est iste leccator, qui contra auctoritatem domini
archiepiscopi et aliorum episcoporum, propter caput cujusdam vetulæ, quod hic fraudulenter imposuerunt isti, Te Deum tam temere inchoare præsumpsit? » Wilhelmus ad hæc : « Si quæritis quis
sum, scire vos volo quod calumniose vos intuli-
stis : non sum leccator, sed servus B. Genovefæ;
quod autem præsumptionis me arguitis, non temeraria præsumptio, sed integra sanctæ virginis, quam
semper habui, me facere compulit dilectio. Caput,
quod vidistis, vetulæ fore non abnuo, virginitatis
florem semper retinentis; septuaginta annorum et
eo amplius B. Genovefa exstitit, virgo semper
munda et immaculata, donec cœlo redderet animam, et terræ corporis materiam. Sed ne quis scrupulus dubietatis de hoc capite cordibus vestris inhæreat, facite clibanum vehementer igniri; et ego
assumpto capite, ad declaranda beatæ virginis merita, ignitum intrabo securus. » Ad hæc episcopus
subsannans respondit : « Ego quidem in cuppam
aquæ calidæ cum eo non intrarem, et tu in clibanum ardentem intrares? » Archiepiscopus vero,
verbositatem episcopi ultra non ferens superstitio-
sam, innuit ei, ut taceret et devoti fratris fidem et
sinceram erga sanctam virginem devotionem approbavit; stultiloquium vero, quod episcopus contra
beatam virginem polluto ore intulerat, inultum nequaquam esse potuit; quoniam perdet Deus omnes,
qui loquuntur mendacium (Psal. v); unde postea
multis irretitus criminibus, a sede sua ejectus, vitam indignam digna morte miserabiliter finivit (8).

CAPUT III.

*In Daniam accersitus Wilhelmus, fit abbas Roschil-
densis, et multa adversa fortiter sustinet.*

Anno ab Incarnatione Domini millesimo centesimo sexagesimo primo (9), regnabat in Dacia
Waldemarus rex, filius Canuti regis et martyris;
qui Slavos a finibus regni sui abegit, quos sæpius
invadere solebant, captivos ducentes viros ac mulieres, et omnia, quæ attingere poterant, depræ-
dantes. Filius quippe martyris cum esset, ipsius
interventu in cunctis bellorum certaminibus, quæ
contra Slavos, qui tunc pagani erant, gessit victor
exstitit gloriosus; unde ostensa eis via salutis æter-
ctorem hic errasse.

(7) Hoc contigit anno 1162, et hac de re etiam
exstat in Actis sanctorum III, Januarii p. 152. Tractatus B. Wilhelmi de revelatione capitis et corporis
B. Genovefæ. Vide Acta sanctorum t. I, Aprilis
p. 624, quam tamen edere non placuit, quia nil
nostrarum rerum continet.

(8) Cum hoc contigit anno 1164 juxta auctores
Actorum sanctorum m. Apr. t. I, p. 630, ex not. E
spatet hoc ex mente scriptoris accidisse episcopo
Manassi, qui sedit ab anno 1146 ad 1185; ast cum
ille in bona pace obiit, prædecessor autem ejus Elias
ab officio motus est 1146, vide Galliam Christianam
t. VIII, col. 1450-1455, manifestum inde est au-

(9) Henschenius et Papebrochius Act. SS. Aprilis t. I, p. 624, vero similiter putant, S. Wilhelmum
non anno 1161 sed potius 1171 accersitum esse in
Daniam, unde hic legi debet : Millesimo centesimo
septuagesimo primo. Langeb. [Ego quidem cum Bartholino in H. Eccl. Daniæ mss. ad annum 1165
credo, eum 1165 in Daniam venisse; ipse enim
anno 1201 scribit se tunc 36 annis in Dania vixisse,
et anno 1164 adhuc fuit in Francia, ut ex monumentis apud Papebrochium Act. SS. Aprilis t. I,
p. 624 constat.]

næ, illós colla jugo Christi submittere coegit. Erat vir iste sapiens et discretus, potens in opere et sermone, et omni populo acceptus. Eodem tempore adornabat sacerdotium in Roschildensi ecclesia episcopus Absalon, homo magni consilii, clericorum decus, mœrentium et afflictorum consolator, omniumque religiosorum pius amator, totiusque populi modestus gubernator; advenarum et pauperum clemens sustentator, Slavorum maximus persecutor, ornamentum fidei, sobrietatis exemplum, forma pudicitiæ, nobilitatis et probitatis insigne speculum, lucerna refulgens in templo Dei, et ipsius fortis columna et immobilis.

In hujus diœcesi erat cœnobium canonicorum, in insula quæ Eschil (10) dicitur, haud longe distans a pago Roschildensi, mari undique circumdata. Hic locus, virentibus pratis ac diversis nemorum arboribus decoratus, commanentibus in eo delectabilis erat atque gratiosus, rarus tamen tunc temporis illic erat numerus fratrum commorantium, qui frustra Regulares dicebantur, quia nullius religionis disciplinis adornabantur. Regulares quomodo dicerentur, qui nulli censuræ regulari caput submittebant? Claustrales quomodo essent, qui claustrali clausura carebant? Instituta ordinis scripta habebant, sed nihil eorum observabant. In summis festivitatibus anni sæculares, qui eis erant familiares, cum mulieribus suis domum eorum frequentabant, cum ipsis festa celebraturi, in domo refectorii cum viris et mulieribus epulabantur, et inebriabantur, ducebantque choreas. Taliter domus in eorum actibus confundebatur, atque substantia illius dilapidabatur. Heu! quid tunc fiebat de divino servitio, cum plus noctis potationi quam psalmodiæ et divinæ contemplationi impenderent? Quis tunc digne intercessor fieret ad Deum pro populo? in matutinali synaxi potu æstuantes nimio, potius eos dormire libebat quam cantare. Sic impudenter viventes, omnium religiosorum auribus detestandam infamiam infuderunt.

Venerabilis igitur Roschildensis episcopus Absalon videns et considerans vitam eorum ab omni re religione discrepare, tactus dolore intrinsecus detestabatur animas talium virorum, diabolica fraude obtenebratas, atque ad fluxum sæculi nimis inclinatas; unde sæpius mente tacita revolvebat, quomodo illi ecclesiæ consuleret, ordinis et religionis formam annuente Domino in melius immutaturus. Reminiscitur tandem familiaritatis et amicitiæ, quam cum Wilhelmo, viro religioso, olim pepigerat, cum Parisiis studendi gratia moraretur; attendensque eum virum honestum, virum utique providum et discretum, et sanctis moribus adornatum, complacuit in illo animæ suæ, ut ei accito daret locum supra memoratum. Misso itaque nuntio, videlicet Saxone præposito, viro honesto, ad ecclesiam B. Genovefæ, virum sæpius nominatum, scilicet

dominum Wilhelmum, cum aliis tribus fratribus, instanter et obnixe suis litteris sibi deposcit delegari; aptum apud se religioni ipsorum locum esse, quem ad honorem Dei et ad excellentiam ordinis S. Augustini, eisdem fratribus se pollicetur collaturum.

Abbas considerans petitionem tanti præsulis justam esse et honestam, consentiente capitulo, adjudicavit fieri postulationem ipsius. Missus est ergo Fr. Wilhelmus, tribus aliis secum assumptis, cum præposito Saxone in Daciam; qui prospero itinere pergentes, post assumptionem B. Mariæ Zelandiam intraverunt, et die tertia Ringstadium pervenerunt, quod B. Canuti martyris illustratur meritis, cujus vita gloriosa justitiæ plurimum luce refulsit. Voluntas Dei erat, ut ibi eis occurreret quod volebant, regis videlicet Waldemari et pontificis Absalonis præsentia. Hi in adventu illorum fratrum lætati, lætis amplexi sunt brachiis, et ad osculum pacis susceperunt, et cum adventu ipsorum aliquantulum blando sermone congratulati fuissent, spoponderunt, quod eos foverent ut filios, diligerent ut fratres, consulerent ut amici. Lætati in his quæ dicta sunt eis, cum gaudio regrediuntur ad suum hospitium. Tribus diebus ibidem peractis, transierunt Roschildis; quorum vestigia quidam ex familia episcopi secuti sunt, qui ibidem eos procurarent: sic enim expediebat honestæ consuetudini terræ et probitati illius qui eos vocaverat.

Aliquantis diebus in civitate expletis, ad insulam Eschilli navigio applicuerunt; ubi sex nomine tenus canonicorum invenerunt; quorum vultus, exsangues ex eorum adventu facti, expalluerunt, et sermo in ore eorum exaruit, quia malæ consuetudini eorum videbant jam imminere dispendium. Unde ad injuriam supervenientium fratrum, ea nocte post cœnam conventicula facientes, domini pontificis decreverunt adire præsentiam, ut ei quod acciderat, velut ignoranti, intimarent, et ab eo compassionis extorquerent affectum, ne gentem perderent et locum. Verum dominus episcopus; rei seriem jamdudum prænoscens, et eorum malitiam reprehendens, dissimulavit audita; ne forte, dum illuc venire moraretur, substantia domus magis quam prius destrueretur. Præfixit tamen eis diem, in qua suam exhiberet præsentiam, et velut ignarus, adventus fratrum supervenientium diligenter inquireret causam. Igitur proxima die post festum B. Bartholomæi, sicut promiserat, advenit, et habito cum eis sermone de pastore sibi constituendo, Fr. Wilhelmus in abbatem eligitur; et in abbatis sede collocatur; cum tamen prius non abbatem, sed præpositum et priorem habere soliti fuissent. Ipso die duo ex prioribus canonicis abeundi retrorsum licentiam acceperunt et obtinuerunt, domino episcopo judicante eos debere dimitti, ne malignantibus eis tumultus fieret in populo; quatuor remanserunt, valde senes et ad

---

(10) Eskilsoe, quæ nunc pertinet ad Selso, nobilem sedem familiæ de Pless.

omne opus fere inutiles. Unus ex eis qui prioris habebat officium, vir erat honestus et in diebus suis inventus est justus; unde incepit existere unus ex eis, et regulari instructus tramite vitam priorem meliori fine terminare.

Igitur postquam dominus abbas Wilhelmus curam domus suscepisset, voluit dominus episcopus, rogatu ejusdem abbatis, scire, quæ et quanta esset illius domus substantia, et quid in cibariis habeatur: vidensque promptuaria eorum fere esse vacua, sex caseis tantum repertis et perna et dimidia, cognovit quia comederant Jacob et locum ejus desolaverant. Repletus ergo bono pudore et admiratione episcopus, cœpit confortare animos fratrum, et ipsius abbatis, sicque jussit dari eis quinque libras denariorum ad necessaria victualium comparanda, promittens eis in posterum sufficientis expensæ subsidia. Transacto aliquanto temporis spatio, fratres qui cum abbate venerant, paupertatem insolitam non ferentes, et frigoris nimiam sævitiam abhorrentes, ab episcopo repatriandi licentiam acceperunt. Quod factum dominum episcopum valde commovit, sed violentiam nulli inferri voluit.

Abbas vero non bene ferens discessum suorum, quem terrebant mores alienæ terræ et idioma ignotum, eamdem, quam ipsi ab episcopo acceperant, licentiam ipse postulavit; asserens supra vires suas opus esse, ad quod fuerat evocatus; securiusque sibi fore liberum cum aliis habere regressum. Ad hæc verba abbatis concidit vultus episcopi et animus; tandem tamen in hunc prorupit sermonem: « Desiderio desideravimus adventum vestrum ad ecclesiæ istius profectum; sed, ut perpendimus prosperis illius successibus et incrementis plurimum invidet inimicus; pavet enim nimium, quod jus amissurus sit antiquum, quod hactenus possederat per enormitates locum illum inhabitantium. Sed si animi vestri propositum Domini propensiori concilio mutare vellet, magno pietatis affectu rogaremus, ne susceptum semel regiminis officium conaremini deserere. Non vobis sit formidini solum hoc opus aggredi; quia non in hominis potestate victoria belli consistit, sed de cœlo est fortitudo; et ita salvat Dominus in paucis, ut in multis. Quod credebatis fratrum vestrorum impleri auxilio, potens est Dominus nostri solius explere obsequio. » His aliisque venerabilis episcopi monitis, sale sapientiæ conditis, abbas roboratus, et intra se memorans quod Dominus per Jeremiam prophetam loquitur: *Maledictus homo qui confidit in homine, et ponit carnem ante brachium suum, et a Domino recedit cor ejus* (Jer. XVII); immutato animi sui proposito, acquievit remanere, ut videret finem.

Eodem anno egressa est sententia a Domino, et ecce facta est fames in terra, deficiente annona; et animalia fere omnia mortua sunt, oves videlicet et vaccæ: ideoque nec butyrum nec casetos, nisi paucos, fratres residui poterant habere ad manducandum. Unde in seditionem conversi, non judicio divino cuncta

examinabant, sed abbati suo totum pondus suæ adversitatis ascribebant, dicentes: Væ nobis! cur in diebus nostris huc advenit homo pannosus, vilis homuncio; qui nil bibens, nil manducans, sed meliora quæque domus in argento et auro commutans, et in loculis suis reponens, nos inedia ciborum torquet, pro cibis folia arborum et herbas agrestes subministrans. Hoc seminarium mendacii ab eis pullicatum per aures plurimorum discurrebat; et quia pravæ mentes hominum pronæ semper sunt ad detrahendum bonis, apud malevolos offuscabatur veritas. Vir autem Domini objectis non movebatur, sed omnia patienter sustinuit, factus tanquam homo non audiens, et non habens in ore suo redargutiones.

Quadam nocte, dum fratres se sopori dedissent, adfuit inter eos Satan; et lumen, quod more solito lucebat in medio dormitorii, subvertit; et juxta lectum abbatis, ubi straminum erat magna congeries, ad comburendum abbatem deposuit. Verum militem suum in hoc agone non deseruit cœleste præsidium; nam stramina in circuitu ad modum coronæ comburebantur, et straminibus asser suppositus adustionem sustinuit; abbatis vero lectum omnino non tetigit incendium. Rumor hujus facti ad aures pervenit episcopi, qui post dies non multos declinavit ad claustrum, et quod dicebatur, veritati comprobavit consonum.

Postera nocte, dolens antiquus hostis, quod artibus suis defuisset effectus, ad aliud se convertit genus tentandi. Nam ad lectum cujusdam fratris dormientis accessit, et ait: « Noveris me dominum hujus loci fuisse, omnibus potatoribus atque scortatoribus prælatum existere; sed in abbatis vestri adventu vim patior, quod ei non cedet in bonum. Cumque frater, quis esset inquireret, et quo nomine censeretur; Salmanasar se confessus est appellari, et Babyloniorum regem ab antiquis temporibus fuisse. » Et addidit: « Consule abbati, ut ab inceptis desistat, nec abbatibus debitam ab episcopo benedictionem accipiat; hic enim me invito claustrum permanere non poterit. » Cui frater respondit: « Quod mihi suggeris faciendum, ei tu suggere; nunquid et tu ejus notitiam non habes? » — « Habeo, inquit, sed minus modo quam prius; unde nuntia ei quæ jussi, hoc interposito ei insignio, quod in crypta B. Genovefæ Parisiensis septem Psalmos cum Litania clerico cuidam propria manu conscripsi; refer etiam quod altera nocte pro injuria mihi illata eum comburere volui, sed meo frustratus sum desiderio, quia fortior me supervenit: nec obtinere potui, ut quod volebam mandaretur effectui. » Mane facto, frater quæ audiebat abbati intimavit; ille vero audita parvipendens, suggestioni diaboli nullam habens memoriam. Post modicum tempus famulus Thoconis præpositi, a Parisiensi civitate reversus in Daciam, abbatem Wilhelmum aggreditur his verbis: « Salutat vos dominus meus, et se vestræ totum commendans,

amicitiæ, rogat affectuose, ut pro eo dominum epi- A
scopum deprecemini, ut sibi studio vacanti con-
suetæ largitatis manum porrigat auxiliarem : et hoc
signum vobis quod miserit me, quod ei Parisius
septem Psalmos cum Litania scripseritis. › Abbas
admiratus relata, verum recolit quod diabolus fratri
per somnium insinuavit, videlicet septem Psalmos
se scripsisse præposito Thoconi.

Alio quoque tempore abbas Wilhelmus, comitatus
Thrumone sacerdote, viro utique litterato et dis-
creto, hospitandi gratia ad villam, quæ Thorstan-
thorp (11) dicitur, declinavit, ubi dum nox in suo
cursu medium iter haberet, antiquus hostis fremens adversus sanctum Dei, nova irritamenta suæ
nequitiæ adinvenit, præferens habitum sanctitatis, B
sub specie antiquissimi ac turpissimi monachi :
accedensque ad lectum abbatis, prius salutiferæ
crucis signo munitum, laborabat quiescentem in eo
libidinis fomitem obsceno opere irritare. Sed ille,
licet somno oculos dederat, mente tamen vigilans,
adversario dixit : ‹ Vade retro, spurcissime omnium,
in me per Dei gratiam tui desiderii nullum consequeris effectum. › Diabolus hæc audiens, acrioris
sævitiæ stimulis agitatur ; et accedens propius,
nebulam fetoris ori abbatis inspirat ; et peccata,
dudum confessione abolita et multarum lacrymarum
imbre diluta, nefando ore retexit. Abbas autem,
dum in somno tam graviter ab ipso fatigaretur,
valido impulsu pedis aliquantum elevati hostem a se
rejecit. Qui videns se a viro Dei delusum, ut leo C
crudelissimus cœpit sævire ; atque ad lectum Tru-
monis sacerdotis, in altera parte jacentis atque
vigilantis, gressus dirigere, laterique ejus fortissimum ictum illidere, ita ut videretur sacerdoti,
quod aliquas de costis sibi fregisset.

Mane dum aurora finem daret nocti, decantatis
laudibus Dei, quia tempus erat frigidum, uterque,
scilicet abbas et sacerdos, se in calefactorium recepit. Quibus ibidem residentibus, sic allocutus est
sacerdos abbatem : ‹ O mi domine abba, custodiat
te et adjuvet omnipotens Deus. › Et respondit
abbas : ‹ Amen. › Cumque sic bis vel ter dixisset,
ad quid hoc toties repeteret, abbas inquisivit. Cui
ille : ‹ Scio quod multos tentationis aculeos es passus, pluresque eris passurus ; sed ex his omnibus
liberet te Deus. Vidi hac nocte quantam molestiam
a Satana sustinuisti et quomodo ori tuo nebulam
fetoris infundebat pessimi, et audivi quanta tibi
inferebat convitia et opprobria ; cumque a te discederet confusus, irruit in me vehementer, percusso-
que latere meo, ut reor, aliquam ex costis mihi
fregit. Ideo tibi eidem inimico viriliter arbitror
esse resistendum, ne, si te victo triumphaverit,
mittat te in gehennam. Ad hanc vocem cœpit abbas
tædere et pavere, revocans ad memoriam vexationes
adversarii, quas nocte præterita sustinuerat.

CAPUT IV.

S. Wilhelmi virtutes, et quædam viventis miracula.

Furens adhuc hostis antiquus, quod tentationes
suas adversus christum Domini nullus sequeretur
effectus, disposuit per satellites suos efficere, quod
per se nequiverat implere : unde inspiravit cordibus
fratrum quorumdam, ut hominem Dei variis contumeliis afficerent, et multis injuriis lacesserent, et
sic cum dedecore ad proprios lares cogerent repedare. Ipse autem a verbis impiorum non timuit,
quia firmatus erat supra firmam petram : frequenter
enim secum commemorabat illud Apostolicum :
Tribulatio patientiam operatur, patientia probatio-
nem, probatio spem ; spes autem non confundit
(*Rom*. v). Cumque in talibus filii degeneres pro-
cessum non haberent, consilium fecerunt in unum,
ut eum morti traderent ; aliquando enim eum sacco
impositum in mari demergere disponebant, aliquando eum telis confodere, et aliquando Slavis
vendere ; sæpius cerebro ipsius securibus compactis
exstinguere moliebantur ; sed Deus, cujus providentia in sui dispositione non fallitur, dissipavit
consilia eorum, et dilecto suo dedit cum tentatione
proventum.

Sed cur hoc facere attentabant ? Quia cum Deo
erat spiritus ejus, in rigore ordinis tenendo, et in
omni religionis observantia, nec patiebatur eos per
abrupta vitiorum discurrere ; erat enim sanctæ
religionis indeficiens imitator, ordinis ac sanctæ
institutionis admirabilis conservator, vitiorum fortis
exstirpator, virtutum verus amator ; quæque honesta et sanctimoniæ plena investigans et docens.
Severus exstitit in correptione, sedulus in correctione, dulcis et humilis in hortatione, modestus in
reddenda ratione ; in sermone verax, in judicio
justus, in commisso fidelis. Infirmorum erat consolator, pauperum ac peregrinorum benignissimus
procurator. Insistebat vigiliis, jejuniis et continuis
orationibus, curam sui gregis infatigabiliter agens,
cumque, ut fidelis servus talentum sibi creditum
lucrifaceret, Domino suo jugiter precibus commendabat. Fratribus nocte quiescentibus, horas matutinales vigiliis anticipabat ; Dominique misericordiam pro eisdem devotis gemitibus exorabat. In
sermonibus suis, quibus fratres ad bene agendum
instruebat, promptus erat ad lacrymas et ad lamenta, in tantum ut auditores suos sæpius ad
pœnitentiam et cordis compunctionem provocaret,
et cunctis liquido constaret divinam illi semper
adesse gratiam. Zelo ordinis animatus aliquando
elatis et superbis rigidus erat, atque transgressores
ordinis emendatoriam subire vindictam cogebat et
ferre sententiam, noverat enim quod pro tot esset
rationem Deo redditurus, quot suo exemplo aut
silentio a semitis justitiæ sineret aberrare. Denique
illos, qui obstinatæ mentis erant, nec ad veniam

---

(11) Sine dubio parochia Thaastrup in præfectura Holbek.

petendam pro suis excessibus inclinabantur, ipse A
eis formam humilitatis ostendens, ab eis veniam
contra regulam suæ dignitatis postulabat.

In persecutionibus, quæ ei a discipulis suis et
aliis inferebantur, constans erat et patiens, et virtute patientiæ omnes vincebat. Virtus pietatis et
misericordiæ in eo tantum abundabat, ut in illum
peccantes, et post peccata ad veniam redeuntes,
cum omni hilaritate et modestia exciperet, et pro
eorum excessibus uberrime fleret, Dominoque pro
eorum conversione gratias referret multimodas.
Charitatem semper sectabatur, invidias et detractiones detestabatur, verbum inhonestum, sive va-
niloquium, sive risus ineptos minime proferebat,
vel ab ore alicujus audire volebat. Sermo ei jugiter erat de pace et concordia, et humilitate et man- B
suetudine, et de honore quo se fratres invicem
prævenire habebant. In orationibus frequens, in
lectionibus assiduus, in devotione exstitit præcipuus. Horis quoque diurnis ac nocturnis, sine magno necessitatis articulo, nunquam abesse volebat.
Circa devotionem in choro, psallentium, ac sacrum
altaris ministerium animus ejus sedulo versabatur,
et devotiores in his tenerrime diligebat. Cilicio
carnem suam usque ad diem mortis domabat,
ipsamque spiritui servire cogebat. Frugalem mensam habere volebat, non propter corporis sui refectionem, cum miræ esset abstinentiæ; sed propter
pauperum et infirmorum refocillationem, quos paterno fovebat affectu. In stratu suo nihil habebat, C
præter laneorum straminibus superpositum, aut
pelles ursorum propter frigus expellendum; quando
magis sæviebat hiems, nisi nimiæ infirmitatis molestia mollioribus eum indulgere membra coegisset:
et sicut modicus erat ei victus, sic et vestitus.

Monasterium S. Thomæ apostoli, in loco qui Para-
clitus vocatur (12), primus construxit et ordinem
S. Augustini in eo transtulit, et transferendo observari instituit ac privilegio domini Alexandri papæ ibidem perpetuo observandum confirmari fecit.
Nunc vero quia in laude viri Dei utcunque a proposito digressi sumus, ad ea, quæ inchoavimus depro-
mere, redeamus. Cuidam dysenterico, in villa quæ
Methelhuse ab indigenis dicitur, per visum revelatum est, ut de cibo abbatis Wilhelmi gustaret et sa- D
naretur a languore suo. Credidit homo ille sermoni,
quem audierat, et misso nuntio citius ad claustrum,
quod voluit, petivit et accepit. Cumque allatos cibos
comedisset, cessante fluxu infirmitatis suæ, statim
per eosdem intus reformari meruit.

Quædam puella, de villa vocabulo Nadweth,
claustro vicina, magnæ infirmitatis tenebatur cruciatu; cumque per tres dies jaceret quasi corpus
exanime, vitalisque calor tantum membris ipsius

inesse videretur; circumsteterunt eam amici ejus
et cognati, lugentes eam tanquam defunctam. Mater
autem puellæ, Brigida nomine, quia multos dies et
noctes duxerat insomnes super eam, faciendo vigilias, quarta die levi corripitur sopore; cumque obdormiret, vidit in somno mulierem, niveas vestes
indutam, lecto ægrotantis assistere, sibique talia
dicere : « Molestaris, mulier, plurimum pro filia
tua. » At illa : « Quid mirum ? triduo enim sustinemus eam, jamjam migraturam, et ecce adhuc
tempus superest. » Respondit altera : « Scito filiam
tuam sanitatem posse recuperare vitæque augmentum sumere, si de cibo vel reliquiis abbatis Wilhelmi de Paraclito gustaverit. » His dictis, disparuit;
mater vero puellæ evigilans, omnia, quæ in somnis
audierat et viderat, cunctis qui aderant exposuit.
Consulunt illi monentis mandato parere, quia prædictus abbas a multis sanctus habebatur, et vere
sic erat, fulgente in eo gratia divina.

Mulier igitur spe bonæ visionis et consolatione
suorum confortata, ad claustrum mobiliore properat gressu, et officialibus, quos extra ambitum claustri invenit, visionem, quam viderat, ex ordine
pandit. Nuntiatur ergo a fratribus abbati mulieris
petitio, et retexitur ejusdem de filiæ suæ remedio
cœlitus manifestata visio. Vir Domini super afflictos
pia semper gestans viscera, tam matri quam filiæ
compatiens, pisces, quos *perticas* (13) vocamus, et sor-
bitium, quod sibi fuerat præparatum, jussit mulieri
in nomine Domini impartiri, ut esset salus et remedium puellæ, in discrimine mortis laboranti.
Gavisa illa de munere, mox domum redit propere,
et quod secum attulit sorbile ocius ori infudit filiæ.
Quod cum tertio factum fuisset, et ad interiora
miro labertur rugitu, revixit puella, et attraxit
spiritum, et post paululum resedit, quæ fuerat quasi
mortua; et cum accessissent ad eam sui, aperiens
os suum, benedixit Deum et dixit : « Jam non moriar, sed vivam, et narrabo opera Domini; confido
enim in Domino, quod precibus et meritis Wilhelmi abbatis reddita sim sanitati. » Qui ad eam convenerant, testimonium perhibebant veritati de
his, et scimus, quia verum est testimonium eorum.

Languebat quidam in villa Anese (14) et desiderabat bibere aquam de fonte, quem abbas fecerat
emundari et firmis clausuris signari; sed quia nullus ad eumdem fontem poterat habere accessum,
nisi ad nutum illius, qui eum servabat clausum,
fecit ille abbati suum intimari desiderium. Accitus
est igitur Fr. Ericus, qui supradicti fontis habebat
custodiam, præceptumque est illi, ut de ipsius aqua
ægroto porrigat poculum. Cumque allatam gustas-
set languidus, mox cognovit quam saluber est gu-

---

(12) Loci nomen nostro sermone est *Ebelbolt* in
parœcia Tierebye et præfectura Fridericoburgensi.
Juxta Pontoppidanum in *Annal.* t. I, p. 443, trans-
locatio facta est 1176.

(13) *Percas* rectius. Pertica autem facta est ex

voce Gallica, *perche.* Nos Dani hos pisces vocamus
Aborre.

(14) Hodie parœcia et pagus Annise præposituræ
Holboe, præfecturæ Cronborg.

stus ejus ; quia non tantum sitim suam exstinxit, sed etiam optatæ salutis gratiam contulit.

Quidam monachus Cisterciensis ordinis, Haquinus nomine, de claustro Esromæ, tanta raucitate obtusi pectoris per multos annos anxiabatur, ut vix a circumstantibus eum discerni poterat, quid diceret. Cumque nullo antidoto potionis vel alterius artis, remedium suæ infirmitatis invenisset, incidit ei bonum consilium, ut ad azylum S. Thomæ de Paraclito declinaret. Venit ergo, et Patrem monasterii adiens, quid pateretur, querulo murmure exposuit, et cœpit eum humiliter rogare, ut ob gratiam recuperandæ sanitatis manum gutturi suo imponeret. Vir autem Domini, ad rogantem aliquantulum jucundatus, præmisso signo crucis, tetigit guttur suum, dicens : « Sanet te Filius Dei. » Et exauditus est pro spa reverentia; nam monachus divinum sibi sensit adesse auxilium ; quia arteriæ anheli pectoris paulatim dilatabantur, et organum vocis diu amissæ de die in diem reformabatur. Reversus igitur ad domum, unde exierat, confirmabat fratres suos, manifestans omnibus, quoniam in Paraclito est senior, qui novit homines curare; affirmans, quoniam hic est Wilhelmus abbas.

Quodam tempore, cum Wilhelmus a curia Romana rediret (15), equus servi sui inter rupes Alpium læsus pedem, iter nullum facere potuit; de quo infortunio animo turbatus, exoravit Altissimum, ut propter merita sanctorum, quorum secum reliquias retulit, sanaretur equus ille. Finita oratione, pedem equi dolore plenum manibus palpavit, palpando dolorem mitigavit : et ex illa hora sanatus est equus ille, inceptum peragens iter.

Quodam die, cum ad negotia domus exiret, equitavit quemdam roncinum (16) ; frater autem, qui cum eo ibat, considerans pulchritudinem equi et dispositionem membrorum ipsius, ait : « Proh dolor ! quod talis equus non ambulat (17). » Cui abbas : « Credisne quod poterit ambulare ? » At ille : « Minime credo, quia senex est, et naturalem mirime immutabit cursum. » Cui iterum abbas : « Modicæ fidei, quid dubitas ? (Matth. xiv;) potens est Deus facere eum ambulare quantum vobis placuerit. » Et hæc dicens, cœpit eum urgere calcaribus. Ille vero soliti cursus oblitus, gressus faciebat planos, bene ambulando, quandiu vir Dei dorso ejus insedit. Frater vero de viso miraculo admiratione plenus, reversus domum narravit fratribus suis, quæ gesta erant in via, quomodo Pater monasterii fecit roncinum ambulare ; et mirati sunt universi.

Quodam tempore lecto ægritudinis incubuit, nimiæ infirmitatis detentus cruciatu ; cumque de spatio suæ vitæ dubitaret, nocte Dominica, graviori infirmitatis agitatus stimulo, invocavit dominam suam B. Genovefam, quam toto mentis desiderio amabat, ut sui memor Dominum pro eo precatura

accederet. Illa devoti servi sui miserta, cum parum obdormiret, apparuit ei, stans a parte pedum lecti, in quo jacebat, et facie jucunda et alloquio dulci consolabatur eum, dicens : « Ne timeas, quoniam bonum Dominum habemus. » Ille ex hilaritate vultus eam agnoscens, cœpit gratias agere venienti, inquirens, quis esset Dominus ille. Cui illa : « Jesus Filius Dei. » Vir autem Domini audiens Filium Dei nominari, quantum sopor sinebat, exsultabat uberius, et post paululum evigilans, et sentiens se sanitati precibus S. Genovefæ virginis restitutum, benedixit Deum, qui non derelinquit sperantes in se (Psal. xxxiii), sed in sanctis suis semper est mirabilis (Psal. lxvii). Multa quidem et alia per eum Dominus operari dignatus est miracula, quæ non sunt scripta in libro hoc, quia vel propter negligentiam oblivioni tradita, in memoria non habentur, vel quia sanctitati ejus detrahentibus incredibilia videbantur. Nunc autem ad gloriosum ejus transitum stylus reflectatur, et quo tempore et qualiter de hoc mundo migravit ad Dominum, brevi sermone referri debet.

CAPUT V.

Felix sancti obitus et signa futuræ gloriæ ejus prægressa ac secuta.

Ante septem annos sui transitus de hoc mundo ad Patrem, nocte quadam, per visum vir quidam decorus aspectu, veneranda canitie, venusta facie, astitit ei et dixit : « Septem dies vives. » Ille de visione sua plurimum sollicitus, sed Spiritu Domini plenus, septem dies incolumis transiens, interpretatus est per septem dies septem hebdomadas, vel septem menses, vel septem annos, quod verius erat, designari, sicut rei exitus comprobavit. Castigans igitur corpus suum et in servitutem redigens (II Cor. xi), quanquam Dominum Deum tota mentis devotione prius dilexerat, ac mandatis ipsius jugi observatione inhæserat, ab illo tamen tempore usque ad finem vitæ suæ, ita carnem suam cum vitiis et concupiscentiis crucifixit (Gal. v), ut anteacta vita, respectu vitæ subsequentis, delicata fuisse crederetur ac voluptuosa. Quis enim eum sine lacrymis maxillas ejus rigantibus orantem vidit ? Cumque in altari divina celebraret, sacrum mysterium offerens Deo, sic inflammabatur, sic lacrymabatur, veluti præsentes Domini in carne aspiceret passiones. Longum est itaque verbis exprimere, quantis vigiliis, jejuniis et orationibus assiduis se ipsum afflixerit, et in holocaustum Domino præparaverit. Adjecit adhuc Dominus famuli sui tentare patientiam, et tanquam aurum in fornace probare, ita corpus ejus ulceribus replevit, ut a planta pedis usque ad verticem non esset in eo sanitas (Isa. i). Ille sciens, quia virtus in infirmitate perficitur, omnia patienter sustinuit, et ait : « Si bona suscepimus de manu Domini, mala autem quare non sustineamus ? »

(15) Anno 1195.
(16) Roncinus est equus vilis.

(17) Id est non gradus vel passus facit; unde nos talem equum vocamus en *Pasganger*, gradarium.

Interea, septem annis mira abstinentia et carnis mortificatione fere transactis, cum Quadragesima a cunctis fidelibus, sacra devotione observanda, adveniret, vir Domini sedula mente meditans novissima sua et agonem sui finis, licet diem et horam suæ resolutionis adhuc ignoraret, terminum tamen, qui, præteriri non poterat appropinquare sciens, quotidie, cum summa cordis contritione et lacrymarum effusione et magna reverentia, sacrificia Domini nostri Jesu Christi celebrabat, ac sacrosancta ipsius corporis et sanguinis participatione se præmuniebat. Quarta feria, quæ Cœnam Domini præcedit, pausante eo in sua camera cum quibusdam fratribus, qui colloquendi gratia ad ipsum convenerant. Conquestus est prior sibi et cæteris fratribus, se nunquam graviorem noctem sustinuisse. Vir autem Domini e converso respondit: « Meliorem ac delectabiliorem noctem nunquam me recolo habuisse, quia vidi Dominum meum Jesum Christum; duo alii cum eo erant et ego tertius, cum quibus ineffabiliter sum delectatus. » Ad hæc prior inquit: « Forte, Pater sancte, Dominus in hac visitatione vos ad se vocare venit, sicut vobis promisit antequam partes Daciæ intraretis. » Ad responsa prioris suspirans, et perfundens fletibus ora, ait: « Fiat mihi secundum verbum tuum (Luc. 1). »

Postera die, quæ Cœna Domini appellatur, ad altare divina celebraturus accedit, et absolutione super discipulos solito more facta, et iisdem de manibus ipsius communicatis, missaque celebrata, Christum in pauperibus suscepturus, cum cæteris fratribus progreditur, et mandatum cum ipsorum magna devotione peragit; quo peracto, ultimam cœnam cum discipulis suis sumpturus ingreditur, Dominicum in hoc imitatus exemplum. O felix cœna, quæ tanti Patris magis est illustrata præsentia, quam deliciis refectionis ditata! Quis verbis queat referre, quam hilaris vultus, quam jucunda facies omnibus a sancto viro est ostensa, qui illi convivio interfuerunt? Jam in vultu ipsius miro modo quoddam futuri gaudii præsagium demonstrabatur, quod ex abundantia lætitiæ, quæ in ipso ultra solitum cernebatur cognosci poterat. Jam divina misericordia locum habitationis suæ, sibi ad cœnandum præparatum intraverat; jam Spiritus sanctus totus interiorem hominem ipsius repleverat, et velut sponsus in thalamo (Psal. XVIII), sic in cubiculo cordis sui requievit; jam demonstrabatur in carne ipsius, oculis corporeis subjecta, quanto exsultationis gaudio anima ejus in Domino Deo suo exsultavit, ob futuræ retributionis glorificationem, quam ei Dominus dare disposuit, sicut cuidam discipulo suo honestæ conversationis viro, nomine Gerardo, ante duodecim annos et eo amplius, per visionem revelare dignatus est.

Quadam nocte prædicto canonico in suo lecto quiescenti, quidam maturus ætate sic intonat: Surge, sequere me. Quem secutus, ad ignota loca deducitur tandem in quamdam planitiem, valde speciosam et floribus amœnam, venientes, domum miræ magnitudinis, marmoreis lapidibus constructam, subeunt. Quanta autem claritas, quanta odoris suavitas, quam mira jucunditas illi domui inerat, lingua videntis exprimere non suffecit: sedes autem in ea locata erat gemmis pretiosis et auro purissimo adornata, et in medio sedis corona aurea posita, lapidibus pretiosissimis decorata, sed adhuc imperfecta; in circuitu autem sedis erant quatuor viri, in albis sedentes; laminas aureas cum lapidibus pretiosis ad perfectionem coronæ componentes. Cumque jam dictus frater, admiratione plenus et veluti in exstasi raptus, ostensa sibi tacitus considerabat, ductor suus affatur eum his verbis: « Scis, cujus est hæc sedes vel corona? » Illo negante se scire, ait: « Hanc sedem abbas vester in tempore suæ conversionis a sæculo ad Dominum promeruit, quando domos et divitias et hujus mundi gloriam pro Christo reliquit, et se ipsum abnegavit, tollens crucem suam sequendo Redemptorem; corona vero cum perfecta fuerit multis tribulationibus et diris persecutionibus, quas pro ordinis observantia viriliter sustinuit et adhuc sustinebit, coronabitur, implebiturque in eo, quod Jacobus apostolus dicit: Beatus vir qui suffert tentationem, quoniam cum probatus fuerit, accipiet coronam vitæ, quam repromisit Deus diligentibus se (Jac. 1). »

Postquam surrexit a cœna voluit lavare pedes discipulorum suorum; sed tactus gravissimo dolore lateris, non est permissus. Residens ergo sic orabat: « Domine Deus, in omnibus et per omnia (Ephes. IV) fiat voluntas tua (Matth. VI), qui es benedictus in sæcula (Rom. IV). Illumina faciem tuam super servum tuum (Psal. CXVIII) et salvum me fac, et non confundas me ab exspectatione mea: ne projicias me in tempore senectutis; cum defecerit virtus mea, ne derelinquas me (Psal. LXX). » Perseverante itaque infirmitate et magis ingravescente, cubatum deducitur; residuum diei et medietatem noctis subsequentis cum magno cruciatu sufferens. Postea, quia in eo gratia divina vacua non fuit, dolor ille sedatur, et leni febre corripitur; cumque viribus corporis cœpisset destitui, in vigilia Paschæ, fratres, qui ad eum visitandi gratia convenerant, rogaverunt eum, ut sibi provideret et sacra unctione perungeretur. Quibus ita persuadentibus, inquit: « Non est mihi, ut putatis; nihil doloris, nihilque debilitatis in corpore penitus sentio. Vellem mihi lectum in choro fieri, ut futuræ noctis Dominicæ resurrectionis ministerio interessem. » Quibus respondentibus, se canentium voces nequaquam sufferre posse, intulit: « Faciamus ergo, quod melius est. » O veneranda tanti viri circa cultum divini obsequii immutabilis devotio, quæ nec alicujus rei eventu, nec tanti defectus incommodo potuit minorari.

Illo autem sic laborante, assignati sunt fratres, qui in vigiliis excubantes custodirent eum. Sancta igitur nocte Dominicæ resurrectionis, vir Dei de suo transitu sollicitus, unum de sibi astantibus advocans, dixit : « Scis, fili, quia nova advenit solemnitas, cuncto populo veneranda, debemus ideo novis indui vestibus. Affer mihi vestem quam habes, ut illam induam. » Intelligens ille, de qua veste loqueretur, attulit ei cilicium novum, et submoto veteri, vestivit eum novo. Cumque in magno foret defectu, a custodibus suis iterum admonetur, ut sacri olei liquore frueretur. Quibus ista persuadentibus respondit : « Præstante Domino nostro Jesu Christo, lucem exspectabo. » Interea conventu gloriosæ noctis vigiliis et laudibus insistente, cum tertia lectio finem accepisset, et tertium responsorium inchoatum fuisset, cum transisset Sabbatum; unus ex custodibus festinanter accurrit, indicans eum cito migraturum. Depulsa noctis caligine, aurora sacræ lucis tunc rutilabat, quam vir Dei se promiserat exspectaturum : cumque illud responsorium cantaretur, ut venientes ungerent Jesum; prior accitis aliquibus fratribus chorum exivit, ferens secum sacri olei liquorem, quo venerabilem Patrem jam agonizantem perungeret. Quibus advenientibus hoc solum sanctus Dei sæpius replicabat : « Cito, cito. » Unctione expleta, depositus est in cinerem et cilicium, ut secundum Martini doctrinam in cinere et cilicio Christianus et verus Catholicus moreretur. Quo facto pretiosam resolutus in mortem emisit spiritum, octavo Idus Aprilis, anno ab Incarnatione Domini 1202 (18), ætatis suæ anno nonagesimo octavo, postquam vero curam Dominici gregis suscepit quadragesimo (19).

Sic illa anima, a carnis ergastulo egressa, de tristitia ad lætitiam, de labore ad requiem, de mundo transivit ad Dominum. Spirituales autem filii venerandi Patris corpus cum hymnis et canticis, cum gemitibus et lacrymis in sanctam transtulerunt ecclesiam, collocantes illud in medio choro. Quibus in sedibus suis receptis, Te Deum laudamus incipitur, et matutinales Laudes resurrectionis Dominicæ, lacrymosis vocibus canentium, debita tamen veneratione explentur. Quam sit mirabilis Deus in sanctis suis, lector, animadverte : quia nec vita istius viri fuit sine gloria, nec mors sine gratia, sed in conspectu Dei multum pretiosa : illo enim die suscepit eum Dominus in paradisum, quo idem Dominus victor ab inferis surrexit; et qui solemnia Dominicæ resurrectionis cum magno tripudio sæpius celebravit in terris, eodem die cum debito honore angelicis est associatus choris. Altera die Paschæ sepultus est ante altare Sancti Thomæ apostoli, quod ipse construxerat; domino abbate Turchillo ecclesiæ Beatæ Mariæ de Ersom, cum monachis suis, obsequium funeri ejus impendente, et

sacerdotibus ac clericis multisque aliis cum magna devotione accurrentibus, ut ipsius exsequiis interessent. In quo loco Dominus noster Jesus Christus, ad laudem et gloriam sui nominis, per gloriosi confessoris sui suffragia, usque in hodiernum diem innumera præstat beneficia, his qui ex toto corde quærunt illum, cui est honor et gloria, per infinita sæcula sæculorum. Amen.

O quantus erat luctus omnium! quanta præcipue lamenta discipulorum, qui licet de tanti Patris glorificatione certi haberemur, ejus tamen orbati præsentia, humano more tristabamur. Dies festi nostri conversi sunt in luctum, et sabbata nostra in lamentationem : licet gaudendum nobis esset, quod quem doctorem habuimus in terris, intercessorem haberemus in cœlis, si mens doloris rationem admitteret. Sed benedictus Deus, qui tristitiam nostram convertit in gaudium (Joan. xvi) : nam post transitum Patris nostri juvenes nostri visiones videbant et seniores nostri somnia somniabant, per quæ certi eramus quod Dominus in brevi sanctum suum esset mirificaturus.

Erant duo juvenes de familia ipsius sancti, in diversis constituti regionibus, qui in ipsa hora sui transitus de hoc mundo, in visione viderunt quomodo ad gaudium transivit angelorum; et licet eorum aliquantulum diversa est visio, utraque tamen plena fide relatione digna est et memoria. Alter istorum Nicolaus nomine, in Teutonibus partibus in civitate Hildesheim studio litterarum operam dabat : hic eadem hora, qua vir Dei glebam sui corporis cœlum ingressurus deposuit, vidit per visionem quamdam personam sibi ignotam, stola candida amictam, cœlum conscendere; et sicut in picturis solet fieri, in quibus Domini ascensio memoratur, totus infra nubes susceptus depingitur, tantumque pedes ipsius apparent, sic et iste sanctus infra nubes candidas susceptus est, tantumque pedes ejus et vestimentorum extremitates videbantur. Cumque ille in cœlum fixis luminibus visa admiraretur, astitit ei vir quidam dicens : « Quid admiraris aspiciens in cœlum? hic homo assumptus in cœlum, abbas vester est, qui in patientia vicit persecutiones sæculi; nunc autem coronatur, quia fideliter vixit in mandatis Domini. » Expergefactus ille, et per viam ductus ad monasterium unde apostatando recesserat, rediit, atque offerens se emendationi, prædictam visionem omnibus intimavit.

Alteri supradictorum, Godmundo nomine, in claustro, quod Sora dicitur, commoranti, glorificati hominis talis ostensa est visio. Appropinquante diluculo Dominicæ resurrectionis, aspiciebat in visu, pene vigilans, multitudinem angelorum, prædulci

(18) Sanctus Wilhelmus moritur die 6 Aprilis, summo mane festi Paschalis, anno 1202 more veterum Gallorum tum finito, sed ad computationem nostram anno 1203; nam hoc anno pascha incidit in die 6 Aprilis, cum anno 1202 in die 14 Aprilis. L.

(19) Henschenius et Papebrochius Act. SS. Apri-

lis, t. I, p. 624, putant hic reponendum tricesimo, non credentes S. Wilhelmum ante an. 1171 in Daniam venisse. LANGEB. [Verum vide supra col. 604 not. 9. Credo autem auctorem hunc numerum rotundum adhibuisse, nam revera tantum in Dania adfuit an. 58.]

suavitate canentium; inter quos duo angeli ineffabili claritate fulgidi, quemdam ætate maturum, sacerdotalibus vestibus decoratum, a dextris et a
sinistris sustentabant, brachia ipsius humeris suis,
tenentes innixa, et ad cœlum usque progredientes.
Hos sequebatur diabolus, non minima dæmonum
furentium atque stridentium stipatus caterva. Sanctis vero angelis in cœlum receptis, ille hostis antiquus, dolenti similis, via qua venerat cum suis
remeabat; quidam autem dæmonum lenio sequebantur gradu, claudicando incedentes. Ille qui
hanc visionem videbat, audacior factus, uni eorum,
qui tardior cæteris veniebat, ait : « Adjuro te per
Filium Dei, ut indices mihi quæ sunt hæc quæ vidi.»
Ille interrogantem se torva facie et obliquo oculo
intuitus, respondit : « Si scire vis, abbas vester
Wilhelmus de mundo est sublatus, et tanto obsequio angelorum in cœlo deportatus; nos autem
venimus ut aliquid juris nostri in eo haberemus;
sed violentiam ab angelis passi, frustrati sumus a
proposito nostro. » Mane prima Sabbati surgens
prædictus juvenis, magistro suo et omnibus qui
cum eo erant visionem suam exposuit; qui respon-
dentes dixerunt : « Vere credimus, quod jam dormitionem accepit, et in pace factus est locus ejus. »
Tandem reversus ad domum nostram, eadem nobis
ex ordine intimare curavit, et suscepto religionis
habitu ibidem Deo militare cœpit.

CAPUT VI.

Miracula post transitum S. Wilhelmi.

Salvator noster Jesus Christus, volens dilectissimi confessoris sui Wilhelmi, quem stola immortalitatis post mortem vestivit in cœlis, in conspectu
filiorum hominum insignia revelare virtutum, dedit
ei potestatem, super infirmos variis languoribus,
faciendi opera quæ ipse fecit, et majora horum;
ut collaudent multi sapientiam ejus, et usque in
sæculum non deleatur, et non recedat memoria ejus,
et nomen ejus requiratur in generatione et in generationem. Cœpit igitur servus Dei, postquam
dormivit, cum patribus suis, primo inter incredulos
et æmulos suos, quasi stella matutina in medio nebulæ, paulatim rutilare miraculis; ut mendaces
ostenderet, qui maculaverunt illum et detraxerunt
sanctitati ejus, blasphemantes nomen ejus. Postquam autem clarificatus est apud proximos suos,
cœpit ad laudem et gloriam hominis ejus, qui cunctos condidit sanctos, quasi sol refulgens in meridie, longe lateque majoribus et crebrioribus coruscare prodigiis; unde a quatuor plagis terræ
factus est concursus populorum, cernere cupien-
tium, quæ per eum fiebant mirabilia. Dæmonia ab
obsessis corporibus effugabat, paralyticos sanabat,
cæcis visum restituebat, claudis gressum, surdis
auditum; mutis loquelam, contractos ac propriis
genibus repentes in statum erigebat debitum, leprosos mundabat, mortuos suscitabat, et semimor-
tuos a faucibus ipsius mortis ad vitam revocabat;

et non tantum homines; sed et animalia sanabat,
quemadmodum multiplicabat Deus misericordiam
suam cum illo; venti turbines suos ad invocationem
ipsius nonnihil coercebant, et maria ab amaritudine
quiescebant. Sed his breviter commemoratis, veniamus ad miracula, quæ vel audivimus, vel vidimus
in civitate Dei nostri, id est in Paracleto, ubi
requiescit gloriosus confessor Dei W.lhelmus.

Cum adhuc esset abbas Wilhelmus in corpore
corruptibili, laborans senio, duo dentes ex capite
ejus avulsi sunt; quos committens fratri Saxoni,
dixit : « Habe custodiam horum dentium penes te,
et noli illos amittere. » Fecit ille quod rogatus fuerat, hæsitans intra se cur hoc ei mandatum dedisset.
Postquam autem tulit eum Dominus de medio,
discipuli ejus, qui superstites erant, in memoriam
tanti Patris, aliquid de rebus vel vestimentis ejus
sibi impertiri optabant; inter quos adfuit sacrista,
Brixius nomine, conquerens se nihil de rebus ipsius
accepisse, præter mitram pelliceam, quam solitus
erat gestare in capite. Cui sic conquerenti, frater
cui dentes commissi fuerant, respondit : « Dabo
tibi donum non parvum, imo magnum, margari-
tam pretiosam, scilicet dentem Patris nostri, qui te
in vita sua dilexit non singulariter solum, sed
specialiter unum. » Et hæc dicens, tradidit dentem. Ille pro collato sibi munere gratias agens multimodas, susceptum dentem, prout decuit, in magna habuit veneratione. O quanta Deus mortalibus
per hunc dentem postmodum contulit beneficia,
quæ si scriberentur, mens infirma credere nequaquam acquiesceret.

Erat tunc temporis in claustro quidam scholaris,
Grimulfus nomine, fere quindecim annos ab ortu
habens, morbo laborans ca uco. Quodam die, cum
in terram prædicto morbo elisus volutaretur spu-
mans, supervenit abbas Richardus, viri Dei successor : et misericordia motus super eum, dicit
secretario qui secum venerat : « Vides quam miserabiliter cruciatur clericus iste? Vade ocius, et
dentem Patris in aqua lava, et ipsam aquam ori
ejus infunde, ut probemus quid virtutis habeat
in se dens ille. » Obtemperans præcepto abbatis,
sibi injunctum implevit; cumque salutiferum liquorem ori laborantis infundere vellet, non potuit, quia
dentes ad invicem tenebat compressos. Arripiens
igitur cultellum fauces illius disjunxit, infundens
ori ejus aquam allatam; quam cum gustando ab-
sorbuisset, cœpit fremere et gemere, sicut si bul-
lientem olei liquorem sumpsisset; post paululum
tamen requievit, quasi in extasi raptus. Transactis
aliquibus horis diei, revixit spiritus ejus, et resurrexit sanus; de reliquo vero morbus ille eum
non tetigit, neque contristavit, nec quidquam molestiæ intulit. Hoc initium signorum fecit servus Dei
post transitum suum, in conspectu discipulorum
suorum, et manifestavit gloriam suam. Eamdem
consecutus est misericordiam Sueno filius Tolph,
morbo laborans simili.

Manifestavit iterum S. Wilhelmus gloriam sanctitatis suæ in villa Frisleven (20) ; manifestavit autem sic : Erat inibi mulier quædam, obsessa dæmone pessimo; quæ omnibus ad se consolationis causa accedentibus secreta cordis detegebat, exprobrabat peccata, prout suggessit ei inimicus. Diaconus, qui erat in villa illa, venit ut invocaret super eam nomen Dei sui, et ejiceret dæmonium. Vidit mulier diaconum ad se intrantem, et concitata ad contumelias, exclamavit : « Diacone, ad quid venis ? Sta foris. Non es dignus ut intres sub tecto meo. Quis es, bene novi, et facta tua, habens scientiam viarum tuarum. Tu es qui pauperis mulieris gallinam furabaris, et deplumabas, et plumas cum pennis subtus una sepe abscondebas, et eamdem in cœna edebas, putans furtum tuum me latere. Recede a me, pessime; recede; longe sit a me benedictio tua. » Diaconus de sibi objectis confusus, tristior quam advenerat in domum suam est reversus, objecti criminis conscius. Conversus quidam de familia et de domo ipsius sancti, in eadem villa existens mansionarius, prædictæ mulieris detestatus insaniam, venit ad claustrum, et petiit sibi dari aquam, in qua dens sancti viri lotus esset. Petiit et obtinuit, et reversus obtulit illam mulieri ad bibendum : bibit, et, expulso spiritu immundo, salva facta est ex infirmitate sua. Postea non multo elapso tempore, altera mulier in eadem villa arrepta est a dæmonio, et simili curata est medicamine.

Iter faciente fratre Saxone, dum transiret Metheluse, homines illius villæ clamabant ad eum dicentes : « Domine, si quid potes, adjuva nos, misertus nostri. » Quos cum interrogaret quid haberent et quid sibi vellent fieri, responderunt : « Est hic mulier Hestrith nomine, quæ habens nimium appetitum edendi radices olerum, ingressa est hortum suum, et cœpit eas ab humo effodere, et effossas avide corrodere ; quod cum fecisset statim insiluit in eam spiritus malignus, vehementer discerpens eam; et ecce eam ligatam tenemus, ne se ipsam interficiat ac pueros suos strangulet ; virgis eam cædimus et majora flagella minamur, sed in hoc non proficimus, imo magis pœnam pœnæ accumulamus. » Commotus ille super infortunio mulieris, jussit sibi aquam exhiberi, quam dente S. Wilhelmi, quem sibi retinuerat, consignans et in ea tingens, invocato nomine sanctæ Trinitatis et ipsius sancti, dedit eis ut auferrent, ac furenti porrigerent mulieri. Cumque oblatam bibisset aquam, mox hospes improbus, vim sacri liquoris non sustinens, domicilium quod occupaverat reliquit invitus, mulierque sensum recepit pristinum. Frater vero supradictus post paululum reversus, declinavit ad domum mulieris, ut videret qualiter se haberet; invenit eam sane sapientem et laudantem Deum in sancto suo, qui fecit misericordiam suam cum illa.

In eadem villa uxor Wideri erat gravida : imple-

tum est tempus illius pariendi; sed præ difficultate partus parere non poterat. Torquebatur misere, laborans partu, sed non parcens; languens, sed non moriens. Talibus cruciatibus afflicta, omnibus suis fit causa doloris. Interea intra matris claustra infans privatur vita, et fit infelicis matris uterus miseræ prolis tumulus ; jacet funus in funere, mortuum in moriente, ante subtractum quam visum, ante sepultum quam natum. Vir autem ipsius, pro morte mulieris suæ anxius, huc illucque discurrit, omnes circumvenit, si quid remedii moribundæ mulieri posset reperire. Tandem venit ad claustrum, sacristam invenit, inquirit ab eo si aliquid consilii, scripto vel medicina, novit contra tam miserum casum. Cui sic interroganti respondit : « Non est opus medicina vel scripto in tali articulo, sed Dei et sanctorum suffragio; si fidem adhibueris, credo me ei antidotum posse conferre salutis. Lavabo dentem S. Wilhelmi in aqua, quam ei deferes ad bibendum : si crediderit se ejus meritis posse liberari, post gustum illius evadet periculum mortis. » Fecit quod promisit, et instructum bene in fide cum potu salutifero remisit ad propria. Cumque domum reversus fuisset, quod attulit infudit ori mulieris, præ dolore morti jam proximæ, et egreditur. Vix eo egresso foras, et liquore sancto ad secreta mulieris decurrente, peperit fœtum putridum. Quod cum vidisset, resumpto spiritu, exclamavit : « Si sic mihi futurum erat, quid necesse habebam concipere. Attende, Domine, et vide si est dolor ut est dolor meus (Thren. 1), sed gratias tibi ago, qui me meritis sancti confessoris tui Wilhelmi a periculo mortis liberasti. » Audientes vicini quod factum fuisset cum illa tale miraculum, congratulabantur ei, dantes laudes Deo et S. Wilhelmo non minores pro secundo miraculo quam pro primo.

Quodam tempore, dum frater Saxo jam sæpe nominatus venisset Willike, et se in hospitium recepisset, intravit quidam dæmoniacus, furens et frendens. Hunc tanta vexabat dementia, ut sæpius habitatione relicta inter bestias quasi bestia viveret. Ex ingressu ipsius tota turbatur familia, timens insultum ejus. Furentem intuitus frater, dixit : « Vis comedere? » Cui ille subsannando et debacchando, respondit : « Tu comede. » Respondenti sic iterum ait : « Vis bibere? » et præcepit sibi aquam ministrari. Cumque mora fieret in allatione aquæ, accepit serum, quod in promptu erat, et intingens in eo dentem S. Wilhelmi, porrexit furioso. Cumque biberet, factum est in ore ejus dulce sicut mel; unde datori suo ait : « Bonum est quod mihi dedisti; peto ut des amplius. » Et cum bibisset secundo et tertio, expulso spiritu phantastico, compes sui effectus est. Secundo die sequebatur eumdem fratrem ad claustrum, magnificans Deum, et gratias exsolvit liberatori suo Wilhelmo, docens omnes experimento sui, quia *potens est et sanctum nomen*

ejus (*Luc.* 1). Quodam tempore, cum D. Petrus Ros-A
childensis episcopus, frater noster (21) apud nos
esset, et in vespere ad cœnam discubuisset, famuli
ejus, qui inferebant ea quæ ad refectionem erant
necessaria, nuntiaverunt ei dicentes : « Benedictus
sit Deus, quia jam vidimus oculis nostris cereum,
ardentem, tanquam faculam de cœlo, supra sepulcrum S. Willelmi descendere et tectum ecclesiæ
descendenti pervium iter facere. » Intravit unus
post alium ejusdem visionis nuntius. Tunc venerandus sacerdos, luminibus erectis in cœlum, benedicens Deum, sic orsus est loqui : « Nisi quia potens est Dominus, quod et quantum vult et quomodo
vult magnificare et glorificare, vix possum adhibere
fidem miraculis, quæ ad quorumdam sepulcra refe-B
runtur facta, quorum vitam et conversationem in
carne existentium cognovi ; sed nullus scrupulus
dubietatis cordi meo inhæret de virtutibus quæ ab
isto sancto fiunt, cujus vitam tam probatam in omnibus esse perpendi, ut vix aliquis cordis ejus contritionem aut compunctionem, mentis humilitatem,
conscientiæ puritatem, ad amicos et inimicos magnam charitatem et ad pauperes in maxima paupertate eximiam largitatem, sufficiat admirari : laudabo
igitur nomen ejus assidue, et collaudabo illud in
confessione, quoniam stabilita sunt bona illius in
Domino, et ipse erit ei merces æterna. »

Quædam mulier, pauper rebus, sed fide dives,
præsentavit se sepulcro S. Wilhelmi, gratiam sanitatis ab eo postulatura ; quæ ventrem, sicut vidi-C
mus, adeo inflatum habuit tumoris magnitudine,
ut vix trium ulnarum cingulo cingeretur. Fratribus
ad refectionem euntibus, illa accepta licentia ad
sepulcrum viri Dei lacrymis et orationibus insistebat : ipsis sumentibus cibum corporalem, ipsa reficitur cibo spirituali : nam illo horæ spatio curata
est ab infirmitate sua, veluti sibi oranti confessor
Domini respondisset : *Mulier, magna est fides tua : fiat
tibi sicut vis* (*Matth.* xv). O quam firma fides infirmæ !
quam meritoria ! quam cito remunerata ! Fratribus
ad ecclesiam reversis, in gratiis agendis, ita tenuis
et gracilis est inventa, ut vix eadem crederetur,
nullum retinens vestigium tumoris sive inflationis.
Interrogata si aliquam ruptionem intrinsecus vel
extrinsecus sustinuisset, per quam humor noxius
vel sanies defluxit ; negavit se aliquid ruptionis vel
doloris in sui curatione sensisse, sed tumorem se-
datum fuisse, sicut placuit ei, qui eam sanam fecit.D
In memoriam hujus facti, et ad augmentum fidei
aliorum, suspensum est cingulum, quo usa fuerat,
habens longitudinem superius positam. Compulsan-
tur igitur signa, et dantur laudes Deo, et glorifica-
tur ab omnibus in miraculo, quod pro sui famuli

fecit merito. Multiplicantur de die in diem prodigia ; non deficit, sed augmentatur in domo Dei lecythus olei, sudat alabastrum unguenti, fragrat cœlestis odor balsami, concurrunt turbæ languidorum,
et consequuntur præmia beneficiorum.

Quantæ sanctitatis memorabilis Pater noster
S. Wilhelmus in vita sua exstiterit, sul sequentium
veluti et præcedentium miraculorum declarabunt
prodigia : ut enim pietatis suæ multimoda beneficia
frequenter et in publico indigentibus exhiberet, sæpius fratribus et aliis per visiones conquestus est,
se in arcto loco concludi, eo quod in medio choro
modicæ ecclesiæ, ex lignis fabricatæ, tumulatus
esset, paucorum præter fratres receptibilis, ideoque
neque eis prodesse, neque aliis se posse conferre
optatæ sospitatis gratiam, quandiu ibidem arctaretur et accessus hominum prohiberetur. Igitur dum
in septimo anno, postquam requievit a laboribus
suis, sanctuarium novæ et latioris ecclesiæ ex te-
gulis constructum consummaretur, et chorus fratrum in eo disponeretur, separatus longe a mausoleo viri Dei, ligneaque ecclesia peregrinis et infirmis
undequaque adventantibus ad orandum relinque-
retur, in vigilia ascensionis Domini tanta multitudo
populi convenit, ut ipsa ecclesia repleta vix tota
curia alios capere posset : tunc a vespera usque ad
missam subsequentis diei, quatuordecim facta sunt
miracula ; proxima vero Dominica quatuor, in festo
vero Pentecostes omni die quatuor vel quinque.

Succedente vero festo B. Bostulfi abbatis, quod
colitur octo diebus ante festum S. Joannis Baptistæ, cum majus altare in honore B. Thomæ apostoli a venerabili Roschildensi episcopo Petro dedi-
caretur, tot et tanta fiebant mirabilia, ut nullus ea
referre sciat, præter illum, quem nihil latet : in via
enim, per quam veniebant ; et in silva longe a monasterio, ubi sederat vel deambulaverat servus Dei,
sanabantur ægroti. O quantum gaudium et exsultatio tunc fuit in omni populo, videnti magnalia et
mirabilia Dei, quæ operabantur per sanctum suum.
Resonabat ecclesia, resonabat et curia, resonabat
et silva in voces laudantium et dicentium : *Hæc
est dies quam fecit Dominus, exsultemus et lætemur
in ea* (*Psal.* cxvii). Reddidimus et nos pensum servitutis nostræ, *cantantes et psallentes in corde et
ore Domino* (*Ephes.* v), *quoniam bonus, quoniam in
sæculum misericordia ejus* (*Psal.* cvi), et quoniam
visitavit nos Oriens ex alto et erexit cornu salutis
nobis in domo David pueri sui (*Luc.* 1). Tunc recor-
dati sumus verborum ipsius, quibus consolabatur
nos in vita sua, conquerentes de paupertate nostra ;
dicebat enim nobis : Patientes estote (*I Thess.* v),
quoniam adhuc visitabit vos Deus in salutari suo

(21) De hoc ita Claudius du Molinet not. ad Steph.
Tornac. epist., p. 119 : *Fuit nepos Absalonis, eique
successit. Emiserat autem canonicam professionem
Parisiis in manibus Stephani abbatis S. Genovefæ,
postea episcopi Tornacensis, qui ad ipsum duas ex
suis epistolas direxit, scil.* Ep. 157 *et* 163. *Obitus*

*ejus notatur in Necrologio S. Genovefæ, die 18
Octobris, hoc modo* : *Anniversarium piæ memoriæ
Petri Roschildensis episcopi, cancellarii regni Daciæ,
canonici nostri professi.* LANGEB. *Obiit anno* 1214,
et episcopus Roschildensis factus est 1192 *post ab-
dicationem Absalonis.*

(*Psal.* cv), et replebuntur horrea vestra saturitate A turus. Et quia virtus sancti erat ad sanandum
(*Prov.* ɪɪɪ), et erit locus iste valde gloriosus. ›

CAPUT VII.
Alia S. Wilhelmi miracula.

Quædam mulier de Kopmanhaven (22), Olava nomine, ab infantia oculos habuit dolentes, propter
quam causam cæcitatem incurrit : audiens hæc famam sancti viri ubique celebrem, venit ad sepulcrum ejus, lacrymis et orationibus postulans, ut
lumen recipere mereretur. Petiit, et obtinuit quod
voluit; nam dum orationi insisteret, aperti sunt
oculi ejus, ita ut clare videret omnia. In vigilia
Pentecostes juvenis viginti annorum, paralysi dis-
solutus, et omni membrorum officio destitutus, ad
tumulum S. Wilhelmi manibus aliorum apportatus,
deponitur; rogatur custos sepulcri ut exhibeat illi B
paralytico salutarem liquorem, scilicet aquam in
qua dens S. Wilhelmi lotus erat; qui satisfaciens
precibus rogantium, dedit aquam medicinalem, qua
gustata, infirmus officium membrorum recipit, omnibus articulis ad debitum usum consolidatis.

Quædam mulier de Bardeleve, Reginalda nomine,
ab utero matris suæ egressa fuerat cæca. Sicut tenebræ ejus ita et lumen ejus; lumine carebat oculorum, sed lumine vigebat cordis. Unde in fide ra-
dicata et fundata, sciens quia *prope est Dominus
omnibus invocantibus eum in veritate (Psal.* cxlɪv),
ducatu fratris sui ad S. Wilhelmum peregre pro-
fecta est. Quo cum pervenisset, nocturno tempore
cœpit vigilias in ipso cœmeterio facere. Cumque
resideret et requiesceret a labore suo, horror gravis C
invasit eam, et timor et tremor venerunt super
eam ; unde quasi in extasi facta, supra pedes suos
erigebatur, et manibus miros faciebat plausus :
post paululum ad terram relabitur, iterumque erigitur. Cumque sic sæpius impelleretur, frater ipsius,
sciens eam concepta prole esse gravidam, timuit
valde, ne abortivum faceret, vel quod in utero portaret pro tanta laboris magnitudine suffocaret; unde
conversus ad Dominum et ad sanctum ejus, pro ea
cœpit humiliter deprecari. Quia vero *oculi Domini
sunt super justos et aures ejus in preces eorum*
(*Psal.* xxxɪɪɪ), infans conservatur in utero, et mulier illuminatur viri Dei merito; nam nox ejus
versa est in lucem, et sub ipsius temporis tenebris D
tenebras amisit oculorum.

Andreas, sacerdos de Zunthe, dintino labore
oculorum periclitabatur, et timebat se lumen oculorum amittere et continuæ noctis tenebris subjici.
Corde igitur contrito et spiritu humiliato, ut has
tenebras evadere possit, ad S. Wilhelmum se spondet profecturum. Habens igitur spem recuperandæ
sanitatis, et sciens quia stulta et infidelis promissio
displicet Deo, iter aggreditur, votum suum comple-

cum, in via qua veniebat, remota caligine, oculi
sui cœperunt clarescere, et visum amissum recuperare. Perveniens ad sepulcrum viri Dei hoc miraculum omnibus pandit, benedicens Deum, qui
dedit eis talem patronum in salutem populi sui.

Ante quinque dies festivitatis B. Joannis Baptistæ, cives Roschildenses profecti de civitate sua
venerunt ad S. Wilhelmum. Hos comitatus est quidam mutus, mercenarius bonus, Ketillus nomine,
Normannus natione; hujus linguam Satanas liga-
verat undecim annos, nec quidquam loqui poterat.
Postquam ecclesiam ingressus est conturbavit eum
spiritus, et elisus concidit in terram. Resurgebat
sæpius, sed gradu instabili stare non valebat ; vertebat se in latera, et volutabatur de loco ad locum ;
corruebat in faciem suam, allidebatur ad petram,
quocunque impetus eum ferebat : casu frequenti
læsus, multumque discerptus, vestes suas projicie-
bat; malo suo venisse videbatur, quia insanire pu-
tabatur, quem sic virtus divina sanare disponebat.
Nocte Dominica matutinis fere decantatis, solutum
est vinculum linguæ ejus et loquebatur recte magnificans Deum. Accurrit populus ad pium et gloriosum spectaculum, tam gaudio plenum quam
admiratione dignum. Accurrunt Roschildenses, ut
videant Ketillum loquentem, quem diu noverant
obtumescentem; tandem præsentatur fratribus et
ante priorem sistitur; cui interroganti unde esset
et quomodo loquelam perdidisset, respondit : ‹ De
Norvegia sum oriundus, ante undecim annos ob-
dormiens in campo, perdidi loquelam : obdormivi
sanus, evigilavi mutus. › Hæc eo referente, quædam matrona nobilis, apud quam fuerat hospitatus
duobus annis, perhibebat testimonium verbis ejus,
cum aliis multis, qui convenerant ad diem festum.

In die S. Nicolai venit ad nos quidam rusticus de
Lucethorp cum filio suo surdo et muto habente annos duodecim. Hunc pater deputaverat custodem
pecorum suorum, qui, ut mos est pastoribus, jacens in quodam monticulo, obdormivit ; cum autem
surrexisset a gravi somno, surdus factus est et mutus. Rogavit nos pro filio, ut sancti admitteretur
sepulcro ; roganti assensum præbuimus ; custos
vero sepulcri accipiens dentem S. Wilhelmi, in
aquam misit, eamdem auribus et ori pueri infudit,
dicens : ‹ Præcipio tibi in nomine Domini et per
virtutem S. Wilhelmi, ut dicas nobis, quo voceris
nomine. › Ad hanc vocem adjurantis, apertum est
os pueri, auditu simul restituto, et respondit :
‹Petrus. › Post hæc interrogatus plura, respondit
libere ad singula ; videntes hæc, gavisi sumus gaudio magno, laudantes Deum in sancto suo, qui surdum fecit audire et mutum loqui.

---

(22) In diplomatibus annorum 1186, 1193 et 1198
vocatur hæc urbs *Hafn.* A Saxone l. xɪv, edit. Ascen-
sii fol. 164 vocatur vicus Sialandiæ, qui *Mercatorum portus* nominatur, circa an. 1167; f. 179. b.
mentionem facit castelli ab Absalone conditi in pu-

blico negotiatorum portu, et fol. 180 vocat eam *Ab-
salonicam* urbem. In diplomate anni 1255 vocatur
Koopmannœhafn. Antiquissima mentio hujus loci
est in Knytlinga Saga, c. 22, p. 38, sub nomine Hofn,
ad annum 1044.

Alio tempore oblatus est quidam puer septem annorum, quem matris uterus in hanc lucem profudit surdum et mutum : aderat tunc in ecclesia non minima multitudo populi, quam rumor novitatis attraxit. Suscipiens ergo frater illam communem languidorum et infirmorum efficacem medicinam, misit in os pueri et in aures dicens : « In virtute S. Wilhelmi præcipio tibi, ut post me loquaris verba quæ me audieris proferentem. » Adjuratus in virtute sancti confessoris, mox duos sensus, sibi a primordio sui ortus denegatos, capessit, scilicet auditum et loquelam ; et inchoante fratre Dominicam orationem, loquitur verbum post verbum, voce articulata et intelligibili, licet in verbis formandis et exprimendis balbutiret ; qui autem adduxerant eum, stabant stupefacti, mirantes de his qui procedebant de ore ejus.

Quadam solemnitate, cum innumeri utriusque sexus ad sanctum nostrum concurrerent, attulit quædam mulier parvulam puellam inter brachia sua, in cujus oculo ulcus excreverat immensum, et ad intuendum valde horribile. Accedens illa cum filia ad fratrem, qui curam agebat infirmorum, rogat ut stillam sacri liquoris oculo miseræ natæ infundat. Inclinans aures petitioni mulieris, perfecit rogatum, et insuper sanctum dentem tumori applicuit. Mirum dictu ! statim rupta est cutis sub oculo, velut ferro transfixa, et tumor subsedit, cedens præsentiæ reliquiarum ; saniesque emanare non desiit, donec oculus aperiretur, et claritate videndi similis fieret incolumi ; et omnis plebs, ut vidit, dedit laudem Deo.

Crebrescentibus miraculis et fama confessoris crescente, ad auxilium ipsius confugit quædam mulier, multis cruciata doloribus. Hæc sanctum suppliciter exorabat, ut eam Domino suis precibus commendaret, quatenus sic se de suis miseriis liberaret, prout sciret sibi expedire. Nocturnas in ecclesia agens vigilias, cum leni correpta sopore caput reclinaret super formam (25), cui sanctus in vita sua consuevit incumbere, orationi insistens, vidit confessorem Domini assistentem sibi et dicentem : « Mulier, revertere in domum tuam, quia in præsenti non poteris curari ; est tamen salus tua in manu Domini : postquam aliquantulum temporis feceris in tuis cruciatibus, tanquam lapis vivus in cœlesti ædificio collocaberis. » In his verbis expergefacta mulier, lætior ex promissis efficitur, quam si corporales amisisset dolores ; et quæ sibi dicta fuerant, circumstantibus referens et animadvertens Dei decretum esse immutabile, reversa in domum suam, cum summa devotione vitæ suæ præstolabatur terminum.

Nec illud silendum esse arbitror, quod priori relatione non est multum dissimile. Erat quidam debilis membris et quasi phreneticus, in villa Anese ; quæ vicina est claustro : hic solatium suæ infirmi-

tatis et debilitatis a sancto volens impetrare, venit ad sarcophagum ejus. Cumque inibi quinque dies continuasset in oratione et lacrymis, ut auxilium divinum super se videret ; somno subditur. Dormienti apparuit confessor Dei, inquiens : « Quid hic jaces ? Sanitatem in hoc loco non habebis ; te autem in domum tuam redeunte sanitatem recuperabis, sed illa non erit tibi diuturna. » His auditis, conturbatum est cor hominis et contremuerunt ossa ejus (Jer. XXIII), somnusque ab oculis ejus tollitur. Excitatus itaque et visionis suæ memor, non absque magna cordis contritione, quod audierat, nobis indicavit. Instructus ergo quod divina Providentia in sui dispositione non fallitur, ad proprios lares revertitur. Postmodum non multo elapso tempore robustior factus, arrepta securi, ut ligna secaret, silvam ingreditur ; dumque studiosius operi insistit, robur in quo laborabat super eum corruit, et confractus membra mortuus est. Quid tamen causæ fuerit, quod talem sortitus est mortem, non est meum discutere ; quia judicia Dei abyssus multa (Psal. XXXVII).

In eadem villa degebant duæ mulieres, diversa infirmitate laborantes : altera lumen amiserat oculorum, altera vero in quadam sui corporis parte sacro igne consumebatur. Sedulas Deo pro sui liberatione fundebant preces, et S. Wilhelmo se voto obligabant, ut ejus suffragantibus meritis a tanta calamitate liberari mererentur. His ita in oratione persistentibus, illa, cujus oculi caligaverant, in visione videbat se quasi peregrinationis causa monasterium S. Thomæ adire, obviumque S. Wilhelmum in via habere, superpellicio indutum, et aspersorium cum aqua benedicta in manu ferentem ; quo viso admodum pavefacta, vix audet interrogare, quis esset. Nihilominus tamen interrogat : « Quis es tu, Domine ? » Cui ille : « Confide, filia, ego sum abbas Wilhelmus, quem sæpius invocasti ; et nunc vado ad mulierem, quæ mordaci igne in villa tua tribulatur, quia clamat ad me tota die ; tu autem interim vade ad locum requietionis meæ, et ibi præstolare adventum meum. » Eadem hora evigilavit sana, lumine oculorum recepto ; et in altera exstinctus est ignis, non illuminans sed consumens, ut autem breviter dicam, sicut utraque divina miseratione simul est curata, sic simul ad sepulcrum confessoris Dei veniebant ; simul in terram corruebant, simul surgebant, simul post gratiarum actiones gloriosa in se facta miracula omnibus prædicabant : nec hoc tantum illæ faciebant, sed etiam villani ipsarum, qui curationi earum testimonium cum magno gaudio perhibebant.

Quidam sacerdos de Schania, Reinerus nomine, de Hazdelzar (24), percussus sacro igne in lingua, ægrotabat fere ad mortem, quia erat ille languor fortissimus, fuerat ille quondam S. Wilhelmi discipulus, sed apostatando inter sæculares sæculariter vivebat. Cum mors jam esset in januis, et vitæ suæ terminus

(25) Per formas Henschenius et Papebrochius, p. 641, not. c, intelligunt : subsellia choralia.

(24) Locus mihi ignotus, et forte vitiose lectus.

acceleraret, misit filium suum ad monachos de Ecclesia Omnium Sanctorum (25), ut aliquem fratrem sibi adduceret, qui ei confessionis et unctionis ministerium impenderet, et habitu suæ religionis investiret. Interim ad se reversus, et mente retractans quanta miraculorum gloria Dominus sanctum suum Wilhelmum mirificaverat; compunctus corde, quod ei vel in carne viventi vel post carnis depositionem glorificato non satisfecisset, ait intra se : « Pater sancte, peccavi in cœlum et coram te; jam non sum dignus vocari filius tuus (Luc. xv). Sed parce peccatis meis, si autem, antequam nuntius redierit, aliqua salvationis gratia me visitaveris, ad domum tuam revertar, et quod deliqui, curabo emendare. » Corde vovit justitiam; et ecce divina miseratio, quæ semper pœnitentibus præsto est, illi adfuit, et invocantem sanctum suum liberavit. Exstinguebatur subito ignis mordax, et rumpebatur tumor in ore, et sanies mista cum sanguine profluebat, quasi aliquis linguam digitis exprimeret. Sanus factus sanctum adivit, narrans nobis quantum Dominus fecit animæ suæ; sed tamen apostasiæ suæ renuntiare distulit : erat enim de numero illorum, qui in tempore tribulationis suæ clamant ad Dominum et cum liberati fuerint ad iniquitatem redeunt, et est error ille pejor priore.

Puella quædam, in villa Gherlufe (26), eodem torquebatur morbo : jam loqui cessabat, et horam ultimam exspectabat. Erat in eadem villa quidam clericus, Laurentius nomine, qui eam tenere diligebat. Hic præ cæteris de morte ejus, quam diligebat anima sua, anxius ad claustrum properat, et impetrata aqua medicinali citius regreditur et ori dilectæ suæ salutarem liquorem, quem attulerat, curiosius infundit, et tumorem excrescentem eodem perungit; quo facto, morbi materia exstincta est et mulier convaluit ab infirmitate sua.

Sed quid facilius est dare salutem mentis an corporis? qui multos sanavit in corpore, mulierem de Ripensi civitate sanavit in mente. Insanierat multis septimanis post partum, et viro suo, matri et sorori et cæteris amicis suis inopinatum doloris vulnus inflixerat. Ab istis ad sanctum trahitur, manibus a tergo ligatis; licet renitens ac reclamans, sancto præsentetur : in ecclesiam ducta, ecclesiam replet clamore, verba blasphemiæ multiplicando. Ibi tota die et tota nocte insaniens, adveniente luce solis, lucem recipere meruit rationis : soluta a vinculis, discrimen imposuit capillis suis : vestita vestibus suis, fecit gaudium suis consanguineis : in missa matutinali sumpsit Eucharistiam de manu sacerdotis, et quæ adducta fuerat in tristitia, jam sui compos remeavit cum lætitia.

Vir quidam, Bernardus nomine, ad nundinas Schanienses tendebat navigio : cui in mare navi-

ganti, accipiter, quem in manu tenebat, elapsus abvolavit. Altera die cum ad portum applicuisset, et ad prandendum discubuisset, audivit a secum discumbentibus, per S. Wilhelmum suis temporibus inaudita fieri miracula. Quibus admiratus et de amissione sui accipitris cor adhuc habens saucium, in hunc prorupit sermonem : « S. Wilhelme, redde mihi accipitrem meum, et dabo tibi marcam ceræ. » Finitis his verbis, accipiter nutu divino advenit, et coram eo resedit. Attonitus novitate tanti miraculi, quod sancto vovit, reddere non distulit, laudem referens Altissimo, qui dedit talem potestatem hominibus. Magnus confessor noster, et magna virtus ejus, et miraculorum ejus non est numerus.

Allata est quædam mulier ad sepulcrum ejus, Cælia nomine, de villa Ekebe (27), membra habens universa paralysi nimia dissoluta; manuum, pedum, totiusque corporis sui penitus impos jacebat : nullum vitæ videbatur habere indicium; nisi quod oculis inerat motio. Quocunque illam corporis vocabat necessitas, duorum vel trium ferebatur auxilio, quia non se ipsam a latere in latus vertere, non manus vel expansas claudere vel clausas porrigere, non pedes vel protensos retrahere vel ad se collectos protendere valebat. Jacebat ab hora nona usque in vesperam Dei exspectans misericordiam. Tunc primo incipit tremere, deinde caput parumper movere; sensit tandem crura pedesque ab insensibilitate revocari, calefieri nervos, totumque corpus, præter dexterum brachium in quamdam agilitatis gratiam renovari. Sensit igitur et experta est, manifesta Dei virtute se sanam effectam, præter dexterum brachium, quod ad sui correctionem remansit aridum. Lætabunda illico resedit, et lacrymis pro lætitia obortis sancto gratiarum actiones relatura, ad tumbam ipsius accedit. Fit clamor in populo, laudatur Deus in excelso, qui tantam curationis gratiam suo præstat Wilhelmo. Cur tamen brachium aridum remanserit, nec omnimodam consecuta sit sanitatem, stupet mulier, miratur frater sepulcri custos. Unde sequenti Dominica rogat eam redire, et pietatem Domini et ipsius sancti pro brachii sui restauratione efflagitare. Conservabat mulier verba rogantis corde suo, et Dominica sequenti revertitur; sed qualis venit, talis recessit.

Iterum in sancto die Pentecostes rediit; nec tunc exaudiri meruit. Miratur custos sepulcri mulierem toties casso labore venire et redire, ait illi : « Mulier, scrutare conscientiam tuam, et diligenter inquire si aliqua via iniquitatis in te est, et confitere eam et mundaberis. » Paruit sanis dictis, et in domo sua statuit ante oculos cordis occulta conscientiæ, diligenter investigans quo commisso adhuc tenetur obnoxia. Tandem reminiscitur quoddam facinus se commisisse, quod nunquam alicui fuerat confessa.

(25) Prope civitatem Lund ; a domino Tunel in introductione ad geographiam Sueciæ minus recte p. 235. S. Helenæ ecclesia vocata.

(26) Hodie Gierlose inter Slangerop et Friderici-

burgum. L.

(27) Forte Egbye villa in parœcia Glostrup, præposituræ Smörum, præfecturæ Hafniensis.

Tunc ingemiscens, precibusque et lacrymis largioribus indulgens, ad sanctum Dei regreditur; et invento fratre, qui custodiam habebat sepulcri, adorat eum prona, dicens : « Domine, propitius esto mihi peccatrici. Multum quidem peccavi, nec emendare curavi; sed audi me sero pœnitentem, ora pro peccatis meis. » Confessa igitur prædicto sacerdoti crimen quod celaverat, et emendatioris vitæ faciens sponsionem, repente marcidi brachii recepit sanitatem. Videns se mulier totius corporis recepisse valetudinem, gratulabunda exclamavit : *Convertimini ad Dominum Deum nostrum, quoniam benignus et misericors est, patiens et multum misericors; et præstabilis super malitia (Joel. ii).* Erat eodem die festivitas S. Joannis Baptistæ, et convenerat maxima multitudo utriusque sexus, quæ audientes quæ facta fuerant, glorificabant Deum, qui ad hoc hactenus mulierem flagellavit in corpore, ut animam ejus mundaret a crimine. O magnæ pietatis virum, cujus precibus ab omni clade, tam animæ quam corporis, liberata est mulier! o insigne prodigium! quia quanto anima pars hominis est potior, tanto constat curationem ipsius gloriosius esse miraculum. Vere per confessorem nostrum *factum est istud, et est mirabile in oculis nostris (Psal. cxvii.)*

Erat quidam juvenis in Guthlandia, Lignerus nomine, dives valde, sed leprosus. Multa medicis, *filiis hominum, in quibus non est salus (Psal. cxlv),* pro sui corporis mundatione voluit dare, sed non fuit, qui adjuvaret eum. Advertens tandem, *quia vana salus hominis (Psal. lix),* et quoniam *adhærere Deo bonum est, et ponere in Domino Deo spem suam (Psal. lxxii),* ad nos post transitum maris pervenit, spe corporalis sanitatis adipiscendæ. Manus illius, brachia, pedes et crura, totumque corpus sordida lepra infecerat : post aliquot tempus secundum petitionem suam mansit nobiscum vigiliis et orationi insistens, et se sæpius aqua medicinali lavans ac refrigerans. Quo facto, secundum fidei suæ meritum, de die in diem melioratur, lepræ contagio evanescente. Reversus iterum ad patriam suam perfecte curatus est, et qui prius præ fetore omnibus erat vitabilis, deinceps habuit communionem cum hominibus, et habitavit cum illis. Testes suæ curationis habuimus parochianos suos, et sacerdotem; qui reintegrata carne sua et reflorescente, nullum signum lepræ in eo testati sunt remansisse.

CAPUT VIII.
Reliqua miracula S. Wilhelmi.

Vere gloriosus Dominus in sancto suo, et laudabilis in operibus illius, qui puellæ Inghefrit nomine de Nordenberghe (28), de villa Luagbe (29), pessimo contagio lepræ infectæ, ac sinistro oculo cæcatæ, misericorditer subvenit, in domo sui confessoris Wilhelmi, dum ei partim visum reddidit, partim a lepra mundavit. Hæc tanti beneficii munus adepta,

parentibus suis, quibus immensi doloris causa fuerat, inopinatæ lætitiæ reportavit materiam, ad propria rediens, et inter redeundum tota mundata. Sequenti anno cum matre sua rediit, lepra ex toto fugata, S. Wilhelmo pro tanto beneficio gratias actura, qui liberavit corpus suum a perditione. In reditu ejus obstupuerunt, qui eam prius viderant, quia sic erat alterata facies ejus, sic lepra annihilata, sic caro florida. Sacerdos Joannes et mater ejus perhibebant testimonium, quoniam meritis S. Wilhelmi mundata erat a lepra sua.

Aggravata est manus Domini super mulierem Allandensem (50), Tonnam nomine, lepram per totum corpus ejus diffundens, et carnem ejus gravi ulcere vulnerans; omnes, qui videbant eam, aspernabantur eam, quia *a planta pedis usque ad verticem non erat in ea sanitas (Isa. i).* Audivit mulier famam confessoris, et plurima percepit de miraculis ejus, unde festinavit adire eum, ut tribueret ei secundum cor suum, et adimpleret desiderium suum et fieret secundum fidem suam. Cum pervenisset ad locum, prostravit se in oratione juxta sepulcrum ejus, et clamavit ad Dominum ex toto corde suo, ut sui misereretur. Audivit Dominus et misertus est ejus, factus est adjutor suus; nam ea surgente ab oratione, in conspectu omnium, qui aderant, cecidit lepra de corpore ipsius, velut squamæ de pisce : et omnes, qui videbant, benedicebant Dominum, *dicentes, quia hodie vidimus mirabilia (Luc. v).*

Adducta est ad nos quædam contracta de Norwegia, viginti sex annos ætatis habens. Ista auxilio suorum, multorum sanctorum limina expetierat, ut cui natura officium gradiendi negaverat, auctor naturæ, cui omnis natura subditur, sanctorum suffragio conferret. Sed distulit Deus apud alios dare ei salutem, ut sancto suo Wilhelmo fieret causa laudis et gloriæ. Applicuit mulier ad portum salutis, scilicet ad sepulcrum viri Dei, et statuit in corde suo spiritum ab oratione non relaxare, nec alias discedere, quousque consolidaret bases ejus et plantas. Post quindecim dies, nervis extensis, et talis pedum a natibus protensis, statuit confessor noster supra petram pedes ejus, et direxit gressus ejus; et vidit omnis populus contractam ambulantem et laudantem Deum : vidit et gavisus est.

Cum turba plurima conveniret ad S. Wilhelmum, et de civitatibus properarent ad eum; quædam contracta a nativitate sua, Olava nomine, de oppido Copmanhaven, audita prioris miraculi fama, in vigilia S. Joannis Baptistæ ad sanctum est allata; sed præ pressura gentium in ecclesiam venire non potuit. Nocte igitur sequenti, cum juxta ecclesiam versus meridiem sederet, et sancti gratiam obortis lacrymis pro sui liberatione devotissime interpellaret; apparuit ei quidam veneranda canitie, dicens : « Mulier, ingredere ecclesiam. » At illa : « Domine,

---

(28) Forte parœcia et villa *Lundbye* in præpositura Hammer, præfecturæ Vordingborgensis.
(29) Forte corrupte pro *Wordingborgh.*

(50) Hallandensem ex Hallandia; non ex Lalandia ut opinatus est Henschenius, p. 645, not. b.

incessu carens præ multitudine nequeo ingredi, nec habeo hominem, qui mittat me in ecclesiam. › « Repe, inquit ei senior, ad ostium ecclesiæ, quod respicit ad aquilonem; et ibi occurret tibi homo in grisea cappa alboque pileo, qui te introducet. » In his verbis consolata repsit velociter, et cum pervenisset ad ostium, invenit hominem, habentem vestitum sicut dixit ei senior; qui ab ea rogatus, transvexit eam in ecclesiam. Ubi recepta inter languidos, trementes et huc illucque corruentes, incœpit et ipsa tremere; quod cum fecisset, cognovit quia prope essent dies curationis suæ. Anxiabatur tamen, quod vestes non haberet talares, sed tantummodo breves in quibus solebat repere; unde sanctum in hunc modum interpellabat : « Alme Christi confessor W.lhelme, si volueris mihi gratiam sanitatis conferre, quæso, ne sinas me per pavimentum volutari, cum sim semitecta, ne reveletur turpitudo mea, et fiam in derisum omni populo. » Oravit, et secundum orationem suam factum est ei; nam primo nocturno finito cum quiesceret, dextri cruris nervos a nativitate contractos sensit laxari et laxando extendi : et item quasi post horam unam similiter nervos sinistri cruris. Consolidatis post paululum basibus et plantis suis, erigitur supra pedes; et quod natura non dederat, huc illucque incedendo, exercitio apprehendit. Quo facto, immisit in os populi canticum novum, carmen Deo nostro : viderunt enim multi et lætati sunt, et speraverunt in Domino. Hujus mulieris testis fuit decanus Absalon, de ecclesia B. Mariæ de Copmanhaven (31) cum fratribus suis, et omnes cives illius castri.

Memorabile et inter fideles memorandum, quod piissimi Patris nostri gratia quorumdam votum prævenit, et ad voti obligationem eos compellit; quorumdam sponsionem statim cum salute subsequitur; quibusdam occurrit in itinere, quosdam suscipit in introitu cœmeterii, alios vel in ecclesia vel ad ipsum sepulcrum præstolatur; alios abeuntes comitatur; nonnullos diutius ab auxilio suspendens, tandem sanitati restituit. Mulieri de civitate Lundensi, Guthæ nomine, contractis nervis atque constrictis, viginti quinque annis subtractus erat incessus. Hæc bis ad sanctum venit, nec tamen voto suo potita sospes est reversa. Secundo die post Ascensionem Domini tertio advenit, et usque in vigiliam Pentecostes jugiter juxta sepulcrum vigiliis et orationibus incumbens, misericordiam Dei et ipsius sancti devotius præstolabatur. Respexit Dominus humilitatem ancillæ suæ, adjiciens ei quod oratione intendebat; nam in sancta vigilia Pentecostes, expletis prophetiis et glorificationibus, diacono evangelium

prouuntiante summus suavissimus obrepsit ei, et audivit vocem dicentem sibi : « Mulier, surge; non decet Christianos ad Evangelium sedere, sed cum reverentia stare et auscultare quod legitur. » Excitata respexit ad mulierem, quæ stabat ad tergum ejus, et interrogavit eam, quid sibi diceret. Cui illa, nihil intelligens hanc vocem venisse desuper, exsultavit uberius, et statim sensit nervos extendi, non tamen absque molestia, tibias vegetari, carnem refoveri, et medullam in ossibus calefieri. Inventa igitur drachma quam perdiderat, surrexit lætabunda et laudans, et antequam lectio evangelii finem reciperet, ter sepulcrum confessoris firmo gradu circuivit, obnixius gratias personando; populus autem in hymnis et confessionibus benedicebat Dominum, qui diem subsequentem, in quo et igne cœlesti mons Sinain canduit, et super Christi discipulos, Spiritus sanctus in linguis igneis descendit (Act. II), tanti miraculi gloria voluit prævenire.

Paulus filius Entinghi, puer octo annorum, de villa Tortorpuyt, cum parentibus suis hospitabatur juxta molendinum, quod pertinet ad mansionem monachorum de Aswarbode (32) : quibus in pratis ad fenum congregandum euntibus, puer domi remansit. Intrans interim domum molendini, ut duceret equum qui trahebat molendinum, per impetum rotæ ipsius molendini impulsus, cecidit inter quamdam columnam et ipsam rotam molendini, ita quod equus non poterat trahere molendinum. Sic inter rotam et columnam, dorso confracto, et aliis membris collisis, permansit ab ortu solis usque ad tertiam. In illa hora venerunt octo homines, qui retrahentes rotam cum magna difficultate puerum mortuum extraxerunt. Accurrit domina domus, Ingerth nomine, et volens probare, si adhuc viveret, vertebat eum huc atque illuc, et in auras sublevabat, sed frustra, quia non erat in eo vox nec sensus, sed jacebat absque flatu vitali, ita ut dicerent omnes, quia mortuus est. Adveniunt tandem miseri parentes, ejulantes et clamantes : « Domine, miserere, Heu ! quid accidit nobis ? » Et flexis genibus clamabant : « Gloriose confessor Dei Wilhelme, redde nobis filium nostrum. » Et non surrexit puer, sed tota illa die permansit mortuus, et nocte usque ad galli cantum. In galli cantu autem voventibus illis, quod si resuscitaretur, Deo et beato Wilhelmo eum præsentarent, revixit spiritus ejus, et cœpit moveri; sed loquelam usque ad diem non recuperavit. Mane illucescente die, dicebat matri : « Quando ibimus ad sanctum Wilhelmum ? » Gavisa mulier et admirata, quod sanctum nominaret, quem nunquam prius audierat nominari, respondit : « Fili, post octo dies, in die sancti Laurentii, si vixeris. » Ad-

(31) Hæc est antiquissima mentio templi B. Mariæ in Hafnia, qua nixus conjicio hoc templum ab Absalone una cum castro vel arce fuisse conditum, et tunc fuisse unicum hujus urbis, quod etiam confirmatur Diplomate hujus archiepiscopi sine loco et anno, quo confirmat donationes quasdam factas huic ecclesiæ per cives Hafnienses.

(32) Scribitur etiam Aswardebothe, hodie Asserboe prope Esrom. Ibi monachi Carthusiani per Absalonem archiepiscopum introducti sunt anno 1169.

veniente solemnitate gloriosi martyris Laurentii, venerunt pariter pater et mater pueri, adducentes eum in manibus suis, jam sana habentem membra, præter dorsum, quod erat adhuc saucium, parte subtracta, ubi fuerat fractum. Veritatem hujus miraculi diligentius inquisivimus et cognovimus ex testimonio eorum et alio:um qui adfuerant, quia revera suscitavit eum confessor noster a mortuis et reddidit parentibus suis.

Filius cujusdam viduæ in Oreberghem (33), annos habens quatuor, ludens cum aliis pueris juxta amnem, sed casus lapis infra crepidinem alvei, in ipsis aquis submergitur. Redeunt pueri domum, qui cum eo luserant, nuntiantes matri, quia in amne præcipitatus est filius suus. Quibus auditis, scissis a pectore vestibus et avulsis a capite capillis, clamat et ejulat: « Væ mihi miseræ ! » Hujus clamore glomerantur in unum vicini, et currentes ad locum, ubi pueri eum corruisse asserunt, minime reperiunt. Descendentes per ripam amnis, reperiunt eum in quodam sinu ipsius fluminis, ubi impetus gurgitis eum involverat. Repertum extrahunt, atque ext:actum cum hictu et ejulatu domum reportant. Suspendunt puerum pedibus luridi coloris, et os illius ligno imposito reserant, ut effluat aqua qua turget; sed in hoc amplius labor et dolor, quia defecerat spiritus ejus. Deinde rotant eum in alveo, et ad vitam casso conatu revocare contendunt. Interea ma

ter pueri, sed jam non mater, orbata filio, continuas fundit lacrymas, crebra dat suspiria, clamosas voces dirigit ad Deum, non cessans sanctum Wilhelmum invocare, ut ei restituat filium suum : tanto dolore concutitur, tanto mœrore afficitur, ut omnes ad planctus et lamenta provocaret, omnesque pariter cum ea clamarent : « Sancte Dei confessor, super mortuum nostrum auxilii tui ostende virtutem, licet sumus indigni , ut credamus mirabilibus tuis, quæ auribus nostris frequenter insonuerunt. » Mater vero votum vovit, dicens : « Sancte Dei, si filium meum meritis tuis suscitatum recipere meruero, medietatem portionis ejus, quidquid eum in mobilibus continget, tibi offeram, et eum ad te adducam. » Misertus confessor mulieris, puerum vitæ restituit, apparente primitus in facie ejus nota ruboris, et postmodum eo oculos circumducente; et facta est lætitia magna in domo, et extrema luctus occupavit gaudium. Gaudium et lætitiam obtinuit mulier, et fugit dolor et gemitus ab ea, et exclamaverunt omnes : « Confitebimur, sancte Dei, *quia terribiliter magnificatus es : mirabilia opera tua* (*Psal.* cxxxviii), et nos cognoscimus nimis. » Sequenti anno cum filio suo visitavit sanctum Wilhelmum, et coram omnibus fratribus et populi multitudine, adhibitis sibi testibus filium suum mortuum et a mortuis revocatum, meritis sancti Wilhelmi confessa est.

(33) Forte *Ortingborg*, vel *Wordingborg*.

S. WILHELMI ABBATIS EPISTOLÆ.

(*Script. rer. Dan.*, VI, 1.)

MONITUM AD LECTOREM.

Satis constat, Wilhelmum abbatem, cujus vitam tom. V, p. 458-495, et *Genealogiam regum Danorum*, tom. II, pag. 154-163 dedimus, reliquisse tribus, vel duobus tantum, ut Magnæo videtur, libris distinctas epistolas, quibus unum alterumque historiæ nostræ caput vel corroboratur vel illustratur, et unde sæculis quo vixit, mores et instituta haud pauca intelliguntur.

Has epistolas in elencho, hujus operis primo tomo præfixo, inter deperdita vel desiderata numeravit Langebekius. Nullus quidem, quantum scimus, codex membraneus superest; chartacea vero exemplaria, diversis temporibus descripta, ad manus nostras pervenere haud pauca, quæ tamen omnia, quod comparando edocti sumus, ex unica membrana manaverint. Hæc membrana sine dubio ea fuit, quam in bibliotheca Universitatis caps. Cypriani ord. 3 in-8° servatam Hauniense incendium 1728 delevit, quo incendio etiam Collectaneorum Bartholinianorum, tom. A, vel I, in quo p. 152-210, 346-356, 359 et 360 hæ epistolæ descriptæ fuere, conflammavit.

Ex eis, quibus usi sumus, manuscriptis, primum locum cuidam in-4°, diversis antiquis manibus, quod litterarum forma arguit, scripto, assignamus. Illud publica auctione emptum, Grammio die 19 Febr. 1726 dono dedit Arnas Magnæus, qui in epistola hac de re scripta conjicit hoc exemplar in gratiam Andreæ Welleii esse exaratum. Titulus, cujus vitia nostra non facimus, et ascriptus est hic : *Epistolarum liber unus contractus ex tribus epistolarum libris D. Wilhelmi, qui ante annos sexcentos ex cœnobio Parisiensi divæ Genovefæ opera Saxonis Grammatici vocatus est in Daniam, ut abbatis fungeretur officio in cœnobio Eblcholtensi apud Selandos,* etc. *Nunc primum publici juris factum in gratiam antiquitatis amantium ab N. N. N.* Adjectaque est præcedenti pagina sequens nota : *Codex variis locis mutilatus est, uti ex hac illius editione apparere potest.* Manuscriptum hoc, initio et fine carens, vocamus Magnæanum I.

Alterum manuscriptum, quod habemus, descriptum est in folio ex dicta membrana universitatis Hauniensis, vel potius excerptum, quod partim ex præfatione epistolarum, partim ex eo quod multæ epistolæ, in cæteris exemplaribus obviæ, omissæ sunt, patet. In ultimis foliis hujus manuscripti descriptæ sunt ex membrana dictæ bibliothecæ scholia quædam ad Adamum Bremensem. Hoc exemplar nobis est GRAMMIANUM I.

Tertium manuscriptum, vel GRAMMIANUM II, itidem descriptum est in folio, annexaque habet legenda de S. Wilhelmo et nonnullis aliis sanctis nostratibus, quæ ob rationes in præfatione ad Wilhelmi vitam allatas omittimus.

Hæc tria exemplaria autumamus ea esse, quæ in notis ad Meursium , p. 356, se ad manum habuisse refert Grammius.

Quartum manuscriptum-descriptum est in-8° a magistro quodam Georgio Claussen , qui postea 1717 Leidæ degebat. Librum publice auctionatum a Lyegaard quodam , ad Indos profecturo, emit Arnas Magnæus, qui in adjecta schedula præter allata narrat : Lyegaard ei dixisse, Claussen illud non domi sed foris, et fortasse Romæ exarasse, quod tamen ita sese non habere intuenti et cum cæteris exemplaribus, in primis Wellejano, de quo postea, comparanti facile patebit. Hoc exemplar, in epistola XXXI libri secundi desinens, quod Lyegaardianum nominamus, habet lemmata, suo loco inserenda, quarumdam epistolarum, ex charta codici adjecta descripta, quæ in reliquis exemplaribus non inveniuntur.

Quintum manuscriptum, quod MAGNÆANUM II appellamus, cura Magnæi collectum, in ordinem redactum, auspiciis descriptum, et ab ipso emendatum est. Illud nostræ editionis basin ita fecimus, ut ab eo sine gravi necessitate recederemus nunquam, suppleremus vero locupleremusque ex reliquis exemplaribus.

Primum et ultimum horum manuscriptorum in universitatis Hauniensis bibliotheca asservantur, reliqua in regia majori.

Ad manus præter dicta manuscripta habuimus tria in-4° minoris pretii, inter Langebekii Collectanea reperta, quorum unum manu Wellegi scriptum est, alterum habet chronologiam plerisque lemmatibus epistolarum manu Langebekii ascriptam, tertio sine detrimento carere possumus.

Inter Collectanea Langebekii invenimus præterea chronologiam vitæ et epistolarum Wilhelmi a Thoma Bartholino Nepote ex patris annalibus confectam ; sed cum hæc chronologia omnibus fere locis discrepat a Langebekiana, utramque apposuimus eo fine, ut discrepantia ab aliis, quibus vacat, dijudicetur.

Nonnullæ harum epistolarum antea impressæ sunt, a Bartholino in *Antiquitatibus Danicis*, a Grammio in *Notis in Meursium*, a Pontoppidano in *Annalibus ecclesiasticis*, et ab Holbergio in *Historia Danica*, quod suis locis adnotabimus.

Non illi, cui sæculum, quo Wilhelmus claruit, cognitum est, ejus dictio, fetore barbarismorum et eloquii stribligine scatens, offendat. Illud saltem nullam habet dubitationem , latinitatem Stephani Tornacensis, ejusdem ævi epistolarum scriptoris, Ingeborgæ, Absalonis et Wilhelmi amici, majoris æstimandam non esse.

WILLELMI ABBATIS S. THOMÆ DE PARACLITO IN EPISTOLARUM SUARUM

LIBROS PRÆFATIO.

WILLELMUS, servus servorum Dei, qui sunt in Paracleto (54), lectori carminum horum, salutem, et nullum legendo habere livorem in verba malitiæ

Ad communem hominum utilitatem diligentiam adhibere, sicut est apud Deum et homines approbandum, ita nullis est sinistris incursibus improbandum ; ne forte operi bono non videatur inesse judicium, sed livor aut odium ; ad quam partem si sensus cujuspiam inclinatur, æquitatem non diligere rectissime comprobatur. Nos vero quia plus nos proximorum delectat utilitas, si quid scimus, vel nos posse confidimus, illud eis sine fictione communicare decrevimus, quia nos respicit eorum profectus, quibus glutino charitatis adjungimur. Inde est quod ea, quæ de sensus nostri mediocritate dictando perstrinximus : epistolas videlicet, quas ad personas diversas emisimus, vel sub aliorum nomine scripsimus, in unum volumen congessimus, ad informationem et instructionem eorum, qui altiora attingere nequeunt, ut exiguis (tenuibus) eorum profectibus humilia famulentur. Te igitur, lector, quisquis hoc nostrum opus inspexeris, si verborum leporem rhetoricum, aut ornatum reperire nequiveris, rogamus, ut intentionis nostræ memineris ; quia, ut prædiximus, non doctis, sed proficere dictando volentibus hæc carmina destinare decrevimus ; ut si quid in eis, quod eorum sensum et intellectum exerceat, occurrit, nobiscum gratiæ divinæ gratias agant, memoriæque commendent. Cætera sic intacta permaneant, ut nostram benevolentiam minime canino dente corrodant. Regalibus enim mensis vilia quædam soleni inferri, quæ etiam epulis pretiosis, quia plerumque in fastidium veniunt, sine culpa fas est admisceri : et avidius ab edentibus solent consuli : nemo vero miretur, quod paparum vel episcoporum nomina salutationibus nostris præfigimus, quia hoc ideo fecimus ut litterarum nostrarum principiis, quibus præponuntur, ex eorum nominibus major auctoritas famuletur. In eis autem, in quibus quæstionum nodi solvuntur, nihil æstimet quis appositum in earum solutione, nisi quod ex sanctorum profluit sanctione.

Explicit præfatio.

(54) Sic vocavit monasterium de Eskildsoe, postea translatum ad Ebelholt.

Incipiunt capitula subsequentium Epistolarum domini abbatis
Willelmi de Paracleto.

LIBER PRIMUS.

INCIPIUNT CAPITULA SECUNDI LIBRI.

(35) Deest.

(36) Hæc vox *Parisiensi* erasa est, et non nisi conjectura legi potest.

(37) Hic titulus falsus omnino est, nam tota epistola monstrat eam responsum esse papæ.

II. *Domino papæ contra Norvagiensem tyrannum excommunicatum et episcopos ejus, qui coronaverunt eum.*

III. *Cancellario regis Danorum Andreæ, in qua agitur de promissione sibi facta, missa videlicet habenda per dies singulos unius anni. In qua etiam amatoria verba et consolatoria præmittuntur.*

IV. *Abbati beatæ Genovefæ transmittitur, in qua agitur de benigna susceptione abbatis Willelmi* (38).

V. *Cancellario emittitur hortatoria ad reditum a Clara Valle vel a via Romana.*

VI. *Principibus Francorum emittitur in persona domini archiepiscopi Londensis, agens de divortio regis Francorum et reginæ sororis regis Danorum.*

VII. *Fratri Bernhardo de Vincennis emittitur, agens de supradicto divortio, in qua dulcia et amoris colloquia in persona domini abbatis Willelmi.*

VIII. *Domino archiepiscopo de eodem divortio emittitur, et tarditate reditus ejus et sociorum ipsius in persona cancellarii.*

IX. *Ab abbate Willelmo emittitur ad abbatem Sanctæ Genovefæ, de captione et detentu ejus et sociorum ejus.*

X. *Monachis Sancti Michaelis mittitur ab abbate Willelmo, in qua idem monachi ad præfixum sibi evocantur.*

XI. *De assignatione bonorum illius Ecclesiæ Griseis.*

XII. *Domino papæ de eodem negotio.*

XIII. *Domino papæ a domino Roskildensi episcopo emittitur, agens de habendis beneficiis decedentium sacerdotum per annum unum.*

XIV. *Dominus archiepiscopus parochianis de Lingbu de convehendis lapidibus ad construendum monasterium in Paracleto.*

XV. *Abbas W. ad comitem B. in primis agens de amicitia. Circa finem exhortans eum ad construendum claustrum præmissum.*

XVI. *Idem ad quemdam episcopum de Svethia verbis blandioribus alludens episcopo ad complendum negotium.*

XVII. *Abbas idem ad cardinalem Ceufredum de quodam, qui per rapinam ecclesiæ terram invaserat et violenter obtinebat.*

XVIII. *Domino archiepiscopo ab eodem W. transmittitur querulis verbis ac devotis ad faciendam justitiam in quemdam, qui terram ei scotaverat, et in usus suos resumpserat.*

XIX. *Ad dominum Ebbonem ab abbate transmittitur, tota plena dulcibus et amicabilibus verbis, provocans ejus affectum ad totius claustri profectum.*

XX. *Ab abbate W. ad quemdam abbatem et archidiaconum emittitur reprehensiva de Simonia facienda, cum cuidam clerico emere disponebant.*

XXI. *Ad dominum archiepiscopum ab abbate prædicto transmittitur flebiliter agens de horreis igne consumptis, et annonæ defectu, longam tenens historiam, in finem requirens repatriandi licentiam* (39).

XXII. *Principibus Francorum emittitur a domino archiepiscopo de divortio regis et reginæ, in longam reginæ prætendens originem : in finem rogans, quatenus prædictum regem præmissis orationibus ab errore ad veritatem reducant* (40).

XXIII. *Ad regem Danorum Kanutum ab abbate W. transmittitur, monens et ratione qua potest animum regis inducens, ne pro defectu pecuniæ pactio conjugalis inter regem Francorum et sororem ejus disolvatur.*

XXIV. *Ad eumdem regem in persona prædicti abbatis, agens de prædicto inglorium videatur, quod ei a tali persona scribatur. In qua Lundensis archiepiscopi laus et gloria multipliciter explicatur, et brevis supplicatio subinfertur, ne de detrahentibus sibi credatur.*

XXV. *Ad regem Francorum emittitur in persona domini prædicti abbatis, agens et supplicans, ut dimissam reginam in amorem recipiat maritalem, et cancellarium et se et socios eorum de captione qua tenebantur, mandet educi.*

XXVI. *Ad cardinales emittitur a rege Danorum, primo eos blandioribus verbis emolliens, et circa finem de divortio facto inter regem Francorum et ejus sororem querelam exponens, et exinde fieri sibi quærens justitiam.*

XXVII. *Ad dominum abbatem de Esrum emittitur ab abbate W. in quo quid de negotio reginæ Francorum Romæ complecerant, breviter enarratur, transcripto ei transmisso.*

XXVIII. *Ad dominum archiepiscopum ab eodem transmittitur satis querulosa, in qua abbas, idem de immutatione vultus paterni erga eum seriem verborum longam contexens, opponens ei panis inediam, et quærens repatriandi licentiam.*

XXIX. *Ab eodem ad Gaufridum canonicum Sanctæ Genovefæ Parisiensis emittitur, tota in amore conscripta.*

XXX. *Item ab eodem ad Petrum filium domini Simonis emittitur hortatoria, ut in virtutibus et scientia litterali proficiat, et de adjutorio ejusque consilio dubitare non debeat. Patremque suum reconciliatum abbati renuntiat.*

XXXI. *Item in persona ejusdem ad dominum Lundensem emittitur plena querelis, tum propter obitum magistri Petri, tum propter horrea combusta, tum propter inediam.*

XXXII. *Ab eodem ad abbatem Sancti Victoris emittitur, habens in prima parte paginam amoris dulcedine plenam, et in ultimo prioris sui, ut apud eum ad tempus suscipi debeat benignam commendationem.*

XXXIII. *A cancellario, domino transmittitur Hostiensi, excusationem prætendens, et indulgentiam quærens, quod sine ejus licentia ab urbe discesserit.*

XXXIV. *Domino Lundensi transmittitur ab abbate W. clausam habens petitionem viva voce latoris in ejus auribus exponendam.*

---

(38) Forte *Walborti Esromensis.*

(39) Inter hanc et sequentem epistolam sub numero xxii insertus est in ms. Lyegaardiano hic titulus : *Ad abbatem Sanctæ Genovefæ dirigitur.* Hanc epistolam ms. Mag. II quod sequimur, ultimo loco assignat.

(40) Hic titulus falsus est ; missa enim hæc epistola est ad papam Cœlestinum.

XXXV. Abbati de Esrum conscribitur ab eodem, habens in prima parte benevolentiæ captationem, et in cœtera, ut frater Stephanus apud eum propter aquæ ductum per quatuor dies emendandum remaneat.

XXXVI. Item ab eodem ad abbatem de Nostwet emittitur, breviter laudans eum de melioratione status cœnobii sui.

XXXVII. Ad regem Danorum ab eodem emittitur alludens sororis suæ reginæ honori breviter.

XXXVIII. Item ab eodem amico suo cuidam emittitur tota de amore conscripta.

XXXIX. Ad priorem de Cuningahelle ab eodem mittitur, agens de navi transmittenda ad eos cum brasio.

XL. Ab eo, qui supra ad amicum in infirmitate laborantem consolatoria emittitur.

XLI. Ad dominum Thurgotum ab eo, qui supra emittitur, alludens breviter primo ejus promotioni, in extremis, quia discordantium canonicorum erga præpositum suum fovebat errorem.

XLII. Ab eo, qui supra, transmittitur ad præpositum Sancti Theodegarii, monens eum ad patientiam et passionum tolerantiam.

XLIII. Ad dominum papam a quo supra emittitur, agens de paupertate domus, supplicans, ut dominum Roskildensem ad ei subveniendum scriptis suis inducat.

XLIV. In persona regis Danorum ad dominum papam emittitur, habens in querelis, quod de episcopo Waldemaro requisita justitia non sit ei exhibita, iterum eam in finem requirens.

XLV. Ad dominum Lundensem in persona cancellarii Danorum regis emittitur, agens de his omnibus, quæ ei et sociis ejus contigerant in via Romana, quomodo litteras domini papæ perdiderint, et de multis aliis.

XLVI. Ad dominum papam ab abbate W. emittitur, habens in querelis Griseos monachos esse verberatos a monachis nigris.

XLVII. Item ad eumdem, in qua postulatur, in quo sit ei ordine securius permanendum.

XLVIII. Item contra monachos nigros.

XLIX. Item ad episcopum Roskildensem intercessoria pro quodam familiari.

L. Ad abbatem Præmonstratensem, excusationem prætendens in accusatione Joannis abbatis.

LI. Ad dominum Sincium (41) cardinalem.

LII. Ad Seufredum pro familiari quodam ad ejus subventionem transmisso.

LIII. Ad dominum Sincium cardinalem intercessoria pro quodam.

LIV. Ad quemdam præpositum.

LV. Ad quemdam episcopum agens pro quadam benevolentia sibi exhibita.

LVI. Ad Gozvinum monachum, provocans eum ad honestatem tenendam verbis amore plenis.

LVII. Ad abbatem Sanctæ Genevefæ in persona ejusdem, in qua excusationem prætendit quod ei equum citius non miserit.

LVIII. Ad Danielem expulsum revocandum.

LIX. Ad cancellarium, tota agens de benignitate et amore.

LX. Ad amicum, primum commonitoria et provocans ad amorem: et in ultimo quærens auxilium et benignum auditum.

LXI. Ad regem Kanutum Danorum, supplicans ad gratiam, et exhortans, ne sit tenax in danda regi Francorum pro sorore sua.

LXII. Ad dominum Lundensem archiepiscopum querula, quod abbatem citius non exaudiat in precibus suis.

LXIII. Ad Gaufridum, agens in primis totum de amore, in ultimo significans se renisse Parisios.

LXIV. Ad dominum Lundensem archiepiscopum commendans et provocans pietatis affectum in monachum sibi transmissum.

LXV. Ad magistrum Meliorem cardinalem et legatum in persona cancellarii conquerentis se et socios suos apud Divionem in captione esse detentos.

LXVI. Ad episcopum Thurgotum pro ecclesia Sancti Theodegarii in persona abbatis Willelmi.

LXVII. Ad dominum Lundensem conquerens, adversum fratres esse immutatos vultus ejus.

LXVIII. Ad omnes commendativa pro quolibet iter agente.

LXIX. Otheniensi episcopo pro quodam fugitivo reducendo.

LXX. Ad Jo. subpriorem de Esrom pro tacito negotio.

LXXI. Ad regem Kanutum principium cujusdam epistolæ tacito negotio.

LXXII. Ad abbatem de Esrom initium cujusdam epistolæ simile priori.

LXXIII. Ad dominum Ebbonem, rogans cujusdam....

Reliqua, quæ operi olim præfixa erant epistolarum lemmata, nunc desiderantur.

Post hæc in apographo Lyegaardiano sequentia exstant:

Hic deficit membrana; sequentia vero capita e charta adjuncta membranis, manu non admodum recenti signata addimus; ut documento sint non heri aut hodie membranas jacturam passas fuisse, adeoque ad ætatem abbatis propius accedere, quamvis post Reformationem charta scripta videatur.

LXXIV. Ad quemdam cardinalem (42).

LXXV. Ad Joannem monachum (43).

LXXVI. Ad fratrem Stephanum monachum.

LXXVII. Ad fratrem Bernhardum de Vicennis, de causa reginæ Franciæ (44).

LXXVIII. Ad quemdam infirmum (45).

LXXIX. Ad papam nomine regis in causa suæ sororis (46).

(41) Lege hic et n°. LIII sine dubio Cincium.
(42) Barth. 1197.
(43) Barth. 1192.
(44) Barth. 1195.
(45) Barth. 1190.
(46) Barth. 1195.

LXXX. *In persona archiepiscopi Lundensis de primatu Sueciæ* (47).
LXXXI. *Ad abbatem Sanctæ Genovefæ Parisiis super eodem negotio* (48).
LXXXII. *Ad regem Kanutum.*

Heu ! crudelis et rustica, barbara manus, quæ violasti, quod reparare nequivisti!
Desunt cæteræ epistolæ domini abbatis Willelmi de Paracleto, quæ haud dubie plures erant gravibus de rebus perscriptæ.
Hucusque e chartis insertum.

(47) Barth. 1199. (48) Barth. 1191.

WILLELMI ABBATIS EPISTOLARUM

LIBER PRIMUS.

—

EPISTOLA PRIMA.
Deest (49).

EPISTOLA II.
Prima hujus epistolæ desiderantur (50).

. . . . deprehensa, secundum illud apud Numerian (51). Si quis ingenuus homo ancillam alterius uxorem acceperit, et æstimat quod ingenua sit, si ipsa femina postea fuerit in servitute dejecta (52), si eam a servitute redimere potest, faciat ; si non potest, si voluerit, aliam accipiat. Si vero ancillam eam scierat, et collaudaverat eam, ut legitimam habeat. Et si ingenua acceperit servum, sciens eum esse servum, habeat eum, quia unum omnes patrem habemus (*Joan.* VIII). Si ab aliquo aliter præsumptum fuerit, districte examinationi subjaceat, donec se nequiter egisse cognoscat. De hoc autem, quod in fine litterarum adjungis, si servus unius ancillam alterius acceperit, si sit inter eos conjugium ; ita statutum esse noveris in concilio Cabilonensi (53) : « Dictum est nobis, quod quidam legitima servorum conjugia potestativa præsumptione dirimant, non attendentes quod Dominus dicit, quos *Deus conjunxit, homo non separet* (*Matth.* XIX). Unde nobis visum est , ut conjugia servorum non dirimantur, etsi diversos dominos habeant , sed in uno conjugio permanentes serviant dominis suis.» Et hoc in illis observandum, ubi legalis conjunctio fuit, et per voluntatem dominorum firmiter hoc cognoscas. Cui si quis obviare tentaverit, in eum canonicam sententiam expendas.

EPISTOLA III (54).

Fraternitatis tuæ litteris ad nos usque transmissis nobis innotuit quantum spiritualibus studiis occuparis , quærens indesinenter, quibus Deo pla-

A ceas , et quæ congruant honestati pontificis. Sollicitudinem talem gratanter amplectimur, præcipue cum rarus eorum sit numerus, qui velint hoc tempore talibus occupari. In petitionis autem tuæ prima parte videris expetere , quatenus diligentiam tuam de consanguinitatis vel affinitatis gradibus instruamus , in quo videlicet gradu possit vel non possit secundum canones vel decretorum auctoritatem institui. Et in fine amplius adjecisti , utrum scilicet, qui Ecclesiæ judicio disjuncti fuerunt, reconciliationis beneficio postmodum potiantur. Est autem cognatio, alia carnalis, alia spiritualis. Primum de carnali cognatione et affinitate inspiciamus. Cognati igitur vel affines in septimo gradu vel infra B copulari non debent, unde Gregorius (53) : « Progeniem suam unusquisque ad septimam observare decernimus generationem , et quandiu se agnoscunt affinitate propinquos , conjugalem copulam contrahere denegamus. Quod si fecerint , separentur. » Item papa Nicolaus (56) : « De consanguinitate sua nullus uxorem ducat usque post generationem septimam, vel quousque parentela cognosci potest. Item nullus ex propinquitate sui sanguinis usque ad septimum gradum uxorem ducat. »His aliisque pluribus auctoritatibus consanguineorum conjunctiones prohibentur usque ad septimum gradum. Quomodo consanguinitatis gradus computandi sunt, Isidorus (57) ostendit sic : « Series consanguinitatis sex gradibus dirimitur hoc modo : Filius et filia sit ipse truncus C primus, pronepos et proneptis secundus, abnepos et abneptis tertius, adnepos et adneptis quartus, trinepos et trineptis quintus, trinepotis nepos et trineptis neptis sextus. » Attende quod sex tantum gradus Isidorus ponit, quia truncum inter gradus

(49) Huic epistolæ Langebekius annum 1200 assignat.
(50) Bartholinus Thomæ nepos et Langebekius huic annum 1200 dant.
(51) In apographo Lyegaardiano : Vermariam. Lege Gratianum. Hic articulus enim exstat totidem verbis in decretis Gratiani ex edit. Fontanni, Romæ, 1727, vol. 2, tit. 2, Rubrica 2, IV, p. 631.

(52) Lege detecta.
(53) Anno 813. Ibid. VI, p. 65̄.
(54) Barth. et Lang. an. 1200.
(55) Decret. Grat. t. II, p. 654. Tit. IV, Rubrica 2, III, ubi ad Nicolaum refertur.
(56) Ibid. IV, p. 655, licet ibi non ad Nicolaum refertur.
(57) Ibid. VIII, p. 655, licet aliis verbis.

non computat. Alii vero, qui septem ponunt gradus, truncum adnumerant. Variæ enim computantur consanguinitatis gradus. Alii enim patrem in primo gradu ponunt, filios in secundo. Alii primum gradum filios appellant, negantes gradum consanguinitatis inter patrem et filium esse, cum una caro sit patris et filii. Auctoritates ergo, quæ consanguinitatis cautelam usque in septimum gradum prohibent, patrem ponunt in primo, qui dicitur esse primus gradus. Hoc modo computat Zacharias papa (58) inquiens : « Parentelæ gradus taliter computandus. Ego et frater meus una generatio sumus, primumque gradum efficimus. Rursumque filius meus fratrisque mei filius secunda sunt generatio et gradum secundum faciunt. Atque ad hunc modum cæteræ successiones. Inter illos vero, qui sex computant gradus, et illos qui septem, nulla in sensu existit diversitas, quamvis in numero graduum varietas videatur. Ultima enim generatio, si a patribus sumat initium numerandi, septima invenitur. » Quare vero sex gradus computet Isidorus, ipse aperit, dicens : « Consanguinitas, dum se paulatim propaginum ordinibus dirimens usque ad ultimum gradum protraxerit, et propinquitas esse desierit, tunc primum lex in matrimonii vinculum eam recipiet, et quodammodo incipiet revocare fugientem. Ideo autem usque ad sextum gradum generis consanguinitas constituta est, ut sicut sex ætatibus mundi, generatio et hominis status finitur, ita propinquitas generis tot gradibus terminetur. » In his vero gradibus omnia propinquitatis nomina continentur, ultra quos nec affinitas inveniri, nec successio potest amplius prærogari. Secundum alios septem gradus ideo computantur, ut ita post septem gradus sponsus sponsæ jungatur, sicut post hanc vitam, quæ septem diebus volvitur, Ecclesia Christo jungetur. Ex his autem occurrit illud, quod Gregorius (59) Augustino Anglorum episcopo, a quo requisitus fuerat, si quarta generatione debeant copulari, rescribit sic : « Quædam lex Romana permittit ut sive fratris, sive sororis, sive duorum fratrum germanorum, seu duarum sororum filius et filia misceantur. Sed experimento didicimus ex tali conjugio non posse sobolem succrescere. Unde necesse est, ut quarta vel quinta generatio fidelium licenter sibi jungantur. Sed post multum tempus idem Gregorius (60) a Felice Messinæ Siciliæ præsule requisitus, utrum Augustino scripserit, ut Anglorum quarta generatione contracta matrimonia non solverentur, inter cætera talem reddit rationem : « Quod scripsi Augustino Anglorum genti, quæ nuper ad fidem venerat, ne a bono quod cœperat metuendo de justitia recederet, specialiter non generaliter me scripsisse cognoveris. Nec ideo hoc eis scripsi, ut, postquam in

fide fuerint solidati, si inf rapropriam consanguinitatem inventi fuerint, non separentur, aut infra affinitatis lineam primam usque ad septimam generationem jungantur. »

Nunc de affinitate videndum est, de qua Gregorius (61) ait : « Porro de affinitate, quam dic tis parentelam esse, quæ ad virum ex parte uxoris, seu quæ ex parte viri ad uxorem pertinet, manifesta ratio est, quia secundum divinam sententiam, ego et uxor mea sumus una caro, profecto mihi et illi sua meaque parentela propinquitas una efficitur. Quocirca ego et soror uxoris meæ in uno et primo gradu erimus, filius vero ejus secundo gradu erit a me, neptis vero tertio, idque in cæteris utrinque agendum est successoribus. Uxor ejus propinqui ejusque gradus sit. Ita me oportet attendere, quemadmodum ipsius quoque gradus aliqua femina propriæ propinquitatis sit. Quod nimirum uxori meæ de propinquitate viri sui in cunctis cognationis suæ gradibus convenit observare. Qui vero aliorsum senserint, Antichristi sunt ; » item Julius papa (62) : « Æqualiter vir conjungatur consanguineis propriis et consanguineis uxoris ; » item Isidorus (63) : « Sane consanguinitas, quæ in proprio viro conservanda est, etiam in uxoris parentela de lege nuptiarum conservanda est, quia constat eos duos in carne una fuisse, ideo communis est illis utraque parentela. » Item Julius papa (64) : « Nullam ex utroque sexu permittimus ex propinquitate sui sanguinis, usque in septimum generationis gradum uxorem ducere, vel incesti macula copulari, et sicut non licet cuiquam Christiano de sua consanguinitate, sic neque de consanguinitate uxoris conjugem ducere propter carnis unitatem. » Item Gregorius (65) : « De affinitate propinquitatis pro gradu placuit cognationis usque ad septimam generationem observare, nam et hæreditas rerum per legales instrumentorum diffinitiones sancit usque ad septimum gradum hæredum protendunt successionem. Non enim eis succederent, nisi de propagine cognationis deberetur. » Illis auctoritatibus insinuatur, et quæ sit affinitas, et usque ad quem gradum sit observanda, scilicet usque ad septimum gradum. His autem et tua fraternitas sit contenta, et hæc etiam prædices esse tenenda, quod si qui contra hæc attentare voluerint, in eos canonicam dare sententiam nullatenus immoreris, nisi resipiscant.

EPISTOLA IV.

Ad dominum papam (66).

Cum habeant omnes Ecclesiæ Romanorum pontificem patronum et judicem, tanto securius ad eum est in dubiis recurrendum, quanto Christianæ religioni expedit procurandum, nec per se solam præ-

---

(58) Hoc non exstat apud Gratianum, nisi forte p. 657, Rubrica 3, III.
(59) Magnus lib. xii, epistola 52.
(60) Apud Grat. VII, p. 635.
(61) Apud Grat. t. II, p. 680, Rubrica 5, I.
(62) Etiam, nisi forte respicitur ad hoc apud

Grat. t. II, p. 656, Rubrica 3, I.
(63) Grat. t. II, p. 679, Rubrica 3, II.
(64) Grat. t. II, p. 654, Rubrica 2, I.
(65) Occurrit forte apud Grat. t. II, p. 654, Rubrica 2, II.
(66) Barth. et Lang., an. 1198.

sumat in consuetudinem ducere, quod sanctorum Patrum auctoritas indubitanter asserit improbandum. Inde est quod ad apostolicam sedem sæpe recurrimus, cum ea nescimus, quæ nos ex injuncto nobis officio convenit non nescire, cum, sicut prædiximus, nobis immineat periculum, si præsumamus transgredi terminos antiquorum. Quidam in diœcesi nostra fœdere nuptiali in facie Ecclesiæ sortitus uxorem, abiit in regionem longinquam moram facturus longam, sed continere non valens, aliam, quam sibi videbat competere, duxit uxorem. Tandem in se reversus, de facto pœnituit, et illam dimittere voluit, asserens se aliam duxisse. Hoc autem ignorans Ecclesia, cujus obedientiæ subjacebat, id fieri posse contradicebat. A nobis ergo quæritur, quid super hoc sit sentiendum? utrum videlicet inter illos firmum habeatur conjugium, et si vir uxori tali reddere debeat debitum, quem conscientia transgressionis redarguit, et Ecclesia ad legitimam habere reditum non permittit. Vestrum igitur est, Pater, super hoc dare consilium, quod sit non solum nobis sed etiam aliarum Ecclesiarum prælatis perpetuis temporibus profuturum.

EPISTOLA V.

Ad inquisita solutio (67).

Quoniam nobis est Ecclesia Dei commissa, omni nos convenit vigilantia providere, ne quid adversitatis emergat, quod ecclesiasticis obviet institutis et Christianæ fidei peccatis exigentibus fundamentum tenetur evertere. Quod igitur nobis proposuisti de illo, qui in facie Ecclesiæ sortitus uxorem in aliam transiit regionem, et aliam sibi copulavit coram Ecclesia, et pœnitentia ductus eam dimittere voluit, sed Ecclesia contradicit, quia alterius contractum ignorat. Quæris ergo si debet dimittere primam et retinere secundam, et si sit inter eos et inter ipsum et secundam habendum conjugium De hoc tuæ fraternitati breviter respondemus. Sane dici potest non esse conjugium, et mulierem de crimine excusari per ignorantiam, virum autem adulterium admisisse. Sed ex quo ad primam redire volens nec valens, cogitur Ecclesiæ disciplina hanc tenere, incipit excusari per obedientiam et timorem Dei de hoc quod poscenti debitum mulieri reddit, a qua ipse nunquam poscere debet.

EPISTOLA VI (68).

Idem qui supra.

Ut beatus dicit Gregorius (69) : « Ars est artium, regimen animarum. » Quia igitur omnium ecclesiarum mater est et magistra Romanorum Ecclesia, cui, auctore Domino, præsidemus, ex officio nobis injuncto nos decet earum tribulationibus et angu-

stiis attentius exhibere compassionis affectum, ne forte ex taciturnitate nostra subrepat ignaviæ torpor et divinis inferatur læsio sacramentis, si defensionis et protectionis sedis apostolicæ senserint in istis adesse defectum. Nos igitur, quia cura propensiori periculis et infestationibus Ecclesiæ subvenire disponimus, paternitati autem vestræ mandamus quatenus in unum convenientibus vobis, de his, de quibus nobis quæstiones plurimæ proponuntur, dubitationes hominum breviter absolvamus. A nobis siquidem quæritur utrum liceat viro sine uxoris licentia votum facere castitatis; vel si uxori liceat sine viri consensu. Vel etiam ut liberius serviant Domino, si liceat alteri eorum sine utriusque consensu monasterialem conversationem subire. His etiam quæstionibus superadditur, alterius quæstionis articulus, si sponsam alterius aliquis cognatus ejus in matrimonium ducere possit. His omnibus auctoritatibus sanctorum freti duximus respondendum, et quod respondemus in omni Ecclesia indubitanter et firmiter esse tenendum. Sunt qui dicunt religionis gratia conjugia debere dissolvi. Dicit Gregorius (70), scribens Theuticio patricio (71) : « Sunt qui dicunt gratia religionis conjugia posse vel debere solvi. Verum sciendum est quia, etsi hoc lex humana concessit, tamen lex divina prohibuit. Si ergo utrisque conveniat continere, hoc quis audeat accusare? sic enim multos sanctorum novimus cum suis conjugibus et prius continentem vitam duxisse et post ad sanctæ Ecclesiæ regimina migrasse; si vero continentiam, quam vir appetit, mulier non sequitur; aut quam uxor appetit, vir recusat, conjugium dividi non potest, quia scriptum est : Mulier potestatem sui corporis non habet, sed vir, et vir potestatem sui corporis non habet, sed mulier (I Cor. VII). » Item Agathosa latrix (72) præsentium questa est virum suum contra voluntatem suam esse conversum : « Quapropter experientiæ tuæ præcipimus, ut diligenti inquisitione discutiat, ne forte ejus voluntate conversus sit, nec continentiam nisi ex communi consensu servare valeat, nec monasterium petere, nisi uterque pariter continentiam profiteatur. »

EPISTOLA VII (73).

Ad dominum papam.

Quod apud nos in quæstione inter etiam doctos versatur, et quæstionis non dissolvitur nodus, ad sedem apostolicam referendum esse censemus, ne forte in periculum proruamus; si per nos diffinire præsumamus, quod nullius sanctorum auctoritate dissolutum esse probamus. Videtur aliquibus in se tantum confidentibus, quod aliquis cognatorum post decessum cognati sui, uxorem, quam sibi despon-

---

(67) Barth., an. 1198.
(68) Bart. et Lang., an. 1198.
(69) Non possum invenire nec in Gregorio, nec in Gratiano.
(70) Locus hic classicus exstat in Gregorii Magni oper. edit. Antverp. 1572, fol. t. II, fol. 251, p. 1,

col. 2: D. 1. ix, epist. 59, indict. iv.
(71) In Lyegaardiano Theutici patriciæ; legé Theotistæ patriciæ.
(72) Ap. Grat. t. II, p. 644. tit. II, rubrica 13; X.
(73) Barth. et Lang. an. 1198.

saverat et subarrhaverat, in conjugem ducere possit, præcipue cum non intercesserit coitus, sed solum de præsenti concessus vel consensus. Quia
igitur, Pater charissime, quid in hujusmodi quæstione teneri debeat, nondum nobis innotuit, rogamus, quatenus vestra nobis proponat auctoritas
quid in Ecclesia sit super hoc promulgandum atque
tenendum.

EPISTOLA VIII (74).

Ut honori Dei et famæ et gloriæ vestræ peroptime
noveritis esse consultum, cum in rebus dubiis apostolicæ sedis consilium duxeritis expetendum, ne,
sicut est litteris vestris expressum, de re incerta
contrahere possitis excessum. Quia igitur in inquisitione vestra versabatur, utrum cognatus alterius
cognati, qui uxorem desponsaverat, post ejus decessum ducere posset in conjugem. Quid super hoc
in sanctorum reperimus scriptis, fieri vobis manifestum optamus, et in lucem producimus, ne sit populus Dei quorumlibet pravitatis assertione seductus, si non sit intellectu majorum instructus. In
primis igitur vestram notitiam non excedat, quod
cognati cognatus spönsam accipere non debeat, cum
hoc fieri sanctorum auctoritas contradicat. Unde
Gregorius (75) : « Si quis uxorem desponsaverit,
vel subarrhaverit, quanquam postea præveniente
die mortis ejus nequiverit ducere eam in uxorem,
tamen nulli de consanguinitate ejus licet accipere
eam in conjugio, et si inventum fuerit factum, separetur omnino. » Item Julius papa (76) : « Si quis
desponsaverit uxorem vel subarrhaverit, vel præveniente die mortis, vel irruentibus quibusdam
causis eam non cognoverit; nec frater ejus, nec
ullus de consanguinitate ejus eamdem sibi tollat in
uxorem ullo unquam tempore. » Item Gregorius
(77) : « Qui desponsatam proximi sui puellam acceperit in conjugium, anathema sit ipse et omnes
consentientes sibi, quia secundum legem Dei mori
decernuntur. »

EPISTOLA IX (78).

Ad dominum papam.

In re, quæ nobis infert dubitationem, non est,
amantissime Pater, admirandum, nec competenti
obviat disciplinæ, si totum negotium referamus ad
beati Petri apostoli successorem, per quem totius
Ecclesiæ status confirmatur ad fidem et bonorum
morum suscipit disciplinam. Nonnunquam inter nos
quæritur, utrum consensus de futuro addito conju-
mento conjugium efficere possit ut, si quis promittat
vel etiam juret, se aliquam in uxorem accepturam,
et illa humiliter id ipsum etiam promittat et juret,
se videlicet illi nupturam, nunquid tális sponsio
conjugium facit? si vero, mutato proposito, alter vel
altera ad alienam se transferat copulam, nunquid
ob priorem sponsionem juramento subnixam, se-

cundæ fœderationis pactum scindetur? Quid ad hæc
respondere debeamus, a vestra prudentia et sapientia volumus edoceri, ne forte nobis insultetur,
si videamur indocti.

EPISTOLA X (79).

Domini papæ responsio ad inquisita.

Ad hoc totius Dei Ecclesiæ suscepimus curam
regiminis, ut ea, quæ sunt confracta malorum sinistris incursibus, in melius reparentur et ignorantes in suis dubitationibus veraciter instruantur.
Vestris igitur est a nobis inquisitionibus respondendum et dare congruum de vestra dubitatione
consultum, ne in his, quæ nos oporteat scire, sen-
tiatis a veritate diversum. Considerandum est igitur, quia longe aliud est promittere, aliud facere.
Qui id promittit, nondum facit. Qui ergo promittit
uxorem se ducturum aliquam, nondum duxit eam
uxorem; et quæ spondit se nupturam, nondum
nupsit. Quomodo ergo conjuges appellari possunt,
qui nondum contrahunt, sed in futuro se contra-
cturos jurando promittunt? Item si ex vi juramenti
ad futurum pertinentis mox efficiuntur conjuges,
tunc hanc rem efficiunt, quando jurant se facturos.
Ideo dicendum quia conjugium tunc non fuit, sed
futurum promittebatur. Si vero ille post uxorem
duxit, et illa marito nupsit, conjugium utique fuit,
et non potest dissolvi. Præcedens ergo mendacium
vel perjurium pœnitentia est corrigendum; sed
conjugium sequens non est dissolvendum. Non autem sic est, quando juramentum conjugii præsentis
consensus attestatione firmatur, quia post talem
consensum, si quis alii se copulaverit, etiamsi prolem procreaverit, irritum debet fieri et ipse ad
priorem copulam revocari. Quidquid autem de his
agendum esse disponitis, non dubitamus tamen,
quin tot malis occurrere minime differatis, quatenus capiti membra cohæreant, et inimici Christi
usquequaque dispereant.

EPISTOLA XI *a* (80).

Ad vos, Pater, est redeundum, quatenus in his
quibus dubitamus, a vobis diligentius instruamur,
ne a fide et doctrina catholica deviemus. Puerum
nuper invenimus, quem nullius testimonio baptizatum fuisse probavimus. Hunc igitur aqua baptismatis volebamus intingere, si nobis illud non
obviasset, quod nulli facienda est injuria sacramento, ne forte in eo sacramentum fieret iteratum :
ne vero, si careat baptismo, depereat, vel sacramentum iteretur, si baptizetur. Gratiam vestræ
paternitatis duximus consulendam. Scire quoque
vellemus, si solum aquæ et non aliud elementum
ad baptismum conficiendum inquirere debeamus, et
si is, qui baptismum suscipit, semel vel bis intin-
gatur, dici et credi potest baptizatus; sunt enim,
qui diversa super hoc sentire videntur. Cui parti

---

(74) Barth. et Lang. an. 1198.
(75) Non possum invenire hunc locum.
(76) Etiam.
(77) Cum hac lege convenit illa Gregorii apud

Gratianum tom. II, p. 633, rubrica 5, 1.
(78) Barth. et Lang. an. 1198.
(79) Barth. et Lang. an. 1198.
(80) Lang. ad ann. 1199.

sit credendum, divinæ et apostolicæ sedis duximus A consilium exquirendum. Et si tantum valet bapti- smus per malum, quantum per bonum hominem datus.

EPISTOLA XI *b* (81).
In persona domini papæ.

Cum nobis occurrit, quod agere debemus, si negligentes reperti fuerimus, superni judicis judi- cium in nostram perniciem formidamus. Quia ergo ad defensionem fidei Christianæ religionis nos in- stanter litteris incitasti, licet labor incumbat nobis nescius parcere senectuti, Domino juvante, viribus imbecilles, nec iter aggredi formidantes, in brevi proponimus hæreticos prædictos convenire, cum eis fortiter congressuri. Ne vero videamur tantum negotium inconsulte suscipere, dignum ducimus ad B celebrandum super hoc concilium Ecclesiam Dei primitus ad nostram præsentiam evocare, quatenus quod exinde majorum et religiosorum virorum fue- rit consilio definitum, opportunum et desideratum et irrevocabilem sortiatur effectum. Ad convocan- dum autem concilium et exsequendum hujus evo- cationis officium, te decernimus legatione sedis apostolicæ communire, quem speramus in omnibus pro innata tibi probitate et bona voluntate ad hono- rem Dei nomen optimum reportare. De his autem, quæ nobis explananda proponere voluisti, favente nobis divina clementia, sanctorumque auctoritatibus præmuniti, ad singula respondemus. De illo, qui nullius testimonio asseritur baptizatus, dicit papa C Leo (82) : Sciendum est quod illi, de quibus nulla exstant indicia inter propinquos vel clericos, vel vicinos, quibus baptizati fuisse doceantur, agendum est ut renascantur ne pereant. In quibus quod non ostenditur gestum, ratio non sinit, ut videatur iteratum, conferendum eis videtur, quod colla- tum esse nescitur, quia non intervenit temeritas præsumptionis, ubi est diligentia pietatis. » De secundo quoque articulo tuæ quæstionis dicit beatus Augustinus (83) : « Ideo uniformiter id fieri in aqua præcipitur, ut intelligatur, quod sicut aqua sordes corporis ac vestes abluit, ita baptismus ma- culas animæ sordésque vitiorum abstergat. » Hinc iterum Augustinus (84) : « Ideo in aqua, ut nullum D inopia excusaret, quod posset fieri, si in vino vel oleo fieret; et ut communis materia baptizandi apud omnes inveniretur. Quod aqua significavit, quæ de latere Christi manavit, sicut sanguis alte- rius sacramenti signum fuit. Non ergo in alio liquore confici potest baptismus, nisi in aqua. » De tertio articulo, videlicet si is, qui semel vel bis aqua intingitur sit baptizatus, respondet Grego- rius (85) : « De trina immersione baptismi nil verius

responderi potest, quam quod ipsi sensistis, quia in una fide nihil officit Ecclesiæ sanctæ consuetudo diversa. Quia enim in tribus substantiis una sub- stantia est, reprehensibile nullatenus esse potest infantem in baptismo vel ter vel semel mergere, quia et in tribus mersionibus Trinitas, et in una potest divinitatis singularitas denotari. Nos vero, qui tertio mergimus, triduanæ sepulturæ sacramen- tum signamus. Secundum enim hoc, licet non modo ter, sed et semel tantum mergere. Ibi tamen dun- taxat semel mergere licet, ubi consuetudo Ecclesiæ talis existit. »

EPISTOLA XII. (86).
Ad dominum papam.

Etsi ad excellentiam apostolicam nulla nos merita promoveant, quia tamen sapientibus et insipien- tibus debitrix est in his in quibus salus dependet aut periculum animarum, præsentibus eam duxi- mus expetendam atque consulendam. Lator præ- sentium in domo nostra habitum religionis assum- psit, et per quadriennium nobiscum in ordine Sancti Victoris Parisiensis permansit. At postmodum, deceptus a diabolo, viam deserens sanctitatis et luxuriose vivens in mundo et dissipans substantiam suam pavit porcos, et ordine Sancti Victoris con- tempto; nullam a nobis quærens licentiam, primæ sponsionis voto confracto, suaviter in terra viven- tium conversationem hospitalium fratrum (87), cum voluit, expetivit. Tandem vero viri boni præ- dicti, cum cognovissent quod professionem fecisset irritam a consortio suo, eum repellere decreverunt. Quod iste percipiens a nostra persona non autem a capitulo nostro licentiam cum eis remanendi diutius precibus multis obtinuit. Hoc autem dominus Lon- densis non ferens, eum excommunicationis vinculis innodavit, asserens quod sine cognitione summi pontificis a celebri voto nemo possit absolvi, maxime cum ad altiorem vitam transire contempsit. Eum igitur, reverende Pater, tandem a vinculis excom- municationis absolutum ad præsentiam vestræ san- ctitatis emittimus, ut quod super hoc tenere debea- mus, apostolicis litteris instruamur, et in salutem peccatoris animæ consulatur.

EPISTOLA XIII. (88).
Ad dominum papam.

Sedes apostolica quanto cæteris auctoritate præ- minet sanctitatis, tanto dignius atque securius est ejus judicium expetendum in dubiis, ne, si nostra forte voluerimus auctoritate disserere quod nescimus, præsumptionis notam et officii nostri periculum in- curramus. Lator præsentium sortitus uxorem fœ- dere nuptiali, dum annos suos vice quadam in amaritudine animæ suæ recogitaret, occurrit me-

---

(81) Hæc epistola in elencho operi præfixo omissa est. Itaque litteras *a*, *b* huic numero xi apponere necessum erat, ne epistolarum numerus turbaretur. (Nota Arnæ Magnæi.) Forte ad ann. 1199 et ad quemdam episcopum, Capuanum scilicet.

(82) Grat. t. I, p. 240, rubrica 13, XVI, ubi hoc refertur ad Augustinum.

(83) Non possum invenire hunc locum.

(84) Etiam.

(85) Grat. t. I, rubrica 6, III, p. 250.

(86) Barth. et Lang. ad ann. 1198.

(87) Ordinis S. Joannis, postea equitum de Rhodo, nunc de Malta.

(88) Barth. et Lang. an. 1198.

moriæ se cum cognata uxoris ante tempora nuptiarum fuisse commercio carnali prolapsum. Quia igitur conscientiæ propriæ reatus eum acrius accusabat, pœnitentia ductus, præsentiam nostram lacrymarum rore perfusus expetiit, et peccatum suum confiteri non erubuit, quod cum cognata uxoris suæ commisit, et nostro se judicio ad deplorandum peccatum colla submisit. Nos vero tantum expavescentes excessum, et ejus miseriæ condescendentes, compassionis affectu eum ad viscera sedis apostolicæ duximus emittendum, monitis apostolicis instruendum, et a peccatorum suorum vinculis absolvendum. Nos vero, Pater amantissime, quia de plenitudine vestræ gratiæ plurimum gloriamur, in hujusmodi excessibus a pietate vestra et scientia collata diligentius petimus instrui, ut si forte amplius talis casus emerserit, eis, qui nos expetierint, respondere simus idonei.

EPISTOLA XIV (89).
Dominus papa ad interrogata.

Quod apostolica sedes in dubiis et in angustiis debeat petentibus, et ad se confugientibus consultum impendere, sapientibus et insipientibus eo clarius elucescit, quoad omnium doctrinam insinuandam et mentibus infirmorum scientiam imprimendam viros industrios scientiæ lumine præclaros de cunctis mundi partibus ad se nititur evocare; quibus ad facienda judicia Beato Petro a Domino collata potestas, et canonum decretorumque suffragatur auctoritas. Horum igitur et nos communicato consilio, ad inquisitionem tuam, frater, breviter respondemus, eo certe securius, quo eos scientia et bonis moribus pollere cognovimus. Sicut autem ex litteris tuis nobis innotuit, quidam in tua diœcesi quamdam sibi lege matrimonii suscepit uxorem, cujus prius cognoverat et ipse cognatam vel affinem, quod tamen tunc a mente fuisse confitetur elapsum, sed postmodum, inspirante Domino, se in hoc cognovit errore seductum. Quæritur ergo a tua fraternitate, si debeat uxori debitum, cum velit exsolvere, vel eam propter prædictam cognationem vel affinitatem dimittere. Noverit autem fraternitas tua, quod nullo modo Dominus noster in Evangelio, nisi causa fornicationis dissolvi patitur conjugium, dicit enim, quos *Deus conjunxit, homo non separet* (*Matth.* xix). Cum igitur ambo in facie Ecclesiæ conjugium inierint, Ecclesia ignorante quod fuerat primo commissum, prohibemus omnimodo et sub anathemate interdicimus, ne inter eos conjugium dissolvatur. Illud adjungentes, quod uxori debitum nullatenus persolvatur, nisi sit ab uxore rogatus, quod nec ille persolvat nisi cum tremore et timore et lacrymarum effusione, si tamen in hac gratia fuerit præventus a Domino, nec hoc quod dicimus in talibus de non solvendo con-

jugio, justitiæ videatur alicu. anes excedere, quia si aliter esset provisum, multis daretur occasio viris mendacibus, qua dimittere possint uxores. Homo autem, qui prius cognoverat uxoris cognatam, in jejuniis et orationibus persistat, et se indignum peccatorem proclamet, et fletibus dignis pravitatis suæ facta deploret, ut quandoque promereatur veniam delictorum.

EPISTOLA XV (90).
In persona domini papæ.

Fraternitati tuæ sedis apostolicæ scripta transmittimus, in quibus ad plenum inquisitionis tuæ summa perstringitur, quatenus ex his instructus sensus tuus et intellectus ad altiora se possit extendere, et aliorum dubitationes competenti examine diffinire. Ad nostram audientiam inquisitio tua per epistolam nobis transmissam pervenit, ut quod de virgine, non sponte, sed violenter, oppressa sentiremus, nostris te scriptis instruere deberemus, utrum scilicet cæterarum numero de cætero posset conjungi. Quod autem possit, subditis probatur sanctorum testimoniis. Beatus enim dicit Ambrosius (91) : « Tolerabilius est mentem virginem quam carnem habere. Virgo prostitui potest, adulterari non potest. Nec lupanaria infamant castitatem, sed castitas etiam loci abolet infamiam. Nec potest ante caro corrumpi, nisi mens fuerit ante corrupta. Dum enim anima a contagione fuit munda, caro non peccat. » His et quamplurimis testimoniis freti, concedimus virginem non consensu, sed carne corruptam inter virgines computari. Hanc igitur quæstionem, quam tibi testimoniis sanctorum absolvimus per provinciam tibi commissam prædicare tuam diligentiam commonemus, ne populus errore seductus divinæ gratiæ sit beneficio destitutus.

EPISTOLA XVI (92).
Item de eodem.

Ad nostram audientiam cognoveris pervenisse, quod in diœcesi tua quidam instinctu diaboli torum maculaverit maritalem uxoris suæ cognoscendo sororem, et tu cum cognoveris id ipsum nequiter esse completum, ultionis debitum tantæ nequitiæ non exercuisti judicium, sed cupiditas excipiendæ pecuniæ, ne saltem super hoc loquereris, tibi quasi nescieris, hujus rei imposuisti silentium. Quod si verum esse constiterit, non solum correctione te dignum, sed ab officio tuo depositione te dignissimum reddidisti. Scire enim debueras, qui pontificale geris officium (93), quod qui cum duabus præsumpserit dormire sororibus, si una ex illis ante fuerit uxor, neutram ex ipsis obtinere licebit. Nec propriæ uxori sibi licet reddere debitum, quam sibi reddidit illicitam illius cognoscendo sororem. Hujus sententiæ denuntia populo veritatem, ne forte

---

(89) Forte ad an. 1198.
(90) Barth. et Lang. an. 1198.
(91) Grat. t. II, p. 557, tit. II, rubrica 2, I.
(92) Barth. et Lang. an. 1198.

(93) Ergo hæc epistola non ad Wilhelmum scripta est, sed ad aliquem episcopum, in Dania forte, occasione epistolæ Wilhelmi ad papam nunc deperditæ.

in tali casu quandoque incidat in errorem, et pœnam damnationis incurrat æternam.

EPISTOLA XVII (94).

Sicut omnibus est congaudendum, si proveniat Christianæ religionis augmentum, sic etiam ad doloris accedit augmentum, si quod sanctorum Patrum decernit auctoritas per inimicos fidei Christianæ fuerit immutatum. Ad aures nostras noveris multorum relatione delatum, per quod ecclesiastica sacramenta læduntur. . . . . *Reliqua desunt.*

Epistolæ XVIII (95), XIX (96), XX (97), XXI (98), XXII (99), XXIII (100), *desiderantur. — In Apographo, quod Magnæanum I nomino, exstat hoc loco fragmentum sequens epistolæ incertæ* (1) :

. . . . ejusdem septiformem gratiam cum omni plenitudine sanctitatis et virtutis venire in hominem. Hoc autem sacramentum a jejunis et jejunis traditur, sicut baptismus, nisi cogat necessitas. Nec debet iterari, sicut nec baptismus. Nulli enim sacramento facienda est injuria, quod fieri putatur, quando non iterandum iteratur.

EPISTOLA XXIV (2).

In persona E. (3) *archiepiscopi Norvegiensis.*

Sanctissimo Patri et domino C. (4), Dei gratia summo pontifici, E. Norvegiensium archiepiscopus, in Domino salutem et debitam tanto Patri reverentiam.

Creditur et dicitur, quod sicut ecclesiis universis Ecclesia Romana supereminet dignitate, sic nihilominus earum angariis et oppressionibus paterna compatitur et subvenit pietate. In angariis igitur et oppressionibus nostris, Pater amantissime, sedis apostolicæ nobis est expetenda clementia, ut necessitatis tempore paterna pietas filio suffragetur, et nequitiæ fomes severitatis et justitiæ malleo conquassetur. Querelam itaque nostram, pedibus vestræ sanctitatis advoluti, auribus vestris inferimus, suppliciter deprecantes, ut narrantibus benignus indulgeatur auditus. Anno præterito, pallio a vestra sanctitate suscepto, cum fuissemus in terram nostram regressi, ille (5) qui de regio nomine et usurpata regni plenitudine gloriatur, ad suam nos fecit præsentiam evocari, et coronam capiti suo petivit a nobis imponi regalem. Cujus petitionem, quia reverentiæ vestræ et animæ nostræ saluti vidimus obviare, eam minime duximus admittendam, donec, emissis nuntiis a nobis, et ab apostolica sede revertentibus, plene cognosceremus, quid inde tenen-

dum nobis diffiniret vestræ sanctitatis examen. Igitur contra nos turbatus est princeps, et omnis exercitus ejus cum illo : asserens favorem apostolicum in tali negotio non esse consulendum, cum habeant cæteri reges libertatem, ubi et quando, et a quo voluerint, inunctionis accipere sacramentum (6). Iterum cum per Ecclesiam (7), cui præfuimus die denominata, haberemus accessum, in unam personam et vita et scientia idoneam, qui eis præesset in episcopali officio, pari voto unoque consensu et clerus convenit et populus. Huic autem electioni quia prædictus princeps non interfuerat et primam in electione vocem non emiserat, eam cassandam duxit : cum hanc consuetudinem a prædecessoribus suis Norvegiensium regibus præstitis sacramentis abrenuntiatam (8) : et Ecclesiæ nostræ instrumentis, nominum suorum characteribus consignatis, indultam noverimus, felicis memoriæ Adriani papæ et vestræ sanctitatis privilegiis roboratis. Quia vero clamabat regiæ majestati nos super hoc intulisse læsionem, nobis inconsultis, nobis reclamantibus, in personam aliam, quæ bigamam in ipsa, si dici debeat, electione ducebat uxorem, clerum et populum coegit consentire, et nobis obtulit consecrandum. Quia vero prædictus sanctæ recordationis Adrianus papa bigamam in clero in nostra regione apostolica auctoritate damnaverat, non præsumpsimus in factum procedere, ne videremur in irritum ducere, quod sanctus prædictus observandum in clero præceperat. Lege fori modo communi clerum velut in causis agendis contra sanctorum Patrum decreta et omnem consuetudinem Ecclesiæ Dei in suam curiam trahi et a suis satellitibus judicari. Ecclesias baptismales sive parochiales suis villulis adjacentes, capellas vocat regales, et cui et quando voluerit dare sine nostra licentia in sua vult obtinere potestate. Quod quantum sit ab ecclesiastica consuetudine dissonum sanctitati vestræ relinquimus providendum. Super his omnibus, quid nobis sit agendum, rogamus humiliter sanctitatis vestræ litteris prosequendum. Nec nobis est, Pater amantissime, silentio contegendum, quod in his omnibus, quia ejus non obedimus mandatis, ira et indignatione succensus bona nostra et omnes redditus nostros usque ad quadrantem novissimum confiscari præcepit; et omnibus nobis sublatis ad vestram nos præsentiam evocavit, videns et recogitans quia, deficientibus expensis, deficeremus et nos iter aggressi, et sic vi-

(94) Lang. an. 1199.
(95) Barth. an. 1198.
(96) Lang. an. 1199.
(97) Lang. an. 1199.
(98) Lang. an. 1199.
(99) Lang. an. 1200.
(100) Forte an. 1200.
(1) In apographo Lyegaardiano vocatur finis epistolæ 23, sed sine dubio minus recte, quod probat inspectione tituli epistolæ 23, in Indiculo vetusto.
(2) Barth. an. 1191. Lang. rectius 1193.
(3) Erici Nidrosiensis, qui sedebat ab anno 1189

ad 1206. Vide Snorronem Danicum Petri Claudi, p. 520-560.
(4) Cœlestino.
(5) Sverre, Norvegiæ rex, qui ab anno 1177 ad 1202 regnavit in magna tribulatione.
(6) Hucusque hoc diploma editum est a Bartholino in *Antiq. Dan.* p. 241 et 242.
(7) Stavangrensem. Vide Snorronem Danicum Petri Claudi p. 520.
(8) Per conventionem factam inter Augustinum, archiepiscopum Nidrosiensem, et magnum Erlingi filium, Norvegiæ regem, quem tamen Sverre pro usurpatore, et persecutore regiæ domus habuit.

deremur incurrere contemptum apostolicæ sedis.
Verum nesciebat quod in astutia sua malitiam prudentia vestra comprehendere novit, et defectibus
oppressorum paterna clementia exhibere compassionis affectum. Nos vero ne impossibilitas forte videretur occasionem ministrare contemptus, si appellationis termino ad vos minime veniremus, a latere
nostro responsales emisimus viros boni testimonii,
quos a sanctitate vestra benigne suscipi supplicamus et veritati testimonium perhibentes paternitatis
vestræ gremio confoveri ; ut et concepta malitia a
nostris finibus exstirpetur, et Ecclesiæ nostræ libertas apostolicæ sedis privilegiis firmata illæsa servetur. Nos interim regnum nostrum expensis deficientibus egressi, in Dacia a confratre nostro domino
Lundensi archiepiscopo sanctæ Romanæ Ecclesiæ
speciali et devotissimo filio sumus cum omni reverentia et honore suscepti et humanissime susten-
tati

EPISTOLA XXV (9).
Ad dominum archiepiscopum.

Amantissimo Patri et domino, filius ejus devotus
et inutilis servus, timorem pariter et amorem.

Ut vestræ sanctitati scribamus, necessitatis nos
perurget articulus. Millies enim experti sumus per
gratiam vestram et in dubiis rebus consilium, et in
necessitate sublevationis auxilium. Nec id meritis,
quæ nulla sunt, vel potest vel debet ascribi, nisi divinæ gratiæ favor accedit, ubi pietatis affectus locum invenit miserendi, quatenus bona temporalia
pro Domino pauperibus erogata, subsequantur munera et gaudia sempiterna. Nec ista prosequimur,
quod vestram prudentiam hæc ignorare credamus,
cum pro his et horum similibus Dominum vos exal-
tasse super omnes, qui hac in terra morantur in
Ecclesia sua minime diffidamus (10). Cæterum, mi
Pater et domine, ad vestram notitiam dignum duximus pervenire dominum Fidentium cardinalem 11),
nos et cæteros coabbates nostros litteris et domini
Petri episcopi monitis convenisse, ut ad ejus expensas exsolvendas, patrimonium Christi marsupiis
sive loculis ejus debeamus infundere ; cum hoc facere nihil aliud esse sentimus, quam sacrilegium
exercere, præcipue cum hoc anno minus quam alio
possideamus annonæ. Adduntur nobis, ut dicitur,
importabiles minæ, nos videlicet vinculum suspen-
sionis ab officiis nostris non evadere posse, si mandatis ejus nos contigerit obviare. Res hæc difficilis
et undique nobis prætenduntur angustiæ. Si enim
hoc egerimus, mors nobis est, quia contra Deum.
Si non egerimus, minime manuum ejus violentiam
evademus, quia ad hoc venit, ut rapiat et devoret,
sicut leo rapiens et devorans. Quid igitur faciemus?
estne consilium auferre pauperibus in tempore fa-
mis, et inferre tantillam quod habent, in os leonis?

hæc autem mihi faciat Deus et hæc addat, si aliud
fecero, quam quod Deo placere cognovero. Ecce ad
oculos nostros reducitur antiquorum malitia. Tempore siquidem persecutionis est dictum martyribus
sanctis : « Adorate idola et vivetis, alioquin interfi-
ciemini. » Nobis dicitur : « Implete sacculos cardinalis, alioquin officiis vestris carebitis. » O perversa
cupiditas ! O ambitio cæca ! vivit Dominus et vivit
anima vestra, mi Pater et domine, et si omnes
pauperes abbates et monachi ne suspendantur ab
officio suo, immolaverint ejus marsupio ; sed non
ego. Aliud etiam proponit edictum, ut qui marsupio
ejus immolare noluerit, ejus conspectibus præsentetur et flectat genua ante Baal. Emam ego paupertate prælationis officium, et injiciam pedes meos in
compedibus Simoniacæ pravitatis, quam semper
odio habui ? mittat igitur manum et succidat me,
si placet, quia me non mutabit cujuslibet assertio
blandientis mihi. Non deerit mihi panis in patria,
quia Dominus est sollicitus mei, et non deseret me
in diebus malis et in tempore superborum. Conferat Dominus parvulis nostris, quos in sinu meo
dedit Dominus, ne forte annonæ defectu depereant,
quia non minus imminet illis periculum, quam anno
præterito, in quo fere per totam æstatem bibimus
aquam, et barbatum comedimus panem ; panem,
inquam, non angelorum, sed pabulum jumentorum.
Et quidem nec hoc habuissemus, si misericordia,
quæ præcellit in vobis, continuisset a munere manus. Verumtamen Dei timore et religionis honore,
specialique vestræ sanctitatis amore sustinere decrevimus, minime certe murmurantes, sed adversi-
tati patientiæ clypeum opponentes. Multum est enim
avarus, cui non sufficit Deus. Nostis et bene nostis
cui tunc feneratis, recepturi æterna pro caducis.
Noveritis autem quod pueri nostri diebus singulis
pro salute vestra sine intermissione offerunt Domino Deo in altari sacrificium laudis ; singulis horis die ac nocte Psalmum ac orationem Dominicam
cum collecta sibi assignata. Inter secretiores etiam
lacrymas, quæ divinis aspectibus offeruntur, dulcis
et celebris vestri memoria commendatur, ibi præcipue, ubi pro redemptione mundi Patri Filius immolatur. Quod eo dicimus intuitu, ne concepta et accensa charitas, si a loco discesserimus, ab eorum
dilectione frigescat. Arbitramur, imo certi sumus,
quod eorum defectibus parum superaddat providen-
tiæ, qui dicitur cardinalis et legatus. Sed nunquid
beati Petri talis erat legatio ad Romanos ? Absit !
Argentum non quærebat vel aurum, sed signis et
prodigiis occurrebat incommodis infirmorum, et
Deo reddebat, quos diabolo subtrahebat. Nonne
cuidam aiebat, qui corporis sui molestia laborabat:
*Argentum et aurum non est mihi, quod autem habeo,
hoc tibi do. In nomine*, inquit, *Jesu Nazareni, surge et*

---

9) Barth. et Lang. ann. 1197. Partim jam edita
a Bartholino filio in *Antiqu. Danic.* p. 244 247.

(10) Pars hujus epistolæ edita est ab his verbis :
Cæterum, mi Pater ; usque ad : *Quod vobis sine adu-*

lationis oleo propinatur a nobis a Pontoppidano in
Annal. Danic. t. I, p. 489-491, et ab eodem refertur
ad annum 1197.

(11) Venit et mortuus est in Dania anno 1197

ambula (*Act.* iii)? Nonne per baculum tanti legati, Petri videlicet apostoli, huc illucque transmissum, mortui resurgebant a morte? sed dimittamus baculum et agamus de præsentia et actibus cardinalis. Ubi virtus et fortitudo ejus, qui de legationis officio gloriatur? quem ab infidelitate reduxit ad fidem? quibus amissum oculorum reparavit officium? quos infirmos curavit? quos leprosos mundavit? quos mortuos suscitavit? si talis esset cardinalis, qui cardinalis dicitur noster, quis ei non occurreret? quis ei temporalia denegaret? ecce! quærit, quod nos dare non expedit, quia nec subest rerum substantia, nec ad hoc potest induci voluntas. A sæculo non est auditum quod ordo Sancti Victoris Parisiensis alicui cardinalium subjacuerit in tributum. Solus ergo et primus ego totius ordinis immunitatem et collatam gratiam infirmabo? Expedit mihi melius, ut mola asinaria collo meo suspendatur et demergar in pelagus. O insensati, si tamen fas est dicere! O! inquam, insensati episcopi Daniæ, quis vos in tantum fascinavit, et in non prudentiam, non audeo dicere stultitiam, vestram prudentiam evertit, et discretionis oculos excæcavit? Nonne vos estis, qui dicere solebatis: Cibariis abundamus, sed auri et argenti copiam non habemus, si verum est, quod prætendebat vestræ propositionis assertio, cur in dandis muneribus lupis rapacibus de longinquo venientibus tam sollicite manus vestras expanditis? Alius quidem in c marcarum pretio, alius in L, alius in xxx prædictorum luporum rabiem compescere totis viribus et sitim exstinguere elaborat. Utquid tanta perditio? *Amen dico vobis, qui biberit ex aqua hac, iterum et in æternum sitiet* (*Joan.* iv). Nonne hæc omnia dari deberent pauperibus, non lupis, quorum ingluvies thesauro totius mundi exsaturari non posset? utinam in eis fieret, ut et eis diceretur, quod Crasso, auro conflato: « Aurum sitistis, aurum bibite, » nec hoc quidem injuste. Quia quotquot venerunt, fures sunt et latrones, mercenarii, non pastores. Proh dolor! Christus ad ostium panis inedia moritur: quis ex vobis Christo compatitur? hæc autem, ut verum dicam, ad gloriam expenduntur inanem, ut alius alio in dandis muneribus excellentior et profusior videatur. Amen dico vobis, recepistis mercedem vestram (*Matth.* vi). Hoc modo ad exhauriendum, quod superest vobis, cupiditatem eorum, qui vos eviscerant, et ad vos eorum reditum et alios, quos necdum vidistis, certissime provocatis. Quibus mensam solam cum quatuor equis et quatuor marcis argenti non denegare, satis sufficere debuisset. In viam horum, Pater amantissime, ne abieritis, qui semper pauperibus, quæ vobis Deus contulit, abundanter erogatis. Quod vobis sine adulationis oleo propinatur a nobis. Vivat et valeat sanctitas vestra hic et in æternum et ultra. Ad ultimum, Pater piissime, pietatis

vestræ visceribus supplicamus, quatenus in hoc, quod religiosorum virorum et confratrum nostrorum abbatum videlicet expetunt vota, qui vos diligunt, et totius charitatis visceribus amplectuntur tanquam Patrem et Dominum ab homine, cujus spiritus in naribus ejus, qui eos infestare disponit, protectionis vestræ minime defensentur, nedum in annonæ parcitate laborant, gravibus et insolitis exactionibus aggravantur. Spiritus ejus, qui suscitavit Jesum a mortuis vos salvet, et confirmet in omni opere bono, et pro his, quæ pauperibus fratribus nostris sæpius contulistis in retributione justorum vos gloria coronet æterna! Amen. Valete.

EPISTOLA XXVI (12).

Filiabus regis

Virginibus sacris regali stirpe progenitis M. (13) et M. (14), frater WILLELMUS, servus servorum Dei, in Paraclito amplexibus perfrui Regis æterni.

Quod olim fuerat inspirante Domino a prophetis pronuntiatum, jam in Ecclesia Dei cernimus esse completum; dum suavissimo Christi jugo colla submittunt, et vultum ejus deprecantur filiæ regum. Felices igitur vos ambæ, quas sanguis regius procreavit, quas ne sibi mundus alliceret fallacibus blandimentis, Christus cœlestibus castris inseruit, et sponsas sibi devotas suo sanguine consecravit. Felices vos, inquam, quæ virginibus cæteris et hominibus criminibus implicitis, conversionis vestræ imitabile contradedistis exemplum, per quod et mundus ad suum debeat redire principium, et diabolus inferri sibi doleat detrimentum. Sæviat igitur jam nunc ipse crudelissimus prædo, cum vasa fiant honoris et gloriæ, quas in ventrem malitiæ suæ decreverat deglutire. Ingemiscat et doleat se devictum etiam in sexu fragili, cum videat divinis obsequiis delicatas regum filias in croceis enutritas mancipari, et viam humilitatis aggredi, quam ipse contempsit per superbiam nimis elatus et conditori suo per amorem noluit esse subjectus, sed male deceptus Deo voluit esse consimilis. Cum enim esset decore et excellentiæ et claritatis eminentia dignior cæteris creaturis, quas in laudem et gloriam suam creaverat totius Conditor orbis, æquare se, sicut diximus, voluit Deo, et quod erat vilipendens, nisi similis esset Altissimo, irreparabiliter de cœlo cecidit cum complicibus suis draco et diabolus factus, turpior omni, totius iniquitatis inventor, vitiorum inceptor, inventor mortis et auctor. Quia igitur a paradisi gloria se videt esse dejectum, et nullum extra tenebras habere refugii locum, qui primo spiritus erat in specie gloriosus, et in deliciis conditus, gravius ingemit, et ardentius invidet hominem ex luto compositum cœlum conscendere; et quod amisit ipse per suam malitiam atque superbiam per humilitatis gratiam possidere. Itaque quod amisit per superbiam, homini cedit ad honorem e

(12) Barth. an. 1188. Lang. an. 1187.
(13) In apographo Magnæano I, exstat: *Margaritæ*, in Lyegaardiano: *Margaretæ*.

(14) Forte Mariæ vel Magdalenæ, licet non constat Waldemarum I, filiam habuisse horum nominum.

gloriam sempiternam. Verum, ut beatus dicit Gregorius (15), casus majorum cautela debet esse minorum; si enim non pepercit Deus angelis, qui majoris erant dignitatis et gloriæ, putandum est, quod homini parcat, si peccaverit, qui totus est pulvis et cinis? Ideo, virgines sacræ, vobis est attentius providendum, ut quidquid videritis virtutibus esse contrarium, nullatenus diligatis : nec ad id obtinendum animi vestri reflectatis assensum, vel oculorum vestrorum intuitum, ne vobis a Domino concessum honorem vestrum perdatis et coronam vobis pro meritis destinatam. Jucundius est etenim honore primatus caruisse, quam adeptum pro meritis perdidisse. Necesse est ut omnia opera nostra humilitatis gratia condiantur; quia qui sine humilitatis gratia virtutes congregat, similis est homini, qui in vento pulverem portat. Gaudete vero non divitum sed pauperum vos esse sodales, quia cum simplicibus et pauperibus est sermocinatio Dei. Talium enim est regnum cœlorum. *Superbis enim resistit Deus, humilibus autem dat gratiam (Jac.* iv). Virginitas autem sine humilitate nequit ad vitam promovere progressum, quibuscunque præsidiis sit præmunita virtutum. *Initium enim omnis peccati superbia (Eccli.* x). Quod Dóminum legimus ita fuisse locutum, cum in schola sua discipulis loqueretur de progressu virtutum : *Discite a me, quia mitis sum, et humilis corde (Matth.* xi). Quod docuit verbo, demonstravit exemplo. *Humiliavit semetipsum, obediens Deo factus usque ad mortem, mortem autem crucis (Phil.* ii). *Confidimus in Domino, quod nihil aliud sapietis (Gal.* v); quia sponsum vobiscum habetis scientiarum Dominum *qui docet hominem scientiam (Psal.* xciii). Hæc vobis, charissimæ amicæ et dominæ, pauca conscripsimus, ut pagina nostræ coscnriptionis vobis sit in pignus amoris et in signum dilectionis, et odor vestræ conversationis longe lateque diffusus sincerioris opinionis augmenta suscipiat, ut sicut prædiximus, ad exemplum aliis proponendum vobis nihil obsistat, sed proximos charitatis inexstinguibilis ignis accendat. Licet autem exterioris hominis vestri faciem ignoremus, interiorem tamen ex jucundo fratrum nostrorum relatu et suavioris opinionis processu diligenter amplectimur, spiritu vobis præsentes, corpore licet absentes, et quæ pia, quæ justa, quæ pudica et quæ pacifica sunt, vobis succedere peroptamus. Non credimus quod nobis sit necessarium vestram sanctitatem atque propositum commonere, ne sit vobis familiare *in mensis vestris ebrietatis habere diffugium, licet consuetudini terræ sit illud vitium, vobis vero sit horrendum, cum, hoc mediante, fortissimus etiam vir in ruinam et in reatum prolabitur. Hac etiam interveniente honestas impudicitiæ arma reddit sua, degenerat sanctioris propositi fructus et

odoriferæ gloria opinionis damnabiliter evanescit. Cæterum quod vestris amicitiis copulamur, id nobis conferri sine meritis sola gratia gratulamur, et multipliciter gloriamur in Domino. *Videte tamen, quomodo caute ambuletis (Ephes.* v), ne forte illa prophetica maledictio veniat super vos. *Væ qui dicitis bonum malum (Isa.* v). Sicut audivimus magnos nos æstimatis, qui parvi sumus omnino aut nulli. Quare nos apud vos majores reputatis quam hominum communis opinio? ponderate nos ipsos secretius, nec nos majores putetis, quam nos libra veritatis appendit. Verbum Domini est. *Pondus et pondus, abominatio est (Prov.* xx). Est in cœlo, qui corda scrutatur et renes (Psal.* vii). Videte quod nil doli admisceatis, sed nos apud Deum et homines æque libretis. Quod autem quibusdam filiis nostris S. videlicet et T. (16) gratiæ favor arridet, vobis solemnes gratiarum referimus actiones, idque nostris erit munerandum obsequiis, cum se vel tempus aut locus obtulerit. Familiarissimas nostras K. et J. (17) quas in Domino veneramur, quibus et nos sincerioris brachiis charitatis astringimur, eo devotius vestræ liberalitati commendamus, quo amplius de vestra bona voluntate confidimus. Ad ultimum nostri memoriam orationibus vestris inesse rogamus, quia vestra nostris est inserta visceribus, ubi patri filius immolatur. Valete.

EPISTOLA XXVII (18).

Ad conventum virginum Roschild.

Venerabili et dilectæ in Domino priorissæ beatæ Mariæ (19), et sororibus universis virginibus sacris, W. beati Thomæ de Paraclito minister indignus, sinceræ dilectionis affectum.

Nostis, charissimæ, quod subjectorum excessus minime corriguntur, si pro voluntate vel negligentia vel temeritate præsumptionis, contra ordinis instituta more bestiali feruntur. Itaque si pastor his omnibus obviare neglexerit, vel terrore perterritus mutire non audeat, licet pastoris gestet officium, meritum tamen pastoris amittit, cum eos, quos corrigere debet, tacendo peccare permittit. Nos igitur, quos honore pastorali Dominus in Ecclesia sua sublimare disposuit, simile sortiemur de commissi nobis gregis proditione judicium, si eum incedere permittimus in abrupta vitiorum, qui nostro et verbo et exemplo proficere debuerat ad augmentum virtutum. Inde est quod largiente Domino circa nobis commissos vigilanti satis cura sollicitudinem adhibere studuimus, ut eorum errata disciplinæ vomere subaremus (sic) et virtutes vitiis præponamus, ut de commisso nobis talento rationem in diem judicii cum securitate reddamus. Sanctitatem quoque vestram non ignorare confidimus, qualem Nicolaum filium prioris vestri recepimus, et quantum in doctrina et disciplina protraximus. Hunc igitur, quia

---

(15) Non possum invenire hunc locum.
(16) Forte *Thomas* qui nominatur in epistola 29.
(16) V. ib. I, ep, 28, 29.
(18) Lang. an. 1187.

(19) In Roskildia hoc monasterium fundatum est non longe post annum 1156. V. Atlantem Danicum, t. II, p. 541; t. VI, p. 454 et Saxonem, p. 215, 216.

gravius quam vellet pro excessibus suis aliquando corripuimus, frequentioribus doloribus anxiatur, et promissæ fidei propositum deserere comminatur. Inde est quod rebellis et contumax de vestibus suis cappam videlicet et superpelliceum nobis inconsultis exposuit, et ut aliorum relatu percepimus, apud vos, quod valde miramur, deposuit. Non enim arbitrari valemus, quod malitiam sapientia comitetur, et male agentibus fidei sinceritas suffragetur. Rogamus igitur dilectionem vestram atque consulimus, quatenus nobis, omni occasione postposita, depositum transmittatis, ne vestra religio, quæ semper est amatrix veritatis, sit latibulum et refugium malitiæ atque nequitiæ communicando operibus malis.

EPISTOLA XXVIII (20).
Ad conventum virginum Slangathorp (21).

Dilectis in Domino virginibus sacris A. priorissæ Dei gratia (22), K. et J., frater W. servus servorum Dei in Paraclito, sic currere, ut supernæ remunerationis bravium apprehendant.

Litteras vestræ sanctitatis accepimus, et pia satis aviditate legendo percurrimus. Si quid autem quod honestati congruat et vestræ sanctitati cedat ad gloriam, effectui mancipare curavimus, inde plenius exsultamus, debitam Deo gratiarum actionem exsolvimus, semper nos in anteriora cupientes extendere, ut susceptis beneficiis beneficia valeant uberius respondere. Nuper autem a charitate charitatis dona percepimus, quibus in charitate charitatem indubitanter inesse probavimus. Verumtamen, quia sæpius in vestræ benedictionibus dulcedinis pervenimus, conscientiæ nostræ torpor arguitur, quod in recompensatione beneficii minus quam vellemus providi reperimur. Unum est tamen quod ad remedium nobis consolationis accedit. Sincerus videlicet dilectionis affectus, qui inter amicos semel exortus nullo tempore consenescit, sed verius cum quid defuerit, mutuis fovetur alloquiis, et scriptis recentioribus validius incalescit. Inter omnia autem quæ circa nos locum prærogativum habere noscuntur, illum, de quo loquimur, charius atque vicinius, maxime cum honestatis fulgore vestiatur, amplectimur. Illum igitur etiam vobis offerimus et oblatum in nostra recipimus, non ut ea careatis, sed ut eum abundantius habeatis. Quod et in nobis credimus esse futurum, exutis corporibus, ut, quod habent singuli per meritum atque per gratiam, commune sit omnium per amorem. Petitioni vestræ nullatenus duximus obviandum, sed eum quem petistis quam citius poterimus emittendum. Valete!

EPISTOLA XXIX (23).
Ad easdem.

WILLELMUS, Dei gratia, servus servorum Dei, in Paraclito virginibus sacris K. et J., Christo sponso

feliciter inhærere et virtutum gloria coruscare. Sicut, oleo flammis injecto, incendium majus excrescit, sic ex operibus bonis virtus amoris validius incalescit. Ex relatione charissimi filii nostri Thomæ, qui vos in Domino veneratur et diligit, virgines sacræ, percepimus, quod in necessariis nostris pium geratis affectum; quod nobis in admirationem accedit, cum nec ad hoc processisse noverimus, aut opus aut meritum. Verum quoniam amplioris est gratiæ, non uni, sed pluribus velle noveritis a Domino vobis inesse, qui non uni, sed omnibus sua venit passione proficere. In hoc etiam pluribus benefaciendi imitabile bonæ voluntatis exhibetis exemplum, quatenus et vos majorem assequamini gratiam, et opinionis vestræ suavem ubique diffundatis odorem, et sicut præmisimus, vestris obsequiis nostrum jam velut sopitum et incineratum suscitatis amorem, ut et vos in Domino diligamus, et orationibus mutuis invicem nosmetipsos Domino commendemus. Est enim adversarius noster tanquam leo paratus ad prædam, circuiens et quærens quem devoret (I Petr. v). Cui resistamus fortes in fide armis præmuniti justitiæ. Hujus igitur mundi gloria fallax et rerum temporalium cupiditas, felices dominæ meæ virgines sacræ, nec aliunde dominæ, nisi quia Domini mei sponsæ, nec ad modicum vos in voraginem vitiorum inducat, et continentiæ vestræ gloriam se miserabiliter glorietur evertere potuisse. Scimus et nos quia renuntiastis mundo et vos Domino consecrastis, et necdum a vestra memoria credimus esse præcisum, quod omnium malorum radix sit cupiditas (I Tim. vi), transgressionis mater, magistra nocendi, seminarium iniquitatis, auriga malitiæ, sicaria virtutum, seditionis origo, fovea scandalorum. Nescitis? Imo scio quod scitis, quia omnis gloria filiæ regis ab intus (Psal. xliv). Quia igitur et vos filiæ regis estis et sponsæ, sit ab intus gloria vestra, non ab exterioribus rebus, ne dum venerit sponsus, vos fatuas inveniat virgines, conscientiæ bonæ oleum in lampadibus non habentes (Matth. xxv). Cæterum gratias pro gratia nobis exhibita gratiarum Dominus et retributor pro nobis ipse vobis retribuat. Valete

EPISTOLA XXX (24).
Ad dominum papam (25).

Sedes apostolica quanto cæteris præminet dignitate, tanto debet attentius in judicium faciendo providere, ut in rebus agendis tractandisque negotiis, legem justitiæ, seu viam veritatis vel æquitatis, nullius amore vel otio deserat. Horum enim unum, sicut gratiæ vestræ paternitatis innotuit, si cuilibet judici sed præcipue summo pontifici in virtutum suarum defuerit præconiis, inferet læsionem, et in extremo superni judicis examine tam

(20) Lang. an. 1187.
(21) Slangerup hodie civitas quædam parva in Sielandia.
(22) De antiquitate hujus monasterii nil mihi constat. Rex Ericus *Bonus* fecit ibi construi eccle-

siam anno 1100.
(23) Lang. an. 1187.
(24) Barth. et Lang., an. 1196.
(25) Edita jam est ab Holbergio in Historia Daniæ, tom. I, p. 261, 262.

gravis delicti perferet ultionem. Absit autem, mi A non est, qui redimat, neque qui salvum faciat (Psal.
Pater, ut hoc morbo conscientia vestra laboret, vii) (28). Pudet me miseriæ meæ, et anxiatur super
quam in negotio sororis nostræ reginæ Francorum me spiritus meus, in me turbatum est cor meum (Psal.
favorabilem et immutabilem adhuc etiam assertio cxlii). Unum est, Pater mi, quod me inter tribulatio-
falsitatis velut hostem detestabilem abhorret. Au- num mearum angustias beneficio consolationis spera-
ditu vero percepimus et rei veritate comperimus, tæ refovet et demulcet, et præter illud non est aliud.
quod in illius terræ regem vestra pietas terrorem Quid sit illud, si quæritur, nil in responsis habet,
comminationis ex parte vestra justitiæ vigor sicut præter hoc, quod dictura sum, sedis apostolicæ
necdum intepuit, quo delectamur, incussit, eidem clementia. Rogo igitur te, clementissime Pater, ut
sub interminatione anathematis præcipiens, ut filiam redigens in mensuram plenitudinis gloriæ
nullam sibi aliam copularet, quoad ista, soror vi- tuæ, justitia mediante, deprimas illum, per quem
delicet nostra, vita comite superesset. Nunc igitur, affligor, ut iterum reconcilier illi et reconciliationis
Pater, quoniam in Dei contemptum et in oppro- gaudia Deo et gratiæ vestræ paternitatis ascribam.
brium sempiternum ut rebellis et contumax vestræ Siquidem ad Dei spectat honorem hominumque
sanctitatis contempsit edictum, quid superest, nisi salutem, ut in faciendis judiciis semper veritas prout hoc modo mandati vestri contemptoris feriatur B ducatur in lucem. Ad hoc etiam vos, Patres et
insania, quatenus in ipsius regno interdicantur ce- domini cardinales (29).
lebrari cœlestia sacramenta? Ita, mi Pater, nunc
in vobis justitiæ zelus emineat, et quam sit teme- ### EPISTOLA XXXII (30).
rarium apostolicis obviare mandatis, si hucusque
non intellexerit, nunc saltem hanc confusionem *Ad dominum papam ut supra (31).*
supportando persentiat. Rogamus itaque, Pater,
et pietatis vestræ supplicamus visceribus, ut peti- Cum sit omnium fides et votum apostolorum
tioni nostræ non desit effectus, quoniam multus est Principis successorem Ecclesiam Dei disponendi
erga nos dilectionis vestræ affectus. Semper enim potestatem in omnibus obtinere, eo securius ad
Romanæ Ecclesiæ obedientiæ jugo placuit nobis eum sunt referenda, quæ sunt iniquorum hominum
colla submittere, et nisi primo nobis Ecclesia Ro- depravata, quo frequentius ab impiis actibus eruun-
mana defuerit, non erit ab ea nobis discedendi tur, qui gratiam assequuntur, et patrocinio ful-
voluntas. ciuntur. Ego igitur a domo patris educta, et in
Francorum regnum inducta, disponente Domino,
EPISTOLA XXXI (26). regali solio sublimata, felicioribus successibus meis
invidente humani generis inimico, in terram velut
Ad dominum Cœlestinum papam regina Fran- C lignum aridum et inutile dejecta, omni sum solatio
corum (27). destituta atque consilio. Dereliquit me sponsus
meus rex Francorum Philippus, in me non inve-
Ad sedem misericordiæ toties est recurrendum, niens quid condemnaret, nisi quod malitia in incude
quoadusque misericordia de cœlo respiciat et spe- mendacii fabricasset. Illud autem esset præsentibus
rantium in se Deus vota perficiat. Inde est, aman- in vestris auribus persequendum, si non scirem
tissime Pater, quod et ego, cujus cor doloris acu- jam illud fama volante in toto populo divulgatum.
leis diebus ac noctibus perforatur, ad Deum primo, Confugio igitur misera ad sedem misericordiæ, ut
deinde ad sedis apostolicæ clementiam minime misericordiam consecuta filiam vestram, si felicior
clamare desisto, si forte respiciat Dominus in ora- atque clementior fortuna successerit, me deinceps
tionem humilis ancillæ suæ, et amoveat a me sa- profitear ancillam diebus omnibus vestris obsequiis
gittas suas, quæ militant adversum me, quarum mancipandam.
indignatio ebibit spiritum meum et apostoli Petri
successor benedictionis suæ rorem ariditati cordis ### EPISTOLA XXXIII (32).
mei benignus infundat, et de illata mihi injuria
conferat consolationis in mea tribulatione reme- D *Regis (33) ad cardinales.*
dium. Quis enim, Pater, qui gemitibus filiæ suæ
nulla miseratione compatitur, minime doloribus Ad Dei spectat honorem hominumque salutem,
anxiatur? absit, ut vos! De solo gloriæ dejecta et si rebus agendisque judiciis veritas producatur in
in terra prostrata consolatorem inquiro et non inve- lucem. Ad hoc et vos Patres et domini cardinales,
nio. Excellentiæ pristinæ defleo detrimentum, *dum* judices orbis apostolicus extulit principatus, ut in
causis pauperum et oppressorum omnium, qui ad
apostolicam sedem confugiunt, non amore vel odio
cujusquam hominis veritas supprimatur. Odor iste

(26) Barth. et Lang., an. 1194.
(27) Edita ab Holbergio in Historia Daniæ, t. 1, manu tamen recentiori: *Ab eodem constituti ec*
p. 262, 263. Sine dubio scripta a Wilhelmo jussu *singulariter ordinati estis. Valete.* Et in Lyegaar-
regis ad papam, fama accepta de divortio Ingel- diano: *Deficit ms. suppletur hac ratione :* « *Conferre*
borgæ. *valetis.* »
(28) Forte : *Salutem fert;* in apographo Mag- (30) Barth. et Lang., an. 1194.
næano I exstat : *Suam filiam;* quod nullum sen- (31) Edita ab Holbergio in Historia Daniæ, t. I,
sum habet. p. 263. Etiam scripta a Wilhelmo jussu regio.
(29) Tota hæc clausula ab : *Ad hoc etiam,* usque (32) Barth. et Lang., an. 1196.
ad finem, mihi suspecta est, et forte ex alia epi- (33) Kanuti. In Lyegaardiano valde erronee :
stola sumpta. In ms. Arnæ I, ita restituitur locus, *Regina.*

de sacris actibus vestris übique diffusus, ut in tribulationibus ad auxilium gratiæ confugiant, plurimos evocant ex longinquo. Inde est, quod odor idem naribus nostris aspersus non plurimum excitavit, ut probaremus effectu quod perceperamus auditu. Causam nostram, imo sororis nostræ Francorum reginæ gratiæ vestræ jamdudum commisimus; sed, si non ad plenum, exinde tamen aliquid consolationis accepimus, pro qua et vobis gratiarum actiones exsolvimus. Quia vero superest, unde plenius gaudere debeamus, si debitum sortiatur effectum, preces iterum in oculis vestris duximus deponendas, licet in hoc non nos confortet aut opus aut meritum. Apud autem amatores justitiæ pietas extorquere solet compassionis affectum in his maxime rebus, quæ justitiæ patrocinio fulciuntur. Novit sanctitas vestra dominum papam regi Franciæ in mandatis dedisse, ut sororem nostram, ab eo malitiose disjunctam, in conjugem sibi resumere deberet, quam si resumere nollet, nullam aliam sibi ducendam præsumeret. Ecce! quid facit homo, qui non timet Deum, nec homines reveretur? Aliam ducens non conjugem sed adulteram, apostolicis non timuit obviare mandatis. Pro hujusmodi facto fieri nobis justitiam a vobis expetimus. Quam nullam aliam ad præsens expetimus nisi ut a sacramentis ecclesiasticis excludatur, quæ per totum ipsius regnum celebrantur, donec sensus ejus in melius reformetur, illam scilicet quam sumpsit respuendo, et illam quam dimisit resumendo.

EPISTOLA XXXIV (34).
Reginæ Francorum abbas W.

Charitatis debito et naturæ jure compellimur, quatenus ad calamum manum mittamus et, si non corporali præsentia, quia infirma est, spiritu tamen, qui promptus est, dominam nostram, velit nolitque diabolus, Francorum reginam visitemus. Jucundius tamen, si fieri posset, ore ad os familiare vellemus inire colloquium, maxime cum præsentiæ vestræ delectaremur aspectibus et dulcioribus foveremur alloquiis, quibus mens charitatis jaculis vulnerata, validius vulnus divini gestat amoris, et totam se gloriatur concremari in sacrificium laudis. Novit, qui secretorum est conscius, quod honorem vestrum et gloriam diligenter amplectimur. Honorem autem dicimus, quod mundi pressuram virtutum pede calcatis, et in tribulatione vestra divina dispensatione virtus accrescit, dum non ut femina, sed ut vir cordatus hostilem nequitiam viriliter sustinetis, et gratiæ divinæ causam vestram judiciumque committitis. Nostis enim, et bene nostis, quia in libro experientiæ sæpe legistis, quod virtutis est non vinci a malo, sed in bono vincere malum. Erit hoc vobis ad gloriam, et omnibus injuriam patientibus ad imitationis exemplum. Credendum est, quod divinitus estis instructa, ut ad majora virtutum præconia valide consurgatis; illud habendo præ oculis, quod dicit Apostolus, imo per Apostolum Christus : *Omnes, qui pie volunt vivere in Christo, persecutionem patiantur* (II Tim. III). Quid autem patientia conferat, a cogitatione vestra nullatenus est alienum, cum Veritas dicat : *In patientia vestra possidebitis animas vestras* (Luc. XXI). Nunc igitur, charissima domina et gloriosa regina, ne declinetis a rectitudinis tramite, quam cœpistis, quia cito, ut vere speramus atque confidimus, si non resipuerit qui vos conturbat, portabit judicium, et quod a Domino vobis est collatum in dotem, justitia mediante, nullatenus deducetur in irritum. Minas eorum qui vos oderunt et affligunt, sive blanditias promissionum nullatenus attendatis, quia etsi aliquando vos deterreat regis severitas, corroboret vos et confirmet divini censura judicii, quæ nunquam sperantes in se derelinquit, quæ et mala consilia principum dissipat, et suum in æternum confirmat.

EPISTOLA XXXV (35).
Abbas ad reginam.

Quoties commeantium præsentia se nobis obtulerit, indignum reputare decrevimus, si dominæ nostræ, quam in veritate diligimus et in Domino veneramur, aliquid minimæ nostra parvitas scriptionis emiserit. Nostis enim, domina, novimus et nos quod hoc proprium habet vis amoris, ut scriptis recentioribus amplius incalescat, nec aliquo rerum eventu patitur ut senescat. Confertur etiam amicitiæ vinculis nodus amoris, remedio lætitiæ salutaris desolatis, his maxime, in quibus abundant viscera pietatis, nec inest Domini. . . . um (56) bonis moribus quippiam pravitatis. Excellentiæ igitur vestræ salutationis prælibamus officium, ut eo percepto percipiatis, et vos de tribulatione salutare remedium et nullum Christianæ fidei detrimentum, quod infidelibus et negligentibus solet inferre contemptum. Novimus autem quod, diabolo sæviente, Domino vero vobis in melius providente, paternum in vos immissum esse temporale flagellum, quatenus patientiæ virtus in agone probata, de plumbi scoria purgatissimum efficiat aurum, et unde diabolus se putat obtinere victoriam, vos æternæ gloriæ faciat adipisci coronam, et ipse de illata vobis injuria debitam malitiæ suæ perferat ultionem. Non vos fallat, mi domina, ad tempus sublata mundi hujus inanis gloria, quia potens est Dominus statuere vos iterum in plenitudinem potestatis, ut vestra sublimitas in caput gentium imperet populis et solium gloriæ teneat. Nostis, et bene nostis, quod *qui cœlum operit nubibus* (Psal. CXLVI), ipse etiam, illis sublatis, cum vult, infundit lumen claritatis supernæ sideribus. Ita certe et vos, cum voluerit, exaltabit, *quia respiciat in orationem humilium, et non spernet preces eorum* (Psal.

(34) Barth. et Lang. an. 1194.
(35) Barth. an. 1195, et Lang an. 1194. Scripta sine dubio Romæ.

(56) In apographo Magnæano I, deest *Domini;* lacuna tamen exstat. Forte vera lectio est : *Dominum colentium.* In Lyegaardiano : *Dominium.*

CI), quorum gemitus ad eum perveniunt, et Altissimus non delectabitur in eis. Ipse enim *mortificat et vivificat, deducit ad inferos et reducit. Dominus pauperem facit et ditat, humiliat et sublevat* (37) (I Reg. II). Verba sunt Spiritus sancti. Nolite igitur perdere continentiam, quæ magnam habebit remunerationem : dabit Deus his quoque finem *et gaudebit cor vestrum, et gaudium vestrum nemo tollet a vobis* (Joan. XVI). *Cor regis,* ut dicit Scriptura, *in manu Dei est, et inclinabit illud quocunque voluerit* (Prov. XXI). De cætero plurimum gaudemus, quia vos Dominum et ejus mandata timere percipimus et vestræ sanctissimæ conversationis odor suavissimus ubique dispergitur, ut nec dens vos inimici corrodere possit, cum non inveniat quod honestati et moribus obviet bonis. Noverit autem vestra sublimitas, quod amorem, quem erga vos habemus, nunquam antiquabit oblivio. Nunquam cessare ab oratione poterimus, donec a Domino nos exaudituros esse senserimus, quod in proximo futurum esse confidimus. De cætero valde conquerimur, quod nihil a parte vestra vel scripto suscipimus, quod tamen, salva reverentia et pace vestra dixerimus, cum vobis bis ecce scripserimus, pro cujus amore et honore nostrum corpus exponere labori maximo contra dominum regem maritum vestrum nunquam timuimus. Rogamus igitur, ut quod in hac parte minus congrue factum esse probamus, benevole suppleatur, quia plurimum de gratiæ vestræ plenitudine gloriamur, ne in oblivionem abduci videamur.

EPISTOLA XXXVI (38).

Ad abbatem Walbertum de Esrom.

Venerabili Patri et domino W. Dei gratia abbati de Esrom, W. servus servorum Dei in Paraclito, in plenitudinem dierum plenitudinem gaudiorum.

Rumor dulcis auribus nostris, charissime Pater, insonuit, qui et civitatem Dei lætificavit, et nos in laudem Dei plurimum excitavit. Quis enim, licet insipiens, non jucundetur, vestrum in his partibus vos intulisse sæpius optatum adventum, consilio et auxilio, Domino largiente, pluribus profuturum? ut minus sapiens dico, et si omnes in hoc jucunditatis gloriam non assequuntur, non minus tamen solemnes gratiarum actiones et laudum præconia divinis aspectibus in hujus novitate lætitiæ devoti persolvimus, quod non ad oculum, sed ad conscientiæ puritatem vobis sincerioris amoris vinculis innodamur. Nec frustra quidem. Quem enim indissolubiliter sibi non astringant officia, toties nobis exhibita sub amoris titulo sinceritatis et veritatis? Quis ad plenum comprehendere possit in necessitatibus nostris compassionis affectum compassionem prosequentem desideratarum rerum effectum? Hæc itaque sunt, Pater, quæ nobis gratiam faciunt

A adventus vestri lætitiam et non intentos reddunt ad recogitandam et recompensandam tot et tantorum munerum rationem. Quod si disparibus studiis minus cauta providentia forte successerit, non id etiam indigne amicabilis benignitas supportabit. *Charitas enim benigna est, patiens est, non quærit, quæ sua sunt* (I Cor. XIII). Cæterum, mi Pater, quoniam amor est dilationis impatiens, quid amicissimus noster cancellarius (39) agat, quid in proposito apud eum versetur ad inquirendum compassionis affectu compellimur. Id igitur, si votis non obviat, vestris nobis litteris exarari deposcimus ; quia desiderio multo sub vario rerum eventu suspendimur, sicut enim doloris stimulis exulceratur amantis animus, si de amico tristia referantur, ita B exhilarescit, si potiatur in salutem secundioris fortunæ muneribus.

EPISTOLA XXXVII (40).

Item in reditu suo a capitulo.

Abbati de Esrom salutem in salutari Dei.

Quod aliquando vobis et nobis subtrahitur occasio colloquendi, nec nobis est gratum, nec amori contiguum. Solet enim inter amicos esse in amore levamen, et in dolore remedium, familiare colloquium. Cujus sit in hac re subterfugium, nec nos agnoscimus, et vos ignorare penitus arbitramur. Si vero falsarius quispiam, quem forsitan mendacii pestis infecit, ille mercedem iniquitatis conceptæ recipiet, qui in agro bene culto pro tritico zizania superseminare decrevit. Et inter nos fraternitatis C charitas illæsa persistat, ne dissensionis filius et iniquitatis operator de sua quandoque congaudeat iniquitate. Vos autem noveritis cor nostrum erga vestram sanctitatem, nec in minimo esse permotum, cum quidem nec in hac parte molestia quidpiam nobis occurrerit, quo parvitas nostra debeat lædi, sed collata nobis beneficia a parte vestra amoris et gratiæ testimonium protestentur. Nec a nostri memoria poterunt vel possunt avelli, nisi, quod Deus avertat, a nostro sensu fuerimus alieni. Si quid igitur operibus nostris vel verbis vel etiam vestris contradictionis emerserit, quod tamen non arbitramur, illud totum antiquet oblivio, deleat et abstergat, ne quid morum nostrorum gratiam de-D venustet, quos semper oportet in innocentia et simplicitate cordis divinis obsequiis mancipari ; per quos et inimici propter præceptum Domini beneficiis potioribus ad amorem Dei debeant provocari, ut in omnibus et per omnia ex operibus nostris laudetur, et glorificetur Deus, qui est benedictus in sæcula.

EPISTOLA XXXVIII (41).

Ad abbatem de Esrom.

Cum fidei nimis vigor intepuit, non est mirum, quod irruentibus malis, his qui longe sunt positi

---

(37) In Magnæano I ; *Potest facere et dare humilia et sublimia.*
(38) Barth. et Lang., an. 1194.
(39) Celeberrimus ille Andreas Sunonis filius.

(40) Barth. an. 1178; Lang. rectius an. 1194.
(41) Barth. an. 1178; Lang. etiam, sed dubitanter ; ego ad an. 1194.

minus prudentibus veritas in dubium venit. Inde A
est, quod aliquando nos, qui mendàces minus discernere novimus, pro veris falsa recipimus, *ponentes*
tenebras lucem et lucem tenebras, dicentes bonum ma-
lum et malu n'bonum (*Isai.* v). Quid igitur? Sub-
dimur maledictioni judicis præsidentis, quem nulla
latet iniquitas, qui nec falli, nec fallere novit?
Absit ! Novit enim, quod veritatis inimici ex malitia
ut innocentiam decipiant, mentiuntur. Verum si
simplices nonnunquam falluntur et fraudulentium
assertionibus adhibent fidem, sicut eos malitia non
denigrat interior, sic nec supremi sententia Judicis
damnat. Cum eorum verbis mendacibus credunt,
fidei tamen , quæ in Christo est, constantiam non
amittunt. Nos igitur, Pater venerande, si forte deviare cogimur, si forte deviare probamur a rectitudinis via, et aliquid de charitate fraterna visus
vel auditus subripuit, non benevolentia præeunte,
ea qua nos prius invicem dilexerimus, integritas
reformetur amoris et percepto lumine veritatis,
tenebræ dissipentur erroris. Percepimus enim, nec
nos convenit diffiteri falsa relatione nos fuisse se-
ductos et invidiæ stimulis, et malignantium pravitatis jaculis impugnatos, dum cor nostrum a veritatis tramite procul abscederet, et adulantium
oleum minime declinaret. Ad vestram igitur notitiam volumus pervenire, nos hujus controversiæ
occasione ita fuisse permotos, ut nec ad utilitatis
vel honoris obsequia oculorum nostrorum aciem
defigeremus ab opinione virtutum. O invidia, quam C
perniciosa es! quæ nec persequi desistis quos per-
spexeris bonis etiam implicatos, quæ et diabolum
totius malitiæ propinatorem deposuisti de cœlo,
quæ et invadere non timuisti humanæ salutis Auctorem. Sed jam in nobis, unde sumpsit exordium,
producatur in lucem, quatenus cognita ejus origine, reprobetur iniquitas, et justitia in suo gradu
illæsa persistat. Dicebatur, Pater amande, quod
tamen longe sit a sanctitatis vestræ honore, quod
nos more leonum in insidiis sedebamus, ut religioni vestræ cohærere volentes a vobis avertere
niteremur, et cupiditate rerum suarum nostro eos
consortio jungeremus. Quod satis pateret ex susceptione Philippi pueri nostri, quem nullam aliam
ob causam susceperamus, ut dicebatis, nisi quod D
pecuniam ei a patre collatam habitui nostro inve-
stire voluimus. Dicebatur etiam nobis, ut vere percepimus, quod in tantam fueramus malitiam devo-
luti, quod nostrum esset officium vos appellare hominum devoratores, et in præpositos, si forte de
mandatis seniorum excederent, more bestiarum
crudeles infigere dentes. Quibus et vos, si fidem
volueritis adhibere, deceptos esse noveritis, et nos

si fecimus, esse mentitos, et bestiarum genus crudelitatis excessisse. Hoc est, quod inter nos discordiæ seminarium discurrebat, et fraternitatis concordiam perversitas inficiebat. Quia igitur hæc
omnia inter nos odii fomitem ministrabant, rogamus et humiliter supplicamus, quatenus ad pacis
concordiam revertamur, et quæ pia, quæ justa,
quæ honesta sunt, jam licet sero, sectemur. Dulcio-
res siquidem sunt amicitiæ post inimicitias, quam
ante fuerant, cum nullas pateremur dissensionis
angustias.

EPISTOLA XXXIX (42)

Domino charissimo et præcordiali amico Ebboni (43), frater W. gratia Dei servus servorum Dei
in Paraclito, æternæ gloriæ percipere portionem.

Est, ut melius nostis, mi domine, quædam in
amore dulcis et admiranda jucunditas, imo ut verius
fateamur, in colloquendo suavis mellifluaque ebrietas, quæ cum mutuo colloquuntur amici sic collo-
quentium mentes inebriat, quatenus ludicra præ
seriis interponat, et quod præcedere debuerat de
rebus necessariis verbum excludat. Ut enim noster
dicit Salomon : *Fortis est ut mors dilectio* (*Cant.* viii).
Hanc in amore dulcedinem illi soli degustant, quos
amoris vinculis arctius innodatos illicita desideria
minime coangustant. Hoc autem nuperrime cum
mutuis refoveremur alloquiis et vestris delectaremur aspectibus, certius sumus experti, qui cum
de necessariis deberemus inire sermonem, illum
a nobis abstersit oblivio, quam amoris intulerat
dulcedinis multitudo. Verum non nobis longum poterit inferre dispendium, quidquid fuerit amoris
gratia prætermissum. Quod autem a nobis fuerat
prætermissum, si a nobis (44) proferatur ad medium
non vobis videatur injuriosum, cum ex eo speramus
ex innata vobis bonitate et benignitate in nostra
tribulatione provenire remedium. Noveritis igitur
quod inter mala quibus affligimur ad cumulum
malorum accedit, quod regalis potestas, quæ de jure
pauperes religiosos tueri debuerat, in nos durius
invehitur, *dum non est qui redimat, neque qui sal-*
vum faciat (*Psal.* 7). Canem vero nonnunquam
instigavimus, nec tamen quemlibet canem, sed
eum, qui confidenter latratum emitteret, et lupos
sævientes ab ovium morsibus sententia regiæ severitatis arceret. De villico vestro B. (45) de Alexander
Thorp et quodam fabro colono suo sermo est, qui
animalia destruunt et occidunt. Super hoc a vobis
justitiam duximus expetendam, semel in persona
nostra, duabus vicibus, nisi fallimur, per internun-
tios nostros. Speramus , imo confidimus, quod si
non sensum vestrum curarum densitas obum-
brasset, de utroque læsio nobis illata exsecutionem

(42) Barth. an. 1194, et Lang. an. 1195. Inscripta
est hæc epistola in ms. Lyegaardiano : *Ebbe Sunes-*
son his verbis Danicis : *Til Ebbe Sunesson.*
(43) Occisus anno 1208 in bello Suecico ad Le-
nam. Vide supra t. V, tab. iv.
(44) *Quod autem a nobis*, in Magnæano I, cætera

desunt usque ad : *De villico.* In Lyegaardiano , et
recte quidem : *Quod autem a nobis fuerat præter-*
missum, si a nobis.
(45) In Magnæano I, et Lyegaardiano : *Be* (forte
Bernardo) *de Alisanter Thorp.*

justitiæ debitam excepisset. Rogamus iterum dilectionem vestram, de qua plurimum confidimus, ne diutius fratrum pauperum injuriam sufferatis inultam, nostra et prædictorum hominum parte præfixo termino ante vestram præsentiam evocata. Verbum autem quod fecistis, imo quod per vos Dominus

A fecit et ostendit nobis, gratanter accepimus et memoriter retinemus. Dignum certe memoria, quod nulla possit delere oblivio. Si quod sit illud quæritis breviter respondemus... *Reliqua hujus epistolæ desiderantur.*

LIBER SECUNDUS.

EPISTOLA PRIMA (46).
Deest.
EPISTOLA II (47).
Prima hujus epistolæ desiderantur.

..... tatis aculeis sentiant se percelli, qui simul conspiraverunt in unum adversus Dominum et adversus Christum ejus. Sentiant, inquam, mi domine, quantæ sit temeritatis apostolicis obviare mandatis. Novit sanctitas vestra, quod episcopos, qui tyranno prædicto (48) coronam regiæ dignitatis contra vestrum mandatum imponere non timuerunt, ut melius nostis, anno præterito in ecclesia Principis apostolorum coram infinita multitudine hominum in octavis Sancti Martini excommunicationis vinculis innodastis. Hi autem viri mendaces et iniqui ad fraudem toti conversi, cavillationes et iniqua consilia contra justum prædictum, videlicet archiepiscopum, fabricaverunt in incude mendacii, ut vos capiant in sermone, quod longe sit a vobis. A sæculo autem non est auditum, quod in Christiana religione sacerdos excommunicatus fuerit in regem inunctus. Rogamus igitur et supplicamus, rogat et nobiscum multitudo sanctorum, ut in præsenti negotio zelus vestræ sanctitatis emineat, et prævalente justitia, falsitas in sua assertione succumbat, et iniqui comprehendantur in superbia sua, ut sit *pax hominibus bonæ voluntatis* (*Luc.* II.), malivolis autem et his, qui oderunt pacem, *petra scandali et lapis offensionis* (*I Petr.* II). Vivat et valeat sanctitas vestra in æternum et ultra.

EPISTOLA III (49).
Ad cancellarium (50) regis Danorum.

Præcordialissimo amico et domino A., Dei gratia regis Danorum cancellario, W. inter magnos amicos suos amiculus, amoris plenitudinem et felicitatis æternæ lætitiam.

Necessarium reputamus ut vel pauca scribamus; sed cui ? certe dilecto meo, quem diligit anima mea,

B sine quo vivere jam non est vivere, sed dolor et gemitus. Id autem illis venire potest in dubium, qui virtutem amoris in se minime probaverunt. Absit autem, ut vobis, cujus charitatis ardorem in compositione morum, in conversatione puritatis conscia, quod sine adulatione dicimus, vos cum tremore audiatis, ne forte subrepat elatio, instabilis constantia fidei, in elegantia affabilitas, in rerum effectu.... *Reliqua hujus epistolæ desunt.*

(EPISTOLÆ IV (51), V (52), VI (53), VII (54), VIII (55), IX (56), X (57), *desiderantur* .)

EPISTOLA XI (58).
Prima hujus epistolæ desiderantur.

..... et mutationi consensit aliquando, vel consentit; aut si non consentit, et Grisei jus patronatus, quod habuit, in suo monasterio conservaverint, auctoritate nostra freti, quod a prænominato episcopo de ipsa mutatione pie ac rationabiliter factum est, submoto appellationis officio confirmetis; ita quod in ipso cœnobio Sancti Michaelis semper sint aliqui, qui juxta dispositionem Alborum (59) debeant ibi Domino deservire; si tamen apud eos monasterium remanserit supradictum. Quia igitur Albi monachi illustri viro, duci (60) videlicet prædicto, in suo monasterio, nobis præsentibus et audientibus, jus patronatus obtulerunt, prædictas Sancti Michaelis ecclesiæ possessiones Albis monachis adjudicavimus, domini W. episcopi (61) munere eis assignatas, et ejus sigillo et domini Lundensis archiepiscopi privilegii munimine roboratas. Et ne quis in posterum, contra hanc nostram constitutionem possit malignari, eam sigilli nostri impressione firmavimus, testium qui interfuerunt subter adnotatis nominibus.

Ego Homerus, dictus episcopus Ripensis (62), et W. abbas de Paraclito a sede apostolica delega-

---

(46) Bartholinus et Langebeckius referunt ad annum 1196.
(47) Barth. an. 1196, Lang. an. 1193.
(48) Sverro, regi Norvegiæ.
(49) Barth. et Lang. an. 1196.
(50) Andream Sunonis filium, postea ab anno 1201 archiepiscopum Lundensem.
(51) Barth. an. 1195, Lang. an. 1194.
(52) Barth. et Lang. an. 1195.
(53) Barth. et Lang. an. 1194.

(54) Barth. et Lang. an. 1194.
(55) Barth. et Lang. an. 1195.
(56) Barth. et Lang. an. 1195.
(57) Barth. et Lang. an. 1192.
(58) Barth. et Lang. an. 1192.
(59) Cisterciensium videlicet.
(60) Waldemaro Jutensi, fratris regis Canuti VI, et filio Waldemari I.
(61) Waldemari I, filii regis Canuti V.
(62) Sedebat ab anno 1186 ad an. 1203.

tione inter monachos de Guldholm (63), et inter A
illos de Sancto Michaele (64) fungentes, cum de
tribus articulis, qui nobis in litteris domini apostolici propositi sunt, videlicet : si dux non est patronus, vel si est ; et mutationi aliquando consensit
vel consentit vel si non consentit ; et Albi ei jus patronatus conservare voluerint, verissime nobis constat
quod domino duci albi monachi prædicti omnem
jus patronatus reverentiam, et eorum successores in
perpetuum exhibere voluntate bona se promittunt,
quidquid eis a domino episcopo Sleswicensi est collatum, et a domino metropolitano confirmatum, pro
Albis calculum sententiæ in medium proferentes,
quiete et inconcusse auctoritate nostra possideant.

EPISTOLA XII (65).

Ad dominum papam in causa monachorum.

Amantissimo Patri et domino Cœ., (66) Dei gratia
summo pontifici, frater W. servus pauperum Christi
in Paraclito, debitam tanto Patri reverentiam.

. Sanctitatis vestræ paternæ beneplacitum fuit, ut
causa nigrorum (67) monachorum ecclesiæ Sancti
Michaelis, et Alborum domini Ripensi nobisque
deberet cognoscenda et terminanda remitti. Mandatum vestrum eo sumus libentius exsecuti, quo certius velle vestrum inclinari probamus, ad id quod
divinæ congruit servituti. Sanctitas siquidem vestra
nobis dederat in mandatis, ut de veritate causæ
prædictorum inquirenda essemus solliciti, utrisque C
partibus ante nostram præsentiam evocatis, etsi
nobilem virum ducem Jutorum Waldemarum cognosceremus Nigrorum esse patronum et mutationi
prædictæ Sancti Michaelis ecclesiæ non consensisse,
nec adhuc consentire, nec in monasterio Alborum
posse jus patronatus habere, ut ipsi Nigri de plenitudine suæ restitutionis congauderent, et oblata
sine omni inquietudine possiderent. Si vero hoc
Albi monachi in suo monasterio vellent conservare
rerum omnium, quas Sancti Michaelis ecclesia possidebat, Albis deberemus plenitudem assignare.
Verum, cum in hoc inquirendo nobis labor inesset,
prædicto nobili viro duci Albi monachi in suo
monasterio jus patronatus libentissime, nobis præsentibus, obtulerunt. Auctoritatis igitur vestræ D
munimime freti prædictam ecclesiam cum omnibus
bonis suis tam mobilibus quam immobilibus Albis
duximus conferendam. Supplicamus igitur, ut quod
a nobis vestræ majestatis imperio eis est assigna-
tum, favore eos vestræ gratiæ prosequente, auctoritatis vestræ privilegio confirmetur.

(63) Fundatum est hoc monasterium 1190. Supra tom. V, p. 379.
(64) Monasterium olim apud Slesvieum.
(65) Barth. et Lang. an. 1192. Edita est a Pontoppidano *Annal. Dan.*, tom. I, p. 482, et ab eo
refertur ad annum 1194. .
(66) Cœlestino.
(67) Ordinis Cluviasensis monachi, a vestitu
colore sic vocati.

EPISTOLA XIII (68).

Ad dominum papam Cœlestinum.

. Sanctissimo Patri et domino C., Dei gratia pontifici summo, PETRUS (69) eadem Dei gratia Roskildensis episcopus, salutem et debitam tanto Patri
reverentiam et obedientiam.

. Sedis apostolicæ preces, quanto sunt sanctiores,
tanto ad complendum, inspirante Domino, digniores.
Eas igitur, quas nobis nuperrime pro ecclesia
Sancti Thomæ de Paraclito et ejusdem abbate
Wilhelmo devotissimo filio vestro cum litteris vestris
prætendere voluistis, gratanter excepimus. Quia
quod viris religiosis et honestis inedia laborantibus
intuitu dilectionis divinæ confertur, ad salutem
conferentium sine dubio pervenire sentimus. An- B
nuales itaque redditus decedentium sacerdotum in
episcopatu nostro ecclesiæ prædictæ conferre decrevimus, tum vestris precibus, cum gratiæ divinæ
respectu. Eo videlicet tenore, quod a Paschate,
quod eorum obitum subsequitur, usque ad aliud
Pascha redditus prædictos obtineat. Et jus nobis
debitum et successoribus nostris in ecclesiis illis,
quas ut prædiximus per annum tenuerit, et eos
nobis reddere contigerit, sine disceptatione persolvat. Ad hoc autem peragendum litteras vestræ paternitatis exigimus, quatenus ad hoc perficiendum
validius assurgamus, et os malignantium et iniqua
loquentium obstruatur. Vivat et valeat sanctitas
vestra.

EPISTOLA XIV (70).

Ad parochianos de Lingbui (71)

ABSALON, Dei gratia episcopus sanctæ Roskildensis Ecclesiæ, dilectis filiis omnibus parochianis
ecclesiarum de Lingbui et de Helsingo (72), salutem et paternam benedictionem.

Ad vestram, filii charissimi, volumus pervenire
notitiam, ecclesiæ Dei fundationem sive ædificatio-
nem ad vestram omniumque Christianorum pertinere salutem. Sicut enim indubitanter est verum,
quod beatus clamat apostolus Paulus, imo quod
per os Pauli loquitur Spiritus sanctus : *Templum
Dei sanctum est, et qui templum Dei violaverit, illum
Deus disperdet (I Cor. III)*; sic nihilominus est attendendum, quod qui templum Dei fundat vel ædi- D
ficat, a Domino æternæ remunerationis mercedem
accipiet. In templo siquidem Dei cum divina celebrantur mysteria, cum scilicet verbis Dei per
sacerdotum ora prolatis corpus Christi conficitur (73), imis summa junguntur, chorus assistit
angelicus, peccantibus ad Dominum redeuntibus
venia condonatur. Quia igitur percepimus quod

(68) Barth. an. 1192, Lang. rectius an. 1194.
(69) Sedebat ab anno 1192 ad 1214.
(70) Barth. et Lang., an. 1175.
(71) In Sialandia in præfectura Fridericoburg-
gensi.
(72) In Sialandia in præfectura Coronoburgensi.
(73) In ms. Magnæano I deleta est hæc vox et
superscriptum : *porrigitur*, a Lutherano sine dubio.

filii nostri fratres de Paraclito, quos amplioris charitatis brachiis amplexamur, circa quorum profectum sollicitudo nostra versatur, templum Domino et beato Thomæ apostolo construere et ædificare disponunt, volumus vos eorumdem fieri benevolos adjutores, ut remunerationis æternæ cum ipsis et vos contingat esse participes. Proinde universitatem vestram monemus attentius, rogamus devotius, et in remissionem peccatorum vestrorum (74) injungimus, ut antequam aratra vestra exponatis ad jaciendum prædictæ ecclesiæ fundamentum pro reverentia et prædicti apostoli meritis et nostræ dilectionis intuitu, vestris curribus lapides congruos convehatis. Sic etenim et nobis eritis gratiores et justitiæ vestræ fructibus, sicut prædiximus, amplior merces accrescet. Valete.

EPISTOLA XV (75).

Ad comitem Bernardum (76).

Locus amoris et gratiæ, quem apud clementiam vestram dicimur obtinere, et nobis est amplior gaudendi materia et in melius proficiendi fiducia. Hujus igitur gratiæ munere vegetati, et vestri memoriam interius diligenter amplectimur et desiderio videndi faciem vestram incessanter afficimur. Speramus vereque confidimus eum, qui vota perficit in se sperantium quandoque completurum desiderium nostrum. Quod si corporum absentia votis nostris obviante, mutuis vultibus nobis perfrui non donatur, interiori oculo nostro vestra facies non negatur. Quod vero minus in præsenti nobis conceditur, in futuro feliciori successu complebitur. Interim quia litteras vestras valde gratanter accepimus, et eas pia satis aviditate perlegimus, litteras etiam reciprocas ad excellentiam vestram nostræ parvitatis emittimus. Toties siquidem multiplex beneficium consolationis absentibus amicis impenditur, quoties eis ex benevolentia quidpiam scriptionis emittimus. Amicitiam siquidem devota conscriptio consenescere non patitur, sed ea desiderium promovente, convalescit piæ devotionis affectus, ne torpore vel mentis ignavia detestandus succedat in amore defectus. Inde est, quod ad magnitudinis vestræ scripta mens nostra refloruit, et amor, qui forte silentio consenescere poterat, resumptis viribus, ex amica vestra conscriptione reviruit. Noveritis autem, quod easdem litteras vestras loco magni muneris obtinemus, et solemnioribus obsequiis loco et tempore vestræ gratiæ respondere tenemur. Cæterum de fratribus nostris duos unum canonicum et unum conversum apprime disciplinis regularibus eruditos et honesta conversatione præditos ad vestrum mandatum emittimus,

quos a vobis oculo benigniori et honestatis obtentu et nostræ dilectionis intuitu suscipi et diligentius audiri confidimus et rogamus. Quid autem congruat ordini Sancti Victoris, quæve sit districtio conversationis ordinis ejusdem, quantaque sit in eis abundantia charitatis, nobis tacentibus eisque referentibus, pleniter audietis. De beneplacito autem vestro, propter quod ad nos vestras litteras emisistis, nobis ab eis referendum committere secure potestis et debetis, quia fideles erunt in referendo et nos devoti vestræ petitioni devotius obsequendo. Valete.

EPISTOLA XVI (77).

Ad episcopum Scaroteusem (78).

Reverendissimo Patri et domino I. (79), Dei gratia Scarensi episcopo, frater W. Beati Thomæ de Paraclito minister indignus, in plenitudine dierum plenitudinem gaudiorum.

Multiplici, Pater et domine, laude prosequimur, quod a vobis non spiritu sed carne remoti gratiam vestræ sanctæ familiaritatis et amoris assequimur, sicut anno præterito litteris vestris nobis innotuit, et relatu suo in auribus nostris præsentium lator exposuit. Utinam aut opus processisset aut meritum, quod tantæ dignationi responderet, quia nec conscientiam faciei rubor contorqueret, nec de non exhibito tantæ gratiæ et amoris officio miserum animum dolor afficeret. Novimus enim etiam in bonis et honestioribus moribus non facile reperiri, quod homo pannosus et humilis ab excellenti jam valeat in benedictionibus. *Reliqua hujus epistolæ desunt.*

EPISTOLA XVII (80)

Ad dominium Seufredum cardinalem.

Licet longioris terræ marisque discrimina vestram a nobis præsentiam intercludant, conferat tamen benignitas redemptionis et gratiæ vestræ collata suavitas, ne qua nobis adversantia nos a visceribus vestræ sanctitatis excludant. Est autem id virtutis eximiæ, ut ad amorem gratiæ vestræ susceptis nihil possit adversitatis occurrere, quin semper eorum negotia dignemini charitatis gremio consovere, et ut petentium deposcit utilitas promovere. Hac igitur spe roborati et amoris vestri munimine confirmati, negotium nostrum hac etiam vice dignum diximus committendum; maxime cum ei, ut probare potestis, et usus et ratio suffragetur et veritatis testimonio fulciatur. Prosecutioni igitur ipsius benignum indulgeri celsitudinis vestræ postulamur auditum, ut de vultu gratiæ vestræ judicium prodeat æquitatis. Homo quidam. . . . . *Reliqua hujus epistolæ desiderantur.*

---

74) Loco horum verborum : *In. . . . . vestrotum*, habet ms. Magnæanum I : *Pro officio nostro*, deletis allatis, nulla tamen mutationis causa adjecta.

(75) Barth. et Lang., an. 1175.

(76) Hic mihi ignotus est.

(77) Sine dubio inter 1197 et 1202.

(78) Lege *Scarensem*, in Suecia; sic in Magnæano I.

(79) Jerp-Ulpho, qui sedebat ab anno 1190 ad 1201. Vide Rhyzelii *Episcoposcopiam Svio-Gothicam* p. 168.

(80) Barth. et Lang., an. 1197.

EPISTOLA XVIII (81).

(Prima hujus epistolæ desiderantur.)

. . . . ficiat fides tua (82). Inter cætera mala, quæ patimur surrexit alter iniquitatis filius, mendaciis armatus et promptus ad facinus, qui dicit patrem suam, qui erat tertio excommunicationis vinculis innodatus, ut ab illa sententia solveretur, priori nostro, qui locum nostrum tenebat, in castro regis, nobis astantibus, et domino Ebbone partem cappæ, ut mos est, tenentibus terram suam non scotasse; et sic eamdem terram nititur obtinere (83).

EPISTOLA XIX (84).

Ad dominum Ebbonem.

Viro illustri et amico charissimo E., suus W., sic per temporalia bona transire, ut non amittat æterna.

In porrigendis precibus toties importuni forte videbimur, et si non indignationem dissimulet pietas, æquitatis judicio præsumptionis temeritas citius arguetur. Judicium igitur misericordia temperari rogamus, cui solito more etiam nunc innitimur, ut indignationis severitas, nec postulatis obviet, nec sæpius expertæ clementiæ vultum obnubilet. Scimus enim, quod hilaritate depulsa et facie demolita, indignatio decorem benevolentiæ decolorat, et honestorum morum gratiam devenustat. Sed absit hoc ab eo, cujus sapientiæ radius cor illustrat, quem et gratiæ cœlestis favor prosequitur, et natalium prærogativa commendat, et celebritas nominis amabilem esse constituit. Quis enim Ebbonem non diligit, quis non in eo veneretur et fidem et fidei puritatem? Quis non in Ebbone nostro et in temporalibus quibusque prudentiam et circa religiosos devotionis instantiam non exaltet apud Deum et homines? Quis orationem, quisve lectionem non approbet in Ebbone? id Dominus virtutum Ebboni conferat honoris et gratiæ, ut quod bene cœpit, meliori fine concludat.

EPISTOLA XX.

(Deest principium.)

. . . . . animæ, sed carnalis affectus videtur inesse. Absit autem, mi Patres et domini, quod aliter sapiatis, quam voluntas Dei et sententia divina dictaverit, qui curam geritis animarum. Ex tenore vero prædictarum litterarum vestrarum percepimus ad quemdam eum parochialem ecclesiam in vita sua personaliter obtinendam evocari, conditione tamen interposita, quod prius habitum religionis assumat, quo suscepto, ecclesiam prædictam obtineat. Quod quidem saluti animarum obviat, quia nec hoc lex divina, nec sanctorum sanxit auctoritas. Sola enim non terrenorum sed bonorum

A cœlestium promissio habitum religionis imponit, ne forte, si alia fuerit assumentis occasio, audiat non me sed Dominum in Scriptura loquentem et comminantem : *Væ homini duabus viis terram ingredienti (Eccli.* ii). Ad ultimum litteræ vestræ protestantur, quod si prædictus Hugo religionis habitum non assumat, sine magni muneris oblatione prædictam ecclesiam nullatenus poterit obtinere. Sed, ut verius vobis in aure loquamur, istud hæreticum est atque peremptorium, si tamen ambitio cæca tale quid perduxerit ad effectum et audiet cum Simone Mago : *Pecunia tua tecum sit in perditionem (Act.* viii). Sed absit hoc ab amico nostro, quem amplioris charitatis brachiis amplexamur! Absit, inquam, ab eo, ut sic morum suorum gratiam devenustet et bonum odorem, quem in naribus circumpositorum bene vivendo aspersit, fœtere faciat, et brevi victurus tempore peccatis oneratus ad inferna descendat! Homo simplex est a malitiæ alienus, astutia cum pace fœdus inivit, ut in pace vivere libeat et justitiæ limitem non excedat, nisi forte ovina simplicitas lupina defraudetur astutia. Verum quoniam in proposito diu habuit repatriare non necessitate compulsus, nec panis aut vestitus laborans inopia, ventura Paschalis solemnitate, vita et incolumitate corporis comite, veniendi ad vos iter arripiet. Hoc quidem jam mancipare voluisset effectui, si Ecclesiæ et domui suæ disposuisset. Ad hoc autem faciendum magna indiget sollicitudine et temporis spatio, ne nimis accelerata festinatio sit rerum suarum dispersio, et dicatur de eo , *Hic homo cœpit ædificare, et non potuit consummare (Luc.* xiv).

EPISTOLA XXI (85).

Ad dominum archiepiscopum Lundensem.

Ut, Pater amantissime, scribamus, necessitate compellimur : *Exspectavimus bonum, et non venit, pacem, et ecce turbatio (Jer.* xiv).

Scitis, Pater, scienti enim loquimur, quod ad Daciam vestri causa, quem diligebamus, quem et videre sicut angelum Dei sitiebamus, fuerit noster accessus. Non, inquam, indigentia, Deus est testis, fines nostros nos coegit exire et Daciæ partes invisere et incommodis multis et supra vires affligi ; sed amoris vehementia, quam corde conceperamus, in cognitione domini Absolonis episcopi. Si igitur fecimus, ut amici, non necessitatis inopiæ tale debet factum adscribi. Et certe super omnes homines, qui cognitioni vestræ possunt occurrere, decrevistis, ut amicus et dominus amoris gratiæ respondere. Huic rei facies hilaris (86) et largitas manus et vultus paternus postea non in diversa mutatus certum dederunt indicium, et nostrum ad vos usque confirmaverunt accessum, ut inceptis stabiles firmaremur, *usquequo impius superbiat, dum non est pupillis adjutor.*

---

(81) Barth. et Lang. an. 1198.

(82) Ex Magnæano I.

(83) In Magnæano I, etiam post hæc verba exstant : *Et jam patre ipsius defuncto terræ fructu percepto. Istis et talibus attenuamur injuriis , dum non est qui ferat auxilium. Si qua sunt in vobis viscera pietatis, imponite, quæsumus, debitum finem tot malis, ne*

(84) Barth. an. 1194, Lang. an. 1195.

(85) Barth. et Lang. an. 1178.

(86) Hanc vocem supplevimus ex Magnæano I et Lyegaardiano.

et pro viribus, imo supra vires, ut Deus novit, amo- A
ris sedulum impenderemus obsequium, certe non ad
oculum, sed ad salutis auxilium. Testis est Deus et
cœlestis curia, quod amoris amplexibus non ficte
sed veraciter et dulciter vestram sumus semper
memoriam amplexati, sive prospera succederent
vel adversa, et nunc quod est, ni Pater et domine,
quid in nobis vestræ tantum paternitati displicuit,
ut amicum inter inimicos relinqueretis sine adjutorio, sine consilio, advenam et peregrinum in partibus alienis? Quid, inquam abfuit, ut pupillum et
orphanum dimitteretis inter ora leonum, *dum non
est qui redimat, neque qui salvum faciat? (Psal.* vii.)
Inter.   [*Deest magna pars hujus
epistolæ*] (87).

EPISTOLA XXII (88).

(. . . . *emittitur a domino archiepiscopo Lundensi.*)

Amantissimo domino et Patri C. Dei gratia summo pontifici, A. eadem gratia Lundensis archiepiscopus et apostolicæ sedis legatus et Svechiæ (89)
primas, debitam tanto Patri reverentiam et obedientiam.

Sicut bonorum studiorum perfectio congruit honori, justitiæ, sic eorumdem detestanda deformitas
faciem decolorat Ecclesiæ. Quod igitur divina sanxit
auctoritas et approbavit religionis Christianæ sinceritas, sic est non violare consultum, ut et regibus
et principibus inviolabiliter conservandum, ne læsio sanctitatis proveniat minoribus ad imitationis
exemplum. Si vero, peccatis exigentibus, obstinatia (90) tanta provenerit ut vel reges vel principes
tanti facinoris sint auctores sive fautores, vobis,
Pater amantissime, providendum, et correctione di-
strictissima corrigendum, quem Dominus in loco
superiori constituit, ut proficientes apostolica benedictio prosequatur, malevolos autem et illos *qui
pacem oderunt (Psalm.* cxix), *lapis offensionis et petra scandali (I Petr.* ii) in judicium subsequatur.
Factum igitur regis Francorum Philippi, quo religio
Christiana læditur, sacris auribus vestris duximus
inferendum, ut pietatis vestræ visceribus sit con-
dolendum, quæ a prædicto rege integritatis suæ
graviter conqueritur perferre vulnus inflictum. Sane
non dubitamus vestræ sanctitatis auribus fuisse illatum relatu multorum, prædictum regem Francorum, nobilem regis Danorum sororem, matrimonio
interveniente, fuisse sortitum in conjugem regiuæ

consortem, adhibitis solemnitatibus pro ritu Ecclesiæ Gallicanæ congruentibus; sed a quibusdam
malignantibus, quibus displicebat ipsorum conjugium, artes conatusque sacrilegos ad fraudem con-
vertentibus et iniquitatem, inter eos jurantibus inesse lineam affinitatis, hujusmodi prætextu impe-
dimenti, nullo juris ordine servato, divortium inter
prædictas tantasque personas præpropere et inconsulte fuisse celebratum. Quod quam sit absurdum
ac veritati contrarium facile advertet, qui hujus
dominæ genealogiam inspexerit, quam dignationi
vestræ duximus retexendam, testificantes coram
Deo et sanctis ejus nihil extra veritatem nos fore
dicturos (91). Fuit in Dacia rex quidam excellen-
tis gloriæ nomine Sveno. Hic licet plures habuit B
filios, de duobus tamen hic necessario mentio facienda est. Quorum unus Kanutus dicebatur, Danorum rex et martyr, cujus sanctitas usque hodie
miraculis commendatur. Hic filiam habuit comitis
Flandriæ, ex qua filium genuit Karolum nomine
comitem Flandriæ. Non autem de ipso aut de matre
ejus descendit hæc regina regi prædicto sociata
conjugio, sed de prædicti Kanuti regis fratre, qui
dicebatur Ericus bonus. Qui Ericus genuit Kanutum, qui dux exstitit Danorum et rex Slavorum,
quos non hæreditario jure sed armis potenter obtinuit; cujus mater exstitit Botildis regina ex nobilissima Danorum prosapia orta. Ipse postmodum
martyr effectus, cujus apud Deum sit meriti, miracula crebra testantur. Iste Kanutus martyr genuit C
Waldemarum regem, cujus mater fuit Ingiburgh
filia Rizlavi (92) potentissimi Ruthenorum regis et
Christinæ reginæ, quæ filia fuit Ingonis Suevorum
regis et Helenæ reginæ. Porro prædictæ Ingeburgis
soror mater fuit Bèlæ regis Hungariæ, qui habuit
sororem Philippi regis Francorum in conjugio.
Waldemarus autem hanc dominam nostram Franciæ reginam genuit ex Sophia, cujus pater fuit
Waldemar (93), qui et ipse Ruthenorum rex fuit;
plures enim ibi reges sunt. Mater autem ejus filia
fuit ducis Poloniæ nomine Boleslavi (94). His diligenter inspectis, luce clarius constat, ramum istum
nil pertinere ad cognationem Flandriæ, nec aliquam
esse consanguinitatem inter priorem Franciæ regi- D
nam et istam dominam. Quia nec illa ex Erici progenie descendit, nec ista ex posteritate Kanuti carnis originem sumpsit. Ecce fideliter omnem rei

---

(87) In Magnæano 1, alio loco tamen sequens
fragmentum hujus epistolæ occurrit : *Nos videre non
valemus offensum, tenor est enim animus diligentis,
amorem autem erga nos gratia divina conceptum, honorem exhibitum, et multiplex nobis exhibitum beneficium, coronæ capitis vestri Rex gloriæ suos corona-
turus imponat, pro cujus amore et honore vestra
pauperibus ejus duxistis exponere.* In Lyegaardiano
post *inter* occurrit : *Desunt epistolæ sex*, quod sine
dubio falsum est.

(88) Barth. an. 1195, Lang. an. 1194.

(89) *Svetiæ*, vel *Sveciæ*, ut in Magnæano, 1.

(90) In Magnæano 1, verb. *obstinatia* deletum est,
et *contumacia* superscriptum.

(91) Ab his verbis : *Fuit in Dacia* : usque ad
finem, hæc epistola edita est ab Holbergio in Historia Daniæ, tom. I, p. 260, 261.

(92) *Virzlavi* in Magnæano I. *Zizlavi* in Lyegaardiano, *Izizlavi* in Vellejano. Forte Izizlavus, qui obiit
1155, filius Mstislavi, et nepos Waldemari. Nestor
p. 180, 183, 184. Forte etiam Mstislavus ipse, qui
obiit 1132, intelligitur per hunc Izizlavum.

(93) In Lyegaardiano : *Waledar*, etiam in Bartholiniano et Vellejano forte *Wolodar* frater Wasil-
konis, qui 1122 captus est a Polonis, Nestor p. 177.

(94) Tertii nempe, qui obiit 1139. Forte Wolodar
occasione captivitatis suæ apud Boleslavum filiam
ejus duxit, exindeque libertatem adeptus est.

veritatem exposuimus, teste ipsa veritate. Supplicamus igitur, Pater, sanctitatis vestræ pedibus inclinati, ut de vultu gratiæ vestræ judicium prodeat æquitatis, quo domina nostra Francorum regina regis revocetur in gratiam, et sublatum per iniquorum errorem redeat in honorem. Sic enim sanctæ Romanæ Ecclesiæ devotam se esse gloriabitur filiam et beneficii sibi collati quoad vixerit, retinebit in corde memoriam. Bene valeat sanctitas vestra.

EPISTOLA XXIII (95).

Ad dominum regem Danorum C. pro negotio sororis ejus.

Præcellentissimo domino CANUTO Dei gratia glorioso regi Danorum, frater GUILLELMUS pauperum fratrum Sancti Thomæ de Paracleto minister indignus, debitam tanto domino reverentiam et devotum obsequium.

Ad decorem coronæ regalis accedit, ut sicut principes regni lætos et hilares reddit temporalis gloria regis, sic nihilominus eosdem dejiciat ejusdem depressio majestatis. Qui igitur lateri regis assistunt et regalibus præsunt negotiis, necesse est, ut jura et rerum ordinem conservent, ut jura videlicet integra et illibata permaneant, et rebus hominum usibus attributis augmenta proveniant; sed super hæc omnia, ut honor regis conservetur et accrescat illæsus. Hoc autem, mi domine, eo dicimus intuitu ut, si vobis a rege Francorum apud excellentiam vestram locum non habeat honor oblatus, valde veremur, ne tale consilium diuturna pœnitentia subsequatur, ut famæ vestræ suavis opinio, quæ jam fere per totum redolet mundum celebritatis suæ sentiat detrimentum. Heu! quis tunc non ingemiscat? Heu! quis tunc non currat ad lacrymas? honesta pecunia domino non imperat, sed domini famulatur obsequio. Argentum et aurum sicut accedit, ita et recedit; honoris autem gloria quisquis adeptus est eo abusus non fuerit, cum eo in sæculum sæculi permanebit. Intendat nunc, quæso, regia celsitudo, quid humilis servulus ejus loquatur domino suo. Recogitet dominus meus rex, quæ sit inter id quod perit et quod non perit, distantia, et videbit oculo puriori quod non debeat honori prævalere pecunia. Quæ, si manibus sufficiens non occurrat alterius temporis inducias vestra sublimitas duxerit expetendas, donec ad persolvendum principum et amicorum vestrorum auxilio manus vestræ potentiæ sublevetur. Nos vero licet paupertatis articulis constringamur, quia vestrum desideramus honorem, illud quo nuperrime sibi nos munificentia regalis astrinxit, vestris obsequiis, si vestrum beneplacitum fuerit, alacriter inserviemus. Non est, mi domine, parvus honor qui offertur gratiæ vestræ, quod tamen vobis in aure loquimur,

quia, si copulatum vestris amicitiis habueritis regem Francorum, non erit de cætero vobis formidini cupiditas et avaritia Romanorum. Sed de his hactenus. Cæterum visceribus vestræ pietatis acclines supplicamus, ut terrulam, qua nos in castro vestro in Methulese (96) sita pietas vestra donavit, a nobis auferri minime sufferatis. Hoc enim et honor vester exigit, et Ecclesiæ nostræ congruit paupertati. Est qui nos super ea conturbat, scilicet Biorn, et nostros trucidare minatur in gladio; cui, si placeat, præcipiat Dominus noster ut ab incœpto desistat. Valete. Conterat Dominus Satan sub pedibus vestris.

EPISTOLA XXIV (97).

Ad illustrem regem Danorum Canutum.

Excellentissimo domino Ca., illustri Dei gratia Danorum regi, frater WILLELMUS B. Thomæ de Paracleto minister indignus, post temporalem de manu Domini percipere coronam æternam.

Solio gloriæ vestræ, mi domine rex, eo securius propinquamus, quo cor regis in manu Dei certius inesse probamus, cum felicibus auspiciis vestris semper aspiret gratia, et regni vestri terminos cœlestis amplitudo magis ac magis, hostibus vobis subjectis, multiplicet. Si quid igitur a nobis celsitudini vestræ scribendo præsumptum fuerit, regiæ serenitatis apicem divina clementia ad vocem pauperis (98), ad tantam veniam inclinabit. Quis enim nos aut qui vos? Servi vestri per Christum. In primis itaque bonorum auctori omnium Deo grates referimus, per quem gratiæ tantæ munus nonnunquam accepimus, ut precibus nostris regiæ sublimitatis inclinaretur auditus, et petitionem nostram optatus prosequeretur effectus, cum advenæ simus et pauperes regiis indigni aspectibus. Verum, domine, quod in vestro peregrinamur imperio, testis est Deus cœlestis et curia, quod nulla nos victus vestitusque necessitas vestris nos appulit oris, sed amor religionis; illiusque fidei constantia et amoris gratia, cujus jam fere orbi universo celebre nomen innotuit archipontificis Absolonis. Apud quem amor amicorum nullo tempore consenescit, quod liberalitas et munificentia viri amoris terminos nunquam excedere novit, quod virtus animi possessorem suum a probitate bonorum nunquam degenerare permittit. Tenacis siquidem est fidei et stabilis, quem nec fortuna, quæ sæpius invidet rebus humanis, in partem alteram prævalet inclinare. Hunc ergo, mi domine, qui nos benigno favore prosequitur, eo invito, relinquere non valeamus, ne et nos amori injuriam inferre videamur, cum sæpius amore soli natalis lares paternos invisere compellamur. Cæterum, mi Pater et domine, eo devotius vobis amore et devotione coram Domino inhærere tenemur, et devotissimarum orationum munus offerre,

---

(95) Bart. an. 1195, Lang. an. 1192. De hac epistola vide Grammium in Meursium, p. 561, not. *c*.

(96) Vellejus in suo codice adscripsit margini: *Mersulose*. Sine dubio Mærlose in Sialandia in præ-

fectura Holbek.

(97) Barth. et Lang. an. 1195.

(98) Cætera hujus epistolæ sumpta sunt ex codice Magnæano I, præter verba : *Filii*, usque ad finem.

quo frequentius in nostra necessitate magnificentiæ
vestræ experti sumus auxilium, quod vobis in retributione justorum conferat in decore suo æterni
Regis gloriosum aspectum, quem nullus videre creditur reproborum. Hoc autem vobis dicimus in
verbo Domini, quoniam ante Regem gloriæ dominumque virtutum, singulis diebus pro vestra incolumitate preces precibus ingeminare nunquam de-
sistimus. Dicant alii, quod volunt, et nos infamiæ
nota respergant, quorum est officium alienare amicum a proximo. *Si vero Deus nobiscum, quis contra*
nos? (Rom. viii.) In nos malitiæ suæ virus effun-
dunt, sed minime nos confundunt, quoad Dominus
virtutum nobiscum. Ad excellentiam autem vestram
solitum et frequentem habere vellemus accessum,
ut in aspectu faciei vestræ nobis esset multipliciter
gloriandum; si faciem nostram liniri non vercre-
mur opprobriis iniqua loquentium. Sed quid? Si
non venimus, si non videmus, venerari et diligere
desistemus? Absit! Et si nos a vobis lædi, quod
absit! sentiremus, digna tamen laude non minus
virtutum vestrarum præconia coram Domino prose-
queremur. Ad ultimum supplicamus ne, quia omnibus sufficere non valemus, utpote per annos con-
tinuos quatuor ignis incendium passi, et frugum
ubertate privati, ut filii a Domino castigati, malevolis et detrahentibus regius indulgeatur auditus.
Vivat et valeat hic et in æternum sublimitas vestra,
et manus vestra in verticem inimicorum vestrorum.

EPISTOLA XXV (99).

Ad Francorum regem Philippum.

Domino charissimo et excellentissimo Dei gratia
Francorum regi Pn., W. dictus abbas in Dacia,
servus ejus et amicorum suorum minimus, regni
cœlestis coronam percipere sempiternam.

Licet ad thronum gloriæ vestræ merita nulla nos
provehant, pulsat nos tamen amoris magnitudo et
animæ vestræ indeficiens sollicitudo, ut ad excellentiam vestram parvitatis nostræ scripta percur-
rant. Eo autem vestris pedibus propinquamus, quo
vos et honorem vestrum et regni vestri promotionem in amplius indubitanter amamus. Nullum autem est in rebus dilectionis certius argumentum,
quam velle bonis moribus accedere virtutum augmentum. Hoc igitur vobis optamus, ut nominis
vestri recolenda celebritas integra perseveret, et
canino dente a nemine mordeatur. Scimus autem,
quod *cor regis in manu sit, et quod voluerit, illud*
inclinabit (Prov. xxi). Absit autem, ut in illud, quod
obviat saluti, inclinet, qui salutis est auctor, per
quem *reges regnant, et principes justa decernunt*
(Prov. viii). Ad hoc autem divina vos providentia
precibus pauperum et lacrymis viduarum perduxit
ad ortum et naturæ muneribus regali solio sublimavit, ut in omnibus, quæ agitis et judicio præcur-
rente disponitis, præ oculis semper habeatis auctorem salutis, ne tantæ majestatis excellentiam, mi-

nus de Dei veritatis notitia conscii, sed de sua justitia præsumentes, ad inferiora declinent. Cum
honor regis judicium diligat et ad honorem summi
Regis judicia promoveat, ne vel incauta præsumptio
ex aliorum consilio, optimorum morum gratiam
devenustet. Rogamus igitur, imo supplicamus, majestatis vestræ pedibus inclinati, ut quod factum
est de regina a vobis separata, adhibito teste conscientia in melius retractetis et, mediante justitia,
Deo judice, commutetis et occasionem huic operi
detrahentibus subtrahatis. Inde vobis litteras domini papæ commonitorias non districtionis sed
amoris et paternæ sollicitudinis et pietatis ab urbe
digressi detulimus, non regiæ celsitudinis contemptores, sed honoris, sed salutis animæ vestræ se-
duli provisores. Nec enim vos veraciter amamus,
si solum præsentiam corporalem et non animæ salutem exoptemus. Cæterum videat regia celsitudo,
utrum vobis cedat ad gloriam amicum vestrum in
captione teneri, hominem pannosum, Domini sacerdotem. Si vobis cedat ad gloriam, non reluctari
nos decet, quoniam ex debito servi prosequuntur
sui domini voluntatem. Non tamen, domine rex,
agnoscimus culpam qua detineamur in captura, nisi,
quod absit, vestra prudentia judicare volucrit, esse
culpam velle custodire absque læsione peccati regiam majestatem. Sed esto. Nunquid innocens
damnatur cum impio? Ecce cancellarius illustris
regis Danorum et nuntius summi pontificis, sicut
et nos, in captura tenetur. Vir simplex et innocens, et recedens a malo, cujus vita proponitur
nobis et omnibus ad imitationis exemplum. Quid
autem mali fecit? Quia litterarum domini papæ,
sicut et nos bajulus est, non verentur minus boni
mittere manum in christum Domini. Et certe nihil
continetur in litteris, unde debeat vel in minimo
vultus regiæ majestatis offendi. Me igitur in captione retento, si placet, illum absolvi præcipite,
propter quem credimus indubitanter cœlestia con-
turbari. Valete. Immittat autem vobis Dominus
spiritum sapientiæ et pietatis, ut sit *pax hominibus*
bonæ voluntatis (Luc. ii), non *petra scandali et lapis*
offensionis (I Petr. ii).

EPISTOLA XXVI (100).

Ad cardinales in persona regis Danorum.

K. Dei gratia Danorum rex atque Slavorum venerabilibus, amicis suis et dominis episcopis, presbyteris, diaconis sanctæ Romanæ Ecclesiæ cardinali-
bus, in plenitudinem dierum gaudiorum (1).

Apostolica sedes quanto cæteris præeminet dignitate, tanto amplioris creditur pietatis visceribus
abundare in faciendis judiciis, servata diligentius
æquitate. Absit enim ut viri misericordiæ judicium
velint in partem alteram declinare, et tramitem veritatis excedere, cum ad eos et clamor dirigitur
pauperum et gemitus afflictorum, quos constituit
Dominus et defensores pupillorum et judices vidua-

(99) Lang. an. 1195.
(100) Barth. et Lang. an. 1194.

(1) Lege forte *gaudia*; in Magnæano I, et Lyc-
gaardiano : *et gaudiorum.*

rum. Felices, quibus nec veritas venit in odium, A
nec falsitas ita blanditur ut excedant terminos, vel
patiantur excedi, quos in Ecclesia posuit antiquorum sanctitas Patrum. Ad auxilium igitur gratiæ
vestræ præsentes nuntios nostros a vobis benigne
suscipi et audiri, auditosque in completione totius
negotii nostri benigno favore prosequi deprecamur,
ut ex ubere compassionis lac eliciamus consolationis. Summa vero negotii nostri hæc est : Rex Francorum Philippus sororem nostram anno jam exacto
duxit in uxorem et regali solio sublimatam et carnaliter cognitam (2) iniquitatis filiis, falsitatis amicis in incude mendacii verbum fallaciæ fabricanti-
bus, a se dimisit omni fere solatio destitutam. Juraverunt siquidem inter eos consanguinitatis lineam
interesse ; quod ita longe est a veritate, sicut falsi- B
tas a veritate, quod vobis manifeste patebit, nuntiis
nostris fidem facientibus vobis. Rogamus igitur ut
in negotio pietatis non torpeat otio sanctitas vestra
et justitia sanctitatis, ut, quod divina lex exigit et
contra sanctorum Patrum instituta factum esse non
dubitatur, vestris studiis intervenientibus totum in
irritum deducatur. Valete.

EPISTOLA XXVII (3).

Ad dominum abbatem de Esrom.

Venerabili Patri et amico charissimo WILLELMO abbati de Esrom, amicorum suorum minimus WILLEL-
MUS, servus servorum Christi in Paracleto, vitam
præsentem feliciter consummare.

Dilectio, cujus nos in invicem fortioribus vinculis C
innodamur, ut de statu nostro vobis aliqua scribamus, nos vehementer impellit atque sollicitat. Non
enim est amor verus sine sollicitudine, neque sollicitudo sine timore. Noverit igitur sanctitas vestra
quod nos incolumitas corporum divinitate propitia
committatur, et quantum ad præsens juris æquitas
et ratio dictat, negotio nobis commisso, censura
judicii famulatur. Verum necdum est finis, sed labori labor adnectitur, donec proveniat eidem negotio justitiæ plenitudo, et læsa sacramentorum reformetur integritas, quam decoloraverat iniquorum
perversitas inter regem Francorum et reginam contra jura et ecclesiastica sacramenta celebrato divortio. Sic, sic reprobat sapientia iniquitatis astutiam,
humilibus autem dat gratiam (Jac. IV). Licet autem D
nondum ad plenum quod suum est, justitia prosequatur, jam in eo tamen confidenter speramus, ut,
qui cœpit, ipse perficiat, per quem in mensuram
enormia reducuntur. Ea igitur super hoc negotio
divina pietas imploranda, ut quod deposcit devotio
Christiana, superni judicis censura perficiat, dignanter adimpleat, quatenus et nos sanctitatis vestræ et fratrum vestrorum merita prosequantur, et
de complexione negotii jucunditatis gloriam Danorum finibus plenius inferamus. Præscriptum litte-

rarum domini papæ vobis inferre judicassemus idoneum, quæ mittuntur ad regem Francorum, nisi
certum habuissemus vos obtinere posse fratribus
nostris emissum. Confidimus quoniam illum ab illis
recipiatis, et quod non sit labor noster inutilis, diligentius avertetis. Vivat et valeat sanctitas vestra,
et orate nos quantocius vobis restitui. Absit autem
tu, quia timor habet pœnam pro nobis, etiam vobis
inferat cruciatum, dum hucusque ignoratis laboribus nostris feliciorem provenisse successum, et negotio nobis commisso fortiorem intulisse progressum.

EPISTOLA XXVIII (4).

Ad Lundensem archiepiscopum.

Amantissimo Patri et domino, filius ejus devotus
inutilis servus, timorem pariter et amorem.

Non magnopere multus verborum lepor exquiri-
tur, ubi per se veritas ad medium pura progreditur,
maxime apud excellentiam vestram, quæ miseriæ
pauperum et gemitibus afflictorum indefesse compatitur. Absit autem ut de vobis aliud sentiamus,
quem specialiter charitatis brachiis amplectimur,
cujus et memoriam precibus licet indignis, continue coram Domino gloriæ commendamus, Nec se,
Pater charissime, tentat ingerere temeritas præsumptionis, ubi negotium agitur pietatis. Quantum
autem super nos hactenus fuerit eminens paternæ
benedictionis infusio, nec prosequi verbo, nec styli
valemus officio. Ea die sol solito clarior rebus arrisit, cum nostri memoriam, imo potius nostræ vitæ
curam seu sollicitudinem seu dispositionem visceribus vestræ pietatis pauperum amator Dominus et
pius consolator immisit. Quia vero ad tantam di-
gnationem merita nulla nos provehunt, solum agat
et emineat pro nobis vestræ nobilitatis et liberalitatis insigne in actione gratiarum. Quod autem toties
viscera paterna concutimus et inverecunde satis
frequentius vestra requirimus, non miramur, si miramini, nisi quia in ratione dati et accepti ei qui
curam pauperum gerit, ampliori fenore vos arctius
obligamus. Solum enim illud, quod ut melius nostis, ejus gratia pauperibus erogatur, multis laudum
præconiis et honore et gloria muneratur. Verum,
Pater amantissime, dum, sicut prædiximus de medio sublato pudore, frequenter vestra requirimus,
illud nobis valde veremur objici : Frons meretricis
facta est tibi, noluisti erubescere (Jer. III), maxime
cum jam timeamus et suspicemur paternos vultus
erga nos solito amplius in diversa mutatos. Culpam
itaque, quam ignoramus, graviter supportamus, et
profusis lacrymis, ad Deum toto corde convertimur
suppliciter exorantes, ut vobis, nobis collata restituat, et nos in tempore malo non deserat. Sed esto,
mi Pater, ut apud gratiam vestram opinio sinistra
vestri servuli faciem decoloret. Nunquid justos dam-
nabis cum impio? Absit a te facere rem hanc, qui ju-

---

(2) Hoc falsitatem monstrat relationis, qua rex
Franciæ statim post benedictionem nuptialem de
repudio reginæ cogitasse fertur.

(3) Barth et Lang. an. 1195.
(4) Barth. et Lang. an 1178.

dicas æquitatem. Si peccavit pastor, percute pastorem, ne dispergantur oves. Tollatur impius, nec firma
radice subsistat, nec profectu vigeat, nec usu ro-
boretur. Ut quid etiam terram occupat? Tollatur
igitur et crucifigatur. Aut certe ponatur, quæso, securis ad radicem arboris, et succidatur arbor inutilis. Oves enim quid meruerunt, quæ tuo sunt et studio et labore a luporum morsibus hactenus custo-
ditæ et tuæ protectionis umbraculo, indultæ securitatis munere gloriantur. In me transeat, oro, iniquitas hæc, et in domum patris mei. Si autem meritis nostris non gratia, sed pœna debetur, ut non
prædictis ovibus paterna diligentia suffragetur. Heu,
mi Pater, pupillis et orphanis quis erit adjutor?
quis pro domo Israel stabit ex adverso? sed absit!
mi Pater, ut severitatis animadversio judicium in
aliam partem declinet, et aliquid hujusmodi morum
vestrorum elegantiam sive gratiam devenustet.
Multum autem gloriæ vestræ, quod absit! derogare-
tur et famæ, si filios vestros, fratres nostros sollicitudo vestra deperire permitteret fame. Melius enim
esset occisis gladio quam interfectis fame. Et quidem cum nuper apud vos essemus eorumdem pauperum fratrum indigentiam panis auribus vestris
vicibus duabus intulimus, sed nondum amicabile
vel jucundum responsum accepimus; quia misericordiæ sinum clauserat et nobis obduratum fecerat
gratiæ deformatæ et substractæ defectus. Sufficit
igitur nobis sapientiæ vestræ innotuisse, quod usque
ad Pascha vix eis panis sufficiat. Nec hac vice super
hoc preces vestræ paternitati porrigimus, quandoquidem in ingratitudine vobis devenimus. Citius
enim judex offenditur, si ad eum placandum quispiam pravis actionibus implicatus emittitur. Scimus
quia sapientia in vobis præeminet, et quid opus in
facto nobis tacentibus prævidet: Cæterum in terra
animalium vos esse (5) idem fratres perceperunt, et
habent fiduciam, quod super his respiciatis in orationem humilium. Intelligitis quæ dico. Ad ultimum
noveritis quod illud gravius accipimus in querelis,
quod in extera natione tandem in contemptum venerint nostræ tempora senectutis. Satis dictum est
sapienti. Personam vestram et vigorem vestrum rectitudinis videlicet zelum et pium erga religiosos
affectum Dominus custodiat in æternum. Valete.

EPISTOLA XXIX.

Ad Gaufridum canonicum.

Suo G., suus W., id quod sibi.

Sicut veraciter comprobatur amare, qui nunquam
amoris legibus nititur obviare, ita convincitur non
amare, quisquis vel scripto vel verbo mentes amantium vel noluerit vel dissimulaverit confortare.
Amor quippe cum ad interiora prolabitur, amantium
linguas otiosas esse non patitur. Datis igitur et acceptis gaudet epulis, qui mutuis semper confovetur
alloquiis, cujus experientia nihil est in rebus dulcius,

(5) His verbis respicitur sine dubio ad multitudinem pecorum in Dania.

(6) Barth. et Lang. an. 1185.

cujus recompensatione beneficiorum et studiorum
nihil constat esse jucundius. Tu igitur, charissime,
quia susceptis epulis nostris necdum responsa dedisti, miramur te nolle loco beneficii nobis quippiam
inferre solatii. Cum obsequium et vultus hilaritas
tui nos hactenus reddiderit certos amoris. Si qua
nostri culpa præcesserit, paratiores nos ad corrigendum et satisfaciendum quam ad excusandum
invenies, si tamen, quam ignoramus culpam vel
verbo vel scripto denudes. Non enim sic ut præsumptionis notam non incurramus, elegimus, *non alta
sapere, sed humilibus consentire* (Rom. XII), ut quidquid intulerit vitiosum iniquitas disciplinæ, doctrinæ
censura coerceat. Quod si forte, quod absit! hac
vice pulsatus nostris litteris in tua pertinacia per-
stiteris, amicus quidem diceris, sed non esse com-
probaris. Valeas.

EPISTOLA XXX. (6).

Ad Petrum filium Sunonis (7-8).

Intimo suo, imo sibi alteri, imo non alteri, sed
verius sibi P., WILLELMUS, eamdem salutem quam
sibi, et plenitudinem amoris et gratiæ.

Habet amor id proprium, ut amicorum negotiis
torporem non velit inesse vel otium. Quod autem
te, charissime, diligamus, te dubitare nullatenus
arbitramur. Verum cum te diligimus, legibus amoris obsequimur. Cum, inquam, Petrum nostrum amamus, quemdam bonæ spei juvenem bonis studiis
occupari, et honestioribus pollere moribus exopta-
mus. Non enim decet, ut quidpiam opereris, quod
in te susceptam gratiam devenustet, quem et illustrat prærogativa natalium et munere divino collatum in litteralibus studiis, æquum etiam paucis
ingenium. Hæc sunt, quæ tibi cedere debent ad
gloriam, si tamen non obrepat elatio, quæ in bonis
operibus solet esse negligentibus perditionis occasio. Sed absit, ut quod Domino semel consecrasti
pectus virtutique, recipiat, quod tibi non sit et
honoris et causa salutis. Bonis initiis divina pietas,
si mentem consciam puritatis inveniat, feliciores
proventus accumulat. Cæterum, tuæ dilectionis litteris susceptis alio anno atque perlectis, non potuimus non lætari in his, quæ dicta sunt nobis; sed
quia multis occupati fuimus, et qui scripta nostra
reportaret hactenus tempore opportuno vel loco invenire nequivimus, tibi, charissime, respondere non
licuit. Preces autem tuas, quas humilitati nostræ
porrexisti, animo libenti pia sollicitudine jam diu
mancipassemus effectui, sed pater tuus, ut nec mentionem inde faceremus, omnino prohibuit, ecce
jam secundo vel tertio. Quia igitur tutius est agere
sine consilio, quam contra consilium, nequaquam
preces tuas perducere duximus ad effectum. Noveris autem et tibi veniat nunquam in dubium, quod
honorem tuum incessanter et tenere quærere non
desistemus atque profectum. Impensi siquidem ho-

(7-8) Postea episcopus Roeskildensis factus ab anno
1192 ad 1215.

noris tibi apicem summamque profectus nos respicere non nostra merita faciunt, sed ejus, qua nos invicem diligimus sinceræ dilectionis affectus. Nec volumus, nec rationi congruit, ut contemptus vel negligentia reputetur, quod ad vota tua precibus tuis nec dum pia diligentia suffragetur, siquidem amori nostro ad precum tuarum instantiam prompta voluntas et devota non defuit, sed patris tui voluntati sanisque consiliis, sicut prædiximus, obviare non licuit. Vir siquidem consilii est, potens in opere et sermone, quem natura te cogit ut diligas et utiliora tibi provideat, ne desiderium tuum invidus quisquam atque malevolus canino dente corrodat. Nos vero quam citius tempori vel loco congruere vel tuis utilitatibus et honori idem pater tuus providerit expedire, non imparatos inveniet, sed quantum nobis scientia nostra dictaverit, et valetudo permiserit apud dominum nostrum archiepiscopum et omnes, qui nos cognoscunt et diligunt inferre gratam tui memoriam et gratiam divinam tibi in universa morum probitate et honestate collatam nostra parvitas non desistet.

Ad tuam nihilominus volumus pervenire notitiam, quod prædicto patri tuo sicut parvitas nostra accessit in gratiam, ut ipsius experiamur in his, quæ ad jus regium pertinent in omni nostra necessitate clementiam et fidei Christianæ constantiam. Sic, inquam, nobis patris tui gratiæ favor arridet, ut in amorem nostrum desideriis totis aspiret, et quidquid olim intulerat contradictionis inter nos præsumptionis temeritas, oblivio totum antiquet, quia suis actibus nihil vult inesse, utpote vir religiosus et timoratus, quod morum suorum gratiam devenustet. Cæterum quod amoris, quod honoris, quod reverentiæ et gratiæ locum apud fratres nostros tuis fundas obsequiis plenissime gratulamur; quia per hoc in naribus circumpositorum magnum suavitatis odorem infundis. Cui etiam dulce non sapiat, quod sic te scientia litteralis exornat, ut non te honor clarum, sed honorem tu clarum efficere valeas. Sed supersedemus a laudibus, ne, si quod audivimus, referemus, plus adulari quam vera dicere videamur. Sufficit sapienti pauca dixisse, qui novit et potest de paucis plura conjicere, hoc supplicamus, hoc monemus, si tamen præsumptionis non sit sapientem a stulto, sublimem ab infimo commoneri. Hoc, inquam, commonemus, ut in anteriora te semper extendas, et bonis initiis finem meliorem imponas. Hoc etiam diligenter attendas, quod tamen ex consilio et condicto patris tui esse non dubites, ne notis et amicis tuis ad te concurrentibus Ecclesiam graves vel in expensis vel in ordinis institutis. Tu quoque ut membrum non quodlibet, sed speciale illius corporis, cujus et nos sumus, venerabili patri tuo pro experta benevolentia et gratia, quam ab eo sumus divino munere consecuti, gratiarum actiones exsolvas, ut nos

A gratiæ et beneficii nobis collati, non immemores esse cognoscat, sed et ad ampliora gratiæ tuæ incitamento compulsus exsurgat. Cæterum si de nostro statu quidpiam dignum scitu quæsieris, nos incolumitas comitatur, fratres divinis obsequiis attentissime mancipantur, perfectissime institutis ordinis obsequuntur, quorum est numerus fere ad viginti quinque, et substantia rerum accrevit in tantum, ut ubi prius vix poterant pasci octo vel homines decem; nunc singulis diebus pascantur plures quam centum. Hæc, charissime, fuerant tuæ dilectioni mittenda cartulæ commissa, antequam venirent et offerrentur manibus scripta tua novissima, quæ de tua valetudine nobis intulere lætitiam; sed et ex parte mœstitiam et admirationem.

B Admiramur siquidem gravi dolore tacti intrinsecus, si quid adversum nos, quod justitia dictet, habeas in querelis, quod in nobis cum continua vigeat tui grata memoria et parvitas nostra, prout dignum est, totis visceribus amplexetur, et eam singulis diebus in capitulo celebremus, et incessanter dignis aspectibus offeramus. Absit enim, ut, te prætermisso, coram Domino gloriæ consistamus, quem semel diligendum in Domino devota voluntate suscepimus, et dignum quidem esset, ut in his, quæ nobis a te in tuis litteris calumniose objiciuntur ad nostram excusationem responderemus, si non superiora sufficere nobis arbitraremur. Sufficiant igitur tibi, quæ dicta sunt, nec te pars sinistra per-

C trahat in diversa, cum te in veritate diligamus et tuis, sicut et nostris, imo certe plus quam nostris profectibus prosperos successus inesse velimus; intelligis, quæ dicimus. Te igitur videndi desiderio ducti, licentiam a domino archiepiscopo repatriandi quæsivimus (9), sed quoniam quæsitam licentiam septimana Pentecostes eum ægre ferre cognovimus, certe dolentes, certe gementes, a proposito nostro decidimus. Taliter, charissime, nobis es in oblivionem adductus, non sicut mortuus, sed sicut vivus. Cesset igitur querela, ubi totum sanum, ubi solus profectus et honor tuus attenditur, et exoptatur, et exspectatur, et divino munere conferetur. Quod et filii nostri, confratres videlicet tui, et desideriis et votis nituntur a Domino et precibus obtinere.

D Cæterum prolixa etsi videatur oratio, ut melius nosti, nihil est dulcius in rebus humanis quam cum amico familiare colloquium, nec satis videtur amico sermo protensus in longum. Tuæ erit prudentiæ nobis, prout libuerit per latorem præsentium tuis litteris respondere. Magistrum Andream, quem in veritate et affectuosissime diligimus, ex parte nostra salutabis, et magistrum Jocelinum (10), cujus memoria est apud nos in benedictione. Vivas et valeas.

EPISTOLA XXXI (11).

Ad dominum Lundensem archiepiscopum.

Amantissimo Patri et domino, filius ejus minimus et inutilis servus, timorem pariter et amorem.

(9) Petrus tunc studebat Parisiis.
(10) Mihi ignotus est.
(11) Barth. an. 1179, Lang. an. 1176.

Sicut non nullius est periculi contra vehementem fluminis impetum velle promovere progressum, ita desipientis est animi velle contraire consiliis sapientum. Hoc tamen de facili non ad liquidum valet adverti, donec vexatio donet intellectum auditui. Inde est, quod aliquando carnalibus ita desideriis mens humana comprimitur, quod nihil nisi quodlibet eligit appetendum, quoniam a veritatis luce secluditur. Sed divina sapientia sapientes comprehendens in astutia sua, ut eos ad viam ab errore reducat, miscere novit jucundis amara, ut quasi de gravi somno consurgens jam in contemptum habeat, ad quod prius inconsulte toto desiderio suspirabat. Hoc et nos, Pater, in nobis impleri sentimus, dum et nos divina pietas erudit in flagellis, dum et amicos subtrahit, et res demoliri patitur (12), et ad nihilum redigit usibus concessas humanis.

Sicut nuper contigit, cum, heu, heu! magistrum Petrum (13) nobis subripuit, et horrea nostra iterum concremavit, adeo ut nobis nihil de annona remanserit. Sed in his omnibus et nos et diabolum superamus propter eum, qui dilexit nos, dum et patientia judicis ferientis sententiam non accusat, et rationis intuitus ad purgationem delinquentium, et ad augmentum coronæ pervenire fidenter astipulat. Corripit enim Dominus omnem filium, quem recepit, et ipse per Joannem dicit: *Ego, quos amo, arguo (Apoc.* III). Sed quid, mi Pater, volvebatur in animo filii, eum videret et horrea concremari, et pauperum fratrum sibi victum ex integro subtrahi? O pie! o bone pater! ubi nunc eras, cum angustiæ et dolores, ut parturientis filium contorquerent? ipse, ipse est, qui ad paternæ dulcedinis abundantiam, et sæpius in necessitatibus expertam benevolentiam gemitibus inenarrabilibus suspirabat. Et quia tunc non inveniebatur adjutor in tribulationibus suis lacrymabiliter certe paternam deplorabat absentiam, qui lac consolationis toties expresserat ex ubere compassionis. *Væ enim soli, quia cum ceciderit, non habet sublevantem se (Eccle.* IV). Jam puer vestræ sanctitatis fugam cogitabat inire, certe mœrens, certe dolore cordis tactus intrinsecus, quod pauperes Christi in tribulatione descere disponeret, quibus non erat adjutor, et quod a nobis inlicentiatus abire deberet. Subiit igitur Jesus et amor paternus in mentem, et quod mihi prius videbatur judicium æquitatis mihi conversum est in amaritudinem fellis, dum aspectibus nostris et se ingererent et multimoda beneficia nobis gratis impensa et eodem tempore a bonis moribus natura degenerans et amor filiorum, quos prævia vestra pietate

A regendos suscepimus. Adjecimus igitur iterum stare et illum exspectare, qui desolatos et verbis deliniret et opere, qui non solet amicos in tribulatione deserere. Interim vero, dum nos stare videret Dominus, visitavit nos Oriens ex alto, dum per magistrum Joannem (14) et per dominum abbatem de Esrom, et per dominum Petrum (15) in marcam annonam (16) et quinque horis (17) nostram inopiam aliquantulum sublevavit. Sic, sic divina providentia desideriis scit hominum obviare, ut quod proponunt aliquando non valeant ad effectum sicut superius diximus, perducere. Inde est, quod voluntatem emendi domum magistri Petri, tum rebus ad hoc necessariis ad præsens non suffragantibus, tum fratrum nostrorum votis reclamantibus vestro arbitrio relinquimus, illud tamen postulantes enixius, ut inde vestra sic ordinet providentia, quod hospitalitatis commodum, quod hactenus in ea habuimus, nobis penitus non subtrahatur, sed nobis accommodum disponatur, quod tunc fieri non dubitamus, si fidelissimo vestro magistro Jo. (18), qui vestris perficiendis negotiis fideliter sæpius et totus insudat, et quasi certis periculis objicere sese vestro pro honore non recusat, vestræ munificentiæ benevolentiæ in adipiscenda et retinenda prædicta domo consulere et subvenire dignetur. Verum tamen, quid agendum sit et vobis et nobis de dispositione magistri Petri, qui earum pretium pauperibus Christi destinavit, providentia vestra intactum non transeat. Latorem præsentium priorem nostrum a vobis benigne suscipi deprecamur et susceptum benignius exaudiri in his, quæ pietatis et justitiæ patrocinio fulciuntur. Vivat et valeat sanctitas vestra.

EPISTOLA XXXII (19).

Ad abbatem Sancti Victoris.

Amantissimo Patri et domino G. (20) Dei gratia Sancti Victoris Parisiensis abbati, ejusque fratribus universis, frater WILLELMUS Sancti Thomæ de Paracleto minister indignus, salutem et debitam tanto Patri et domino reverentiam et obedientiam.

Quia se nobis, charissime Pater, præsentia confert commeantis, dignum duximus sospitatis vestræ susceptis indiciis, pectus virtutum, pectus amoris et gratiæ dulcioribus recreare fomentis. Hæc enim, ut hostis, lex constituitur in amore, ut mentes amantium sinister rumor exulceret, et de feliciori successu abundantior materia jucunditatis exuberet. Quia igitur et corporum nostrorum incolumitate et rerum commissarum integritate gaudemus, si non id litteris mandaremus, ad vos usque prænuntiis sanctitatem vestram offendere putaremus. Amori itaque congruum arbitramur, quod sæpius

---

(12) Hic finit apographum Lyegaardianum, cætera enim violenta manu sine dubio abrupta sunt.
(13) Mihi ignotum.
(14) Mihi ignotum, nisi forte ille, qui circa 1187 factus est episcopus Othimensis, et magister artium erat.
(15) Multi tunc Petri fuerunt, omnes consanguinei Absalonis archiepiscopi.

(16) Sine dubio annonæ.
(17) *Quinque horis,* genus monetæ.
(18) Sine dubio Joanni.
(19) Barth. et Lang., an. 1179.
(20) Guarinus, qui sedebat ab anno 1170 ad diem 19 Novembris 1174, quo obiit. Vide Bulæi *Hist. univers.,* Paris, tom. II, p. 584 et 742.

scribimus, quia quoties illud agimus, viscera paterna quasi quadam nostri repræsentatione reficimus. Dulce siquidem sapit bonis mentibus et litteris impressa absentium sospitas et sancti amoris digna suavitas. Si quid amplius de statu nostro scitu dignum putabitis plenius a commeantibus discetis. Libellus etiam nuper a nobis editus et domino abbati nostro transmissus, abundantius atque veracius, quæ circa nos versantur, proloquetur. Eum igitur rogamus, ut ab eodem Patre nostro et domino faciatis inquiri et vobis exhiberi. De cætero filius noster charissimus et prior nostræ religionis et honestatis vestræ ductus opinione et ordinis zelo succensus tam in domo nostra quam in vestra manendi licentiam apud vos a nobis extorsit ad tempus. Supplicamus igitur paternitatis vestræ pedibus advoluti, quatenus fraternæ solito charitatis intuitu et nostræ dilectionis interventu, si apud vos aliquantulam moram facere decreverit, vultus ei paternus arrideat, et peregrinationem ejus refovendo læte suscipiat, ut et doctrina, et moribus et ornatu sanctæ conversationis ad nos rediturus quandoque refulgeat. Credimus, quod ejus conversatio, et morum forma, quam a nobis accepit, non oneri vobis erit sed honori. Hujus rei ipsa magno nostri sermonis excursu ipsa ejus conversatio vobis præstabit, si non fallimur, certius argumentum. Quidquid autem ei honoris et gratiæ a vobis impensum fuerit, nostris erit procul dubio munerandum obsequiis. Loco magni muneris nobis, Pater, accederet, si passionem et historiam beati Victoris parvitati nostræ sublimitas vestra transmitteret, cum ejus memoriam in duplici festo annis singulis recolamus.

EPISTOLA XXXIII (21).

Domino Ostiensi (22) cancellario:

Ut præsentia vestris aspectibus offeram, non aliunde, quam de benignitatis vestræ gratia sumo fiduciam. Confido, quod apud vos ingratum esse non poterit, quidquid auribus vestris veritatis assertio intulerit. Amator siquidem veritatis nihil amet, quod obviet veritati. Ad vestram igitur volo venire notitiam, quod in vobis veneror et diligo, quod vidi et audivi virorum honestorum relatu de virtutum vestrarum præconiis, quibus celebre per orbem multipliciter excellentiæ vestræ nomen innotuit, et hunc oro, ut usque in finem suarum virtutum vobis dona conservet, qui nunquam in se deserit confidentes. Unum est autem, quod mihi ad cumulum doloris accedit, me videlicet sine licentia vestra ab urbe fuisse digressum. Si charitas vestra dignetur attendere, nihil erit quod reverentiam in hoc facto debeat vel possit offendere. Veritatem enim dicam. Multorum erat opinio et invalescebat assertio, quod mihi multis in locis ad me capiendum laquei tenderentur, nec eos possem evadere, nisi me maris discrimini commississem. Hoc igitur soli domino papæ communicato consilio, de nocte consurgens navem conscendi de exercitu imperatoris venientem Pisasque tendentem. Sic nullo intervallo posito die secunda apud Pisas applicui. Rogo igitur, mi domine, ne vestra benignitas super hoc indignetur, quod a vobis sicut et omnibus, non sumpta licentia ab urbe discessi; quia, teste veritate, licentiam articulus prædictæ necessitatis exclusit.

EPISTOLA XXXIV (23).

Ad dominum Lundensem.

Importuni in porrigendis precibus esse videmur, et si non indignationem dissimulat pietas, æquitatis judicio præsumptionis audacia comprimetur. Judicium ergo misericordia temperari rogamus ut, subveniente gratia, cui solito more precibus devotis innitimur, indignationis severitas nec postulatis obviet, nec erga filium clementiæ paternæ vultum obnubilet. Nostis, Pater, scienti enim loquimur, quod paternæ dulcedinis copia filiis non indulta filialem affectum graviter exulcerat, et bonorum regentis morum gratiam devenustat. Proinde supplicamus, ut aures paternæ pietatis supplicum precibus inclinentur, et effectum debitum pia desideria consequantur. Ne vero plurimis et maximis negotiis occupato legendi tædium inferamus, præsentem arctiori limite paginam coarctamus, et latori præsentium desideria nostra viva voce vobis prosequenda commisimus.

EPISTOLA XXXV (24).

Ad abbatem de Esrom.

Amantissimo Patri et domino WALBERTO Dei gratia abbati de Esrom, frater GUILLELMUS, sanctitatis ejus in Domino servus semper charitate devinci.

Multiplex gratiæ et benevolentiæ beneficium semper est actione multiplici gratiarum prosequendum. Inde est, quod in persolvendis laudibus vestræ paternitati dignanter assurgimus, quod in nostris petitionibus apud Sirium (25) clementiæ vestræ frequentius atque benignius exaudimur. Cæterum, mi Pater, fratrem Stephanum, quem ad nos misistis gratanter excepimus; et jam perventionis ipsius ad nos fructum degustassemus uberius, si nos non multipliciter affligeret, et nunc iterum seduceret multis fraudulentiis aquæ ductus, pro quo nos sæpe rogavimus. Nobis igitur videtur, quod in aqua latet iniquitas, quæ prudentiori debeat astutia deprehendi, ne nos contingat diutius fatigari. Sed ad hoc quis idoneus, nisi frater Stephanus? Sed heu! mi

---

(21) Barth. et Lang., an. 1195.
(22) Octaviano cardinali. Hic jus habuit electum pontificem maximum consecrare. Baronii *Annales*, tom. XII, an. 1160, n. 44.
(23) Barth. et Lang. an. 1178.
(24) Lang. an. 1175.

(25) In Magnæano I ; *Sinum*. Locus sine dubio corruptus. Forte legendum *Sunium*, et tunc intelligendum Sunonem, consiliarium Waldemari I et Canuti VI, qui obiit 1186, paterque erat Andreæ, archiepiscopi Lundensis, intimi Wilhelmi abbatis.

Pater, retinere non possumus, quem nobiscum per A
dies aliquot retinere volumus, nisi vestra licentia
et auctoritas jussionis vestræ perurgeat. Rogamus
Igitur, ut etiam hac vice nobis non denegetur be-
nignior exauditus, quo per tres vel quatuor dies
securius ipse remaneat, et nostra parvitas vestram
reverentiam non offendat. Valete.

EPISTOLA XXXVI (26).

Ad abbatem de Nestvehi.

Sicut mœrorem piis mentibus ingerit in Ecclesia
Dei religionis defectus, ita civitatem Dei lætificat
felix in ejusdem reparatione profectus. Inde est,
amantissime Pater, quod studium et sollicitudinem
vestram super reparatione et conversione totius ordinis in Ecclesia vobis commissa diligenter amplectimur, et coram Deo et omni populo multiplici, B
prout dignum est, laude prosequimur. Proinde cœnobii v.. v.. v (27) in naribus circumpositorum
fetor aspersus multos infecit malæ conversationis
et propter unius delictum in condemnationem, ut
dicitur, irruentibus scandalis, multos a proposito,
quod est miserabile dictu, dejecit. Sed jam per Dei
gratiam et vestram industriam jam securis ad radicem arboris posita est (Luc. iii).

EPISTOLA XXXVII (28).

Ad dominum regem Danorum.

Ubi gratia consolationis accedit, dignum est, ut
desolationis languor abscedat, ne si languoris asperitas invalescat, animi virtus enervata succumbat.
Ne igitur animum vestrum diu vobis inflictum diu- C
tius vulnus exulceret, dulcis rumor jucundus et
lætitiæ bajulus, cujus jucundo relatu exsultetis.
Justitia de cœlo prospiciens diu peccati nube depressa solitum resumit honorem, quia sapientia
vincit malitiam (Sap. vii). Respexit enim Dominus
humilitatem ancillæ suæ (Luc. i) filiæ nostræ F.
R. (29) quam (30) jam R. S. S. (31), Christo annuente R. G. (32) J. Lætantur cœli et exsultat terra
(Psal. xcv) et omnis ornatus eorum (Gen. ii) commo-
nctur ad laudem, et jubilant omnes filii Dei. Quis
enim non jucundetur? cui non dulce sapiat hoc verbum, quod fecit Dominus, et ostendit nobis? Sic
pueri, sic juvenes, senes cum junioribus, sic divites
aut pauperes, quia communis est causa lætitiæ, cum
non sit apud vos, cui sit licitum locum habere tristitiæ.

EPISTOLA XXXVIII (33).

Ad amicum intimum (34).

Amor dissimulare nescit amoris affectum, quia
dissimulationis umbraculum suspicatur amantium
esse defectum. Quia ergo scribimus, amori morem
gerimus, ut tenore litterarum nostrarum expressos

animi nostri dulces experiatur excessus. Quid enim
est amans magnitudo, nisi profluens de cordis puritate dulcedo? Nec tamen amor vitiosus habet hoc
proprium, quia nec amor dicendus est, cui cordis
corruptio famulatur ad vitium. Noveris itaque,
quod ita te duximus sincerioris charitatis visceribus
imprimendum, ut de amore nostro tibi virtutum
proveniat incrementum, et ex respectu vitæ sincerioris aliis te proponas ad imitationis exemplum.
Ut autem certius hoc valeas obtinere, tibi congruit
et honori nominis tui, quatenus ab his, quæ carnis
sunt, desideriis omni sollicitudine debeas et studeas
abstinere, et his, quæ spiritus sunt, inviolabiliter
inhærere. Sic enim a Domino laudem consequeris
et gloriam et morum tuorum suavitatis odorem dif-
fundes ubique per orbem. Plura vellemus, sed ne
graveris prolixitate timemus, et ideo præsentem paginam arctiori limite coarctamus. Licet autem fa-
melicus omnis plura desideret deglutire, quod tamen
exiguum est, avidius consumitur, cum plura contigerit non adesse.

EPISTOLA XXXIX (35).

Ad priorem de Cuuungelle (36).

Dilectis in Christo LAURENTIO priori, et ENRICO
cæterisque in Coninguhelle, canonicam vitam professis, frater WILLELMUS Sancti Thomæ de Paracleto
minister indignus, sic currere ad bravium voca-
tionis supernæ, ut comprehendant.

Nostis, charissimi (scientibus enim loquimur)
quod animi qui veraciter amoris legibus astringuntur
nullo maris discrimine, nullo terrarum spatio discu-
tiuntur. Nec diffitemur, imo verius astruimus, quod
sicut ignis olei perfusione validius inardescit, sic
amor, si subtrahitur nonnunquam præsentia corporalis ne mutuis foveatur alloquiis, scriptis tamen
recentioribus incalescit. Inde est, quod absentes
corpore spiritu præsentes præsentia vobis offerimus, ne vel apud vos concepta dilectio consenescat,
vel occasione distantium corporum vis amoris fortasse languescat. Nuperrime vobis conscripsimus
statum vestrum certius cupientes agnoscere, quam
aut si fortuna secundior favore Divinitatis arrideat,
gratulamur; sin rebus vestris tristior opus invideat,
damni communis infortunium deploramus. Est D
enim rationi congruum ut quod commune datur,
communiter sit ferendum. Cæterum, ad vestram
notitiam volumus pervenire, nos ad partes vestras
navem nostram cum brasio in proximo velle dirigere, ut ex hoc fructum debitum percipere valeamus. Verumtamen super hoc volumus vestræ fraternitatis habere consultum, si videlicet nos regum
vestrorum vel aliorum vestrorum timere congres-

(26) Lang. an. 1193.
(27) Hic nomen cœnobii, de quo mentio fit, excidit.
(28) Barth. et Lang. an. 1200.
(29) Francorum reginæ.
(30) Quæ in Magnæano I et Bartholiniano.
(31) In Vellejano. Quæ jam regi sponso suo.
(32) V. C. I. in Magnæano I et Vellejano ; v. c.

o. i. in Bartholiniano ; Forte : Reconciliata iterum.
(33) Barth. et Lang. an. 1190.
(34) Ad Petrum Sunonis juxta Bartholinum.
(35) Barth. an. 1183, Lang. an. 1182.
(36) Hodie Kongehelle prope fortalitium Bahus in
provincia Vikensi vel Babusensi, olim ad Norvegiam
spectante, nunc ad regnum Sueciæ. In Magnæano I :
Kongelle.

sum oporteat. Sit igitur Industriæ vestræ, nobis vel A voce vel scripto prælligere partem tutiorem, ne nos expensam amittere contingat et laborem. Quod totum per latorem præsentium volumus, rogamus impleri.

EPISTOLA XL (37).

Ad amicum in infirmitate impatienter laborantem (38).

Cum inter amicos aliquando deserit familiare colloquium, nunquid amantium mentes exulcerat? sumunt de oblata consolatione nonnunquam salutare remedium. Proinde præsentia dimittere duximus, quia te languore mentis laborare percepimus; doles siquidem te felicioris fortunæ privari muneribus, cum quosdam eadem et dulcioribus fovet obsequiis et fecundioribus lactat uberibus. Verum si fortitudinis te pectus habere cognosceres, de facili te sinister eventus non in partem alteram inclinaret. Christianus siquidem, cujus est exspectatio non temporalis sed æterna, nullis frangi debet aversis; quia temporalis, ut nosti, prosperitas, nec amare cœlestia, plus est oneri quam saluti. Quanto enim curis rei familiaris magis occupari te senseris, tanto te minus cœlestibus desideriis accendi cognoveris. Nescis, quia non multum distet a vitio vel decipere vel decipi posse. Prorsus deciperis, si pro terrenis cœlestia commutare decreveris. Sed quis hoc, qui recte sapiat, verum esse astruat? si igitur a te manum suam tristior fortuna suspendat, in mentem tibi veniat, quod te Deus rebus humanis exemptum in cœlestibus coronare disponat.

EPISTOLA XLI (39).

Ad episcopum Thurgotum (40).

Ubi religionis et disciplinæ rigor patitur detrimentum, non est Ecclesiæ filiis dissimulandum, ne dissimulatio criminis culpam gravioris accumulet ultionis. Inde est, mi Pater, quod vestris aspectibus hæc præsentia confidenter offerimus, quem et facie novimus, imo et in Christo vere dileximus, tum debito fidei Christianæ, tum opinionis suave redolentis odore. Si super hoc præsumptionis forsitan arguamur, excusabiles nos habebit et rectitudinis zelus et fraternitatis compassio, cui humanitatis officium exhibemus. Noveritis igitur, Pater, quod de vestra promotione jucundiori gratulati sumus D auditu, eo certe devotius, quo sperabamus vestris studiis Ecclesiam Dei uberiori proficere fructu. Verum illi specialiter vestræ gloriæ congaudebant, quos prius susceperat paterni as vestra regendos et studiis honestioribus provehendos. Sed ecce, Pater, *mutatus est color optimus* (Thren iv), *versa est cithara et chorus in luctum, et organum*, ut audimus *in vocem flentium* (Job xxx), quoniam priora transierunt. *Pro crine successit calvitium, pro suavi odore fetor* (Isa. iii),

dum et rigor deperit ordinis et infertur calumnia sacratioribus et antiquioribus institutis. Cum non licet nisi in melius terminos commutare, quos Patres posuerunt, et observari filiis mandaverunt. Non vobis, Pater, videtur iniquitas seniorum obviare mandatis, obedire nolle præpositis, et Patris nostri Augustini Regulam in irritum duci? Nonne genus est ariolandi acquiescere nolle? Ad libitum de claustro insipientium juvenum pedes exponi et videre, et velle videri et infamare cubiculum castitatis; nonne sunt hæc arma iniquitatis? Suppressis virtutibus, libertas vitiis indulgetur et est reprehensibile, si præpositus gannire præsumat; quia B defensionis scutum opponitur et facies asperioribus corrigendis verbis illatis pudore suffunditur. Sed ut mihi liceat in aure vestra licenter pauca proponere, quis in culpa versatur, nisi dominus episcopus, cujus est inter eos auctoritas, qui fluctus intumescentes compescere potest et enormia redigere in mensuram. At vero, si potestis et tacetis, nonne consentire probamini? Proverbium vobis est notum: « Qui tacet, cum possit arguere, consentit. » Consentientes vero et facientes secundum Apostolum pœna pari punientur. Et utinam, Pater, solummodo taceretis, et cornua peccatorum non daretis! Obsecramus igitur pro Christo, ut in defensione justitiæ religionis amatorem vos esse probetis et præ-posito honesto uti et sanctæ conversationis. viro, C cum defectum ordinis Ecclesiæ sibi commissum auribus vestris intulerit, benignum impendatis auditum. Turpe siquidem est velle videri confovere justitiam, et pati perversos subvertere pravis moribus disciplinam. Donet omnipotens Deus, ut de cætero nullum apud vos, qui perversi fuerint, refugium habeant, sed fervere in vobis sentiant, errore sublato, rectitudinis zelum; hoc enim et famæ vestræ congruit et saluti.

EPISTOLA XLII (41).

Ad præpositum Sancti Theodegarii (42).

Auditis doloribus, afflictionibus et injuriis, quas pro Domino sustinetis, ut amori vestro pauca scribamus, fraternæ nos charitatis affectus impellit. Noveritis igitur, quod non dolere non possumus, cum vos dolere percipimus, quia ex quo vos agnovimus, nullatenus vos amare destitimus. Libentius vero ore ad os vobiscum iniremus colloquium, quia quem et quantum erga vos habeamus, plenius agnosceretis affectum, qui, Deo volente, nunquam poterit contrahere pro tribulatione defectum. Si igitur contra vos angustiæ tribulationis insurgant, cum sit Christus in causa, animus Christianus patientiæ virtutem non deserat, sed cum Domino et pro Domino tribulationum stimulis ipsum corpus exponat.

---

(37) Barth. et Land. an. 1190.
(38) Ad Petrum Sunonis juxta Bartholinum.
(39) Lang. an. 1187.
(40) In provincia et diœcesi Wendilensi, nunc Alaburgensi. Cæterum hæc epistola edita est a Pontoppidano in *Annalibus Ecclesiæ Danicæ*, tom. I,

p. 475, 476, et ab eo refertur ad annum 1188. Erat jam episcopus 1187. Dies eius emortualis ignotus est.
(41) Lang. an. 1187.
(42) In Westerwico Jutiæ in diœcesi Wendilensi, nunc Alaburgensi.

Nostis siquidem, qui membris suis dicebat : In mundo pressuram habebitis, sed confidite, ego mundum vici (Joan. xvi). Si igitur membra Christi sumus, non nos pro Domino labor assumptus deterreat, quia athletas suos, ut melius nostis, Christus digna et incomparabili mercede remunerat. Cæterum si tædio tribulationis affectus malevolis cedere quocunque modo disponitis immutatione loci cor vestrum a robore suo nihil enervet, quod honestati et integritati famæ vestræ repugnat, quod sumus, quod possumus, honori vestro et utilitati libenter exponimus domum nostram, et totam ipsius exteriorem administrationem auxilio vestro tractandam offerimus. Quod si forte respuere dicitis, fratrum religiosorum de Esrom societatem adipisci consulimus. Horum quodcunque duxeritis eligendum saluti vestræ pro certo noveritis esse consultum, quia locus uterque saluti congruit animarum.

EPISTOLA XLIII (43).

Ad dominum papam.

Noverit sanctitas vestra, Pater sancte, me servum vestrum a domino Absalone tunc Roskildensi episcopo, nunc Lundensi archiepiscopo fuisse evocatum in Daniam, ut ibidem gererem abbatis officium in ecclesia quadam paupercula quidem, in qua præsentis tunc temporis ad fratrum sustentationem non nisi vii caseos et dimidium baconem (44) inveni. Dominus autem Absalon, qui nunc est, ut dixi, Lundensis, ut pius et religionis amator et sustentator Dei dilectionis, et intuitu amoris mei, bene de suo apposuit, et in multis eamdem ecclesiam ad victum fratrum ampliavit, sed non tantum quod eis sufficere possit ad vestitum. Unde et maximam penuriam patiuntur, qui inibi Domino famulantur. In illa autem provincia adornat episcopatus officium Petrus (45) ordinis nostri canonicus, qui domino Absaloni successit, vir honestate præditus, et litteralibus studiis ad plenum eruditus. Supplico igitur pietatis vestræ visceribus, quatenus ei scribere dignemini rogando ut, quia ordinis nostri est canonicus, fratribus nostris pauperibus honore Dei et vestræ dilectionis intuitu aliquod beneficium assignetur, quo possent in partem sublevari.

EPISTOLA XLIV (46).

In persona regis Danorum.

Sedes apostolica toties est nobis expetenda, quoties scandala, peccatis exigentibus exoriuntur in regno nostro, quæ nec nostro vel principum nostrorum concilio sive judicio finem debitum sortiuntur. Inde est, quod factum Waldemari quondam Slesvicensis episcopi, quia horribile factum, quo majestatis regiæ excellentia læditur, auribus vestræ paternitatis intulimus, sed nube peccati forsitan obsistente, ne

transiret oratio, responsum exsequendæ justitiæ nondum accepimus, cum apud nos sit istud notorium, et fere tot existant testes, quod sunt et homines (47). Hoc autem iterato reverentiæ vestræ nobis esset idoneum replicare, si non veremur audituom vestrum importunitate frequentis relationis offendere. Nos autem domini Lundensis apostolicæ sedis legati et ejus suffraganeorum litteras non dubitamus vestram audientiam tetigisse et veritatis patrocinante testimonio, totum ex integro negotium intulisse vel explanasse. Itaque miramur, Pater reverende, quod erga filium vestrum, qui in nullo hactenus vobis displicuit, sed in omnibus et per omnia obedientiæ vestræ sedis apostolicæ exsecutor voluntarius fuit, paternæ dulcedinis sic sunt indurata viscera, ut nobis, quod in aurem, observata reverentia vestra, loquamur, in negotio isto justitia, ut prædiximus, nulla respondeat. Quod autem prædictum quondam episcopum in custodia retinemus, paci vel tranquillitati et stabilitati regni nostri consulimus, non quod in persona sua sit nobis ipse timori, sed quod complicum et fautorum suorum sine nostro periculo non possumus obviare machinamentis dolosis. Iterum igitur supplicamus et iterum, ut ad preces filii paternus emollescat affectus, et amaritudo concepta de non justitia nobis exhibita, benedictionis vestræ dulcorem, ejusdem tandem justitiæ remedio mediante, percipiat. Ad petitionem itaque nostram clementiam vestram petimus inclinari et Patris nostri, qui quoad viveret, vobis venit in gratiam (48) porrectis precibus, supplicamus felicem memoriam suffragari; ut, sicut in mandatis apostolicis devoti fuerimus, promptiores in eisdem et devotiores deinceps existamus.

EPISTOLA XLV (49).

Domino Lundensi in persona cancellarii.

Charissimo Patri ABSOLONI Dei gratia Lundensi archiepiscopo, ANDREAS cancellarius regis Danorum, et qui cum eo sunt, salutem et piæ devotionis obsequium.

Quia parentibus et amicis peregrinantibus et ad loca longinqua tendentibus solet inesse dubius succedentium rerum eventus, paternitati vestræ de statu nostro duximus inferre notitiam, ut eo percepto, si quis fuerit dolor, qui viscera vestræ paternitatis exulceret, illum novitas rumoris excludat, ut inde suscepta jucunditas radio splendoris sui turbulenta cuncta serenet. Cum igitur distenti fuerimus ad tribulationes et angarias multas, patientiæ clypeum illis opponere et honor regis non impulit atque profectus et maxima nobis commissi negotii difficultas. Minor est siquidem in amore sive labore profectus, si per ministrorum inertiam seu principes in partes suas trahebat.

(43) Barth. et Lang. an. 1192.
(44) Scilicet carnem porcinam.
(45) De quo supra ut episcopo Roskildensi.
(46) Barth. et Lang. an. 1195.
(47) Waldemarus episcopus voluit se facere regem, et urgebat ad minimum tertiam partem regni sibi debitam esse, et ad hoc obtinendum peregrinos

(48) Walderamus I, pater Canuti VI, in lite inter Alexandrum III et Victorem, subsequentesque antipapas semper a partibus Alexandri contra imperatorem Fridericum I, stetit.
(49) Barth. et Lang. an. 1195.

negligentiam in negotiis utilis et honestus minus A rerum succedat eventus. Proinde ne nobis in opprobrium et labori nostro succedat in defectum, diutius a præsentia vestra suspendimur, ad quod totis cordium desideriis suspiramus; quia non est unius diei labor assumptus sed multorum, donec ejus completionem in lætitia divina gratia prosequatur. Noveritis autem fortuna cursum instabilem in discessu nostro ab urbe non successisse nobis in prosperum, quia dulcioribus amara nimis infida permiscuit, dum apud Divionem et Castellionem per hebdomadas sex in captivitate detentis, per Burgundiæ ducem sexdecim paria litterarum domini papæ subripuit. Tandem vero domini Cisterciensis et Clarævallensis studiis et laboribus, favore regio nobis impetrato, Parisios, Domino ducente, pervenimus, ubi prædicti regis præstolamur adventum, quia nobiscum, ut jam nobis secretius per internuntium ad nos usque transmissum innotuit, vult habere familiare colloquium. Quantus autem fuerit circa nos prædictorum abbatum affectus, multiplex rerum approbatione dignus designat effectus. Nec amissarum litterarum occasio sit nobis causa tristitiæ, cum nihil nobis desit ad peragendum negotium, quia alias in pergameno non alias in tenore litteras obtinemus. Dominus quoque papa, cujus sit in benedictione memoria, totius regni utilitati providens et honori erga reginam etiam habens devotum compassionis affectum, post nos notarium suum, priorem videlicet Sanctæ Praxedis, virum apprime litteris eruditum transmisit ad regem et omnes Franciæ prælatos litteris apostolicis præmunitum, quæ, si etiam alias non haberemus, sufficerent ad totum complendum negotium. Dominica igitur, qua cantatur: Isti sunt dies, Senonensis archiepiscopus (50) et Atrabatensis episcopus (51) Cisterciensis et Clarævallensis abbates cum magistro Petro Parisiensi præcentore (52) tanquam judices a summo pontifice delegati, ordinem discidii facti inter regem et reginam debent diligenter inquirere, et regem ad recipiendam eamdem reginam, quibuscunque potuerint modis, inducere, et si forte, quod absit! nihil potuerint proficere, tertia feria hebdomadæ, qua legitur: Ego sum pastor bonus (55): ex mandato domini papæ legatus Romanæ Ecclesiæ D dominus Melior dominum Remensem cum suffraganeis omnibus et dominum Senonensem et dominum Turonensem et dominum Bituricensem cum eorum suffraganeis districtissime præcepit adesse, ut ipse legatus et domini papæ notarius cum prædictis archiepiscopis et episcopis, et cæteris Ecclesiæ fidelibus de negotio prædicto pertractent et ad prædi-

clam reginam recipiendam totis viribus animum regis inducant. Mora autem, qua detinemur, nobis satis est tædiosa, quia expensarum est ratio copiosa, sed testis est Deus, quod in hoc et regis honori consulimus, et avaritiæ et infamiæ vitium devitamus, ne et qui nos cognoscunt, nos habeant in contemptum.

EPISTOLA XLVI (54).
Ad dominum papam.

Scandala cum inter Ecclesiæ filios, peccatis exigentibus, oriuntur, vento malitiæ flante paleæ sublevantur, grana sub paleis comprimuntur. Proinde exclamat Apostolus, et dicit: Quis infirmatur, et ego non infirmor? quis scandalizatur, et ego non uror? (II Cor. XI.) Urimur itaque, Pater sancte, urimur et nos a tribulatione malorum et dolore, dum eos qui videbantur orbem portare, videmus succumbere, et Cain iterum in Abel in agro consurgere. Nigri consurgunt in Griseos (55), monachi in monachos, fustibus, ut dicitur, et gladiis præparatis ad bellum, ut jam dies tribulationis imminere credantur, de quibus locutus est Dominus: Erunt dies, in quibus dicent montibus: Cadite super nos (Luc. XXIII). Essent vobis hæc latius exponenda, si vobis personarum aliarum litteris non essent certius explanata. Verum ne scelus hoc videatur inultum, brachium potentiæ suæ Dominus noster extendat, et eorum, qui nec ordinem tenent, nec tenentur ab ordine, cervices confringat, ut sit pax hominibus bonæ voluntatis (Luc. II), malevolis autem et his, qui oderunt pacem (Psal. CXIX), petra scandali et lapis offensionis (I Petr. II).

EPISTOLA XLVII (56).
Ad dominum papam.

Erant duo, qui ad habenda beneficia mea venire inhiabant. Hi, quia me videbant habitum religionis appetere, in fraude et dolo circuierunt me, dicentes idem se velle appetere. Juratum est igitur, a nobis super Evangelium. Provisum est monasterium, Pontiniacum (57) scilicet, statuta dies, qua stetimus ante abbatem, ego et unus ex eis. ... (58) se vero reddere noluit. Anno uno exacto, iterum ad monasterium redire debuimus, sed hoc non fecimus, quia eorum nequitiam sum expertus. Interim in ecclesia nostra ordo Sancti Victoris advenit, quem ego suscipiens ejus me institutionibus mancipavi, et in eo L fere annos explevi. Modo quæro, mi Domine, a vestra sanctitate, ut puero vestro significetis litteris vestris, in quo mihi sit ordine securius permanendum. Postulo etiam, mi domine Pater, ut mihi litteris vestris, cum voluero, ad ecclesiam meam Parisios confirmetur redeundi liber-

(50) Michael de Contul ab anno 1194 ad 1199. Sammarthanorum Gallia Christiana edit. 1656, t. I, p. 655.
(51) Hodie Arras in provincia Artois. Tunc præsidebat Petrus I ab anno 1184 ad 1194. Ibidem, t. II, p. 215, 216.
(52) Scilicet primo cantorum.
(55) Secunda Dominica post Pascha.

(54) Barth. et Lang. an. 1192.
(55) Scilicet Cistercienses.
(56) Barth. et Lang. an. 1197.
(57) Hodie Pons sur Yonne in pago Pertensi in Francia.
(58) In Vellejano lacuna hæc sic expletur: Tertius et alter,

tas, præcipue cum antequam exirem, et ordinem et A
sedem in choro et ubique mihi retinuerim in communi capitulo, Has etiam mihi rogo ita fieri conso-
latorias, ut omnes percipiant, qui eas viderint et
legerint, quam sincere me dilexeritis et glorier in
eis in tribulationum mearum angustiis.

EPISTOLA XLVIII a (59).
Ad dominum papam.

Controversiam, quæ inter Nigros et Cistersiensis
ordinis monachos versatur, reverentiæ vestræ, Pater sancte, dignam duxissemus inferendam, si eam
non cognosceremus plurimorum, qui vobis scribunt, litteris diligentius vestris auribus exaratam.
Ne igitur audiendi tædium auribus totius mundi
negotiis occupatis generemus, hoc tantum in precibus porrigendis habere censuimus, ut is, qui et B
ante et post appellationem ad audientiam vestram
dignoscitur esse commissus in monachos Griseos
excessus a monachis Nigris acrius vindicetur. Sicut
enim aliorum religiosorum relatu percepimus,
postquam et se et sua Cisterciences in vestra protectione posuerunt et ex bono securitatis inniti
credebant; Nigri supervenerunt et injuriis et contumeliis atque vulneribus eos crudeliter affecerunt,
et eorum bona diripuerunt. Horum regio nostra lacrymabiliter deplorat insaniam, qui bonorum morum gratiam devenustant, et sua turpi conversatione vituperantes ministerium, monachorum circumpositorum nares nebula fœtoris inficiunt, ponentes mel in amarum et tenebras in lucem. Ecce C
ipsi veniunt ad præsentiam vestram, tanquam viri,
qui fecerint judicium et justitiam jaculis impietatis
armati, quibus arcem pietatis impugnent, sed non
expugnent, quia *sapientia semper vincet malitiam*
(*Eccle.* VII). *A fructibus eorum cognoscetis eos*
(*Matth.* VII). Sed absit! mi Pater, ut vos capiant in
sermone, *quorum os maledictione plenum est* (*Psal.*
x), *et lingua eorum gladius acutus* (*Psal.* LVI). Absit!
inquam, ut vos capiant in sermone, qui judicatis
orbem, qui semper dilexistis justitiam et odistis
iniquitatem, *cujus laus in Ecclesia sanctorum* (*Psal.*
CXLIX) *et memoria in benedictione sempiterna* (*Eccli.*
XLV). Confundantur igitur confusionis filii, nec
apud vos inveniant locum refugii, qui docuerunt
manus suas ad prælium (*Psal.* XVII), *et gloriantur* D
linguas suas loqui mendacium (*Jer.* IX).

EPISTOLA XLVIII b (60).
Ad dominum Petrum (61).

Ego sum ille Wilhelmus, qui primo Beatæ Genovefæ canonicus sæcularis, deinde regularis missus
sum in Daciam, ubi abbas factus bis ad vos a domino Londensi archiepiscopo Veneciis transmissus,

Tusculanum vice alia : nepos abbatis Sancti Germani H. (62) quem vos plurimum dilexistis, qui
vos et dominum Bernardum Portuensem episcopum
in domo quadam B. Genovefæ suscepi juxta Sylva-
nectensem (63) civitatem cum obviam invisetis domino Magdeburgensi (64) usque Compendium (65)
Igitur, quia me semper dilexistis gratia domini mei
prædicti abbatis Germani, vobis quæro consilium
de quodam facto meo. Puer eram xv vel xvi annorum.

EPISTOLA XLIX (66).
Ad dominum Petrum (67).

Intimo suo PETRO, suus WILLELMUS, quod est,
quod potest.

Quoties circa ægrotum solito morbus gravior
invalescit, toties auxilium medici ad sibi subveniendum sub festinatione perquirit. Modo simili
cum nos coarctat necessitatis articulus, rogamus,
ut nec in indignationem vel admirationem vobis
proveniat noster importunus ad vos usque recursus. Præsertim cum non habeamus in tempore
malo, qui pro nobis respondeat, *dum superbit im-*
pius et incenditur pauper (*Psal.* x). In latere præsentium quietis nostræ dispendium toleramus, qui
quia fraternitatis est nobis gratia copulatus, quod
ei cedere debet in bonum, ad tribunal judicis sæpe
citatur; gratiæ vestræ auxilio in alia vice de manibus impiorum ereptus. Causam ejus, ne vobis legendi tædium inferamus, vobis explanare vitamus,
sed ei vestris in auribus diligentius prosequendam
et benignius audiendam relinquimus. Supplicamus
igitur, ne longe sit a nobis in ejus causa vestræ miserationis affectus, per quem nobis proveniat desideratus effectus. Ne, quod absit! qui vestræ gratiæ
confidenter innitimur, coram inimicis nostris mi-
serabilius occumbamus. Valete.

EPISTOLA L (68).
Præmonstratensi abbati.

Amantissimo Patri et D. HUGONI (69) Dei gratia
Præmonstratensi abbati, frater WILLELMUS Beati
Thomæ de Paracleto minister indignus, intimum
dilectionis affectum.

Dilectio, qua nos quondam invicem dilexisse
probamur nos ad scribendum constanter impellit,
quæ non renovari recentioribus possit officiis,
quia, nisi fallimur, nullo tempore consenescit.
Neque enim fas est studium torpere; quod æqua
benignitas compensatione gratiæ muneratur. Pro
venerabili autem fratre et coabbate nostro Joanne
de domo Sanctæ Trinitatis in Lundis (70) suscepimus apud clementiam vestram agendum, quia quem
benignioris familiaritatis gremio confovemus, nec

---

(59) Barth. et Lang., an. 1192.
(60) Hæc littera non exstat in Indiculo, et forte
est principium epistolæ 47.
(61) Corrige *papam.*
(62) Hugonis.
(63) Nunc *Senlis.*
(64) Forte *Magdeburgensi*, licet hæc omnia obscura sunt.

(65) Nunc *Compiegne.*
(66) Barth. et Lang., an. 1192.
(67) Episcopum Roskildensem.
(68) Barth., an. 1180; dubitanter Lang., an.
1192.
(69) Hugo mortuus est in Augusto 1192, juxta
Langebekium in diplomatorio ms.
(70) In Scania.

precibus ejus nec necessitatibus deesse volumus vel debemus, maxime cum ejus opinio a justitiæ tramite non excedat. Vir siquidem simplex et rectus est et recedens a malo. Nec apud paternitatem vestram eum velut ignotum commendamus, qui de vestri testimonii plenitudine gloriatur. Quod si forte quispiam auribus vestris quidpiam intulerit, ore blasphemo, quo lædi debeat ejus opinio ad vestram memoriam veniat, quod beatus Hieronymus (71) dicit : « Mendaces faciunt, ne credatur vera dice.- tibus. » Quod nec minus habet in operum et ostensione virtutum, non ejus negligentiæ vel culpæ debetis id ipsum adscribere, sed vitio et malevolentiæ eorum, qui debuerant ejus onera supportare tum vestro amore tum religionis honore. Sed quid dicit Apostolus? *Non omnium est fides (II Thess.* iii). *Fidelis autem Deus, qui non patitur suos tentari supra id quod possunt (I Cor.* x). Et hæc quidem, quæ loquimur, a viris religionis excepimus, qui condolent super contritionem Joseph. Unum est igitur, charissime Pater, quod et rogamus, quod et supplicamus, ut honori ordinis vestri providentes malos tollatis de medio; per quos domus defamatur, per quos ut audivimus, domus substantia deperit, et confunditur ordo. Novimus, Pater charissime, (si tamen quod loquimur præsumptionis notæ non velitis adscribere) quod quædam personæ, quæ ordinis vel Ecclesiæ vestræ columnæ videntur existere, talem et tantam prænominati viri personam, imo cum ipso totam domum suam, sicut et nos nonnunquam ab ipsis accepimus persequi et corrodere dente canino non desinant, quæ etiam, si qua in eis inesset infirmitas, ad publicum certe proferre non debuissent, maxime cum unius membri læsio totum corpus respiciat. At vero, si, quod absit ! vestræ discretionis examen animositatem contradictorum atque rebellium in eadem domo non reprimat, dominum archiepiscopum, cujus est frequens et sollicita circa domos religiosas industria, noveritis manus scelerum ultrices apponere et mediante judicio prædictæ domus enormitates sollicitudine paterna corrigere. Væ igitur eis per quos scandalum venit(*Matth.* xviii). Qui autem sunt illi? sine nostri sermonis excursu plenius a commeante discetis.

EPISTOLA LI (72).

Etsi nos pro tempore urget miseranda necessitas, in spe tamen nos erigit vestra sæpius experta benignitas. Confidimus enim tum ex vestra gratia tum ex nostro servitio, quod ubi contigerit vos adesse, nihil negotiis nostris obesse. Vobis igitur ea duximus committenda, quorum studiis et labore confidimus executioni mandanda. Rogamus enim, ut quod de vobis speramus, comitante gratia, consequamur. Latorem præsentium a vobis benigne rogamus audiri et pietatis gremio confoveri, quatenus

et vobis devotiores et in vestris servitiis valeamus existere promptiores.

EPISTOLA LI (73).

Ad dominum Suffredum cardinalem (74).

Ut ad vestrum confugiamus auxilium nobis nostrisque negotiis confidimus esse salutare remedium. Quia igitur de vobis confidimus, ad vos confidenter confugimus et nostrum negotium vobis promovendum committimus. Illud autem a tramite non deviat æquitatis, cum minime refragetur ratio postulatis. Quia vero illud paginæ præsenti committere non judicavimus idoneum, latori præsentium duximus committendum, qui, quod litteræ minime proloquantur, viva voce securius exsequetur. Rogamus igitur, ut ad viscera vestræ pietatis sit ei familiaris accessus, et cum exsecutione negotii benignus auditus. Et ne vobis frustratoribus labor incumbat, noveritis nos illi in mandatis dedisse, ut, completo negotio, de charitate nostra vobis v marcas argenti provideat.

EPISTOLA LIII (75).

Ad dominum Cincium cardinalem.

Latorem præsentium dilectioni vestræ minime commendamus, quia non indiget, ut eum nostra commendatio prosequatur, qui de testimonio conscientiæ propriæ et de plenitudine gratiæ vestræ glorietur. Ne tamen ei in sua necessitate vel consilium vel auxilium subtraxisse videamur, ejus ne gotium vestræ charitati commendamus attentius, ut et vobis amplioris dilectionis unione astringatur, et promptior atque devotior in vestris inveniatur obsequiis. Quanti autem sit ponderis apud Deum, manum subventionis pauperi porrigere, non est nostræ facultatis evolvere. Experto siquidem cuique rei inest major certiorque cognitio, quam ei, quem ignorantia non provehit ad ea, quorum cognitio beatum constituit. Velut experientiæ vestræ certius innotescit, verus amor nullo tempore conscnescit, scriptis autem recentioribus confovetur, ut in amici negotiis virtus ejus verius comprobetur. Quod honorem vestrum et profectum diligamus, vobis in dubium provenire nullatenus arbitramur. Magistrum proinde Joannem, qui nostris mandatis, nostrisque in eundo Romam complendis negotiis famulatur, tanto vobis attentius commendamus, quanto cum nobis devotiorem indefesse probavimus. Erit utriusque dilectionis indicium negotiorum nostrorum optata motio, pro quibus humiliter supplicamus non interesse torporem aut otium.

EPISTOLA LIV (76).

Ad quemdam præpositum.

Quoties ad memoriam suscepta beneficia reducuntur, toties laudes in præconia languentium depromuntur. Alioquin si ingratitudini beneficium largitoris adscribitur, merito manus largitoris a

---

(71) Non possum invenire hunc locum.
(72) Ad Cincium cardinalem. Barth. et Lang. referunt ad 1197.
(73) Barth. et Lang. an. 1197.

(74) Lege : *Seufredum.*
(75) Barth. et Lang. an. 1197.
(76) Lang. an. 1187.

munere suspenditur. Hoc autem non benevolentia sed ignavia promeretur. Absit autem, ut eorum, quæ nobis gratia vestra contulerit, ingratitudo sequatur, quibus gratiarum actio, quoad vivimus, famulatur. Nonnunquam autem ex consideratione posteriorum, cum scilicet ampliori gratia fulciuntur, priora tamen vincuntur. Ideo humilibus vos precibus commonemus et supplicamus, quatenus in hoc experiamur, quantus sit erga nos adhuc vestræ dilectionis affectus.

EPISTOLA LV (77).

Venerabili Patri et Domino B. Zvenensi (78) Dei gratia episcopo, frater WILLELMUS, illud tantillum quod est.

Desideria, quæ rationis patrocinio fulciuntur, effectum debitum apud veritatis amatores sortiuntur. Inde est, Pater sanctissime, quod obviis manibus tenorem vestræ sanctitatis excepimus litterarum et locum nobis eisdem prosequentibus destinatum, præfixo termino, vita comite, ducimus expetendum. Utrum autem homuncionis tantilli labor assumptus vel vobis tenuis ejus præsentia prosit, vos ipsi videritis; quia nobis nihil aliud sentiendum occurrit, quam quod umbram ad publicum de claustro producitis; sed quid? certe nostræ parvitatis non subtrahetur affectus, licet nullus vel modicus subsequatur effectus, quia debitum charitatis nos urget.

EPISTOLA LVI (79).

Ad Gozsvinum monachum.

Intimo suo G., suus WILLELMUS, salutem et intimum dilectionis affectum.

Quia, charissime, Divinitate propitia, charitas dissolubili vinculo nos innodavit, sicut sæpius se negotiis nostris interserit, ita nos nonnunquam quadam benevolentiæ lege constringit, ut eos, quos amplioris gratiæ brachiis amplexamur, salutationis officium prælibemus, maxime cum se commeantium præsens se nostris repræsentat obtutibus. Inde est, quod et te salutamus, et specialis amoris titulo te amicitiis nostris adjungimus. Sicut enim honestatis studiis convenire probamus, et lubricos et impudentes homines a nostris debeamus arcere limitibus, ita nihilominus favorabile reputamus justitiæ, ut viros honestatis et sobrietatis amicos in nostris recipiamus visceribus. Est enim nonnullum in exsilio nostro remedium, ubi tot occurrunt illusiones phantasmatum et vana simulationum umbracula, ut habeas, quem diligas, cui credas, per quem a pusillanimitate spiritus et tempestate resurgas, et a te irruentium tribulationum repellere possis injurias, sic enim dissoluti cordis reparatur integritas, quia oleum flammis injectum ampliora et ardentiora flammarum superexaltat incendia. Unum est igitur statuendum atque tenendum in amore remedium, ut epistolarum ab utroque discursu sermo de divinis habitus, exulcerata corda confirmet, per

quem absentium nunquam dilectio consenescat, et sancti propositi studium semper ad ampliora consurgat. Non enim est dubium, quod omni hora, si non proficis, deficis. Sed quid? Minervam docemus? convivantibus siquidem et epulantibus quotidie splendide injuriam videmur inferre, si hordeacei panis edulium pabulum jumentorum mensis imponere velimus. Ridiculum plane, si servus domino se judicat præferendum, cum de servo quid agere velit, in domini sit potestatis arbitrio. Sic, sic nimirum præsumptionis sortimur officium, si tibi commonitorium fecerimus, qui cœlo totus interesse videris, cum et nos ex occasione pastoralis officii, non nisi rebus transitoriis videamur incumbere. Verum præsumptionis dabis veniam, cum minime diffiteamur et culpam. Vellemus plura, sed arguit nos insipientia nostra, quia est cum sapiente colloquium. Cæterum nugarum nostrarum schedulas vel libellum nobis remitti rogamus.

EPISTOLA LVII (80).

Ad abbatem Sanctæ Genovefæ.

Amantissimo Patri et domino STE. (81) Dei gratia abbati Sanctæ Genovefæ Parisiensis, frater WILLELMUS sanctitatis ejus servus indignus, timorem et amorem et se ipsum totum usque ad pedes.

Ut scribamus vel sero, benigno perurgemur amoris imperio, cujus titulis vel invidere vel acquiescere nolle, quandoquidem in sanctis est sanctus, arbitramur injuriam, eo, qui diu pectori nostro totus insederat, pudore sublato. Puduit enim et vere puduit tanto Patri tantæ reverentiæ et majestatis non prælibare salutationis officium, et quasi veritate sopita non explevisse promissum, quasi veritatem obfuscaret falsitatis umbraculum. Sed quid beatus Hieronymus? « Mendaces, inquit, faciunt, ne credatur vera dicentibus. » Si autem vobis visa sit dilatio tædiosa in exsecutione promissi, quod satis arbitramur atque veremur, nullus tamen se interposuit fidei nostræ tergiversationis incursus, sed aliquando ad debitum persolvendum infirmitas equorum, quandoque propter guerras exitus difficultas, nonnunquam pabuli magna penuria, quæ hoc anno Daciam graviter afflixit, interdum etiam fidelis absentia viatoris. Nunc igitur, quia rebus nostris jucundior atque felicior eventus arrisit, cum major sit et viæ securitas, et in annona cumulatior speretur ubertas, et se nobis obtulerit fidelioris præsentia viatoris, nulla potuit ulterior occasio dilationis inesse promissis. Mittimus itaque non quemlibet equum, sed eum, quem inter equos nostros dignationi vestræ dignum missu putavimus. Qui si forte vobis placuerit, in hoc gloriæ nostræ multum accrescet, et damnis resarcitis dilationis apud vestram clementiam nobis gratiam obtinebit. Sin autem, quod absit! ingratitudinis quippiam vobis intulerit, quod serenitatem paterni vultus obfuscet,

---

(77) Barth. an. 1185, Lang. an. 1182.
(78) Lege : Zverinensi ut in Magnæano 1, Nomen ejus erat Benno.

(79) Lang. an. 1187.
(80) Barth. an. 1185, Lang. rectius an. 1179.
(81) Stephano, postea episcopo Tornacensi.

contristandi materiam etiam nobis inducet: Noveritis autem quod latori præsentium fideli nostro dederimus in mandatis, ut et equo in equitando plurimum parceret, et ei abundantissime necessaria provideret. Quod si fecerit vel non fecerit, vestræ ad nos litteræ prosequantur. Cæterum, mi Pater, statum vestrum et fratrum vestrorum nobis litteris vestris significari mandamus, rogamus ut, si læta vobis arrideant, gaudeamus; si, quod absit! successerint tristia, pariter lugeamus. Viscera nostra, dilectissimum nostrum Petrum (82), licet apud vestram paternitatem locum gratiæ bonæ conversationis melioris etiam famæ sibi fundet obsequiis, vobis commendamus attentius, ut per vos et moribus, disciplina, et in litterali scientia de die in diem magis et magis augmentum accrescat. Vivat et valeat sanctitas vestra.

EPISTOLA LVIII (85).

Ad Danielem revocandum.

Frater WILLELMUS Dei gratia Beati Thomæ de Paracleto minister indignus, dilecto filio DANIELI, salutem et paternam dilectionem.

Ut dicit Apostolus : *Omnes qui in Christo pie vivere volunt persecutionem patiuntur* (*II Tim.* III). Inde est, quod et, fili charissime, in absentia nostra tribulationum injuriis molestatus est spiritus tuus, et a spiritualibus studiis es exire compulsus. Quia vero nobis animæ tuæ custodiam ex propria voluntate commiseras, dignum duximus misericordia moti, ut te misericorditer revocemus, et te verbo et exemplo ad officia pristina provocemus. Adhuc est præ manibus pugna, etsi impugnatus est Amalec, sed nondum expugnatus. Pugnat siquidem Israel, sed necdum Israeli, Mose forsitan cessante a precibus, provenit victoria. Veni igitur, nec venire distuleris, dum adhuc contra adversarios dimicatur, quia nullus, nisi legitime certaverit, coronabitur. Si quid egeris, quod fraternæ charitati molestiam intulerit, ad indulgentiam eamdem te commotum esse pietate cognoveris. Si vero redire contempseris, cum te pater benignitate solita revocet, tecum instanter recogites, quid ante tribunal Christi super hoc respondeas, cum apud eum contemptus sive malitia nullum excusat.

EPISTOLA LIX (84).

Ad cancellarium (85).

Non verbis sed factis amicus amici benevolentiam certius experitur. Ut igitur amicus amoris experientiam sortiatur, amico judicamus esse curandum ut in re necessaria, quin subsequatur effectus favorabilis gratia se nequeat continere, cum præcipue postulatis ratio minime refragetur. A vestra vero memoria non credimus excessisse, quin excellentiam vestram super negotiis nostris labori nostro non parcentes, sæpius commonendam esse censuimus, sed nec dum promissi beneficii exsecutione

consolationem accepimus, quia forsitan peccatorum nostrorum nubes invaluit, ne transiret oratio. Si inter amicos hoc appropriat judicium æquitatis nihil proponendum duximus in querelis; si vero juri repugnat et moribus honestatis, illud etiam relinquimus amoris legibus corrigendum, ne forte læsa charitas, quod absit! incurrat opprobrium, dum non desunt, qui dicant *bonum malum et malum bonum* (*Isai.* V). Absit autem, ut morum vestrorum gratiam devenustet vel mendosa loquacitas vel dilectionis simulata detestanda perversitas! Utrumque enim apud Deum et homines abominatio est. Est igitur amici nostri consilium, sic tamen, ut præsumptionis umbraculum non incurrat, quatenus amicorum necessitudinibus favor gratiæ devotus occurrat, et tergiversatione pravorum hominum a veritatis semitis non recedat. Sed heu! quo progredimur? Nunquid indoctum docemus? Nunquid Minervam instruimus? Absit! Sed affectus amoris se continere non potuit, quin sive juste vel injuste in medium proferat, quod sentit, et quod a moribus non discrepat bonis. Si autem in tot probatione verborum excessivus modum, quod insipiens factus sum, vos me coegistis, qui me tanti fecistis ut apud gratiam vestram tantæ familiaritatis locum obtineam, ut mihi liceat loqui, quidquid in buccam accesserit : et me melius nostis, quoniam ɩ amor, ut quidam dixit et scripsit, nutrit fiduciam. ɪ Si quid igitur excessimus amoris gratia benevole supportabit. Est quoque amicorum verorum non loqui ad oculum, sed sive displiceat, sive non, nunquam a via veritatis retorquere progressum. Aliter loqui non est deservire virtuti, sed proprio vitio famulari.

EPISTOLA LX (86).

Ad amicum.

Quoties tempus necessitatis ingruerit, si amicorum efflagitatur auxilium, quin amicus amico subveniat, nullum debet intervenire dissimulationis umbraculum. Alioquin amicus non esse convincitur, qui prius esse secundioris fortunæ muneribus videbatur. Absit autem a vobis, ut hujusmodi morbo dilectio vestra laboret, et in partem alteram inclinet se judicium æquitatis, cujus benevolentia nunquam a se voluit excludere viscera pietatis! Absit, inquam, ut de vobis aliter sentiamus, quam ut effectum amici justa petitio, comitante benevolentia, sortiatur! Noveritis ergo quoniam tribulationum insurgentium vexamur angustiis, et non est qui condoleat super contritione Joseph, et qui tribulatis solebat ferre præsidium, licet longius positus supplicum votis aspiret, auxilium tamen ferre non potest. Hinc est, quod clamamus ad Dominum, si forte respiciat in orationem humilium, et etiam non spernat preces eorum, *dum non est qui redimat, neque qui salvos faciat* (*Psal.* VII). Utinam et clamor noster vestra

(82) *Petrum*, postea episcopum Roskildensem, supra memoratum.
(85) Barth. et Lang. an. 1196.

(84) Barth. et Lang. an. 1194.
(85) Andream Sunonis.
(86) Barth. et Lang. an. 1178.

pietatis auditum precibus nostris inclinet, ut jam non sit, *qui rapiat* et devoret *pauperes! (Psal.* x.)

EPISTOLA LXI (87).

Ad dominum regem Danorum.

Regiæ majestatis obtutibus licet videatur inglorium solio gloriæ pauperem propinquare, mansuetudinis tamen regalis clementia, quos dignitas non provehit, benigne consuevit amplecti, vel attollere. Nos igitur, mi domine, licet merita nulla nos provehant ut ad excellentiam vestram habeamus accessum, velit, nolit, rigor justitiæ, quando tractatur pietatis negotium, temperabitur misericordia procurante judicium. Supplicamus itaque et preces precibus addimus, ut petitioni nostræ pietas etiam hac vice regiæ celsitudinis inclinet, auditum, et si quid in nobis fuerit correctione dignum, totum antiquet oblivio, ne regi forte veniamus in odium et rebus nostris inde proveniat detrimentum. Verum est, domine, nec possumus diffiteri nos ad regem Francorum a vestra excellentia fuisse transmissos, et quod ad vestrum cedebat honorem et regni pax exigebat et gloria in auribus regis, locutos, sicut probat hæc dies. Hoc est certe vestrum (88) maximumque peccatum, quod soror vestra traditur regis Francorum amplexibus ecclesiastica lege firmato conjugio. En sanguis iste de manibus nostris requiritur. Obsecramus, mi domine, ne pro parvo videatur, quod maximum esse cognoscitur; nec vos conturbet absoluta pecunia : quia plus est honorem acquirere, quam pecuniam possidere. Illa siquidem subtracta, honoris remanet magnitudo. Laudabilis est illa pecunia quæ domino non imperat, sed domino cedit ad gloriam.

EPISTOLA LXII (89).

Ad dominum Lundensem.

Quia tribulationibus variis sæpius infestamur, frequentius ad sublevantis auxilium exclamamus. Verumtamen, quia necdum meruimus exaudiri, timemus vel nostras voces non ad vos pervenisse, vel vos, quod absit! eas habuisse contemptui. At vero non cessabit clamor, donec conquiescat exauctor, quod quidem non credimus fieri, nisi *in manu forti et brachio extento* (*Deut.* v). Ut igitur experiamur de vestra voluntate non esse, diutius nos affligi, petimus protectionis vestræ gremio confoveri, ut sciant omnes, tam homines quam Dominus, ex vestra consolatione sic nos respirare, ut abolitis inquietudinibus valeamus absolvi. Erit hoc, domine, vobis in gloriam et nobis in securitatem et pacem.

EPISTOLA LXIII (90).

Ad Gaufridum.

Ut offerantur præsentia vobis, sollicitudo nos urget amoris. Est enim amor languoris impatiens, præsentium novitate congaudens, dilationem scribendi fastidiens. Noveritis igitur, quod honoris et amoris nobis a vobis exhibiti, sic nos sibi totos

attrahit magnitudo et horum recordationis tanta memoria, ut sine vobis vivere mors potius sit dicenda quam vita. Nescitis? imo scitis, scienti enim loquimur, quod floribus amicorum aspectus, cum se mutuo vident et alterutro delectantur aspectu, inedicibilis est causa lætitiæ, et tanquam oleo flammis injecto, validius animi invalescit et convalescit affectus. Proinde, quia adventum nostrum ad vos ægre ferre nullatenus dubitamus, sanctitati vestræ nos venisse Parisios præsentibus nuntiamus, et de præsentia vestra, quam valde requirimus, optata gaudia crastino die, Domino largiente, suscipere merebimur. Quæ vero fuerit dilationis causa scribendi dignum fuisset committere chartæ, nisi id ipsum ore ad os intenderemus auribus vestræ sanctitatis inferre.

EPISTOLA LXIV (91).

Ad archiepiscopum Lundensem.

Amantissimo Patri et domino, filius ejus devotus et inutilis servus, timorem pariter et amorem.

Charitatis debito perurgemur, ut pro viris, quos diuturna conversatio monasterialis attrivit jugo disciplinæ, quos et bonorum commendat opinio, et vitiorum deformitas minime decolorat, apud vestram clementiam sollicitudinem gerere præsumamus, ne apud Judicem æquitatis se refugii locum reperisse glorietur iniquitas. Pro latore igitur præsentium supplicamus, qui quidem nostra commendatione non indiget, qui propriæ conscientiæ glorianter innititur testimonio, cum opinione bonorum, ut ei gratiæ vestræ favor arrideat, et in oculis vestris falsitas capite contrito succumbat, et obstruatur os iniqua loquentium, quorum est studium alienare amicum a proximo. Causam ejus ad vos veniendi litteris impressisse judicaremus idoneum, si eam non sciremus expressam Petri et Osmari litteris magistrorum, ut de corde suo amaritudinis injuria vestris consolationibus excludatur, quæ de non percepto laboris sui fructu protinus acrius visceribus suis infligitur.

EPISTOLA LXV (92).

Magistro Meliori cardinali.

Venerabili domino M. sanctæ Romanæ Ecclesiæ tituli Sanctorum Joannis et Pauli cardinali et apostolicæ sedis legato, ANDREAS, domini regis Danorum dictus cancellarius, cum sociis suis, debitam tanto domino reverentiam et amorem.

Magnum est, ut nostis, remedium tribulationis afflictorum ad experta suffragia recurrere prælatorum; quia tanto gaudent uberius de munere libertatis, quanto majora curare se sentiunt remedia pietatis. Noverit itaque sanctitas vestra, quod ab illustri rege Danorum Romam transmissi ejusdem regis domini nostri negotium auribus summi pontificis diligenter intulimus et ejusdem negotii, prout tempus dictabat, executionem domini papæ litteris

---

(87) Barth. et Lang. an. 1196.
(88) Lege : *Sine dubio, nostrum.*
(89) Barth. an. 1179, Lang. 1178.

(90) Barth. et Lang. an. 1195.
(91) Lang. an. 1178.
(92) Barth. et Lang. an. 1195.

exaratam accepimus inferendam vestræ sanctitatis aspectibus. Est autem domini regis negotium inter regem et reginam celebratum divortium. Verum si quæratis, cur non per nos explemus quod accepimus in mandatis, breviter respondemus: Roma vel ab urbe digressi Divionem usque pervenimus, sed ibi, postposita reverentia sedis apostolicæ et invocatione nominis vestri, contempto videlicet apostolicæ legationis officio, a ministris ducis Burgundiæ per septem dies sumus detenti et arctæ custodiæ mancipati. Tandem vero precibus domini Cisterciensis educti ad Claramvallem, Domino ducente, pervenimus, interposita conventione et præstito sacramento, quod si domino regi facta displiceat nobis remissio, iterum Divionem vel ad locum alium debeamus deduci. Quia igitur, per nos, ut diximus, ad vestram præsentiam venire nequivimus, litteras domini papæ vobis transmittimus, rogantes et omnimodis supplicantes ut a domino rege veniendi ad vos et colloquendi licentiam impetretis. Super his autem, quæ nobis injuste sunt illata, cum nihil contra honorem vel pacem regis vel regni nos habere præ manibus invenerit, quid sit agendum auctoritati vestræ duximus providendum. Quod autem per talem vos salutamus et litteras domini papæ transmittimus, non est vestræ personæ contemptus sed altioris et dignioris personæ defectus.

EPISTOLA LXVI (93).

Ad episcopum Thurgotum.

Venerabili Patri et domino T. Dei gratia episcopo, frater WILLELMUS Sancti Thomæ de Paracleto, dies malos feliciter consummare.

Cum religionis et disciplinæ rigor perversis malignantibus patitur detrimentum, non est, mi Pater, Ecclesiæ filiis legem Dei zelantibus dissimulandum, ne dissimulatio criminis culpam gravioris accumulet ultionis. Inde est, quod vestris aspectibus præsentia confidenter offerimus, quia vos ot facie novimus et in Christo vere dileximus, tum debito fidei Christianæ, tum opinionis suave redolentis odore. Si vero, quia scribimus præsumptionis arguimur, excusabiles nos habebit et rectitudinis zelus et fraternitatis compassio, cui humanitatis officium exhibemus. In primis igitur noveritis, Pater amande, quod de vestra promotione jucundiori gloriati sumus auditu, eo certe devotius, quo sperabamus vestris studiis Ecclesiam Dei uberiori proficere fructu. Verum illi specialiter gloriæ vestræ congaudebant, quos prius, ut nostis, susceperat paternitas vestra regendos et ad virtutum sublimia studiis honestioribus provehendos. Nihil enim aliud nobis conferebat celebritas nominis vestri, quam velle vos subditos vobis nobilium morum venustate præcellere et exemplo vitæ sanctioris errantibus lumen infundere. Nec aliud de transactis operibus vestris vel nostro sensu vel aliorum relatu conjicimus, quam diu vos cum eis conversatos cognovi-

(93) Barth. an. 1188, Lang. an. 1187.
(94) Lang. an. 1175. Forte erroneum, tunc enim

mus. Sed heu, mi Pater, mutatus est color optimus (Thren. IV) et aurum devenit in scoriam. Vinea, quæ facere debuit uvas, fecit labruscas (Isai. V). Versa est cithara eorum in luctum et organum in vocem flentium (Job XXX), sicut accepimus ex aliorum relatu, quoniam priora transierunt et audita circumpositorum nares inficiunt, Pro crispanti crine calvitium accrevit, et pro suavi odore fetor (Isai. III), dum et rigor deperit ordinis et infertur calumnia sanctioribus et antiquioribus institutis, cum non liceat nisi in melius terminos commutare, quos Patres posuerunt, et servari filiis mandaverunt. Non vobis, Pater, videtur iniquitas saniorum obviare mandatis, obedire subjectos nolle præpositis et Patris nostri Augustini Regulam in irritum duci, Nempe genus est ariolandi, ut dicit Scriptura, acquiescere nolle (I Reg. XV). Quis religionis est cultus, ubi silentii censura deseritur et fabulis et vanitati vacatur. Ad libitum claustro exire, meretriculas videre et ab ipsis velle videri, atque infamare cubiculum castitatis, nonne sunt hæc arma iniquitatis? Suppressis virtutibus, libertas vitiis indulgetur, et in reprehensione, si præpositus gannire præsumpserit, in eum statim movetur cachinnus, contumeliæ proferuntur, comminationes durius intentantur. Detur igitur nobis licentia vobis in aure loquendi. Illud obsecro, mi Pater, quod pace vestra sit dictum. Quis, inquam, in culpa versatur, nisi dominus ipse, cujus est major inter eos auctoritas, qui fluctus intumescentes compescere potest, et enormia redigere in mensuram? At vero si potestis et tacetis, nonne consentire probamini? Proverbium notum est: Qui tacet consentit, Sed quid dicit Scriptura? Consentientes et facientes pœna pari puniuntur, Et utinam, Pater, solum odo taceretis et peccatoribus cornua non daretis. Obsecramus igitur, clementissime Pater, ut in defensione justitiæ religionis amatorem sicut et fuistis, vos esse probetis et præposito utique honesto et sanctæ conversationis viro, cum defectum ordinis sibi Ecclesiæ commissæ auribus vestræ sanctitatis intulerit benignum impendatis auditum. Turpe siquidem est velle videri fovere justitiam, et pati perversos subvertere disciplinam, Donet omnipotens Deus ut de cætero nullum apud vos habeant perversi refugium, sed in vobis fervere sentiant, errore sublato, rectitudinis zelum, ut sit pax hominibus bonæ voluntatis (Luc. II), malevolis autem et his, qui oderunt pacem (Psal. CXIX), petra scandali et lapis offensionis (I Petr. II).

EPISTOLA LXVII (94).

Ad dominum Lundensem archiepiscopum

Amantissimo Patri et domino, filius ejus devotus et inutilis servus, timorem pariter et amorem.

Ut beatus dicit Hieronymus : « Mendaces faciunt, ne credatur vera dicentibus. » Inde est, reverendissime Pater, quod nebula falsitatis obtenebrati, for-

Absalon non adhuc erat archiepiscopus, nisi forte anticipatione sic vocatur.

midare potuimus, ne paterni vultus forent adversum nos in deterius immutati, et esset iniquitatis nubes opposita, ne transiret oratio. Verum hoc frustra ; nam *sapientia vicit malitiam* (*Eccle.* vii), et *misericordia respexit in orationem humilium, et non sprevit preces eorum* (*Psal.* ci), dum ad clamorem pauperum se pietas paterna continere non potuit, sed ad eorum subsidium (licet non ad plenum) se officiosam exhibuit, *et facti sunt sicut consolati* (*Psal.* cxxv). Hoc in operibus vestris approbamus, Pater charissime, et reputatur omni modo gloriosum, et virtutum vestrarum præ rogativam obtinere meretur, quod in sublevatione pauperum Regem gloriæ Dominumque virtutum vestra pietas intuetur. Pro nobis igitur ipse respondeat, et vobis mercedem in futurum restituat. Cæterum, mi Pater, ad decorem domus Dei et coronam capitis vestri, *ut fluminis impetus lætificet civitatem Dei* (*Psal.* xlv), inductione fontium, plurimum desudamus. Sed quoniam in spe auxilii gratiæ vestræ illud incœpimus, quod jam cœpistis in dandis fistulis magnificentius impleri rogamus.

EPISTOLA LXVIII (95).

Ad omnes pro quodam commendando.

Cum a fidelibus fiunt opera bona, quibus in medius proficiendi infirmitas hominum sumat augmentum, ne pravorum hominum in eorum perniciem malitia detestanda consurgat, diligentius est providendum. Hujus igitur gratia rei, G. fratrem nostrum, latorem præ sentium nostris litteris communimus, ut ad omnium notitiam veniat, quod ad iter suum peragendum licentiæ vestræ libertate congaudeat. Quisquis igitur in via, quam ambulat, scandalum posuerit sive calumniam, malitiæ suæ debitam pœnam sustineat. Qui vero ei exhibuerit humanitatis officium, mercedem æternam a bonorum omnium retributore percipiat.

EPISTOLA LXIX (96).

Othoniensi episcopo.

Venerabili Patri et Domino Jo. (97), Dei gratia Othoniensi episcopo, frater WILLELMUS Beati Thomæ de Paracleto, minister peccator, debitam tanto Patri reverentiam et amorem.

In scribendo notam forsitan possumus præ sumptionis incurrere, si non adsit favor et benignitas susceptoris. Credimus, imo certi sumus, quod licet merita humilitatem nostram non provehant ad excellentiam vestræ majestatis, se tamen non continere poterit in his, quæ Dei sunt, et honor religionis expetit zelus justitiæ et afflictio pietatis. Absit, ut de vobis alia sentiamus quem et sanguinis nobilitat ratio, et virtutum commendat opinio ! Noveritis igitur fugitivum nostrum in regione longinqua porcos pavisse, et ingruente panis inedia et quam asportavit a nobis male vivendo dissipata substantia ad patrem rediisse et propositi sui professionisque

A factæ immemorem existere velle, si in umbraculo malitiæ suæ diutius voluerit latitare. Verumtamen novit vestra nobilitas quanta benevolentia qu. ataque precum instantia dominus archiepiscopus, dum Roskildis essemus, in mensa apud vos egerit, ut si posset inveniri, idem ipse deberet ejus aspectibus præ sentari. Rogamus itaque, ut tanti domini dilectionis intuitu et religionis honore et nostri gratia (si tamen apud vos alicujus momenti nos esse putatis) eum capi et domino archiepiscopo præ sentari faciatis. Valete.

EPISTOLA LXX (98)

Jo. (99) *subpriori de Esrom.*

Amico suo charissimo Jo., subpriori de Esrom, frater WILLELMUS Beati Thomæ de Paracleto minister indignus, intimum dilectionis affectum.

Tanto securius præ sentia vobis offerimus, quanto de vestra religione et integritate fidei et sincera dilectione certiores existimus. Verumtamen verus amor, ut verius nostis, in necessitatibus amicorum nunquam affectum denegat postulatis. Quod quia verum sæpius esse probavimus, a vestra charitate non petimus, quod nec naturam nec morum venustatem conferre dedeceat, et petentis faciem nullo unquam pudore perfundat. Sed ne vobis legendi tædium inferamus, negotium totum vobis explanandum præ sentium latori commisimus, quod devotius executioni mandari rogamus, ut verius amorem in amicorum negotiis tepidum aut invalidum non esse sciamus. Valete.

EPISTOLA LXXI (100).

Ad dominum regem.

Ut pauper ad divitem, humilis ad sublimem, servus ad dominum liberum sortiatur accessum, non est naturæ debitum sed præ rogatæ gratiæ donum. Non igitur miramur, si miramini, sed si non miramini, admiramur ita nos esse frontis attritæ, quod regiis auribus nihil aut minimum habentes in meritis veremur obstrepere. Verum, si liceat, ut veritatis assertio prodeat ad publicum, illud in adjutorium ad excusationem præ sumptionis solum videmur habere remedium, quod nos in benedictionibus dulcedinis sæpius præ venit regiæ mansuetudinis blandimentum. Hoc igitur præ vio, timoris amor oblitus solium gloriæ vestræ ductu securitatis aggreditur, et nos eum, utpote vestris familiarem negotiis pedetentim subsequimur cum eo supplicantes, ut ejus et nostris precibus pietatis vestræ non obturetur auditus, ne, quod absit ! adversus justitiam se præ valere malitia glorietur. Summam negotii vobis duximus breviter insinuare, ne vos tædeat pluribus immorari.

EPISTOLA LXXII (1).

Ad abbatem de Esrom.

Quoniam, Pater amantissime, precum nostra-

(95) Lang. an. 1178.
(96) Barth. an. 1198.
(97) Joanni Jani filio. Sedebat jam 1187. Fuit artium magister.

(98) Barth. et Lang. an. 1178
(99) Joanni forte.
(100) Barth. et Lang. an. 1194.
(1) Barth. et Lang. an. 1178.

ıum instantiam, sicut credimus, justitia comitatur, eas ad sinum vestræ clementiæ emittere minime formidamus. Petitionibus igitur nostris effectum supplicamus adesse benignum quatenus, eo percepto, de tribulatione percipiamus remedium. Noveritis autem, quod benignitas nobis exhibita nullatenus benedictione carebit, sed quidquid per vos beneficii nobis accreverit, nostris erit munerandum obsequiis.

EPISTOLA LXXIII (2).
Ad dominum Ebbonem.

Licet ad excellentiam vestram merita nulla nos provehant, confidimus tamen, quod in causa nostra charitatem vestra viscera non excludant. Hoc apud omnes celebris fama divulgat, quæ virtutum vestrarum ubique præconia in odorem suavitatis enuntiat. Felix, quem in diebus malis et in tempore superborum vitæ merita non accusant, sed ore laudantium virtus accrescit et opera virtutem prædicant atque commendant. Rogamus, ut nostri gratia pauperis hujus sublevatur inopia, ut, quod de vobis prædicatur, rerum effectu verum esse probemus.

EPISTOLA LXXIV (5).
Ad quemdam cardinalem.

Quia vestra benignitas in nostris negotiis se semper officiosam exhibuit, quin vobis scribamus, manus a scriptione se continere non potuit. In primis igitur, quia nobis gratiæ vestræ favor arrisit, his etiam negotiis nostris consilium vestrum adesse rogamus, quorum exsecutio operibus nostris, quia bona sint, testimonia perhibebit. Rogamus ut precibus vos nostris adesse non alium sentiamus, quam illum, cujus ubique præconia prædicantur. Plura vellemus, sed latori præsentium, quæ chartulæ non mandantur, plenius explananda commisimus. Flagellis multis atterimur, legibusque subjicimur tyrannicis, adeoque erit de vestra pietate debitum finem imponere postulatis. Latorem præsentium vestræ pietati commendamus, tanto confidentius, quanto de sua laudabili conversatione. . . . .

(4) multipliciter sumus experti. Ad id quoque præsentia vobis offerimus, ut videlicet scriptis recentioribus validius amor exæstuet, et si quid vel inertia sive negligentia, vobis aliquando nostris vel factis rusticitatis vel commotionis accessit, id quæsumus reparet amoris integritas, dulcedo benignitatis antiquet, experta benevolentia totum deleat et abstergat, ut ibi non dominetur iniquitas, ubi totum occupaverit sincerioris vitæ suavitas. Sicut autem, oleo flammis injecto majus consurgit incendium, ita nonnunquam vires subministrat amori familiare colloquium. Proinde sicut est prætaxatum præsentia dilectioni vestræ prælibato salutationis officio, legenda transmittimus, ut quan-

lus sit amor erga vos pectore nostro conceptus, præsens pagina protestetur. Quæ ergo de statu vestro proprio visu recolenda percepimus, et nunc relatu multorum apud vos celebris divulgat opinio, cordis nostri visceribus dulciter includuntur, dulcius pertractantur : eo certe dulcius, quo frequentius audiuntur. Intimo igitur cordis affectu manus ad Dominum protendentes incessanter rogamus, et ei humiliter supplicamus, ut vobis, indultis a Domino donis potioribus, gratia semper felicior augeatur. Nostis, mi domine, quod dum successus prosperitas comitatur, timendum est, valdeque cavendum, ne mens affecta suavioribus blanditiis ad inania, quod absit! facilius prolabatur. Solet enim rerum abundantia sensus hominum atque propositum immutare, si timoris Dei rigor non inflexus rerum jactantium non elaboret excludere. Sed quo tendimus, quo hujusmodi verborum excursus? Minervam instruimus? Absit! sed bonæ voluntati desiderio prævolante, precamur ne pluribus animus suffocatus deliciis velit aliquando huic sæculo conformari. Sed in omnibus operibus vestris Dei reverentiam et timorem, sicut cœpistis, continue præ oculis habeatis, et vos extendere semper in anteriora nitamini. Licet enim fecundioribus fortunæ muneribus amatoribus......

EPISTOLA LXXV (5).
Ad Joannem monachum.

Suo Joanni, Wilellmus, assequi posse, imitari opere, quod sortitur in nomine.

Tua vero, charissime, novit dilectio, quod ubi clamor populi tumultuantis exoritur, nec honestas in moribus, nec honestas justitiæ custoditur. Quia ergo in domo vestra paci discordiam, æquitati videmus nequitiam superduci, in brevi a visceribus tuæ charitatis veremur excludi. Irruentibus vero malis magnum tuæ prætendes specimen probitatis seu innocentiæ gradu permanere decreveris. Non est autem virtutis insigne prætendere, nemini velle nocere, cum te nullus impugnat, sed omnibus velle prodesse. At illud elegantissimum est in homine, et sæpius cogitandum, ab hostibus impugnari, et impugnantibus læsionem nolle, cum possis, inferre. Nec amor sinceritatis est conscius, qui sola felicitate rerum arridet, sed nebula adversitatis obducitur. O fallax! O infelix et instabilis temporum cursus! O infideles hominum mentes, in quibus vel rara vel nulla fidei constantia reperitur. Sed quid dicam? nisi quod cum tempore transit amor. Unus ex pluribus exclamat poeta (6) :

> Dives si fueris, multos numerabis amicos;
> Tempora si fuerint nubila, solus eris.

Absit autem ut te in eorum sorte censeri velimus, in quibus nulla fidei constantia reperitur!

---

(2) Lang. an. 1185.
(5) Barth. an. 1197
(4) Fragmentum forte epistolæ ad cancellarium Andream Sunonis.

(5) Barth. an. 1192.
(6) Ovidius L. 1, Trist. viii, v. 5 ; et ubi sic rectius : Donec eris felix.

EPISTOLA LXXVI.

Ad fratrem Stephanum monachum

Licet in rebus nostris a quibusdam vestrum injuriam patiamur, tui tamen gratam memoriam totis visceribus dulciter amplexamur. Est enim in amore lex posita, quam qui transgreditur, etsi amicus dicitur, non tamen amare convincitur. Vis enim nosse? ubi est animarum firma connexio, haud dubium quin et ibi Spiritus sancti communio. Quod si verum est, imo, quia verum est, sic veri amatores fœdere pari junguntur, ut nulla disjunctionis detrimenta in amoris terminos irrumpere patiantur. Sic ergo necessario concludimus argumento, quod a nobis nullo disjungi poteris necessitatis aut adversitatis articulo. Bonum est igitur nos hic esse atque suave. Cui tamen bono non communicat alienus, nec enim potest animalis, siquidem non percipit ea, quæ Dei sunt. Ut vero superiora tangamus, sic tua præsentia gratulamur, ut esse nostrum sine tuo vel nullum vel minimum reputemus? Quod igitur dissimiliter sentias nullatenus arbitramur. De similibus enim idem judicium. Cæterum olerum semina et herbarum diversarum atque radicum et arborum surculos tuæ nobis prudentiæ providere relinquimus. In amici autem necessariis vera dilectio nunquam torporis ignaviam sentit, sed se totam officiosam exponit postulatis obsequiis. Valete.

EPISTOLA LXXVII.

Ad fratrem Bernardum de Vicenis.(7)

Ubi creditur amoris inesse remedium, dignum est, ut tribulatus amicus debitum experiatur compassionis. Inde est, quod ad præsidium vestræ dilectionis confidenter confugimus, qui pro defensione justitiæ tribulationum angustias sustinemus. Licet autem arctæ custodiæ vinclis obligati fuerimus, amor tamen inter nos libere militans non fuit, sicut nec debuit, alligatus. Itaque repulsæ nescius impatiensque moræ ad vestros volat festinus aspectus, ut quantus sit inter nos probetur affectus. Confidimus, imo certi sumus, quod a nobis emissus, a vobis jucundioribus excipietur amplexibus, et ea, quibus innititur, quibusque, mediante justitia, famulatur, sanctitatis vestræ beata merita prosequantur. Absit enim, ut necessitatis tempore amor a charitatis visceribus excludatur, qui de gratiæ vestræ plenitudine gloriatur! Nostis, domine, quod et nos vobiscum agnovimus, in matrimonio contrahendo inter regem et reginam, quam pravo et miserabili consilio dimisisse probatur, plurimum nos laboris et sollicitudinis expendisse, quod nobis cessisset ad gloriam, si non adversus justitiam contigisset prævaluisse malitiam. Confidenter autem malitiam nominamus, per quam ecclesiastica sacramenta læduntur, et exemplum populo similia attentandi conferetur. Heu quis de tali facto non doleat? quis non ingemiscat? quis non defleat felicia regis

A primordia in insaniam esse mutata? Etsi necesse est juxta Domini vocem, ut veniant scandala (Matth. xviii), non tamen est dulce neque suave sed in amaritudine tolerantur exorta. Proinde a domino et illustri rege Danorum ad apostolicam sedem sumus emissi, (qui nos et diligit et veneratur in Domino) ut nostro relatu innotesceret summo pontifici regis actio minus idonea et sacris legibus exhorrenda. Idem igitur pontifex, ultra quam dici possit, ira et admiratione permotus, et prædicti regis Danorum precibus inclinatus, domino regi scribere dignum duxit, quem paterne et satis humiliter exhortatur, ut reginam revocet ad gratiam suam, et ei ut decet, affectum exhibeat maritalem. Supplicamus igitur et nos, ut quia rex idem consiliis vestris innititur ad idem opus complendum vestræ partes accedant, ut malis actionibus jucundiora et meliora munere divino succedant.

EPISTOLA LXXVIII. (3).

Ad quemdam infirmum.

Quoniam, ut beatus dicit Gregorius (9), minus feriunt jacula, quæ prævidentur: licet multis tribulationum aculeis coarctemur, nunquam tamen de Dei misericordia desperare debemus. Humana itaque providentia sic debet consulere suæ virtutis potentiam, ut fidei Christianæ semper obtineat firmitatem. Virtus siquidem fidei citius exarescit, nisi semper agatur operibus bonis et sacris proficiat institutis. Dicit enim apostolus: Fides sine operibus mortua est (Jac. ii). Dum igitur tempus habemus, ut dicit Apostolus, bonum operemur ad omnes (Gal. vi). Noveris autem quod ad nos usque pervenerit relatione multorum, te tantam suscepisse mœstitiam, ut nulla te ratio valeat ad aliud inclinare, ut vel saltem ad modicum valeas percipere de tribulatione salutare remedium. Hæc autem in Christiano nec admittit ratio, nec ullo debet fulciri præsidio, cum eum magis debeant cœlestia comitari, quam terrenis debeat inhiare profectibus et mundialibus illecebris delectari. Verum si præmissa diligenter attenderes, ut videlicet mala venientia prævideres, tecum mitius ageretur, nec cor tuum in tantam dementiam verteretur. Resume, quæsumus, iterum post tot tribulationum aculeos Christiani pectoris vires, ne funditus barathrum desperationis incurras et fiant novissima tua pejora prioribus (Luc. xi). Si multa amisisti, gratias age quod eis careas, quibus habitis multum tibi oneris incumbebat, et sensum tuum totum declinabas in terram, et cœlestibus intendere contemnebas. Hæc tibi, charissime, amoris causa prælibare curavimus, quatenus in nobis amorem erga te conceptum agnosceres non teporem, et amoris monitis suspenderemus a dolore. Si nos audieris, non inutiliter nos laborasse cognosces, si non et hic doloribus frustra contabesces, et mortis, quod absit! æternæ dispendia non evades.

---

(7) Forte circa 1194, Barth. an. 1195. Hæc epistola forte debet esse septima hujus libri secundi juxta adnotationem scriptam J. Grammii.

(8) Barth. an. 1190.
(9) Non possum invenire hunc locum.

EPISTOLA LXXIX (10).

Ad dominum papam in persona regis Danorum.

Reverendissimo Patri et domino Cœlestino Dei gratia summo pontifici, Kanutus rex Danorum sic Ecclesiam sibi commissam, justitia mediante, disponere, ut ab auctore omnium valeat æternam retributionem recipere.

De his, quæ de gloria vestra celebris divulgat opinio, Pater amantissime, quanto piæ devotionis delectamur affectu, nec litterarum apicibus, nec exprimere valemus nostri sermonis excursu : quis enim non gratanter accipiat, paternitatem vestram regibus atque principibus præsidere, apud usum, ut aiunt, se locum conqueritur malitia non habere, justitiam vero tribulationum oppressionibus non deesse. Ex hoc, Pater, in amplius gloriæ vestræ splendor accrescet, ut de sacris actibus vestris celebris opinio divulgata per orbem suavitatis odorem ubique diffundat. Si sic ludat in rebus humanis divina providentia, ut in diebus nostris malitia virtus enervata succumbat, justitiæ zelus emergat et judiciis faciendis non desit veritas enormia redigens in mensuram. Nostis, Pater (scienti enim loquimur), patrem nostrum quoad viveret, vestris amicitiis innodatum fuisse, qui vestris studiis regnum nostrum super augmentum honoris et gloriæ suscepisse confidimus, et nos non disparibus studiis regnum nostrum à vestra pietate foveri, nec aliquo rerum eventu a visceribus vestræ paternitatis excludi. Cæterum ad vestram non dubitamus pervenisse notitiam, regem Francorum Philippum sibi in conjugium nostram expetisse sororem, et ei secundum Dei legem et institutionem ecclesiasticam fuisse conjunctam, et regali diademate coronatam, dote disposita, et multorum fide et sacramentis firmata. Verum, quoniam inimicus bonis operibus insidiatur, ut pereant, surrexerunt quidam veritatis inimici, qui dicerent inter illam, quæ præcessit reginam et nostram sororem affinitatis lineam interesse, et super hoc exsecranda sacramenta dedisse. Videant illi, qui legerint, nos in periculum animæ nostræ et nobiscum tota Danorum Ecclesia protestatur, illos incaute jurasse, ut vobis patebit, inspecto præsente instrumento. Explicamus igitur, ut super hoc factum sollicitudo vestræ paternitatis invigilet, et quod se nequiter egisse falsitas gloriatur, veritatis et justitiæ mediante judicio reprobetur, et in irritum deducatur : ne vobis in opprobrium, et *Ecclesiæ, quæ sine macula constat et ruga* (*Ephes.* v), tale quid veniat inexemplum. Vestris, Pater, meritis et laudibus ascribetur, si tam detestandum scelus de medio propulsetur.

EPISTOLA LXXX.

In persona domini Lundensis (11).

Sedes apostolica, quanto longius a nobis semota videtur, tanto frequentius, irruentibus malis, multis

A afflicti injuriis, sanctissime Pater, consilium et auxilium a vestra gratia expetere perurgemur. Experta siquidem gratia præteritorum confert nobis fiduciam futurorum. Notitiam itaque, Pater, vestram credimus, imo scimus non excessisse a prædecessoribus vestris et gratia vestra donatos honore in privilegiis sedis apostolicæ in regno Daciæ atque Sueciæ, et Ecclesiam nostram ab antiquo ejusdem Sueciæ primatiam obtinere. Verum, quia populus illius regni minus est obsequiis divinis subjectus, nobis honor debitus vix aut nunquam impenditur. Inde est quod archiepiscopus et ipsius suffraganei convenire negligunt, et nonnunquam edictis regalibus se detineri in excusationem ad nostram citationem prætendunt. Si qua igitur ibi aliquando fuerint corrigenda, noverit sanctitas vestra quod omnia permanent impunita, cum et nobis ea denegatur corrigendi libertas. Paternitatem itaque vestram super hoc dignum duximus consulendam, rogantes ut, ab hoc quod citationes nostras devitant, severitatis apostolicæ rigorem sentiant, ne tale quid ulterius attentare præsumant.

EPISTOLA LXXXI (12)

Ad abbatem Sanctæ Genovefæ (13).

Licet non ferreis sed arctæ custodiæ vinculis detenti fuerimus, non tamen, Domino juvante, destituimur, quia pro justitia fortiter decertamus, non solum alligari parati, sed amore justitiæ gladiis colla submittere. Novimus enim qui dixerit : *Beati, qui persecutionem patiuntur propter justitiam* (*Matth.* v). Quæ sit causa patiendi, non imprimi litteris dignum duximus, quia legem divinam eam mentibus vestris impressisse non ambigimus. Unde est, quod vestris precibus est obtinendum a Domino, ut videlicet regiæ celsitudinis adjectam justitiam, a cujus tramite pravorum hominum consiliis turpiter deviavit, duritiam emolliat ; vel Romanæ Ecclesiæ, quod necdum fecit, nec voluimus fieri, ut decet, justitiæ rigor emineat, ut sciat omnis populus esse sacerdotem in Israel ad faciendum judicium et justitiam in terra. Nec notitiam vestram aliud volumus sapere, quam si gladiis persecutionum subdamur, non tamen deerunt, qui condoleant super contritionem Joseph, qui genua sua non incurvabunt ante Baal, nec cessabunt, nec fatigabuntur ire et redire ad summum pontificem, ut eum sollicitent ut præcidatur de medio consilium Achitofel et regnet domus David in Jerusalem.

EPISTOLA LXXXII (14)

Ad abbatem Sanctæ Genovefæ.

Auribus nostris, Pater amantissime, celebris fama nuper insonuit, quod videlicet pastor omnium super familiam suam vos pastorem instituit. Felix illa dies et omni gaudio recolenda, qua lumen quod latebat in tenebris, ut omnibus qui in domo sunt luceret, Dominus super candelabrum exaltavit, ut

(10) Barth. an. 1191.
(11) Multos annos post 1177 ; Barth. an. 1199.
(12) Non exstat in indiculo.

(13) Barth. an. 1191.
(14) Barth. an. 1195.

ordini rigor accedat et moribus disciplina. *A Domino factum est istud, et est mirabile*, imo suave atque laudabile, *in oculis nostris* (Psal. cxvii). In hoc etiam virginis nostræ virtus innotuit, ut quem nulla morum deformitas decolorat, suæ familiæ præsideret, et ut domino Stephano felicis memoriæ viro (15) et omni laude recolendo legitimus hæres, Domino disponente, succederet, qui vitiis imperaret et conversatione laudabili virtutes virtutibus cumularet. Hoc, inquam, obtinuit puritas virginalis, ut moribus et melioribus imo nobilioribus institutis ecclesia sua virtutum studiis cæteris ecclesiis præemineret, et errantibus gressibus dissipatis, minusque religiose degentibus, normam de cætero honestius conversandi præfigeret. Hoc est, mi Pater et domine, quod de vobis desideramus audire, ut enormia in mensuram vestris studiis redigantur : ut divinis aspectibus nihil occurrat, per quod gloriæ Dominus offendatur. Non minimum est, Pater, onus, cui supposuistis humeros, quia, ut beatus dicit Gregorius (16): « Ars artium est regimen animarum. » Qui autem animabus curandis medici gerere debet officium, et in manibus cauterium habere debet et unctum, ut videlicet et pungat, et urat et ungat dissolutos. Paternæ tamen digna increpatione percellant dulcedinis præveniri, quoniam dies mali sunt. Quod si quis inveniatur, cui talis gratia conferatur, ut melius nostis, non naturæ famulatur hoc donum sed gratiæ, quam non homo vel angelus inspirat, sed gra-

tiarum distributor Deus et omnium benedictionum infusor. Quod autem apud vos alicujus credimur esse momenti, ille vobis retribuat gratiam pro gratia, qui omnibus abundanter tribuit, et nulli improperat. Nos vero, si se vel locus aut tempus offerret, nostris esset numerandum obsequiis, quidquid auditu percepimus in nostra dilectione vestro favore et affectu paterno transfusum amoris et gratiæ. Cæterum, mi Pater, nobis vestris litteris significastis filium Henrici sex oras argenti pro patris hæreditate, quam possidet, nobis transmittere velle, nec erga nos eum in pluribus obligari. Rogamus igitur paternam sollicitudinem vestram, ut, quod confitetur, per latorem præsentium fratribus nostris transmittatur. Vivat et valeat sanctitas vestra in Christo Jesu.

Post epistolam *LXXXII* exstat in *Apographo Magnæano I* fragmentum sequens epistolæ « Ad dominum Canutum regem Danorum.

Illustri regi Danorum CANUTO, Dei gratia regi Danorum, WILLHELMUS servus servorum Christi in Paracleto, ita terreni regni dispensare administrationem, ut coronam mereatur percipere sempiternam.

Ut auditorio regalis excellentiæ præsentia conferamus, charitatis debito perurgemur, et charissimi nostri, imo vestri potius latoris præsentium H. nos impellit abcessus.

(15) Stephanus mortuus non erat, sed episcopus Tornacensis factus.
(16) Vide supra

GENEALOGIA REGUM DANORUM.

(*Script. Rer. Dan.*, VI, 154.)

MONITUM.

Genuino hoc et simplici titulo libellum nomino, quem Henricus Ernstius, qui eumdem olim an. 1646 Soræ in-8° edidit, ita inscripsit : *Regum aliquot Daniæ Genealogia et Series Anonymi*. Hanc editionem verbotenus iteratam, resecata solum epistola nuncupatoria, *Reliquiis suis Manuscriptorum*, tom. IX, p. 591-650, illustr. Ludewigius inseruit. Non solum in prima libri facie Ernstius indicat, unde vetus hoc scriptum nactus fuerit, scil. *ex veteri codice ms. Chronici cujusdam Ecclesiæ Laudunensis, quod desinit in anno Christi 1218*, verum etiam, in præmissa epistola, clarissimi viri Andreæ du Chesne, regis Galliæ geographi, benevolæ concessioni idem acceptum refert, talem simul, quid de scriptore anonymo sentiat, rationem reddens : *De Auctore licet mihi nihil constet, suspicor tamen, propter controversiam, quæ Canuto VI, Waldemari I filio, fuit cum Philippo Augusto Gallorum rege, de matrimonio, quod Philippus cum Canuti sorore Ingeborga inierat, solvendo, hunc libellum ab eo fuisse conscriptum.* Hoc enim agere videtur *Anonymus, ut in Canuti sororis Ingeborgæ originem inquirat, quæ causa fuit, quod in serie hac regum Daniæ Magnum Olaï Norvagiæ regis filium, et alios Daniæ reges, ne quidem nominaverit, Canutum vero ducem, Ingeborgæ avum, regum catalogo inseruerit. Quam multa autem hic auctor in Historia nostra ignorarit, quamque a vero sæpe secesserit, suo loco in notis indicatum est.* Suspicatur Ernstius, qui recte suspicatur, libellum propter controversiam de matrimonio Philippum inter et Ingeburgem exortam fuisse conscriptum. Hinc constat, eumdem potius *Deductionis Genealogicæ*, quam *Seriei regum*, titulum meruisse. Quod si autem Ernstius Hvitfeldium modo attentius legisset, auctorem quoque facile scire potuisset; illustris enim ille historicus, de re optime instructus, narrat nobis, Canutum regem, eam ob controversiam, Romam et in Galliam misisse Andream Sunonis cancellarium suum et Willelmum abbatem Ebelholtensem, horumque posteriorem conscripsisse *Libellum de vera Ingeburgis Genealogia*, falsæ illi et ineptæ a Gallis de consanguinitate Philippi et Ingeburgis Ungarica et Flandrica contextæ Genealogiæ (17) oppositum. Cujus libelli contenta Hvitfeldius, p. 160,161, recenset, cum iis, quæ libellus ab Ernstio editus narrat, exacte convenientia. Unde mecum quisque non potest non concludere libellum, quem edidit Ernstius, eumdem esse, quem ad deducendam et probandam *veram Ingeburgis Genealogiam S. Wilhelmus conscripsit*. Detecto jam, de quo nullus ambigo, auctore, probabile videtur, exemplar illud, quod in Chronico Laudunensi habetur, authentico ipsius Wilhelmi scripto, quod secum in Galliam tulit, originem debere; vitia autem et interpolationes, quibus idem scatet, exscriptorum culpa irrepsisse credo. Præter illud exemplar, quod in codice Laudunensi conservatum fuit et ab Ernstio editum, aliud quoque in patria nostra usque ad funestum, quod an. 1728 evenit, urbis metropolitanæ incendium superfuit, in codice nempe membranaceo bibliothecæ Universitatis Hafniensis, et quidem in eodem volumine eum Adami Historia archiepiscoporum Hamburgensium, Solini Polyhistore, *Imagine Mundi*, etc. Licet jam codex una cum reliquo librorum et manuscriptorum thesauro furore ignis perierit, exscriptum tamen *Libelli S. Wilhelmi* servavit cura ac providentia Arnæ Magnæi, cujus manu propria ante incendium scriptum exemplum mihi in manus incidit. Idem, utpote in aliquibus perfectius, in aliis emendatius, in paucis brevius, quam illud ab Ernstio editum, cum prologo suo primigenio, in exemplo Laudunensi desiderato, est, quod hic exhibeo, retento tamen simul et ad latus sinistrum litteris cursivis posito textu editionis Ernstii, ut eo melius, instituta collatione, utrique suus valor maneat. In editione Ernstiana capitum distinctiones et annorum numeri recentioris ævi et forte ab ipso editore additi esse videntur. Ex notis Ernstii, qui sæpius de re nihili, aut de nomine male lecto, aut de loco librarii inscitia corrupto, commentatur, plurima omisi, meis, ubicunque opus fuerit, adnotatiunculis substitutis.

(17) De falsa hac a nonnullis episcopis et militibus Galliæ conficta et jurata Genealogia, vid. Grammii Not. in Meurs., p. 363, 364.

GENEALOGIA REGUM DANORUM.

—

In isto *Catalogo regum Danorum*, operæ pretium existimavimus, secundum fidem historiarum et memoriam hominum, qui adhuc superstites sunt, diligenter annotare, de quam antiqua regum propagine hæc domina Francorum regina, Ingeburgis nomine, carnis originem traxit; ut oculata fide quilibet videns et legens, perpendere potest, quod nullam consanguinitatis lineam cum Flandrensibus habuerit. Nec putantum est, Haraldum istum, qui in ordine hujus Genealogiæ primus positus est, primum fuisse regem Danorum; sed in præsenti negotio necessum non fuit, plures retexere. Multi enim ante ipsum fuerunt, de quibus paucos enumerabimus. Primus rex Danorum vocatus est Danus; unde Dani nomen acceperunt. Postea Gorm, Frothe, Gothorm, Frothe, Sven, Cuthlacus (18), Eskillus (19), Warmundus, Godefridus, Hemmingus. Prædictus Eskillus cum Arturo rege Britonum pugnavit contra Romanos.

Iste HARALDUS, cognomento *Blatan*, id est *dens lividus* vel *niger*, paganus fuit, sed tamen postea baptizatus, non in fide permansit, sed apostatavit (20). Pro quo regno expulsus (21), ad Sclavos, tunc paganis ritibus deditos, confugit, et regnum Danorum crebris incursibus infestavit; sed non prævaluit.

CAP. I. An. Christi DCCCCXXXI.

HARALDUS, *hic cognomento Blachtent, id est dens lividus vel niger, qui (22) quartus post Guermundum ex pagano Christianus est effectus : sed apostatavit. Qua ex re regno pulsus, ad Slavos, tunc paganos, confugit, et crebris incursibus regnum Danorum infestavit; sed non prævaluit.*

(18) Auctor dubio procul regem illum Danorum respicit, qui circa an. 515 Galliam invasit, cujusque nomen apud in nullos Gallorum scriptores monstruose scribitur *Chochilaicus*, *Clochilaicus*, rectius a Gregorio Turonensi Gothilacus, vid. Grammii Meurs. p. 87; Huitfeld p. 16. Idem forte rex fuit, quem Saxo p. 66 Huglethum, melius autem Annales nostri veteres *Buglekær*, *Hughleker*, *Hughlek*, B *Huhlek*, vocant, vid. *Script. Rer. Dan.* t. 1, p. 15, 19, 21, 27, 32.

(19) Inter vetustissimos Danorum reges, sive veros sive fictos, a Saxone et in Annalibus nostris recensitos, nullum Eskillum alibi, quam hic, nominatum me invenisse memini. Hunc autem S. Wilhelmus a Galfrido Monumentensi, veteri scriptore Anglo, mutuatus est; ille enim *Hist. Reg. Brit.*, l. x, c. 6, 9, et l. xi, c. 2, mentionem facit *Aschilli* regis Daciæ sive *Aschil* regis Dacorum, qui sæculo

sexto inclyto Britanniæ regi Arturo contra Romanos militavit.

(20) Ex iis, quæ de Haraldo et filio ejus Suenone auctor noster narrat, patrem cum filio confundere videtur; de Haraldo enim asseritur, illum Christianitatem usque in finem constanter retinuisse, Suenonem autem Deo rebellem magnam Christianorum persecutionem in Dania exercuisse, teste Adamo Bremensi l. ii, c. 15, 21. Hujus interim de Haraldo assertionis fautorem S. Wilhelmus habuit cœævum sibi historicum nostrum Suenonem Aggonis, a quo seductum illum conjicio. Vid. *Scriptor. Rer. Dan.* tom. I, p. 52.

(21) Veras causas expulsionis e regno prodit Saxo ed. Steph. p. 185. Conf. Sueno Aggonis l. c. p. 51, et Encom. Emmæ in *Script. Norm.* p. 164.

(22) *Qui quartus post*, etc. Hæc in exemplo Hafniensi non exstant.

TEXTUS CODICIS HAFNIENSIS.

De Suenone Barba Furcata, rege Danorum.

Iste Sueno, cognomento Furcata Barba (23), filius Haraldi, fidem Christianam cum populo suo suscepit, et in ea fideliter perseveravit (25). Hic quoque Angliam invasit, et bellorum crebris incursibus attrivit; sed non usquequaque perdomuit.

De Kanuto Magno filio Suenonis regis.

Iste Kanutus (26), cognomento Magnus (27), filius Suenonis, Angliam, patre defuncto, usquequaque perdomuit et s bi subjecit. Cujus magnificentia atque virtus tanta fuit, ut trium regnorum (28) monarchiam teneret : Angliæ videlicet, Daciæ, et Norvegiæ. Roanos (29) quoque, Pomeranos (30),

(23) Majores nostri eum cognominarunt Tiugoscegg aut Tiuguskegg, vid. Snorr. Sturl, t. I, p. 243. Knytl Saga p. 6. Quod cognomen alii Latine verterunt Admorsæ Barbæ.

(24) Exscriptor exempli Laudunensis male Suevo legit pro Sueno. Nostri lingua patria regem hunc Sven et Svein appellarunt. In nummis suis Runicis Swein, sed ab Encomiaste Emmæ Svein et Sveinus, ab Adamo Svein et Svenotto, a S xone et Suenone Agx. Sveno, a Snorrone et Islandis Svein et Sveirn scribitur. Apud nonnullos Anglorum veterum scriptores Swain et Swanus legitur.

(25) Lege notam præcedentem (20).

(26) De nomine Kanutus, Canutus, Cnuto, a Danico Knude scilicet nodo, orto, lege, quæ disserit Peril. Suhmius Forbedr. til D. og. N. Hist. p. 1. In nummis Kanuti M. regis, quorum ipse aliquot possideo, nomen ejus Cnut legitur, in chartis autem ejus promiscue K nt, Cnut, Chnut, Knuth, Cnud, Cnudus, Cinutus, C ute, Cnuto, et Knuto. Latinantes propter euphoniam litteram a nomini inseruerunt, ut scribatur Kanutus sive Canutus.

(27) Ostendit hic noster sæculi XII auctor, Canutum etiam antiquis temporibus Magnum cognominatum esse, etsi ab aliis vetustis scriptoribus aliis quoque cognominibus salutatus s.t, vid. Script. Rer. Dan. t. I, p. 54.

(28) Recte noster, Canutum trium regnorum monarchiam tenuisse asserit, Angliæ scilicet, Daniæ, et Norvegiæ. In hoc numero cum Adamo Bremensi l. II, cap. 47, pulchre convenit, qui Knut regem potentia trium regnorum barbaris gentibus valde terribilem asserit. De tribus illis Canuto subjectis regn s cecinit poeta coævus Halvardus ap. Snorr. Sin l. t I, p. 715. Plura regna eum debellasse et occupasse certum est, nempe Scotiam, Succiæque partem, de quibus noster inscius fuit, Sembiam, et Slavorum provincias. Hinc illum Saxo Gramm. haud ad jo inepte sex præpollentium regnorum possessorem salutat. Fabulatur diserte Sueno Aggonis, qui imperium Canuti ad Hibernos, Gallos, Italos, Longobardos, Teotonos, imo ad Toylenses et Græcos usque, dilatavit, quibus in Legibus Castrensibus Finlandos adjudit.

(29) Editio Sorana corrupte legit Bojanos, de qua incognita gente incassum et haud feliciter Ernst.us commentatur. Si vero, secundum nostrum exemplar, Roanos, vel ex testamento Absalonis Rojanos, recte legamus, agnoscimus, Rugianos fuisse inter illos Slavorum populos, quos Canutus Magnus anno 1019 perdomuit. Et incertum, anne Rugiani tempore Haraldi Blaatand, et forte ante, Danis tributarii fuerint. Rugiam insulam nostri olim Roo et Ro appellarunt, unde incolæ Roani, Adamo ed. Lind., p. 19, 59. Rhuni, Rani et Runi, Helmoldo ed. Bang., p. 6, 21. Rani vel Rugiani, sive ut habet codex meus vet. Ruiani, Islandis Rænger, nostris Robo, dicti sunt. Hinc manifestæ fiunt causæ, quæ non solum Ericum Eiegod, qui Skialmoni Candido vectigalis a se factæ Rugæ procurationem detulit, Saxo p. 227; et Eri-

A TEXTUS EDITIONIS ERN TH.

CAP. II. An Ch. DCCCCLXXXI.

Suevo (24), iste cognomento Furcata Barba, fidem Christianam cum omni populo suo suscepit, et fideliter perseveravit. Angliam invasit, et crebris bellorum incursibus attrivit. Sed usquequaque non perdomuit.

CAP. III. An. Ch. MXV.

Kanutus, iste cognomento Magnus, patre defuncto, Angliam ex integro subjugavit : cujus virtus, et magnificentia tanta exstitit, ut trium regnorum monarchiam teneret; Angliæ scilicet, Daciæ et Norvagiæ. Bojanos quoque, Pomeranos, Slavos, Savios, Her-

cum Emund Saxo p. 248. Knytl. Sag. p. 202, sed et Waldemarium I aliosque Danorum reges, ad bellum Rugianis, præter alios Slavos, toties inferendum moverunt, quod scilicet a Danorum veteri dominio sæpius defecissent. Tempore regis Nicolai inter an. 1120 et 1130 quando Otto episcopus Bambergensis officio apostoli ad Pomeranos fungebatur, nexum inter Daniæ regnum et Rugiam viguisse, ex eo apparet, quod non solum Rugiani episcopo narrarent, se Danorum archiepiscopo subjectos esse debere, sed neque Otto prædicare Rugianis sustinuerit, nisi obtento archiepiscopi Danorum consensu, archiepiscopus autem hunc dare non potuerit, nisi prius Danorum principibus et magnatibus consultis, vid. Ottonis Bamb. Vitam ap. Canis., t. III, p. II. p. 88, 89.

(30) Præter Rugianos, plures Slavorum et Pomeranorum populos vicisse Canutum Magnum et noster docet, et ex aliis circumstantiis elucet. Quod inimum provinciam et civitatem Jumnensem ab Jomsburgensem, ab avo ejus Haraldo conquisitam et a patre Suenone defensam, suo jure vindicaverit, ex eo clarum est quod filium suum Suenonem, postea regem Norvegiæ, Jomsburgo et terris suis Vindlandicis præfecerat, quod diserte testatur Snorro Sturl. t. I, p. 811. Hinc etiam est quod Slavia sive potius ea pars Slaviæ inter eas regiones numeratur, quæ imperio Hardecnuti filii Canuti M. subjacebant, Chron. Erici supra tom. I, p. 159. De Jomsburgo et ditione Jumnensi, lege quæ supra monui Script. Rer. Dan. t. I, p. 51, sq. Julinum volunt Saxo et omnes Adami Brem. corruptæ editiones, sed ex mea opinione minus recte. Marcus Skeggius, poeta Erico Bono coævus, qui hujus regis gesta carmine cecinit, et ex eo auctor Knytlinga Sagæ, postulata regum Daniæ, quæ de terris Slavicis moverant, justa et antiqua vocant, et a rege Suenone Tiugskeg derivata, sed ab Erico, qui antea a patre Suenone et fratre Canuto sancto prorex ibi constitutus fuerat, strenue vindicata, vid. Knytl. Saga, p. 150, 152, 154 et p. 156, ita : « Konungr lagdi a pa stor fegiölld, oc taldi pat artteknn eign sina, er D.na Konungar hofdu au i Vindlandi, sidan SVEIN Konungr Tiuguskegg lagdi uindir sik. Sva segir Markus ; scilicet rex gravem eis multam imposuit et avitam hæreditariamque possessionem nuncupavit regnum, quod Daniæ reges in Vandalia tenuerant, ab eo usque tempore, quo rex Sueno Furcatæ Barbæ ditioni suæ idem subjecerat. Marcus hunc in modum rem explicat :

Eirikr vad med uppreist harri,
Undan flydu Vindr af stundu.
Gold felldu pa grimmir holidar,
Gunnar urdu sigri nummir.
Yingvi taldi erfuir pangad.
Alpy.a vard stilli hlyoa.
Velldi red pvi astvinr alldar,
Emart la pat fyrr und Sveini.
Ericus insigni potiebatur victoria,
Terga protinus dedere Vandali.

TEXTUS CODICIS HAFNIENSIS.   A   TEXTUS EDITIONIS ERNSTII.

Sclavos. Herminos (31), et Samos (52), omnes paganis ritibus deditos, sibi fecit tributarios. Hujus uoque filiam imperator (33) Romanorum matrimonio sibi copulavit.

minos, omnes paganis ritibus deditos subjugavit. Filiam vero suam Romanorum imperatori copularit.

De Kanuto Duro, filio Kanuti Magni.

CAP. IV. An. Ch. MXXXVII.

Iste Kanutus, filius prioris Canuti, cognomento Durus (34), regnum Angliæ cessit fratri suo; ipse contentus regno Daciæ et Norvegiæ. Hic brevi tem-

> Pœnas tunc luebant crudeles viri,
> Victoria frustrati.
> Ditionem rex hæreditario jure sibi vindicavit.
> Plebs regi cogebatur obtemperare.
> Regnum istud antea ipse rexerat, populo di-
>   [lectus,
> Quippe quod olim paruerat Suenoni.

« Eptir petta setti EIRIKR Konungr menn til Landzgezlu a Vindlandi, oc helldu peir Riki pat undir EIRIK Konung, » scilicet : Inde Ericus, dispositis per totam Vandaliam præsidiis, quæ regnum istud in fide atque obedientia erga se continerent, ad naves suas se confert. Post Canutos jura sua in Slavos, quos Vindos aut Vandalos alii vocant, viriliter propugnarunt potentissimi Danorum reges, Magnus Bonus, Sueno Estritius, Canutus Sanctus, Ericus Bonus, Nicolaus, Ericus Emund, Waldemarus I, et Canutus VI. Vid. Saxo Gramm. p. 204, 225, 236, et deinde sæpius, Snorro Sturl., t. II, p. 50, 51. Knytl. Saga, præter loca citata, p. 56, 42, 86, 142, 146, 202 ; et passim in historia Waldemari I et Canuti VI. Ne dicam de irritis in Slavos expeditionibus Erici Lam et Suenonis Grathe, qui non solum Rugiæ, sed et toti Slaviæ bellum crebrius quam prosperius inferebat, Saxo Gram. p. 253, 254, 258, 268.

(31) Quam gentem per Herminos intellexerit Wilhelmus abbas, incertum est. Vix ad vetustum Germaniæ Cimbris et Teutonibus vicinum populum, quem Plinius Hermiones, Tacitus Herminones appellat, respexit, sed potius Herulos, quos gentem forte Slavicam putavit, aut Prussos voluit, siquidem eos inter Slavos et Samos nominat,

(32) Per Samos, quos editio Ernstii male Savios legit, intelliguntur ii qui alias Sembi vocantur, regio autem, quam incolunt, Sembia, Samlandia dicitur. In Dipl. anni 1255 Zambia. et 1258 Sambia, Adamo ed. Lind. p 19, 58, 59, Semland et Sembi. Saxoni Sembia, Sembi, Sembici. Knytl. Saga Sámland. Etiam hodie districtus Samlandensis dicitur ea pars regni Borussiæ, in qua metropolis Konigsberga sita est. Num vero Semborum gens ratione etymi cum Taciti Semnonibus aliquid commune habeat, aliis indagandum relinquo. Mihi satis est dixisse majoribus nostris cum Sembis multa intercessisse negotia. Missis vetustissimis et obscurioribus Historiæ nostræ relationibus, invenies magnum regem Haraldum Blaatand filium suum Haquinum misisse debellatum Sembos, cujus expeditionis eventum Saxo, p. 184 ita describit : « Potiti Sembia Dani, necatis maribus, feminas sibi nubere coegerunt, rescissaque domesticorum matrimoniorum fide, externis avidius inhærentes, suam cum hoste fortunam communi, nuptiarum vinculo partiti sunt. Nec immerito Sembi sanguinis sui contextum a Danicæ gentis familia numerant ; adeo enim captivarum amor victorum animos cepit, ut, omissa redeundi cupiditate, barbariem pro patria tolerent, alienos quam suis conjugiis propiores. » Non ideo mirum illud ab Avo in Sembiam acquisitum jus, causa data, vindicare voluisse Canutum Magnum ; nam Sembia, ut Saxo p. 192 narrat, ab Haquino oppressa, absumpto eo, rebelles Danis manus præceuit. An vero eodem anno 1019, quo Slavos, etiam Smbos vicerit, non satis constat. Saxo p. 192 Canutum, antequam Angliam aggressus fuerit, Slaviam et Sembiam debellasse haud absone putat, et si conjicere licet, tale quid aut in æstate anni 1014,

KANUTUS, iste filius superioris, cognomento Durus, Dacia et Norwagia contentus Angliam fratri eo aut in vere anni 1015 contigerit, in eadem Slavica expeditione, qua ambo reges Canutus et Haraldus fratres matrem suam reduxerunt, Encom, Emma, p. 167. Quidquid sit, Sambiam inter regiones a Canuto M. subactas Sueno Aggonis, supra tom. I, p. 54, recenset. Huc pertinere potest, quod Chronicon Erici ibid., p. 139, tradit, Canutum scil. Estonicam etiam gentem subdidisse, conf. Chron. Petr. Olai ibid., p 117, per Æstios enim , Estos, Hœstos, Aistos, Eostos, Agistos, apud veteres, Tacitum, Cassiodorum, Jornandem, Eginhardum, Wulfstanum, et Chron. Divion. significari eos populos qui oras Prussicas et Livonicas, olim incolebant, notissimum est. Et inter titulos, quibus Canutus in legibus suis castrensibus, quas Danico veteri idiomate Resenius edidit p. 538, salutatur, occurrit et Konung i Semland , Sembiæ rex [pro Sembia ap. Suen Aggonis in edit. Stephan. p. 448, male Finlandia legitur, et Smalandia, quod apud Resen. p. 546 legitur, est error typographicus], ad quem locum Resenium p. 579 miror inter alia sic commentari : « Livonia dividitur in 4 populos, Æstjos, Lottios, Curlandos et Semigallos. Horum ultimos, ut nomina emolliret Saxo, Curetes vocavit, et Sembos, audacissima confidentia, quam sibi in scriptis perpetuo indulsit ; Semborum enim nomen extra hunc auctorem vix temere reperies. » Sed postea Resenius p. 724 meliora edoctus, Sembiam esse Prussiam agnoscit. Cum igitur Sembia, sub Haraldo et Canuto, Danorum armis conquisita fuerit, comprehensibile fit, cur posterioribus seculis potentissimi reges, Sueno Estritius per filium Canutum, et ipse Canutus Sanctus rex factus, imo Waldemarus II, Sembiam sive Semlandiam bellis aggressi fuerint, de ultimo vid. Chron. Erici Script. rer. Dan. t. 1, p. 465; Annal. Esrom. ibid., p. 343; Annal. Wisb. ibid., p. 254. De Canuto, quem Sueno pater emiserat, Saxo p. 242 p. prædicat, quod Sembicis atque Esthonicis illustrem trophæis adolescentiam egerit, et postea p. 214 de eodem sub imperio fratris Haraldi, quod bellum adversus Orientales, vivente patre, cœptum enixe prosecutus fuerit, et paulo infra, quod orientale bellum, quod in adolescentia orsus, in exsilio auspicatus fuerat, accepto solio, potius amplificandæ religionis quam explendæ cupiditatis gratia innovandum curabat. — Nec ante manum ab incœpto retraxit, quam Curorum, Sembonum ac Esthonum funditus regna delesset, ibid., p. 217, adhuc orientales Canuti victoriæ celebrantur. Eadem ex Kalfo Manæ poeta coævo Knytlinga Saga p. 46 hoc testimonio confirmat, « Knutr son Sveins Konungs hafdi adr verid i hernadi i Austrveg. — Sva segir Kalfr Manason i Kvædi sinu, at Knutr hafi sigrad X. Konunga, pa er hann var i hernadi i Austrveg, » scilicet « Knutus Suenonis regis filius in Oriente, ad tea militaverat. — Refert in carmine suo Calfus Mana, a Knuto, dum in Oriente bellica obibat exercuia, reges decem superatos.

(33) Scil. Henricum III, tunc regem Germaniæ, postea an. 1039 imperatorem Romanorum.

(34) De hujus Canuti, Canuti Magni filii, Hardecnut dicti, cognomine Harde, Harthe, Horde sive Haurde, vide quæ egregie commentatur Grammius Not. ad Meurs., p. 132, 194. In nummis ejus, quorum unum ipse possideo, legitur Hardecnut et Hardacnut. Conf. notam Ernstii ad hunc locum.

A

pore vixit, et sine prole decessit, unde regni guber-nacula post eum Sueno (35), filius amitæ ejus, suscepit.

concessit. Hic sine prole obiit ; Suevo filius amitæ suæ in regno successit.

De Suenone Magno, nepote (36 Kanuti Duri, qui ipsi Kanuto in Danorum regno potenter et gloriose successit.

CAP. V. An. Ch. MLI.

Iste SUENO, cognomento *Magnus* (37), qui Ka-nuto Duro in regno successit, in diebus suis potens valde fuit et gloriosus, et omnibus circumquaque nationibus formidabilis ; in Christiana quoque religione multum devotus. Hic, licet plurimos haberet filios (38), de duobus tantum, qui ad præsens negotium spectant, facienda est mentio : Kanuto sci-licet, et Erico.

SUEVO (39), iste cognomento Magnus, potens valde exstitit, et gloriosus, et omnibus circumquaque natio-nibus formidabilis. In Christiana religione multum devotus. Qui licet plures filios haberet, de duobus tantum, scilicet Erico, et Kanuto, mentio fit.

De Erico filio Suenonis Magni.

Iste ERICUS, filius Suenonis Magni et frater Ka-nuti Martyris, propter multam bonitatem suam co-gnomen accepit, ut diceretur Bonus. Qui sepulcrum Domini cum adiens, multa præclara in itinere illo peregit, unde rediens apud Cyprum defecit, ubi et regali sepultura sepultus est : Inde et *Cyprius* dictus est.

CAP. VI. An. Ch. MXCV.

B ERICUS, iste filius superioris, cognomento Bonus, Dominicum sepulcrum adiens multa præclara in iti-nere gessit, et inde rediens apud Cyprum obiit : ubi regali sepultura humatus est. Unde Cyprius dictus est. Hic ex Batilde nobilissima totius Daciæ Kanu-tum Martyrem genuit, qui apud Kinostadium abba-tiam regalem quiescit, ubi usque hodie miraculis claret.

Item de Erico filio Suenonis et fratre Kanuti Martyris.

Iste ERICUS ex Botilde regina, de nobilissima Danorum (40) prosapia orta, genuit Kanutum Mar-tyrem, qui apud Ringstadiam (41) requiescit, quæ est abbatia regalis, ubi usque hodie crebris et glo-riosis miraculis illustratur. Nam, sicut legitur in Evangelio : *Cæci vident, claudi ambulant, leprosi mundantur (Matth XI)* ; et multa alia præclara me-ritis ipsius Dominus dignatur operari.

De beato Kanuto patre Waldemari, regis Danorum.

Iste KANUTUS dux fuit Danorum et rex Sclavo-rum, quos non hæreditario jure, sed armis potenter obtinuit. Hic habuit uxorem, nomine Ingiburgis (43), filiam Izizlavi (44), potentissimi Ruthenorum regis, et Christinæ reginæ : ex qua genuit Waldemarum, gloriosum Danorum regem, qui pater exstitit Ka-nuti regis, qui nunc (45) regnat in Dacia, et Ingi-burgis reginæ Francorum. Supradicta autem Chri-stina, avia Waldemari regis, filia fuit Ingonis, Suevorum regis, et Helenæ (46) reginæ. Prædictæ

C

CAP. VII. An. Ch. MCX.

KANUTUS, iste superioris frater (42), non fuit rex Daciæ, sed dux, postea rex Slavorum, quos non hæ-reditate, sed armis potenter obtinuit. Hic duxit uxo-rem filiam Juzillani regis Rutinorum, et Christinæ reginæ, nomine Engelburges, de qua genuit Walde-marum. Christina vero prædicta avia Waldemari, filia fuit Ingonis regis Suevorum, et Helenæ reginæ.

---

(35) Auctori forte excidit, Magnum Norwegiæ re-gem Hardecanuto, huic autem Suenonem immediate in solio regni Danici successisse. Sed neque Magnus, utpote ad hanc Genealogiam non pertinens, appo-nendus erat.

(36) Sueno non quidem nepos Hardecnuti, sed consobrinus sive amitæ filius fuit.

(37) De cognomine Suenonis Estritii, quod Ma-gnus appellatus sit, habemus hic præter alia vetu-stum testimonium. Conf. *Script. Rer. Dan.*, t. I, p. 245.

(38) Ex his quinque reges facti sunt, unde *Sueno Regum Pater* dictus est, vid. *Suen. Aggon.* supra t. I, p. 56.

(39) Male hic, sicut supra, legitur Suevo pro Sueno.

(40) In originem Botildæ reginæ studiose inquirit Grammius, *Not. ad Meurs.*, p. 229, seq.

(41) In editione Ernstiana pro *Ringstadiam* culpa librarii male leg.tur *Kinostadium*.

(42) *Iste superioris frater*, hæc verba in exemplo Laudunensi inepte interpolata sunt ; Kanutus enim dux non erat frater sed filius regis Erici Boni, ne-que ea in exemplari Hafniensi occurrunt.

(43) Quod nomen huic Ingeburgis fuerit, docet quoque Saxo Gr., p. 250.

(44) Izizlavum hunc, Russiæ regem, sive partis

D

alicujus Russiæ principem regnantem, historici Islandi Haraldum vocarunt, ita dictum ex nomine avi vel abavi ejus materni, Haraldi Godvinii Anglo-rum regis, qui an. 1066 occubuit, vi l. Snorr. Surl., t. II, p. 178, 254, 402 ; *Knytlinga Saga*, p. 173. Fuere sæculi XII initio in Russia quamplurimi prin-cipes, quorum nomina exteri scriptores mire con-fuderunt, quosque haud satis exacte ipsi Russorum annales distinxerunt, adeo ut haud facile sit decer-nere, quinam fuerint duo illi, quos auctor noster nominat, Ruthenorum reges [titulum regis unicui-que Russorum principi scriptores septentrionales olim ascripserunt], Izizlavus scilicet pater Inge-burgis ducissæ, et Waledarus pater Sophiæ reginæ. Certe in nomine patris Ingeburgis videtur Saxo Gramm., p. 207, offendere, dum eum Waldemarum, a suis Jarislavum appellatum, nominat, eidemque filiam Haraldi Godvinii regis Angliæ conjugem tri-buit, quæ potius Ingeburgis avia paterna, quam mater, fuit. Seposito quolibet in nominibus discri-mine, suo enim more septentrionales nostri exteros principes

(45) Habemus hic ævum, quo vixit hujus opellæ auctor, tempus scilicet Canuti VI, qui circa et post annum 1190 regnavit.

(46) *Ingonis regis* conjugem Helenam dictam fuisse, etiam Saxo, p. 250, tradit.

autem Ingeburgis, matris Waldemari regis, soror, et filia Izizlavi regis alia, nupsit regi Hungariæ, qui sororem regis Franciæ habuit uxorem. Unde patenter ostenditur, Waldemarum Danorum regem, patrem Ingeburgis reginæ Franciæ, et Bele (47) regem Hungariæ consobrinos esse. Sed quod Canutus (48) rex Sueciæ et Siwardus rex Norwegiæ in secundo consanguinitatis gradu ei sunt propinqui. Fratres quoque Sophiæ reginæ, matris Ingeburgis, in Russia usque hodie (50) regni gubernacula gloriose administrant.

De glorioso rege Waldemaro et liberis suis Kanuto rege et Ingeburge regina.

Iste WALDEMARUS rex gloriosus et potens in diebus suis, genuit ex Sophia Kanutum regem pium et gloriosum, qui nunc regnat in Dacia, et sororem ejus Ingeburgam, quæ nupsit regi Francorum excellentissimo Philippo. Prædicta autem Sophia regina, filia fuit Waledar (52) Ruthenorum regis: nam plures ibi reges su..t. Cujus Sophiæ mater (53) filia fuit Bolezlavi ducis Poloniæ.

principes sæpius nominarunt, ex Snorrone Sturl., tom. II, p. 179, et auctore *Hist. Knytling.*, p. 178,

Soror vero Christinæ Ingelburgis nupsit regi Hungarorum, quæ genuit Belam, gloriosum regem eorum. Unde constat, Waldemarum, regem Dacorum, et Belam, regem Hungarorum, fuisse consobrinos. Sed et Kanutus, rex Sueciæ, et Livardus (49) rex Norwagiæ in secundo consanguinitatis gradu eis erant propinqui. Fratres vero Sophiæ reginæ, quæ fuit soror Ingelburgis (51), matris Waldemari, usque hodie in Ruscia regnant gloriose.

CAP. VIII. An. Ch. MCLIII.

WALDEMARUS, istè gloriosus, et potens in diebus suis, ex Sophia, filia Walerdæ, regis Rutinorum, genuit Kanutum regem Dacorum, virum religiosum. Genuit etiam sororem ejus Ingelburgem, quæ nupsit Philippo regi Francorum. Nec movere debet, quod dictum est de filia Walerdæ, quam duxit Waldemarus. Habentur enim in Rosia reges plurimi. Kanutus

200, cum auctore nostro collatis, verosimilis, ut credo, sic texitur genealogia :

JARISLAVUS
Rex Holmgardiæ
INGARDIS filia
Olavi Reg. Svec.

STENKILLUS
Rex Sveciæ, ob. 1067

WALDEMARUS
Rex Holmgardiæ.
GYTHA filia Haraldi Godv R. Angl

INGO
Rex Sveciæ ob. circa 1112.

HELENA.

HARALDUS s. IZIZLAVUS——CHRISTINA
Rex Ruthenorum.

MARGARETA.
1. MAGNUS
BARFOD
Rex Norv.

CATHARINA.
BIORN JERN-
SIDE.
Princ. Dan.

N. Filia
GEIZA II.
Rex Hungariæ

MALFRIDA
1. SIGURDUS
Rex Norv.

INGEBURGIS.
CANUTUS Dux
Slesv. et Rex Obotr.

2. NICOLAUS
Rex Dan.

2. ERICUS EMUN
Rex Dan.

2. MAGNUS Rex Goth.
RICHIZA Polona.

CHRISTINA.
S. ERICUS Rex Svec.

BELA III
Rex Hungariæ

WALDEMARUS I.
Rex Daniæ
SOPHIA

CANUTUS V.
Rex Dan.

CANUTUS
Rex Svec.

MARGAR.
SVERRER
Rex Norv.

CANUTUS VI. Rex Daniæ. INGEBURGIS Regina Francorum.

(47) Hinc Saxoni Gramm., p. 371, Ungariæ rex Waldemaro arcta propinquitate conjunctus dicitur. Ex nuper apposita tabula genealogica apparet, Geizam regem Hungariæ uxorem habuisse Waldemari I materteram, non vero sororem, quod volunt Torlæus, tom. II, p. 577, et alii. Catharinam autem Waldemari sororem, quam *Knytlinga Saga*, p. 190, in oriente [i Austurveg] nuptui collocatam tradit, puto fuisse uxorem Prizlavi Slavorum principis, cujus filius Canutus apud avunculum Waldemarum I, in Dania educatus et mortuus est.

(48) Ex apposito nuper schemate genealogico patet, Canutum regem Sueciæ in tertio gradu consanguineum Waldemari I fuisse, sed quod a Sigvardum sive Sigurd Jorsalafar regem Norwegiæ attinet, qui regis Magni Barfod filius fuit, fathur auctor noster, dum credidit Margaretam materteram Ingeburgis ducissæ fuisse matrem prædicti Sigvardi; hujus enim mater fuit Thora, testante Snorrone Sturl., tom. II, p. 221.

(49) *Sivardus* legendum pro *Livardus*, in quo nomine error typographi facile emicat.

(50) Circa 1196. Sed quinam fuere illi Russorum principes, Sophiæ reginæ fratres.

(51) Editio Ernstii hic falsa perhibet.

(52) Recte auctor noster Waledarum, patrem Sophiæ reginæ, dicit Ruthenorum regem sive principem. Hoc Saxo testis coævus, p. 266, affirmat, Sophiam patre Ruteno procreatam pronuntians. Nomen etiam ejus Valadar occurit ap. Snorr. Sturl., t. II, p. 179, et auctorem *Hist. Knytl.*, p. 218. Qui tamen in eo falluntur, quod Valadarum Polonorum regem appellent. Annales Russorum veteres in *Cammlung Russ. Geschichte*, tom. I, p. 398, inter Russiæ principes nominant quidem Wolodarum, fratrem Wasilki, qui an 1122 a Polonis captivus abductus fuit. An vero idem fuerit, qui postea uxorem duxit Richizam Polonam, Magni viduam, et ex ea pater Sophiæ reginæ factus est, aliis indagandum relinquo.

(53) Nomen matris Sophiæ Richizam conservarunt non modo Islandi nostri Snorro Sturlæus, t. II, p. 179, et auctor *Knitlinga Sagæ*, p. 182, 206, verum etiam Albericus, t. II, p. 260. Dluglossus et ex eo Cromerus et Messenius Suentoslavam eam haud adeo recte nominant, nisi probare velis, illam in patria Polonia binominem fuisse. Quod autem Richiza dicta fuerit, etiam inde liquet, quod ab ea alteri filiarum Sophiæ et Waldemari I nomen Richizæ inditum sit. Nec illud nomen ante in Polonia incognitum erat, in Richeza Poloniæ regina, Mizechonis II uxore, vid. Mabill. *Act. SS. Bened.*, t. IX, p. 676, 682. Fuit Richiza, mater Sophiæ nostræ, filia Boleslai III Poloniæ ducis, quem Saxo

TEXTUS CODICIS HAFNIENSIS.   A   TEXTUS EDITIONIS ERNSTII.

De beato martyre Kanuto rege Danorum sanctissimo.

Iste Kanutus rex Danorum et martyr innocens, a nocentibus pro justitia occisus, in ecclesia Otheniensi requiescit. Qui quanti sit meriti apud Dominum, miracula crebra usque hodie testantur. Hic, dum vixit, filiam Roberti comitis Flandriæ, cognomento Frisonis, nomine Adelam, uxorem habuit; de qua filium, nomine Karolum, postea comitem Flandriæ genuit. Iste Kanutus postquam per martyrium ad regna cœlestia migravit, uxor ejus cum parvulo filio suo Karolo, ad patrem suum in Flandriam reversa est.

De Karolo comite Flandriæ, filio Kanuti martyris.

Karolus autem comes Flandriæ postea factus, et a proditoribus pro justitia interfectus, sine liberis decessit, et gubernacula Flandriæ Theodorico, consobrino suo, reliquit. Qui Theodoricus, comes Flandriæ, genuit Philippum comitem, et Margaretam comitissam Haynonensium; de qua orta est Hysabel regina Francorum, quæ ex hac luce decessit.

His diligenter inspectis, luce clarius constat, nihil pertinere ad cognationem Flandrensium dominam Ingeburgam, Francorum reginam; nec aliquam esse consanguinitatem inter prædictam Hysabel reginam Franciæ et istam dominam. Quia nec illa ex Erici progenie descendit, nec ista a Kanuti posteritate carnis originem sumpsit.

vero frater Erici pater (54) Waldemari, innocens a nocentibus pro justitia occisus, in ecclesia Otheniensi rex et martyr quiescit. Qui quanti apud Deum sit meritis, testantur crebra miracula, quæ ibidem fiunt. Hic Kanutus duxit Adolam uxorem, filiam Roberti, comitis Flandriæ, cognomento Frisonis, ex qua genuit Carolum, postea Flandriæ comitem; quia, interfecto Kanuto, Adala, cum Carolo adhuc parvulo, ad patrem suum est reversa. Carolus postea comes Flandriæ factus, a proditoribus pro justitia interfectus sine liberis decessit. Cui consobrinus suus Theodoricus de Alsatia successit. Hic genuit Philippum postea comitem Flandriæ, et Margaretam comitissam Hannoniæ; de qua orta est Ysabel, quæ nupsit Philippo, regi Franciæ. Fratres vero Ysabel, Balduinus, et Henricus imperatores fuerunt Constantinopolitani.

B

CAP. IX. An. Ch. MCLXXX.

Kanutus, iste filius Waldemari, vir devotus, sororem suam Philippo, regi Franciæ, dedit uxorem. Quam, quia quorumdam perversorum consilio repudiavit, et aliam de Alemannia superduxit, totum regnum Francorum aliquandiu interdicto subjacuit.

(Hactenus textus editionis Ernstii.)

Adduntur in membrana circuli connexi, qui generationes repræsentare debebant: sed male conærentes, nec ad Genealogiæ tenorem satis formati, unde et eas exscribere omisi (55). In circulis istis rudis operis capita humana quædam pingi cœpta sunt, et in ultimo circulo binarum facierum levia vestigia apparent. Circuli vero isti, ad mentem scriptoris ita se habere debent, ut in hoc schemate exhibentur.

O Hic circulus repræsentare debet imaginem Haraldi Blatan

O Hic Svenonis Furcatæ Barbæ

O Hic matris Svenonis Magni

O Hic Svenonis Magni

O Hic Erici Boni   O Hic Sancti Kanuti regis et martyris

O Hic Sancti Kanuti Ducis et Martyris   O Hic Karoli Comitis Flandriæ

O Hic Waldemari regis

O Hic ultimus circulus repræsentare debuit imagines Karuti regis Daniæ et Ingeburgis reginæ Francorum

Ad latus ultimi circuli membrana habet hæc sequentia, quæ in hoc meo apographo commodum locum invenire non potuerant:

Gramm., p. 235. Bogislavum Polonorum præsidem, auctor vero Historiæ Knytling., p. 182, 206, Burislavum Vinda Konning [Slavorum regem] inus recte appellant. Ter nupta fuit Richiza Polona, 1° Magno, Nicolai regis Daniæ filio, Gothorum regi, anno 1134 cæso, cui Canutum V peperit, 2° Valadaro Russorum principi, cui circa vel post 1140 Sophiam reginam, uxorem Waldemari I peperit, 3° Sverkero regi Suecia, an. 1151 occiso, cui Boleslavum, in catastro Waldemari II, utpote Sophiæ

D fratrem memoratum, peperit. Quod Sophia regina in tabula Ringstdiensi et alibi Sverkeri filia dicatur, id de privigna omnino intelligendum. De Richiza lege, quæ prolixe commentatur G. ammius Not. ad Meurs., p. 257, 259, 273, 282, Conf. Eccardi Geneal. Princ. Saxon., p. 654, 629.

(54) *Pater Waldemari*, hæc male interpolata sunt, neque in exemplo Hafniensi exstant. Kanutus

(55) Verba sunt Arnæ Magnæi.   enim

Ii duo subtus una sedentes, Kanutus est rex Danorum pius, potens et gloriosus, et soror ejus venerabilis et devota Francorum regina, nobilis domina Ingeburgis.

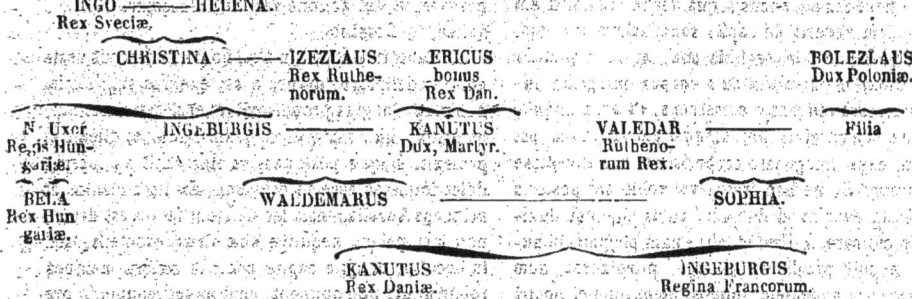

INGO ———— HELENA.
Rex Sveciæ.

CHRISTINA ———— IZEZLAUS ———— ERICUS bonus ———— BOLEZLAUS
    Rex Ruthe-   Rex Dan.   Dux Poloniæ.
    norum.

N. Uxor INGEBURGIS ———— KANUTUS ———— VALEDAR ———— Filia
Regis Hun-   Dux, Martyr.   Ruthenorum Rex.
gariæ.

BELA ———— WALDEMARUS ———— SOPHIA
Rex Hun-
gariæ.

KANUTUS ———— INGEBURGIS
Rex Daniæ.   Regina Francorum.

enim rex minime erat Waldemari pater, sed hujus patris patruus. Quod si observasset Ernstius, adnotationibus suis in hunc locum parcere potuisset

---

REVELATIO RELIQUIARUM
SANCTÆ GENOVEFÆ.

(Opusculum hoc, quod anonymum ex codice Bruxellensi edidit Bollandus in *Actis Sanctorum* (Jan. t. I, die 3, p. 452); in codice ms. quod in bibliotheca regia Paris. asservatur, sic inscribitur : *S. Guillelmi abbatis tractatus de revelatione capitis sanctæ Genovefæ.* — Vide *Hist. litt. de la France*, par des religieux Bénéd., t. XVI, Paris, 1824, in-4°, p. 454.)

1. Anno ab Incarnatione Domini nostri Jesu Christi 1161, regnante piissimo rege Ludovico, regis illustris Francorum Ludovici filio, regale per universam processit edictum, ut apud urbem Parisiensem omnes Ecclesiarum prælati cum proceribus universis, de regni commoditate celebrarent concilium. Die præfixa ad urbem omnes qui vocati fuerant convenerunt, et de honesta regni utilitate secretius tractare cœperunt; et quoniam maligni semper in pejus malignandi studio provocantur, ad damnationis suæ cumulum quidam prorumpentes in medium, religionis et honestatis hostes, ut gladium acutum in sanctos Dei linguas suam armaverunt. Quid ultra? Falsa delatio regales contigit aures, quod videlicet beatissimæ virginis Genovefæ caput in ecclesia nostra non esset. Hujus rei rumoribus animus regis aspersus valde confunditur, et obnubilatur aspectus. Consulitur tam clerus quam populus, communicatoque eorum consilio ad ecclesiam nostram sine dilatione venitur, et ne quidem aliud caput nocte ipsa in capsa, qua venerabile corpus virgineum quiescebat, a fratribus poneretur, regio charactere capsa eadem communitur. Crastina die hora prima inchoante ex regis mandato mittuntur ad ecclesiam nostram venerabiles nostri domini, scilicet Senonensis et Antissiodorensis antistites, venit et Aurelianensis, Manasses dictus, oblivione potius quam memoria dignus, veritatis inimicus, religionis et honestatis promptissimus persecutor, et cum eo populi copiosa multitudo. Tandem de

resecanda capsa inter eos sermo conseritur, et supradictus astutissimus scelerum commutator, ut iniquitatem corde conceptam palliaret virtutis imagine, lacrymis profusioribus inundatus, antiphonam de sanctissima virgine primus incœpit cantare. Nec mora : de loco sancto suo domina nostra deponitur, et amoto regiæ dignitatis charactere capsa reseratur, et sanctissimæ virginis corpus linteaminibus amotis in oculis nostris exponitur. Integrum ergo corpus virgineum oculis diligentius perlustrantes in laude Dei cum inedicibili exsultatione prorupimus, Te Deum laudamus decantantes. Profunduntur uberius lacrymæ populi, prius exitum nostrum exspectantis; sed jam exsultantibus nobis gratulantis.

2. Et quoniam *non est pax impiis, dicit Dominus* (*Isa.* XLVIII, 22), unde justus exsultat et laudat, peccator confunditur et blasphemat. Scriptum quippe est : *Peccator cum venerit in profundum malorum contemnit* (*Prov.* XVIII, 3). Toto igitur malignitatis suæ spiritu debacchatus Aurelianensis pontifex mentitur caput venerandæ virginis esse sublatum, et in dolo nescio cujus vetulæ miserabilis aliud caput esse suppositum. Nec dissimulare valens iniquitatem quam corde conceperat, totus conversus ad fraudem, venit ad regem prædictis præsulibus relictis, ore contumaci garriens, eumdem quem superius cœpit replicare sermonem, et prædictos pontifices, qui caput prædictæ virginis non invenissent, recessisse mentitur iratos. Verumtamen quod

iniquitas more mendacii fabricavit. . . non admisit.

3. Veritatis testis processerat ad populum venerabilis pontifex Senonensis, qualiter in dubitationem quibusdam venerit de capite sanctissimæ virginis, utrumne scilicet in ecclesia sua; et tunc qualiter cum omnibus membris suis corpus integrum inventum esset diligenter edisserens, « Caput, inquit, sanctissimæ virginis hujus, quæ gloria totius est Galliæ, cum integritate corporis sui nos invenisse gloriamur. Et ne hoc ipsum vel vobis aut posteris aliquando eveniat ad dubium, vobis dignum duximus prædicare. » Hæc et alia quam plurima in auribus populi prædictus præsul prædixerat quæ nimiam et impudentem animositatem inimici nostri comprimere potuissent, si datum desuper esset. Sed quoniam tunc hora erat et potestas tenebrarum, ut inveniretur iniquitas ejus ad odium; modis quibuscunque poterat animum regis inducere adversum nos conabatur in malum, et cum nec ratione opus jam esset aut consilio, quippe jam enim turbata fuerat adversum nos regia celsitudo; subiit in mentem ut mitteretur post sæpe dictos pontifices, quatenus eorum testimonio approbata postmodum in oculis regis veritas eluceret. Mittuntur itaque Milidunum cum magna festinatione quidam de fratribus; in auribus venerabilium Patrum prædictorum detestandam perversitatem Aurelianensis exponunt, et ut rei veritatem regiæ clementiæ per litterarum suarum apices non recusent agnoscere, diligenter exponuntur. Igitur viri pacis et veritatis amatores fratrum nostrorum precibus inclinati, justis supplicationibus eorum benigne impertientes assensum, regiæ sublimitati mandantes rei veritatem in hunc modum rescripserunt.

4. Ex mandato regiæ serenitatis ad ecclesiam sanctæ virginis Genovefæ convenimus, et capsam in qua eadem virgo quiescit, in præsentia nostra fecimus reserari, et ejus interiora diligentius oculis ac manibus perlustrantes, corpus sanctissimum cum capite suo et omnibus membris integrum et. . . . indubitanter invenimus. Hoc ergo invento in laudem Dei cum magna exsultatione prorupimus, et populo circumstanti sine mora curavimus prædicare. Hoc vobis, nec alia Domino nostro mandamus. Ecce per

litteras secundo vobis significamus, ut malignorum hominum, quibus est studium quæ bona sunt depravare, ut obtractione veritas obfuscetur. . . . . valete, in Domino.

5. Tantorum virorum testimonio mitissimus regis animus delinitus, omnes a se tenebras supradictæ dubietatis longius propulsavit, et ecclesiam nostram, ut prius, imo instantius quam prius, et dilexit et protexit. Itaque postquam veritas venit ad lucem, dolet impietas esse se delusam. Ex tunc etenim et deinceps Aurelianensis leo de leone factus est draco, non jam palam nequitiæ suæ virus evomens, sed in occulto; et quia capite contrito cætera membra robur ullum non obtinent, cum molas leonum in ore ipsorum converterit Dominus, complices sui, ministri confusionis, filii perditionis, inimici nostri confusi sunt, quia Deus sprevit eos. Nos ergo quia de potestate eruti sumus et laqueo venantium, dicamus omnes, contemus singuli : *Laqueus contritus est, et nos liberati sumus (Psal. cxxiii.)*

6. Revelata est autem Domina nostra anno incarnati Verbi millesimo centesimo sexagesimo primo, mense Januario, decima mensis in Octavis ejusdem sanctissimæ virginis, et a fratribus est dulciter Deo sæculata. Die vero sequente tertia in locum sanctum suum, unde fuerat deposita, cum hymnis et canticis spiritualibus est elevata. Nos in tanti gaudii memoriam dolorem prius habitum subsequ utis, communicato fratrum nostrorum consilio ac sensu communiter impertito, diem eamdem nobis et posteris nostris constituimus, celebriter venerari, ita ut devotionem et omnem observantiam die festo nativitatis exhibitam hæc solemnitas nihilominus unquam obtineat. Ut autem singulis annis hujus actionis textus eodem die legatur, curavimus providere, ut et justus habeat unde lætetur, et conscientia peccatoris inveniat quo pungatur, quatenus et benevolis sit gratia benedictionis, malevolis autem et his qui oderunt pacem lapis offensionis et petra scandali.

In octava Joannis Evangelistæ est festum celebre Genovefæ : In crastino Simonis et Judæ translatio in crastino Catharinæ Excellentia, quæ dicitur Festum miraculorum ejus.

FRAGMENTUM

Instrumenti quo S. Willelmus anniversarium fundat Absalonis archiepiscopi Lundensis, anno 1201 mortui.

(Scrip. Rer. Dan., VI, 79, ex ms. Bartholiniano B sive T 2, post incendium Hauniense 1.)

. . . . . . tus ejusdem ecclesiæ prius in maris periculo versabatur, placuit ei, ut id in claustrum alibi transferretur ubi nunc est, quod a Latinis de nomine Paracleto appellatur, a Danis laicis Eshleholt. Ne vero nimis gravaremur, si terras, quas possidebat ecclesia, a nobis longius remanerent,

pro terra , quam habebat in Gudenso (56) ecclesia,
et illa , quæ nostra erat in Julighe (57) retento nobis molendino , et etiam, quam in Synderby possidebat , cum illa de Frideslovæ, et illa de Gere-
torpp (58), cum illa de Hals et illa de Tyereby (59)
videlicet dimidium Boll, et illa quæ erat in Valby (60)
versus Roskildim , terras suas proprias , videlicet
Frideslovæ, Thærby, Nædeveth cum sua piscatione,
quæ singulariter ipsius est , et hæc quidem nemo-
rosæ sunt. Nec illud est prætermittendum , quod
per triginta sex annos, quia de beneficiis suis quantum videlicet haberemus est in lucem producen-

dum. Omnes igitur agnoverint, quicunque scire voluerint, quod in aliquo prædictorum annorum de
argento suo habuimus viginti marcas argenti , in
uno aliquando octo marcas argenti, in alio sex , in
quodam quatuor , in aliquo duodecim , in aliquo
sexdecim, nec fuit annus de prædictis quin ad minus sex marcas reciperemus , excepto uno , sicut
meminimus. Omni igitur anno in anniversaria
ejus (61) die duodecim pauperes pascendos statuimus in pane et cervisia et carne vel piscibus , ut
ejus anima in futura vita cum Domino locum beatorum obtineat. Amen.

(56) Hodie *Gundsoemagle* in præfectura Roskildensi et territorio Somme.
(57) Hodie *Jyllinge* in eadem præfectura.
(58) Hodie *Gierdrup*, ibidem.
(59) Forte *Tiereby*, ibidem.
(60) Forte *Valdbybille*, sive parva, ibidem.

(61) Absalonis archiepiscopi nempe , qui omnia
supradicta monachis in Eskilsoe dedit ; et cum Absalon mortuus est 1201 , et per 56 annos beneficia
sua iis erogavit , a tempore videlicet adventus S.
Wilhelmi in Daniam , inde sequitur , Wilhelmum
anno 1165 in Daniam venisse.

S. WILLELMI ET VARIORUM
DIPLOMATA

Ad ecclesiam et monasterium S. Thomæ de Paraclito et cœnobium SS. Thomæ et Wilhelm.
in Ebbelholt pertinentia.

Hæcce diplomata transscripta sunt ex codice vetusto membranaceo, quem olim possidebat Otto comes
de Rantzau, quemque postea inter alios bibliothecæ Universitatis Hauniensis dono dedit Christianus comes de Rantzau. Pars hujus codicis exscripta etiam est; privilegia nempe , manu Arnæ Magnæi in Bartholinianorum ms., tom. B vel I, olim ante incendium Hauniense 2, et reperitur ibi a p. 533 ad 593. Visum
est mihi etiam hæc diplomata adjicere, quia ad monasterium pertinent, cujus fundator et primus abbas
fuit S. Wilhelmus. Integer codex, tam privilegiorum quam donationum, exscriptus est a Langebekio
anno 1736, cujus ad fidem editionem hanc damus, cum codex ipse, licet anxie quæsitus, adhuc non inventus est. Nonnulla diplomata etiam addita sunt aliunde sumpta , ex Raynaldo , Stephano Tornacensi,
etc. (62).

I (63). [1171.]

*Absalon episc. Roskild. ecclesiam Beati Thomæ de
Eskilso in suam protectionem suscipit, eidem possessiones suas confirmat, et plura beneficia ac privilegia confert.*

ABSALON Dei gratia sanctæ Roskildensis Ecclesiæ
episcopus, charissimo filio WILHELMO abbati Sancti
Thomæ de Eskilso, ejusque fratribus tam præsentibus quam futuris, salutem et paternam benedictionem.

Diu provulgatum est per os Isaiæ dicentis : *Ponam
flumina in insulas, et stagna arefaciam. Et ducam
cæcos in viam, quam nesciunt, et in semitis, quas
ignoraverunt, ambulare eos faciam (Isai. XLII).* Hæc
autem promissio jugiter in Ecclesia Dei adimpletur,
dum et hi, qui diu in tenebris et umbra mortis sederunt, illustrati lumine supernæ claritatis ad viam

redeunt veritatis, et in illam Ecclesiam *gens sancta
populus acquisitionis (I Petr. II)* ad divinum famulatum inducitur, in qua quidam habitum religionis
assumentes, sed virtutem religionis non amantes
sua turpi conversatione vituperantes ministerium
clericorum videbantur antea conversari. Hoc nimirum ex divina miseratione in ecclesia Beati Thomæ
de Eskilso accidisse videmus, in qua cum inhoneste satis olim et enormiter quidam canonici mo-
rarentur, per studium tamen et industriam nostram,
vos estis ad divina dependenda obsequia introducti, et ecclesia ipsa superno rore perfusa plantatio-
nem fidelem et germen Deo gratum accepit, quæ
antea spinas et tribulos peccati exigentibus proferebat. Unde quoniam nostris temporibus hoc accidisse videmus, Domino omnium Conditori gratias
exsolventes, quæ religiose instituta videmus, invio-

(62) Hæc tantum damus quæ ætatem S. Wilhelmi
non superant. EDIT. PATR.
(63) Bartholin., Annal. ms. ad an. 1171. « Ex his.
Absalonis litteris concludi probabiliter potest, S.

Wilhelmum cum fratribus hoc anno adhuc in Eskilso fuisse, qui ad Paraclitum (S. Ebelholt) translati tempore inter hunc annum et 1178. »

lata in suo statu volumus immobiliter conservari, et prædictam ecclesiam cum tota insula in qua sita est sub Dei et nostra protectione suscipimus, et præsentis scripti patrocinio roboramus. In primis statuentes, ut ordo canonicus, qui secundum Dei et beati Augustini Regulam, et institutionem et observantiam fratrum Sancti Victoris Parisiensis ibi institutus esse dignoscitur, perpetuis ibidem temporibus inviolabiliter observetur.

Præterea quascunque possessiones, quæcunque bona eadem Ecclesia juste et canonice impræsentiarum possidet, aut in futurum concessione pontificum, largitione regum vel principum, oblatione fidelium, seu aliis justis modis, Deo propitio, poterit adipisci, firma tibi tuisque successoribus in perpetuum et illibata permaneant. Ex quibus quædam propriis nominibus duximus exprimenda :

Villam de Terby cum omni possessione sua, et ecclesiam ejusdem villæ quam pro salute animæ nostræ liberam et absolutam ab omni inquietatione et exactione omnium successorum nostrorum vobis in beneficium contulimus, agros et silvas ejusdem villæ, vel quæ prius habebatis, vel quæ pro cambio terræ de Hals inibi de manu nostra postmodum suscepistis. Tertiam quoque decimæ partem quæ nobis in eadem tota parochia cedebat habenda, vobis habendam et ad horreum vestrum intra ipsam parochiam situm, ab omnibus, qui terras ejusdem parochiæ colunt, deducendam propriis suis curribus præsenti pagina confirmamus. Ad prædictæ vero villæ Ecclesiæ officium persolvendum, semper quem malueritis de fratribus vestris inibi substituetis, et eum, cum vobis placuerit, pro quacunque necessitate et utilitate ad claustrum vestrum revocare licebit, dum tamen Ecclesia ipsa servitium suum debabere non possit. Si vero forte contigerit, ut ejusdem ecclesiæ servitium non per canonicum vestrum, sed per alium sacerdotem magis expleri velitis, in nostro nihilominus arbitrio volumus contineri; quod si forte vel nobis vel alicui nostrorum successorum necessitas ingruerit, ut alia ecclesia vicina debeat construi, quia quibusdam eadem parochia videri potest nimis in longum extendi, nec nobis nec alicui successorum nostrorum aliquid decimarum prædictæ ecclesiæ vestræ ultra quartam partem subtrahere et novæ ecclesiæ assignare licebit. Terram quæ est apud Hathælosæ, tam in agris quam in pratis; mansionem quam apud Juleghe habetis cum agris et pratis et molendino prope posito, et ecclesiam ejusdem villæ, cum decimis et oblationibus ad eamdem ecclesiam pertinentibus quam nihilominus tenore supradicto in perpetuum vobis habendam contulimus. Tertiam quoque decimæ partem, quæ in eadem parochia nobis cedebat habenda vobis habendam, et ad horreum vestrum intra ipsam parochiam situm ab omnibus qui terras ejusdem parochiæ colunt deducendam propriis suis curribus præsenti pagina confirmamus. Mansionem quam apud Guthenso habetis,

cum agris et pratis ad eamdem mansionem pertinentibus. Tertiam quoque partem decimæ, quæ in tota parochia eadem nobis cedebat habenda, vobis habendam et ad horreum vestrum intra ipsam parochiam situm ab omnibus qui terras ejusdem parochiæ colunt, deducendam propriis suis curribus præsenti pagina confirmamus. Tertiam quoque partem decimæ quæ in tota parochia Kyrkethorp quæ nobis cedebat habenda, vobis habendam et ad horreum vestrum intra ipsam parochiam situm ab omnibus qui terras ejusdem parochiæ colunt deducendam propriis suis curribus præsenti pagina confirmamus. Mansionem quam apud Gærethorp habetis, cum agris et pratis ejusdem mansionis; mansionem quam apud Synderby habetis cum agris et pratis et ea parte quam in silva ejusdem villæ hactenus habuistis; terram quæ est apud Thureslovæ, terram quæ est in Aranachæ. Obeunte vero te, nunc ejusdem loci abbate, vel tuorum quolibet successorum, nullus ibi qualibet subreptionis astutia seu violentia præponatur, nisi quem fratres communi consensu vel fratrum pars sanioris consilii secundum Dei timorem et beati Augustini Regulam providerint eligendum. Statuimus quoque et interdicimus, ut nulli de canonicis vestris post professionem in monasterio vestro factam liceat ad aliud claustrum transire; susceptum vero sine licentia vestra nullus audeat retinere.

Decrevimus ergo, ut nulli hominum omnino liceat eamdem ecclesiam temere perturbare aut ejus possessiones auferre, aut ablatas retinere, seu aliquibus vexationibus fatigare; sed omnia integra conserventur eorum pro quorum gubernatione ac sustentatione concessa sunt, usibus omnimodis profutura. Si quæ igitur in futurum ecclesiastica sæcularisve persona, hanc nostræ constitutionis paginam sciens, temere contraire tentaverit, secundo tertiove commonita, nisi præsumptionem suam satisfactione congrua emendaverit, potestatis honorisve sui dignitate careat, reamque se divino judicio existere de perpetrata iniquitate cognoscat et a sacratissimo corpore et sanguine Dei Redemptoris nostri Jesu Christi aliena fiat atque anathematizata, in extremo examine districtæ ultioni subjaceat. Amen.

Ego Absalon Roskildensis episcopus subscripsi, anno Domini millesimo, centesimo, septuagesimo primo.

Datum per manus Absalonis episcopi Roskildensis.

Ego Walterius capellanus ss.

II. [Inter 1171 et 1178.]

Absalon episcopus Roskildensis confirmat Wilhelmo abbati S. Thomæ de Paraclito et ejusdem ecclesiæ fratribus ea, quæ cambio aut donatione ab ipso obtinuerunt.

ABSALON Dei gratia Roskildensis-Ecclesiæ episcopus, omnibus in Christo fidelibus tam posteris quam præsentibus in perpetuum.

Officii nostri non hortatur auctoritas, ut in his, quæ religiosorum deposcit utilitas, segnes non inveniamur aut desides, sed prompti, sed devoti, sed alacres. Sic enim poterimus Deo gratum exhibere nostræ servitutis obsequium, si nostrum invenerit paratum in sua necessitate suffragium. Noverint itaque tam futuri quam præsentes, venerabilis et charissimi filii nostri Wilhelmi abbatis Sancti Thomæ de Paraclito, et ejusdem ecclesiæ fratrum nos ita precibus inclinatos, ut ea, quæ justo cambio aut spontanea donatione a nobis obtinuerunt, speciali privilegio muniremus. Quia igitur super hoc facto nolumus nec prædictam ecclesiam vel fratres ejusdem ecclesiæ pravorum hominum incursibus vel aliquibus calumniis aliquando fatigari, ea præsenti paginæ commendari curavimus. Pro tota villa Næveth cum silva, pratis, et agris, et piscationibus ejus et Clonæ; pro Therby et Fretersloff cum silva, pratis et agris earum diversis in locis multas terras suscepimus. Pro tertia parte decimarum quam in quatuor ecclesiis Thorstenstorp, Akætorp, Kyrkætorp et Guthenso, quam prius habuerant, in aliis quatuor ecclesiis Crækym scilicet, Helsinghe, Annessæ et Alsæntorp (64) incompensavimus. Duas vero ecclesias de Therby et Fretersloff earum decimis pro animæ nostræ remedio eis contulimus. Possessiones vero eorum, ne quis decimas de his, quas propriis laboribus ac sumptibus excolunt, exigere, aut colonos eorum propter ipsos fratres pro nostra justitia perturbari præsumat, libertati donavimus. Quicunque hanc paginam irritare attentaverit....

III. [Circa 1175.]
Confirmatio Alexandri.

ALEXANDER episcopus, servus servorum Dei, dilectis filiis Wilhelmo abbati ecclesiæ Sancti Thomæ de Paraclito ejusque fratribus tam præsentibus quam futuris, regularem vitam professis, in perpetuum.

Ad hoc universalis Ecclesiæ cura nobis a provisore omnium bonorum Deo, commissa est, etc. *Exstat Patrologiæ t. CC., col. 1039, in Alexandro III*

IV. [1178.]
Wilhelmus abbas sub excommunicationis sententia prohibet, ne Eskilso a monasterio B. Thomæ de Paraclito vel vendatur vel commutetur. Sine data. Bartholinus refert ad an. 1178.

Ad omnium spectat prælatorum officium, ut subjectis non solum cœlestis patriæ appetenda gaudia nuntient, verum etiam eisdem providere commoda temporalis vitæ procurent; ne, si horum altero careant, in prælatis divina severitas negligentiæ redarguat culpam. Ego igitur Wilhelmus, Dei gratia dictus abbas, præcavens hominum iniquorum insidias, et luporum morsus a caulis ovium volens arcere; sic nolo rebus exterioribus operam dare, quatenus a divinis officiis nulla temporalium sollicitudo mentes

eorum possit avertere. Itaque providens et bona præponderans, quæ nobis gratia divina contulerit, ad Eskilli insulam aciem oculorum nostrorum infleximus; et tam in perceptione fructuum arborum, quam animalium in ejus pascuis alendorum, eam agnovimus esse perutilem. Communi igitur fratrum nostrorum consilio atque consensu, eam nobis, sine omni commutatione terrarum, perpetuo censuimus esse retinendam. Et qui ab hac constitutione dissentiret, et eam infringere vellet, se cognosceret omnium sacerdotum, qui tunc præsentes aduerunt, ore, anathematis vinculis innodatum. Fiat, fiat! Amen, amen.

V. [Circa 1178.]
Wilhelmi abbatis confirmatio compositionis inter monasteria Ebelholt et Esrom de decimis quibusdam ac aliis rebus controversis. Sine data. Suspicor esse de anno 1178 vel circiter.

WIHLELMUS Dei gratia Beati Thomæ de Paraclito minister indignus, omnibus ad quos hæ litteræ venerint, salutem.

Quanto sacrosanctæ religionis cultus dignius in decore virtutum meritorum prærogativa sustollitur, tanto amplius charitatis inimicus, oppugnator justitiæ, discordiæ fomes, vitiorum incentor, filius perditionis diabolus, a sacris ovium caulis excluditur. Nobis igitur qui, licet indigni, locum regiminis sortiti sumus in Ecclesia Dei, diligentius est attendendum ut grex Dominicus, nobis commissus, verbis et exemplis nostris proficiens, ad meliora semper exsurgat, et pacis tranquillitate congaudeat: ne, si forte supplicium cordi discordiæ venenum inficiat, machina virtutum tota succumbat, et dum honestorum morum gratiam devenustet, vituperetur ministerium nostrum apud Christianæ fidei professores. Proinde, ut inter nos et venerabiles fratres nostros de Esrom pax et dilectio conservetur illæsa, ad omnium volumus pervenire notitiam, quod, omni jam cessante discordia, quæ, peccatis intervenientibus, inter nos et ipsos videbatur exorta, pro quibusdam decimis parochialis ecclesiæ de Tyereby, quas in usus suos, in damnum nostrum, converterant: et subreptione cujusdam canonici nostri, quem ad ordinem suum, contra tenorem privilegii domini papæ, susceperant: et pro via quadam, quæ ducit ad Sponholt itineri nostro conclusa; pax et concordia regnat, hac interposita conditione, quod de cætero in parochia prædicta terram nisi per colonos possidendam non acquirant; fratres nostros non sine communium litterarum cautione recipiant; viam de Towekop ad Sponholt in territorio grangiæ suæ congruam et commodam nobis præstabunt. Pro decima terrarum, quas modo possident in parochia de Tyereby, scilicet in Sponholt, et in Skwroth, et in Stry, et in Towekopp, nobis a domino archiepiscopo Absalone, decimam in Lutztorpp, quæ ad eumdem pertinebat episcopum, habendam in perpetuum obtinuerunt. Ut autem hæc nullis tergiversationibus in posterum valeant infirmari, utriusque partis assensu, nostræ videlicet et ipsorum, sigilli nostri impressione, et nominis nostri charactere fecimus consignari, fratrum nostrorum subter nominibus adnotatis.

Ego Wilhelmus abbas Sancti Thomæ de Paraclito.

Ego Hesbertus prior.

Ego Ricardus subprior.

. . . .

Reliqua nomina desunt; nam membranæ hic folium deest.

VI. [Circa 1178 (65).]

Absalon archiepiscopus Lundensis fratribus ecclesiæ B. Thomæ de Paraclito omnes possessiones eorum confirmat. Sine data. Bartholinus refert ad an. 1178.

ABSALON Dei gratia sanctæ Lundensis Ecclesiæ archiepiscopus, Daciæ et Sveciæ primas, omnibus in Christo fidelibus tam posteris quam præsentibus, in perpetuum.

Ad hoc divina providentia alios aliis disposuit in Ecclesia præferendos, ut quos pietas non invitaret ad præmia, judicialis censura severius præcelleret vel invitos. Inde est quod et nos, licet indignos, Dominus in episcopali cathedra sublimavit, quatenus et viros religiosos paterno diligamus affectu, et rerum promoveamus effectu, et incredulos et subversores et pauperum oppressores si non verbo valeamus corrigere, vel exemplo ecclesiastico condemnemus judicio, ut traditi Satanæ in interitum carnis, tandem resipiscant a laqueo diaboli, et spiritus salvus fiat in die Domini. Quoniam igitur fratres religiosos in ecclesia Beati Thomæ de Paraclito divinis cognoscimus officiis mancipari, patrocinium gratiæ nostræ cum indiguerint et expetierint, eisdem fratribus volumus suffragari, ne vel eos eorum bona contingat aliquatenus sinistris incursibus impugnari, ordinem quoque qui nostro studio et labore secundum Deum et beati Augustini Regulam, et institutionem fratrum Sancti Victoris Parisiensis inibi dignoscitur institutus in eadem ecclesia perpetuis temporibus, inviolabiliter observari nec aliquatenus immutari decrevimus. Prædictam itaque ecclesiam cum omnibus bonis suis sub nostra protectione suscipimus et præsenti pagina sigilli nostri impressione signata perpetuo communiri mandamus, subter adnotatis possessionum ecclesiæ prædictæ nominibus.

Eschilli insulam in qua prius mansisse noscuntur, cum ecclesia quæ in eadem continetur, quam insulam cum eadem ecclesia ad claustrum de Paraclito utpote membrum illius loci pertinere decrevimus; ecclesiam de Julighe cum terra et decima ad eam pertinentem; mansionem quoque in eadem villa ad locum eumdem pertinentem cum omnibus appendenciis suis, et molendinum juxta Værebro situm. Ecclesiam de Thæræby et mansionem inibi

sitam cum agris, pratis et silvis; mansionem in Wlueroth cum agris pratis et silvis; mansionem in Hathelosæ cum agris, et pratis et silvis; villam totam quæ Næueth appellatur cum terra tota et pratis et silvis, sine omni reclamatione et calumnia, et piscationibus Clonæ et aliis, quas cum cæteris hominibus communes habent. Curiam in civitate Roskildensi cum domibus et porpricio suo. Tertiam partem decimarum in ecclesiis Anessæ, Hælsinghe, Crækhom, Alsentorp, et totam decimam in ecclesia de Thærby, quam partim pro servitio ejusdem ecclesiæ prædicti fratres possident, partim a nobis habent, partim a parochianis, pro hujusmodi ecclesia in servitio suo expetit, exceptis in reficiendis campanis et parietibus ipsius ecclesiæ, si forte ceciderint, in beneficiis sunt assecuti. Villam quæ Fretbersloff appellatur cum agris, et silvis et pratis et molendinis, et ecclesiam ejusdem villæ cum decimis suis. Ut autem hæc pagina nostræ constitutionis integra rataque permaneat, ne vel per calumniam vel cujuslibet subreptionis astutiam aliquatenus infirmetur, decrevimus ut quisquis eam infringere tentaverit, sive sit ecclesiastica sæcularisve persona, excommunicationis vinculis innodetur, et corpore et sanguine Dei ac Redemptoris nostri in extrema examinatione privetur, si non tantæ temeritatis excessus fuerit condigna satisfactione correctus.

VII. [Circa 1178 (66).]

WALBERTUS Dei gratia abbas de Esrom, omnibus ad quos litteræ istæ pervenerint, salutem.

Quantum sit bonum viris timentibus Deum, vinculis pacis astringi, casus angelorum insinuat, qui cum potuissent concorditer vivere, perpetua felicitate donati, a summo bono facti discordes, ceciderunt elati. Casus autem majorum cautela debet esse minorum. Ne igitur in ejusdem malitiæ voragine similes nos forma concludere fratres ac proximos nostros de Paraclito; quos aliquando, quibusdam ex causis, percepimus adversum nos discordiæ felle commotos, omni jam cessante querela, amoris erga nos legibus implicatos, amamus et gaudemus esse benevolos. Nos vero, pro bono concordiæ reformando, pacis fœdere colligati, nihil eis proponendum adversum nos relinquimus in querelis, tenore præsentium præsentibus duximus adnotari : Decima quæ dominum archiepiscopum in Lunztorp contingebat, ipsius episcopi concessione et dono pro decimis grangiarum nostrarum, quas in parochia de Tyceræby per fratres nostros aramus, videlicet in Swenstorp, Skwroth, Sponholt et Thoækopp, terrarum quatuor solidorum, eis in perpetuum possidenda relinquitur. Canonicos eorum, sine communium litterarum cautione nobis nec recipere, nec retinere licebit. Parochiam eorum ac terras nisi per colonos suos possidendas, nullatenus nos intrare spopondimus. Viam de Towekopp ad Sponholt in

---

(65) Ita *Annal.* Barthol. vel paulo post.

(66) Vel post.

territorio grangiæ nostræ congruam et omnimodam A
eis aperiemus. Ut autem hæc omnia integra et illibata permaneant, sigilli nostri impressione præsentem paginam duximus roborandam, et nostra et fratrum nostrorum, *adde* manibus consignandam.

Ego frater Walbertus abbas de Esrom.

Ego frater Torbernus, prior.

Ego frater Helgo, subprior.

Ego frater Petrus, cellerarius.

Ego frater Petrus.

Ego frater Ebbo.

Ego frater Jocep.

VIII. [1178.]

Confirmatio Alexandri papæ.

ALEXANDER episcopus, servus servorum Dei, dilectis filiis WILHELMO abbati Beati Thomæ de Paraclito B
ejusque fratribus tam præsentibus quam futuris
regularem vitam professis, in perpetuum.

Piæ postulatio voluntatis, etc. *Vide in Alexandro III, sub numero* 1561, *Patrol. t. CC.*

IX. [1179.]

Super molam et silvam apud Græsæ.

Anno Domini 1179 contulit nobis libera voluntate discretus vir Tosthæ, inhabitans Græsæ, molam cum particula silvæ in oriente juxta Græsæ si-
tuatam propter divisiones et contumelias antea Patri
nostro Wilhelmo per eum factas.

X. [Circa 1184.]

Stephanus de S. Genovefa ad Guillelmum abbatem C
de Paraclito. — Plumbum ab eo expetit.

Venerabili fratri et amico Guillelmo, abbati de
Paraclito, Stephanus de Sancta Genovefa, seniori
consenescens, in plenitudine dierum plenitudinem
gaudiorum.

Laudamus veteres, nostris tamen utimur annis, etc. *Vide Patrol. t. CCXI, in Stephano Tornac.,
epist.* 148.

XI. [1185, 28 Junii.]

Omnibus præsens scriptum cernentibus, GRIMOL-
PIUS Wlffsson, salutem in Domino.

Notum facio per præsentes natis et nascituris, me
viris discretis et religiosis abbati Vilhelmo totique
conventui monasterii Sancti Thomæ de Paraclito in
Ebbleholt bona mea in Mynghe sita, videlicet unam D
mansionem cum totis pertinentiis suis prope vel re-
mote positis, nullis exceptis, in remedium et salutem animæ meæ et meorum progenitorum integraliter condonasse jure perpetuo possidenda, tali cum
conditione, ut dicti domini annuatim missam cum
vigiliis mihi et meis parentibus deifice persolvant,
et post mortem liberam habebo ibidem sepulturam.
In cujus rei testimonium et firmiorem cautelam sigillum meum præsentibus est appensum.

Datum Mynghe anno ab Incarnatione Domini 1185,
Vigilia apostolorum Petri et Pauli.

Pensio de Mynghe v, *pund annonæ.*

(67) Corrige *utrique.*

(68) Lege *quia.*

XII. [Circa 1193.]

Confirmatio Cælestini papæ.

CŒLESTINUS episcopus, servus servorum Dei, dilectis filiis WILHELMO abbati ecclesiæ Sancti Thomæ
de Paraclito, ejusque fratribus tam præsentibus
quam futuris regularem vitam professis, in perpetuum.

Ad hoc universalis Ecclesiæ cura nobis a provisore omnium bonorum Deo commissa est, etc.
*Vide Patrol. t. CCVI, in Cælestino III, sub
num.* 206.

XIII.

*Kanuti regis confirmatio compositionis inter canoni-
cos de Paraclito et colonos regios de piscatione
Clonæ per Andream cancellarium et alios factæ.
[Bartholinus in Annalibus msc. refert ad an.
1193.]*

KANUTUS Dei gratia Danorum Slavorumque rex,
omnibus fidelibus, tam præsentibus quam futuris,
in perpetuum.

Ad hæc in populis divina nobis clementia contulit
principatum, ut quidquid fuerit in eis, diabolo suadente, discordiæ per errorem inductum, per studium nostrum sit, falce judicii mediante, purgatum.
Sic enim Deo gratum et debitum persolvemus obsequium, et coronæ regali proveniet bonorum excellentior gloria meritorum. Scimus enim, nec diffiteri
valemus, quod quanto sacrosanctæ religionis cultus
dignius in decorem virtutum, meritorum prærogativa substollimur, tanto amplius charitatis inimicus,
oppugnator justitiæ, discordiæ fomes, vitiorum incentor, filius perditionis diabolus, a sacris ovium
caulis excluditur. Nobis igitur, ut prædiximus, qui
gubernacula regni suscepimus, diligentius est attendendum ut grex Dominicus, claustrali disciplinæ
subjectus, sub nostra protectione ad meliora semper exsurgat, et pacis tranquillitate congaudeat; ne,
si forte simplicium corda discordiæ venenum inficiat, machina virtutum tota succumbat, et dum honestorum morum gratiam devenustet, eorum ministerium promat apud Christianæ fidei professores.
Proinde, quoniam abbas Sancti Thomæ de Paraclito et ejusdem ecclesiæ fratres, et coloni nostri,
pro quadam piscatione, quæ Clonæ appellatur, quam
utique (67) suam esse dicebant, erant discordes, ad
nostram præsentiam convenerunt, et utraque pars
querelam suam acriter deposuerunt. Nostri siquidem dicebant, se non mediocrem passos esse injuriam, quod (68) prædicti fratres pisces, quos cepe-
rant, vi cum rapina sustulerant. Econtra fratres
dicebant, quoniam eosdem pisces jure posséderant,
affirmantes, quod aqua, ex qua extracti fuerant, ad
jus ecclesiæ pertinebat. Quia igitur hujus rei plenam non poteramus habere notitiam, eorum volentes dirimere litem, cancellarium nostrum A (69) Sancti Lucii præpositum, et fratrem ejus Ebbonem,
cum Torberno fideli nostro, ad inquirendam veritatem, a latere nostro transmisimus, et compositio-

(69) **Andreas Sunonis,** præpositus Roskildensis.

nem, quam inter utrosque fecerunt, gratam (70) et illibatam in futurum existere, regia auctoritate præcipimus.

Compositio autem talis est, si voluerit villicus noster, cum suis in eam aquam, quam fratres suo juri vindicant, et quam ab archiepiscopo in cambitione terrarum habuerunt, piscari, licebit eis; ita tamen, quod de captura, quæ eis proveniat, fratres claustrales sortem, quæ unicuilibet continget, obtinebunt. Quod si claustrales in aquam, quam dicunt esse nostram, piscari voluerint, hoc etiam eis, sine contradictione licebit : et nostri partem, quæ contingit alicui ex eis, similiter obtinebunt. A loco autem illo, qui Danice Yadehr vocatur, usque ad sepes, nec ipsi claustrales in nostram, nec nostri in suam partem intrabunt, sine utriusque partis licentia. Quod ne valeat oblivioni deleri, nominis nostri charactere et sigilli nostri impressione præsentem paginam fecimus communiri : testium nominibus, qui adfuerunt, subtus adnotatis : dominus A. cancellarius et Ebbo frater ejus. Nicolaus præpositus. Torkernus fidelis noster. Thurgotus sacerdos de Stro. Swnnæ de Wlveroth. Awti villicus de Ramlosæ, et plures alii.

XIV. [circa 1196.]

Institutio domini abbatis Wilhelmi super anniversaria die ejus, quomodo sit agenda post obitum ejus.

Sicut in consiliis dandis rebusque tractandis, pravorum hominum semper est præcavenda et reprimenda perversitas, sic, illis datis, rebusque dispositis, approbandum est et observandum, quidquid cum justitia majorum disponit auctoritas. Neque enim melius peccatorum cornua confringentur, quam si ea, quæ seniores cum benevolentia et reverentia Dei statuerint, integritatis libertate congaudeant, et perpetuitatis radice firmentur. Ego igitur Wilhelmus Dei gratia dictus abbas Beati Thomæ de Paraclito, ad omnium volo venire notitiam, quod corde tractavi, et opere devotus explevi. Cernens enim quod a quiete et contemplationis nonnunquam degustata dulcedine me frequentius separat curæ pastoralis officium, et sæcularibus me cogit interesse negotiis, studiis spiritualibus intermissis, dignum duxi aliquod mihi providere remedium, quo me fraterna charitas, vitæ meæ diebus excursis, obtineat precibus, angelorum interesse consortiis. Ut igitur singulis annis, obitus mei die, festivum mihi per totum exsolvant officium, eodem obitus mei die marcam argenti ad plenam refectionem fratrum in pane triticeo, et piscibus et medone, in duabus ecclesiis, meo labore acquisitis, Tyereby videlicet et Frithersloff, eisdem fratribus assignavi. Duodecim etiam pauperes eodem die in pane et cerevisia et carne, si tempus fuerit, vel piscibus sustentari debebunt. Quoadusque autem supervixero, idem apparatus in obitu domini mei abbatis Sancti Germani Parisiensis post cujus collectam semper patris mei Rodulphi, et matris meæ Emelinæ memoria recoletur; et ambæ collectæ per unum *per Dominum* finientur. Ne vero hujus constitutionis nostræ pagina aliqua calumnia possit vel astutia violari, assensu totius capituli, ad colla sacerdotum dependentibus stolis, excommunicationis sententiam fecimus in publico promulgari. Quicunque igitur hoc decretum infregerit, primo secundove commonitus, si ex integro non satisfecerit, alienus fiat a corpore et sanguine Domini nostri Jesu Christi. Fiat, fiat. Amen.

(71) *Decimæ episcopales in Crækom.*
Pensio de decimis in Crækom vi, *pund annonæ*

XV.

Newlinghe.

Cunctis Christi fidelibus, ad quos præsens scriptum contigerit pervenire, Gwnil Boosdother, salutem in Virginis filio et charitatem.

Notum facio præsentibus et futuris, quod recognosco me viris religiosis canonicis Sancti Wilhelmi de Paraclito omnia bona mea in Newlinghe situata, videlicet unam mansiolam cum totis sibi adjacentibus, videlicet pratis, agris et silvis, nullis demptis, ob remedium et salutem animarum amantissimorum parentum meorum et meæ, consensu et consilio meorum germanorum Petri Boosson et Agghæ Boosson, integraliter condonasse et appropriasse perpetue possidenda. In cujus rei testimonium sigillum fratris mei dilecti Petri Boosson, una cum sigillo Sigmundi Aggæson, præsentibus est appensum.

(70) *Forsan* ratam. Gratam *sæpe pro* ratam, *vel* gratam et ratam *occurrit.*

(71) *In margine scriptum est ad has duas lineas :* Vix adhuc obtinet.

APPENDIX AD S. WILHELMUM.

—

TESTAMENTUM ABSALONIS
ARCHIEPISCOPI LUNDENSIS.
(Langebeck, *scriptores rerum Danicarum*, tom. V, pag. 422.)

—

A celeberrimo doctissimoque viro Otthone Sperlingio editum est hoc testamentum sub titulo : *Testamentum domini Absolonis archiepiscopi Lundensis ex mss. optimis erutum et notis illustratum Otthonis*

Sperlingii, U. J. D. consiliarii regii, et in academia equestri regia Hafniensi historiarum et eloquentiæ profess. publ. Hafniæ, litteris Joh. Jac. Bornheinrichii, anno MDCXCVI octonis. Manuscriptum quo usus est Sperlingius, possedit olim Haraldus Hvitfeldius magnus ille vir, sua historia, quam munere cancellarii, quo functus est, major atque illustrior, facultatemque edendi dedit celeberrimus Joannes Laurentii, Andreæ Velleii pronepos. Exstabat olim manuscriptum chartaceum in bibliotheca publica Hauniensi in. capsa Cypriani ord. 5 in-4°, quod in fatali incendio anni 1728 periit, exscriptum tamen adhuc superest in manuscriptorum Bartholinianorum tomo III vel D, congruitque cum editione Sperlingiana et quoad verba et quoad syllabas. Sperlingianam integram editionem igitur excudi curavimus, retentis et dedicatione et doctissimi viri eruditis notis, diffusioribus uberioribusque licet, ne cui utilia amputasse videamur, et ut iis, qui Sperlingianum opus illibatum legere cupiunt, potestas detur. Ea, quæ adjicere visum est nobis, uncis inclusa sunt, ut a Sperlingianis dignoscantur.

——

Perillustri ac generosissimo domino, Dn. Joanni RANTZOVIO, *duci militiæ præclaro, brigadier alias dicto, et præfecto turmarum equestrium S. R. M. Daniæ Norvegiæ, etc., domino hæreditario in Frydendal, Brammingen, Orslefcloster, Strandoe et Bistrup.; Mæcenati meo nunquam non venerando gratias, vota, salutem.*

Quod tuum est, ad te merito, domine perillustris, redire debet : tuum sane fecisti, dum suasu tuo nunc edendum hoc qualecunque persuasisti; tuum quinetiam, quod sumptibus tuis et liberalitate summa hæc prodire volueris. Dudum est, quod fatigare prela desierunt, vel calescere, nisi necessariis quibusdam, quæ tempus ingerit et protrudit, non eruditio : et modo typographis distineri necessariis solis liceret, non tot nugæ vel quisquiliæ quaquaversum orbi legendæ venderentur. Mæcenates sane pauci sunt, qui scribentes aut hortentur, aut sublevent; haud enim commentari, vel lucubrationibus indulgere, sumptusque pariter ferre, unius facile hominis esse videmus. In te quod Mæcenates plures revixerint, Mæcenas optime, haud mihi præfatiuncula hac sola dicendum veniet; neque enim tam misere meritus es, ut in laudes tuas e carceribus, ad metas tam breviculas effundi sit opus. Quidquid dicere potero, omnes jam norunt; te militaribus innutritum rebus, iisque spectatissimum, in litteris tamen ita desudare, ut novo rursus exemplo tuo militiam litteris indigere doceas, qui illas artes tam feliciter conjunxisti. Habent hic igitur milites suum Mæcenatem, habent etiam litterati suum, habent omnis ordinis cives, qui virtutibus student, quos, ut en\ergant juvare, quantum potes, desideras non solum, sed ornatos et adjutos se plurimi testantur ac gloriantur. Idem est in domo tua, quæ non academia non videtur esse, in quam nobilissimis liberis tuis ac nepotibus tot morum et eruditionis omnis magistros ac magistras confluere voluisti, ut exercitum non minus domi quam foris habeas. Hinc est, quod nihil abs te exspectari possit, quam quod RANTZOVII *veteres, tui majores, summis anhelarunt votis et strenue præstiterunt, quorum gloriam vel nunc meritis æquasti felicissime, vel superabis aliquando felicius. Deus te servet tuosque, et cui tantas gratias debeam sciant tum vivi, tum posteri, meque*

Tibi, domine perillustris

Humili cultu et obsequio deditum vivere

Dabam Hafniæ, a. d. 50 Junii
   Ann. clɔ Iɔ XCVI.

O. SPERLING..

——

Testamentum, quod pius Pater noster Absolon archiep. ante obitum suum confecit.

Quæ præsenti pagina continentur, ex testamento A legavit et donavit (¹) venerabilis (²) dominus Absolon Lundensis Ecclesiæ archiepiscopus, Sueciæ primas, ad hoc vocatis et præsentibus (³) domino Esberno, fratre suo, et (⁴) domino Gaufrido abbate de Sora, (⁵) et Tochone et Achone præpositis, (⁶) et magistro Johanne (⁷) et Thordone capellano suo, Lundensis Ecclesiæ canonicis, et Anfrido presbytero, et Haquino (⁸) camerario suo, et Paulo et Simone (⁹) pueris suis, et Henrico (¹⁰) converso de Sora, totum videlicet patrimonium suum, excepto (¹¹) Fialensleve, quod fratri suo contulit, monasterio de Sora donavit.

Monasterio (¹²) de Aas in Hallandia Vathby, cum omnibus attinentiis suis, excepto molendino donavit (¹³) et scotavit.

(¹⁴) Ad mensam canonicorum Lundensis Ecclesiæ (¹⁵) Esbiruth cum molendino in Rogen, et cœteris suis attinentiis sylvis omnibus et terris donavit et scotavit.

Similiter (¹⁶) Saxulstorp in Ruma cum ecclesia et cœteris suis attinentiis eisdem (¹⁷) fratribus ad mensam donavit et scotavit.

Ad candelas cereas (¹⁸) utriusque coronæ et ad cereum nocturnum (¹⁹) in monasterio Beati Laurentii (²⁰) quatuor marcas argenti singulis annis de censu civitatis, qui vulgariter dicitur (²¹) *Midsommers Gylde*, dedit.

Venerabili domino Erico Nidrosiensi archipræsuli, (²²) propter justitiam exsulanti, centum marcas argenti.

Martino Bergensi episcopo, quinquaginta marcas argenti.

(²³) Nigello episcopo Staffengrensi, quinquaginta marcas argenti.

(²⁴) Ivaro Hamarcopensi episcopo, quinquaginta marcas argenti.

(²⁵) Nicolao Aslonensi episcopo, (²⁶) ciffumargen-B teum, (²⁷) et scutellas argenteas, quas idem episcopus ei quondam dederat, donavit.

(²⁸) Dno regi ciffum argenteum (²⁹) mirabiliter fabrefactum, quem Dn. Nidrosiensis ei quondam dederat, et vasculum aureum cum musco dedit.

(³⁰) Dominus Suno ei tenebatur reddere cxxx marcas argenti, et illud debitum domino Petro Roschildensi episcopo et fratribus suis reliquit.

(³¹) Episcopo Roschildensi quinquaginta marcas argenti duabus minus concesserat ad emendum Alstofta, quas idem episcopo remisit, et ciffum argenteum, quem ei quondam dederat, donavit.

Fratri ejus (³²) domino cancellario ciffum argenteum, quem ei dominus Suno quondam dederat, legavit.

(³³) Domino Esberno ciffum argenteum, quem (³⁴) Hildebrand fecerat, et parvum ciffum, de quo pater ejus potiones accipere solebat, et cuilibet filiorum suorum ciffos argenteos de majoribus ciffis dedit.

(³⁵) Domino Alexandro ciffum argenteum de melioribus, (³⁶) et loricas quas habebat, (³⁷) et duobus filiis suis, duos ciffos argenteos modicos dedit.

(³⁸) Dominæ Margaretæ duos ciffos (³⁹) Rojanorum idolorum.

(⁴⁰) Canonicis de Paraclito ciffum argenteum (⁴¹) de plano opere, ponderantem circiter (⁴²) decem marcas argenti.

Majorem ciffum argenteum quem Sora habuit, capellæ de Sora dedit, (⁴³) ad calicem faciendum.

De scutellis suis argenteis jussit calices fieri in monasterio B. Laurentii fortes et sufficientes : quod vero his prædictis de ciffis argenteis et scutellis superfuerit ad perficiendas (⁴⁴) coronas in templo reservari præcepit.

(⁴⁵) Dominus Alexander habuit (⁴⁶) octo marcas auri et dimidiam ad opus (⁴⁷) casulæ et coronarum, ex quo auro magnam partem casulæ jam apponi feci.

Eschillus presbyter nonnullos aureos habet ad opus eorumdem reservandos; argentum quod Liuthgerus ei tenebatur persolvere, totum pauperibus jussit erogari.

Dominus archidiaconus de argento, quod accepit pro decimis et a presbyteris et de argento, quod habet dominus Alexander, domino archiepiscopo Nidrosiensi, et episcopis prædictum argentum persolvat, et quod residuum fuit, inter monasteria Scaniæ et Selandiæ fideliter distribui præcepit.

Dominus Alexander autem argentum suum non habet, nisi quantum constari poterit ex septingentis marcis (⁴⁸) denariorum Scaniensium veteris monetæ, et ex eodem argento præcepit domino Alexandro, ut xvi marcas Soræ mitteret quibusdam persolvendas.

Argentum, quod Hericus filius (⁴⁹) Harinæ, et Sueno frater ejus, et Conradus de Tuméthorp ei tenetur persolvere, cujus debiti summam archidiaconus novit, præcepit reservari.

Debitum, quo Bondo, filius Gamalielis, ei pro donatione exactionum tenebatur, heredibus ipsius Bondonis totum (⁵⁰) pro anima sua remisit.

Herico Batti (⁵¹) cappam forratam (⁵²) de pellibus marturum dedit.

Magistro Petro capellano archiepiscopi Nidrosiensis cappam forratam de (⁵³) pellibus griseis dedit.

Decano Lundensi (⁵⁴) pallium marturum dedit.

Thordoni capellano suo (⁵⁵) superpellicium cum pellicio de marturibus, et cappam (⁵⁶) vario forratam (⁵⁷) et juppam vario forratam dedit.

Simoni minorem juppam de griseo forratam : Petro Stamma griseum pallium quotidianum.

Marsilio Coco (⁵⁸), coopertorium vulpinum dedit.

Petro (⁵⁹) Stabulario equum, quem filius Biorn ei donavit, dedit.

Fratri ejus Wiff loricam, quam (⁶⁰) Esbernus Mule ei dedit, donavit.

(⁶¹) Haquino camerario suo equum dederat, quem Bondo ei dedit.

Equum (⁶²) brunei coloris Haquino Normanno dedit.

Nigrum equum, quem Soræ habuit, eidem monasterio reliquit.

(⁶³) Equum blaccatum domino archiepiscopo Nidrosiensi dari præcepit.

(⁶⁴) Eschillum Bathsven libertate donavit.

Mulieres, quas (⁶⁵) Nicolaus Stabbellarius de libertate in servitutem suscepit, ubicunque reperiantur, cum filiis suis libertati donentur.

Mulierem acceptam de Biargaherred in Scania cum filiis suis libertate donavit.

(⁶⁶) Saxoni clerico suo duas marcas argenti et dimidiam concessit, quos sibi donavit.

Saxo debet duos libros, quos archiepiscopus ei concesserat, ad monasterium de Sora referre.

(⁶⁷) Magistro Johanni (⁶⁸) biccarium argenti dedit.

(⁶⁹) Magistro Walthero (⁷⁰) pallium griseum, quo in Nativitate Domini vestiebatur, dedit.

Annulos aureos quindecim cum lapidibus, et sedecimum sine lapide, monasterio B. Laurentii dedit ad (⁷¹) plenarium faciendum.

(⁷²) Præposito Achoni minorem ciffum argenteum, quem Soræ habuit, dedit.

Argentum, quod (⁷³) apud Cluniacum habuit, dimidium eidem monasterio contulit, medietatem vero ad (⁷⁴) Claram Vallem transmitti præcepit.

Ecclesiæ de (⁷⁵) Wellinge tenebatur argentum reddere, cujus summam archidiaconus novit.

Ecclesiæ de Stangby tenebatur (⁷⁶) mansum unum reddere, quem dedit pro manso in Kopingh, et jussit ut Ecclesia in Stangby habeat mansum in Kopingh, donec de episcopatu reddatur.

Præbendæ cuidam tenebatur dimidium mansum in Huphackre, et jussit ut in Arleff haberet dimidium mansum, donec de episcopatu reddatur.

Præbendæ Nicolai monialis dimidium mansum in Asmundathorp, et jussit ut in Nybyle haberet in parochia de Saxulstorp, donec solvetur de episcopatu.

(⁷⁷) Magister Hugo prop ium præbendæ suæ habeat, donec de episcopatu persolvatur.

Archidiacono dedit pallium magnum (⁷⁸) de Læ-

katt, si sit ibi, et si ibi non sit , lectisternium forratum de marturibus ei donavit.

Jofrido Coco, duas cappas pluviales, alteram forratam.

Præcipue archidiacono præcepit , ut campanam,
quam facere proposuerat, consummaret.

Magistro Hugoni lectisternium vario forratum.

Nicolao ([79]) filio archidiaconi superpelliceum vario forratum.

A Eschillo presbytero cappam forratam, quæ est ([80])
in castro de Hafln.

Christianum Cocum , qui injuste captus erat in
servitutem, libertate donavit.

Achoni magistro laterum ([81]), et Achoni Lapi-i-
dæ præcepit ut archidiaconus benefaceret.

Pixidem argenteam cum reliquiis monasterio de
Sora dedit.

Retribuat ei Dominus mercedem in vita æterna.
Amen.

NOTÆ AD PRÆCEDENS TESTAMENTUM.

—

Manuscriptum hujus testamenti egregium mecum communicavit vir elegantissimus et antiquita-
tum nostrarum amantissimus Dn. Johannes Laurentii, summi illius historici Andreæ Velleii pronepos, qui hoc manuscr. Haraldi Hvitfeldii, opt. mem.
historici manu nobilitatum nactus est, ex quo nunc
illud hic editum videtis.

In sumptibus ferendis civis eximius Hafniensis
Dnus Georgius Mollengracht laudari meretur, qui,
quamvis litteris doctioribus excultus non sit , eruditionem tamen amat et eruditis favet. Ejus ad
exemplum si multi se compararent, non doctorum
cogerentur scripta cum blattis et tineis luctari. Hæc
in illorum laudem, qui consilio, ope vel opera ju-
varunt, præfari debui.

([1]) Venerabilis. Hic titulus post Bedæ tempora,
cui primo omnium datus fuit, ecclesiasticis placuit,
sicque episcopos, imperatores et papæ Romani compellare perrexerunt; archiepiscopos quoque imperatores et reges sic solebant, at papæ in multis suis
litteris reverendissimos et sanctissimos dixerunt.
Nec penes ecclesiasticos hic titulus solum resedit,
sed et ad principes sæculi liberales in clerum transiit; unde in litteris papæ Gregorii IV de Hambur-
gensi archiepiscopatu Ludovicus Pius imp. non solum venerabilis princeps vocatur, in verbis : Omnia
vero a venerabili principe ad hoc Deo dignum officium deputata, nostra etiam auctoritate pia ejus vota
firmamus; sed et missi imperatorem venerabiles
iisdem litteris audiunt , quamvis episcopi non essent; sic enim legimus : Venerabiles Ratolfum sive
Vernoldum episcopos, nec non Geroldum comitem vel
missum venerabilem relata est confirmanda. Quin et
mulieres et matronæ pietate insignes titulum istum
subinde meruerunt ab ipsis ecclesiasticis; apud
Adamum Bremensem primo Ikia illa , quæ Ramso-
lam in Verdensi diœcesi donavit, venerabilis dicitur
l. I, p. m. 22. Unde contigit, ut prædium quod
Ramsola dicitur, a quadam venerabili matrona susceperit nomine Ikia. Deinde quoque , Emmam Lud-
geri comitis uxorem ob eamdem munificentiam hoc
titulo condecoravit l. II, p. m. 64 : Benno dux Saxonum obiit, et Ludgerus frater ejus , qui cum uxore

B sua, venerabili Emma, Bremensi Ecclesiæ plurima
bona fecerunt. Hodie quemvis sacerdotem venerabilem, venerandum, reverendum compellare decet.

([2]) Dnus Absolon Lundensis. Meretur hic archiepiscopus ob multa præclare gesta, et decus , quod
familiæ suæ intulit, sæpius commemorari. Adzeri
Rygh filius, episcopus Roschildensis factus an. Chr.
1157, ad archiepiscopatum Lundensem ascendit
an. Chr. 1178, vita tandem excessit A. C. 1201 die
S. Benedicti, seu 21 Martii, ut indicat Arnoldus l. IV,
Chr. Slav., c. 18, ubi quoque verba quædam exstant, quæ testamentum hoc Soræ nuncupatum,
innuunt, dum Soræ circa finem dierum suorum molestia corporis tractum ægrotasse scribit, et cum ætatis annum septuagesimum tertium attigerit. Natus
C fuit anno 1128, quod Hvitfeldius observavit, ita ut
episcopatum Roschildensem regere cœperit ab anno
ætatis XXX, et archiepiscopatum ab anno L; testamentum hoc suum anno 1200 condidit, vel serius
etiam, circa finem dierum suorum ægrotans , ut
Arnoldus loquitur. Et dum canonicorum de Paraclito meminit , quibus legatum insigne reliquit, videtur jam abbas illorum Wilhelmus, Absoloni tanto-
pere dilectus , vitam commutasse, cum Absolon
testamentum dictaret, et sine abbate canonicos
fuisse, quod illis solis scribi curaverit , atque sic
paulo ante vitæ finem 1201 hoc Testamentum conceptum esse dici debet; Willelmus enim abbas , et
Absolon archiepiscopus eodem anno decesserunt,
sed Wilhelmus prior.

D Testamentum fuisse nuncupativum ex ore archiepiscopi exceptum , indicant non ab archiepiscopo,
sed ab altero de archiepiscopo scripta verba, et sæpius repetita, donavit et scotavit, non donavi et sco-
tavi, unde quoque subscriptionibus et sigillis caret,
testibus solum assistentibus undecim nominatis et
perscriptis : quæ quoque confirmant, circa finem
vitæ Absolonem sentientem vires deficere, et morbos
urgere , hæc dictasse et nuncupasse , cum multa
sint illic legata et donata, quæ nonnisi ultimo ejus
tempore dominio ejus accesserant. Et quamvis testamenta reliqua valere non possent in Dania, nisi rege
confirmante, episcopos tamen et clericos , qui juri-

bus ac moribus Danicis subjectos se non credebant,
nisi quatenus vellent ipsi, aut leges prodessent, juri-
bus Romanis vixisse considerare debemus, ex quibus
testandi jus liberum sibi sumpserunt, et ne possent
a regibus testamenta eorum scripta facile subverti,
nuncupare malebant quam scribere. Andreas Sunonis successor Absolonis in archiepiscopatu Lundensi
testamento quoque ultimam suam voluntatem declaravit, prout Saxo in dedicatione sui operis historici docuit, quod an nuncupaverit an vero solemniter scripserit et obsignarit, dicere nequeo, quod
illud nondum viderim. Multae tamen aliae donationes
ejusdem archiepiscopi Andreae scripto comprehensae
leguntur, quas per Valdemarum II regem confirmari curavit.

Jam de nomine *Absolonis* quoque monebo, quo
nunc omnibus notior est hic archiepiscopus quam
suo. Certum enim est, eum *Absolonis* nomine ab
initio, aut in Danica lingua non usum, sed clericos
et ecclesiasticos, non intelligentes nominis Danici
vim, ex *Axel* finxisse *Absolonis*, quasi, qui Danice
Axel diceretur, Latine *Absolon* appellandus sit. Minima quaeque allusio nominis occasionem clericis
qnondam dedit Latina substituendi; sic enim ex
Kield fecerunt *Kilianum; ex Orm, Homerum*, ita
ut neminem hoc admirari velim ex *Axel* factum
esse *Absolonem*. Omnes majores Absolonis Danicis,
et huic genti consuetis ac receptis nominibus, appellati sunt: frater ejus, Esbern; pater, Adzerus;
avus, Skialmo; proavus; Tocko, primus Christianus in hac familia; abavus Slago; solum Absolonem Hebraico nomine addito inter Danos succre-
visse, credere nequaquam ulla ratio jubet. *Axelii*
sane nomen inter Danica in hodiernum usque diem
permanet, nihil est frequentius quam hoc nomen,
praeprimis inter nobiles viros. Nec soli Absoloni
hoc evenit, sed etiam aliis Axeliis, quos Latine
scribentes *Absolones* vocarunt omnes. Exstant Chri-
stophori Bavari litterae apud Hvitfeldium an. 1443
datae, ubi ille qui centies alias *Oluff Axelson* scriptus et recensitus fuit, senator regni maxime nobilis et celebris, unusque ex Axelii filiis (*af de
Urelsonner*), in historia Danica nominatissimis, ex
quibus hodie domini Totth, quotquot sunt, cogno-
minati prodierunt, ille, inquam, *Oluf Axelson* in
praedictis litteris Latine conceptis diserte *Olaus
Absolonis* scribitur, et tantumdem de aliis Absolo-
num nominibus in Dania sentiendum superest.
Quin et ipse archiepiscopus credidit. *Axelii* nomen
ex *Absolonis* nomine detortum esse, cum veteres haec
opinio diu tenuerit, totam linguam Danicam vel ex
Latina, vel ex Graeca fluxisse, eoque nominum et
verborum origines referendas: quam opinionem
etiam Saxo secutus, ipsum semper *Absolonem* vocavit, qui cum ipso vixit, et *Axelii* nomen in vulgo
nullies audivit pronuntiari, sed et ipsius archiepiscopi epistolae ad alios exaratae, hoc nomen *Absolonis*
ubique praeferunt. His addatur inscriptio Asumen-
sis Runica, Runicis litteris sculpta, quae reperitur

in muro et porta templi, et est ab excell. Dn. Wor-
mio p. m. in *Monumentis* descripta p. m. 171, ibi
Absolon et Asbiornus Mule ut benefactores Ecclesiae istius adnotati clare reperiuntur.

KRIST MARIV SVN HJALPI THEM ER KIRCKIV THINO
GVTHI ABSILON ARKIBISKVP OK ASBIORN MULI.

Hoc est: *Christe, Mariae Fili, adjuva eos qui Ecclesiae tuae* (vel huic) *benefaciunt Absiloni archiepiscopo
et Asbiorno Mule.*

Ubi quoque *Absolon*, non *Axel* dicitur; quorum
omnium causa est, quod Absolonis et Axelii nomen
unum idemque esse persuasi fuerint, et *Axel* ab
Hebraico *Absolon* derivatum ac contractum esse
ab indoctis clericis didicissent, in quibus tamen
falsi fuerunt, siquidem *Axel* et *Absolon* toto coelo
differunt. Absolon, *Pater pacis* explicatur; *Axel*,
est *magnificus et magnus*. Axeltorg etiamnum vocamus locum nundinarum spatiosissimum et frequen-
tissimum; *Axelhuss* est aut domus magna, multisque
communis, aut domus ab Axelio constructa: unde
recte satis Hvitfeldius in *Chronico* ad annum 1201
p. m. 67, edit. noviss. de Absolone verba faciens,
Hafniae arcem ejus tempore *Axelhuss* dictam fuisse
scripsit: *Haud stistte Risbenhaffns Slot oc By, med
Amager Land til Rostilde Stifft*. Et quare Axelii domus dicebatur hoc castellum? Non sane aliam ob
causam, quam quod ejus dominus ac conditor vulgo
Axel vocatus sit, qui est Latinis *Absolon* factus.
Nam anno 1168, cum episcopus Roschildensis esset,
hoc castellum contra piratas exaedificavit, ab eoque tempore *Axelhus* dici coepit, donec Roschildensi
Ecclesiae totum illum locum transcripsit: qui post
mortem ejus, amplificatis finibus, et in oppidum
paulo lautius exspatiantibus, Stegelburgi nomen
imposuerunt arci, aut potius a Germanis et peregrinis illic excendentibus quoties appellerent, nomen Stegelburgi acquisivisse videtur, ita ut ab indigenis *Axelhuss*, a peregrinis *Stegelborg* vocari
perrexerit; sicque concilientur facile diversa illa
nomina, a diversis nationibus uni loco collata, quod
saepe fit; quae tamen Svaningium induxerunt in
Chronologia Danica rem totam invertere, dum p.
m. 78 sic referre voluit: Anno 1168 ad arcendos
finibus Selandiae piratas exstructa est ab Absalone
episcopo Roschildeni arx Hafniensis, olim Stegel-
burgum, postea Axelbusium vocata. Axelbus enim
nomen praecessit, Stegelburgi post additum reperimus. Sed *Axelvold* castellum in Ostro-Gothia a Canuto Porse duce Hallandiae circa ann. 1326 conditum, non ab Axelio quodam aut Absolone nomen
sortiri video, sed a silva ista ingenti, quae castellum
excepit; adeo ut *Axelvold* sit silva spatiosa, densa,
longa, omnis generis arborum nutrix, qualem con-
spicuam vel vaegrandem magnitudinem rerum cum
voce *Axel* augeri septentrionalibus dixi; ut sit *Axel*
veluti contractum ex *Allsaell*: tam beatus, ut omnia
subministrare possit sic *Aarsaell*, qui dives est
frugum et annonae, illasque copiose procurare no-

vit; *Vinsæll*, amicis stipatus et gratus omnibus; Seyersæll, qui victoriis beatus est, illasque parare potest egregie : explicatius illum vocamus *Seyersalig*, ut *Lyctsalig*, Germanis *sluctselig*, cui fortuna favet : omnia ex unica voce *sælge* profluentia (sic enim melius scribitur quam *sellie*), quod est *tradere*, *vendere*; ita ut *Sæll* et *Salig* dicatur ille, cui fortuna libenter tradit opes suas et liberaliter : sic *Axell*, cui fortuna in omnibus favit, qui vere magnus est. Axelstada villa ad Susam amnem in Selandia ex ea causa contracte *Allsted* hodiedum appellatur, non procul Ringstadio versus occidentem sita : Saxo ejus meminisse dignatus est. Hæc cum non intelligerent clerici, *Alex* Danicum idem esse quod *Absolon* Latinum sibi et aliis persuaserunt. Et sic errare contingit omnes illos, qui Danicam linguam ex Hebræa, Græca vel Latina deducunt, cum in nominibus propriis Dani veteres nullam linguam respexerint nisi suam : et dum Danicam linguam ultimam esse crediderunt omnium, nec ex ea proficisci posse, quæ non in aliis linguis prius fuerunt, valde se fefellerunt ita statuentes, cum etiam innumeræ supersint antiquitates, non exigui momenti, quæ ex nulla alia quam ex Danica lingua explicari poterunt.

Jam et alius error de hoc eodem Absalone archiepiscopo multorum animos sic obsedit, ut vix mihi spes relinquatur evelli aliquando posse. Absalonem enim cognomento non solum *Huid*, sed et totam Hvidiorum familiam in Dania hinc descendere putant, quod falsum est omnino. Cognomina enim, quæ tunc fuerunt in Dania nobilibus, vaga, nec perpetua vel hæreditaria aut in familiam transeuntia deprehendimus fuisse, sed cum iis, qui cognomen acceperant, exstincta, neque ad posteritatem demissa. Hoc innumeros hactenus errare fecit in familiis nobilissimis constituendis, earumque origine deducenda. Falsum est præterea, Absaloni archiepiscopo unquam *Hvid* aut *Albi* cognomen fuisse; nulla enim veterum monumenta ejus ætatis hoc dixerunt, non Saxo, non Sueno Aggonis, non alia Chronica ejus ætate aut paulo post scripta. Recentiores quidam hanc opinionem fovere cœperunt, et controversiam inde magnam facere, quasi totius Danicæ nobilitatis salus periclitaretur, nisi protinus his fidem addiceremus nostram. Ego vero, dum quæro quibus rationibus innitantur pro Hvidiorum familia, nihil plane reperio, nisi illud, quod avum Absalonis Skialmonem Candidum, seu *Hvid*, cognominatum fuisse legissent : hinc enim ita colligunt: si avus *Hvid* fuit cognomine, etiam filii et nepotes, et pronepotes et abnepotes omnes *Hvidii* erunt : quam ob causam nepos Skialmonis Absalon, *Hvid* cognominandus erit.

Nego autem ego et pernego illud sequi, siquidem nondum cognomina fuerunt ulli familiæ per Daniam hæreditaria. Verum satis est, et ex Saxone constat Skialmonem avum fuisse Absalonis, constat quin etiam *Candidi* cognomen Skialmoni datum :

at non ex familia illud cognomen ortum duxit, sed ex vulgo, causisque incidentibus, ideoque nec ad posteros ejus descendere potuit, imo nec descendit, nec ullis monumentis quisquam mihi hoc probatum dabit. Contrarium elucet protinus ex hac ipsa familia Absalonis, ubi cognomina nulla cognominatum excedunt, aut ad ejus familiam descendunt. Tocko pater Skialmonis cognomine non uno claruit, dictus est enim et *Tryller*, *magus* et *Sfytter sagittarius*, tam quod magiæ deditus fuerit, dum paganus fuit, et usqueque Christianæ religioni nomen dedit, quippe qui primus scribatur in ea familia Christianus; quam quod arcu præstans fuerit, sed a *Hvidiorum* cognomine multum ille abfuit. Filius Skialmonis Adzerus, pater Absalonis, suo cognomine sæpius celebratur, quod *Ryg* vel *Rog* fuit, *hirsutus*, non *Huid* [potius idem ac *Rig*, scilicet *dives* vel *potens*]. Frater Absalonis Esbernus, cognomine quoque suo gaudebat, *Snare* vocatus, quod expeditissimus esset et in consiliis, et in rebus gerendis. Esberni deinde filius Absalon, *Belg* cognominatus, quasi *ventricosus* et totus venter; alter filius Esberni, Joannes dictus, sed cognomine *Marscalcus*, ab officio, ni fallor, quod gessit; et tertius filius Nicolaus, rursus alio cognomine donatus *Mule*, scilicet, ita ut nemo eorum, nec *Candidus*, nec *Albus*, nec *Hvid* appellatus sit : quibus jungi potest Nicolai Mule filius Esbernus, dictus *Snerling*; ita ut majorum cognomina tunc nemo sumpserit, sed suo proprio quilibet gavisus sit, dum vixit : quæ, si quis ad familias trahere voluerit, ut hæreditaria, ne ille multis erroribus et se, nosque omnes implicabit, quod hactenus quoque summis viribus ausi conatique sunt plures, qui quoties cognomen aliquod emersisse aut legerunt aut saltem alludere ad hodierna nobilium familiarum cognomina posse judicarunt, protinus exinde familiam arcessere aut exstruere totam voluerunt. Sero sane cognomina, quibus familiæ hæreditario hodie distinguuntur, in Danica nobilitate fuerunt recepta, et pene post alios omnes : nec ulterius quam a sæculo XIV paucis Danorum hunc morem placuisse totas familias cognominibus hæreditariis insigniendi deprehendimus, postquam Germanicos mores etiam hac in re imitari voluerunt septentrionales. Istorum vero, de quibus dixi, cognominum et illa tunc conditio fuit, ut non adsciscerentur ab iis, qui sic cognominabantur, sed ab aulicis et a vulgo imponerentur, ut coacti omnes ea de se dici audirent, quod plerumque ridiculi aliquid immistum haberent talia cognomina, ut *Belg*, *Mule*, etc.

Hinc istis cognominibus, de seipsis loquentes, non utebantur, quæ quoque causa est, quod Esberni nomen nudum, non addito cognomento *Snare*, in hoc testamento positum videamus, nec Saxo in historia sua eo cognomine Esbernum ullibi produxerit, quod gratum non esse jam didicisset cognominibus istis traduci, sive ad laudem nimiam spectarent, invidiæ nutricem, sive ad risum excitandum, cum vulgi sannis comedendos exponi viros

illustres grave esset omnino. Haud eo tamen hæc
pertinent, de cognominibus nobilium hæreditariis,
quæ nova possunt dici, quasi Danica quoque nobilitas, et familiæ antiquissimæ ac honoribus cumu-
latissimæ, novæ sint nec nisi à sæculo xiv nume-
randæ, minime gentium ; neque enim a cognominibus istis pendet nobilitas, sed a successione
perpetua et longæva, quam nobilissimi homines ab
antiquo conservatam ad nos usque deduxerunt,
quæ successio sub multis cognominibus familias
antiquissimas nobis dedit. Antiquitus sufficiebat ad
nobilitatem indicandam primi auctoris nomine posteros omnes descendentes appellasse, ut ab Ingo,
Inglingos ; a Skioldo, Skioldungos ; a Folcone,
Folckungos ; a Carolo M., Carolingos ; a Meroveo,
Merovingos ; ab Immedingo, Immedingos ; a Sturlo,
Sturlungos, et innumeras alias antiquissimæ nobilitatis familias, haud alio cognomine ornatas. His
appellationibus deinde cessantibus, cum nimis diffundere se viderentur ista cognomina, et nobiles
ac ignobiles pariter in eadem familia comprehendi
et confundi ; siquidem multi rami nobilium stem-
matum haud in eadem nobilitate semper potuerunt
gradum figere, quin ad incitas quasdam redigeren-
tur, quod reliquæ nobilitati, cui nihil tam proprium
est quam splendor, non solum luctuosum, sed et
dedecoris nimium habere videbatur, esse inter suos,
quos eo prolapsos videre non cuperent : hinc ad
patrum nomina nobiles cœperunt recurrere, iisque
diu semet appellare, et nobilitatem suam conspi-
cuam reddere, ut Ericus Ottheson, Axelius Oluffson,
Tycho Nielson, etc. Sed cum neque sic a vulgo tuti
essent, aut satis distincti, quoniam vulgus semper
nobilitatis insignibus sub et obrepit, ad ultimam
hanc cognominandi rationem qua cognomina hæreditaria familiis et stemmatibus reliquerunt, per-
ventum est, quæ aliquandiu nobiles egregie quidem
distinxit, sed nunc quoque in vulgus ita patet, ut
nisi sua luce præfulgeant nobiles dum vivunt, vix
a posteris discerni amplius valeant nobiles et ple-
beii, et ad alia rursus remedia deveniendum sit, si
posteritati suæ nobiles dehinc consultum volunt.
Nihil igitur propter nomina vel cognomina decedit
antiquitati familiarum nobilium quæ profecto Danis
sunt antiquissimæ, ita ut cum quavis gente certare
possint, imo plurimas vincere, quod alio tempore
mihi deducendum sumpsi, modo vires et facultates
mihi suppetant. Sive sint igitur *Urnii*, sive *Banne-
rii*, sive *Goii*, sive *Tottii*, etc. omnes illas familias,
infinitæ antiquitatis, supra quam credi potest, reperire licet fuisse, licet sero *Urniorum* aut *Banneriorum*,
etc. cognomen assumpserint, in quibus revera
nulla nobilitas versatur, cum nomina sæpius, etiam-
ex levissimis causis, mutentur, nobilitas postquam
semel radices egit, velut annosa quercus occulto
ævo crescens, non desinit quandiu spiritus est et
medulla.

Nunc illud saltem demonstrare volui, nec *Hvidiorum* familiam ad Skialmonis Candidi proprie per-

linere, aut ita, ut ab ea descendat, nec diu esse
nimis, quod *Hvidii* cognomen hoc hæreditarium suæ
familiæ fecerint. Eadem ratione sequitur, Saxonem
grammaticum, qui cum Absalone archiepiscopo
vixit, non censendum esse ad Langiorum familiam
nobilissimam pertinere, quod alicubi cognomen
Longi sortitus sit, iis enim temporibus cognomina
non fuerunt hæreditaria, aut familiæ ; non inter nobiles, multo minus in vulgo.

(³) *Dno Esberno fratre.* Hic ille est, qui cognomen *Snare* tulit, quod suas res citissime expediret,
eoque distinctus fuit ab aliis Esbernis. Fratrem majorem fuisse Esbernum, tum conditio ipsius evincit
qua proli procreandæ aliisque sæculi studiis d'catus erat in aula, domi, foris, militiæque ; quæ sane
curæ ad primogenitos filios spectabant, adeo ut
sæpe moneant nos historiæ, primogenito sine liberis e vita excedente, minorem fratrem ad sæculum
revocatum, ordines ecclesiasticos ut deserere posset
impetrasse, pro domo et familia sustentanda. Sic
Hartungus et Adolphus fratres Schowenburgici ;
Hartungus regimini et militiæ destinatus erat, Adolphus ecclesiasticis ; Hartungo tamen absumpto bellis quibus servierat, ad Adolphum successio rediit,
qui quoque monasteria relinquens, sæculo matri-
moniisque se mancipavit. Hoc itaque Esbernum
ætate Absalonem prævertisse primo docet, deinde
Dambori Rugii oratio apud Saxonem, l. xiv, p.m.296,
diserte satis indicat, dum rationes suas exponit, cur
Absalonem potius quam Esbernum natu majorem
adhibere cupiat in pace petenda a rege Daniæ. *Nec
par industria*, inquit, *in fratre tuo prætereundo,
quanquam natu præstet, usos nos esse constat. Tibi
enim*, loquitur Absaloni, *auctoritatis prærogativam,
honoris, non animi nec ætatis privilegia, sed dignitatis ornamenta conciliant.* Hæc Saxonis verba, qui
cum Esberno et Absalone vixit, a veritate aliena
esse nemo facile credet : repertus est tamen Martinus Petri abbas Soranus (is enim præfuit usque ad
annum 1571), qui in libello suo *De Absalonis archiepiscopi genealogia* Danice edito Hafniæ an. Chr. 1589,
tam in fronte libri quam postea p. 29, Absalonem
et Esbernum, fratres gemellos uno partu exclusos
contra Saxonem ausus fuit scribere et statuere,
anilibus quibusdam fabulis, quarum plenus est iste
liber, innixus, quas tanto historico præferre non
dubitavit, earumque mendacia tantæ luci, ipsique
veritati vim ut facerent, quantum in ipso fuit, passus est. Ejusmodi vero nugas haud opus est confu-
tare, sed damnare : nullis enim rationibus docuit,
cur Saxoni minus, sibi vero præfiscine credendum
sit ; nec ea quæ opponere conatus est plus possunt
quam ultimus fluctus contra Marpesiam cautem.
Fuit igitur Esbernus Adzeri filius natu major, ideo
sæculi rebus destinatus, alter Absalon, minor natu,
et ecclesiasticis propterea regulis imbutus, prout
tunc solebat observari in educandis filiis. Uxores
Esberni hujus duas fuisse docet nos manuscr. de
iis qui Soræ sepulti fuerunt, quibus nomina Hul-

mesfreth et Ingeburg : dicit enim : *Juxta illos se-* A
pultæ sunt duæ uxores Esberni Snare. Hulmesfreth
et Ingburg : inferius ante gradum sepulta est domina
Gundil mater prædictæ Hulmesfreth. Monet autem
idem manusc. hæc corpora sita *in parte australi a*
choro ; in presbyterio S. Joannis evangelistæ, cum
ossa Esberni Snare ante gradum presbyterii Absalonis jaceant, disjuncta sic ab uxorum ossibus
longo spatio : quod non solet maritis et uxoribus
usu venire, quod conjungi ament uno sepulcro. Et
sane conjuncta jacuerunt olim, sed ecclesia Sorana
flammis et incendiis destructa an. Chr. 1247, translata sunt horum patronorum ossa an. Chr. 1285 in ecclesiam novam majorem, atque hoc pacto ab invicem separata, tribus ecclesiæ novæ locis rursus inhu-
mata, quæ prius conjunctim jacuerant ; qua de re B
audiendus est auctor ejusdem. manusc. loco nota-
bili et egregio. *Istorum tamen omnium ossa* (loquitur de Absalonis et ejus familiæ ossibus) *cum mul-*
tis aliis, quorum nomina in libro vitæ scripta sunt,
translata fuerunt de antiqua ecclesia per dominum
abbatem Nicolaum tertium in ecclesiam majorem, et
reposita in tribus locis, videlicet, pars quædam in
presbyterio summi altaris ad dextram domini Absa-
lonis archiepiscopi, ut jam patuit ; pars altera in
presbyterio Beati Joannis evangelistæ, ubi uxores
domini Esberni Snare locum suum ab illo tempore
receperunt cum Gunilda ; *et pars tertia in presbyte-*
rio B. Joannis Baptistæ anno Domini millesimo
ducentesimo octogesimo quinto, in crastino comme-
morationis animarum. Cætera quæ de Esberno dici C
merentur, exstant apud Saxonem, unde peti hoc
ejusque præclare gestis poterunt.

(⁴) ·*Dno Gaufrido abbate.* Præfuit Sorano monasterio hac dignitate ab ann. 1189 ad 1215 Anglus
natione ; multis enim ex Anglia monachis et ecclesiasticis usi sunt Dani, quandiu non tantam copiam
clericorum regna ipsa Danica suppeditare poterant,
hinc et prædecessor Gaufredi, Simon, Anglus fuisse
scribitur.

(⁵) *Et Tochone et Achone.* Ambo præpositi erant,
sed Tocho Roschildensis Ecclesiæ, ut ex catalogo
eorum, qui Soræ sepulti fuerunt, manifestum eva-
dit. Sic enim ibi verba jacent : *Ante ostium eccle-*
siæ jacet dominus Tucho præpositus Roschildensis ; D
erat enim ex benefactoribus Sorani monasterii : qui
cum vixerit et adfuerit, quando Absolon testamentum suum nuncupavit, facile videmus Saxonem
præpositum, cujus litteræ aliquot meminerunt, circa
ann. 1180 et 1184 apud Stephanium in *Notis ad*
Saxonem editæ, jam decessisse, et Tockoni præposito locum fecisse, ut successori suo in hoc officio.
Nondum occurrit mihi, quando Saxo præpositus
Roschildensis diem suum obierit, et Tocko successerit, sed aperte satis Stephanii sententia convelli-
tur, his indiciis, qui Saxonem grammaticum et historicum eumdem cum Saxone præposito Roschildensi fuisse, multis conatus est asserere in *Proleg.*
ad Saxon. c. XI. Solum enim Saxonis præpositi no-

---

men non facit Saxonem grammaticum vel historicum nostrum præpositum. Plures fuere Saxones
iisdem temporibus viventes, ex quibus nonnisi
unus præpositus Roschildensis fuit, qui sane non
fuit Saxo grammaticus, prout contendit Stephanius ; mansit enim Saxo grammaticus Absalonis
archiepiscopi clericus usque ad mortem ipsam archiepiscopi, et diu post etiam in vivis fuit, ut aliquando clarius docebo ; cum Saxo præpositus
ante Absalonem vita exiisset, et Tockonem hunc,
qui testamento Absalonis nuncupando cum aliis
astitit, successorem accepisset præpositum Roschildensem. Constat igitur ex hoc Testamento quoque Saxonem grammaticum non fuisse præpositum
Roschildensem ; neque enim deficiunt alia plurima,
quibus hoc docere possem, nisi ab hoc loco aliena
essent, et nimis diffundere nos oporteret, qui de
Tockone præposito disquirendum sumpsimus, non
de Saxone grammatico. Vocatur hic præpositus *To-*
cho et *Tucho,* ut audivimus ; sed cavendum est, ne
illud cum Tychonis etiam nomine confundamus :
sunt enim Danis diversa nomina, *Tocke* et *Tyge,*
nec Latinorum flexiones aut scriptiones perversæ
sunt attendendæ, sed ipsa lingua Danica, quæ in
nominibus suis exprimendis et distinguendis semper fuit et est accuratissima. Idem dicendum de
Achonis nomine, quod hic Tockoni conjungitur :
multis apud clericos Latinos vexatum est illud nomen injuriis, nam aliis est *Aggo, Ako* et *Hako* et *Hacho*
Haquinus aliaque præterea hujus nominis detorta,
cum Danicum verum nomen sit *Aage,* et Norvegicum *Haagen,* [Islandis autem Hakon.]

(⁶) *Magistro Joanne.* Vide inferius notam 67.

(⁷) *Thordone capellano.* Habebant archiepiscopi
capellanos, notarios ac clericos suos, qui scribenda
observabant in domo aut capella, hoc est, comitatu
archiepiscopi. Capellanus erat totius cancellariæ
caput, instar cancellarii in aulis principum ; quidquid enim cancellarii principibus præstabant, illud
capellani archiepiscopis. Quid? quod capellani et
archicapellani antiquiores sint in hoc munere quam
cancellarii, et prius regum aulas ac episcoporum
scribendi gratia per Germaniam obsederint, quod
præter clericos initio fere nullus sæcularium scribere didicisset. Sed postquam ex Romano jure et
aula cancellarii nomen prævaluit, capellani cœpit
etiam apud episcopos cessare. Sic qui Caroli M.
temporibus archicapellani scribebantur, paulo post
archicancellarii in hunc usque diem cœperunt appellari. At non existimet quis hunc Thordonem
capellanum esse Thordonem *Degn* vulgo cognominatum, qui leges Valdemari II Juthicas adnotationibus perbrevibus illustravit : nec juvat quod capellani quandoque Danis *Degne* vocati sint ; nam
primo non convenit ætas : Thordo capellanus Absalonis sub Canuto VI rege vixit ; Thordo *Degn*
sub Valdemaro II, et quidem sera ætate, post pro-
mulgatam legem Juthicam ann. Chr. 1240, quo
Thordo capellanus vix pertingere potuit : deinde

quod Thordo capellanus Absalonis archiepiscopi
fuerit Roschildensis, ut innuit Hvitfeldii *Chronicon*
p. m. 154; tertio quod *Degn* vel diaconus et capellanus haud idem fuerit; *Degn* enim et diaconus
archiepiscopi ad cancellariæ negotia admoveri non
solebat, sed in Ecclesiæ officiis archiepiscopum juvando aderat; capellanus vero in capella archiepiscopi, ut in comitatu principis cancellarius vivebat,
et scribenda regens et scripta.

(⁸) *Camerario* suo. Etiam illud nomen episcopi a
sæcularibus mutuati sunt.

(⁹) *Pueris* suis. Hi pueri, pueri non fuerunt, sed
obtinuit ista loquendi formula de ministris alicujus
aulicis junioribus et florentissimæ ætatis. Anglis
dicebantur communi nomine *Thegni*, sive ætatis
gravis essent, sive vegetæ, dignissimis officiis admoti, vel inferioribus : a veteri verbo Danico et
Saxonico *tienne*, *deenen*, in usum diuturnum deducti; olim apud paganos et initio Christianismi vox
satis nota Danis, qui nihil frequentius in ore habebant,
quam *Herda Gudan Thiagn*, id est *Ecclesiæ Dei minister* vel *servus*. Sed ab aula tandem penitus in Dania
recessit vox, in Ecclesia retinent suos *Degne*, qui sunt
subministri velut Ecclesiæ : nec a διακονεῖν Græcorum originem repetere debemus, quod faciunt plerique; sed a veteri *Thiagn* factum est *Degn*, *Thiagn*
autem, a *thionne*, servire. Quotquot igitur in aula
regum et principum serviebant, *Thiagni* et *Thegni*
dicebantur, ex quibus juventute prima conspicuos
Latine loqui volentes Clerici, fecerunt *Pueros*, Germani *Knaben*, *Edelfnaben*: Nec solum hic reperitur,
sed in multis scriptoribus hoc sensu occurrunt pueri
pro ministris et servis non contemptissimis. Et
Chronicon quidem *Selandicum parvum*, quod nuper
edidit Arnas Magnæus Islandus, ita de Canuto duce
Slesvicensi, p. 17, loquitur : *Quem cum pueri sequi
vellent, prohibuit eos : at cum illi dicerent, turpe
esse quod dux non solum sine pueris, sed etiam sine
gladio incederet*, etc. Pueri ergo non fuerunt illi,
qui consilia dare poterant et duci suggerere. Sic
quoque de Nicolao rege Daniæ, p. 19, habet : *Cum
venisset prope Hetheby, dissuaserunt ei comités et
pueri sui, ne introiret illuc*. Sunt enim hi pueri his
scriptoribus, quod olim Danis et septentrionalibus
Drenge, quos novimus juvenes robustos et nobiles
fuisse, virisque similes, quamvis hodie ad minorem
ætatem et viliores solum nomen illud sit restrictum;
hinc enim *Drungarii* milites apud Græcos Constantinopolitanos nomen retinuerunt, idemque fuerunt
Drenge, et formula, *goden Dreng*, apud Danos, quod
Rarle apud Suecos. In Anglicis scriptoribus vocantur *Tyrones*, hoc est, qui nondum milites facti
erant, proximi vero ut fierent. Milites enim in aula
dicebantur, qui ob officia et servitia sua, quæ præstabant, beneficio aut feudo quodam erant donati.
Hinc sæpius occurrunt milites feudati; *Tyrones*
autem et *Pueri* illi sunt nobiles, qui quidem serviunt, sed feudum aliquod nondum impetraverant,
spe impetrandi viventes, servientes et militantes.

Nobiles enim fuisse illos *pueros*, de quibus hic loquimur, nullum est dubium, quin et ætatis justæ
juvenes, quia testamento tanti archiepiscopi ut
testes adhibiti leguntur, quod non est puerorum
minorennium aut vulgarium. Etiam veteres Romani
voce *pueri* sic aliquando sunt usi : Plautus sæpiuscule, *Curcul.*, act. I, sc. I, v. 9, de Phædromo juvene amoribus nocturnis indulgente, et eunte
*Quo Venus Cupidoque imperat suadetque Amor :
Tute tibi puer es*, inquit, *lautus, luces cereum*.
In *Mostellar.*, act. 4, sc. 2, IV. 30, Theuropides senex alloquitur servum et Phaniscum :
*Heus; vos pueri, quid isthic agitis? quid istas œdeis
                                        frangitis?*
Varro in *Eumenid.* : *Vix vulgus confluit, non Furiarum, sed puerorum et ancillarum*. *Knechte und
Magde*, dicunt Germani. Ita puellæ quoque dicebantur, quæ jam uxores erant, vel viduæ. Horat.
III, carm. 22 :
. . . . . Laborantes utero puellas.
Ovidius, *Fastor.* II, jubet
. . . . . Viduas cessare puellas
Penelope ipsa dicitur *puella*, cum Ulyssi jam Telemacum dudum peperisset. Scævola J. C. *puellam*
vocat, quæ erat vidua, et post alteri nupta; Agellius,
l. XII, c. 1, *puellam* vocat, quæ bis jam puerpera
fuerat, ita ut puellæ fuerint, quandiu juvenculæ.
Quidni quoque pueros appellare liceat, quandiu viridis est juventa et γόνυ χλωρόν, adeo ut pueri
hoc loco sint, quos nostra lingua *junge Herren* vel
Junckeren vocare solemus ; *Scalcke* veteribus Danis
dicti et Germanis proprie, quandiu vox illa in meliorem partem sumpta fuit, ita ut non simpliciter
servi dicti sint tales pueri, sed *Scalke* nobiliorem
servitutem servientes. Hinc in *leg. Burgund*. tit.
49, § 4 : *Ad pueros nostros, qui multam per pagos
exigunt, jusseramus adduci* : hi pueri Danis dicebantur *Whytescalke*, et Germanis, sicque in eadem
lege titulus 76, incipit de Wittiscalcis : *Pueros nostros, qui judicia exsequuntur, quibusque multam
jubemus exigere*. Illo igitur nomine gaudebant isti
pueri, qui sane pueri non erant, sed satis adulti,
officio sibi mandato pares. Soli *marescalci* nomen
vetus retinuerunt, atque quid primum fuerit vox
ipsa docet, inter pueros nempe regis eos apparuisse,
donec tempus dignitatem illustrem magis reddidit,
et ad hodiernum splendorem marescalcos evexit in
aulis. In *lege Salica* tit. 14, leges : *Si puer regis vel
litus ingenuam feminam traxerit, hoc est, raptum
commiserit, de vita componat*, et in l. *Rupuar.*, tit.
53, § 2 : *Si regius puer, vel ex tabulario, ad eum
gradum ascenderit* ; *Capitul*. Caroli et Ludovic.
impp. l. VI, c. 319, eadem ratione : *Cujus vindictæ
reus sit puer ante dominum suum, qui uxorem domini sui adulterio violaverit*. Ita quoque Gregorius
Turon. *Hist*. l. III, t. V : *Lorum sub collo positum
ac sub mento ligatum, trahentibus ad se invicem duobus pueris, suffocatus est*, ex quibus quomodo *pueri*
sint intelligendi satis percipimus; fuisse nimirum

juvenes nobiliores veteribus Danis et Germanis A
scalcos dictos. Sicque optime distingui poterunt
Vhitescalcki a Whytetheovnes, qui occurrunt in legibus Athelstani regis c. 3, apud Bromtonum p. m.
841. Sunt enim Whytescalcki, ut audivimus, ministri regis, qui multas exigunt; Whytetheovnes vero
servi pœnæ, vel ut explicat lex servus forisfactus,
qui ob maleficium suum in servitutem redactus
fuit : neque etiam Whytethegnes legendum est, ut
Bromtonus voluit, quia Thegni nomen honoris est
apud Anglos, sed Theovnes relinquendum, quamvis
et Thegni et Theovnes ex eadem radice provenerint,
tienne, Danis; Dienen, Germanis.

(¹⁰) Henrico converso de Sora. In omnibus fere
monasticis scriptis conversorum fratrum fit mentio,
qui cum monachis una vixerint, nemo tamen quid B
sint, cur ita dicantur et distinguantur a reliquis,
adnotavit; an sint illi, qui laici fratres, Lagbruder,
hodie vocantur, an vero alii? Reperiuntur sane
apud Carthusianos et Bernardinos, qui conversi
ideo ipsis dicuntur, quod mundum relinquant et
monasteriis se tradant, conversi ad meliora et
tranquilliora a turbulentis sæculi negotiis, patribus
et fratribus istorum ordinum servientes, habitu
etiam et colore distincti a cæteris fratribus, quibus
serviunt, suntque, ut dixi, similes illis, qui in aliis
cœnobiis Lagenbruder appellantur. Nullis literis imbuti ad theologiam et sacra pertinentibus. Erat
Sora ejusque cœnobium Bernardinis fratribus et
patribus ab initio dicatum, hinc etiam conversi leguntur inibi fuisse, et quia servi monachorum, C
etiam postponuntur pueris Absolonis.

(¹¹) Fialensleve. Puto esse idem prædium quod
Fienneslof lille vocatur in catalogo manuscripto
eorum, qui Soræ sepulti sunt; ubi dicitur, Absalonem inde transtulisse ossa Dni Schelmonis Hride
avi sui, et filii ejus Tuchonis de Ecclesia Fienneslo-
flille in Ecclesiam nostram, id est Soranam, adeo
ut prædium illud Fialensleve seu Fienneslof videatur fuisse paternum et hæreditarium in Absalonis
familia, ideoque fratri Esberno relictum. Supersunt
adhuc ista prædia, vocanturque Fienneslof magle
et Fienneslof lille in Selandia non procul Sora.
Magle enim significat majus in his oris, ut lille
parvum, jungiturque pluribus prædiis, quæ se dis- D
tinguere cupiunt ut Agli magle, Steen magle, etc.
Sicque videmus quid Roskildiæ Magle Kilde significet, fontem scilicet majorem, cum quo cæteri
comparati ejusdem loci, minores sunt; ob illos enim
fontes ibi scaturientes Roskildiæ nomen emersit,
majoribus ad minoribus fontibus celebre, adeo ut
quæ hactenus etymologia placuit, quasi Magle Kilde,
sit fons Magdalenæ, ex corrupto fonte petita sit, ab
iis, qui quid magle Danis antiquis sit non intel-
lexerunt.

(¹²) Monasterio de Aas. Aas monasterium situm
in Hallandia, ab Eskillo archiepiscopo Lundensi
fundatum legitur, et a Valdemaro episcopo Slesvicensi dotatum. Eskillus sedit ab anno 1138 ad 1178.

A Conjicio illud fundatum esse circa ann. 1165, et
Soranos monachos primam illuc coloniam deduxisse dicto anno, secundam quoque Soranos anno
1193 delegasse, sicque legendum apud Hvitfeldium
p. m. 148. Siden sente Sorge een Sverm Munke fra
sig til Aasz i Halland Aar 1165 (pro 1195). Nam
p. 162, ann. 1195 secundo Soranos monachos ad
Aas monasterium concessisse monet. Aar 1195
sende Soræe Kloster atter een Sverm Muncke af S.
Bernhardi Orden til Aasz Kloster udi Hulland. Hæc
causa fuit Absaloni, cur Aasensi monasterio benefaceret, et legata præcipua relinqueret, quod veluti
mater esset Sorana Ecclesia, et per illam Aasense
cœnobium incrementa sumpsisset. Ab hoc cœnobio
tritum illud in his regnis Hallands Aasz exstitit;
etiam extra Hallandiam plura loca sic denominata
memini.

(¹³) Donavit et scotavit. Hic vides verbum Danicum skisde Latina lingua donatum esse. Sæpius
enim reperitur in antiquis scriptoribus. Est autem
Scotare et skisde, idem quod tradere, et in alterius
potestatem et dominium rem transferre : patet hoc
ex litteris Christierni episcopi Ripensis circa ann.
1298 datis apud Hvitfeldium, ubi dicit, se contulisse
et scotasse, et sub reali possessione tradidisse bona
jure perpetuo possidenda. Unde vero hæc traditio,
Scotatio et scotare, tradere dici cœperit, explican-
dum est : non enim est nullius momenti, sed antiquos
tradendi ritus apud septentrionales et Germanos, imo
apud Celtas omnes, complectitur. Celtæ enim, quia
scriptioni ac litteris non studebant, sed hanc
παιδείαν a se semper alienissimam esse oportere
judicarunt, contractus tamen, ut firmi essent et
bonæ fidei, semper curarunt, eoque fine signa quædam loco scriptionis adhibebant, quæ testarentur rite
contractus impletos et perfectos esse, tradenda tradita, facienda facta esse, et promissa soluta. Inter hæc
signa erant stipulæ, unde stipulationes Romani juris
nomen retinuerunt, et stipulatæ manus dicebantur,
quæ stipulam tradebant; quæque recipiebant : stipulata manu promittere dicimus eos, quos optima
fide præstare promissa credimus, manus jungentes,
einander die hand darauf geben, quamvis hodie sti-
pula absit, quæ quondam promittentibus adesse
debebat, si stipulata manu quid fecisse dici vellent,
sic quoque festucæ et exfestucationes. Fuerunt enim
Romanis quoque tempora, quando sine scriptione
ulla in rebus transactis versati sunt, solis verborum
obligationibus et signis concomitantibus, ac memoriam rei gestæ tuentibus contenti. Ita septentrionales quoque signis maxime obviis, et quibuscunque in sinum aut gremium contrahentium conjectis,
contractus implebant, sive stipulæ essent, sive vir-
gulæ et taleæ, vel terræ pugillus, et cespes, vel
claves, chirothecæ, vel alia ; omnia enim hujusmodi, in gremium alicujus missa signa, erant contractus qui præcesserat, et rite jam ad finem per-
ductus erat, ideoque signis his in judicio productis
nulla fides denegari solebat aut poterat. Hoc illud

est, quod Dani vocarunt at skisde; et quamvis ritus illi perierint, in gremium conjiciendi, aliique ritus nunc observentur contrahentium, vox tamen illa antiqua mansit in hodiernum diem, rite enim ut contractus perficiatur, adhuc dicuntur contrahentes at skisde vel scotare. Skisd notum est esse gremium et sinum excipientis aliquid, Scoot, Germanis, Saxonibus et Belgis; Schoosz, superioribus Germanis; hinc skisde et scotare in gremium alicujus aliquid conjicere, contractus perficiendi causa; at skisde sit Darn, infantem suum gremio excipere: At skisde hannem Huus, Ager, og Eng: domum, agrum et prata alicui tradere in dominium. Saxones et Franci hunc ritum scotationis etiam alio vocabulo expresserunt, vocarunt enim lesowerpum, quod tamen eodem redit cum scotatione; composita enim vox est Lisze, veteri Danico vocabulo, et in usu hodierno manente, quo gremium significatur, et quidem gremium inferius ad alvum, quæ pars corporis apta nata est ad colligenda et excipienda omnia a sedentibus, ideoque a læse et lese nomen retinuit, quod in eum sinum colligantur omnia, scribiturque propterea et Laisum et Lesum. Junctum vero werpum itidem Germanicæ originis vocabulum est, werpe, jacere, conjicere, een Werp et Worp, jactus, hinc werpum Latina flexione, et laiso werpum, jactus in gremium, et Skisde Danice, scotatio. Huc spectat totus titulus Legis Salicæ XLVIII apud Lindenbrogium, qui quoniam totam rem explicat et notabilis est, afferri debet. Sunt autem ejus verba hæc: Hoc convenit observare, ut tunginus vel centenarius, mallum indicent, et scutum in ipso mallo habeant, et tres homines causas tres demandare debent in ipso mallo, et requiratur postea homo, qui ei non pertinet, et sic festucam in laisum jactet, et ipsi in cujus laisum festucam jactaverit, dicat verbum de fortuna sua, quantum ei voluerit dare. Loquitur hæc lex de exfestucatione bonorum et fortunarum, quas quis alteri donare vult, hæredem eum instituendo. Pergit igitur: Postea ipse, in cujus laisum festucam jactaverit, in casa ipsius manere, et hospites tres suscipere, et de facultate sua, quantum ei datur, in potestate sua habere debet, et postea ipse, cui creditum est, ista omnia cum testibus collectis agere debet: postea aut ante regem, aut in mallo legitimo, illi cui fortunam suam deputavit reddere deberet, et accipiat postea festucam in mallo ipso ante duodecim menses, ipse quem hæredem deputavit, in laisum suum jactet, et nec minus nec majus, nisi quantum ei creditum est. Et, si contra hoc aliquid dicere voluerit, debent tres testes jurati dicere, quod ibi fuissent in mallo, ubi tunginus vel centenarius indixerunt, et quod vidissent hominem illum, qui fortunam suam dedit in laisum illius, quem jam elegerat, festucam jactare, et nominare illum debent, qui fortunam suam in laisum electi jactavit, nec non et illum, in cujus laisum festucam jactavit, et hæredem appellavit, similiter nominent. Et alteri tres testes jurati debent dicere, quod in casa illius hominis, qui fortunam suam donavit, ille in cujus laisum festucam jactavit ibidem mansisset, et hospites tres vel amplius collegisset et pavisset, et ei ibidem gratias egissent, et in heudo suo pultes et testes collegissent. Ista omnia alii tres testes jurati dicere debent, quoniam id mallo legitimo, vel ante regem, ille qui accepit in laisum suum fortunam in mallo publico, hoc est, ante theada vel tunginum fortunam illam quem hæredem appellavit, publice coram omnibus festucam in laisum ipsius jactasset, et hæc omnia novem testes debent affirmare. Videmus hic ritus omnes in scotationibus observari solitos, quando quis fortunarum suarum hæredem aliquem eligere et instituere optabat. Sic quoque in aliis alienationibus locum habebat Skisde, et scotatio, seu laisowerpum, ut in legatis, hoc loco, quæ quandiu in prædiis et agris erant, additur, donavit et scotavit. Cætera bona mobilia dare et donare solum sine scotatione legitur Absalon noster. Formulæ quoque Marculfi de his laisowerpis loquuntur ut form. 43 de laisowerpo per manum regis, et in ipsa formula: Nobis per festucam visus est lesowerpisse vel condonasse, et mox: Nobis voluntario ordine visus est leisowerpisse vel condonasse, hoc est, testes adfuerunt videntes, quod in sinum regium festucam miserit, et donationem suam sic perfecerit, ita ut nihil potuerit esse firmius aut stabilius quam coram rege laisowerpire vel scotare, vel per manum regis: unde formulæ dictæ initium tale est Quidquid in præsentia nostra agitur, vel per manum nostram videtur esse transvulsum, volumus et jubemus, ut maneat in posterum robustissimo jure firmissimum.

(14) Ad mensam canonicorum. Peculiares villæ et prædia ad sustentandos monachos olim et clericos, in monasteriis et collegiis destinare solebant, quoniam cœnobitæ erant, ex communi mensa ac quadra viventes, ita ut ubicunque magnus numerus fratrum, ejusdem mensæ et convictus degebant, multa quoque prædia necesse esset servire, isti numero alendo sufficientia. Hinc Taffelgutter apud Germanos, regum et principum mensis destinata bona. A Persis hic mos primo manasse creditur; illi enim alia prædia mensæ, alia vestibus, alia venationibus dieasse leguntur.

(15) Esbiruth. Puto esse eamdem villam, quæ vocatur Esperod: in qua circa annum 1329 adhuc archiepiscopus Carolus Lundensi capitulo curiam unam donavit, ut habet Chronicon episcopale Hvitfeldii.

(16) Saxulstorp. Non frustra videtur additum in Ruma, ut distinguatur scilicet ab alia ecclesia Saxeldorp, quam Isarnus archiepiscopus an. Chr. 1505 eidem capitulo Lundensi contulit: et diversæ Ecclesiæ ejusdem licet nominis esse debent, neque enim quæ jam semel donata acceperant, rursus donata potuerunt agnoscere fratres illi ac canonici.

(17) Fratribus. Hodie canonici fratres desierunt appellari.

(¹⁸) *Utriusque coronæ.* Intelligit lychnuchos et candelabra illa brachiis in coronam cincta et diffusa, atque in ecclesiis nostris suspendi solita eorum fuisse duo in ecclesia Lundensi indicat, quibus ceram et cereos hoc legato procurat, et Danica ac Germanica lingua vocantur aut simpliciter *Króner, Kronerue i Kirken,* aut ut clarius distinguantur a cæteris coronis, addi solet *Liusekroner, Lieth-Kronen.* Ex orichalco plerumque fusa videns et ad majorem ornatum ac splendorem etiam ex argento; quod quoque conatum esse Absalonem archiepiscopum in sua ecclesia audiemus infra.

(¹⁹) *Monasterio B. Laurentii.* Indicatur Lundense monasterium adjunctum ecclesiæ cathedrali; tota enim domus Lundensis, ecclesia cum monasterio S. Laurentii martyri dicata fuit, nomenque ejus præferebat; exstant æreoli nummi, qui passim effossi sunt, cum crate Laurentii, indicantes se prodiisse ex moneta episcopali Lundensi. Novimus enim in Martyrologiis adnotatum esse, B. Laurentii martyrium peculiare et excogitatissimum fuisse, eumque crati impositum ignibus subjectis tostum jacuisse, hosque cruciatus adeo spretos a constanti et sancto viro, ut mediis in flammis exclamaverit, jusseritque in alterum se latus verti oportere, quod alterum jam satis tostum sibi videretur. Ideo hi nummuli cum crate sunt.

(²⁰) *Quatuor marcas argenti.* De marcis nunc nihil dicam, earum nomen Danicum esse, et ex septentrione primum ad omnes, qui marcis vel usi sunt vel hactenus utuntur pervenisse. Marca autem argenti est sedecim semunciarum pondus argenteum, nostra moneta octo unciales thaleros reddens: ita ut quatuor marcæ argenti faciant 32 unciales, et quæ sequuntur centum marcæ sunt 800 unciales thaleri, et quinquaginta, quadringenti. Hæ sunt marcæ argenti, *Mark Eslf;* aliæ erant marcæ denariorum, *Mark Penge,* exstantque inter nostras marcas, marcæ denariorum Scaniensis monetæ, aliæ Selandensis, aliæ Jutensis. Scanienses denarii et marcæ, Absalonis hujus temporibus, præponebant Selandicis altero tanto, et diu post etiam. Quatuor marcæ denariorum Scaniensium, octo vero marcæ denariorum Selandensium, requirebantur ad unam marcam argenti conficiendam, ita ut uncialis thalerus apud Selandenses id temporis fuerit marca denariorum. Duo vero unciales apud Scanienses marcam denariorum Scaniensium reddebant. Et quia sedecim denarii faciunt marcam denariorum, videmus quemlibet denarium Scaniensem argenteum valuisse hodiernæ monetæ sex asses Lubecenses, atque sic æquales fuisse denariis Romanis: denarios vero Selandicos valuisse tres asses Lubecenses, seu quinarium Romanum. Hæc tunc temporis erat magnitudo et pondus denariorum Scaniensium ac Selandensium. Valdemari I denarios non semel vidi, pondere dimidiæ drachmæ, vel trium assium Lubecensium singulos; at Scaniensis ponderis drachmales denarios nullos; unde

haud statim colligitur, eos illo pondere nunquam cusos fuisse, quod nusquam hodie exstent, vel in Germania, vel in Gallia, vel in Anglia, vel in Dania Sueciave, Romanis licet salvis et superstitibus, et trium assium denariis vetustis passim in dictis regionibus occurrentibus. Ut nulla causa sit cur denarii drachmales horum populorum non etiam servati essent. Et fateor hanc rationem valde stringere contra denarios Scanienses et Slavicos; nam et hi ejusdem ponderis erant, ita ut quatuor marcæ Slavicæ facerent marcam argenti. Novimus tamen veteres denarios, in primis argenteos, conquisitos fuisse sedulo, quoties novi denarii cuderentur, et ad monetam edictis severis propositis redire debuisse, ne nunc addam de argentariorum opificum officinis, quæ argenteos nummos omnes, et quibus fuerunt sperare possunt, conflant et disperdunt. Ab illis hominibus præcipua nummorum calamitas fluit, illi nummos omnes absumunt alicujus frugi vel pretii, regesque cogunt ac principes tot monetas adulteriis fœdare, cum his harpiis alias non possit occurri. Non aureæ messes ullæ, non ulla Gargara aut montes auri vel argenti in nummos conclusi, ab istis lucripetis tuti erunt, vel sufficient. Sic, ut mihi mirum non videatur, tam paucos nummulos veterum Danicorum superesse, et qui supersunt, esse ex vilioribus, quod præstantiores dictorum argentariorum avaritia jamdudum inhians uncis manibus traxerit. Neque tamen existimet aliquis, cum marcas argenti et marcas denariorum, hic legit, unum aliquem nummum cusum tunc temporis fuisse, qui marcam argenti et marcæ pondus, in argento repræsentaret: minime gentium. Supra denarios tunc nulli nummi cudebantur: cætera nomina, nummorum pondus erant, nihilque præterea; sic denarii Scanienses sedecim marcam denariorum reddebant, denarii 64 marcam argenti: denarii Selandici 16 marcam denariorum constituebant, et denarii numero 128 marcam argenti, erat enim, ut dixi, Selandicus denarius Scaniensi dimidio minor. Civitates Hanseaticæ, Lubeca, Hamburgum, Wismaria et Luneburgum primæ fuerunt, quæ marcæ nomine nummum produxerunt an. C. 1506, non ante. Quæ erat marca denariorum Lubecensium aut Slavicorum, non vero marca argenti: sedecim enim asses Lubecenses tunc illum nummum etiam ingrediebantur, sed multo minores quam olim. Neque enim hæc marca denariorum continebat nisi 32 asses hodiernos, Lubecenses, ita ut denarii Lubecenses illo tempore fuerint duorum assium hodiernorum, sicque anno 1506 denarii recesserint ac defecerint duabus partibus ab antiquis. Hic nummus dicebatur *Markstuck,* quorum duodecim marcam argenti faciunt. Supersunt enim adhuc illi nummi, sed vix istos prædones argentarios effugiunt, primæ monetæ præ primis, quod illi secundis et tertiis sequentibus fuerint puriores. Illæ enim civitates tunc marcam denariorum ad peculiarem statum redegerunt, et loco denariorum

25

scillingos sedecim marcæ denariorum tribuerunt, scillingo vero cuique denarios duodecim; unde postmodum |sillingum fecerunt, ita, ut denarii 2504 schillingi vero 192 marcam denariorum effecerint, duodecimque marcæ denariorum unam marcam argenti. Hic erat status marcæ Lubecensis sæculo priore, ad quem redacta fuit per dictas civitates, quæ propterea nummo huic inscribi curarunt : Status marcæ Lubicensis 1506. Recesserunt vero paulatim ipsi ab hoc statu, nullam aliam ob causam quam veterem illam, argentariis istis argentum omne eripientibus, crescente luxu supellectilis cum divitiis civium, donec ad dimidium marca etiam illa prolapsa sit, hodieque 24 marcæ denariorum, 384 scillingi, denarii vero 1608 Lubecensis monetæ ad marcam argenti explendam requirantur.

(²¹) *Midsommers Gilde.* *Midsommer* tempus est mediæ æstatis mense Junio et circa festum S. Joannis. *Gylde* est a *Gielde,* census quem solvere debent. Germani vocant eadem ratione *die Gulten.*

(²²) *Propter justitiam exsulanti.* Archiepiscopus ille Ericus dictus est *Cæcus,* quod oculorum vitio laboraret; sponte sua exsulatum abiit in Daniam, nemine cogente, Suerro Magno rege Norvegiæ æquas conditiones volente, quas cum accipere nollent, nec archiepiscopus, nec episcopi, ut reges Daniæ et Sueciæ in eum concitarent cessabant, exsilio arrepto eo citius commotos iri reges sperantes. Hæc causa est, cur legata archiepiscopo et episcopis Norvegiæ Absalon hic nuncupet, quia tunc aderant omnes in Dania. Suerrus ab ann. 1178 regnum capessere cœpit. Ericus archiepiscopus *in Catalogo episcoporum Nidrosiensium* electus ponitur ad ann. 1184. Mox a Huitfeldio Suerrus ad ann. 1195 mortuus scribitur : quod sane si verum esset, omnis hæc chronologia Testamenti Absalonis concideret, et ante annum 1195 nuncupatum fuisset, siquidem episcopi, Suerro mortuo, redierunt protinus in Norvegiam ad suas ecclesias. Illud igitur Huitfeldio imposuit historia quædam minus fida, quid pro quo quæ solet arripere. Verumtamen est hoc anno 1195 die sanctorum Petri et Pauli Suerrum publice primum coronatum ac proclamatum esse regem Bergis, testante Chronico Norvegico p. m. 524, nisi quod perperam annum addiderint in margine 1194. Ipsa enim verba : *Om Buaren derefter,* hoc est victoriam Suerri contra Sigurdum Magni excipiente; victoria sane illa anno 1194 Suerro obtigit, ergo vernum tempus, quod sequitur, est anni 1195, quo comitia coronationis suæ Suerrus indixit ad diem Petri et Pauli. Verior igitur est sententia Chronici Norvegici, Suerrum obiisse ad a. C. 1202, viii Idus Martii, Bergis; coronatum esse 1195 die Petri et Pauli, cœpisse regnare 1178. Suerri temporibus ita constitutis, jam etiam de episcoporum temporibus ad hæc Testamenti verba elucidanda quædam afferamus. Dixi Ericum electum 1184, Oysteino archiepiscopo adhuc vivente, quod ille

viribus defectus muneri haud amplius superesse posset; mortuo deinde Oysteno circa an. Ch. 1186, durantibus adhuc seditionibus et partibus, electus mansit Ericus usque ad an. 1188, quando Roma pallium petiit et impetravit. Sic constitutus archiepiscopus cœpit Suerro se variis modis opponere; quæ cum Suerrus valde moderatus et mitis exciperet, hominemque sedare cuperet, ille tanquam oleo affuso flammas flammis addidit, et incendia incendiis, ita ut Suerro necessitas dictaret acrius contraire, et hæc imperia circumscribere, quæ non ferens archiepiscopus, circa an. 1191 excessit, evasit, erupit in Daniam. Hæc illa est justitia, ob quam exsulare hic dicitur, et legatis archiepiscopi Absalonis non parum recreatus invenitur. Cæteri tamen, qui hic nominantur episcopi Norvegici, non cum archiepiscopo exsulatum iverunt, sed post Suerrum coronatum 1195 aut 96 in Daniam quoque ad archiepiscopum perrexerunt, tantumque effecerunt suis inspirationibus, ut Canutus, rex Daniæ, exercitum contra Suerrum miserit in Norvegiam, qui victor magnis calamitatibus Norvegiam attrivit, donec ad an. 1201 cæsus adeo fuit a Suerro, ut respirare rursus non potuerit. Hæc *Chronicon Norvegicum* docet, et addit p. 530, archiepiscopum et episcopos non rediisse ad sedes suas in Norvegiam ante an. 1203, Suerro mortuo, et Haquino ejus filio regnante, ac cum episcopis transigente; sicque rursus evincitur Testamentum hoc Absalonis non nisi circa finem vitæ ipsius conceptum fuisse.

(²³) *Nigello episcopo.* Is an. 1190 Stavangriensem episcopatum sortitus erat, et 1196 cum Nicolao Asloensi Daniam petebat. *Nield* vocatus in Chronico Norvegico, sed in *Catalogo episcoporum Stavangriensium* apud Huitfeldium et male nomen se habet, et annus adjectus 1185, vocatur enim Nicolaus, qui est Niellus, Nigellus et Nialus, nomen Norvegis non ignotum; etiam in Chronico Norvegico erratum est, quando reditum ejus p. 530 adducit, ubi *Niæfsz* impressa habent pro *Niæld.*

(²⁴) *Ivaro Hamarcopensi.* Hinc discimus oppidum primarium Hammerensis diœceseos illa ætate non *Hammer,* sed *Hammerkisbing* dictum fuisse, vulgus tamen, cui omnia verba, si liceret, sunt monosyllaba (ita omnia contrahunt), *Hammer* potius vocarunt quam *Hammerkisbing.*

(²⁵) *Nicolao Asloensi.* Legendum *Asloensi,* Norvegis *Opsloe,* hodie est *Christiana,* postquam Christianus IV illam transposuit et nitidius ædificari curavit, quæ ut diutissime floreat exopto, quoniam civitas mihi patria est, quam puer nondum biennis et ex uberibus adhuc pendens reliqui, nec postea videre contigit. Nicolaus autem episcopus princeps facile tunc erat episcoporum, qui episcopatum susceperat anno 1190, et cæremoniis coronationis Suerri anno 1195 præsidebat, Nicolaus Arneson in *Chronico Norvegico* appellatus; cui legatum uncius propterea contulit archiepiscopus, quod prudentia in rebus gerendis cæteris exercitatior esset

et acceptior, licet ultimo loco inter episcopos ponatur, quod post cæteros episcopatum adeptus
esset.

(²⁶) *Ciffum argenteum.* Ciffus hic pro *scypho* ponitur, Danice dicitur *een Skaal* proprie : cujus figura vasis qualis sit neminem nostrum latet, facilius tamen oculis quam calamo describitur. Alii
enim scyphi in pateræ formam minus profundi,
nec gibbo satis conspicuo intelliguntur ; alii majores et profundiores gibbosioresque, plerique rotundi et patentes ; qua scilicet forma maxime differunt a cæteris poculis, quæ et sunt altiora, et
minus patent scyphis. Græcæ originis est vocabulum et antiquitatis magnæ, Homero satis cognitum ;
quod ipsum, qui a Scythis factum esse scyphum et
derivari crediderunt, satis confutat, inter quos
Græci ipsi hallucinati sunt, et in primis Athenæus
l. xi. Neque enim Scythæ Homero aut Hesiodo
noti aut dicti sunt, σκύφοι vero sunt, adeo ut Scythis ipsis antiquius nomen sit scyphi. Melius forte
apud eumdem Athenæum divinarunt, qui ἀπὸ τῆς
σκαφίδος scyphum denominatum voluerunt, quod
plerumque scaphæ figuram imitarentur : sed cum
scaphia dicta sint ista vasa peculiariter, haud etiam
isthuc scyphorum originem referre licet. Quin etiam
scyphi scaphiis priores sunt, ut jam dixi, adeo ut
originem antiquiora a serius accedentibus petere
non possint. Eustathius mihi videtur optime ἀπὸ
τοῦ κύφους et a gibbo deduxisse ; sunt enim scyphi
fere omnes ὀπισθόκυφοι, et gibbum insignem con-
vexum, qui concavo suo respondeat, præferunt pede
humili addito, cui gibbus innititur. Homero est
τὸ σκύφος neutro genere, ut et Phædimo et Theo-
crito :

Δουρατέον σκύφος εὑρὺ μελιζωροῖο ποτοῖο,

ut antiquitatem primi orbis elucere in scypho
ligneo videamus, eum nondum argenti aut auri, aut
æris, aut stanni tanta copia suppeteret, sed lignea
fere suppellex omnis sufficeret. Tibullus quoque sa-
ginum scyphum commemoravit l. i eleg. 10, v. 2. Ad
formas varias scyphorum pertinet Stesichori σκυφίον
δέπας, *poculum scypho simile*, quod tam poculum
quam scyphum refert ; et ᾠοσκύφια apud Athenæum,
quæ ovorum figuram repræsentarunt quales scyphos
etiamnum hodie servamus. Cur vero hic *ciffi* exstent non scyphi, ex pronuntiatione et scriptione
diversa manavit. Quidam enim *sci* pronuntiant ut
zi et *ci*, sic *scire. nescire* emolliendo pronuntiamus,
cum σκύθρωπὸν nimis videatur per *skire* et *neskire*
illud efferre. Interim Græcizant multa verba ; et
more Græcorum exprimuntur, ut *scyphus, Scythæ,*
sceptici, quæ quoque Latinizant apud multos, ut
cyphos et *ciffos,* et *Cythas* et *Cepticos* pronuntiari
audiamus potius, ne dura sit nimis pronuntiatio,
sed delicatior auribus illabatur, idque ad scriptio-
nem etiam extenderunt, præcipue in verbo *ciffus,*
ubi φ Græcum, *f* Latino gemino compensarunt quoque, nam et Græce dicitur σκύπφος Hesiodo :

Πλήσας δ'ἀργύρεον σκύπφον φέρε δῶκε δ'ἄνακτι.

Hinc igitur *ciffi* in hoc Testamento scripti exstiterunt.

(²⁷) *Scutellas argenteas.* Cicero *scutellæ* voce usus
est, sed alia significatione quam huic loco convenit ;
sumitur enim Ciceroni pro poculo, ex quo propinatur, l. iii Tuscul. quæst. : *Eripiamus huic ægritu-*
dinem, quo modo ? collocemus in culcita plumea,
psaltriam adducamus, hedrychum incendamus, demus
scutellam dulciculæ potionis, aliquid provideamus et
cibi. Delicatulo delicata maxime verba dat, hinc
illa *scutella* Ciceroni nata, et *dulcicula.* Nam ad cibos apponendos non scutellam requirit, sed vas
aliud : differt ergo Ciceronis scutella ab his nostris.
Scutella tamen Martialis usus est pro patina et paropside, qua cibi apponuntur, comparat enim eam
cum lancibus et gabatis, l. xi :

Sic implet gabatas paropsidesque,
Et leves scutulas cavasque lances.

quin et l. viii :

Bessalem ad scutulam sexto pervenimus anno.

Patinas ergo significat scuto similes. Quin enim
scutulæ et scutellæ ex scuto descendant, nullum est
dubium, adeo ut Cicero quoque l. ii De nat. deor.
scutulum dixerit. pro parvulo scuto. Hodie *scutulæ*
et *scutellæ* pleraque sunt rotundæ, olim oblongæ ad
scuti Romani formam, unde dictæ sint. Sic araneæ
tela dicitur Plinio *scutulata,* l. xi, c. 23, ubi lacunæ
oblongæ in retibus apparent, non rotundæ plane,
ut volunt aliqui. *Quanta arte,* dicit, *velant pedicas,*
scutulato rete grassantes. Prout enim in retibus videmus lacunas internodiis suis distinctas, quas
Germani et Dani *Masken* vocare solent, oblonga ro-
tunditate sibi invicem junctas, sic scutulas retis et
telæ aranearum eleganter illas appellarunt : quin et
scutulam corticis eadem ratione scripsit eximi arboribus idem Plinius l. xvii, c. 16, ubi insitionis artem elegantissimis verbis describit : *Amputatis om-*
nibus ramis, ne succum avocent, nitidissima in parte,
quoque præcipua cernatur hilaritas, exempta scutula,
ita ne descendat ultra ferrum, cortici imprimitur ex
alia cortex parcum sui germinis mamma. Hoc igitur
quod eximitur, qua forma eximi contingat, docet
esse nimirum scutulæ formam aptissimam, non rotundam plane, sed oblongam. Vox igitur rebus scuto
vulgari minoribus, ejus tamen formam referentibus
ab antiquis applicata, nam et *scutulatæ* vestes et
equi dicuntur, talibus figuris reticulatis sparsi,
pommelez vocarunt Francici, *Apffelgrave Pferde*
Germani. Hinc quoque *scutrum,* vasis genus, quod
instar scuti se porrigat, prout hodie lebetes multi
præcipue, quos *Spulkessel* vocamus, ad vitra et pocula emundanda aquam habentes, hi enim prop. ie
scutra dici possunt, legiturque vox ea apud Varronem, et Plautum in *Persa,* act. 1, sc. 3 :

Bene ut in scutris concalcant, et calamum injice.

Unde constat æreum fuisse, ut igni admoveri potuerit, et scutiforme. Ut *scutriscum* ejusdem formæ
vasculum apud Catonem *De re rust.,* c. 10. Hæc
omnia a scuto ejusque forma Romanis desumpta

sunt et in linguam introducta, licet ipsa vox *scuti* A Græca sit, et σκύτος *corium* originem Latinis monstraverit. Jam vero cum ista forma scutularum oblonga incommodior cœperit esse in patinis et patellis, ad rotundam formam redactæ sunt, et nihilominus *scutulæ* perrexerunt vocari. Si enim ab initio ista forma rotunda patinis fuisset, non *scutulæ*, sed *clypea* dici meruissent, quod clypei essent rotundi, non oblongi velut scuta. Optime vero *patinæ* nomen *scutularum* profunditatem exprimit, quod totæ pateant, nulla fere profunditate gaudentes, planæ et humiles, *flach und plat*, unde Franciei patinas appellarunt *des plats* et scutulas *des escuelles*. Itali et Hispani quoque in suam linguam receperunt, ita ut Germanos etiam eam vocem retinere voluisse mirari non possim, qui *Skottel* et Belgice *Schootel*, in superiori Germania *Schussel* patinas appellant, velut scutulas et scutellas orbes et quadras quæ nobis *Telle* et *Tellerfen* dicuntur, a *telle* scindere, vel quod ligneæ essent, ex ligno paratæ cultro, et in formam redactæ, vel quod cibos in illis scindamus. Dani enim et septentrionales vix illam vocem *Skottel* admiserunt. Fuerunt tamen tempora quando in Islandicam aut veterem Danicam nomen illud concessisse licet observare. Notus illis fuit *Scutilsvein*, et dictum legimus in aula eum qui omnem illam supellectilem suæ custodiæ demandatam habuit. Hæc autem pompa ministeriorum aulicorum circa tempora Olai Kirre regis Norvegiæ cum novis nominibus etiam ultimo septentrioni placuit. Veteres C enim mores et nomina adhuc in Dania supersunt, ubi scutellæ non nisi *Fade* dicuntur, quod cibum capiant, et *Fadebur* locus, ubi vasa talia servantur, et *Fadeburs Pige* ancilla, quæ proma conda talium habebatur. Pomposius erat autem in comitatu ministros habere peculiares argento et auro præpositos, quos *SSIf Poppe* vocare solemus, aut qui fercula patinis allata regibus deserviunt, *Credentzer*, *Vorschneider*, *Dugsvenne*, ut *Kertisveini* vocabantur, qui cereos præferebant, et tenebant ad mensam sedentibus regibus. Tam late igitur se sparserunt *scutellæ*, per omnes linguas, et ab hac origine nomen in usum fuit receptum.

(²⁸) *Dno regi.* Hic regem præcedunt archiepiscopus et episcopi Norvegiæ, licet exsules.

(²⁹) *Mirabiliter fabrefactum,* hoc est magna et mirabili arte, cui tunc aurifices non obiter studebant, præclara edentes opera. Cornu aureum, quod inter κειμήλια regum Daniæ stupendi operis est, has artes veterum maxime commendat, est enim peculiare tam arte quam ingenio, cui vix simile reliquus orbis ab ea ætate producere potest. Et quia Mexicanorum aurificia paganica scriptoribus laude dignissima passim recensentur, Mexicanos autem pariter ac septentrionales nostros e Scythia primum transiisse docemur, majores nostros magni ingenii et solertiæ homines fuisse fateri necesse est, omnes reliquos facile superantes. Nam quæ hodie vulgares et inficeti ac paupertini ruricolæ in Norvegia plures, tam in

ebore, dente Rosmari, et lignis unico cultello præstant artificia, malo tacere quam antiquis his comparare.

(³⁰) *Dnus Suno.* Erat filius Ebbonis filii Skialmonis Candidi, patruelis Absalonis, cui plures filii, Petrus Sunonis episcopus Roschildensis, et Audreas Sunonis, qui hic dicitur cancellarius, sed Saxoni Grammatico *Epistolaris regius*, quique Absaloni in archiepiscopatu successit. Mortuus est ille Suno Ebbonis a. C. 1186. Ebbo pater ejus a Suenone Gratiæ præfectus Roschildiæ constitutus diem suum obiit an. 1150. Sensus autem verborum est, Sunonem 130 marcas argenti Absaloni debuisse, quod debitum Petrus ac ejus fratres hæredes, Sunonis filii, Absaloni reddere tenebantur; sed nunc iis hoc remisit, nec unquam postliac exigi voluit, sunt unciales thaleri 1040 nostræ monetæ.

(³¹) *Episcopo Roschildensi.* Est idem Petrus Sunonis, cujus patri Absalon archiepiscopus 130 marcas, ipsi Petro 48 concesserat, hoc est mutuo dederat. Absalon archiepiscopus Lundensis factus, episcopatum Roschildensem non dimisit statim, sed donec Petro huic Sunonis, patrui sui filio, illum tradere posset, retinuit, usque ad annum 1192. Seditque usque ad annum 1214 postridie Simonis Judæ mortuus. In eo autem errat *Chronicon episcopale,* quod Huitfeldius edidit, dum eum Valdemari regis cancellarium dixit, sicque successerit necesse est fratri suo Andreæ in hoc officio, postquam is Lundensem archiepiscopatum suscepit; sed de hac re nulla nos docent monumenta, quin et sequitur statim in iisdem verbis alius error, quo Petrum fratris Absalonis filium, *hvis Brodersön hand var*, facere voluerunt, cum fuerit Petrus Absaloni pronepos ex patruo Ebbone. Hæc igitur notanda et emendanda.

(³²) *Dno cancellario.* Hic est Andreas Sunonis frater Petri episcopi Roschildensis, qui tunc erat cancellarius regis Canuti, et epistolaris Saxoni, quod cancellarii nomen vulgare ipsi minus Latinum videretur.

(³³) *Dno Esberno.* An fratri Absalonis Esberno Snare? an alii Esberno ipsius Absalonis propinquo? forte fratri Petri et Andreæ Sunonis? Utrumque intelligi potest; sed alienum est Esbernum archiepiscopi fratrem aliis remotioribus postponi, cujus legata præponi maxime debebant aliis propinquis. Nec Esbernum Snerling significari judico, filium Nicolai Mule, filii Esberni Snare. Vix enim eum natum Absalon vidit, aut si vidit, filios ejus videre non potuit, quos hic adducit. Necesse est igitur alius Esbernus hic indigitatur, sed quinam revera sit, minime liquet; ex Sunonis prosapia esse cum Petro et Andrea, qui proxime præcesserunt in hoc Testamento, non videtur absimile. Infra nominatur Esbernus Mule, qui loricam Absaloni dederit, quem Absalon rursus legavit Ulfo fratri Petri Stabularii sui. Hunc ego Esbiörnum esse puto, qui hoc loco significatur, quique occurrit cum Absalone ipso memoratus in *Lapide Aasunensi Scaniæ,* apud Wormium p. m. 171.

Nam cum filium Nicolai Mule faciunt, ego quidem non assentior; cum jam dixerim Esbernum Nicolai Mule filium nec cognomen illud gestasse, nec ejus ætatis fuisse, cum Absalon moreretur, ut cum eo stare ac res gessisse dici potuerit, quod et ipsum Saxum videtur testari, ubi conjunguntur Absalon archiepiscopus, et Asbiorn Mule, quasi pares ætate. Nam Nicolai Mule filius dictus est Esbiorn *Snerling*, pro quo *Suerting* legit Wormius ex genealogia Martini Petreii. Sive igitur *Snerling* sive *Suerting* cognominatus fuit ille Esbernus Nicolai Mule filius, non est omnino ille Esbernus, qui in Testamento Absalonis hic, et in *Lapide Aasumensi Mule* cognomen tenuit, sed alius Esbernus ætate major, et par Absaloni, patrui forte Sunonis vel Ebbonis vel Tockonis filius. Multi sane Esberni in Absalonis familia memorantur, nullus vero convenit Absalonis ætati, præterquam frater ejus Esbernus Snare, et qui hic nominatur Esbernus *Mule*, quem etiam Nicolao Mule majorem existimo, et ætate præcessisse. Mihi quidem videtur nil obstare, quominus Esbernus frater Absalonis intelligi potest. Esbernus Mule etiam infra non vocatur Dominus, quo nomine Esbernus hic tamen gaudet.

(³⁴) *Hildebrand fecerat*. Moris hoc fuit veteribus ab artifice etiam dona commendare et æstimatiora censere. Sic apud Plinium l. xxxiii, c. 11, L. Crassum scyphos *Mentoris* artificis manu cœlatos *sestertiis centum habuisse* scribit. Sic Martialis, lib. vi, ep. 92:

Cœlatus tibi cum sit, Ammiane,
Serpens in patera Myronis arte;

et l. iii, ep. 35:

. . . . . quem tenebat
Artis Phidiacæ toreuma clarum
Pisces adspicis; adde aquam, natabunt.

Sed omnium optime Virgilius Eclog. 3:

. . . . pocula ponam
Fagina, cælatum divini opus Alcimedontis:
Lenta quibus torno facili superaddita vitis,
Diffusos hedera vestit pallente corymbos.
In medio duo signa, Conon; et quis fuit alter?
Descripsit radio totum qui gentibus orbem,
Tempora quæ messor, quæ curvus arator haberet.
Necdum illis labra admovi, sed condita servo.

Dᴀ. Et nobis idem Alcimedon duo pocula fecit,
Et molli circum est ansas amplexus acantho:
Orpheaque in medio posuit, silvasque sequentes.

Eadem ratione septentrionales suos artifices habebant eximios, inter quos Hildebrand non postremus fuit, qui scyphum istum argenteum arte sua commendatissimum reddidit, quem Absalon Esberno donavit.

(³⁵) *Duo Alexandro*. Hic Alexander nepos fuit Absalonis ex sorore Ingefrith, ut didici ex illorum catalogo manuscr. qui Soræ sepulti sunt: ibi enim dicitur sepultus *juxta introitum chori dominus Alexander nepos Dn. Absalonis archiepiscopi ex sorore Ingifrith*, et in *Genealogia Absalonis* manuscr. quæ

penes me est, idem habetur his verbis: *Insuper supradictus dominus Ascerus Ryg genuit filiam Ingifrid, ex qua Alexander, a quo Absalon, Alexander et Nicolaus*. Hæc Genealogia Absalonis ad illustrandum hoc Absalonis Testamentum unice facit, debueraque juxta edi, sed parco sumptibus, quos nemo suppeditat, ideoque in alia tempora cum locupletior ero, hæc et alia servare premereque necesse est.

(³⁶) *Et loricas quas habebat*. Absalon scilicet archiepiscopus, et indicant Alexandrum sororis ejus filium insignem militem fuisse, dignum cui tanta dona loricarum archiepiscopalium legarentur, erant enim tunc loricæ auro contra, et ἄλλων ἀντάξιαι πολλῶν.

(³⁷) *Et duobus filiis suis*. Genuit Alexander tres, Absalonem, Alexandrum, Nicolaum, ut ex observatione præcedente constat. Aut igitur unus eorum post Testamentum factum accessit, aut ante Testamentum decesserat.

(³⁸) *Dnæ Margaretæ*. In familia Dn. Absalonis multæ sunt Margaretæ; nam Skialmo Candidus filiam habuit Margaretam, quæ ingressa est cœnobium Roschildense; hæc nimis est remota ab Absalone ejusque legatis. Habuit autem alteram quoque filiam Cæciliam, nuptam Petro Torst de Pedershurg, genuitque Ingerdam, quæ nuptum collocata Vagno filiam inter cæteros progenuerunt Margaretam, ex qua Vogn Gallen, et ex Vogno rursus Margareta, quæ uxor facta est Juris Stigson, viri celeberrimi. Hæc igitur Margareta, Ingerdæ filia, videtur indicari, cui legatum hoc Absalon relinquere voluit, utpote pronepti ejus ex amita Cæcilia. Erat et Altera Margareta filia Sunonis filii Ebbonis, filii Skialmonis Candidi, ideoque proneptis et illa Absalonis ex patruo Ebbone, cui hoc legatum convenire poterit: sorori utpote Andreæ archiepiscopi et Petri Roschildensis, quibus hic queque legata scripta reperiuntur, fateorque me suffragium pro hac ultima Margareta ferre posse, quod videam Absalonem in Sunonis familiam propensum maxime toto hoc Testamento ferri.

(³⁹) *Rojanorum idolorum*. Rugianorum ex insula Rúgia hic indicantur: Novimus enim Valdemarum primum regem Rugios non solum devicisse, sed et Christianos effecisse, atque Absalonem præcipuum hujus militiæ ducem exstitisse. Idolis autem istis suos Flamines, et ingentem familiam fuisse, variique generis supellectilem auream et argenteam, manifestius est, quam ut hic prolixe repeti debent: sufficit scire, ex ista præda Absalonem hos scyphos servasse, egregiosque fuisse, ut servari mererentur.

(⁴⁰) *Canonicis de Paraclito*. Indicantur Ebelholtenses canonici monasterii S. Thomæ, quorum abbas tunc fuit Wilhelmus, quem Parisiis Absalon evocatum per Saxonem præpositum Roschildensem non per Saxonem Grammaticum, isthic loci constituerat. Vocatur hoc cœnobium ad S. Paraclitum, *zum heiligen Geist*, locus autem, ubi situm ac fundatum erat hoc coenobium, non procul Roschildis distabat, in insula *Eschilds oe* dicta et dicebatur *Estildtune* : Insulam totam mari undique cinctam monuit auctor Vitæ S. Wilhelmi abbatis, describitque, quod *locus peramœnus fuerit, pratis virentibus et diversis nemorum arboribus oblectans oculos animosque illic degentium.* Huitfeldius ait ad ann. 1201 hanc insulam sitam fuisse prope Sielsoe p. m. 168, translatum deinde fuisse monasterium ann. 1238 ad Ebbelholt oppidulum, ubi ecclesia in honorem S. Thomæ ædificata : sed cum Fridericiburgum a Friderico II rege strueretur, et oppidum et monasterium in proximo sita diruta fuerunt. Ante Wilhelmum abbatem sub priore regebantur hi canonici, Wilhelmo vero accedente, et abbate constituto, S. Augustini Regulam susceperunt, secundum S. Victoris præcepta, quæ Parisiis solent observari, sicque canonici Regulares facti videntur, prius monachi ordinis S. Benedicti. Ab Eskillo archiepiscopo fundatum primo hoc quoque coenobium video, ideoque *Eskilds oe* et *Eskildstune* imposita nomina. Quando tamen Eskillus hoc monasterium instituerit, non adnotatum reperio. *Hervad* monasterium in Scania condidit anno 1144, *Esserum* in Selandia ann. 1150; ex voto enim *tenebatur* ad quinque erigenda : sed in manuscr. *De exordio Cisterciensis ordinis*, dist. 3., c. 25 quæ beneficio Arnæ Magnæi nunc edita et excerpta legimus in *Chronico Danorum* anonymi, quod ille publici juris fecit, diserte dicitur, Eskillum, postquam archiepiscopus factus est ab anno 1138, *illico reddendi voti sui tempus adesse cognovisse. Nactus igitur opportunitatem, ae remotis Galliarum partibus, ubi fontem religionis esse cognoveras, non solum quinque sed etiam plures spiritualis professionis conventus evocare curavit.* Sic paulo post : *Et si perfecte semetipsum redimeret, mensuramque bonam et supereffluentem piissime liberatrici suæ, sicut promiserat, persolveret, quinque cœnobiorum fundatione contentus esse noluit, sed alia atque alia tam de suo, quam de aliorum fidelium dono studuit œdificare.* Inter illa igitur *Eskildstune* in insula Eskilli quin ab ipso fuerit fundatum dubitari amplius nequit; adeo ut falsi sint isti, qui Absalonem primum conditorem fuisse contendunt, exornavit enim ille, correxit et emendavit quæ subnata erant vitia, non fundamenta prima posuit. Et si vera est sententia Huitfeldii abbatem Wilhelmum decessisse ann. 1201, monasteriumque translatum esse ab Eskilli insula ad Ebbelholt, ann. 1238, prout credo verum esse, nescio qua ratione vera esse possint, quæ ex codice quodam manuscr. Stephanius in prologo ad Saxonem c. xi commemoravit dicens : *Obiit autem S. Wilhelmus* xl *anno postquam curam pastoralem suscepit, et sepultus in monasterio D. Thomæ in oppidulo Ebbelholt dicto anno* 1202. Nam sane quidquid de oppidulo Ebbelholt esse queat, monasterium D. Thomæ nondum ibi fuit, cum Wilhelmus moreretur,

in quo sepeliri potuit, alias duo monasteria statuenda forent, unum in Eskildsoe, alterum in Ebbelholt, sub uno abbate, quod non convenit. Videntur verba ipsa legati etiam indicare, abbatem Wilhelmum ante Absalonem jam vitam finisse eodem anno 1201 quo Absalon; cum canonicis de Paraclito donatio fiat, haud vero abbati. Erat vero Wilhelmus Absaloni charissimus, quem sane non præteriisset, in vivis adhuc si fuisset. [Vide vitam S. Wilhelmi infra in hoc Tomo editam.]

(⁴¹) *De plano opere.* Nemo est, qui non sciat distinguere hæc opera in argento, *flecht Arbeit* vocant Germani, cum nullis emblematibus argentum, aut sculpturis pictum vel vermiculum exhibet artifex : *imaginata vasa* mediæ ætatis scriptores, *pustulata* vetus Latium appellavit, *gettiebene und verhobene Arbeit*, in figuras varias elaborata.

(⁴²) *Decem marcas argenti.* Cujus igitur ponderis scyphi fuerint observare licet : hic erat semunciarum 160 unciales thaleros 80 pretio æquans.

(⁴³) *Ad calicem faciendum.* Distincta sunt poculorum nomina, propter distinctas, quas ostendunt formas; scyphos Danis *Skale* vocari jam, dictum est, estque patera cum pede humili, unde *at dritkke Skaale* formula remanet. *Caucium* et *Caucia* quorum in *Codice Justiniano*, et alibi quoque, mentio occurrit, Danis *Kousken* dicitur habetque figuram pateræ sine pede. *Calices* non adeo patent, sed profundius et angustius in pede conspicuo surgunt. Quid *Biccaria* differant, infra dicetur. Calices autem cœperunt Christianis plerumque dici illa pocula vel ποτήρια, quæ in sacra cœna solum usui erant, adeo ut Germanis et Danis religioni fuerit alio nomine poculum illud sanctum exprimere : *Den ny Testamentis Kalf* et *nam er den Kelch*. Latinis enim calicis vocabulum non ita restringitur, calices igitur fortes et sufficientes, qui in monasterio B. Laurentii, etiam ad sacros usus pertinent et altaria istius ecclesiæ ac monasterii. Calices igitur hodie in sacris considerari debent usibus, et quidem eucharisticis solis, sua forma distincta; vel etiam extra sacrum usum in communi vita, qui fuit antiquissimus. Hoc loco non nisi calix S. cœnæ destinatus ex argento elaborandus indicatur. Quando calicis nomen primum his sacris poculis dari cœperit, non potest latere, nimirum postquam Hieronymi versio Latina sacrorum codicum cœpit invalescere sæculo v, ante enim quovis poculi nomine hæc pocula Latinæ et Romanæ Ecclesiæ dicebantur; nam et scyphos, et calices, et cuppas promiscue vocabant. Tertullianus jam calicum meminit sacrorum cum Agno Dei in humeris Pastoris sculptorum I. *De pudic.*, c. 7 : *Procedant ipsæ picturæ calicum vestrorum, si vel in illis perlucebit interpretatio pecudis illius*, etc. et mox c. 10 : *At ego ejus pastoris, quem in calice depingis Scripturam haurio, quæ non potest frangi.* Sed non restrictus fuit usus sacræ cœnæ tunc ad nomen solum calicis, prout postea, quando Hieronymus in Latinam linguam Scripta sacra transfuderat, tunc enim verbis sacræ Scripturæ loqui videbantur, cum Hieronymo loquentes. Reperiuntur plura antiquis nomina poculorum, non solius calicis, si quis veteres consulere ac colligere velit. In Græco textu non est nisi ποτήριον ubique tam apud evangelistas quam apud sanctum Paulum, quod est poculum et vasculum, ex quo potum sumimus. Promiscua igitur principio nomina his sacris poculis, prout etiam promiscua horum poculorum materia in ecclesiis vigebat, vel lignea, vel testacea, vel vitrea, vel cornea, vel argentea, vel aurea, vel lapidea, et etiam gemma, tum vero etiam stannea, pro cujusque ecclesiæ conditione et opibus. Ex lignis variis in hodiernum usque diem pocula fabricari frequens est in communi vita, olim fagina præ primis obvia sunt. Adeo ut ἀπὸ τοῦ καλοῦ, a ligno, calicis nomen emanasse voluerint plurimi; sed in sacris his venerandis ligna vino minus convenire c.to deprehenderunt, siquidem lignum aliquas particulas vini consecrati imbibere necesse fuit, quod ἀνόσιον nimis videbatur. Ideoque licet ratio ipsa suadeat a ligneis abstinere et a cupreis, necessitas tamen ipsa aliquando etiam lignea pocula inter mysteria tanta jussit admitti, quod Zepherinus papa corrigere cupiens, neque necessitatem tantam aut inopiam occurrere posse judicavit, quin vitreo saltem poculo administrare possent, qui argenteis aut lapideis carebant, cum vitra tunc temporis lignum pretio non multum superarent, sicque divinos illos haustus nitidius servari ac porrigi posse. Nam quod pontifices nonnulli negare sibi sumpserint eo rem unquam devenisse, ut ligneis poculis alicubi propinarentur sacra mysteria, hoc ego quidem simpliciter cum illis nolo statuere, neque enim res est incredibilis; exstant plurimi canones in hunc usum lignea pocula prohibentes.

Canon VI concilii Remensis diserte statuerat, *ut nullus in ligneo vel vitreo calice missam cantare præsumat*, ex quo Gratianus suum attulit *De consecratione* dist. I, c. *Ut calix*. Triburiense concilium anno 895 habitum can. XVIII, sic habet : *Statuimus ut deinceps nullus sacerdos sacrum mysterium corporis et sanguinis Jesu Christi Domini nostri in ligneis vasculis ullo modo conficere præsumat, ne unde placari debet, inde irascatur Deus.* Bene satis, quod plane prohibuerint, nulla tanta necessitate incidente, quæ illos ad pocula lignea redigeret; at quod in communi usu lignea pocula frequentarentur, hinc in sacris etiam eorum usum primi antistites non damnarunt, sed ut rem liberi arbitrii semper habuerunt. Neque tamen Honorii Augustodunensis sententiam tueri velim : *Apostolos in ligneis calicibus missas celebrasse*, l. I, *De antiq. missar. ritu*, c. 89; illud saltem, etiam in ligneis calicibus quondam celebratum esse ut obtineam, laboro, ut alias canones prohibentes edi non potuissent. Triburiense enim concilium reliquos calices, vitreos, corneos, vel lapideos nullo modo prohibet, sed ligneos solos. At circa ann. 787 in *Anglia, in concilio Calchutensi sub Adriano I papa habito cap. 10, vetuerunt Patres *ne de cornu bovis calix aut patera fieret ad sacrificandum.* Vitrea poecula diutius Ecclesia retinuit, nam et sæc. IV et V adhuc de illis legimus. Exuperium Tolosanum vergente sæculo IV viventem in vitreis administrasse sacramentum monuit Hieronymus, ep. 4 : *Nihil illo ditius, qui corpus Christi canistro vimineo, sanguinem portat in vitro.* De S. Cæsario Arelatensi sæculo V labente et finiente claro, Cyprianus ejus Vitæ scriptor retulit : *Annon in vitro habetur sanguis Christi?* Gregor. Turonensis l. *De gloria Martyrum*, c. 46, crystallini quoque calicis meminit, admirabili pulchritudine, quem diaconus in basilica S. Laurentii Levitæ elabi manibus siverit ita ut confringeretur. Baronius in *Notat.* ad VII Idus Aug. a temporibus apostolorum vitreos calices in usu fuisse altaris meminit, de qua re mihi dubitandum aliquatenus foret, quod vitrea tunc temporis auri et gemmarum pretio non essent inferiora : inter oblata tamen dona tales calices etiam apostolos in ecclesiis vidisse, nec illis uti dedignatos esse, quid, quæso, habet absurdi? Urbanum papam numero XVIII, qui sedit ab anno 224, *omnia ministeria sacrata fecisse argentea*, dicit idem concilium Triburiense supra laudatum, at non inde sequitur, omnes coactos esse ad argentea, siquidem necessitas etiam alia permiserit, et post Urbanum etiam aliis calicibus usi sint non argenteis. Nam stanneis calicibus uti etiam Innocentius IV concessit in regulis, quas præscripsit Nicosiensi episcopo et episcopis regni Cypri controvertentibus, circa ann. 1243.

Calices omnes sacri sacræ cœnæ non solum serviebant, sed etiam ornatui ecclesiæ plurimi dicabantur, quos vel *sedentiles* ideo, vel *pendentiles* appellabant, quod vel sederent in altari ejusque cornibus, aut penderent ex catenulis : ut ex Anastasio Bibliothecario videre licet aliquibus locis; nam in Leone IV, sic : Obtulit etiam B. Petro *apostolo calices de argento, qui sedent super circuitu altaris, numero* 16, et mox : *Verum etiam calicem pendentilem cum catenulis et delphinis.* Ubi delphini sunt ansæ calicum. Hæc etiam adnotavit deinde : *Michael filius Theophili Constantinopolitanæ urbis imperator ob amorem apostolorum, misit ad B. Petrum apostolum,* etc., *per manum Lazari monachi,* etc., *calicem similiter de auro et lapidibus circumdatum, resticulo pendente de gemmis albis pretiosis miræ pulchritudinis decoratum, et parva cooperta ipsius calicis, sicut mos Græcorum est.* His addam adhuc ex Vita Leonis III : *Fecit in basilica B. Pauli apostoli calices majores fundatos ex argento purissimo ex ipsius apostoli donis, qui pendent in arcu numero* 20, *et alios qui pendent inter columnas majores dextra lævaque* 40, *pensantes simul libras* 267. Sic etiam in Paschalis I Historia : *Fecit calices majores ex argento pendentes numero* 42, *qui omnis simul pensant libras* 281. Haud erant spernendæ magnitudinis hi calices, cum in singulos sex libras, et quod excedit, argenti, computare liceret, 80 fere unciales thaleros, si monetæ nostræ ratio ineatur, et si manupretium aurificum pariter æstimari debet in semunciam A assimili Lubecensium, transcendet pretium singulorum calicum ad 93 unciales thaleros. Ex his liquet alios calices fuisse sanctos, qui non nisi Eucharistiæ serviebant, alii erant *ministeriales*, ex quibus populo ministrabatur; alii calices *præcipui*, hoc est præcipuæ magnitudinis et decoris, alii calices *pendentiles*, de quibus ante monui; his jungantur calices *fundati*, qui non sunt fusi et conflati, ut voluerunt nonnulli, sed fundati ex fundo et donis Ecclesiæ. Sic etiam *vestes de fundato* dicuntur Anastasio de Ecclesiæ rebus et donis texta et sumpta. Illudque satis explicavit in loco superius adducto, ubi *calices majores fundatos ex argento purissimo ex ipsius apostoli donis*, hoc est ex donis, quæ apostolo S. Paulo a fidelibus Christianis donata fuerunt et oblata significavit, sicque *vestes ex fundato* quoque, ex fundo Ecclesiæ ipsius paratas, indicare voluit. Hoc Anastasio est *fundari*, et ex *fundato* parari, quod multos hactenus torsit veramque mentem Anastasii assequi non potuerunt. Erant præterea in antiqua Ecclesia *calices baptismi*. de quibus Anastasius in Innocentio I obtulit, ait, *calices argenteos baptismi numero tres, pensantes singuli libras duas*. In his calicibus baptismi consecrabantur lac et mel et vinum etiam commista, quæ nuper baptizatis præbebantur, et ad calices ministeriales pertinebant, unde in tertio concilio Carthaginensi c. 24 dicitur: *Primitiæ vero, seu lac et mel, quod uno die solemnissimo pro infantum mysterio solet offerri, quamvis in altari offeratur, habet propriam benedictionem, ut a sacramento corporis ac sanguinis Domini distinguatur.* Hi ergo erant calices baptismi; erant etiam calices *pœnitentiæ*, de quibus idem Anastasius in Sixto III scribit, eosque vocat ibi *ministerium ad sacrum baptismum vel pœnitentiam*, quod pœnitentes conciliati Ecclesiæ ex his calicibus aqua benedicta aspergerentur. Calices quoque *reticulatos* nonnulli nobis ex Anastasio eodem suggesserunt, quos tamen ego nullos unquam fuisse censeo, nec in Anastasio illos reperiri. Locum enim ex Anastasio, quem producunt, et male legerunt editores, et se ipsos edentes nec intelligere, nec explicare potuerunt; nemo enim hactenus, quid sit calix *reticulatus* aut esse debeat, ullo verbo exposuit, neque hoc dixit ullibi Anastasius; verba ejus supra sunt adducta, quæ nihil aliud habent; quam Michaelem Theophili imperatoris filium dona sua B. Petro apostolo Romam misisse, et inter alia *calicem similiter de auro et lapidibus circumdatum*, hoc est gemmis distinctum, *reticulo pendente*; sic legunt editi libri, sed facile videmus legi oportere unica littera addita, *reticulo pendente de gemmis albis pretiosis miræ pulchritudinis decoratum*. Erat enim hic calix ex pomposis, et *pendentilibus*, ut ante monui, sed loco catenularum, quæ cæteros calices *pendentiles* sequebantur, ut ex iis pendere possent,

hic *reticulus* unionibus pretiosissimis vestitus eodem fine additus erat, *cum parvis coopertoriis ipsius calicis*, adde etiam resticuli, ne pendens pulvere et sordibus corrumperetur: illud igitur est calix *resticulo pendente de gemmis albis pretiosis miræ pulchritudinis decoratus*. Sicque explodimus illos calices reticulatos, aut de reticulo pendentes, quod nihil sic dicatur aut inferatur.

Jam vero quod alii calices fuerint *ansati*, sine ansis alii, non opus est monere aut explicare. Novimus omnes quid sint ansæ in urceis et poculis, et quod una ansa multi calices, binis ansis etiam permulti fabricentur; *delphinus* vocavit Anastasius ansas, ut supra dixi, quod elaboratiores in figuram delphinorum fingi jungique solerent : illud saltem de calicibus, ansis duabus præditis, addere mihi lubet, eos semper in suo genere ponderosiores fuisse, quam non ansatos, et in craterum naturam transire potius, quam in classibus scyphorum aut calicum manere, qualis omnino fuit Caroli M. donantis S. Petro *calicem majorem, cum gemmis et ansis duabus pensantem libras 58.* Tandem etiam meminit calicis *tetragoni* Anastasius in Leone III, quod forma vulgari calicum rotunda spreta, quadrangulari figura majestuosiorem in oculis hominum fore crediderit, ideo addit, præcipuum calicem: *Fecit beato Apostolo nutritori suo calicem aureum, præcipuum, tetragonum.* De calicibus imaginatis, deauratis, aureis, majoribus, minoribus nihil dico, quod satis se ipsos explicent, de gemmeis et gemmatis forte monere opus est, confundi hæc a scriptoribus sæpenumero, cum gemmea pocula sint, et gemmei calices, ex una gemma, ut agathe, smaragdo, sapphiro, in calicis formam parati, vel si ex pluribus gemmis coagmentati unum corpus efficiant, vel si maxima pars calicis gemma sit continua, minor ex auro addita forte visatur, ut pes forte calicis ex auro, vasculum ipsum totum gemmeum, vel labrum cum pede ex auro; reliquum corpus, gemma. Gemmati vero sunt, qui gemmis hinc inde distincti sunt, ita ut non aliter ac aurei calices et aurati differant gemmei et gemmati. Hæc mihi de calicibus sacris ad hunc locum disserere visum fuit, in qua re non diffiteor *Andream du Saussaÿ* in *Panoplia sua sacerdotali* l. VIII me juvasse. Quod vero calicis ejusque nominis originem attinet, an Latina sit vel Græca, non admodum laborandum esse puto, cum ipsi veteres ea de re dissentiant, et ad omnem usum, non pro potu solum exhibitos esse calices statuant. Qui enim a caldo et calido calicem derivant, in eo coqui consuevisse ignibus admota declararunt, prout etiam Ovidius ita de calicibus sentit l. v. Fastor.

Stant calices, minor inde fabas, olus alter habebat,
Plerumque tamen, et frequentius pro vase potorio sumitur, eoque propendeo, ut a Græco κύλιξ calicem Romanis factum credam, non propter rotunditatem poculi, quasi κυκλις, sed quod epotos calices vertigine quadam circum agitemus, priusquam ad

standum redigatur. Hæc κυλισις nobis κύλικας dedit et κυλίσσας hoc est capedunculas et minores calices, a κυλινδω igitur κύλισις, κυλίσει, κύλιξ et κύλισκη. Tales autem κύλικας κυλισσόμεναι Germanis adhuc supersunt inter pocula et eleganti ac proprio vocabulo vocantur Tumeler, quod se vertant in gyros amœnos circum agitati, nec statione tamen excidant sua. Cur vero Latini calices potius dixerint, exinde est, quod υ sæpius in α transeat, ut hoc ipsum κυλινδομαι sæpius καλινδομαι legitur, vel Latini respexerint ad calices florum et καλυκώδεα, quæ quoque calicum figuram referunt. Aliud autem est κάλυξ aliud κύλιξ. Sed non indigent hoc loco ulteriori examine talia.

(⁴³) *Coronas in templo*. Audivimus superius duas fuisse, nec fuerunt nimius ornatus, requirebat enim templum cathedrale etiam plures, siquidem minores etiam ecclesiæ cathedralibus hodie arcus et porticus omnes his coronis pensilibus exornant, adeo ut quædam etiam fuerint et sint trecentorum brachiorum, sed hic luxus Absalonis temporibus eorumque simplicitati nondum conveniebat; sufficiebat, eum æreas argenteas efficere posse, et hic unde sumi debeat argentum ad istas coronas perficiendas et ornandas auro commonstrat.

(⁴⁴) *Dn. Alexander*. Sæpius in hoc Testamento nominatus; est idem ille qui supra, nepos Absalonis ex sorore Ingefrida.

(⁴⁵) *Octo marcas auri*. Octo marcæ cum dimidia in auro, si Hungaricæ probitatis fuit, ut solebant veteres obryzo maxime studere, efficiunt 1088 unciales thaleros nostræ monetæ. Nec quisquam hinc concludere debet, ut casulæ aurum solidum insui solebat et applicari, ita coronas quoque auro solido exornatas fuisse. Auro induebatur argentum suis locis, quod sufficiebat, vocantque Germani egregio vocabulo *zierguldt*, hoc artificium.

(⁴⁷) *Ad opus casulæ*. Prout hodie usurpatur, sacerdotum est vestitus altari servientium. Francici vocant *chasuble*; Germani quoque retinent ex Latino, *Rasel*, Dani *Meszhagel* exprimunt, non parum cæteris elegantius, in missis enim celebrandis hanc vestem induunt, et fibulis in humero nectunt, quod est *Hage* Danis, hinc *Meszhagel* a forma et usu simul nominata. Antequam adhibita fuit, apud Latinos servuli illa utebantur, sicut Procopius indicat II. *Vandalicor*. ἱμάτιον ἀμπεχόμενος οὔτε στρατηγόν, οὔτε ἄλλῳ στρατευομένῳ ἀνδρὶ ἐπιτηδείως ἔχον, ἀλλὰ δούλῳ ἢ ἰδιώτη παντάπασι πρέπον, κασούλαν αὐτὸ τῇ Λατίνων φωνῇ καλοῦσι Ῥωμαῖοι. Huc respiciunt verba Korolomanni et synodi habitæ anno 742, XI Kal. Maias, prout exstant 1. v. *Capit*. Caroli et Ludovici imp. lit. II. *Presbyteri vel diaconi non sagis laicorum more, sed 'casulis utantur ritu servorum Dei*. Ad servos igitur casulæ pertinebant, quod cito superjicerentur, nec ullo labore indigerent amiciendi, nec in ullo obstarent expeditis esse volentibus, nisi quod manus præcluderent, quæ servis nimis erant expeditæ, eaque de causa inventæ cre-

duntur. Ut igitur sacerdotes suam quoque humilitatem ostenderent, se servis similes esse, ad sacra casulam transire fecerunt, illam injicientes, et hoc habitu servos se Dei, et servorum Dei profitentes. Sæpius quoque forma ejus mutata, dum in potestate ecclesiasticorum fuit, et multis nominibus confusa potius quam illustrata fuit: nam ad penulam et planetam plerique retulerunt; alii vestem sacerdotalem κατ᾽ ἐξοχήν, vocare maluerunt; sacco similem vestem alii depinxerunt, ut Simon Thessalonicensis libr. *De templo*; apud Græcos enim aliter casula se habebat, quam apud Latinos. Effigiem ejus Goarius in *Scholiis ad Euchologium Græcorum* produxit, et ex eo Andreas du Saussay in *Panoplia sacerdotali* p. m. 126. Sacco sane non absimile vestimentum, undique clausum sine manicis, sub quo totum corpus cum brachiis latet, præterquam caput: descendit usque ad pedes, constrictius circa collum, ubi foramen, per quod caput mittitur, et saccus ille induitur. Adscriptum habet illa effigies, Ὁ ἅγιος Σάμψων.

Longe alia apud Latinos casula deservit, cujus effigiem ibidem quoque produxit ex codice quodam membraneo veteri Liturgico Ecclesiæ Leodiensis, quem ante annos 650 scriptum affirmat, a sua ætate computando, et S. Sylvestro I papæ tribuit, qua in re fidem meam non obstringo, sed penes auctorem esse sino. Habet illa casula multa cum nostris casulis hodiernis communia, anterius et posterius dependens a scapulis, lateribus apertis et hiantibus, ut brachiorum et manuum usus sit in exporrigendo, quod in sacco et casula Græcorum dependente nequaquam fieri potuit, sed necesse fuit casulam eo usque anterius sublevare, et super brachia tenere, ut manus liberas haberet sacerdos; quod tandem casulam Græcorum aliquo modo similem reddit casulæ Latinorum, adeo ut videamus Latinos sacerdotes a Græcis casulis uti didicisse, sed suo modo illas aptasse, ut commodiores essent ministrantibus et utentibus sacerdotibus: quod pulchre satis Dn. du Saussay ibidem demonstrat, dum in casula S. Sylvestri explicanda pergit p. m. 128. Unde miror eum vestem Norberti archiepiscopi Magdeburgensis, qui anno 1134 sepultus ibidem, illi totus involutus jacuit, casulam appellare voluisse, cum nihil simile casulæ habuerit illa vestis, nec acta ex quibus quædam verba producit, casulam appellarunt vestem illam peculiarem, sed ita describunt: *Vestis superior, quæ parte maxima superest, Puniceï coloris serica erat, aureis filis florum vel rosarum instar intersparsa, quæ totum corpus Nb: cum brachiis ad plantas usque convestiebat vestis: Sub hac Nb. transversæ manus ad modum crucis pectori superpositæ; vestis eadem obvoluta duabus argenteis acubus, superiore parte gemineo opere exornatis, connectebatur*. Nihil in illa veste simile casulæ Latinorum, sed sacco vel casulæ Græcorum comparari potius poterit. Primus sane post Procopium, qui casulæ meminit, inter vestes, est Isidorus Hispa-

lensis, *Origin.* l xix, c. 24. Scriptor sæculi septimi
ab a. C. 620 usque ad 636. *Casula*, inquit, *vestis
cucullata, dicta per diminutionem a casa, quod totum
hominem tegat, quasi minor casa, unde et cuculla,
quasi minor cella, sic et Græci planetas dictus vo
lunt, quia oris errantibus evagantur.* Dum cuculla-
tam vestem casulam vocavit, et totum corpus te-
gentem, Græcæ casulæ similiorem facit et sacco,
de quo diximus, nec inter sacras vestes casulam
refert, sed inter vulgares adhuc et paganicas. Quod
miror, non deficiente occasione, dum *de veste sacerdotali in lege*, c. 21, sigillatim tractavit, nec in ejus
libris de ecclesiasticis officiis, quidquam de clericorum vestimentis adduxit. Beda primus est, qui
casulam inter vestes sacerdotales recensuit sæculo
integro post Isidorum, utpote qui ab anno 725
scripsit. Is in *Collectan.* tit. *De septem ordinib.* sic
ait : *Septimum vestimentum est, quod casulam vocant, hanc Græci planetam dicunt, quia suprema
omnium vestimentorum, et suo munimine alia tegit.*
Planetam quod Græcis dici et Isidorus innuit, et
Beda posuit, haud quidem satis intelligo, nulla enim
vox est apud veteres Græcos, πλανήτη, quæ vestem
significet, nec apud recentiores. In hoc igitur et Isidorus et Beda falsi fuisse dicendi sunt, cum nullibi
apud Græcos id nomen vesti positum unquam fuerit. *Planeta* potius ex Latina origine deducenda,
a *plano* et *plane*, quod plane tegat hominem, sicque
convenit casulæ, quæ quoque plane tegebat hominem, ut ex figura Sancti Sampsonis apud Goarium
percepimus, et ex vestimento Norberti archiepiscopi
descripto. Quibus consentit Albertus Crantzius canonicus et lector Hamburgensis primarius, in lib.
De instit. sacerdot. ad offic. Missæ anno 1506 edito
Rostochii. *Casula suprema vestis sacerdotis est, et
sic dicitur, quia in morem casæ cingit omnia quæ
in sacerdote sunt. Ejus autem figura dicitur esse
orbicularis ut, dimissis manibus sacerdotis, ex æquo
undique dependeat.* Recte omnino secundum illam
figuram, quam Goarius depingi curavit et Græcis
tribuit. Manibus ejus sublevatis et exsertis extra
casulam, necesse fuit sinum istum anteriorem et
posteriorem in acumen quoddam defluere, latera
nudari, et in brachiis ea casulæ gestari, quæ suble-
levata fuerunt, per plicas et rugas retorta : quæ
rursus, demissis manibus et reductis, latera tege-
bant, ac figuram orbicularem recipiebant, totumque hominem includebant et cingebant. Nec potuit
nescire Crantzius, quid casula esset suo tempore,
sacris jam a pueris innutritus et inter vestes sacras
versatissimus.

Nondum igitur casulæ ita fissæ ad latera fuerunt,
prout hodie commodior usus eas parari jussit, sed
demissis manibus sacerdotis ad rotunditatem suam
orbicularem decidentes redibant, sicque explicanda
sunt Amalarii Fortunati episcopi Treverensis l. ii,
De offic. ecclesiast., c. 19 : *Casula dupla est, post
tergum, super humeros, et ante pectus.* Scinditur
enim casula velut in duas partes, manibus suble-

vatis et exsertis extra casulam, posteriorem scilicet
et anteriorem, de qua figura sacerdotis in casula
ministrantis loquitur Amalarius, manibus vero
demissis et retractis, istæ duæ partes consolidan-
tur, et ex æquo undique dependent, ut loquitur
Crantzius. Philotheus episcopus Constantinopolitanus de *demissa casula* quoque loquitur in ordine in-
stituendi diaconum, qui tom. VI *Biblioth. SS. Patrum* exstat. Ibi aliquot locis : *Egreditur etiam
retro sacerdos demissam portans casulam.* Nec aliud
quid dicit, quam casulam tunc dependere, manus
et brachia intra se continentem, quibus alias sublevat, ut ex figura Goarii observare quoque licet.
Inferius ita loquitur : *Sacerdos aperiens sanctas
vortas, demissum Phælonium gestans,* ubi Phælonium pænula vocatur, et est eadem cum casula ;
rursus subjungit : *At sacerdos demisse phælonium
gestans, et Evangelium ante pectus portans exit, et
stat in medio templi, diacono ad dextram ejus existente cum cereo ardente.* Quæri posset, quomodo
Evangelium ante pectus gestare, et casulam nihilominus demissam habere potuerit, nam manibus
etiam exsertis, nec sublevata casula Evangelium
ante pectus tenens et apprimens ostendere poterat.

Illis ita de casula explicatis, quando vox illa cœperit inter paganos, ex Procopio sæculi vi scriptore,
aliquatenus constat, et mansisse inter vulgares vestes sæculo vii adhuc ex Isidoro monstravimus. Sæculo viii ad sacras vestes et usus migraverat, ut
Beda docuit, nec ante quidquam de ejus usu in
sacris antiqui docuerunt, unde quæcunque de casula
S. Petri, et φελόνη Pauli apostoli pontificii urgent,
sua sponte protinus concidunt, nemo enim Petrum
aut Paulum pænulam gestasse negare cupiat, at casulæ vel nomen notum fuisse tunc, vel ad sacros
usus cænulas destinatas fuisse, nemo pontificiorum
docebit, puto, cum sciamus apóstolos docuisse
gentes quocunque habitu sumpto, vulgari et communi, et missos esse sine pera, argento et zona
μήτε ἀνὰ δύο χιτῶνας ἔχοντας. Sic enim appellat
Christus ipse vestes apostolorum apud Evangelistas. In quibus vero vestibus sacra celebrarint
apud eos, quæ jam docuerant, et ad fidem perduxe-
rant, ut in quotidianis, aut peculiaribus, sacris
solum usibus dicatis, tacet Scriptura, nec acquiescere possumus piis quorumdam Patrum conjectu-
ris, quas in medio facile relinquimus, quoties
antiquitati contrarium nihil secum afferunt. Non
loquor hic de vestibus sacerdotalibus Judæorum et
V. T. de quibus diserte præcipitur Ezech. xliv,
v. 19 : *Cumque egredientur atrium exterius ad populum, exuent se vestimentis suis in quibus ministra-
verant, et reponent ea in gazophylacio sanctuarii, et
vestient se vestimentis aliis, et non sanctificabunt
populum in vestibus suis.* Docuimus etiam hac occasione et casulam et planetam Latinæ originis esse,
nec ad Græcam linguam pertinere, tum vero etiam,
unde forma et figura nostrarum casularum hodie

prodierit; atque in his subsistimus, ne nimis prolixi et tædiosi simus.

(⁴⁸) *Denariorum Scaniensium.* Scanienses denarii non cudebantur nisi Lundis: Lundensis vero monetæ vestigia retro legere possumus usque ad Canutum IV regem, qui primus archiepiscopo Lundensi quartam partem istius monetæ concessit, circa ann. 1080. Ego a Suenone Esthritio primam monetæ domum Lundis erectam judico, postquam illic episcopatum constituit insignem ab ann. Chr. 1065; nec ante Canutum M. Danos propriam monetam constitutam habuisse intra Danicum regnum, facile quis evincet. Is autem Canutus, qui anno 1036 diem suum obiit, ex Anglia monetarios videtur in Daniam primus ablegasse, et Roschildiæ primam monetam Danicosque denarios procusos habuisse, ad exemplum Anglicæ monetæ; licet mihi quidem hactenus sub Canuti regis Daniæ nomine denarii nulli occurrerint, sed plerique ejus Cnut rex Ang. præferant. Ab illis sane temporibus et moneta Roschildensis et Lundensis initia sua cunasque ostendunt, et non nihil de illis legitur: ideoque non mirum est hic addi denarios Scanienses, *veteris monetæ,* scil. ante Canutum VI, Valdemasi I filium, percusos, qui meliores erant novis. Pondus et puritatem denariorum Scaniensium illa ætate superius attigi not. 20.

(⁴⁹) *Filius Harinæ.* Legendum puto, *Karinæ.* *Harinæ* nomen hactenus est incognitum apud septentrionales: *Carinæ* vero satis notum, descendens ex *Catharinæ* nomine contracto, quam *Kuren* Dani vocant, hinc *Carina*; ut ex Maria *Maren,* et hinc *Marina,* derivantur.

(⁵⁰) *Pro anima sua.* Similes formulæ sæpius occurrunt: *Pro anima sua dare, pro remedio animæ suæ, pro æterna retributione, in eleemosynam nostram, pro animæ meæ salute, pro mercede animæ meæ; cogitavi Dei intuitum vel divinam retributionem, vel peccatorum meorum veniam promerere; ut mihi in futuro merces boni operis accrescat, pro remedio animæ meæ conjugisque meæ, parentum et liberorum; ut terrenis facultatibus mercarer æternas et bonis transitoriis mansura conquirerem, cogitavi vitam futuram et æternam retributionem; inter cætera curationum medicamenta etiam et hoc Deus remedium contulit, ut propriis divitiis homines suas animas ab inferni tartaris redimere possint.*

(⁵¹) *Cappam forratam.* Posquam aurum et argentum divisit, jam ad supellectilem vestiariam et alia progreditur donanda. Dicemus igitur primum de *cappa,* deinceps de *forratis* agemus. Differunt cappæ et pallia et juppæ quæ hic leguntur. Et primo quidem attendi debet omne vestimentum superius, sive sit pallium, sive toga, sive tunica, non semel *cappam* vocari scriptoribus; deinde cappam hic indicari *usualem,* quam vocant, et quotidianam archiepiscopi, non vero cappam sacram, qua induebantur violacea episcopi, sacris præfuturi aut assistentes. Cappæ igitur illæ *usuales* manicis erant præditæ,

cappæ vero sacræ sine manicis corpus ambiebant. Cappæ istæ usuales similes erant cappis monachorum, divisæ anterius et apertæ, ita tamen, ut fibula circa collum, et cingulo circa medium injecto contineretur circa corpus, præterquam quod manicis etiam indueretur, quæ faciebant, ut eo firmius corpori inhæreret; cappæ vero in sacris usitatæ, ut alia forma ac figura fabricatæ, tractabantur, ita anterius plane patentes circumjiciebantur, fibula sola mento suffixæ, cætera sine manicis longo syrmate prodigæ et fluentes. Erant et cappæ laicorum hominum, ab his et illis, de quibus loquimur, etiam distinctæ, unde *mantum, mantulum, mantellum,* Francicis *manteau,* Germanis *mantel* dici solet, quod non ultra manus pendentes porrigeretur, nec ποδῆρις esset, ut cappa sacerdotum. Dani autem et septentrionales etiam hoc pallium laicorum *Kappe* pergunt vocare. Solis enim Danis debetur hæc vox, nec sine illorum lingua satis intelligi potest. Frustra sunt, qui a *capiendo* derivarunt, Isidori *Etymologiam* secuti, quod totum hominem capiat: vel a *capite,* quod caput illo involvatur in luctu, pluviis que et aliis temporibus, multo minus a *cap* et *pa.* quod capiat Patrem; quia monachi et sacerdotes, cappis utentes, Patres honoris ergo solent appellari; qui lusus est Andreæ du Saussay in *Panopli i sacerdotali* p. m. 144, quando veram etymologiam vocis reperire non potuit. Mira est Vossii *De vitiis sermonis* l. III hujus vocis explicatio, fatetur enim cappam ex Germanico *Kappe* manasse, tamen addit, *Kappe a caput.* Si *Kappe a caput,* non est illa vox Germanicæ originis, sed Latinæ, et si Germanicæ originis est, non est sane a *caput.*

Sed video, quid illos moverit, et cur ad caput referri voluerint cappam, non solum allusionem sequentes, sed ideo præprimis, quod plures cappæ tam in feminis quam in viris ad caput solum obnubendum pertineant, nec ulterius extendantur. At hinc non sequitur alias cappas præter capitis non fuisse, ideoque manifestum est, vocem tam late patentem, cujus usus ad totum corpus se extendat, non posse ad caput solum trahi, aut originem exinde ducere. Hic autem intelliguntur cappæ manicatæ ecclesiasticis quotidianæ, nobis *die Harh-Kappe,* nam cappas sine manicis sub palliis comprehendit. Aliquid viderunt, qui *cappam* Francicum vocabulum esse dixerunt: a Francis enim eorumque lingua in Ecclesiam Christianam ingressa est cappa, et vestitum ecclesiasticorum hominum ornare cœpit; sed quod Franci reliquique Germani e Danica lingua sublegerint ac retinuerint pleraque sua, exque Danis et septentrionalibus confluxerint, nec nisi dialectis distinguantur in quam pluribus, hoc est quod nunquam attenderunt Franci vel Francici, vel Germanorum quisquam, nec tantum debere cupiunt locupletissimæ matri, ut illam solum respiciant, ex cujus utero prodierunt et loqui cœperunt, sed malunt αὐτόχθονες et αὐτόγλωττοι videri, quamvis non sint. In Danica sane lingua sola vera *vocis cappæ* origo, ejusque causa reperitur, in nulla alia. *Kappe* enim illis vestibus dici cœpit, quo quis involvitur contra pluvias, vel alias ob causas; et est Danis *Kappe* idem quod Latinis *tegere*. Hinc non mirum est apud antiquos monasticos scriptores cappam, ecclesiasticam licet, etiam *pluviale* vocari, cum tamen vix in pluviis adhibeatur, sed intra ecclesiam, sudo ac sereno cœlo, sacris intenti illa induantur episcopi. Wibertus archidiaconus de vita Leonis IX papæ sic loquitur : *Videbatur sibi , quod stans in edito familiares suos ad se de periculo confugientes reciperet, eisque subter pluviali veste, quæ cappa dicitur, inclusos sanguine eorum sibi vestes infici conspiceret.* Ideo enim apud paganos Danos hoc tegumentum *Kappe* dici cœpit, quod contra pluviam defenderet et tegeret, et contra illas tempestates sumeretur : unde inferius diserte dicitur : *Jofrido cœco duas cappas pluviales.* Nam et quando caput involvebant caputio, vel cum cappa, sine ea, ut agnosci non possent, dicebantur *forkapped* ; et *sig at forkappe*, quod etiam Germani retinuerunt, licet *Kappe* vox apud illos exoleverit, *zü verkappen et verkoppet*; quando larvati ac personati incedunt.

Manifestum igitur est et monachos et sacerdotes hanc vocem suam fecisse, quæ ex paganismo, ut plures aliæ, descendit, et *pluviale* vocasse, quod est Danorum *Regenkappe*, cum Latine loqui vellent. Sed *cappæ* tamen vocabulum prævaluit, quascunque mutationes subierit, et ad quos homines pervenerit. Quod vero attinet *die Hartzappe*, Germanorum sacerdotum, illa non ex Danica lingua nomen hausit, sed ex *cappa* Francicorum, postquam vocula ista civitate Latina ibi donata, et inter omnes Christianos recepta fuit pro veste sacerdotali, et quidem ex quo ecclesiasticis placuit, more Joannis Baptistæ, illam vestem et cappam ex pilis camelorum contextam gestare, novo textorum invento productam, tunc enim *Hartzkappe* Germanis cœpit vocari, et in hunc usque diem a plerisque sacerdotibus gestatur, a quibus ad alios quoque translatus est mos, tales vestes postmodum induendi, suisque usibus, sine nomine cappæ tamen, applicandi. *Ein huaren Kleid, von Kameels-Haar*, unde *Kamelot*, mercatorum vocabulum, qui istos pannos vendunt, etiam manavit, tametsi distinctionibus aliis subinde mutatum sit, et ad undulatos pannos ac vestes restrictum, quales sunt *die gewasserte Tafften, Tobinen*, etc., proprie tamen panni *von Kameels-Haar gemacht* iis initio significabantur. Apocal. vi, v. 12: σάκκος τρίχινος occurrit, nec solum ex pilis cameli, sed etiam ex caprinis vestes hæ pilosæ veteribus conficiebantur, ut vix eo more, quo hodie, dicendum est textus eos tractatos fuisse. Neque enim Germanis aut Europæo orbi antiquum est ex his pilis pannos contexere, et cappas parare, ciliciis quamvis vigentibus, quæ quoque ex pilis animalium texebantur, non vero camelorum, sed alium usum sui præbebant, non in cappis aut exterioribus vestibus. Nec ibi substite-

runt Dani, prout est lingua eorum fecundissima, quin ex *Kappe* etiam aliam vocem producerent, *Kaabe*, quâ feminarum pallia præprimis significarunt, id quod nulla alia lingua tam facile præstitit, aut præstare potest. Neque enim diu est, quod feminæ hic pallia deposuerunt ; ante 56 annos nulla matrona in publicum absque suo pallio, et *Kaabe* prodibat. Ex his jam dictis, archiepiscopus cappas donando, quid vestitus indicare voluerit, satis, puto, explicatum dedimus, nimirum togas ecclesiasticas, quas ipse extra sacra gestare solitus erat.

Nunc de *forratis* aliquid dicendum. *Forrata* hic dicuntur vestimenta, quæ pellibus villosis, hirtis ac hirsutis sunt subducta, quod nesciverunt Romani et Græci, quorum χλίματα temperata tales non requirebant vestes. Deductum itaque vocabulum, *forratum* a septentrionalibus eorum lingua, qui *Foder, Foer, Foderwerck* pelles has pilis obsitas vocarunt, ex qua pronuntiatione Germani superiores *Futter, Futterwerck, Futtern* didicerunt flectere, unde *forrata, et furrata, et foderata* exstiterunt apud scriptores monasticos et mediæ ætatis ; probe distinguenda a *fodro, Foder*, vel *Futter*, quod etiam pro pabulo in legibus antiquis Germanorum et Danorum, nec non Latinis sæpissime reperitur, eratque onus tributi, quo subditi tenebantur dominis ad pabula subministranda illorum jumentis ; quod quia Romani Græcique nesciverunt, vel quasi, sed a Germanis primum didicere, Germanico propterea nomine in memoriam, illud expressum legimus. Male vero confuderunt Latini *Forr* et *Foder* Danorum ac septentrionalium, sua euphonia rem totam invertentes ; aliud enim est *Foder* et *fodrum*, pabulum ; aliud *Forr*, et pellis hirsuta. *Foder* originem ducit a *Fode* Danico, pabulum, quod alit, et quo quis alitur. Non ita *Forr*, quod de hispidis et pilosis usurpatur ; ideoque hic melius scribitur *forrata*, quam *foderata*. Francici etiam et Angli rectam flexionem istius vocis retinuerunt, *fourrez* dicentes et *furring*, quod Latini *foderare* et *foderaturam*. Latini vero pervertentes vocabulum suum litteram *d* interponendo etiam Germanos et Danos seduxerunt, ut multi *Foder* potius scribant Latinizantes, quam *Forr* cum septentrionalibus, quibus origo vocis debetur, secundum quam ejus quoque scriptio attemperanda. Inter Latinos alii hanc vocem *Forring* non *foderaturam*, sed *fordaturam* dixerunt, et *fordare* pro *forrare*, minusque peccarunt quam priores. Alias Latino nomine *pellis* etiam Germanica et Danica lingua vicissim imbuta fuit ; *Petz* enim et *Pitz* vocant ejusmodi furratas tunicas et vestes tam viri quam feminæ, *einen gefutterten Peltz, Peltzrock, der Peltzer*, et similia vocabula.

Quamvis hæc pellicea proprie dicantur vestes, quæ nihil nisi pelles sunt, nec pannum superius additum habent, *Skindkiortel* Danis : neque enim *foderata* aut *forrata* sunt talia, sed *fodra*, pellesque meræ. Quin et latius ista pellicea sumuntur, non solum pro *fodris*, et hirsutis pellibus, sed etiam pro

lævigatis et depilatis, ut sunt braccæ, et quæ vo- A narratur de Otthone Stulto venante sciuros in Ver-
cantur *Kollerten*, quæ tamen Germanice loquendo
Peltzen non sunt, sed sub pelliceorum nomine Latinis etiam veniunt : Danis enim *Peltzen* non sunt
nisi hirsutæ pelles, pilis suis onustæ ; nec solum
pelliceæ dicuntur illæ, quæ interius pilos versos habent, exterius glabræ, sed illæ, quæ vice versa sunt,
aut quæ intus et exterius pellibus hirsutis duplicatæ
sunt, ut *muffulæ* hodie quæ leguntur in addit. Cap.
Ludovici imp. tit. 22, aut Lapponum tunicæ et
ocreæ. Hæ enim pelliceæ, meræ quoque pelles sunt,
sed forraturam insuper habent pillosam et pelliceam. In allegato tit. cap. monachis singulis *pellicea
bina usque ad talos descendentes* dari jubentur. Carolus M. imp. *pelliceum herbicinum habebat*, ut est
in *Chronico Sangall.* l. II, p. m. 422, hoc est ex
vervecina pelle paratum, non exterius pilos gerens,
sed interius versos. Majores nostri pellibus aliter
utebantur, exterius enim plerumque pili sedebant,
glabras partes interius obversas gerentes, sicque
frigus longe melius arcebant, naturam in his secuti
pellium et sua commoda, non decorem aut artem.
Christianis vero factis opinio nocuit, neque enim se
homines videri, si sic amicirentur, sed bruta et
pecora et feras. Hinc illæ pellionum artes enatæ,
quæ inverso ordine pelles interius subducebant, ut
honestior et magis humanus appareret vestitus.
Adeo ut *Undrfoder, Unterfutter* omnia cœperint dici,
quæ subducuntur vestibus, non solæ pelles. *Dou-
blure* vocant Franciei, quamvis et *fourrer* dicant
forratas vestes et alias res, ut nummos et denarios
fourrés appellant, qui sub argento æs tegunt, voce
ipsis nata ex Danica et Germanica linguis.

(⁸¹) *De pellibus marturum.* Hæ sunt illæ pelles, de
quibus Adamus Bremensis in libello *De situ Daniæ*
p. m. 147, dum ait : Sembi vel Prutzi *aurum argen-
tumque pro minimo ducant, pellibus abundant peregrinis, quorum odor nostro orbi lethiferum superbiæ
venenum propinavit. Et illi quidem ut stercora hæc
ad nostram habent damnationem, qui per fas nefas-
que ad vestem anhelamus marturinam quasi ad summum beatitudinem. Ex quibus judicare licet non
vile fuisse tunc temporis legatum marturinæ cappæ.

(⁸²) *De pellibus griseis.* Quænam pelles illæ sint
facile ex Danica lingua sciri potest, qui eas appellamus *Graaskind, Grauwerck, Graavare,* et Germanice
Grauwerk. Sunt sciuris detracta spolia, quæ nobis
Norvegia Russiaque incredibili numero mittit, ubi
istorum animalculorum venationes sunt exercitatis-
simæ ; hieme solent grisei evadere, mistique pilis
rufis grisescunt aut albicant. Dantur quoque in Jutia
extrema plane nigri, quorum venatio et possessio
nobilissimæ familiæ Frisiorum insignia cœpit ornare in hunc usque diem. In *Chronico Norvegico*
p. m. 94, Haraldum Erici, regem, *Graafeld* a pellibus istis griseis cognomen tulisse dicitur, quod vestem suam griseis pellibus forratam gestare cœperit,
navemque griseis istis onustam ex Islandia in Norvegiam appulisse. In eodem *Chronico* p. m. 226,

malandia : Han fik saa mange Graaskind, at han
fylte sin Slœde saa, at han kunde ikke drage meere;
hoc est tot sciuros dejecit, ut traham suam totam
impleret, nec plures ferre posset. Hæc de pellibus
griseis monere libuit, ut intelligatur quænam signi-
ficentur, hodie enim non desierunt, sed inter deli-
catiores forraturas, levitate sua commendatissimas,
non minus quam quod corpora satis foveant, et
frigus penetrare non sinant, æstimantur.

(⁸³) *Pallium marturum.* Intelligitur pallium ordi-
narium, quo hieme archiepiscopus uti solitus est,
non Roma missum inibique consecratum, quod archiepiscopi non nisi certis diebus festis induere
poterant in ecclesia. De hoc pallio non hic loquitur, B
sed pallium innuit, quod archiepiscopi etiam extra
ecclesiam sumebant, quoties solemniter induti comparere debebant in publico. Sicut enim oraria et
stolæ quædam *usuales* erant clericis et episcopis
extra ecclesiam, sic quoque pallia, vestes omnino
distinctæ ab illis, quibus intra ecclesiam, sacris operati induebantur, quasque peractis sacris exuentes
in ecclesiæ sacrario relinquebant, resumentes quotidianas. Ex his erat hoc pallium Absalonis legato
destinatum, et pallium marturum dixit, quod, sicut
cappa in superiori membro forratum esset de pellibus marturum, panno serico aut laneo superiorem
et exteriorem partem pallii tegente, quare paulo
post sequitur de pallio quotidiano, quod donaverit C
et legaverit *Petro Stammie griseum pallium quotidianum.*

(⁸⁴) *Superpellicium cum pellicio.* Est vestimentum
linteum clericorum, paulo infra genua descendens,
manicis amplissimis, sicque distinguitur ab *alba,*
quæ quidem linea quoque fuit, sed manicis strictio-
ribus, et longior, quippe quæ ad talos descendebat,
ποδήρης ; alba quoque uti non licebat nisi in sacrificio missæ, superpellicio etiam in aliis quibusvis
functionibus sacris. Dicitur etiam *superpliceum,* et
Francicis, *surplis,* quod veram originem vocis nobis
commonstrat, a plicis deducendæ, ut sit *superpliceum* scribendum, non vero *superpelliceum,* neque
enim ex pellibus conficitur, cum linea sit vestis, nec
super pellem aut cutem induitur, ut *camisia,* aut D
interula, sed super alias vestes injicitur, plicas suas
varias accipiendo, propter amplitudinem, qua gaudet. Quod vero hoc loco additur, *cum pelliceo de
marturibus,* superpelliceum donatum esse, attendere
debemus, has lineas vestes varie exornari solitas
esse, ante manus, in collo, et lateribus, clavis in-
sertis, aut ex holoserico, aut auro, prout etiamnum
femellæ subuculis suis aurum intexere, aut alia or-
natiora pergunt ; et Francicum proverbium, produxerunt : *Vous êtes fille de chevalier, vous avez la
chemise dorée.* Vetus hoc esse discimus ex Lampri-
dio in Alexandro Mammææ filio, qui *in linea aurum
mitti etiam dementiam judicabat, cum asperitati adderetur rigor, cutemque effricari contingeret sæpius,
sed in superpelliceis hoc non impediebat, aliis ve-

stibus subtus defendentibus , unde Anastasius in A
Vita Benedicti III, camisias auro clavatas commemoravit, *camisias*, inquit , *albas sigillatas holoseri-*
cis cum chrysoclavo. Et sicut auro clavatas *albas* dixi
ac holosericis limbis decoratas, sic quoque *super-*
pellicea , ita ut quæ hiemi convenire deberent , hic
pelliceo de marturibus dicantur instructa fuisse.
Inferius occurrit *superpelliceum vario forratum Ni-*
colao, filio archidiaconi legatum. Egregius est locus
in concilio generali Constantiensi, sess. 43, can. *De*
vita et honestate cler. hanc rem illustrans : *Decer-*
nimus penitus abolendum , quod clerici et personæ
ecclesiasticæ — longas cum magna superfluitate ve-
stes, etiam fissas retro, et in lateribus cum fodraturis
ultra oram excedentibus etiam in fissuris deferunt.
Hoc tam ad lineas quam laneas et sericas clericorum vestes spectare facile judicamus. Multi mecum
testari possunt , si memoriam excutere lubet, non
ita diu depositas esse has vestes, quæ fissuras suas
retro ostendebant; quæ vero fodraturæ vocantur
ultra oram excedentes etiamnum maribus et feminis, clericis et nonnis, manent ac perseverant.

(⁸⁶) *Vario forratam*. Distinguenda veniunt *varia*
et *grisea*. *Griseæ* quæ fuerint pelles et unde, jam explicatum dedimus nota (⁸³) præc. nunc quoque variæ quænam sint dicam : pantherarum enim, lyncium
et pardorum pelles, aliarumque ferarum, maculis
suis conspicuæ, *variæ* dicuntur, Danis et Germanis,
bunt. Variis enim coloribus natæ pelles non solum,
sed etiam consutæ et conjunctæ a pellionibus cum C
aliquo decore et gratia *Buntfoder*, et *Buntverk* dicuntur, ipsique pelliones ideo *Buntmagere* et *Bunt-*
verker. Varias has pelles semper amarunt septentrionales, ita ut quoties natura negaverat, arte varium adderent , quod discere licet ex Tacito, qui
de omnibus Germanis varias has pelles appetenti-
bus pronuntiavit c. 17 : *Eligunt feras, et detracta ve-*
lamina spargunt maculis, pellibus que belluarum, quas
exterior oceanus atque ignotum mare gignit. Ad phocas procul dubio respicit, *Sælhunde* Danis, et cæteras pilosas oceani belluas, quas insuebant hinc inde
ferarum terrestrium pellibus, ut maculosæ et variæ
apparerent. Sive igitur lyncibus solis cappa hæc subducta fuit, quos Norvegia elegantissimis maculis di-
stinctos ut et Russia mittit, sive variis pellibus, partim melinis, partim felinis, marturinis, sabelinis,
vulpinis, lupinis, aliisque conjunctis parata fuit, *va-*
rio forrata potuit appellari. Occurrit illa forratura
in hoc Testamento sæplus, pleræque enim vestes
vario potius quam aliis pellibus consuebantur, ita
ut mirum videri nequeat, pelliones, *Buntmagere*, nomen acquisivisse ex variis potius quam ex griseis,
marturinis, etc, ; quia in variis consuendis occupa-
tos maxime legimus.

(⁸⁷) *Et Juppam*. Hæc vox vere Danica antiqua est,
qua tunicam significare solent, *een Joop*, transiitque
ad Germanos, et Francici quoque retinuerunt *la*
juppe, suppara feminarum plerumque hoc nomine
significantes, quæ nos *Skort*, et Germanice *Schær-*

ten et *Schuertzen* proprie vocamus, quod circa medium feminarum in varias rugas ac plicas contractæ
cingantur et firmentur. Sed et ab aliis *Ræcke* vocantur, quod nomen est velut universale, omnibus
indumentis fere applicatum. Hodie *Joopen* de rusti-
cis tunicis prope solum effertur, quin et cerevisiam
egregie rusticos exhilarantem ideo *Joopen-Beer* vocarunt, quod hæc saltationibus et homines et tunicas indulgere faciat : Islandis *Faldafeyckir* dici
mereretur. Tantam enim vim bene potis ingenerat,
talis vel Bacchus vel Ceres, ut etiam vestes illam
sentiant. Hinc Belgæ : *Hy heeft wat in syn muts : in*
syn timp, in syn wamhs, etc., *gevattet*, quando cœperunt ad ebrietatem vergere, et hilaritatem nimiam
prodere. Saxones inferiores de homine appoto : *He* B
hefft syn Joop ful. Male igitur Ferrarius, qui *giubba*
et *giubbone* Italorum, et *giubburello*, derivat a sup-
paro, ut solent, qui Danica nostra contemnunt, nec
respicere dignantur, ad Græca statim et Hebraica et
Latina in his nominibus derivandis confugiunt; nescientes, aut non memores, quousque Dani et peregrinationibus et armis linguam suam aliis gentibus
insinuarint. Cum Vandalis sane hæc vox transiit
in Africam ad Arabes ; cum Gothis, Normannis et
Danis in Franciam, Germaniam, Italiam, Hispaniam,
qui tamen a Mauris Arabice loquentibus *Aljuba* videntur didicisse, Mauri a Vandalis. Nec Græcia hanc
vocem sprevit, postquam et eo Danicæ gentes pervenerunt ; ζούπαν enim vocarunt *juppam*, ut solent
sic derivare et pronuntiare. ζούστρα dixerunt pro C
justa : ζουλάπιον pro *julapium* apud Achmetem in
Onirocrit. sæpe reperitur hæc vox ; sic enim c. 228
legere potes : ἐὰν ἴδῃ τις ὅτι ἐνεδύσατο ζούπαν, εἰ μέν
ἐστιν ἐξουσιάζων, ὄνομα καὶ φήμην καλὴν εὑρήσει, διὰ τὸ
ἐπάνω φορεῖσθαι τὴν ζούπαν ἀεί. Quin et Agapius in
Geopon ζοῦπον habet a *juppon* Francicorum et Normannorum, quod terminatio satis indicat, et minorem tunicam quam ζούπαν significat, unde et ζιπουνι
in Turco-Græcia Crusii, adhuc minor tunica quam
ζούπονι, ut apud Italos *Giubbone, Giubeto* et *Giubet-*
tino. Ex hac veste dignitas maxima apud Græcos
inferioris ætatis fluxit, ut ζούπανος diceretur præfectus vestiarii principis, quin et ad Slavonios illa vox
concessit, Servios et Hungaros, qui suos principes et
satrapas ζουπάνους, Ἀρχιζουπάνους, Μεγάλους ζουπά-   D
νους ab hac veste appellare cœperunt, quæ erat superior, ut ex Achmete audivimus, in gloriam Franciæ Danicæque nationis, qui hanc vestem hocque
nomen Constantinopoli militantes et mercantes in
has regiones primum attulerunt, tanquamque in iis
majestatem et gloriam admirati sunt, ut vestiti incedere
sicut Dani, Normanni et Francici, virtutem summam
et principe dignam, Danisque similem crediderint.
Jamque intelligi potest locus Constantini *De Adm.*
imp., c. 29 : Ἄρχοντας δὲ, ὥς φασι, ταῦτα τὰ ἔθνη μὴ
ἔχει, πλὴν ζουπάνους γέροντας, καθὼς καὶ αἱ λοιπαὶ
Σκλαβηνίαι ἔχουσι τύπον. Idem scriptor eod. cap. et
sæpius ζουπανίας vocat provincias, quibus hi ζου-
πάνοι præerant. Innocentius papa in Epistolis suis

et actis recte illos vocat *jupanos* et *magnum jupanum*, A
vocis analogiam Latinam recte secutus. Regis Hungariæ legatus Πέρὴς ad Alexium imperatorem in pacto Boemundi ducis se subscripsit ζουπάνος ὁ Πέρὴς.
Apud Nicetam et Joan. Cinnamum Ἀρχιζούπανος reperitur. Hæc debeo doctissimo Dn. du Fresne, ejusque *Glossario*, qui tamen originem harum vocum
non vidit, nec attendit. Nos vero discamus quid vocula faciat unius vestis, et quousque fimbrias et pin-
nas extendat, quamvis enim vestis virum non faciat,
vulgo tamen sæpe Græcum illud placet : ἱμα, ἀνήρ.
Quis vero crederet Danicam vocem *Joop* tot terras
peragrasse, et tantam gloriam sui excitare potuisse?
Bene concludit Menagius postquam in lexico suo
omnia recensuit : *Les Allemands disent Guipp pour
dire un jupon , et je crois que c'est de ce mot allemand* B
que l'Italien giubba a été formé. Unde Germani tra-
xerint ac habuerint hoc nomen et alia plura nemo
hactenus sollicitus fuit. Ex Dania enim Norvegia et
Suecia nemo credit quidquam proficisci posse, quod
juvet, cum tamen ad antiquitatem omnem illustran-
dam hinc fere petenda sint omnia, si quis recte sapere vult. Usus est illa voce Chronici Norvegici
scriptor in manuscr. de Magno Barfod, rege Norvegiæ, dum ejus armaturam et vestitum describit,
p. m. 399. *Han hafdi oc silke HIUP rauthan yfir
Skyrto, oc skorit fyrer oc a back med guli silki Leo*,
hoc est *tunicam rubram sericeam, anterius et posterius
leone flavi serici insignitam super indusio gestavit.*
Quod satis docet vocem *Joop* et *Hiup* antiquam danicam et Islandicam esse. Ita quoque paulo post ea- C
dem historia memorat : *Eyvindr hafdi oc silki hiup,
med sama bætti sem Konungr*, hoc est *Evindus etiam
tunica serica eodem modo, quo rex indutus erat.*
Erant hæ *juppæ* majores et minores, longiores et
breviores, ampliores et strictiores, ideoque legimus
etiam hic *minorem jupam* de griseo forratam proxime
sequentem ; quam Belgicæ feminæ vocare solent
eene Jacke : jacquet Francicis, quæ paulo infra cingulum circa medios lumbos desinit, adeo ut multi
jupon interpretati sint thoracem, quæ non nisi ad
ad cingulum pertingit, inque his videmus Hamburgi
et Amstelodami *de Karenschuyvers, Kruyers, Litzen-
broeder*, etc.

(⁵⁸) *Coopertorium vulpinum.* Ita vocat, ni fallor, D
tegmen superius lecti, pellibus vulpinis subductum:
infra *lectisternium forratum de marturibus* occurrit,
quod archidiacono legavit, estque idem cum cooper-
torio, ut et lectisternium vario forratum, quod Mag.
Hugoni donatum relinquit.

(⁵⁹) *Stabulario.* Danice *Stallmester*, quod nomen
hodie non tam magistris stabuli, quam servis convenit, ut observemus, quantum mutatus ab illis magister stabuli nunc incedat.

(⁶⁰) *Esbernus Mule.* De hoc Esberno superius
nota (²³) satis.

(⁶¹) *Haquino camerario.* Etiam hunc superius nota
(⁸) attigimus, ubi inter testes aderat, hic legatum
accipit.

(⁶²) *Brunei coloris.* Hæc Latinitas tunc placebat,
quod rem distinctius explicaret ac significaret, melius quam si fusci, vel subfusci, coloris dixisset, desunt enim Latinis verba, quibus colores distin-
guant septentrionalibus notos ac quotidianos ; est
enim inter fuscum et bruneum discrimen non modicum, alter enim saturum colorem ejus generis indicat, alter remissior color est. Sic *blaveos* lapides
adduxerunt colore proprio se eximentes a cæruleis,
quem colorem solum Romani norunt in eo genere.
Blavatas aves, quæ pedibus cæruleis visebantur,
appellabant, quod cæruleum colorem iis minime
convenire facile cernerent, aliud enim est *blaa*, aliud
Himmelblaa; ita quoque bruneus color distinctiones omnigenas recipit, *Hirschfarbe, Haarfarbe, Le-
berbraun*, etc., qui colores omnes brunei sunt.

(⁶³) *Equum blaccatum.* Ita vocavit, quod aliter
Latine efferri non posset, quem Dani vocant *een blak-
ket Hest.* Germani et Angli *Blak* vocant nigrum, ut
atramentum Danis *Blek.* Hinc *blakked*, quæ quidem
colore nigro saturo non lucent aut vigent; sed veluti deficiunt ad pallorem. Germani vocant *falb* illum
colorem ut *Mausz-falb, ein falbes Pferd.* Francici
vocant *une couleur effacée*, proprie *blafard* : quod a
Græco βλάξ et βλακικός deducunt, quæ nihil ad colores faciunt, sed ignavos, stolidos, molles, ac delica-
tos significant. Non igitur Francici suum inde *blafard* acceperunt, sed potius a *blac et faire*, quasi
color similitudinem aliquam nigredinis faciens, ut
sunt plerique colores ex albo interlucentes, illi enim
blakked vere sunt.

(⁶⁴) *Eschillum Bathsven.* Sic vocabantur remiges
in cymbis : *Baad* hodie scribimus et *Svend*, unde
compositum hoc nomen, *servus cymbæ* pontificalis,
cui remiges peculiares dati erant, illam curantes et
regentes. Hodie *Baadskarle* potius vocamus quam
Svenne, Koerkarle, etc.

(⁶⁵) *Nicolaus Stabellarius.* Ita scriptum reperi, et
nisi stabularius sit, *ein Stallmeister*, prout ante Petrum stabularium commemoratum audivimus, nescio quid nominis aut officii sit, quod indicare voluerunt, nusquam enim sic scriptum aut exstru-
ctum nomen aliquod animadverti.

(⁶⁶) *Saxoni clerico suo.* Hic Saxo, quin sit historicus ille Daniæ celeberrimus dubitari nequit, in
primis quod de libris referendis ad monasterium
Soranum addidit, eum in historia scribenda occupa-
tum atque eo fine libros, beneficio archiepiscopi ex
monasterii bibliotheca depromptos habuisse judicamus, quos hic reddi monasterio jubet. Ita Chronicon parvum, quod nuper de Danicis rebus edidit
Arnas Magnæus Islandus ex manuscr. diserte Saxonem historicum *Clerici* nomine p. 10. nobilitavit,
Vocat eum hic Absalon *clericum suum*, hoc est scribam, secretarium, a manu, ab epistolis, aliisque
scribendi officiis archiepiscopo apparentem, hoc
enim est clericum alicujus esse : ita reges clericos
suos habebant, qui scribenda et notanda maxime
curabant : in hodiernum usque diem Belgæ veteri

more scribas et secretarios suos *klerke* vocare pergunt, etiam postquam religioni pontificiæ repudium miserunt : ad hoc enim officium scriptionis non adhibebant olim nisi clericos, quod laici tunc vix operam darent, et pessime litteras pingerent : ita ut mirari liceat, si pagani adhuc Dani, litteris scribendis incubuerunt; quod quidam ex Saxone probare se posse perperam contendunt, Saxonem minime intelligentes; cur non Scaldos potius et ejusmodi homines reges litteris suis scribendis admoverint potius quam clericos? quod tamen nusquam reperitur regibus in usu fuisse, vel ante Christianismum, vel post eumdem; ne in Danicis quidem scribendis ullos initio Danicos sæculares adhibuerunt, sed ubique clericorum hoc erat officium. At cum clericus talis Saxo fuerit archiepiscopi, usque ad ultimum ejus spiritum, quomodo statuere potuerunt eum unquam præpositum Roschildensem fuisse? et quidem anno 1161, quo missus est Parisios, ut adduceret S. Wilhelmum?

Miror Stephanii sententiam hanc esse potuisse, doctissimi sane in omni historia viri; miror : qui Saxonem nostrum, vere satis, circa ann. 1150 natum judicavit. Fuit ergo nonnisi undecim annorum Saxo, cum præpositus Roschildensis S. Wilhelmum Parisiis quæreret; quomodo hæc, quæso, cohærent? Quomodo Stephanii sententiam servare aut amplecti licet? Audimus huic Testamento præpositos interfuisse testes duos, Tuchonem Roschildensem, et Achonem, nisi fallor, Lundensem; audimus etiam Saxoni ut clerico legatum ab archiepiscopo relinqui hoc loco, quando ergo præpositus Roschildensis fuit? num clericus Absalonis ejusque munus dignius est præpositura Roschildensi? quis ita ratiocinatur? contra veritatem sane, quam scimus omnes, haud licet. Neque enim præpositi, qui in prælatorum dignitate constituti vivebant, ad clericorum officium rursus se deprimi facile paterentur, nec quemquam hoc flagitare decens erat. Certo igitur certius hoc concludendum superest, Saxonem historicum Danorum præpositum Roschildensem minime fuisse, dum Absalon superfuit, qui in fine vitæ cum clericum suum adhuc vocavit, et Saxonem qui in litteris a Stephanio productis præpositus Roschildensis vocatur et subscripsit, quique S. Wilhelmum a Parisiis in Daniam ut adduceret missus fuit, alium fuisse a Saxone Grammatico et historico; cum Saxo præpositus Roschildensis ante Absalonem decessisse videatur, saltem Tockonem successorem habuerit in præpositura, qui Absaloni Testamentum nuncupanti adfuit, ut præpositus; Saxo autem, ut clericus archiepiscopi, absens, in Scania, ni fallor, et monasterio S. Laurentii vixit, alias inter testes cum cæteris comparuisset, sequuntur etiam statim mag. Joannes et mag. Waltherus, qui presbyteri in monasterio S. Laurentii, et magistri scholarum ejus loci fuisse videntur, quin et plenarium monasterii B. Laurentii, et Acho

præpositus ordine conjunguntur, ut omnia Lundense monasterium hæc legata videantur respicere. Saxo autem Grammaticus et clericus, qui jam duas illas marcas cum dimidia ab archiepiscopo mutuo datas acceperat, si plures archiepiscopo debuisset, plures quoque marcas donatas ac legatas recepisset; hæc mens est verborum, *Saxoni clerico suo duas marcas argenti et dimidiam concessit, quas sibi donavit;* archiepiscopum, scilicet ante Saxoni hanc summam concessisse utendam, viginti nempe unciales, thaleros nostræ monetæ, quos nunc ipsi archiepiscopus donet et leget, ut ad illos reddendos Saxo compelli deinceps non debeat.

(⁶⁷) *Magistro Joanni.* Nondum magistri nomen inter titulos eruditorum honoratiores receptum fuit, prout hodie moris est liberatos ad magistri gradum ascendere, iisque præmiis, laudibus ac titulis insigniri, ob egregiam eruditionem, quam præ cæteris acquisiverunt; sed vocantur hic magistri ab officio, quod gesserunt in scholis, quibus præerant; illos enim magistros simpliciter dictos fuisse multa docent exempla. Helmodus l. 1, c. 14 Adamum Bremensem magistrum vocat, quod scholæ Bremensi præcesset, eamque regeret : *Testis est magister Adam, qui gesta Hommenburgensis Ecclesiæ conscripsit.* Sic quoque Ditmarus Meshurgensis Ekkihardum *Grammaticum et magistrum scholæ* vocavit, et Anskarius ipse magister talis initio fuit;

Magistratus regimen præceptor adeptus,

unde ait Gualdo poeta versibus Anskarii vitam reddens; neque enim in cœnobiis et ecclesiis inter clericos alii magistri occurrunt. A Romanis quidem hoc assumptum est nomen, qui multos magistros agnoscebant domi militiaque in sacris, in conviviis, in collegiis artificum et opificum, eaque de re testantur inscriptiones non solum, sed et ad nostros opifices redundavit nomen magistri, qui *meister* et *mester* appellantur passim; inferius legitur, *Achoni magistro laterum, der giegelmeister.* At post tempora Absalonis archiepiscopi Fridericus II imp. primus magistri nomen inter honores et titulos liberatorum esse jussit, ut eo gauderent, qui in litteris profecissent, nulli licet officio essent admoti. Hic vero mag. Joannes superius inter testes astitit et audivit Absalonem testantem et legantem, ubi quoque Lundensis Ecclesiæ canonicus appellatur, ita ut magister Walterus, qui proxime sequitur, canonicus quoque fuerit ejusdem Ecclesiæ, et scholam insignem ac frequentem fuisse tunc Lundis indicant, quæ plures magistros canonicos habere debuerit præpositos, hæcque causa est cur mag. Joannes Absalonem sequi potuerit, et in comitatu ejus apparere; nam si solus magister scholæ regendæ præfuisset, haud munus illud permisisset ipsi abesse. Monendi quoque sumus, tunc magistros scholarum, licet canonicos, ipsos scholas rexisse, et in iis docuisse; sed postquam præbendæ

majores et minores prodierunt, ac distingui cœperunt, ad minores canonicos scholæ labores pertinere cœperunt, ad majorem vero nomen dignitatis
et *scholastici* concessit, qui aliis docendi munus
impenebant, ipsi consilio scholis præerant, ut rectores et inspectores, philosophica sententia non
opera; canonici enim fere cum episcopis per vicarios hæc facile præstari obtinebant, sic magistri
scholarum postmodum ad vicarios domini scholastici et canonici prælati concesserunt, ex ejusque
nutu pendebant, quod Lundis tamen Absalonis
ætate nondum invaluerat, siquidem ipsi magistri
canonici non vicarii erant.

(⁶⁸) *Biccarium argenti.* Utitur etiam illa voce
Arnoldus in *Chronico Slavor.* l. ɪv, c. 14 : *Ablutionem digitorum fecit in biccario mundo.* Hic protinus, more suo solito, etymologistæ *biccarium* ex
Græco βίκος deducere jubent, quod orcam et am-
phoram, aut vas aliquod simile denotat, dolium,
urceum, lagenam, στάμνον, et Hebraicum בקבוק
Backbuck eo quoque referunt, ita ut ex Hebraica
voce dicta Græci βίκος, ejusque diminutivum βικίδιον, inde Latini *biccarium*, Germani *Becher*, Dani
deinde et septentrionales *Begere* fecerint. Egregie
profecto sibi sic ratiocinari videntur, mihi vero
hallucinari. Dicant mihi quando *bicarium* apud
Latinos usurpari cœperit, dicant, quæso : num
apud Varronem *De Latina lingua* legitur, aut Gel-
lium in *Noctibus Atticis*, aut similes auctores?
Solet Varro, quæ ex Celtica ad linguam Latinam
ornandam et locupletandam prodierunt, non semel
indicare, sed de *bicario*, nec ille, nec alius quis
monuit. Est vero Celtica lingua, nihil nisi vetus
septentrionalium populorum, sub quibus Norvegi,
Succi, Dani, Germani, Galli, Illyrici quoque comprehenduntur, non Hebræi, non Græci, non Latini
vel Romani. Nunc videamus an non felicius *bicarium*
ex illis linguis cognatis Celticis, vel recentioribus
Danicis deducatur, quam ex Hebræo *Backbuck* vel
Græco βίκος, et βικίδιον quod apud Suidam legitur.
Bicarium sane apud Latinos non legitur, antequam
Gothi Italiam, Galliam et Hispaniam insederant,
ut vere Gothicum nomen antiquum esse dici queat.
Gothi autem quod ex septentrione sæpius exive-
rint, et nomine ac lingua sua Germaniam, Illyri-
cum, Russiam impleverint totam, Historiæ loquuntur antiquissimæ, et ego probatum dedi alias; a
Ponto deinde et Mæoti palude reversi, eodem nomine, eadem lingua Italiam, Gallias et Hispanias
inundarunt. Quid igitur mirum ex illa lingua septentrionalium, tot gentium facta, monachos ejusque farinæ et Latinitatis homines vocabula sumpsisse, et detorsisse, quoties opus erat, et signifi-
cantius res exprimere se posse credebant. *Bicarium*
sane est inter illa pocula, quæ peculiarem formam
habent, a Gothis forsan etiam in Italiam introducta, aut a Francicis, aut Germanis et Northmannis.
Romani enim hanc poculi figuram nesciebant, ut
et Græci, ita ut *Backbuck* et βίκος illi figuræ nequa-

quam conveniant, sed urceis et urceolis potius aut
amphoris. Hebræi sane omnes *Backbuck* dicunt a
sono, quem reddunt aquæ effusæ per urcei collum
angustum, nomen accepisse; hunc sonum Græci
κότταβον peculiariter dixerunt, et κοτταβίζειν eos
qui hos sonos crebro producunt, helluones insignes.

Quid illic bicario simile? *Bicarium* est poculum
rotundum fere, quod inferius coangustatum, ita tamen ut sua sponte stare possit, superius magis patet. Hæc vera antiqua et nova figura est *bicarii*, nam
adhuc nobis illa superest. Danis *Begere;* Suecis,
Begare; Germanis superioribus *Becher,* inferioribus
Beker audit; Italis, *Bicchiero,* qui de vitreo tamen
poculo illud usurpant plerumque, unde *Bicchierajo*
is dicitur, qui pocula vitrea vel vendit, vel facit.
Sed hic non quæritur ex qua materia *bicaria* fieri
consueverint, vel quam stricte et κατα χρηστικῶς
ab his vel illis sumantur, sed ex qua origine nomen illud descenderit, et qua forma principio fuerit
bicarium. Sufficit, jam me monstrasse a Danis et
septentrionalibus originem petendam esse, ubi
hujus nominis vestigia multa et clara et antiqua
reperiuntur, nulla apud Hebræos vel Græcos, vel
Latinos antiquos, ut frustra sit ad illos fontes
accedere, turbidos nimis, et allusionibus meris
fœdatos qui habemus domi puriores et purissimos,
quod facile vident, si videre volunt. Habent vero
Dani ex eadem origine plura, nam et *Becken,* quod
significat *pelvim,* ejusdem radicis est, licet ejusdem
figuræ vel formæ non sit cum *bicario,* et *Begere;*
propria enim figura gaudet *pelvis* et *Becken,* amplio-
ribus labris præditum vas, et fere humilius quo
magis patet : exinde Itali fecerunt *Bacino* sua pronuntiatione, ad nostram enim fuit *Bakino,* hinc
bacinello et *bacinetto,* sed ad alios usus quam *bacino,* quod originem non impedit, sæpe enim usus
verborum ἀνωμαλίζει. Francici suum *bassin* inde
traxerunt, quod scribi debebat *bacin,* ut origo nominis conservaretur, quemadmodum Itali quoque
loquuntur in proverbio, *netto come un bacin da bar-
biere.* Cur vero hic a appareat; non *e* vel *i* exinde
fluxit, quod septentrionales parvulo sono *a* et *e* litteras mutent, *a* scilicet clarum habentes, et *a* soni
misti ut *a* et *ä* seu *æ*. Originarium enim nomen
Danicæ linguæ, ex quo *Begere* et *Bekken* derivantur,
est *Back,* quod etiam olim vas aliquod majus significabat, quam aut *Begere* aut *Bekken,* et usurpatur
adhuc apud Belgas, qui retinuerunt in sua lingua
illa vasa, vocantes *Back,* vasa quibus pluvias aquas
colligunt, *een Regenback* cisternas, *een Back* omne
vas, in quo arida et sicca quævis reponunt, etiam
patinas nautæ in navibus, ex quibus cibos capiunt,
Bak vocant, *ut aen den Bak gaen,* etc., vetus nomen, quo vasa appellabant. Hinc jam apud Festum
Pauli : *Bacar, vas vinarium simile bacrioni. Bacrio-
nem dicebant genus vasis longioris manubrii, hoc alii
trullam appellant.* Recte igitur Laurembergii *Anti-
quarius* hæc verba explicavit : *Vocatur et bacar,*

bacarion, becario, et becarium. Meminere ejus Apu- A
leius, Tertullianus et alii. Glossæ Bacarium, εἶδος
ἀγγείου. Quæ sane nec apud Græcos nata nomina
dici possunt, nec apud Latinos, sed ex Celtica antiqua, hoc est Danica septentrionali per Germanias
Galliasque ad Latinos transierunt : ibi enim fetura
talium vocum, adeo ut rectius hinc scribere do-
ceamur hodie *een Bæck* quam *Beck,* amnem, rivu-
lum, quæ vox mater est omnium dictarum, nam
ob aquam hauriendam vasa inventa. Saxones quoque *Bæck* dixerunt, Belgæ *Beeck,* Germani superiores *Bach;* hinc illa vasa et pocula aquæ et mun-
ditiei destinata, quæ hactenus enumeravimus, se
invicem sequuntur : *Back, Becker, Begere, Becher,*
baccar, bacrio, bacarium, becario, becarium, bica-
rium, Becken, quæ scribi debebant *Baeer, Baegere,* B
Baecher, Baecken, adeo ut etiam in Islandia eorumque lingua, vetustam septentrionalem adhuc referente, supersint *Bekur* rivus, et *Bikar* et *Boukr,*
poculum; quin et *Batiolam* vel *baciolam* apud No-
nium Marcellum inter poculorum genera positam c.
15, ex eadem lingua Celtica septentrionali ac Gallica fluxisse; nunc videre licet, a Plauto usurpatam
vocem, ut ait in *Colace :*
Baciolam auream octo pondo habebat, accipere noluit.
Adde etiam locum Plautinum ex Sticho, act. v,
sc. 4 :
. . . *Quibus divitiæ domi sunt, scaphio et cantharis,*
Baciolis bibunt . . . .
conveniunt Glossæ veteres Latino-Græcæ : *Batiola,*
ποτήριον.   C
Et cur non ex illa lingua originem potius hauriendam judicamus, in qua sola tot convenientes voces
matrices, sororiantes, cognatæ, sibi invicem lampada manusque tradunt quam ex Græcorum et Hebræorum longe dissitis fontibus, et peregrinis omnino, vocabulorum talium etymologias accersere?
ubi quando voces singulas probe jam torsimus, nihil
tandem egisse nos videmus; sunt coacta, affectata,
ludi, et nugæ omnia. Sed vix in laudes Danicæ linguæ exspatiari mihi nunc licebit, nisi amorem patriæ objici mihi velim : quasi affectibus magis du-
car, quam veritatis studio, id quod semper a me
alienum esse debere censui. Doctissimi censores Li-
psienses ita judicarunt de scripto meo Danicæ lin- D
guæ præstantiæ dicato, me fecisse quod solent, qui
in patriæ laudes, aut ejus loci ubi bene est, profusi
et proclives maxime sunt. Debetur hoc patriæ profecto, dummodo veritatis limites non transiliamus,
quod spero etiam a me factum, nec enim affectibus
servire, sed aliquantum imperare didici; quin et
Germanicæ et Suecicæ et Francicæ linguæ non in-
viderem eas laudes, si inter antiquos præ Danica
eas laudatas ullibi reperissem : at cum antiquior
laus Danicæ linguæ repeti potuerit, ex optimis et
bonæ fidei monumentis, cur veritatem dissimulan-
dam sumerem, nihil opus erat, illam maxime, quæ
cum patriæ laude sese mihi conjunctam obtulit. Est
igitur *bicarium* vox tam Celticæ, quam Danicæ et

Gothicæ antiquitatis; et Celtica quidem jam exspirare cœperat, nisi Danica tenacior iterum succur-
risset; ac in memoriam deperdita revocasset, dum
loco Celticæ suam per Gothos in Italia, et ubique,
vigere denuo vel reviviscere fecit. Gothi enim secum
ex septentrione linguam Celticam passim exstinc-
tam fere in latinam linguam et Italiam et Franciam, etc., adduxerunt, et servarunt, ut vix nunc ex-
stingui rursus queat. De *bicario* autem argenteo loquitur etiam ante Absalonem Ditmarus Mersburgensis
sæculi XI scriptor ante Adamum Bremensem l. VIII,
p. m. 241 : *Cum duobus thuribulis ac argenteo bica-*
reo larga manu Cæsar nostræ dedit Ecclesiæ.

([69]) *Mag. Walthero.* Dixi de eo nota 67. Sequitur
inferius Mag. Hugo, cujus quoque præbenda pecu-
liaris memoratur, adeo ut et ille canonicus fuerit, et
propter officium, quo in schola Lundensi cum binis
jam memoratis fungebatur, tertius magister hic adducitur et legatum etiam non minus quam magister Joannes aut mag. Waltherus, lectisternium vario forratum nactus est, ut hic apparet : quæ Absalonem scholæ Lundensi non obiter prospexisse et
favisse nos monent.

([70]) *Pallium griseum.* Intelligit hic pallium non grisei
coloris, sed griseis sciurorum pellibus subductum,
de qua forratura prius dixi, illudque aptum erat,
quod gestari posset in Natali Domini tempore hi-
berno. Nam griseus panni color neque multum conveniebat archiepiscopo, neque presbytero canonico,
qualis erat Mag. Waltherus, unde est, quod de pellibus griseis capi debeat.

([71]) *Ad plenarium faciendum.* Plenarium licet sæpius
occurrat in historia media, pauci tamen quid sit vel
fuerit explicarunt. Ex Henrici Wolteri *Chronico*
Bremensi p. m. 43 adducam primo plenarium quod
Henricus IV imp. inter alia Ecclesiæ Bremensi donavit, *cujus tabula habuit novem talenta auri Lube-*
censis, hoc est novem libras auri ponderis Lubecensis, quod etiam Adamus Bremensis his verbis explicavit lib. IV de iisdem donariis loquens : *Et unum*
plenarium cujus tabula videbatur novem libras auri
habere, p. m. 112. Ante Adamum Ditmarus Mersburgensis, aut qui vitam Ditmari paulo post conscripsit, Henrici II imp. donaria, Ecclesiæ Mersbur-
gensi collata, recenset, p. m. 261 : *Dedit hic impe-*
rator nobis plurima divino officio convenientia, scili-
cet tria plenaria, unum de auro, eburnea tabula or-
natum, quod minimum est; secundum auro, gemmis
et eburnea tabula variatum, quod pretiosius est; ter-
tium, auro, electro, et pretiosissimis gemmis artifi-
cio decoratum, quod optimum est. De Conrado abbate Rastedensi septimo circa annum 1240 legimus
in *Chronico Rastedensi,* p. m. 102, quod *fieri fece-*
rit plenarium ecclesiæ Rastedis, de argento cum
gemmis micantibus, quomodo adhuc in monasterio
esse dignoscitur. Nec *Chronicon Mindense* obliviscitu
Sigeberti episcopi sui liberalitatem deprædicar
circa ann. 1029 : *Quæ ad domus Dei decorem pertinen*
reliquit, calices et thuribula pulchra, ac plenaria n

rem valde pretiosa, cum diversis materiis intus depicta, et exterius argento et auro lapidibusque pretiosis adornata. Sed ex his omnibus nemo facile percipiet quid nominis aut rei sit plenarium. Hoc ergo nunc explicatius studebo facere. Et plenarium esse librum missalem et sacris missæ servientem, in quo omnia agenda festis, Dominicis aliisque diebus plene perscripta habebantur, ita ut sacerdoti nihil deesset celebranti quæ dicenda vel agenda forent; ideo enim plenarium vocatur iste liber, quod omnia contineret, plene et adamussim, quæ in Ecclesia requirebantur in Antiphonis, Sequentiis, Responsoriis, Collectis, Legendis aliisque. Hi libri et hæc plenaria, quod in altari ponerentur, tanto apparatu gemmarum et auri et eboris et electri, et argenti onerabantur, ut ex his jam dictis audivimus. Et quidem quod de tabula dicitur auri novem librarum Lubecensium, quam plenarium Bremense habuit, scire vos cupio, librorum tegmina intelligi, quando compacti sunt, et corio circumvestiti, alterum enim latus libri in altari positi, quod exterius ad populum spectabat, tabulam quamdam auream vel eburneam solidam insertam acceperat in corio et assere, quo liber tenebatur, gemmisque variis circumpositis cingebatur hæc tabula, et lucem magnam ac pompam faciebat, dum reliquum latus interius versum istum fastum minime ostendebat, sed in vulgari cultu corii et asseris, sine gemmis, sine auro acquiescere sinebatur; hæc causa est cur tabula una tantum cuivis plenario tribuatur, non tabulæ duæ aut plures. Hujus rei exemplum aliquod qui videre cupit, adeat bibliothecam ecclesiæ cathedralis Hamburgensis, ubi superesse videbunt adhuc in forma, quam dicunt, quarta; tale plenarium corio purpureo campactum, cujus medium tabula eburnea inserta tenet, mediocriter sculpta, quam ambiunt lapides, olim pretiosi, nunc crystallini et vitrei, exemptos enim et suppositos alios facile percipi potest, alterum vero latus libri solo corio circumseptum, a reliquo prioris lateris ornatu vacuum plane conspicitur. Complectitur iste liber, Collectarium, Homiliarium, Antiphonarium, et plura in membranis exarata, ita ut plenarium dici queat, ut nos hodie ein vollstaendig Hand-oder Kirchenbuch vocare solemus, in quo singula, quæ in ecclesiis occurrunt legenda, vel canenda, collecta leguntur. Nec sola plenaria tam sumptuose ornabantur, sed etiam alii libri. Sic enim Ditmarus sub finem l. vi, de eodem Henrico II imperatore commemoravit : Evangelium, hoc est librum evangeliorum, aureo et tabula ornatum eburnea, dedit. Simile est quod habet Tavernier in Peregrinationibus suis l. vi, p. m. 35, de libro evangeliorum in Armenia, quem archiepiscopus lecto evangelio, cæteris patriarchæ et episcopis osculandum præbet, ubi addit : Sur un des costez de la couverture de ce livre, il y a des reliques enchâssées, et couvertes d'un crystall, et c'est le côsté du livre, qu'on donne à baiser. Nec quidquam nunc addam de plenario, nisi ut doceam librum fuisse :

quod auctor Chronici Mindensis nobis monstravit p. m. 105, dum ait Milonem episcopum, qui sedit ab ann. 974 ad ann. 996 donasse monasterio in monte Wedegonis pulchrum plenarium ; in isto sculpti habentur versus quos B. Gorgonio obtulit :

Sit tibi, Gorgoni, liber hic, rogo, valde decori,
Ornari Milo quem fecit episcopus auro.

Eodem pacto Henricus Wolteri, in Chronico Bremensi, dum Henrici IV imperatoris donaria Bremensi Ecclesiæ tradita recenset, γενικῶς illa proponit : Misit Ecclesiæ Bremensi multa digna et chara clenodia, centum videlicet aurea pallia, et sagas deauratas, thuribulum et librum auro et argento circumductum ; jamque pergit sibi ipsi objicere : Sed dices : quæ sunt hujusmodi in numero, pondere et mensura ac nomine clenodia missa a Cæsare ? Dico respondendo, etc., et unum plenarium, cujus tabula habuit novem talenta auri Lubecensis. Ecce plenarium cum tabula novem librarum auri, est idem ille liber auro et argento circumductus. Adde Baluzium ad Cap. reg. Francorum p. m. 1156, qui missalia et missales libros plenaria dicta fuisse notavit. Reperitur quoque in jure Græco πληνάριον, sed non eodem sensu, licet quoque circa membranas et chartas versetur. πληνάριον enim in jure significat apocham omnia in universum debita tollentem et delentem, unde Βασιλικῶν eclog. 6, etiam ἀμεριμνία πληναρία, securitas plenaria vocatur, cui opponitur ἀλογή μερικὴ apocha, qua pars tantum debiti soluta agnoscitur ; in curialibus nostris hodie quitantiarum dicitur talis apocha universalis, et explicatur quietantia quietantiarum omnium, adeo ut illud plenarium quoad chartas et libros, tam apud ecclesiasticos quam apud jurisconsultos valere, et in usum deduci cœperit.

(72) Præposito Achoni. Ille ipse, qui supra not. (5) adductus inter testes, eumque præpositum Lundensem fuisse judico, quod hic præcedat et sequantur ea legata, quæ Lundenses et Scanienses solum spectant. Tockonem Roschildensem fuisse præpositum jam ante docui. Saxo etiam Lundis vivebat, cum hoc Testamentum conderetur, ideoque etiam in illa classe ponitur.

(73) Apud Cluniacum. Conditum fuit illud cœnobium in Burgundia anno Chr. 895, testibus Sigeberto Gemblacensi et Trithemio, a Bernone comite Burgundiæ et abbate Gigniacensi, qui Odonem primum abbatem Cluniacensem constituit.

(74) Ad Claram Vallem. Institutum est hoc cœnobium a S. Bernardo circa 1117 alii 1115. Paucissimi sunt geographi, qui hujus cœnobii situm monstrarunt. Ipsi Francici illud neglexerunt et omiserunt, aut quod clarus ille locus brevi post in cineres subsederit, nec tanta fama resurgere potuerit qua quondam, aut quod cœnobiorum districtus geographis indigni plerumque videantur. Bernardus abbas 700 monachis illud cœnobium habitatum reliquit, ita ut tunc magnæ et præclaræ famæ fuerit, et Danicis episcopis in Franciam euntibus frequenter visum. Situm est autem cœnobium illud in

Campania Franciæ ad Albulam fluvium, 3 leucis a confiniis Burgundiæ, medium inter Chaumont ad ortum, et Barium ad Sequanam in occidente, Vallis Absinthii prius dictum, et precibus Theobaldi comitis Campaniæ a Bernardo conditum.

(⁷⁵) *Ecclesia di Wellinge.* Familia adhuc ejus in Suecia superest non ignobilis, quamvis tunc parochia ruralis in Scania fuerit, ut et sequentia nomina Stangbye, Koping, Hyphakre, Arlef, Asmundathorp, Nyebyle, Saxelstorp villæ sint Scanicæ, partim adhuc satis notæ, iisdem nominibus ab antiquo servatis.

(⁷⁶) *Mansum unum reddere.* Mansum dici agrum ubi quis simul manere possit et habitare, ex multis scriptoribus notum est. Germani vocant, *een Hove, een Hove Landes,* ager, qui unam familiam juxta habitantem alere potest. Inde *Hoba* et *Huba* apud aliquos historicos, qui originem vocis veram non attenderunt; nec recte Germani superiores efferunt *eine Huffe Landes;* debet enim esse *ein Hoff Landes,* cum sit *Hoflstete,* locus ubi habitant, qui agrum conjacentem colunt. *Curia* igitur est, cum sola domus attenditur, *mansus* autem cum ager et domus simul intelliguntur. Ille enim ager mansus est, qui curiam junctam habet, ut ibi manere possint domini et coloni. *Berghave* locus et vicus Hamburgi totam rem explicat. Mons ille acclivis, ubi ager colebatur, nunc occupatur S. Jacobi ecclesia, foro equino, domibusque et ædificiis, a platea vulgo *Steenstraten* dicta, usque ad portam Alsteræ et Alsteram ipsam; nec ager iste mansus fuit unus, sed et alter, ideoque *kleenen Berghave, grooten Barghave* adhuc audit, scilicet ubi curiæ positæ fuerunt in fronte agri, quique alios monticulos colebant et habitabant locupletiores effecti, ac propter curias ac mansos hos agros in re lauta satis constituti *de von Bargen* dici cœperunt, quorum aliqui postmodum in senatu civitatis celebre nomen manserunt. Dicebantur ergo *Have* vel *Hove,* quia in monticulo acclivi ager tendebat, *Barghave;* secundum istius sæculi Latinitatem, *mansus montanus.*

(⁷⁷) *Mag. Hugo.* De eo superius adnotatum reperieris.

(⁷⁸) *Pallium magnum de Lœkatte.* Erat fera maculosa *lœkatt,* solis Norvegis nota hoc nomine; tot enim catti regiones Norvegicas obsident, tam varii generis, ut vix nominibus inveniendis sufficere possimus. Hermelinas pelles vocant, *Roisekatte* et *Urkatte,* atque *Lœkatte,* si non iidem, sane non multum diversi ab illis fuerunt. Hæ sane pelles omnium nobilissimæ, *Hermelin* propterea dictæ, quod non nisi regibus, principibus et dominis conveniant; ideoque hic comparantur cum marturinis, quæ alias gloriam primam ferunt, ut hodie sabellinæ ex Russia, post illos felinæ hæ, tunc marturinæ sequuntur et murinæ. Nec mirum est istas bestiolas *Katte* vocari, licet feles magnitudine non æquent, sed minores sint, et nisi longitudine ac forma sua mustelas referrent, ad murinas et gliri-

nas pelles referri possent. Sunt igitur ex mustelarum genere, quæ animalcula mures et glires persequuntur, ideoque feles et *Katte* appellati, quorum est mures venari. *Lœfatte* nomen videntur accepisse tamen *Læ,* quod Islandis et Norvegis *noxa* et *damnum* est, quoniam hi catti forte plus noxæ inferant, quam alii similes : ita *Læminge* illis dicti sunt mures noxii segetibus, Norvegis peculiares, quod cœlo decidisse, et per agros dispersos alicubi observarunt; qua ratione distinguitur a *Lä,* quod est motus et temperamentum, inprimis undæ fluentis. Pelliones Hermelinas pelles easdem esse volunt cum *Lœkatte,* et melinas pelles valde expetitas, tam olim quam hodie fuisse novimus, sed explicant pro taxis, *Dachse* Germanis. Quin et melinæ dicebantur, summe candidæ, quæ ex Melo insula afferebantur, terræ, et cerussæ instar serviebant. Unde apud Plautum *Mostell.:*

Non isthanc ætatem oportet pigmentum ullum attin-
                         [gere,
Neque cerussam, neque melinum, neque ullam aliam
                         [officiam.

Novimus autem Hermelinas valde candidas, nec nisi nigerrima macula in extremitate caudæ conspicuas esse, et ex hybrida hac voce nomen forte Germanis compositum. In veteri synodo Londinensi circa an. 1138 istæ pelles *hereminæ* appellantur. *Prohibemus apostolica auctoritate sanctimoniales variis, seu grisiis, sabellinis, marterinis, hereminis, beverinis pellibus uti.* Sic legitur apud Richardum Hagustaldensem p. m. 328. Sed et Franci hæc animalcula *hermines* et *ermines* etiamnum vocant, unde didicerunt Angli. *Ermellini* nominantur Italis; Latini *mures Ponticos* appellarunt, quod a Ponto ipsis primum allati sint, quin et *mustelas albas,* quod albedine candentes sint, quam hieme contrahunt, æstate colorem mustelis vulgaribus similem præferentes, bruneum aut ussum, quod pluribus animalibus in septentrione solet accidere, leporibus, ursis aliisque, quod notum esse puto. Sed nolo hæc, quæ ad pellionum officinam pertinent, ad unguem usque resecare, respondere enim mihi licet quod apud Suidam Xenocrates Platonicus cuidam scholam ejus adire cupienti, quem minus idoneum putabat : παρ' ἐμοὶ, inquit, πόκος οὐ κνάπτεται. Apud me *lana non carminatur,* nec apud me pelles parantur, ut hæc docere possim.

(⁷⁹) *Nicolao filio archidiaconi.* Quomodo hæc quadrant temporibus Absalonis, archidiaconum habere filium? num cum uxore quoque in matrimonio vivebat? Absit! haud sic intelligenda veniunt, sed archidiaconum hunc ex conversis fratribus fuisse statuendum est, qui sæculum relinquentes et bona, et uxorem, et liberos, toto animo et corpore sacris se mancipabant; atque ad ordines deinde et dignitates pro meritis suis evehebantur. Ex his igitur conversis archidiaconus hic, matrimonio relicto, ad hunc gradum ascenderat.

(⁸⁰) *In castro de Haffn.* Hæc est Hafnia, nunc

emporium·ingens, totius regni Danici sedes prima. Videmus jam variis nominibus illam crevisse; arcem Axelhus dictam esse, quod Absalon eam condidisset primus, ibique resideret illuc veniens; postea huic munitioni burgum subjectum, civitatis, et quidem munitæ, quæ castrum et castellum dici solet et burgum, eaque civitas Stegelborg appellata [Dubito an unquam Stegelborg appellata sit] ideo quod tam alte et prærupte sita esset, ut non nisi gradibus ex mari in eam ascendere possent, a portu vero insigni κατ'ἐξοχὴν Hafn vocata fuit. Sic domum episcopi et domum principis vocat Adamus Bremensis munitissimas illas arces Hamburgi ab illis structas; castellum vero Hamburgense civitatem ipsam fortissimis operibus inclusam, civium domos et negotiationes ab incursibus hostium defendens; unde confutantur illi qui civitatem nullam Absalonis tempore Hafniam fuisse credunt,

arcemque et domum solam episcopi, prætereaque nihil hic exstitisse. *Chronicon parvum de rebus Danicis*, quod edidit nuper Arnas Magnæus Islandus, idem nomen Hafn Emporio tribuit ad annum 1249. *Villa Hafn devastata est.* Villa hic sumitur, ut Francicis *la ville* pro oppido. Hoc igitur vetus nomen civitatis; mercibus vero affluentibus *Kisbenhaffn* vocari cœpit, ut Germanis *Coopmannehaven*, ita ut Francici et hodierni Germani perperam *Copenhagen* pro *Copenhaven* scribant; quod lubentes sequuntur omnes, nec errorem videre volunt, quoniam Francicos errando etiam non errare credit vulgus.

(⁸¹) [*Achoni magistro Laterum.* Conjicio hunc fuisse inspectorem operariorum, qui lateres coquebant, præsertim cum statim post mentio fit lapicidæ].

ANNO DOMINI MCCII.

WILLELMUS DE CAMPANIA

AD ALBAS MANUS DICTUS,

ARCHIEPISCOPUS REMENSIS.

NOTITIA.

(*Gallia Christiana nova*, tom. IX, pag. 95.)

Guillelmus *de Campania*, dictus *ad albas manus*; vernacule *aux blanches mains* (perperam in quibusdam schedis *aux grands chemins*), inter filios Theobaldi IV Campaniæ comitis et Mathildis Carinthiacæ quartus erat. Clero ascriptus admodum juvenis, plures simul diversis in ecclesiis seu præbendas seu dignitates obtinuit; donec electus Carnotensis episcopus transiit primo ad Ecclesiam Senonensem, deinde, ineunte anno 1176, ad Ecclesiam Remensem. Senonensi cathedræ impositus legatione apostolica functus erat in Galliis; quod munus adimplere perrexit factus archiepiscopus Remensis. Durocortori statim ac receptus est (receptus autem dicitur VI Id. Aug.) statuit dignissimus antistes per annum integrum in choro præsens adesse, quo frequentius canonici sui divino interessent officio, et ut lites quæ subinde inter clericos emergebant per se dirimeret, donationesque decessorum suorum certior ipse præsentia sua factus confirmare posset. Fuit autem, inquit Marlotus, inter archiepiscopos Remenses primus, qui diœceseos suæ neque abbatibus neque ecclesiæ cathedralis dignitatibus vocatis subscripserit solus diplomatibus suis, nullo etiam apposito sui pontificatus anno, quamvis sigillum commune retinuerit, in quo expressa archiepiscopi effigies ex una parte, ex altera vero Virginis Deiparæ cum hac inscriptione : *Secretum meum mihi*

In ipso sui pontificatus Remensis initio indulgentias concessit fidelibus ad nundinas Paschales leprosariæ Remensis concurrentibus. Eodem anno, cum XVI Kal. Octobr. in urbe Maceriis, quæ olim ex Flodoardo episcopii Remensis fuerat, Manasses Regitestensis comes collegiatam fundasset, Guillelmus canonicis recens institutis altaria S. Remigii de Reomonte et S. Marcelli largitus est. Eodem rursus anno Nivelodem consecravit episcopum Suessionensem, illique ac cæteris provinciæ suæ episcopis scripsit Alexander III papa, finem tandem feliciter accepisse schisma illud teterrimum quod inter se et Fridericum I imperatorem exarserat. Guillelmus

provinciam lustrans partitionem præbendarum inter
Noviomenses canonicos ut metropolita comprobavit,
scriptoque fassus est Noviomensi episcopo non
licere quempiam ex choro majoris ecclesiæ excom-
municationi submittere. Anno sequenti, IX Kal.
Aug. Marchianensis cœnobii ecclesiam, præsentibus Frumoldo Atrebatensi, et Evrardo Tornacensi
episcopis, dedicavit, Anno 1178 peregrinationis
ergo in Angliam transfretanti ad S. Thomæ Cantuariensis tumulum, sibi olim amicitia conjunctis-
simi, rex Henricus obviam ivit, xeniaque splendida
obtulit. Solutis votis, reducem in Franciam Balduinus comes Gisnensis lauto et magnifico apparatu
excepit apud urbem Ardeam ; quod convivium descripsit Lambertus presbyter in historia comitum
Gisnensium. Anno 1179, mense Martio, interfuit
concilio Lateranensi, in quo creatus est presbyter
cardinalis S. Sabinæ, et Rogerum coram summo
pontifice cæterisque concilii Patribus consecravit
episcopum Cameracensem. Eodem tempore, dum
adhuc Romæ degeret, cujusdam Remorum decreti,
quo vetitum erat ne quis prædia in eleemosynam
ecclesiæ conferret, rescissionem obtinuit a summo
pontifice speciali diplomate, quo sic habetur : «Constitutionem insuper civium vestrorum, per quam
vetuisse dicuntur, fundum vel prædium vendi, legari,
aut in eleemosynam ecclesiæ vestræ conferri, velut
perniciosam nullam desernimus. »

Præterea cum vigeret adhuc Senonensem inter
et Remensem archiepiscopos discordia de jure
Francorum reges inungendi, licet Philippus interim
et Ludovicus VII Durocortori, Senonensi nullatenus
reclamante, inaugurati fuissent, obtinuit Remensis
bullam Alexandri III, qua insigne hoc munus illi
soli adjudicatur, ab ipso Ludovico VII, et ab aliis
postea Romanis pontificibus confirmatum. In Gallias redux creatusque, ut fertur, dux et par Franciæ, Philippum Augustum sororis suæ Adelæ et
Ludovici VII Francorum regis filium inunxit in
regem Francorum Kal. Novembr. ejusdem anni,
ministrantibus sibi Turonensi, Bituricensi, Senonensi archiepiscopis, atque omnibus fere Galliarum
episcopis. In ea autem solemni pompa præibant
juniori regi Henricus junior Angliæ rex, idemque
dux Normaniæ, filius Henrici II Angliæ regis, gestans coronam auream qua coronandus erat Philippus comes Flandriæ, gladium imperii sustollens,
aliique duces, comites et barones diversis deputati
obsequiis ; at Ludovicus VII, senio et morbo laborans paralytico, adesse ipse non potuit. Ab illo vero
tempore ad nostra usque tempora archiepiscopi
Remenses non solum inter duces ac pares Franciæ
recensiti sunt, sed et inter eos primatum semper
obtinuere. Guillelmus cum in coronando rege maximas expensas fecisset, æreque alieno ob id gravaretur, petiit a capitulo Remensi subsidium aliquod
ex communi ærario ; sed ne ex illo deinceps cano-

nici aliquid paterentur detrimenti, declaravit anno
1180, illos ab hujusmodi expensis esse immunes.

Anno circiter 1180, opem ferentibus tam archiepiscopo quam canonicis Remensibus, ecclesia S.
Balsamiæ, et reædificari cœpit, et in collegiatam
erecta est, cujus præbendæ omnes iisdem fere pri-
vigeliis atque immunitatibus gaudent quibus capitulum ipsum Remense, cui obnoxiæ sunt. Eodem
circiter tempore reprehensus est Guillelmus a Lucio III summo pontifice quod solvisset ligatos ab
episcopo Bellovacensi, præcipue vero comitem
Clari montis, quem de mandato ipsius Remensis archiepiscopi excommunicaverat præsul Bellovacensis, terra ejusdem comitis interdicto supposita.
Anno 1181 dicitur in chronico Nangii conspirasse in
regem et totam Franciam conturbasse cum duce
Burgundiæ, comite Flandriæ, comite Blesensi, et
comite Sacri cæsaris. Anno 1182 scabinos ab Henrico decessore suo sublatos civitati Remensi restituit princeps non minus magnificus quam pacis
amans. Anno sequenti iisdem civibus culturam
concessit extra urbis ambitum, quo ædificiis de
novo constructis pomœrium ejus protenderetur,
translatis in eam nundinis Paschalibus quæ juxta
leprosorum sacellum, ut diximus, celebrabantur.
Eodem anno assumptus est a Philippo Augusto in
primarium regni administrum ; multosque statim
hæreticos ab illo et a Philippo combustos in Flandria
combustos in Flandria Nangius asserit : « Ili, inquit ille, dicebant omnia æterna a Deo creata ; corpus autem hominis et omnia transitoria a Lucia-
belo creata ; baptismum parvulorum et eucharistiam
reprobabant ; sacerdotes missas celebrare ex avaritia
et oblationum cupiditate dicebant. »

Quam præclare autem in administrandis rebus
se gesserit testatus est ipse Philippus Augustus.
Cum enim Lucius papa, desiderio eum visendi flagrans, Romam ut veniret multis litteris cohortatus
esset, ille vero ob regni negotia votis ejus non posset satisfacere, scripsit rex Christianissimus ad
summum pontificem in hunc modum (1) : « Impugnant adolescentiam nostram et auspicia regni nostri perturbare contendunt potentes, et qui multiplici ex causa fidem nobis debuerant, infideles adversarii, quorum improbitate compellimur et consilia
nova quærere, et auxilia corrogare. Assistit nobis
super omnes amicos et fideles nostros charissimus
avunculus noster Willelmus Remensis archiepiscopus, in consiliis nostris oculus vigilans, in negotiis
dextera manus. Quem vel ad tempus recedere a nobis, succedere est hostibus nostris, qui sicut absque
armis, ita et absque amicis nos esse votis infidelibus irreverenter et expetunt et exspectant. Vocastis
eam, Pater, sicut audivimus, et ut præsentiam suam
vobis exhibeat sacris vestris apicibus invitastis.
Paratus erat parere et comparere vobis, peccato
hariolandi simulacrum inobedientiæ comparans, et

---

(1) Steph. Tornac., ep. 101.

voluntatem non acquiescendi vobis tanquam scelus idololatriæ detestans. In articulo summæ necessitatis nostræ, confidentes de præcipua, dilectione vestra, retinuimus eum, etc. . . . : Suscipite, Pater, preces nostras, preces filii vestri, quem a cunabulis semper dilexistis, ut qui ante nativitatem nostram benevole desiderastis ortum, auctoritate vestra benefice comprimatis nostrum desiderantes occasum. Gratum sit vobis, Pater, quod in tanto discrimine regni tantum amicum nostrum retinemus, cujus præsentia nobis est pernecessaria, et absentia perdamnosa.

Romam tamen profectus Guillelmus anno 1185, sedit in comitiis quibus Urbanus III papa renunciatus est; suspicaturque Marlotus rursum interfuisse Ferrariæ anno 1187 electioni Gregorii VIII. Roma reversus litigandi materiem reperit cum capitulo suo, si pronum ad lites animum habuisset. Enimvero ut decessores sui ægre patiebantur eam quam sibi arrogabant facultatem excommunicandi quemlibet, ex suis malefactoribus, eosque pariter absolvendi, quem nuper, ipsis petentibus, Lucius papa suo rescripto comprobarat, sic nec Guillelmus ferre poterat interdictum, frequentesque divini officii cessationes in matrice ecclesia, speciali ac sola canonicorum auctoritate sancitas, eo vel maxime quod contenderent illi, majori ecclesia cessante, alias urbis ecclesias tam conventuales quam parochiales, ipsis jubentibus, cessare debere. Archiepiscopus, re maturius deliberata, inspectoque eorum privilegio, a lite movenda abstinuit, scriptoque tandem concessit anno 1187, « quod si ipsis aut suis clericis, aut laicis ad ipsos pertinentibus in provincia Remensi, vel alibi ubicunque de auctoritate sedis Remensis potestatem habentibus, aliquid factum fuerit quod ad damnum vel læsionem ecclesiæ Remensis cedat ; nos super hoc requisiti bona fide emendare faciemus. Sin minus, capitulum licite poterit cessare ab officio divino, aliisque ecclesiis tam conventualibus quam parochialibus urbis vel suburbii injungere ut idem faciant, statu ecclesiæ S. Remigii manente, sicut antea fuit, concessa nihilominus parochis facultate ministrandi sacramenta necessaria submissa voce et cum unius campanulæ sonitu ; nec interdictum solvi poterit ab archiepiscopo sine consensu capituli. »

Anno 1188 dedit monachis S. Remigii pro anniversario suo aliisque anniversariis plus quam viginti celebrandis altare de Driencurle ; cui adjecit anno 1192 altaria de Villari in silva et de Louvois. Anno 1189 Salmurum missus est ad regem Angliæ a Philippo Augusto pro pace inter utrumque regem componenda. Anno 1190 eidem Philippo ad iter transmarinum se accingenti contra infideles pugnaturo, sportam et baculum peregrinationis tradidit apud S. Dionysium in Francia ; mox in conventu Vezeliacensi et tutelam regni cum Adela regina sorore sua, et custodiam serenissimi principis Ludovici suscepturus : Philippus vero privilegium singulare concessit archiepiscopis Remensibus de bonis mobilibus archiepiscopi defuncti ; Guillelmus autem aliud privilegium abbatiæ Cisoniensi ecclesiæ suæ immediate subjectæ. Anno 1191 fundata est, favente Guillelmo, ab Henrico Campagniæ comite ecclesia collegiata S. Joannis in urbe Virtuto, pro qua quemadmodum et pro Vitriaco, Regiteste, Castellione, Sparnaco, Rociaco, Fimis, Brana, et Castro-Portiano, Campaniæ comites tenebantur olim archiepiscopis Remensibus ligium homagium facere. Interea Philippus comes Flandriæ moritur in obsidione Acconis ; ditione autem ejus bipartita, factum est opera Guillelmi anno 1192, ut Atrebatum aliorumque adjacentium populorum civitates in dominium Francorum cederent, cæterarum hæres Balduinus regi homagium faceret. Eodem anno Guillelmus S. Albertum Leodiensem episcopum consecravit Durocortori, et in ecclesia sua metropolitana scholarchæ dignitatem instituit. Ad eumdem annum refert et luget Marlotus exstinctionem victus communis apud canonicos Remenses, quibus nihilominus concessit archipræsul ut servientes liberos habere possent in banno suo ; quod privilegii genus extendit postea ad abbatias SS. Remigii, Nicasii ac Dionysii. Eodem anno perrexit peregrinus ad S. Jacobum in Gallæcia ; quo ex itinere redux regis consilio interfuit, in quo de Stephano Noviomensis episcopo in Daniam legando actum est, qui Ingelburgim obtineret Canuti regis sororem, quam Philippus Augustus sibi delegerat uxorem.

Nuptiæ celebratæ anno 1193, novaque sponsa a Guillelmo uncta et diademate coronata, adstantibus episcopis ministerium suum præbentibus Theobaldo Ambianensi, Petro Atrebatensi, Stephano Tornacensi, et Lamberto Tarvannensi. « At mirum, inquit Rigordus, eodem die, instigante diabolo, rex uxorem longo tempore concupitam exosam habere cœpit, paucisque revolutis diebus (intercessere dies omnino 81) convocata synodo cui Guillelmus Remensis præsedit, linea consanguinitatis per Carolum comitem Flandrensium ab episcopis et baronibus computata, legali judicio matrimonium solutum est ; » qua de re scripsit eodem anno Stephanus Tornacensis ad Guillelmum archiepiscopum. Canuto rege apud summum pontificem Cœlestinum III conquerente de Guillelmo aliisque episcopis qui hoc divortium approbaverant, missi legati in Galliam Melior cardinalis et Censius, qui synodum Lutetiæ coegerunt ; sed facti canes muti, inquit Marlotus, non valentes latrare, nihil profecerunt. Nil dubium est quin ea in re graviter peccaverint, et Philippus rex et Guillelmus archiepiscopus. Matrimonium enim Philippi et Ingelburgis legitimum fuisse probant, 1° rescriptum summi pontificis, quo præcepit archiepiscopo Senonensi, ut si rex aliam superinducere vellet uxorem, ipse auctoritate apostolica id eidem inhibere curaret ; 2° litteræ quibus Innocentius III papa puerum et puellam quos Philippus ex Merianensi superinducta susceperat, legitimatio-

nis titulo decoravit anno 1201; 5° ejusdem Ingelburgis ad Philippum regressus, et decennis utriusque,
nemine reclamante, consuetudo. Unde mirari subit
plerosque scriptores divortium illud narrasse tam
contorte, ut nec veritatem prodere nec Philippum
regem reprehendere voluisse videantur.

Anno 1196 Guillelmus ratum habuit quod de *foraneitate* canonici S. Quintini Veromanduensis in
Ecclesia sua statuerant; præsensque adfuit homagio
facto a Balduino V comite Flandriæ. Increbrescebat
hisce temporibus usque ad Innocentii III papæ primordia falsariorum ingens numerus, qui nomine
sedis apostolicæ quas vellent litteras scriberent. De
his gravis est querela Cœlestini III ad Guillelmum
Remorum archiepiscopum ! refertque Rogerius
Hovedenus clericum archiepiscopi Eboracensis Romæ ad mortem ægrotantis publice confessum fuisse
adulterinas bullas nomine Romanæ Ecclesiæ in
Angliam misisse. Stephanus Tornacensis, cui injuncta erat cura a Guillelmo ut in diœcesi sua vigi-
laret super sordidæ hujus mercis negotiatores,
aliquos deprehendisse ei sic rescripsit epist. 221 :
« De mandato vestro falsarios quosdam cautela et
arte, non potentia, ad confitendum induximus promissa impunitate quantum nobis licebit, uni eorum
qui adulterinæ bullæ superiorem et inferiorem molam nobis in capitulo restituit. Terribili adjuratione
et devotatione confessus est sese nunquam ea usum
fuisse; sed cujusdam presbyteri, qui falsas litteras
vendebat socius erat, et partem infausti pretii quandoque recipiebat. Volumen etiam pugillare nobis
reddidit, in quo plures litteræ sub apostolico nomine continentur. . . . Servamus vobis incudes
adulterinas quarum adulteria et auctoritatis vestræ
condemnentur judicio, et malleo confringantur. »
Anno 1197 Guillelmus constituit jura concellariæ
Tornacensis. Anno 1198 Innocentio III post Cœlestinum III in summum pontificem assumpto, creatus est ab eo legatus apostolicus tam in Germania
quam in Francia, etsi in quibusdam illorum temporum instrumentis legati nomen non affectat.
Eodem anno, mense Octobri, dedit in eleemosynam
perpetuam monachis Joiacensibus centum solidos
Pruvinenses in nundinas S. Aigulfi in teloneo vini
singulis annis percipiendos, ut missas privatas quas
cum oleo celebrabant, cum cera deinceps celebrare
possent. Eodem rursus anno confirmavit Præmon-
stratensibus privilegium eis indultum (juxta mandatum sibi directum anno 1176) quo licitum eis
erat parochias administrandi; id vero præsertim de
parochia Boconvillæ Thenoliensibus data ipso anno
1198. Aliquanto post, conjuratis in ecclesiam Remensem Ingelranno III Cociacensi, Rogero Rosa-
tensi, et domino Regitestensi [Manasse II, an Hu-

A gone III, videsis in novissima dominorum Cociaci
historia (2)], Philippus Augustus ab ecclesia tandem
malum illud, averruncavit; qua de re legenda eadem
historia, pag. 55. Anno 1201 instauravit Guillelmus
non longe a porta basilicari nosocomium quod
fundasse tradebatur sanctissimus Francorum apostolus; illudque novis auctum beneficiis gubernandum commisit religiosis S. Antonii. Eodem anno
dedicavit ecclesiam S. Basoli.

Reversus denique tertium in Italiam, ibique morbo
correptus, de reditu in metropolim suam cogitavit,
firmatis antea Anagniæ mense Januario anni 1201,
id est 1202, canonicorum suorum contra burgenses
immunitatibus; sed Lauduni antequam ad Remos
B pervenirent subitaneo morbo correptus, obstrusoque
linguæ officio, obiit intestatus eodem anno, ætatis
suæ sexagesimo octavo, vii Id. Septembr., Duro-
cortorumque relatus, in ecclesia cathedrali tumulatus est juxta majus altare sub lapide cui insculpti
dicuntur inconditi sequentes versus :

Moribus excelsus, providus, mitis, prudens, et pacis
[*amator,*
Annis bis denis et sex cum simplice mense
Præfuit archiepiscopus Willemus in urbe Remensi
Septima Septembris idus fuit finis vitæ meæ.

De eo chronicon Antissiodorense in hæc verba :
« Guillelmus Remensis archiepiscopus cum Lau-
dunum venisset, morbo subitaneo præventus oppri-
mitur, et occluso linguæ officio moritur intestatus :
vir nobilis genere, et qui diu floruerat tam sæculari
C quam ecclesiastica præditus potestate. Primis sui
pontificatus auspiciis satis modeste se habuit, et
morum enituit ornamentis, felixque exstitisset, si
primis ultima responderent et usque in finem merita cohæsissent. Sed cum res in contrarium versæ
sint, nec fuerit concolor finis initio, finali non attu-
limus laude, quem nimis reddidere notabilem et
munerum injusta acceptio, et prodigalis effusio. »
Huic concinit Albericus in hunc modum : « Obiit
Willelmus Remensis archiepiscopus viii Id. Octobr.
(in mense videtur erratum) qui per annos xxvi et
ultra præsulatus infulas cum favore et gloria sæculari obtinuit; sed licet non ita cum favore Dei ; »
quam labem abstergere conatur Marlotus. Guillelmum celebravere Stephanus Tornacensis, Petrus
D Blesensis, Petrus Cellensis, Guillelmus Brito, Rigordus, Joannes Sarisberiensis, Rogerus Hovedenus, Vincentius Bellovacensis, Bzovius, Ciaconius,
Baro Autoliensis, Bernerius, Donius Attichianus,
Chesnius, Petrus Comestor æt Gualterus poeta, qui
ei nuncupavere hic *Alexandreidem*, ille *Historiam
scholasticam*. Refert etiam Martenius noster, *collect.
ampliss.* tom. I, pag. 946, epistolam nuncupatoriam
Willelmi cujusdam, qui ei dedicavit suam microcosmographiam.

---

(2) *Hist. de Coucy.*, not. 38, p. 74

WILLELMI
REMENSIS ARCHIEPISCOPI
EPISTOLÆ.

—

I.

Ad Alexandrum papam, pro Thoma Becquet, archiepiscopo Cantuariensi, scripta cum adhuc episcopus Carnotensis ageret, id est anno 1166.

(Vide Patrol., t. CC, in Alexandro III, inter variorum epistolas ad ipsum.)

II.

Ad eumdem. — Pro eodem.

(Anno 1168.)

[Vide Patrolog., ibid.]

III.

Ad eumdem. — De his quæ circa festum Epiphaniæ anni 1169 Ludovicum inter Francorum regem et regem Angliæ in colloquio apud Montem mirabilem habito gesta sunt.

(Vide ibid.)

IV.

Ad eumdem. — In causa S. Thomæ Cantuariensis. Scripta cum archiepiscopus Senonensis ageret.

(Anno 1169.)

[Vide ibid.]

V.

Ad eumdem. — In causa ejusdem.

Vide ibid.)

VI.

Ad regem Angliæ. — De excommunicatis ab archiepiscopo Cantuariensi.

(Vide Patrolog., t. CXC, col. 674, inter epistolas S. Thomæ Cantuariensis. Cf. Henrici regis epist. ad Willelmum, col. 1049, 1050.)

VII.

Ad Alexandrum papam. — De coronatione filii regis Anglorum.

(Anno 1170.)

(Vide Patr., t. CC, in Alexandro III, inter epistolas variorum ad ipsum.)

VIII.

Ad eumdem. — De nece S. Thomæ Cantuariensis.

(Anno 1170.)

(Vide ibid.)

IX.

Ad eumdem. — Quod terram regis Anglorum Cismarinam interdicto subjecerit.

(Anno 1170.)

[Ibid.]

X.

Ad Ervisium abbatem et fratres cœnobii S. Victoris Paris.

(Anno 1170.)

[Duchesne, Script. rer. Franc., IV, 747.]

W. Dei gratia Senonensis archiepiscopus, et apostolicæ sedis legatus, E. abbati totique capitulo Sancti Victoris, dilectis in Christo filiis, abundare spiritu dilectionis et pacis, per gratiam ejus cujus in pace factus est locus.

Tetigit me aliquantulum per misericordiam suam manus Domini. Et ideo ad diem quam vobis præfixeramus, venire non potuimus. Veniemus autem, Deo volente, ad vos in spiritu lenitatis et mansuetudinis, quam citius dabitur nobis opportunitas, ferentes nobiscum non verbera patris, sed verba matris: parati summo studio laborare ad pacem fratrum et quietem, cupientes in visceribus Christi ut religio conservetur ad Dei servitium, et exteriora bene disponantur ad sustentationem Deo servientium. Interim autem servate unitatem spiritus in vinculo pacis, ut pax Dei quæ exsuperat omnem sensum custodiat corda vestra et intelligentias vestras. Valete.

XI.

Ad Alexandrum papam. — Pro Hugone de Campo Florido, Suessionensi episcopo, regis Francorum cancellario.

(Anno 1170.)

(Vide inter epistolas variorum ad Alexandrum III. Patr. t. CC.)

XII.

Ad Mauricium Parisiensem episcopum. — De deposito CD marcarum argenti ab Eskilo Lundensi archiep. Ervisio S. Victoris abbati commisso.

(Anno 1170.)

[Duchesne, Script. rer. Franc., IV, 604.]

W. Dei gratia Senonensis archiepiscopus, M. Parisiensi episcopo salutem.

In quantam et quam perniciosam frater E. quondam abbas Sancti Victoris ex inordinatis actibus suis Ecclesiam et fratres universos, qui tam religione quam litteratura præ cæteris præeminere dignoscuntur, adduxerit confusionem, vestra novit plenius circumspectio. Qui cum sanctos, qui secum erant, pro viribus impugnaverit, et sanctitatem persecutus fuerit, ea per Dei gratiam sibi amputata

nocendi facultate, nondum ut accepimus quærit A
nomen Domini, sed adhuc manus ejus extenta est,
et cum internam et æternam non possit subvertere
disciplinam, variis et innumeris exteriorum tentationum generibus eorum nititur perturbare quietem. Proinde cum thesaurum Ecclesiæ adhuc occultare contendat, fraternitati vestræ præsentium
auctoritate iterato mandamus, quatenus ad Ecclesiam, omni mora semota, accedentes, sub testimonio dilecti filii nostri G. abbatis et fratrum memoratæ Ecclesiæ, enthecas et repositoriola prætaxati
Er. scrutari curetis, et calicem aureum, et alia quæ
ad jus Ecclesiæ Beati Victoris spectantia ibidem
inveneritis, abbati et fratribus assignetis. Depositum vero archiepiscopi Daciæ in loco reponatis in
Ecclesia majori. Si vero memoratus Er. prædicta B
exhibere detrectaverit, nihilominus vase iniquitatis
et mammonæ confracto, quæ prædiximus exsecu-
tioni mandetis.

XIII.

*Ad magistrum Meliorem cardinalem. — Commendat
illi negotium archiepiscopi Turonensis.*

(Anno 1184.)

[Exstat inter Stephani Tornacensis epistolas, cp.
110. Vid. Patr. t. CCXI, col. 399.]

XIV.

*Ad B. præpositum et capitulum Remense. — Pro
electione Petri Cantoris Parisiensis in decanum Remensem.*   C

(Post annum 1196.)

[MARLOT, Metropol. Rem., II, 442.]

WILLELMUS, Dei gratia Rem. archiepiscopus, S.
R. E. tituli Sanctæ Sabinæ cardinalis, apostolicæ
sedis legatus, dilectis Filiis B. præposito, S. cantori, totique Remensis Ecclesiæ capitulo salutem et
dilectionem.

"Gratias agimus omnium largitori Deo, qui Remensis Ecclesiæ desolationem respiciens, eidem decani
talis et doctoris patrocinio destitutæ talem providit
et restituit successorem, cui mores ad exemplum,
et scientia exuberat ad doctrinam. Nos igitur devotionis vestræ providentiam in Domino plurimum
commendantes, electionem dilecti nostri Petri apud D
Deum et homines commendabilem, Remensi Ecclesiæ utilem, approbamus, et gratam habentes libenter et liberaliter confirmamus.

---

(3) Hinc patet Petrum Cantorem lac pietatis et
doctrinæ suxisse in Ecclesia Remensi.
(4) Is erat Odo de Soliaco, episcopus Parisiensis,
nepos Theobaldi Magni, comitis Campaniæ, post

XV.

*Ad Petrum Cantorem. — De ipsius in decanum Re-
mensem electione certiorem facit.*

(Post annum 1196.)

[*Ibid.*]

WILLELMUS, Dei gratia Rem. archiepiscopus, S.
R. E. cardinalis, apostolicæ sedis legatus, dilecto
filio M. P. Parisiensi cantori, imo decano Remensi,
salutem et dilectionem.

Deo et Remensi nostræ Ecclesiæ in gratiarum debitas assurgimus actiones, eo quod, inspirante Altissimo, eadem Ecclesia vos elegerit in decanum,
vobis quoque congratulandum duximus, quod onus
a Deo vobis oblatum tam humiliter suscepistis, nec
ad uberiores Ecclesiæ reditus oculus degener, vel
avaritiæ spiritus vos retorsit. Eamdem vero electionem ratam habemus; et gratam, utpote qui jam
alias, quando super eodem decanatu capitulum in
nos compromiserat universum, cum vobis prius obtulimus, si velletis : sed vos saniore tunc usi consilio, tendentes ad finem, quem nunc estis Deo gratias assecuti, creditum vobis a Deo talentum in fre-
quentiorum studiorum et scholarum loco prius
erogare pluribus salubriter volebatis. Verum jam
hora est, ut de seminibus quæ messuistis, in alios
exsultationis manipulos ad propria referatis : unde
nostris esurientibus parvulis frangatur panis ali-
moniæ doctrinalis, et pia vicissitudine lacte doctrinæ per vos laxa matris ubera repleantur (3), quæ
vos aliquando parvuli suxistis. Dignum erat, et justum, ut nostra primitiva mater Ecclesia, quæ vos
aliquandiu indigentiæ commodaverat aliorum, suis
in necessitatibus revocaret filium, suis retineret
usibus revocatum. Unde qua possumus obedientiæ
districtione vobis injungimus, secura in Domino
conscientia consulentes, ne cuipiam credatis vobis
aliter suggerenti, quominus in hoc proposito per-
severetis stabiles et immoti; in Domino quippe confidimus, quod et in nobis, et nobiscum in aliis fructum Deo placitum facere debeatis; utpote quem
non soli Remensi Ecclesiæ, sed et toti provinciæ,
regnoque potius universo provisum esse credimus,
etiam iis temporibus reservatum, vestræ namque
circumspectionis consilio in propriis et communibus negotiis specialiter uti decrevimus........ Et ut
in eodem stetis proposito firmiores, quandocunque
vobis placuerit et Ecclesiæ nostræ titulum, et suscipere dignitatis officium per nos, vel per venerabilem fratrem et consanguineum nostrum reverendum Parisiensem episcopum (4), ad sacerdotium
promoveri, gratum nobis erit, etc.

Mauritium electus, anno 1196. Hic Henrici II, Anglorum regis, et regis Gallorum consanguineus vocatur.

WILLELMI DIPLOMATA.

—

Iis omnibus qui nundinis interfuerint, quæ die Paschatis juxta hospitale Leprosorum celebrabantur, indulgentias concedit.

(Anno 1176.)

[MARLOT, *Metrop. Rem. II*, 406.]

WILLELMUS Dei gratia Remorum archiepiscopus, apostolicæ sedis legatus omnibus ad quos litteræ istæ pervenerint in Domino salutem.

Qui miserorum miseretur, misericordiam Dei a misericorde Patre consequetur : cum autem videamus homines a lepra percussos miserabili torqueri cruciatu, humanitatis ratione doloribus eorum compati debemus, et condolere. Hac igitur inducti consideratione, afflictioni et miseriæ leprosorum juxta civitatem Remensem commorantium volumus remedium impendere, et omnes fideles ad benefaciendum eis rogamus, et in Domino attentius exhortamur. Nos autem de Dei misericordia, et gloriosæ Virginis Mariæ, et omnium sanctorum meritis confisi, omnibus qui ad nundinas eorum venerint de injunctis sibi pœnitentiis hanc indulgentiam impendimus : videlicet de septem annis, unum ; de tribus quadragenis, unam, quam sibi quisque elegerit; de sextis feriis, quartam partem. Præterea offensas patrum et matrum nisi violentas manus injecerint, et vota fracta, si ad eadem redierint, et peccata etiam oblita eis misericorditer relaxamus.

Datum per manum Alexandri cancellarii nostri.

II.

Willelmus cum in coronatione regia solitis majores expensas fecisset, æreque alieno ob id gravaretur, petiit a capitulo Remensi subsidium aliquod ex communi ærario, sed ne ex illo deinceps aliquod pateretur detrimentum, sequenti charta declarat prædictum capitulum ab ejusmodi expensis esse immune, quæ sic incipit.

(Anno 1180.)

[MARLOT, *Metropol. Rem.*, II, 413.]

WILLELMUS Dei gratia Remorum archiepiscopus, Romanæ Ecclesiæ tituli Sanctæ Sabinæ cardinalis, et apostolicæ sedis legatus, omnibus tam futuris quam præsentibus ad quos litteræ istæ pervenerint salutem in Domino.

Noverit universitas vestra quod cum nos multo ære alieno essemus onerati pro inunctione et coronatione domini nepotis nostri charissimi regis Philippi. Int..... capitulum nostrum Remense ubi nostram...... exponentes et gravamen, rogavimus auxilium coram omnibus; illi autem tanquam filii paternæ necessitati compatientes, precibus nostris benignum præbuere assensum et licet terræ..... nobis

ex debito contulissent ipsi soli de terris suis, neque pro corona, neque ex debito aliquo, sed de mera liberalitate sua fecerunt nobis auxilium. Nos ergo, quia nulli debet sua liberalitas captiosa esse, vel damnosa, volentes eisdem et terræ suæ imposterum præcavere, hujus scripti nostri cautionem eis indulgemus, ne donum tam gratuitum, alio tempore ab aliquo trahi possit in exemplum, etc.

Actum anno incarnationis Domini 1180.

Datum per manum cancellarii.

III.

Remenses pejoris conditionis esse non ferens, quam cæterarum urbium accolas, qui suis magistratibus gaudebant, restituit scabinos, jus eis impertiendo civiles causas, forensesque excutiendi, tribus exceptis casibus in charta contentis.

(Anno 1182.)

[D. MARLOT. *Metropol. Rem.*, II, 417.]

WILLELMUS Dei gratia Remorum archiepiscopus, sanctæ Romanæ Ecclesiæ tituli Sanctæ Sabinæ cardinalis, apostolicæ sedis legatus, dilectis filiis et fidelibus suis universis hominibus Remensibus in banno archiepiscopi constitutis in Domino salutem.

Sicut principes terrarum in observando jure et libertate subditorum, dilectionem Dei et proximi valeant acquirere ; ita in violandis, vel immutandis consuetudinibus diutius obtentis indignationem Altissimi possunt incurrere, et favorem populi amittere, et animabus etiam suis onus perpetuum imponere. Nos siquidem hac inducti ratione, et considerantes obsequium et devotionem, quam vos dilecti filii, et fideles burgenses nostri nobis libenter hactenus impendistis, consuetudines vobis ab antiquis retro temporibus collatas, sed mutatione dominorum aliquando minus servatas, auctoritatis nostræ munimine vobis et posteris vestris duximus restituendas, et perpetuo confirmandas. Volumus igitur quod scabini civitati restituantur, qui communi assensu omnium vestrum de bannalibus nostris duodecim electi nobis præsentabuntur, et singulis annis in capite jejunii renovabuntur ; et jurabunt quod vos justo dijudicabunt judicio, et quantum ad ipsos pertinuerit, jus nostrum fideliter servabunt.: et si quis forte communiter electus scabinus esse noluerit, nos illum faciemus stare scabinum, si tamen vires corporis sufficientes habuerit. Verumtamen si vos in eligendis scabinis concordes non fueritis, nos prout civitati nostræ et nobis expedire noverimus, scabinos instituemus. Si vero iidem scabini, vel duo, vel plures illorum, aliquod judicium fecerint, quod non satis rationabile videatur, si errorem suum recognoverint, absque detrimento bonorum suorum illud nobis emendabunt. Si autem perstiterint, et aliquis eos de falso judicio voluerit impetere, si comprobati fuerint, vel convicti, illud per judicium curiæ nostræ nobis emendabunt, et si impetitor eos convincere non poterit, illud similiter nobis et ipsis scabinis emendabit.

Concedimus etiam quod si burgensis in banno nostro constitutus aliqua occasione in causam tractus fuerit, quando ordine judiciario se tractari voluerit, neque ipse, neque res ejus capientur ; sed nec domus ejus diruetur (5), si domum vel hæreditatem Remis habuerit : sed fidem dabit, quod pro exsequenda justitia obsides interponet, si possit ; et si obsides habere non possit, fidem similiter dabit, quod judicio scabinorum stabit. Si vero nec domum, nec hæreditatem Remis habuerit, obsides dabit ; si obsides non habuerit, corpus ejus detinebitur, quousque justitiæ complementum prosequatur. Ad hæc si quis bannalium nostrorum furtum, vel murtrum, vel proditionem commiserit, et forisfactum manifestum fuerit, ipse et res ipsius in voluntate nostra erunt, et si dubium fuerit, et ille super hoc impetatur, bonos obsides dabit, si de banno nostro fuerit, quod judicio scabinorum stabit, et si obsides dare non possit, corpus ejus captum detinebitur. Si quis sesterlagium nostrum asportaverit, vel detinuerit, forisfactum nobis per sexaginta solidos emendabit. Si quis cambierit, qui trecensum nobis, sicut cambitores nostri non solvat, et ille, et alius qui cum eo cambium fecerit, forisfactum nobis per sexaginta solidos emendabit, forisfactum quoque de timonagio nobis per septem solidos, et dimidium emendabitur. Decernimus autem ut quicunque hæreditatem, vel emptionem, vel alias quaslibet possessiones per septem annos et unum diem in pace possederit, et tenuerit, tentaturam suam deinceps libere, et quiete possideat ; ita ut alius reclamare non possit, vel tentaturam calumniare, nisi possit probare quod interim absens a terra fuerit, et absentiæ suæ rationabilem prætenderit occasionem, vel infra spatium illud talis ætatis exstiterit, quod jus suum disrationare non valuerit. Ne ergo super iis omnibus aliqua imposterum quæstio possit oriri, superiora, sicut prænotata sunt, firma et rata imposterum permaneant, eadem vobis et successoribus vestris tam præsentis privilegii patrocinio, quam sigilli nostri munimine corroboramus, statuentes et sub anathemate prohibentes, ne quis huic nostræ confirmationis paginæ contraire præsumat, salva in omnibus apostolicæ sedis auctoritate. Actum anno ab incarnatione Domini millesimo centesimo octogesimo secundo.

Datum per manum Lambini cancellarii nostri (6).

(5) Vigebat adhuc ea consuetudo, ut eum domino suo quis non obtemperasset, domus ejus in pœnam destrueretur.
(6) In hoc memorando et illustri privilegio cur communiæ Remensis non meminerit Willelmus, jure quis mirari posset, forsan quod scabinatus

IV.

Sanremigiani Monasterii jura et consuetudines confirmat.

(Anno 1182.)

[D. MARLOT, *Metropol. Rem.*, II, 420.]

WILLELMUS Dei gratia Remorum archiepiscopus S. R. E. titulo Sanctæ Sabinæ cardinalis, dilectis in Christo filiis SIMONI abbati, totique capitulo B. Remigii Remensis, eorumque successoribus Regulam B. Benedicti professis in perpetuum.

Pastoralis cura nos ammonet incessanter Ecclesias et viros ecclesiasticos sollicitudini nostræ commissos diligere, fovere, et eorum libertates, possessiones, atque jura, rata et inconvulsa modis omnibus conservare. Hac ergo nos inducti ratione vestris, dilecti in Christo filii, justis postulationibus grato concurrentes assensu, Ecclesiam vestram, in qua divino mancipati estis obsequio, et castrum, et burgum vestrum sub nostra suscipimus custodia, et protectione : libertates etiam vestras et consuetudines quas ibi habetis, furnos, molendina, census, bannum, justitiam, sexterlagium mercata diei Veneris et diei Dominicæ, et quascunque possessiones, quæcunque bona impræsentiarum rationabiliter possidetis, vel in futurum Domino annuente poteritis adipisci, Ecclesiæ vestræ et vobis perpetua pace, et quiete possidenda concedimus, et auctoritate a Deo nobis collata inviolabiliter confirmamus.

Decernimus siquidem ut homines vestri, vel alii mansionarii in burgo Sancti Remigii Remis euntes, et redeuntes, nec a nostris præpositis, vel officialibus, nec ab alienis capiantur, vel detineantur, neque res eorum, quandiu justitiæ abbatis vestri stare voluerint, nisi forte in præsenti forisfacto deprehensi fuerint. Ut igitur hæc omnia perpetuæ rohur obtineant firmitatis, eademque tam præsentis paginæ patrocinio, quam sigilli nostri auctoritate corroboramus, statuentes sub anathemate prohibemus, ne quis Ecclesiam vestram, vel fratres vestros super his molestare, vel huic nostræ confirmationi aliquatenus præsumat contraire. Omnibus autem jura vestra servantibus, et beneficia sua largientibus, sit pax et gratia Domini nostri Jesu Christi, ut hic temporalem percipiant retributionem, et in extremi examinis die æternæ beatitudinis præmia consequantur. Amen.

Actum anno ab incarn. Dom. 1182. Datum per manum Lambini cancellarii nostri (7).

V.

Charta domini Willelmi archiepiscopi super pactis

communiam involveret, essentque scabini communiæ protectores.
(7) Ei est appensum sigillum cereum sat magnum imaginem episcopi in fronte præferens ; cera autem viridis est, ut et funiculus quo chartæ est affixa.

inter ecclesiam Remensem et dominum Rainaldum de Roseto, super villa de Fraslicurte habitis.

(Anno 1182.)

[VARIN, *Arch. admin. de Reims*, t. I, p. 387.]

WILLELMUS Dei gratia Remorum archiepiscopus, S. Romanæ Ecclesiæ tituli S. Sabinæ cardinalis, tam futuris quam præsentibus in perpetuum.

Cum in villa de Fraislicurt, quæ olim Plumbea Fontana vocabatur, inter ecclesiam Remensem et dominum Rainaldum de Roseto de banno et justitia, et redditibus quos mansionarii debent, quæstio verteretur; cum proprietas et dominium totius territorii, et tam terragia quam decimæ, et ecclesia ejusdem loci, ipso etiam R. confitente, ad ecclesiam Remensem integre pertinerent; et tamen de supradictis contenderent, controversia in hunc modum, nobis mediantibus, terminata est :

Retinuit sibi ecclesia Remensis propria et seorsum habenda, ecclesiam præfati loci et ejusdem territorii decimas universas cum omnibus ecclesiasticis, et integrum ecclesiæ patronatum cum omnibus spiritualibus. Item brolia, id est prata, in medio villæ, quæ olim ecclesiæ dominica habebantur, quæ per negligentiam canonicorum sibi rustici usurpaverant. Item feodalem olim terram et prata quæ Joannes de Ardenna a præposito Remensis ecclesiæ ibidem tenebat, quæ etiam Ernaudus Blesensis ab eodem Joanne cum tertia parte decimæ lini emerat; et cum mansionariis ex ecclesiæ donaverat. Præterea locum quem ad ædificium et mansionem præpositi terræ, cum pratis et hortis quæ ab ejusdem villæ incolis præfatus Ernaudus emerat; sed et domum et graneam quas ibidem de proprio ædificavit, et pro anniversario suo faciendo donavit ecclesiæ Remensi. Ut autem tam præfatus R. quam hæredes sui, villam ibidem constitui, et totum nemus quod de territorio ejusdem villæ est ultra Seram, a parte Roseti, succidi et sartari, et mansionariis villæ præfatæ usque ad terram quæ dicitur Manus Firma, et usque ad terram Sancti Laurentii ; sed et citra Seram usque ad Sepau concessam pro munienda terra, dari et quiete exerceri permitterent, concessit ecclesia præfato R. medietatem terragii et obventionum banni et justitiæ, et reddituum qui ex mansuris et mansionariis a censibus villæ colligentur, percipiendam ; salvis ecclesiæ his seorsum commodis, quæ vel de broliis, vel de feodo jam dicti Joannis, poterit habere quoquomodo. Concessum est autem hoc sub iis conditionibus et pactis, ut non solum villa libera constitueretur, et nemus prædictum sartandum mansionariis prædictis donaretur, sed ut etiam nullus, nisi villæ mansionarius et nisi de libertate ejusdem villæ esset, de terra quidquam habere posset, exceptis terris quas mansionarii de Rubiniaco et de Vallibus jam sartaverant, quas eisdem concessit ecclesia, quandiu integram decimam cum terragio integro ecclesiæ Remensi solvent.

Concessit autem præfatus R. cum ecclesia, sine omni exceptione, sine omni retentione, non solum totam villam cum suo territorio liberam esse, sed et omnis quicunque per annum et diem unum habuerint, vel habituri essent ibidem corporaliter mansionem, quantum ad ecclesiam et dominum R. pertineret, ab omni quæstu et tallia et ab omni exactione, præter quam villæ constitutio tam ecclesiæ quam domini R. signata sigillo exigit, liberos et immunes, salvis tamen capitationibus. Duo majores, unus a canonico præposito villæ, alter a domino R. vel hærede ejus eligentur; sed nonnisi ex libertate villæ, qui utrique parti communiter facient fidelitatem. Neutra vero pars plus habebit in suo quam in reliquo, ita quod si alteruter in aliquo deliquerit, a scabinis villæ tantum judicabitur, et emendationis summa tam præpositi quam domini R. communiter erit. Quandiu etiam majores erunt, a cæterorum consuetudine liberi erunt. De tota terranei præpositus, neque dominus R. vel hæres ejus aliquid sibi poterunt retinere; sed tota dabitur mansionariis; his tamen exceptis quæ, sicut dictum est, propria seorsum habebit ecclesia.

Concessum quoque est utrobique quod non solum in villa, sed in universum territorium ejus, tam in nemore, quam in plano, de quibuscunque rebus controversia moveatur, exceptis ecclesiasticis, modis omnibus per scabinos præfatæ villæ omnis justitia judicabitur. Si in judiciis faciendis scabini dubitaverint, ad ecclesiam Remensem consulent, et secundum eam judicabunt. Præter constitutionem villæ neutra pars, neque ecclesia neque dominus R. vel hæredes ejus mansionarios in aliquo vexare poterit, vel gravare; neque alteri parti in eos aliquid plus libebit quam alteri; sed, exceptis his quæ Ecclesia seorsum habet, æqualis eis erit in omnibus tam utilitas quam potestas. Nemora quæ ex parte Calvimontis citra Seram sunt, sicut communiter viderint expedire, communibus servabunt custodiis de villa præfata sumptis, et non aliunde; communiter ad necessaria sua tollent, communiter donabunt, communiter vendent, et omnis proventus nemoris communiter habebunt. Si pro terra munienda sepem in eodem nemore expediat constitui, secundum æstimationem et arbitrium legitimorum virorum, sufficiens ad munitionem terræ sepis latitudo, sine utriusque partis præjudicio, et salvo extra sepem usu villæ, in nemore æstimabitur; longitudo vero usque ad fines nemoris terminabitur. In sepi vero disterminata præfatus R. vel hæredes ejus nihil sibi juris sine ecclesia habebunt ; nihil contra ecclesiam, aut contra canonicum præpositum terræ poterunt inbannire; et licet quoscunque voluerint, possint pro munitione terræ a succidendo arcere, poterunt tamen tam ecclesia quam dominus R., pro necessitatibus officiorum suorum, de præfata sepi tollere, et ad omnes usus domesticos sumere, et erit eis præcipue in sepi æqualis tam utilitas quam potestas.

Permisit quoque præfatus R. universis mansio-

natjis de Fraillicurte aisantias in terra sua, sicut A
habebant eas alii homines de villis suis liberis;
sed et villæ, quantum ad se et hæredes suos pertineret, pacem perpetuam et omnium quæ pro ædificiis construendis, vel supellectili qualibet, vel pro
victualibus per terram suam veherent, fide tamen
facta quod non mercatura portent, ab omni wionagio
immunitatem. Præterea contra omnem prædo-
nem et quemlibet malefactorem promisit tutelam,
et bona fide pro posse suo defensionem, et auxilium ad ablatorum recuperationem.

Hanc igitur villæ sæpedictæ libertatem et pacem,
has conditiones et pacta dominus R. super sancta
manu propria juravit, bonam quoque fidem ecclesiæ et terræ, et præpositis, et villæ, et mansionariis se de cætero servaturum et nihil in damnum
vel fraudem ecclesiæ vel præpositi, vel villæ se facturum vel percepturum promisit, et hæc tam se
quam hæredes suos observaturos, sed et uxorem
suam et dominum G. primogenitæ filiæ suæ maritum, et ipsam filiam juraturos et laudaturos, et
quod a nobilibus feodatis et legiis hominibus terræ
suæ hoc jurare faceret, se juramento obligavit;
charta quoque sua super hoc se daturum ecclesiæ,
suamque eidem promisit ecclesia. Quod ut in perpetuum mutari non possit, etc.

Actum [anno] ab Incarnatione Domini 1182.
Datum per manum Lambini cancellarii nostri.

VI.

*Burgensibus castri Bellimontis in Argona, ab ipso
exstructi, immunitates concedit.*

(Anno 1182.)

[Hanc chartam Gallice tantum edidit D. Calmet *Hist.
de Lorraine*, II, Pr., p. DXXXVII, quanquam in textu
(II, 314) Latine editurum se pollicitus fuisset.]

GUILLAUME, par la grace de Dieu, arcevesque
de Rains, de la Sainte Eglise de Rome, dou titre
sainte Sabine cardinal, à ses amoins et féables,
aux maieurs, aux eschevins, et autres hommes de
Biaumont aussi-bien aux presens, que à ciaulx qui
avenir sont en perpétuité. Pour ce que les choses
lesquelles doient tenir la force de permenable fer-
meté, qu'elles ne puisse être effacées, ne muées,
elles sont comandées au mémoire des lettres. Pour
ce nous avons mis en cel present, que nous en notre terre établissons une neufve ville, laquelle est
appellée Biaumont, et y mettons franchises et cous-
tumes que cy-dessoubs sont escripts.

I. Nous establissons et vous octroyons permé-
nablement, que li bourgeois qui aura maison dans
la ville de Biaumont, son courtil de fors les murs,
il nous payera chacun an douze deniers; au Noël
six deniers, et à la saint Jehan six deniers; et que
ne les averoit payez dedans le tiers jour aprés
le termine dessus assigné, il deveroit deux solz
d'amende.

II. Il loira aux bourgeois vendre et achepter dans
la ville de Biaumont, sans vinaige et sans tonneu
payer.

III. De chacune fauchée de preys, vous payerez
quatre deniers le jour de fête saint Remy.

IV. En la terre qui est cultivée, vous payerez de
douze gerbes, deux. En la terre qui sera mise de
bois à champ, vous payerez de quatorze gerbes,
deux.

V. Nous ferons fours en la ville de Biaumont,
qui nôtres seront, ausquelles vous apporterez votre
pain à cuire par ban; et de vingt-quatre pains, vous
payerez ung.

VI. Nous y ferons aussi moulins, où vous venrez
moulre par ban, ou au moulin de l'Estagne; et
de xx. septiers, vous en payerez un, sans fariné
denner.

VII. S'aucuns hommes est accusé de ses dixmes,
ou de ses terraiges mourez sans payez, ou dou ban
des moulins, ou du four brisié, il s'en purgera par
son serment seul.

VIII. A ces choses nous vous octroyons l'usance
des iauves et des bois, si comme entre vous et les
hommes de l'Estagne, et les hommes donc et les
freres de Belleval divisé sera.

IX. En la ville de Biaumont, li jurez seront esta-
blis, et li mayres aussy, qui nous jurera feauté, et
répondra à nos menistres des rentes et des issues
de la ville. Mari, ne ly mariez, ne ly jurez ne de-
morront en leurs offices que par ung an, se ce n'est
par le consentement de tous.

X. S'il plait à aucun vendre son heritaige, ou par
ses besoings, au autrement, li vendeur donra ung
deniers, et li achetteur ung deniers. De ces deux
deniers li maire en aura ung, et li jurez l'autre.

XI. S'aucun devient nouvellement bourgeois, il
donnera à l'entrée ung denier au maieur, et ung au
jurez, et recevra terre et mazure dou maieur, où
li maire li devisera et assonnera.

XII. Nous établissons, que cil contre cui clameur
sera faitte, s'il est convaincu par loyal témoing, il
payera trois solz; à l'arcevêque deux solz, au
mayeur six deniers, et six deniers à son adversaire.

XIII. S'aucun dit lait à aultre, et il s'en claime,
et il le peut prouver par le témoignaige de deux
bourgeois, cil de cui il sesfera clamei, sera cinq
solz; à l'arcevêque quatre solz et demi; et au
maieur, six deniers.

Et se cil qui clamei se sera, n'a témoignaigne, li
autre se purgera par son serment seul.

XIV. S'aucun dit lait de loyal a l'autre, ou aussy
lait com lait desloyal, il payera x solz; au seigneur,
six solz; à celui qui il aura dit le lait, deux solz;
au maieur douze deniers; et au jurez douze deniers.

XV. Et se cil qui sera clamé, n'a nul témoing,
li autre se purgera par son serment seul.

XVI. S'aucun met main à autre sans armes esmoluës, il payera xlv solz; au seigneur, xxxviii
solz; au maieur douze deniers; au jurez, douze
deniers; et au battu, cinq sols. Et se li battu n'a

témoing, li autre se purgera par le serment de
deux loiaux hommes, et le sien.

XVII S'aucun envaïst autre à armes esmoluës
sans ferir, et il est prouvé par loiaul témoing, il
payera lx solz; au seigneur, lviii solz; au maieur,
xii deniers; et au jurez douze. Et se cil qui se cla-
mera n'a témoing, li autre se purgera par le serment de deux hommes, et le sien; et s'il avient
qu'il lui fasse sang et playe, il payera cent solz;
au seigneur, quatre livres deux solz moins; au
maieur, xii deniers; au jurez, xii deniers; au navré vingt solz, et les dépens pour la playe saner.
Et se li navré n'a témoing, li autre se purgera par
le témoignaige de sept bourgeois. Et s'il ly coupp-
poit membre, ou occioit, et fût prouvé par loyal
témoignage, il seroit corps et avoir à la voulenté
le seigneur.

XVIII. S'aucuns hommes fiert autre son corps
deffendant, ou il li fait sang, li autre se purgera
par le témoignaige de deux hommes, et le sien;
et se ly autre veult, il yra encontre par court de
bataille.

XIX. Cil qui coupperoit à aucun membre son
corps deffendant, ou il l'occioit; cil qui se feroit,
se purgeroit par jugement; et cil qui de tel fait
l'accuseroit, seroit aux dépens du jugement, et
serait à la voulenté du seigneur.

XX. S'aucun envaïst autre en son hostel, et il
soit prouvé par loyal témoignaige, il payera cent
solz; au seigneur quatre livres; à celui qu'il avera
envaïst, dix-huit solz; au maieur xii deniers; au
jurez xii deniers.

XXI. De tous forfaits dont il convenra purger
le coupable, il ne s'en peut purger, se par le témoignaige de bourgeois non.

XXII. De toutes faulces clameurs, li clamerez
payera trois solz; au seigneur, deux solz; à maire,
vi deniers; et à son adversaire, vi deniers. S'aucun
se clame faulsement de heritaige, il payera vingt
solz; au seigneur, xviii solz; à maire xii deniers;
au jurez xii deniers.

XXIII. S'aucun entre en autruy heritaige sans con-
gié dou maieur et des jurez, il payera xx solz, s'il
ne preuve que ce soit sien : et s'il preuve que ce soit
sien, li autre sera a vingt solz.

XXIV. S'aucun tient heritaige an et jour saul et
quitte, et en paix, sans contredit de hommes manans en la ville, il le tenra en paix de là en avant.

XXV. Il ne loira mie à bourgeois de clamer autre
bourgeois à autre justice, tant comme li Bourgeois
voura faire droit devant la justice du lieu; et s'il
luy fait domaige sur ce, il payera dix solz, et luy
défera ses domaiges; c'est assavoir, au seigneur,
viii solz; au maieur, xii deniers; et au jurez, xii
deniers.

XXVI. Li bourgeois qui avera été juré après son
termine, de chose qu'il ait oye, ne veut ne ne peut
porter témoignaige de jurer qu'un an et jour.

XXVII. S'aucun de feu bouter en autruy maison,

ou de larrecin, ou de omicide, comment que fait se
soit, ou de rapt, avera aucun accusé, et il tourne
pleige des syens, et de ce que jugie sera, ly accusé
se purgera par jugement d'yaue; et se ly accusoires
ne tourne pleige, il payera xx solz; et se ly accusé
est saul en jugement, ly accuseurs payera les dépens dou jugement, et neuf livres.

XXVIII. Ce qui sera fait devant les jurez, sera
seans et establés sans contredire.

XXIX. Chacun pourra prouver son vendaige jusqu'à trois solz, par la main seule.

XXX. S'aucun croit à autre jusqu'à dix solz,
puet prouver par deux loyaulz témoins de la ville.
Qui reclamera sur autre debte de debte plus de
dix solz, et en ait bons témoins, et puet li autre
aller encontre par court de bataille.

XXXI. S'aucun apporte estrainge chose à Biaumont, se cil qui les réclamera, les puet prouver
siennes par deux loyaux témoins de son pays, il les
ravera; mais li autre puet aller encontre par court
de bataille. Se cil sur cui on réclamera telles choses, n'a de quoy, il les puet rendre, on rendera au
clameur ce qu'on pourra trouver dou sien, et ne
demorra mie à Biaumont, se ce n'est pas par la voulenté et l'octroy du reclameur; et se le reclameré
ne veult qu'il y demeure, ly autre prendra saul-
conduit de la ville.

XXXII. S'aucun contredit le jugement des jurez,
et il le puet prouver par le témoignaige des jurez
de Bruïeres, li jurez payeront cent solz; et se il ne
le puet prouver, il payera cent solz et les dépens
des jurez; au seigneur, lx solz; au maieur, cinq
solz, aux jurez, xxxv solz.

XXXIII. Ly jugement des jurez sera establé, se
aucun ne prend tantost conseil, et dit encontre.

XXXIV. S'aucun à autry prend heritaige en wai-
ge, il le gardera an et jour; et après an et jour, il
le monstrera au maieur et aux jurez, et le maire et
les jurez en ordonneront ce que faire en devra.

XXXV. S'aucun fait tort à estrainge homme, et
il est prouvé, il l'amendera à l'égard des jurez :
et se ce n'est prouvé, il se purgera par son serment
seul.

XXXVI. S'aucun bourgeois du lieu brise le marchié de la ville, il payera cent solz; à maieur xii
deniers; aux jurez, xii deniers; au battu, x solz;
et se il li fait playe, xx solz; et au seigneur les
autres. Se uns homme estrainge brise le marchié de
Biaumont, il payera lx solz; au maieur, xii deniers; aux jurez, xii deniers; au battu, xviii solz,
et au seigneur les autres.

XXXVII. S'aucun bourgeois de la ville bat homme estrainge, il payera lx solz; et se li estrainge bat
le bourgeois de la ville, il payera autre tant; au
maieur xii deniers; aux jurez xii deniers; au
battu, x solz; au seigneur les autres.

XXXVIII. Se la garde trouve homme en etrain-
ge vigne, cueillant raisin, ou en aultruy bief, il
payera cinq solz; au seigneur, quatre solz, et à

maire, vi deniers ; à la garde, vi deniers. Et se autre que la garde le trouve cueillant, il se purgera
par son serment ; et se il ne veut jurer, il payera
six solz, et restorra le dommaige à l'égard des
jurez.

XXXIX. S'aucun est trouvé en jardin, ou en
courtis dommaige faisant, il payera xxx deniers ; au
seigneur deux solz, et au maieur vi deniers, et
restorra le dommaige à l'égard des jurez.

XL. S'aucuns hommes est trouvé coillant en
aultruy vigne, ou en courtis, ou en blef, et la
garde en fait rapport, il payera deux deniers, et
jugera qu'il ne savoit la coustume de la ville ; et
s'il ne veut jurer, il payera cinq solz ; au seigneur,
quatre solz ; au maieur, vi deniers, et à la garde
six deniers.

XLI. Li enfant entre x ans et xv, s'ils y sont
trouvez, payeront xii deniers selon l'esgard des
jurez.

XLII. S'aucun met main au maieur ou aux jurez
sans cops d'armes, il payera cent solz ; au seigneur, iv livres deux solz moins ; au ferru, xx
solz ; au maieur, xii deniers ; et aux autres jurez,
douze deniers ; et se il navroit, il seroit corps et
avoir à la voulenté le seigneur ; et se li maire ou
li jurez navroit bourgeois, autre tant payerait-il,
et ce seroit à la voulenté le seigneur.

XLIII. Femme qui dira lait à autre femme, s'il est
prouvé par le témoignaige de deux hommes ou de
deux femmes, elle payera cinq solz ; au seigneur,
iv solz ; au maieur, vi deniers ; et à celui à cui elle
avera dit le lait, vi deniers. Et s'elle ne veut payer
l'argent, elle portera la pierre le dimanche à la
procession en peure sa chemise.

XLIV. Se la femme dit lait à homme, et il est
prouvé par loyaulx témoignage, elle payera v solz.
Et se li homme dit lait à la femme, il payera cinq
solz, sans devise faire.

XLV. S'aucuns hommes étrainge vient à Biaumont, ou dedans la fin de la ville, on ly recevra seu-
rement, quelque meffait qu'il ait fait, fors larrecin
et homicide ; et larrecin et homicide lui loira-t-il
défendre s'il veut.

XLVI. S'aucun est accusé de larrecin par sou-
pesson, s'il ne s'excuse par le témoignage de deux
loiaux hommes, il se purgera par jugement d'eaue.

XLVII. S'aucuns ne peut payer l'amende de son
forfait, on paurat ce qu'on pourra trouver dou sien,
et sera bannis hors de la ville ; et s'il veut revenir,
il payera l'amende telle comme li jurez l'esgarderont.

XLVIII. Se les vacheries sont trouvées en vignes
sans incurcion, elles payeront xii deniers, et la me-
nuë beste qui sera reprinse en blef, payera six deniers. De xii deniers, au seigneur, dix deniers ; à
la garde deux deniers. De six deniers, au seigneur,
v deniers ; à la garde, un denier. Cil qui la beste
sera, restablira le dommaige à l'esgard des jurez.
Nuls ne pourra prendre gaige de sa beste sans jus-

tice, ou sans son commandement ; et s'il le prend,
il sera à dix solz ; au seigneur, viii solz ; au maieur,
xii deniers ; et aux jurez xii deniers.

XLIX. Li tavernier puet panre gaige en son hos-
teil de son vennel, mais de fors non.

L. S'aucun est trouvé en bois faisant marien ou
charbon, ou cendre, ou autre chose, qu'il porte en
estrainge lieux, fors que en nos vans, il payera dix
solz ; au seigneur, viii solz ; au maieur xii deniers ;
aux jurez, douze deniers.

LI. De tous les forfaits que nous et nos succes-
seurs arcevesque de Rains averont en la ville de
Biaumont, li bourgeois pour le gouvernement de la
ville, en averont la moitié, en telle maniere qu'ils
y metteront deux feaubles, et nous y metterent notre sergent, qui sera li tiers. Et cils trois despen-
drons féablement cette moitié aux coustanges du
garnissement de la ville.

LII. Ce que li maires, li jurez, li quarante bourgeois discrets esgarderont pour l'honneur et le
prouffit de la ville, sera seans et estable ; et qui le
contredira, il payera xii deniers ; au seigneur, vi
deniers ; au garnissement de la ville, vi deniers ; et
li sera seans et estable ce qu'il averont ordonné et
établi.

LIII. Li bourgeois iront en la chevaulchie le seigneur, et telle maniere revenront à Biaumont le
même jour, s'il leur plaist.

LIV. Ly arcevesque donnera procuration pour
le plaid général trois fois l'an ; au maieur et aux
jurez pour chaque fois cinq solz ; et li maire, et li
jurez, tant com il seront en leur office, seront quitte
chacun de la rente d'une masure et d'un courtils.

Nous qui voulons que toutes ces choses suient et
demeurent fermes et estaubles, les confermons aussy bien par le garnissement de cet écrit, comme de
l'autorité de notre scéel, et estaublissons et défen-
dons sur peine d'excommuniement, que nul ne
voist encontre notre confirmation ; sauff le droit de
sainte Eglise, et l'autorité dou siége de Rome en
toutes ces choses. Ce fut fait en l'an de l'Incarna-
tion de Notre Seigneur mil cent quatre-vingt et
deux ans. Donné par la main Lambellin notre
chancelier.

VII.

Ad Remensis urbis decus civiumque commodum,
culturam eis concessit extra urbis ambitum, quo
ædificiis de novo constructis, pomœrium ejus pro-
tenderetur, illamque præsertim carpentarii, qui
doliis, aut quadrigis fabricandis dant operam,
habitarent, ac in eam nundinæ Paschales, quæ
juxta leprosorum capellam fiebant transfer-
rentur.

(Anno 1183.)

[D. MARLOT, *Metropol. Rem.*, II, 419.]

WILLELMUS Dei gratia Remorum archiepiscopus
S. R. E. et Sanctæ Sabinæ cardinalis, apostolicæ
sedis legatus, dilectis filiis nostris hominibus in
in nova cultura Remensi manentibus tam præ-

sentibus, quam futuris in Domino nostro salutem.

Ad hoc constituti sumus in sede pontificali, ut utilitati et augmentationi civitatis, cui nos præfecit Dominus, ipso adjuvante, proficiendo provideamus, et providendo proficiamus : inde siquidem enim est quod nos ad augmentum et honorem civitatis nostræ culturam, quam habemus extra muros, dedimus vobis dilecti ac fideles burgenses nostri ad domus construendas, et novum ibidem burgum pariter ædificandum, ea conditione quod de pertica terræ singulis annis in festo B. Remigii duodecim denarios persolvetis, similiter de pertica terræ jardi nostri, eodem termino totidem reddetis denarios; sciendum tamen quòd tam in cultura, quam in jardo sunt perticæ, quæ tantum novem denarios solvere tenentur. Decernimus igitur ut nundinæ, quæ fuerunt apud sanctum Lazarum, in burgo vestro celebrentur, et durent a Sabbato ante Dominicam in Ramis palmarum, usque in vigiliam Dominicæ Resurrectionis. Statuimus etiam ut carpentarii, qui dolia et quadrigas faciunt, ibidem operentur, et in civitate non possunt operari; volumus si quidem, ut omnia ligna et marinna ibi vendantur et non alibi. Liceat autem vobis logias, gradus, et puteos ante domos vestras, absque licentia dominorum et servientium, libere et quiete facere, et insuper Majorem proprium habere, qui pro posse supra forisfactum, et excessus vestros emendabit, et quæ per ipsum emendari non poterunt, ad archiepiscopum transferentur. Quia vero dignum est, ut ea quæ a nobis sunt juste et rationabiliter statuta suum perpetuæ robur obtineant firmitatis; nos hæc omnia, ne aliqua malignantium perturbatione violari valeant, vel immutari, tam præsentis scripti patrocinio, quam sigilli nostri auctoritate vobis, ac successoribus vestris concedimus, ac confirmamus, statuentes et sub anathemate prohibentes, ne quis huic nostræ confirmationis paginæ ausu temerario contraire præsumat, salva in omnibus apostolicæ sedis auctoritate.

Actum anno ab Incarnat. Dom. 1183.

Datum per manum Lamberti, cancellarii nostri (8).

VIII.

Charta pro valle Radigionis.
(Anno 1184.)

[VARIN, Arch. adm. de Reims, t. I, p. 407.]

WILLELMUS...... Remorum archiepiscopus, etc., etc.....

Noverint universi quod cum dilectus frater noster, comes, H. Jerosolymam profecturus esset, dilecti filii nostri, R. decanus et quidam alii Remen-

(8) At ne ob nundinarum translationem, quid detrimenti reciperent leprosi, qui ad hoc consenserant, eis Willelmus pro compensatione decem libras, et octo solidos Rem. monetæ assignavit in stallis cambitorum singulis annis percipiendos,

sis ecclesiæ canonici, eum Trecis adierunt, rogantes ut coram nobis ibidem præsentibus, recognosceret quid juris haberet, in valle Radigionis et quid juris ibidem haberent canonici ecclesiæ B. Mariæ Remensis, ne qua inde in posterum inter ipsum vel hæredes suos et præfatos canonicos posset oriri dubitatio. Comes vero benigne ipsorum annuens expeditioni, recognovit se et canonicos habere in communi et ex æquo omnia jura et omnis (sic) proventus in omnibus commodis, quæcunque spectant (sic) ad jurisdictionem vallis Radigionis, hoc excepto quod ipse posset ibi gistum accipere, si præsens esset, vel sui semel in anno, si fortes per partes illas mitteret eos in expeditionem, et, excepta villa quæ dicitur Singaudicurt, quam totam esse propriam canonicorum recognovit. Præterea comitis et canonicorum est, ut recognovit ministeriales in eadem valle libere et æqua lege ponere, qui redditus suos et proventus communiter colligant, et ex æquo dividant.

Recognovit etiam et concessit quod neque ipse, neque hæredum suorum aliquis, potest dare vel vendere, aut permutare, seu pignori obligari (sic), aut ullo modo extra manum suam mittere, quæ habet in prædicta valle. Præterea nihilominus recognovit quod apud Cis super Azonam, dicta ecclesia tertiam partem omnium justitiarum et forisfactorum habet, excepto murtro et raptu, quæ comitis sunt et hæredum suorum. In terra vero sua de Jojaco totam justitiam prædictis canonicis recognovit, excepto quod latronem ei et servientibus ejus nudum pro justitia facienda reddere debent. Hæc siquidem omnia ecclesiæ Remensi (sic) et canonicis suis, sicut scripta sunt, perpetua pace possidenda concessit. In hujus rei, etc.

Data per manum Lambini cancellarii nostri, ab Incarnatione Domini anno 1184.

IX.

Privilegium domini Willelmi archiepiscopi de pace facta inter Alanum [de Roscio] et burgenses [Remenses].

(Anno 1187.)

[VARIN, Arch. admin. de la ville de Reims, I, 408.]

WILLELMUS ... Remorum archiepiscopus, etc.

Noverint universi quod quæstio quæ vertebatur inter dilectos filios nostros, Alanum de Roccio et burgenses Remenses super terris, pratis, hortis quæ sunt in territorio S. Genovefæ, in hunc modum sopita est : Possessores prædictorum omnem ei justitiam exinde exhibebunt, et in domo sua de Muira, vel in alia infra civitatem, vel bannileugam, ubi maluerit. De censu, de forisfactis, de fractura banni, quandiu prædicta possidebunt ei satisfacere

concessitque, ut in molendinis de calciata Vidulæ segetes ad usum domus necessarias sine molitura danda perpetuo molere possent. Anno 1182.

et respondere tenebuntur. Ut autem hoc ratum A permaneat, etc.....

Actum anno Dominicæ Incarnationis 1187. Datum per manum Lambini, cancellarii nostri

X.

Charta de præpositura (9).

(Anno 1188.)

[Varin, *Arch. admin.*, t. I, p. 411.]

Willelmus, Dei gratia Remorum archiepiscopus....

Pastoralis curæ sollicitudo nos admonet subditis nostris, quoties tempus admiserit, pacem et quietem providere. Inde est quod nos, quæstiones et lites quæ occasione præposituræ inter capitulum Remense et præpositum sæpius emerserant, terminare ad plenum cupientes, charissimum nepotem nostrum Ugonem ad hoc induximus, ut præposituræ redditibus in omnibus commodis, justitiis similiter et donationi panetariæ cederet, et cessit; et omnia hæc in manu nostra per lib:um resignavit, retenta sibi duntaxat præpositi dignitate in choro et capitulo, et hominiis suis. Nos vero omnia hæc ecclesiæ Remensi perpetuo profutura concessimus, ut eam per manum decani de his investivimus. Capitulum autem omnia quæ habebat in Valle Radicionis præposito in perpetuum possidenda concessit, præter ecclesias et decimas quas sibi retinuit ad pastum B. Nichasii faciendum, quem ea quæ prius fiebat solemnitate se deinceps facturum promisit. Verum et præpositus cum requisitus fuerit et vocatus a capitulo, absque omni exactione, voluntate C promptissima, ecclesiæ necessitatibus adesse tenebitur. Ut autem hæc rata, etc.

Actum anno Dominicæ Incarnationis 1188. Datum per manum Lambini cancellarii nostri.

XI.

Ecclesiæ S. Remigii personatum de Driencurto (10) *pro anniversario suo et fratris sui Henrici cele-*

(9) « Le prévot de l'église de Reims, quoique nommé après l'archidiacre dans l'indicule d'Ebbon, qui commence par les derniers et moindres en dignité, et finit par l'archevêque, avait, selon cet indicule, une très-grande autorité sur le spirituel et le temporel du chapitre. Il a d'abord été déchargé du spirituel par l'établissement d'un doyen; et le gouvernement des biens temporels du chapitre lui ayant été laissé encore plusieurs siècles, comme il paraît par le testament d'Odalric, prévôt, et ayant donné occasion à plusieurs contestations, Guillaume de Champagne engagea Hugues, son neveu, prévôt, de remettre au chapitre toute son autorité et la collation de sa paneterie, qui lui appartenait auparavant, se réservant seulement les honneurs de la séance au chœur et la présidence au chapitre. Le chapitre céda au même archevêque la collation de la prévôté, qui était auparavant élective, comme le doyenné, et à la disposition du chapitre, comme elle est encore aujourd'hui dans l'église de Soissons, à condition que le prévôt nommé par M. l'archevêque ferait hommage au chapitre. Le pouvoir qu'avait le prévôt pour l'administration des biens temporels étant remis au chapitre, la compagnie s'est servie, pour l'exécution de ses ordres, des sénéchaux et des receveurs; ainsi il ne reste au prévôt autre droit ou fonction que celle de présider au

brando concedit; quin et aliorum anniversaria, ne oblivioni traderentur, enumerat.

(Anno 1188.)

[Varin, *Arch. admin.*, t. I, p. 409.]

Willelmus..... archiepiscopus..... considerantes quod sinceræ devotionis affectum venerabilis ecclesia B. Remigii Remensis erga nos et antecessores nostros semper dignoscitur habuisse; nihilominus pensantes quam devotum ipsius ecclesiæ fratres Deo incessanter student servitium exhibere; nos eorum volentes orationum fieri participes, notum facimus tam præsentibus quam futuris, quod altare de Driencurte, pro anniversario nostro singulis annis pie celebrando, et pro animabus parentum nostrorum, B nec non charissimi fratris nostri bonæ memoriæ comitis Henrici, similiter et prædecessorum nostrorum, ad refectionem dilectorum filiorum nostrorum, ipsius ecclesiæ fratrum libere et quiete in perpetuum dedimus possidendum. Nos vero sub interminatione excommunicationis districte inhibemus, ne quis hujus altaris redditus, sive aliorum beneficiorum similiter pro anniversariis sæpe dictæ ecclesiæ collatorum, seu liberaliter adhuc conferendorum diminuere aut subtrahere, sive in alios usus quam ad quos deputati sunt præsumat impendere. Illorum autem nomina quorum anniversaria in prælibata annuatim celebrantur ecclesia, ne oblivioni in posterum tradi, sive aliquo modo possint deleri, casu interveniente, nominatim ea fecimus subscribi :

Anniversarium nostrum, anniversarium... Samsonis Remorum archiepiscopi; anniversarium Esquilii archiepiscopi Daciæ, Joannis episcopi Carnotensis, Petri ejusdem successoris, Gaufridi Cathalaunensis episcopi, Huderici episcopi, Hugonis abbatis et matris suæ, Odonis abbatis, Azenarii abbatis, Leonis abbatis, S. Gisdeni, Widonis, S. Nicasii, Herimari abbatis, Hugonis comitis Registestensis,

chapitre quand il est présent. Les statuts les plus anciens, les livres des réceptions, l'usage ne lui attribuent aucune autre fonction. Il n'est député ne pour aucune occasion, auditions des comptes, assemblées, etc. En l'installant au chapitre, on se sert de ces termes : *Accipe locum in capitulo ad præsidendum, proponendum et concludendum super rebus in eo propositis.*

« Le prévôt fait encore à présent au chapitre l'hommage marqué dans les chartes 1188 et 1192, et écrit dans le livre des réceptions, qui marque que cet hommage se fait *ratione præsidentiæ primæ*, c'est-à-dire que le prévôt fait hommage au chapitre du droit qu'il a en premier de faire les fonctions de président des délibérations; il a aussi toujours observé jusqu'ici, à la prise de possession de M. l'archevêque, dans l'hommage qu'il lui fait, la circonstance marquée dans le livre des réceptions : *Præstat hominium sinistra manu levata tantum, dextra capitulo reservata, cæteri more communi duabus manibus junctis.* Ce qui marque très-expressément sa dépendance et son attachement particulier à l'égard du chapitre. »

(*Bibl. de Reims, portef. YY, fol. 29, mss. 1. de M. de la Salle.*)

(10) « Dricourt, » note marginale.

Hildewini archidiaconi (11), Goderanni presbyteri, Acarini presbyteri, Stephani presbyteri, Constantii presbyteri, Garini Maloth, Nicolai de Stampis, OJonis de Sarceio, Haiderici monachi, Dragonis monachi, Gillemanni canonici, Joannis medici, Richeri Morlachar [mordens carnem] et Elisabeth uxoris suæ, Herberti Morlachar et Hawidis uxoris suæ, Raderi et Colclinæ parentum Samsonis episcopi, Hawidis matris Hildewini archidiaconi, Lamberti matricularii, Theobaldi de Matri, Walonis militis et Heliæ fratris ejus, et Julianæ matris Samsonis monachi, Sibillæ, Lotuizæ matris Simonis abbatis, Dragonis militis, Thomæ majoris, Herimanni Burgensis, Dragonis Morlachar, Joannis Lapaut, Hildewini et Henrici, Eustachii matricularii, Raideri de Tarny, Arnulphi Paisant, Thomæ pueri, Herberti Morlachar, OJonis de S. Theodorico, Wiardi majoris, Ulderici de Mailli, Hugonis de Choilli.

Volentes itaque ut hæc nostra solemnis donatio rata permaneat et inconcussa, præsenti scripto et sigilli nostri impressione eam confirmamus, statuentes et sub interminatione anathematis inhibentes ne quis hanc nostræ confirmationis paginam audeat infringere, vel in aliquo contraire, salva in omnibus apostolicæ sedis auctoritate.

Actum anno 1188. Datum per manum Lambini, cancellarii nostri (12).

XII.

Charta de banno Castellani monasterii S. Remigii restituto (13).

(Anno 1189.)

[VARIN, *Arch. adm. de la ville de Reims*, t. I, p. 413.]

WILLELMUS, Dei gratia Remorum archiepiscopus, etc.

Notum facimus tam præsentibus quam futuris, quod Thomas infans, de Sancto Remigio bannum quod dicitur Castellani, a Theobaldo de Mutreio, secundum usus terræ et consuetudines legitime sibi comparavit, et per multa tempora idem bannum libere et in pace possedit; processu vero temporis, ingruente sibi necessitatis articulo, prænominatum bannum charissimo nepoti nostro Rotraldo Turonensi thesaurario venale exposuit. Cæcilia vero de Sillercio et filii ejus reclamabant, et banno calumniam imponebant sæpe dicto, sed tandem facta cum eis compositione, ejusdem banni venditionem in nostra constituti præsentia approbantes, laudaverunt; similiter et alii ad quos bannum illud jure hæreditario debuit pertinere, quietum clamaverunt et liberum. Nos etiam omnibus illis qui aliquid juris se in eodem dicebant habere banno, auctoritate qua fungimur inhibuimus, ne de cætero quidquam reclamarent. Post hæc vero charissimus nepos noster Rotroldus, quidquid juris in eodem habebat banno, in manus nostras resignavit; unde nos ipsum bannum ecclesiæ B. Remigii, de voluntate ejus et assensu, in perpetuum libere et quiete concessimus possidendum. Nihilominus concessum est a nobis quod, si aliquis adversus factam inhibitionem aliquid attentare præsumeret, silentium ei imponeremus, legitimam prædictæ ecclesiæ per omnia portaturi garandiam. Nolentes igitur ut aliquis, etc.

Actum anno Dom. Incarnationis 1189. Datum per manum Lambini, cancellarii nostri.

XIII.

Charta domini archiepiscopi pro Novavilla juxta Curmisiacum sita.

(Anno 1190.)

[VARIN, *Arch. admin. de la ville de Reims*, t. I, p. 414.]

WILLELMUS... Remorum archiepiscopus.....

Noverit universitas vestra quod, cum felicis memoriæ prædecessor noster Henricus, quondam Remensis archiepiscopus, cereos et luminaria Remensis ecclesiæ de rebus ad thesaurarium Remensem pertinentibus augmentasset, idem archiepiscopus in fundo, in initium recompensationis dati luminarii, Villam Novam prope Curmisiacum et vivarium, quæ omnia idem archiepiscopus de suo proprio comparata construxerat, necnon quidquid juris et dominii habebat in eadem villa cum stagno et aliis pertinentiis, thesaurariis, prædictæ ecclesiæ Remensis libere et quiete in perpetuum concessit ac dimisit. Præterea nos paci nostræ et capituli atque thesaurarii providere volentes, de assensu et voluntate tam capituli quam ipsius thesaurarii, statuimus ut in Purificatione B. Mariæ archiepiscopo, si Remis præsens fuerit, decem tantum libras ceræ, pro cereis familiæ suæ thesaurarius reddat; exceptis quatuor servientibus feo-

---

(11) S'il s'agit de l'archidiacre de Champagne, connu à Reims sous ce nom, la charte que nous donnons prouverait qu'il n'est pas mort en 1196, comme le dit Marlot, I, 465.

(12) La liste des obits contenue dans la charte de Guillaume paraît n'offrir que les noms de personnages presque coutemporains de cet archevêque, à l'exception de quelques abbés de Saint-Remi, dont le plus ancien est Hérimar, mort en 1071, cent ans par conséquent avant l'archiépiscopat de Guillaume. Pourquoi donc n'est-il fait ici aucune mention des premiers bienfaiteurs de l'abbaye, et surtout des rois carlovingiens et des rois capétiens, dont les diplômes serviront plus tard de prétexte aux moines de Saint-Remi pour s'affranchir de la juridiction des archevêques? Nous eussions voulu éclaircir nos

doutes par l'étude du seul obituaire de Saint-Remi qui ait survécu à la destruction de l'abbaye, et que la sollicitude éclairée de M. Hivert alors archiviste, a fait rentrer au cartulaire de la ville de Reims; mais cet obituaire est un des manuscrits qui nous ont été refusés. Les fragments du Martyrologe et d'un obituaire de Saint-Remi qui se trouvent Bibl. Roy., mss. suppl. franç., 1515-2; vol. II, fól. 228 et 239, n'ont pu nous être d'aucune ressource, Duchesne ayant oublié d'indiquer l'âge des manuscrits d'où il les avait tirés.

(13) Une bulle de Clément III, datée du 26 janvier 1191 (7 des Kalendes de février, quatrième du pontificat) confirme cette charte, et se trouve cart. A de Saint-Remi, p. 38, et cart. C de Saint-Remi, fol. 10, n. XXXVI.

dalibus, scilicet senescalco (14), vicedomino, buticulario et panetario qui, si festo adfuerint, solitos
cereos habebunt. Si vero absens fuerit archiepiscopus, custodi domorum suarum duas tantum
modo libras ceræ thesaurarius persolvet. Ut igitur
commutatio ista perpetue, etc.

Actum anno ab Incarnatione Domini 1190. Data
per manum Lambini, cancellarii nostri.

XIV.

*Satisfactionem viceaomini cujusdam Catalaunensis
admittit pro damnis ab eo illatis Ecclesiæ Remensi.
Magistro scholarini Remensium duos modios frumenti in molendinis Remensibus recipiendos assignat.*

(Anno 1190.)

[D. Marlot, *Metropol. Rem.*, I, 427.]

Willelmus Dei gratia Remorum archiepiscopus
S. R. E. et S. Sabinæ cardinalis, apostolicæ sedis
legatus, omnibus ad quos litteræ istæ pervenerint,
in Domino salutem.

Notum sit tam futuris, quam præsentibus, quod
cum Hugo Cachat vicedominus Catalaunensis, ecclesiæ B. Mariæ Remensis multa et gravia damna
intulisset, nec haberet unde ecclesiæ satisfacere
posset ad plenum, reliquit et resignavit in manu
nostra de assensu uxoris suæ quidquid ipse habebat in villa quæ dicitur Cuysiacum [*forte Tuisia-
cum*] quæ est de feodo nostro, tam nobis, quam
successoribus nostris libere in perpetuum, et quiete
possidendum. Nos autem satisfacientes capitulo
Rem. super damnis ab ipso vicedomino illatis, et

(14). « Les archevesques de Reims ont eu leurs
séneschaux, auxquels ils ont accordé plusieurs
beaux droits. Quand ils font leur entrée sollennelle
en la ville, le cheval sur lequel ils sont montés
appartient au séneschal avec les esperons; et au
festin, qui se fait le même jour dans la grande
salle du palais, il prétend que la vaisselle d'argent
du premier mets lui est due. Quant Monseigneur
séjourne à Reims, le séneschal doit être défrayé en
son hostel lui troisième avec trois chevaux, trois
chiens, et trois oiseaux. Il est à croire qu'à l'imitation des autres séneschaux des rois et pairs de
France, celui de Reims avait l'intendence sur les
boire, manger, et familie de l'archevesque, le
commandement et la conduite de ses vassaux à la
guerre, et l'exercice de sa justice à l'étendue de
son duché. Et comme la séneschalerie de France
a esté héréditaire aux comtes d'Anjou, celle de
Champagne aux sires de Joinville, celle des archevesques et ducs de Reims a esté aussi héréditaire
aux seigneurs de Thuisy.

« La plus ancienne charte que j'aie veu ou il
soit fait mention du séneschal de Reims, est de
l'an 1114, le 7° du pontificat de Raoul-le-Vert, laquelle est souscrite de *Balduinus dapifer et Er-
landus vicedominus*.

« Guillaume est nommé séneschal en la charte
de l'acquisition que l'abbé de Saint-Remy fit des
dixmes de Taissi, sous le cardinal de Champagne,
l'an 1199. « Laudaverunt hoc domini a quibusdam
« feodum tenebant, videlicet Willelmus seneschalcus
« et filii sui Guido de Ceris, Simon de Bourgo,
« etc.... » Fleuriot de Thuisy estoit séneschal sous

« Au dénombrement de vassaux de l'archeve-
que qui font hommage l'an 1510, se lit : « Jacques
« de Muire, escuyer du fief de Luches, assis à Thui-
« zy, appelé d'ancienneté le fief de la séneschaussée
« ue Reims, mouvant du chastel de Sept-Saulx, à

æstimatis usque ad centum quadraginta libras, receptis etiam ab ipso capitulo ducentis et sexaginta
libris pro emptione Cuysiaci dedimus sæpedicto capitulo, et assignavimus in telonio Remensi, quod
est de regali domini regis viginti libras Remensis
monetæ annuatim recipiendas...... Sciendum quoque quod neque nos, neque successores nostri aliquo modo, nisi de voluntate domini regis, et assensu capituli Remensis, illam partem Cuysiaci,
quæ fuit vicedomino Cacalis (Cazalis) poterimus
transferre in manum alienam. Quicunque vero pro
tempore teloneinus fuerit, in susceptione ipsius officii statim tactis sacrosanctis reliquiis jurabit, quod
secundum tenorem scripti hujus prædicto capitulo
viginti libras postposita omni occasione atque di-
minutione persolvet. Præterea sciendum quod nos
dedimus duos modios frumenti magistro scholarum
Remensium, et assignavimus illos in molendinis
nostris Remensibus annuatim in perpetuum recipiendos. Ut autem hæc omnia rata permaneant, etc.
Actum anno Verbi incarnati 1190.

Datum per manum Lambini cancellarii nostri.

XV.

*Charta qua Willelmus Remensis archiepiscopus,
duodecim libras annuatim percipiendas, canonicis S. Dionysii assignat, in recompensatione decimæ quam habebant in jardo et in culturis civitati Remensi adjacentibus.*

(Anno 1190.)

[Varin, *Archi. admin. de la ville de Reims*, I, 416].

Willelmus Dei gratia Remorum archiepiscopus,

Pierre de Barbet, l'an 1280; Erard de Thuisy chevalier l'an 1310, dont les descendans ont continué
et tenu la mesme charge jusqu'à demoiselle Jeanne
de Thuisi*, dernière de ceste famille, dame de
Thuisy, Vraux, Lusches et des Maisnieulx, mariée
l'an 1515, à Nicolas Goujon, escuyer, seigneur de
Tour-sur-Marne, Bonzi, Coigni. etc., qui fut séneschal à cause de sa femme, auquel a succédé
comme séneschal héréditaire Guillaume Goujon dit
Thuisi, leur fils, puis Hierosme Goujon, sieurs de
Vraux. Celui-cy fit office de séneschal à l'entrée
solennelle de Monseigneur Louis de Lorraine, cardinal de Guise, archevesque de Reims, 1583, du-
quel est descendu Regnault, sieur de Thuisy, fils
de Hiérosme de Thuisy, séneschal de Reims, et
Claude, sieur de Vraux, qui vivent aujourd'huy.
Le fief de Thuisy, dont ils portoient le nom, est
accompagné de plusieurs terres, prés, bois et rentes, que le séneschal donne par déclaration lors-
qu'il change de main, ou que le siége de Reims est
pourveu d'un nouvel archevesque. L'an 1440, dame
Isabelle d'Ardenay, vidamesse de Chaalons, re-
connut son fief de Thuisy mouvant de Monsieur
de Reims, à cause de la chastellenie de Sept-Saulx,
Guillaume Goujon fit le mesme au. cardinal de
Lorraine, 1566, après le décès de Nicolas Goujon
et Jeanne de Thuisy, ses père et mère, ou les dé-
pendances de son fief sont rapportées par le menu,
et comme le cheval ou monture de la première
entrée de Monseigneur lui est deu avec les esperons et la vaisse du premier service. »

(*Marl. franc.*, liv. x, *Suppl.*, § 5; tom. III,
p. 164.)

« lui escheu par la mort de Blanchet de Muire son
« père. »

« Ce Jacques de Muire fit l'office de séneschal à
l'entrée de R. de Lenoncourt, 1509. »

sanctæ Romanæ Ecclesiæ tituli Sanctæ Sabinæ cardinalis, apostolicæ sedis legatus, omnibus tam futuris quam præsentibus ad quos litteræ istæ pervenerint, salutem in Domino.

Quoniam ecclesia Beati Dionysii in jardo et in culturis nostris civitati Remensi adjacentibus, decimam de jure habebat, quidquid contingat de censu domorum minui vel augeri, nos paci et utilitati ejusdem ecclesiæ providere volentes, pro eadem decima, et pro aliis querelis in jardo nostro et in cultura in qua ædificatur ecclesia Beati Jacobi, duodecim libras in festo Sancti Remigii, quod celebratur Kalend. Octobris, annuatim percipiendas, ipsi ecclesiæ et canonicis in ea Deo devote et solemniter famulantibus donamus et concedimus. Volumus etiam ut, si alias culturas quæ nondum ædificatæ sunt, ædificari contigerit, canonici decimam percipiant. Statuimus autem ut canonici de vineis suis de Moiri nonnisi sex solidos singulis annis nobis vel successoribus nostris reddant, sicut antiquitus reddere consueverant.

Ne igitur super his aliqua in posterum oriatur quæstio, vel canonicis injuria possit inferri, eadem ipsis canonicis perpetua pace et quiete possidenda, tam præsentis scripti patrocinio quam sigilli nostri auctoritate confirmamus; statuentes, et sub anathemate prohibentes, ne quis huic nostræ confirmationis paginæ aliquatenus contraire præsumat, salva in omnibus apostolicæ sedis auctoritate.

Actum anno ab incarnatione Domini 1190. Datum per manum Lambini, cancellarii nostri.

XV bis.

Compositionem inter episcopum et capitulum Silvanectense factam confirmat.

(Anno 1183.)

[Gall. Chr. nov., X, 458.]

WILLELMUS Dei gratia Remorum archiepiscopus, sanctæ Romanæ Ecclesiæ tituli Sanctæ Sabinæ cardinalis, apostolicæ sedis legatus, omnibus ad quos litteræ istæ pervenerint, in Domino salutem.

Noverit universitas vestra quod cum inter venerabilem fratrem nostrum Henricum Silvanectensem episcopum et dilectos filios nostros ejusdem ecclesiæ canonicos quæstio verteretur super quadam consuetudine, quam iidem canonici se ab antiquis obtinuisse temporibus asserebant; tandem inter eos, nobis mediantibus, in hunc modum facta est compositio, videlicet, quod si major ecclesia cessaverit pro injuria canonico vel alicui servienti canonici illata, vel ideo quod aliquis domum canonici violenter intraverit, aut res ipsius vel alterius inde asportaverit, episcopus super hoc requisitus omnes alias civitatis ecclesias statim sine contradictione et dilatione faciet cessare. Si vero episcopus præsens non fuerit, archidiaconus in hac parte vices episcopi supplebit, vel absente archidiacono, decanus Christianitatis. Quod si episcopus, vel archidiaconus, vel Christianitatis decanus eadem die

qua requisitus fuerit non fecerit, ad mandatum decani majoris ecclesiæ, vel ejus qui vices decani egerit, omnes aliæ civitatis ecclesiæ cessabunt. Ne autem super his quæ per nos firmata sunt aliqua in posterum quæstio possit oriri, eadem tam præsentis scripti patrocinio quam sigilli nostri auctoritate confirmavimus.

Actum anno ab Incarnatione Domini 1183.

Datum per manum Lambini, cancellarii nostri.

XV ter.

Privilegium pro canonicis Cisoniensibus.

(Anno 1190.)

[Hist. eccl. Cison. ap. d'Achery, Spicileg. edit. infol., II, 883.]

WILLELMUS Dei gratia Remorum archiepiscopus, sanctæ Romanæ Ecclesiæ tituli Sanctæ Sabinæ cardinalis, apostolicæ sedis legatus, dilectis filiis SIMONI abbati totique capitulo Cisoniensi in perpetuum.

Cum ab antiquis temporibus Cisoniensis Ecclesia de fundo et mensa nostra fuisse et esse noscatur, hanc inter alias nostræ diœcesis Ecclesias libertatem semper obtinuit, quod nulli nisi nobis et prædecessoribus nostris subjectionem exhibuit. Nos vero paci et indemnitati, nec non libertati vestræ paterna sollicitudine providere volentes, eamdem libertatem quam ab antiquo habuistis, et eumdem ordinem canonicum quem bonæ memoriæ Rainaldus, quondam Remensis archiepiscopus in Ecclesia vestra instituit, sicut sanctæ recordationis Alexander papa tertius secundum scriptum ipsius authenticum confirmavit, salvo jure nostro et successorum nostrorum, vobis benigne concedimus, et vos et eumdem ordinem et possessiones vestras tanquam nostras proprias in custodia et protectione nostra suscipimus, et sicut in authenticis Rainald prædecessoris nostri et Alexandri papæ tertii scriptis continetur, clementer vobis annuimus : et ne scripta eorum immutentur, metropolitana auctoritate interdicimus. Nobis autem jus patronatus et repræsentationem personæ retinemus. Sane novalium vestrorum quæ propriis manibus vel sumptibus colitis, sive de nutrimentis animalium vestrorum, nullus a vobis decimas exigere vel extorquere præsumat. Sepulturam quoque Ecclesiæ vestræ liberam esse decernimus, ut eorum devotioni et extremæ voluntati qui se illic sepeliri deliberaverint, nisi forte excommunicati vel interdicti sint, nullus obsistat, salva tamen justitia illarum Ecclesiarum a quibus mortuorum corpora assumuntur.

Interdicimus etiam ne episcopo, vel archidiacono, vel eorum officialibus liceat in vos vel in Ecclesias vestras sine manifesta et rationabili causa excommunicationis vel interdicti sententiam ferre seu vos novis et indebitis exactionibus fatigare. Præterea arctius interdicimus ne episcopo, vel archidiacono, vel eorum ministerialibus canonicis, seu clericis aliis pro confirmatione, inthronizatione vel pro benedictione abbatis vestri palefridum, cappam seri cam, aut quidquam aliud facultas vel licentia pateat, a vobis cujuslibet obtentu consuetudinis exigendi. Si vero pro his quidquam a vobis exegerint, cum detestabile sit et obvium rationi, libere vobis liceat hoc quod a vobis postulaverint, eis denegare.

Ad hæc paci et tranquillitati vestræ providere volentes, auctoritate qua fungimur prohibemus, ut infra clausuram locorum vestrorum nullus violentiam, vel rapinam, seu furtum facere, aut ignem mittere, aut homines capere vel interficere audeat. Ordinem autem canonicum a prædecessore nostro Raynaldo in Ecclesia vestra primitus institutum, perpetuis ibidem temporibus firmiter præcipimus observari, ne a quoquam nisi de consciéntia nostra vel successorum nostrorum, et conniventia totius capituli vestri nolumus immutari. Volentes igitur ut hæc omnia rata permaneant, necnon perpetuæ firmitatis robur obtineant præsentis scripti pagina communimus, et sigilli nostri auctoritate confirmamus. Statuentes et sub interminatione anathematis firmiter inhibentes, ne quis hanc nostræ confirmationis paginam audeat infringere, aut ei in aliquo præsumptuosa temeritate contraire, salva in omnibus apostolicæ sedis auctoritate.

Actum anno Dominicæ Incarnationis 1190.

Datum per manum Lambini, cancellarii nostri.

XVI.

Charta libertatum et consuetudinum hominum et habitantium in villa de Thuisy prope Septem Salices.
(Anno 1191.)
VARIN, *Arch. admin. de la ville de Reims* t. 1, p. 417.]

WILLELMUS.... archiepiscopus... universis...
Receptibilis est et honesta constitutio quæ infra justitiæ fines se continet, et misericordiæ famulatum. In hac enim sunt natura Domini signa (*sic*), cum et subditis indulgetur, et prælatis meta datur extra quam in subditorum gravamina non liceat evagari. Hac igitur habita consideratione, respectu pietatis, homines de villa quæ dicitur Tusiacum, assensu dilecti et fidelis senescalli nostri Willermi (15) cujus (*sic*) medietatem ipsius noscimus possidere, ab exactione quæ vulgo taillia dicitur, liberos in perpetuum decernimus, et ad legitimas consuetudines volumus reformari quas lex (16) a nobis imposita firmasse cognoscitur. Hujus rei causa singulis annis in festivitate B. Martini, unusquisque eorum qui equum ad carrucam non habuerit, solvet nobis decem denarios, et unum sextarium avenæ, et unum caponem. Qui vero unum equum ad carrucam vel duos, vel tres, vel quatuor, vel plures habuerit, de singulis equis solvet duos solidos et duos sextarios avenæ, et duos capones; carrecta quatuor facient singulis annis, quorum duo erunt

in nostra parte, alia duo Willermo senescallo relinquimus, ita quod sequenti nocte ad hospitia poterunt redire. Cæteros antiquos consuetudinarios reditus solvent.....; exercitus et expeditiones nostras prosequuntur. Duos habebunt scabinos qui nobis et toti villæ fidelitatem jurabunt, nobis de jure nostro, villæ de justitia in causis et judicio exhibenda; unus vero eorum a scabinatu singulis annis amovebitur, nisi forte talis fuerit, qui pro utilitate villæ mereatur retineri. Majores duos habebunt, quorum alter vices nostras adimplebit, alius vero Willermi residebit. Si quis aliquem percusserit, et sanguinem non fuderit vel si fuderit, si membrum truncaverit, si homicidium fecerit, secundum antiquas consuetudines habebimus bannum nostrum et forisfactum, quod si negare voluerit, et res in palam facta non fuerit, judicio scabinorum vel purgabit se vel emendabit; corpus tamen homicidæ et omnis ejus possessio in manu nostra erunt. Quod si ille qui læsus est de familia nostra fuerit, vel de familia regis, judicio nostro et curiæ nostræ emendabitur.

Nulli liceat capere hominem in eadem villa, quandiu paratus est stare judicio curiæ nostræ. Si quis extra habitantium in eadem villa qualibet ex causa venerit, si habet mortale odium adversus aliquem indigenarum quod manifestum non sit, hac [*sic*, hic?] prima vice non tanget eum, sed faciet ei inhibere per majores et scabinos ingressum villæ, donec paci aut treuga sit inter eos. Homines de mortali facto nemo conducet in eamdem villam (*sic*) præter nos et Willermus, sed neque eum qui villam prædatus fuerit, quandiu prædam retinebit. Si qui extra habitantium ea villa manere voluerit, maneat secundum prædictas consuetudines; et quando exire voluerit, exeat cum rebus, salvis consuetudinibus, et jure nostro. Talem consuetudinem et jus in eadem villa majores habere voluimus; unicuique scilicet eorum reditus duorum quarteriorum terræ relaxamus; duodecim panes et duodecim denarios pro vino emendo, et porcum tribus solidis et dimidio appretiatum et foragia eis concedimus. Si autem unus majorum quacunque ex causa defuerit, alter eorum nihilominus vices nostras et Willermi adimplebit. Consuetudo et jus scabinorum est, de emendatione forisfactorum a quibus et clamor et responsio facta fuerit ante eos, habere unum sextarium vini nec melioris, nec pejoris, quod solvet ille qui emendabit in festo S. Remigii, S. Martini, Natalis et Paschæ, quando colligunt reditus nostros in villa. Majores ducent eos secum ad prandium et procurabunt. Si de aliquo judicio dubitaverint, et ad requirendum Remis venerint, ille qui querelam perdet, et eos eundo et redeundo procurabit. Hanc consuetudinem jurabunt homines prædictæ villæ, et

(15) La charte que nous publions était évidemment inconnue à Marlot.

(16) A quelle loi ce passage fait-il allusion? s'agit-il d'une charte déjà donnée précédemment en faveur de Thuisy? s'agit il des dispositions plus générales arrêtées par le généreux Guillaume, en faveur des administrations communales?

singulis quindecim annis renovabitur Idem jura- A
mentum. Ut igitur hæc omnia rata permaneant sigilli nostri impressione fecimus confirmari.

Actum anno 1191. Datum, vacante cancellaria.

XVII.

.Privilegium pro abbatia Signiacensi.

(Anno 1191.)

[Marlot, Metropol. Rem., II, 879.]

Willelmus Dei gratia Remensis archiepiscopus,
S. R. E. tituli S. Sabinæ cardinalis, apostolicæ sedis legatus, universis præsentes litteras inspecturis,
salutem.

Res gestæ scripto transferuntur ad posteros, et
ejus beneficio docetur ignorantia, et oblivio sub-
movetur. Eapropter universis sanctæ matris Ecclesiæ filiis notum facimus quod nos dilectis nostris in Christo abbati et conventui monasterii Si-
gniacensis, Cisterciensis ordinis, de voluntate et
assensu Remensis Ecclesiæ, concessimus in perpetuum immunitatem et libertatem emendi et vendendi libere in civitate nostra Remensi, et per totam terram nostram et Ecclesiæ Remensis, quidquid
sibi putaverint necessarium, ducendi quoque, et
reducendi res eorum, sine solutione telonei, sestel-
lagii, vinagii, et absque ulla alia exactione ab iis
exigenda.

Domum etiam eorum, quam acquisiverunt et
ædificaverunt Remis, in loco qui vocatur Merochel, C
eisdem abbati et conventui concessimus cum pro-
prisio, et pertinentiis ejusdem domus possidendam
in perpetuum, et habendam eam liberam, ea videlicet libertate, qua in eadem domo et ejusdem pro-
prisio vendere valeant et emere, sicut superius est
expressum : nec infra clausuram ejus, sive proprisium, quisquam hominem capere, sanguinem
effundere, seu aliam violentiam, absque eorum licentia, valeat exercere. Hoc salvo quod si dictam
domum, vel ejus proprisium ad manum laicalem
redire contigerit, omnis nostra jurisdictio, quam
prius habebamus in eisdem, ad nos similiter revertatur.

In cujus rei testimonium præsentes litteras sigillo
nostro, necnon et Remensis Ecclesiæ communiri D
fecimus.

Datum anno gratiæ 1191.

XVIII.

Omnibus fidelibus qui in solemnitate B. Joannis ad
ecclesiam apud Virtutum ab Henrico Campaniæ
comite fundatam eleemosynas erogaturi accesse-

rint, iis xx dies de injunctis sibi pœnitentiis relaxat.

(Anno 1191.)

[Marlot, Metropol. Rem. II, 439.]

Willelmus Dei gratia Remorum archiepiscopus,
S. R. E. tituli S. Sabinæ cardinalis, universis
Christi fidelibus ad quos litteræ istæ pervenerint,
salutem in vero salutari.

Quod in oculis divinæ majestatis placeat templi
vel altaris ædificatio, nemo eorum ambigit, qui
Christiana professione censentur, ibi enim qui vul-
neratas habent conscientias medicum salutis inveniunt, illuc oppressi, et onerati de quibuscunque
tribulationibus ad Deum clamaverint, accedunt cu-
randi. Sic et in Veteri Testamento Moysen et san- B
ctos patriarchas altaria construxisse, et Salomonem
templum ædificasse Domino legimus, ubi nomen
Domini invocaretur assidue, et pro universorum
delictis decimæ et hostiæ pacificæ offerentur. Hujus
tantæ commoditatis, quam in domo Dei fideles quotidie percipiunt, intuitu, charissimus nepos noster
comes Henricus propriam domum apud castrum
Virtuti dicari voluit Domino, et ad exhibendum ei
dignum, ac devotum obsequium, canonicos ordinari. Nos quoque in honorem beati Joannis Baptistæ
altare ibidem consecravimus, et ad amplificatio-
nem ejus loci, qui novella est plantatio, incrementum habere non potest, nisi quod contulerit devotio
fidelium. Omnibus qui ad solemnitatem B. Joannis
quæ est VIII. Kal. Jul. eleemosynas suas erogaturi
accesserint, sive in vigilia, sive in die crastina post
festivitatem venerint, viginti dies de injunctis sibi
pœnitentiis, peccata oblita, vota fracta (si ad eadem
servanda redierint) et offensas parentum, nisi manus violentas in eos injecerint, divina dispensatione
misericorditer relaxamus.

Datum per manum Lambini, cancellarii nostri
anno incarnati Verbi 1191 (17).

XIX.

Magistro Garnerio, scholis Remensibus præfecto,
dignitatem ac personatus titulum assignat cum
dotis incremento (18).

(Anno 1192.)

[D. Marlot, Metropol. Rem., I, 428.]

Willelmus Dei gratia Rem. archiepiscopus, S.
R. E. tituli S. Sabinæ cardinalis, apostolicæ sedis
legatus, universis S. M. E. filiis ad quos litteræ
istæ pervenerint, salutem in Domino.

Notum fieri volumus quod cum dilecti filii nostri
capituli Remensis magisterium scholarum Remensium dilecto clerico nostro magistro Garnerio ad
preces nostras contulissent, nos unanimi omnium

____

(17) Idem comes Henricus Trecensis, prædictæ
ecclesiæ fundator munificus, Hierosolymam profecturus, decem libras in redditibus suis ad opus
decaniæ perpetuo assignandas censuit, quam eleemosynam Maria Trecensis comitissa mater ejus non
probavit modo, sed et Willelmo fratri et ballivis
suis, ut nusquam futuris temporibus omitteretur,
injunxit, quam et pro sex libris centum et viginti

sextarios avenæ indulsit, pro quatuor vero aliis
censam ut vocat, de Roffeio, quæ omnia clarius
constabunt ex charta prædicti archiepiscopi, quam
ex chartulario Sancti Joannis exhibemus infra ad
an. 1195.

(18) Vacabat Remensis cancellaria per promotionem Lamberti Remensis cancellarii ad sedem Morinensem, an. 1191. Meyerus.

voluntate ei assignavimus stallum in choro in perpetuum dignitatis, et personatus titulum ipsi, suisque successoribus obtinendum, jure electionis capitulo, sicut hucusque habuit, reservato. Nos vero attendentes, quod prædicto personatui modici, et minus sufficientes reditus antea fuerant assignati, tum intuitu Ecclesiæ, tum honestate et personæ favore eidem, et omnibus in præfato honore substituendis liberaliter concessimus quinque modios frumenti in molendinis nostris Remensibus singulis annis libere, et absque onere omnimode statutis terminis exsolvendos : tres videlicet in festo sancti Remigii in Octob. et duos in Pascha, quod ut ratum permaneat, etc. Actum anno 1192.

Datum vacante cancellaria (19).

XX.

Charta qua Willelmus Remensis archiepiscopus vallem Radigionis, et plura alia confert capitulo Remensi.

(Anno 1192.)

VARIN, *Arch. admin. de la ville de Reims*, t. I, p. 420.]

WILLELMUS Dei gratia Remorum archiepiscopus, sanctæ Romanæ Ecclesiæ, etc.

Noverint tam præsentes quam futuri, quod nos statum Ecclesiæ Remensis per amplius augmentare cupientes, reditus de Valle Radigionis prius ad usum præposituræ Remensis deputatos, communi voluntate totius capituli et assensu, capituloque ad hoc solemniter convocato, eidem Remensi ecclesiæ liberaliter [reddidimus et] contulimus. [Contulimus etiam ?] (20) altare de Garmereivilla cum omni censu quem ibi habebamus, altare etiam de villa Tardani, quæ canonici Remensis Ecclesiæ, Philippus vice dominus, Fulco et Leo in manu nostra resignaverunt ; capitulum vero prædicta altaria eis concessit, sicut prius habuerant quoad vixerint, sub trecensu duorum solidorum singulis annis solvendorum, ita quod post eorum obitu libere ad ecclesiam revertentur. Præterea dedimus eis decimam de Juvigniaco, et quidquid ibidem thesaurarius Remensis habebat et decimam de Almericurte quæ antea ad thesaurariam Remensem pertinebant; et in recompensatione Novæ Villæ sitæ juxta Culmisiacum, cum vivario et molendino, quæ in manu nostra detinuimus, et quæ prius fuerant thesaurariæ, stallos sæpe dictæ ecclesiæ assignavimus in foro ad æstimationem decem librarum censualium ; et etiam quidquid thesaurarius habebat apud S. Stephanum super Sopiam, et medietatem altarium de Bachelon et de S. Lupo; et his omnibus prædictis, B. [Balduinum

(21)] præpositum nomine Ecclesiæ investivimus. Hæc autem omnia dedimus ad distribuendum canonicis qui ab incœpta epistola usque ad completum *Agnus Dei* missæ intererunt, et horæ sextæ ; neque licebit eis exire de choro nisi honesta vel necessaria causa evocaverit eos, si distributionis faciendæ participes esse voluerunt.

Prædicti vero canonici tam magnifici beneficii non immemores, nec ingrati, nobis et omnibus successoribus nostris concesserunt donationem præposituræ et præpositi institutionem in perpetuum habendam, approbante universo capitulo et assentiente, et ad hoc convocato. Nos vero loco redituum præposituræ prius assignatorum, B. præposito et omnibus successoribus suis præpositis, in perpetuum obtinendum assignavimus et contulimus quidquid prius habuit thesaurarius Remensis apud Montiniacum, Bethenelum et apud Villeir Asnorum, acceptis redditibus vini ejusdem villæ, scilicet Villeir Asnorum quos in manu nostra et dispositione retinuimus. Vacante autem præpositura, redditus præposituræ capitulum percipiet. Quicunque vero pro tempore erit præpositus, promptissima homini exhibitione archiepiscopo facta, sicut et alii personatus faciunt, capitulo jurabit fidelitatem, et se mansionarium esse in civitate, et fideliter observaturum quidquid continetur in charta nostra quam penes se habet præscripta Remensis ecclesia sigillatum de præpositura, eo accepto quod de Valle Radigionis ibi continetur, quia eam de cætero nulli præposito licebit reclamare. Hæc omnia facta sunt, vacante thesauraria. Ut autem ordinatio hæc et status iste perpetuam obtineant firmitatem, nos cum omnibus presbyteris tunc canonicis, excommunicavimus omnes illos qui hunc statum tam solemniter factum immutarent. Et ut hæc omnia rata permaneant et inconcussa, præsentis scripti patrocinio communimus et sigilli nostri impressione confirmamus.

Actum anno Verbi incarnati 1192. Datum, vacante cancellaria.

XX bis.

Privilegium pro ecclesia B. Joannis de Virtuto.

(Anno 1193.)

[MARLOT, *Metropol. Rem.*, II, 440.]

WILLELMUS Dei gratia Remensis archiepiscopus, S. Romanæ Ecclesiæ tituli Sanctæ Sabinæ cardinalis, apostolicæ sedis legatus, omnibus ad quod litteræ istæ pervenerint, in Domino salutem.

Noverit universitas vestra quod charissimus nepos noster Henricus comes Trecentis Hierosolymam

---

(19) Hanc chartam qua scholarchæ dignitas instituitur Cœlestinus papa III confirmavit VII Idus Junii, pontificatus anno VI, et Philippus Augustus eodem anno, regni XIII, astantibus in palatio Guidone buticulario, Matthæo camerario, constabulario, et dapifero nullis. Vacante cancellaria.

(20) Il nous semble qu'ici, outre les mots que nous

avons ajoutés, il manque le nom d'un des autels résignés par les trois chanoines.

(21) Il se trouve cart. G. du cap., fol. 51, verso, et 52, une Charte de Guillaume, datée de 1192, comme l'acte que nous donnons, et qui confère la prévôté à Balduinus ; plus une bulle du pape qui confirme cette élection.

profecturus pro remedio animæ suæ, parentumque suorum nobis commisit ad opus decaniæ ecclesiæ Beati Joannis de Virtuto (22), cujus ipse fundator exstiterat, decem librarum redditus in suis redditibus perpetuo assignandos, super quo charissima soror nostra mater ejus M. Trecensis comitissa-a nobis requisita, benigne voluit quod ipse mandaverat adimpleri, et tam nobis, quam ballivis, et servientibus suis recommisit eamdem assignationem faciendam. Unde nos cum ipsis eidem decaniæ assignavimus pro sex libris vixx sextarios avenæ, videlicet sexaginta octo in censu apud Sollerias, et xxxii in Sonneiis de Virtuto, et xx in Sonneiis de Bergeriis, et censum de Roffeio pro iv libris, quæ omnia eidem comiti perpetuo debebantur : eadem vero illi qui ea debent prædictæ ecclesiæ decano, vel officiali ejus apud Virtutum annuatim reddere tenebuntur. Quod ut ratum permaneat præsentis scripti pagina confirmamus, statuentes et sub interminatione anathematis inhibentes, ne quis hanc nostræ confirmationis paginam audeat infringere, aut ei temere contraire, salva in omnibus apostolicæ sedis auctoritate.

Actum Remis anno dom. Incarnat. 1193.

Datum vacante cancellaria (23).

XXI.

Ad petitionem canonicorum Sancti Quintini in Viromandia, id quod de foraneitate, juxta decretum Alexandri III, confirmat.

(Anno 1196.)

[MARLOT, Metropol. Rem., II, 443.]

WILLELMUS Dei gratia Remorum archiepiscopus, sanctæ Romanæ Ecclesiæ tit. Sanctæ Sabinæ cardinalis, apostolicæ sedis legatus, omnibus ad quos præsens scriptum pervenerit, salutem.

Notum facimus tam præsentibus, quam futuris quod nos foraneitatem in Ecclesia Beati Quintini a dilectis filiis decano, et capitulo ejusdem Ecclesiæ institutam, et a domino Alexandro papa bonæ memoriæ confirmatam, approbamus et ratam habemus, et juxta apostolici tenorem authentici præsentis scripti patrocinio et sigilli nostri munimine confirmamus. Remisimus etiam prædictæ Ecclesiæ petitionem privatæ præbendæ, quam in ea, et ab ea petebamus, etc. Quod ut ratum permaneat, litteris et sigillo nostro fecimus roborari.

Actum anno 1196.

XXII.

Abbatibus SS. Remigii, Nicasii et Dionysii facultatem habendi servientem unum, seu burgensem liberum in banno suo cum eadem immunitate, qua fruentur burgenses canonicorum concedit.

(Anno 1196.)

[MARLOT, Metropol. Rem., II, 437.]

WILLELMUS Dei gratia Remorum archiepiscopus, S. R. E. tituli S. Sabinæ cardinalis, apostolicæ se-

dis legatus, omnibus ad quos litteræ istæ pervenerint, in Domino salutem.

Noverit universitas vestra quod cum ecclesia Beati Remigii Remensis nobis in omnibus tam obnoxia semper teneatur, quam devota, nos pensantes quam ei reddere possemus recompensationem, concessimus, et dedimus ei unum de burgensibus nostris Remensibus mediæ æstimationis, burgensem liberum, et emancipatum a nobis ea libertate, qua communes Ecclesiæ nostræ majoris servientes habentur in pace perpetuo habendum et quiete, etc.

Actum anno 1196.

Datum per manum Matthæi cancellarii.

XXIII.

Charta de sententia lata in dominum Nicolaum de Ruminiaco.

(Anno 1200).

[VARIN, Arch. adm. de la ville de Reims; t. I. p. 457.]

WILLELMUS Dei gratia Remorum archiepiscopus..... dilectis filiis canonicis Remensibus, salutem.

Cum ex suscepto pastoralis sollicitudinis officio, universis ecclesiis in Remensi provincia constitutis studio manutiori providere teneamur, bona ecclesiæ vestræ quam specialius amplectimur, integra et illibata conservare volumus et optamus. Verum huic desiderio nostro vir nobilis Nicolaus de Ruminiaco indurato corde resistens, possessiones quasdam ecclesiæ vestræ violenter occupare et injuste detinere præsumit; sed quia eum super damnis et injuriis ecclesiæ vestræ illatis sæpius convenimus et invenimus lapidem, non illum lapidem, de quo suscitat Dominus filios Abrahæ sed lapidem in quo nihil est humoris in quo radicem non habet semen verbi Dei, cum a vobis requisiti fuerimus ipsum tanquam putridum membrum a corpore sanctæ Ecclesiæ ferro excommunicationis separabimus uxorem ejus et liberos, familiam et terram ipsius interdicto supponentes, et ne sacerdotalis benedictionis odore aliquo reficiantur, ad petitionem vestram, si vobis ita visum fuerit, presbyteros omnes de terra ipsius exire compellemus, Hospitalariis omnibus, omnino divinorum celebrationem ibi prohibentes; facientes etiam quod statuerimus per totam Remensem provinciam ita observari quod si casu vel necessitate ad aliquam civitatem, vel oppidum vel illam pervenerit, quandiu ubi præsens fuerit, celebratio divinorum interdicetur; et ut sententia super eum lata duplex robur obtineat (eam) auctoritate domini legati Ostiensis episcopi faciemus confirmari; et ne de statutis aliqua dubitatio possit alicui suboriri, præsens scriptum sigilli nostri impressione roboramus.

Actum anno Incarnationis Dominicæ 1200.

Datum per manum Mathæi, cancellarii nostri.

nus honoris gratia appellatur.

(22) Decania hic vocatur ecclesia S. Joannis, quod decanus et præsideret, nunc diaconatus officium non est, sed qui senior est inter canonicos deca-

(23) Meminit Petrus Cellen. abbatis S. Mariæ Virtudensis lib. II, epist. 14.

XXIII bis.

Charta Guilllelmi I archiepiscopi Remensis, de electione abbatissarum Avenacensium.

(Anno 1200.)

[*Gall. Christ. nov.*, X, 51.]

WILLELMUS Dei gratia Remensis archiepisc. sanctæ Romanæ Ecclesiæ titulo Sanctæ Sabinæ cardinalis, charissimo nepoti suo Th. comiti Trecensi palatino, salutem et sinceræ dilectionis affectum.

Scimus et testamur quod ecclesia de Avenay quando abbatissam non habet, a comite Trecensi requirere debet licentiam eligendi, nec eligere debet aut potest, donec a comite Trecensi licentiam requisierit; nec ab archiepiscopo vel ecclesia Remensi licentiam eligendi requirere tenetur. Quod autem de matertera fidelis nostri Gaufridi de Joinvilla fecimus, propter necessitatem de Jotro et de Avencio ecclesiarum fecimus; et de dilectione vestra fiduciam assumpsimus faciendi. Rogamus igitur vos, et cum affectu requirimus, ut propter honorem nostrum et amorem ecclesiæ et abbatissæ de Aveneió, vestram remittatis offensam.

XXIV.

Leprosis Remensibus, ob nundinarum translationem in vicum Culturæ, centum sextarios in excambium concedit.

(Anno 1201.)

[MARLOT, *Metropol. Rem.*, II, 452.

WILLELMUS Dei gratia Rem. archiepiscopus, et Ecclesiæ Romanæ tituli Sanctæ Sabinæ cardinalis. Noverit universitas vestra quod nundinas quas habebant Leprosi Remenses in septimana Paschæ juxta domum suam, transtulimus ad vicum qui Cultura dicitur, ad meliorationem vici, et eisdem Leprosis in excambium assignavimus centum sextarios frumenti, ad mensuram Remis in molendinis nostris inter duos pontes, singulis annis de primo blado, quod exierit de molendinis, in perpetuum percipiendos, etc.

Actum an. 1201, mense Octobri.

Datum per manum Matthæi cancellarii.

XXV.

Hospitali domo S. Antonii Remensi, ab ipso fundatæ, privilegia multa impertitur (24).

(Anno 1201.)

[*Actes de la prov. ecclés. de Reims*, II, 332.]

WILLELMUS Dei gratia Remensis archiepiscopus, sanctæ Romanæ Ecclesiæ tituli Sanctæ Sabinæ cardinalis, omnibus sanctæ matris Ecclesiæ fidelibus ad quos litteræ istæ pervenerint, in Domino salutem.

Quoniam inter cæteros humanæ fragilitatis eventus, non est facile filiis hominum evadere delictorum incursus, proposita sunt nobis pietatis opera et nostræ salutis remedium, quibus tanto amplius Deum valeamus habere propitium, quanto ea exercuerimus in necessitatibus pauperum : *Quia chari-*

tas operit multitudinem peccatorum, (*I Petr.*, 4). Cum igitur pastoralis sollicitudo quæque prava et inordinata corrigere, evellere, et dissipare, et ea quæ ad dilectionem Dei et proximi spectant inserere, ædificare et plantare teneatur, nos solerter et attente considerantes quod a beato Remigio Remorum quondam antistite sanctissimo tredecim præbendulæ pauperum, unicuique quotidianus panis et denarius, laudabiliter institutæ, plerumque per ignorantiam, quandoque per amicorum suggestionem indignis, inhonestis, et infamibus personis contra intentionem sancti institutoris indiscrete conferrentur : dignum intelleximus, meritoriumque reputavimus, ut beneficium quod de patrimonio crucifixi periculose distribuebatur, secundum rationis et veritatis lineam deinceps pauperibus infirmis et ægrotantibus salubriter erogetur. Nos itaque glorioso confessori satisfacere desiderantes, ea quæ sunt Dei Deo, et pauperibus Christi quæ sibi clementer assignata sunt reddere satagentes, ad emolumentum animæ nostræ, et tam ad omnium prædecessorum nostrorum indulgentiam, quam ad successorum nostrorum benefactorum piam instructionem, quamdam domum hospitalem juxta grangiam nostram ad portam Bacchi pietatis intuitu fundari fecimus et superædificari : quatenus ibidem viginti pauperes languentes in perpetuum recipiantur et misericorditer foveantur; qui etiam fructum prædictarum tredecim præbendularum perenniter et incommutabiliter obtineant, et prout facultas et possessio pauperum, Deo annuente, dilatabitur, ita et eorumdem numerositas, et humanitatis exhibitio consequenter multiplicabitur. Recolentes siquidem terribilem Evangelii sententiam, et ad memoriam sedulo revocantes, quia qui in terris Christum hospitem suscipere, et infirmatum visitare, ac ipsum esurientem et sitientem reficere neglexerint, in die ultionis Domini suppliciis deputabuntur æternis (*Matth.* xxv) : ad sustentationem prædictorum carcerariorum, consilio et assensu totius capituli nostri, superaddidimus et adjunximus octo modios frumenti in sexsterlagio Remensi annuatim requirendos; et erit pondus præbendalis panis, viginti panes de cartello; et stabilivimus septuaginta modios vini de redditu nostro Montis-Valesii quotannis persolvendos; et erit mensura vini unicuique pauperi dimidia metreta, et etiam miseris et miserandis ægrotis de mensa Remensis pontificis cum præsens fuerit semel in hebdomada die Martis, aut in die Jovis reliquias et fragmenta decrevimus in æternum distribuenda. Verumtamen quia nobis a Domino injunctum est ut de bonis Ecclesiæ quæ gratis accepimus, gratis egenis largiri debeamus, ad opus coquinæ memoratorum languidorum, et ad usum pannorum, et ad retentionem et ad necessaria sæpedictæ domus in hala nostra quam temporibus nostris

---

(24) L'hôpital fondé par Guillaume de Champagne était situé à la porte de la ville, appelée porte de Bacchus, où sont aujourd'hui les religieuses de la

congrégation de N.-D. Il subsista jusqu'au milieu du XVIIe siècle.

fecimus et acquisivimus, tiamsi ipsa hala alibi transferatur, vel in quæcunque alia ædificia transmutetur, aut si forte de reditu aliquando amplius non valuerit, viginti quinque libras Remenses per singulos annos confirmavimus percipiendas; et quia miserandorum languidorum necessitas omnibus aliis negotiis præferenda est, in prima solutione denariorum ejusdem halæ recipientur. Ad calefactionem vero pauperum infirmorum, et ad pulmentorum præparationem quinquaginta duas quadrigas lignorum in nemore archiepiscopali apud Calmisiacum, annuatim requirendas perenniter assignavimus; cujus videlicet nemoris quamdam partem in diebus nostris magno et sumptuoso pretio comparavimus. Constituimus autem ut quicunque de cætero grangiæ nostræ, quæ juxta præfatam domum sita est, custos et provisor exstiterit, duas vaccas cum cæteris suis vaccis custodire et nutrire tenebitur, de quarum fructu omnem proventum pauperes infirmi obtinebunt. Similiter vero quisquis deinceps infra mansionem Jardi episcopalis habitaverit, pannos et linteolos prædictorum infirmorum lavare et mundificare tenebitur (25). Hujus utique tam meritorii beneficii et commendabilis eleemosynæ perpetuo fiet Dispensator quisquis procurationem domus cujuslibet domini Remensis in posterum exsequetur : et unum servientem pauperibus concessimus ut eis provideat et ministret, qui assumpto religionis habitu omnimoda gaudeat libertate, archiepiscopali procuratori tantummodo responsurus. Processu quoque temporis si quisquam filius Belial) quod absit!) tam pium, tam necessarium opus a nobis devotissime institutum et solemniter confirmatum per negligentiam aut avaritiam diminuere aut penitus abolere præsumptuose attentaverit, magnifici confessoris Remigii meritis intervenientibus iram et indignationem Dei omnipotentis incurrat, et deleatur de libro viventium et cum justis non scribatur. Amen.

Actum anno incarnati Verbi 1201. Datum per manum Matthæi cancellarii nostri.

XXVI.

Charta super Christianitate Remensibus canonicis concessa.

(Ann. 1201.)

[VARIN, *Arch. admin. de la ville de Reims*, t. 1, p. 445.]

WILLELMUS Dei gratia Remensis archiepiscopus, S. Romanæ Ecclesiæ tituli S. Sabinæ cardinalis, omnibus qui præsentes litteras viderint, salutem in Domino.

Cum a retroactis temporibus et antiquis, Remensis Ecclesiæ honestate vitæ semper et morum compositione floruerit et inter Ecclesias Gallicanas speciali quadam prærogativa præcellere merito videatur, attendentes quoniam præcipue honestatis Ecclesiam præcipuis decet et plurimis libertatibus honorari; pro honore Ecclesiæ augmentando et pace servanda, prædictæ Ecclesiæ, duximus indulgendum, ut in villis suis et bannis tam propriis, quam illis quæ cum aliis habet communia in nostra diœcesi constitutis ad universitatem capituli pertinentibus, plenæ justitiam Christianitatis obtineat; salvis nobis omnibus presbyterorum et clericorum justitiis, item sacrilegiorum omnium et matrimonialibus omnibus causis et retenta nobis terræ canonicorum Remensis civitatis, sicut hactenus est obtentum, justitia Christianitatis, item appellationibus nobis in omni negotio reservatis : sed cum ad nos fuerit appellatum, appellatio quidem tenebit, et præsente capituli nuntio, si adesse voluerit, in curia nostra tractabitur causa ; in cujus processu, si pœna pecuniaria, prout in causis fieri solet, inciderit, nec remittere poterimus, nec nostris rationibus applicare; sed in solidum ad ecclesiam pertinebit. Licebit tamen capitulo super presbyteros et eorum capellanos pro suis justitiis, nisi eis obedierint, pœnam condignam imponere, quam nisi injuste latam, non poterimus revocare. Porro de hominibus vel hospitibus suis qui non in suis, seu [sed] alienis bannis morantur, id decernimus observari ut pro omnibus rebus ad ecclesiam spectantibus, eos possint per Christianitatem citare, citatosque pro rebus, ut dictum est, ad suas consuetudines et jura spectantibus convenire, ut in eos ac domos ipsorum, atque familias, si expedierit excommunicationis vel interdicti sententiam promulgare et presbyteros tam in suis villis quam in aliis constitutos, si eis in hac parte obedire noluerint sententia condigna percellere, quas sententias a canonicis promulgatas nisi injuste late fuerint, usque ad condignam satisfactionem nobis erit illicitum relaxare, quæ omnia, salvo jure archidiaconorum, duximus concedenda. Cujus rei series ne memoriam humanam effugiat, vel (quod absit!) malignitate mutetur, eam litterarum et sigilli præsentis patrocinio in perpetuum confirmamus.

Datum Anagniæ per manum Matthæi, cancellarii nostri, anno Verbi incarnati 1201, mense Januario.

XXVII.

Transactio inter Remensem archiepiscopum et capitulum Remense de francis servientibus.

(Anno 1201.)

[VARIN, *Arch. administ. de la ville de Reims*, t. 1, p. 438.]

WILLELMUS Dei gratia Remensis archiepiscopus, sanctæ Romanæ Ecclesiæ tituli Sanctæ Sabinæ cardinalis, omnibus qui præsentes litteras viderint, salutem in Domino.

Quoniam divina favente clementia, nostris temporibus est concessum veterum ambiguitates decidere, et discordias veteres quæ frequentius passæ

(25) Aujourd'hui encore on lave au même lieu les linges de l'Hôtel-Dieu.

sunt recidivum, ad unitatem et concordiam irregressibiliter revocare, ad universitatis vestræ notitiam volumus pervenire, quod inter nos et prædecessores nostros ex una parte (26) et capitulum Beatæ Mariæ Remensis ex altera, discordiæ et lites hactenus perdurarunt quanto frequentiores, tanto parti damnosiores utrique asserentibus nobis quod in civibus nostris ad suum servitium evocandis modum excederint; ipsis allegantibus e diverso,

quod ministeriales nostri, nostra potestate abutentes, tam mansionarios ecclesiæ, quam communes capituli et canonicorum proprios servientes, indebitis exactionibus (27) justo districtius molestarent. De quibus Spiritus sancti annuente clementia, et bonorum virorum adjuvante consilio, transegimus in hunc modum : Sane unicuique canonico licitum erit unum solum (28) de justitia nostra et banno recipere servientem (29) qui omnimoda liber-

---

(26) On ne sait quels étaient les différends entre les prédécesseurs de Guillaume aux Blanches-Mains et le chapitre, par rapport aux francs-servants communs et particuliers; le serment des archevêques, en 1096, avait fixé tous les droits, priviléges et exemptions du chapitre à l'égard de l'archevêque. Les historiens de l'Eglise de Reims ne nous rapportent point, depuis 1096, d'autre différend que celui de Henri de France qu'ils placent en 1164 (MARLOT, t. II, p. 592); il croit que ce différend n'arriva que parce que Henri de France ne voulut pas reconnaître le privilége que le chapitre prétendait avoir d'excommunier, et qu'il est vraisemblable que cet archevêque refusa de prêter le serment des archevêques. Cependant le cardinal Pierre semble insinuer le contraire dans sa lettre à l'archevêque Henri, laquelle est rapportée (p. 394, MARLOT, t. II), par ces paroles : Consuetudines suas quas vos credo servare promisistis. On voit bien par les lettres d'Alexandre III à Henri, archevêque, et à son frère, le roi Louis, que ce prélat avait des différends avec son chapitre qui se plaignait fort d'ê.re vexé.

Le pape même parle des chanoines comme si, en ce temps, ils fussent sujets à la juridiction de leur archevêque; mais il ne dit pas en quoi consistaient ces vexations, gravamina. Il paraît seulement, par la lettre du cardinal Pierre, que l'Église se plaignait de ce que les coutumes marquées dans le serment prêté par l'archevêque Henri étaient violées surtout pour l'excommunication des malfaiteurs du chapitre, maxime. Ce mot suppose que ces coutumes étaient violées en d'autres points qui pouvaient regarder les francs-servants du chapitre. Ces lettres sont rapportées par Marlot (ibid., p. 393-394). Marlot ajoute qu'on ne voit pas quelle fut la fin de ce différend entre l'archevêque Henri et son chapitre. On est porté à croire qu'il subsista jusqu'à Guillaume aux Blanches-Mains, successeur immédiat d'Henri, lequel, comme on a vu, termina d'abord, en 1197, le différend de l'excommunication. On ne pourrait pas autrement vérifier ces paroles : Inter prædecessores nostros.

(27) Notez que le chapitre se plaint non de ce que l'archevêque faisait des entreprises sur la juridiction que le chapitre prétend avoir sur les francs-servants communs et particuliers, mais de ce qu'il les tourmentait outre raison par des exactions qu'ils ne devaient pas payer, indebitis exactionibus. Voilà le sujet et la matière de la plainte du chapitre et par conséquent l'objet de la transaction qu'il venait de faire. Pourquoi donc le chapitre veut-il que Guillaume aux Blanches-Mains ait traité avec lui sur la juridiction, tandis qu'il n'en était pas question, et qu'il ne s'agissait que de droits pécuniaires que le chapitre prétendait ne devoir pas être levés sur ses servants comme sur les autres bourgeois? . . . . quels pouvaient donc être ces droits et exactions indues dont se plaignait le chapitre? c'étaient sans doute ces impositions et subsides extraordinaires, ces tailles ou taxes par tête que les seigneurs se permettaient de lever sur leurs vassaux dans les besoins extraordinaires, et dont ils avaient la dixième ou la vingtième partie.

(28) Le chapitre prétend qu'avant cette transaction chaque chanoine pouvait avoir sur le ban de l'archevêché jusqu'à trois servants, que le grand archidiacre en a encore trois, et que cette Charte de 1201 a réduit le nombre de trois servants à un seul, unum solum. On répond que le chapitre ne rapporte aucun titre qui ne fasse mention de ce droit. L'archevêque Guillaume aux Blanches-Mains se plaignait que le chapitre prenait sur son ban plus de servants qu'il n'en devait avoir, mais ce n'est pas une raison pour dire que chaque chanoine devait en avoir trois. On ne sait pas sur quoi est fondée la possession dans laquelle le grand archidiacre est de prendre trois servants; mais quand il aurait ce droit il ne s'en suivrait pas que chaque chanoine aurait le même droit. La dignité du grand archidiacre était dans ces temps très-considérable par les revenus et la qualité des personnes qui la possédaient et encore plus considérable par la juridiction qui y était attachée.

(29) Ces paroles signifient ou que le chanoine peut tirer du ban de l'archevêque un servant pour en être servi dans sa maison, ou qu'il peut avoir sur le ban de Mgr l'archevêque un franc-servant, sans que pour cela ce franc-servant aille demeurer avec le chanoine. Dans le premier sens ce franc-servant particulier est un véritable domestique demeurant avec son maître et nourri de son pain. Il paraît que c'est là l'idée qu'on en avait avant la Charte de 1201. Le mot familiarium dont l'archevêque Gervais se servait pour exprimer les servants particuliers, signifie de véritables domestiques qui demeurent avec leur maître. Le serment des archevêques ne parle point des francs-servants particuliers qu'il n'ajoute aussitôt : Quos privatim in domibus nostris habemus, et si aliquos de clero habuerimus in domibus nostris, quod genus servientium decentissimum est. Le servant ecclésiastique que le pape Alexandre III recommandait à l'archevêque Henri avait demeuré chez le chanoine à qui il demandait l'argent qu'il lui avait prêté, expleto sui servitii tempore. La Charte de 1201 semble être favorable à la seconde idée, puisque, après avoir dit que chaque chanoine pourra avoir un servant du ban de la justice de l'archevêque, elle ajoute que s'il le juge à propos, il pourra avoir plusieurs servants des autres bans ou endroits, plures de aliis bannis vel locis habere poterit servientes; et plus bas que l'archevêque et ses officiers ne pourront inquiéter et tourmenter les francs-servants communs et particuliers, demeurant sur son ban ou sur le ban du chapitre, nec communibus, vel propriis canonicorum servientibus, in banno nostro vel suo commorantibus, injuriam aliquam irrogare; ce qui insinue que les francs-servants communs ou particuliers pouvaient demeurer sur le ban de l'archevêque ou du chapitre, à moins qu'on ne dise que par le mot commorantibus, il faut entendre non un domicile permanent, mais une demeure passagère, telle qui convient à des domestiques qui accoudaient des voitures; quoi qu'il en soit, le mot serviens signifie dans cette Charte un véritable domestique, famulus. C'est la signification qui en est donnée au dos de la Charte de Guillaume aux Blanches-Mains en 1197 pour la

late (30) gaudebit ; hac tamen in receptione servientis ipsius cautela servata, ut canonicus antequam illum in servientem admittat, decano qui fidelis noster est, et tam nobis quam capitulo juramento tenetur astrictius, et qui ibidem pro tempore fuerit, illum debeat præsentare, cujus erit discernere, si personæ quem récipit servientem competat qualitas servientis ; cujus etiam decreto nec nos, nec canonicus poterit contraire. Quem susceptum, pro suâ voluntate mutare, et alium modo prædicto recipere,

A canonicus poterit. Quem canonicum si cedere, vel decedere forte contigerit, nisi serviens ab (31) alio canonico non habente servientem de banno nostro fuerit evocatus, poterit, si voluerit, infra quadraginta dies a morte vel cessione canonici numerandos, sine impedimento et qualibet exactione ad communem urbis nostræ consuetudinem transire. Quod si voluerit, et sibi viderit expedire, canonicus plures de aliis bannis vel locis habere poterit servientes, qui quandiu in ejus servitio morabun-

---

concession d'un franc-servant à l'abbaye de S. Denis, en caractères qui paraissent du même temps : *De famulo nobis concesso a Remensi archiepiscopo*, et encore au dos de la Charte d'Albéric en 1212. *Charta Alberici pro immunitate famulorum canonicorum*, en caractères qui paraissent du même temps que la Charte.

(30) Le chapitre croit trouver dans ces termes *omnimoda libertate*, toutes les exemptions imaginables. . . Exemption de la juridiction spirituelle de l'archevêque, exemption de la juridiction temporelle, exemption du droit de stellage et de tous autres droits qui se lèvent sur les autres bourgeois ; mais il est fort aisé de le détromper ; ce n'est pas assez pour établir une telle exemption, surtout en choses spirituelles, qu'on allègue qu'on est exempt de toute manière, *omnimoda*, il faut que la nature de l'exemption soit conçue en termes clairs et précis, autrement il faudra interpréter les termes généraux sur lesquels on veut appuyer l'exemption particulière et les entendre conformément aux motifs pour lesquels on s'en est servi ; or, il est certain que quand Guillaume aux Blanches-Mains s'est servi des termes *omnimoda libertate*, ce n'était pas pour exprimer une exemption générale et indéfinie, mais seulement pour marquer que les francs-servants du chapitre seraient exempts des charges et droits auxquels la commune était sujette à son égard ; droits contenus aux deux, trois et quatrième article du serment des archevêques. Il suffit de dire, après Du Cange, que par ces droits on entendait la taille et tous les petits services que les seigneurs exigeaient alors de leurs vassaux et que la franchise des servants consistait dans l'affranchissement de ces droits, *et ideò dicuntur franci servientes, Gallice* FRANCS-SERGENTS, *quod a tallia et omni alio vili onere essent immunes.* Cette exemption n'allait pas jusqu'à affranchir ces servants de la juridiction temporelle et encore moins de la spirituelle, qui de droit divin appartient aux évêques seuls ; 1° ces termes *omnimoda libertate*, n'emportent point l'affranchissement de la juridiction spirituelle. Ces mêmes termes se trouvent dans la Charte de la concession d'un franc-servant faite dans la même année, 1201, par Guillaume aux Blanches-Mains, à l'hôpital de S. Antoine de Reims ; cependant ce franc-servant, comme l'hôpital de S. Antoine dont il est religieux, a toujours été de la juridiction spirituelle et même temporelle de l'archevêque ; on en trouvera les preuves au tome II de Marlot, page 547 et suiv. D'ailleurs, l'archevêque Guillaume aux Blanches-Mains et le chapitre n'étaient point en différend sur la juridiction spirituelle de ces francs-servants. Le chapitre se plaignait de ce que les officiers de l'archevêque fatiguaient les francs-servants du chapitre par des exactions et des droits pécuniaires qu'on ne devait pas exiger d'eux ; ce n'est que par rapport à ce sujet, que Guillaume aux Blanches-Mains déclare les francs-servants particuliers exempts *omnimodo* à son égard ; 2° les mêmes raisons resistent à ce qu'on infère de ces termes *omnimoda libertate* une exemption de la juridiction temporelle. On

trouve même dans la suite de la Charte de quoi détruire toutes les conséquences que le chapitre voudrait tirer de ces termes pour établir cette exemption. Guillaume aux Blanches-Mains, après avoir dit qu'il sera libre à chaque chanoine de se donner sur le ban de l'archevêché un seul franc-servant, entièrement exempt à l'égard de l'archevêque, ajoute que chaque chanoine pourra, s'il le juge à propos, prendre sur les autres bans que celui de l'archevêché plusieurs francs-servants qui auront les mêmes exemptions à l'égard de l'archevêque tant qu'ils seront au service du chanoine, *plures de aliis bannis et locis habere poterit servientes, qui quandiu in ejus servitio morabuntur prætaxata libertate gaudebunt.* La Joannine interprète ce terme *plures* de sorte qu'un chanoine peut avoir, outre le servant sur le ban de Mgr l'archevêque, encore deux, savoir : un sur le ban de S. Remy, un sur le ban du chapitre. On voit qu'en 1411, les chanoines exerçaient ce droit. Ils en usent encore sur le ban du chapitre, surtout pour les francs-servants communs ; on voit même dans l'arrêt de 1400 que les chanoines avaient des francs-servants à la campagne, comme à Brimon, La Vanne et autres endroits, et ces francs-servants avaient les mêmes exemptions que ceux de la ville. Ils n'étaient pas sujets aux charges de la communauté. L'on croit que ces francs-servants étaient les *Mansionarii* quoiqu'ils soient appelés dans les titres FRANCS-SERGENTS. Cela n'est pas surprenant ; comme les francs-servants particuliers étaient donnés aux chanoines mêmes qui ne gaguaient pas les gros fruits de leurs prébendes, pourvu qu'ils eussent, *possessiones procurandas vel domos conservandas,* il fallait des servants qui eussent sur les lieux soin de ces biens ; et par conséquent ils devaient avoir les mêmes exemptions que ceux de la ville. Guillaume aux Blanches-Mains accorde aux francs-servants pris dans d'autres bans que le sien le même affranchissement qu'à ceux qui seraient pris sur son ban, *prætaxata libertate,* c'est-à-dire *omnimoda*. Or, il serait ridicule de dire que cet archevêque affranchit ces francs-servants d'une juridiction qu'il n'a pas et qui appartient à d'autres seigneurs ; ces termes, *omnimoda libertate,* n'emportent pas dans cet endroit un affranchissement de juridiction temporelle. . . . si par ces termes, *omnimoda libertate* on entendait un affranchissement plus étendu, la Charte de Guillaume aux Blanches-Mains contredirait le serment des archevêques, qui réserve à l'archevêque le cens soit personnel, soit réel, *capitalitium,* sur les servants communs et particuliers pris sur son ban.

(31) On est porté à croire que Guillaume aux Blanches-Mains, entendait par le mot *serviens,*. un véritable domestique demeurant avec et chez son maître, *famulus* comme il est expliqué au dos de la charte du franc-servant de Saint-Denis, en 1197, et de celle d'Albéric, en 1212. En effet, on ne voit qu'en un seul endroit de cette charte que la demeure du servant particulier soit distinguée de celle de son maître ; par ces termes in *banno nostro,* quoiqu'il aurait pu se faire que le servant fût à un cha-

tur (32); prælaxata libertate gaudebunt. Notandum tamen quod foranei (33) nisi aliquando prius intrinseci fuerint, et nisi domicilia conservanda, ac possessiones habeant procurandas; item pueri infra subdiaconatum, et quicumque canonici cum aliis habuerint assiduam mansionem, ab iis cum quibus moram faciunt procurandi, de banno nostro nullum poterunt habere servientem. Intrinsecus autem intelligimus eos qui per septem menses continue vel interpolate, a nativitate beati Joannis, usque ad annum completum, in nostro vel Ecclesiæ ipsius servitio morabuntur. Porro de mansionariis ecclesiæ in banno ejus morantibus et servientibus patenter et dilucide, profitemur, quod in bannis ecclesiæ ubilibet infra urbis ipsius ambitum, vel in ejus suburbiis (34) constitutis, nos, successores nostri, vel qui rationibus nostris præsunt, nulla occasione, pro nullo prorsus delicto aliquem possumus infestare vel capere, nec civiliter aliquatexus, nisi sub capituli ipsius examine, convenire, nec res inibi constitutas diripere, nec mansionariis ipsis in banno ecclesiæ moram, ut dictum est, facientibus, nec communibus vel propriis canonicorum servientibus, in banno nostro vel suo commorantibus, injuriam aliquam irrogare. Verum quoniam damna sibi a nobis et nostris irrogata fuisse dicebant, pro æstimatione damnorum, nec minus pro

moderatione super servientibus facta, mansionariis ecclesiæ in banno suo constitutos ubicunque sint positi in bannis et villis ecclesiæ tam acquisitis quam acquirendis, ea decernimus libertate gaudere quam mansionarios urbis, tam de antiqua consuetudine quam nostra concessione, sicut præmisimus, certum est obtinere; ut scilicet, passim et indifferenter prout eis placuerit venientes ad urbem et ab ea quandocunque placuerit recedentes, non possint ab aliquo, vel pro aliquo, nisi sub capituli ipsius examine conveniri, nec aliquatenus molestari; nisi forte eos idem contingeret ad præsens et evidens intercipi forisfactum; qua in re nec forensecis mansionariis in urbe positis parceretur. Insuper pro prædictis eidem ecclesiæ sexaginta libris monetæ Remensis omni anno de nostris theloneis primo percipiendis, perpetua stabilitate donamus; pro quibus modo prædicto solvendis, quicunque theloneis nostris præfuerit, in sua institutione capitulo juramentum præstabit. Cujus rei series ne memoriam humanam effugiat, vel (quod absit!) malignitate mutetur, eam litterarum et sigilli præsentis patrocinio in perpetuum confirmamus.

Datum Anagniæ, per manum Matthæi cancellarii nostri, anno Verbi incarnati 1201 mense Januario (35).

noine qui demeurât sur le ban de l'archevêque. Dans les autres endroits de cette charte, rien ne détermine à penser que la demeure du franc-servant particulier doit être différente de celle de son chanoine. On y lit : *In civibus nostris ad suum servitium evocandis* . . . *De justitia nostra et banno recipere servientem.* . . . *De banno nostro fuerit evocatus.* . . . *plures de aliis bannis vel locis habere poterit servientes.* Tous ces termes peuvent signifier un servant ou domestique tiré du ban d'un seigneur pour aller demeurer avec son maître. On a rapporté plus haut des autorités qui prouvent que les francs-servants particuliers demeuraient avec leurs maîtres. La simonine est le 1er titre du chapitre qui, au lieu de dire comme la charte de Guillaume aux-Blanches-Mains : *De banno nostro recipere servientem,* ait dit : *In et de banno archiepiscopi habere servientes communes et proprios;* de sorte que tous les titres qui sont venus depuis portent la proposition *in,* au lieu de celle *de,* ce qui fait un sens bien différent.

(32) Le chapitre pour écarter l'idée qu'on vient de donner des francs-servants, oppose ce que l'archevêque Guy de Roye disait, en 1402, pour détruire l'exemption prétendue des francs-servants du chapitre. Ce prélat reprochait au chapitre que c'était les plus riches et les plus notables bourgeois qu'on choisissait pour francs-servants, et qu'on exemptait par ce moyen des charges de la ville : *A quibus oneribus per hujusmodi exemptiones ditiores se substrahunt, cum citius ac libentius dicti de capitulo ditiores, ac notabiliores Remenses cives quam pauperes eximerent ac eximant, ipsos francos efficiendo.* On répond que Guy de Roye, en rapportant ce qui se passait de son temps, au sujet des francs-servants du chapitre, ne prétend pas pour cela approuver ce que faisait le chapitre; que au contraire, il s'en sert comme d'un moyen très-fort pour faire voir les inconvénients de la prétendue exemption de ces francs-servants. L'usage dans lequel le chapitre était alors de choisir ses francs-

servants dans ce qu'il y avait de plus riche et de plus notable parmi les bourgeois de la ville n'empêche pas que dans l'origine les francs-servants ne fussent de véritables domestiques accordés au chapitre pour servir les chanoines et avoir soin de leur temporel, *famulos quoque dedit.* . . . Il en est de même que des pauvres de Saint-Rigobert ; parce que le chapitre confère aujourd'hui les pauvretés à des personnes aisées, s'en suit-il que ces pauvretés, suivant leur fondation, ne soient pas pour des pauvres nécessiteux ? d'ailleurs, dans ces temps où l'archevêque était à l'élection du chapitre, il n'était pas surprenant que les plus notables et les plus riches cherchassent à être francs-servants du chapitre ; le chapitre était alors tout rempli des personnes de la première qualité. Des cardinaux, des neveux de papes, des princes du sang royal, ne se croyaient pas déshonorés d'être chanoines, parce que on ne pouvait être élu archevêque qu'on ne fût chanoine. Par la même raison, les plus riches bourgeois ne dédaignaient pas de s'attacher à des chanoines de cette qualité dont la protection était puissante, comme on voit des personnes très-nobles ne pas mépriser, encore aujourd'hui, d'être officiers de cardinaux et autres prélats distingués par leur rang et leur naissance.

(33) La Joannine explique ce mot *foranei* des chanoines qui ne font pas leurs gros fruits. L'interdiction d'avoir un franc-servant, prononcée par ces paroles contre ceux qui n'ont point de maisons à conserver, de biens à administrer, ou qui ne gagnent pas leurs gros fruits, achève de prouver que ces francs-servants étaient de vrais serviteurs, des administrateurs des affaires temporelles des chanoines.

(34) C'est vraisemblablement cet article qui a transmis au chapitre, la haute justice sur le terrain de campagne, nommé *Terre commune,* qui dans la suite a fait partie de la ville.

(35) La lasse des archives du chapitre, d'où est extraite la pièce que nous venons de publier, con-

PHILIPPI REGIS FRANCORUM

EPISTOLA

Ad Willelmum Remensem archiepiscopum.

De decima Saladina (36).

(Anno 1189.)

(D. Marlot, *Metrovolis Remensis*, tőm. II, pag. 425.)

Philippus, Dei gratia Francorum rex, viro venerabili et charissimo avunculo suo Willelmo eadem gratia Rem. archiepiscopo, et universis ejusdem provinciæ tam ecclesiasticis quam laicis personis : salutem in perpetuum.

Cum ad restaurationem terræ sanctæ, ecclesiarum regni, et principum assensu, rerum mobilium et redituum, tam ab ecclesiasticis quam laicis personis decimæ semel exactæ fuerint, ne ad consequentiam facti hujus enormitas traheretur, statuimus ne hujus exactionis occasione, vel ob similem causam aliquid ullo modo ulterius exigatur, etc.

Actum Parisiis anno Verbi incarnati 1189, regni nostri x, astantibus in palatio nostro quorum nomina supposita sunt :

Signum comitis Theobaldi dapiferi nostri.

Signum Guidonis buticularii.

Siguum Matthæi camerarii.

Signum Radulfi constabularii.

Data vacante cancellaria.

WILLELMI CUJUSDAM

Episto a nuncupatoria ad Willelmum archiepiscopum Remensem in suam *Microcosmographiam*.

(Circa annum 1180.)

(D. Marten., *Amplissima Collect.*, I, 946, ex ms. Trevirensi S. Matthæi.)

—

Reverendo Patri et domino Willelmo Dei gratia Remensi archiep. et apost. sedis legato, Wilhelmus suorum minimus, suam Microcosmographiam.

Inter cæteras animi tui virtutes, maxime ample-

tient en outre diverses confirmations qui en ont été faites à diverses époques.

1° Avril 1202. Confirmation par Philippe-Auguste de la reconnaissance des 60 liv. de rente que le chapitre a droit de prendre sur les revenus de l'archevêché.

2° Trois bulles d'Innocent III, en 1201 ; de Grégoire IX, en 1229, et d'Alexandre IV, en 1256. Voici ce que la 1re renferme de plus important :

Innocentius III, episcopus . . . sane cum et inter vos et ecclesiam vestram ex una parte, et venerabilem fratrem nostrum Willelmum archiepiscopum vestrum ex altera, fuisset exorta dissensio super quibusdam damnis et injuriis quæ vobis et ipsi ecclesiæ illata dicebatis ab ipso ; dicto archiepiscopo in contrarium allegante, quod excederetis modum in civibus suis ad vestrum servitium evocandis ; pro quibus etiam querelis fuit ad nostram audientiam appellatum, et vos appellationem vestram fecistis per dilectos filios R. succentorem, magistrum F., Hugonem et PH. vestros canonicos prosecuti ; tandem ipsi monitis nostris inducti, potius eligentes inter se compositionem inire, quam causam intrare, lites suas amicabili compositione sedarunt. Nos igitur. . , .

Datum Anagniæ Idibus Januarii pontificatus nostri anno quarto.

(36) Ad impensas suscepti belli sacri statutum est, ex assensu et consilio episcoporum et procerum, ut omnes tam ecclesiastici quam laici, exceptis iis qui peregrinationem susciperent, decimam redituum et mobilium integre regi persolverent. Fertur hujusmodi decimam *Saladinam* dictam ab bellum adversus Saladinum Babyloniæ regem indictum, sed quod ejusdem pensitatione plurimum gravarentur Ecclesiæ, scripsit Petrus Blesensis, insignis vir pietatis et litteraturæ, epistolam ad episcopum Aurelianensem, monens ut se cum aliis regi talia præscribenti intrepide objiceret. At præsulum querelas regem præoccupasse veri simile est, cum Willelmo Remensi archiepiscopo, omnibusque clericis et laicis Remensis provinciæ actu authentico declaravit mentem ejus non esse ut in posterum similis exactio fieret quacunque causa, vel prætextu.

ctor et approbo amorem litterarum, et honorem quem eis exhibes percopiosissimum. Quam id autem recte faciam videre licet. Quod enim dulcius studio litterato? his dico litteris quibus infinitatem rerum comprehendimus, Dei ac Domini nostri naturam ac potestatem contemplamur, quibus animum a corporeis voluptatibus seducimus, et secum esse cogimus, ex quibus honestissimam formulam vitæ atque morum mutuantes, virtutes excolimus, adeo ut non solum mores et scientiam, quæ nec in extremo vitæ tempore nos deserunt, quæ nonnihil studendo combibimus, verum etiam cum de hospitio carnis excundum erit, actus nostros calculantes vitæ occupatione studii bene actæ, voluptuosa memoria perfruemur. Ad summum nulla vita magis molesta quam otiosa, nulla magis morigera quam studiosa. Si quantæ ergo hæc sunt causæ laudis, tantas tibi laudes mihi conduceret ascribere, dignitatem excellentiæ tuæ cumulatissimis præconiis extollere contenderem : sed vereor ne hujus boni partem sibi nanciscatur inde nata voluptas, vel in oratione mea sensim subrepat adulatio, cui apud sapientem locus esse non debet, cujus cum virtute nullum est commercium ; per quam meam apud aliquem nolim coalescere amicitiam vel familiaritatem. Sed ne utinam etiam apparens vel suspecta pariat odium, studiosius etiam eam vitarim propter lividos obtrectantium morsus, qui tantum legere quærentes quæ carpant, non amplius concupiscunt bona quæ laudent, quam minus probe dicta quæ rideant, et ambigua quæ sinistre interpretentur. Quippe nimis singulares sunt, parem non patiuntur, minores contemnunt, majoribus invident, ab æqualibus ut scioli videantur omnino dissentiunt. Sed tempus est ut moras nostras incidamus, et quidquid illud est quod proposuimus pauculis sermonibus explicemus.

Cum apud antiquos creberrimas quæstiones de constitutione humanæ naturæ, et ejus similitudine, et differentia cum aliis naturas inveniam ventilatas esse et quasdam solutas, quasdam cum suis dubitationibus dissertationi modernorum relictas ; modernos vero non solum inventionibus suis vel judicio antiquis non præluxisse, nec saltem cum eis dubitasse, sed studio negligenti quo turpiter utuntur, in eis magnas infudisse tenebras. Adeo ut si prius in memoria fuerint, negligentia eorum omnino venerint in oblivionem. Quasdam illarum in unum colligere dignum duxi, easque singulariter probabiliterque pertractare, necnon paucis solutionibus,

eisdem tamen luculenter venustare, opiniones antiquorum et solutiones minime præterm.ttens. Et si qua etiam mediocriter, non erronea, tamen nec fortuita opinione potero conjectare interponens. Hujus autem operis ultimum excellentiæ tuæ relinquo examen, circa quod æstimata ingenioli mei parvitate judicium habeas restrictius, ut honorem saltem quem dictioni ademeris, dones rei et materiæ. Quod autem nec dictioni nec materiæ vel rei donare noveris, auctori ignorantiam suam profitenti condones.

Utrum homo naturaliter habeat intellectum.
Quod bruta careant necessario intellectu.
Quare omnia propter hominem facta sunt.
De anima.
Item de anima.
Alia sententia de anima.
Alia sententia.
Sententia Platonis.
De unione corporis et animæ simul.
De corpore hominis.
De elementis.
De corpore humano.
Quid sit visus et unde fiat.
Quare non appareat imago in vitro ut in speculo.
De parologizatione visus.
De tactu.
De auditu et utrum vox sit corpus.
De odoratu.
De gustu.
Quid sit virtus discretiva.
Quid sit prælectio et consilium.
Quid sit consilium et circa quæ.
De irrationali motu animæ.
De delectatione.
De afflictione.
Utrum aliqua sint in nobis in quibus consistere possit liberum arbitrium.
Quibus actibus dominemur.
Utrum naturaliter simus liberi arbitrii.
Quid sit ira.
Quid sit timor.
De motu voluntario et motu involuntario.
De motu involuntario.
Quid sit involuntarium per ignorantiam.

CAPUT PRIMUM.

Utrum homo naturaliter habeat intellectum.
Constat hominem ex anima intelligibili, etc.

JOANNES DE BELMEIS

(LUGDUN. ARCHIEP.)

NOTITIA HISTORICA.

(*Gall. Christ. Nov.*, tom. II, col. 1180; tom. IV, col. 130.)

I. Joannes cognomento *ad Albas-Manus*, natione Anglus (1) et thesaurarius ecclesiæ Eboracensis, vir *jocundus*, largus et apprime litteratus, in episcopum designatur anno 1162, teste Roberto de Monte in Appendice ad Sigibertum. Anno 1166, memoratur in tabulis Monasterii-Novi, tempore Heliæ abbatis. Querelam prioris S. Radegundis adversus canonicos ejusdem ecclesiæ et abbatissam B. Crucis pro assignatione sedis, sopivit litteris datis Idibus Aprilis 1167. Mentio fit ejus in chartis monasterii de Stella, cujus abbatem Isaacum cum Hugone Calviniaci domino ad concordiam revocavit. Nominatur præsens consecrationi ecclesiæ monasterii S. Amantii in agro Engolismensi anno 1170, quo in opere adjutor fuit Bertrandi archiepisc. Burdigalensis, metropolitani sui. Anno 1171, fuit pacis sequester inter Agnetem abbatissam Santonensem, et Willelmum abbatem Malleacensem. Anno 1173, litem Joannis Stellæ abbatis pro decima Vastinensi composuit. Interest concilio Albiensi 1176, et Lateranensi 1179. Nominatur et in instrumento venditionis comitatus Marchiæ per Adelbertum comitem factæ regi Angliæ. Anno 1178, a regibus Ludovico VII Franciæ, et Henrico II Angliæ, pro conversione Albigensium missus est una cum Petro cardinali S. Chrysogoni, et archiepiscopis Bituricensi et Narbonensi, quemadmodum legere est apud Rogerium Hovedenum in Annal. Anglor. Legatione item sedis apostolicæ per Gallas functus est, ex his verbis codicis Galtei : « Anno gratiæ 1181, in archiepiscopum Narbonensem electus est : qui cum Romam pergeret ut a summo pontifice Lucio confirmaretur, ab eodem factus est

archiepiscopus et primas Lugdunensis, et ob ejus eximiam eruditionem ab eodem in regno Franciæ creatus est apostolicæ sedis legatus. » Cæterum quod hic dicitur de ipsius translatione ad sedem Lugdunensem, non anno 1181, sed sequenti factum probatur ex charta authentica S. Maxentii(2). Robertus de Monte in Chronico eum appellat magnæ litteraturæ et eloquentiæ virum. In ejus manu quædam dominia sui feodi cessit Hugo d'Ozai ante altare ecclesiæ hujus loci, contulitque Absiensibus monachis (3). Ad eum scripsere Joannes Sarisberiensis Carnutum episcopus, et Stephanus Tornacensis, magna Gallicanæ Ecclesiæ lumina. Sed plura de Joanne nostro dicere super sedemus, de quo iterum agendum erit in Lugdunensibus archiepiscopis. Observandum vero est in epistolis quas ad eum scripsit Stephanus abbas S. Genofevæ, postea Tornacensis episcopus, Joannem appellari in inscriptione S. sedis legatum, quamvis tunc esset Pictav. episc. At inscriptio forsan non est auctoris sed editoris.

II. De Joanne a Bellis-Manibus jam egimus in Pictaviensibus episcopis, ea solum hic referemus quæ ad eum ut Lugdunensem archiepiscopum pertinent. Anno 1181 designatus Narbonensis archipræsul, nondum ad hanc sedem a Romano pontifice confirmatus, mox ad Lugdunensem traducitur, ut docet Robertus de Monte ad hunc annum : « Joannes episcopus Pictaviensis, inquit, vir magnæ litteraturæ et eloquentiæ, electus ad archiepiscopatum Narbonensem, cum Romam perrexisset propter prædictam benedictionem, annuente papa Lucio, clerici primæ Lugdunensis elegerunt eum in archiepiscopum Lu-

---

(1) Refellunt Sammarthani fratres eorum sententiam, qui dicunt eum ex gente Bellismensi procreatum; Guillelmi scilicet, Talvatii dicti, comitis Alençonii et Pontivii, ac B. comitissæ de Varena filium. Profert Bessius hoc excerptum ex martyrologio S. matris Ecclesiæ Pict. quod putat scriptum ante annum 1200. Feodus quem dedit domnus episcopus *Joannes de Villers Aler apud Samardum*; ex quo intelligitur Joannem sic fuisse cognominatum.

(2) Ita legitur in fine chartæ pro prioratu de Verinis : *Hoc autem factum est an. ab Incarn. Domini MCLXXXII, anno videlicet quo Johannes episc. Pictaviensis, creatus est archiep. Lugd. et in eodem facta est dissentio inter Richardum comitem Pictaviæ, et A. regem Angliæ de dominio Pictaviæ habendo.* Idem confirmat alia charta de qua loquimur in Willelmo abb. Lucion.

(3) *Tabul. Absiense.*

gdunensem, quæ sedes habet primatum super tres archiepiscopatus. » Idem tradit Galterus de Brugis in catalogo Pictaviensium episcoporum ms., qui dicitur Galteri codex , nisi quod absolute dicit : « A Lucio factus est archiepiscopus et primas Lugdunensis, » et addit : « et ob ejus eximiam eruditionem ab eodem in regno Franciæ creatus est apostolicæ sedis legatus. » Ei de sua ad hanc dignitatem promotione gratulatur Stephanus Tornaci episcopus epistola olim 92, nunc 75, his verbis: « Jucundum mihi theatrum proponit recordatio vestra...., concertant in idem caput provinciarum pontificales infulæ; et dum Pictaviensi cathedræ sacerdotem suum Narbonensis conatur eripere..... Narbonensem electum prima sedes Galliarum sibi vindicat Lugdunensis..... absit a mansuetudine vestra, ut ad Gothorum barbariem, ad levitatem Wasconum, ad crudeles et efferos mores Septimaniæ declinetis, ubi supra fidem infidelitas, supra famam fames, dolus et dolor plusquam valeat æstimari !.... contremui fateor et expavi, cum ad ea loca vos invitari audirem, in quibus etsi contingeret vos præesse, facile esset non prodesse. Audito tamen quod Rodanusia Sidonii vos vocaret, gavisus sum gaudio magno, et primatem nostrum in gloria videre desidero, quem prius affectione patrem, liberalitate benevolum simul et beneficum sum expertus. Nepoti vestro archidiacono bonæ indolis adolescenti, sicut mandavistis, paratus sum et consilio, et auxilio providere. » Plures alias ad eumdem epistolas scripsit idem Stephanus. Ejusdem quoque iterum mentio habetur in pluribus litteris quas ad ipsum direxit Joannes Sarisburiensis Carnotensis episcopus; et in Guillelmo Neubrigensi, lib. v, cap. 3, De rebus Anglicis.

Lucius papa permutationem Guigonis comitis factam cum ecclesia Lugdunensi ratam habuit, bulla data « Velleterani per manum Alberti S. R. E. presbyteri cardinalis anno 1182, pontificatus anno 1. » At postea, cum idem comes pactum nihilominus contemneret, ejusque conditiones minime servaret, Joannes Philippum Augustum Francorum regem, comitis dominum, adiit, et ab eo concordiæ confirmationem obtinuit, præstito prius ei sacramento fidelitatis : unde in regio diplomate a Philippo dicitur « fidelis noster. » Anno supra memorato aut circiter, idem Lucius pontifex decreto quod refert Servetus, causam Carthusiæ Portarum adversus molestias Ivimontensium monachorum judicandam tuendamque committit, « venerabilibus fratribus Joanni Lugdunensi archiepiscopo... Datum Anagniæ XIII Kal. Martii. » Denique idem papa bullam ad ipsum et ad Oliv. decanum direxit, qua præsertim jussit aboleri pravam consuetudinem cessationis divini officii in primario templo quoties thesaurarius cessaret in refectorio manuales distributiones tradere; « Data Veronæ Idibus Aprilis, III pontificatus, » id est Christi 1183. Fridericus imperator, accepto

Joan. hominio, omnia comitatus Lugdunensis jura, exarchique ac principis consilii in Burgundia ei confirmat an. 1184, bulla aurea eodem tenore, iisdem verbis exarata, quibus scripta fuerat ea, quam iisdem de rebus acceperat Heraclius. Eodem anno Guigo comes Forensis ejusque filius cognominis coram D. Joanne archiepiscopo Lugdunensi plura concedunt monasterio Vallis-benedictæ. Anno 1186, charta, quam referunt D. le Laboureur (4) et D. Guichenon (5), « Joannes Dei gratia humilis sacerdos, apostolicæ sedis legatus, et capitulum primæ Lugdunensis Ecclesiæ » testantur virum nobilem Stephanum de Villars in Insula Barbara monachum receptum ac beneficio monacho debito tam in temporalibus quam in spiritualibus donatum, eidem cœnobio plura contulisse.

Anno 1189, defuncto Stephano Eduensi antistite, illius Ecclesiæ regalia sibi attribuit Franciæ rex Philippus Augustus: quo audito Joannes Parisios profectus , de illata sibi injuria cum rege expostulavit, hic re examinata diploma edidit in hæc verba : « Legitimorum hominum testimonio Lugdunensis Ecclesiæ jus esse didicimus, ut quoties Eduensis sedes vacaverit, toties Lugdunensis archiepiscopus et regalia nostra Eduensis, et alia quæ ad episcopatum Eduensem pertinent in manu sua habeat : et vice versa quoties Lugdunensem sedem vacare contigerit, toties episcopus Eduensis in manu sua habeat et custodiat universa ad episcopatum Lugdunensem pertinentia: quocirca præcepimus ac decrevimus quatenus utraque Ecclesia jus suum integre habeat... ita quod Ecclesiarum non cedat ad præjudicium quod regalia episcopatus Eduensis ex ignorantia occupavimus post decessum Stephani Eduensis episcopi. Unde fideli nostro Joanni tunc archiepiscopo Lugdunensi regalia restituimus, et per ipsum successoribus, suis ipso episcopatu vacante, concessimus. Actum Parisiis an. 1189, regni decimo. » Eodem anno Philippus Augustus Franciæ et Richardus Angliæ reges ad sacrum bellum profecti cum exercitibus suis Lugdunum veniunt, ubi cum ipsi et maxima pars exercitus pontem Rhodani pertransiissent, pons ille corruit, et multos utriusque sexus submersit, inquit Math. Paris sub Richardo. Præsens fuerat an. 1184, chartæ fundationis Vallis-Benedictæ a Guigone Forensi comite : et anno 1187 ut « apostolicæ sedis legatus » dona eidem cœnobio a Girino de Bonofonte et a Pontio de Petraficta facta, auctoritate domini papæ confirmarat (6). Anno 1190 tam ipse quam S. decanus et universum capitulum concedunt monasterio Benedictionis-Dei quidquid reclusa quædam, donante Ecclesia Lugdun. possidebat circa S. Epipodium; eamdemque abbatiam sub sua clientela assumit apud D. de Mura (pag. 314 et 315). Anno 1192, « Joannes Dei gratia primæ Lugdunensis Ecclesiæ sacerdos humilis, et Stephanus ejusdem ecclesiæ decanus cum universo capitulo... pag. 258.

(4) De Mura, pag. 313.
(5) Rud. Insulæ Barbaræ, pag. 125; Bibl. Sebus.

(6) De Mura, pag. 312 et 514.

capellam de Forverio ab Oliverio bonæ memoriæ quondam decano in fundo nostro in honore B. Mariæ virginis, et S. Thomæ Cantuariensis archiepisc. et martyris inchoatam... restituimus, etc. Datum Lugduni, Cœlestino papa III, imperante Henrico I, et regnante Philippo rege. Anno a passione memorati martyris vicesimo, et salutis 1192. »

Transfretavit in Angliam an. 1194, teste Guillelmo Neubrigensi, lib. v, cap. III, *De rebus Anglicis.*

Demum sæculi negotiorum pertæsus et ad vitam contemplativam anhelans, abdicato sponte episcopatu, monasticam vitam anno saltem 1195, in abbatia Claræ-Vallensi, amplexus est, ubi ad mortem usque cum maxima pietate et devotione perseveravit teste Rogerio Hovedeno. Secessionis suæ causam aperit in epistola ad Glascuensem episcopum, quæ sic inscribitur : « Venerabili domino et consacerdoti G. Dei gratia Glasc. episcopo, J. primæ Lugdunensis Ecclesiæ quondam archiepiscopus, nunc autem sacerdotum Christi minimus. » In ea vero sic loquitur : « Illud modicum vitæ quæ mihi Deo auctore præbetur, in pœnitentia et lacrymis transigere, et vitæ contemplativæ..... » dulcedinem « prægustare » decrevi : « necesse enim habui dum Lugdunensis archiepiscopatus honore fungebar, militiæ sæcularis honore implicari. Raptores et sacrilegos, et stratarum publicarum violatores prosequi, et eorum munitiones demoliri ; in quorum persecutione, non so-

lum ipsorum malefactorum, sed etiam illorum quos deducebamus mortes aliquando contingebant. Unde... suppliciter exoro, quatenus pro reatuum meorum venia intervenire dignemini. » Illum visitavit Hugo Lincolniensis episcopus dum Franciam peragraret, quod his verbis refert illius vitæ perantiquus codex : « Claram-Vallem quoque visitavit : miserat siquidem Joannes Lugdunensis quondam archiepiscopus in occursum ejus venerabiles viros, obnixe supplicans... ut olim desideratam præsentiæ suæ copiam exhiberet. Qui jam ævo gravis officio curæ pastoralis renuntiaverat, retentisque duntaxat jussu summi pontificis insignibus pristinis (imo, ut alibi legi, reservata annua XIII librarum pensione) in illo cœnobio sacræ contemplationi sedulus vacabat. Sciscitanti autem episcopo, quibusdam scripturis meditationis suæ negotia devovisset, respondit : Psalmorum meditatio sola jam penitus totum sibi me vindicavit. » Anno 1201 per ipsum Innocentio papæ suggesserunt Claræ-vallenses, ut orationes in missa decantandas in honorem S. Bernardi præscriberet. Consensit pontifex, et eas misit cum epistola « Joanni quondam Lugdunensi archiepisc. scripta, lib. v, epist. 160, » ex qua sumptum est caput : « Cum Marthæ-Extr. de celebratione missarum. » In charta Belli-joci diœcesis Trecensis, ex tabulario Claræ-Vallis, Joannes dicitur « quondam archiepiscopus » Lugd., et notatur ut superstes anno 1197.

JOANNIS DE BELMEIS

ARCHIEP. LUGDUN.

EPISTOLÆ ET DIPLOMATA.

I—VI.

Ad Thomam Cantuariensem archiepiscopum.

(Exstant inter epistolas Gilberti Foliot, *Patr.* t. CXC, col. 1022, 1025, 1028, 1030, 1031, 1033.)

VII.

Ad Gilbertum Londoniensem episcopum.

(Vide *ibid.*, col. 1036.)

VIII.

Ad rectores Ecclesiarum. — Ut preces ad Deum fundant pro restitutione castri de Angla quod Ricardus Aquitaniæ dux et Pictaviensis comes usurpaverat.

(Du CANGE, *Glossaire,* V, 1304.)

Cum in oppressionibus et angustiis universis recurrendum sit ad illud singulare remedium divinum Jesum Christum, qui prout vult, prout placet, facit in perturbatione serenum, et in tempestate tranquillum : nos in oppressione qua nos et Ecclesia

nostra Pictaviensis a nobili viro comite Pictaviensi et suis recurrere volentes ad ipsum Dominum Jesum Christum, cujus Ecclesiæ causam prosequimur in hac parte, districte præcipimus, sub pœna excommunicationis, et in virtute obedientiæ firmiter injungentes, ut singuli Ecclesiarum rectores, quatenus non subjiciuntur ecclesiastico interdicto, exclamationem et pacem pro nobis et Ecclesia nostra singulis diebus Dominicis et festivis annalibus, faciant et dicant, prout inferius continetur; cujusmodi formam recipiant a decanis et archipresbyteris suis, vel vicariis eorumdem. Cantato vero *Agnus Dei,* antequam detur pax, dicat sacerdos flexis genibus : *Ante sacratissimum corpus et sanguinem tuum, Domine Jesu Christe, mundi Redemptor accedimus, et nobis in necessitatibus nostris a te vivo et vero Deo misericorditer subvenire clamantes imploramus, ut nobilem virum comitem Pictaviensem, et suos ac eos quorum consilio super* [...]

utitur, qui viribus suis confisi, Joannem episcopum A *nostrum et matrem Ecclesiam nostram Pictavensem castro et castellania de Angla cum pertinentiis suis per violentiam spoliarunt, et adhuc detinent spoliatos, nec competenter moniti volunt satisfacere præmissis, vel aliquo de præmissis, propter quod et Ecclesia nostra et tua... quam in honore beatorum apostolorum Petri et Pauli fundasti, sedet in tristitia et mœrore, et non est qui consoletur eam nec liberet, nisi tu, Deus noster, ipsius comitis et sociorum suorum frangendo duritiam, ad viam et consilii sui justitiæ et veritatis inducas, et humiles ad restituendum prædictis et priora Ecclesiæ suæ jura, et satisfaciendo de prædictis injuriis competenter. Exsurge, inquam, in adjutorium episcopi nostri, et Ecclesiæ Pictavensi, et clamori nostro aures pietatis tuæ inclina. Respondeatur, Amen. Conforta eos et auxiliare eis, Amen. Expugna impugnantes eos, Amen. Frange duritiam eorum qui eos affligunt, Amen. Prædictos autem comites et suos, ac consilium suum, Domine, sicut scis, justifica in veritate tua, Amen. Fac eos, prout tibi placet, recognoscere maleficia sua, et libera prædictum episcopum et Ecclesiam Pictavensem misericordia tua, Amen. Ne despicias nos, Domine, clamantes ad te, Amen. Propter gloriam nominis tui, Domine, et misericordiam, qua ecclesiam prædictam fundasti, et in honore sanctorum tuorum apostolorum Petri et Pauli sublimasti, visita ipsam et episcopum ejus in pace, et erue eos a præsenti angustia, Amen. Tunc dicatur Psalmus CXXII :* « *Ad te levavi oculos meos;* » *quo dicto, dicat sacerdos capitulum :* « *Salvos fac servos tuos, Esto eis turris fortitudinis;* » *oratio : Hostium episcopi et Ecclesiæ Pictavensis elide duritiam, et dexteræ tuæ virtute prosterne, Amen. Cum nos requisierimus, et moneri fecerimus competenter nobilem virum comitem Pictavensem, ut castrum et castellaniam de Angla, de quibus per Adam baillivum suum in Pictavia, et servientes suos nos fecit extra justitiam dissaisiri cum suis pertinentiis, etc.*

IX.

Ad G. Glascuensem episcopum. — De temporali regimine Ecclesiæ Lugdunensis.— Scripta post depositum munus episcopale.

(D. Mabillon, *Analect.*, ed. in-fol., p. 478.)

Venerabili domino et consacerdoti G. Dei gratia Glas. episcopo , J. primæ Lugdunensis Ecclesiæ quondam archiepiscopus, nunc autem sacerdotum Christi minimus, salutem in vero salutari.

Sicut vobis, bone frater, per priores litteras vestras responderamus, scimus quidem multo prudentiores et discretiores viros in reditu vestro, quem prosperum fore desideramus, invenire poteritis, qui vobis super quæstionibus quas nobis proposuistis, et aliis, si quæ vobis forte occurrerint, prudentius et plenius respondere poterunt, maxime cum per civitatem Parisiensem viam vestram dirigere disposueritis : ubi multos tam divini, quam humani juris peritos inveniri posse dubium non

est. Verum ne sollicitudinem nostram omnino vacuam relinquamus, id quod majorum exemplo et nostri quoque temporis experimento prosecuti sumus, vobis pro modulo nostro respondere curabimus.

Sedes illa archiepiscopalis, in qua nunc pontificalis honoris consecrationem recepistis, ubi per aliquot annos, licet indigni, honore pontificali functi sumus ; plenissimam habet jurisdictionem, quam vos baroniam vocatis, tam infra terminos imperii, quam regni Francorum , quia propria loci illius parochia infra fines utrosque limitatur ; nec existimamus, quod alia facile inveniatur ecclesia, quæ tantæ libertatis utrinque gaudeat prærogativa. Nos itaque impositi nobis honoris et oneris officio juxta consuetudinem antecessorum nostrorum hoc modo utebamur. Habebam siquidem senescallum, cui sollicitudinem et curam forensium negotiorum committebam, qui pro negotiorum qualitate, non solum causas pecuniarias pertractabat, sed et criminibus et flagitiis pro consuetudine regionis puniendis præerat : ne, sicut in litteris vestris meministis, pravis hominibus pro impunitate cresceret audacia delinquendi. Cavebam tamen ne, si forte qualitas culpæ aut suspendii pœnam, aut membrorum detruncationem mereretur, aliquod ad me super hujusmodi verbum perferretur. Ipse cum assessoribus suis ejusmodi, quia me irrequisito diffiniebat; sciebam procul dubio, quod ei et cognoscendi, et diffiniendi auctoritatem præstabam ; sed dissimulationi me qualemcunque confidentiam accommodabat, quod viri sancti qui me in eadem sede præcesserant, secundum hanc consuetudinem irreprehensi processerant. Neque enim in orbe Latino præter majorem nostram ecclesiam alicubi locorum tot sancti martyres vel confessores inveniuntur, quod facile deprehendere poteritis ex Martyrologio venerabilis Bedæ presbyteri, vel successoris ejus Oswardi, qui catalogum sanctorum ex magna parte ampliavit. Accessit autem ad ampliorem confidentiam, quod præfectus urbis Romæ, qui puniendis criminibus specialiter præest, præfecturæ suæ auctoritatem a domino papa recipere dicitur. Unde et in Dominica, qua cantatur *Lætare, Jerusalem,* expleta solemni processione, in qua rosam auream idem summus pontifex circumportat, ipsum quasi pro debiti executione eadem rosa remunerat. Nihilominus (quod evidentius est) in civitate Beneventana, quæ proprie ad mensam apostolicam pertinet, Rectorem dominus papa ordinat, qui vel per se ipsum, vel certe per cives ejusdem urbis conflagitia ejusdem loci punit, et purgat. Hujusmodi quidem consolationibus utebar : sciens tamen quod, si qui proventus ex ejusmodi causis accidebant, in expensas meas conferebantur, deducto jure senescalli mei, cui tertia pars proventuum pro sollicitudine sua debebatur. Illud vero tam nos, quam antecessores nostri diligenter attendebamus, quod is qui ejusmodi executioni deputatus fuerat, ad sacros

ordines deinceps non promovebatur. Heus! bone fra- A alicui irrogatum est. Hæc autem absque præjudicio
ter, ad primam quæstionem vestram respondimus, melioris sane et sanioris consilii vobis satis meti-
non diffinientes quid fieri debeat, sed quid fecerimus, culose transcripsimus. Propter supra memoratas
cum aliquatenus scrupulosa vobis conscientia re- causas, et nonnullas alias, quæ me gravius preme-
cognoscentes. bant; elegi, venerande Christi sacerdos, illud mo-

De cætero secundæ consultationi vestræ respon- dicum vitæ, quæ mihi, Deo auctore, præbetur, in
dendum arbitrati sumus. Clerici, et maxime illi pœnitentia et lacrymis transigere, et vitæ con-
qui ad sacros ordines promoti sunt, districte prohi- templativæ (si fieri potest) dulcedinem prægustare.
bendi sunt, ne aut rapinas, aut furta sibi facta in Necesse enim habui, dum Lugdunensis archiepi-
foro sæculari prosequantur; vel, si omnino coerceri scopatus honore fungebar, militiæ sæcularis ho-
non poterunt, usque ad monomachiam, vel can- nore implicari. Raptores et sacrilegos, et stratarum
dentis ferri, vel aquæ, vel aliquod hujusmodi exa- publicarum violatores armata manu prosequi, et
men nullo modo procedere audeant; qui si non ac- eorum munitiones et castella obsidere, succendere,
quieverint, et ejusmodi concitatione aut membro- et demoliri : in quorum persecutione non solum
rum detruncatio, aut homicidia perpetrata fuerint, B ipsorum malefactorum, sed etiam illorum quos
et officio et beneficio ecclesiastico privari mere- deducebamus, mortes aliquando contingebant. Unde
buntur. Proponenda enim est eis auctoritas apo- nunc pedibus sanctitatis vestræ, tanquam miser
stolica qua dicitur : *Quare magis non fraudem pati-* peccator, provolutus, suppliciter exoro, quatenus
mini? Fraudem siquidem appellatam credimus, pro reatuum meorum venia intervenire dignemini.
damnum quod per fraudem vel malitiam alterius Bene valete.

CIRCA ANNUM MCCIII

—

HUGONIS V

ABBATIS CLUNIACENSIS DECIMI SEPTIMI

STATUTA.

(*Bibliotheca Cluniacensis*, pag. 1457.)

PRÆFATIO.

Venerabilibus et charissimis nostris abbatibus, C tutis splendor obscuretur : nos cupientes ad hono-
prioribus, monachis et conversis ad Cluniacum per- rem Dei nobis commissorum providere saluti, et
tinentibus, frater Hugo humilis Cluniacensis abbas, nobis cavere a periculo, ne forte positi custodes,
salutem, gratiam et benedictionem. vineam nostram non custodierimus, ea quæ a pa-

Cum religionis sacræ primordia, a filiis prophe- tribus dudum sancita sunt, sed in parte per incu-
tarum instituta, et ipso magno Joanne Baptista, riam deformata, sicut possibile est, intendimus re-
et præclaris successoribus confirmata et ampliata formare, ne, si nova vel gravia proferremus in me-
ad nos usque decurrerint, satagendum nobis est ut dium, infirmos animos læderemus. Ad quod effician-
pro excelsis patribus, filii veri nascantur ne si, dum, sanctissimi Patris nostri Innocentii tertii,
quod absit! extra disciplinam facti fuerimus, dege- summi pontificis provocamur exemplis : qui juxta
neres et non filii reputemur, et non tantum splen- datam sibi cœlitus sapientiam et gratiam inspira-
dorem imitemur auri, sed etiam vere aurum esse tam, statum monasteriorum ad se, nullo medio,
gaudeamus. Nunc autem, quod lugubres dicimus, pertinentium, circa spiritualia et temporalia partim
non tantum aurum esse desinimus, sed insuper *auri* dilapsum curat provida sollicitudine restaurare. In
mutatus est color optimus, et dispersi sunt lapides D primis igitur ipsum honorantes cui *beneplacitum est*
sanctuarii in capite omnium platearum (*Thren.* iv), *super timentes eum, et in eis qui sperant super mi-*
ipsis prælatis qui positi sunt in exemplum vias *sericordia ejus* (*Psal.* xxxii), quæ ad ipsius nomen
sæculi incedentibus, et subditis versis in dissolu- et gloriam pertinent tenenda constituimus, imo
tionem. Itaque cum, sicut dictum est, in religiosis constituta proponimus, et quibus ipse offenditur,
et maxime in glorioso membro Ecclesiæ, Clunia- fortius et districtius inhibemus, quod plus corri-
censi videlicet cœnobio, vel in membris ejus vir- gendum videtur, in capite proponentes.

Cap. I. *De inquisitione facienda semel in anno, circa statum ecclesiæ Cluniacensis.*

Cum Dominatorem omnium subditum hominibus fuisse legamus, nos ipsius sequentes exemplum et doctrinam dicentis : *Qui major est, fiat sicut junior, et qui præcessor est, sicut ministrator* (*Luc.* xxii), ut formam demus aliis ad imitandum nos, etiam nos ipsos legi subjicimus, statuentes ut quatuor discretæ et idoneæ personæ eligantur, scilicet duo abbates, et duo priores, ad Cluniacensem ecclesiam pertinentes, qui semel in anno, statuto termino, videlicet in Octavis apostolorum Petri et Pauli, Cluniacum veniant, tam de nostra persona, id est abbatis Clun. quicunque per succedentia tempora fuerit, quam de statu Ecclesiæ in temporalibus et spiritualibus, et locorum circumjacentium diligenter inquirant et quæ corrigenda fuerint, ad ipsorum consilium corrigantur, et per eos omnia hæc in generali capitulo, annis singulis innotescant ; ut per talem visitationem, in bono statu Cluniacensis ecclesia perseveret, et cæteri exemplum capitis imitantes, nostra firmius instituta conservent.

Cap. II. *De muneribus non dandis pro curis vel rebus spiritualibus.*

Cum omne quod irreprehensibile est, sibi sancta defendat Ecclesia, et præcipue in religiosis nil debeat notabile reperiri, et nos macula respergamur, maxime in hoc quod *multi diligunt munera, sequuntur retributiones* (*Isa.* i), ut saluti nostræ et animæ consulamus, statuimus et inviolabiliter præcipimus observandum, ne quis pro curis et rebus spiritualibus, aliquid donet, recipiat, vel promittat, aut etiam munerum mediator existat. Si quis contra hoc interdictum venire præsumpserit, absque misericordia separetur ab omnium communione, donec de culpa digne fecerit satisfactionem. Eadem pœna feriantur et consentientes. Conscii vero similem vindictam sentiant, nisi cognitam detexerint iniquitatem.

Cap. III. *Ne quis in monasterio pactionaliter recipiatur.*

Quoniam plerumque, et in plerisque locis accidit, quod ingressus monasterii, pecunia vel pactione interveniente, conceditur, cum hoc sit sacris canonibus inhibitum, et periculum utrobique vertatur animarum, tam recipientium quam recipiendorum, statuimus ne ullus de cætero in monasterio pactione seu pretio recipiatur, nec ab ingrediente quidquam exigatur. Sed si quis sponte quidquam obtulerit, non respuatur ejus devotio.

Cap. IV. *De non suscipiendis inutilibus personis.*

Et quoniam ex susceptione debilium et inutilium personarum, ista præcipue pestis irrepsit, præcipimus, ut non nisi tales recipiantur in monachos, qui apti sint servitio Dei, et non onerosi fratribus, et utiles monasterio.

Cap. V. *Item de eodem.*

Quoniam ea indiscreta laicorum susceptione, et rusticorum, et senum, et aliorum quolibet mo v debilium, et servitium Dei minus celebriter agitur, et multipliciter domus gravantur, et ex eis nulla vel parva provenit utilitas. Statuimus ne quis ulterius talium in monachum, vel conversum recipiatur, nisi ad succurrendum, exceptis nobilibus et utilibus personis, quibus non possit ingressus commode denegari, et exceptis illis conversis, qui apti et necessarii sint ad agriculturam, vel ad opera utilia exercenda, quorum examinatio in domno abbate pendeat, si prope est, vel camerario provinciali, si longe.

Cap. VI. *De pueris non recipiendis.*

Quia vero ex immatura et celeri infantium susceptione, plurima ex parte ordo corrumpitur, et aliorum religiosum propositum impeditur, venerabilis memoriæ domni Petri abbatis vestigiis inhærentes statuimus, ut nullus etiam ex concessione futurus monachus regularibus vestibus infra viginti annos induatur, exceptis illis tantum de schola apud Cluniacum, sine quibus servitium Dei fieri non consuevit. Quibus tamen nisi post immutationem vocis, alii non succedant.

Cap. VII. *De magistro novitiorum.*

In universis locis conventualibus, ubi licet novitios recipi, provideatur frater discretus, et maturis moribus, cui non desit ordinis scientia, ad ipsorum instructionem in religione, et forma religionis, et morum gratia, et confessionibus, quoniam per hujusmodi defectum, facti sunt quidam et gestu leviores, et indevotiores religione.

Cap. VIII. *Ne monachi recipiantur infra triennium.*

Quia ex numerositate monachorum, plurima loca nostra gravantur, statuimus ut infra instans triennium in domibus conventualibus, et in locis in quibus ordo non servatur, nullus unquam monachus, nisi ad succurrendum, recipiatur.

Cap. IX. *De mulieribus non recipiendis.*

Cunctis liquet quanta ex vicinitate et consortio mulierum, et pernicies animarum, et destructio locorum evenerit. Et ideo decernimus, ut nunquam in aliquo loco mulier quælibet in monacham vel conversam seu præbendariam recipiatur, nisi ad succurrendum. In locis autem ubi jam receptæ sunt, a mensa, et omni convictu seu consortio monachorum sint remotæ. Excipiuntur loca forinseca, in quibus ex necessitate mulieres oportet haberi. Quæ tamen tales sint et ejus ætatis, de quibus nulla suspicio habeatur, et una tantum in singulis grangiis.

Cap. X. *Ne quis de alia religione recipiatur, sine licentia abbatis.*

Statuimus ut nullus de alia religione in aliquo locorum nostrorum, sine nostra speciali licentia recipiatur, quia talibus durum est assueta relinquere, et nostris institutionibus informari, et sæpe nostris propter suas levitates, aut etiam enormitates, graves sunt et damnosi.

Cap. XI. *De novitiis benedicendis infra triennium a receptione sua.*

Extra Cluniacum recepti novitii, ultra tertium annum non differant benedici, nec interim, sicut usus Cluniacensis exigit, vel in presbyteros ordinentur, vel missam ante receptionem ordinati cantent, nec quamlibet spiritualem seu temporalem obedientiam administrent. Non enim ante professionem plene nobis tenentur, et sæpe relicto habitu, ad sæculum redeuntes, in ordine sacerdotali ministrant, et collecta pecunia, male utuntur patrimonio crucifixi.

Cap. XII. *Ne novitius habeat prioratum infra annum.*

Nullus novitius etiam professus, undecunque vel de locis religiosis, vel de sæculo veniat, prioratibus, vel alicui obedientiæ præponatur, donec per annum in claustro Cluniacensi, vel in aliquo præcipuo claustro ad nos pertinente, sive in societate domni abbatis, vita ejus fuerit comprobata, et fuerit regularibus institutis competenter imbutus.

Cap. XIII. *De proprietate.*

Receptus autem in monachum ubi nil sibi de sæculi facultate retineat, vel postea aliquid proprium habeat, nisi quod domnus abbas, vel hi quos in partem sollicitudinis, quoad custodiam ordinis vocavit, dederint aut permiserint. Et ut hoc vitium proprietatis a religiosis penitus exstirpetur, volumus ab his ad quos hæc pertinent sanis et infirmis, secundum possibilitatem loci sicut cuique necesse fuerit, provideri, juxta illud Actuum apostolorum (cap. IV): *Dividebatur singulis prout cuique opus erat.* Si quis contra hoc statutum, in tali vitio decesserit, Christiana careat sepultura.

Cap. XIV. *De silentio.*

Et quoniam contra prophetæ doctrinam qua dicitur: cultus justitiæ silentium, et contra majorum instituta corruptum audivimus in quibusdam locis silentium, præcipimus ut priores et custodes ordinis amodo circa silentii custodiam, omnem diligentiam adhibeant, et universi in locis regularibus et horis statutis silentium integre teneant. Et hoc in locis conventualibus. In minoribus autem locis semper in ecclesia et post completorium silentium a monachis teneatur. Ante primam vero vel tertiam, lectioni, vel meditationi, vel orationi inserviant.

Cap. XV. *De confessionibus frequentandis.*

Quoniam ex causa et frequentia confessionis, maxime salus provenit animarum, et ex omissione nimius torpor, et indevotionis materia, et delinquendi ausus augetur, statuimus et diligentissime commonemus, ut semel saltem in hebdomada, quilibet confiteatur, hortante nos Apostolo et dicente: *Confitemini alterutrum peccata vestra (Jac. v).* Confessiones autem recipiat prior, vel subprior, aut alii custodes ordinis, sive aliqui de conventu, quibus fuerit hæc cura commissa, qui sciant curare sua vulnera, et aliena non detegere vel publicare.

Cap. XVI. *De presbyteris, qui rarius missam cantant.*

Non sine rubore et dolore dicimus, quod quidam fratrum nostrorum presbyteri, rarius quam oportet divina celebrant, cum ad hunc tantum gradum ascenderint, ut in sanctis et sancti ipsi debeant ministrare. Monemus igitur, suademus, et consulimus in Domino, ut tales se faciant, et sic se probent, ut sancta digne frequentent, nec judicium sibi manducent et bibant (*I Cor. xi*).

Cap. XVII. *De ætate ordinandorum.*

Et ne contra decreta sacrorum canonum, adolescentes illitterati, et qui nondum capere possunt quam sit excellens sacerdotale officium, ad sacra illa cœlestia magis temerarii præsumptores, quam digni ministratores accedant, statuimus ne ullus nostrorum citra vicesimum quintum ætatis annum ad sacerdotium provehatur.

Cap. XVIII. *De non præconanda missa nova.*

Cum autem primam missam cantaturus est, eam nullus foris faciat præconari, nec noviter ordinatus, quidquam de oblatione retineat. Sed quod oblatum fuerit, consilio prioris sacristæ reddatur. Plus enim talis præconatio gloriam inanem vel ambitionem redolet, quam formam humilitatis et devotionem. Scriptum est enim: *Radix omnium malorum est cupiditas (I Tim. vi)*; et: *Qui gloriatur, in Domino glorietur (II Cor. x).*

Cap. XIX. *De pausatione habenda in psalmodia.*

Quia in officio divini operis, quibusdam aliis præcurrentibus, aliis autem plus justo moram facientibus, magna fit confusio psalmodiæ, statuimus ut omnes versus regularium horarum sub una et mediocri repausatione cantentur, ita quod universorum voces, simul cæsuram versus finiant, et post talem repausationem aliam simul incipiant.

Cap. XX. *De uniformitate servanda in servitio Dei.*

Et ubique locorum nostrorum in cantando et legendo servetur identitas, nec aliqua sit discrepantia, maxime in servitio Dei. Quia cum simus unius congregationis et ordinis, debemus esse in omnibus conformes.

Cap. XXI. *Ut omnes conveniant ad horas regulares.*

Ad opus autem divinum, scilicet nocturnis et diurnis horis, ad majorem missam, et maxime ad collationem et completorium omnes conveniant, nec a completorio cuiquam liceat remanere, nisi ex justa causa, et cum licentia, vel quis a priore detineatur. Et qui remanserint post tres ictus, non bibant, nisi forte abstinere nequiverint, et tunc in infirmaria bibant, et in crastino eant ad primam.

Cap. XXII. *Ut hi qui foris sunt, servitium Dei non negligant.*

Universi autem ubicunque constituti suæ servitutis pensum non negligant reddere, maxime horarum regularium, ex quarum intermissione plures valde reperiuntur. Nescientes Psalmos, pro singulis horis orationem Dominicam septies dicant: pro matutinis septies septem, pro vesperis ter septem, cum flexione genuum, si fuerit privata dies, ut quilibet secundum donum quod accepit a Domino, ipsi laudem, et gratiarum referat actionem.

CAP. XXIII. *De ordine servando.*

In choro autem et in capitulo, et in refectorio, unusquisque suum ordinem conservet, nulla penitus prælationis aut familiaritatis habita distinctione. Quoniam in ecclesia seniores ut liberius torpeant, ad remotiora secedunt, et alii ut de prioratu gloriam habeant, ad altiora loca conscenduut. In refectorio quidam ut accuratius vivant, potentioribus se conjungunt, et ipsi potentiores causa familiaritatis sibi socios quos volunt asciscunt.

CAP. XXIV. *De singularitate ferculorum non habenda.*

Nulla ab aliquo in refectorio sumptuosa et notabilis singularitas fiat, cum omnibus omnia debeant esse communia. Si cui vero aliquid hujusmodi datum vel transmissum fuerit, sedenti ad majorem mensam offeratur, ab eo, cui voluerit, distribuendum. Et ut ea quæ remanserint pauperibus eroganda serventur, nullus aliquid de refectorio efferre præsumat, quia rapinam committit.

CAP. XXV. *Ut nullus ante refectionem vel post, sine licentia comedat, vel bibat.*

Et ut levitas, quæ vitio proxima est, in comedendo et bibendo, ab his qui debent esse maturis moribus, auferatur: et noverca parcitatis, quæ monachos decet, reprimatur aviditas, statuimus ut nullus ante vel post communem refectionem, sine licentia ubilibet comedat sive bibat, intus vel foris.

CAP. XXVI. *Quibus locis liceat vesci carnibus.*

Et quoniam debemus bona providere coram Deo et hominibus, ne quis nos etiam in cibo vituperet, statuimus ne quis carnibus vescatur, nisi in domibus nostris, et nostri ordinis, et diebus constitutis.

CAP. XXVII. *Ne carnes comedantur quarta feria et Sabbato.*

Volentes autem quorumdam qui in cellis consistunt, insolentiam refrenare, qui diebus certis quasi ex debito carnes exigunt comedendas, priorum committimus dispositioni, sicut honestum fuerit, et facultatem habuerint, eis ex charitate esum carnium indulgere. Alioquin generalibus suis, vel his quæ sibi apponuntur, eos præcipimus esse contentos. Nec volumus ut quarta feria et Sabbato, præter omnino debiles et ægrotos, et in generalibus infirmariis carnibus quis utatur, cum videamus his diebus etiam sæculares abstinere.

CAP. XXVIII. *De cura infirmorum habenda.*

Ante omnia autem abbates et priores, de infirmis sint solliciti, ut singulis secundum qualitatem ægritudinis, et possibilitatem loci, in cibis et in aliis necessaria ministrentur, et ipsis tanquam Deo serviatur, quoad corporis et animæ sanitatem. Quia ipse Christus dicturus est: *Infirmus fui et visitastis me* (*Matth.* xxv).

CAP. XXIX. *De servitore infirmorum.*

In generalibus autem infirmariis, ita singuli necessaria percipiant, ut minoribus sufficiat, et potentioribus non superfluat. Nec teneantur sine aliquo custodum ordinis, ut ipsius reverentia, et servetur disciplina, et necessaria fratribus melius exhibeantur. Monachus servitor apponat omnibus quæ apponenda sunt, qui et eleemosynam custodiat, et frequentiam arceat famulorum. Sedeant singuli dum comedunt, in ordine suo, nec se quis cui sibi videtur, associet, quia hoc est causa extraordinationum et singularitatum, quas notabiles, sicut in refectorio fecimus, inhibemus. Ad edendum simul hora statuta conveniant, nec post completorium in conventu cantatum, in infirmaria quisquam remanere præsumat.

CAP. XXX. *De cœnis infirmorum.*

Ad exemplum quoque piæ recordationis abbatis Theobaudi, statuimus ut quotiescunque conventus semel comederit, et ipsi non nisi una vice reficiantur. Fercula vero quæ erant ipsis in cœna apponenda, in prandio propter eleemosynam apponantur. Non est enim honestum dicere quanta ex hujusmodi cœnis in temporibus et spiritualibus proveniant detrimenta.

CAP. XXXI. *De jejunio S. Benedicti.*

Similiter constituimus ut ab Idibus Septembris usque ad Pascha, secundum Regulam S. Benedicti, et consuetudinem Cluniacen. ordinis, omnes ubique jejunent; cum breves dies sint, et turpe sit a patrum institutione recedere.

CAP. XXXII. *Ne monachi ipsa die qua ab infirmariis exeunt, missas cantent.*

Et quoniam sacris est exhibenda reverentia, quæ præcipue in parcimonia conservatur, statuimus ut ipsa die qua ab esu carnium in conventu redeunt, a sacrorum abstineant celebratione. Non enim possunt carnes veri Agni sapere palato fidei, pleno adhuc stomacho, et manente sapore carnis in palato oris.

CAP. XXXIII. *De eleemosyna.*

Periculosum est valde, et multum nobis, apostolisque detrahitur, et utinam immerito, quod res ad eleemosynam pauperum deputatas, in alios usus, quam debemus, convertimus. Et idcirco statuimus ne quisquam hominum sive abbas, sive alius tollere vel alienare quidpiam eorum, quæ ad subsidium indigentium assignata sunt, aliqua temeritate præsumat. Eleemosyna igitur fratri timenti Deum custodienda tradatur, qui omnes redditus et proventus in usus pauperum et peregrinorum fideliter convertat. Qui una sit equitatura contentus, paucis servientibus, modicis sumptibus; quia quidquid uni ex minimis fit, Domino fit; quidquid eis subtrahitur, Deo aufertur. Nos in hoc animam nostram liberamus, ipsis quibus est cura commissa, de sua administratione judici omnium Deo in districto examine responsuris.

Cap. XXXIV. *De his qui egrediuntur portas mona- sterii sine licentia.*

Nullus autem absque licentia, portas monasterii exiens sine satisfactione recipiatur. Nam crebro otiose circumeunt domos, villas, rura et nemora, loquentes et facientes quæ non oportet, unde vituperium nobis, et scandalum emergit in populo. Habeat ergo monachus etiam accepta licentia in eundo et redeundo, testimonium bonum.

Cap. XXXV. *De gyrovagis.*

Volentes autem quibusdam vagandi licentiam amputare, qui non necessitate, sed levi voluntate ducti ad claustra redeuntes, varia monasteria, villas et castella inordinate circumeunt, offendiculum intuentibus multipliciter generantes. Statuimus de his, ut nullus talium, ultra diætam, quoquam sine litteris nostris, vel prioris, nobis absentibus, vel subprioris, nobis aut priore non præsentibus, causam itineris, nomen loci, et terminum redeundi continentibus proficiscatur. Si aliter fuerint deprehensi, priores qui sic illos invenerint, captis eorum equis, ipsos ut gyrovagos retineant, donec nos in eos debitam feramus sententiam, vel cum nuntio suo ipsos cum equis Cluniacum mittant. Hæc etiam volumus circa illos qui in locis nostris, sub obedientia priorum morantur, similiter observari.

Cap. XXXVI. *De his qui fovent inobedientes.*

Et quoniam hi tales, quod dolentes dicimus, nonnunquam complices inveniunt vel fautores, dum eos in errore suo secreto vel publice fovent, et sic eos audaciores reddunt, vel pro eis falsa misericordia ducti, pœnis eos debitis liberare contendunt, huic pesti necessario volentes occurrere, statuimus ut hi et qui fratribus suis captionis vel spoliationis impedimenta procurant, similis pœnæ sustineant ultionem.

Cap. XXXVII. *De juvenibus petentibus obedientias.*

Ad compescendam nonnullorum juvenum temeritatem, qui jugo immature volentes exui, aliorum communione non contenti, ut suis desideriis satisfaciant, obedientias petunt, vel sibi redditus assignari. Statuimus ut ipsis in hujusmodi petitionibus nullus præbeatur assensus; imo si commoniti non destiterint, graviori disciplinæ subdantur; et qui habuerint, amittant taliter acquisitas.

Cap. XXXVIII. *De his qui petunt honores per sæculares personas.*

Quia nonnulli fratrum nostrorum, non vitæ vel scientiæ meritis, sed interventu sæcularium, committi sibi obedientias vel prioratus exposcunt, ponentes carnem brachium suum, et a Domino recedit cor eorum (*Jer.* xvii). Statuimus ne ullus taliter quilibet petens honorem, unquam illum obtineat, vel alium infra annum. Quia et sæculares si non obtinent contra nos commoventur, et ipsi monachi dum confidunt in homine, minus student bonis moribus, et suos audacius prælatos contemnunt.

(1) *Inderotio* fortassis.

Cap. XXXIX. *De institutione priorum.*

Vitæ autem merito et sapientiæ doctrina, non familiaritatis aut nobilitatis gratia eligantur, qui cæteris debent præesse, et curam habere animarum, ut exemplo suo informent subditos, et secundum Evangelium, similes sint patrifamilias, qui sciant de thesauro suo vetera et nova proferre. Statuimus ergo ut prioratus, decanatus, et cæteræ omnes administrationes, gratis et absque venalitate vel pactione conferantur discretis et honestis viris, qui præesse noverint et prodesse ; et ut obsequium suum magis rationabile fiat, et melius animabus possint consulere. Statuimus ut prioratus, maxime conventuales, non nisi sacerdotibus committantur. Si autem ex necessitate talibus prioratus tales committi contigerit, infra annum in presbyteros ordinentur. Alioquin, extunc suis prioratibus se noverint destitutos.

Cap. XL. *De mutatione priorum non facienda.*

Volentes autem detrimentis occurrere, quæ ex frequenti priorum mutatione eveniunt, statuimus ut conventuales priores, sicut superius diximus, instituti, non destituantur, et hoc judicio diffinitorum in capitulo generali, nisi aliqua causa emergat manifesta, pro qua domnus abbas eum removere compellatur. Confirmationes quassamus, nisi certis ex causis, scilicet, si domorum dilapidatores, si inobedientes et rebelles, si infames et incontinentes, vel ad majorem utilitatem fuerint promovendi. Quod et de junioribus prioribus volumus observari, unde litteris eos non oportet inniti, quamvis de non removendo, litteras habeant confirmationis. Super quo nobis, a pluribus derogatur. Ex hoc enim et devotio (1) contra matricem Ecclesiam potest subripere et materia inobedientiæ ac rebellionis oriri. Sit ergo eis ista institutio, vice confirmationis.

Cap. XLI. *Ut priores fratrum servent communionem.*

Quoniam quidam priorum non attendentes quod scriptum est : Non dominantes in clero, sed forma facti gregi, æquo remissius vivunt, et ex levi occasione, fratrum communione relicta, extra refectorium comedunt, et nullo tempore in dormitorio jacent. Statuimus ut prior semper in refectorio cum fratribus edat, nisi pro evidenti necessitate vel magnorum hospitum reverentia extra refectorium vesci compellatur, quia, dum priores in cameris epulantur, plus ipsi et sui servientes, quam cæteri fratres absumunt. In Adventu et a Septuagesimæ principio usque ad Pascha saltem in dormitorio jaceant, nisi frequentius ibidem voluerint de sua voluntate jacere. Ex hoc enim et ipsis majus testimonium honestatis, et fratribus amplior provenit disciplina. Cum autem ob causas prædictas contigerit illos extra refectorium comedere, aliquos de illis assumant, qui assidui in conventu, non obedientiarios, qui raro in conventu inveniuntur, et paucis servientibus sint contenti, qui ea quæ debentur pauperibus, non asportent.

CAP. XLII. *De eodem.*

Sit eis ergo sicut bonis pastoribus studium, sicut dignitate præeminent, ita gregem virtute præcedere. Intersint frequenter operi divino, cum fratribus sedeant in claustro, sæpius lectioni vacantes, teneant ob rigorem disciplinæ crebro capitulum, nec de facili collationem dimittant, incedentes semper cum froccis intra claustrum, nec utentes pileis peregrinis, ut in omnibus seipsos præbeant exemplum bonorum operum in doctrina, in integritate, in gravitate.

CAP. XLIII. *De habitu et gestu monachorum intus et foris.*

Quoniam secundum verbum Sapientis : *Amictus corporis, risus dentium, incessus hominis annuntiant de illo* (*Eccli.* XIX), cupientes, quantum in nobis est, hoc efficere, ut fratres nostri *non respiciant in vanitates, et insanias falsas* (*Psal.* XXXIX) : statuimus, ut sicut in claustro, ita foris exeuntes, honeste se habeant, nec sine cuculla et frocco, vel sine cuculla et cappa, quam præcipimus esse regularem ; non sumptuosam, non bloyam, vel sine postella et sella regulari, non multum pretiosa, ullus priorum nostrorum equitare præsumat, nec capellis filtreis, vel aliis omnino capellulis, vel non corrigiatis calceis, equitans quis utatur. In cœna Domini annis singulis dentur secundum consuetudinem sotulares corrigiati, quibus utentur cum equitaverint, et aliis temporibus constitutis. Interim autem usque ad cœnam Domini, equitantes aliunde sibi calceamenta corrigiata provideant.

CAP. XLIV. *De numero equitaturarum.*

Quoniam ex superfluis equitaturis sumptus fiunt non necessarii, quibus domus gravantur et vanitas enutritur. Singulis prioribus et nobis ipsis, volentes aliis formam dare, certum evectionum numerum duximus præscribendum. Abbas Cluniacensis sexdecim sit equitaturis contentus, prior de Charitate octo vel novem ; prior Sancti Martini sex, vel septem, priores conventuales tribus vel quatuor, cæteri minores priores duabus tantum evectionibus sint contenti.

CAP. XLV. *De famulis.*

Quia honestatem dominorum maturitas loquitur servientium, statuimus ut priores et monachi Cluniacenses famulos habeant maturos ætate, vita honestos, non domicellos, non barbatulos, non comptos, non alio modo notabiles, non bipartita, non sumptuosa veste indutos, ut si quis ex adverso est, ... eatur : nihil habens malum dicere de nobis.

CAP. XLVI. *Ne aliquis monachus habeat prioratum, antequam fuerit Cluniaci.*

Quoniam quod tractatur manibus plus cogitatur, et quod oculis cernitur cordi facilius inhæret, volentes filios nostros in suæ matris amorem et devotionem accendere, statuimus ut nullus omnino monachus etiam professus, antequam Cluniacensem ecclesiam visitaverit, prioratum Cluniacensem assequatur. Si necessario fuerint instituti, infra

annum non omittant matricem Ecclesiam visitare.

CAP. XLVII. *De non mutandis monachis facile de loco in locum.*

Quoniam ex mutatione monachorum de loco in locum, per priorum importunitatem sæpius facta, ipsi inveniantur levitate notabiles, et in fratres impii, dum eis denegant quæ sibi jure debentur. Statuimus ut eos secum in charitate sustineant et humane pertractent, et si opus fuerit corrigant et castigent. Et si justa ex causa fuerint amovendi, eis in vestitu regulari provideant sicut decet, et non nisi in equis mutentur. Quia scriptum est : *Quod tibi non vis fieri, alii ne facias* (*Tob.* IV).

CAP. XLVIII. *De infamia laborantibus.*

Si quis autem infamia laboraverit, ad locum alium transferatur, loco ejus ibidem alius honestior subrogetur. Et in hoc casu volumus, ut priores sui ad dictam commutationem consentiant, et monachi prioribus obedientes existant, quia scriptum est : *Alter alterius onera portate, et sic adimplebitis legem Christi* (*Gal.* VI).

CAP. XLIX. *Quomodo recipiantur fugitivi et recepti teneantur.*

Fugitivi vero monachi quos B. Benedictus præcipit ultimo loco recipi, ut ex hoc eorum humilitas comprobetur, cum recepti fuerint, ordinem suum non rehabeant, nisi de licentia nostra, nec divina celebrent, si sacerdotes fuerint, nec obedientias habeant, nec etiam ad ordines promoveantur, ut timor aliis incutiatur similia perpetrandi. Hi autem qui juxta prædecessorum nostrorum statuta, pro suis excessibus merentur expelli, si prope Cluniacum ad duas scilicet diætas exstiterint, de conscientia nostra, vel prioris Cluniacensis, nobis absentibus, ejiciantur. Si autem remotius, conscio camerario provinciali.

CAP. L. *Ut non plures fiant obedientiarii, nisi in præcipuis locis.*

Quoniam alicubi locorum nostrorum, propter divisionem obedientiarum minor est utilitas universitatis, et major contra priores insolentia ministrantium, statuimus ut omnes obedientiæ sint in manu et dispositione priorum, qui adjunctis sibi quos voluerint adjutoribus, faciant sicut viderint expedire.

CAP. LI. *De suspectis personis, in consortio non habendis.*

Quoniam sanctificari debent, qui ferunt vasa Domini, et in sapientia ambulare, ad eos qui foris sunt, statuimus ne ullus prior vel monachus personas habeat suspectas in convictu, in consortio, vel ministerio suo ; ut enim, sicut ait Salomon : *Ignem in sinu quis gestat, et non comburitur* (*Prov.* VI).

CAP. LII. *De non nimis diligendis parentibus.*

Quidam abutentes testimonio Scripturæ, quo dicitur : *Nemo unquam carnem suam odio habuit, sed nutrit et fovet eam* (*Ephes.* V), erga carnales affectus nimis teneri sunt et proclives, in tantum quod nec famæ suæ parent, nec domibus sibi commissis.

Monemus igitur, ut periculum evitantes quod ex
hoc suis capitibus imminet, suos non ditent de pauperum alimentis.

Cap. LIII. *De custodia sigillorum.*

Quoniam ex negligenti sigillorum custodia, in
domibus plura damna comperimus contigisse, statuimus ut sigilla domorum tribus clavibus inclu-
dantur, quarum unam prior, reliquas, fratres Deum
timentes, qui nihil inconsulto conventu sigillent,
nisi forte urgenti necessitate capitulum exspectari
non possit. Et tunc de consilio et conscientia di-
scretorum fratrum hoc fiat.

Cap. LIV. *Ne quis mare, vel Alpes transeat, sine li-*
centia.

Ut totius levitatis materia et vagandi libertas monachis subtrahatur, statuimus ne quis sine licentia,
mare vel Alpes transire præsumat. Excipiuntur hi
qui a prioribus suis ad loca sua trans mare vel
Alpes posita transmittuntur.

Cap. LV. *Ne ministeria unquam extraneis conce-*
dantur vel nostris, ad vitam vel hæreditatem.

Statuimus ut clericorum vel laicorum ad nos non
pertinentium homines vel servi, domorum Clunia-
censium procuratores, cellarii sive præpositi nullatenus fiant; quia a talibus, vel talium occasione
plerisque locis multa damna noscuntur illata. Sed
nec etiam nostris ullum ministerium ad hæreditatem, vel vitam committatur, qui, cum opus fuerit,
non possint destitui ad arbitrium committentis ;
quia talia quandoque ministeria consecuti, infideles fiunt nobis, ac convertuntur in arcum pravum,
et venenum aspidum sub labiis eorum. Præbendas
etiam obtentu pecuniæ vel cujusquam servitii, cuilibet ad vitam dari, cum hoc in damnum vertatur
domorum, districte vetamus ; si quando autem necessitas, vel evidens utilitas id poposcerit faciendum, fiat de consilio domni abbatis, vel si procul
est, camerarii provincialis.

Cap. LVI. *De camerariis provincialibus, et eorum*
officio.

Ut onus nobis melius et levius feramus impositum, et utilius procedant negotia, dum in plures
sarcina fuerit partita, ad instar Moysi, qui Jetro
soceri sui sequens salubre consilium, ne stulto labore consumeretur, et populus dum ultra vires suas
esset negotium, elegit viros timentes Deum, in
quibus esset veritas, et qui odirent avaritiam, et
constituit ex eis tribunos, et centuriones, et quin-
quagenarios, et decanos, leviusque sibi esset
partito in alios onere, statuimus ut unaquæque provincia unum aut duos habeat provisores, quos camerarios appellamus, sollicitos, Deum timentes,
probatos in omnibus, qui secundum Deum et præceptum domni abbatis Clun. ad honorem Dei et
ecclesiæ Cluniacensis utilitatem, simul et honorem,
et provinciarum sibi commissarum, disponenda disponant, et corrigant corrigenda. Singulas domos,
et maxime in initio suæ prælationis circumeant.
De statu domorum et debitorum quantitate, et prio-

rum vel fratrum conversatione ac numero, vel etiam
familiæ certificati : in quo tenore domos inveniant,
in quo dimittant, ad generale capitulum nobis no-
tificent, ut pro majori sollicitudine, majorem gratiam consequantur. Nec liceat eis cuiquam priori
vel obedientiario dare licentiam vendendi, distrahendi redditus vel possessiones Ecclesiæ nobis inconsultis, nec priores mutare, sed quod audierint, judicio nostro reservent priores per omnia et in omnibus illis reddant rationem. Nec liceat prioribus
sine conscientia camerariorum debitum domorum
ultra centum solidos augmentare, nisi ostendant
quare hoc fecerint, rationem manifestam. Quando
autem necesse fuerit, pro aliquo terræ, vel posses-
sionis vel alio gravi negotio, ad præceptum eorum
priores eis assistant cum propriis expensis, paupertati domorum occurrentes. Et quoniam homines
sunt et tentari possunt; cum instituentur camerarii, inspectis sanctis Evangeliis et tactis reliquiis
jurent se bona fide pro posse suo domni abbatis
obedientiæ, et Ecclesiæ Cluniacensis utilitati intendere : nec prece, nec pretio, nec gratia, vitia vel
notabiles negligentias, vel domorum destructiones
celare : cum tribus aut quatuor equitaturis incedant,
nec in domo aliqua accipiant nisi tantum victui necessaria. Quod autem juramentum in quibuslibet
fratribus recipimus, non videatur cuiquam reprehensibile ; quoniam licet ex Evangelio commonitio-
nem, et ex Regula S. Benedicti habeamus non jurandi, tamen juramentum ex justa causa prohibitum non invenimus. Nam et Apostolum legimus
jurantem : *Deus scit (II Cor.* xi), et Per vestram salutem, fratres, et jusjurandum canones in certis casibus
licenter admittunt. Præterea cum dies mali sint, adeo
ut nunc possit dici : *Putas inveniet filius hominis fidem*
super terram? (*Luc.* xviii.) Ad præstandum licite
juramentum, hanc solam sufficere causam arbitramur. Nolumus autem ut occasione hujus officii, sint
camerarii ecclesiis etiam aliis temporibus onerosi.

Cap. LVII. *De brevibus mortuorum.*

Quoniam vapor est ad modicum parens vita nostra, et non est agnitus qui reversus sit ab inferis,
et quia ad æterna incessanter tendimus, de æternis
nos oportet attentius cogitare. Prima est igitur et
ipsis succurrere, qui nos jam ad futurum sæculum
præcesserunt, ut *optimam habeant repositam gratiam*
(*II Mach.* xii).Unde quia de brevibus in Christo quies-
centium minor quorumdam fuit hactenus sollicitudo, statuimus ut præcipue Cluniaci, et in cæteris
locis nostris ubicunque frater decesserit, major de
ferendis brevibus habeatur diligentia, et omnimode
defunctis debita persolvantur. Interim autem usque
ad sequens capitulum pro supradicta negligentia,
in unoquoque mense unum officium cum missa celebretur ubique.

Cap. LVIII. *De forma et tempore tenendi capituli ge-*
neralis.

Quoniam autem modicum prodest jecisse semina,
nisi subsequatur rigatio qua et ipsa valeant germi-

nare, ut simus *sicut oliva fructifera in domo Domini* A
(*Psal.* LI), et faciamus germen honoris et gratiæ,
et fiamus de cætero *in laudem et justitiam coram
universis gentibus* (*Isa.* LXI), præsenti sanctione
duximus statuendum, ut generale capitulum omnium priorum tam conventualium quam minorum
Cluniaci annis singulis celebretur, ubi sine acceptione personarum, secundum Deum et B. Benedicti Regulam, et Clun. ordinis instituta, delinquentium corrigantur excessus, et de salute animarum,
conservatione ordinis et domorum indemnitate tra-
ctetur, et statuatur quod fuerit regulariter statuendum.

Cap. LIX. *De clamoribus.*

Nec in his sibi priores vel camerarii invicem B
parcant, sed unusquisque quod noverit in alio corrigendum, timorem Domini habens præ oculis, in
capitulo publice vel privatim, prout melius scierit
expedire, in charitate proponat, recordans Scripturæ
dicentis : *Qui parcit virgæ, odit filium* (*Prov.* XIII) ;
et : *Timor Domini odit malum* (*Prov.* VIII) ; et : *Qui
converti fecerit peccatorem a via sua, salvavit animam ejus a morte* (*Jac.* V). Nec correptus hoc mo-
leste ferat, sed correptionem fratris accipiat patienter, quia scriptum est : *Argue sapientem et diliget te*
(*Prov.* IX). Singulis annis Dominicæ secundæ hebdomadæ Quadragesimæ, qua cantatur officium :
Oculi mei semper (*Psal.* XXIV), capitulum decrevimus
celebrari. Ad quod omnes abbates et priores ad Cluniacum principaliter pertinentes, accedere volumus C
etiam non vocatos.

Cap. LX. *De muneribus non dandis vel recipiendis in capitulo generali.*

Illud autem auctoritate Dei et nostra districtius
prohibemus, ne in generali capitulo aliquæ fiant
exactiones ex parte nostra, vel quorumlibet aliorum,
aut etiam Cluniacensis ecclesiæ, vel aliqua munera
dentur, vel recipiantur, vel promittantur. Quia *munera excæcant oculos sapientum* (*Deut.* XVI), et auro
violatur justitia, et ignis consumet tabernacula
eorum qui munera libenter accipiunt.

Cap. LXI. *Quod priores tempore capituli provideant famulis et equis suis.*

Ne autem ex hoc tanto conventu abbatum sive
priorum, Cluniacensis ecclesia gravetur, provisum
est et statutum, ubi interim, donec de communi

consilio provideatur, unde tantæ multitudinis debeant necessaria ministrari, omnes abbates, sive
priores, nulla distinctione habita, famulos suos et
equos, pro sua voluntate exhibeant. Hæc quidem,
licet pauca, statuimus in præsenti secundum voluntatem Dei, et consilium fratrum nostrorum, in sequenti capitulo apposituri alia, si necesse fuerit,
vel iis, prout ratio dictaverit, aliqua subtracturi.
Singuli autem camerarii provinciales hæc statuta
penes se habeant, et ea curæ suæ prioribus et monachis infra proximum Pascha observanda proponant, utpote in quibus et forma ordinis, et exemplum honestatis, et salus animarum, si sint custodita, consistit.

Cap. LXII. *De orationibus et eleemosynis.*

¶ Quoniam inter alia religiosa professionis officia,
præcipue virtus orationis commendatur, docente
nos Scriptura sine intermissione orare (*I Thess.* V);
et inter opera pietatis tenet eleemosyna principatum, dicente Domino : *Date eleemosynam, et omnia
munda erunt vobis* (*Luc.* XI) ; cupientes sicut nobis
et nostris per hoc capitulum, ita etiam universis
fidelibus per hæc eximia virtutum munera provideri, et iis maxime quibus spiritualibus sumus
astricti, statuimus ut hoc anno instanti, pro domno
papa et Ecclesia Romana, et domino rege Franciæ,
et filio suo et regno, et regibus Anglorum et Hispaniarum, et catholicis principibus, et ordine Cluma-
censi, et Cisterciensi, et Carthusiensi, Templario-
rum, Hospitalariorum, et reliquis ordinibus, et C
prælatis ecclesiarum, fundatoribus et benefactoribus nostris et locorum nostrorum, ac omnibus
Christi fidelibus, mille pascantur pauperes, et mille
missæ præter debitas et consuetas celebrentur.
Omnibus autem in perpetuum diebus, ubique locorum nostrorum pro universis prænominatis, post
Levavi dicatur ad Sextam ; ad missas pro vivis, post
Agnus Dei psalmus *Ad te levavi* usque ad sequens
capitulum dicatur, ut per hæc orationum suffragia,
pax vivis et defunctis requies a Domino tribuatur.
Missas autem celebrantes, obnixius commonemus,
ut ad primum *Memento*, vivorum devote remini-
scantur ; et ad secundum *Memento*, memoriam pie
teneant defunctorum.

   Acta sunt hæc Cluniaci anno Dominicæ Incarna- D
*tionis 1200, IV Kalendas Novembris. Præsidente huic
sacro conventui domno Hugone abbate, hujus nominis quinto.*

STATUTA QUÆDAM ALIA CLUNIACENSIS COENOBII MS.

—

Cap. I. *Pro domno abbate Cluniacensi.*

Quoniam alia est legitimi ordinis rectitudo, alia
ex necessitate ordinis dispensativa remissio, justum
est ut, necessitate cessante, ordinis integritas inviolabiliter conservetur, quia plerumque antidota

quæ curant ægritudinem, cessante morbo, si sumantur impediunt sanitatem. Quæ ergo de statu
nostri ordinis certis ex causis hactenus relaxata vidimus, causis eisdem desistentibus, in pristinum
rigorem revocari desideramus. Et quoniam domnus

ab'bas Pater et principium est nostri ordinis, ea
quæ ab antiquis patribus nostris diligenter instituta
et constanter observata audivimus, tanquam Patri
significamus, ut in eo et sinceritatem doctrinæ, et
boni operis efficaciam, vel de speculo cognoscamus.

Videlicet ut cum conventu in refectorio comedat
et in dormitorio jaceat. Idcirco autem cum conventu eum semper manere cupimus, ut subjectorum infirmitatibus ex his quæ simul cum ipsis passus fuerit compati noverit.

Quod si aliquando vel fatigatio, vel infirmitas, eum
parumper extra conventum vel reficere, vel pausare
coëgerit, in communi infirmaria, vel in cella noviciorum locus honestus cum tapetis et cortinis ei
sicut dominus et Patri honorifice præparetur.

Nec unquam in domibus illis superioribus quæ
sacristariæ magis competunt, comedat, vel dormiat,
sed sicut decet bonum pastorem, sive cum sanis sanus, sive cum infirmis infirmus maneat, et ita oves
suas nunquam pius pastor deserat.

Infra septa quoque Cluniacensis monasterii nullum famulum ad suum servitium admittat, sed aliquos ex fratribus et filiis suis maturæ ætatis et studii, et ad mensam, et ad lectum, et ad infirmitatis
suæ curationem per omnia servituros adhibeat. Et
quia cultus justitiæ silentium est, in locis silentio
dicatis silentium teneat. Cappa etiam vel mantello
nullatenus utatur.

Equitaturæ etiam domni abbatis per decanias et
per alia loca, sicut ei visum fuerit, custodiendæ deputentur, quatenus in decanorum utilitatibus serviant, et Cluniacensi domui non sint oneri, nec tamen desint utilitati. Et quoties domnum abbatem
necesse fuerit equitare, quod tamen cavere debet,
nisi magna et inevitabilia urgeant negotia, tunc
decani et cæteri qui equitaturas custodiunt, eas
cum famulis suis sicut decet ad servitium tanti Patris honeste præparatas mittant; redeuntes vero peracto negotio et famulos et equitaturas iterum recipiant, et domorum sibi commissarum commoda
de utrisque faciant. Cum vero equitaturæ illæ debilitatæ fuerint, si culpa custodum fuerit, custodes
reddere cogantur; si noxa aliena, custodibus non
imputetur.

Et quia scriptum est : *Omnia fac cum consilio, et
post factum non pœnitebis* (*Eccli.* xxxii), domnus
abbas duodecim sapientes fratres in domo Cluniacensi semper habeat, quorum consilio in omnibus
tam interioribus quam exterioribus agendis semper
utatur.

Pastorem quoque proprium non habeat, sed talem cibum et talem potum per omnia quotidie coram se habeat, qualem conventus habuerit. Super
hoc tamen, sicut honor ejus ex antiqua consuetudine exigit, duo guastelli de granario, et de meliori
vino communis cellarii in cappa decenti, coram eo
afferri debent.

Ab abbatibus vero et a prioribus suis nihil exi-

gat, sed si quis eorum ei aliquid gratis dare voluerit, tanquam ad proprios usus, ad plus, unam marcam accipiat, unde pauperibus eleemosynam tribuat. Quod si forte aliqua alia in manus ejus venerint, camerario reddat. In nullo enim vel ab ipso
domno abbate, vel ab alio distrahendi aut imminuendi sunt redditus camerarii, quoniam isdem camerarius omnium, quæ propria ipsius Cluniacensis
ecclesiæ negotia contingunt, curam debet gerere, et
ideo cuncta quæ apportantur, in integrum ad ipsum
debent confluere, ipsius arbitrio per varias ecclesiæ
necessitates distribuenda. Si vero aliquando nova
et magna negotia, aut insolita debita in ipsa ecclesia emerserint, tunc ad hæc expedienda convocatis
hinc inde fratribus, eorum auxilio altiori utatur
consilio.

Novos cantus, novas lectiones, aut in ecclesia
aut in refectorio nullatenus admittat, decanos de
potestate camerarii in nullo excludat ; thesaurum
et ornamenta ecclesiæ absque consensu capituli non
distrahat, non removeat; in prioratibus neminem
de his qui obedientiam tenent vel claustralem, familiari patrocinio a potestate sui prioris excipiat,
ne lite inter eos pullulante, charitas et concordia
refrigescant.

Terras et redditus ad ecclesiam pertinentes, sive
antiquitus possessas, sive de novo datas, nullo dono,
nulla commutatione, nulla venditione, ab ecclesia
auferat. In statuendis sive removendis prioribus,
aut decanis non favorem, non gratiam, non odium,
nec preces, nec promissa, nec pretium attendat aut
recipiat, sed cum æquitate, et modestia errata corrigat, et statuenda statuat.

Si domnus abbas extra conventum in majori ecclesia missas aut aliqua divina officia celebrare voluerit, ita tempus et cantum moderari studeat, ne
fratribus molestiam inferat.

CAP. II. *De electione quatuor personarum, quæ semel
in anno Cluniacum veniant, quæ diligenter inquirant statum domus.*

Venerabilis Patris nostri domni Hugonis abbatis
sanctionibus inhærentes, nos qui sumus in capitulo generali definitores constituti statuimus ut quatuor discretæ et idoneæ personæ eligantur, scilicet
duo abbates et duo priores, ad Cluniacensem ecclesiam pertinentes, qui semel in anno statuto termino,
videlicet in Octavis apostolorum Petri et Pauli Cluniacum veniant, tam de persona ipsius domini abbatis Cluniacensis, quicunque per succedentia tempora fuerit, quam de statu ecclesiæ in temporalibus
et spiritualibus, et locorum conjacentium diligenter
inquirant, et quæ corrigenda fuerint, ad ipsorum
consilium corrigantur, et per eos omnia in generali
capitulo annis singulis innotescant, ut per talem visitationem in bono statu Cluniacensis ecclesia perseveret, et cæteri exemplum capitis imitantes, nostra firmius instituta observent.

Quoniam plerumque et in plerisque locis accidit,
quod beneficia spiritualia, pactione conferantur in-

terveniente, cum hoc sit sacris canonibus inhibitum, et legi divinæ contrarium, prohibemus statuendo ne prioratibus dandis vel recipiendis, pro obedientiis, pro ecclesiis et capellanis, pro monachis recipiendis, sepultura seu aliis rebus vel officiis spiritalibus, pactione mediante, aliquid offeratur vel promittatur, excepto quod de monacho dicit B. Benedictus, quod ejus devotio sponte oblata non respuatur.

CAP. III. *Quod pro monachis et obedientiis pretium non recipiatur. De eleemosynario.*

Quoniam ex frequenti monachorum quorumlibet receptione inutilem excrescere multitudinem perpendimus, diffinimus, ne in capite sive in membris in quinquennium aliquis monachus recipiatur, nisi ad succurrendum, aliter nunquam nisi urgeat necessitas evidens, nihilominus tamen per camerarium loci manifestata capitulo generali. Hoc idem de mulieribus quibuscunque in cellis nostris recipiendis diffinimus, excepto quod de cætero etiam post quinquennium, talium receptio capitulo generali significetur antequam fiat. Periculosum est valde, et multum nobis a plerisque detrahitur, et utinam immerito, quod res ad eleemosynam pauperum deputatas, in alios usus quam deberemus, convertimus, et idcirco statuimus ne quisquam hominum, sive abbas sive alius, tollere vel alienare quidpiam eorum quæ ad subsidium indigentium assignata sunt, aliqua temeritate præsumat. Eleemosyna igitur fratri timenti Deum custodienda tradatur, qui omnes redditus et proventus in usus pauperum et peregrinorum fideliter convertat, qui una ad plus sit equitatura contentus, paucis servientibus, modicis sumptibus, quia quidquid uni ex minimis, Domino; quidquid eis subtrahitur, Deo aufertur. Nos in hoc animas nostras liberamus, ipsis quibus est hæc cura commissa, de sua administratione judici omnium Deo, in districto examine responsuris. Delinquentes autem cum compertum fuerit, cæteris acrius puniantur.

CAP. IV. *De hospitalitate.*

Cum sectandi hospitalitatem auctoritatem habeamus a Domino Jesu Christo, dicturo in futuro : *Hospes fui et collegistis me (Matth. xxv)*, et ex patribus exemplum in Veteri Testamento, quia per hanc placuerunt quidam, angelis hospitio receptis, et oculata fide, hac de causa loca religiosa crevisse videamus : erubescendum nobis est, quod hanc minus honeste observamus, et occasione qua creverunt, modo decrescunt. Statuimus ergo ut religiosæ personæ sæculares et pauperes singulis suis modis secundum facultatem locorum benigne recipiantur, et exhibeantur honeste. Huic autem officio in locis majoribus fidelis et sedulus frater similiter assumetur : quod si, supervenientibus hospitibus, ob locorum paupertatem commode non potuerint necessaria impendi, eis saltem hospitium, et vultus hilaris non negentur, quia *hilarem datorem diligit Deus (II Cor. ix)*. Prioribus autem et obedientiariis mo-

nachos Cluniacenses non recipientibus, hanc pœnam decrevimus infligendam pro clausa porta : Prior, si præsens fuerit, depositionem sine misericordia mereatur; si autem absens fuerit, ille deponatur, qui vices agit prioris, pro non exhibitione necessariorum ad consilium camerarii, qui novit facultatem loci, puniatur, si duxerit eum puniendum.

CAP. V. *Ne monachus hospitetur nisi in domo religionis.*

Quoties monachus Cluniacensis egressus foras congrue divertere poterit ad locum religiosum, ad domos sæcularium non declinet, licet ii ad quoscunque divertit eum de suo nolint aut nequeant procurare; honestius enim et tutius apud religiosos et sumptus fieri, et mora potest haberi.

CAP. VI. *De honoribus amittendis.*

Quoniam quidam tam monachi quam priores, periculum inobedientiæ, quod a primo parente contraximus, verentur, et sui voti quod de obedientia promiserunt, passim transgressores, nostris vel majorum suorum præceptis non obtemperant : statuimus, et districte præcipimus, ut priores semel et bis commoniti, si emendare noluerint, suos absque spe recuperationis amittant honores, et si contumaces perstiterint, etiam ab ordine toto ejiciantur. Monachi vero hoc nefario scelere detenti, pœnis secundum ordinem durissimis plectantur, et si emendare noluerint, a consortio universæ pellantur congregationis. Idem dicimus, de fautoribus eorumdem, et eorum qui fratribus suis captionis vel spoliationis impedimenta procurant.

CAP. VII. *Ne monachi habeant honorem precibus laicorum.*

Quoniam nonnulli fratrum nostrorum, non vitæ, vel scientiæ meritis, sed sæcularium interventu committi sibi obedientias vel prioratus exposcunt, ponentes carnem brachium suum, et a Domino recedit cor eorum *(Jer. xvii)*, statuimus ne ullus taliter quemlibet petens honorem, unquam illum obtineat, vel alium infra annum, quia et sæculares, si non obtineant, contra nos commoventur, et ipsi monachi dum confidunt in homine, minus student bonis moribus, et suos audacius prælatos contemnunt.

CAP. VIII. *Quibus prioratus committendi sint.*

Statuimus ut prioratus, decanatus, et cæteræ omnes administrationes discretis et honestis viris committantur, qui præesse noverint et prodesse, non nobilitatis gratia vel familiaritatis, sed vitæ merito et doctrinæ. Præterea prioratus, maxime conventuales, nonnisi sacerdotibus committantur, vel talibus qui infra annum in presbyteros valeant ordinari; sin autem, extunc a prioratibus se noverint removendos.

CAP. IX. *De dilapidatoribus domorum, et confirmatione prioratuum.*

Priores conventuales non removeantur nisi certis ex causis, scilicet si domorum dilapidatores, si inobedientes et rebelles, si infames et incontinentes, vel ad majorem utilitatem fuerint promovendi, et hoc judicio diffinitorum in capitulo generali, nisi aliqua causa manifesta emerserit, pro qua domnus abbas eos removere compellatur. Confirmationes prioratuum ad vitam nihilominus quassamus, exemplo domini papæ, et ne fiant de cætero prohibemus.

Cap. X. De electione priorum.

Ad abolendam sane aliquorumdam monachorum insolentium pravitatem, qui in pluribus locis sibi priores in præjudicium matricis ecclesiæ cœperunt eligere, et eorum qui nominantur frenandam ambitionem, et superbiam retundendam, sub districtione anathematis inhibemus, ne unquam de cætero talis electio vel nominatio fiat. Si autem, quod absit! contra hoc fuerit attentatum, is qui electioni vel nominationi consensit, nisi statim resipuerit, ex ipso facto excommunicatum se sciat, et perpetuo omni honore et administratione privandum : qui hujus exsecrandæ electionis vel nominationis fuerint auctores, simili omnino pœna plectantur. Sequacibus vero, et minus intelligentibus, ultimis in congregatione futuris, non celebraturis divina, donec Cluniacum adierint, aut de indulgentia domni abbatis, fuerint misericordiam consecuti.

Cap. XI. De illis qui habent obedientias ab aliis monasteriis.

Non videtur utile vel honestum, quod fratres nobis subditi, et maxime priores in fraudem et eludium disciplinæ et fomitem cupiditatis, procurationem in aliis monasteriis assequantur, vel professionem ibi faciant, vel obedientias nanciscantur, ideoque præsenti constitutione sancimus, ut omnes priores nostri qui habent domos vel obedientias ab aliis monasteriis, eas dimittant, vel nostras amittant in continenti. Claustrales vero nostri, si alienas habeant obedientias, eas dimittant, si nostras voluerint adipisci. Monachi autem qui habent procurationem in aliis monasteriis, vel professionem fecerunt, una vel alia sint contenti, et si sine voluntate vel licentia priorum illuc transierint, tanquam fugitivi habeantur ; hinc enim inobedientia et rebellio nascitur, et nostris domibus gravia solent accidere detrimenta.

Cap. XII. Ut priores faciant cum consilio aliorum.

Quoniam ex vocatione multorum ad consilium nonnunquam domorum impeditur utilitas, ordo confunditur, et prioris potestas minuitur, dum sunt aliqui tumidi spiritus et discordes, vel etiam imperiti, qui suo consilio volunt universa disponi, statuimus ut in minoribus agendis, prior meliorum tantum utatur consilio, et in majoribus tantummodo professorum. Alii enim, ut pote non plene monachi Cluniacenses, se non vigeant consiliis, nisi de prioris fuerint voluntate vocati.

Cap. XIII. De sigillo prioris et conventus.

Prior Cluniacensis sigillum habeat speciale et nomine suo confectum quo libere valeat sigillare : sigillum autem conventus, cum solemnitate non modica custodiatur. Hoc idem de sigillis conventualium domorum diffinimus.

Cap. XIV. De mutuo faciendo.

Præterea statuimus ut priores omnes sive majores, sive minores, consilio fratrum quibus præsunt, et familiæ, et præpositi, et quorumdam bonorum virorum, qui ad eumdem locum pertinent, cum mutuum faciendum est, vel immutandum, faciant ; ita quod omnibus patefiat, quibus personis, et quibus terminis, et ad quantas usuras debeatur, et in quos usus contractum mutuum fuerit conversum, hinc enim poterit domibus melius esse consultum.

Cap. XV. De computatione.

Ut domorum status certior habeatur, ad minus ter in anno coram priore et senioribus reddant singuli de suis officiis rationem, facientes computationem fideliter de expensis omnibus et receptis. Similiter prior bis in anno statum domus in capitulo plene manifestet, et ad generale capitulum semel cum testimonio camerarii provincialis, domno abbati status domorum per priores plenius innotescat; sic enim incommodis facilius poterit obviari, et libertas male ministrantium cohiberi.

Cap. XVI. Ne monachus fidejubeat.

Statuimus ut nullus prior vel monachus fidejubeat, vel sigillum suum proprium, aut commune obliget, pro aliqua ecclesiastica sæcularive persona ; quia, dum eos ad obligationem non liberant, domibus talibus, talibus impedimentis graviter onerantur, nec inter se sæculares contractus monachi fidejubendo habeant, vel pignora supponendo, vel aliter negotiando.

Cap. XVII. De alienatione domorum.

Si quis aliqua de causa, terras, domos, possessiones, thesauros ecclesiarum vendere, invadiare ad minorem censum, terras pro magno pretio dare, vel alio modo inconsulto domno abbate, vel capitulo Cluniacensi præsumpserit alienare, absque remissione de prælatione dejectus, per triennium teneatur in claustro Cluniacensi, nullam omnino obedientiam habiturus, et quod magis est, præmissa regulari disciplina ad terrorem aliis, et sibi confusione incutienda, et transgressi mandati pœnam singulis dominicis diebus per mensem integrum, secundum quantitatem delicti ad judicium domni abbatis hac satisfactione mulcetur, ut ad processionem cum totus conventus est cum populo in navi ecclesiæ, cum venerit, in medio fratrum prosternat se in terra, ut publice confundatur, et qui terram vendidit, adhæreat pavimento, cæterique a similibus terreantur, donec domnus abbas cum consilio suo misereatur et dicat : Sufficit.

Cap. XVIII. De illis qui faciunt falsa debita.

Quoniam majora facinora acriori pœna punienda sunt, de quibusdam qui fraude pessima de substantia Jesu Christi mammona thesaurizant, et, quod

pessimum est, dilapidatis domibus, alienatis possessionibus, venditis thesauris, refertis marsupiis mediantibus personis laicis, sibi et domibus suis sub
gravi fenore commodant, et cum prioratus amiserint,
faciunt ab eis exigi quod non debetur, statuimus
et de his et de illis qui in aleis et tesseris ludunt, et
latronibus, et falsariis ut, si quis super hoc convictus fuerit, absque misericordia de monasterio et
congregatione, amputato capitio, expellatur. Idem
constituimus de iis qui foenus exercent, vel privatas
gagerias accipiunt, sive res suas ad terminum lucri
causa turpis vendunt, si moniti non resipuerint,
et peculium non reddiderint. Idem de his censemus
qui falsa debita fingunt, vel celant.

CAP. XIX. *Ne monachus in extremis positus,
alicui res suas dimittat.*

Cum monachus vel conversus, nec sui juris, nec
potestatis existat, nec quidquam proprium debeat
possidere, multominus res, si quas habet, alicui dare
vel dimittere in extremis, ne tunc culpam contra-
hat cum a culpa debeat per poenitentiam relaxari.
Ne ergo hoc de caetero fiat districtius inhibemus,
sed si qua habuerint, in sui sint dispositione praelati. Quod si quisquam fecerit, et quod fecit irritum habeatur, et nomen ejus non scribatur in catalogo defunctorum.

CAP. XX. *Ne aliqui beneficia praesumat promittere.*

Supra modum gravari domos nostras pensionibus
concessis clericis, obtentu ecclesiarum non vacan-
tium, quas ipsis priores contra Lateranensis concilii statuta promittere non verentur, satis superque
dolemus, et ideo his gravaminibus volentes occurrere, prohibemus, ne quis de caetero vel beneficia
non vacantia promittere, vel pensiones hujusmodi
cuiquam praesumat aliquo modo conferre, sciturusque
quod qui hoc praesumpserit, gradus sui periculum
incurret et disciplinae regularis acrimoniam sustinebit.

CAP. XXI. *De prioratibus, quibus tradantur.*

Nullus prioratus, decanatus, vel alia domus quae
possit per monachum Cluniacensem gubernari, alteri personae regenda tradatur, quia per hoc videtur,
in nostris aut probos viros non esse, aut nos probis et utilibus invidere. Si quando autem hoc necessitas exegerit, nequaquam fiat sine consilio capituli
generalis. Statuimus ut clericorum, vel laicorum
homines, ad nos non pertinentium, vel servi domorum Cluniacen. procuratores cellarii, sive prae-
positi, nullatenus fiat, sed etiam nostris ullum
ministerium ad haereditatem, vel vitam committatur.

CAP. XXII. *De provisoribus et camerariis provinciarum.*

Ut autem onus Domino impositum melius ferat,
dum in plures sarcina fuerit partita, statuimus ut
unaquaeque provincia unum, aut duos habeat provisores, quos camerarios appellamus, sollicitos, Deum
timentes, qui in domibus disponenda disponant, et

corrigant corrigenda. De statu domorum et priorum
conversatione certificent diffinitores in capitulo generali, nec liceat eis cuiquam priori, vel obedientiario licentiam dare redditus, vel possessiones distrahendi, domno abbate inconsulto, nec liceat prioribus .... ne conscientia camerarium, debitum domorum ultra centum solidos augmentare, nisi ostendant, quare hoc faciant, rationem manifestam,
quando autem necesse fuerit pro aliquo gravi negotio, priores eis in propriis assistant expensis. Illi
autem camerarii cum instituuntur coram positis
Evangeliis, se bona fide domino abbati obedituros
juramento mediante promittant, et significaturos,
si per se corrigere non possunt, quae viderint in
suis provinciis corrigenda. Unde enim ex justa
causa invenimus prohibitum juramentum

CAP. XXIII. *De muneribus non dandis in capitulo
generali.*

Prohibemus insuper ne in capitulo generali munera dentur, vel recipiantur, vel promittantur, quia
munera excaecant oculos sapientum (*Deut.* XVII), et
auro justitia violatur, et ignis consumet tabernacula
eorum qui munera libenter accipiunt.

CAP. XXIV. *Quomodo veniant priores ad capitulum.*

Priores conventuales ad capitulum venientes, tribus sint equitaturis contenti. Prior tamen de Charitate duos secum priores conventuales adducat, prior
autem S. Martini, unum ; omnes autem tam priores quam abbates sibi provideant ad capitulum, donec de expensis capituli aliquid fuerit diffinitum.
Nullus monachus nec aliquis novitius benedicendus
accedat propter multitudinem ad capitulum generale.

CAP. XXV. *Ne prioratus committantur alienis monachis.*

Praeterea diffinimus, ne abbates qui nostras abbatias non tenent, licet monachi nostri sint, nedum
alii prioratus, in continenti Cluniacum relinquant,
nec de caetero talibus committantur nisi tanta
sit necessitas, cui capitulum generale velit assen-
tire.

CAP. XXVI. *De his qui debent venire ad capitulum.*

Qui de remotis sunt provinciis de biennio in biennium ad capitulum venire procurent. Illos autem
remotos reputamus, qui in Anglia, Hispania, Lom-
bardia provinciis fuerint constituti. Alii singulis annis venire nullatenus praetermittant. Qui autem terminis statutis venire contempserint, a prioratibus
deponantur, nec eos nisi per diffinitores capituli
generalis valeant retrahere, illis duntaxat exceptis,
qui se excusaverint necessitate evidenti. Ut tamen
vitium insuetum appellationis de medio subtrahatur,
statuimus ne appellantes in posterum unquam in
claustro habeant Cluniacensi mansionem; sed ad
alias domos nostras conventuales districtionis ordinis mittantur, toto tempore vitae suae moraturi, nec
administrationem aliquam in ordine Cluniacensi de
caetero habituri. Illi vero qui litteras furtim personis

excellentibus per ecclesiam Cluniacensem transeuntibus porrexerint; quia per hoc congregatio diffamatur universa, tanquam fures puniantur, quia ob hæc instituitur capitulum generale, ut corrigantur corrigenda, et ut supradicti proponant quæ viderint proponenda. De proprietariis, secundum Regulam S. Benedicti, procedatur usque adeo quod si in fine cum eis pecunia, quam non solum manifestaverint fuerint inventa, Christiana careant sepultura, sententia excommunicationis, si propter hoc lata fuerint, penitus relaxata. Communitatem in refectorio volumus observari, antiquas tamen et regulares pœnitentias approbamus, vitiosa novitate reprobata,

A quam faciunt obedientiarii, pretiosa cibaria comparando. De licentia tamen misericordiam habeant seniores et infirmi.

CAP. XXVII. *De institutionibus custodiendis.*

Statuimus præterea, ut tam priores quam camerarii præsentes institutiones præ manibus habeant ut in visitationibus camerariorum priores respondeant de singulis requisitis. Idem a diffinitoribus fiat in capitulo generali. Illi autem qui jam appellaverunt, cum satisfactione recipiantur. Ita tamen quod in claustro Cluniacensi non habeant de cætero mansionem, sed ad obedientias divisi mittantur exteriores.

APPENDIX AD HUGONEM.

ROSTANGNI

CLUNIACENSIS MONACHI

TRACTATUS

Exceptionis capitis S. Clementis papæ et martyris ab Constantinopoli ad Cluniacum translati, tempore Hugonis abbatis.

(Biblioth. Clun., 1481.)

Ad corroborandam fidem fidelium, et ad augendam devotionem audientium, quomodo vel qualiter, vel a quibus factum est, vel quæ fuit causa hujus translationis, pro modulo sensuli mei, præsentibus et futuris certificare studui. Hujus facti causa fuit captio sanctæ civitatis Hierosolymæ, quæ pluries a pluribus est capta, imo plerumque a plerisque usque ad solum est diruta. Hujus civitatis casus et clades, quas pro peccatis incolarum passa est, audire non est contemnendum, quia in ipsa fides et salus seu redemptio nostra sumpserunt exordium atque perfectionem, quia : *Ibi operatus est Dominus salutem nostram in medio terræ (Psal.* XXIII.).

TRANSLATIONIS NARRATIO.

Legimus in antiquis historiis atque prophetis, ubi conditoris nostri miracula, et fortia facta patrum narrantur, quod comminatio excidii, quam Dominus adversus Hierusalem per vaticinia prophetarum mandaverat, ea se non corrigente, per Nabuchodonosor regem Babyloniorum adimpleta est, adeo ut quidam Nabuzardan princeps militiæ suæ non solum civitatem Hierusalem exspoliaverit, sed etiam muros destruxerit, et alumnos ejus Babyloniam captivos transduxerit. Hujus prædictæ civitatis ruinas Jeremias quadruplici planxit alphabeto, quæ postea sub-

B Cyro rege Persarum honorificabiliter reædificata est. Legimus etiam in Evangelio quod cum Dominus per mediam transiret civitatem, quidam ex discipulis ejus ait illi : *Magister, aspice quales lapides et quales structuræ muri ejus.* Cui Dominus ait : *Vides has magnas ædificationes? non relinquetur lapis super lapidem, qui non destruatur (Marc.* XIII). Quod verbis, quamvis præteritorum, cœlo et terra transeunte, præteriri non potuit, quia ex ore Verbi æterni prodiit ; imo per Titum et Vespasianum completum est, qui non solum usque ad solum civitatem destruxerunt, et inhabitantes Judæos trucidaverunt, et triginta ex eis pro uno argenteo vendiderunt, verso ordine quia Dominus triginta argenteis ab eis fuerat emptus ; rursusque eamdem civi-

C tatem Ælius Adrianus, Josepho narrante, funditus subvertit ; sed quomodo deinceps et a quibus ædificata vel regnata fuerit, usque ad tempus millesimi nonagesimi noni anni, nam ab Incarnatione Domini

Anno milleno centeno, sed minus uno
Hierusalem Franci capiunt virtute potenti.

quære historias, et invenies. Hujus autem captivitatis, captionis vel ereptionis de manu paganorum, causa exstitit Urbanus papa secundus, vir religiosissimus et reverentissimus, quem divina dispositio de claustro Cluniacensi elegit in sacerdotem

sibi, et in culmine summi pontificatus constitut. A cis porrigebant, ut eis latenter exsuctis, eorum
Hic coelesti desiderio afflatus, cœpit deliberare qua-
liter civitas sancta Hierusalem ab immundis et nefandis hominibus liberata, Christianis et Christianæ
religioni redderetur, ut ab eis Deus glorificaretur et
honorificaretur; ubi Deus multa pro eis passus fuerat. Ob hoc peregrinationem, gratia lustrandi Gallias, aggressus est, et veniens Alverniam apud Cla-
rummontem, celebre celebravit concilium : ibique
præcepit primatibus, patriarchis, archiepiscopis,
episcopis, abbatibus, prioribus, sacerdotibus, ut
universos Christicolas ubique terrarum hortarentur,
quod pro redemptione animarum suarum iter Hierosolymitanum arriperent, ad recuperandum locum,
ubi Deus operatus est salutem nostram et redemptionem nostram : nec etiam pertimescerent pericula B
terrea vel marinâ, recordantes quantum laboris ibi
pro nobis Deus sustinuit.

Hac de causa eo tempore devotissimus comes
Flandrensis monitus instinctu divino, et dux Normanniæ, et comes S. Ægidii, nec non et clarissimus
princeps Boymundus, et Ademarus episcopus Po-
diensis, atque episcopus Albariensis, et episcopus
Januariensis, omnes isti divino spiritu hortati, sine
rege et imperatore, ad liberandam sanctam civitatem,
Christo duce, transfretaverunt, provincias Saracenorum vastaverunt, civitates et castella fregerunt,
Turcos occiderunt, et transierunt de gente in gentem, et de regno ad populum alterum, et venerunt
Antiochiam, quam multo obtinuerunt labore : et C
postea, Domino se protegente, Hierusalem obsederunt, et multo conamine, auxilio Dei eam occupa-
verunt, infidos Saracenos necaverunt, civitatem a
spurcitiis idolorum mundaverunt, regem ibi constituerunt, patriarcham ordinaverunt, et plebem ibidem ad inhabitandam et custodiendam civitatem dimiserunt. Populus vero procerum ad alias regiones,
cultui divino subjiciendas, cum ipso rege Hierosoly-
mitano profecti sunt.

Nec vos pigeat hæc omnia me breviter epilogasse :
amœnum est enim omnia scire, quæ si scire desideratis, historiam Hierosolymitanam inspicite, quæ
luce clarius conscripta est ab eo qui omnibus his-
casibus interfuit. Nunc vero ad modernos, et ad mo- D
derna tempora stylum vertamus, breviter intiman-
tes, qua justa occasione, et a quibus caput S. Clementis a Constantinopoli Cluniacum translatum est.

Itaque sciendum est quod plebs Hierosolymis dimissa, ex diversis collecta, genere linguarum, diversis moribus et vita dissimiles, nulla affinitate vel
consanguinitate conjuncti erant. Ideoque alter alteri
fidem non habebat, sed alter alteri detrahebat. Et
Sancta sanctorum sibi a Deo commissa, obliti beneficiorum Dei, luxuriose vivendo, indigne tractabant,
rapinis et furtis inhiantes. Peregrinos vero, qui a
mundi finibus illuc venerant adorare, in loco ubi
steterunt pedes ejus qui pro nobis ibidem pati dignatus est, dolosificabant : et quod mortis est causa, pocionum et tabernariorum, pocula venenata aliquando

cis porrigebant, ut eis latenter exsuctis, eorum
supellectili pro libero uterentur arbitrio. Propter
hoc Dominus donum, quod eis dederat, ob ingrati-
tudinem eorum de jure revocavit ; et ut ab indignis,
indignioribus, in eorum injuriam, civitatem suam
tradidit, ad tempus scilicet, Saladino et barbaris
gentibus. Sic et olim arcam Testamenti abstulit a
filiis Israel, et tradidit in manus Philistinorum,
tempore Heli sacerdotis, prostrata innumera multitudine Judæorum.

Considerans itaque Balduinus illustris comes
Flandriæ, quod rex Francorum, rexque Anglorum
hanc sanctam civitatem prædictam, nutu Dei con-
citati recuperare putaverunt, sed invidia diaboli,
qui hominem de paradiso dejecit, discordes effecit ;
dum alter alterum fastu regio superare contenderet,
et in superbia elati, alter alteri se præferre nitere-
tur : Deus, qui superbis resistit (I Petr. v), de medio
eorum se subtraxit, quia in scissura mentium Deus
non habitat : ideoque opus cœptum imperfectum
reliquerunt, et discordia quæ tunc ab eis concepta
est, proh dolor ! pro peccato illo, adhuc dum et
scribo inter eos durissime durat. Verumtamen civitas Achon Dei auxilio ab eis occupata est, quam
civitatem, quæ vulgo Acre dicitur, paulo ante
Saraceni nobis violenter abstulerant, sed multiplices phalangæ peregrinorum zelo Dei maria trans-
fretantes, eamdem civitatem obsederunt, sed illi
illico a Saladino obsessi sunt. Cumque civitatem
ante se impugnarent, a Saladino a tergo impugnabantur, sed ipsi fecerant vallum inter se, et illum,
ne in eos facile irruere posset. Carebant quidem
victualibus, eo quod nulla negotiatio victualium pervenire ad eos posset. Igitur, fame multo angore ta-
bescebant ; ita quod non de salute animarum, sed
corporum desperarent. Sed misericors et miserator
Dominus, qui dat escam timentibus se (Psal. CXLV),
et implet omne animal benedictione (Psal. CXLIV),
aperuit eis manum suam, et prospicientes in mari
eminus viderunt classem regis Francorum maria
sulcantem. Tunc pavor pavori, et dolor dolori additur, et præ timore clamaverunt, æstimantes auxilium Saracenorum venire ad urbem, tamen miserunt quamdam triremem obviam eis, ut explora-
rent quænam gens esset. Cumque propius accessissent, substiterunt timentes, quousque cognoverunt
vela regia et cruces in proris affixas, et vocati ab
eis fiducialius accesserunt. Et cum rem didicissent
ut erat, repleti gaudio, reflexis habenis equi lignei,
citissime volantes ad littora redeunt. Ibi populus
inhiabat audire rumores. At illi antequam terram
attingerent, clamare cœperunt : Annuntiamus vobis gaudium magnum quod erit omni populo,
quia venit rex Francorum liberare vos de manibus
inimicorum vestrorum. Quo audito,

Attollunt animos, palmasque ad sidera tendunt,
(Virg., Æneid.)

rigantes genas lacrymis, quas magnitudo lætitiæ fun-
debat, Statimque rex appulit ad portum. Cui occurrit

rentes cum tympanis, et choris, et cltharis, quanto
gaudio, imo quanto jubilo eum susceperint, cogita,
si potes. Cumque ille et sui oblata potirentur arena,
rex munera majoribus largitus est victualium, et
pauperibus eleemosynas distribuit, fixisque tento-
riis et papilionibus distensis civitatem ex magna
parte obsedit : et statim direxit nuntios ad regem
Anglorum, qui Cyprum obtinuerat, ibique adhuc
morabatur, ut citissime veniret, deferens ei in hoc,
quod, eo absente, urbem nolebat attentare. Qui
concitus cum magno exercitu et regio apparatu veniens, duplicato gaudio circumdederunt urbem;
quam post multos labores, auxiliante eo, qui solo....
civitatem ceperunt. Tuncque famelici saturati sunt,
et egentes spoliis ditati, et civitas cum magno
triumpho obtenta est. Quam si nunc non haberemus, nusquam in partibus illis tutum portum inve-
niremus. Sed zelo invidiæ reges discordes effecti,
ab invicem discedentes, iter Hierosolymitanum
postposuerunt.

Hæc supradicta deliberans comes Balduinus Flandrensis, accersito comite Sancti Pauli, et quam-
pluribus aliis baronibus, de Gallia, de Anglia, de
Alamannia et de universis mundi provinciis ; recolens quod Deus non in multitudine, sed in paucis
salvare solitus est ; jactans in Domino cogitatum
suum, iter Hierosolymitanum arripuit. Cui Dominus in auxilio et consilio dedit comitem, scilicet
marchionem Montis-Ferrati, cujus laus et potèstas
ubique terrarum prædicatur. Duxit etiam secum viros
reverentissimos, episcopum videlicet Saixonensem,
[f. Suession.] episcopum Trecensem et alios quam-
plurimos religiosos. Huic sacro comitatui junxit se
quidam miles, nomine Dalmacius de Serciaco, vir
nobilis et valde litteratus, qui sibi associavit quemdam militem nomine Pontium de Busseria, virum
fidelem et bonum socium. Hi pariter cum prædicto
exercitu iter arripuerunt, atque Venetiam deven-
runt, et a Veneticis venenatis dolose recepti sunt : qui
transitum eis neque naulo neque aliquo pretio ex longo
tempore concedere voluerunt. Tandem a labyrintho
eorum liberati, inciderunt in Carybdim imperatoris
Constantinopolitani : qui dolens de adventu eorum,
tristitiam cordis ficta lætitia celavit, diu in auxilium
sibi falsis persuasionibus detinuit, et peracto negotio suo, non ut imperator, sed ut perfidus, stipendia, quæ eis promiserat mentitus est. Et efferatis
tis eis, non solum ab urbe, sed etiam a regno eos
bello expellere satagebat. At tamen Franci inter
incudem et malleum constituti, ad solitam Dei
clementiam recurrentes, divinum implorantes auxilium, animati a Deo, qui potens est in prælio (Psal.
xxiii), Græcos tantummodo plebs peditum ante ortum auroræ aggreditur. Græci vero divino nutu
terga vertentes, in fugam versi sunt, et unus de
nostris centum decem millia persequebatur. Franci
autem persequentes, trucidando fugientes, civitatem
obtinuerunt, et imperatorem de palatio fugere com-
pulerunt. Quo dejecto, comitem Flandrensem pro

imperatore constituerunt, civitate obtenta. Quapropter idem prædictus Dalmatius, eo quod Hierusalem adire non poterat, deliberavit cum socio suo
qualiter caput beati Clementis pie furari posset.
Quod caput audierat a quodam imperatore a mari
Constantinopolim esse translatum, et in loco cele-
briori reposuisse. Quod quomodo, Deo concedente,
Dalmatius prædictum sancti caput Clementis obti-
nuerit, ipso narrante, audite.

Ego Dalmatius de Serciaco, et socius meus Pontius de Busseria, e Thessalonica recedentes, propo-
sueramus terram Hierosolymitanam visitare ; sed
illuc pervenire non potuimus, propter imminentium
ventorum procellam. Laboravimus itaque per sex
hebdomadas super mare. Tandem angustia ventorum compulsi, Constantinopolim iterum applicuimus. Cumque illuc quasi in dolore et tristitia sepultus essem, eo quod voti compos, eundi in Hierusalem habere facultatem nequissem, verens ne
fructus tanti laboris, pro quo tot terrena et marina
pericula subieram, amitterem, conversus ad Dominum cum lacrymis cœpi orare, dicens : Illust. a
faciem tuam, Domine, super servum tuum, et doce
me justificationes tuas (Psal. xxx) ; et inspirare di-
gnare aliquod factum servo tuo, quod æquipolleat
voto cœpto, nec completo : sitque tibi peræque gratum, ut meæ remunerationis nummum non amit-
tam. Et ut revera reor, exaudivit Dominus vocem
fletus mei, et orationem meam suscepit (Psal. vi). Et
innatum est, id est conceptum divinitus in mente
mea, ut de reliquiis sanctorum, quorum ibi tanta
erat copia, quod vilius ibi tractarentur, de eis in
transmarinis deferrem partibus ; sciens quod quanto
longius eorum reliquiæ deferrentur, tanto clarius
gloria et laus eorum longius claresceret. Et dum
talia in animo meo volverem, concepi in mente
mea, ut consulerem venerabiles et religiosos viros,
Ecclesiæ Romanæ cardinales, domnum videlicet Benedictum, domnum Petrum Capuanæ Ecclesiæ cardinalem, qui pari voce et æquali concordia mihi in
præceptis dederunt, ut undecunque possem habere
sanctorum reliquias absque venalitate, quia lex
inhibet ut nemo martyres distrahat, nemo merce-
tur ; et in loco religiosiore ad laudem Dei et ipsorum sanctorum, quorum reliquiæ haberentur, honorifice deponerem. Quo præcepto recepto, cœpto
cœpi operi instanter ardentius effectui mandare
quod in voto conceperam : et per totam hiemem
Constantinopoli usque in Ramis palmarum hie-
mantes, studium nostrum apposuimus. Accidit quidem in ipsa Dominica, dum inter prandia essemus,
et de sanctorum reliquiis sermocinaremur, quidam
sacerdos nomine Marcellus, vir religiosus, territorii
Cabilonensis indigena, dixit se scire honorabiles
cujusdam sancti reliquias, videlicet caput beati
Clementis. Et nos sciscitati sumus ab eo, quomodo
de his certus erat. Et respondens, se vidisse barre-
team criscam, id est laminam auream insertam
capsulæ, in qua depicta erat imago Sancti Clemen-

tis, et suum proprium nomen Græce scriptum, scilicet, ὁ ἅγιος Κλεμτόπος, quod Latine dicitur sanctus Clemens. Est autem abbatia illa, in qua beati Clementis caput continebatur, magnæ auctoritatis, in eadem civitate, quæ Græce dicitur Trentafolia, Latine vero interpretatur Rosa. Qualiter vero caput sancti Clementis habuimus, paucis non possumus explanare verbis; breviter tamen quædam insinuabimus. Tunc accessimus ad monachos loci illius, rogantes ut nobis sanctorum reliquias causa orationis ostenderent. Illi vero quemdam clericum nobis tradiderunt, qui nos custodiret, et ea quæ petebamus ostenderet. Ego autem Dalmatius prædicto sacerdoti, et cuidam monacho Cisterciensi, qui nobiscum erat, dans opportunitatem peragendi negotium pro quo veneramus, clericum, qui nos illuc adduxerat, per diversa Ecclesiæ loca mecum deducebam, de multis aliis cum eo colloquens, et aspectum ejus ad contuendas imagines retorquens, faciebam eum vagari, ne posset videre quæ presbyter facturus erat. Tunc presbyter cum tremore accedens ad beati Clementis caput, non est ausus totum assumere, sed mentum cum maxillis caute avulsit, capite derelicto. His factis, cum jam extra portam abbatiæ essemus, interrogavi ego Dalmatius sacerdotem quid fecisset : ipse respondit se de reliquiis sufficienter accepisse. Quæsivi iterum ab eo, utrumne totum caput haberet; respondit : Non, sed tantum mentum cum maxillis. Commotus ego dixi illi : Nihil fecisti? Ite contenti eo quod habetis; ego, et socius meus Pontius videbimus quid facere poterimus. Sic itaque illis recedentibus nos duo ad monasterium reversi sumus. Monachis ergo, qui in porta erant, quærentibus ad quid regrederemur, ego Dalmatius chirotecas meas in ecclesia reliquisse respondi : sicque cum monachis in porta remanens, detinendi causa, socium meum domnum Pontium, ad implendum quod quærebamus, intus misi. Ille igitur monachum quemdam quasi custodem monasterii retro portam dormientem perspiciens, ad negotium implendum festinavit. Et ex Dei permissione, de duobus capitibus sanctorum, quæ in armariolo retro altare continebantur, beati Clementis caput attulit. Consideravit enim quod illud erat S. Clementis, de quo presbyter mentum acceperat. Sicque cum gaudio equos nostros ascendentes, cum festinatione abbatiam exivimus. Comperientes vero monachi quod factum fuerat, cum magno ejulatu post nos currentes, barbarumque suarum et capitum pilos dirumpentes, reliquias sanctas nos furtim rapuisse clamabant. Ego autem Dalmatius Pontium socium meum cito præcedere commonens, ad retardandos monachos habenas reprimens, sinum meum vacuum illis ostendens, nos nihil eis abstulisse pro mendacio asserebam. Sicque ex Dei gratia cum sancta præda per multarum viarum divortia, cum gaudio et timore ad hospitium reversi sumus, sanctumque beati Clementis caput, non quanta debuimus, sed quanta ausi fuimus et potuimus, vene-

ratione, in capella domus nostræ occulte reposuimus. Postea vero aliquantulum dubitantes, et de facto nostro certiorari volentes, nullam ausi sumus facere mentionem a die Dominica in Ramis Palmarum usque ad parasceven, sed taciti super hæc permansimus. Illa vero passionis Dominicæ die permutato habitu, et pedites visitantibus sancti, quasi peregrini ad prædictam abbatiam devenimus : et non solum ad adorandum, sed potius ad furandum aliud caput quod relictum fuerat, versus altare viam direximus. Quod viventes monachi multi post nos currentes, usque ad armariolum nobiscum pariter devenerunt. Vixque multa precum instantia, sanctuarium quod intus erat, manus nostras mirabiliter observantes, osculari permiserunt. Cumque ab ipsis, quare sic timerent, quæreremus, responderunt, pretiosissimas reliquias, caput beati Clementis se de novo taliter amisisse. His auditis, certiores effecti, ab ipsis recessimus, et sic quieti usque in diem Paschæ permansimus. Ipsa autem Resurrectionis die, ego Dalmatius de acquisito capite plurimum gaudens, et ampliorem volens habere certitudinem, quemdam interpretem, quem mecum tenebam, Græcæ et Latinæ linguæ peritum, ad abbatiam prædictam transmisi, eique ut abbati illius loci insinuaret, quod aliquas reliquias cuidam militi, auri, vel argenti, vel domorum, sive reddituum permutatione concederet, injunxi. Qui ad abbatem veniens, quod sibi injunxeram patefecit. Cum abbas quasi iratus, nullas reliquias, quibus carere vellet, quoniam caput beati Clementis de novo perdiderant, se habere respondit. Cumque in hunc modum ab eo interpres recederet, quidam Venetiani, in quorum dominio et potestate prædicta abbatia sita est, obvii venientes, quidnam quæreret ipsum interrogaverunt. Quibus cum se ad adoranda sancta devenisse respondisset, ipsi ipsum forte ex his qui sanctum caput beati Clementis furati fuerant ei objecerunt. Quibus ille nihil horum se scire respondens, quam citius potuit ab eis recessit. Et ita ad nos rediens, totum quod audierat et viderat recitavit. In hunc igitur modum augmentato et confirmato gaudio nostro, ego Dalmatius nec dum de inquisitione veritatis facti nostri quiescere volens, a quodam Suriano, Moyse nomine, qui ante tempora captionis civitatis Jerusalem, sepulcri Domini nostri Jesu Christi canonicus et custos exstiterat, et post tempora præfatæ captionis devenerat Constantinopolim, ibique ultra xv annos moram fecerat, et multa de statu ecclesiarum, et de depositione sanctorum, ut diligens inquisitor audierat, utrumne aliquid de corpore beati Clementis in eadem civitate delatum fuisse audisset, multa diligentia quæsivi. Qui siquidem post multam inter se auditorum revolutionem, caput beati Clementis a quodam imperatore longe ante Constantinopolim deportatum, sed ubi repositum fuerit, se nescire respondit. His igitur intersigniis et inquisitionibus : ego Dalmatius et socius meus Pontius admodum lætificati, beati Clementis caput, si Deus prosperum ad patriam nobis reditum concederet, sanctæ Ecclesiæ Cluniacensi nos daturos devovimus et promisimus.

Quanto citius ergo potuimus, navem ascendentes, et de prosperitate itineris nostri ex Dei gratia, et patroni nostri sancti Clementis tutamine plurimum confidentes, multa maris spatia usque ad vigiliam Pentecostes satis prospere transivimus. Ipsa autem vigilia invidus ille humani generis inimicus omnium bonorum, inquantum a Deo permittitur, perturbator, felicibus, ut credimus, actionibus nostris invidens, noctis illius crepusculo, vehemens et intolerabile venti marisque super nos induxit tormentum. Quo turbine turbati, turbantur et cærula ponti, et elevatæ sunt *mirabiles elationes maris (Psal.* XCII). Tunc unda dehiscens maris secreta undavit, æstusque furit arenis, et sepulcrum nostrum, ventres scilicet piscium, jam mare paraverat. Tunc extemplo omnium solvuntur frigore membra, eo quod non tam navis inter undas, quam undæ intra navem viderentur. Et carbasus arcemone inclinato jam maria lambere videbatur, et nautæ de vita desperantes, nave relicta in barcellis effugerunt. Cumque omnes alii, qui in navi remanseramus, de evasione et vita desperaremus, et omnium bonorum, et malorum obliti extra nos positi fueramus. Tunc confestim *Spiritus* Paracletus, qui *ubi vult spirat (Joan.* III), inspirare dignatus est nobis, ut confugeremus ad sanctum Clementem, cujus reliquias portabamus, ejusque experiremur clementiam. Nos vero ante capsulam, flexis poplitibus, lacrymis distillantibus, palmis ad cœlum extensis, hujusmodi orationem obtulimus : O clementissime Clemens, clementiam tuam imploramus, de cujus patrocinio confidimus ; ut qui pro nomine Christi in mari subversus es, nos a subversione maris liberare digneris, ut ex hoc veraciter comprobares te nobis auxiliari.

Oratione autem finita, illico finita est procella, et tranquillitas maris reddita est nobis. Fatemur igitur, et confidenter dicimus, quod statim per beati Clementis merita aquilone fugato, auster prosper propere successit, et navem ex opposita parte evidenter erigendo, præfatum mortale periculum feliciter evasimus. Et lætabundi lætabundas exsolvimus gratias erectori nostro, sicque per mare volantes citius appulimus ad portum optatum. Postea vero per diversa terrarum spatia, a beato Clemente prospere conducti, VI Kal. Augusti sæpe dictum sancti martyris caput cum multa devotione et honorificentia Domino concedente, et ipso martyre permittente, sanctæ ecclesiæ Cluniacensi, et ejusdem venerabili conventui obtulimus perpetuo venerandum et colendum. A quibus honorifice et cum ingenti reverentia susceptum, cum aliis sanctis reliquiis lætantes deposuerunt. Sed paulo post cum ingenti reverentia et honore in capsam argenteam honorificentius recondiderunt. Unde, de ejus clementia sperantes apud eum, qui judicaturus est vivos et mortuos, de ejus patrocinio et advocatione perpetuo confidimus muniti. Ejusque deprecamur clementiam, ut sicut aliquando universalem rexit Ecclesiam; ita nunc hanc specialiter regere et gubernare dignetur. Amen.

Hoc autem factum est per gratiam Dei, anno 1206, præsente Innocentio papa, regnante Philippo rege Francorum, adjuvante Domino nostro Jesu Christo, cui est gloria perennis et laus perpetua, per infinita sæcula sæculorum.

Explicit narratio exceotionis apud Cluniacum capitis beati Clementis.

BALDUINI
FLANDRIÆ ET HANNONIÆ COMITIS,
POSTMODUM
IMPERATORIS CONSTANTINOPOLITANI
EPISTOLÆ ET DIPLOMATA.

I.

Litteræ de pace facta inter comitem Balduinum et illos de Tornaco.
(Anno 1197.)
[MARTEN. *Thesaur. Anecdot.*, I, 664. Ex Hasnoniensi chartario dominorum de Avesnis.]

Ego BALDUINUS Flandriæ et Hannoniæ comes omnibus notum fieri volo, quod, sacramento præstito et fide interposita, concessi cuilibet de Tornaco quod firmas eis trugas tenebo, donec firma pax reformata fuerit inter dominum regem et me de illa quidem guerra quæ modo est incepta inter dominum regem Francorum et me, hoc videlicet modo, quod ipsi non poterunt interim amplius firmare ci-

Vitatem suam, quam modo est firmata, nec quemquam vel aliquos ex parte domini regis, vel ex aliqua parte alia, receptare poterunt, unde malum aliquid mihi accidat, et ccc serjantes quos mittere solebant domino regi in expeditionibus suis, ei mittere non poterunt : sed si dominus rex eos habere voluerit, ipsi liberabunt illos ei apud Tornacum et non in alio loco, et si tunc dominus rex eos abducere poterit, eos abducet. Cives etiam nullam debent domino regi dare pecuniam pro serjantibus istis, sed nec etiam pro aliqua alia occasione pecuniam ei aliquam debent dare, vel auxilium aliquod ei facere, unde mihi malum aut tædium accidere possit, quandiu guerra durabit. Homines autem mei libere poterunt transire per civitatem, dum tamen exercitus non transeat cum armis, et emere victualia sua, et quærere mercatus suos, et navigia poterunt transire ascendendo et descendendo cum victualibus et mercatibus, et ipsi cives liberum et securum interim habebunt transitum per totam terram meam quærendi mercatus, et negotia sua, sicut faciebant tempore pacis, et antequam guerra esset incœpta inter dominum regem et me. Cæterum si forte discordia aliqua oriatur inter aliquem, vel aliquos ex hominibus meis, vel de his qui ad me pertinent, et aliquos, velut aliquos ex civibus, concordia et compositio debet inde fieri per quatuor homines meos, hos videlicet, Walterum de Avesnis, Th. de Dichemue, Ren. de Trit, et Wilhelmum patruum meum, et per quatuor burgenses, hos videlicet : Henr. Wambe, Walt. Galet, Fob. Justitiam, Gomm. de Barra.

Hanc autem treugam ex parte mea firmiter tenendam juravit mecum Henricus frater meus, et hi homines mei fide interposita firmaverunt, Henricus patruus meus, Walterus de Avesnis, Wilhelmus patruus meus, Th. de Beverna, Ren. de Trit, Roger. castellanus de Curtraco, et Rogerus filius suus, Balduinus de Commines, Balduinus de Prat, Boissardus et Gill. fratres de Borghela, Rabber. et Rogerus fratres de Ruma, Gont. de Mouscin, Thom. de Lealcort, Fast. de Orcha, Osto de Arbre, Egidius et Gossuinus fratres de Aigremont, Nich. Desplecin, Ger. de S. Amando præpositus, Monicus et Egidius fratres de Guegnies.

Hanc etiam compositionem treugarum firmiter observandam juraverunt, et fidejusserunt ex parte sua præpositi, jurati, scabini, et electores, et omnes burgenses de Tornaco, et pro se dederunt hostagios Waltero de Avesnis de cc marcis, Rogero de Curtraco de c marcis, Egidio de Aigremont de c marcis, Bossard. et Gill. de Borghella de cc marcis, Ger. præposit. de S. Amando de c marcis, Gont. de Moscin de c marcis, Monicum de Guegnies de c marcis, Frastreit de Orcha de c marcis, Babber. de Ruma de c marcis, Nich. de Flamengheria de c marcis, et Thomam de Lealcort de c marcis. Hoc videlicet modo, quod si burgenses treugas istas non tenuerint, sicut dictæ sunt et ordinatæ, isti mihi debent solvere pecuniam istam, et mihi concesserunt, quod ego ubicunque potuero, absque forefaciendo de treugis, potero accipere de rebus eorum et de suo, quousque mihi plenarie fuerit emendatum quod treugas infregerint, si infra octo dies non emendaverint, et hanc compositionem treugarum recognoscam eis coram scabinis de Gandavo, de Brugis, de Ypra, et de Valenchenis, et pro his treugis, sicut dictæ sunt et ordinatæ, debent dare ex parte mea Laur. de Campanis, Joanni de Bavaco, Egid. de Attrebato quater mille marcas xxxii solid. et iv denarios Flandrensis monetæ pro singulis marcis, mille in nundinis Messinis, mille in nundinis de Curtraco, mille in nundinis de Ypra, et mille in nundinis de Trouhout. Verum ut stabiles teneantur treugæ istæ, sicut hic dictæ sunt et ordinatæ, præsenti feci scripto commendari, et sigilli mei appensione muniri.

Actum ante Tornacum anno Domini 1197, mense Julio, Dominica prima ante festum Beatæ Mariæ Magdalenæ.

II.

Balduini Flandriæ et Hannoniæ comitis leges de homicidio.

(Anno 1200.)

[D. Martex., *Anecdot.*, I, 765, ex ms. Camberonensi.]

Hæc est forma pacis in toto comitatu Hannoniensi, quam dominus Flandriæ et Hannoniæ Balduinus, et viri nobiles, et alii milites suis juramentis assecuraverunt et confirmaverunt, appositisque sigillis suis, tam domini comitis, quam virorum nobilium roboraverunt.

I. De hominibus igitur qui milites, vel filii militum non fuerint, mortuum pro mortuo, membrum pro membro. Filii vero militum, qui usque ad vicesimum quintum annum ætatis suæ non fuerint facti milites, post vicesimum quintum annum tales erunt ad pacem quam rustici.

II. Si quis homo hominem invaserit, quod vulgariter assalire dicitur, et homo assalitus erit supra corpus suum defendendum illum interfecerit qui eum assalaverit, pacem firmam inde debet habere erga Deum et erga amicos occisi.

III. Si quis in custodia fructuum terrarum suarum, vel nemorum, vel aquarum, vel pratorum, vel hujusmodi, per se, vel per servientem suum panna, seu vadia accipere voluerit, et ei pannum, vel vadium denegatum, id est sconditum fuerit, et inde inter eum et illum qui vadium denegaverit, id est scondiverit, quem supra suum invenerit, rixæ et contentiones, vel conflictus moveantur; et ille cujus fuerit terra, vel nemus, vel pratum, vel aqua, vel hujusmodi, illum interfecerit, quem supra suum invenerit, nulla in eum fiet vindicta, nec ipse faciet emendationem aliquam, sed pacem firmam habere debet.

IV. Si homo hominem interfecerit, et ille homicida aufugerit, ejus amici et proximi eum abjurare et forjurare debent; et sic pacem habere debent. Qui vero cum forjurare noluerit, talis erit qualis et homicida qui aufugerit, quousque eum forjuraverit.

V. Si quis cum homicida fugerit, vel occasione illa se absentaverit et patriam exierit, quod homicidam abjurare noluerit; infra annum redire potest et forjurationem facere. Post annum vero non plus redire potest, quam ille qui malefactum perpetraverit; et infra annum illum dominus in cujus justitia manserit, mobilia illius habebit, ubicunque fuerint illa in comitatu Hannoniæ. Amici autem et cognati illius hominis qui occisus fuerit, debent assecurare omnes homines illos qui homicidam forjuraverunt; qui vero illos assecurare noluerit, in eodem puncto erit quo et ille qui malefactum fecerit. Hoc tamen addito, quod postquam admonitus fuerit de assecuratione facienda, de die in crastinum usque ad vesperam potest patriam exire, et dominus in cujus justitia manserit, mobilia illius habebit, sicut prædictum est. Si vero post admonitionem patriam non exierit de die in crastinum, de eo fiet idem quod de illo deberet fieri qui malefactum perpetraverit. Hic etiam infra annum redire potest ad assecurationem faciendam.

VI. De membro ablato erit ad pacem eodem modo ad valentiam facti, videlicet de ablatione membri et de assecuratione.

VII. Homicidæ qui fugerit, et illius hominis qui alii membrum abstulerit et aufugerit, dominus in cujus justitia manserit, mobilia omnia ubicunque fuerint in comitatu Hannoniæ, et fructus terræ anni unius habebit.

VIII. Fugitivi quidem, vel banniti hominis terram ultra annum dominus tenere non potest; sed transacto anno propinquus hæres illius hæreditatem et terram ejus habebit, si eum abjuraverit.

IX. De occiso homine mortuam manum habebit ille cujus servus, vel de cujus advocatia fuerit.

X. Si homo fugitivus, qui hominem interfecerit, vel homini membrum abstulerit, vel bannitus in patriam redierit; nulla villa libera, nullusque dominus, vel homo, illum tueri, vel garrandire potest, quin ubicunque inventus fuerit, eum capere possit omnis qui pacem juraverit. Captivum debet præsentare illi supra cujus justitiam captus fuerit, ut ille de eo justitiam et vindictam prædictam faciat. Quod si ille non fecerit justitiam et vindictam, dominus comes Hannoniæ eam facere debet.

XI. Si homo vulneratus fuerit, vel graviter læsus, unde de morte, vel de perditione membri dubitetur; vulnerator, vel læsor tenendus est, et custodiendus, quousque visum fuerit quid de vulnere illo, vel læsione evenerit.

XII. Si miles hominem illum tentum in custodia habuerit, et ei evaserit, miles jurare debet se tertio militium, quod absque culpa sua ei evaserit, salva tamen bona pacis veritate. Si autem villico, vel alicui ballivo, vel cuilibet homini, qui miles non fuerit homo ille tentus et custodiendus evaserit, se septimo hominum juret, quod absque culpa sua ei evaserit, salva tamen bona pacis veritate.

XIII. Qui cultellum cum puncta portaverit, nisi sit venator, vel coquus, vel macellarius, vel alienus homo transiens per patriam; emendare debet per sexaginta solidos denariorum illi in cujus justitia inventus fuerit. Si autem præ paupertate emendationem illam solvere non poterit, auris ei amputetur.

XIV. Emendatio malefactorum in omnibus villis in quibus forum non currit, de vicino scilicet contra vicinum, tam in hominibus domini comitis, quam aliorum, hæc est. De homine roisnato, vel de membro fracto, quinquaginta solidi denariorum dandi sunt, unde homo læsus triginta solidos habebit, dominus in cujus justitia manserit homo læsus viginti solidos. De effusione sanguinis triginta solidi dandi sunt, de quibus homo medietatem habeat, dominus vero in cujus justitia manserit homo ille medietatem. De capillatione, vel percussione sine sanguine quindecim solidi, unde capillatus, vel percussus medietatem habeat; dominus vero in cujus justitia manserit; aliam medietatem.

XV. Hæc omnia per bonam veritatem comprobanda sunt. Si vero veritas non comparuerint; ille qui alterum inculpaverit, juret solus, quod ille eum læserit, aut percusserit, aut capillaverit. Alter vero se tertio juret, quod inde non culpabilis sit, et per hoc pacem debet habere.

XVI. In juramentis illis nullæ occasiones admiscendæ sunt, quæ gitta dicuntur.

XVII. Si quis hominum, quorum emendationes sunt in quinquaginta solidis, vel triginta, vel quindecim missus fuerit illi ad quem pertinet justitia pro homine suo qui læsus fuerit, si infra quindecim dies emendationem solvere non poterit, vel noluerit; dominus inde justitiam faciet secundum malefactum. Si autem ille aufugit, fugabitur sicut alii banniti, et confusus habebitur; amici ejus pacem habebunt.

XVIII. Per has emendationes pax firma debet esse inter dominos et vicinos et homines, tam de hominibus domini comitis, quam de aliis.

Hæc omnia dominus comes Flandriæ et Hannoniæ Balduinus, et homines sui viri nobiles, et alii milites, quorum subsequuntur nomina, tactis sacrosanctis Evangeliis, se plenarie observaturos juraverunt, Philippus videlicet marchio Namurcensis, sæpedicti comitis germanus, Henricus etiam ejusdem comitis germanus, Waterus de Avesnis, Alardus de Cymaco, Rasso de Gaura, Gerardus de Jace, Eustachius de Rues, Nicholaus de Barbencione, Wilhelmus præfati comitis patruus, Ægidius de Trasiniis, Wilhelmus de Kevi, Renerus de Trit, Nicolaus de Ruminio, Engelbertus de Ængien, Arnulfus de Moreliner, Godefridus de Thuin, Wilhelmus de Haussi, Alulfus filius ejusdem Wilhelmi, Walterus de Villa, Walterus de Kavreng, Nicolaus de Condato, Hugo de Gaia, Bernerus de Roucourt, Nicolaus de Mainwaut, Hugo de Beverna, Ægidius de Brena, Henricus frater ejus castellanus Binciensis, Osto de Wadripont, Nicolaus de Flamengeria, Henricus castellanus Montensis, Gillenus castellanus Bellimontis, Osto de Arbro, Balduinus de S. Remigio, Walterus de Sotenghien, Arnulfus de Aldenarda, Gerardus de Sancto Oberto, Henricus patruus sæpedicti comitis, Adam de Walencourt, Ægidius de Berlaimont, Hugo de S. Oberto, Gerardus præpositus Duacensis, Walterus castellanus Duacensis, Petrus de Duaco, Stephanus de Deneng, Joannes de Semeriis, Joannes de Herispont, Balduinus de Strepi, Alardus et Nicolaus et Walterus filii ejusdem Balduini, Ægidius, Ulbadus de Harveng, Balduinus de Valenchenis, Renardus de Strepi, Robertus de Loviniis, Nicolaus de Montinio, Hugo de Harven, Franco de Felliu, Fastredus de Cambron, Renerus de Montibus, Karolus de Cruce, Drogo de Quarinum, Romundus de Quarinum, Goswinus præpositus Senogiensis, Walterus de Blanden, Gerardus filius ejus, Obertus de Fontiniis, Ægidius de Montibus, Wilhelmus de Montinio, Balduinus de Curtisolva, Alardus de Grandirivo, Gillebertus Cornutus, Wilhelmus Flaons.

Actum anno Verbi incarnati 1200, Montibus in Castro, v Kalendas Augusti, feria vi ante festum Sancti Petri ad Vincula.

III.

Item aliæ leges ejusdem Balduini comitis, de successionibus, et aliis rebus.

(Anno 1200.)

[MARTEN. *ibid.*, p. 769, ex Hasnoniensi chartario dominorum de Avesnis.]

Hæc est declaratio legum in curia et comitatu Hainoensi communi consensu et consilio ac deliberatione, sanaque recordatione virorum nobilium et ministerialium ad comitatum Hainoensem pertinentium discretius conscriptarum, sigillisque et juramentis domini Balduini comitis Flandrensis et Hainoensis, et fidelium hominum suorum ad comitatum et dominationem Hainoensem pertinentium, ad perpetuam observationem confirmatarum.

I. Firmatum est igitur ad legem, ut si homo tenens feodum duxerit uxorem, et ex ea filiam habuerit, et non filium: ipsa filia succedet patri et matri in feodum.

II. Si prima hominis uxore defuncta, homo aliam duxerit uxorem, et ex ea filium habuerit, filius succedet in feodis sui patris, sed non filia primæ uxoris.

III. Est quoque ad legem firmatum, ut si homo tenens feodum habuerit filios, vel filias tantum; et primus filius, vel prima filia habuerit hæredem proprii corporis, et moriatur, ipse primus filius, vel ipsa prima filia, antequam pater, hæres illius non succedet avo in feodo, sed succedet ei in feodi tenore morienti propinquior hæres supervivens, filius scilicet, vel filia in feodo.

IV. Si homo tenens feodum, moriatur absque proprii corporis hærede, feodi successio deveniet ad propinquiorem ejus hæredem, illum scilicet qui de illa fuerit consanguinitate de qua feodum illud ante descenderat.

V. Eadem est lex de femina tenente feodum, si absque proprii corporis hærede decesserit.

VI. Si homo ducens uxorem, de feodo eam donare voluerit: hoc per dominum feodi, et per testimonium hominum ipsius domini fieri oportet.

VII. Si homo absque proprii corporis hærede decesserit, ejus uxor in ejus feodis, vel in allodiis quæ ex parte viri jure hæreditatis provenerint, nihil retinebit, nisi tantummodo dotalitium et mobilia in terra cultibili illius anni.

VIII. Est etiam ad legem, ut si homo et femina per matrimonium convenerint, et ex parte unius vel utriusque feoda, seu allodia provenerint, et moriatur homo vel femina absque proprii corporis hærede, feoda vel allodia quæ ex parte hominis mortui, vel feminæ mortuæ provenerant, ad suos propinquos hæredes statim redibunt; ita quod vir in uxoris hæreditate nihil retinebit, nec femina in sui viri nisi dotalitium, salvis tamen utriusque mobilibus in terra cultibili illius anni.

IX. Si homo moriatur antequam ejus uxor, hæres ejus si ætatem habuerit, succedet patri statim in feodis: ita quod uxor nihil inde retinebit, nisi dotalitium sibi datum, et mobilia illius anni in terra cultibili, quæ vulgariter *Wangnaule* dicitur.

X. Similiter si femina decesserit antequam ejus vir, hæres ejus, si ætatem suam habuerit, succedet statim matri in feodis; ita quod vir in illis nihil retinebit, nisi mobilia quæ supra terram suam cultibilem, id est *Wangnale*, fuerint illius anni.

XI. Ad legem ætas hominis est quindecim annorum, feminæ vero duodecim.

XII. Habetur etiam ad legem, ut si homo et ejus uxor feodum pariter acquisierint, et homo absque proprii corporis hærede decesserit, feodum illud ad propinquum ipsius hominis hæredem statim devenire debet; ita quod hæres propinquior, illud a domino feodi recipiet, et ei hominium faciet, et munitionem, si qua fuerit, habebit, et hominia ad feodum pertinentia. Uxor vero, dum vixerit, medietatem commodorum et proventuum habebit in illo feodo, absque servitio faciendo, et absque justitia facienda domino feodi; hæres vero aliam medietatem, qui inde servitium et justitiam facit domino feodi.

XIII. Si homo et femina allodium pariter acquisierint, et decesserit homo sine proprii corporis hærede, femina quoad vixerit totum allodium tenebit; post decessum vero feminæ, totum allodium ad propinquos viri hæredes deveniet.

XIV. Si femina decesserit, ex cujus parte feoda vel allodia provenerint, vir ejus ante puerorum suorum plenam ætatem in ipsis prius, et in feodis eorum, et bonis bajulationem habebit, quousque parvi ætatem suam habuerint.

XV. Similiter si homo decesserit, ex cujus parte feoda vel allodia provenerint, femina in pueris suis et eorum feodis et bonis eamdem bajulationem habebit. Homo autem, dum vixerit, allodia eodem modo tenebit.

XVI. Si homo et femina decesserint, antequam parvi eorum ætatem suam habeant, propinquior hæres parvorum qui de illa fuerit proximitate, in pueris et eorum feodis et allodiis bajulationem habebit, quousque pueri ætatem suam habuerint.

XVII. Servus aliquis allodium suum a manu sua nullatenus potest ejicere, vel feodum facere, nisi assensu domini sui.

XVIII. Bajulus domini comitis Hanoniensis supra omnes alios bajulos sub testimonio hominum domini comitis constitutus, justitiam non potest facere de uno homine contra alium, et exercere de omnibus rebus tanquam dominus comes. Homines vero domini comitis pro illo justitiam plenarie debent facere, de uno scilicet homine contra alium tanquam pro domino comite. Ipse autem bajulus de possessionibus et tenuris, et hæreditate domini comitis placitare non potest, quod comes per illius justitiam, vel manu tenementum perdere possit, nec potest bajulus aliquem domini comitis hominem trahere in causam vel quèrelam de tenuris suis, vel hæreditate ejus, nisi in præsentia domini comitis.

XIX. De mobilibus autem inter comitem et homines suos potest bajulus potestative placitare, et de catallis causæ præteritæ, et querelæ quæ antea judicatæ fuerant, remaneant sicut inde judicatum fuerat.

XX. Dominus vero comes Balduinus Flandrensis et Haynoensis, et fideles homines sui Philippus scilicet marchio Namucensis, ipsius comitis germanus, Henricus etiam ejusdem comitis germanus, Walterus de Avesnis, Alardus de Cymaco, Rasso de Gavera, G rardus de Jacea, Nicolaus de Barbenchione, Eustachius de Rues, Wilhelmus avunculus prædicti domini comitis, Wilhelmus de Kevi, Renerus de Trit, Nicolaus de Ruminio, Walterus de Kavren, Ægidius de Trasiniis, Engelbertus d'Angien, Henricus patruus domini comitis, Gerardus de S. Oberto, Wilhelmus de Haussi, Adam de Vallencuri, Ægidius de Blainmont, Arnulfus de Aldenarda, Walterus de Sotenghien, Osto de Wadripont, Walterus de Villa, Nicolaus de Condato, Ægidius de Brena, Henricus Castellanus Binchiensis, Gerardus præpositus Duaci, Walterus castellanus Duaci, Petrus de Duaco, Gerardus senescalcus Bulcheni, Stephanus de Deneng, Arnulfus de Kavren, Hugo de S. Oberto, Wilhelmus de Gominiis, Gillenus castellanus Bellimontis, Henricus castellanus Montensis, Osto de Arbro, Hugo de Gaia, Renardus de Strepi, Achardus de Verli, Hugo de Crois, et quamplures alii hæc omnia, tactis sacrosanctis, se observaturos juraverunt, suo addentes juramento, quod si quis hominum has leges conscriptas in aliqua parte infringere præsumpserit, omnes alii contra illum erunt ad plenam omnium prædictorum observationem.

Actum anno Verbi incarnati 1200, Montibus in Castro, v Kalendas Augusti, feria vi ante festum Sancti Petri ad Vincula.

IV.

Pactum inter regem Angliæ et comitem Flandriæ et Hannoniæ.

(Anno 1200.)

[*Ibid.*, col. 771, ex eodem chart.]

Notum sit universis hoc scriptum visuris, quod hoc est fœdus et conventio inter Joannem, regem Angliæ, et Balduinum, comitem Flandriæ et Hannoniæ consanguineum suum, videlicet quod idem rex Angliæ pacem aut treugam cum rege Franciæ non faciet, nec facere poterit, absque voluntate et consensu ejusdem comitis, nec idem comes faciet, aut facere poterit pacem aut treugam cum rege Franciæ, absque voluntate et assensu prædicti regis Angliæ. Et si forte de voluntate et assensu utriusque pax aut concordia fieret inter regem Franciæ et eos, et rex Franciæ postmodum alterutrum guerraret, tenerentur prædicti rex Angliæ et comes ad mutuum subsidium et auxilium sibi invicem conferendum, prout melius poterunt, et sicut fecerunt tempore quo fœdus istud inter eos est contractum. Et sciendum est quod hoc fœdus et hæc conventio non solummodo duratura est tempore guerræ, sed in perpetuum inter eos et inter hæredes eorum, qui terras ipsorum tenebunt post eos, sive pax fuerit, sive guerra : ita quod si rex Angliæ hoc fœdus et hanc conventionem non observaverit, illi qui juraverunt hoc fœdus et hanc conventionem tenendam pro rege Angliæ, mittent se in captionem præfati comitis infra mensem postquam id bona fide scierint, non exspectata submonitione dicti comitis. Similiter si dictus comes hoc fœdus et hanc conventionem non observaverit, illi qui juraverunt hoc fœdus, et hanc conventionem tenendam pro ipso comite, mittent se in captionem dicti regis Angliæ infra mensem postquam id bona fide scierint, non exspectata submonitione dicti regis Angliæ. Hoc juravit pro ipso rege Angliæ bona fide tenendum Robertus comes Leycestriæ, et in animam ejusdem regis, et pro seipso juravit idem comes in animam suam, et alii, quorum nomina subscripta sunt, juraverunt in animos suas idem fœdus et eamdem conventionem bona fide tenendam : videlicet Wilhelmus marescalcus comitis de Pembroc., Rander comes Cest, Balduinus comes Albemart, Wilhelmus Arundell. Rad. comes Augi, Robertus comes de Mellento, Hugo de Gornaco, Wilhelmus de Kæu, Gaufridus de Cella, Rogerus constabularius Cestr. Robertus filius Walteri, Wilhelmus de Albiniaco, Robertus de Ros, Ric. de Muntficeth, Rogerus Eithoen, Saherus de Quincy, Wilhelmus de Muntchenesy, Petrus de Pratellis, Wilhelmus de Stangno, Adam de Portu, Robertus de Turneham, Wilhelmus Males, Eustatius de Vescy, Petrus de Brus, Wilhelmus de Humei

constabularius Normanniæ, Wilhelmus de Præsci-
niaco, Hubertus de Burgo, Wilhelmus de Manseio,
Petrus Savarici.

Hoc fœdus et hanc conventionem bona fide tenendam juravit prædictus Balduinus comes Flandriæ et
Hannoniæ manu propria in animam suam, et alii,
quorum nomina subscripta sunt, juraverunt in animas suas idem fœdus et eamdem conventionem
bona fide tenendam pro ipso comite : videlicet Henricus frater comitis, Wilhelmus avunculus comitis,
Saherus castellanus de Gant, Hugo de Sancto Au-
berto, Renerus de Trit, Reginaldus de Aria, Gillenus castellanus de Bellomonte, Daniel de Curtraco,
præpositus de Bruges, Balduinus de Cumines, Henricus de Bailliol, Terricus de Beverne, Gerardus de
Rodes, Walterus de Sotenghien, Bokardus de Bur-
gell. Walterus castellanus de Duaco, Osto de Arbre.

Acta sunt ista coram ipso rege Angliæ apud castrum de Ruppe-Andeliaci xviii die Augusti, regni
sui anno I.

V.

*Charta Balduini Flandriæ comitis pro monasterio
Clarevallis. — Proficiscens Jerosolymam, et sanctitate Clarevallensium monachorum compunctus,
donationem eis facit.*

(Anno 1202.)

[MARTEN. *ibid.*, ex chartario Clareval.]

In nomine Patris et Filii, et Spiritus sancti. Ego
BALDUINUS Flandrensis et Hannoniæ comes, notum
fieri omnibus volo, quod Jerosolymam profecturus,
cum per monasterium Clarevallense transitum facerem, congregationis sanctæ visione roboratus, et
in Dei nimirum amore ferventior, ex tantæ devotionis accensus exemplo, eidem loco benefaciendi
animum Christiana prævia fide ac religione concepi. Quia vero rebus meis dispositis, et redditibus
ordinatis, pro voluntate mea quod conceperam
pleniter ordinare non potui, memoriale saltem
quoddam liberalitatis initium arrhamque dispositæ
interim ordinavi, eleemosynamque perpetuam ad
panem et vinum consecrationi Dominici corporis
et sanguinis necessarium eis libere contuli, et liberaliter assignavi, decem videlicet libras Valen-
cenæ monetæ in grangia mea de Montibus in festo
sancti Remigii parate singulis annis accipiendas,
et per manum abbatis Camberonensis prædicto
monasterio deferendas. Hanc autem eleemosynam
pro salute animæ meæ et charissimæ consortis meæ
Mariæ, illustris Flandrensis et Hannoniæ comitissæ,
et antecessorum meorum, ac deinceps successorum
a me solemniter ordinatam atque concessam, ut
rata et inconcussa in perpetuum perseveret, dignum
duxi præsentis scripti patrocinio, et sigilli mei impressione firmandam. Nihilominus eadem auctoritate firmans omnes eleemosynas et libertates quas
memorato conventui sanctitatis eximiæ per sua
authentica confirmavit omni posteritati. veneranda
in perpetuum et tenenda illustris memoriæ quondam Flandrensis et Viromanduorum comes avun-

culus meus Philippus princeps toto orbi clarissimus, sicut in eisdem authenticis continetur.

Actum anno Domini 1202 mense Aprili.

VI.

*Epistola M. marchionis Montis-Ferrati, B. Flan-
driæ comitis, L. Blesensis, et H. S. Pauli, ad
universos Christi fideles. — De expugnatione urbis
Constantinopolis.*

(Anno 1203.)

[MARTEN. *ibid.*, col. 788, ex ms. Elnonensi.]

Universis Christi fidelibus, archiepiscopis, episcopis, cæterisque ecclesiarum prælatis et clericis,
baronibus, militibus et serjantis, ad quos litteræ
istæ pervenerint, M. marchio Montis-Ferrati, B.
Flandriæ et Hannoniæ, L. Blesensis et Claromontis,
et H. S. Pauli comites, cæterique barones et milites exercitus signatorum in stelio Venetorum sic
currere per stadium, ut ad bravium perveniant vo-
cationis æternæ.

Quanta fecerit nobis Dominus, imo non nobis,
sed nomini suo, quantam gloriam dederit suis diebus, quanta possumus brevitate perstringimus, ipso
prænotantes initio, quia ex quo urbem transgressionis eximus, sic enim Jaderam nominamus, cujus
excidium vidimus, dolentes quidem et necessitate
compulsi, nihil inter nos ordinatum esse meminimus, quod communiter ad utilitatem pertineret
exercitus, quin illud in melius providentia divina
mutaverit, sibique totum vindicans, stultam fecerit
sapientiam nostram. Hinc est quod eorum quæ facta
sunt apud nos gloriose, omnem a nobis gloriam jure
repellimus : quippe qui operis adhibuimus parum,
consilii nihil. Unde necesse est, ut si quis ex nobis
voluerit gloriari, in Domino glorietur, non in se,
vel in altero, Fœdere igitur Jaderæ confirmato cum
illustri Constantinopolis quondam imperatoris Isachii filio Alexio, cum victualibus et rebus egentes,
Terræ sanctæ videremus gravamen potius illaturi,
sicut et alii ex nobis qui nos præcesserant, quam
juvamen aliquod allaturi, nec terræ Saracenorum,
in tanta egestate nos crederemus applicare potentes : verisimilibus quidem omnino rumoribus et
argumentis inducti, quod dicti Alexii suspiraret adventum regiæ pars potior civitatis, et pondus imperii, quem electione concordi et solemnitate debita
imperiali diademate sublimasset, contra consuetum
ordinem temporis, aura favente, obedientibus Domino ventis et mari, ad urbem regiam, præter omnium spem, prospere applicuimus, et in brevi ; sed
nec adventavimus improvisi, qui usque ad sexaginta
millia equitum præter pedites in urbe reperimus :
et transilientes loca tutissima, pontes, turres et
flumina sine damno nostrorum, terra et mari obse-
dimus civitatem et tyrannum pariter, qui commisso
in fratrem parricidio, fasces imperii diutina incuba-
tione polluerat. Præter igitur omnium opinionem,
universorum civium mentes contra nos invenimus
obfirmatas, nec aliter contra dominum suum civitatem muris et machinis obscratam, quam si adven-

'asset populus infidelis, qui loca sancta polluere, et religionem proponeret inexorabiliter evellere Christianam. Imperii siquidem crudelissimus incubator, domini sui et fratris proditor et orbator, quique eumdem carcere perpetuo sine crimine condemnasset, idem filio ejus illustri facturus Alexio, si non eumdem a manibus ejus felix eripuisset exsilium, præhabita in populum detestabili contentione, patentes simul et p'ebem sermonibus adeo infecerat venenatis, ut ad subversionem libertatis antiquæ Latinos assereret adventare, qui Romano pontifici locum et gentem restituere properarent, et Latinorum legibus imperium subjugare. Hæc profecto res sic omnes contra nos animavit pariter et armavit, ut contra nos et exsulem nostrum, et barones nostros, seu etiam nosmetipsos a civibus postulantes audiri, nec adventus nostri causam, nec petitionis nostræ modum potuimus explicare, sed quoties terra vel mari stantibus in muro sermones obtulimus, toties retulimus tela pro verbis. Considerantes igitur quod præter spem nostram cuncta contingerent, in eum statum necessitatis impacti, ut statim necesse haberemus, aut perire, aut vincere; cum et obsidionem ipsam in quindecim dies nulla ratione protelare possemus, quos victualium omnium incredibilis urgeret angustia, non ex desperatione quidem, sed inspirata quadam securitate divinitus suspirare cœpimus ad bella promptissimis periculis nos audacter opponere, et incredibiliter in omnibus obtinere. Ad conflictum etiam campestrem sæpius ordinati, inæstimabilem multitudinem fuga in urbem ignominiosa conclusimus. Aptatis igitur interim terra et mari bellicis instrumentis, die obsidionis octava violenter civitas introitur, grassatur incendium. Disponit contra nos in campo acies imperator, et paratis nobis excipere venientes, constantiam nostram cum paucitate miratus, ignominiose freno reflectit in urbem retrogressus ardentem. Ipsa nocte fugam cum paucis aggreditur, suamque in urbe relinquit uxorem et parvulam prolem. Ea re comperta, nescientibus nobis, Græcorum proceres in palatio congregantur, et exsulis nostri solemnis celebratur electio, seu potius restitutio declaratur, insperatamque lætitiam copiosa in palatio luminaria protestantur.

Mane facto, prodit in castra inermis Græcorum procerum multitudo, suumque cum gaudio quærit electum. Restitutam civitati asserit libertatem, et regredienti filio, ad fasces imperii cum gaudio inæstimali sublevatum de carcere caput patris Isachii quondam imperatoris ostendunt. Præordinatis itaque quæ necessaria videbantur, ad ecclesiam Sanctæ Sophiæ novus imperator cum solemni processione deducitur, exsuli nostro sine omni contradictione imperiale restituitur diadema cum plenitudine potestatis.

His peractis, ad solutionem promissorum prosilit imperator, et promissa rebus accumulat, victualia servitio Domini profutura præbet in annum, Detenta

marcharum millia nobis solvere pergit et Venetis, sumptibus suis stolium nobis prolongat in annum, seque juramento astringit, quod erigere debeat nobiscum regale vexillum, et in passagii Martii nobiscum ad servitium Domini proficisci, cum quantis potuerit millibus armatorum, et sub eadem promissione concludit quod eam reverentiam præstare debeat Romano pontifici, quam antecessores sui imperatores catholici prædecessoribus suis pontificibus pridem impendisse noscuntur, et Ecclesiam Orientalem ad hoc idem pro viribus inclinare. Tantis igitur utilitatibus provocati, ne salutem quam dederat Dominus in manibus nostris spernere videremur, et vertere in opprobrium sempiternum quod ad hominem nobis incomparabilem cessisse videbatur. Prompta devotione consensimus, et ibidem hiemem, Deo dante, facturi, ad partes Ægypti proximo passagio transmeare, tam certo proposito quam irrevocabili juramento prompta voluntate sumus astricti. Et nunc scire vos volumus, quoniam gaudii hujus et gloriæ participes omnes vos esse in visceribus Christi Jesu desideramus ardenter. Ad hoc nuntiis jam præmissis, tam dicti imperatoris quam nostris, soldano Babyloniæ Terræ sanctæ impio detentori, qui ex parte regis nostri Jesu Christi Nazareni et servorum ejus dicti videlicet imperatoris et nostra, regaliter, ut decet, debeant intimare, quod devotionem populi Christiani incredulæ genti suæ, Deo dante, in proximo proponamus ostendere, et ad contritionem infidelitatis de cœlo nos exspectare virtutem. Hæc autem fecimus de vestra potius sub Domino quam de nostra virtute confisi; quos eo devotius ac vehementius nobis desideramus adjungi, quo meliores ac plures regis nostri ministros nobiscum viderimus decertare, ne Judæis pridem traditus in Galilæa illudendus, de cætero gentibus relinquatur. Hæc eadem fratribus nostris, qui in Terra sancta nostrum præstolantur adventum significare curavimus, tam nos quam ipsos Christiani nominis zelatores, consolationis quam dedit nobis Dominus fieri fraterna societate participes, modis omnibus in Domino præoptantes. Vobis igitur, venerabiles Patres, ecclesiarum prælati, humiliter supplicamus ut sermo exhortationis divinæ vivus et efficax spargatur in populos; et ad consummationem propositi voluntarios in lege excitetis, atque ad virtutis gloriam capessendam, quam Dominus eisdem pro labore permodico dignatur offerre, viriliter animetis. Nihilominus et verbi requirimus auditores, ut sint etiam prompta et virili animositate factores. Ostium enim magnum apertum est eis, ut modicum tribulationis et laboris non solum nomen faciat eis temporale, sed et æternum gloriæ pondus operetur in eis. Nec enim eos manet quæ super dorsa nostra pertransit laborum difficilis ac pene intolerabilis magnitudo, quam nobis virtus quæ de cœlo est misericorditer levigavit

VII.

Epistola Balduini imperatoris Constantinopolitani ad Innocentium III papam. — De capta urbe Constantinopolitana et ipsius ad dignitatem imperialem elevatione.

(Exstat in Registro epistolarum Innocentii III, lib. VII, epist. 152. Vide *Patr.* tom. CCXV.)

VIII.

Ad eumdem. — De rebus gestis ab exercitu crucesignatorum; de expugnatione Jaderæ, etc.

(Exstat ubi supra, lib. VI, ep. 211.)

IX.

Epistola Balduini imperatoris Constantinopolitani ad Cameracensem, Atrebatensem, Morinensem et Tornacensem episcopos. — Conceptam spem de Terræ sanctæ recuperatione significat, rogatque ut nobiles ad transfretandum exhortentur.

(MARTEN. *ibid.*, col. 791, ex eodem ms.)

BALDUINUS, Dei gratia fidelissimus in Christo imperator, a Deo coronatus, Romanorum moderator semper augustus, Flandriæ et Hannoniæ comes, venerabilibus et amicis in Christo charissimis, Cameracensi, Atrebatensi, Morinensi, Tornacensi, eadem gratia episcopis, gratiam suam et omne bonum.

Statutum et progressum nostrum, et totius exercitus Christiani litteris et nuntiis nostris vobis plenissime declarasse meminimus, quam mira dispensatione Dominus per ministerium christiani exercitus ecclesiæ suæ procuravit unitatem. Hinc enim, sicut a sapientibus evidenti ratione conjicitur, ad subventionem Terræ sanctæ ostium manifeste patebit et aditus. Non solum enim transitum habituri sunt a modo liberum per nos peregrini, sed præter vires nostras quas per gratiam Dei etiam in præsenti haberemus non modicam, et quas omnino illi terræ devovimus, victualium illis quoque abundantiam ferax gratia ministrabit. Ad liberationem enim terræ, in qua Vita mortua mortem triumphavit, totis visceribus anhelamus. A cujus rei proposito,

cum ipsum et pretium nobis exstitit, nunquam desistemus quoad vixerimus, donec cum tot ante concessis in hac etiam parte se nobis etiam ostenderet Salutare Dei. Verum cum ad tantum et solemne negotium, non ex nostra sufficientia, sed universorum Christi fidelium adminiculis sub Deo audeamus præsumere, dilectionem vestram exoramus attentius, quatenus nobiles et ignobiles in episcopatibus vestris constitutos, ad idem propositum monitis salutaribus accendatis. Omnibus enim qui ad nos venerint paratos nos esse noveritis et sufficientes secundum statum personarum et modos amplis occurrere possessionum largitionibus et honorum. Ad hæc rogamus obnixius quatenus orationibus vestris et precibus personam nostram, necnon et coadjutores imperii in ecclesiis vestris commendetis, et ad idem clerum et populum vobis commissum moneatis, ut Dominus Jesus, pro cujus hæreditate indesinenter laborare proposuimus, tam nos quam imperium nostrum, sicut cœpit, non desinat conservare.

X.

Litteræ Balduini imperatoris Constantinopolitani, quibus sigillum suum revocat.

(Anno 1204.)

[MARTEN. *ibid.*, p. 793, ex chartario Hasnoniensi dominorum de Avesnis.]

B., Dei gratia fidelissimus in Christo imperator, a Deo coronatus, Romanorum moderator, et semper augustus, Flandriæ et Hannoniæ comes, omnibus ad quos litteræ istæ pervenerint salutem.

Noveritis quod a tempore coronationis nostræ, hoc est a septimo decimo Kalendas Junii sigillum nostrum antiquum quod litteris istis appendet, viribus carere decrevimus, et si quid a tempore jam dicto fuerit aliquid inde sigillatum (quod non credimus) omnino falsum, irritum judicamus et vacuum.

Datum anno Domini 1204, mense Junio.

APPENDIX AD BALDUINUM

IMP. CONSTANTINOPOLITANUM.

—

GENEALOGIÆ COMITUM FLANDRIÆ

ED. L. C. BETHMANN.

(PERTZ, *Monum. Germ. hist.*, Script., tom. IX, pag. 302.)

—

I. WITGERI GENEALOGIA ARNULFI COMITIS.

Genealogiæ comitum Flandrensium quas novimus omnes ortæ sunt apud Sanctum Bertinum atque in ejus viciniis. Antiquissima inter eas est quam intra annos 951 et 959 (1) condidit Witgerus presbyter,

(1) Anno enim 951 Balduinus uxorem duxit Mathildem, quam noster memorat; a. 959 mater ejus

Adela obiit; qua adhuc superstite verba *rideat genitor ac genitrix filios* scripta fuisse apparet.

Compendii ut videtur degens. Exscripsimus eam ex codice autographo olim Bertiniano, jam civitatis Au-domarensis n. 776 (2), ubi inter plures membranas variis temporibus scriptas atque ante l æc duo modo sæcula in unum volumen ligatas hæc tria exstant folia, ipsius Witgeri manu exarata medio sæculo decimo, formæ quadratæ, versibus distincta qui singuli singula littera rubra prænotantur; quam distinctionem nos quoque retinuimus. Ex hoc codice fluxit apographum recens sæculi xii bibliothecæ Ambianensis n. 498, olim 556. Edidit primus A. Hermand in *Mémoires de la société des Antiquaires de la Morinie*, t. II, deinde alteram partem Warnkonig apud De Smet *Corpus chronicorum Flandriæ* Brux. 1837. 4to I, 42; atque iterum in *Flaudrische Rechtsgeschichte*, III, 19⁷.

HIC [1] INCIPIT GENEALOGIA NOBILISSIMORUM FRANCORUM IMPERATORUM ET REGUM DICTATA A KAROLO REGE COMPENDIENSIS LOCI RESTAURATORE POST BINA INCENDIA.

Ansbertus nobilissimus genuit Arnoldum ex Blitchildi filia Clotharii regis Francorum, et Feriolum et Modericum et Tarsiciam.

Arnoldus genuit Arnulfum. Arnulfus genuit Flodulfum, Walchisum et Anschisum.

Walchisus genuit Wandregisilum confessorem Domini.

Anschisus dux genuit Pipinum seniorem.

Pipinus senior et dux genuit Karolum seniorem.

Karolus senior et dux genuit Pipinum (3), Karlomannum, Griphonem et Bernardum ex regina; Remigium et Geronimum ex concubina.

Pipinus rex genuit Karolum et Karlomannum et Gislam ex Bertrada regina.

Karolus imperator genuit Karolum Hludovicum et Pipinum, Rotrudim et Bertam ex Hildegardi regina, Dögronem et Hugonem et Rothaidim ex concubina.

Hludovicus imperator genuit Hlotharium Pipinum et Hludovicum, Rotrudim et Hildegardim ex Yrmingardi regina, Karolum et Gislam ex Judith imperatrice.

Hlotharius imperator genuit Hludovicum, Hlotharium [2] et Karolum ex Hirmingardi regina.

Hludovicus rex genuit Karlomannum, Hludovicum et Karolum ex Emma regina.

Karlomannus rex genuit Arnulfum regem.

Arnulfus rex genuit Hlodovicum ex Oda regina, Sendeboldum vero ex concubina.

Karolus imperator genuit ex Hyrmentrudi regina quattuor filios et totidem filias, id est Hludovicum, Karolum, Karlomannum et Hlotharium Judith [3] quoque et Hildegardim, Hirmintrudim et Gislam.

Hlodovicus rex genuit Hludovicum et Karlomannum et Hildegardim ex Ansgardi vocata regina, Karolum quoque postumum et Irmintrudim ex Adelheidi regina.

Karolus rex genuit ex Frederuna regina Hyrmintrudim, Frederunam, Adelheidim, Gislam, Rotrudim et Hildegardim; ex concubina vero Arnulfum, Drogonem, Roriconem, et Alpaidim. Denique vero defuncta Frederuna regina, sibi sociavit alteram in conjugium reginam nomine Otgivam, ex qua genuit filium eliganti forma Hludovicum nomine. Et postea ex regina Gerberga Hlotharium Karolum [4] Ludovicum et Mathildim.

HIC INCIPIT SANCTA PROSAPIA DOMNI ARNULFI COMITIS GLORIOSISSIMI FILIIQUE EJUS BALDUINI QUOS DOMINUS IN HOC SECULO DIGNETUR PROTEGERE.

Quam Judith prudentissimam ac speciosam sociavit sibi Balduinus comes fortissimus in matrimonii conjugium (863).

Ex qua genuit filium, inponens ei nomen sibi equivocum, videlicet Balduinum.

Qui Balduinus accepta uxore de nobilissima progenie regum ultramarinorum, sumpsit ex ea duos bonæ indolis filios, quorum unum vocavit Arnulfum, fratrem vero ejus Adelulfum.

Qui ultimus permittente Deo ab hujus seculi sarcina ereptus, in monasterio sancti Bertini Christi confessoris noscitur esse sepultus (933).

Si autem prolixioris temporis in hoc viveret spatio, gaudium permaximum suis foret et fortitudo.

Domnus vero Arnulfus comes venerabilissimus atque domino Jesu Christo amantissimus, prudentia eximius, consilio pollens, omni bonitate fulgens, ecclesiarum Dei perfectissimus reparator, viduarum orfanorum ac pupillorum piissimus consolator, omnibus in necessitate auxilium ab eo petentibus clementissimus dispensator [5].

Quid amplius? si centum ora linguasque quis haberet, ejus beneficiorum dona nequaquam enarrare valeret.

Verum quia de millenis ejus bonitatibus nullo modo sufficienter loqui valemus, pauca de plurimis dicemus.

Est namque monasterium in Conpendio palatio, in honore sanctæ Dei genitricis Mariæ dicatum,

[1] Hic *abscisum jam restituit Hermand*. [2] tharium *abscisum in cod.* [3] de *judith in prima pagina latius invenies. Hæc in margine scripsit Witgerus, atramento nigriore, quam reliqua, eodem quo crucem et totam prosapiam Arnulfi.* [4] Karol *abscisum, alia manus plane æqualis in inferiore margine iteravit verba :* Et postea ex regina Gerberga. Hlotharium. Ludovicum et Mathildim, *unde apparet, codicem jam paulo post quàm exaratus fuit, ita mutilatum esse, ut nunc est. Ceterum constat, hæc omnia inde ab Et postea ad Ludovicum Ultramarinum pertinere, Karoli filium, Gerbergæ maritum, qui obiit a. 954. Pater ejus Karolus Simplex obiit a. 929.* [5] nsatur *abscisum supplevit Hermand*.

NOTÆ.

(2) Cf. Pertz Archip. VIII. 419.
(3) Hucusque omnia desumpta sunt ex genealogia Fontanellensi apud Pertz SS. II, 508.

quod multis donariis ab eo est honoratum, videlicet in auro et argento et palliis.

Clericis vero inibi Domino servientibus nummorum copiam sepe distribuit largissimam.

Lectum nempe sanctorum Christi testium Cornelii ac Cypriani purissimo argento ab eo pondere decem librarum novimus esse decoratum.

Signum nobilissimum quod alio nomine campana dicitur, eidem sancto loco contulit. Non mirandum.

Quia vero jamdictus locus ab attavo suo imperatore Karolo, qui Calvus dicebatur, mirifico opere omnino est fundatus.

Ipse namque jam predictus comes venerabilis Arnulfus accepit conjugem nomine Adelam (934), domni Heriberti comitis filiam [6] atque duorum Francorum regum, Odonis scilicet [7] atque Rotherti, neptem (4).

Ex qua, Deo protegente, genuit filium elegantis formæ nomine Balduinum, vultu decorum, Deo dilectum suisque fidelibus per omnia carum, comitem nobilissimum, exemplo patris ecclesiarum Dei amatorem, humilem, mansuetum, pium, modestum, benignum, sobrium, insuper etiam omni bonitate repletum.

Qui ad legitimam perveniens etatem, Deo concedente ac patris voluntate accepit conjugem nobilitati suæ condignam nomine Mathildim (951), filiam nobilissimi principis vocabulo Herimanni.

Ex quibus, gratia superna largiente, videat precipuus genitor ejus ac genitrix filios filiorum, si

Deo libitum fuerit, usque in tertiam et quartam generationem, concessa sibi corporis sanitate ac omni incolumitate universorumque criminum absolutione, nunc hic et in seculorum tempore. Amen.

Utinam hoc fiat omnipotente Deo Patre de celis miserante. Amen. Utinam hoc fiat Domino Jesu Christo filio ejus Domino nostro concedente. Amen. Utinam hoc fiat superna gratia Spiritus sancti paracliti a Patre et Filio procedentis largiente. Amen. Amen. Amen.

Presbiter hoc oblat Witgerus nomine dictus [8],
Ut comiti dicto sit salus tempore longo.

Amen. Amen. Amen. Amen. Amen. Amen. Amen. Amen.

Quicumque hanc perlegerint venerabilem genealogiam domni ARNULFI nominatissimi hujus seculi principis filiique ejus BALDUINI nobilissimi, orent pro eis solotenus et dicant clamentque puro corde : ORATIO PRO DOMNO ARNULFO ATQUE EJUS FILIO BALDUINO. Deus omnipotens fortis, dominator pius et clemens, rex regum et dominus dominantium, salvet domnum ARNULFUM comitem gloriosissimum, ejusque filium Deo dilectum nomine BALDUINUM. Regat, tueatur, protegat atque defendat, custodiat et sublevet, exaltet et confortet, muniat ac corroboret omnibus diebus vitæ eorum in hoc presenti seculo. Post longevam istius seculi vitam, omnium sanctorum intervenientibus meritis, pervenire mereantur ad gloriam paradisi, ipso donante a quo sunt conditi. Amen. Amen. Amen. Amen. Amen. Amen. Amen.

II. DE ARNULFO COMITE.

Vir admodum reverendus Franciscus Vandeputte abbas in *Annales de la société d'émulation de la Flandre occidentale*, I, 3, 228 et II, 3, 69, primus edidit sequentem notulam, tergo diplomatis sæculo decimo confecti inscriptam alia manu sæculi ut ipsi videtur XI, per monachum ut ex fine apparet Blandiniensem. Eamdem nos, ipso benignissime concedente, iterum huc sistimus.

Arnulfus marchio magnus, qui dicebatur Contractus, ex Adela filia Hereberti comitis Virmandorum filium genuit nomine Balduinum (962). Qui Balduinus ex Mathilde filium genuit Arnolfum minorem, et immatura morte præventus morbo variolorum periit. Sed Arnulfus major filium ejusdem Balduini, minorem scilicet Arnulfum, consanguineo suo Balduino cognomento Baldzoni nutriendum et custodiendum tradidit, eundemque Baldzonem regimini totius monarchiæ, quousque minor Arnulfus cresceret, præfecit. Hic etenim Baldzo filius fuit Adalulfi, qui erat uterinus frater Arnulfi magni eundemque Baldzonem ex concubina genuit, et per infortunium a subulco proprio in quadam silva occi-

VARIÆ LECTIONES.

[6] *comitis* fi *abscisum.*   [7] *scilic abscisum.*   [8] *ita suppevi; dictus abscisum, priore tantum parte litteræ* d *relicta.*

NOTÆ.

(4) Le silence de notre auteur sur la prétendue guérison miraculeuse de la comtesse Adèle dans l'église de Saint-Bertin en 938, pourrait être regardé comme une espèce de démenti de ce fait, avancé par Iperius. Si ce miracle avait eu lieu, Witgerus qui fait un panégyrique d'Arnould, n'eût probablement pas manqué de le faire ressortir avec éclat; il aurait au moins ajouté aux louanges d'Arnould, que ce prince paraissait spécialement protégé de Dieu par la guérison de sa femme, à cause de ses libéralités envers les ministres de la religion. HERMAND. Hoc miraculum jam in codice Bertiniano, seu Audomarensi n. 746 sæc. XI exeuntis, qui codex ultima pars est codicis Boloniensis n. 143, narratum legitur sub titulo : *Eremdolpi monachi descriptio ingressus Athelæ, quæ lingua Theutonica interpretata dicitur Nobilissima, comitissæ in Sithiu, anno 938*, manu sæculi XI conscriptum.

sus interiit (933). Tunc Arnulfus occisi fratris fi- A constituit. Hic est ille Balduinus cognomento
lium sibi in loci filii adoptavit, eumque postea cus- Baldzo, qui ex propria hered.tate villam Traslin-
todem nutriciumque nepotis sui junioris Arnulfi gehem cum appendiciis suis sancto Petro tradidit.

III. GENEALOGIA COMITUM FLANDRIÆ BERTINIANA.

Sub Roberto II, qui anno 1111 obiit, condita fuit apud S. Bertinum ut videtur (5) genealogia, quæ a
pluribus continuata, et jam anno 1120 a Lamberto S. Audomari canonico excepta, sequentium omnium
exstitit fundamentum. Hæc prima fuit, quæ Lidricum Ingelramnum Audacrum primos fecit comites Flandrenses (6), cum præcedentes a Balduino demum lineam ducerent. Codice primario quo Lambertus usus
fuit deperdito, hi nobis præsto fuerunt:
   1. Vedastinus jam deperditus, sed a Martenio descriptus, qui cum sæculi xi dicit. Hunc quoque adhibuit
Lambertus.
   2. Bertinianus, jam Boloniensis n. 142, fol. sæculi xiii exeuntis.
   3. Marchianensis, jam Duacensis n. 698, eamdem continet ultimo folio inscriptam manu s. xii, quæ
eam continuo calamo ad a. 1127 deduxit; tres aliæ, quinque vicibus sibi succedentes, eam continuarunt.
   4. Formosellensis, jam Bruxellensis n. 8675, annales continet jam tomo quinto a nobis editos, quorum
margini alia manus sæculi xii hanc genealogiam apposuit, in verbis multum mutatam.
   5. Leidensis bibl. publ. inter Latinos n. 20, mbr. fol. sæculi xii. Ibi in pagina vacua manus alia
sæculi xiii in. eamdem descripsit, et in verbis et vero in fine multa mutans, eamque continuo calamo
continuans.
   5*. Hoc ipsum exemplar Leidense pauculis quibusdam additis atque ademptis, iterum descriptum fuit et
eodem calamo ad a. 1279, deductum in codice Divionensi n. 322, de quo cf. Pertz Archiv. VII, 353; quem
eumdem codicem credo atque Cisterciensem, quo usus est Brial.
   Ediderunt eam Brial XIII. 417 ex 1. 5*. De Smet Corpus chron. Fland. I, 9 ex 2.

Lidricus[9] Harlebeccensis comes genuit Ingelran- B fus Magnus genuit Balduinum, qui juvenis morbo
num[10]. Ingelrannus genuit[11] Audacrum. Audacer variolæ obiit et apud Sanctum Bertinum sepelitur
genuit[11] Balduinum Ferreum, qui duxit filiam[18]. Hic duxerat (10) filiam Herimanni ducis Saxonum
Karoli Calvi nomine Judith[12] (7). Balduinus[13] Fer- Mathildem, ex qua genuit Arnulfum. Mathildis vi-
reus genuit Balduinum Calvum, qui duxit filiam dua relicta nupsit Godefrido duci de Enham[19], ex
Edgeri[14] (8) regis Anglorum, nomine Elftrudem[15]. quo suscepit[20] tres filios (11), Gozelonem ducem,
Balduinus Calvus genuit Arnulfum Magnum restau- Godefridum, Hezelonem[21]. Arnulfus, filius ejus ex
ratorem Blandiniensis[16] cenobii, qui duxit filiam priori marito Balduino[22], duxit filiam Berengeri[23]
Heriberti Virmandorum comitis Adelam[17] (9) Arnul- regis Langobardorum, Ruzelam[24] quæ et Susan-

[9] Hildricus 1. [10] Ingelramnum 2. Lamb. [11] deest 2, 4. [12] Juditham 3. [13] vero addit 1. Judith. de qua
gen. 4. [14] Egeri 3. Ædgeri 4. [15] Elferadem 1. Elferudem Lamb. Elftr. generans ex ipsa Arn. 4. [16] Blandinii 2, 4 (cui cenobii deest) Gandensis 1. [17] Adhelam const. 3. Athelam Lamb. q. d. f. H. V. c. A. desunt
4. [18] sepultus est 1. [19] Enhiam 3. Heinam 2. Heinam 4. [20] habens e x illo 4. [21] G. et H. 1, 4. Lamb.
[22] deest 4. [23] deest 1. Lamb. [24] Rozelam 4. Est Rosalia.

NOTÆ.

(5) Hoc conjicio ex verbis apud S. Bertinum sepe- C sibus Balduinus bis filius Auaacri vocatur, a. 826
litur de Balduino, cum nullius alius comitis sepul- et 879. Num autem Audacer fuerit comes Flandriæ,
tara indicata sit. hoc satis dubium est, sicuti plura circa initia hujus
   (6) Lidrici comitatus Flandrensis quam dubiæ sit comitatus. Quid? quod sub anno 870, hoc est vi-
naturæ, satis notum; testimonia sæculo undecimo vente Balduino Ferreo, Annales Vedastini cœvi
antiquiora non exstant. Annales tamen Blandinien- hæc habent: Prædicti fratres Karolum regem Fran-
ses ante a. 1064, ex antiquioribus conscripti in corum et Arnulfum comitem Flandrensem adeunt, et
Mon. SS. V, 20, hæc habent : 836. Lidricus comes quid super hoc agendum sit, pariter consulunt. Ka-
obiit et Arlabeka sepelitur. Porro in conventu Sil- rolus autem rex Francorum et Arnulfus consul Flan-
vacensi anni 853, Mon. Legg. I, occurrunt missi in drensium convocatis episcopis et principibus suis, etc.
Noviomiso, Vermendiso, Adertiso, Curtriciso, Flan-   (7) A 863. Autissidiori. Balduinus obiit a. 879.
dra, comitatibus Engilramni, qui non potest esse   (8) Falsum. Alfredi Magni filia fuit Elftrudis, quæ
alius a filio Lidrici. At quem afferunt Engilramnum obiit a. 929.
ex conventu Carisiaco anni 858 (ib. I, 458), nil sane   (9) A. 934. Obiit Adela a. 959, Arnulfus 27
est cur hunc nostrum credere debeamus, non ma- D Martii 965.
gis quam Ingelramnum comitem anno 870 (ib. 516)   (10) A. 951. Obiit 1. Jan. 962. Hermannum Bil-
et anno 864 (SS. I, 378). In his temporum augustiis lungum Mathildi patrem tribuunt etiam Witgerus
forent indissolubiles; in Ingelramno nostro a 853 supra editus atque Albericus ad a. 1005; genealo-
adhuc degente non sunt. Quas chronologiæ difficul- gia S. Arnulfi minus recte eam facit filiam Conradi
tates ut expedirent Vredius, Bylandt, Loys, alii, regis Burgundici.
Audacrum nunquam exstitisse, sed fuisse Balduini   (11) Quinque; omittit auctor Adalberonem et
cognomen statuerunt. Sed in Annalibus Blandinien- Fridericum.

na [25], ex qua suscepit Balduinum Barbatum. Bal- A
duinus Barbatus duxit filiam (12) Gisleberti comitis [26] Odgivam, ex qua suscepit Balduinum Insulanum, qui duxit filiam Rodberti regis Francorum
Adelam (13). Balduinus Insulanus genuit

2. 3. 4.   1.

Balduinum Hasnonien- | Balduinum, qui duxit vi-
sem, et Rodbertum cogno- | duam Hermanni comitis
mento postea Iherosoli- | Montensis Richildem, ex
mitanum, et Matildem | qua genuit Balduinum et
uxorem Guillelmi regis | Arnulfum. Horum pa-
Anglorum [27]. Balduinus | truus Robertus duxit fi-
ex Richelde (14) vidua | liam Bernardi Saxonum
Herimanni comitis Mon- | comitis (15) Gertrudem,
tensis duos suscepit filios, | viduam Florentii comitis
Arnulfum et Balduinum. | Fresonum, et cum ea ejus
Quorum altero occiso, | tenuit regnum. Hic ac-
altero per vim expulso, | cepta a patre suo pecu-
Rodbertus [28], qui ex vidua B | nia maxima sacramento
Florentii Frisionis comi- | Flandriam abdicavit (16),
tis Gertrude Rodbertum | quam jure hereditario
æquivocum et fratrem | fratri suo Balduino ejus-
ejus Philippum suscepe- | que successoribus con-
rat, rerum potitur et | cessit. In vita enim fra-
regni heres efficitur [29]. | tris Robertus siluit; sed
Rodbertus Rodberti filius | post ejus obitum tradito-
Clementiam [30], filiam | rum auxilio Arnulfum
Guillelmi nobilissimi co- | nepotem suum comitem
mitis Burgundionum co- | Flandriæ apud Casel in-
gnomento Testahardith | terfecit, regnumque ejus
duxit, de qua genuit Bal- | dolo obtinuit. De præfata
duinum et Guillelmum [31] | enim vidua Gertrude Phi-
(17). | lippum et Robertum co-
  | mitem genuit. Robertus
  | vero duxit Clementiam
  | filiam Willelmi ducis (18)
  | Burgundiæ, ex qua genuit
  | Willelmum et Balduinum
  | comitem. Balduinus au- C
  | tem duxit filiam Alani
  | Fregani comitis Britan-
  | niæ [32].

CONTINUATIO MARCHIANENSIS.

Guillelmus ante patrem suum moritur. Balduino
quoque sine herede defuncto, Karolus filius Cnutii
regis Datiæ ex filia prioris Roberti comitatum suscepit. Quo innocenter occiso, Guillelmus filius Rotberti comitis Normanniæ (abhinc alia manus coævi)
comitatum obtinuit (1127). Post quem Theodericus
dux Alsatiæ. Cui successit Philippus filius suus.
abhinc aliena manus s. xii ex.) Quo in transmarinis
partibus defuncto (1191), Balduinus comes Hai-

noensis comitatum suscepit. Cui filius ejus equi-
vocus non multo post in utroque successit comitatu.
(abhinc atramento alio manu eadem), Iste Balduinus
genuit ex conjuge sua duas filias, Johannam et
Margaretam, et postea abiit in terram Constantino-
politanam, et ibi rex et imperator coronatur (1204).
Qui postea in prelio captus, quo fine obierit, nescitur. Filia vero ejus Johanna obtinuit comitatum
utrumque, et Hainoensem et Flandrensem. Que
duxit maritum fratrem regis de Portigal, nomine
Fernandum (atramentum iterum mutatur). Contra
quem rex Francorum Philippus bella movit et exercitum duxit in Flandriam, eumque ad pontem de Bo-
vinnes in bello cepit; ubi ipse comes pene a suis
omnibus derelictus, viriliter dimicando diu restitit,
et tandem vulneratus, captus est (1214) et apud Parisius cum aliis multis baronibus suis etiam captis
ductus, ubi per 13 annos ab ipso rege detentus est.
Postea (desinit manus in fine paginæ. Sequitur alia
s. xiii ex.) Johanna mortua (1244), cum non haberet heredes, soror ejus Margareta obtinuit comitatum utrumque. Que Margareta cum de duobus haberet liberos, ordinatum fuit ipsa vivente, ut post
ejus decessum Johannes de Avennis, filius ejus
quem de primo viro susceperat, Hainonensem comitatum haberet, Flandrensi comitatu alterius viri
heredibus remanente. Qua mortua (1280, Febr. 10),
successerunt ei Johannes filius Johannis filii ejus
in comitatu Haynoiensi, et Guydo filius ejus in comitatu Flandrensi.

CONTINUATIO LEIDENSIS ET DIVIONENSIS.

[Gen. Bert.] Lidricus [33] genuit Ingelrannum. Ingelrannus Odracum. Odracus Balduinum Ferreum,
qui duxit uxorem Judith, filiam Karoli Calvi regis
Francorum, illa illum sequente. Balduinus Ferreus
genuit Balduinum Calvum, qui duxit Heldradam
filiam Otgeri regis Anglorum. Balduinus Calvus genuit Arnulfum Magnum, restauratorem Blandiniensis cenobii, qui duxit Adelam filiam Heriberti comitis Viromandorum [34]. Arnulfus Magnus genuit
Balduinum, qui morbo variole ante obitum patris
obiit et apud Sanctum Bertinum sepultus est. Hic
duxit Matildem filiam Herimanni ducis Saxoniæ,
ex qua genuit Arnulfum Barbatum. Matildis relicta

VARIÆ LECTIONES.

[25] vocata fuit addit 2. R. nomen necnon et Susannam, ex qua genuit B. B. qui ducens f. G. c. genuit
Balduinum Insulanum cujus mater dicta est Otgiva. Balduinus Insulanus ducens f. R. r. F. nomine A. genuit. 4. [26] de Lizelenborg addit 1. Lamb. [27] Robertum Fresonem 4, ubi cogn.—Angl. desunt. [28] quorum Arnulfo o. Balduino vero p. v. e. R. Frisio qui 4. [29] susc. comitatus h. c. 3. [30] ducens Clementiam 4. qui hic desinit, ultima linea, sed una tantum, abscisa. [31] ita 2, et Geneal. Berliniana infra edenda.
Guillelmi comitis B. duxit de qua duos filios suscepit B. et G. 5. Hic desinit 2, et 5 pergit continua manu:
Guillelmus ante patrem etc. [32] desinit 1. [33] Hidricus 5. errore rubricatoris. Anno ab incarnatione Domini 793. 24° anno regni Karoli Magni regis Francorum principatur in Flandria L. qui genuit 5*. [34] Hic
Arnulfus acquisivit Atrebatum anno ab incarnatione Domini 932. addit 5*.

NOTÆ.

(12) Sororem potius; filia fuit Friderici comitis
Lotharingiæ, atque obiit 21. Febr. 1030. Balduinus
Barbatus obiit 30. Maii 1036.
(13) A. 1026; obiit Adela a. 1071.
(14) Quam duxit a. 1051.

(15) Ducis potius.
(16) Audenardæ, a. 1065. cf. de hisce rebus Lamberti Annales ad a. 1071.
(17) Et Philippum, qui ante patrem obiit
(18) Comitis.

\ìdua nupsit Godefrido duci de Enbam. Arnulfus Barbatus [35] duxit Susannam filiam Beringeri regis Langobardorum, et [36] genuit Balduinum Barbatum; qui
duxit Ogivam filiam Gisalberti comitis, et postea
filiam secundi Ricardi ducis Normannorum [37] (19).
Balduinus Barbatus genuit Balduinum Insulanum,
qui duxit Adelam filiam Roberti regis Francorum.
Balduinus Insulanus genuit Balduinum Hasnonien-
sem et Robertum Barbatum. Balduinus Hasnoniensis
genuit Arnulfum et Balduinum ex Richelde. Post
mortem Balduini Hasnoniensis comes fuit Arnulfus
filius ejus, quem occidit Robertus patruus ejus facto
bello apud Cassellum (1071, Febr. 22), licet Philippus rex Francorum partibus Arnulfi concesserit [38]; et expulit Balduinum fratrem ejus cum matre, et duxit Gertrudem viduam, quæ fuerat uxor
Florentii comitis de Holanth [39], de qua genuit Robertum et Philippum. Post aliquot annos ivit in Jerusalem; unde post duos annos reversus et paucis
annis quietam vitam ducens, obiit, apud Cassellum
ecclesia beati Petri, quam ipse ædificaverat, sepultus est (1093, Oct. 13). Robertus autem filius ejus
duxit [40] Clementiam, filiam Willelmi comitis Burgundiæ, de qua genuit Balduinum et Willelmum.
Roberto autem in Francia [41] defuncto et Attrebati
sepulto (1111, Oct. 5), Balduinus filius ejus suscepit
comitatum Frandriæ, Willelmo fratre suo jam defuncto. Balduino sine filiis mortuo et apud Sanctum
Bertinum sepulto (1119), successit Karolus filius
amitæ ejus et Kanuti regis Danorum. Quo [42] interfecto 1127mo anno Domini sine filiis, Guillelmus successit per biennium, cujus pater fuit Robertus, avus
ejus Guillelmus comes Normannorum et rex Anglorum [43], qui duxit Matildem, germanam Roberti
Frisionis avique Balduini. Et hoc quoque interempto
sine liberis [44], Theodericus filius ducis [45] Alsatie
ex tertia amita Balduini comitatum suscepit. Hic
duxit Sibillam filiam Fulconis comitis Andegavo-
rum, ex qua genuit Philippum, Matheum, Petrum et

A tres (20) filias (1134), quarum primogenita nupsit
Amico comiti Intermontano [46] (21):

Cod. Divion. et Cisterc. addunt :

Tres itaque filias et unam germanam (22) habuit
Robertus comes cognomento Frisio; quarum prima (23) nupsit Kanuto regi Danorum, quam postea
habuit Rogerus dux Apulie; secunda (24) Philippo
regi Francorum, de qua genuit Ludovicum regem;
tertia (25) Theoderico comiti Alsatie, de qua genitus est comes Flandriæ Theodericus, qui duxit Sibillam filiam Fulconis comitis Andegavensis, qui
postea rex Jerusalem claruit; ei genuit ex ea quattuor filios, Balduinum, Philippum, Matheum et Petrum. Balduino autem in pueritia mortuo, accepit
comitatum Flandrie Philippus, comitatum Bolonie
B Matheus, preposituram Brugensem et Audomaren-
sem Petrus. Philippo sine liberis mortuo (1191),
successit nepos ejus ex sorore Balduinus comes de
Hannonia, qui postea fuit imperator Constantinopolitanus. Iste moriens reliquit duas filias, Johannam
et Margaretam; quarum prima succedens in comitatu pro patre suo, nupsit Ferrando nepoti regis
Portusgallorum ex filia; qui conspiratione facta
cum Othone imperatore et Johanne rege Anglie et
Reginaldo comite Bolonie, pugnavit contra dominum suum Philippum regem Francorum (1214); in
quo bello ipse Ferrandus victus et captus est cum
comite Bolonie Reginaldo. Isto mortuo, nupsit
iterum predicta Johanna Thome fratri comitis Sa-
C baudie. Ista defuncta sine liberis (1244), accepit
comitatum soror ejus Margareta; de qua, cum
esset juvenis et in custodia Buchardi Avennensis
fratris Galteri comitis Blesensis, ipse Buchardus
genuerat duos filios, Johannem et Balduinum. Quæ
postea nupsit nobili viro Guillelmo domino de Dam-
petra (1218), qui genuit ex ea tres liberos, Guillelmum, Guidonem et Johannem. Quorum primo mortuo sine liberis in torneamento apud Trasegnies,
adhuc vivente matre, accepit comitatum pro eo
Guido frater ejus (1279).

IV. GENEALOGIA REGUM FRANCORUM COMITUMQUE FLANDRIÆ.

Sub hoc titulo Lambertus S. Audomari canonicus in libri Floridi folio 105 exhibet carmen, quod hic
primum prodit ex autographo Gandensi anni 1120. Compositum igitur fuit a. 1120; utrum ab ipso Lam-

VARIÆ LECTIONES.

[35] iste 5*. *ubi Matildis — Barbatus desunt.* [36] ex qua 5*. [37] et — Norm. *desunt* 5*. [38] faverit 5*.
[39] Hodanth 5. Hollandia, 5. [40] cui successit R. f. c. qui d. uxorem 5*. [41] Frisia 5. Francia apud
Meldum 5*. *quod rectum.* [42] a suis apud Brugias *addit* 5*. [43] R. qui fuit filius Willelmi nothi ducis N.
et regis A. 5*. [44] apud castrum quod dicitur Alost *addit* 5*. [45] comitis 5* [46] *hic desinit* 5*. Hic duxit —
Intermontano *desunt* 5*. qui eorum *loco habet* Tres itaque filias, *etc.*

NOTÆ.

(19) Alienoram.
(20) Quatuor; cf. l'*Art de vérifier les dates.*
(21) Humberto III, comiti Sabaudiæ, primo nupsit
Gertrudis.
(22) Privignam potius, Bertam, Florentii ex Ger-

D trude filiam, BRIAL.
(23) Adela.
(24) Berta, privigna Frisionis.
(25) Gertrudis.

berto an ab alio, incertum; illud tamen veri similius. Metrum trochaicum, nec tamen sibi constans; singuli versus nunc septem nunc sex theses habent, arses autem ubivis octo.

Francorum Flandrensiumque principum nobilium	Priamus dux Troianus extitit exordium.
Post urbis eversionem egressus de Frigia,	venit ipse et Antenor simul in Pannonia.
Priamo quoque perempto, illius Marcomerusæ	profectus est in extremis Germanorum finibus.
A Marcomere processit Faramundus nomine,	quem in regem gens Francorum elevavit super se.
Genitus a Faramundo rex invictus Clodio	regnavit annis viginti in castro Disbargio.
Merovechus rex Francorum de istius genere	Chidericum genuit deditum luxuriæ.
Childericus itaque Clodoveum inclitum,	Clodoveus etenim edidit Lotharium.
Rex autem Lotharius Chilpericum maximum,	Chilpericus quoque rex genuit Lotharium.
Magnus rex Lotharius Dagobertum edidit,	Dagobertus itaque Clodoveum genuit.
Post Theodericus rex Clodovei filius	Childebertum protulit, qui fuit rex inclitus.
Childebertus etenim Dagobertum genuit,	qui regnans quinquennio, sine prole obiit.
Arnoldus post de Blithilda filia Lotharii	filius ducis Ansberti, sceptrum regni tenuit.
Arnoldus regem Arnulfum post Metensem presulem genuit, et hic Anchisem, Pipinumque Anchises.
Karolus quippe Martellus a Pipino nobili	genuit parvum Pipinum, patrem magni Karoli.
Processit a Karlo magno Ludoicus nobilis	rex Francorum et augustus Romanorum utilis.
Ludoicus cesar Pius Calvum regem Karolum	genuit, qui Romanorum tenuit imperium.
Procedens a Karolo Calvo Judith filia,	est secuta Balduinum Ferreum in Flandria.
Judith Calvum Balduinum Balduino peperit.	De Calvo magnus Arnulfus Balduinum genuit.
Balduinus de Mathilda Arnulfum post edidit,	et Arnulfus Balduinum structorem Blandinii.
Balduinus Balduinum sepultum in Insula;	Balduinus Insulanus Rotbertum de Athela.
De Rotberto, qui regali prole fuit genitus,	processit alter Rotbertus, miles invictissimus.
Rotbertus Hierusalem expugnator hostium	Balduinum genuit Clementiæ filium.
Hic bellis frequentibus hostes regni domuit;	parvo regnans tempore sine prole obiit.
Tunc successit Karolus nepos hujus comitis,	quem Chuto de Athela genuit rex nobilis.
Jamque Chutone perempto Athela cum puero	rediit in Flandriam, Danos linquens perfidos.
Qui sic ortus de regali Karolus progenie	heres regni factus est atque comes Flandriæ.

V. LAMBERTI GENEALOGIA COMITUM FLANDRIÆ.

Lambertus filius Onulfi anno 1077 defuncti, canonicus Sancti Audomari, anno 1120, *librum de diverso-rum auctorum floribus Deo sanctoque Audomaro pio patrono nostro contexuit, quem quoniam sic ratio po-stulat, Floridum intitulavit.* Ibi inter cætera quam maxime inter se diversa f. 104 legitur genealogia, a Lamberto, ut credimus, ipso ita concinnata, ut genealogiam Bertinianam ad verbum transcribens, ex Hinc-mari Remensis annalibus atque aliunde ampliaret et ad sua usque tempora deduceret. Hoc Lamberti opusculum paulo post a. 1164 pro fundamento inservit ei quam statim post illud daturi sumus genealo-giæ; paulo post a. 1128 continuatione auctum fuit brevissima, cujus auctor nescitur. Proponimus illud ex co lice autographo olim Audomarensi, dein Sancti Bavonis, jam universitatis Gandensis, de quo ege-runt Pertz *Archiv.* VII, 540. Jules de St. Genois in *Messager de Gand* 1845, p. 473, nos in *Serapeum* 1845, p. 59. Ex hoc transcripti sunt Parisiensis Supplem. Lat. 10 *bis* sæc. XIII, Parisiensis Suppl. Lat. 107, anni 1429, Duacensis 741, sæc. XV, Leidensis Vossianus Lat. 31, sæc. XIV, olim Alexandri Petavii, cum continuatione quæ in reliquis quos diximus codicibus non habetur. Guelferbytanus inter Gudianos 1, sæc. XIII cum eadem continuatione. Hagensis n. 759, anno 1460, ex Guelferbytano fuit exceptus in oppido Ni-novensi; cujus versio Gallica exstat in codice Hagensi 759a, anno 1512, jubente Philippo de Cleves con-fecta. Bruxellensis 16534, olim Blandiniensis, sæc. XVI, de quo egimus in Pertz Archiv. VIII, 531, et ipse ex Audomarensi fluxit; cujus apographum recentius est Parisiense inter Baluziana arm. II, paquet 1, n. 3. Ediderunt genealogiam Labbe concilia x, 578, e codice Carthusiæ Montis Dei; sed partiunculam tantum; integram Brial *Recueil XIV*, 520, ex apographo jam inter Duchesniana n. 93 servato; Warnkönig *Flan-drische Rechtsgeschichte I*, append. 15, et apud De Smet *corpus chron. Flandriæ I*, 1 ex autographo; Van-deputte in *Annales de la société d'émulation de la Flandre* 1845. *III*, 40, qui primus etiam continuationem edidit. Nos denique codices jamdictos adhibuimus omnes; capitum distinctionem, quæ in codi-cibus non habetur, de nostro instituimus.

GENEALOGIA COMITUM FLANDRIÆ.

1. [*Gen. Bert.*] Anno ab incarnatione Domini A Harlebeccensis comes, videns Flandriam vacuam 792 Karolo Magno regnante in Francia, Lidricus et incultam ac nemorosam, occupavit eam (26).

NOTÆ.

(26) Ineptum, ni fingas Karolum Magnum tunc temporis in utramque aurem dormiisse. Paquot.

Hic genuit Ingelramnum comitem. Ingelramnus autem genuit Audacrum, Audacer vero genuit Balduinum Ferreum. Balduinus autem Ferreus genuit Balduinum Calvum ex Judith vidua Adelbaldi regis Anglorum, filia videlicet Karoli Calvi regis Francorum [Hincm.]. Hic prius eam duxerat, et anno eodem quo eam accepit, obiit (27). Quo defuncto, Judith, possessionibus venditis, quas in Anglorum regno obtinuerat, ad patrem rediit, et Silvanectis, Senliz [47] sub tuitione paterna servabatur. Balduino Ferreo vero lenocinante et Ludvico fratre ejus (28) consentiente, mutato habitu, ipsum furto secuta est anno Domini 860 (29). Quod ut rex comperit, episcopos et principes Francorum consulens, juxta edictum beati Gregorii depromi sententiam ab episcopis peciit. At illi juxta illud: « Si quis viduam in uxorem furatus fuerit, anatema sit (Exod. xxii), » Balduinum et Judith excommunicaverunt. Quo audito Balduinus Romam profectus est ad Nicolaum papam, hujus rei petens indulgentiam. Nicolaus autem misericordia motus, misit (30) legatos suos, Radoaldum scilicet Portuensem episcopum et Johannem Ficodensem episcopum, Suessionis ad Karolum; quos aliquandiu secum retinuit, et concessa Balduino indulgentia, pro cujus obtentu venerant, cum epistolis ad apostolicam sedem redire muneratos absolvit. Postea rex Karolus ad Autisiodorum civitatem usque perveniens, ibidem filiam suam Judith, sicut domnus eam petierat, Francorum consilio Balduino quem secuta fuerat, legaliter conjugio sociari permisit anno Domini 862 (31).

2. [Gen. Bert.] Balduinus autem Calvus, ducta filia Edgeri (32) regis Anglorum, nomine Elferudem, genuit Arnulfum magnum, restauratorem Blandiniensis cenobii. Arnulfus vero magnus genuit Balduinum juvenem de Athela filia Herberti Virmandorum comitis. Balduinus autem juvenis duxit Mathildem, filiam Hermanni ducis Saxonum, de qua genuit Arnulfum; post cujus ortum Balduinus iste morbo variole obiit, et apud Sanctum Bertinum sepultus est. Mathildis vero vidua relicta, nupsit Godefrido duci de Enham, ex qua suscepit tres filios, scilicet Gocelonem ducem et Godefridum et Hecelonem. Arnulfus autem, filius Balduini juvenis, duxit Susannam filiam regis Longobardorum, de qua genuit Balduinum Barbatum. Balduinus autem Barbatus Gandavi sepultus, accepit Otgivam filiam (33) Gisleberti comitis de Lizelenbors, ex qua suscepit Balduinum Insulanum. Balduinus vero Insulanus, ibi sepultus, duxit Athelam Mecenis (34) sepultam filiam Rodberti regis Francorum, de qua genuit Balduinum Montensem et Robertum et Mathildem, reginam Anglorum, uxorem Willelmi nothi. Balduinus autem Montensis, Hasnone sepultus, duxit Richildam viduam Hermanni comitis (35) de qua genuit Arnulfum qui in ecclesia sancti Audomari sepultus est, et Balduinum qui in expeditione Hierusalem obiit.

3. Horum patruus Rodbertus duxit filiam Bernardi ducis Saxonum, Gertrudem Furnis sepultam scilicet, viduam Florentii Fresonum comitis, et cum ea ejus regnum obtinuit. Hic, accepta a patre suo pecunia maxima, sacramento Flandriam abdicavit, quam jure hereditario fratri suo Balduino Montensi ejusque successoribus concessit. In vita enim fratris Rodbertus siluit, sed post ejus obitum traditorum auxilio Arnulfum nepotem suum comitem Flandriæ apud Casel interfecit, et Balduinum fratrem Arnulfi a regno expulit illutque obtinuit. Cum autem in regno esset sublimatus, morientes clericos exheredabat, mittens exactores, qui post eorum obitum heredes et familias ab eorum domibus pellebant. Quod importabile jugum et inauditum servitutis genus (36) clerici non valentes sustinere diutius, Urbanum papam adeuntes, ejus provoluti pedibus, lacrimabilem de tyranno fecerunt querimoniam. Cui pro ereptione clericorum hanc misit epistolam anno Domini 1091 :

4. Urbanus, episcopus servus servorum Dei, dilecto filio Rodberto, totius Flandriæ strennuo militi, salutem et apostolicam benedictionem. Memento, karissime fili, quantum omnipotenti Deo debeas, qui te contra voluntatem parentum tuorum de parvo magnum, de paupere divitem, de humili gloriosum principem fecit, et quod maximum est inter seculi principes rarum, dote litterarum, scientiæ atque religionis [48] donavit. Ejus igitur memor esto, qui te talem fecit, et omnibus modis elabora, ut tantis beneficiis non inveniaris ingratus. Honora igitur eum in ecclesiis suis, et alterius sub aliqua occasione eos, qualescumque sint, vexare minime præsumas, nec eorum prædia in tuos usus post eorum exitum redigas, nec pecuniam seu quecumque de patrimonio suo eis dimittunt, violenter auferas; sed libera sit eis facultas et Deo serviendi et res sui patrimonii cuicumque voluerint impendendi. Quod si prætendis, hoc ex antiquo usu in terra tua processisse, scire

VARIÆ LECTIONES.

[47] quæ litteris italicis expressimus, in codice autographo vocibus superscripsit ipse Lambertus. [48] religioni cod.

NOTÆ.

(27) A. 858. Ante hunc jam patrem ejus Ethelvolfum maritum habuerat tribus annis.
(28) Judithæ.
(29) Falsum; anno 862 fuit.
(30) 25 Nov. 862.
(31) Falsum; fuit a. 863.
(32) Alfredi Magni potius.

(33) Sororem potius.
(34) Jam Messines prope Ipras.
(35) Montensis.
(36) Jus spolii, tum temporis a plerisque principibus exerceri solitum atque etiam a Roberti prædecessoribus, quanquam ab his rarius, viudicatum.

debes, creatorem tuum dixisse : « Ego sum veritas
(Joan. xiv), » non autem usus vel consuetudo. Quæ
igitur diximus, fili karissime, volumus et per beati
apostolorum principis claves præcipimus ut observes,
et super libertate clericorum te Christum honoran-
tem honorifices. Ipse vero attestatione sui-ipsius ho-
norificantem se honorificabit. Vale.

5. Rodbertus autem comes in malitia sua perseverans, apostolicis litteris obedire noluit, sed
clericos minis terrendo, bona eorum per satellites
et appariitores impios violenter diripuit. Tunc Flandrenses clerici tristes et anxii, interesse studentes
concilio eo tempore a Rainaldo Remorum archiepiscopo Remis celebrato, epistolam a tyranno
contemptam sacro repræsentant concilio, referuntque minas necnon injurias, ab eo multo tempore
passas [49].

6. Epistola cleri Flandrensis Reinaldo archiepiscopo missa pro comite Rotberto de clericorum
ereptione ab ejus servitute (1091) : Domino suo
Dei gratia RAINALDO Remensi archiepiscopo et universis episcopis in concilio consedentibus, clerus
Flandrensis que domino sunt placita peragere. Ecce
iterum, pater sanctissime, compellimur confugere
ad matrem nostram, sanctam videlicet Remensem
ecclesiam; quam simpliciter exoramus, ut secundum
viscera pietatis suæ dignetur respicere lacrimas miseriarum nostrarum. Nunc quidem terrore absentes, pedibus tamen vestris provoluti, ac sanguineis
lacrimis tam vos quam hoc sacrum concilium per
epistolam nostram interpellamus pro comite Rotberto, qui nos tanquam leo conculcat et devorat et
tanquam draco serpentina astucia circumvenit. Sed
qui ambulat super aspidem et basiliscum et qui conculcat leonem et draconem, vobis sua gratia cooperante, de his malis nos eripere prævalebit. Siquidem,
ut auditum fuerit quemlibet nostrorum infirmari,
statim mittuntur apparitores et carnifices comitis
Rotberti, qui occupant domum et omnia quæ esse
videbantur egroti, ita ut si forte velit quicquam Deo
vovere aut debita sua reddere aut quicquam beneficii
famulantibus sibi impendere, omnino non liceat.
Mittuntur etiam exploratores circumquaque inquisi-
tum, utrum domus illa vel illa aliquo tempore fuerit
clerici. Quod si inventum fuerit, illico juri comitis
tanquam sua recipientis designatur. Quod inporta-
bile jugum, quod novum et inauditum servitutis
genus sufficienter [50] ferocitatem leonis, cujus im-

manitatem atque rugitum nube fallacie contegere
solet, dicens se optare omnes clericos bonos esse,
transitoria contemnere, tendere ad æterna, addens
malos sacerdotes non esse; ac si peccator homo non
esset homo ! Nam si homo peccator homo non esset,
nequaquam dominus Jesus hominem redimisset. In-
tantum autem terror illius excrevit, ut pastorum
nostrorum ora obstruxerit. Ipsi vero videant, quid
summo pastori respondeant, qui pro ovibus suis periculo se non opponunt. Non solum autem adversum
nos nimis inhumane agit, sed etiam contra jura cœlestia ia vestras cathedras prosilivit, dum clerum
vestrum suis coartat legibus, et vestras quasi disponit ecclesias. Sicque fit, ut quamvis non habeat potestatem solvendi, habeat tamen potestatem ligandi,
cupiendi et spoliandi. Unde necesse habemus, sanctissimi patres, ad vos confugere. Vos quoque manus
armate et linguas vestras insuperabili gladio Spiritus
sancti, si dignum judicaveritis; quia etsi nunc afflicti sumus atque despecti, sumus tamen de grege vestro et de corpore vestro; nec in posterum erubesca-
tis, tales ad sedes vestras pertinere, quales nos cogit
secularis potentia esse. Conventus quidem est ab episcopo nostro. ab abbatibus nostris, ab ipsa [51] metropolitani præsentia, nuperrime a litteris domini
pape Urbani, in quibus præcepit ei per claves beati
Petri, ne ulterius vexaret clericos, et prætenderat
in excusationem sui, hoc esse more patriæ suæ. Con-
vicit eum idem domnus papa verbis Domini dicentis :
« Ego sum veritas (Joan. xiv), » non autem usus vel
consuetudo. Quibus omnibus contemptis, ad callida
conversus argumenta, cum revera crudeliter vexat
clericos, dicit tamen se clericos non vexare.

7. Universo autem concilio condolente et acclamante, præcepit Rainaldus beatæ memoriæ archiepiscopus Arnulfo Sancti Audomari præposito et Johanni abbati Sancti Bertini et Giraldo abbati de Ham
et Bernaldo Watanensium præposito, ut cum auctoritate sancti concilii ipsum comitem Rodbertum convenirent — qui eo tempore privatam ducebat vitam (37), commorans in claustro sancti Bertini causa
continentie et quadragesimalis supplicationis —,
quatinus usque ad dominicam palmarum invasa restitueret, aut gladio anathematis percussus sciret totam terram suam divino privandam officio. Quod
metuens satisfecit, professusque obedientiam conservare, veniam petiit et accepit; sicque cassavit (38)
omnia quæ fecerat, ut nullus successorum illius hanc

VARIÆ LECTIONES.

[49] Sequentia omnia usque ad finem codex Gandensis hoc loco non exhibet, sed post tempore passas
statim pergit : Universo, etc. In margine autem auctor ipse scripsit : Epistola cleri Flandrensis pro comite R. Rainaldo archiepiscopo missa, scripta est in fine hujus libri juncta axo, ita incipiens : Domino
suo R. Remensi archiepiscopo et universis episcopis in concilio consedentibus clerus Flandrensis, et
reliqua, epistolam ipsamque exhibet in folio 154 quam ita terminat : non vexare. Universo autem concilio condolente et acclamante. Require hunc versum in genealogia comitum Flandriæ. Unde apparet,
auctorem voluisse ut epistola hic insereretur. Quod nos fecimus, præeunte jam codice Guelferbytano ejusque
apographo Hagensi. [50] indicat supplet Labbeus. [51] ipso cod.

NOTÆ.

(37) En retraite

(38) Errat igitur Oudegherst et qui cum eo hanc cassationem juris spolii Roberto secundo tribuunt.

iniquitatem resuscitare ausus fuerit. Quod factum est anno Domini 1092 (39), in quo obiit et sepultus est in Casel.

8. [*Gen. Bert.*] Iste *Rodbertus* Barbatus de prædicta Gertrude duos filios genuit, Rodbertum militem obtimum, qui in expeditione Iherusalem insignis habebatur, et Philippum *Bergis sepultum*. Robertus vero insignis *sepultus Atrebas* duxit Clementiam, filiam Willelmi comitis Burgundiæ, ex qua genuit Balduinum et W.llelmum *apud Sanctum Bertinum sepultum*.

9. Balduinus VII autem comes filius [51] Clementiæ, in diebus suis potens super omnes Francorum principes, bellis frequentibus ita nobiliter Flandrensium exaltavit regnum, ut vicinis suis tyrannis undique terrorem inferret, et Henricum regem Anglorum a Normannia expulisset, nisi infirmitas obstetisset. Nam circa festum nativitatis sanctæ Mariæ, collectà exercituum multitudine, oppidum Rotubiportum(40), in quo præfatus rex latitabat, obsidione vallare disposuit et eum comprehendere aut bello excipere et a regno quod injuste invaserat expellere. Qui cum exercitum per Atrebam duceret, ex occasione vulneris quod paulo ante in Normannia in fronte acceperat, in eadem civitate repentina infirmitate correptus, 17. Kal. Octobris egrotare cœpit, et a femore usque ad pedes paralysi percussus, plenis novem mensibus in languore permansit. Cumque a medicis curari non valuit, domnum Karolum comitatus sui præordinavit successorem, quem Athela, soror patris sui Rotberti, peperit de Chutone [53] rege Danorum. Ordinato igitur omni regno Flandrensi, octavo regni sui anno 15. Kal. Julii in villa Roslarensi (41) obiit, et a Karolo ad Sanctum Bertinum delatus, in medio æcclesiæ sepultus est, anno dominicæ incarnationis 1119, indictione 12, regnante Ludowico in Francia.

10. Quo sine herede defuncto (1119), Karolus ei successit. Karolus iste et Francorum rex filius Philippi Ludowicus de duabus sororibus orti sunt, de Bertrada Ludowicus, et de Athela Karolus a Cuthonè [53] genitus. Quo a Danis perfidis interfecto (42), Athela venerabilis regina cum filio Karolo reversa est ad patrem suum Rotbertum in Flandriam. Deinde transacto quinquennio, accepit Rotgerum filium Rotberti Wiscardi, ducem Apuliæ. Predictus autem Karolus longe post patris matrisque obitum a Balduino prefato preelectus, eo ut dixi defuncto, anno incarnationis dominicæ 1120. ecclesiam sancti Audomari ingressus, cum principibus regni sui primam curiam tenuit, et anno eodem castrum sancti

Pauli, in quo Hugo Campus avenæ perfidus predonesque multi latitabant, penitus destruxit (1120), fossamque circumfluentem impleri jussit, et perversorum municiones ceteras viriliter delevit et sibi regnum nobiliter subjugavit [54].

CONTINUATIO.

11. Anno incarnationis dominicæ 1127, VI Non. Martii, luna 16, epacta 6, concurrente 5, Karolus marchio totius Flandrie, heu quam misera, quam scelerata morte affectus vitam finivit ! Misera inquam et scelerata, quia nec in lecto egritudinis aliqua infirmitate innata corruptibile corpus aggravante obiit, nec in campo ad bellum prescripto, dum bellica tuba perstreperet, dum sperata victoria se ipsam utrimque promittens, belli ad enses provocaret, hostili percussus occubuit : sed in templo beati Donatiani, dum in oratione procumberet, dum sacerdos missam ex more celebraret, a propriis servis et a domesticis suis, Burchardo scilicet et a complicibus ad tantum scelus illectis fraudulenter circumventus, consilio et instinctu Bertulfi ejusdem ecclesiæ prepositi in tempore pacis in quadragesima interfectus est. Causa autem hæc fuit, quia illos per misericordiam defendebat, quos isti per maliciam et potentiam opprimere volebant. Unde principes conturbati, cives conterriti, agricole contristati, ad ulciscendum tantum facinus, ad extirpandos prefatos homicidas, omnem generationem eorum conveniunt, domumque in qua erant obsidentes, ne quis eorum effugeret, quam plures apposuere custodes, qui eos impugnando tamdiu inquietarent, donec secundum examinationem publicæ legis dampnandos coacti se redderent. Mulieres et infantes et hoc omne genus infirmioris nature devovent eos maledicuntque sorti eorum, clerici quod suum erat facientes, gladio sancti Spiritus a limine sanctæ ecclesiæ et participatione sacramentorum indignos excludunt.

12. Interea hujus rei miserabilem eventum fama ferente Ludovicus rex Franciæ audierat ; et contristatus tam de morte tanti principis quam de destitutione regni, ad Attrebatum veniens (Mart. 20), primores totius patriæ mandavit, ut eorum consilio et assensu rectorem regno viduato provideret. Hoc enim facere sui juris erat et suæ potestatis, ut [55] de perpetrato homicidio eorum etiam judicio vindictam satis dignam sumeret. Confluentes igitur ad regem et qui mandati fuerant et qui non, modo publice modo privatim inquirunt, quis sit, quem hereditas Flandrie contingat. Aderat ibi Willelmus filius Roberti comitis Northmanniæ, qui aliquo hereditatis

[51] *in rasura.* [53] *ita cod.* [54] *hic desinit codex autographus Gandensis At Leidensis et Guelferbytanus hujusque apographum Hagense subjiciunt continuationem : Anno i. d. 1127, 6. Non., etc.* [55] *et Guelf. Hag. Leid.*

NOTÆ.

(39) Falsum ; a. 1093 fuit. *Eodemque ann III Idus Oct. obiit Robertus, secundum* Ann. Blandin. coævos.

(40) *Rouen*, a. 1118.

(41) *Roulers.* Idem dicit Gualterus in vita Karoli

Boni ; in castro Aumale, Ordericus ; apud S. Bertinum, Anselmus Gemblacensis atque Chronicon S. Andreæ Castri Cameracesii coævum.

(42) A. 1086.

jure post Karolum succedere in regnum poterat. Hic quia [54] insignis erat virtute animi et corporis, et nobilitate parentum præclarus, et, ut dicam veriùs, optimus miles in milibus, a media plebe indiscrete subrogatur, a principibus familiarius eligitur, a ege, quia heres, quia electus, princeps et regni rector potenter statuitur. Sed ne aliquid contradictionis et molestiæ, quia novus comes nominabatur et erat, a civibus pateretur, a rege et a primoribus regni de urbe ad urbem ducitur, ut securitate utrobique promissa et fidei pignore confirmata, fideles haberet subditos, et cum justicia et misericordia regeret possessos.

13. Dum hec ita disponerentur, prefati homicide, prepositus et nepos suus Burchardus, dato precio a domo in qua obsessi erant educti, sententia [57] dampnationis uterque deprehensus, uterque contumelia affectus, uterque morti [58] adjudicatus est. Prepositus vero cum Guidone de Stenyorth [59] ejusdem criminis [60] reo, quasi tractans cum eo de comitis morte, in patibulo Ipris suspensus est; Burchardus apud Insulam fractis cruribus punitus. Robertus etiam, nepos ejusdem prepositi, pro eodem scelere capitalem subivit sententiam. Complices vero illorum a superiori parte domus, in qua obsessi erant, in precipitium missi, conterminati sunt.

14. Cum nundum predictus comes Willelmus per dimidium regnasset annum, ecce duo primores regni, Iwainus scilicet et Daniel nepos ejus, et quam plures cives, Gaudenses scilicet et Brugenses et Insulani et subditi eorum, conspiratione facta insurgentes in cum (Aug.), a regno expellere conabantur;

pretendentes diversas causas criminales, nescio sive veras, sive falsas, ex quibus inferre volebant, quod et dignus esset denotari nec amplius posset eis legitime principari. Proh facinus! fides data negligitur, sententia electionis mutatur, et alius comes Theodericus de Helsaten, filius filiæ comitis Roberti Fresonis, superinducitur (1128 Mart. 11). Divisum est autem regnum non in fratres sorte hereditaria, sed in hostes lege contradictoria. Unus tendit in alterum, Theodericus in Willelmum; ille se et suos defendens fortiter, repellit in se tendentes. Tandem ad locum qui Hacspola (43) nuncupatur, conveniunt (Jun. 21), quisque suo stipatus exercitu; illicque catervis ex ordine ad pugnam dispositis congrediuntur. Set Willelmus, cujus causa jusfior erat, ut aiunt, et cujus exercitus idcirco validior et promtior ad bellum, prevaluit; ibique triumphum assecutus, multos ad vindictam et in testimonium belli occidit, multos in signum victoriæ captivatos se victorem precedere coegit. Set istud fortunæ prescriptæ ad miseriam parum profuit, quia non multo post fatis suis eum trahentibus ad debellandum urbem cujusdam adversarii sui Iwaini, quæ dicitur Alost, a Godefrido duce Lovaniensi coadjutore suo tunc temporis obsessam, cum magno exercitu venit (Jul. 12.); ibique nichil proficiens, nescio quo infortunio lethale vulnus ab hoste recepit. Mortuus est autem comes ille magnis nominis et magnæ famæ vı Kalendas Augusti (Jul. 27), secundo anno regni sui, et in templo sancti Bertini juxta comitem Balduinum cognatum suum sepultus. Et Theodericus regnavit.

VI. FLANDRIA GENEROSA.

Eodem modo quo genealogiam Bertinianam Lambertus, Lambertinam non multo post a. 1164 ampliavit monachus ut ex capite antepenultimo apparet Bertinianus. Lamberti siquidem opus ad verbum fere excipiens, multa inseruit ex Folcuini chartulario Bertiniano, e Simone ejusdem continuatore (44), e Sigeberti codice Aquicinensi, et carmine de pugna Casletensi jam deperdito ex aliisque fontibus non jam notis petita, filumque deduxit ad a. 1164, quo tempore ipsum vixisse, ultimi capitis verba *ut ipsi vidimus* satis produnt. Opusculum nativa quadam vividitate nec sine ira et studio conscriptum, sicuti Lamberto innititur, ita et ipsum plurimis Flandriæ chronicis fuit fundamentum; Lambertus Ardensis quoque et Joannes de Thielrode non pauca inde hauserunt, Joannes Iperius et Adrianus de But exceperunt integrum. Neque continuationes defuere : Bruxellensis paulo post a. 1206 scripta, ubi et a quonam, incertum, in codice 4 Gislensis usque ad annum 1206 brevissima, apud S. Gislenum in Hannonia composita, in codice 5 Claromariscensis a monacho Cisterciensi B. Mariæ de Claromaresch, jam Clairmarais prope S. Audomarum,

VARIÆ LECTIONES.

[6] hicque *iidem*.   [57] sententiam *iidem*.   [58] morte *iidem*.   [59] stevorth *Guelf. Hag.* stervoth *Leid.*   [60] crimina *Guelf. Hag. Leid.*

NOTÆ.

(43) *Axpoele* prope Thielt, in parochia Ruysselede, ut probat Carton in *Annales de la soc. d'émulation de la Flandre occidentale.* 1844, p. 270.

(44) Folcuinus monachus S. Bertini chartularium conscripsit anno 961. Simon, et ipse monachus Bertinianus, ortu Gandensis, illud continuare cœpit jubente abbate Lamberto. Quo paralysi tacto a. 1123, ipse Simon abbatiæ curam gessit usque ad a. 1127,

quo anno Aquicinenses eum abbatem sibi fecerunt. Anno 1131 S. Bertini abbas electus, a. 1136 Innocentio papa jubente baculum deposuit et Gandavum se recepit, ubi opus suum deduxit usque ad a. 1145. Duodecimo post anno ad S. Bertinum rediit, ibique a. 1148 est defunctus. Chartularium illud edidit B. Guérard Parisiis 1840, in-4°; quæ auctor noster inde sumpsit, leguntur ibi p. 140 et 297.

intra a. 1214 et 1226 (45) condita, permagnos continet centones ex continuatione Aquincinetina Sigeberti et ex Balduini imperatoris epistola (46) consutos; quæ autem de suo dedit auctor, haud invita Minerva sunt conscripta, optimisque de pugna maxime Boviniensi fontibus adnumeranda. Hanc continuationem Bernardus de Ipris monachus Claromarisci iterum continuavit ab a. 1214 ad ipsum quo scripsit annum 1329. Tertius denique ejusdem cœnobii monachus, cujus nomen nescimus, ab hoc ipso anno calamum sumens vario tempore, narrationem deduxit usque ad a. 1347. Hanc alii etiam continuarunt in codicibus Antwerpiensi et Lovaniensi. Dunensis denique usque ad a. 1405 brevissima, hoc ipso anno in monasterio de Dunis prope Brugas scripta fuit. Codices bi exstant :

1. Bertinianus, jam civitatis Audomarensis n. 746, de quo egi in Pertz Archiv. VIII, 417, inter alia multa continet quaternionem octo foliorum ; tria priora excisa ; in quarti pagina priore legitur finis operis cujusdam theologici, in secunda et in sequentibus quatuor foliis genealogia nostra exarata est binis columnis, manu sæculi XII ex. quæ ipsius est auctoris. Lineæ plumbo ductæ; titulus comitumque in margine nomina minio scripta; atramentum in medio fere opere mutatum; finem postea auctor ipse erasit atque ampliorem rasuræ marginique superscripsit; idemque bis in margine aliquoties inter lineas quædam aspersit. Tribus igitur vicibus calamum sumpsit auctor ad hoc opusculum conficiendum. Nemo ante nos usus fuit hoc codice; quem cum auctoris autographum esse animum advertissem, ipse integrum descripsi.

2. Vedastinus, jam civitatis Atrebatensis n. 184, membr. fol. sæc. XIII, Carolis olim bibliothecarii Atrebatensis improbo cultro in usus bibliopegarum mutilatus, continet Andream Marchianensem, Turpinum, Apollonii vitam, Joannis presbyteri epistolam, Genealogiam nostram, Boloniensium comitum historiam. Ipse evolvi.

2 a. Ambianensis n. 556 sæculo XVII e Vedastino fuit exceptus

3. Camberonensis, dein Lammensii, jam Leopoldi de Alstein Gandensis, qui gratiosissime eum inspiciendum nobis commisit, mbr. fol. sæc. XIII continet Rufinum, Genealogiam, epistolas Balduini Heinrici Blancæ.

4. Bruxellensis n. 9823-9834 mbr. sæc. XIII in olim Pamelii, tum societatis Jesu Brugensis, continet Roberti passagium, Fulcheri historiam, Descriptionem locorum sanctorum, Miraculum tempore Heriberti factum, Catalogos regum, De sanctuario Lateranensi, De septem miraculis mundi, Genealogiam regum Francorum, Historiam de Mahumeth, Genealogiam nostram ex Bertiniano minus accurate exceptam, cui manus alia s. XIV ex. continuationem adjecit jam in De Smet corp. chron. Flandriæ I, 127, 130 editam, quam nos ex ipso codice iterum exscripsimus.

5. Gislensis, cum brevi continuatione ; quem jam deperditum novimus tantum ex editione Galopini

6. Claromariscensis, jam Audomarensis n. 769, membr. quart. s. XIII, post Vitas Petri Tarentasiensis et Mariæ de Oegnies habet Genealogiam nostram, quam eadem manus eadem linea pergens continuavit usque ad septem et amplius. Ibi hæc manus scribere desiit in imo folio quaternionis quinto ; sextum cum septimo excisum, octavum omnino est vacuum. In loco sexti et septimi sequenti sæculo insertus fuit quaternio duodecim foliorum formæ minoris, cui una manus s. XIV inscripsit continuationem a Martenio ex hoc ipso codice editam, quæ desinit in altissimo non resurget in ultima quaternionis pagina media. Reliquam paginam vacuam reliquit, imoque margini inscripsit : Hoc perscripsit frater Bernardus de Ypris monachus Clarimarisci die b. Nicholai episcopi anno XXIX, etc. Tertius denique, et ipse s. XIV, in spatium paginæ extremum, quod Bernardus vacuum reliquerat, iterum continuationem inseruit quæ tamen sex annis incipientem, eamque per quatuor folia adjecta deduxit usque ad vocem evasisse, in qua et folium et opus clauditur. At ex hisce quatuor foliis primum atque secundum jam Martenii tempore intercidit.

6 a. Guelferbytanus inter Weissembergenses n. 41, chart. fol. s. XV e Claromariscensi descriptus est, priusquam ibi duo illa folia interciderunt ; unde lacunam istius ex hoc supplevit Lessing Beitrage zur Geschichte und Litt. n. 9.

6 b. Antwerpiensis societas Jesu alterum possidebat Claromariscensis apographum, ex quo transcriptum est quod Hagæ comitum servatur inter codices G. I. Gérard n. 265. Pertingit illud, ut in Pertz Archiv. IX, 511 indicavimus ; ab a. 792 usque ad a. 1329, sed ultima sex folia non exstant in Claromariscensi.

6 c. Lovaniensis societas Jesu codicem habebat ad Ludovicum Malanum seu ad a. 1380 productum teste Henschenio in Actis SS. Martii I, 154.

6 d. Bruxellensis n. 9836 qui jam a. 1305 finitur, ejusdem generis esse videtur.

6 e. Bruxellensis n. 18417, olim Lammensianus, membr. quart. una manu s. XIV exaratus, nil continet nisi Bernardi continuationem Fernandus itaque comes tenebatur captus — non resurget, cui eadem manus subdit annales Flandriæ : Anno Domini 1334 Joannes papa — postquam ad expeditionem exierunt, anno 1358 desinentes, ineditos.

7. Dunensis, jam civitatis Brugensis n. 120 chart. oct. s. XV, post necrologium, Regulam S. Benedicti et breve chronicon, genealogiam nostram habet satis licenter excerptam et ad a. 1405 deductam, ubi desinit : semper ampliarum dignetur. Amen. Floreat et vireat sine spina nobilis iste princeps et valeat Flandrensis, supplico, Christe.

7*. Aldemburgensis, jam seminarii Brugensis s. XV inter alia quæ in Pertz Archiv. VIII, 558 enumeravimus, genealogiam nostram continet genuinam cum continuatione Memoratus igitur Theodericus — Joannes primogenitus ejus, quæ ex Dunensi excerpta videtur. Edidit eam ex hoc codice Vandeputte in Annales de la société d'émulation de la Flandre occid. 1845, p. 49.

8. Parisiensis inter Baluzianos arm. II, pag. 1, n. 3, sæc. XVII sine continuatione.

9. Tornacensis s. XIII, de quo egi in Pertz Archiv. VIII, 561, ad a. 1127 tantum pertingit.

Editionum princeps est Galopini Flandria Generosa. Montibus 1643. 4° e codice Gislensi. Paquot Historiæ Flandriæ synopsis, Brux. 1781. 4° hanc iterum edidit adnotatione multum adauctam. Martene, thes : III, 577 codicem Claromariscensem expressit. Bouquet recueil XI, 388. XIII, 411. XVIII, 559 Martenium repetiit.

B. Quos hucusque indicavimus codices atque editiones, auctoris opus expresserunt purum atque genuinum. Sed jam ante a. 1193 interpolator nescio quis illud ita descripsit, ut a verbis quidem mutandis abstineret, et magnos intersereret centones e Tomello. Lamberto Audomarensi, Hermanno Tornacensi,

<hr/>

(45) Ludovicus VIII enim, qui obiit a. 1226, patre adhuc vivente hic semper domnus vocatur.
(46) Apud Brial Recueil XVIII, 522.

Sigeberti codice Aquicinensi, aliis désumptos. Tali codice usi sunt Andreas Marchianensis, Balduinus Avesnensis, Joannes Iperius, Nobis solummodo codex Bruxellensis 6410-15 chart. s. xv notus est, quem adhibuit Warnkoenig. Interpolatum hocce opus non multo post in linguam Gallicam versum fuit hoc titulo : Li generations li parole et li lignie de le lignie des contes de Flandrrs, sâtis quidem accurate, ita ut perpauca tantum omitteret interpres, adderet vero nil nisi unam de nece Caroli Boni narrationem, at satis amplam (47), quam totum ex Gualteri vita hujus comitis et ex Hermanno Tornacensi compilavit. Hanc versionem excerpsit chronicon Flandriæ Gallice conscriptum (48) ; integram in suos usus auctor chronici rhythmici Flandrensis (49). Codices sunt : Bruxellensis n, 9558. mbr. qu. s. xiv, cujus apographum recentius Hagæ comitum inter codices G. Gérard n. 264. servatur; San.Germanensis n. 39, quem citat Dom Clement in Art de vérifier les dates de Arnulfo III comite Flandrensi tractans, ubi jam sit nescimus. Editionem dedit De Smet Corpus chron. Flandriæ II, 31 e codice Bruxellensi.

C. Anno 1425 codice Claromariscensi superstructa est ampla Compilatio sub titulo : Catalogus et chronica principum et comitum Flandrie et forestariorum, que terra olim dicebatur terra de Buc vel nemus regionis sine misericordia. Quæ ab a. 621 incipiens, primo non sine venustate quadam narrat fabulas populares de Salvardo Divionensi ejusque uxore Ermengarda, de Finardo gigante in Lisle les Buc, de Lidrico le Buc primo forestario, Antonio secundo, Lidrico Harlebeccensi tertio, suavissimas sane, sed fabulas. Deinde in annis 836-1347, codicem Claromariscensem excepit, sed in verbis multum mutavit et tot tantisque interpolavit additionibus ex Gualteri Galbertique vitis Caroli Boni, ex Vincentio Bellovacensi, traditione populari, aliunde (50) petitis, ut primarium fundamentum sub tanta mole vix agnoscas; quæ additamenta quanto plus jucunditatis, tanto minus plerumque habent fidei (51). In annis denique 1348-1425 propriis vestigiis incedit auctor, et quantum ad hæc tempora, historiæ fontibus adnumerari potest, in præcedentibus rarius tantum nec sine cauta circumspectione adhibendus ; quod non semper tenuerunt, qui Flandriæ historiam tractare sunt aggressi. Præ cæteris enim lectum, descriptum, exceptum, allegatum fuit hoc chronicon; quod grata prolixitate et narrationum Romanensium similitudine mirum quantum se commendabat ætati, in historia minus probanti quæ vera sunt quam quæ jucunda atque mirabilia. Joannes de Dicasmuda (52), chronicon S. Bavonis (53), Mejerus, Oudegherst, Vredius, Lambertus Vanderburch, Sueyro, Buzelinus, Varnewyk, Vanloo, plurima inde hauserunt ; a multis fuit continuatum, in brevius redactum (54), interpolatum (55) in Flandrensem etiam linguam (56) Gallicamque (57) sæpius translatum. Neque ex codicibus genuini operis reperitur ullus, qui ab addendo, omittendo, mutando prorsus abstinuerit ; sunt autem hi : Cisoniensis, jam Insulensis E. G. 34 chart. quart. s. xv, quem adhibuit Warnkoenig. Brugensis societatis Jesu teste De Smet I, præf. 29, ubi jam sit, nescimus. Vaticanus Christianæ n. 798 olim 1222 chart. s. xv quem ipse inspexi. Lovaniensis, jam Bruxellensis n. 3599-3601 chartæ. xv. Bigotianus, jam Parisiensis n. 5237 s, xv. Pariensis n. 5994 olim Puteani. Parisiensis n. 5041 olim Gerardi Vanderstrepen, tum Puteani. Parisiensis inter Baluzianos arm. II, paq. 1, n. 3 e codicibus duobus Alexandri Petavii et Puteanorum descriptus. Hi omnes in a. 1425 desinunt. Continuatum continet opus nostrum : Brugensis viri cl. Vermeire, quo usus fuit Warnkoenig; ibi alia manus paucas lineas adjecit anno 1424 in Novembri — sine ipsius consensu in anno 1428. Hamburgensis bibl. publ. histor. Belg. n. 14 chart. fol, s. xvi in. anno 1437 desinit. Middlehillianus n. 1890, olim Meermannianus, usque ad a. 1467 pertingit; cujus fortasse apographum est, quod Hagæ comitum asservatur inter codices G. Gérard n. 270; cf. Pertz Archiv. IX, 511. — Editionem curavit Warnkoenig in De Smet Corp. chron. Flandr. I, 19. et codice Brugensi Vermeirii atque e Cisoniensi ; at in unum confudit quos potius inde dirimere debebat codices nostros 4, 5, 6. B.

NOTÆ.

(47) Pag. 55-90 ed. De Smet.

(48) Quod incipit : On troeuve lisant ke ou tamps Charlemainne le tresfort, etc. Complectitur annos 792-1346. Sex priora capita ad verbum fere fluxerunt ex versione Gallica supra sub B indicata, paucissimis tantum adjectis; reliqua neque cum continuatione Claromariscensi neque cum compilatione C commune quidquam habere videntur. Auctorem quidam Jacobum de Guisia esse voluerunt. Codices hi sunt : Lugdunensis apud Augustinos minores a. 1346 jubente Maria Burgundica splendidissime exaratus picturisque ornatus, teste Le Long, Bibl. histor. de France, ed. Fevret de Fontette, III, 653. Parisiensis Sorbonne n. 1006 s. xv inscriptus Chroniques de Flandre depuis Charlemaine jusques aceque le roy Edouard eut conquis la ville de Calais. Bruxellensis n. 10253 usque ad a. 1356 deductus. Bruxellensis n. 14910 sæc. xv. Poupetianus dominorum de Poupet in Burgundia, usque ad a. 1384 descendens, quem edidit Denys Sauvage Chronique de Flandre... Lyon 1561, in-fol. Parisiensis de quo egit Van Præt, Recherches sur Louis de Bruges seigneur de la Gruithuyse. Paris, 1832, in-8°. Fortasse Bruxellensis n. 16789 usque ad a. 1396 procedens huc pertinet.

(49) Quod e codice Combrugensi edidit Kaussler Denkmäler der altniederlandischen Litteratur. Tubingen, 1840, in-8°, fontes egregia cum solertia investigans, at minus recte censens, auctorem Latino tantummodo exemplari Flandriæ Generosæ usum fuisse. Habuit is sane tale generis B præter versionem Gallicam sed finito demum carmine habuit, ut ipse dicit v. 2005. inde ab anno 1162-1278 continuatores Claromariscenses expressit, plura tamen A intermiscens; reliquæ partis seu versuum 6284-10569 fontes non jam habemus.

(50) Fontes Gallicos tum sermonis indoles, tum nominum forma non raro indicare videtur.

(51) Quod in iis, quæ de Caroli Boni nece ibi leguntur, jam demonstravit Henschen, Acta SS. Mart. I, 154.]

(52) Quem edidit Lambin, Dits de cronyke ende genealogie van den graven van den forreste van Buc, dat heet Vlaenderen, van 863 tot 1436..... door Ian van Dixmude. Ypres 1839, in-8°.

(53) Apud De Smet, Corpus chron. Flandriæ I, 455.

(54) E. g, in primis quatuor foliis codicis Cisoniensis, jam Insulensis E. G. 54, sæc. xv, unde illud edidit Warnkoenig apud De Smet I, 11, non attendens, nullius prorsus utilitatis esse quod ederet,

(55) Huc pertinere videntur Bruxellenses n. 5751, 6025, 6066, 6078, 7220, 7376, 7809, 10291, 10313, 10528, 13075, 13413, 14506, 16551, 16790, 16804, 17304.

(56) Codices sunt : Bruxellensis n. 13163 usque ad a. 1350 pertingens. Bruxellensis n. 6074. Amstelodamensis instituti, Matthæi manu exaratus, anno 1440 desinit. Middlehillianus n. 4166 in anno 1466 finitur teste Pertz Archiv. VIII, 764. Bruxellensis n. 7584, olim societatis Jesu Brugensis, usque ad a. 1477 pertingens, cum continuatione ad a. 1507, typis excusus sub titulo Dits die excellente cronyke van Vlaenderen. Antwerp. 1531. Hagensis n. 950 usque ad a. 1497.

(57) In codice Londinensi musei Britannici Kings 16, F. III, Chroniques de Flandre a. 621-1347. Bruxellensi n. 13068 annorum 621-1696.

Nostra editio tota innititur codici autographo 1, quocum contulimus 2, 4, 6. Continuationem subjunximus Bruxellensem e codice 4, Claromariscensem e 6, Gislensem ex editione Galopiniana. Bernardi Yprensis continuationem cum Dunensi ex 6, 6a, 6b, 7. 7*, dabimus inter scriptores sæculi decimiquarti. Additamenta ex B; sæculo adhuc duodecimo facta, suo quodque loco textui subjecimus; C autem omnino non respeximus; hæc enim interpolatio, non ante quintumdecimum sæculum orta, integra exhibenda erit ad an. 1425 cum iis quæ ipsi iterum factæ sunt additiunculis atque continuationibus. Capitum distinctionem de nostro instituimus; in codicibus non reperitur. Titulum dénique Flandriæ Generosæ, quo plerumque hoc opus citant viri docti, a Galopino inditum, nos quoque ob commodum legentium censuimus retinendum.

INCIPIT GENEALOGIA FLANDRENSIUM COMITUM.

1. [Lamb.] Anno ab incarnatione Domini 792, imperatoris vero Constantini filii Hyrene primo, Karoli quoque magni regis Francorum, postea imperatoris Romanorum 24, Lidricus Harlebeccensis videns Flandriam vacuam et incultam ac nemorosam, occupavit eam. Hic genuit Ingelramnum comitem. Ingelramnus genuit Audacrum. Audacer vero genuit Balduinum Ferreum.

2. Anno igitur dominicæ incarnationis 862. Balduinus Ferreus rapuit Judith, viduam Adelbaldi regis Anglorum et filiam Karoli Calvi regis Francorum, filii Ludovici piissimi augusti, filii Karoli magni; genuitque ex ea Balduinum Calvum, qui postea nepos Karoli et comes inclitus appellatus est. Predictus vero Adelbaldus rex anno eodem, quo eam acceperat, obiit. Quo defuncto, Judith possessionibus venditis, quas in Anglorum regno optinuerat, ad patrem rediit, et Silvanectis sub tuitione paterna servabatur. Balduino vero Ferreo lenocinante et Ludowico fratre ejus * consentiente, mutato habitu (58) ipsum furto secuta est. Quod ut rex comperit, episcopos et principes Francorum consulens, juxta edictum beati Gregorii sententiam depromi ab episcopis petiit. At illi juxta illud *: Si quis viduam in uxorem furatus fuerit, anathema sit, Balduinum et Judith excommunicaverunt. Quo audito Balduinus Romam profectus est ad Nicholaum papam, hujus rei petens indulgentiam. Nicholaus autem ** misericordia motus misit legatos suos, Radoaldum scilicet Portuensem episcopum et Johannem Ficodensem episcopum, Suessionis ad Karolum. Quos aliquamdiu secum detinuit, et concessa Balduino indulgentia, pro cujus optentu remerant, cum epistolis ad sedem apostolicam redire muneratos absolvit. Postea Karolus rex ad Autisio-

dorum civitatem usque perveniens, ibidem filiam suam Judith, sicut domnus papa petierat, Francorum consilio Balduino quem secuta fuerat legaliter conjugio sociari permisit. Defuncto igitur Karolo rege Francorum et ad ultimum imperatore Romanorum anno ab i. D. 876 (877), 2. Non. Octobris, et sepulto in monasterio beati Dyonisii, anno quarto post decessum illius mortuus est (879) et gener ejus Balduinus Odacri filius, vir prestantissimus, audax et fortissimus viribus; sepultusque est in monasterio sancti Bertini, quod vocatur Sithiu (59).

3. [Folcuin.] Igitur Balduinus Calvus, filius Balduini Ferrei, duxit filiam Edgeri[61], regis Anglorum, nomine Elftrudem[62]; genuitque ex ea Arnulfum magnum, restauratorem Blandinii, qui procedente tempore et etate Senior et Vetulus appellatus est *. Defuncto autem Balduino et apud Gandavum sepulto **, filii ejus markam inter se diviserunt; et Arnulfus, qui major natu erat, Flandriam, Adalolfus vero civitatem Bononiam et regionem Taruennicam suscepit. Quo defuncto et apud Sanctum Bertinum tumulato (933), Arnulfus comitatum ejus recepit.

4. Hic Arnulfus cognomento Vetulus genuit Balduinum juvenem de Athela filia Heriberti Virmandorum comitis. Balduinus autem juvenis duxit Mathildem filiam Herimanni ducis Saxonum, de qua genuit Arnulfum juniorem. Post cujus ortum Balduinus iste ante obitum patris variole morbo obiit Kal. Januarii (962), et in templo sancti Bertini sepultus est. Mathildis vero post obitum mariti sui nupsit Godefrido duci de Enham; ex qua suscepit tres (60) filios, scilicet Gocelonem[63] ducem et Godefridum et Hecclonem *.

5. Arnulfus junior duxit uxorem Susannam,

---

2. * Judith, qui comitem propter probitatem suam valde diligebat. addit B.
   ** videns eum juvenem pulcherrimum et probum. addit B.
3. * et Adalolfum. Qui Arnulfus institit in ecclesia S. Donatiani Brugensis duodecim canonicos; ecclesiam Toraltensem fundavit et canonicos instituit. addit B.
   ** qui obiit a. D. 918, 4. Non. Januar. addit B.
4. * Obiit autem Arnulfus Magnus a. D. 964, 6 Kal. April. et apud Gandavum sepultus. addit B.

VARIÆ LECTIONES.

[61] vel Adaluvardi superscripsit 1 ipse, 6 ipse.   [62] vel Elfelt iidem superscripsit.   [63] vel Fredericum superscripsit 1, 6.

NOTÆ

(58) Verkleidet.
(59) Blandino sepelitur Ann. Blandinienses; scilicet cor et intestina; reliquum corpus apud S. Bertinum.
(60) Quinque; v. supra.

filiam berengeri regis Longobardiæ et Italiæ; ge- A fratrem Guillelmum in venatione cervorum sagitta
nuitque ex ea Balduinum cognomento Pulchra occisum regem Anglie et ducem Normannie, capti-
barba (61), qui in Blandinio sepultus est. vato per bellum fratre Roberto et filio ejus Guil-

6. Iste Balduinus vir pulcher, formosus corpore lelmo per Heliam nutritum et a Normannia sub-
et stature grandis, uxorem accepit Ogivam, fi- lato (64).
liam (62) Gisleberti comitis de Lizelenborg, cujus 8. Mortuo autem Henrico predicti [61] regis Ro-
fratres fuerunt hi : Adalberto Metensis episcopus, berti filio (1060), filium ejus Philippum prefatus
Fredericus dux Lotharingie, Henricus dux Bajoa- comes Balduinus usque ad etatem ejus regno ha-
rie, Gislebertus comes de Salinis (63), Theodericus bilem nutriendum suscepit [62], et regnum viriliter
de Luzelenburch. gubernavit, jurata sibi fidelitate ab omnibus regni

7. De tante nobilitatis conjuge genuit Balduinum principibus, salva tamen fidelitate Philippi pueri, si
pium, qui prudens et fortis comes suo tempore sa- viveret; sin autem, omnino, utpote justo heredi
piens et moderatissimus in omnibus operibus suis regni per uxorem.
inventus est. Qui duxit Athelam , filiam Roberti re- 9. Idem quoque Balduinus apud Insulam et castel-
gis Francorum , quæ peperit ei duos filios, Baldui- lum et ecclesiam sancti Petri apostoli edificavit [63],
num Montensem et Robertum Frisionem, et filiam B in qua etiam sepultus, merito bone spei expectat
Mathildem nomine. Hæc autem nupsit Guillelmo diem judicii. Ad dedicationem vero predicte ec-
comiti Normannie [64] et conquisitori Anglie, pepe- clesiæ omnes sanctos de toto comitatu suo afferri
ritque ei Guillelmum, post patrem regem Anglie; et petendo precepit, et eis loca, in quibus habuerunt
Robertum comitem Normannie; et Henricum, post fixa tentoria, perpetuo possidenda donavit [64].

7. [61] filii Hugonis Capet. Hic rex mansuetus fuit, et valde litteratus. Gerberti philosophi discipulus fuit;
amator etiam erat religionis et ecclesiarum. Nam in precipuis solempnitatibus ad S. Dionisium
veniebat, in choro cum monachis stabat et psallebat ad vesperas, matutinas et ad missam; cappa
serica indutus cum cantore chorum regebat. Composuit etiam quosdam cantus videlicet de s. Spiritu Presentia s. Spiritus adsit nobis gratia; de nativitate Domini ritmum Judea et Iherusalem; de
omnibus sanctis ritmum Concede nobis, quæsumus; et alia plura contexuit, et tamen in hoc quoque
ceteris multum prefuit. Cum autem Constantia regina videret eum in iis intentum, dixit quadam
die per jocum, ut faceret de ipsa aliquem cantum. Rex autem libenter annuit, et scripsit ritmum
O Constantia martirum in honore s. Dionisii et ceterorum martirum. Fuit in dando largissimus,
adeo ut festis diebus, cum exueret se vel indueret vestibus regiis, si non aliud ad manum haberet,
ipsas vestes pauperibus distribueret, nisi ex industria vestiarii egentes importune petentes arce-
rentur. Porro Constantia regina nimis tenax, et quod minime decebat reginam, ultra modum
avara; nam cum alicui aliquid dabat, ei precipiebat dicens : Vide ne hoc sciat Constantia! nec ibi
nomen reginæ addebat. Honestavit etiam regnum edificiis et ecclesiis sanctis, inter quas edificavit
in urbe Aurelianensi monasterium s. Aniani et ecclesiam s. Mariæ matris Dei et s. confessoris
Hilarii ante palatium, s. etiam Leodegarii in silva Aquiana, et s. Medardi in Vitriaco castello,
monasterium quoque s. Reguli in civitate Silvanectensi, et s. Dei genitricis Marie in Stampensi
castro. Apud Augustodunum edificavit s. Cassiani monasterium, sed et Parisius ecclesiam S. Nicolao in palatio suo, et item s. Marie in Pisciaco castello. Hic ergo rex inclitus ex Constancia,
comitis Provincie filia, genuit Hugonem regem, qui ob nimium decorem corporis et morum Flos
juvenum appellatus est, et Robertum Burgundie ducem, et Henricum postea regem, atque Athelam
nobilissimam comitissam Flandriarum. addit B.

[64] qui interfecto Haraldo — Sed ista de Mathilde regina Anglie ejusque filiis sufficient : apud De
Smet I, 59, ex Herimanno Tornacensi c. 14, 16. addit B.

8. [61] Hoc factum est a. D. 1061. addit B.

9. [61] Anno Domini 1053, et 40 canonicos in eadem constituit, videlicet 10 presbiteros, ex quibus 2
erant episcopi, scilicet Tornacensis et Morinensis, 10 diacones, subdiacones 10 et 10 acolythos
addit B.

[64] Hec facta sunt a. D. 1065, in crastino b. Petri ad vincula, regnante Philippo rege. Cujus ecclesiæ
edificationem tota villa subsecuta est, quæ antea tanquam fluctuans nullum invenerat locum ha-
bilem. Nam prius in loco qui dicitur Salines, postmodum Asnapiam locata fuit. Comes vero
predictus pius beneficia sua ecclesie sancti Petri Insulensis conferens, de propria mensa sua
nihil conferre voluit, ne forsitan a posteris suis sua repetere cupientibus ecclesia dispendium vel
gravamen aliquod pateretur; sed omnia, collata a patriotis pecunia, comparavit, quantum potuisset quibuscumque modis, si voluisset, expendisse (65); comparataque in manus summi domini, scilicet domini regis, ipsa ecclesia recepit, ut tutius et liberius eis gaudeat. Et deinde ipsi
privilegium obtinuit, in quo continetur, quod quicumque de cetero forefaceret, ecclesie persolveret centum libras auri et incurreret bannum regis. Comes, beneficiis suis divino servitio institutis, personas ydoneas, qui pro ipsis et in ipsis Deo deserviant, circumquaque exquirit, ut supra
dictum est, inventas in ecclesia sua instituit, institutas, ut beneficia sua divino sibi suisque

VARIÆ LECTIONES.

[61] Francie superscripsit 1, Francie regis habet 4, regis Francie 6.

NOTÆ.

(61) Balduinum barbatum habet Lambertus. C dede Mel ghelde, dat hi in sine hant hief Van sinen
(62) Sororem. lieden (dat hi mochte Verteeren, of hem goet dochte)
(63) Salm. Rente beiaghen ende lant, Dat hi al drouch in des
(64) Hic Guillelmus postea Carolo in Flandria coninex hant, Dat hi om die meerre sekerhede flare
su cessit. van den coninc ontfaen dede.
(65) Chronicon rimatum hæc ita vertit : — hi

10. Idem Balduinus apud Aldenardam castellum A
constituit, per quod, everso apud Eham castello,
Bracbantum usque fluvium Teneram '(66) de regno
Lothariensi sibi usurpavit. Scaldis namque fluvius
a fonte suo usque ad mare discernit regnum Lo-
thariense a comitatu Flandrie, qui est de regno
Francie. Rex itaque Lothariensis, qui cesar et imperator augustus (67), hostiliter super comitem
Balduinum venit (1046), et per ante Atrebatum, comite Balduino intus exercitum suum obstructis
etiam portis vix detinente, ferme usque ad Arkas
(68) villam sancti Bertini processit, falso putans,
saltem illac sese posse ingredi Flandriam. Comes
namque et illic et ubicumque per siccum patebat
introitus in Flandriis, vallo et aggere et palifixo
contra eum munierat. Cesar ergo casso labore fatigatus, sicut venerat, rediit. Comes vero eum quasi
fugientem usque ad Rhenum hostiliter est prosecutus, et nobili ejus palatio apud Neumagum in-
censo (69), rediit cum sano exercitu (1047). Cesar
vero non immerito erubescens et iratus, iterum

super comitem venit post sept. nnium (1054), et ad
vallum qui dicitur Bulliens rivus (70), inopinate
veniens, Tornacum invasit, et Assello (71) ad bellum et aliis nobilibus acceptis cito rediit, occur-
rente sibi nemine de Flandriis. Sed pacificis intercurrentibus nuntiis, et captivos comiti reddidit, et Bracbantum ei (72), hominio accepto, in
feodum concessit *.

11. Venerabilis autem comitissa, scilicet Athela,
tanto marito sed non divitiis desolata, nec tamen in
eisdem divitiis delectabiliter vivens ⁶⁶ mortua, nocte
ac die orationibus instabat. Unde et apud Mescinas
(73) sanctimonialium feminarum construxit cenobium, et in lectica duobus equis portabili et propter
ventos et pluvias, ne vel eis a meditatione sancta
B impediretur, decenter concamerata usque Romam
apostolorum et aliorum sanctorum patrocinia re-
quisivit, et a domno papa veste viduitatis bene-
dictioneque percepta, Flandrias repetivit, et apud
Mescinas novissima tuba excitanda in Christi pace
obdormivit.

successoribus pro posse suo diligenter reservarent, jurato firmare precepit. Sed vir providus
posteriorum malitiam timens, volens eos probare, per bajulos suos super possessionibus suis eos
inquietavit; possessiones eorum invadebant et violenter distrahebant. Noviter congregati in unum
convenientes sententiam excommunicationis in bajulos publice promulgarunt. Bajuli ad comitem
conquestionem gravissimam detulerunt. Comes fictitie canonicis graviter comminatus est, pre-
cipiens bajulis, ut sua invadant, sed personis eorum nihil mali inferant. Bajuli revertuntur et
precepta fideliter exequuntur. Canonici sua sententia utuntur. Tandem comes Insulis rediit, Canonici conveniunt, comitem adeunt, unanimiter firmati, quod si comes bajulorum excessus ad se
trahat atque emendare noluerit, ipsam sententiam in ipsum promulgabunt. Comes canonicis
venientibus et eum salutantibus nihil respondit; sed faciem avertens eorum adventum se non
posse sustinere finxit. Tandem in vocem contumeliæ prorupit : Vos me, qui de nihilo vos creavi,
ita inhoneste tractatis, ut in bajulos meos excommunicationis sententiam propter precepta mea
promulgare presumitis; sed sciatis pro certo, quod hoc non impune presumpsistis; nam mirum
est, quomodo vos in presentia mea sustineo; non tantum beneficiis vestris vos privabo, sed etiam et
genitalibus. At canonici in constantia sua firmati, mansuete responderunt : Nos ad hoc non
constituistis, ut contra Deum et contra nosmetipsos peccaremus, permittentes temporibus nostris negligenter perire, quod ad salutem animæ vestræ Dei ob servitium conjulistis, et nos servaturos
pro posse nostro jurato servare precepistis. Nunc autem cum de precepto vestro hoc fuisse factum
discernitis, nos tanquam vestra creatura ad desistendum monens, ne jurati nostri et juris coactio
nos compellat sententiam, quæ delinquentes in mortem eternam trahit, nisi ressipuerint, in nostrum
patrimonium extendetis. Tunc comes intolerabilius se finxit sevire. At illi videntes, quod monitis
et blanditiis nihil proficerent, sed potius ipsum exasperarent, in conspectu oculorum suorum et
omnium qui aderant, ipsum excommunicarunt. Videns autem comes eorum constantiam, gratias
Deo egit, quod elegerat ecclesiæ suæ provisores, et advolutus eorum pedibus veniam humiliter
postulavit, et sic absolutionis veniam impetravit. Possessiones vero canonicorum de una
villa ampliavit in restitutione damnorum et suæ injuriæ. In eadem quoque ecclesia predictus comes Balduinus quidem illustris prosapia et virtutum experimentis, magnitudine
animi et virium gloria omnium, nobilitate clarior, sepultus est anno Domini 1067, Kalendis
Septembris addit B.

10. Castrum Valentianas situm — Walachras addidit. apud De S. net I, 43. ex Sigeberto a. 1006. add. B.

VARIÆ LECTIONES.

⁶⁶ Vel vivendo superscripsit I.

NOTÆ

(66) Dender fl. Ath, Grammont, Ninove et Aelst C
præterfluens.
(67) Henricus III.
(68) Arcques.
(69) Hoc fecit Godefridus Barbatus Lotharingiæ
dux, Balduino sociatus, non Balduinus ipse.
(70) Le Boulenrieu, prope Evin (arrondissement
de Béthune, canton de Carvin), cf. Gesta epp. Ca-
merac. III, 68.
(71) Est Ausellus de Ribodimonte, de quo cf.
ibidem III, 66, 72. Auctarium Aquicinense Sigeberti in Monum. SS. VI, 393.
(72) Nequaquam Brabantiam totam, sed terram

tantum d. Alost in dextra Scaldis ripa Balduinus
in feudum accepit, una cum castro Gandensi, quatuor Officiis et terra de Waes; quæ omnia ab eo
inde tempore Flandriæ imperialis nomine compre-
hensa fuerunt. Præter hæc accepit etiam quinque
insulas Seelandiæ. Cæterum hæc conventio non ab
Henrico III, ut auctor noster dicit, sed sub Hein-
rico IV demum facta est Coloniæ mense Decembri
1056. Cf. de hisce omnibus Kluit. hist. crit. com.
Holland. II, excurs. 4 p. 56.
(73) Messines, inter Yperen et Lille. Fundavit a
1065, ibique obiit a. 1071.

12. [Lamb.] Balduinus autem primogenitus ejus *, adhuc etiam patre vivente (74) duxit uxorem Richeldem comitissam Haionensem, ut illum comitatum etiam haberet per eam. Hæc enim tunc vidua Herimanni comitis Montensis, pepererat ei filium (75), quem vitricus ejus Balduinus, pro nimia simplicitate minus seculo idoneum, clericatu et Catalaunensi episcopio sublimare procuravit, ejus hereditate ita sibi usurpata. Balduinus itaque de Richelde duos filios Arnulfum et Balduinum genuit, et post mortem patris sui utrumque comitatum in tanta pace gubernavit, ut nemo auderet vel dignaretur arma portare, nec ostium noctu propter latrones claudere, nec vomeres et ligones ab aratris ablatos domum deferre. Quapropter ab omni populo communiter meruit hoc agnomen, scilicet bonus comes specialiter. A domno tamen Ingelberto Cameracensi et Atrebatensi episcopo cum Richelde sua excommunicatus est, eo quod per incestum adulterio pejorem cognati sui Herimanni comitis uxorem duxisset; sed a domno papa Leone nono, ejusdem Richeldis avunculo, hanc meruerunt indulgentiam, ut in conjugio quidem, sed absque carnali commixtione manerent **. Hæc ipse Leo papa in beati Remigii ecclesia a se ipso nuper edificata (76) Remis tenuit concilium, in quo quidam episcopus, pulsatus de simonia et innocentie sue non habens ulla testimonia, dicere totum jussus est gloria, *Patri et Filio* tantum dixit, *et Spiritui sancto* addere non valuit **.

13. Præfato autem comite bono diu gubernari patria eo felix non meruit. Defunctus siquidem (1070) et apud Hasnonium sepultus *, in pace dormit et requiescit in id ipsum, ubi raptoribus expulsis, de turri eorum lapidea monachorum cenobium edificaverat.

14. Venerabilis autem Richeldis, aliquandiu jam

A vidua, tandem mirabili penitentia affligitur. Jejuniis namque et orationibus insistens, pauperibus et leprosis cotidie per se ipsam serviens, etiam eorum sanie liniebatur, et balneis eos lavans, eisdem post eos utebatur, ut vel sic infirmata, similiter ut filia regis intus reformaretur. Sic itaque mundo sibi crucifixo *, terræ corpus apud Hasnonium, animam Jesu Christi misericordiæ commisit (1086); prius tamen perturbationes passa non parvas.

15. Marito siquidem ejus defuncto, per ejus muliebrem insolentiam et filii ejus Arnulfi vix quindennis imprudentiam paradisus Flandrie deliciis pacis sue cepit cassari, et inde apud se ei apud Deum acriter conqueri, et virtutem famosam Roberti fratris comitis boni nuper defuncti **. Quod percipiens mulier rixosa et callida, confugit ad patrocinium Philippi regis Francie; nec erubescens trigamiam, conatur adhuc nubere cuidam Guillelmo subcomiti superbo de Normannia, in hoc quoque commovens amplius contra se quosdam Flandriarum principes et populum.

16. Predictus namque Robertus, patri minus et matri magis carus *, et a fratre a Flandris alienatus, [Lamb] filiam Bernardi ducis Saxonum, Florentii comitis de Frisia viduam Gertrudem et habentem ex marito filiam duxerat uxorem, quæ peperit ei duos filios, Robertum et Philippum, et tres filias. Harum vero quædam (77) nupta apud Mescinas sanctimonialis et abbatissa venerabilis, in sponsi sui pace obdormivit. Altera vero Canuto regi Dacie nupta, peperit ei puerum nomine Karolum; sed patre a suis perempto, in Flandriis ab avunculo suo ** Roberto receptus et diligenter educatus, in robur militaris discipline laudabiliter excrevit. Mater vero ejus postea nupsit duci Apulie **. Terciam quoque *** accepit Henricus Brosensis, quo defuncto Theodericus dux Ellesathen-

---

12. * Primis tyrocinii anni in aula imperiali — sollemnis. *apud De Smet* I, 50-52. *ex Tomelli hist. Hasnoniensi c.* 8-17. *addit* B.
 ** Prophetavit autem idem Leo, posteros eorum utrumque comitatum non diu possessuros; quod postea rei probavit eventus. *ex Herimanno Tornacensi c.* 12. *addit* B.
13. * anno D. 1070. 16: Kal. Augusti. *addit* B.
14. * tandem a Domino vocata, illa nobilis nimis obiit comitissa a. D. 1092. Corpus autem ejus apud Hasnonium, ubi post obitum mariti sui multa bona contulerat, delatum et in basilica s. Marie Magdalene honorifice sepultum est. Cujus anima veste immortalitatis indui et paradisi amenitate confoveri mereatur. *addit* B.
16. * extiterat, unde pater — Frisiam secessit. *apud De Smet* I, 55, *ex Herimanno Tornac. c.* 12. *addit* B.
 ** Rogero; qui et peperit filium nomine Willermum, qui patri in ducatu successit, et honorem acceptum morum ingenuitate et actuum strenuitate multipliciter nobilitavit. Sed postmodum audita unici germani sui Karoli Flandriæ comitis exitu, primum quidem inconsolabiliter dolere, deinde ipse cœpit lethaliter languere. Qui ut se periclitari cognovit, Salernitanum archiepiscopum et Troianum episcopum convocavit; atque quod antea dum incolumis esset fecerat, eorum quoque testimonio desiderans confirmari, quicquid mobilium et immobilium in terra possidebat, b. Petro apostolo ejusque vicario sanctissimo Honorio jure perpetuo possidendum delegavit. *addit* B.
 *** Gertrudem, Henricus comes Bruxellensis — Auxariæ. *apud De Smet* I, 67. *ex Herim. Tornac. c.* 17. *addit* B.

VARIÆ LECTIONES.

** *Ita* 1. 6. Gloria patri et tantum gloria p. e. f. dixit sed et sp. s. a. n. v. 4. ** *omissum videtur desiderare.* ** *abhinc litterarum forma paululum increscit, atramento mutato. Manus tamen eadem, auctoris.*

NOTÆ

(74) A. 1051.
(75) Rogerium.

(76) Consecrata potius. MARTÈNE.
(77) Otgiva seu Maria.

sis; ex qua genuit Theodericum, strenuissimum A duces, castellani, et diverse bellatorum turme, postea Flandrie comitem.

17. Robertus igitur in Frisia degens, cognita fratris morte simulque Richeldis tyrannide, Flandrias repetiit, et usque Gandavum pervenit; quo predictam mulierem accersiens et de paterno regno sibi reddendo ei suggerens, femineo furore exagitata, injuriosis responsionibus protestatur :

Si capi nollet, illinc tunc concitus esset.
Nam partem regni nec totum non daret illi.
Hinc si res poscit, werram virtute tenebit,
Non his, quæ tenuit dominus suus, ipsa carebit.
Sic donec vivet, nichil horum provida perdet.

Quod audiens dux et superbiam mulieris graviter ferens, regem adiit, eique per ordinem omnia retulit; Rex itaque Philippus de injuria nepoti suo illata B vehementer indignans, quantocius eum in Flandrias redire et quoscumque posset adunare precepit, seque illi auxilium constantissime prebiturum spopondit. Richeldis autem consilio regis comperto, animum ejus quattuor milium librarum auri sponsione corrupit et ab incepto negotio fraudulenter revocavit. Frisio denique spe sua frustratus, consilio soceri sui Bernardi ducis Saxonum Frisiam remeavit, et ibi aliquandiu hiemavit.

18. Interea nonnulli satraparum nimia crudelitate mulieris, qua in clerum et populum seviebat, graviter offensi, et maxime de æcclesiarum spoliationibus quas fecerat ingenti merore affecti, legatos ad Frisionem destinant, suamque voluntatem erga eam apicibus insinuant. Quo ille nuncio plurimum C exhilaratus, ocius trans mare advehitur, et prudentia Bonefacii castellani usque ad castrum quod dicitur Cassellum latenter perducitur. Est enim hoc castrum ab antiquis in excelso montis culmine situm.

Montibus in Flandris hic mons supereminet altis.
Arx superat montem, cujus quis cernere culmen,
Si nitor est cœlo, dicunt a monte Lauduno [69].

Quod agnoscentes, qui parti ejus favebant, illo catervatim properarunt, et castrum armis atque munitionibus firmarunt.

19. Hoc dum fama volitante ad aures Richeldis pervenit, illa et filius ejus Ernulfus, mire probitatis juvenis, exercitum adunant, diversarum regionum D agmina in auxilium convocant, et cum ingenti multitudine ad predictum castellum properant (1072). Convenerunt undique suppetiarum copie, comites,

Atrebatenses, Braibandenses, Valentienenses, Cameracenses, Tornacenses, Niviellenses, Castrilocenses (78), Audomarenses, Bolonienses, Ardenenses, Sanctipolenses (79), Betunienses, Hosdenenses (80), Albenienses (81), Gisnenses, Tornehencenses [70] (82), Aldenardenses, Ostrevandenses, Jochenses [71] (83) et alii plures. Advenit etiam rex Philippus, et cum eo validus armatorum cuneus ; Gusfridus episcopus Parisiacensis, frater Eustachii comitis Boloniensis ; episcopus Lugdunensis (84), episcopus Ambianensis (85) ; Franci, Normanni, Rocinenses (86), Noviomenses, Campanienses, Senlenses (87), Torotenses (88), Remenses, Catalaunenses, Carnotenses, Aurelianenses, Stampenses (89), Cocinienses (90), Quintinienses, Corbeienses, Peronenses, Negiellenses (91), Montisacutenses (92), Ribodimontenses (93), Suessionenses, Andegavenses, Pictavienses, Bariolunenses (94), Nadavernenses, Burgundienses et ceteri innumerabiles. Hii omnes ad debellandum Frisionem in campo sub monte Cassello resederunt.

20. Ille vero adversus tam vastam multitudinem multo pauciores, sed ut rei probavit eventus validiores in arma produxit : Gandenses, Viviacenses (95), Coclarenses (96), Bergenses, Furnenses, Brugenses, Yprenses, Roslarenses (97), Aldenburgenses, Herlebeccenses, Rodenburgenses [72], Broburgenses, Curtriacenses et ipsos Casletenses. Procedunt tandem hii, non solum ferro septi, sed etiam fide muniti. Lineis vestibus abjectis, laneis induuntur sub armis ; et terre procumbentes, supernorum juvamina lacrimis implorant; contra regem terrenum tam parva manu dimicaturi, causam suam regi celorum committunt (98).

21. Quid moror? Conserto quidem totis viribus prelio, fit strages maxima de exercitu regio; perfunditur tellus sanguine, tegitur campus occisorum multitudine. Richeldis quoque, tante cedis rea, capitur et carceri tenebroso mancipatur; prosternitur etiam filius ejus, nisi esset hostis nimium plangendus comes Ernulfus, et ad monasterium sancti Audomari defertur tumulandus. Frisio denique dum forte sociis longius hostes persequentibus solus equitaret, capitur et ab Eustachio ad castrum Audomarense caute perducitur, atque castellano Vulvrico Rabello custodiendus traditur. Quod cum

VARIÆ LECTIONES.

[69] Est enim — Lauduno *desunt* 6.   [70] Tornelienses 6.   [71] Locrenses 6.   [72] Erdeborgenses 6.

NOTÆ.

(78) *Mons.*
(79) *Saint-Pol.*
(80) *Hesdin.*
(81) *Aubigny.*
(82) *Tournehem inter Saint-Omer et Ardres.*
(83) *Choque prope Béthune?*
(84) *Laudunensis.*
(85) *Guido.*
(86) *Les Rochenois.*
(87) *Senlis.*
(88) *Torote, prope Compiègne.*

(89) *Etampes.*
(90) *Coucy.*
(91) *Nesle en Picardie.*
(92) *Montagu.*
(93) *Ribemont.*
(94) *Barrois en Lorraine.*
(95) *Viven.*
(96) *Coukelaer.*
(97) *Boulers seu Rousselaere,* inter *Courtray* et *Dixmude.*
(98) Febr. 20. Alii die 5 Febr. 1072.

cives cernerent, castellum ilico obsidionibus vallant, tolis ac machinamentis diversis fortiter impugnant. Quid plura? Comes vi extrahitur et gaudentibus cunctis cum honore redditur suis. Relaxatur etiam Richeldis; et sic inter eos bellum diu vario eventu protrahitur. [Sigeberl.] Rebellavit simul filius ipsius mulieris Balduinus frater Ernulfi, quem comes devicit atque fugavit [73].

22 Igitur rex Francorum bello Gasletensi victus atque fugatus, ad castrum quod dicitur Monasteriolum (99) pergens, majorem exercitum collegit, et cum valida manu Flandrias repetiit. Cumque ad burgum sancti Audomari pervenisset, suburbana ejus incendit, et fraude Vulverici castellani civitatem intravit. Hostes per plateas predando discurrunt; burgenses latebras fugiendo querunt; spoliantur ecclesiæ, injuriantur monachi, lacerantur clerici, dehonestantur matrone ac puelle, luget urbs plena confusione. Talia rege agente, Gusfridus episcopus in villa quæ dicitur Sperleca (100) residens et qualiter Frisioni subveniret mente pertractans, missis ad eum litteris spondet, quod si domino ejus silvam quæ vocatur Bethlo concederet, paterno illum regno restitueret. Comite autem voluntati ejus annuente, episcopus celeri nuntio regi mandat, quatenus suæ saluti consuleret et quantocius abiret, adjungens quoque, ducem Flandriæ et comitem Boloniæ cum magno exercitu prope adesse; ac ni fugam acceleraret, capiendum se fore. Quo ille nuntio territus, relictis sarcinis nocte urbem reliquit et versus Galliam properavit. Rege itaque fugiente, comes in crastinum adveniens urbem recepit; sed de injuriis ecclesiarum et populi vehementer condoluit [74]. Episcopus igitur fratrem suum Eustachium comiti reconcilians, prædictam silvam ei concessit; quæ tali

ex causa usque hodie a comitibus Boloniæ jure hereditario possidetur.

23. Robertus denique cognomento Fristo adversariis undique devictis, totius Flandriæ monarches efficitur [*]; atque post innumeros bellorum triumphos Roberto filio regni gubernacula tradens, moritur, et apud Casletum sepelitur (1093, Oct. 13).

24. [Lamb.] Robertus siquidem junior paterni principatus hæres effectus, duxit Clementiam, filiam Willelmi nobilissimi comitis Burgundionum cognomento Testabardith [*]; ex qua genuit Balduinum militem inclitum, et Willelmum qui infra adolescentiæ metas immatura morte præventus, in monasterio sancti Bertini est tumulatus. Comes itaque Robertus in expugnatione Jerosolimitana laudabili militia enituit, et inde rediens brachium sancti Georgii secum detulit, quod Aquicinensi ecclesiæ transmisit. [Sig. Aut. Au.] Deinde Camaracum urbem illoinquietate, Henricus imperator contra eum proficiscitur, et expugnatis aliquibus ejus castellis, imminentis hiemis asperitate redire compellitur. [Lamb.] Designata igitur regni monarchia filio, defunctus est, et apud Atrebatum sepultus (1111, Oct. 5), eique successit Balduinus inclitus militia et probitate non inferior [**].

25. Hic accepit uxorem filiam Alani comitis Brittanniæ (1); sed consanguinitate inter eos probata, jussu Paschalis papæ separati sunt; quæ consanguinitas a Conone Prenestino episcopo in præsentia papæ hoc modo recitata est: Constantia regina Francorum et Ermengardis comitissa Arvernensis sorores fuerunt. De Constantia nata est Athela comitissa et de Ermengarde Arvernensi altera Ermengardis comitissa (2); de Athela Robertus Frisio, et de Ermengar-

21.[*] Balduinus .... iter Iherosolimitanum cum aliis principibus in principio expetiit, unde nec dum rediit, et utrum occisus an captus fuerit, usque hodie sciri nequivit. ex Herim. Torn. c. 33. addit B.

23.[*] legatos ad imperatorem — dictum est. apud de Smet I, 63. ex Herim. Torn. addit B.

[*] Post paucos annos idem Robertus Iherusalem abiit, quam tunc possidebant Sarraceni. Cumque portam civitatis vellet intrare, porta se clausit spontanea. At ille hoc videns, nimio timore correptus est, intelligens hoc sibi non esse prosperum prodigium. Abiit ergo inde ad quemdam eremitam, prope civitatem manentem, quem audierat virum esse sanctum et religiosum, ut faceret confessionem peccatorum suorum. Audita ergo vir sanctus illius confessione, injunxit ei pœnitentiam de Arnulfo nepote suo, quem occiderat, et dixit ei, ut si vellet Deum habere propitium, Balduino nepoti suo redderet Flandriam, quam abstulerat ei. Ille autem nimis timoratus de portæ prodigio, annuit eremitæ consilio, venit ad portam, quæ ultro aperta est ei. Cum autem in civitate degeret in domo cujusdam perpotentis Saraceni audivit ab astrologis Saracenorum et diversis, Iherusalem in proximo capiendam esse a Christianis; quæ capta est non multo post, 39 anno Philippi regis. Robertus autem reversus de itinere Iherusalem, Duacum timore nimio reddidit Balduino comiti Hainoniensi. Robertus autem dum in regno Flandriæ esset sublimatus, morientes clericos — Cassel. apud De Smet I ex Lamberti genealogia, c. 3-8 addit B.

24.[*] et sororem domni papæ Calixti — sepulturam accepit. apud De Smet I 68-74. ex Herim. Tornac. c. 18-26 addit B.

[**] Iste Robertus antequam pergeret versus Syriam, dedit sigillum dominii sui et principatus preposito S. Donatiani, quem totius dominii Flandrie cancellarium constituit. Anno quinto principatus Roberti Cistertium fundatum est. addit B.

VARIÆ LECTIONES

[73] Relaxatur — fugavit 1. in margine adduntur, sed eodem prorsus calamo et atramento non postea, sed eodem quo reliqua tempore. [74] Reg — condoluit. in margine addit.

NOTÆ.

(99) Montreuil.
(100) Eperlec, inter Saint-Omer et Ardres.

(1) Havisem seu Agnetem.
(2) Carnotensis, conjux Odonis II.

de Berta comitissa (3) ; *de Roberto alter Robertus, et* A *de Berta Havisis Namnetensis comitissa ; de Roberto juniore iste Balduinus, et de Havise comes Alanus; de hoc ista juvencula.*

26. [Lamb.] Igitur Balduinus inclitus in diebus suis potens super omnes Francorum principes, bellis frequentibus ita nobiliter Flandrensium exaltavit regnum, ut vicinis suis tyrannis undique terrorem inferret, et Henricum regem Anglorum a Normannia expulisset, nisi infirmitas obstitisset. Nam collecta exercituum multitudine, assumpto etiam secum Willelmo Roberti filio, quem Henricus rex Angliæ captum tenebat, oppidum Rotomagense in quo præfatus rex latitabat obsidione vallare disposuit, et eum comprehendere aut bello excipere et a regno quod injuste invaserat expellere. Qui cum exercitum per Atrebatum duceret, ex occasione vulneris, quod paulo ante a quodam Britone levi ictu in fronte acceperat, repentina infirmitate correptus egrotare cepit, et a femore usque ad pedes paralisi percussus, plenis novem mensibus in languore permansit. Cumque a medicis curari non valuisset, ordinato omni regno Flandrensi, se Deo sanctoque commendavit Bertino ; atque monachico habitu indutus, octavo principatus sui anno in villa Roslarensi Deo animam reddidit ; et a Karolo ejus successore ad sanctum Bertinum delatus, astante universa procerum multitudine, in medio ecclesiæ honorifice sepultus est.

27. Quo sine herede defuncto, Karolus jure propinquitatis successit. Erat enim filius Canutonis regis Dacie ex filia primogenita Roberti Frisionis et Gertrudis. Cumque sublimatus esset in regno, ecclesiam sancti Audomari ingressus cum principibus Flandriæ, primam curiam tenuit, et eodem anno castrum sancti Pauli in quo Hugo perfidus Campus Avene dictus predonesque multi latitabant, penitus destruxit, fossamque circumfluentem impleri jussit. Perversorum quoque munitiones undique viriliter delevit, et sibi regnum nobiliter subjugavit. [Simon.] Octavo igitur principatus sui anno apud Bruges in quadragesima missam audiens, infra canonem orationibus instans et psalmum quinquagesimum decantans, manum etiam cum elemosina pauperi porrigens, manu servorum suorum coram altari propter justitiam occiditur. Cujus mortem portentuosa signa precesserunt. Nam in dungionum (4) fossis abundantia sanguinis emanans et a plerisque decoctus, intolerabilem de se fetorem reddidit, sanguinem qui effusus est in morte Karoli vel in ipsius ultione, pretendens et fetorem proditionis longe lateque expandens.

28. Quo occiso, Ludowicus rex in Flandriam ve-

nit, et licet cum difficultate, successorem ejus Willelmum filium Roberti comitis Normannorum, quem Henricus rex tunc captum tenuit, Flandris preposuit, et proditores Karoli diversis tormentorum generibus, ut dignum erat, interemit. Deinde tot clades, tot incendia, tot bella, tot perturbationes adversus Willelmum insurgunt, totque malis Flandria afficitur, ut tedeat dici vel scribi. Willelmus de Lo, filius Philippi fratris Roberti junioris, elevabatur dicens : *Ego regnabo.* Qui maximam partem populi sibi concilians, quædam castra sue subdidit ditioni. Quo cognito, rex cum Willelmo comite Ypres obviam vadit, eumque captum vinculis et carceri per aliquantulum temporis mancipavit ; sed postea ei prece suorum falso reconciliatus, idem Willelmus comiti sacra- B mentum fidelitatis fecit, quod vix uno die servavit.

29. Suscitavit adhuc ei Sathanas et alium adversarium, Arnoldum scilicet, nepotem Karoli ex sorore ejus primogenita. Dicebat enim, se esse jure propinquitatis regni heredem. Qui ab Audomarensibus susceptus, ex monasterio sancti Bertini sibi fecit munitionis castrum, unde rebellaret. Quo audito comes Willelmus cum suis eum obsedit, nonnullis nitentibus ignem apponere, sed comite ne quis hoc presumeret comminante ; Arnoldum exire coegit et jus totius Flandriæ abjurare.

30. Videntes igitur quidam Flandriarum proceres, consiliis Normannorum comitem inniti : invidia ducti vel pecunia Henrici regis illecti, Theodericum fi- C lium Theoderici ducis de Ellesath, quem genuit ex filia Roberti Frisionis, evocaverunt, et ei faventes multa mala constituerunt. Proditio namque, perjurium, infidelitas, federis prevaricatio, a Flandris eo tempore estimabatur prudentia. Quid tandem ? Post innumera malorum exercitia cum valida manu armatorum in campo Hackespol Willelmus et Theodericus ad prelium conveniunt ; fugatoque Theodorico cum suis, Willelmo cessit victoria. Sed in brevi victorie usus est leticia. In castro namque Alst dicto Theodericum obsidens, cum jam adversariorum immineret deditio, vulneratur ; quo vulnere morti contiguus monachus efficitur, et in Sithiu deportatus, ad caput Balduini comitis tumulatur.

31 Theodoricus vero, multis ei resistentibus, to- D tius Flandrie monarches appellatur ; ad gubernandum agrestes mores, utpote his numquam assuetus, valde impar. Nam tacitis his quæ in diversis locis, diversis temporibus, a diversis hostibus ingruebant malis, Willelmus de Lo ex castro dicto Sclus (5) resistens, homicidiis, rapinis, incendiis ecclesiarum ac villarum desolationibus adversus illum et debachatus.

32. Interea Clementia [75] Roberti junioris vidua,

quæ eatenus terciam partem Flandrie dotis loco tenuit, defuncta, quecumque habuit, comiti dereliquit. Quæ adhuc vivens, duas ecclesias sanctimonialium edificavit, in Broburg et apud Avednes. Comitissa etiam Suanildis, pro cujus consanguinitatis cognatione plurima fiebant mala, obiit, unicam tantum filiam ex comite habens nomine Laurentiam. Hanc dux de Lemburg accepit uxorem; sed quia consanguinei esse dicebantur, separati sunt. Deinde sortitus est eam Iwanus de Alst in conjugium; quo defuncto nupsit Rodulfo comiti Peronensi, et illo mortuo, comiti de Namur [76] (6). Teodericus autem duxit filiam regis Ierosolimorum [Simon.] nomine Sibillam, ex qua liberos utriusque sexus suscepit.

33. Willelmus igitur de Lo, comiti quasi trabes in oculo gravis et odiosus, capto supradicto castro de Flandria pulsus, venit in Angliam, et a rege Stephano, ut decuit tante nobilitatis virum, honorifice susceptus atque detentus est. Degens itaque in curia regali, tanta probitate militaris discipline enituit, ut regie majestati carus foret et acceptus; nec immerito; quippe qui eundem regem ab omni emulorum incursu strenuissime tuebatur. Accidit namque, ut comes Claudiocestre Robertus, filius Henrici regis ex concubina, contra Stephanum arma sumeret, et eum aut vita aut regno privare disponeret. Quid multa? Conserto inter eos prelio, comes regem cepit, et custodie tradidit. Quo agnito, Willelmus assumptis secum commilitonibus Robertum ad arma provocans circumvenit, captumque diligentius custodire fecit [1141]. Deinde intercurrentibus principibus et optimatibus regni, altero pro altero restituto, uterque suis redditur. Rex vero non immemor beneficiorum, liberatori suo totam provinciam quæ dicitur Cantia possidendam concessit, et inter primos regni, dum vixit, honoravit. Inter hoc dum toti Anglie timori esset et terrori, Dei providentia disponente, que flagellat ut crudiat, lumine oculorum caruit, sed vigorem animi non amisit. Sicque gratia Dei cor ejus irradiante, que circa se agerentur perpendens et sue saluti in posterum providens, thesaurorum suorum gazas reservavit, Christique pauperibus atque ecclesiarum restaurationibus multa delegavit.

34. Per [77] idem tempus, anno scilicet verbi incarnati 1152, contigit in villa sancti Audomari quædam ecclesiarum ac domorum lamentabilis conflagratio, in qua etiam ecclesiam sancti Bertini cum omnibus officinis vorax flamma consumpsit. Unde Leonius [78] beate memorie tunc temporis abbas, tam gravi exidio vehementer afflictus, Willelmum (7) adhuc toti Anglie imperitantem adiit, eique lamentabili voce rei ordinem pandit. Quo audito Willelmus supra jam venerabilis loci desolatione valde indoluit, et pietatis archana reserans, ad restaurationem cenobii aurum argentum ac lignorum copiam, abbate disponente, magnifice ministravit. Cujus memoria apud ejusdem cenobii habitatores in eternum permanet.

35. Non post multum vero temporis rege Stephano decedente, Henricus junior filius filie majoris Henrici successit (1155). Qui in initio regni sui Flandrenses ita exosos habuit, ut castella et munitiones eorum funditus everteret, possessionibus privaret, ac cum ipso Willelmo ab Anglia eliminaret. Ipse vero magnanimis Willelmus et princeps olim bellicosus, postquam in Flandriam, id est patrium solum, venit, quiete decem circiter vixit annos; multaque de facultatibus suis, ut ipsi vidimus [79], ecclesiis ac pauperibus largiens, apud castrum suum quod dicitur Lo, plenus dierum hominem exivit, ibique in ecclesia beati Petri apostolorum principis 8. Kal. Februarii honorifice est sepultus (1164). Cujus anima paradisi queat possidere gaudia.

CONTINUATIO BRUXELLENSIS.

In codice 4 manu s. xiv. ex.

Defuncto predicto Willelmo et in castro suo quod dicitur Lo sepulto (1164), prefatus Theodericus comes monarchiam Flandrie pacifice et quiete possedit. Qui ex uxore sua Sibilla tres habens filios in armis strenuos, inimicis metuendos et elegantia forme cunctis preferendos, propinquis et longinquis timorem incutiebat; eo quod pre timore et magnanimitate filiorum nemo predicto Theoderico auderet in Flandriam rebellare.

Prefato vero Theoderico ex hac luce subtracto

VARIÆ LECTIONES.

[76] *Hæc* 5. *ita :* Hanc dux de Lovanio, Henricus nomine, a. u. qui juvenis obiit absque herede. Deinde **s. c. e. l. de A. in c. q. d. n.** Henrico de Lemburg; sed quia consanguini erant, separati sunt. Preterea nupsit Radulfo, *etc.* [77] *Totum caput deest* 6. *in rasura: scripsit in* 1 *auctor ipse, atramento mutato, idemque sequens caput ultimum in ultimo folii margine exaravit.* [78] Leo 4. [79] u. i. v. desunt 4.

NOTÆ.

(6) Aliter rem tradit Gislebertus p. 51, ed. de Chasteler : *Laureta post Ywani decessum nupsit Radulfo comiti Viromandensi viduo, postea Henrico duci de Lemborch, deinde Henrico comiti Namurcensi;* quibus viris singillatim relictis, religionis habitum sumpsit.

(7) De Lo.

et in cenobio Watinensi sepulto (1168), Philippus filius ejus primogenitus propter illustres actus et militie strenuitatem, quà pre cunctis mortalibus pollebat; Alexandro Magno Grecorum regi ab ystrionibus et ab omnibus viris qui eumdem noverant, non immerito comparatus, patri suo successit in Flandrie comitatu. Qui duxit uxorem Ysabelem filiam comitis Viromandensis. Qui, patre ejus defuncto (1156), Radulfum fratrem ejusdem uxoris sue, qui elephantie infirmitatem incurrerat, a Viromandensi comitatu expulit, et dictum comitatum Viromandensem Ambianensem et de Valois cum prefata uxore sua optinuit, et per totam vitam uxoris sue pacifice possedit; Frater vero ejusdem Philippi secundus natu post ipsum, Matheus nomine, pulcherrimus miles sicut dicebatur omnium militum, comitissam Boloniensem duxit uxorem, ex qua duas habuit filias. Quarum primogenita de voluntate sua contra voluntatem amicorum suorum nupsit Rainaldo comiti de Danmartin; secundam duxit Henricus dux Brabancie. Et idem Matheus in quadam expeditione apud Rothomagum habita sagitta percussus interiit (1173), et Boloniam reportatus, ibidem (8) est sepultus. Tertius vero frater, Petrus nomine, cum esset clericus et electus Cameracensis, a clericatu resiliens est miles effectus, et comitissam de Navers duxit uxorem (1174); ex qua unicam habuit filiam, nomine Sibillam.

Memoratus vero Philippus comes Flandrie cum

per quadraginta annos vel circiter Flandriam strenuissime gubernasset, uxore sua defuncta et solatio duorum fratrum suorum destitutus, ad partes profectus est Jherosolimitanas (1190); ubi inter suos, qui secum profecti fuerant, diem clausit extremum (1191, Jun. 1); et ossa ejus qualicumque modo a carne separata, Clarevallem sunt relata et in ecclesia tumulata.

Post quem successit in comitatu Flandrie Balduinus comes Hainonie, eo quod sororem ipsius Philippi, Margaretam nomine, haberet uxorem. Ex qua tres habuit filios : Balduinum primogenitum, post imperatorem Constantinopolitanum; Philippum, post comitem Namurcensem, et Henricum, post fratrem Balduinum similiter imperatorem Constantinopolitanum (1206). Cum vero dictus Balduinus obtentu uxoris sue per quatuor annos vel circiter terciam partem Flandrie gubernasset, uxore sua ab hac luce subtracta (1194, Nov. 15) et in ecclesia beati Donatiani Brugis sepulta, filius ejus primogenitus Balduinus comitatum obtinuit, multum dolens et confusus, quod Philippus rex Francie, qui sororem suam habuerat uxorem, meliorem terciam partem Flandrie sibi usurpaverat. Unde mittens legatos ad Richardum regem Angliæ cognatum suum, cum ipso fedus iniit; qui contra dictum regem, comes ex ista parte, rex ex alia, versus Pictaviam guerram moverunt (1196).

CONTINUATIO GISLENENSIS.
In codice 5.

Sed ut genealogiæ seriem prosequamur, Theodericus Elsatius, Flandriæ ut dictum est comes, visitatis quarto sacris Jherosolimorum locis, tandem Gravelingis etiam diem extremum clausit (1168), et in Watenensi canonicorum regularium dyocesis Audomarensis cenobio conditus est, hoc elogio superscripto : *Hic jacet sepultus domnus Theodericus de Elsatia, comes Flandriæ, qui quatuor vicibus Terram Sanctam visitavit, et inde rediens sanguinem Domini nostri Jesu Christi detulit et villæ Brugensi tradidit, et postquam Flandriam annos quadraginta strenue rexerat, apud Gravelingas obiit anno Domini 1168.*

Philippus Elsatius, Veromandensis jure uxoris comes, patre Theoderico mortuo, Flandriæ comitatum possedit. Hic post varia certamina cum Philippo rege Franciæ habita ad iter Terræ Sanctæ se accinxit. Inde rediens, nulla prole relicta, in Syria mortuus est. Cujus corpus uxor Mathildis in Cla-

ravalle cum honore sepelivit (1191).

Philippo e vivis sublato, Balduinus magnanimus Hannoniæ comes uxorio etiam jure Flandriæ comitatum hereditavit. Margareta namque Philippi soror et inter filias Theoderici primogenita, Balduino comiti Hannoniæ nupserat.

Hoc vero Balduino defuncto (1194), Balduinus ejus filius primogenitus Hannoniæ pariter et Flandriæ comes factus est; et anno 1200 cum uxore Maria, sorore Theobaldi Campaniæ comitis, Brugis in capite quadragesimæ crucem assumpsit; annoque tertio supra 1200um cruce jam signatus in subsidium Terræ Sanctæ Venitias versus, inde in Syriam ac postea Constantinopolim profectus est; ubi post varios contra Grecos habitos conflictus imperator Constantinopolitanus est electus anno Domini 1205. Sed non multo post tempore vitam finivit (1206), eique Henricus frater Flandriæ et Hannoniæ comes in imperio successit.

CONTINUATIO CLAROMARISCENSIS.
In codice 6.

1. His incidenter de Willelmo Loensi interpositis, ad genealogiam Flandrensium comitum revertamur. Theodericus itaque ex uxore sua Cibylla suscepit filios, Balduinum, Philippum, Matheum et

NOTÆ.

(8) Non Boloniæ, sed apud S. Jodocum supra Mare.

Petrum; filias vero Gertrudem et Margaretam. Balduinus igitur primogenitus, qui regni heres esse debebat, in annis puerilibus obiit. Post quem major natu Philippus jura regiminis sub patre suscepit (1155), filiamque Radulfi comitis Viromandie Elizabeth nomine in uxorem duxit. De Philippo mirabilis res, ut mihi videtur future probitatis index refertur . quod tertio generationis suæ die, cunctis qui aderant audientibus, *Evacuate mihi domum!* terribiliter clamaverit. Matheus vero decore corporis et virtute militari vir laudabilis, quia principatus Flandrie in jus senioris fratris, ut mos est, cesserat, cogente patre Mariam filiam Stephani regis Anglie in uxorem sibi associat. Hec a pueritia habitu religionis initiata, cum sola Boloniensis comitatus heres superesset, a claustris educta et assensu pape Matheo ad subrogandos paterne hereditati legitimos heredes matrimonio est conjuncta. De qua cum duas filias Matheus genuisset, sanctimonialem claustris restituens, duxit iterum uxorem sororem Flandrensis comitisse; de qua dicitur liberos habuisse, sed omnes infra pueritiam defunctos fuisse. Ultimus filiorum Petrus clericus effectus, providentia fratris in Cameracensem electum est promotus. Filiarum quoque Gertrudis primogenita nupsit primo comiti de Moriana (9), a quo separata nupsit iterum Hugoni de Oisi. Ab hoc quoque sejuncta, Mencinis (10) sanctimonalis est effecta. Margareta quoque nupsit Radulfo filio predicti comitis Radulfi; quo leproso facto et antequam eam more uxores ducentium cognovisset mortuo, nupsit iterum Balduino Haynoensi comiti, de quo fecundam, satis utriusque sexus progeniem propagavit. Interea Theodericus comes apud novum oppidum (11), quod juxta Broburg supra mare est situm, viam universe carnis ingressus (1168), Wathenis officiosissimis exequiis est sepultus.[80]

2. Philippus itaque moderamina comitatus sui libere disponens, sapientia et tenore justitie omnibus predecessoribus suis merito preferendus, homicidia, furta et cetera innumerabilia maleficia, quibus in alterutrum Flandrenses debacabantur, compescuit; et non solum Flandriam pacifice gubernavit, sed etiam omnes adjacentes provincias exemplo suo ad bonum pacis provocavit. Sed quia in humanis rebus stabilis prosperitas esse non potest, letos successus tristis eventus perturbat, ut scriptum est: *Extrema gaudii luctus occupat.* (Prov. xiv). Philippus enim tum propria industria tum fratris sui Mathei auxilio confidens, dum in rebus bellicis strenue ageret, omnem Normanniam subjugasset, nisi quodam obstante infortunio a bellorum proposito de-

stitisset. In obsidione quippe cujusdam castelli (12) Matheus letaliter vulneratus mortuus est, et in finibus comitatus sui apud Sanctum Judocum (13) sepultus (1173): Que mors immatura nimis omnibus Flandrensibus facta est lamentabilis. A Matheo quippe heres Flandrie expectabatur: nam a Philippo, cujus uxor erat sterilis, omnis posteritas desperabatur. Philippus igitur jam tunc spe successionis frustratus, fratrem suum Cameracensem electum a clericatu amovens militem facit, comitissamque de Navers ei matrimonio jungit (1174); ex qua cum unam Petrus genuisset filiam (14), veneno ut dicitur interiit.

3. Interea Philippus filius Ludovici regis Francie coronatur in regem in civitate Remensi, anno Domini 1179, Kalendis Novembris, presentibus cunctis proceribus regni; ubi affuit comes Philippus et pre aliis principibus gloriosus apparuit, ferens gladium coram rege, qui ferri debet a nobiliori principe regni. Non multis vero interjectis diebus contigit, ut rex Philippus peteret a comite, in uxorem dari sibi neptem ejus, filiam scilicet sororis ipsius, videlicet Margarete Haihonensis comitisse. Quo audito, comes gavisus est valde, quia multum sibi accedere sentiebat honoris, si regina fieret et regina Francie neptis sua. Dedit igitur eam regi, eique concessit in dotem habendum post suum decessum, quicquid terre ac juris habebat ipse ultra magnum fossatum (15).

4. Non multum post oritur discidium inter regem Francie et comitem Flandrie (1182); quo durante, moritur Elizabeth comitissa (Mart. 26), et honorifice sepelitur Attrebati in ecclesia beatæ Mariæ, anno Domini 1182. Erat igitur guerra inter regem et comitem. Et rex quidem cum esset juvenis eximie probitatis atque prudentie, incertus adhuc in quem de baronibus suis ad plenum confidere posset, et fere omnes metuens, affectabat eorum virtutem ita debilitare ac frangere, ut nullum de ipsis merito formidaret. Aggressus est itaque comitem Flandrie, qui precipuus inter omnes et potentissimus omnium videbatur. At ille fremens ut leo et audacie tonitu fulminans, discurrebat per regiam terram, cuncta sibi obvia vel prosternens vel rapiens vel incendens. Principes autem ejus ut leonum catuli circuibant regionem regis, audacter euntes perante Silvanectum, depopulando usque in villam que dicitur Loures, non multum distans a civitate Parisiensi; ceperuntque Albericum comitem de Domnomartino super lectum suum, et captum ad comitem Flandrie adduxerunt. Itaque formidini erat omnibus fortitudo et animositas comitis et suorum, metum incutiens

---

VARIÆ LECTIONES.

[80] *in margine alia manus s. xiv addit:* Anno Domini MCLXVII. XVI Kalendas Februarii, qui annis XL. regnavit.

NOTÆ.

(9) *Maurienne*, Humberto III.
(10) *Messines*.
(11) *Gravelingen*.
(12) *Briencort*.

(13) *St-Josse-sur-Mer*.
(14) Sibillam.
(15) Fossa Bolona, seu Nova, a S. Audomaro ad fl. Lys dacta a. 1053. Cf. infra c. 9.

hiis quoque qui Parisius habitabant. [*Cont. Aquic.*] A
Hujus autem discordiæ incentores ex parte regis
fuisse dicuntur comes Clarimontis et Radulfus de
Coriaco et filii Roberti cognomine Clementis, qui
erant consiliarii regis. In exercitu etiam regis erant
quasi signiferi Henricus junior rex Anglorum et
Ricardus frater ejus dux Aquitanus. Exercebantur
ergo utrinque absque ullo remedio cedes, incendia
et rapine, expoliationes ecclesiarum, oppressiones
burgensium, pauperumque destructiones ; ita quod
universa Gallia hoc vento agitata, hac illacque cur-
vata sit. Nec fuit citra Alpes locus, qui se abscon-
deret, ab auditu tonitrui hujus. Intendebant vero
paci reformande Willelmus Remensis archiepiscopus
et comes Blesensium Theobaldus, avunculi regis.
Hiis aliisque mediantibus religiosis viris, quando- B
que dabantur indutie a nativitate Domini usque in
octavas theophanie, et ab initio quadragesime usque
in pascha. Post pascha vero transactis indutiis cum
de pace inter regem et comitem spes nulla jam esset,
sed bellum omnes communiter expectarent : ex insperato Henricus senior rex Anglorum et Philippus
rex Francorum, Philippus etiam comes Flandrensium, mediante Henrico Albanensi episcopo apostolice sedis legato et quondam Clarevallis abbate, cum
archiepiscopis, episcopis, abbatibus et Francorum proceribus inter Crispeium et Silvanectum conveniunt,
et pax inter eos pacis intercurrentibus nuntiis reformatur. Nunquam nostra etate audivimus tantum
belli incendium pacis gutta tantilla extinctum. Et
comes Philippus resignato comitatu de Crespi ad C
opus comitis de Biaumont, cui competebat ex uxore (16), cum aliis quibusdam ¹¹ castellis, que ipse
tenuerat ex parte uxoris, regis pacem et gratiam
est adeptus.

5. Post aliquantulum temporis (1184) Philippus
rex Francorum consilio quorumdam baronum suorum, comiti Flandriæ invidentium, reginam vult
dimittere. At ²¹ illa hoc sentiens conversa est ad
Deum, tantamque erga Dei genitricem in civitate
Silvanectensi exibuit devotionem, humilitatem et
contritionem, ut omnes intuentes pene ad lacrimas
commoveret. Nam nudis pedibus per plateas civitatis incedens, et cereos in manibus portans, elemosi-
namque omnibus indigentibus affluenter dispertiens, D
intravit beatæ Dei genitricis ecclesiam, ubi oravit
diutius, et eo die omnes civitatis pauperes laute
ipsa refecit et eis ipsa etiam ministravit. Quod rex
et omnes optimates ejus audientes, compassi sunt
ei, et penitentia ducti a proposito destiterunt. Philippus tamen comes tam Remensem archiepiscopum
quam omnes qui hujus consilii complices extiterunt,

quos dudum coluerat ut amicos, nunc ut inimicos
veretur. Propter hanc causam et alias pax inter regem et comitem est turbata. Uterque igitur post
pentecosten cum suis exercitibus in marchis terrarum suarum conveniunt. Et regis quidem exercitus
militibus plurimis, comitis autem agminibus peditum armatorum sufficienter et optime precellebat.
Standarum altissimum draconem desuper preferen-
tem comes secum super currum rotarum quatuor
duci fecit ; quod rex cum tota Francia indigne admodum tulit. Tamen Henrico Anglorum rege mediante, pacis inducie protelantur a festo sancti Johannis in annum. Interim comes mittit in Ispaniam
pro Mathilde filia Adefonsi regis Portusequalis ; que
ad eum venit cum regio apparatu et ambitione
multa, et facta est ei uxor anno Domini 1184, mense
Augusto.

6. Balduinus vero comes Montensis adherebat
regi, et licet sororem comitis Philippi haberet uxorem, erat tamen exercens inimicitias contra eum.
Instinctu ergo illius rex Francie iterato insurgit in
comitem Flandrie. At ille non improvidus nec impa-
ratus audacter occurrit. Collocatis namque per castella sua que in marchis habebat custodiis equitum
contra infestationem regis, ipse militari manu tantummodo terram comitis Montensis ingreditur a
parte meridiana (1184), ab oriente vero Philippus
archiepiscopus Colonie, qui comitem Flandriæ ad-
juvabat. Porro Duacenses et Pabulenses ab occidente incendiis et rapinis demoliti sunt terram illam. Rex autem ut comperit, alias comitem esse intentum, Viromandiam intrat ; accedensque ad castrum quod Mons Desiderii dicitur, suburbana illius succendit ; sed per fideles comitis, qui circumquaque in presidiis morabantur, ocius est inde re-
pulsus. Cum vero hiemps instaret — erat enim Novembris mensis — asperitate hiemis compellente ad
propria unusquisque digreditur. Die autem nativitatis dominice propinquante, inducie dantur utrinque (17). Cum autem fluiende essent inducie, et comes Flandrensis suam prepararet expeditionem
(1185), Balduinus comes terram Jacobi de Avesnes
virtute irrumpens, veteris memor injurie incendio
tradit eam. Nam ille incentor esse discordie inter
utrumque comitem ferebatur. Finitis induciis, rex
et comes omni spe jam pacis remota in cedem mutuam ruituri, sub urbe Ambianensi cum suis exercitibus consederunt. Tandem nutu Dei ut credimus,
comes regie majestati et honori proprio deferens
ac saluti, cedem etiam populorum a Deo simul et
hominibus sibi metuens imputari, antequam aliquis
caperetur vulneraretur vel perimeretur, reddidit

VARIÆ LECTIONES.

¹ *scriba primo locum vocis vacuum reliquerat, eo consilio, ut numerum castrorum insereret,
quum primum didicisset. Postea eodem atramento quo inde ab* At illa *utitur, vocem* quibusdam *inscripsit ;
numerum igitur non didicit.* ²¹ *abhinc atramentum mutatur ; manus eadem.*

NOTÆ.

(16) Eleonora, quæ soror erat uxoris Philippi.
(17) A. 12ᵐᵃ die ante natale Domini usque ad octavas epiphanie. *Gislebertus p. 142.*

regi quedam castella comitatus Viromandensis, que A ei ad Chinon usque perveniens diem clausit extremum. Hinc apud Fontem Ebraldi delatus, vix necessarios sumptus ad sepeliendum habens, ille quondam dives et prepotens ibidem in monasterio sanctimonialium tumulatur. Cui successit in regnum-dux Aquitanie Ricardus filius ejus, anno 1189, quo anno mortua est Elizabeth Francorum regina (Mart. 15), neptis Philippi comitis Flandrie. Mortua est autem de duobus geminis, et cum nimio Francorum planctu in ecclesia beatæ Mariæ Parisius sepelitur.

jure armorum hucusque possederat a tempore quo prima uxor ejus mortua fuit; de qua non habuit liberos, cum ex parte ipsius eumdem habuerit comitatum; pro quo etiam tota hæc discordia fuit inter se et suum dominum regem (18). Inter ea vero castella que reddidit, eminebant Causiacus, Thorota, Monsdesiderii, Calmiacus et dominium Ambianense. Hæc autem resignavit regi, ut armis cederet et reliquam partem Viromandie, videlicet villam Sancti Quintini, Ham et Peronam circumpositamque regionem, in pace tenendam sibi quamdiu viveret concederet et confirmaret. Factumque est ita; et mansit deinceps idem comes in ejusdem gratia regis (19). Ibi etiam pacificantur comites Flandrensis et Haionensis.

7. Circa idem tempus contigit in ecclesia transmarina, divini severitate judicii, res omni christianitati valde lamentabilis et dolenda. Rex enim Jherosolimorum obviam pergens (1187) et congressum faciens cum Salahadino et Sarracenorum multitudine infinita, superatur et capitur, et omnes principes ejus aut occiduntur aut capiuntur, vulgus vero innumerabile trucidatur. Bellehemites episcopus, qui crucem ferebat, perimitur, et crux Domini a paganis aufertur; et sicut de archa Dei legitur, translata est gloria Domini ab Israel. Salahadinus deinde terram perambulat, civitates et castella evertit aut retinens sibi firmat et munit, monasteria destruit, monachos presbiteros clericos perimit, sactimoniales dehonestat et interficit. Actum est hoc anno incarnationis dominice 1187, quo anno natus est Ludovicus filius regis Francie primogenitus, pridie Kalendas Septembris. Audito autem gravi nuncio de terra Jherosolimitana, rex Francie rexque Anglie cum principibus multis, episcopis comitibus nobilibus et ignobilibus trans mare profecturi cruces accipiunt (1186). Verum priusquam iter arriperent, Philippus rex Francie profecturus contra ducem Burgundiæ, assumpsit comitem Flandrie secum. Nam dux ille injustissimus et perfidus erat in eo, quod Francie ac Flandrie mercatores, quos in fide sua tuendos per terram suam susceperat, spoliari a suis latronibus permittebat. Assultus ergo regis et comitis sustinere non valens, perditis D quibusdam castellis suis, ad deditionem compulsus, tradidit se ipsum regi. Deinde idem rex et idem comes assumpto secum Ricardo Aquitanie duce, ducunt exercitum contra Henricum regem Anglorum (1189); patrem ejusdem Ricardi, villasque illius et castella diripiunt et incendunt. Semper enim Francorum regibus rebellis extiterat et dampnosus. Quorum assultum ille non sustinens, de loco ad locum fugiendo eorum devitabat adventum. Tandem usque Cenomannis persecuti sunt eum. Super quo ultra modum contristatus. in infirmitatem decidit.

8. Euntibus autem predictis regibus Francie simul et Anglie versus mare (1190), Philippus comes Flandrie cum eis transfretat, et pariter obsident civitatem que dicitur Achra, quam Sarraceni firmiter valde munierant et servabant. In cujus obsidione, que multo tempore duravit, Philippus comes indigentibus et maxime militibus qui stipendia sua consumpserant sua erogando, plurimum extitit liberalis. Obiit vero ibidem tertio mense transfretationis sue, anno Domini 1191. Kalendis Julii, et sepultus est in basilica sancti Nicholai foris murum Achre, ubi etiam tumulati sunt plus quam 50 tam episcopi quam duces et comites; sed postea per diligentiam uxoris sue Matildis regine Portusequalis translatus est Claramvallem, ac reconditus honorifice in sarcofago, intra capellam quam ipsa illi et sibi paraverat. Et ipse quidem strenue rexit comitatum Flandrie per 24 annos, nobilissimus omnium qui fuerant ante ipsum in Flandria, divitiis C et honoribus affluens, prudentia et potentia magnus, fervens in justitia, fortis et probus ad arma, unique Machabeorum non inmerito comparandus. Clericos honorabat, monachos amplectebatur, pauperes defendebat, causas religiosorum etiam contra suos quandoque barones et milites tuebatur.

9. Cujus morte audita, confunditur tota patria et turbatur, dolor et timor occupat universos, maxime clerum et populum, statimque regnum ejus scissum est in tres partes. Nam Willelmus archiepiscopus Remensis, qui regis Francie jura servabat, illam partem quam Philippus comes nepti sue regine in dotem olim concesserat, occupavit ad opus filii ejusdem regine, videlicet Ludovici; hoc est Bapalmas, Attrebatum, Ariam Sanctumque Audomarum et domum de Ruholt cum nemore, comitatum Hisdiniensem et Lensensem, homagium Bolonie, S. Pauli, Gisnense, Lilerense. Omnia enim hec Philippus comes post suum decessum habenda concesserat regi, quando ei neptem suam legali matrimonio copulavit. Alteram vero partem donaverat idem comes propter nuptias uxori sue Mathildi; hoc est Insulam et Duacum et plures ac bonas villas hinc et inde jacentes, Caslethum, Watenes, Bergas, Burgium, totamque maritimam regionem. Porro terciam partem hereditatis jure saisivit Balduinus

NOTÆ.

(18) Cf. Gisleb. 145.

(19) Hæc pax facta fuit a. 1185, secundum Gislebertum et Continuatorem Aquicinensem. Alii ponunt a. 1186

comes Haionensis ex parte uxoris sue Margarete, sororis Philippi comitis antedicti.

10. [*Cont. Aquic.*] Rex autem Philippus in Franciam rediens, dies nativitatis dominice Parisius celebravit. Ad cujus curiam Balduinus comes vocatus cum aliis venit ; sed rex eum nec humane nec benigne suscepit (1191). Quod ille cernens, rege insalutato clam a civitate discessit. Tamen consulens terre suæ, ad recuperandam regis gratiam Symonem de Aquicincto et Danielem de Camberone abbates ad regem direxit. Tandem mediante Willelmo Remensium archiepiscopo necnon et Petro Attrebatensi episcopo, pax inter regem et comitem reformatur (1192), ita quod rex suscepit homagium comitis et comes ei benigne concessit habendam occidentalem Flandrie partem superius nominatam, retinens sibi orientalem. Post quatuor circiter annos obiit Margareta Flandrie et Haionensis comitissa (1194); cui successit in comitatu Flandrie Balduinus filius ejus, patre suo Balduino adhuc circiter per annum vivente, qui eidem filio suo Balduino primogenito uxorem acceperat Mariam filiam Henrici comitis Campaniensis, quam genuit ex filia Ludovici regis Francorum. Interea rex Anglorum Ricardus de partibus transmarinis regreditur, oriturque discidium inter ipsum et regem Francorum. Rex itaque Francie collecto exercitu (1197) castellum regis Anglorum quod dicitur Aubamarla obsidet, capit et destruit. Milites regis Anglorum episcopum Belvacensem consanguineum regis Francorum ceperunt et apud Rotomagum gravi custodie manciparunt. Instinctu quoque muneribus et promissis regis Anglorum, Balduinus comes Flandrie et Haionensis regem Francie dereliquit et regi adheret Anglorum. Hic itaque collecto exercitu copioso per pagum Tornacensem et Cameracensem incedens, omnia ejusdem pagi castella cepit; sicque ad civitatem Attrebatensem perveniens, eam a parte orientali obsedit. Secundo autem obsidionis die subito inde recessit. At Philippus rex Francie hæc audiens et indigne ferens, cum magna equitum et peditum copia transiens apud Ariam flumen Lisie, terram comitis vastaturus intravit; sed quibusdam infortuniis tactus, colloquium cum comite habuit extra Ypram; et sic infecto negotio rediit in terram suam, multis qui adventum ejus formidaverant irridentibus inefficacem ejus recessum. Comes vero Balduinus castrum Sancti Audomari quinque ebdomadarum obsidione clausit (1198), et rege Francorum Philippo nullum ferente præsidium, utpote qui a Ricardo Anglorum rege plurimum artabatur, cepit redditum sibi et optinuit. Arienses enim reddiderant se jam sponte in manus illius. Interim rex Anglie stipatus multitudine militum irruit super regem Francorum euntem Gisortium. Ille vero cum suis festinans munitionem intrare, fracto ponte in flumen dicitur cecidisse; sed extractus est inde, pluribus

tamen de nobilioribus suis captis. Statimque rex Francorum exercitum congregans copiosum, terram Normannie vicinam terre sue incendio et rapinis devastat. Mediante vero Petro cardinale Sancte Marie in via Lata et apostolice sedis legato, date sunt treuge inter reges. Ricardus ergo rex obsidens castellum quoddam vicecomitis Lemovicensis, qui a se recesserat, quod appellant Zaluth (20), ibi sagitta vulneratus est et defunctus (1199); cui Johannes frater ejus successit in regno. At Balduinus comes terram regis Francorum rapinis et incendiis devastabat. Maria autem comitissa Flandrie pro pace inter regem et comitem componenda Parisius vadens ad regem, honorifice suscepta est ab eo; quam rex de pace securam cum quibusdam captivis in pignus pacis remisit ad propria. Anno igitur Domini 1200 [1199] in diebus nativitatis dominice Philippus rex et Balduinus comes apud Peronam collocuturi de pace convenerunt, ubi per Marie comitissæ industriam pax firma utrimque juratur; que pax tam Francie quam Flandrie magna fuit causa letitie.

11. Postea Balduinus comes cruce signatur, et Jherosolimam tendens, apud Venetiam hiemavit, et Gazaram civitatem Venetiis inimicam subegit cum eorum auxilio, subdectamque tradidit eis. Deinde ad illam nobilem et munitissimam ope simul et opibus et fere inexpugnabilem civitatem Constantinopolim, de Dei confisus auxilio, cum paucis expugnandam accessit. [*Ep. Bald.*] Irruentibus ergo Flandrensibus Francis atque Venetiis, scalis turribus applicatis, Greci propugnacula reliquerunt, nostrique audacter ingressi militibus portas aperiunt; multaque cede facta Grecorum, nostri advesperascente jam die arma fessi deponunt, de assultu palatiorum in crastino tractaturi. Imperator vero Alexius, qui a muris recesserat et in palatium fugerat, suos recolligit et crastinam hortatur ad pugnam, asserens quod nostros in potestate nunc habeat intra murorum septa conclusos; sed nocte latenter dat terga devictus. Quo comperto, Grecorum plebs attonita de substituendo imperatore pertractat. Et dum mane facto ad cujusdam Constantini nominationem procedunt, pedites nostri non expectata deliberatione majorum, ad arma prosiliunt; et terga dantibus Grecis, fortissima et munitissima palatia relinquuntur, totaque in momento civitas obtinetur, et omnium que inter divitias ab hominibus computantur, tam inestimabilis habundantia reperitur, ut tantum tota non videretur possidere Latinitas. Ordinatis igitur diligenter que disponenda rerum poscebat eventus, nostri ad electionem imperatoris unanimiter et devote procedunt; et omni ambitione seclusa, venerabiles episcopos Suessionensem, Trecensem, Haluersdatensem, dominumque Beellemitanum qui a partibus transmarinis auctoritate apostolica ibi fuerat delegatus, Acconensem electum, abbatemque

NOTÆ.

(20) Chalus-Chabrol. BRIAL.

Lucedii, imperatoris sub Domino constituunt electores. Qui oratione premissa, ut decuit, Balduinum comitem Flandrie et Hainonensem unanimiter ac sollempniter elegerunt, atque ad imperii fastigia gloriose coronatum memorati pontifices cum universorum applausu et piis lacrimis sublimarunt anno Domini 1202, dominica qua cantatur *Jubilate*, post pascha.

12. Uxor vero ejus Maria, claris orta natalibus, virum suum insecuta, post tediosas terrarum metodos et maris anfractus ac tractus tandem Acharon aplicuit; ibique diutinis et gravibus macerata egritudinibus, ultimum reddidit spiritum. Johannes rex Anglie post infinitas expensas in castellis tuendis et munitionibus erigendis per longum tempus facias, pusillanimitate confectus magis quam pecunie defectu, fuge opprobrium vilipendens, Normannia Aquitania cum appenditiis universis relictis, tanquam ad asilum confugiens transito mari rapido cursu in Angliam se recepit. At Philippus rex Francie letus hec omnia occupavit et cepit.

13. Anno deinde incarnationis Domini 1205, imperator noster Constantinopolitanus Balduinus, Flandrie et Hainoie comes, a Johanne cognomento Blake in conflictu inter se commisso captus fuit, nulli deinceps de nostris comparens. Cui anno sequenti successit in imperium frater ejus Henricus, vir in rebus bellicis strenuus et morum nobilitate conspicuus. In comitatu vero Flandrie et Hainoie successit eidem Balduino imperatori primogenita filia ejus Johanna, quam in sua custodia et tutela Philippus rex Franciæ habuit, donec matrimonio copulavit eam Fernando filio regis Portusequalis, et hoc per industriam regine [ss] Mathildis, quondam Flandrie comitisse. Celebratis ergo nuptiis in capella regis Parisius (1211), antequam eadem Johanna cum viro suo Fernando venisset in Flandriam, ut ab hominibus Flandrie fidelitatem debitam sibi reciperet : Ludovicus primogenitus regis miles jam factus subito et repente Ariam venit cum exercitu et bellicis instrumentis, exigens a burgensibus villam sibi reddi, sicut ipsi noverant eam competere sibi ex parte materna. Illi autem dixerunt, quod si castrum Sancti Audomari, quod erat fortius et magis munitum et quod jure pari eum respiciebat, prius obtinuisset, ipsi absque mora et difficultate aliqua ei redderent villam suam. Hac igitur sponsione accepta, venit ad Sanctum Audomarum; sed clausum invenit. Non enim burgenses eum continuo receperunt, licet magno minarum tonitru terruerint eos comites Sancti Pauli et Pontivi aliique barones, qui cum predicto venerant Ludovico. Confluebat itaque copiosus exercitus circa villam, et atrociter minabantur, quod eam succenderent et omnes in ea repertos inmanissimis cruciarent suppliciis. At burgenses cum ita ex improviso se viderent obsessos, nec haberent milites, quorum consilio et auxilio possent

defendere villam suam, nullumque sibi presidium ferri ab aliquo expectarent, habuere consilium, quod reciperet in crastino cum honore dominum Ludovicum, et ipsi ab eo reciperentur in gratia et amore ; factumque est ita. Deinde consilio ejusdem Ludovici apposuerunt adhuc firmare amplius muris pariter et fossatis majoribus villam suam ; et ipse dominus Ludovicus turrim excelsam et fortem edificavit in medio muri prope portam Boloniensem, per quam posset intrare in villam, cum vellet, et exire ab ea.

14. Fernandus vero cum amita sua Mathilde regina vetula et infirma et uxore sua lento gradu Flandriam et Haionium veniebat (1211), recipiendus ab hominibus terre in dominum et eos ipse in homines recepturus. Reliquit autem Duaci uxorem suam febricitantem cum amita sua Mathilde predicta; ipse vero properavit Ypram, deducentibus eum Philippo qui erat marchio Namucensis et patruus uxoris ejus, et Johanne qui erat dominus de Nigella et castellanus Brugensis, Sigero etiam castellano Gandensi. Cumque Yprenses et Brugenses colla ejus dominio subjecissent, Gandenses eum recipere noluerunt, donec heredem terre viderent, filiam scilicet imperatoris Balduini, et certi essent, quod ei nupsisset. His auditis velociter rediit ; et nobilissimi principes duo, videlicet Rasso de Gavera et Arnulfus de Aldernade, qui nuptias istas sine suo consilio factas esse dolebant et prefatos oderant castellanos, cum armatis militibus et aliis multis insecuti eum, Curtrachi sunt consecuti. Prandebat autem cum principibus qui erant cum eo ; qui predictorum inopinato adventu et insectatione comperta, nil rati sunt utilius fore sibi ad presens quam fugere. Fugam igitur maturantes, de rebus suis plurima reliquerunt, et transito fluminis ponte, ne hostes post eos transirent pontem fregerunt. Quod illi videntes, redierunt in villam et depopulati sunt eam.

15. Fernandus ergo assumpta uxore sua et collecto exercitu, Gandavum obsedit. At Gandenses datis ei ter mille libris in pace sunt ab eo recepti. Predicti autem castellani de Gandavo et de Brugis, eo tempore quo terra vacans comitem non habebat, usurpaverant sibi jura et consuetudines quasdam in castellaniis suis, que magis dicebantur spectare ad comitem Flandrie quam ad ipsos. Cum ergo hæc eis concedere et confirmare Fernandus non vellet, discesserunt ab eo, et ad regem Franciæ, cujus homines erant ex alio feodo quem tenebant de illo, se unanimiter contulerunt. Quod videntes Rasso de Gavera et Arnulfus de Aldenarda, qui eosdem oderant castellanos, reversi sunt ad gratiam comitis, facta resarcitione dampnorum et injuriarum satisfactione prius exhibita.

16. Ea tempestate (1212) Renaldus de Domnomartino, comes Bolonie et Moretonii, quem rex

[ss] amite illius scilicet *superscripsit manus s.* XIII.

Francie super omnes principes suos exaltaverat ob A dedit pecunias, suum ei ut dicitur thesaurum com-
ingentem ejus probitatem atque industriam, accu- municans et exponens ad conducendum milites,
satus quod regem prodere vellet, fugit a facie regis qui cum eo terram regis Franciæ devastarent. Fa-
contra eum cum exercitu venientis. Fugiens vero ctum est hoc in diebus nativitatis dominice, in
accessit ad comitem Flandrie, deinde ad regem quibus comes Bolonie, Renaldus sumptis militibus
Anglie, incitans eos, ut inito ad invicem pacto re- et quibusdam communiis Flandrie Casletum obsedit.
cuperari satagant vi armorum ea que antecessores Verum priusquam appropinquaret, viri qui erant
eorüm tenuerant et modo tenet rex Francie violen- in arce, partem ville maximam succenderunt, pu-
ter. Quod facile fieri promittit, et maxime, cum gnaveruntque fortiter et munitionem viriliter defen-
auxilium imperatoris Othonis eis deesse non possit. derunt. Licet autem nix de cœlo descendens et gelu
Erat enim idem Otho regis Anglie nepos, et regem terram constringens oppugnantes plurimum impe-
Francie odio habens, libenter contra illum suum dirent (1214), minime tamen propter hec cessave-
avunculum adjuvaret. Fiunt ergo littere hinc et runt, donec post tredecim dies veniente cum ar-
inde, regis ad comitem comitisque ad regem, de mata multitudine filio regis domno Ludovico, pre-
ineundo federe inter ipsos contra regem Francie dictus comes non habens manum ad resistendum
dominum suum (21). Interea barones Anglie, re- B ei, obsidionem reliquit et in interiorem Flandriam
gem suum propter nimiam crudelitatem ipsius ha- se recepit.
bentes exosum, mittunt latenter ad regem Francie,
supplicantes attentius, ut veniret in Angliam, spon- 19. Reversus autem de Anglia comes Fernandus,
dentes firmissime, quod ejus ditioni se subderent, multitudinem equitum congregavit; et vadens per
et expulso rege qui regno indignus erat, regnum Burburgium et Gravelingas in terram comitis Gis-
traderent ei. Anno igitur Domini 1213. Philippus nensis, depopulatus est eam, et ejus munitiones
rex Franciæ cum ingenti mole navium simul et ho- destruxit, et perante Sanctum Audomarum in
minum parabat se in portu qui dicitur Calays, ut Flandriam remeavit. Post paucos autem dies cum
in Angliam transfretaret. Erat tunc temporis in gravi multitudine peditum simul et equitum comi-
Anglia Pandulfus clericus quidam domini pape, qui tes Flandrie atque Bolonie venerunt ad Lensense
auctoritate ipsius excommunicabat omnes regi An- oppidum; quod bene munitum videntes, ultra pro-
glie adversantes. Etenim rex Anglie Johannes au- gressi sunt ad castrum quod dicitur Hosdain, ipsum-
diens regem Francie super se venturum, nimio ter- que et quasdam villas campestres depopulati sunt
rore perculsus, resignavit domino pape regnum C incendiis et rapinis. Accedentes vero ad Ariam
suum in manu clerici antedicti, et recepit illud ab consederunt et castrametati sunt ibi; sed milites et
eodem clerico tenendum sub censu mille marcha- sagittarii qui erant intus constituti, villam serva-
rum annuatim summo pontifici solvendarum. verunt illesam.

17. Rex autem Francie mutato repente consilio 20. Eo tempore Johannes rex Anglie Aquitaniam
de pergendo in Angliam, vertit se ut iret in Flan- venerat cum grandi exercitu, ut terram illam ad
driam. Precepit ergo, ut onuste naves sue occur- se reduceret et sue iterum subjiceret potestati. Sed
rerent sibi ad portum qui Dam dicitur, prope Bru- domnus Ludovicus filius regis Francie, missus a
gis. Ipse vero per terram vadens, venit die domi- patre illuc cum probis militibus multis, viriliter
nice ascensionis Casletum; ponensque ibi milites resistens conatus regis Anglie inanes reddebat.
et sagittarios ad custodiam castri, processit versus Philippus ergo rex Francie preparata expeditione,
Ypram et Brugis, neminemque sibi resistentem in- Ariam, ut obsessis ferret auxilium, properabat.
venit, deducentibus eum castellanis predictis, Bru- Quo per exploratores cognito, comites antedicti
gensi scilicet et Gandensi. Fernandus autem Flan- cum universo exercitu suo in Flandriam sunt re-
drie et Renaldus Bolonie comites prorumpentes de versi. Dehinc pergunt dicti comites Flandrie et Bo-
mari latenter, irruunt in extremos de exercitu re- D lonie Aquisgranum (Mart.) ut imperatorem Otho-
gis; sed viriliter et cito repulsi, vix evadere potue- nem qui a domino papa tunc excommunicatus erat
runt ac recipere se in mari. Verumptamen de navi- rogarent, quatinus cum eis dignaretur venire suo-
bus regis postea ceperunt non paucas; quod rex au- que avunculo regi Anglie ac suis fidelibus, qui
diens, residuas omnes succendit, præcavens ne ab contra regem Francie cum eo pugnabant, suum au-
hostibus similiter caperentur. Cepit etiam rex apud xilium exibere. Venit ergo (Jul.), et ducem Lo-
Ypram Brugis et Gandavum multos de burgensibus, tharingie (23) cum quibusdam comitibus militibus-
qui ditiores ibi esse videbantur, et duxit eos in que non paucis secum adducens, totam Flandriam
Franciam, tenens eos in captione artissima, donec adventu suo exhilaravit. Ex edicto igitur comitis
magnam ab eis pecunie quantitatem extorsit. Fernandi conveniunt apud Valentias omnes qui apti
18. Fernandus ergo comes perrexit in Angliam, erant ad bellum, Hayonenses pariter et Flandren-
et regi Anglie hominium (22) fecit; cui rex multas ses. Quod Philippum regem Francie non latuit; qui
assumptis equitum et peditum copiis, secundum

NOTÆ.

(21) Exhibet eas Dom Brial, XVII, 87. (23) Henricum II. BRIAL
(22) Hoc dubium; cf. Dom Brial XVIII, 565.

quod habere poterat, — nam pars exercitus sui non modica cum filio suo Ludovico erat in Acquitania contra regem Anglie occupata — venit ad pontem de Bovines, et inde Tornacum. In crastinum, cum missam audisset, rediit ad pontem de Bovines.

21. Erant tunc apud Mortaigne imperator et comites cum exercitu magno valde et forti; qui audientes regem apud Bovines remeare, arbitrati sunt quod fugeret; et arma conciti capescentes, regem insequi certatim festinant. Ad hoc autem incitabat eos precipue Hugo de Bova, miles strenuus, quem rex Francie de terra sua expulerat; qui cum postea iret in Angliam cum militibus et aliis hominibus multis, orta tempestate submersi sunt et perierunt in mari. Ecce autem nuncius venit ad regem (Jul. 27), qui diceret ei pro certo, quod velociter veniebant et prope jam erat exercitus infinitus, nichil aliud metuentes nisi tam velocem regis fugam, quod eum consequi non valerent. Rex vero hec audiens substitit et suum exercitum stare fecit, convocansque principes suos ait : *Quod est consilium vestrum super hiis que auditis? Invitus quidem hodie pugno, cum sit dies dominica, et nos pauciores numero simus quam illi.* Tunc Petrus comes Autissiodorensis [84] primus respondit : *Etsi malum sit, humanum fundere sanguinem die festo, tamen minus peccat, qui non insurgit in hostem nec eum provocat, sed ab eo provocatus se ut potest defendit. Qui autem se defendere negligit, cum ab hoste fuerit impetitus, aut victum se probat aut stultum fatetur.* Hiis auditis, voluntas omnium erigitur ad pugnandum. Rex igitur suas confestim acies ordinavit. Rogavit autem Odo dux Burgundie regem, ut se a bello subtraheret et servaret se militibus ac principibus suis, et ingrederetur castrum Lensense, quod prope positum erat et bene munitum. Rex vero ait : *Absit hoc a me, ut fugiam dum vivus sum et sanus, ac relinquam homines meos mori mecum et pro me paratos. Ego quippe in prelio cum ultimis permanebo, aut ingenue moriens aut gloriose triumphans. Confido autem, quia oberit hostibus nostris, quod nos ad bellum provocant die ista, ipsisque impedimento erit, quod illi qui eos ducunt aut sunt excommunicati aut proditores aut transfuge aut perjuri. Nam Otho, qui dicitur imperator, excommunicatus est ab ore summi pontificis, comes vero Bolonie proditor et excommunicatus, comes Flandrie transfuga et perjurus. Hec sunt que tradent eos hodie in manus nostras, aut compellent fugere turpiter coram nobis. Vos igitur ne timueritis eos.* Hiis dictis, divertit se in quamdam ecclesiam que juxta erat, et oravit devote cum lacrimis. Surgensque ab oratione, munit corpus suum signo crucis primitus, deinde armis, et insiliens equo, venit ad suos monetque eos, ut sua confiteantur peccata, quatinus

A si mori contingat, securius moriantur, et si ex humilitate confessionis sue Deum sibi propitium fecerint, hostes facilius superabunt (1214, Jul. 27).

22. Interea Otho in tantum appropinquaverat, quod videre exercitum regis poterat; et vocans ad se comites Flandrie atque Bolonie, dixit : *Numquid non dictum est nobis, quod rex fugeret nostrum metuens prestolari adventum? et ecce video castra ejus castra fortia valde, castrorumque acies diligentissime ordinatas et ad bellum paratas.* Ad hec Bolonie comes ait : *Hoc est, domine imperator, quod vobis jam dixi, hunc morem esse Francorum numquam fugere, sed in bello mori aut vincere. Propterea consilium dederam, ut in eos irrueremus latenter a tergo, et partem exercitus novissimam prædaremur. Sed Hugo de Bova qui hic astat, et quidam alii, non hoc mihi prudentie sed timiditati atque desidie ascripserunt; quorum audacia meaque timiditas declarabitur hodie, cum ipsis velocem arripientibus fugam, ego et quicumque bellare inceperint atque permanserint, capiemur aut forsitan occidemur.* Et hec dicens vertit equum, ac sono gracilis cornu convocans suos, pergit in prelium ; euntque cum illo Fernandus comes Flandrie, et Willelmus comes Salisberie frater regis Anglorum, et alii Hayonenses Flandrensesque milites multi promti ad bellum et in nullo segnes aut pati aut facere, quodcumque belli casus attulerit. Ab hiis primum facta est congressio. Isti primum pugnare ceperunt; isti in primam aciem exercitus magna fortitudine irrumpentes, atrociter dimicabant; sed a Francis fortiter sunt excepti. Deinde miscentur undique hostes, equites simul et pedites, totisque viribus feruntur invicem. Fractis lanceis, gladios exerunt; sed gladio deficiente aut propter hostem comminus insistentem non proficiente, acuminatis in alterutrum cultellis utuntur. Verum comes Pontivi, qui erat cum rege, fractis lanceis gladio et cultello pedesque factus, brachiis et manibus loricatis ictus a se ferientium repellebat. Irruerat enim ipse cum militibus suis in globum continentem homines circiter 400, qui erant ut dicitur de Braybanto, pedites quidem, sed in scientia et virtute bellandi equitibus non inferiores. Ipsi comitem et milites ejus, equis eorum occisis, secum cito pedites esse fecerunt. Porro comes cum suis densitatem eorum penetrare non poterat, sed ut dictum est, manibus et brachiis se defendebat, donec ejus comunie advenirent, que illi fuerunt auxilio ad dejiciendum electos pedites illos; alioquin eos nequaquam vicisset, sed victus ipse cum suis militibus in manus eorum ut creditur incidisset. Itaque consumpti vel capti sunt universi pedites illi. In brevi autem prevalente Francorum virtute, imo potius triumphante per eos divina ordinatione, capiuntur predicti tres comites et alius quidam co-

[84] belliolensen *codex, et quidem en a manu prima,* balliolens *in rasura a manu s.* XVII.

mes de Alemannia (24), cum militibus 127 aliisque
nonnullis. Quod cum viderent Brugenses, qui bello
proximi erant, terga ut dicitur primi verterunt,
suoque exemplo ad fugiendum aliis profuerunt. Fugiunt igitur omnes Hayonenses pariter et Flandrenses, fugit dux Lotharingie cum suis, fugiunt Ale-
manni, fugit et ipse Otho imperator eorum in pale-
frido suo. Suum enim dextrarium, mire probitatis
magnique precii equum, occisum a quodam milite
reliquit in acie. Rex vero fugientes persequi nolens,
in Franciam est reversus. Factumque est hoc prelium anno Domini 1214, 6 Kalendas Augusti.

23. Regresso autem [85] rege in Franciam cum
triumpho nobili et captis insignious atque multis,
et cisdem per diversa loca repositis in firma custodia et ligatis in manicis et compedibus ferreis,
quasi Flandria satis adhuc penarum non solverit,
mittuntur alii reges a Domino contra eam, videlicet
ignis et aqua. Ignis munitas aggreditur villas, aqua
invadit campestres. Ab igne igitur devorante domus
Yprenses, Brugenses, Gandenses consumuntur, paucis
admodum derelictis, quas Dominus, ne consummationem facere videretur, misericorditer conservavit. Mare autem solito vehementius intumescens in
Brugensi territorio, per agros et villas spacio
leugarum septem vel amplius [86] se diffudit. . . . .

VII. GENEALOGIA BREVIS COMITUM FLANDRIÆ.

Damus hanc genealogiam e codice Bertiniano, jam Boloniensi n. 58 mbr. fol. s. XIII, ubi post Ambrosii
opera legitur a manu alia s. XIII, in. quæ quamvis sit continua, apparet tamen, priora omnia usque ad
Balduinum Roberti filium descripta esse ex antiquiori, reliqua ab alio post addita. Edidit ante nos jam
Warnkœnig in De Smet Corp. chron. Flandriæ I, 7.

NOMINA COMITUM FLANDRIÆ.

Lidricus Harlebekensis primus Flandriam occupavit. Post hunc filius ejus Ingelramnus Flandriam
obtinuit. Post hunc Audacer filius ejus eandem
tenuit. Post hunc Balduinus Ferreus filius ejus comes Flandriæ dictus est (24'), hic in monasterio
sancti Bertini jacet. Post hunc Balduinus Calvus filius ejus, hic jacet in Gandavo. Arnoldus senior
hujus Balduini filius post patrem nobiliter Flandriam
gubernavit. Post quem filius ejus Balduinus, qui
ante patrem obiit variolæ morbo. Post obitum vero
Arnulfi senioris regnat Arnulfus junior, filius Balduini filii Arnulfi senioris. Post Arnulfum juniorem
regnat Balduinus filius ejus, qui in Blandinio jacet.
Post hunc Balduinus filius ejus, qui Insulæ jacet.
Post hunc filius ejus Balduinus, qui Hannonie jacet.
Post quem frater ejus Robertus Frisio dictus, qui in
Casleto jacet. Post quem Robertus filius ejus, qui
Atrebato jacet. Post hunc Balduinus filius ejus, qui
letaliter in bello vulneratus, monachus sancti Bertini efficitur et ibi sepelitur. Huic ergo heredem non
habenti succedit cognatus ejus Karolus filius amitæ
B ipsius et Canuti regis Dacie. Quo propter justiciam
occiso et Brugis sepulto in ecclesia sancti Donati,
quidam de Normannia Willelmus, cujus proavus
fuit Balduinus Insulanus, comitatum recepit. Cujus
tyrannidem avariciæ non ferentes Brugenses et Gandenses et præcipue Insulenses, adduxerunt Theodericum Helzatensem filium filiæ Roberti senioris, ut
eidem Willelmo resisteret. Eo quoque Willelmo letaliter vulnerato et in ecclesia sancti Bertini sepulto,
Theodericus comitatum optinuit. Quo mortuo et in
ecclesia Watinensi sepulto, inclitus filius ejus Philippus ceteris excellentius et potentius Flandriam
gubernavit et domuit. Isto ergo a terra Jerosolimitana, in qua peregre defunctus est, Clarevallem
translato, Flandriam accepit regendam Balduinus,
C sororis ejus maritus. Quo mortuo et in monasterio
Malbodiensi sepulto, filius ejus Balduinus comitatum recepit. Quo peregre profecto et imperatore
Constantinopoli constituto, nec alium heredem quam
duas filias juvenculas et adhuc innuptas habente,
frater ejus Philippus Flandriæ procurator est constitutus (1202).

VARIÆ LECTIONES.

[85] post hanc vocem atramentum mutatur, manu eaaem manente.   [86] hic desinit ultima linea folii in quater-
nione quinti; se diffudit addit alia manus coæva. Folium sextum et septimum excisum; octavum adest; sed
omnino vacuum. Loco duorum quæ excisa sunt foliorum, postea quum codex jam ligatus esset— adhuc habet
ligaturam primitivam — insertus est quaternio foliorum minoris formæ duodecim cum duobus annexis, qui
continet continuationem Bernardi de Ypra a 1329 finitam. Nostra igitur continuatio ultra voces amplius se
diffudit processisse videtur, at non multum. Non amplius enim excidit quam duo illa folia, quæ Bernardus
abscidisse videtur.

NOTÆ.

(24) Otto de Teckelnburg. GROTEF.
(24') Attende quod auctor tres præcedentes non
appellat comites Flandriæ, sed primum Balduinum
hanc dignitatem adeptum dicit.

VIII. JOHANNIS DE THIELRODE GENEALOGIA COMITUM FLANDRIÆ.

Joannes de Thielrode, S. Bavonis monachus, in compilatione sua a. 1294 conscripta caput fecit unde-vicesimum de comitibus Flandriæ, quod usque ad a. 1150 ex Flandria Generosa excerpsit, de suo per-pauca tantum addens et ad sua usque tempora deducens. Damus ex codice autographo Gandensi, quem integrum edidit Van Lokeren, Gandavi 1835, in-8°.

—

DE COMITIBUS FLANDRIÆ.

[*Fl. Gen.*] Anno ab incarnatione Domini 792. Lidricus Harlebeccensis comes, videns Flandriam vacuam et incultam ac nemorosam, occupavit eam. Hic genuit Inghelramnum. Inghelramnus genuit Audacrum. Audacer genuit Balduinum Ferreum. Balduinus Ferreus rapuit Judith apud urbem Silvanectensem, filiam Karoli Calvi regis Francorum filii Ludovici Piissimi augusti filii Karoli Magni, viduam regis Anglorum. Tempore Balduini Flandria fit comitatus, et Balduinus primus comes. Antecessores sui fuerunt forestarii Flandrie sub rege Francie, sicut legimus in cronicis Francorum. Lidricus et Audacer impetraverunt ab abbate Heinardo monasterii sancti Bavonis licentiam venandi in silva que Heinarstryst nuncupatur, modo Loe dicitur, sub tali conditione, quod de decima bestia unam darent abbati et suis successoribus. Balduinus Ferreus genuit ex Judith Balduinum Calvum. Balduinus Calvus duxit Elftrudem filiam Edgeri regis Anglorum, genuitque ex ea Arnulfum Magnum restauratorem Blandinii. Arnulfus duxit Adelam filiam Heriberti Virmandorum comitis, genuitque ex ea Balduinum Juvenem. Balduinus Juvenis duxit Mathildem filiam Hermani ducis Saxonum, genuitque ex ea Arnulfum Juniorem. Balduino defuncto Machtildis nupsit Godefrido duci de Henam, et contulit privilegia ecclesiis sub nomine comitis Flandrie. Arnulfus duxit Susannam filiam Berrengeri regis Longobardie et Italie, genuitque ex ea Balduinum cognomento Pulcrabarba. Balduinus duxit Otgivam filiam Ghysleberti comitis de Luzelemburg, genuitque ex ea Balduinum Insulanum. Balduinus duxit Adelam filiam Roberti regis Francorum, ex qua genuit Balduinum Montensem et Robertum Frisonem et filiam Mathildem nomine. Hec nupsit Willelmo comiti Normannie, que peperit ei Robertum comitem Normannorum, qui genuit Willelmum postea comitem Flandriæ. Balduinus Montensis duxit Richeldem comitissam Hayonensem, genuitque ex ea duos filios, Arnulfum et Balduinum. Hunc Arnulphum primogenitum et comitem post mortem patris occidit Robertus Frisio patruus ejus, et Balduinum a regno expulit, et sic comita-

tum optinuit. Robertus Friso (25) probus et strenuus miles fuit cum Godefrido, Hugone fratre regis Francie et Roberto comite Normanniæ. Godefridus rex in Jerusalem obiit anno secundo regni sui, anno ab incarnat. Domini 1100. 15 Kal. Aug. Balduinus frater ejus successit ei in regnum. Robertus duxit Gertrudem filiam Bernardi ducis Frisonum; quæ peperit ei duos filios, Robertum et Philippum, et tres filias. Harum una Christo nupta; altera Kanuto regi Dacie nupta, peperit ei filium nomine Karolum; tertiam duxit Theodericus dux Ellesacensis et ex qua genuit Theodoricum postea comitem Flandriæ. Robertus primogenitus ejus duxit Clementiam filiam Willelmi comitis Burgundionum, ex qua genuit Balduinum militem inclitum. Quo sine hærede defuncto, Karolus filius Kanuti regis Datie ei successit, qui Karolus Brugis a suis interfectus fuit in ecclesia beati Donatiani anno 1127. 6. Non. Marcii; regnavit igitur circa octo annis. Cui successit Willelmus filius Roberti comitis Normannorum. Quem Willelmum Theodoricus filius Theoderichi ducis Ellesahtensis occidit, et sic optinuit comitatum. Theodericus duxit Sibillam filiam regis Jerosolimorum, ex qua genuit Philippum et Margharetam, que nupsit Balduino comiti Hainonie. Theodericus incepit regnare anno a nativitate Domini 1127, et regnavit circiter 38 annis. Philippus comes Flandri et Viromandie duxit Mathildem filiam regis Portighaliæ. Quo sine herede defuncto, predictus Balduinus comes Hainonie ei successit, qui genuit ex Marghareta tres filios, Balduinum et Henricum et Philippum, et filiam Elisabeth nomine, que nupsit Philippo regi Francorum. Balduinus primogenitus duxit Mariam filiam comitis Campanie, ex qua genuit duas filias, Johannam et Margharetam. Johanna nupsit Ferrando filio regis Portighalia (1211); quo defuncto nupsit Thome de Savoyen. Qua mortua sine herede, successit ei Marghareta soror ejus. Marghareta nupsit Willelmo de Danpetra (1218); peperit tres filios Willelmum; Guidonem et Johannem, et duas filias, quarum una (26) nupsit Christo, altera comiti de Baeren (27) Wallelmus primogenitus duxit Beatricem, filiam Henrichi

NOTÆ.

(25) Falsum. Filius ejus fuit, Robertus Hierosolimitanus.

(26) Maria abbatissa Elinensis.
(27) Theobaldo I, Barensi, a. 1245.

ducis Brabantiæ et viduam comitis Turingiæ. Quo A rici comitis de Lucenborch, et cum ea optinuit sine herede defuncto, successit ei Guido frater ejus. Guido genuit ex Mathilde filia Roberti Tenremontensis quinque filios, Robertum, Willelmum, Johannem episcopum Leodiensem, Balduinum et Philippum, et tres filias, quarum una nupsit Johanni duci Brabantiæ, altera Florentio comiti Hollandiæ, tertia Willelmo comiti de Ghuleke (28); quo occiso, nupsit domino de Castello Villico (29). Mathilde defuncta (30), duxit Elyzabeth filiam Hen

rici comitis de Lucenborch, et cum ea optinuit comitatum Namurcensem; ex qua genuit liberos utriusque sexus. Robertus primogenitus Guidonis ex Mathilde duxit Blancham, filiam Karoli regis Sicilie, qua defuncta (1271), duxit Yolendem filiam Odonis comitis Nivernensis et viduam Johannis filii Ludovici pie memorie regis Francie, et cum ea obtinuit comitatum Nivernensem; ex qua genuit [87].

IX. CATALOGI COMITUM FLANDRIÆ.

Lambertus genealogiæ quam supra dedimus. in fine junxit catalogum, quem ex eodem quo nos codice autographo jam edidit Warnkœnig Flandrische Rechtsgesch. I, append. 19. Huic simillimum proponimus e codice Vedastino jam Bruxellensi 6439, quo de cf. Mon. SS. II, 192. Tertium Joannes de Thielrode circa a. 1294 compilationi suæ inseruit, nullius pretii; quem qui videre desiderat, consulat editionem chronici Thielrodiani, quam Van Lokeren curavit Gandavi 1855, p. 69. Quartum annorum 792-1506, auctore Jacobo Balliolano, codici Folcuini Audomariano insertum, inde edidit B. Guerard in editione chartularii Sithiensis, p. 11.

—

Lambertus.	*Cod. Vedastinus.*
A. D. 791 comites Flandriæ regnare cœperunt.	COMITES FLANDRIÆ
1. Lidricus Harlebeccensis.	Lidricus Harlebecensis.
2. Ingelramnus.	Ingelramnus.
3. Audacer.	Audacer.
4. Balduinus ferreus.	Balduinus ferreus.
5. Balduinus calvus.	Balduinus calvus.
6. Arnulfus magnus.	Arnulfus magnus.
7. Balduinus juvenis.	Balduinus juvenis.
8. Arnulfus secundus.	Arnulfus minor.
9. Balduinus barbatus, Gandavo.	Balduinus barbatus.
10. Balduinus Insulanus.	Balduinus Insulanus.
11. Balduinus Montensis.	Balduinus Montensis.
12. Arnulfus junior, occisus.	Arnulfus interfectus.
13. Rodbertus avunculus, apud Casel.	Rotbertus Casletensis.
14. Rodbertus, apud Atrebatum.	Rotbertus expugnator Jherusalem.
15. Balduinus, apud Sanctum Bertinum.	Balduinus filius Clementiæ.
16. Karolus nepos Balduini.	*Abhinc aliæ manus:*
Abhinc aliæ manus:	Carolus
17. Willelmus Normannus.	Wilemmus Normannus
18. Theodericus de Elzaten.	Teodericus.
19. Philippus filius Theoderici.	Philippus filius ejus.
20. Balduinus.	Balduinus.
21. Balduinus.	
22. Fernandus.	
23. Thomas.	
24. Willelmus.	
25. Guido et	
Jana uxor Fernandi	
et Margareta mater Guidonis	

VARIÆ LECTIONES.

(87) *ita desinit auctor; nil amissum.*

NOTÆ

(28) Julich.   (30) 8 Nov. 1264.
(29) *Simon de Château-Villain.*

ELIAS DE COXIDA

MONASTERII DE DUNIS, ORDINIS CISTERCIENSIS ABBAS SEPTIMUS.

NOTITIA.

(Bibliotheca Cisterciensis C. de Wisch, edit. secunda, anno 1656, Coloniæ Agrippinæ data, in-4°, p. 90.)

Elias de Coxida, a patria cognomen sortitus, pago scilicet territorii Furnensis in Flandria, abbas fuit cœnobii nostri de Dunis, numero 7 ob eximiam vitæ sanctimoniam Menologio Cisterciensi ascriptus, 8 Octobris. Cujus sanctitatem et excellentem doctrinam universa propemodum Europa admirata coluit, ut videre est in ejus Vita, quam ex monumentis Dunensis monasterii conscripsit et edidit Henriquez in fasciculo, et latius in libro *De sanctis Eremi Dunensis*, quem edidit lingua Hispanica. Hic ille est Elias, qui eloquentia sua, et auctoritate qua pollebat apud Leopoldum Austriæ ducem, Richardum Angliæ regem ex captivitate liberavit, ut ad longum in Vita describitur : « Plures olim in Dunensi bibliotheca legebantur ejusdem conciones, pietate et doctrina refertissimæ, quæ tamen injuria temporis modo exciderunt, » duabus exceptis, etiam in capitulo generali Cistercii habitis, quarum primam in antiquo ms. codice bibliothecæ nostræ Dunensis, repertam, publicavi anno 1649, in hoc libro ; secundam ex bibliotheca S. Gisleni (ubi etiam habebatur prior jam dicta) subministravit vir doctissimus Georgius Gallopinus, ejusdem cœnobii religiosus, quam una cum prima lectoribus exhibebo. Obiit ven. Elias anno 1203, 16 Augusti.

ELIÆ DE COXIDA

SERMONES.

—

SERMO PRIMUS.

—

Rectorem te constituerunt ? noli extolli ; sed esto in illis quasi unus ex ipsis (Eccli. xxxii).

Si juxta prophetam (*Isa.* li) respicere jubemur ad Abraham patrem nostrum, et ad Saram quæ peperit nos ; utriusque loco, quasi petram de qua excisi sumus, reputare debemus communiter Ecclesiam istam ; hæc enim est mater nostra, in cujus uterum iterum introivimus, ut iterum renascamur ad vitam, ut potemur a lacte, et satiemur ab uberibus consolationis ejus (*Isa.* lxvi) ; ut de ea, quasi de horreo veri Joseph, frumenta percipiamus, non modo ad eum ut ipsi pascamur, sed etiam ad se-A men, ut alios reficiamus, et tanta benedictionum gratia fecundati, non solum ipsi fructum bonorum operum pariamus, sed etiam alios, exemplo nostri, patere faciamus ; ut neminem tangat nota sterilitatis, maledictum in filiis Israel : Propter hoc huc usque cucurrimus, non ut currendi terminum hic figamus, sed ut materno ubere recreati, fortiores, alacriores et indeficientes curramus, donec ad metam nobis propositam perveniamus ; neque enim idcirco ad locum unde exeunt flumina revertuntur, ut ibi sistant, sed ut liberius et uberius iterum fluant. Respicit ad nos turba magna, quam dinumerare nemo potest, ex omni natione, tribu et lingua (*Apoc.* v); populus pendens ad reditum nostrum, fratres, et filii, consortes et concives nostri, exspectantes et expetentes, ut obviis manibus cum gaudio suscipiant plenis mercibus redeuntes, referentes sibi vitæ pascua et pabulum animarum. Quibus etsi forte præesse videmur honoris dignitate, aut certe honoris gravitate, consortium tamen naturæ, communionem vitæ, originem conditionis nostræ, semper considerare debemus, ut eos quibus honore præferimur, apud Deum in conscientia, vitæ merito præferamus. Sic nos delectet et afficiat dignitas honoris, ut tamen semper magis exterreat pondus oneris, et modis omnibus laboremus prodesse potius, quam præesse. Cum enim ad dignitatem duo pertineant, scientia et virtus, dignitatem sine scientia, judicio Sapientis, constat esse satis inutilem; scientiam vero sine virtute, damnabilem. « Sicut enim, ait quidam, honor sine humilitate, sese perducit ad confusionem; humilitas sine honore, sibi sufficit ad honorem. » Unde Sapiens sapienter instruens, et sapientiæ viam docens, quid prælatis fugiendum, et quid eligendum sit, paucis exponit et ostendit, cum dicit : *Rectorem te constituerunt*, etc. In quibus verbis, secundum quod ad præsens occurrit, quatuor videntur posse notari, scilicet ad officium pastorale cura sollicitudinis; ad libertatem canonicæ electionis, concordia virtutis; ad cautelam custodia humilitatis, et vitæ conformitas ad observantiam charitatis.

Cum ergo audis, *Rectorem te*, attende curam sollicitudinis. Cum audis, *constituerunt*, intellige unitatis concordiam in libertate canonicæ electionis. Cum audis, *noli extolli*, observa humilitatis custodiam. Et cum audis *esto in illis, quasi unus ex ipsis*, vitæ nota conformitatem ad observantiam charitatis. Non est sane dignus censeri nomine rectoris, nec assumi debet ad opus regiminis, cui deest cura sollicitudinis, cui nec scientia suppetit erga infirmos ad medelam salutis nec vitæ meritum suffragatur in ostensione virtutis. Indebite satis, et periculose rapitur, et trahitur ad publicas curas, qui diutius ante non gessit sub integritate privatas, quia « non decet illum delinquere, qui alios debet sub æquitatis regula continere, ne fiat pravum exemplum, qui electus ad habile noscitur institutum. » Et cum rectori congruat, ut seipsum, et alios sub disciplinæ censura regat, quædam sunt, quibus sibi, quædam quibus aliorum utilitati consulit et saluti. Sibi consulit, si castus fuerit corpore, corde mundus, uti si tendat ad amplexus Rachelis, septem annis serviat (*Gen.* xxix), et Sabbatum ex Sabbato faciat, ut non solum se temperet a pravis operibus, sed etiam a cogitationibus quiescat illicitis. Ad officium ejus etiam pertinet ut sit in victu sobrius, in habitu compositus, in gestu disciplinatus, mansuetus in moribus, in vultu serius, in sermone circumcisus, patiens et fortis ad adversa, humilis et temperatus ad prospera, ut sit in eo vespere et mane dies unus, sive enim mane prosperitatis arrideat, sive vespera adversitatis insurgat, idem semper animi status, quasi dies unus esse debet in eo, diem æternitatis desideranti, de qua dicitur : « Melior est dies una in atriis tuis, super millia (*Psal.* lxxxiii). Cum hi, qui virtutes Christi Domini mirabantur, regem eum constituere vellent, fugit ab eis; crucifixoribus vero promptus occurrit, ut scilicet hoc exemplo cauti simus ad blandimenta sæculi devitanda, prompti vero ad contraria sustinenda.

Hæc et ejusmodi sunt, quibus rector debet seipsum regere, præter alia, quibus tenetur aliorum saluti consulere. Nam erga alios, oportet ut sit vigil et sollicitus, providus et circumspectus, misericors et justus, ut tanquam omnium curam habens, omnia omnibus fiat, ut omnes lucrifaciat. Oportet ut habeat ad regendum virgam et baculum : ad sanandum, vinum et oleum; ad charitatis et castitatis exemplum, rosam et lilium; ad offerendum sacrificium, ignem et gladium. Oportet insuper ut habeat ad pascendum, panem in pera, ad coercendum et urgendum, fenum et calcaria, ad terrendum, canem in fune; ad pungendum, in funda lapides de torrente; ad animandum et exterminandum, tubam a dextris, et lagenam a sinistris; ut pro salutis verbo quod prædicat, etiam libers, si necesse fuerit, moriendo succumbat, et pro ovibus suis animam ponat (*Joan.* x). Talibus omnino deesse non credimus post confractionem lagenarum, quod fungentur adversarii, lumen ardentium lampadarum, sive claritatem bonæ opinionis, per meritum, sive effectum operationis in ostensione virtutis. Multitudo talium sapientium, est sanitas orbis terrarum, quia « nec Salomon in omni gloria sua, coopertus est sicut unus ex istis (*Matth.* vi), » qui talibus est redimitus insignibus. Oportet præterea ut rector, sicut cæteris præfertur officio, sic bonæ conversationis eos invitet exemplo, « sicut aquila provocans ad volandum pullos suos et super eos volitans (*Deut.* xxxii). » Quomodo enim potest aquila provocare pullos suos ad volandum, nisi super eos volitet? est qui infra, est qui juxta, et est qui supra pullos suos volitat. Infra volitat aquila, quando vitæ subditorum vita pastoralis inferior, humilior et despectior invenitur. Juxta volitat, quando vita ejus communis est cæteris et æqualis. Sed supra pullos suos volitat; quando eos quadam prærogativa sanctitatis excellit, ut et viam doceat, ante alios volando, et sit eis in umbraculum diei ab æstu, consolationis, exhortationis et orationum suffragiis protegendo. « Post mortem Josue consuluerunt filii Israel Dominum dicentes : *Quis ascendet ante nos contra Chananæum, et erit dux belli?* (*Judic.* i.) Non dicunt : Quis ibit nobiscum, aut qui sequetur nos? cum illud pertineat ad communem et promiscuam multitudinem, sed : *Quis ascendet ante nos, et erit dux belli?* Dux belli merito vocatur, qui alios ducere, alios solet animare, et in

omni periculo, ante omnes alios primus ire. Hinc
illud egregium in laudem Cæsaris habetur, quod
nunquam in aliquo periculo dixerit militibus suis :
Ite illuc, sed : Venite huc. Unde satis eleganter
quidam admonet, dicens :

In commune jubes si quid, censesque tenendum,
Primus jussa subi, tunc observantior æqui
Fit populus, nec ferre negat, cum viderit ipsum
Auctorem parere sibi; componitur orbis
Regis ad exemplum ; nec sic inflectere sensus
Humanos edicta valent, quam vita regentis.

« Sic cœpit Jesus facere et docere (*Act.* i), » et a
nobis requirit, ut os ad axellas retorqueamus ut
gladium ponamus super femur nostrum (*Gen.* xxvi),
ut aquam ipsi bibamus de cisterna nostra (*Prov.* v.
Et de angelo in Apocalypsi de cœlo descendente legitur, quod libellum habuit in manu sua (*Apoc.* x). Libellum angelus in manu habet, quando nuntius
verbi Dei, mandata divinæ legis, quæ aliis prædicat, ipse bonis operibus adimplet. « Paravit, » inquit, « eos in innocentia cordis sui , et in intelle-
ctibus , » id est in operibus intellectualiter factis
« eduxit eos (*Psal.* lxxvii); » intellectum manuum,
actualem vocans intelligentiam. Et hæc dicta sint,
ut rectoribus pastoralis commendetur cura solli-
tudinis, e non tam honoris quam periculosi oneris debeant meminisse, cum audiunt, *Rectorem te*
constituerunt, etc. Non enim ausu temerario irru-
perunt, nec auctoritate propria præsumpserunt, nec
per violentiam intruserunt, sed, *constituerunt*, id
est simul unanimi consensu, pari voto, communi
voluntate et canonica electione statuerunt. Cum
enim ad omnimodam perfectionem teneantur prælati (unde eis et aurea debetur, et aureola) exa-
ctiore diligentia debet examinari, quicunque digne
ponendus est pastor populi Dei ; ad colendum, ad
regendum et ad dispensandum patrimonium Crucifixi. Nemo etiam sibi assumit honorem (id est
assumere debet honorem) nisi qui vocatur a Deo,
tanquam Aaron. Vocatur autem a Deo , si eligitur qualis debet , et qualiter decet , et a quibus
oportet, qui habeant et cogitationem veri, et electionem boni ; cognitio enim veri non permittit
errare judicio ; electio boni, amore facit inhærere
divinæ voluntatis arbitrio. Vocatur etiam a Deo, si
nec per violentiam superioris intruditur, nec gratia
privati amoris assumitur, nec ambitione prælationis ingreditur ; hæc enim tria, scilicet violentia,
privatus amor et ambitio promovere solent indignum. Caveant proinde qui in gradu sublimiore
positi sunt, nec propter potestatem sibi concessam, injuste aliquid disponant nec indignum violenter intrudant ; quia sicut habetur in Jure : « Privilegium meretur amittere qui permissa sibi abu-
tetur potestate. « Videant et recogitent, qui privato
amore se diligunt, qui obscurato orationis oculo,
quod justum est liquide non discernunt, dum in
alteram semper partem, aut gratia labuntur, aut
odio : quasi enim duplex quartana est, gratia
et odium, cui sola justitia medicinale apponit an-

tidotum. Caveant et illi quos torquet ambitio magistratus, ne dum gradum se putant conscendisse
supremum, usque ad infimum relabantur, et elevati supra se, infra dejiciantur, sicut scriptum est :
« Dejecisti eos, Domine, dum allevarentur. (*Psal.*
lxxii). » Caveant ne aliunde quam per ostium in
ovile ovium intrare conentur ; ne non tam pastores quam fures et latrones summi Pastoris judicio
reputentur ; et vestem nuptialem non habentes, a
cœlestibus nuptiis excludantur, « et mittantur in tenebras exteriores, ubi erit fletus, et stridor dentium (*Matth.* viii). » Fletus est oculorum, qui provenit ex calore ; stridor dentium, qui contingit ex frigore ; quia in tormentis positi, transibunt (sicut
dicitur) ab aquis nivium ad calorem nimium (*Job*
xxiv). Mundus eris a sanguine isto, si tu, cujus
interest domui Dei dignum ordinare ministrum,
juris ordinem non excedas ; si de aliorum jure tibi
nihil usurpare præsumas ; si absque omni personarum acceptione, eum qui vocatur a Deo, canonica
electione instituas, et talem, qui juxta prophetam
(*Jer.* i), « evellat et destruat, disperdat et dissipet,
ædificet et plantet ; » evellat, inquam, vitium, ubi
radicem jam fixit ; destruat quod in altum jam
pullulavit ; disperdat, quod per pravam consuetudinem inolevit ; dissipet, quod alios exemplo pravitatis infecit ; ædificet demum , aurum , argentum, lapides pretiosos, ubi naturale repererit fundamentum , et animum ad bonum dispositum ;
plantet in terra cordis (cum arata fuerit et purgata
diligenter, ac impinguata) fidei germina, plantaria
virtute ; ut sit in domo Dei hortus deliciarum , in
suavi jucunditate communiter viventium , hortus
nucum in duritia et asperitate pœnitentium ; flores
rosarum , in ferventi charitate Deum amantium ;
lilia convallium, in enitenti castitate humilium : et
postremo, paradisus pomorum omnium, in dulcedine æterna jam prælibantium, et spirantium longe
lateque bonæ opinionis odorem, imitationis exemplum. Huic autem qui taliter est a Deo vocatus, et
canonica electione taliter est constitutus, nihil tam
necessarium, quam ut virtutem humilitatis custodiat : « Quia qui sine humilitate, ut dicit S. Gregorius, virtutes congregat quasi in ventum pulverem portat. » Unde Sapiens, inter cætera humilium
rectorem instruit, ne extollatur admonet, dicens :
Rectorem te constituerunt, noli extolli. Noli extolli ;
bestia diversorum capitum, quæ ex diversis causis
trahit originem, superbia est, quæ natione cœlestis, sublimium mentes inhabitat, in cinere lati-
tat et silice, prima suscipit venientes, ultima recedentes insequitur.

Cum bene pugnabis, cum cuncta subacta putabis,
Quæ post infestat, vincenda superbia restat.

Hæc illa primogenita filia regis Babylonis, quæ
angelum dejecit de cœlo, hominem expulit de paradiso ; quia ante ruinam exaltatur cor (*Prov.* xvi) :
hæc e lampadibus fatuarum virginum effundit liquorem olei ; hæc jejunantes, et operantes evacuat,

et annihilat opera Pharisæi; hæc plerosque qui videbantur evasisse mundi diluvium, retraxit ad vitiorum profundum, quia non habuerunt humilitatis
stabile fundamentum. Dominus noster magister
humilis formam humilitatis in se nobis expressam
ostendens, *Discite*, inquit, *a me, quia mitis sum,
et humilis corde* (*Matth.* xi). B. Antonio in visione videnti laqueos tensos usque ad cœlum, cum
quæreretur, et quæreret, quisnam pertransiret omnes
laqueos illos? cœlitus responsum est : Antoni, sola
humilitas. Abraham pater vester, cinerem se vocat
et pulverem (*Gen.* xviii); David electus a Deo, et
unctus in regem, canem mortuum, et pulicem
unum (*I Reg.* xxiv); et in conspectu servorum
suorum, et ancillarum suarum, ludit et vilem se
facit coram Domino, qui elegit eum potius quam
Saul. Et id quidem provide satis, et juste, si enim
rerum status, recto ordine et æquo libramine pen-
saretur, omnis occasio superbiendi certa esset
causa et materia homini se humiliandi. Si præ-
fulges scientia, si præemines potestate, si diversis
gratiarum dotibus insignitis, « nihil habes quod non
accepisti, da gloriam Deo, et quanto major es humilia te in omnibus (*I Cor.* iv). » Si splendor domesticus, si præclara patrum memoria, si gloria sanguinis alti animos tibi tollit, memento, quia gloriosius multo est, ut a te tua nobilitas incipiat,
quam ut in te desinat. Satius est, ait ille Romani
maximus auctor eloquii, satius est, me meis rebus
gestisque florere, quam majorum opinione niti; et
ita vivere, ut sim posteris meis nobilitatis initium,
et virtutis exemplum.

*Malo pater tibi sit Tersites, dummodo tu sis
Ejacidæ similis, Vulcaniaque arma capessas;
Quam te Tersitæ similem producat Achilles :*
ait ille, nescio quis.

Et item :

*Stemmata quid faciunt, quid prodest, Pontice,
[longo
Sanguine censeri, pictos ostendere vultus
Majorum, stantes in curribus Æmilianos?*

Et hoc « vanitas, vanitas vanitatum, et omnia vanitas (*Eccli.* 1). » Si recte infirmitatem propriam
consideras, si te pudet præteritæ conversationis,
si suscepti beneficii memor sis, si tibi colligis et
comparas multos te meliores, si timorem extremi
examinis ante oculos ponis, recte videbis novissima tua, et in æternum te non exaltabis. De primo
exemplum habes in prædicto Abraham, qui propriam infirmitatem considerans, quo frequentius
a Domino visitatur, et familiarius ad ejus admittitur
colloquium, eo humilius de se sentiens, « Loquar,
inquit, ad Dominum meum, cum sim pulvis et
cinis (*Gen.* xviii). » De secundo exemplum habes
in apostolo Paulo, qui præteritæ conversationis errores in mentem revocans. « Qui prius, inquit, fui
blasphemus et persecutor, non sum dignus vocari
apostolus, quia persecutus sum Ecclesiam Dei
(*I. Tim.* 1). » De tertio exemplum habes in Joseph,
qui suscepti beneficii memor. « Non est, inquit,

quidquam in domo domini mei, quod non dederit
in manu mea, præter te, quæ uxor ejus es; et
quomodo possum hoc malum facere, et peccare
in Dominum meum? (*Gen.* xxxix.) » De quarto
exemplum habes præclarum in sancto Joanne Baptista, qui cum esset testimonio veritatis, aut maximus, aut certe par maximis, in comparatione melioris multum se humiliavit, dicens : « Non sum
dignus ut solvam corrigiam calceamenti ejus (*Joan.*
1). » De quinto exemplum habes in beato Arsenio,
qui timorem Dei mente gerens, propter abundantiam lacrymarum, continue legitur pannum in sinu
gestasse, et cum in extremis ageret, interrogatus an
ipse timeret : « Timeo, inquit, timeo, et hic timor
semper in me fuit, ex quo factus sum monachus.
Væ omni laudabili etiam vitæ hominum super terram, si remota misericordia discutias eam, Domine
Deus, Nemo mundus a sorde, et omnes justitiæ
nostræ quasi pannus menstruatæ in conspectu Altissimi. » Præmissis auctoritatibus et exemplis,
rectoribus virtus humilitatis proponitur, commendatur, et approbatur, ut si forte superius a Deo
vocati fuerint, et præclare quid egerint, non statim
eleventur, sed potius firmissime teneant admonitionem Sapientis, qua docet : *Rectorem te constituerunt, noli extolli, sed esto in illis, quasi unus
ex ipsis. Esto*, inquit, *in illis, quasi unus ex ipsis*;
hic notatur vitæ conformitas, ad observantiam
charitatis. Nihil ita facit ad observantiam charitatis, nihil æque favorem et gratiam comparat allio-
rum, quam si in alto non altum sapias, sed consentias humilibus, et eis conformiter vivens, sis *in
illis quasi unus ex ipsis.*

Esto, inquit, *in illis quasi unus ex ipsis*, ut illorum prorsus induens affectum, et gaudeas cum
gaudente, et dolenti condoleas, et cum infirmo noveris infirmari, et uri cum scandalizato. *Esto in
illis quasi unus ex ipsis*, in affabilitate colloquii, in
provisione subsidii, in perceptione commodi, in
æquitate judicii quæ maxime videntur pertinere ad
conformitatem vivendi. In affabilitate colloquii, ut
abundes animi sale cum consuleris, melle cum
consulis, ut piæ consolationis solatiis attracta currat
ovicula tua, colligatur, et quiescat in sinu pastoris,
ut ex ore tuo dulcedinem percipiat unctionis, non
asperitatem duræ sentiat punctionis. In provisione
subsidii, ut eorum in omnibus provideas necessitati, sicut tibi velles in similibus provideri; lex
enim naturalis est, « Quæ vultis ut faciant vobis
homines, hæc et vos illis similiter facite (*Matth.*
vii). » In perceptione commodi, ut nec habitus
cultior, nec victus accuratior, nec lautior apparatus quæratur; sed ita de communi suppleatur
necessitas, tu omnis superfluitas præcidatur, et sic
observetur pacis unitas, et concordia charitatis.
« Carnis curam ne feceritis in desideriis (*Rom.*
xiii), » ait Apostolus. Dicens : *Carnis curam ne feceritis*, præcidit superflua; addens, *in desideriis*,
non excludit necessaria. Porro in æquitate judi-

ciii, *esto in illis quasi unus ex ipsis*, ut eo modo de aliis judices, quo te velles ab aliis judicari ; et eo spiritu accedas ad aliorum corripiendos et corrigendos excessus, quo tuos et corripi velles et corrigi. Nunquam enim, ut ait S. Augustinus, nunquam alieni peccati corripiendi suscipiendum est negotium, nisi quando coram Deo liquide nobis conscientia nostra responderit ex dilectione nos facere. Si corripis, ex dilectione corripe, et salva sunt omnia, habe charitatem, et fac quod vis. Sunt tamen quidam, qui in hac parte minus æquales in judicando, in seipsos nimis propitii et humani, alios, sicubi forte erraverint, severius quam verius judicantes, et nihil se fecisse arbitrantur, nisi ad singulos subditorum excessus, mordeant, latrent et occidant : et videri volentes se exercere justitiam, tyrannidem incurrere non formidant. Statera et statera, pondus et pondus, utrumque abominabile est apud Deum. Apud tales melius recipitur sententia illorum, qui fastidiose conclamantes, dixerunt : « Tolle, tolle, crucifige, crucifige illum (*Joan.* xix), » quam illud benignum benigni judicis judicium, « qui sine peccato est vestrum, primus in eam lapidem mittat (*Joan.* viii). »

Non sic sanctus ille, non sic, qui cum audisset alium graviter peccasse, statim prorupit in fletum, dicens : « Ipse hodie, ego cras. » Tu itaque Pastor bone, summi Pastoris imitare exemplum, *esto in illis, quasi unus ex ipsis*, ut pietatis indutus affectum, sis affabilis in communione colloquii ; sis prudens et sollicitus in provisione subsidii ; sis parcus, et tibi minus indulgens in perceptione commodi ; sis justus et rationabiliter incedens in æquitate judicii, aut certe misericordiam superexaltans judicio, ut idem consequaris et ipse. Hanc autem misericordiam quam ultimo tetigimus, quia in ultimis maxime indigebimus, nobis omnibus Pater misericordiarum concedat, et qui nos vocavit in opus sollicitudinis hujus, ipse in nobis, et pro nobis bonum promoverat : et qui sine ipso nihil possumus facere, quemadmodum nec palmes fructum ferre, nisi manserit, in vite, ipse nos tanquam veros palmites, perpetuo manere faciat in se, vera vite, ut postremo perveniamus ad ipsum fontem vitæ, Jesum Christum Dominum nostrum ; cui est honor et gloria in sæcula sæculorum. Amen.

SERMO SECUNDUS.

Si quis diligit me, sermonem meum servabit, et Pater meus diliget eum, et ad eum veniemus, et mansionem apud eum faciemus (Joan. xiv).

Cum sit perdifficile negotium in multitudine loqui, ubi ætatis et morum diversa conditio est, non sine verecundia in tam reverendo Collegio injunctum onus loquendi suscipio, cui nec scientia suppetit ad doctrinam, nec ad exemplum sufficiens vitæ meritum suffragatur. Memor tamen quia subjugale mutum corripuit prophetæ insaniam, et leprosi salutem Samariæ nuntiabant (*Num.* xxii ; *IV Reg.* vii) ; tutius et liberius exemplo hoc, fungar vice cutis, acutum quæ ferrum valet reddere, licet expers ipsa secandi. Proinde, « Recordare mei, Domine, omni potentatui dominans, et da sermonem rectum et bene sonantem in os meum, ut placeant verba mea tibi pro aliis, et tam pro me, quam pro aliis placent te. » Placebunt autem si prudenter et recte per discretionis providentiam exquisita, et ad virtutem audientium, cum omni fuerint humilitate probata ; placebunt vero, si verborum virtute compuncti peccatores, ad pœnitentiam convertantur, pigri et desides ad currendum fortius animentur, fortes et alacres, in amorem Dei firmius solidentur. Tota sane intentionis summa circa tria debet versari, ut ad ampliorem dilectionem corda audientium moveantur, et de diversis mundi partibus congregatos illo nos igne per Spiritum sanctum contingat cœlitus in-

flammari, quem Dominus noster Jesus Christus misit in terram (*Luc.* xii), et voluit vehementer accendi.

Hujus rei experimentum non fallax, sed certitudinis evidentissimum est argumentum, si professioni voci opera ipsa respondeant, et dilectionis meritum emendet exsecutio mandatorum. Quia juxta venerabile dictum sancti Gregorii, « probatio dilectionis, exhibitio est operis. » Hinc est quod in hodierno evangelio Dominus Jesus dilectos Sponsæ, candidus et rubicundus, veros et dilectos dilectores suos, a ficte diligentibus eum, manifestis indiciis, et trita ratione distinguens, ait : *Si quis diligit me, sermonem meum servabit.* In quibus verbis, ostenditur conditio propositi, exsecutio mandati, consecutio utilitatis et commodi. Conditio propositi, ut, *Si quis diligit me.* Exsecutio mandati, ut, *sermonem meum servabit.* Consecutio utilitatis commodi, attenditur in tribus membris consequentibus : *Pater meus diliget eum, et ad eum veniemus, et mansionem apud eum faciemus.*

Conditio propositi removet violentiam, et statuit libertatem arbitrii. Exsecutio mandati, parit obedientiam, et tendit ad exspectationem promissi. Porro, consecutio utilitatis et commodi, in jucunditate spiritus jam ex parte prælibat delicias æterni præmii. Auctor universitatis et Dominus, primum hominem in sui conditione, libero donavit arbitrio, quo non solum liber esse posset a necessitatis coactione, verum etiam a peccato, et miseriarum perpessione. Post prævaricationem mandati, libertas illa depressa est, et ex magna parte jam perdita, adeo ut nec sine peccato possimus vivere in isto corpore mortali, nec etiam diversis miseriis pro status varietate, quotidie non turbari ; sicut scriptum est : « Homo natus de muliere, brevi vivens tempore, repletur multis miseriis (Job xiv). » Interim manet libertas a necessitate, post peccatum, æque ut ante ; quia sicut tunc cogi non poterat, ita nec modo. Manet utique libertas voluntatis, uti etiam sit ipsa capacitas mentis. Quoniam, sicut ait beatus Bernardus (De gratia, et libero arbitrio), « nec peccato, nec miseria amittitur vel minuitur, nec major est in justo quam in peccatore, nec plenior in angelo quam in homine : siquidem tam plena est in malis quam in bonis, sed in bonis ordinatior. Tam integra (pro suo modo) in creatura quam in Creatore, sed in illo potentior et gloriosior, et ideo, voluntas apud Deum merito judicatur, quæ ab omni necessitate libera, potest pœnam mereri vel gloriam. » Idcirco Dominus noster neminem violenter impellit, neminem ex necessitate constringit, non destruens, sed statuens libertatem arbitrii, ut ex voluntate meritum augeatur ; quia neminem judicat salute dignum, quem prius non probaverit voluntarium. Omnibus sub libera conditione proponit : Si quis diligit me, etc. Nullus decipitur, nullus excluditur vel excipitur, sed : Si quis diligit me, sermonem meum servabit. Inter omnia præcepta quæ fidei Christianæ cultoribus proponuntur, sola dilectio cujusdam excellentiæ præeminet dignitate, quoniam ipsius testimonio Veritatis, « Primum et maximum est mandatum : Diliges Dominum Deum tuum ex toto corde, et tota anima tua, et ex tota mente tua (Marc. x ; Luc. x). » In hoc enim præcepto, totius philosophiæ disciplinæ continetur integritas. Hic physica, quia omnes omnium naturarum causæ a Deo sunt. Hic ethica, quia morum nunquam formatur honestas ; nisi cum ea quæ diligenda, et quomodo diligenda sunt, diliguntur. Hic logica, quia lumen et veritas animæ rationalis, non nisi in Deo, vel Deus. Hic reipublicæ salus, quia civitas nunquam bene custoditur, nisi quando commune bonum diligitur, quod est Deus. Et ideo, mandatum de dilectione nobis proponitur, et præponitur aliis mandatis, sine qua sola salus haberi non potest : Diliges Dominum Deum tuum. Tunc bene diligis, si in præsenti nihil contra Deum ; in futuro nihil diligas præter Deum. Diliges Dominum Deum tuum. Tunc bene diligis, si omnes motus tui sint de Deo, si ad Deum. Sunt autem quidam motus, neque de Deo, neque ad Deum, ut quando movemur ad carnalem concupiscentiam, ad furtum, homicidium, et his similia : Quidam vero sunt motus de Deo, sed non ad Deum, ut quando movemur ad illicitum juramentum, vel blasphemiam. Sunt etiam quidam motus ad Deum

sed non de Deo, ut quando necessitatibus proximorum subvenimus misericorditer. Denique sunt quidam motus de Deo, et ad Deum, et hi in futuro, quando eum et sine difficultate videbimus, et perfecte diligemus, et ipso sine aliqua interruptione fruemur. Et ergo Deus diligendus, et ob sui meritum, et ob commodum nostrum ; sive, quia nihil justius, sive quia nihil potest fructuosius diligi. Si causam quæris, et modum, sicut ait Pater noster : « Causa diligendi Deum, Deus est, modus, sine modo diligere (S. Bern. tract. De diligendo Deo). » Nec absque præmio diligitur Deus, et si absque præmii intuitu sit diligendus ; se dedit in meritum, se servat in præmium ; se apponit refectionem animarum sanctarum, se in redemptionem distrahit captivorum. Talem itaque Dominum Deum tuum diliges ex toto corde tuo, ex tota anima tua, et ex tota mente tua ; id est intellectu sine errore, voluntate sine contrarietate ; memoria sine labore. Quod quidem ex parte nunc est in via quandoque perfectius erit in patria. Ad hanc dilectionem sicut omnes benignus Magister invitat, ita omnibus ad sui cognitionem, argumentum probabile præstat, ut si vere Deum diligunt, id operum veritate demonstrent.

Hinc est ergo quod dicit : Si quis diligit me, sermones meos servabit. Sermo tuus, Domine, sermo tuus veritas est, veritas Dei una est, qua illustrantur animæ sanctæ ; sed in hominibus plures sunt veritates, sicut ab una facie, plures in pluribus speculis refulgent imagines. Itaque, sermonem Dei servare, est in veritate ambulare, veritatem ex corde et ore proferre, secundum veritatem judicare, pro veritate libenter occumbere. Primum pertinet ad vitæ innocentiam ; secundum, ad fidei constantiam ; tertium, ad justitiæ exsecutionem ; quartum ad perfectissimam charitatem. « Majorem enim hac dilectionem nemo habet, etc. (Joan. xv). » Ergo in primo est homo simplex et rectus ; in secundo, confessor invictus ; in tertio, cognoscitur judex justus ; in qua to, victor mortis ostenditur gloriosius. In primo, vivit homo sine fermento malitiæ ; in secundo, ambulat sine duplicitate ; in tertio, gratiam excludit et odium ; in quarto, acceptabile seipsum Deo offert holocaustum. De primo dicitur : « Deduc me, Domine, in via recta, et ingrediar in veritate tua (Psal. lxxxv). » De secundo : « Sit sermo vester : Est, est, Non, non (Matth. v). » Est autem sermo noster : Est, est, Non, non, quando duplici veritate, cordis videlicet et oris aliquid asscrimus vel negamus ; et sicut electi, pro hac duplici veritatis confessione, vestientur duplicibus, et in terra duplicia possidebunt ; sic reprobi, qui in corde et corde loquuntur, pro falsa duplicitate, induentur sicut diploide confusione sua ; et duplici contritione conteret eos Dominus Deus noster. De tertio dicitur juste : « Indica proximo tuo (Levit. xix). » Hoc indicium veritatis in se commendat Dominus, dicens : « Sicut audio, judico, et

judicium meum justum est (*Joan.* v). » Hoc judicio
veritatis Daniel liberavit Susannam (*Dan.* xiii),
misericors Jesus liberavit in adulterio deprehensam
(*Joan.* viii). Salomon veræ matri proprium filium
reddidit, et per sententiam mortis eum a gladii
morte liberavit, ne gladio divisus interiret (*III Reg.*
iii). Ergo ne moriatur, morti adjudicatur. Hoc judicium veritatis impugnant timor, odium et amor.
De judicio timoris dicitur : « Si dimittimus eum
sic, omnes credent in eum (*Joan.* xi). » De judicio
odii : « Tolle, tolle, crucifige eum (*Joan.* xix). »
Ad judicium amoris pertinet, quod David dicit :
« Parcite filio meo Absalon (*II Reg.* xviii). » Porro,
de quarto divisionis membro, ipse Dominus dicit :
« Nolite timere eos qui occidunt corpus, animæ
autem non habent quid faciant (*Matth.* x ; *Luc.* xii). »
Hac animati fiducia, « ibant apostoli gaudentes a
conspectu concilii, quod digni habiti essent pro
nomine Jesu contumeliam pati (*Act.* v). » Hac animati fiducia, « sancti ludibria et verbera experti,
insuper et vincula et carceres, lapidati sunt, secti
sunt, in occisione gladii mortui sunt pro Christo
(*Hebr.* xi), » qui veritas est. Ut igitur sermo Christi
vere servetur, qui privatam vitam agit, simpliciter
ambulare studeat in veritate. Qui requisitus fuerit
testimonium perhibere veritati, sine timore, sine
ambiguitate, vel duplicitate, veritatem studeat ex
corde et ore proferre. Qui locum tenet judicis,
sine personarum acceptione, secundum veritatem
studeat judicare. Cui vero, causa, locus et tempus,
juxta rationem persuaserint animam ponere pro
veritate, non dubitet libenter occumbere. Secundum
diversas hominum qualitates, differentiam graduum, et gratiarum diversitates, diversis modis
curritur via mandatorum Dei, et sermo Dei varie a
variis adimpletur. Job per patientiam, Abraham per
obedientiam, per castitatem Joseph, Moyses mansuetudine, constantia Josue præeminebat, et quilibet eorum pro modo suo placuit Deo, et inventus
est justus. David humilis saltando placuit, non
propter saltum, sed propter devotionem. (*I Paral.* v).
Filii Israel cantaverunt Domino, et de perceptis
beneficiis gratias exhibentes, accepti sunt ei. Tu
vero, quisquis es, qui placere contendis, si tibi vox
est, canta ; si mollia brachia, salta, et, quacunque
potes arte placere, place. Non dico tamen hominibus, sed Deo : « Si enim hominibus placerem, servus Christi non essem (*Gal.* i), » ait ille discipulus
Jesu, verus servus Christi. Omnipotens Deus qui
omnes potenter creavit, misericorditer omnes redemit, non despicit personam pauperis, nec honorat vultum potentis, cujuscunque sit gradus,
ordinis, vel dignitatis ; in omni gente vel natione,
qui facit voluntatem ejus, acceptus est ei ; qui respexit ad Abel et munera ejus (*Gen.* iv), non pluris
appreciatur dimidium bonorum Zachæi, quam duo
minuta viduæ, quam calicem aquæ frigidæ de manu
pauperis, quam is ex bona voluntate dedit ; sacrificium bonæ voluntatis facit,

Ut veniat pauper quoque gratus ad aram,
Et placeat cœlo non minus agna bove.

Cum igitur Dominus noster medium et communem se præstat omnibus, ita ut nullus sit
qui de venia debeat desperare, non cogendo,
sed proponendo, ad dilectionem sui, et mandatorum exsecutionem æqualiter omnes invitat,
dicens : Si quis diligit me, sermonem meum servabit, etc. Sed « ecce, nos reliquimus omnia, et secuti sumus te, Domine (*Matth.* xix) ; » ecce diligimus et diligemus te, sermonem tuum servamus,
et in ævum (te donante) servabimus, sed quo
fructu ? quo præmio ? Jesu bone, bone Jesu, quid
dabis nobis ? *Pater,* inquit, *meus, diliget eum, et
ad eum veniemus, et mansionem apud eum faciemus.*

Hæc est prima quam prædiximus consecutio utilitatis et commodi, quæ triplex in se continet bonum ; primum videlicet, in scuto voluntatis bonæ,
secundum in frequentia visitationis, tertium in
perseverantia felicitatis. Primum est in affectu, secundum in effectu, tertium sine defectu ; ut diligat,
ut veniat, ut maneat. Felix ille quem diligit, felicior ad quem diligens venit, felicissimus, in quo
sedem et mansionem facit. Porro, diligere Dei
tripliciter accipitur : *Diligit,* id est ad vitam præ-
destinat, et ita diligit solos prædestinatos ; *diligit,*
id est in tempore gratiam apponit, et ita diligit in
justitia bonorum operum ambulantes : *Diligit,* id
est in suo esse conservat, et ita diligit omnia. Unde
scriptum est : « Nihil odisti eorum quæ fecisti
(*Sap.* xi). » Ad illos autem quos diligit, frequenter
venit, sed veniendi causa diversa est. Venit enim
tanquam mercator, tanquam hospes. Tanquam mercator, tanquam magister, tanquam iratus, tanquam
medicus, aut tanquam hospes. Tanquam mercator,
affluentiam temporalium largiendo, ut per ea sic
alliciat ad fidem, et mandatorum custodiam, sicut
dicitur : « Dedit illis regiones gentium, et labores
populorum possederunt, ut custodiant justitiam
ejus, et legem ejus requirant (*Psal.* civ). » 2° venit
tanquam magister, ut instruat, occulta inspiratione
insinuans voluntatem suam, timentibus nomen
suum, sicut scriptum est : « Audiam quid loquatur
in me Dominus Deus (*Psal.* lxxxiv). » Audiam quid
loquatur, ut obaudiam ei qui loquitur. Et in Isaia
legimus : « Ego Dominus docens te utilia, et guber-
nans te in via qua gradieris (*Isai.* xlviii), » quasi
Dei virtus. Sapientia, qua docta Græcia nihil habet
sublimius ; virtus, quæ sufficere potest. 3° Judæis
signa quærentibus, venit tanquam iratus, ut feriat
variis tentationibus, injuriis, damnis rerum, molestiis corporum, affligens et crucians, ut a malo
removeat, promoveat ad bonum. « Imple facies
eorum ignominia, et quærent nomen tuum, Domine
(*Psal.* lxxxii), » ait Propheta. Et illud « Multipli-
catæ sunt infirmitates eorum, et postea» quid factum
est ? « acceleraverunt » ad correctionem (*Psal.* xv).

Asina enim Balaam afflicta, quandoque angelum; videt, quem ipse propheta non videt (*Num.* xxii) quia caro molestiis oppressa, spiritum ad sui cognitionem ducit, quam in statu prosperitatis habere non potuit.

4° Venit tanquam medicus, ut sanet, semivivi vulneribus oleum et vinum infundens (*Luc.* x), et non solum lavans maculas peccatorum, sed etiam languores corporum curans ; sicut ait de puero centurionis : « Ego veniam et curabo eum (*Matth.* viii). » Tanquam medicus sapiens et potens, occidit et vivificat, percutit et sanat : « Ego, inquit, occidam, et ego vivere faciam, etc. (*Deut.* xxxii), » *occidam* in eis vitam culpæ, quia in voluptatibus carnis, et deliciis viventes, mortui sunt, *et ego vivere faciam*, in statum meliorem mutatos, vitam gratiæ illis tribuendo, ut postremo perveniant ad vitam gloriæ, de qua dicitur : « Cum enim Christus apparuerit vita vestra, tunc et vos apparebitis cum ipso in gloria (*Coloss.* iii). »

5° Venit tanquam hospes, transeundo per infusionem gratiæ, affectum devotionis indulgens, et pro conservatione humilitatis utiliter ad tempus se subtrahens. « In momento, inquit, indignationis meæ, abscondi parumper faciem meam a te, et in misericordiis sempiternis recordatus sum tui (*Isa.* liv). » Illi autem per quos frequenter transitum facit, de facili obtinebunt ut maneat, si cum venerit, inveniat domum paratam, et virtutibus ornatam. Quod figuraliter innuit Sunanitis illa, quæ de Elisæo ad virum suum loquens, dicit : « Animadverto, quod vir Dei sanctus est iste, qui per nos transit frequenter ; faciamus ergo ei cœnaculum parvum, et ponamus in eo lectulum, et mensam, et sellam, et candelabrum, ut cum venerit, maneat ibi. Facta est igitur dies quædam, et veniens divertit in cœnaculum, et requievit ibi (*IV Reg.* iv). » Congruus ordo per omnem modum. In die venit, in die divertit, et in die requievit ; nimirum, dies ille in quo tenebræ non sunt ullæ. Sit ergo cœnaculum, cor hominis ad superna suspensum ; sit parvum, quod se in humilitate contineat ; ponatur ibi lectulus, ut a mundanarum rerum strepitu semotus, quiescat ; sit mensa refectionis, ut sacræ Scripturæ ferculis diversis se pascat ; sit sella discretionis, ut opera sua discernat et dijudicet, et seipsum districte judicet. Postremo, sit ibi candelabrum, ut claræ opinionis radios circumquaque diffundat. Est itaque cœnaculum idoneum ad hospitem suscipiendum ; parvum ad humilitatis solidamentum ; est lectulus, ad dulcedinem contemplationis ; est sella, ad cautelam et discretionem judicii ; est candelabrum positum in sublimi, ad exemplum bene vivendi, ut luceat omnibus qui

sunt in domo Dei. Taliter oportet ornetur et ordinetur domus interioris hominis nostri ; ut cum venerit ad nos verus Elisæus, et ita invenerit, non transeat, sed maneat ibi : « Mane nobiscum, Domine, quoniam advesperascit (*Luc.* xxiv), » et nobis omnibus dies extrema est ; vel in insidiis ; *Mane nobiscum*, ut et nos maneamus in te. Quia si manserimus in te, manebis in nobis, et sic erit nobis plenum gaudium de ea quam prædiximus perseverantia felicitatis. Omnium quippe laus in fine canitur, et inter virtutes, sola perseverantia coronatur. Cujuslibet causæ judicium, ab extrema solet exspectari sententia ; quoniam sicut causa est cum proponitur, judicium cum discutitur ; sic sententia dicitur, cum terminatur. Nec ante licet conqueri de judice, quam fuerit promulgata sententia ; ut tunc potissimum liceat probare vel improbare judicium, cum jam fuerit per sententiam terminatum. Sic serenum matutini solis ortum subsequens tempestas obnubilat, et temporis intemperiem, et pluviarum injuriam quandoque clementior aura serenat : ut semper vespere laudari possit serena dies ; cujus enim finis bonus est, ipsum quoque totum bonum est. Sic Jesus, « cum dilexisset suos qui erant in mundo, in finem » quoque « dilexit eos (*Joan.* xiii). » Ad hoc facit, quod Abraham obit plenus dierum (*Gen.* xxv). Quod David videt angelum in tempore sacrificii vespertini. Quod Jesus in cruce moritur. Quod inter fratres, Joseph tunica talari induitur (*Gen.* xxxvii). Ad hoc facit, quod apostoli jubentur excutere pulverem de pedibus (*Matth.* x), in quibus finis est corporis : quod mulieres post resurrectionem, accesserunt, et tenuerunt pedes Jesu. Tenui eum, nec dimittam, ait illa diligens et dilecta. Sic (quod pene prætermiseram) Israel diligebat Joseph super omnes filios suos (*Gen.* xxxvii), eo quod in senectute sua genuisset eum. Quia quilibet justus videns Deum aut humiliter per Scripturarum intelligentiam aut, certe dulcius per morum experientiam, illud opus bonum quod ei augmentatur ad præmium (Joseph enim interpretatur *augmentum*) specialiter amplectitur, et salvum sibi reputat, quod perseverantia senectutis commendat ; præviis auctoritatibus et exemplis, virtus nobis perseverantiæ commendatur ; cui summo studio debemus intendere, qui volumus ad æternam requiem pervenire. Maneamus igitur in dilectione Dei, et sermonem ejus servemus, ut qui prior dilexit nos (*Joan.* iv), ipse amplius nos diligat, et ita diligat, ut per frequentiam visitationis et consolationis ad nos veniat, et ita veniat, ut non transeat, sed in nobis sedem æternam et mansionem faciat Jesus Christus. Amen.

TRACTATUS DOMNI THOMÆ

MONACHI DE RADOLIO,

DE

VITA VEN. PATRIS DOMNI PETRI,

ABBATIS CLARÆ-VALLIS[1],

QUEM

Ex codice Trecensi, sæculi XIII, n° 1133 inscripto, descripsit et primum integre public juris fecit Ph. G.

EPISTOLA DOMNI THOMÆ MONACHI IN VITA DOMNI PETRI ABBATIS CLAREVALLIS.

Domino et amico suo WALCHERO *Longipontis abbati, frater* THOMAS *monachus de Radolio, salutem. Cum adhuc superstes foret magister Adam antecessor et socius vester et noster, de rebus ad commodum animæ spectantibus nos tres pariter et pluries conferebamus; ego autem exempla bonorum plerumque proponens sepius rogabar a vobis ut ea litteris commendarem : sed conscius mihi insufficientis eloquii pluteo calamoque parcebam. Econtra autem silenti reatum formidans aliqua de Domno Petro Abbate Clarevallis apicibus adnotavi. Eam scripturam vobis mitto. Si quod est peccatum in sermone vel extra sermonem, hoc est in scripto vel sententia, linguæ vestre sensuique emendationem committo. Ego quippe quibusdam ex causis et precipue pre caligine oculorum, lime labori assistere satis non potui, nec ursorum more lambere fetum meum, et informem rudemque materiam ut decebat effigiare. Si scriptura luce videtur indigia, eam sepelitote; si non est tradenda sepulchro, manifestate eam coram Ephraim et Benjamin et Manasse: id est Deum timentibus, quibus ea que Dei sunt in cordis palato niel sapiunt. Nam superbia eorum qui Deum oderunt et ascendit semper, hujusmodi contemnit et irridet; quin et eorum scriptoribus detrahere non veretur. Sicut ergo margarite non sunt ante porcos spargende, sic sanctum de quo scripsimus nolite dare canibus, sed eis qui a* Xro *mites et humiles esse didicerunt. Tales forsitan in litteris nostris invenient aliquam requiem animabus suis.*

INCIPIT PROLOGUS OPERIS SUBSEQUENTIS.

Cum multifarie multisque modis Ecclesiam suam quam ipse fundavit Altissimus nunquam regere, nunquam glorificare destiterit, viros virtutibus et signis insignes, quod prope specialis est gratie celestis effectus, siquidem ex hoc fides roboratur et virtutis emulatio provocatur, eidem semper continuata virtute providit : quod ab ipsa Salvatoris presentia corporali usque ad nostrum tempus, annum scilicet incarnationis ipsius millesimum ducentesimum quartum series hystorialis deducta litterisque commissa declarat. Hoc autem tempore *quoniam habundavit iniquitas, refriguit caritas multorum* (*Matth.* XXIV) : ex quo ipsius quoque fidei formidamus eclipsim; *diminute siquidem sunt veritates a filiis hominum et defecit*

---

(1) Vide *Patrologiæ* tom. CLXXXV, col. 1044.

sanctus (*Psal.* xi) : ille nimirum qui *plenus gratia et fortitudine faciat prodigia et signa magna in populo* (*Act.* vi), dicatque confidenter : *opera que ego facio in nomine patris mei ipsa testimonium perhibent de me* (*Joan.* x), immo potius de fide, per quam Deus decrevit salvare credentes in se. Signis et revelationibus indiguit primitiva Ecclesia, et ea copiose possedit; ceterum et provecta eodem indiget alimento, ut eadem medicina que contulit sospitatem, conservet collatam : ad quod signa recentia efficaciora videntur quam vetera, ut est in medicorum speciebus, ipsa vetustate parum in pluribus operari probantur. Sed quia *non est qui faciat* hoc *bonum, non est nec usque ad unum* (*Psal.* xiii), utiliter agere me credo quod virum virtutis et nostro tempore singularem, quem vidi, quem agnovi, Petrum Abbatem Clarevallis, quoad calamo nostro fieri poterit, a defunctis revocare propono : ut sicut viventes edificavit vivus, sic eosdem edificet et defunctus. Et sicut est, ut indubitanter credimus, in eterna, ita sit in hominum memoria, ad fidem scilicet eorum roborandam et ad excitandum in eis Divinum amorem. Sed ab hoc proposito me plurimum revocare contendit consideratio mei, cujus persona corporis infirma est et *sermo contemptibilis* (*II Cor* x), timeoque presumptionis argui, qui materiam disertissimis reservandam impudens occupaverim. Vereorque ne vir tantus secundum id estimetur, non quod fuit, sed quod ab inerti poeta describitur. Denique pauca sunt illius que noverim, plura in nostram notitiam non venere. Unde ab ejus obitu annis pluribus jam elapsis tacui et oscultavi et prestolabar foretne quis de suo ordine, id est Cistercii, ubi multitudo sapientum sanitas est orbis terrarum, precipue qui ei assiduus et familiaris astitisset, qui ejus texeret historiam. Sed hactenus eum nec reperi nec audivi. Siquidem illius ordinis philosophi majorem operam impendunt silentio quam stilo. Hec igitur necessitas taciturnitatis mee causas premissas elidens, impellit ut pauca que ab ipso, vel a bonis viris de ipso didici, quasi quedam fragmenta colligam ne pereant, et calamo qualicumque describam. Forsitan ex hac occasione aliquis vir nobilis et urbane eloquentie et nil habens in sermone rusticitatis admixtum, enormiter tractata rethorice retractabit. Insuper et ea que nos de illo viro latent et opusculo nostro desunt supplebit. Quin etiam lutum nostrum in argentum, scoriam in aurum, panes hordeaceos in similam, aquas vel insipidas in vinum, vel amaras in dulcorem, *gratia in labiis suis diffusa* (*Psal.* xliv), convertet. Interim tamen de nostro qualicumque labore non mihi sint ingrati qui hec legere dignabuntur : immo mihi gratiam et affectum rependant, et si non pro operis utilitate, tamen pro utilitatis intentione. Nunc quoniam, ut ante nos dictum est, indecens est in proemio effluere et in narratione succingi, satis est huc usque de Prologo ; jam Xro preside narrationi digitos inseramus.

Expliciunt capitula.

INCIPIUNT ACTUS BEATI PETRI ABBATIS CLAREVALLIS.

Petrus patria fuit Ytalus, parentibus secundum seculi dignitatem, ut dicebatur, excelsis; quod tamen quantum potuit summa semper dissimulatione celavit. Hic adolescens gratia litterarum petens auditoria Gallicana Ygniacum venit. Qui locus non procul a Remis Ordinis Cisterciensis erat eo tempore novella plantatio. Ibi visa fratrum conversatione celesti, in Dei amorem accensus, habitum religionis assumpsit. Nescit tarda molimina sancti Spiritus gratia. Si quidem operante in ipso illo *cujus velociter currit sermo (Psal. CXLVII)*, consummatus est in brevi ac si explesset tempora multa. Erat statura mediocris, brevioribus tamen accedens; tenuis corpore, immo magis [attenuatus] et in ipsa tenuitate nervosus ac solidus. In victu et vestitu nimium frugalis et parcus; in cibo nil facile preter commune presumens, de communi etiam sepe sibi multumque subducens. Indumentum sibi tunica et cuculla indiscretis fuere temporibus, preter unam solam tunicam vel cucullam quam supra solitum hyemis tempore presumebat. Calciamentis que bote dicuntur nullo unquam nec hyemis tempore, pedulibus quoque nec nisi simplicibus utebatur. Vigiliis fratrum non solum jugiter sed ita pertinaciter intererat, ut cum ex occasione laboris alicujus quiescendi occasionem haberet, invictum a psalmodia spiritum non relaxabat. Orandi habebat vix credibilem facultatem; et cum sit difficilis usus ejus, ad eam quotiens vacabat de facili accedebat, et ab ea etiam cum vocabant negotia vix poterat avocari. Plures in pluribus excellunt virtutibus et excellentium sunt emulatores karismatum, sed raro valde verus et perfectus humilis invenitur. Ipse est, ut estimo, quem beatus ita diffinit Bernardus : *Verus*, inquit, *humilis vilis vult videri, non humilis reputari*. Hoc bonum singulariter et mirabiliter obtinebat iste sanctus. Nam gratias quasdam quibus gloria temporalis potissimum comparatur, politum scilicet eloquium, venustatem persone, in negotiis secularibus industriam, domesticam curam portare et ex eo amplius dominari, et favorabiliter largum esse, nec habebat nec habere querebat. Cum interea bona illa quibus in oculis Domini coruscabat

nec notabiliter possideret, et quantum poterat celare studeret, nimirum se vilem et obscurum humano putabat judicio. Et quia super hac obscuritate gaudebat, et eam modis omnibus, salva solum conscientia, appetebat, concludere licet quod veraciter humilis erat. Et certe in hac parte, uti reor, nullum habuit suo tempore vel parem vel sine dubio superiorem. Nec tamen hanc vilitatem quam potissimum appetebat, ut putabat, obtinebat. Siquidem eis qui recte noverant judicare, qui simulationem a vero, ypocrisim ab auro, fructum a foliis callebant discernere, venerabilis erat, singularis et mirabilis apparebat. Itaque cum excellentia religionis etiam magnis superiorem, singularis humilitas infirmis et infimis eum redderet equalem, utrumque reverendum cunctis reddebat simul et admirabilem, carum et amabilem.

II.

De moribus Domni Petri paucis, immo paucissimis ad meritum ipsius premissis, exequamur aliqua que testes nobis idonei tradiderunt, in quibus testimonium Dei quod majus est, manifestius apparuisse probatur. Cum venisset, ut premisimus, in Gallias, contigit ut appropinquaret Igniaco. Nocte igitur quadam antequam ad domum venisset, vidit in visione nocturna quod aulam ingrederetur pulcritudinis eximie. Et sedes posita erat in ea, et supra sedem sedens mulier reverendi admodum vultus et habitus. Ingredienti regiam occurrebant canes horribiles et nigri impetu facto quasi eum protinus necaturi. Sed Domina venerabilis, canibus illis magna auctoritate fugatis, illum ad se vocatum blandis manibus et pio demulcens alloquio intrepidum prorsus et securum esse jubebat. Quid hec visio portenderit facilis est conjectura. Aula siquidem illa domum Igniaci, mulier sedens Beatam Mariam, canes nigri cacodemones significare videntur. Cetera in hunc sensum proficiunt.

III.

Cum igitur receptus esset Petrus juvenis devotissimus, non paulatim et per incrementa ad perfectionem ascendit, sed velut in momento et ictu oculi decorem induit. *Induit se fortitudine et pre-*

cinxit virtute (Psal. xcii), in omni loco, in omni tempore, in omni denique fortuna, idem constantissime perseverans. Cujus jam provectæ ætatis constantiam cum quidam abbas, qui mihi hoc retulit, familiaris ejus admirans, causamque tantæ identitatis non solum sedulus sed improbus etiam explorator inquireret, ille, ut erat benignissimus et qui facile a familiaribus suis vincebatur, respondit : « Cum essem, inquit, novicius, quasi quidam spiritus sensibiliter mihi visus est in me intrare. Extunc usque nunc spiritus ille, vis illa vel effectio mihi quodammodo dominatur, regit et deducit velud ovem Joseph. Sparsum per exteriora frequenter introrsum colligit ; aliis volentem intendere ad orationem cogit ; ea que oculis ingeruntur, aut auribus obstrepunt facit aliquotiens non sentire. » Hec que de se ipso vir beatus quadam violentia caritatis confessus est, consonant eis que Papa Gregorius in quadam omelia sic ait : *Quem perfecte eterne vite caritas absorbuerit, ad terrena foris desideria velud insensibilem reddit.* Ita quoque vir iste cogitatione et aviditate in illa eterna patria conversatus, et rerum immobilium conformis affectus, immotus in se permanens, omnem motum cordis et saltum mentis, omnesque turbellas et tempestates animi, quibus homines estuare et fluctuare videntur, quasque religio vera deponere jubet, magna mentis fortitudine nec penali sed tamquam innata sibi et naturali cohibebat.

IV.

Dum adhuc novicius vel novus esset in ordine, aliquando nocturnis vigiliis intererat, aliis psallentibus, ipse stans in choro et fatigatus dormitabat. Sensit quasi tactum alicujus qui pulsans eum suaviter excitabat. Putavit Priorem, cujus erat consuetudo circuire chorum et fratres excitare sopitos. Evigilans ille apertisque oculis nullum videbat. Cumque hoc et sepe contigisset, et sepius excitatus excitatorem non videret, intellexit divinam esse virtutem, et egre ferebat quod ei se offerebat seque celabat. Quadam igitur nocte dum solitum excitatorem sensisset, excitis oculis citus et intentus aperuit, viditque adstare sibi juvenem splendidum et decorum, et, ut ejus verbis utar, aureos habentem capillos ; qui statim ab illo discendens, per medium chorum ibat et morose, et manifeste visus ab ipso, postquam diu apparuit, disparuit. Hoc ipse mihi retulit : sed et id quod subjiciam nichilominus et ipse narravit.

V.

Media nocte Dominica fratres psallebant in oratorio et ipse cum illis. Dolor capitis eum invasit et ita vehemens ut choro egredi cogitaret. Ad quod agendum cum dolorem non sustinens se moveret, vocem audivit sic docentem : *Laudans invocabo Dominum et ab infirmitatibus meis salvus ero* (Psal. xvii). Hac voce confortatus remansit in choro, et post modicum intervallum invalescente dolore iterum egredi disponebat et iterum insonuit vox pre-

missa. Quid plura ? tota illa nocte et sequente Dominica usque ad misse conventualis extremum, non cessavit ille conflictus doloris scilicet et vocis, illius exire cogentis, hujus remanere monentis. In illo ordine sollemnis est consuetudo ut omnes Dominica die communicent. Propter quod cum in ordine suo accessisset et ad cornu altaris se humiliter inclinasset, visum est ei quod lapis magni ponderis de capite suo corrueret ; et protinus se erigens et sanctam Eucharistiam suscipiens, ab omni illo dolore salvatus est.

VI.

Jam vero quam proximus ille Deo fuerit ex eo quod supponam poterit estimari. Loquebar aliquando cum ipso de nostre fidei ratione : cumque ei ut familiari faterer me contra ipsam quandoque aliqua temptatione pulsari, simul etiam querebam ab ipso an aliquid unquam hujusmodi temptationis sensisset : « Non inficior, inquit, me tactum plerumque hujusmodi cogitatione, sed multiplex experimentum fidei omnem ipsius infirmitatem firmavit. » Pergens ulterius presumpsi querere quid foret quod in eo talem firmitatem fecisset. Ille ut erat mitis et humilis corde, erga amicos autem facilis et tractabilis : « Multa, inquit, de Deo, et aliquando tale aliquid sensi, quod cum sentire desii, gravius tuli quam si in clibanum ardentem projicerer. » Xpm testor spemque communem hec eadem verba eum mihi dixisse. Hanc attestationem adnectere nonnullorum incredulitas, vel quod pejus est credentium invidia me coegit, qui per duritiam cordis credere nequeunt vel per malitiam credi nolunt tantam gratiam habuisse Dei servos vel habere modernos. *Ingenium, ut ait beatus Jeronimus, ut vina probantes, antiquos venerantur, juniores contemnunt.* Nunquid antiquorum Deus tantum ? nonne et juniorum ? *Non est personarum acceptor Deus nec temporum, sed in omni genere et in omni tempore qui timet Deum et operatur justiciam acceptus est illi* (Act. x). Cur igitur iste Deo acceptus non fuerit, et ita ut a Deo gratiam acceperit per quam de Deo ea expertus sit que non nisi perfectissimi experiri merentur, cum ipse forsitan perfectissimus fuerit ? Et quidem in quibusdam gratiis, ut sic dixerim, secularibus plerisque sine dubio impar fuit. Nam, sicut in ingressu hujus operis premisimus, nec *speciosus forma pre filiis hominum*, non in vestitu deaurato circumdatus varietate (Psal. xliv), nec in curribus et in equis, non sollicitus et turbatus erga plurima (Luc. x) per negotiorum exteriorum industriam, non de gygantibus qui gemunt sub aquis (Job xxvi), non ambulavit in magnis et in mirabilibus super se (Psal. cxxxi), sed in his omnibus non est Dominus. Non enim est, sicut scriptum est, in spiritu, nec in commotione, nec in igne, sed in sibilo aure tenuis (III Reg. xix) et in voce que facta est ad Helyam et ad comparem ejus Iohannem, quam amicus iste

sponsi qui stabat sepe et intime audiebat. Quam A
ejus intimam claritatem aliqui quoniam ignorabant, secundum faciem judicantes, ipsum minus
aliquotiens estimabant. Contempserunt olim invidi
et insensati magnum Martinum, similiter indignum
episcopatu dicentes hominem vultu despicabilem et
veste sordidum, crine deformem ; nec tamen huic
viro defuerunt gratie iste exteriores, et ut preno-
minamus, seculares : habebat eas ad sufficientiam,
sed in eis tenebat temperantiam, ne, si in his et ab
his teneretur assiduus, in his que pre his amabat
et amare debebat esset parvus aut nullus ; quod
faciunt plerique prelati, immo etiam in hoc gloriantur, in hoc gaudent, hoc jactitant quod in exterioribus sunt industrii, et ipsis succedit in illis :
cum interim intima sua projicientes, jacturam interiorem non sentiant et ea que preponenda forent
postponentes, curam scilicet animarum, aliis eas
curandas committunt, quas ipsi per se curare deberent, innitentes prudentie sue et de Domino non
sperantes. Propter quod et Deus tales quandoque
deserit et tradit in manibus inimicorum suorum,
et *comprehendit sapientes in astucia eorum (Job v)*.
Iste vero de Deo confidens, interiora curans, exteriora fidis committens, quoniam Deum ipse curavit, Deum suum curatorem habuit, sicut in sequentibus, cum ad id loci ventum fuerit, evidenti
probabitur argumento.

VII.

Sed jam ad narrationis ordinem redeuntes dica- C
mus quod dum in ordine singulari singulariter ille
vixisset, factus est Prior Igniaci. Quod item officium
cum strenue satis et laudabiliter impleret, in Abbatem Vallis Regie, que una est de filiabus Igniaci,
electus est. Quam ejus electionem visio talis ante-
cessit. Videbatur Abbati qui tunc preerat Igniaco
candelabrum ardens et lucens ante altare positum
principale subito per vitream majorem exire; et
post modicum electus est Domnus Petrus. In Valle
illa Regia duo contigerunt ei que non vulgari et incerta sed religiosi fratris ejusdem Abbatie monachi et cellerarii, nomine Nicholai, didici relatione.

VIII.

Quidam de mercennariis ejus loci mercedem ha- D
bere non poterat, cum eam frequenter exegisset ;
cellerario scilicet dissimulante, immo quibusdam
ex causis reddere nolente, et de jure non esse ei
reddendam asserente. Hoc igitur ad Abbatem cum
ille vellet referre, non poterat : tunc siquidem
egrotabat, et hunc ad eum ingredi cellerarius non
sinebat. Serviens igitur seviens et ira que furor est
brevis accensus, ad unam de grangiis Abbatie fini-
timis accessit, ferens prunas ardentes in cacabo,
et clam igne supposito grangiam incendere disponebat. Hec eo cogitante affuit servus Dei, et quid
vellet agere requirebat. Expavit ille stupore vehe-
menti ; et cum rem celare non posset, propositum
suum causamque propositi confessus est. Cui Ab-

bas : « Ne facias, inquit, hoc facinus : cras autem
ad me in infirmariam veni ; mercedem tibi jubebo
restitui, nec erit qui ad me tuum intercludat ingressum. » Fecit ille ut ei fuerat imperatum, et in
crastino, nullo prohibente, veniens ad Abbatem,
ut promissum impleret orabat. Porro Abbas hec
omnia ignorabat, sed se ignorare dissimulans rei
geste seriem diligenter inquirit et audit ; emisso-
que homine cum spe certa mercedis habende prenominato Nicholao qui ei ministrabat, sic ait :
« Vere, frater, si nos de Domino cogitaremus, Dominus cogitaret de nobis. » Conjiciens ille aliquid
eum quod magnum foret audisse, insecutus hominem abeuntem prudenter et ingeniose pollicens se
et celare consilium et accelerare negotium, rei
geste narrationem extorsit. Hoc est primum et magnum miraculum : secundum autem simile est
huic non forma sed gratia.

IX.

Morbus, quem fistulam dicunt, afflictum Dei hominem languidumque reddiderat. Transivit per eum
locum monachus quidam de Claravalle, celeber in
arte medicine. Suggesserunt ei fratres et ipse suasit
et persuasit abbati ut morbum inspiceret. Vidit et
fratribus fistulam esse respondit : et eo loci quo
secari ac per hoc sanari non posset; adjiciens hoc
verbum : « Homo iste si Pascha viderit nunquam
amplius morietur. » Significans scilicet quod nec
sanari valeret, et infra talem terminum moriturus
foret. Convaluit tamen, multisque postea vixit
annis ; sed quomodo convaluerit, hactenus incognitum fuit.

X.

Postquam fratribus Vallis-Regie aliquanto tempore prefuerat contigit quod Abbatia Igniaci Abbatem non habebat. Moris est ut conveniant Abbates
subjecti vel filii ad electionem principalis patris et
Abbatis. Vir igitur Domini Petrus, assumpto secum
quodam Roberto religioso et litterato Igniacensi
monacho quem secum utpote familiarem ad suam
consolationem habebat, Igniacum veniebat. Orabat
autem Dominum ut sibi inspiraret ad cujus electionem ipse aspirare deberet. Hec eo cogitante simul
et orante, vocem audivit sic dicentem : « Cum veneris ad locum illum, » locumque ei quadam nota
cujus non recordor designavit, « quod requiris agno-
sces. » Iam fere locum attingebat et voti compos
non erat. Orabat ergo attentius et Dominum de promissi solutione pulsabat. Vox igitur iterato ad ipsum
facta sic ait : « Interroga illum monachum qui te
comitatur ; ipse tibi dicet quis futurus sit Abbas, »
Accersito statim monacho, videlicet prenominato
Roberto, Pater eum convenit hoc modo : « Pergi-
mus, inquit, Igniacum, et credo quod ex me plurimum pendebit Abbatis electio. Vos igitur qui fratrum mores multo experimento cognoscitis, inti-
mate mihi quem digniorem hoc officio judicatis. »
At ille non prophetico spiritu sed desiderio promo-
tionis illius, et quoniam eum diligebat dignumque

promotione sciebat : (Incunctanter, inquit, et absque A
deliberatione respondebo. Nullum vobis digniorem judico, ideoque vos futurum Abbatem predico.)
Vir autem Domini conservabat omnia verba hec,
conferens in corde suo; et quanquam quod de se
futurum fuerat jam ignorare non-poterat, iterato
tamen interrogat eum sic inquiens : (Scio, frater,
et certus sum quod promotionem meam velletis,
sed hoc non est in vestra positum voluntate. Volo
igitur omnino ut alium quique dignus sit eligi no-
minetis. — Nullum, ait, alium nominabo ; vos
Abbas eritis, vos desiderant universi.) Ventum est
Igniacum, et unanimi cunctorum consensu absque
ulla contradictione electus est in Abbatem; quam
nichilominus electionem aliud, ut dixerim, tale pre-
cessit presagium.

XI.

Erat in Abbatia frater religiosus et bonus, quique diu precentoris functus est officio, nomine Nicholaus. Hic ipse mihi retulit quod eo tempore quo
sedes illa vacabat et in pendulo forent fratres et
electionem prestolarentur, idem super hoc negotio
sollicitus Dominum jugiter precabatur ut eis idoneum provideret Abbatem. Cui quodam tempore
Dominum deprecanti vox manifeste sic ait ; (Nicholae, habebis Abbatem, et ille ostendet tibi quid
te oporteat facere. Quere beatum, O admirabilem
virum, O vere imitatorem Petri Petrum.) Et ideo
jure Dominus ei testimonium perhibebat quod prius C
apostolorum Principi Petro perhibuerat. Et revera,
non solum prenominato fratri sed omnibus qui in
domo erant, forensibus etiam qui eum videre, audire et nosse meruerunt, verissime et Xpiane religionis ostendit exemplum. Siquidem aliquot annis
illi prefuit Abbatie in sanctitate et justicia coram
Deo, in magno nomine, in celebri fama, in bono
odore coram mundo.

XII.

Ejus igitur conversatione singulari et ardua prefatus Nicholaus accendebatur, simulque ammone-
batur intelligere que ei ab eo apponebantur et pro-
ponebantur. Et memor vocis quam audierat, sciens-
que quia similia oporteret eum preparare, etiam
supra communem ordinem aliquid attemptare vole- D
bat. Sed quia delicatus erat et debilis nequaquam
presumebat. In hac fluctuatione positus, aliquando
vocem audiit sic dicentem : (Nicholae, nunquam
formides agere penitentiam.) Hoc commode michi
videor posuisse ad confirmationem eorum qui in
pusillanimitate sunt spiritus et tempestate (Psal.
xxxiv), qui timent pruinam et irruit super eos nix
(Job vi). Modus tamen constituendus est audacie
et habenda pia et discreta discretio fragilitatis cor-
poree ; et illud est attendendum : Spiritus quidem
promptus est, caro autem infirma (Matth. xxvi), et
carnis cura sicut non in desideriis sic in necessitatibus facienda est ; quod ita fecisse sanctum Dei
animadverti.

XIII.

Nam cum comedens aliquando cum ipso, vidensque eum pisces coram positos non gustantem,
aliisque nichilominus cibis parcentem, ac miserans
illius, ipsum nimie parcitatis arguerem : (Immo,
inquit, parcius comederem, nisi meo corpori par-
cerem.) Parcebat ergo corpori suo etiam cum
parcissimus in cibo et potu et esset et videretur.
Ex quo etiam in ceteris temperans et discretus et
moderatus fuisse recte conjicitur. Quoniam ita virtutis appetebat excellentiam ut non dimitteret temperantiam, que quarta inter principales virtutes
tantam habet gratiam ut sine ipsa cetere tres gratie
graciose esse non possunt, bene ergo de ipso quemdam religiosum virum et sapientem, id est Gille-
B bertum Abbatem Fusniacensem, audivi dicentem
quod neminem vidisset cui de singularitate minus
male contigisset : nimirum singularitatem suam
singulariter, hoc est temperanter et prudenter regebat, licet plerisque eum intime nescientibus simplex videretur et hebes ; quod ei contingebat ex
tardiloquio, et quia cum loquebatur lingua ejus
Latium redolebat. Demum omnia bona sua studiosius occultabat. Erat autem revera perspicacis ingenii, sanique multum consilii, et in operibus suis
regendisque subjectis moderatus et discretus. Denique cum virum venerabilem, industriumque pariter
et honestum, ejus cellerarium, aliquando convenis-
sem, conquerens scilicet quod, ut dicebatur, Abbas
ejus religiosus quidem sed durus foret, nimium
severus, pariter et agrestis, respondit ille qui mores illius, qui vitam, qui instituta, qui consuetudinem longa societate et experimento sciebat : (Revera, inquit, durus est et severus, sed sibi, non
aliis. Nam aliis pius est et misericors, et in tantum ut nos qui curam illius majorem habemus et
sumus illius adjutores, aliquotiens de ejus benignitate et patientia, ut nobis videtur nimia, murmure-
mus, fervorem ordinis suo tempore tepuisse non
detrahendo sed zelando dicentes : ceterum cum ejus
intentionem perpendimus, cum rationes ejus operum previas et nobis ab eo redditas audimus et
auditas pensamus, cum sic et non aliter agere debere cognoscimus ; quoniam non litteram sed spiritum et caritatem que lex Dei est et vinculum perfectionis, et ex qua sola vita procedit, magis attendens quam instituta et adinventiones hominum,
jacturam quarumdam observationum facilem esti-
mat : non eas tamen dimittens, non negligens, non
contemnens, sed pro persona, pro loco, pro tempore
temperans ; dum scilicet attendit hinc ordinis rigorem hinc humanam infirmitatem, cunctis viribus
elaborans ut fidelis sit dispensator : quod tunc assequi se credit indubie si ex indulgentiis quibusdam,
licet notam aliquam et aliquod videantur afferre
dispendium, caritatis fratrum ac pacis ac voluntar e
servitutis recepit compensationem, non magnipen-
dens si ei super hoc ab aliquibus detrahatur, dum
ei pura conscientia et Dei veritas attestentur.)

Nempe vir iste non erat ex illis qui *culicem colantes,* camelum glutiunt (*Matth.* xxiii), qui decimant olus omne et graviora legis relinquunt; qui inter bonum et malum, bonum et melius, malum et pejus discretionem non habentes, quodque deterius est, *que sua sunt non que Ihu Xpi querentes* (*Philip.* ii), licet cure gregis excubare videantur, ignorantia tamen vel malicia ipsi errantes et alios in errorem mittentes, multa faciunt, parum proficiunt, folia multa sed parvum fructum afferunt; quin etiam rixantur de lana sepe caprina et nil patiuntur super contritione Joseph. Petrus autem edoctus, revelante Spiritu sancto, *quod ex operibus legis non justificabitur omnis homo* (*Gal.* ii), et quia *Deus spiritus est et eos qui adorant in spiritu et veritate oportet adorare* (*Joan.* iv), spiritus et veritatis ardentissimus emulator, justitiam, non que ex lege est et operibus, sed que ex spiritu et Deo est copiose possidebat. Ex qua et ipse justus dispensationes suas justificabat et auctoritate que sanctitatem sequebatur eis non solum victoriam sed et gratiam assequebatur. His per digressionem fortasse, sed tamen ex materia pendentibus expositis regressum ad materiam faciemus. Inter hec homo Dei visionem vidit magna admiratione nec minus memoria et relatione dignissimam. Eam sicut ab alio scriptam repperi eis que scribimus copulavi. Ea autem est hujusmodi.

XIV.

Quodam tempore cum advenisset Ursicampum Abbas Igniacensis Petrus nomine, vir omni sanctitate conspicuus, letabunda et gaudens in ejus adventu domus tota gavisa est, reverentiam exhibens qualem sua sanctitas exigebat. Tunc Domnus Abbas et Prior, quia visionem eum vidisse cognoverant quam ex ejus ore qui eam viderat cupiebant audire, sequestrantes eum de medio in partem alteram ducunt, quasi de rebus secretioribus locuturi. Cumque sedissent eum venerabiliter alloquuntur precarique incipiunt ut ordinem visionis quam viderat eis aperire dignetur. Tremens ille ac pavens, et quasi ignorans quid quererent, visionem se vidisse in quantum potest dissimulat et illorum precibus nullatenus acquiescit. Rogant illi semel et iterum; negat ille. Laudabili tamen eorum importunitate devictus, tum quia Prior ei Scripturarum testimonio demonstrat peccati reum esse in fratrem qui fratri rem edificationis occultat, tum quia Domno Abbati negare nil potest, quia tenere diligit eum a quo versa vice non minus ipse diligitur, tandem vix erumpentibus verbis, narrationem suam sic incipit exordiri :

Erat in Archiepiscopatu Remensi miles quidam, nomine Balduinus, vir clarus genere, vir temporalibus rebus exuberans, sed non minus habundans peccatis. Nichil siquidem mali relinquebat non factum nisi quod facere ipse non poterat. Miles iste eo tempore quo cum Remensi Archiepiscopo guerram exerceret, toti patrie et maxime vicinis domibus mala plurima inferebat; res autem domus nostre, quam

pre ceteris religionis domibus ampliori amplexabatur amoris affectu, non solum non auferebat, sed etiam a quibuslibet aliis tuebatur, rebus nostris et nobis omnibus multam reverentiam exhibens. Accidit autem ut in lectum tandem decideret, tactus egritudine corporali. Cumque moriturum se esse cognosceret, per nuntium suum ut ad visitandum eum venirem sum mandatus; et mandatus statim adveni. Auditaque ejus confessione cum viderem quod penitentia duceretur et quod de cetero bonam voluntatem haberet, monui eum ut renuntiaret seculo et habitum religiosum assumeret. Acquiescit ille consiliis; querit licentiam a conjuge, sed non invenire potest. Videns igitur quod veniendi licentiam non haberet, postquam eum sacro oleo inunxissem, ad monasterium sum reversus. Interea paucis diebus evolutis, morbo invalescente, cum jam spes de eo parentibus nulla superesset, ad nostrum monasterium ab eisdem parentibus adducitur. Occurritur venienti, et devote a nobis suscipitur. Deportatur in cellam, sacro vestitur habitu et ei deputantur custodes. Hii cum una nocte morti eum appropinquare sentirent, ad convocandum fratres tabulam pulsant, sicut nostri ordinis consuetudo expostulat. Excitantur fratres, venitur ad infirmum ; ego quoque inter ceteros adsum ; officium impleo ; septem psalmos conventus decantat, sed nondum migrat infirmus. Videns igitur quod non tam cito moreretur, ne fratres qui sacris vigiliis debebant interesse nimis affligerentur, annuo eis ut se recollocent. In illa hora duo ex fratribus super infirmo duas visiones viderunt.

Visio unius in cubili suo hec erat : Videre videbatur quod totus conventus ante infirmum staret, inclinatoque eo humiliter pacis osculum labiis ejus imprimeret.

Videbat alter, sed in visu noctis, quod infirmus jacens in lecto vellet de lecto surgere sed non posset. Cumque ei adesset ut adjuvaret eum, ait infirmus : « Noli me adjuvare, ope tua non indigeo ; nam beatus Benedictus adjuvat me, qui etiam mandat Abbati ut ipse mihi faciat coronam. »

Nec mora pulsatur secundo tabula. Excitantur denuo fratres, veniunt iterum ad infirmum. Migrat infirmus de corpore et corpus in ecclesiam deportatur. Ibique remanentibus quibusdam fratribus qui circa defunctum psalmos decantarent, conventus se recollocat. Ego quoque ea nocte paulisper egrotans cum ceteris vado pausatum. Cumque jacerem in lecto adhuc vigilans et nondum dormiens, cepi cogitare mecum et quasi dicere michi : « Domine Deus meus, quid erit de homine isto, quem tantorum astringunt vincula peccatorum ? Quid ei prodest quod mala sua confessus est ? Quid quod in extremis penituit ? Quid quod habitum religionis suscepit ? Ubi est nunc ipse ? Bene illi est an male ? » Dum hoc mecum tacitus cogito, vocem audio sic dicentem : « Ipse multum indiget auxilio. » Audiens ergo quod auxilio indigeret, statim ad ecclesiam vado in spiritu et quasi genua flectens ante singula altaria sanctorum quorum ibi

memoria habebatur tota devotione qua possum patro- A
cinia imploro, quatinus ei qui venia indigebat misericordiam a Domino impetrarent. Et hoc facto clauduntur oculi et subito labor in somnum. Moxque ut
dormire ceperam quasi grandi mole sentio me gravari,
intellexi autem quod malignus spiritus esset qui me
opprimebat, qui etiam dicebat michi : « Quid est quod
facere intendis ? Respondi : Quid, inquam, facere in-
tendo ego ? —Putas, inquit, Balduinum te posse auferre
michi pro solo religionis habitu quem suscepit ?—Puto,
inquam. — Nonne, inquit, jure meus esse debet qui
omni tempore vite sue servivit michi, qui in peccatis
suis usque in finem vite sue permansit ?—Cui ego : Non
nego. Verum nonne peccata sua confessus est, nonne
in extremis penituit, et ad Dei misericordiam confugit ? Et si cetera omnia taceam, nescis quia san- B
guis Xpi pro peccatoribus effusus est in remissionem
peccatorum. Per preciosum illum sanguinem qui de
latere dormientis in cruce manavit te conjuro, male-
dicte, ut hinc protinus abscedas et in illum nullam
habeas potestatem. Audito ille Xpi sanguinis nomine,
virtutem adjurationis non ferens, victus et confusus
abscessit. Ego autem exhilaratus quasi de victoria in
vocem jubilationis et laudis pre cordis exultatione
erumpens, « Te Deum laudamus » cantare cepi.
Cantavi autem dormiendo usque ad illum locum ubi
dicitur : « Tu Rex glorie Xpe, » ubi a somno evigilans et ordinem rei geste luce intuens clariori, in
Dei laudem et gloriam totum hymnum persolvi. Et
cum illum versum adhuc in ore haberem — « In te, C
Domine, speravi, non confundar in eternum, » —
horologium cadit et ad matutinas pulsatur. Vado ad
vigilias, non immemor vocis que michi dixerat Balduinum indigere auxilio. Orationem tota nocte dirigo
ad Deum pro eo. Die jam facto, fratribus congregatis in capitulum, injunyo eis pro defuncto usque ad
tricesimum diem sine intermissione offerre hostiam
salutarem, statuens et ipse facere quod aliis injun-
gebam, id est triginta diebus immolare pro eo. Per
dies igitur illos triginta in quibus a nobis omnibus
oratur pro eo sepe apparuit michi Balduinus veniens
ante me et assistens michi quocumque essem in loco.
Apparebat autem in specie supplicantis, tanquam si
diceret se indigere auxilio, et postularet pro se
orari; et hoc tunc maxime faciebat quando devotio D
nostra tepida erat et languens, vel quando quacum-
que de causa missam non poteram celebrare. Non
dico quod per illos triginta cotidie dies apparuerit
michi, sed per illos triginta dies sepe. Accidit quoque
ut quadam die proficiscerer ad grangias domus
nostre et eo die missas cantare non potui. Cumque
reverterer ad monasterium apparuit michi in via
supplex et multo tristior quam soleret, quasi dicere
ea die vellet sui me fuisse immemorem. Jam autem
tricenario evoluto, die qua ab universis populis crux
adoratur, cum sederem in presbiterio indutus sacerdotalibus indumentis, ut sacra missarum sollemnia
celebrarem, et jam in ecclesia secunda lectio legeretur, inspiciens vidi duos homines vestitos purpura

speciosos nimis et desiderabiles ad videndum, venientes per medium chori, qui inter se fratrem Balduinum vestitum ysembruno medium deducebant; cumque adduxissent eum ante me in loco quo sedens
eram, presentaverunt eum michi atque dixerunt : « Hic
est Balduinus. » Et ecce cogitante me quid de eo
essent facturi, ducunt eum ad altare et sic eum offerunt. Et hoc facto visio non comparet. Frater vero
Balduinus qui tociens apparuerat michi, a die illa
et in reliquum nunquam michi apparuit. Rediens
ergo ad me ipsum et considerans quid hujusmodi
visio figuraret, intellexi quod postquam frater Balduinus altari oblatus fuerat, eum esse reconciliatum.
Per nigram autem vestem qua erat indutus adhuc ei
inesse aliquam maculam peccatorum atque eum peni-
tentie subjacere. Ecce quid de isto milite viderim
scitis.

Paulo antequam iste de quo diximus moreretur,
miles quidam in extremis positus ad se visitandum
me mandavit. Ad quem cum ego venissem, confessione ejus audita nil ei melius consulere potui quam
ut renuntiaret seculo et ad Dei confugere misericordiam, quam solam ei superesse credebam.
Ostendi itaque ei Vallem Regis, domum quamdam
nostri ordinis que domui sue vicinior erat et habitu
religionis induitur; ego autem revertor Igniacum.
Cumque ea nocte lecto jacerem, adhuc vigilans cepi
cogitare intra me et quasi dicere michi : « Quid putas
proderit militi isti religionis habitus quem assumpsit?
quod fecit non tam fecit voluntarius quam invitus.
Si enim adhuc habuisset tempus malefaciendi, forsitan mala fecisset. Denique non tam sua peccata dimisit quam sua eum dimiserunt. » Dum hec mecum
cogito, vocem audio sic dicentem : « Multum proderit
ei. Et hoc scito quod in isto et in quolibet qui in habitu ordinis Cisterciensis moritur, nullam habiturus
est diabolus potestatem donec data fuerit de eo sententia. » Audiens autem vocem statim intellexi posse
esse verum quod illa dicebat, similitudine tali animum subintrante. Si rex famulum habeat qui odio
habeatur ab omnibus, quamdiu famulus ille signa
secum regis habuerit et litteras ejus, et quamdiu incertum fuerit utrum diligatur a rege an odio habeatur, inter medios hostes sine contradictione potest
securus incedere. Si vero declaratum fuerit quod rex
eum odio habeat, et si eum de domo sua ejecerit, ex
hoc jam non erit qui non dilapidet eum. Sic etiam
qui signa militie Xpi secum habuerit, stigmata ejus
portans in corpore suo, religionis habitu indutus qui
est tunica Salvatoris, hostium suorum cuneos potest
penetrare securus, nec ullam habet in eum diabolus
potestatem : adhuc ignoramus quid de eo Dominus velit. Si autem voluntas judicis super eo fuerit enoda-
ta et prolata sententia testis exstiterit quod ille non
placeat Deo, ex hoc jam potestatem malignus accipit
et debitum potest exigere usque ad novissimum quadrantem. Hac ergo visione confortatus fratri Balduino consului ut seculo renuntiaret vel moriens. Sciebam enim quod prodesse poterat et quantumlibet pec-

catori religionis habitus etiam in ipso mortis assumptus articulo.

Visionem hanc vidit venerabilis Abbas Ygniacensis, quæ dubietatis scrupulum nobis ideo non reliquit quod ad aures nostras non sit per terciam transfusa personam, sed suo ipsius ore relata qui eam vidit. Et licet testimonia ejus credibilia facta sint nimis, ego tamen ut visioni huic fides certior habeatur, tali eam attestatione confirmo : nisi vera sit visio que litteris istis explicatur humerus meus a junctura sua cadat et brachium meum cum suis ossibus confringatur; sit celum quod super me est ereum et terra ferrea; pro frumento oriatur michi tribulus et pro ordeo spina.

XV.

Attestationi premisse meum testimonium adhibeo : licet pondus auctoritatis non habeat, habet certe sinceritatem veritatis. Cum igitur anteposita relatio in manus meas venisset non fui contentus scripture testimonio, sed copiam videntis simul habere studui. Non nude, non aperte, sed, ut ita dicam, furtive et quibusdam insinuationibus quas hic ponere et exponere longum foret, suadebam ut quod viderat de milite Balduino ad meam michi edificationem narraret. Quid multa? Victus demum importunitate mea, amore nichilominus et allegationibus superatus sic respondit : « Dicam quid queritis, sed dicere me gravabit. » Seriatim ergo et scripture consonanter omnia michi confessus est et ita memoriter ut ejus memoriam plurimum admirarer.

XVI.

Henricus comes Campanie filius illius Theobaldi cujus memoria cum laudibus et merito continetur in Vita sancti Bernardi, precatus est aliquando servum Dei ut pro se Dominum precaretur. Celebravit ille missas intercessurus pro eo; expletoque misterio, cum extremam collectam dicturus ad suos se convertisset ministros, absentem comitem vidit presentem, signum crucis habentem in veste, sicut habere solent qui Jerosolimam proficisci proponunt. Nondum tamen, ut comes postea professus est, sibi signum crucis aptaverat, sed ea die post multam fluctuationem, post longam deliberationem hoc se facturum indubitanter firmaverat.

XVII.

Sedebat aliquando in Capitulo vir beatus. Erat dies annua ab obitu cujusdam fratris. Precentor ad cujus hoc officium pertinebat suggessit ei ut fratrem, sicut erat consuetudo, absolveret. Absolvit eum, premisso tamen submisse tali verbo : « Indiget absolutione, » Quidam de senioribus cui nomen Johannes, quo etiam referente hoc didici, non procul sedebat ab ipso et premissum verbum audivit. Data opportunitate causam sermonis illius indagans audivit ab eo : « Nuper, inquit, vigilanti michi sensibiliter apparuit, et interrogatus an adhuc Dominum nostrum videret, respondit : « Nondum tempus ; » et hoc dicto disparuit. Testabatur autem predictus Johannes quod religiose diuque conversatus in Ordine, et

biennio suum obitum præcedente morbo multum molesto, et ut ipse putabat purgatorio fuerat fatigatus. Sed nimirum non solum *arta* verum et longa *via est que ducit ad vitam* (*Matth.* VII), et ad visionem summi boni et precellentis illius nature ad quam non nisi purgatissimus poterit pervenire, testante ipsa Vita et dicente : *Beati mundo corde, quoniam ipsi Deum videbunt* (*Matth.* V). Quis igitur gloriabitur mundum se habere cor? Ita tamen ut *qui gloriatur, in Domino glorietur*, id est in veritate que non mentitur, non in opinione que fallit et fallitur. Sunt enim plerique in quibus mentitur iniquitas sibi, fingentes et pingentes Dei misericordiam secundum suam voluntatem, cum misericordia Dei justiciam ejus non evacuet, et *per multas tribulationes*, hoc est purgationes, *oporteat nos intrare in regnum Dei* (*Act.* XVII). Non igitur qui *manus suas miserunt ad fortia* (*Prov.* XXXI) fastidiant Ordinis disciplinam, que in presenti videtur habere aliquid non gaudii, sed meroris. Exercitatis autem per eam reddet pacatissimum fructum in hac vita justicie, et in futura glorie. Non murmurent de asperitate itineris, sed attendant fratrem prefatum qui diuturna et ardua conversatione, biennia corporis passione, tanquam aurum in fornace purgatus, et ut argentum igne examinatus, nec sic tamen perfectus inventus est. Igitur etiam sibi non male conscii presumptioni frenum timoris imponant, et paveant, et alas suas demittant. Opus est siquidem longo lime labore ut materialibus ab anima rebus et fantasiis rerum abrasis, memoria nil teneat, ratio nil videat, voluntas nil diligat preter Deum, qui est memorie forma originalis, lux incorporea rationis, et incitamentum est igneum voluntatis, summum bonum, beatum bonum, beatificum bonum hominis. His breviter dictis ad excitationem quorumdam dormientium ad propositum redeamus.

XVIII.

In structura exilia non minus quam magna aliquociens necessaria comprobatur : igitur ponam hic aliquod parvum, quod et si nullam de utilitate gratiam pro brevitate tamen veniam promerebitur. Est michi frater vobis quem sermo presens alloquitur non ignotus. Hic ab adolescentia usque ad senectutem morbis multiplicibus fatigatus longum probatur traxisse martirium. Aliquando corporis ejus incommodo eo usque excreverat ut deficere putaretur. Scripsi ad virum Dei adhuc in carne manentem ut manum intercessionis porrigeret. Ea nocte qua orabat pro egroto visum est ei quod nudus staret coram homine Dei et ab ipso durissime vapularet. Mirabatur contra se insolitam severitatem illius, sed miranti sua conscientia respondebat : « Deus est qui te verberat. » Vivit usque hodie flagellum patientius ferens cujus Deum interpretatur auctorem. Alicui forsitan somnium inane videbitur, sed orationis illius et visionis istius concursus me ut hoc scriberem provocavit. Jam illud quod subjiciam ipse michi retulit vir beatus.

XIX.

Erat in quadam ecclesia et in oratione sua confitebatur Domino. Apparuerunt oranti effigies sanctorum Bernardi et Malachie. Conversus ad ipsos suam orationem et intentionem direxit. Tunc unus eorum dixit ei : « Tu eris abbas Clarevallis. » Disparuerunt illi et territus ipse remansit. Territus, inquam, quia sicut postea michi cum gemitu fatebatur, nunquam hoc fieri voluisset; et tamen dubitare non poterat super hoc cuod divinitus audierat.

XX.

Elapso post hec aliquo temporis intervallo Abbas Clarevallis Geroldus, vir honestus et multis gratiis decoratus, Igniacum devenit. Erat tunc Igniaci quidam monachus, immo demoniacus, Judas inter apostolos, Satan inter Dei filios, Hugo de Basochiis : hic offenderat Ordinem in gravibus multum excessibus, et Abbas prenominatus eum in regulari vindicta. Nactus igitur tempus oportunum quo suam ulcisceretur injuriam, furiis agitatus iniquis, dirum virus sub pectore versans, apud se de illius nece tractabat. Cum igitur sero esset die uno sedebat in vestibulo domus infirmorum frater quidam religiosus et humilis, Haymo nomine, natione Remensis. Hic, sicut ipse michi confessus est, vidit manifeste duas horribilis forme personas et quas esse demones dubitare non poterat, ingredi domum illam. Eo tempore satelles ille Satane, Hugo predictus, cum fratribus egris corpore, mente jacebat egrotus. Media nocte surrexit Abbas ad confitendum Domino et nocturnis vigiliis interfuit. Necessitate poscénte in dormitorium conventuale perrexit. Ubi Hugo in insidiis positus ut interficeret innocentem (*Psal.* x), ferro ad facinus preparato, ipsum letaliter vulneravit. Vixit usque in diem sequentem. Circa vesperum positis coram ipso fratribus dixit : *Dirige me, Domine, in veritate tua et doce me quia tu es Deus Salvator meus et te sustinui tota die (Psal. xxiv).* Et cum hoc dixisset, obdormivit in Domino ; et, ut credimus, martyr insignis celos petivit sanguine laureatus. Cujus corpus de more compositum Abbas Petrus usque Claramvallem deduxit, multum metuens ne quod audierat impleretur : « Tu eris Abbas Clarevallis. » Sed sortitus est sortem ministerii hujus quidam Henricus, vir potens in opere et sermone ; quo post modicum in episcopum cardinalem assumpto, sedes illa vacabat et iterum tractabatur de electione Abbatis.

XXI.

Erat in Claravalle Prior claustralis Gillebertus, Abbas hodie Fusniaci. Hic beati viri sincerissimam sanctitatem intime cognoscens et optime, scilicet ut unicus ejus et familiaris amicus, sollicite cogitabat eum ab Igniaco in Claramvallem transferre. Dum hoc volveret in animo quidam de fratribus animum ejus et intentionem prorsus ignorans confessus est ei dicens : « Piam, inquit, gero sollicitudinem nostre domus, et ignoro quem nobis Domi-

nus pastorem providere proponat. Ceterum talis visio michi ostensa est : Nuntiabatur nobis ad hanc domum Xpm Dominum advenire. Ad fores monasterii occurrebamus obviam. Videbamus eum non habentem speciem neque decorem, statura brevem, habitu pauperem, aspectu contemptibilem, nulli tamen erat ambiguum quin ipse esset Dominus Ihs Xps. Hanc visionem conferens et comparans suo proposito Gillebertus nil aliud poterat interpretari Xpm nisi Petrum verissimum Christianum et vere Christum, id est celesti crismate, id est Sancto Pneumate unctum, qui in oculis hominum pauper et modicus videbatur, virorum novissimus et tanquam a Deo percussus ; ceterum omnis gloria ejus erat ab intus, ubi preciosa margarita fulgebat in corde et ubi erat locus Domino, tabernaculum Deo Jacob : tabernaculum, inquam, fide, caritate ceterisque virtutibus, sicut palliis auro argento lapidibus preciosis constructum, ornatum, spaciosum, speciosum et preciosum, sed exterius cilicio coopertum, ubi desiderium visionis divine erat, in odorem suavissimum Domino, ubi concentus et consonantia rationis et affectionum reddens mellifluam armoniam, divinum etiam demulcebat auditum. Competenter igitur et merito in habitu pauperis Petri Xrs apparuit; *et qui transformabit corpus humilitatis nostre configuratum corpori claritatis sue (Philip.* III) transformavit corpus claritatis sue configuratum corpori infirmitatis nostre, *et cum in forma Dei esset* et seset equalis Deo, *semetipsum exinanivit in similitudinem* Petri *factus, et habitu inventus ut ipse (Philip. II).*

XXII.

Gillebertus igitur hac visione factus animosior, vicinos Abbates et Petrum ex nomine convocavit; et Petrus quidem citatus aufugit. Ceteri nichilominus venientes, consentiente conventu, ipsum elegerunt absentem. Nec fuit qui contrairet, admirabilem virtutem] illius cognoscentibus universis. Quesitus ergo inventus est in quadam grangia Ordinis illius inter conversos conversans. Et ea die inventus est in pratis fena vertens. Inde ductus Igniacum cum precibus vinci non posset, Ordinis auctoritate coactus suscepit officium invitus, nolens, addictus. Crastino cum proficisci vellent et tendere Claramvallem, valida febris invadit Gillebertum superius nominatum, qui unus erat *querentium eum, querentium* hominem *Dei Jacob (Psal. xxiii).* Venit ad eum homo Dei conquerens et dicens quod omnia per ipsum facta forent, et nunc contra jura amicitie eum in necessitate desereret. Necessitatem suam non mendacium ille pretendit; ad quod sanctus Abbas respondit : « Surgite, eamus hinc : febris vobis ulterius non nocebit. » Surrexit et cum servo Dei abiit, et post paululum febris eum dimisit. Itaque usque Claramvallem deductus a fratribus ut angelus Dei, ut homo missus a Deo, cum devotione et gratia cunctorum susceptus est. Ipse vero venit ad eos non in sublimitate sermonis, non in persuasibilibus humanæ sapientiæ verbis, sed in ostensione spiritus et virtutis, in veritate et perfectione Christianæ religionis, quarum rerum eis exempla veneranda monstravit.

XXIII.

Post aliquod tempus visitabat abbatias Clarevallis filias et Gillebertus cum eo de Boeriis novus Abbas. Porro Gillebertus equo insidebat, alias quidem commodo sed sepius offendebat ad lapides pedem suum et erat ad periculum residenti. Petrus autem attendens equum pedibus frequenter offendere et casum metuens Gilleberto, arguebat eum quare eo animali uteretur, unde ruinam damnumque corporis facillime posset incurrere. Ad hec ille: « Molliter, ait, et apte vehit et non est insidiosus, propter quod usum ejus multum amplector. Ceterum si michi metuitis et vultis michi prodesse, rogate Dominum ut hoc vicio amplius non laboret. Itane, inquit, orationes effundende sunt potius quam funende ? *Nunquid enim de bobus cura est Deo ?* (*I Cor.* ix.) Attamen oro Deum ne ita corruat ut vobis malum faciat. » Usus est et postea multis annis nec cecidit, stabili nam fuit ille pede. Et ne casui potius quam Petri meritis ascribatur, statim ut Gillebertus Fusniacum translatus equum et Boerias deseruit, quidam ex ejus loci fratribus equum ascendit, sub quo immo super quem quadrupes tam crudeliter corruit ut frater, fracto crure, lesus infeliciter ad monasterium sit relatus.

XXIV.

Propter eximiam sanctitatem et conversationem ipsius, et quia *nemo poterat hec signa facere nisi esset Deus cum eo* (*Joan.* iii), que etiam sibi mutuo attestabantur, *sicut cynnamomum et balsamum aromatizans odorem dedit, et quasi myrra electa dedit suavitatem odoris* (*Eccli.* xxiv) : et hic odor se longe lateque diffuderat, et super omnia montana non solum Francie sed et ceterarum regionum divulgabantur omnia verba hec, et erat celebre nomen ejus, et plurimi sicut prophetam eum habebant, videbantque eum cum gaudio, utpote amicum Dei et familiarem ipsius. Denique Papa Romanus fama tam felici permotus quanti penderet eum satis ostendit, dum ad se, volens illum videre, vocavit. Mestus, ut aiunt, peregrinationem illam suscepit, sed obediens summo Pontifici ire non distulit. Erat idem Papa etate senex, senio gravis, egritudine tactus qua et postmodum defecit. Exhilaratus tamen ex adventu ipsius, vestibus pretiosis ornatus, sedens in tribunali, cardinalium circumstante corona, festivus eum et letabundus excepit. Inde ducens eum in locum secretum, apostolica majestate deposita, coram ipso, immo revera coram Xro qui in illo signis evidentibus apparebat, humilians se, omnia sua confessus est ei, ac de sacratissima manu ipsius coram ipso missas celebrantis Eucharistiam sanctam recepit, habitum quoque Cisterciensis Ordinis volebat assumere, sed vir Domini quo quidem nescio, sed sane sano consilio fieri non permisit. Locum quo-

que in quo abbatiam sui Ordinis instauraret, immo potius restauraret, siquidem ibi abbatia fuerat sed destructa tunc erat, sumptus necessarios ad perficiendum Dominus Papa donavit. Post hec servum Dei secum aliquandiu demoratum, cum remanere non vellet, honoratum, quin etiam muneratum, redire permisit. Romane Curie detrahitur quod magnatum facies favorabiliter suscipere et opes soleat exhaurire potentum : jam nunc ei parcius derogetur. In Petro paupere et in hac parte magno Petro non dispare, qui aurum non habuit et argentum, nudam venerata est virtutem, rebus ipsis confessa verum esse quod ethicus ait poeta :

Vilius argentum est auro, virtutibus aurum.
(Horat. *Ep.* i, 1, 52.)

In conspectu ejus vacuus Petrus apparuit, gratisque gratiam invenit, non emit, et ille cui reges Tharsis et insulæ munera offerunt, munera Petro pauperi obtulit, unde et Petrus supra petram sui Ordinis edificaret ecclesiam. Felix Petrus qui cum subjectus esset omni humane creature propter Deum, triumphavit montes aureos, non suis viribus, sed per Deum. Felix et Papa Romanus qui cum esset mons aureus elevatus in verticem montium se tamen subjecit propter Deum humillimo omnium hominum.

XXV.

Positis quiddam parvum apponam unde tamen magnum aliquid valeat estimari. In Gallie quadam pontificali ecclesia inter clericos orta est dissentio super electione pontificis. Presens erat cardinalis Romanus in quem clerici compromiserunt, duos ei proponentes, ut quem nominaret ille hunc eligerent universi. Cardinalis Petrum consuluit quis eorum ei melior videretur; alteri eorum eo quod nobilis esset et dapsilis videretur plures favebant impensius, vellentque plurimum ut ei attestaretur sanctus Abbas; quasi eum probabilius et saniori conscientia promoverent quem tantus vir suo testimonio pretulisset. Non erat ille harundo vento agitata, non hominibus placere querebat sed Deo : ideo secundum suam conscientiam et veritatem respondens, ait : « In duobus falsis denariis melior inveniri non potest. » Confusi sunt illi quoniam Petrus sprevit eos. Quinimmo confusi non sunt et erubescere noluerunt ; illum enim nichilominus elogerunt. Vivit usque hodie nobilis quidem genere sed non generosus virtute; et facile foret sed necesse non est nominare personam : satis est si scriptura loquatur materiam nec loquatur auctorem. inueri licet in Petri paucis sermonibus quatuor originales virtutes : prudenter siquidem in bono duorum comparationem sustulit; nam quia neuter bonus fuit, alter melior dici non debuit. Juste nichilominus egit, qui justitiam non abscondit in corde suo, qui veritatem et salutare Dei dixit (*Psal.* xxxix) : veritas odium parit, et dum odium quorumdam occurrere et gratiam offendere in vero dicendo non refugit, fortis fuit et in seipso

. . . . . *Totus teres atque rotundus.*

Non crediderunt verbo ejus, et quasi victus succubuit, non ex hoc movit litigium, non induit merorem,
aliter sentientibus non detraxit, et ex hoc temperantiam et modestiam sui cordis ostendit. Ineptum
forte, vanumque videbitur asserere in tanto viro
tantas, id est quatuor principales virtutes, tam levi
tamque fragili argumento, cum multifarie multisque modis ipsisque luce clarioribus frequentissime probate sint. Sed ut ait aliquis, « artificis est
periti in parvo magna concludere. » quod in exemplo premisso brevi scilicet nos arbitramur egisse.

XXVI.

Virtutes quidem hujus viri pluribus signis et ipsis
insignibus, uti premisimus, probate sunt et ostense ;
porro patientia que sic asperis exercetur ut vilibus
humilitas fortissimo argumento, quod tamen pre-
termisimus, in eo est probata. Dum in Valleregis
esset Abbas valitudine validissima vexabatur. Cujus mali violentia in capitis proram conscendens
alterum ex ejus oculis ita dissolvit, ut liquefactus
ex toto penitus deflueret, sedemque concavam vacuam relinquens, virum Dei ex Deo etiam tunc beatum Monoculum efficeret. Cogitetur attente tante
temptationis immanitas, et in libra justi judicii pia
consideratione trutinentur dolor excrucians, deformitas vilificans, privatio luminis minus utilem eum
reddens, et illud precipue quod in his omnibus non
peccavit ipse labiis suis, neque stultum quid contra Deum locutus est sed ut de martiribus sancta
canit Ecclesia :

Non murmur resonat, non querimonia,
Sed corde tacito mens bene conscia
Conservat patientiam.

Ita vir iste sicut agnus mansuetissimus coram
tondente sine voce non aperuit os suum, sed *obmu-
tuit, et humiliatus est et siluit* a malis (*Psal.* xxxviii);
quin immo dicere solebat unum se de suis inimicis
evasisse, ut ab altero magis quam a perdito formidaret. Non quia sensus aut membra corporis sui
vir consummatissimus adversari sibi sentiret, quippe que potius erant arma justicie Deo, sed nimirum
ad solatium damna corporis egre ferentium hec dicebat, eos per compassionem in se transformans,
eis se per humilitatem assimilans. Membra siquidem sua que super terram erant assiduitate laboris,
ardore caritatis, discipline vinculis subegerat, imperans eis non serviens, utens eis non fruens, immo
jam quantum ad se usu eorum non indigens et velud suffragia emendicata contemnens. Quippe qui
ut de magno Martino legitur, humanam naturam
supergressus, celo teste, Deo presente et adjutore
fruebatur ; et tanquam a Domini spiritu per ipsum
ad ipsum mente excedebat, ad quem per sensuales
conjecturas et corporis labores alii vix ascendunt.
Et implebatur in illo Scriptura que dicit : *Et cum
simplicibus sermocinatio Dei* (*Prov.* iii), cui quantum fuerit familiaris cum ex pluribus tamen ex eo
quod subjiciam apparebit.

XXVII.

Cum adhuc Abbas esset Igniaci, fratres aliquando
Priorem non habebant, cumque eum differret constituere senior quidam causam dilationis inquirens
ab ipso audivit : « Super hoc Dominum rogare non
cesso, nec aliquod ab ipso responsum accipio. »
Nominavit ille senior unum quem idoneum estima-
bat. « Minime vult hoc Dominus, » ait ille. Ex his
indubitanter licet asserere quod uti Moyses sic iste
loquebatur ad Dominum sicut homo loquitur ad
amicum suum (*Exod.* xxxiii). Nimirum sicut ille
locuturus Domino montem ascendit, sic iste in magno non montis sed mentis culmine stetit, ubi more
quidem multorum Dominum consulebat, sed more
paucorum Dominum audiebat.

XXVIII.

Sed regredientes ad Claramvallem, dicamus quod
paulo ante obitum suum vir Dei Petrus, eo trahentibus eum domesticis negociis, Remis venit. Ex hoc
et venientem vidi et abeuntem longius ipse deduxi.
Intuebar eum non minus reverenter, non minus affectuose quam angelum. Intuebar eum et occurrebat
magni Martini memoria, quem Severus Sulpicius
orator ille nobilis describit in veste hispida, nigro
et pendulo pallio circumtectum, asino immo asello
gestatum. Conformis iste Martini et ejus emulator
expressus equo paulo majore asino ferebatur. Ferebat etiam ad instar mantice puerorum peditum sca-
pularia, capa pendula et vetusta vestitus, rustici
pauperis expressius quam Abbatis imaginem pre-
ferebat. Erat interea ipse statura pusillus, corpore
tenuis et exesus, non lasciviis sensibus sed quietus ;
et terrenis affectibus mitigatis, cogitatione suspensus et velud absens presentibus, ut non homo videretur sed spiritus. Talem eum tunc vidi, talem
notavi, talem credidi, propter quod et locutus sum
et talem eum descripsi. Igitur cum de rebus variis
colloquentes per aggerem publicum pergeremus,
pulvis antecedentium vestigiis excitatus et vento ab
opposito flante repercussus nobis molestiam inge-
rebat, tunc aio ad eum : « Antecedamus preceden-
tes ut procellam hujus pulveris evadamus. » —
« Si preambulos, inquit, precedamus, erunt ipsi in
sorte qua sumus, et pena reversura est in caput
ista suum ; nec est caritatis consilium intuitu sui
commodi suum proximum molestare. » Erubui,
fateor, attendens in me mei curam, aliorum incu-
riam, in illo autem excellentiorem viam, id est
majorem caritatem : quando iste proximum grava-
ret in gravibus qui ledere cavebat in levibus ? Iba-
mus interea, nec nos pulvis pungere, ventus vexare
cessabat. Igitur ei compatiens, ejusque animum ex
animo meo metiens, cum ipse animi patientia speciali passionem corporis superaret, corrigens quod
reprehenderat ille, consilium dixi : « Lata est via
que nos ducit : jungamur sociis lateraliter, ita illis
illesis nos quoque salvi erimus a pulvere, spiritu
et tempestate. » Annuit ille, et sic ambulantes, de-
que rebus variis ut premisimus colloquentes, ma

gnam partem diei consumpsimus. Et cum me ratio
ad reditum invitaret, jamjamque separandi essemus,
tractus dolore cordis intrinsecus et trahens ab imo
suspiria dixi : « Siccine separat nos amara mors ? »
Nec hoc dixi tanquam prescius futurorum, ex hoc
tamen futura predixi. Nam post non multum temporis intervallum transiit ille de hoc mundo ad
mundi conditorem. De cujus transitu que nobis
testati sunt qui fuerunt breviter dicam et sic narrationem istam concludam.

XXIX.

Igitur Petrus cum aliquot annis Clarevallensibus
prefuisset, egressus a Claravalle sui Ordinis secum
quosdam habens Abbates, finitimas regiones per-
ambulans, graviter infirmari et viribus corporis
cepit repente destitui. Cumque ipso silente egritudo
periculum imminens loqueretur, accessit ad eum
Gillebertus supranominatus qui semper erat sollicitus super eo, etenim ipsum tenere diligebat,
dixitque ei : « Domine, quantum ex habitudine tua
perpendo, in proximo est ut recedatis a nobis. » Ad
hoc ille respondit : « Hoc puto et spero; nam in
hoc anno multas preces effudi ad Dominum ut me
liberaret *de corpore mortis hujus* (Rom. VII). » Interea morbus augebatur, morbidus angebatur. Vix
tamen et cum labore usque Fusniacum venere. Ibi
visum est fratribus quod inungi deberet, et a superiori cenaculo ubi mansionem acceperat, in inferiorem domum quo fieri posset hoc competentius,
eum deportare volebant. Ille vero qui nullo unquam
labore, nullo dolore victus fuerat, nec foret ipsa
morte vincendus, fatiscentes artus spiritum servire
coegit. Surrexit, descendit, inunctus est, rediit, et
tota nocte usque ad vesperam sic permansit; et
cum jam fratres completorium decantassent Gillebertus, more fidelis amici, propius assistebat amico,
a quo nimirum paulo post separandus foret, quique
in supremo spiritu jam positus esse videretur. Hoc
ratus Abbas de Valcellis qui et ipse cum ceteris
propter astabat in hec verba prorupit : « Quid agimus fratres : homo iste recedit a nobis. » Quod
audiens vir Domini elevata manu innuit eis non se
tunc sed in crastino migraturum; fratres igitur
interim siluerunt, at illi pernox in orationibus suum
Domino transitum commendabat. Tenebras rum-
pente diluculo ad ipsum fratres conveniunt, quibus
ipse conatu quo poterat Dei dilectionem inculca-
bat : et cum ad eos loqui non posset, orare tamen
Dominum non cessabat. Itaque sicut placidus et
quietus exstiterat, ita placide et quiete in ipsa oratione in qua confitebatur Domino, emisit spiritum
ad Dominum qui dedit illum; et ad quem alium
pergeret ille spiritus nisi ad Dei, immo ad Domini
spiritum, cum quo illi inherendo fuerat unus spiritus, ad quem multa et magna merita cum elevabant, a quo nulla malicia eum separabat, in quo
et Spiritus sanctus similitudinem suam, immo se
ipsum repperit, et funestus spiritus [funereum]
nichil invenit. A quo quam longe fuerit omnis ma-

licia, in quo quanta fuerit innocentia testatus est,
me audiente, Gillebertus ille superius et sepius
nominatus, qui ejus cum aliis coabbatibus confessionem audivit, et qui ejus absque confessione, ut
Deo ait Psalmista, sessionem et resurrectionem
noverat. Testatus est ergo quod pro omnibus of-
fensis quas confessus in suo fine fuerat, et quas in
omni vita sua post inchoatum monachatum con-
traxerat, ut ejus verbis utar, plus quam *Miserere
mei Deus* et *Pater Noster* cuivis penitenti non deberet injungi. Quod si vetere proverbio pares paribus facillime congregantur et similia similibus
naturaliter coaptantur, indubitanter concludere
licet quod verum est quia Petrus hic pauper et
modicus celum dives ingreditur, et quorum est
vitam imitatus et mores sanctis et angelis sociatur.
Sed jam spiritu digne pro meritis collocato, corporis exequias prosequamur.

XXX.

Quidam de fratribus unum de dentibus ejus pro-
ponebat extrahere, pro thesauro scilicet et reliquiis
illum servare desiderans; ex hoc se facile facturum
presumebat quod os apertum defunctus habebat.
Accedens igitur ut pium furtum patraret, os clausum et sic obstructum repperit, ut propositum implere non posset. Notatum est ab aliquibus, et
quasi pro miraculo habitum, ego autem ut pre-
sumptive judicem, hoc arbitror quod singularem
humilitatem quam vivus habuerat etiam defunctus
servabat. Lotum est illius corpusculum, quod etiam
exanime non horrorem sed gratiam possidebat, fe-
retroque impositum licet sepulturam Igniaci in
mortali sua humilitate voluisset, tamen usque Claramvallem delatum est. Fratres autem, ut audivimus, ubi Sanctus Bernardus primo positus fuerat
ibi propter gratiam meritorum, et quia justi erat
monumentum, posuerunt Petrum : nimirum con-
sonantes quorumdam testimonio, quibus iste visus
est non minoris meriti quam ille. Nam, quod pace
dixerim aliter sentientium, ille quidem *excelsus in
verbo glorie* (Eccli. XLVII), homo magni consilii,
currus Israël et auriga ejus (IV Reg. XIII), *scriba
doctus in regno celorum, proferens de thesauro suo
nova et vetera* (Matth. XIII), in Ordine Cistercii, in
Ecclesia XPI multum fructum fecit in tempore suo.
Ille, inquam, *lucerna ardens et lucens* (Joan. V) po-
*sita super candelabrum ut luceret omnibus qui in
domo sunt* (Matth. V), sicut lampas limpidissima
lucis sue radios longe lateque diffudit; iste autem,
ut breviter dicam, quasi carbo succensus, sed cinere sue paupertatis opertus, minus quidem splendoris sed ardoris non minus habuit.

XXXI.

Post obitum exterioris hominis et sepulturam
corruptibilis corporis, interiorem ejus hominem, id
est animum hominis abisse quidem, sed non obisse,
licet etiam fides hoc teneat, tali tamen argumento
probatum est. Monachus quidam Prior cujusdam
celule sanctum virum frequentare solebat. Hic

gravi quadam temptatione pulsatus et peccati vinculis irretitus eius consilium et auxilium flagitabat.
Vir Domini verbum ei impendens solatii bonam
spem suæ liberationis habere iubebat. Sed cum fama
funeris ad illum venisset, velut obside sue redemptionis perdito, de sua liberatione pene desperans,
defunctum quasi viventem alloquebatur et de solutione sue pollicitationis compellabat. Dum taliter ad
ianuam divine pietatis pulsaret, in somnis ei sanctus
Dei Petrus apparuit, et consolans eum, quod ab
omni temptatione sua salvatus esset asseruit. Evigilans ille et quasi somnium quod viderat et audierat reputans, nichilominus sponsionis exitum ex-
pectabat. Et ecce infra paucos dies persona quedam
cujus amore illicito ligabatur et qua vivente se sanari posse non sperabat, nunciatur defuncta; atque
ita laqueus contritus est, peccator solutus et justi
sermo completus.

XXXII.

Completus est et sermo iste qui hactenus de iusto
isto habitus est; completus est, inquam, sed non
plenius, quia nec plane nec satis urbane de ipso est
que dici poterant vel debuerant executus. Nam sicut in proemio premisimus, sanctus iste qui iuvenis
inchoavit, senex decessit, sine dubio plura patravit
que sunt incognita : et si cognita sunt, alii sed non
michi. Siquidem, ut repetam que dixi quondam
scribens de Domno Willelmo Abbate sancti Theodorici qui unus fuit et primus eorum qui vitam
scripsere sancti Bernardi, cum premissa michi dicerentur, non ea scribere proponebant nec plura fui
sollicitus indagare; jam vero cum calamo manum
apponere decrevissem, plura querendi non fuit opportunitas vel facultas. Nichilominus tamen vereor
ne iudicer ab humano die virum hunc nimiis laudibus extulisse, quasi aliud habuerim iudicium super
vivo quam habeam de defuncto; et item quia eum
commendare suscepi, licuerit mihi magis dixisse
mira vel magna quam vera, more quorumdam qui
declamatorie solent multiplicare loqui sublimia studiosius quam veracia, vel poetarum

Qui miranda canunt, sed non credenda, poete;

ad quæ vel penitus purganda, vel aliquatenus leni-
enda, licet de premissis dubitare non possit nisi
valde perversus; et quia tamen sapientibus et insipientibus debitor sum, epistolam hic ponam quam
ipsi, dum adhuc viveret et esset Abbas Clarevallis,
porrexi, ut ipsa sit et contra incredulos apologia
et operis presentis epilogus, et in ea iudicii mei
super eo presentis et preteriti indifferentia cognoscatur. Premissa igitur salutatione loquens et scribens ad ipsum sic dixi :

XXXIII.

Ego sum Thomas germanus Philippi, unus scilicet de duobus fratribus Radolii quos diligere solebatis, cum adhuc Igniacensi ecclesie Vestra Beatitudo preesset, et fratres illius loci de vestra presen-

tia letarentur, qui nunc absentiam vestram tanto
gravius ferunt quanto quid conferret presentia ipsius absentie experimento didicerunt. Sed, ut de
magno Martino legitur, cuius ut secundum conscientiam loquar vos estis imitator invictus, nobis
estis ablatus, illis de Claravalle a Deo estis donatus; si tamen Clarevallenses in hoc Dei munere Dei
gratiam recognoscunt, si non respiciunt in vanitates et insanias falsas, si non secundum faciem sed
iustum iudicium iudicare noverint. Quid igitur de
vobis ipsi iudicent viderint, ego constanter assero,
testimonium in hoc habens ab omnibus recte iudi-
cantibus, quod quicumque vos non admiratur et
diligit, decipitur profecto non parum et errat, aut
certe vestram virtutem aut veram ipsius virtutis naturam ignorat. Habuerint illi de Claravalle in aliis
patribus gloriosa carismata, habent in vobis nempe, si dissimulare norunt, habent, quod quanto rarius invenitur tanto carius approbatur, vere et XPiane virtutis exemplar; cuius perfecta effigies et veritas
sustantialis non est in magnis et mirabilibus huius
mundi, nec in eis rebus que sunt secundum seculi
iudicium gloriosa, sed in fide firma, in caritate
ignea, in humilitate profunda, in rerum visibilium
contemptu et continentia, in invisibilium amore et
experientia. He sunt vestre et vere divitie; has magnifice possidetis. Harum conscientia alia in quibus
alii excellunt, quod fortius est facere quam habere,
contemnitis. Hec igitur fratres vestri videant, et si
volunt gloriari in Domino, glorientur; habent pre ceteris hanc excellentie gloriam quod habent in Dei
rebus hominem singularem.

Sed hec dicta sint hactenus, que quidem pauca
esse non dubito pro materie dignitate, sed profun-
dissime et singulari humilitati vestre multa esse
multumque onerosa non dubito. Ceterum, ut ad
sanctam Paulam scribit sanctus Iheronimus, neque
XPI preconia, etiam si voluero, adiuratus neque
vestras laudes tacere possum. Jam nunc prostratus
pedibus Vestre Sanctitatis et ipsos pio amplexu et
summa devotione deosculans, precor mi Pater, mi
Pater, et si de tanto Dei servo ego tantus peccator
auderem dicere, mi amice, ut Thome filii vestri, qui
hoc vobis scribit, et Philippi fratris mei memoriam
habeatis, et hanc pro maxima dilectione quam erga
vos habemus retributionem reddatis, ut pro nobis
nominatim aliquando communem omnium sed vestrum proprium Deum exoretis; hec *desiderabilia
michi sunt super aurum et lapidem preciosum multum (Psal.* XVIII). Nec mirum : sicut enim Deo nunquam sine spe misericordie supplicatur, ita constanter credo quod nunquam sine spe obtentu eius
misericordie supplicatis; et si non plenum in eis
que exigitis, tamen ad aliquod commodum eorum
pro quibus rogatis. Et omnino iustum est ut vos
supra ceteros exaudiat in vestris precibus, cum supra ceteros nostri temporis quos novimus eum in
suis mandatis audiatis.

Congregemus in unum ea que premissa sunt et

velut sub uno solis radio non solum memori sed vigili quoque cogitatione pensemus. Claudamus hoc opusculum et ei metam figentes, non tantum probabiliter sed etiam necessario concludamus quod Petrus servus XPI fuit verissimus. Imitemur eum, et si virtutis imitatione non possumus eum sequi, debite venerationis et dilectionis contingamus affectu. Credamus in XPm et diligamus ipsum in quem ipse credidit et quem ipse dilexit, et quem diligens sanctus fuit, et sanctus existens virtutes premissas et multas alias pretermissas patravit. Credamus, inquam, in XPm, sed fide que per dilectionem operatur, ut ita credentes in ipsum, post vitam temporalem, vitam que in XPo est, immo que XPo est et ad quam Petrus processit, nanciscamur eternam.

XXXIV.

Magistro Henrico monacho Longipontis frater Thomas de Radolio salutem. Ex opusculo quod de vita venerabilis Petri Abbatis Clarevallis composui tollendam censetis epistolam in ejusdem operis calce locatam, tum, ut verbis vestris utar, quia ad materiam rei non satis attinet, tum quia adulationis notam gerit, viventi directa : ex quo etiam maligni et invidi occasionem repperiunt detrahendi. Credo multum majorum ac per hoc vestro judicio, sed credo aliquid et meo : unde sine vestri judicii prejudicio presumo dicere : « Non michi ita videtur.» Cum enim virum illum virtutis dignum laude intenderim laudare, et epistola laudes ejus epilogando contineat, ad rei materiam indubitanter pertinere probatur ; sed nevum adulationis viventi porrecta pretendit : a simili adulatores dicentur magni viri qui laudes magnorum virorum ipsis viventibus descripserunt, ex quibus nominatim, ut reliquos sileam, Sulpicius Severus et Abbas sancti Theodorici Willelmus historias laudesque scripserunt, ipsis adhuc viventibus, magni Martini vestrique Bernardi. Nec illi pro laudibus suis evanuerunt in cogitationibus suis, quorum nimirum erat gloria non laus humana licet vera, sed veritatis testimonium et bona conscientia; nec isti dentem invidi timuerunt quominus ea scriberent, unde se Deo placere et humiles edificare sperabant. Hoc intuitu quidam eorum scientes et prudentes in flammas manus miserunt quas succendebant illi qui, stimulante invidia, ea despiciebant et carpebant que ipsi consequi non poterant. Igitur et ego, licet illis in puritate tantum impar quantum gygantibus nani, immo magis incomparabiliter, cum viro viventi suas laudes offerrem, adulationi minime serviebam, quia ei non placere sciebam, sed ut verum fatear meumque revelem consilium, et vera

dicebam et hoc eum modo fratribus suis commendare volebam : timens ne, quia, ut ait sanctus Bernardus, *omne humile probro ducitur*, parvipenderent eum, cujus videntes exteriorem humilitatem, immo, ut magis proprie loquar, humiliationem, forsitan ignorabant vel minus attendebant intimam claritatem. Hanc eorum oculis ingerebam, et licet ex directo loquens ad illum, ex obliquo magis illos attendebam.

Maneat igitur Epistola si probatis, laudesque sancti etiam cum meo rubore contineat : non enim in illa propriam sed Dei servique ejus gloriam cogitavi ; linguas inimicorum equanimiter portare paratus sum quas presertim occasio talis exacuit. Certe si linguas hominum peccatas habuere voluissem, penitus michi fuerat, cum loqui nesciam, reticendum, et item eas si penitus peccare voluero, non epistola sola sed prorsus omnia delenda sunt, quia et invidi omnia carpere parati sunt, et benivolis eruditis sane et indicare gnaris ex artibus omnia vel plura merito complacebunt [*legendum puto : non placebunt*]. Ideo cum exceptione, ut testatur proemium, quod scripsi scripsi ut legentes sustinerent modicum quid insipientie mee, et interim contenti nostris ineptiis, prestolarentur qui materiam inepte tractatam aptius retractarent.

Hec notate diligenter, carissime, et ut vel michi credatis, vel forsitan fortius evincatis, quia sanctio non solum legalis est, sed etiam evangelica quod *in ore duorum vel trium testium* stare debet *omne verbum* (*Matth.* xviii), videat opusculum nostrum Domnus Hugo ex-abbas vester, qui hujusmodi litterarum usum habens de ipso iudicare callebit. Qui cum filii matris sue pugnarent contra eum, dum cedere nescit, egressus abiit post vestigia gregum nostrorum : nunc autem, ut audio, quasi quodam postliminio per aliam viam regressus est in regionem suam. Siquidem illud egit mentis magnitudine, istud modestia ; ibi robustus, hic modestus, utrobique justus. Sed parco, ne iterum judicer adulari.

Illud autem in opusculo nostro, in quo Romane Curie detrahi videbatur, quia non est tutum in eos scribere qui possunt proscribere, delendum vel, ut vobis videtur, vertendum esse consentio, quod et ipsum feci.

Si quis amore sancti duntaxat libellulum transcribere voluerit, utinam hanc scribere non omittat epistolam, ut ex ea satisfiat legentibus ; et quod agit et intendit premissus libro prologus hoc repetat missus vobis, ut sic dicam, postlogus.

Explicit tractatus Domni Thome monachi de Radolio de vita venerabilis Patris Domni Petri abbatis Clarevallis.

ORDO RERUM

QUÆ IN HOC TOMO CONTINENTUR.

FINIS TOMI DUCENTESIMI NONI.

www.ingramcontent.com/pod-product-compliance
Lightning Source LLC
Chambersburg PA
CBHW060916220326
41599CB00020B/2986